Dynamische Systeme

D. K. Arrowsmith / C. M. Place

Dynamische Systeme

Mathematische Grundlagen · Übungen

Aus dem Englischen von Ulrich Mitreuter

Mit 198 Abbildungen

Spektrum Akademischer Verlag Heidelberg · Berlin · Oxford

Originaltitel: An introduction to dynamical systems
Aus dem Englischen von Ulrich Mitreuter

Englische Originalausgabe bei Cambridge University Press, Cambridge

Die Deutsche Bibliothek – CIP-Einheitsaufnahme

Arrowsmith, D. K.:
Dynamische Systeme : mathematische Grundlagen ; Übungen /
D. K. Arrowsmith/C. M. Place. Aus dem Engl. von Ulrich
Mitreuter. - Heidelberg ; Berlin ; Oxford : Spektrum, Akad.
Verl., 1994
Einheitssacht.: An introduction to dynamical systems <dt.>
ISBN 3-86025-308-5
NE: Place, C. M.:

Lektorat: Hermann Dresel, Berlin
Produktion: PRODUserv, Berlin
Einbandgestaltung: Kurt Bitsch, Birkenau
Satz: Lewis & Leins, Berlin
Druck und Verarbeitung: Franz Spiegel Buch GmbH, Ulm

Spektrum Akademischer Verlag Heidelberg · Berlin · Oxford

EIN VERLAG DER SPEKTRUM FACHVERLAGE GMBH

Für
Vladimir Igorevich Arnold
und Stephen Smale

Vorwort

In den letzten Jahren ist ein ständig wachsendes Interesse an dynamischen Systemen zu beobachten, und es erschienen einige exzellente Darstellungen zu diesem Thema, die sich jedoch ausschließlich an bereits mit dem Gebiet Vertraute wandten. Dieses Buch möchte sowohl das Interesse bei Studenten in den letzten Jahren ihrer Ausbildung wecken, als auch ein solides Fundament liefern für Doktoranden, die beabsichtigen, auf diesem Gebiet zu arbeiten. Das Grundgerüst der Kapitel 1, 2 und 4 lieferten Vorlesungen, die von einem von uns (CMP) in der Vergangenheit gehalten wurden, so daß es nicht schwer fällt, aus Elementen der ersten vier Kapitel eine Vorlesung für das dritte oder vierte Studienjahr zusammenzustellen. Dagegen ist das 6. Kapitel für Absolventen zur Einarbeitung in aktuelle Forschungsthemen gedacht.

Eine Besonderheit des Buches ist die große Zahl von Übungsaufgaben. Sie beziehen sich nicht nur auf Themen, die im Text behandelt werden, sondern geben dem Leser die Möglichkeit, seine Kenntnisse über methodische Einzelheiten zu vervollständigen, die in der allgemeinen Diskussion nicht behandelt werden. So findet man detaillierte Modellösungen und Anleitungen zu ihrer Konstruktion.

Beim Leser werden Kenntnisse der Analysis und der linearen Algebra vorausgesetzt, wie sie etwa dem Vordiplom entsprechen. Eine gewisse Vertrautheit mit der Theorie der Differentialgleichungen und der Hamiltonschen Mechanik ist von Vorteil.

Wir bedanken uns bei Martin Casdagli für die Vertiefung unseres Verständnisses von Birkhoff-Attraktoren, bei David Knowles und Chris Norman für hilfreiche Diskussionen sowie bei Carl Murray für seine Hilfe beim Druck einiger Diagramme. Wir danken ebenfalls dem *Quarterly Journal of Applied Mathematics* und dem Springer-Verlag für die Erlaubnis, einige Diagramme aus ihren Publikationen zu verwenden sowie Sandra Place für das Schreiben des größten Teils des Manuskriptes. Einer von uns (CMP) bedankt sich bei der Brayshay Foundation für finanzielle Unterstützung. Besonders aber gedenken wir der Geduld und Unterstützung durch unsere Familien während der langen, oft schwierigen Entstehungsperiode des Manuskriptes.

Inhaltsverzeichnis

1 Diffeomorphismen und Ströme

1.1 Einführung

Ein System nennt man dynamisch, falls sich sein Zustand mit der Zeit (t) verändert. Man unterscheidet in der Anwendung zwei Haupttypen von dynamischen Systemen, solche mit diskreter Zeit ($t \in \mathcal{Z}$ oder $\mathcal{N}$) sowie Systeme, bei denen der Zeitparameter kontinuierlich ist ($t \in \mathcal{R}$).

Diskrete dynamische Systeme können als Iteration einer Funktion dargestellt werden, zum Beispiel

$$\mathbf{x}_{t+1} = \mathbf{f}(\mathbf{x}_t), \qquad t \in \mathcal{Z} \text{ oder } \mathcal{N}. \tag{1.1.1}$$

Ist t kontinuierlich, so wird die Dynamik gewöhnlich durch eine Differentialgleichung beschrieben

$$\frac{d\mathbf{x}}{dt} = \dot{\mathbf{x}} = \mathbf{X}(\mathbf{x}). \tag{1.1.2}$$

In den Formeln (1.1.1 und 1.1.2) stellt $\mathbf{x}$ den Zustand des Systems dar und nimmt Werte im *Zustands-* oder *Phasenraum* an. Manchmal ist der Phasenraum der euklidische Raum oder ein Unterraum desselben, aber es kann auch eine nichteuklidische Struktur vorliegen, zum Beispiel ein Kreis, eine Kugel, ein Torus oder eine andere *differenzierbare Mannigfaltigkeit.*

In diesem Kapitel betrachten wir zwei Spezialfälle der obigen Gleichungen, und zwar, wenn:

(i) $\mathbf{f}$ in (1.1.1) ein *Diffeomorphismus* ist und

(ii) die Lösung von (1.1.2) durch einen *Strom* beschrieben werden kann, dessen Geschwindigkeit durch das *Vektorfeld* $\mathbf{X}$ gegeben ist.

Zu beiden Fällen gibt es umfangreiche Untersuchungen, denn sie sind wichtig für unser Verständnis dynamischer Systeme . Smale betont in einem seiner Hauptwerke (Smale, 1976), daß (i) und (ii) eng zusammenhängen. Diesen Zusammenhang soll unsere weitere Diskussion hervorheben.

Jede Beschreibung der Theorie von (i) und (ii) benötigt den Begriff der differenzierbaren Abbildung, so daß wir mit der Erinnerung an einige Definitionen beginnen wollen. U sei ein offener Unterraum des $\Re^n$. Man sagt, eine Funktion $g : U \to \Re$ ist aus C^r, falls sie r-fach stetig differenzierbar ist, $1 \leq r \leq \infty$ (C^r ist der Raum der r-fach stetig differenzierbaren Funktionen, man sagt auch Differenzierbarkeitsklasse C^r). Sei nun V ein offener Unterraum des $\Re^m$ und $\mathbf{G} : U \to V$. Bei gegebenen Koordinaten $(x_1, \ldots, x_n)$ in U und $(y_1, \ldots, y_m)$ in V kann $\mathbf{G}$ mittels Funktionen $g_i : U \to \Re$ ausgedrückt werden, hierbei gilt

$$y_i = g_i(x_1, \ldots, x_n), \qquad i = 1, \ldots, m. \tag{1.1.3}$$

Die Abbildung $\mathbf{G}$ nennt man eine C^r-Abbildung, falls die g_i aus C^r sind für alle $i = 1, \ldots, m$. $\mathbf{G}$ heißt *differenzierbar*, wenn sie eine C^r-Abbildung mit beliebigem $1 \leq r \leq \infty$ ist und *glatt*, falls sie aus C^∞ ist. Abbildungen, die stetig aber nicht differenzierbar sind, nennt man üblicherweise C^0-Abbildungen.

Definition 1.1 $\mathbf{G}$ *nennt man einen* Diffeomorphismus, *falls* $\mathbf{G}$ *eine Bijektion ist und sowohl* $\mathbf{G}$ *als auch* $\mathbf{G}^{-1}$ *differenzierbare Abbildungen sind.* $\mathbf{G}$ *nennt man* C^k*-Diffeomorphismus, falls* $\mathbf{G}$ *und* $\mathbf{G}^{-1}$ C^k*-Abbildungen sind.*

Man erkennt, daß die Bijektion $\mathbf{G} : U \to V$ dann und nur dann ein Diffeomorphismus ist, wenn gilt $m = n$ und die Matrix der partiellen Ableitungen

$$D\mathbf{G}(x_1, \ldots, x_n) = \left[\frac{\partial g_i}{\partial x_j}\right]_{i,j=1}^{n} \tag{1.1.4}$$

für alle $\mathbf{x} \in U$ nicht singulär ist. So ist $\mathbf{G}(x, y) = (\exp(y), \exp(x))^T$ mit $U = \Re^2$ und $V = \{(x, y)|x, y > 0\}$ ein Diffeomorphismus, da $\det \mathbf{G}(x, y) = -\exp(x + y) \neq 0$ ist für alle $(x, y) \in \Re^2$.

Erfüllt $\mathbf{G}$ die Definition 1.1 und sind $\mathbf{G}$ und $\mathbf{G}^{-1}$ stetige Abbildungen, so nennt man $\mathbf{G}$ einen *Homomorphismus*. Wie wir sehen werden, spielen solche Abbildungen in der topologische Theorie der Ströme und Diffeomorphismen eine große Rolle.

Die bisherigen Definitionen sind gültig, wenn der zugrundeliegende Phasenraum euklidisch ist. Meist jedoch ist es natürlicher, die Dynamik des Systems in *differenzierbaren Mannigfaltigkeiten* zu beschreiben, denn Mannigfaltigkeiten haben die wichtige Eigenschaft, „lokal euklidisch" zu sein. Das erlaubt uns, die Idee der Differenzierbarkeit auf Funkionen, die auf Mannigfaltigkeiten definiert sind, auszuweiten. Sei M eine Mannigfaltigkeit der Dimension n. Dann existiert für jedes $\mathbf{x} \in M$ eine Umgebung $W \subseteq M$, die $\mathbf{x}$ enthält und ein Homomorphismus $\mathbf{h} : W \to \Re^n$, welcher W in die Umgebung von $\mathbf{h}(\mathbf{x}) \in \Re^n$ abbildet. Da wir in $U = \mathbf{h}(W) \subseteq \Re^n$ Koordinaten definieren können (die Koordinatenlinien können ja wieder auf W abgebildet werden), kann man sagen, $\mathbf{h}$ erzeuge lokale Koordinaten im Ausschnitt W von M (siehe Abb. 1.1).

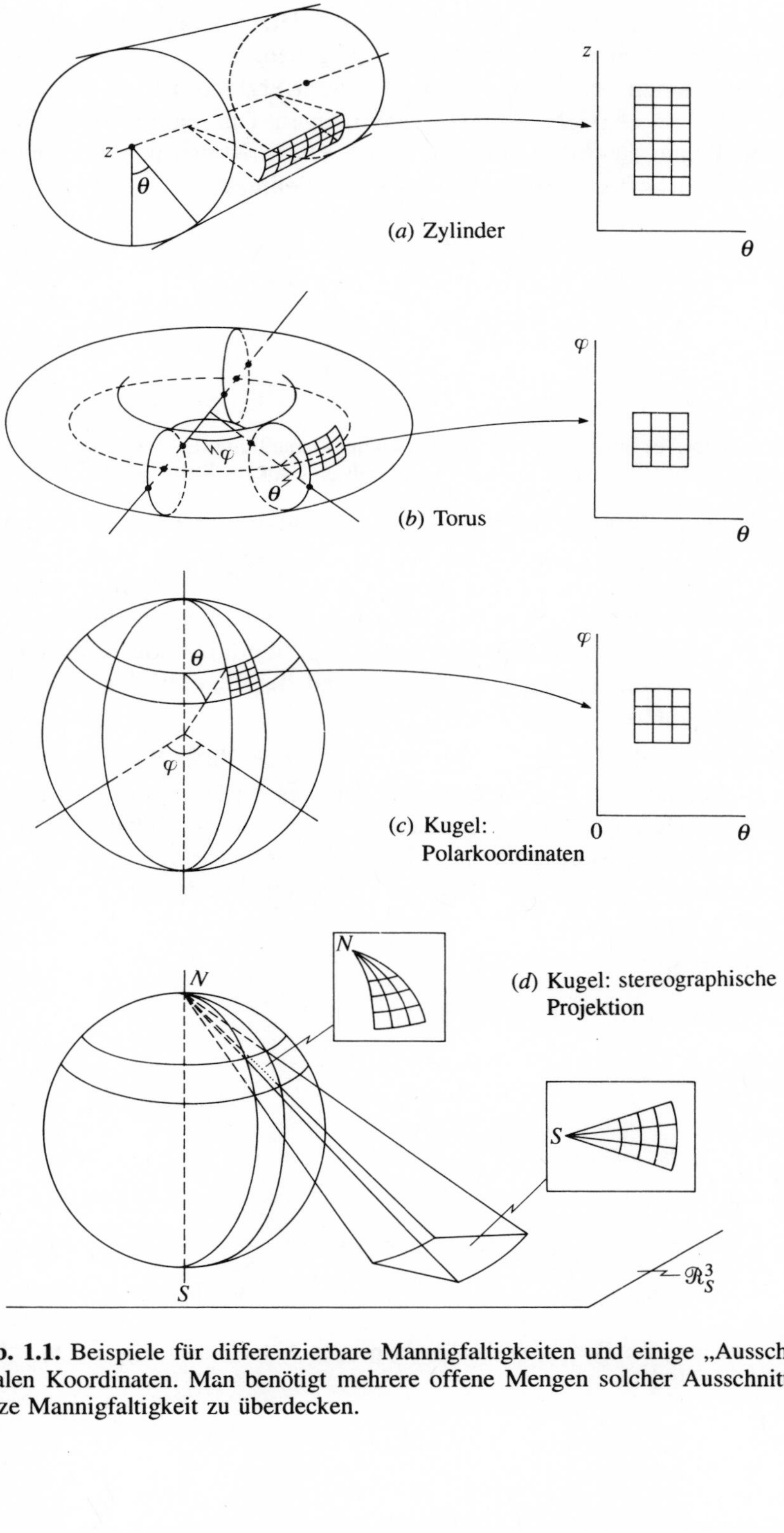

Abb. 1.1. Beispiele für differenzierbare Mannigfaltigkeiten und einige „Ausschnitte“ von lokalen Koordinaten. Man benötigt mehrere offene Mengen solcher Ausschnitte, um die ganze Mannigfaltigkeit zu überdecken.

Das Paar $(U, \mathbf{h})$ nennt man *Karte*. Wir sind jetzt in der Lage, dem Begriff Differenzierbarkeit auf W einen Sinn zu geben. Wenn wir der Einfachheit halber annehmen, daß $\mathbf{f} : W \to W$, dann erzeugt $\mathbf{f}$ eine Abbildung $\tilde{\mathbf{f}} = \mathbf{h} \cdot \mathbf{f} \cdot \mathbf{h}^{-1} : U \to U$ (siehe Abb. 1.2). Wir sagen, $\mathbf{f}$ ist eine C^k- Abbildung auf W, wenn $\tilde{\mathbf{f}}$ eine C^k-Abbildung auf U ist. Diese Konstruktion erlaubt es uns, einen *lokalen* Diffeomorphismus auf M zu definieren.

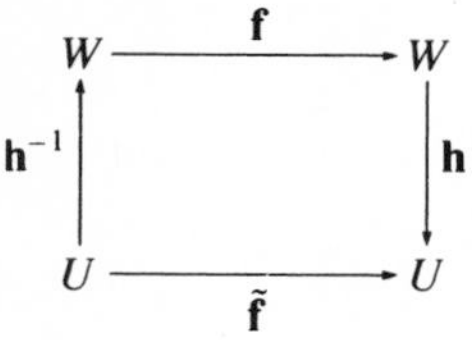

Abb. 1.2. Kommutatives Diagramm zur Illustration der Darstellung der Abbildung $\mathbf{f}$, welche in einer offenen Menge W von M definiert ist, durch eine lokale Karte $(U, \mathbf{h})$.

Um eine globale Beschreibung der Mannigfaltigkeit zu erhalten, bedecken wir sie mit einer Anzahl von offenen Mengen W_α, wobei die Menge der dazugehörigen Karten $(U_\alpha, \mathbf{h}_\alpha)$ *Atlas* genannt wird. Falls $W_\alpha \cap W_\beta$ nicht leer ist, kann man entweder $(U_\alpha, \mathbf{h}_\alpha)$ oder $(U_\beta, \mathbf{h}_\beta)$ verwenden, um lokale Koordinaten für $W_\alpha \cap W_\beta$ zu erzeugen. Das ermöglicht überlappende Abbildungen, $\mathbf{h}_{\alpha\beta}$ und $\mathbf{h}_{\beta\alpha}$ zwischen $\mathbf{h}_\alpha(W_\alpha \cap W_\beta) \subseteq U_\alpha$ und $\mathbf{h}_\beta(W_\alpha \cap W_\beta) \subseteq U_\beta$ (siehe Abb. 1.3). Betrachten wir nun $\mathbf{f} : W_\alpha \cap W_\beta \to W_\alpha \cap W_\beta$, so gibt es zwei alternative Repräsentanten $\tilde{\mathbf{f}}_\alpha = \mathbf{h}_\alpha \cdot \mathbf{f} \cdot \mathbf{h}_\alpha^{-1}$ und $\tilde{\mathbf{f}}_\beta = \mathbf{h}_\beta \cdot \mathbf{f} \cdot \mathbf{h}_\beta^{-1}$ für $\mathbf{f}$. Da $\tilde{\mathbf{f}}_\alpha$ und $\tilde{\mathbf{f}}_\beta$ zu verschiedenen Karten gehören, kann es vorkommen, daß sie aus verschiedenen Differenzierbarkeitsklassen C^k kommen, so daß der Wert von k für $\mathbf{f}$ zweideutig ist. Man nennt eine Mannigfaltigkeit *differenzierbar*, falls alle überlappenden Abbildungen Diffeomorphismen aus der gleichen Klasse C^r sind. Nun folgt aus Abb. 1.3:

$$\tilde{\mathbf{f}}_\beta = \mathbf{h}_\beta \cdot \mathbf{f} \cdot \mathbf{h}_\beta^{-1} \tag{1.1.5}$$

$$= (\mathbf{h}_\beta \cdot \mathbf{h}_\alpha^{-1}) \cdot (\mathbf{h}_\alpha \cdot \mathbf{f} \cdot \mathbf{h}_\alpha^{-1}) \cdot (\mathbf{h}_\alpha \cdot \mathbf{h}_\beta^{-1}) \tag{1.1.6}$$

$$= \mathbf{h}_{\alpha\beta} \cdot \tilde{\mathbf{f}}_\alpha \cdot \mathbf{h}_{\alpha\beta}^{-1}. \tag{1.1.7}$$

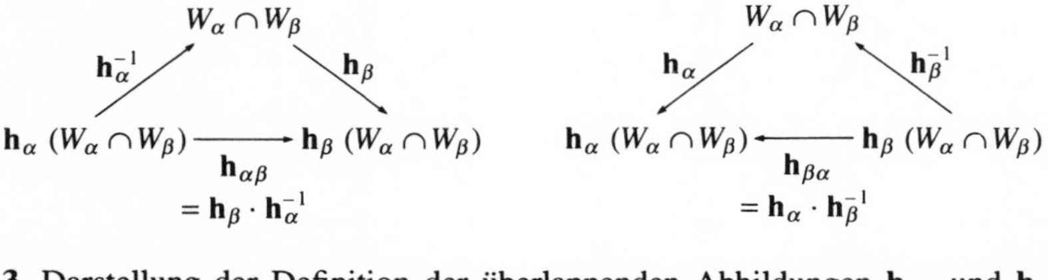

Abb. 1.3. Darstellung der Definition der überlappenden Abbildungen $\mathbf{h}_{\alpha\beta}$ und $\mathbf{h}_{\beta\alpha}$. Man beachte, daß $\mathbf{h}_{\alpha\beta} = \mathbf{h}_{\beta\alpha}^{-1}$ ist.

Alle lokalen Darstellungen von **f** sind aus der gleichen Differenzierbarkeitsklasse C^k mit $k \leq r$. Dabei ist wichtig zu bemerken, daß r vollständig durch die Karten bestimmt ist und folglich durch die Struktur von M. Eine Mannigfaltigkeit mit Überlappungskarten der Klasse C^r heißt C^r-*Mannigfaltigkeit.*

Die bisherige Diskussion ist natürlich unvollständig. Wir haben nur Abbildungen betrachtet, bei denen Definitions- und Wertebereich übereinstimmen, man also nur eine Karte benötigt. Das ist aber im allgemeinen nicht so. Sei $\mathbf{f}: M \to M$, dann kann **f** die Form $\mathbf{f}: W_\alpha \to W_\beta$ oder $\mathbf{f}: W_\alpha \cap W_\gamma \to W_\beta \cap W_\delta$ haben. Die Erweiterung unserer einfachen Argumente für diese Fälle wird in Aufgabe 1.1.2. betrachtet. Das Prinzip wird dabei nicht verändert.

Eine ausführlichere Diskussion differenzierbarer Mannigfaltigkeiten ist an dieser Stelle nicht nötig (der interessierte Leser sei an Arnold (1973) oder Chillingworth (1976) verwiesen). Während die oben ausgeführten Ideen ein wertvolles Hintergrundwissen liefern, werden wir doch selten mit Karten, Atlanten usw. zu tun haben, denn wir wollen die *Dynamik* von Abbildungen betrachten, die auf M definiert sind und bei denen es sich um Diffeomorphismen oder Ströme handelt. Diese Abbildungen sind uns gewöhnlich in lokalen Koordinaten gegeben, so daß die Struktur der Mannigfaltigkeit nicht explizit erscheint.

1.2 Elementare Dynamik von Diffeomorphismen

1.2.1 Definitionen

Es sei M eine differenzierbare Mannigfaltigkeit, und wir nehmen an, daß $\mathbf{f}: M \to M$ ein Diffeomorphismus ist. Für jedes $\mathbf{x} \in M$ erzeugt die Iteration (1.1.1) eine Folge, deren einzelne Punkte die *Bahn* oder *Trajektorie* von **x** unter **f** definieren. Präziser gesagt, die Bahn von **x** unter **f** ist $\{\mathbf{f}^m(\mathbf{x}) | m \in \mathcal{Z}\}$. Für $m \in \mathcal{Z}^+$ ist $\mathbf{f}^m$ die m-malige Hintereinanderausführung von **f**. Da **f** ein Diffeomorphismus ist, existiert $\mathbf{f}^{-1}$ und $\mathbf{f}^{-m} = (\mathbf{f}^{-1})^m$. $\mathbf{f}^0 = \mathbf{id}_M$ ist die identische Abbildung auf M. Normalerweise ist die Bahn von **x** eine doppeltunendliche Folge von Punkten von M. Es gibt allerdings zwei wichtiger Ausnahmen.

Definition 1.2 *Ein Punkt* $\mathbf{x}^* \in M$ *heißt* Fixpunkt *von* **f**, *wenn* $\mathbf{f}^m(\mathbf{x}^*) = \mathbf{x}^*$ *ist für alle* $m \in \mathcal{Z}$.

Definition 1.3 *Ein Punkt* $\mathbf{x}^*$ *heißt* periodischer Punkt *von* **f**, *wenn* $\mathbf{f}^q(\mathbf{x}^*) = \mathbf{x}^*$ *ist für gewisse ganzzahlige* q.

Der kleinste Wert von q, der Definition 1.3 erfüllt, heißt *Periode* von $\mathbf{x}^*$ und der Bahn von $\mathbf{x}^*$.

$$\{\mathbf{x}^*, \mathbf{f}(\mathbf{x}^*), \ldots, \mathbf{f}^{q-1}(\mathbf{x}^*)\} \tag{1.2.1}$$

heißt *periodische Bahn der Periode* q oder *q-Zyklus* von $\mathbf{f}$. Da $\mathbf{f}^q(\mathbf{x}^*) = \mathbf{x}^*$ gilt, ist die Folge $\{\mathbf{f}^m(\mathbf{x}^*)\}_{m=-\infty}^{\infty}$ q-periodisch. Man beachte, daß ein Fixpunkt ein periodischer Punkt mit der Periode eins ist, und ein periodischer Punkt von $\mathbf{f}$ mit der Periode q ein Fixpunkt von $\mathbf{f}^q$ ist. Mehr noch, ist $\mathbf{x}^*$ ein periodischer Punkt mit Periode q, so sind alle anderen Punkte der Bahn von $\mathbf{x}^*$ ebenfalls periodisch. Ist zum Beispiel $\mathbf{f}^q(\mathbf{x}^*) = \mathbf{x}^*$, dann gilt $\mathbf{f}(\mathbf{f}^q(\mathbf{x}^*)) = \mathbf{f}(\mathbf{x}^*) = \mathbf{f}^q(\mathbf{f}(\mathbf{x}^*))$ und somit ist $\mathbf{f}(\mathbf{x}^*)$ ein periodischer Punkt mit Periode q. Dies gilt auch für $\mathbf{f}^2(\mathbf{x}^*), \ldots, \mathbf{f}^{q-1}(\mathbf{x}^*)$.

Fixpunkte und periodische Punkte können nach dem Verhalten der Bahnen der Punkte in ihrer Nähe klassifiziert werden. Die folgenden Ideen gehen auf Liapunov zurück.

Definition 1.4 *Ein Fixpunkt* $\mathbf{x}^*$ *heißt stabil, wenn für alle Umgebungen N von* $\mathbf{x}^*$ *eine Umgebung $N' \subseteq N$ von* $\mathbf{x}^*$ *existiert, so daß für* $\mathbf{x} \in N'$ *gilt* $\mathbf{f}^m(\mathbf{x}) \in N$ *für alle $m > 0$.*

Definition 1.4 sagt also aus, daß Punkte in der Nähe eines stabilen Fixpunktes bei Iteration in der Nähe bleiben für positive m. Ist ein Fixpunkt $\mathbf{x}^*$ stabil und $\lim_{m\to\infty} \mathbf{f}^m(\mathbf{x}) = \mathbf{x}^*$ für alle $\mathbf{x}$ in einer Umgebung von $\mathbf{x}^*$, dann nennt man den Fixpunkt *asymptotisch stabil*. Trajektorien von Punkten in der Nähe von asymptotisch stabilen Punkten bewegen sich auf ihn hin für steigendes m. Fixpunkte, die stabil, aber nicht asymptotisch stabil sind, nennt man *neutral* oder *marginal* stabil. Punkte, die nach Definition 1.4 nicht stabil sind, heißen *instabil*.

1.2.2 Diffeomorphismen des Kreises

Fraglos ist der Kreis (S^1) die einfachste nichteuklidische differenzierbare Mannigfaltigkeit. Er ist kompakt (siehe Chillingworth, 1976, S.143), so daß das „Verhalten im Unendlichen" keine Rolle spielt; er hat keinen Rand, so daß die Dynamik ohne Komplikationen durch Randbedingungen für die betrachteten Funktionen studiert werden kann und er ist eindimensional. Das dynamische Verhalten von Diffeomorphismen auf dem Kreis liefert so die ideale Möglichkeit, die Definitionen des vorigen Paragraphen zu illustrieren.

Einige der einfachsten Beispiele für Diffeomorphismen auf S^1 sind reine Rotationen. Sie werden einfach beschrieben durch eine Winkelveränderung (θ) im Zentrum des Kreises relativ zu einem Referenzradius (siehe Abb. 1.4). In

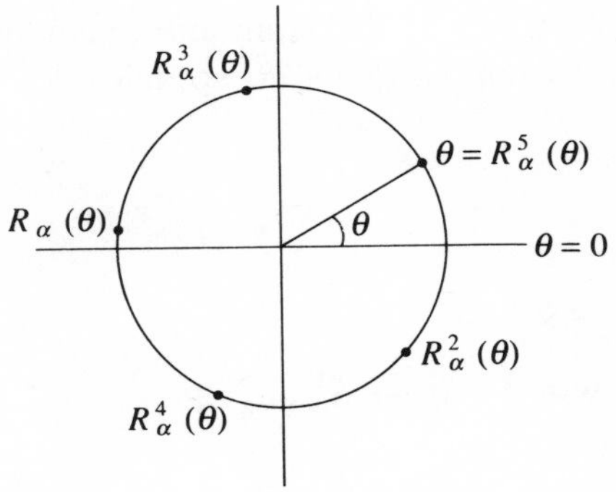

Abb. 1.4. Typische Bahn der reinen Rotation R_α für $\alpha = p/q = 2/5$. Man beachte, daß θ auf dem Kreis $p = 2$ mal umläuft, bevor man wieder am Ausgangspunkt θ nach der fünften Iteration angelangt ist.

diesen lokalen Koordinaten kann eine Rotation um α entgegen dem Uhrzeiger wie folgt beschrieben werden

$$R_\alpha(\theta) = (\theta + \alpha) \bmod 1. \tag{1.2.2}$$

Dabei wird angenommen, daß θ in Vielfachen von 2π gemessen wird. Ist $\alpha = p/q$, $p, q \in \mathcal{Z}$, so gilt

$$R_\alpha^q(\theta) = (\theta + p) \bmod 1 = \theta \tag{1.2.3}$$

und wir schließen (vergleiche Definition 1.3), daß jeder Punkt des Kreises ein periodischer Punkt mit Periode q ist, das heißt, die Bahn jedes Punktes ist ein q-Zyklus (siehe Abb. 1.4). Ist α irrational, dann ist

$$R_\alpha^m(\theta) = (\theta + m\alpha) \bmod 1 \neq \theta \tag{1.2.4}$$

für alle θ. Die Bahn jedes Punktes füllt den Kreis dicht (siehe Aufgabe 1.2.1).

Offensichtlich werden bei allgemeineren Diffeomorphismen nicht alle Punkte gleichmäßig gedreht. Einfach gesagt, manche Bögen werden zusammengedrückt, andere auseiandergezogen. Dann ist es allerdings schwierig, Fixpunkte oder periodische Punkte aus der Darstellung der Bahnen auf dem Kreis selber zu erkennen. Dieses Problem taucht bei jeder Abbildung (f) des Kreises auf, ob sie nun ein Diffeomorphismus ist oder nicht. Man löst es durch Betrachtung der *Liftung* von f.

Die Einführung der Liftung von $f : S^1 \to S^1$ erfolgt natürlicherweise für den Fall, daß f ein Homomorphismus anstelle eines Diffeomorphismus ist. Es wäre verkehrt, unsere Diskussion künstlich auf den differenzierbaren Fall zu beschränken. Außerdem können wir im Falle eines Homomorphismus, die Konsequenzen besser beurteilen, wenn wir dann Differenzierbarkeit für f und

f^{-1} fordern. Sei also $f : S^1 \to S^1$ ein Homomorphismus, und nehmen wir an, es gäbe eine stetige Funktion $\bar{f} : \mathcal{R} \to \mathcal{R}$, so daß gilt

$$\pi(\bar{f}(x)) = f(\pi(x)) \tag{1.2.5}$$

(siehe Abb. 1.5), mit

$$\pi(x) = x \bmod 1 = \theta. \tag{1.2.6}$$

Dann heißt $\bar{f}$ *Liftung* von $f : S^1 \to S^1$ auf $\mathcal{R}$.

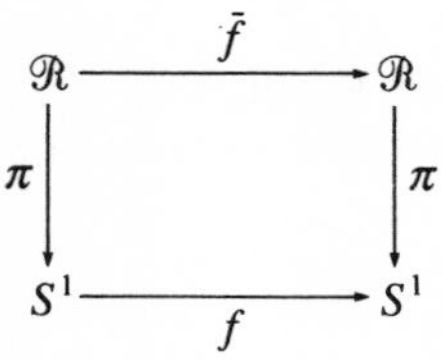

Abb. 1.5. Kommutatives Diagramm zur Illustration der Definition der Liftung eines Homomorphismus des Kreises. Die Abbildung π bildet unendlich viele äquivalente Punkte von $\mathcal{R}$ auf einen einzigen Punkt von S^1 ab.

Satz 1.1 *Sei $\bar{f}$ eine Liftung des Umlaufsinn-erhaltenden Homomorphismus $f : S^1 \to S^1$. Dann gilt*

$$\bar{f}(x+1) = \bar{f}(x) + 1 \tag{1.2.7}$$

für alle $x \in \mathcal{R}$.

Beweis. Es gilt

$$f(\pi(x)) = f(\pi(x+1)), \tag{1.2.8}$$

da $\pi(x) = \pi(x+1)$ ist nach Formel (1.2.6). Verwenden wir Formel (1.2.5), so erhalten wir

$$\pi(\bar{f}(x)) = \pi(\bar{f}(x+1)), \tag{1.2.9}$$

woraus dann folgt

$$\bar{f}(x+1) = \bar{f}(x) + k(x), \tag{1.2.10}$$

wobei k eine ganze Zahl ist, die vielleicht von x abhängt. Da aber $\bar{f}$ stetig ist, muß auch $k(x)$ stetig sein. Das ist nur möglich für $k(x) \equiv k \in \mathcal{Z}$.

Wenn wir annehmen, daß $k \geq 2$ ist, dann unterscheiden sich $\bar{f}(x)$ und $\bar{f}(x+1)$ um mehr als zwei und $\bar{f}$ nimmt die Form an, die in Abb. 1.6(a) schematisch gezeigt ist. Die Punkte x_0 und x_1 erfüllen $\bar{f}(x_0) = 1$ und $\bar{f}(x_1) = 2$

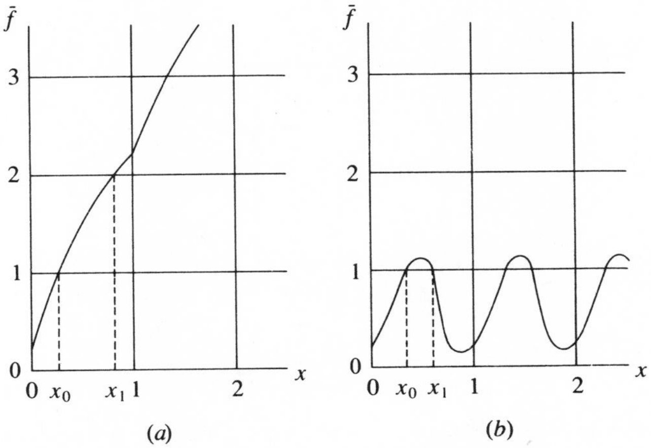

Abb. 1.6. Schematische Darstellungen von $\bar{f}$ mit (a) $k = 2$; (b) $k = 0$ für Formel (1.2.10). In beiden Fällen besteht Widerspruch zur Annahme, f sei ein Homomorphismus.

und sind beide kleiner als eins. Das bedeutet aber, daß π sie auf verschiedene Punkte von S^1 abbildet. $\bar{f}(x_0)$ und $\bar{f}(x_1)$ unterscheiden sich um eins, das heißt, sie repräsentieren den gleichen Punkt von S^1. Das widerspricht der Hypothese, f sei ein Homomorphismus, daher muß $k \leq 1$ gelten.

Ist $k = 0$, so ist $\bar{f}(0) = \bar{f}(1)$ und $\bar{f}$ ist keine Injektion auf $(0, 1)$ (siehe Abb. 1.6(b)). Dies widerspricht ebenfalls unserer Annahme, f sei ein Homomorphismus.

Ist $k < 0$, so kann die Stetigkeit von $\bar{f}$ nur gewährleistet werden, wenn f Umlaufsinn-umkehrend ist, was im Widerspruch zu unseren Annahmen in Satz 1.1 steht. Auch ist klar, das für Umlaufsinn-umkehrendes f in Formel 1.2.7 ein Minuszeichen erscheint.

Wir können also schließen, daß $k = 1$ ist, womit Satz 1.1 bewiesen ist.

Es ist wichtig zu erkennen, daß nicht jede stetige Funktion, welche Formel (1.2.7) befriedigt, eine Liftung eines Homomorphismus ist. Die Funktion in Abb. 1.7 ist stetig und befriedigt (1.2.7), da sie jedoch nicht injektiv ist, kann sie keine Liftung eines Homomorphismus sein. Abb. 1.7 drückt auch die geometrische Bedeutung von (1.2.7) aus; den Graphen von $\bar{f}$ im Intervall $[k, k+1]$ erhält man durch vertikales Verschieben von $\bar{f} \in [0, 1]$ um k Einheiten. Deshalb kann jede stetige Funktion g, die auf $[0, 1]$ definiert ist, welche injektiv ist und $g(1) = g(0) + 1$ erfüllt, benutzt werden, eine Liftung für einen Homomorphismus $f : S^1 \to S^1$ zu konstruieren. Die Funktion f ist durch (1.2.5) gegeben. Ein einfaches Beispiel für eine solche Konstruktion ist in Abb. 1.8(a) gegeben, wobei

$$g(x) = -x^2 + 2x + \frac{1}{2} \tag{1.2.11}$$

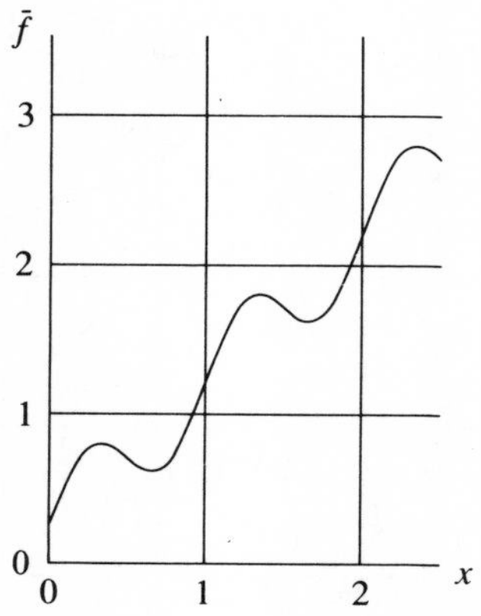

Abb. 1.7. Die hier gezeigted Funktion $\bar{f}$ kann nicht Liftung eines Homomorphismus $f : S^1 \to S^1$ sein, da sie nicht injektiv ist.

ist mit $x \in [0, 1]$. In diesem Fall ist $\bar{f}$ eine stetige Bijektion, die an den Stellen $x = 1, 2, \ldots$ nicht differenzierbar ist. Die dazugehörige Funktion f ist demzufolge ein Homomorphismus, aber kein Diffeomorphismus von S^1. Um dies zu erreichen, muß $\bar{f}$ ein Bijektion und für alle $x \in \mathcal{R}$ differenzierbar sein. Ein Beispiel dafür zeigt Abb. 1.8(b), wobei

$$g(x) = x + \frac{1}{2} + \frac{1}{10}\sin 2\pi x \qquad (1.2.12)$$

mit $x \in [0, 1]$.

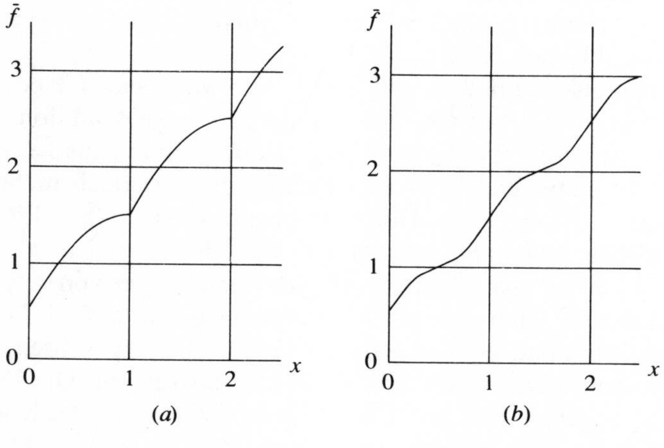

Abb. 1.8. Die Funktion in (a) ist Liftung eines Homomorphismus, jedoch nicht eines Diffeomorphismus, des Kreises. Liftungen von Diffeomorphismen sind differenzierbare Funktionen von x, siehe (b); $\bar{f}$ hat die Form (1.2.12).

Ohne Beschränkung der Allgemeinheit haben wir in den beiden Beispielen $\bar{f}(0) \in [0, 1]$ angenommen. Wenn man beachtet, daß $\pi(\bar{f}(x) + k) = \pi(\bar{f}(x))$ ist, so gilt $\bar{f}_k(x) = \bar{f}(x) + k$, $k \in \mathfrak{Z}$, wenn $\bar{f}(x)$ eine Liftung von f ist. Deshalb kann man sagen, $\bar{f}$ ist Element einer Familie von Liftungen, für die $\bar{f}(0) \in [0, 1)$ gilt.

Welche Beziehung besteht nun zwischen den Fixpunkten oder periodischen Punkten von $f : S^1 \to S^1$ und den Eigenschaften der Liftung $\bar{f}$?

Satz 1.2 *Sei $f : S^1 \to S^1$ ein Umlaufsinn-erhaltender Homomorphismus und sei $\bar{f}$ die Liftung von f mit $\bar{f}(0) \in [0, 1)$. Dann ist $\pi(x^*)$ ein Fixpunkt von f dann und nur dann, wenn gilt*

$$\bar{f}(x^*) = x^* \tag{1.2.13}$$

oder

$$\bar{f}(x^*) = x^* + 1. \tag{1.2.14}$$

Beweis. Wenn $\bar{f}(x^*) = x^*$ (oder $\bar{f}(x^*) = x^* + 1$) ist, dann gilt

$$\pi(\bar{f}(x^*)) = \pi(x^*) \quad (\text{oder} \quad \pi(\bar{f}(x^*)) = \pi(x^* + 1) = \pi(x^*)). \tag{1.2.15}$$

In beiden Fällen gilt

$$f(\pi(x^*)) = \pi(x^*) \tag{1.2.16}$$

nach (1.2.5), und $\pi(x^*)$ ist Fixpunkt von f.

Ist $\theta^* = \pi(x^*)$ ein Fixpunkt von f, das heißt $f(\theta^*) = \theta^*$, so ist

$$f(\pi(\theta^*)) = \pi(\theta^*) = \pi(\bar{f}(x^*)) \tag{1.2.17}$$

nach (1.2.5). Deshalb gilt

$$\bar{f}(x^*) = x^* + k, \qquad k \in \mathfrak{Z}. \tag{1.2.18}$$

Sei $x^* = y^* + l$, $l \in \mathfrak{Z}$, $y^* \in [0, 1)$, dann wird (1.2.18)

$$\bar{f}(y^*) + l = y^* + l + k. \tag{1.2.19}$$

Hier haben wir mittels vollständiger Induktion von $\bar{f}(x + 1) = \bar{f}(x) + 1$ auf $\bar{f}(x + l) = \bar{f}(x) + l$ geschlossen. Ist (1.2.18) für alle x^* erfüllt, muß es auch für einen Punkt $y^* \in [0, 1)$ erfüllt sein. Nun ist $\bar{f}(1) = \bar{f}(0) + 1$ und $\bar{f}$ ist injektiv, so daß $\bar{f}(0) \leq \bar{f}(y) < \bar{f}(0) + 1$ gilt für $y \in [0, 1)$. Daher kann (1.2.19) nur erfüllt sein für $k = 0$ oder $k = 1$ (siehe Abb. 1.9).

Satz 1.2 kann dazu verwendet werden, periodische Punkte von f zu finden. Hat f eine Liftung, zum Beispiel $\pi(\bar{f}(x)) = f(\pi(x))$, $x \in \mathfrak{R}$, dann gilt

$$\pi(\bar{f}^2(x)) = \pi(\bar{f}(\bar{f}(x))) = f(\pi(\bar{f}(x))) = f^2(\pi(x)). \tag{1.2.20}$$

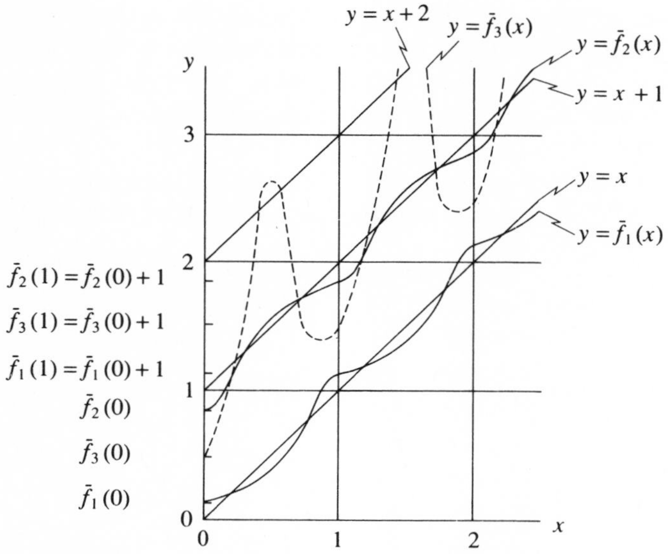

Abb. 1.9. Beispiele, die zeigen, warum (1.2.19) nur erfüllt werden kann, wenn $k = 0$ oder 1 ist für den Fall, daß f ein Umlaufsinn-erhaltender Diffeomorphismus ist. Bei $\bar{f}_3$ erkennt man, daß für $k > 1$ f keine Injektion ist. Man beachte, daß (1.2.18) abzählbar unendlich viele Lösungen besitzt für jede Lösung von (1.2.19).

$\bar{f}^2$ ist also Liftung von f^2. Es bleibt nur zu zeigen daß $\bar{f}^2 \in [0, 1)$ ist (zum Beispiel wähle man $\bar{f}^2 - [\bar{f}^2(0)]$, wobei $[\cdot]$ den ganzzahligen Teil von $\cdot$ bezeichnet). Satz 1.2 erlaubt es uns dann, die Punkte mit der Periode zwei zu finden. Man kann diese Argumente natürlich auch für Punkte mit der Periode $q > 2$ erweitern.

Ein anderer Ansatz geht davon aus, daß, wenn $\bar{f}^q(0) \in [l, l+1)$ gilt, (1.2.13) ersetzt wird durch

$$\bar{f}^q(x^*) = x^* + l \qquad \text{oder} \qquad \bar{f}^q(x^*) = x^* + l + 1. \tag{1.2.21}$$

Dieser Gesichtspunkt hat den Vorteil, daß man $\bar{f}, \bar{f}^2, \ldots, \bar{f}^q, \ldots$ im gleichen Diagramm darstellen kann, ohne daß es in der Nähe der Punkte $y = x$ und $y = x + 1$ zu einem Durcheinander der Kurven kommt.

Die Liftung $\bar{f}$ von $f : S^1 \to S^1$ liefert nicht nur eine bequeme Methode, Fixpunkte und periodische Punkte zu finden, sie erlaubt uns auch, Aussagen über ihre Stabilität zu machen. Wenn (1.2.13) bei x^* erfüllt ist, dann kann man die Bahn der Punkte in der Nähe von x^* erhalten, indem man sich zwischen $y = \bar{f}(x)$ und $y = x$ bewegt (siehe Abb. 1.11). Ein Fixpunkt x^* ist stabil (instabil), wenn

$$|D\bar{f}(x^*)| < 1 \qquad (> 1) \tag{1.2.22}$$

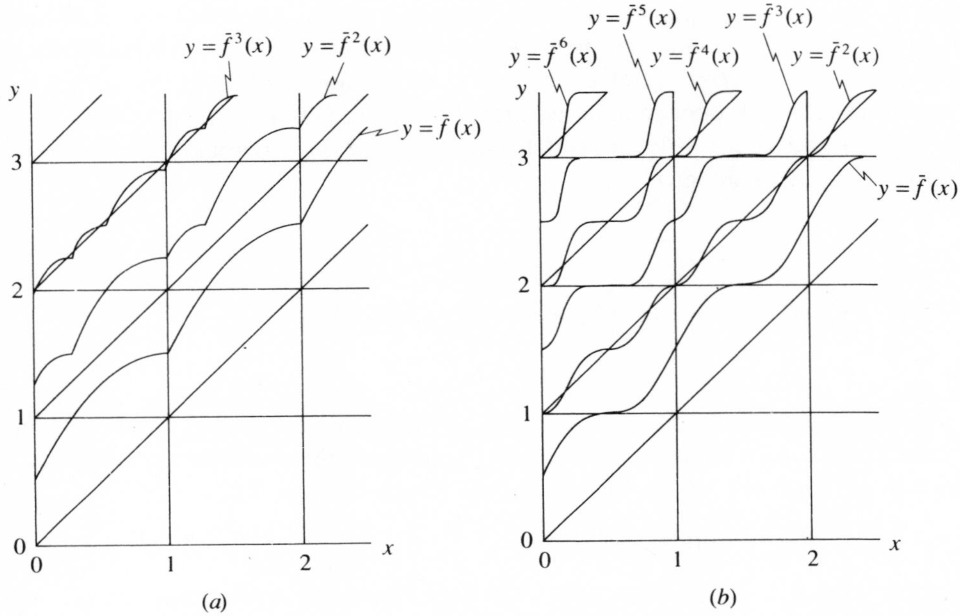

Abb. 1.10. Darstellung von $\bar{f}^q(x)$ über x für (a) $\bar{f}(x) = -x^2 + 2x + \frac{1}{2}$; (b) $\bar{f}(x) = x + \frac{1}{2} + \frac{2}{30}\sin 2\pi x$. Wie man sieht, handelt es sich bei Fall (a) um die Liftung eines Homomorphismus mit einem 3-Zyklus ohne Fixpunkte oder 2-Zyklen. Der Fall (b) dagegen ist eine Liftung eines Diffeomorphismus mit 2-,4- und 6-Zyklen, jedoch ohne 1-,3- oder 5-Zyklen.

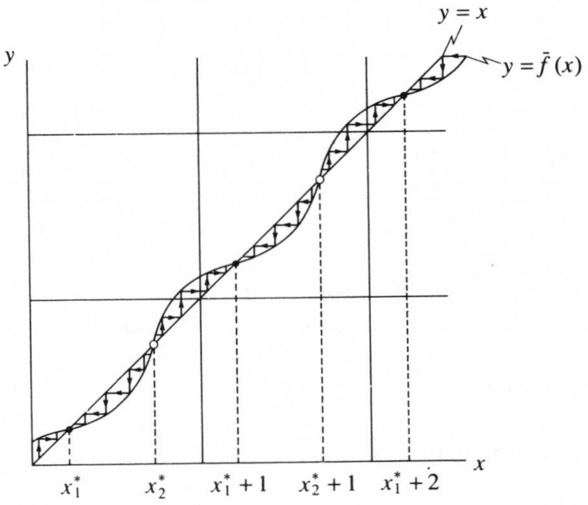

Abb. 1.11. Graphische Darstellung der Iteration $x_{n+1} = \bar{f}(x_n)$, die die Stabilität der Punkte $x_1^*, x_1^* + 1, \ldots$ zeigt. Für alle diese Punkte ist $|Df(x^*)| < 1$. Für die anderen Fixpunkte $x_2^*, x_2^* + 1, \ldots$ gilt $|Df(x^*)| > 1$, sie sind instabil. Man beachte hier, daß bei der graphischen Darstellung der Iteration Stabilität eines Fixpunktes $\mathbf{x}^*$ auch für $|Df(x^*)| = 1$ gegeben ist.

gilt (siehe ein beliebiges Lehrbuch für numerische Mathematik). Die Stabilität von $\theta^* = \pi(x^*)$ ist natürlich dieselbe wie für x^*. Gilt (1.2.14), so können wir entweder $\bar{f}$ durch $\bar{f}-1$ ersetzen, so daß x^* durch einen Schnittpunkt mit $y = x$ repräsentiert wird, oder man konstruiert Bilder der Bahnen von $\bar{f}$, indem man $y = \bar{f}(x)$ und $y = x + 1$ verwendet. Die Stabilität der Fixpunkte ist weiterhin durch (1.2.22) gegeben.

1.3 Ströme und Differentialgleichungen

Der Iterationsansatz (1.1.1) für einen Diffeomorphismus $\mathbf{f} : M \to M$ für verschiedene $\mathbf{x}_0 \in M$ ist äquivalent der Untersuchung einer Menge von Funktionen $\{\mathbf{f}^m | m \in \mathcal{Z}\}$. Diese Menge hat die Eigenschaften, daß

$$\mathbf{f}^0 = \mathbf{id}_M \qquad \text{und} \qquad \mathbf{f}^i \cdot \mathbf{f}^j = \mathbf{f}^{i+j} \tag{1.3.1}$$

ist für alle $i, j \in \mathcal{Z}$. Man nennt sie eine *Wirkung* der Gruppe $\mathcal{Z}$ auf M, oder präziser, die $\mathcal{Z}$-Wirkung erzeugt durch $\mathbf{f}$ (siehe Chillingworth, 1976). In diesem Abschnitt betrachten wir die Wirkung der Gruppe $\mathcal{R}$ auf M; solche $\mathcal{R}$-Wirkungen heißen Ströme auf M.

Definition 1.5 *Ein Strom auf M ist eine stetig differenzierbare Funktion $\varphi : \mathcal{R} \times M \to M$, so daß für alle $t \in \mathcal{R}$, $\varphi(t, \cdot) = \varphi_t(\cdot)$ folgende Bedingungen erfüllt:*

$$\varphi_0 = \mathbf{id}_M, \tag{1.3.2}$$

$$\varphi_t \cdot \varphi_s = \varphi_{t+s}, \qquad t, s \in \mathcal{R}. \tag{1.3.3}$$

Man beachte, daß (1.3.2 und 1.3.3) implizieren, daß $(\varphi_t)^{-1}$ existiert und die Form φ_{-t} hat. Da $\varphi \in C^1$ ist, folgt, daß $\varphi_t : M \to M$ ein Diffeomorphismus ist für alle $t \in \mathcal{R}$ (siehe Aufgabe 1.3.1).

Wir wollen die Analogie zu Diffeomorphismen etwas näher betrachten. Wir definieren die *Bahn* oder die *Trajektorie* von φ durch $\mathbf{x}$ als $\{\varphi_t(\mathbf{x}) | t \in \mathcal{R}\}$, wobei die Orientierung der Bahn in Richtung steigendes t zeigt. Man kann nun zeigen (siehe Aufgabe 1.3.2), daß eine und nur eine Trajektorie von φ durch jeden Punkt $\mathbf{x} \in M$ geht. Falls $\varphi_t(\mathbf{x}^*) = \mathbf{x}^*$ für alle $t \in \mathcal{R}$ gilt, nennt man $\mathbf{x}^*$ einen *Fixpunkt* des Stromes. Fixpunkte von Strömen können stabil, asymptotisch stabil, neutral stabil oder instabil im Sinne Liapunovs sein. Präzise Definitionen erhält man, wenn man in Definition 1.3 und den folgenden Ausführungen $\mathbf{f}^m$ durch φ_t und $m \in \mathcal{Z}$ durch $t \in \mathcal{R}$ ersetzt.

Die Bahn eines Fixpunktes ist der Punkt selbst. Ist $\mathbf{x}$ kein Fixpunkt, so heißt er *gewöhnlich* oder *regulär*. Die Trajektorie durch einen gewöhnlichen

Punkt gibt Anlaß zu einer orientierten Kurve auf M und φ hat *periodische Punkte*, falls die Kurve geschlossen ist.

Definition 1.6 *Eine* geschlossene Bahn *eines Stromes ist eine Trajektorie* γ,*die kein Fixpunkt ist, aber* $\varphi_\tau(\mathbf{x}) = \mathbf{x}$ *erfüllt für einige* $\mathbf{x} \in \gamma$ *und* $\tau \neq 0$.

Für $\varphi_\tau(\mathbf{x}) = \mathbf{x}$ kehrt nach der Zeit τ der Bahnpunkt zurück zu $\mathbf{x}$. Ist T die kleinste, positive Zeit, in der dies geschieht, ist $\mathbf{x}$ ein *periodischer Punkt* mit der Periode T. Es kann leicht gezeigt werden (siehe Aufgabe 1.3.3), daß, hat eine geschlossene Bahn einen Punkt mit der Periode T, so ist jeder Punkt von γ periodisch mit dieser Periode. Man sagt dazu, T sei die Periode von γ.

Die Menge aller Trajektorien eines Stromes nennt man *Phasenbild*. Da jede Trajektorie geometrisch einer orientierten Kurve auf M entspricht, erhält man ein wertvolle bildliche Darstellung des Stromes, indem man typische Trajektorien zeichnet. In Abb. 1.12 sind einige Beispiele gezeigt. In der Bildunterschrift wird φ nicht explizit erwähnt, sondern eine Differentialgleichung wird gegeben. Worin besteht der Zusammenhang zwischen Differentialgleichungen und Strömen? Wir definieren die *Geschwindigkeit* oder das *Vektorfeld* $\mathbf{X}$ eines Stromes durch

$$\mathbf{X}(\mathbf{x}) = \frac{d\varphi_t}{dt}(\mathbf{x})|_{t=0} = \lim_{\varepsilon\to 0}\left\{\frac{\varphi(\varepsilon,\mathbf{x}) - \varphi(0,\mathbf{x})}{\varepsilon}\right\} \tag{1.3.4}$$

für alle $\mathbf{x} \in M$. Geometrisch betrachtet, definiert $\{\varphi_t(\mathbf{x})|t \in \mathcal{R}\}$ eine Kurve auf M durch $\mathbf{x}$. Der Vektor $\mathbf{X}(\mathbf{x})$ verläuft entlang der Tangente zu dieser Kurve und hat die Länge der Geschwindigkeit bei Beschreibung der Kurve durch den Parameter t. Es ist sehr wichtig, zu beachten, daß im Gegensatz zu Vektorfeldern, die auf dem $\mathcal{R}^n$ definiert sind, $\mathbf{X}(\mathbf{x}) \notin M$ ist. Für alle $\mathbf{x} \in M$ heißt die Menge TM_x aller Vektortangenten an M im Punkte $\mathbf{x}$ Tangentenraum

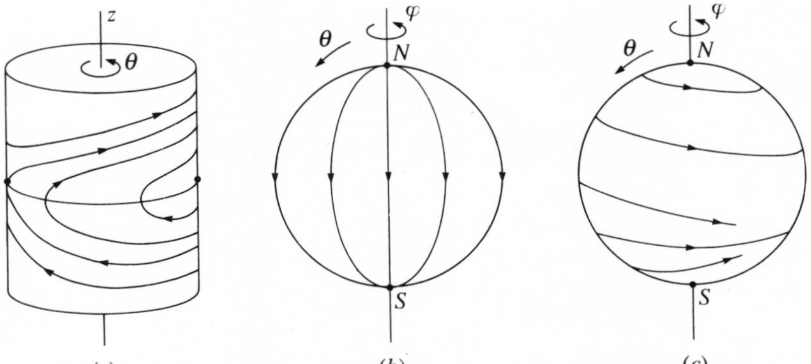

Abb. 1.12. Einige Beispiele für Phasenbilder von Strömen: (a) $\dot{\theta} = z$, $\dot{z} = -\sin\theta$; (b) $\dot{\theta} = \sin\theta$, $\dot{\phi} = 0$;(c) $\dot{\theta} = \theta(\theta - (3\pi/4))(\theta - \pi)$, $\dot{\phi} = \theta(\pi - \theta)$.

zu M in $\mathbf{x}$ und $\mathbf{X}(\mathbf{x}) \in TM_x$. Abb. 1.13 zeigt TM_x für einen typischen Punkt $\mathbf{x} \in S^2$. Ist M eine n-dimensionale Mannigfaltigkeit, so ist TM_x isomorph zu $\mathcal{R}^n$ für alle $\mathbf{x} \in M$. Jedes Element von TM_x korrespondiert mit einer äquivalenten Klasse von Kurven auf M, die den gleichen Tangentenvektor im Punkte $\mathbf{x}$ haben (siehe Chillingworth, 1976, S.164).

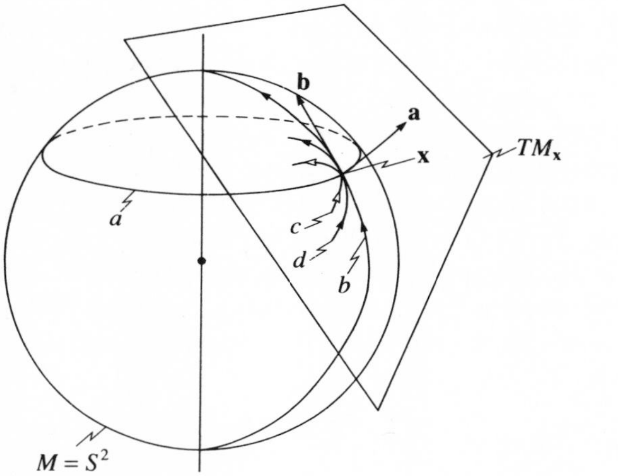

Abb. 1.13. Darstellung des Tangentenraumes TM_x an der Kugel S^2 in $\mathbf{x}$. Die Kreise a und b definieren die Höhe und Breite von $\mathbf{x}$. Sind $\mathbf{a}$ und $\mathbf{b}$ Tangenten an a und b in $\mathbf{x}$, dann ist $TM_x = Sp\{\mathbf{a}, \mathbf{b}\}$. Man sieht, daß b, c und d alles Kurven sind, die $\mathbf{b}$ als Tangentenvektor haben.

Satz 1.3 *$\boldsymbol{\varphi}_t(\mathbf{x}_0)$ ist die Lösung von $\dot{\mathbf{x}} = \mathbf{X}(\mathbf{x})$, die zu $t = 0$ durch $\mathbf{x}_0$ geht.*

Beweis. Sei $\xi(t) = \boldsymbol{\varphi}_t(\mathbf{x}_0)$. Dann gilt

$$\dot{\xi}(t) = \lim_{\varepsilon\to 0}\left\{\frac{\xi(t+\varepsilon)-\xi(t)}{\varepsilon}\right\} \tag{1.3.5}$$

$$= \lim_{\varepsilon\to 0}\left\{\frac{\boldsymbol{\varphi}_{t+\varepsilon}(\mathbf{x}_0)-\boldsymbol{\varphi}_t(\mathbf{x}_0)}{\varepsilon}\right\} \tag{1.3.6}$$

$$= \lim_{\varepsilon\to 0}\left\{\frac{\boldsymbol{\varphi}_{\varepsilon}\cdot\boldsymbol{\varphi}_t(\mathbf{x}_0)-\boldsymbol{\varphi}_t(\mathbf{x}_0)}{\varepsilon}\right\} \tag{1.3.7}$$

$$= \lim_{\varepsilon\to 0}\left\{\frac{\boldsymbol{\varphi}(\varepsilon,\xi(t))-\boldsymbol{\varphi}(0,\xi(t))}{\varepsilon}\right\} \tag{1.3.8}$$

$$= \mathbf{X}(\xi(t)). \tag{1.3.9}$$

Also ist $\xi(t)$ eine Lösung von $\dot{\mathbf{x}} = \mathbf{X}(\mathbf{x})$ und, da $\boldsymbol{\varphi}_0 = \mathbf{id}_M$ ist, gilt $\xi(0) = \boldsymbol{\varphi}_0(\mathbf{x}_0) = \mathbf{x}_0$, wie gefordert.

Man beachte, wenn $\mathbf{X}(\mathbf{x}^*) = 0$ gilt, dann ist $\boldsymbol{\varphi}_t(\mathbf{x}^*) \equiv \mathbf{x}^*$ die Lösung von $\dot{\mathbf{x}} = \mathbf{X}(\mathbf{x})$, die durch $\mathbf{x}^*$ geht. Mehr noch, ist $\boldsymbol{\varphi}_t(\mathbf{x}^*) = \mathbf{x}^*$ für alle t, dann impliziert (1.3.4) $\mathbf{X}(\mathbf{x}) = 0$. Wir schließen daraus, daß $\mathbf{x}^*$ ein Fixpunkt von $\boldsymbol{\varphi}_t$ dann und nur dann ist, wenn $\mathbf{X}(\mathbf{x}) = 0$ gilt. Solche Punkte bezeichnet man als *singuläre Punkte* des Vektorfeldes $\mathbf{X}$.

Satz 1.3 bedeutet, daß jeder Strom auf M mit einer Differentialgleichung korrespondiert. Leider ist die Umkehrung nicht wahr, da es autonome Differentialgleichungen gibt, deren Lösungen nicht für alle Zeiten t angebbar sind. Die Gleichung $\dot{x} = x^2$ zum Beispiel hat die Lösungen

$$x(t) = \begin{cases} (C-t)^{-1}, & t \in (-\infty, C); \\ 0, & t \in \mathcal{R}; \\ (C'-t)^{-1}, & t \in (C', \infty), \end{cases} \tag{1.3.10}$$

wobei $C, C' \in \mathcal{R}$. Nur die triviale Lösung hat den Bereich $\mathcal{R}$. In solchen Fällen können noch *lokale Ströme* definiert werden. So ergibt die Funktion

$$\varphi_t(x_0) = \frac{x_0}{1 - x_0 t} \tag{1.3.11}$$

einen lokalen Strom für $\dot{x} = x^2$. Ist $x_0 > 0$, so impliziert (1.3.10) $t \in (-\infty, x_0^{-1})$ in (1.3.11). Man kann leicht zeigen, daß , wenn φ_t (1.3.2) erfüllt, dann t, s und $t + s$ *alle* in $(-\infty, x_0^{-1})$ liegen. Die gleiche Funktion φ_t kann verwendet werden, wenn das zu $x_0 < 0$ gehörige t auf das Intervall (x_0^{-1}, ∞) beschränkt wird. Gleichung (1.3.11) liefert natürlich die triviale Lösung für $x_0 = 0$. Dieser lokale Strom reicht aus, die Lösung von $\dot{x} = x^2$ in einer Umgebung des Originals der x, t-Ebene zu charakterisieren. Für $|x_0| < \varepsilon$, liefert (1.3.11) die Lösung für $\dot{x} = x^2$ für $t \in (-\varepsilon^{-1}, \varepsilon^{-1})$. Ströme dieser Art werden häufig verwendet, wenn lokale Eigenschaften diskutiert werden sollen (zum Beispiel die Sattelpunkt-Singularität in Aufgabe 2.7.4).

Differentialgleichungen, Vektorfelder und Ströme sind verschieden Wege, das gleiche dynamische Verhalten zu beschreiben (man vergesse allerdings nicht den obigen Vorbehalt). Die Entstehung dieser Alternativen hat historische Ursachen: Anwendungen greifen häufig auf Differentialgleichungen zurück; lokale Analysis wird meist mittels Vektorfelder und globale Analysis mit Strömen beschrieben. Wir hoffen, dem Leser werden alle drei Möglichkeiten vertraut werden.

1.4 Invariante Mengen

Es kommt vor, daß die Bahn eines Punktes unter $\mathbf{f}$ oder $\boldsymbol{\varphi}$ auf einen bestimmten Bereich des Phasenraumes beschränkt bleibt für alle $m \in \mathcal{Z}$ oder $t \in \mathcal{R}$.

Eine Menge $\Lambda \subseteq M$ heißt *invariant* unter dem Diffeomorphismus $\mathbf{f}$ (oder dem Strom $\boldsymbol{\varphi}$), falls $\mathbf{f}^m(\mathbf{x}) \in \Lambda$ ($\boldsymbol{\varphi}_t(\mathbf{x}) \in \Lambda$) ist für alle $\mathbf{x} \in \Lambda$ und alle $m \in \mathscr{Z}$ ($t \in \mathscr{R}$). Wir schreiben

$$\mathbf{f}^m(\Lambda) \subseteq \Lambda \qquad \text{für alle } m \in \mathscr{Z} \tag{1.4.1}$$

oder

$$\varphi_t(\Lambda) \subseteq \Lambda \qquad \text{für alle } t \in \mathscr{R}. \tag{1.4.2}$$

Invariante Mengen nennt man *positiv (negativ) invariant*, falls die Bahnen ihrer Elemente in ihnen liegen für $m \in \mathscr{Z}^+$ ($\mathscr{Z}^-$) oder $t \geq 0$ ($t \leq 0$).

Natürlich ist die Bahn eines jeden Punktes ein Beispiel für eine invariante Menge, Fixpunkte, Zyklen und geschlossene Bahnen sind ebenfalls alle invariante Mengen. Sie sind es allerdings in einem sehr speziellen Sinne.

(i) Sie sind *minimal* in dem Sinne, daß sie keine echten Untermengen besitzen, die selbst invariant sind. Der Kreis **S** ist zum Beispiel eine invariante Mengen für die beiden Ströme in Abb. 1.14. Im Gegensatz zum Strom in (a) besitzt der Kreis **S** in (b) echte Untermengen, $P_1, P_2, \Gamma_1, \Gamma_2$, die invariant unter dem Strom sind.

(ii) Sie zeigen *Periodizität*. Dies ist besonders wichtig für Anwendungen, bei denen häufig solche Mengen mit beobachtbaren Phänomenen im Zusammenhang stehen.

In dynamischen Systemen können subtilere Formen von *Wiederkehr* (Rekurrenz) als Periodizität auftreten. Folgende Definition gestattet es uns, sie zu beschreiben.

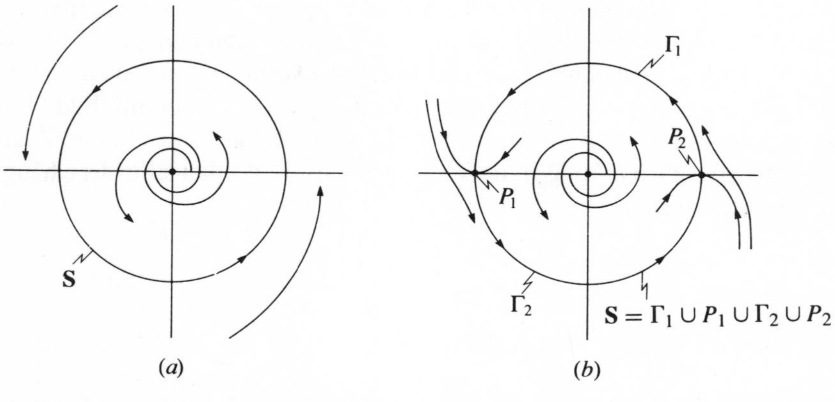

Abb. 1.14. Der Kreis **S** ist eine invariante Menge für beide gezeigten Ströme. In (a) hat **S** jedoch keine echten Untermengen, die selbst invariant sind; in (b) jedoch ist **S** eine disjunkte Vereinigung der invarianten Mengen $P_1, P_2, \Gamma_1, \Gamma_2$.

Definition 1.7 *Ein Punkt* $\mathbf{x}$ *ist ein* nicht-wandernder Punkt *für den Diffeomorphismus* $\mathbf{f}$ *(oder den Strom* $\boldsymbol{\varphi}$*), falls für eine beliebige Umgebung* W *von* $\mathbf{x}$ *ein* $m > 0$ *(*$t > t_0 > 0$*) existiert, so daß* $\mathbf{f}^m(W) \cap W$ *(*$\boldsymbol{\varphi}_t(W) \cap W$*) nicht leer ist.*

Die Menge nicht-wandernder Punkte für $\mathbf{f}$ ($\boldsymbol{\varphi}$) nennt man *nicht-wandernde Menge* $\Omega(\mathbf{f})$ ($\Omega(\boldsymbol{\varphi})$). Man erkennt leicht, daß sowohl Fixpunkte und periodische Punkte in Ω liegen (siehe Aufgaben 1.4.2 und 1.4.3), als auch Punkte, die mildere Formen der Rekurrenz zeigen. Man betrachte zum Beispiel eine irrationale Rotation des Kreises, S^1. Kein Punkt des Kreises ist periodisch, die Bahn eines jeden Punktes $\mathbf{x}$ aber kommt $\mathbf{x}$ schließlich beliebig nahe. So ist jeder Punkt von S^1 ein nicht-wandernder Punkt und $\Omega = S^1$.

Die Struktur von Ω wird in §3.6 näher untersucht werden, wir können jedoch einige wichtige Untermengen von Ω entdecken, indem wir den Gedanken, daß Fixpunkte und geschlossene Bahnen häufig die Trajektorien von Phasenpunkten, die nicht zu ihnen gehören, anziehen oder abstoßen, formalisieren.

Definition 1.8 *Ein Punkt* $\mathbf{y} \in M$ *heißt ein* $\left\{\begin{array}{l}\alpha\text{-}\\ \omega\text{-}\end{array}\right.$ *Grenzpunkt der Trajektorie von* $\mathbf{f}(\boldsymbol{\varphi})$ *durch* $\mathbf{x}$*, wenn ein Folge* $m_i\,(t_i) \to \left\{\begin{array}{l}-\infty\\ +\infty\end{array}\right.$ *existiert, so daß* $\lim_{i\to\infty} \mathbf{f}^{m_i}(\mathbf{x}) = \mathbf{y}$ $(\lim_{i\to\infty} \boldsymbol{\varphi}_{t_i}(\mathbf{x}) = \mathbf{y})$ *ist.*

Die Menge aller $\left\{\begin{array}{l}\alpha\text{-}\\ \omega\text{-}\end{array}\right.$ Grenzpunkte von $\mathbf{x}$ ist bekannt als die $\left\{\begin{array}{l}\alpha\text{-}\\ \omega\text{-}\end{array}\right.$ Grenzmenge von $\mathbf{x}$, bezeichnet mit $\left\{\begin{array}{l}L_\alpha(\mathbf{x})\\ L_\omega(\mathbf{x})\end{array}\right.$. Diese Mengen sind invariant unter $\mathbf{f}(\boldsymbol{\varphi})$. Sei $\mathbf{z} = \mathbf{f}^m(\mathbf{y})$, $m \in \mathcal{Z}$ ($\mathbf{z} = \boldsymbol{\varphi}_t(\mathbf{y})$, $t \in \mathcal{R}$), wobei $\mathbf{y}$ Definition 1.8 erfülle. Dann ist $\lim_{i\to\infty} \mathbf{f}^{m_i+m}(\mathbf{x}) = \mathbf{z}$ ($\lim_{i\to\infty} \boldsymbol{\varphi}_{t_i+t}(\mathbf{x}) = \mathbf{z}$), so daß $\mathbf{z}$ und $\mathbf{y}$ zur gleichen Grenzmengen von $\mathbf{x}$ gehören.

Man beachte, daß α- und ω-Grenzmengen Untermengen von Ω sind für alle $\mathbf{x}$. Man erinnere sich, daß, wenn $\mathbf{y} \notin \Omega$, dann existiert ein Umgebung $V \ni \mathbf{y}$, so daß $\mathbf{f}^m(V) \cap V$ leer ist für alle $m > 0$. $\mathbf{y} \in L_\omega(\mathbf{x})$ impliziert $\mathbf{f}^{m_i}(\mathbf{x}) \in V$ für $i \geq N$, und demzufolge ist $\mathbf{z} = \mathbf{f}^N(\mathbf{x}) \in V$, so daß $\mathbf{f}^{m_i - N}(\mathbf{z}) \in V$ ist für $i > N$. Deshalb kann $\mathbf{f}^m(V) \cap V$ nicht leer sein für alle m und $\mathbf{y}$ muß in Ω liegen.

Beispiel 1.1 Man bestimme $L_\alpha(\mathbf{x})$ und $L_\omega(\mathbf{x})$ für (a) $\mathbf{x} = \mathbf{0}$; (b) $\mathbf{x} \neq \mathbf{0}$, wenn $\boldsymbol{\varphi}$ der Strom auf $\mathcal{R}$ ist, der durch

$$\dot{r} = r(1-r), \qquad \dot{\theta} = 1 \tag{1.4.3}$$

erzeugt wird ((r, θ) sind ebene Polarkoordinaten).

Lösung. $\boldsymbol{\varphi}$ besitzt eine eindeutige, geschlossene Bahn γ ,gegeben durch $r(t) \equiv 1$, mit einer Periode $T = 2\pi$ und einem instabilen Fixpunkt im Ursprung (siehe Abb. 1.15).

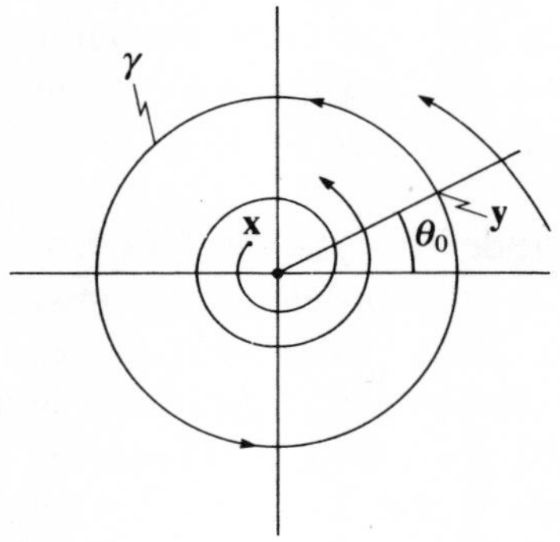

Abb. 1.15. Phasenbild des Stromes von (1.4.3)

(a) $\mathbf{x} = \mathbf{0}$
Da $\varphi_t(\mathbf{0}) = \mathbf{0}$ ist für alle t, gilt

$$L_\omega(\mathbf{0}) = L_\alpha(\mathbf{0}) = \{\mathbf{0}\}. \tag{1.4.4}$$

(b) $\mathbf{x} \neq \mathbf{0}$
Sei $\mathbf{y} = (\cos\theta_0, \sin\theta_0) \in \gamma$ und sei t_i die Folge der Zeiten $t > 0$, an denen die Bahn von $\mathbf{x}$ die radiale Linie von $\mathbf{0}$ durch $\mathbf{y}$ kreuzt. Dann gilt $\lim_{i\to\infty} \varphi_{t_i}(\mathbf{x}) = \mathbf{y}$ und $\mathbf{y}$ ist ein ω-Grenzpunkt von $\mathbf{x}$. Dieses Argument hat Gültigkeit für alle $\mathbf{y} \in \gamma$ und alle $\mathbf{x} \neq \mathbf{0}$. Deshalb ist $L_\omega(\mathbf{x}) = \gamma$ für jedes $\mathbf{x} \neq \mathbf{0}$.

Ein ähnliches Argument erlaubt uns zu zeigen, daß

$$L_\alpha(\mathbf{x}) = \begin{cases} \{\mathbf{0}\}, & |\mathbf{x}| < 1, \\ \gamma, & |\mathbf{x}| = 1. \end{cases} \tag{1.4.5}$$

Für $|\mathbf{x}| > 1$ existiert der $\lim_{i\to\infty} \varphi_{t_i}(\mathbf{x})$ nicht für jede Folge t_i mit $t_i \to -\infty$ für $i \to \infty$ und somit ist $L_\alpha(\mathbf{x})$ leer.

Beispiel 1.2 Der Strom φ habe das in Abbildung 1.16 gezeigte Phasenbild. Wie sehen $L_\omega(\mathbf{x})$ und $L_\alpha(\mathbf{x})$ für jeweils $\mathbf{x} \in A, B, C$ aus? Welche Eigenschaft haben alle drei ω-Grenzmengen gemeinsam ?

Lösung. Es können Folgen $\{t_i\}_{i=0}^{\infty}$ wie in Beispiel 1.1 konstruiert werden. So zeigt man

$$\begin{aligned} \mathbf{x} \in A : L_\alpha(\mathbf{x}) &= \{P_1\}; L_\omega(\mathbf{x}) = \partial A \\ \mathbf{x} \in B : L_\alpha(\mathbf{x}) &= \{P_2\}; L_\omega(\mathbf{x}) = \partial B \\ \mathbf{x} \in C : L_\alpha(\mathbf{x}) &= \text{leere Menge}; L_\omega(\mathbf{x}) = \partial A \cup \partial B. \end{aligned}$$

Seien Γ_A und Γ_B die Trajektorien des Stromes, die die Separatrix des Sattelpunktes P_0 bilden. Mit

$$\partial A = \Gamma_A \cup P_0, \qquad \partial B = \Gamma_B \cup P_0 \tag{1.4.6}$$

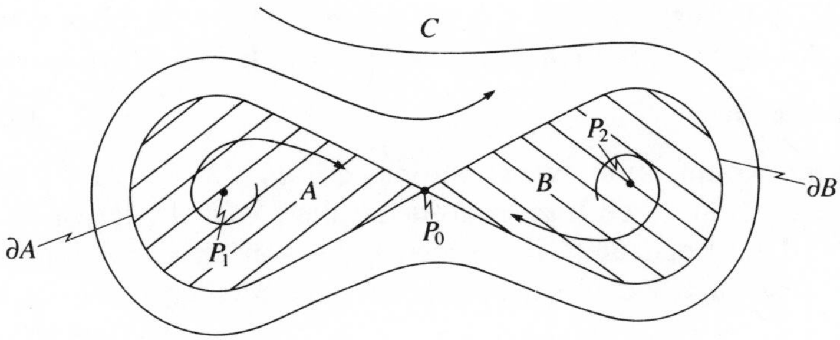

Abb. 1.16. Phasenbild des Stromes für Beispiel 1.2. Die Punkte $P_{0,1,2}$ sind Fixpunkte. Die Ränder der offenen Mengen A, B sind mit ∂A und ∂B bezeichnet. C ist das Komplement der Vereinigung $A \cup B$.

folgt, daß alle drei ω-Grenzmengen Vereinigungen von Fixpunkten und den sie verbindenden Trajektorien sind.

Beispiel 1.2 illustriert eine wichtige Aussage über die globalen Eigenschaften *ebener* Ströme.

Theorem 1.1 (Poincaré-Bendixson) *Eine nicht-leere, kompakte Grenzmenge eines Stromes in der Ebene, welche keine Fixpunkte enthält, ist eine geschlossene Bahn.*

Dieses Theorem sichert, daß die Typen von Grenzmengen, die in den Beispielen 1.1 und 1.2 auftraten, die einzigen kompakten Grenzmengen sind, die bei Strömen in der Ebene auftreten können. Es ist eines der wenigen Theoreme, die Aussagen über die Existenz einer globalen Eigenschaft eines Phasenbildes machen.

Definition 1.9 *Ein* Grenzzyklus *ist eine geschlossene Bahn* γ *mit* $\gamma \subseteq L_\omega(\mathbf{x})$ *oder* $\gamma \subseteq L_\alpha(\mathbf{x})$ *für* $\mathbf{x} \notin \gamma$.

Theorem 1.1 hat die wichtige Folgerung, daß eine nicht-leere, kompakte Menge Λ, die positiv oder negativ invariant ist, entweder einen Grenzzyklus oder einen Fixpunkt enthält. Dies kann für den Beweis der Existenz von Grenzzyklen nützlich sein (Arrowsmith, Place, 1982, S. 147-151).

1.5 Konjugation

Wir wenden uns nun den Äquivalenzrelationen zu, die es uns erlauben zu entscheiden, ob zwei Diffeomorphismen oder zwei Ströme das „gleiche" Verhalten zeigen. Diese Äquivalenzrelationen sind Kernstücke der Topologie.

Definition 1.10 *Zwei Diffeomorphismen* $\mathbf{f}, \mathbf{g} : M \to M$ *heißen* topologisch *(oder* C^0*-)konjugiert, falls ein Homomorphismus* $\mathbf{h} : M \to M$ *existiert mit*

$$\mathbf{h} \cdot \mathbf{f} = \mathbf{g} \cdot \mathbf{h}. \tag{1.5.1}$$

Topologische Konjugation zweier Ströme $\boldsymbol{\varphi}_t$, $\boldsymbol{\psi}_t : M \to M$ ist analog definiert, wobei (1.5.1) durch $\mathbf{h}\cdot\boldsymbol{\varphi}_t = \boldsymbol{\psi}_t\cdot\mathbf{h}$ für alle $t \in \mathcal{R}$ ersetzt ist.

Definition 1.10 bedeutet, daß $\mathbf{h}$ jede Bahn von $\mathbf{f}$ (oder $\boldsymbol{\varphi}$) auf eine Bahn von $\mathbf{g}$ ($\boldsymbol{\psi}$) überträgt, wobei der Parameter $m(t)$ erhalten wird, das heißt

$$\mathbf{f}^m(\mathbf{x}) \xrightarrow{\mathbf{h}} \mathbf{g}^m(\mathbf{h}(\mathbf{x})), \qquad \text{für alle } m \in \mathcal{Z} \tag{1.5.2}$$

oder

$$\boldsymbol{\varphi}_t(\mathbf{x}) \xrightarrow{\mathbf{h}} \boldsymbol{\psi}_t(\mathbf{h}(\mathbf{x})), \qquad \text{für alle } t \in \mathcal{R}. \tag{1.5.3}$$

Die Bedeutung von (1.5.2 und 1.5.3) ist in Abb. 1.17 gezeigt. Man beachte, daß durch die Eindeutigkeit der Trajektorie jedes Stromes jede gegebene Trajektorie von φ_t auf eine und nur eine Trajektorie von $\boldsymbol{\psi}_t$ abgebildet wird und vice versa.

Beispiel 1.3 Sei $f : \mathcal{R} \to \mathcal{R}$ ein Diffeomorphismus mit $Df(x) > 0$ für einige $x \in \mathcal{R}$. Die Differentialgleichung $\dot{x} = f(x) - x$ definiere einen Strom $\varphi_t : \mathcal{R} \to \mathcal{R}$. Man zeige, daß f topologisch konjugiert zu φ_1 ist.

Lösung. Ist f ein Diffeomorphismus, so ist sie entweder eine wachsende oder fallende Funktion (Differenzierbarkeit von f^{-1} bedeutet, daß Df niemals null wird). Da $Df(x) > 0$ für einige x, ist $Df(x) > 0$ für alle x und f ist eine wachsende Funktion (siehe Abb. 1.18). Daraus folgt, daß f eine beliebige Anzahl von Fixpunkten haben kann (auch null). Solche Punkte x_i^*, $i = 1, 2, \ldots$ sind durch $x_i^* = f(x_i^*)$ gegeben und decken sich natürlich mit den singulären Punkten des Vektorfeldes $f(x) - x$.

Ist nun x_0 ein Punkt aus dem offenen Intervall (x_i^*, x_{i+1}^*), so ist die Bahn von x_0 unter f (und φ) auf dieses Intervall beschränkt und hat für beide Abbildungen die gleiche Orientierung (N.B. $\text{sign}(x_{n+1} - x_n) = \text{sign}\ (f(x_n) - x_n) = \text{sign}\ (\dot{x})$, $n \in \mathcal{Z}$).

Seien $x_0, y_0 \in (x_i^*, x_{i+1}^*)$ und betrachte man die Bahn von x_0 unter f sowie die Bahn von y_0 unter φ_1. Weiter sei $P_n = f^n(x_0)$ und $Q_n = \varphi_n(y_0)$, $n \in \mathcal{Z}$. Man beachte (Abb. 1.19), daß

$$f : [P_n, P_{n+1}] \to [P_{n+1}, P_{n+2}] \tag{1.5.4}$$

und

$$\varphi_t : [Q_n, Q_{n+1}] \to [Q_{n+1}, Q_{n+2}], \tag{1.5.5}$$

$n \in \mathcal{Z}$, ordnungserhaltende Diffeomorphismen sind. Wenn sogar $x \in [P_0, P_1]$, dann ist $f^n(x) \in [P_n, P_{n+1}]$, und genau so mit x, P und F ersetzt durch y, Q, φ_1.

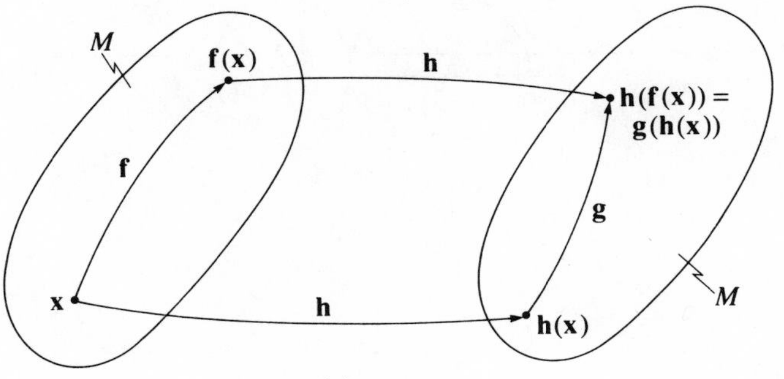

(a)

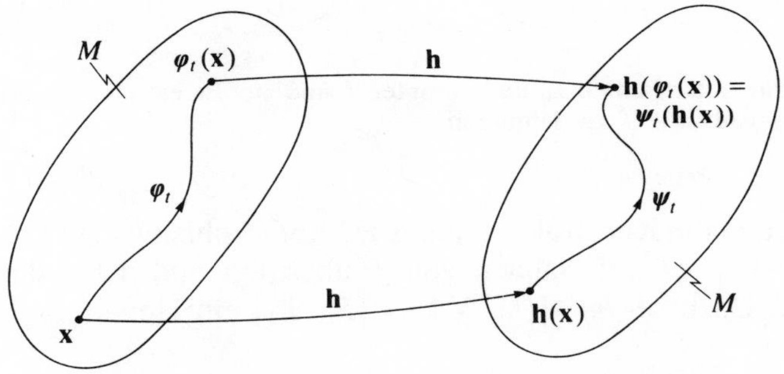

(b)

Abb. 1.17. Konjugation von: (a) Diffeomorphismen, (b) Strömen. Man beachte, daß (b) gültig ist für alle $t \in \mathcal{R}$ und daß (1.5.1) $\mathbf{h}(\mathbf{f}^m(\mathbf{x})) = \mathbf{g}^m(\mathbf{h}(\mathbf{x}))$ impliziert.

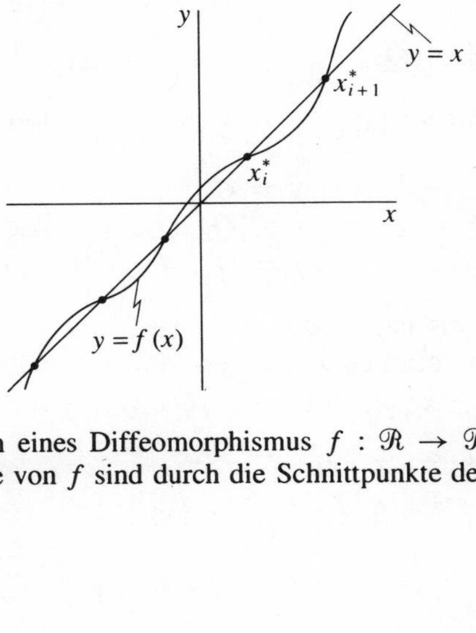

Abb. 1.18. Typischer Graph eines Diffeomorphismus $f : \mathcal{R} \to \mathcal{R}$ mit $Df(x) > 0$ für einige $x \in \mathcal{R}$. Die Fixpunkte von f sind durch die Schnittpunkte der Kurve $y = f(x)$ mit der Geraden $y = x$ gegeben.

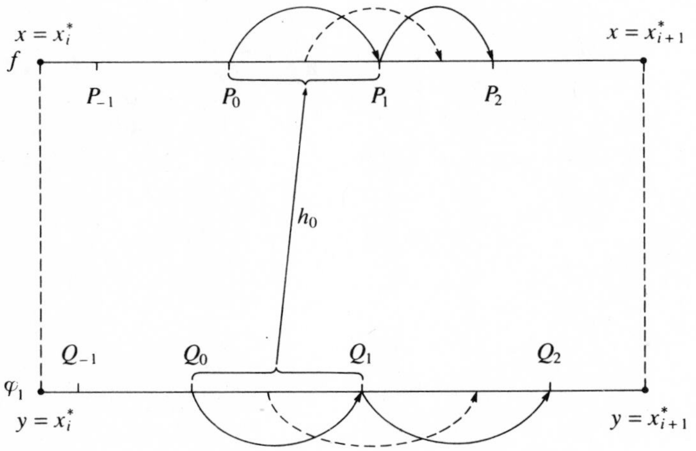

Abb. 1.19. Bahnen der Punkte x_0 und y_0 unter f und φ_1. Es empfiehlt sich, $P_n = f^n(x_0)$ und $Q_n = \varphi_n(y_0)$ für $n \in \mathcal{Z}$ zu definieren.

Unser Ziel ist die Konstruktion eines Homomorphismus auf $[x_i^*, x_{i+1}^*]$, welcher Bahnen von φ_1 auf Bahnen von f überträgt und dabei den Parameter $n \in \mathcal{Z}$ erhält. Dazu sei $h_0 : [Q_0, Q_1] \to [P_0, P_1]$ ein Homomorphismus, zum Beispiel

$$h_0(y_0) = x_0 + (y - y_0)\left\{\frac{f(x_0) - x_0}{\varphi_1(y_0) - y_0}\right\}. \tag{1.5.6}$$

Nun sei für $y \in [Q_n, Q_{n+1}]$

$$h_n(y) = f^n \cdot h_0 \cdot \varphi_{-n}(y) \tag{1.5.7}$$

definiert. Natürlich ist $h_n : [Q_n, Q_{n+1}] \to [P_n, P_{n+1}]$ und

$$h_n(Q_{n+1}) = h_{n+1}(Q_{n+1}) = P_{n+1}, \qquad \in \mathcal{Z}. \tag{1.5.8}$$

Es folgt nun, daß $h : [x_i^*, x_{i+1}^*] \to [x_i^*, x_{i+1}^*]$, definiert durch

$$h(y) = \begin{cases} x_i^* & y = x_i^* \\ h_n(y) \quad \text{für} & y \in [Q_n, Q_{n+1}], \quad n \in \mathcal{Z} \\ x_{i+1}^* & y = x_{i+1}^* \end{cases} \tag{1.5.9}$$

ein Homomorphismus ist.

Schließlich ist es einfach zu zeigen, daß h die Konjugation von f und φ_1 darstellt. Ist $x \in [x_i^*, x_{i+1}^*]$, so ist $x \in [Q_n, Q_{n+1}]$ für bestimmte n und

$$h \cdot \varphi_1(x) = h_{n+1} \cdot \varphi_1(x) \tag{1.5.10}$$

$$= f^{n+1} \cdot h_0 \cdot \varphi_{-n-1} \cdot \varphi_1(x) \tag{1.5.11}$$

$$= f \cdot h_n(x) \tag{1.5.12}$$
$$= f \cdot h(x), \tag{1.5.13}$$

wie gefordert.

Es ist wichtig zu beachten, daß das Beispiel 1.3 eine *spezielle* Eigenschaft wachsender Diffeomorphismen auf der Linie zeigt. Nicht alle Diffeomorphismen auf $\mathcal{R}$ sind topologisch konjugiert zur Zeit-eins-Abbildung von Strömen. Ist zum Beispiel f ein fallender Diffeomorphismus auf $\mathcal{R}$, oszilliert die Bahn von f um seinen Fixpunkt (siehe Abb. 1.20). Ein solches Verhalten ist für die Zeit-eins-Abbildung eines Stromes auf $\mathcal{R}$ nicht möglich.

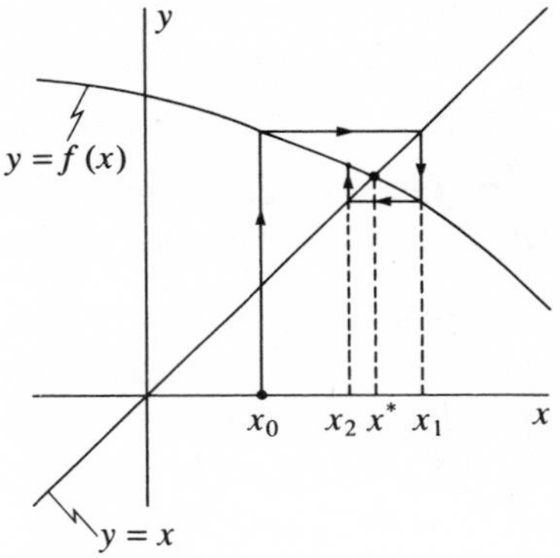

Abb. 1.20. Graphische Ableitung einer typischen Bahn eines fallenden Diffeomorphismus $f : \mathcal{R} \to \mathcal{R}$ in der Umgebung eines Fixpunktes. Die Bahn oszilliert von der einen Seite des Fixpunktes zu der anderen.

Ist $\mathbf{h}$ in Definition 1.10 ein C^k-Diffeomorphismus mit $k \geq 1$ anstelle eines Homomorphismus, so nennt man $\mathbf{f}$ und $\mathbf{g}$ (oder $\boldsymbol{\varphi}_t$ und $\boldsymbol{\psi}_t$) C^k-konjugiert. Diese Art von Konjugation ist stärker einschränkend als topologische Konjugation. Die reellwertigen Funktionen $f(x) = 2x$ und $g(x) = 8x$, $x \in \mathcal{R}$ zum Beispiel sind topologisch konjugiert, aber nicht C^k-konjugiert für beliebiges $k \geq 1$ (siehe Aufgabe 1.5.1).

C^k-Konjugation von $\boldsymbol{\varphi}_t$ und $\boldsymbol{\psi}_t$ steht in Verbindung mit der Existenz einer k-fach differenzierbaren Funktion $\mathbf{h}$, die die Differentialgleichung $\dot{\mathbf{x}} = \mathbf{X}(\mathbf{x})$ von $\boldsymbol{\varphi}$ in die Gleichung $\dot{\mathbf{y}} = \mathbf{Y}(\mathbf{y})$ von $\boldsymbol{\psi}$ transformiert. Man erinnere sich, C^k-Konjugation von $\boldsymbol{\varphi}_t$ und $\boldsymbol{\psi}_t$ bedeutet, daß eine Funktion $\mathbf{h} \in C^k$ existiert, so daß $\mathbf{h}(\boldsymbol{\varphi}(\mathbf{x})) = \boldsymbol{\psi}(\mathbf{h}(\mathbf{x}))$ gilt. Differenziert man diese Beziehung nach t an der Stelle $t = 0$, so erhält man

$$\left\{ D\mathbf{h}(\boldsymbol{\varphi}_t(\mathbf{x})) \frac{d\boldsymbol{\varphi}_t}{dt}(\mathbf{x}) \right\}\bigg|_{t=0} = \frac{d\boldsymbol{\psi}_t}{dt}(\mathbf{h}(\mathbf{x}))\bigg|_{t=0} \tag{1.5.14}$$

oder

$$D\mathbf{h}(\mathbf{x})\mathbf{X}(\mathbf{x}) = \mathbf{Y}(\mathbf{h}(\mathbf{x})), \tag{1.5.15}$$

da $\boldsymbol{\varphi}_0 = \mathbf{id}_M$. Nun wendet man den Koordinatenwechsel $\mathbf{y} = \mathbf{h}(\mathbf{x})$ auf $\dot{\mathbf{x}} = \mathbf{X}(\mathbf{x})$ an. Mit Hilfe von (1.5.15) finden wir

$$\dot{\mathbf{y}} = D\mathbf{h}(\mathbf{x})\dot{\mathbf{x}} = D\mathbf{h}(\mathbf{x})\mathbf{X}(\mathbf{x}) = \mathbf{Y}(\mathbf{h}(\mathbf{x})) = \mathbf{Y}(\mathbf{y}) \tag{1.5.16}$$

wie gefordert. Wenn also $\mathbf{h}$ die Konjugation von $\boldsymbol{\varphi}$ und $\boldsymbol{\psi}$ darstellt, so transformiert die *differenzierende Abbildung* $D\mathbf{h}$ das Vektorfeld $\mathbf{X}(\mathbf{x})$ in $\mathbf{Y}(\mathbf{y})$ mit $\mathbf{y} = \mathbf{h}(\mathbf{x})$.

Ein wichtiger Fall von C^1-Konjugation von Strömen tritt beim qualitativen Studium von lokalen Phasenbildern in der Umgebung von gewöhnlichen Punkten auf. Sei $\mathbf{x}_0$ ein gewöhnlicher Punkt des Stromes $\boldsymbol{\varphi} : \mathcal{R} \times \mathcal{R}^n \to \mathcal{R}^n$ des Vektorfeldes $\mathbf{X} : \mathcal{R}^n \to \mathcal{R}^n$.

Definition 1.11 *Ein* lokaler (Quer-) Schnitt *in* $\mathbf{x}_0$ *ist eine offene Menge* S *in einer Hyperfläche* $H \subseteq \mathcal{R}^n$*, die* $\mathbf{x}_0$ *enthält und senkrecht zu* $\mathbf{X}(\mathbf{x}_0)$ *liegt.*

Zur Vereinfachung wollen wir annehmen, daß H die Normale $\mathbf{X}(\mathbf{x}_0)$ besitze. Dann (siehe Abb. 1.21) gibt es eine Umgebung V von $\mathbf{x}_0$, so daß jeder Punkt $\mathbf{x} \in V$ als $\mathbf{x} = \boldsymbol{\varphi}_u(\mathbf{y})$ mit $\mathbf{y} \in S$ geschrieben werden kann. Mit anderen Worten, wir können die Trajektorien des Stromes zur Definition neuer Koordinaten auf V verwenden.

Diese neuen Koordinaten passen bestens zu den *lokalen Koordinaten* in $\mathbf{x}_0$. Sei also $\mathbf{x} \mapsto \mathbf{x} - \mathbf{x}_0$, so daß $\mathbf{x}_0$ im Ursprung beider Koordinatensysteme liegt. Wählen wir nun eine Basis in $\mathcal{R}^n$ mit $\mathbf{X}(\mathbf{0})$ als dem ersten Vektor. Dann ist die erste Koordinate eines jeden Punktes $\mathbf{y} \in S$ gleich null und S definiert eine Umgebung $\tilde{S}$ um den Ursprung in $\mathcal{R}^{n-1}$ (siehe Abb. 1.21(b)). Jeder Punkt von $\tilde{S}$ kann durch $\xi \in \mathcal{R}^{n-1}$ ausgedrückt werden, und jeder Punkt $\mathbf{x} \in V$ kann folgendermaßen geschrieben werden

$$\mathbf{x} = \boldsymbol{\varphi}_u((0, \xi)) = \boldsymbol{\varphi}(u, (0, \xi)) = \mathbf{h}(u, \xi). \tag{1.5.17}$$

Nach der Definition von $\boldsymbol{\varphi}$ ist $\mathbf{h} : \mathcal{R}^n \to \mathcal{R}^n$ eine C^1-Funktion. Mehr noch, $\mathbf{h}|\tilde{S}$ ist die Identität und $D_u\mathbf{h}(\mathbf{0}) = \mathbf{X}(\mathbf{0})$ nach (1.3.4). Da $\det D\mathbf{h}(\mathbf{0}) \neq 0$, existiert $\mathbf{h}^{-1}$ und ist aus C^1. In den neuen Koordinaten sind die Trajektorien des Stromes einfach die Linien mit konstantem ξ (siehe Abb. 1.21(c)), das heißt

$$\psi_t(u, \xi) = (t + u, \xi). \tag{1.5.18}$$

Um zu zeigen, daß $\boldsymbol{\varphi}_t$ und $\boldsymbol{\psi}_t$ konjugiert sind, beachte man, daß (1.5.18) impliziert

$$\mathbf{h}(\boldsymbol{\psi}_t(u, \xi)) = \mathbf{h}(t + u, \xi). \tag{1.5.19}$$

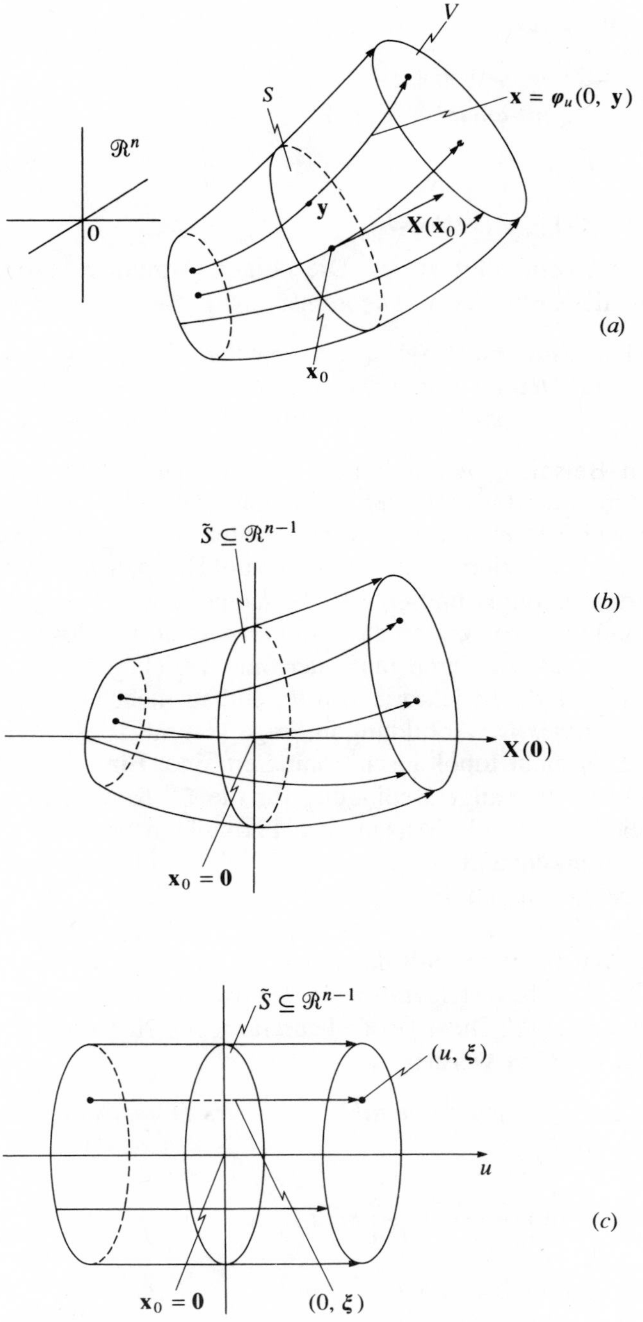

Abb. 1.21. Verschiedene Darstellungen einer „Flow-box", welche den gewöhnlichen Punkt $\mathbf{x}_0$ enthält: (a) in den Originalkoordinaten, (b) in lokalen Koordinaten in $\mathbf{x}_0$ und (c) in lokalen Koordinaten definiert durch die Stromlinien.

(1.5.17) ergibt dann

$$\mathbf{h}(t+u,\xi) = \boldsymbol{\varphi}(t+u,(0,\xi)) \quad (1.5.20)$$
$$= \boldsymbol{\varphi}_t(\boldsymbol{\varphi}(u,(0,\xi)) \quad (1.5.21)$$

nach (1.3.2). Daher gilt

$$\mathbf{h}(\boldsymbol{\psi}_t(u,\xi)) = \boldsymbol{\varphi}_t(\mathbf{h}(u,\xi)) \quad (1.5.22)$$

und $\boldsymbol{\psi}_t$ ist C^1-konjugiert zu $\boldsymbol{\varphi}_t$. Die obigen Argumente sind wesentlich für den Beweis des „Flow-box"-Theorems.

Theorem 1.2 (Flow-box) *Sei $\mathbf{x}_0$ ein gewöhnlicher Punkt des Stromes $\boldsymbol{\varphi}$. In jeder genügend kleinen Umgebung von $\mathbf{x}_0$ ist $\boldsymbol{\varphi}$ C^1-konjugiert zu dem Strom $\boldsymbol{\psi}(t,\mathbf{x}) = \mathbf{x} + t\mathbf{e}_1$, wobei $\mathbf{e}_1$ ein Einheitsvektor parallel zur x_1-Achse ist.*

Die obigen Beispiele verdeutlichen, daß wir zum Beweis der Konjugation zweier Ströme oder Diffeomorphismen eine passende Abbildung konstruieren müssen, die (1.5.1) erfüllt. Oft ist es leichter zu erkennen, wenn eine solche Abbildung nicht existiert. Man betrachte zum Beispiel zwei Ströme: $\boldsymbol{\varphi}_t$ mit einem isolierten Fixpunkt und $\boldsymbol{\psi}_t$ mit überhaupt keinem Fixpunkt. Der Fixpunkt ist eine Trajektorie von $\boldsymbol{\varphi}_t$, so daß, sind $\boldsymbol{\varphi}_t$ und $\boldsymbol{\psi}_t$ topologisch konjugiert, ein Homomorphismus existieren muß, der eine Trajektorie von $\boldsymbol{\psi}_t$ auf den Fixpunkt abbildet. Jede Trajektorie von $\boldsymbol{\psi}_t$ enthält mehr als einen Punkt, so daß nur eine *nicht-injektive* Abbildung in Frage kommt. Dieser Widerspruch zeigt, daß $\boldsymbol{\varphi}_t$ und $\boldsymbol{\psi}_t$ nicht topologisch konjugiert sind. Eine offensichtliche Folgerung ist: eine notwendige Bedingung für die C^0-Konjugation zweier Ströme ist, daß beide die gleiche Anzahl von Fixpunkten besitzen. Hier erlaubt uns eine leicht zu erkennende Eigenschaft (nämlich die Zahl der Fixpunkte), eine Aussage über Konjugation zu treffen.

Ein vielleicht weniger triviales Beispiel bietet der Diffeomorphismus auf dem Kreis. Wir beginnen mit der Betrachtung reiner Rotationen.

Eine Eigenschaft, welche rationale und irrationale Rotationen unterscheidet, ist ihre *Rotationszahl*. Diese Größe kann für jeden Homomorphismus $f : S^1 \to S^1$ wie folgt definiert werden.

Definition 1.12 *Die Rotationszahl $\rho(f)$ eines Homomorphismus $f : S^1 \to S^1$ ist gegeben durch*

$$\rho(f) = \left(\lim_{n\to\infty} \frac{\bar{f}^n(x) - x}{n} \right) mod\, 1, \quad (1.5.23)$$

wobei $\bar{f}$ die Liftung von f ist.

Wie unsere Notation bereits suggeriert, kann man zeigen, daß $\rho(f)$ unabhängig vom Punkt x in (1.5.23) ist. Ein Beweis findet der Leser bei Nitecki (1971, S. 33-34).

Wie man in Abb. 1.22 sieht, ist

$$\bar{R}_\gamma(x) = x + \gamma \tag{1.5.24}$$

die Liftung der reinen Rotation $R_\gamma(\theta) = (\theta + \gamma) \bmod 1$. Deshalb ist $\bar{R}^n_\gamma(x) = x + n\gamma$ und damit $\rho(R_\gamma) = \gamma$, das heißt, die Rotationszahl von R_γ ist γ selbst. Eine rationale Rotation R_α, $\alpha = p/q \in \mathcal{Q}$ kann nicht topologisch konjugiert zu einer irrationalen Rotation R_β, $\beta \in \mathcal{R}\backslash\mathcal{Q}$ sein. Wir sahen in Paragraph 1.2.2, daß die Bahn eines jeden Punktes θ unter R_α periodisch ist mit der Periode q, das heißt $R^q_\alpha(\theta) = \theta$, während $R^m_\beta(\theta) \neq \theta$ für jedes $\theta \in [0, 2\pi]$ oder $m \in \mathcal{Z}$. Daher ist keine Abbildung einer Bahn von R_β auf eine Bahn von R_α injektiv; reine Rotationen mit rationalen Rotationszahlen sind also topologisch verschieden (das heißt nicht C^0-konjugiert) von Rotationen mit irrationalen Rotationszahlen. Nun sind reine Rotationen Diffeomorphismen auf S^1, und $\rho(f)$ ist für jeden Diffeomorphismus $f : S^1 \to S^1$ definiert. In welchem Sinne kann das obige Resultat für reine Rotationen auf allgemeine Diffeomorphismen auf S^1 übertragen werden?

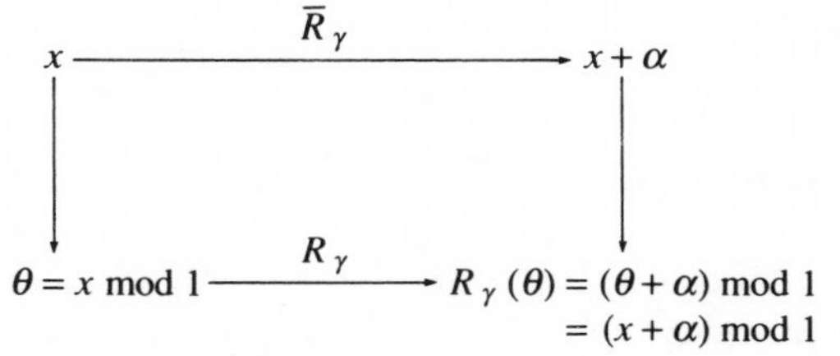

Abb. 1.22. Kommutatives Diagramm zur Darstellung der Verbindung zwischen der reinen Rotation R_γ und seiner Liftung $\bar{R}_\gamma$.

Satz 1.4 *Ein Diffeomorphismus $f : S^1 \to S^1$ hat periodische Punkte dann und nur dann, wenn die Rotationszahl $\rho(f)$ rational ist.*

Beweis. Hat f einen periodischen Punkt, so gilt für eine gegebene Liftung $\bar{f}$ von f, daß ein $x^* \in \mathcal{R}$ existiert und

$$\bar{f}^q(x^*) = x^* + p \tag{1.5.25}$$

gilt für ganze Zahlen p und q. Daraus folgt $\bar{f}^{nq}(x^*) = x^* + np$, und daraus

$$\frac{\bar{f}^{nq}(x^*) - x^*}{nq} = \frac{np}{nq} = \frac{p}{q}. \tag{1.5.26}$$

Also ist $\rho(f)$ rational.

Um die Umkehrung zu beweisen, nehmen wir an, f habe keine periodischen Punkte. Dann ist

$$\bar{f}^q(x) \neq x + p, \tag{1.5.27}$$

oder

$$\bar{f}^q(x) - x \neq p, \tag{1.5.28}$$

für ganze Zahlen p,q und $x \in \mathcal{R}$.

Da $g_q(x) = \bar{f}^q(x) - x$ die Gleichung $g_q(x+1) = g_q(x)$ erfüllt für alle x, so bedeutet (1.5.28), daß ein $\varepsilon > 0$ existiert und

$$g_q(x) < p - \varepsilon, \qquad \text{für alle } x, \tag{1.5.29}$$

oder

$$g_q(x) > p + \varepsilon, \qquad \text{für alle } x. \tag{1.5.30}$$

Gelte (1.5.29), so folgt $\bar{f}_q(x) < x + p - \varepsilon$ für alle x und damit

$$\bar{f}^{nq}(x) = \bar{f}^q(\bar{f}^{(n-1)_q}(x)) < \bar{f}^{n-1)q}(x) + p - \varepsilon \tag{1.5.31}$$

$$= \bar{f}^q(\bar{f}^{(n-2)q}(x)) + p - \varepsilon < \cdots < x + n(p - \varepsilon). \tag{1.5.32}$$

Gilt (1.5.30), so ist

$$\bar{f}^{nq}(x) > x + n(p + \varepsilon). \tag{1.5.33}$$

Daher ist $\lim_{n\to\infty}[\bar{f}^{nq}(x)-x]/nq$ größer als$(p+\varepsilon)/q$ oder kleiner als $(p-\varepsilon)/q$ für ganze Zahlen p und q, so daß $\rho(f) \neq (p/q) \bmod 1$ gilt.

Typischerweise haben Kreisdiffeomorphismen mit rationalen Rotationszahlen $p/q \in \mathcal{Q}$ eine gerade Anzahl von Zyklen mit Periode q. Eine Skizze von $\bar{f}^q(x)$ (siehe Abbildung 1.23) zeigt nicht nur, warum die Anzahl von Zyklen gerade ist, sondern auch, daß stabile und instabile Punkte alternierend im Kreis angeordnet sind.

Das folgende Resultat zeigt, daß Kreisdiffeomorphismen mit irrationaler Rotationszahl sich wie irrationale Rotationen verhalten können.

Theorem 1.3 (Denjoy) *Ist ein die Orientierung erhaltender Diffeomorphismus $f : S^1 \to S^1$ aus der Klasse C^2 und ist $\rho(f) = \beta \in \mathcal{R}\backslash\mathcal{Q}$, dann ist er topologisch konjugiert zur reinen Rotation R_β.*

Für einen Beweis des Denjoyschen Theorems sei der interessierte Leser auf Arnold (1983, S.105-6) oder Nitecki (1971, S.45-49) verwiesen. Diese wichtige Aussage bedeutet, daß jede Bahn von f dicht ist, wenn f aus C^2 und $\rho(f)$ irrational ist. Ist f aber nicht aus C^2, so können kompliziertere Phänomene, wie zum Beispiel invariante Cantor-Mengen, auftreten (siehe Paragraph 6.4.1 und Nitecki, 1971).

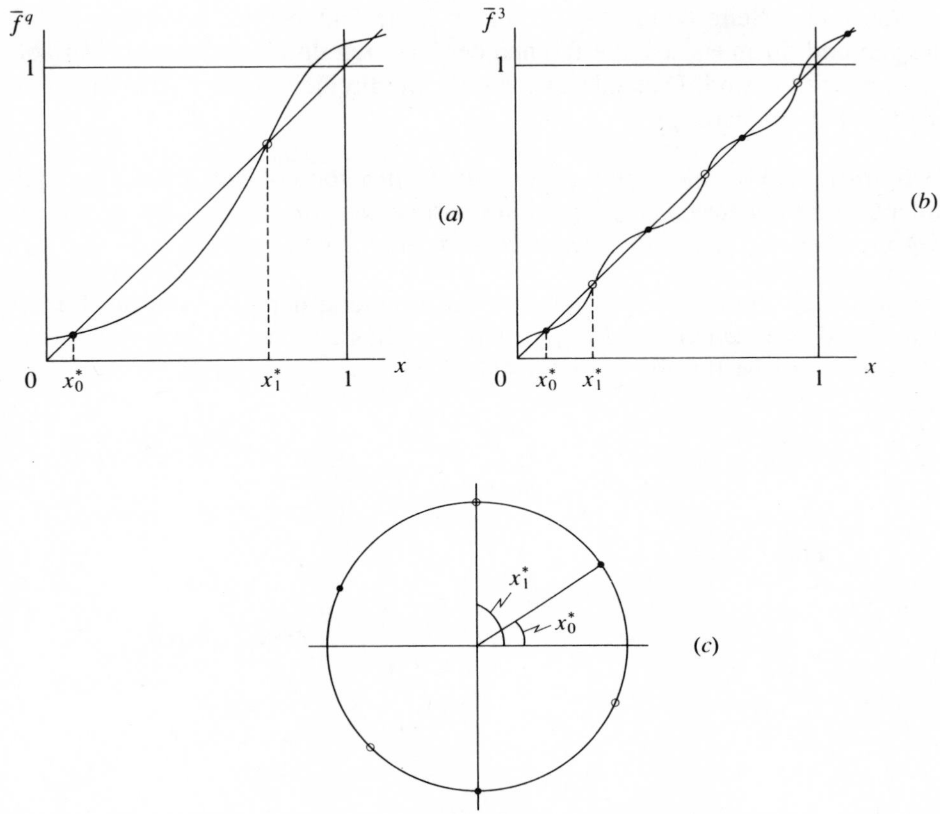

Abb. 1.23. (a) Skizze von $\bar{f}^q(x)$. Man beachte, da $\bar{f}^q(1) = \bar{f}^q(0) + 1$ gilt, gibt es zu einem existierenden Fixpunkt x_0^* einen weiteren Fixpunkt x_1^*. Ist x_0^* stabil, so muß x_1^* instabil sein. (b) Beispiel von $\bar{f}^3(x)$ für einen Kreisdiffeomorphismus mit einem stabilen 3-Zyklus. Daraus folgt sofort die Existenz eines instabilen 3-Zyklus. (c) Darstellung der periodischen Punkte von f auf dem Kreis für die Liftung von (b).

1.6 Äquivalenz von Strömen

Topologische Konjugation ist zweifelsohne die natürlichste Äquivalenzrelation für Abbildungen. Ein Homomorphismus **h** überträgt aufeinanderfolgende Punkte der Bahn der einen Abbildung **f** auf Punkte der anderen Abbildung **g**. Ist das Ziel eine Aussage über das gleichartige Verhalten von **f** und **g**, so ist die Stetigkeit von **h** und ihrer Inversen sicherlich das letzte, was wir fordern sollten. Da die Bahnen einer Abbildung Folgen von diskreten Punkten sind, kann man sich kaum etwas Vernünftigeres vorstellen als das Abbilden von Bahnen auf Bahnen in der Art wie oben beschrieben.

Von dieser Seite betrachtet ist der wichtige Unterschied zwischen Abbildungen und Strömen, daß die Bahnen der letzteren durch eine *stetige* Variable t parametrisiert sind. Dies gibt uns zusätzliche Freiheit bei der Abbildung von Bahnen auf Bahnen.

Definition 1.13 *Zwei Ströme* $\boldsymbol{\varphi}_t$ *und* $\boldsymbol{\psi}_t$ *heißen* topologisch (oder C^0-)äquivalent, *wenn ein Homomorphismus* $\mathbf{h}$ *existiert, der die Bahnen von* $\boldsymbol{\varphi}_t$ *auf die von* $\boldsymbol{\psi}_t$ *überträgt und dabei deren Orientierung erhält.*

Da die Äquivalenz von Strömen nur die Erhaltung der *Orientierung* fordert, bedeutet dies $\mathbf{h}(\boldsymbol{\varphi}_t(\mathbf{x})) = \boldsymbol{\psi}_{\tau_y(t)}(\mathbf{y})$ mit $\mathbf{y} = \mathbf{h}(\mathbf{x})$, wobei τ_y eine wachsende Funkion von t ist für alle $\mathbf{y}$ (siehe Abb. 1.24).

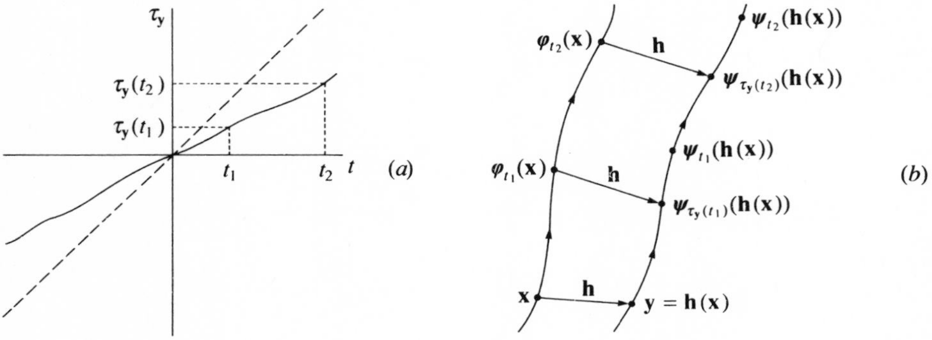

Abb. 1.24. Topologische Äquivalenz fordert die Abbildung von Trajektorien auf Trajektorien bei Erhaltung der Orientierung anstatt t selbst. Daher ist $\tau_y(t)$ eine wachsende Funktion von t, die stetig durch $\mathbf{y}$ parametrisiert ist und $\tau_y(0) = 0$ erfüllt. Nimmt $\tau_y(t)$ die Form an, die in (a) gezeigt ist, so verbindet $\mathbf{h}$ die beiden Ströme $\boldsymbol{\varphi}_t(\mathbf{x})$ und $\boldsymbol{\psi}_{\tau_y(t)}(\mathbf{h}(\mathbf{x}))$ wie in (b) gezeigt.

Diese Lockerung der Forderung der Erhaltung des Parameters t ergibt mehr erfüllbare Äquivalenzklassen für Ströme. Die ebenen Differentialgleichungen

$$\dot{r} = \frac{1}{2}r(1-r), \qquad \dot{\theta} = 1, \tag{1.6.1}$$

$$\dot{r} = r(1-r), \qquad \dot{\theta} = 2, \tag{1.6.2}$$

haben ähnliche Phasenbilder. Beide besitzen eine anziehende geschlossene Bahn γ mit $r(t) \equiv 1$ und einen instabilen Fixpunkt im Ursprung. Im ersten Fall beträgt die Periode von γ 2π, im zweiten ist sie gleich π. Soll also $\mathbf{h} : \gamma \to \gamma$ den Parameter t erhalten, so liegt keine Bijektion mehr vor. Daher sind beide *nicht* topologisch *konjugiert*, sie sind jedoch topologisch *äquivalent*. Eine Zeitskalierung $t \mapsto 2t$ transformiert erstere in letztere Differentialgleichung.

Ist Definition 1.13 erfüllt mit $\mathbf{h} \in C^k$, $k \geq 1$, so kann diese stärkere Beziehung zwischen $\boldsymbol{\varphi}$ und $\boldsymbol{\psi}$ betont werden, indem man sagt, sie sind C^k-äquivalent. Sind zwei Ströme $\boldsymbol{\varphi}$ und $\boldsymbol{\psi}$ C^k-äquivalent ($k > 0$), dann sagt man, ihre Vektorfelder $\mathbf{X}(\mathbf{x})$ und $\mathbf{Y}(\mathbf{y})$ sind C^k-äquivalent. Diese Terminologie wird oft verwendet, da Ströme meist implizit durch ihre Vektorfelder beschrieben werden. In Anwendungen zum Beispiel begegnet man oft Modell-Differentialgleichungen, ohne über explizite Formen der Lösungen zu verfügen.

Ist $k \geq 1$, so gibt es einen C^k-Diffeomorphismus $\mathbf{h}$ mit

$$D\mathbf{h}(\mathbf{x})\mathbf{X}(\mathbf{x}) = \sigma(\mathbf{h}(\mathbf{x}))\mathbf{Y}(\mathbf{h}(\mathbf{y})) \tag{1.6.3}$$

(vergleiche (1.5.16)), wobei $\sigma : \mathcal{R}^n \to \mathcal{R}^n$ entsprechend der Reparametrisierung der Zeit nur positive Werte annimmt. Man erinnere sich, daß das Vektorfeld von $\boldsymbol{\psi}_{\tau_y(t)}$ gegeben ist durch

$$\left.\frac{d\boldsymbol{\psi}_{\tau_y(t)}}{dt}(\mathbf{y})\right|_{t=0} = \left.\left(\dot{\tau}_y(t)\frac{d\boldsymbol{\psi}_{\tau_y}}{d\tau_y}(\mathbf{y})\right)\right|_{t=0} \tag{1.6.4}$$

$$= \sigma(\mathbf{y})\mathbf{Y}(\mathbf{y}), \tag{1.6.5}$$

hier ist $\sigma(\mathbf{y}) = \dot{\tau}_y(0)$ ein positiver Skalenfaktor, der den Wert von $\mathbf{Y}(\mathbf{y})$, aber nicht seine Richtung ändert.

Beispiel 1.4 Man zeige, daß die Vektorfelder $\mathbf{J}\mathbf{x}$ und $\mathbf{J}_0\mathbf{x}$ mit

$$\mathbf{J} = \begin{pmatrix} \alpha & -\beta \\ \beta & \alpha \end{pmatrix} \quad \text{und} \quad \mathbf{J}_0 = \begin{pmatrix} 1 & -1 \\ 1 & 1 \end{pmatrix}, \tag{1.6.6}$$

$\alpha, \beta < 0$, topologisch äquivalent sind.

Lösung. Die Differentialgleichungen $\dot{\mathbf{x}} = \mathbf{J}\mathbf{x}$ und $\dot{\mathbf{x}} = \mathbf{J}_0\mathbf{x}$ löst man leicht durch Einführung ebener Polarkoordinaten. So entsteht aus $\dot{\mathbf{x}} = \mathbf{J}\mathbf{x}$ dann $\dot{r} = \alpha r$, $\dot{\theta} = \beta$ mit den Lösungen

$$r(t) = r_0 \exp(\alpha t), \qquad \theta = \beta t + \theta_0. \tag{1.6.7}$$

Die Gleichung $\dot{\mathbf{x}} = \mathbf{J}_0\mathbf{x}$ wird zu $\dot{R} = R$, $\dot{\Theta} = 1$ und die Lösungen sind

$$R(t) = R_0 \exp(t), \qquad \Theta = t + \Theta_0. \tag{1.6.8}$$

Substituieren wir $t \mapsto \beta t$ in (1.6.7), so erhalten wir

$$r(t) = r_0 \exp(\alpha t/\beta), \qquad \theta = t + \theta_0. \tag{1.6.9}$$

Da $\beta > 0$, sind die Ströme, definiert durch (1.6.7) und (1.6.9), topologisch äquivalent mit $\mathbf{h}$ gleich der Identität. Mit anderen Worten, sie haben die gleichen Trajektorien und unterscheiden sich nur in der Geschwindigkeit, mit der sie sie durchlaufen.

Beseitigung von t aus (1.6.8) und (1.6.9) gibt

$$\frac{R}{R_0} = \left(\frac{r}{r_0}\right)^{\beta/\alpha}, \qquad \Theta = (\theta - \theta_0) + \Theta_0. \tag{1.6.10}$$

Gleichung (1.6.10) definiert eine Abbildung, die die Trajektorie von (1.6.9) durch (r_0, θ_0) auf die Trajektorie von (1.6.8) durch (R_0, Θ_0) überträgt (siehe Abb. 1.25).

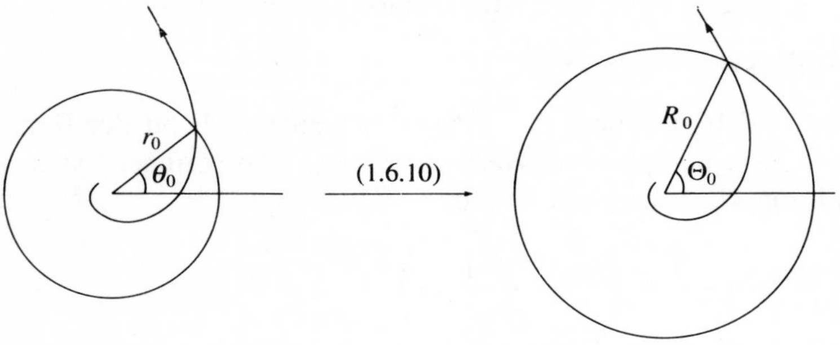

Abb. 1.25. Darstellung der Wirkung der Abbildung (1.6.10) auf die Bahn von (1.6.9) durch (r_0, θ_0). Das Ergebnis ist die Bahn von (1.6.8) durch (R_0, Θ_0).

Für $r, r_0 > 0$ ist diese Abbildung 1:1, stetig und orientierungserhaltend (sie erhält sogar t selbst); und sie hängt von vier Parametern ab. (1.6.10) stellt eine ganze Familie von Abbildungen der Ebene auf sich selbst dar. Wir benötigen jedoch einen einzelnen Homomorphismus, der jede Trajektorie von (1.6.8) auf eine Bahn von (1.6.9) überträgt, so müssen wir Werte für die Parameter wählen.

Jede Trajektorie von (1.6.8) und (1.6.9) schneidet den Einheitskreis einmal und nur einmal. Wir wollen nun die Bahn von (1.6.9), die den Einheitskreis bei der Winkelkoordinate θ_0 schneidet, auf die Bahn von (1.6.8), die den Einheitskreis bei Θ_0 schneidet, abbilden. Die dazu gehörige Abbildung $\mathbf{h}$ erhält man durch Setzen von $r_0 = R_0 = 1$ und $\theta_0 = \Theta_0$ in (1.6.10), das heißt

$$R = r^{\beta/\alpha}, \qquad \Theta = \theta, \tag{1.6.11}$$

mit $r > 0$, $0 \leq \theta \leq 2\pi$. Wenn wir noch $\mathbf{h}(\mathbf{0}) = \mathbf{0}$ definieren, so haben wir einen Homomorphismus konstruiert, welcher die topologische Äquivalenz von (1.6.8) und (1.6.9) zeigt. Da wir bereits die Äquivalenz von (1.6.7) und (1.6.9) gezeigt haben, können wir abschließend folgern, daß $\mathbf{Jx}$ und $\mathbf{J}_0\mathbf{x}$ topologisch äquivalent sind.

Beispiel 1.5 Man verwende die Abbildung $r' = r$, $\theta' = \theta - \ln r$ $(r > 0)$, um zu zeigen, daß die Vektorfelder $\mathbf{J}_0\mathbf{x}$ (siehe Beispiel 1.4) und $\mathbf{x}$ topologisch äquivalent sind.

Lösung. Sei $\mathbf{h}$ gegeben durch

$$\begin{aligned}\mathbf{h}(\mathbf{x}) &= \mathbf{h}(r\cos\theta, r\sin\theta) \qquad (1.6.12)\\ &= \begin{cases} r\cos(\theta - \ln r), r\sin(\theta - \ln r), & r > 0 \\ (0,0), & r = 0. \end{cases} \qquad (1.6.13)\end{aligned}$$

Die Abbildung $\mathbf{h} : \mathcal{R}^2 \to \mathcal{R}^2$ ist stetig und hat eine stetige Inverse, $r = r'$, $\theta = \theta' + \ln r'$, $r' > 0$. Da $\mathbf{h}(\mathbf{0}) = \mathbf{0}$ ist, überträgt $\mathbf{h}$ die Fixpunkttrajektorie des Stromes von $\mathbf{J}_0\mathbf{x}$ auf die von $\mathbf{x}$. Für $\mathbf{x} \neq \mathbf{0}$ ist $\mathbf{h}$ differenzierbar, sodaß wir ihre Wirkung auf den Strom durch Transformation der Differentialgleichung $\dot{\mathbf{x}} = \mathbf{J}_0\mathbf{x}$, oder in Polarkoordinaten $\dot{r} = r$, $\dot{\theta} = 1$ erkennen können. Wir finden

$$\dot{r}' = \dot{r} = r = r' \qquad \text{und} \qquad \dot{\theta}' = \dot{\theta} - \frac{\dot{r}}{r} = \dot{\theta} - 1 = 0. \qquad (1.6.14)$$

Das ist genau die Form von $\dot{\mathbf{x}} = \mathbf{x}$ in Polarkoordinaten. Natürlich ist $\mathbf{h}$ im Ursprung nicht differenzierbar, sodaß (1.6.13) nur ein Homomorphismus der Ebene ist. Daher sind $\mathbf{J}_0\mathbf{x}$ und $\mathbf{x}$ topologisch äquivalent.

Sind zwei Ströme topologisch äquivalent, so sagen wir, sie sind vom gleichen *topologischen Typ*. Die Ergebnisse der Beispiele 1.4 und 1.5 spielen bei der Klassifikation aller linearen Vektorfelder auf dem $\mathcal{R}^2$ in topologische Typen eine wichtige Rolle (siehe Arrowsmith, Place, 1982, S.58). Die Matrix $\mathbf{J}$ in (1.6.6) ist die reelle Jordan-Form einer beliebigen reellen 2×2-Matrix $\mathbf{A}$ mit den komplexen Eigenwerten $\alpha \pm i\beta$, $\alpha > 0$, das heißt, es existiert eine reelle nicht-singuläre Matrix $\mathbf{M}$ mit $\mathbf{M}^{-1}\mathbf{A}\mathbf{M} = \mathbf{J}$. Daraus folgt (siehe Aufgabe 1.5.6), daß die Ströme von $\mathbf{A}\mathbf{x}$ und $\mathbf{J}\mathbf{x}$ linear konjugiert sind. Die Beispiele 1.4 und 1.5 zeigen, daß alle diese Vektorfelder topologisch äquivalent zum Vektorfeld $\mathbf{x}$ sind.

Die vollständige Klassifikation von linearen Vektorfeldern auf $\mathcal{R}^2$ ist in Abb. 1.26 zusammengefaßt. Jeder Punkt der (Tr**A**, det**A**)-Ebene stellt eine

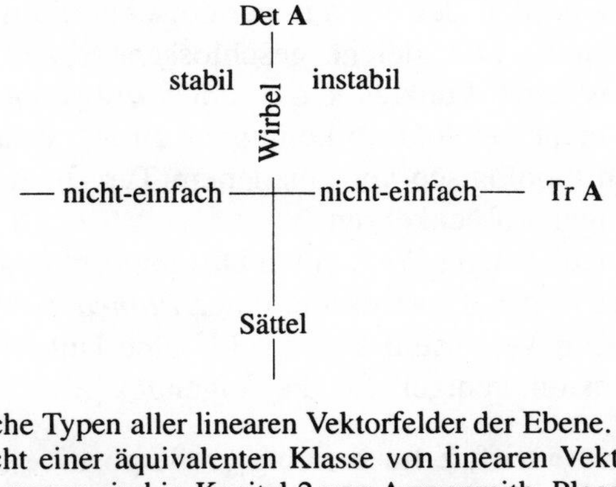

Abb. 1.26. Topologische Typen aller linearen Vektorfelder der Ebene. Jeder Punkt der (Tr**A**, **det A**)-Ebene entspricht einer äquivalenten Klasse von linearen Vektorfeldern. Details der Ableitung dieses Diagramms sind in Kapitel 2 von Arrowsmith, Place (1982) gegeben. Die Differentialgleichung $\dot{\mathbf{x}} = \mathbf{x}$ hat $\mathrm{Tr}\mathbf{A} = 2$, $\det\mathbf{A} = 1$ und ist damit instabil.

ähnliche Klasse von reellen 2×2-Matrizen dar. Die wichtigste Eigenschaft ist, daß die große Mehrheit von Punkten in Abb. 1.26 mit Vektorfelder vom stabilen, instabilen oder Satteltyp in Verbindung stehen. Solche linearen Vektorfelder nennt man *hyperbolisch* (siehe Paragraph 2.1) und Abb. 1.26 suggeriert, daß hyperbolisches Verhalten „typisch" für lineare Vektorfelder auf $\mathcal{R}^2$ ist. Wichtig ist die Feststellung, daß ohne eine passende Äquivalenzrelation die Idee, was typisch ist, keinen Sinn besitzt. Wir werden zur Frage nach typischen oder *generischen* (oder allgemeinen) Eigenschaften von Strömen und Diffeomorphismen (im Sinne von Gattungseigenschaften) in Paragraph 3.1 zurückkommen.

1.7 Poincaré-Abbildungen und Einhängungen

Wir haben bereits bemerkt, daß die Strom-Abbildung $\varphi_t : M \to M$ ein Diffeomorphismus ist für festgehaltenes t. Ein Weg, einen Diffeomorphismus aus einem Strom zu erhalten, ist also, seine Zeit-τ-Abbildung zu verwenden, $\varphi_\tau : M \to M$, $\tau > 0$. Natürlich ist die Bahn von φ_τ gezwungen, den Trajektorien des Stromes zu folgen, da $\{\varphi_\tau{}^m(\mathbf{x}) | m \in \mathcal{Z}\} = \{\varphi_{m\tau}(\mathbf{x}) | m \in \mathcal{Z}\} \subseteq \{\varphi_t(\mathbf{x}) | t \in \mathcal{R}\}$ gilt. Das bedeutet, daß das dynamische Verhalten von φ_τ stark durch den Strom φ beeinflußt wird, welches nicht typisch für Diffeomorphismen auf M ist. Es ist vielleicht wert, betont zu werden, daß, während sich sich die Bahnen von $\mathbf{x}$ unter φ_{τ_1} und φ_{τ_2}, $\tau_1 \neq \tau_2$ ähnlich verhalten für alle $\mathbf{x} \in M$ (da beide Untermengen der selben Trajektorie von φ sind), die Abbildungen nicht unbedingt vom gleichen topologischen Typ zu sein brauchen. Nehmen wir an, φ_t besitzt eine geschlossene Bahn γ mit der Periode T und es sei $\tau_1 = \alpha T$, $\alpha \in \mathcal{Q}$, während $\tau_2 = \beta T$, $\beta \in \mathcal{R} \backslash \mathcal{Q}$. Es folgt, daß φ_{τ_1} einen invarianten Kreis γ besitzt, der nur aus periodischen Punkten (der Periode q, falls $\alpha = p/q$) besteht. Die gleiche geschlossene Kurve γ ist invariant für φ_{τ_2}, die Bahn eines jeden Punktes $\mathbf{x} \in \gamma$ unter φ_{τ_2} jedoch füllt γ dicht aus. Deshalb kann φ_{τ_1} nicht topologisch konjugiert zu φ_{τ_2} sein, das heißt, die Abbildungen sind von topologisch verschiedenem Typ. In Kapitel 5 werden wir zu Zeit-τ-Abbildungen zurückkehren.

Ein anderer, bedeutsamerer Weg, einen Diffeomorphismus aus einem Strom zu erhalten, besteht in der Konstruktion einer *Poincaré-Abbildung*. Sei φ ein Strom auf M mit dem Vektorfeld $\mathbf{x}$ und sei Σ eine Untermannigfaltigkeit von M mit einer Dimension weniger, für die folgendes gilt:

(i) jede Bahn von φ trifft Σ für beliebig große positive und negative Zeiten;

(ii) ist $\mathbf{x} \in \Sigma$, dann ist $\mathbf{X}(\mathbf{x})$ nicht Tangente an Σ.

Σ nennt man dann einen *globalen (Quer-)Schnitt* des Stromes. Sei $\mathbf{y} \in \Sigma$ und $\boldsymbol{\tau}(\mathbf{y})$ die kleinste positive Zeit, für die gilt $\boldsymbol{\varphi}_{\tau(\mathbf{y})}(\mathbf{y}) \in \Sigma$.

Definition 1.14 *Die* Poincaré- *(oder erste Rück-)*Abbildung *für Σ ist definiert durch*

$$\mathbf{P}(\mathbf{y}) = \boldsymbol{\varphi}_{\tau(\mathbf{y})}(\mathbf{y}), \qquad \mathbf{y} \in \Sigma. \tag{1.7.1}$$

Beispiel 1.6 Man ermittle die Poincaré-Abbildung P des Stromes, der durch

$$\dot{r} = r(1-r); \qquad \dot{\theta} = 1, \qquad r > 0, \tag{1.7.2}$$

gegeben ist, wobei (r, θ) ebene Polarkoordinaten sind. Σ sei die Halblinie $\theta = 0$. Wie verändert sich P, wenn für Σ die Halblinie $\theta = \theta_0$ gewählt wird?

Lösung. Das Phasenbild von (1.7.2) ist in Abb. 1.15 gegeben. Σ ist die positive x-Achse in der Ebene und (1.7.1) kann geschrieben werden als

$$P(x) = (\boldsymbol{\varphi}_{\tau(x)}(x, 0))_x, \qquad x > 0, \tag{1.7.3}$$

wobei $\boldsymbol{\varphi}_t(r, \theta) \in \mathcal{R}^2$ der Strom von (1.7.2) ist und $(\cdot)_x$ die x-Komponente von $\cdot$ bezeichnet. $\tau(x)$ ist die Zeit, die ein Phasenpunkt zu $x \in \Sigma$ benötigt, den Ursprung einmal vollständig zu umlaufen. Da $\dot{\theta} = 1$ ist, gilt $\tau(x) = 2\pi$.

Die radiale Gleichung $\dot{r} = r(1-r)$ hat die Lösung

$$r(t) = r_0/\{r_0 + (1 - r_0)\exp(-t)\}, \tag{1.7.4}$$

mit $r(0) = r_0$, so daß

$$P(x) = x/\{x + (1-x)\alpha\}, \qquad x > 0, \tag{1.7.5}$$

ist mit $\alpha = \exp(-2\pi) < 1$.

Wählt man die Halblinie $\theta = \theta_0$ als Σ, so wird (1.7.3) ersetzt durch

$$P(r) = (\boldsymbol{\varphi}_{\tau(r)}(r, \theta_0))_r, \tag{1.7.6}$$

mit $\tau(r) = 2\pi$ und $(\cdot)_r$ bezeichnet die radiale Komponente von $\cdot$. Wir schließen daraus, daß P die Form (1.7.5) annimmt, wobei x durch r, den radialen Abstand entlang $\theta = \theta_0$, ersetzt wird.

Der Konstruktion nach ist $\mathbf{P} : \Sigma \to \Sigma$ ein Diffeomorphismus und $\dim \Sigma = \dim M - 1$. Im Gegensatz zu Zeit-τ-Abbildungen erwarten wir von diesen Diffeomorphismen, daß sie die Eigenschaften der Ströme in der um eins höheren Dimension widerspiegeln. Die Poincaré-Abbildung in (1.7.5) zum Beispiel hat einen Fixpunkt bei $x = 1$ ($x^* = P(x^*)$ impliziert $(1 - x^*)(1 - \alpha) = 0$, was nur durch $x^* = 1$ zu erfüllen ist). Weiterhin ist für $x < 0\,(x > 0)$ dann $P(x) < 0\,(P(x) > 0)$, so daß $x = 1$ ein anziehender Fixpunkt ist. Diesem

Fixpunkt in P entspricht natürlich der stabile *Grenzzyklus* im Phasenbild von φ (siehe Abb. 1.15).

Ein anderes Beispiel liefert der Strom auf dem Torus T^2, definiert durch

$$\dot{\theta} = \alpha, \qquad \dot{\varphi} = \beta, \qquad \alpha, \beta > 0, \tag{1.7.7}$$

mit θ und φ, wie in Abbildung 1.27 gezeigt. Die Gleichungen (1.7.7) haben die Lösungen

$$\theta = \alpha t + \theta_0 \qquad \text{und} \qquad \varphi = \beta t + \varphi_0 \tag{1.7.8}$$

modulo 2π, so daß $\left\{ \begin{smallmatrix} \varphi \\ \theta \end{smallmatrix} \right.$ zuerst zurückkehrt nach $\left\{ \begin{smallmatrix} \varphi_0 \\ \theta_0 \end{smallmatrix} \right.$, wenn $\left\{ \begin{smallmatrix} t=t_\varphi \\ t=t_\theta \end{smallmatrix} \right.$ ist mit $\begin{smallmatrix} \beta t_\varphi = 2\pi \\ \alpha t_\theta = 2\pi \end{smallmatrix}$. Ist $\alpha/\beta = p/q,\ p, q \in \mathscr{Z}^+$ und teilerfremd, dann gilt $qt_\varphi = pt_\theta$ und die Bahn durch (θ_0, φ_0) kehrt zu diesem Punkt nach q Umläufen um den Torus im φ-Sinne und p Umläufen im θ-Sinne zurück. Bilden α und β ein rationales Verhältnis, dann ist jeder Punkt des T^2 periodischer Punkt des Stromes, das heißt, jeder Punkt liegt auf einer geschlossenen Bahn. Bilden aber α und β kein rationales Verhältnis, dann kehrt die Bahn durch (θ_0, φ_0) niemals zu diesem Punkt zurück, obwohl sie ihm beliebig nahe kommt.

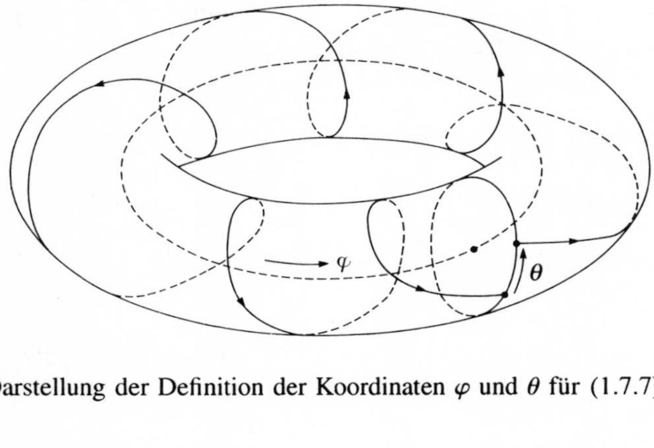

Abb. 1.27. Darstellung der Definition der Koordinaten φ und θ für (1.7.7).

Einen globalen Schnitt des Torus erhält man, wenn man $\varphi = \varphi_0$ als konstant annimmt, wobei Σ jetzt ein Kreis S^1 mit der Koordinate θ ist. Da die Bahn des Stromes nach der Zeit t_φ nach $\varphi = \varphi_0$ zurückkehrt und $\theta = \alpha t + \theta_0$ gilt, so schließen wir, daß die Poincaré-Abbildung $\mathbf{P} : S^1 \to S^1$ eine reine Rotation um $2\pi\alpha/\beta$ ist. Die Eigenschaften reiner Rotationen (siehe Paragraph 1.2.2) spiegelt offensichtlich das oben beschriebene Verhalten des Stromes wider.

Es gibt Ströme, für die keine globalen Schnitte existieren (siehe Aufgabe 1.7.2). Daher ist es nicht richtig zu sagen, jedem Strom entspricht ein Diffeomorphismus, indem man Poincaré-Abbildungen konstruiert. Die Umkehrung jedoch ist richtig, jeder Diffeomorphismus $\mathbf{f}$ ist eine Poincaré-Abbildung eines

Stromes, genannt die Einhängung von **f**. Dies ist eine wichtige Beobachtung. Sie bedeutet, daß jedes Ergebnis, welches für Diffeomorphismen bewiesen werden kann, ein Gegenstück für Ströme in der um eins höheren Dimension hat (siehe Smale, 1967). Die folgende explizite Definition steht auf S. 59 von Arnold, Avez, 1968.

Definition 1.15 *Den Strom*

$$\boldsymbol{\psi}_t(\mathbf{x}, \theta) = (\mathbf{f}^{[t+\theta]}(\mathbf{x}), t + \theta - [t + \theta]), \tag{1.7.9}$$

mit $\mathbf{x} \in M$, $\theta \in [0, 1]$ *und wo* $[\cdot]$ *der ganzzahlige Teil von* $\cdot$ *ist, definiert auf der kompakten Mannigfaltigkeit* $\tilde{M}$ *durch Identifikation von* $(\mathbf{x}, 1)$ *und* $(\mathbf{f}(\mathbf{x}), 0)$ *im topologischen Produkt* $M \times [0, 1]$, *nennt man* Einhängung *des Diffeomorphismus* $\mathbf{f} : M \to M$.

Es ist leicht zu zeigen, daß $\boldsymbol{\psi}_t(\mathbf{x}, \theta)$ in (1.7.9) formal die Forderungen der Definition 1.5 erfüllt. Geometrisch entspricht (1.7.9) der Betrachtung des Produktes $M \times [0, 1]$ mit einem Einheitsvektorfeld in der $[0, 1]$-Richtung. Nun identifiziert man das 1-Ende mit dem 0-Ende so, daß $(\mathbf{x}, 0)$ mit $(\mathbf{f}(\mathbf{x}), 0)$ verbunden ist für alle $\mathbf{x} \in M$ (siehe Abb. 1.28).

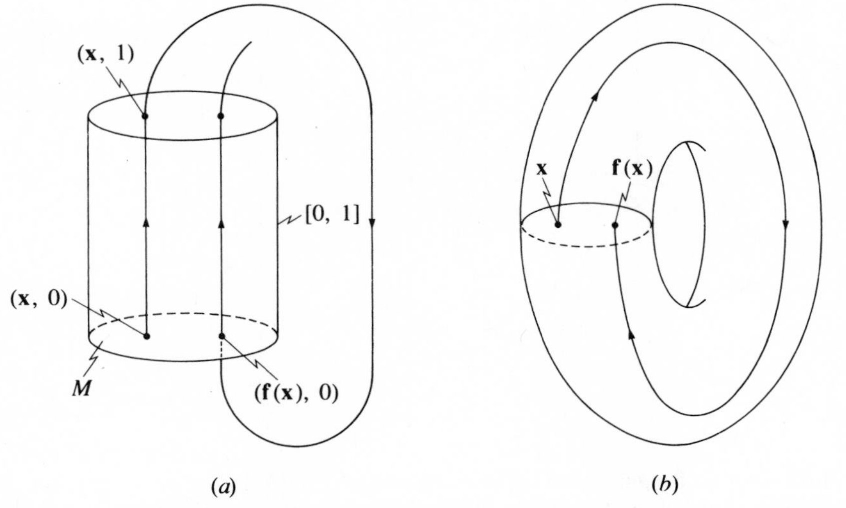

Abb. 1.28. Schematische Darstellung der Konstruktion der Einhängung eines Diffeomorphismus **f**, der stetig deformierbar zur Identität ist: (a) vor, (b) nach der Gleichsetzung von $(\mathbf{x}, 1)$ mit $(\mathbf{f}(\mathbf{x}), 0)$.

Es muß hervorgehoben werden, daß die Mannigfaltigkeit $\tilde{M}$ nicht immer die Form $M \times S^1$ hat, wie Abbildung 1.28 vielleicht suggeriert. $M \times S^1$ erhält man, wenn **f** durch Diffeomorphismen stetig deformierbar zur Identität ist. Sei

$M = S^1$ und **f** eine Rotation, dann ist $\tilde{M}$ ein Torus $T^2 = S^1 \times S^1$. Ist aber **f** eine Reflexion an einem Durchmesser des Kreises, dann muß $\tilde{M}$ eine Kleinsche Flasche sein, um die Identifikation von $(\mathbf{x}, 1)$ mit $(\mathbf{f}(\mathbf{x}), 0)$ zu erreichen. Ein einfacheres Beispiel ist $M = (0, 1)$ und **f** die Reflexion bei $x = \frac{1}{2}$. Wie Abb. 1.29 zeigt, ist $\tilde{M}$ ein Möbiusband.

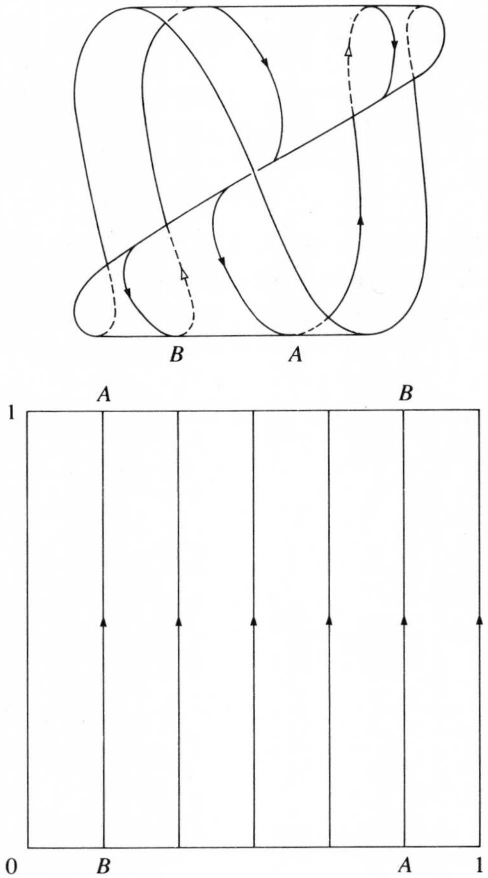

Abb. 1.29. Die Einhängung des Diffeomorphismus $f : (0, 1) \to (0, 1)$ gegeben durch Reflexion bei $x = 1/2$, ist auf einem Möbiusband definiert. Die Verdrehung in der Mannigfaltigkeit entsteht, da $(x, 1)$ mit $(f(x), 0)$ identifiziert werden muß.

Ein anderer Weg, Definition 1.15 zu veranschaulichen, ist der Gedanke, daß $(\mathbf{x}, 1)$ mit $(\mathbf{f}(\mathbf{x}), 0)$ durch eine schmale Faser mit Einheitslänge verbunden ist, an der entlang die Einhängung strömt. Dies muß man sich für alle $\mathbf{x} \in M$ denken. Liegt $\mathbf{y} \in M$ nahe bei $\mathbf{x}$, so ist $\mathbf{f}(\mathbf{y})$ nahe bei $\mathbf{f}(\mathbf{x})$, da **f** ein Diffeomorphismus ist, und die Fasern der Identifikation liegen nahe beieinander.

Betrachten wir einen endlichen Ausschnitt von diesen Fasern, so erhalten wir etwas wie einen, vielleicht verdrillten, mehradrigen elektrischen Leiter (mit Einheitslänge).

Natürlich definiert diese Prozedur nicht die präzise Form der identifizierenden Faser, oder mit anderen Worten, sie bestimmt den eingehängten Strom nicht eindeutig. Wichtig ist, daß die Komponente des Stromes in der neuen Dimension niemals null ist. Daraus folgt, daß alle erlaubten Formen der identifizierenden Fasern Anlaß zu topologisch äquivalenten eingehängten Strömen geben. Der Strom in (1.7.9) ist eine spezielle Darstellung dieser Äquivalenzklasse, die deutlich die Verbindung mit dem Diffeomorphismus $\mathbf{f}$ zeigt. Von diesem Gesichtspunkt her ist es einfacher zu verstehen, wie die Natur von $\mathbf{f}$ (ob sie nun deformierbar zu $\mathbf{id}_M$ ist oder nicht) die entstehende Mannigfaltigkeit bestimmt, auf der die Einhängung definiert ist.

1.8 Periodische nicht-autonome Systeme

Bei der Beschäftigung mit Differentialgleichungen der Form

$$\dot{\mathbf{x}} = \mathbf{X}(\mathbf{x},t), \qquad \mathbf{x} \in M, \tag{1.8.1}$$

wobei

$$\mathbf{X}(\mathbf{x},t+T) = \mathbf{X}(\mathbf{x},t) \tag{1.8.2}$$

gilt für alle $t \in \mathcal{R}$, spielen die Betrachtungen des vorigen Paragraphen eine wichtige Rolle. Die Transformation $t \mapsto t/\gamma$, $\mathbf{X}(\mathbf{x},t) \mapsto \gamma\mathbf{X}(\mathbf{x},\gamma t)$, mit $\gamma = T/2\pi$, gestattet es, (1.8.1) als das autonome System

$$\dot{\mathbf{x}} = \mathbf{X}(\mathbf{x},\theta), \qquad \dot{\theta} = 1, \tag{1.8.3}$$

definiert auf $M \times \mathcal{R}$, mit

$$\mathbf{X}(\mathbf{x},\theta + 2\pi) = \mathbf{X}(\mathbf{x},\theta) \tag{1.8.4}$$

für alle $\theta \in \mathcal{R}$, zu schreiben (siehe Aufgabe 1.8.1). Es ist nun bequem, $\theta + 2\pi m$, $m \in \mathcal{Z}$, mit θ zu identifizieren, um eine Differentialgleichung auf $M \times S^1$ zu erhalten. θ ist hier die zirkuläre Koordinate. Der Vorgang ist in Abb. 1.30 noch einmal erläutert, wobei einige mögliche Lösungen von (1.8.1 und 1.8.2) gezeigt sind. Man beachte, daß die Lösungen nicht notwendig periodisch sind (siehe Aufgabe 1.8.2). Es läßt sich aber leicht zeigen, daß, ist $\xi(t)$ eine Lösung von (1.8.1 und 1.8.2), so ist es auch $\xi(t+T)$ (siehe Aufgabe 1.8.2), das heißt, fortsetzen der Lösung um eine Periode des Vektorfeldes liefert wieder eine Lösung.

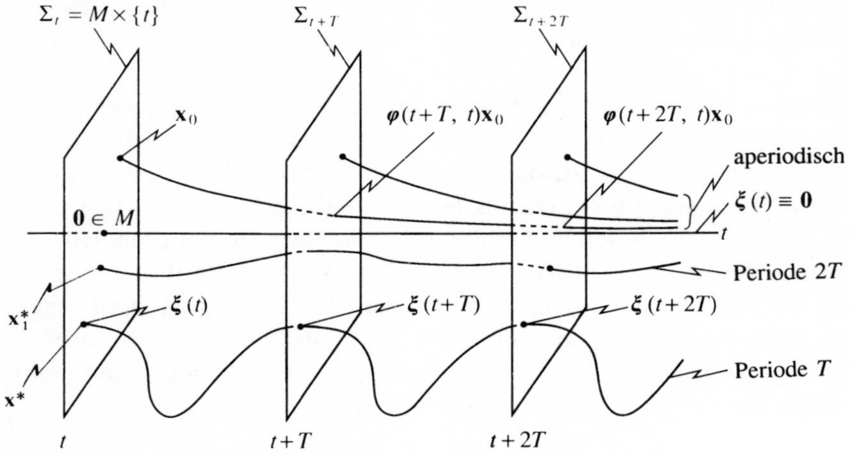

(*a*)

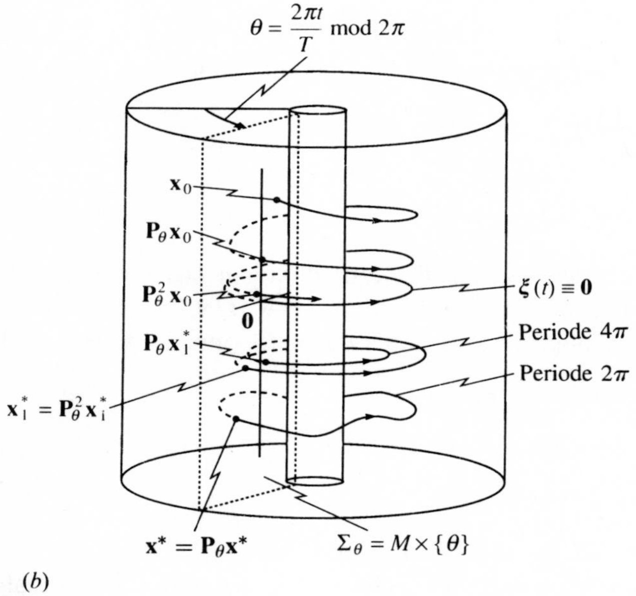

(*b*)

Abb. 1.30. (a) Schematische Darstellung einiger möglicher Lösungen des nicht-autonomen Systems (1.8.1),(1.8.2) im erweiterten Phasenraum $M \times \mathcal{R}$. (b) Entsprechende Lösungen der autonomen Gleichungen (1.8.3), (1.8.4) auf $M \times S^1$. $\Sigma_\theta = M \times \{\theta\}$ ist ein globaler Schnitt für den Strom von (1.8.3),(1.8.4) und erlaubt es, eine Poincaré-Abbildung $\mathbf{P}_\theta : \Sigma_\theta \to \Sigma_\theta$ zu definieren.

Abbildung 1.30 hilft uns, diese „um eine Periode fortsetzende Abbildung" des nicht-autonomen Systems mit der Poincaré-Abbildung $\mathbf{P}_\theta : \Sigma_\theta \to \Sigma_\theta$ von (1.8.3), die auf dem globalen Querschnitt $\sigma_\theta = M \times \{\theta\}$ von $M \times S^1$ definiert ist, in Zusammenhang zu setzen. Es ist bemerkenswert, daß $\mathbf{P}_\theta$ und $\mathbf{P}_{\theta'}$, $\theta \neq \theta'$ topologisch konjugiert sind (siehe Aufgabe 1.8.4). Für die Diskussion topologischer Eigenschaften ist es deshalb ausreichend, $\mathbf{P} = \mathbf{P}_0$ zu betrachten. Umgekehrt können wir die Lösung des nicht-autonomen Systems mit der Einhängung der Poincaré-Abbildung $\mathbf{P}$ auf $M \times S^1$, die selbst ein Diffeomorphismus auf $\Sigma_0 = M \times \{0\}$ ist, in Verbindung bringen.

Die Übereinstimmung zwischen den Eigenschaften der Poincaré-Abbildung $\mathbf{P}$ und ihrer Einhängung ist vollständig. $\mathbf{P}$ hat einen *Fixpunkt* dann und nur dann, wenn ihre Einhängung eine *geschlossene Bahn der Periode* 2π besitzt, das heißt, dann und nur dann, wenn das nicht-autonome System eine periodische Lösung der Periode T besitzt. Abb. 1.30 zeigt einen 2-Zyklus von $\mathbf{P}$ mit der zugehörigen Lösung von (1.8.1 und 1.8.2) mit Periode $2T$. Weiterhin ist eine periodische Lösung von (1.8.1 und 1.8.2) stabil (asymptotisch stabil) im Sinne Liapunovs dann und nur dann, wenn der entsprechende periodische Punkt von $\mathbf{P}$ stabil (asymptotisch stabil) ist. Das folgene Beispiel zeigt, wie letzteres Ergebnis angewandt werden kann.

Beispiel 1.7 Man finde die periodisch fortsetzende Abbildung für das nicht-autonome System

$$\ddot{x} + [\omega(t)]^2 x = 0 \tag{1.8.5}$$

mit $\omega(t) = \omega(t+T)$, $t \in \mathcal{R}$. Man berechne die Poincaré-Abbildung $\mathbf{P}$ und zeige, daß $\det \mathbf{P} = 1$ gilt. Weiterhin zeige man, daß die Null-Lösung von (1.8.5) stabil (im Sinne Liapunovs) ist für $|\mathrm{Tr}\mathbf{P}| < 2$ und instabil für $|\mathrm{Tr}\mathbf{P}| > 2$.

Lösung. Die Gleichung zweiter Ordnung (1.8.5) kann als Gleichung erster Ordnung geschrieben werden

$$\dot{\mathbf{x}} = \mathbf{A}(t)\mathbf{x}, \tag{1.8.6}$$

mit $\mathbf{x} = (x_1, x_2)^T = (x, \dot{x})^T \in \mathcal{R}^2$ und

$$\mathbf{A}(t) = \begin{pmatrix} 0 & 1 \\ -[\omega(t)]^2 & 0 \end{pmatrix}. \tag{1.8.7}$$

Die Lösung von (1.8.6) spannt einen zwei-dimensionalen Vektorraum auf (siehe Aufgabe 1.8.3). Die Lösung $\boldsymbol{\xi}(t)$, die $\boldsymbol{\xi}(t_0) = \mathbf{x}_0$ befriedigt, kann in der Form geschrieben werden

$$\boldsymbol{\xi}(t) = (\mathbf{Q}t)\mathbf{Q}^{-1}(t_0)\mathbf{x}_0 = \boldsymbol{\varphi}(t, t_0)\mathbf{x}_0, \tag{1.8.8}$$

wobei die Spalten von $\mathbf{Q}(t)$ eine Basis des Lösungsraumes von (1.8.6) bilden. $\mathbf{Q}(t)$ nennt man *Fundamental-Matrix* des Problems (siehe Jordan, Smith,

1977), während $\boldsymbol{\varphi}(t, t_0)$ *Zustands-Übergangsmatrix* genannt wird (siehe Barnett, 1975). Nun gilt

$$\begin{aligned}\boldsymbol{\xi}(t+T) &= \mathbf{Q}(t+T)\mathbf{Q}^{-1}(t_0)\mathbf{x}_0 = \mathbf{Q}(t+T)\mathbf{Q}^{-1}(t)\mathbf{Q}(t)\mathbf{Q}^{-1}(t_0)\mathbf{x}_0 \\ &= \boldsymbol{\varphi}(t+T, t)\boldsymbol{\xi}(t).\end{aligned}$$

Daher ist $\boldsymbol{\varphi}(t+T, t) : \Sigma_t \to \Sigma_{t+T}$ die periodisch fortsetzende Abbildung bei t (zur Notation siehe Abbildung 1.30). Sind nun $\boldsymbol{\xi}$ und $\boldsymbol{\eta}$ Lösungen von (1.8.6), dann gilt

$$\boldsymbol{\varphi}(t+T, t)(a\boldsymbol{\xi}(t)+b\boldsymbol{\eta}(t)) = a\boldsymbol{\varphi}(t+T, t)\boldsymbol{\xi}(t)+b\boldsymbol{\varphi}(t+T, t)\boldsymbol{\eta}(t), \qquad (1.8.9)$$

$a, b \in \mathscr{R}$, und die periodisch fortsetzende Lösung ist linear für alle t. Weiter gilt

$$\begin{aligned}\boldsymbol{\varphi}(t+T, t) &= \mathbf{Q}(t+T)\mathbf{Q}^{-1}(t) & (1.8.10)\\ &= \mathbf{Q}(t+T)[\mathbf{Q}^{-1}(T)\mathbf{Q}(T)\mathbf{Q}^{-1}(0)\mathbf{Q}(0)]\mathbf{Q}^{-1}(t) & (1.8.11)\\ &= \boldsymbol{\varphi}(t+T, T)\boldsymbol{\varphi}(T, 0)\boldsymbol{\varphi}(0, t). & (1.8.12)\end{aligned}$$

Man kann nun zeigen, daß

(i) $\boldsymbol{\varphi}(t+T, t_0+T) = \boldsymbol{\varphi}(t, t_0)$,

(ii) $\boldsymbol{\varphi}(t, 0)^{-1} = \boldsymbol{\varphi}(0, t)$

gilt (siehe Aufgaben 1.8.4), so daß (1.8.12) in der Form

$$\boldsymbol{\varphi}(t+T, t)\boldsymbol{\varphi}(t, 0) = \boldsymbol{\varphi}(t, 0)\boldsymbol{\varphi}(T, 0) \qquad (1.8.13)$$

geschrieben werden kann. Hieran erkennt man , daß $\boldsymbol{\varphi}(t+T, t)$ und $\boldsymbol{\varphi}(T, 0)$ topologisch (tatsächlich linear) konjugiert sind und wir uns bei der Betrachtung des qualitativen Verhaltens der Lösung von (1.8.6) auf $\boldsymbol{\varphi}(T, 0)$ beschränken können. In θ ausgedrückt, ist $\boldsymbol{\varphi}(T, 0) = \mathbf{P}_0 = \mathbf{P} : \mathscr{R}^2 \to \mathscr{R}^2$ die Poincaré-Abbildung für (1.8.6).

Um zu zeigen, daß $\det \mathbf{P} = 1$ gilt, beachte man, daß (1.8.8)

$$\frac{d}{dt}(\boldsymbol{\varphi}(t, 0)) = \mathbf{A}(t)\boldsymbol{\varphi}(t, 0) \qquad (1.8.14)$$

impliziert, da $\dot{\mathbf{Q}}(t) = \mathbf{A}(t)\mathbf{Q}(t)$. Es folgt, daß (siehe Aufgabe 1.8.6), wenn $W(t) = \det(\boldsymbol{\varphi}(t, 0))$ ist, dann gilt $\dot{W}(t) = \mathrm{Tr}(\mathbf{A}(t))W(t) = 0$ für (1.8.6). Daher ist $W(t) = W(0) = \det(\boldsymbol{\varphi}(t, 0)) = 1$ und im besonderen

$$W(T) = \det(\boldsymbol{\varphi}(T, 0)) = \det \mathbf{P} = 1. \qquad (1.8.15)$$

Die Null-Lösung von (1.8.6) entspricht dem Fixpunkt von $\mathbf{P}$ im Ursprung. Der Typ der Stabilität der Null-Lösung ist gleich dem des Fixpunktes, und letzterer ist durch die Eigenwerte $\lambda_{1,2}$ von $\mathbf{P}$ bestimmt. Da $\det \mathbf{P} = 1$, lautet die charakteristische Gleichung $\lambda^2 - (\mathrm{Tr}\mathbf{P})\lambda + 1 = 0$ und

$$\lambda_{1,2} = \frac{1}{2}\{\mathrm{Tr}\mathbf{P} \pm [(\mathrm{Tr}\mathbf{P})^2 - 4]^{1/2}\}. \tag{1.8.16}$$

Ist $|\mathrm{Tr}\mathbf{P}| < 2$, dann ist $(\mathrm{Tr}\mathbf{P})^2 < 4$ und die Eigenwerte sind komlex mit $\lambda_1 = \lambda_2^* = \exp(i\beta)$ (da $\lambda_1\lambda_2 = 1$) mit $\tan\beta = [4 - (\mathrm{Tr}\mathbf{P})^2]^{1/2}/\mathrm{Tr}\mathbf{P}$. Sei $\mathbf{u} + i\mathbf{v}$, $\mathbf{u}, \mathbf{v} \in \mathcal{R}^2$ der Eigenvektor von $\mathbf{P}$ mit dem Eigenwert λ_1. Dann gilt für die Matrix $\mathbf{K} = (\mathbf{u} \mid \mathbf{v})$

$$\mathbf{K}^{-1}\mathbf{P}\mathbf{K} = \begin{pmatrix} \cos\beta & -\sin\beta \\ \sin\beta & \cos\beta \end{pmatrix}, \tag{1.8.17}$$

das heißt, $\mathbf{P}$ ist konjugiert zu einer Drehung um $\mathbf{x} = \mathbf{0}$. Daraus folgt, daß die Bahn von $\mathbf{x} \neq \mathbf{0}$ unter $\mathbf{P}$ auf einer Ellipse liegt, daher ist der Fixpunkt bei $\mathbf{x} = \mathbf{0}$ *stabil* im Sinne Liapunovs (siehe Abb. 1.31).

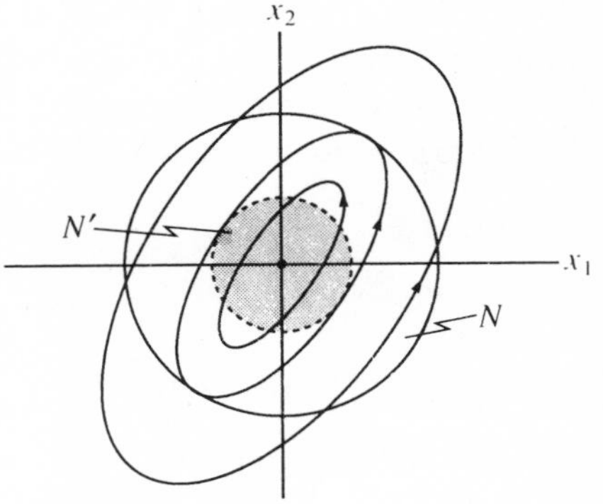

Abb. 1.31. Ist $|\mathrm{Tr}\mathbf{P}| < 2$, liegen die Bahnen der Punkte $\mathbf{x} \neq \mathbf{0}$ unter $\mathbf{P}$ wie gezeigt auf einer Ellipse. Man beachte, daß für jedes $\mathbf{x} \in N'$, $\mathbf{P}^m(\mathbf{x}) \in N$ ist für alle $m \in \mathcal{Z}$. Daher ist $\mathbf{x} = \mathbf{0}$ stabil im Sinne Liapunovs.

Ist $\mathrm{Tr}\mathbf{P}| > 2$, dann sind $\lambda_{1,2}$ reell mit $\lambda_1 = \lambda$ ($|\lambda| > 1$) $\lambda_2 = \lambda^{-1}$. In diesem Falle existiert eine nicht-singuläre Matrix $\mathbf{K}$, so daß gilt

$$\mathbf{K}^{-1}\mathbf{P}\mathbf{K} = \mathbf{D} = \begin{pmatrix} \lambda & 0 \\ 0 & \lambda^{-1} \end{pmatrix}. \tag{1.8.18}$$

Hier liegen die Bahnen von $\mathbf{P}$ auf Hyperbeln, und damit ist (wie in Abb. 1.32 gezeigt) $\mathbf{x} = \mathbf{0}$ ein *instabiler* Fixpunkt.

Beispiel 1.7 zeigt, daß periodische Störungen der Frequenz ω eines harmonischen Oszillators den Gleichgewichtspunkt mit $x = 0$ destabilisieren können.

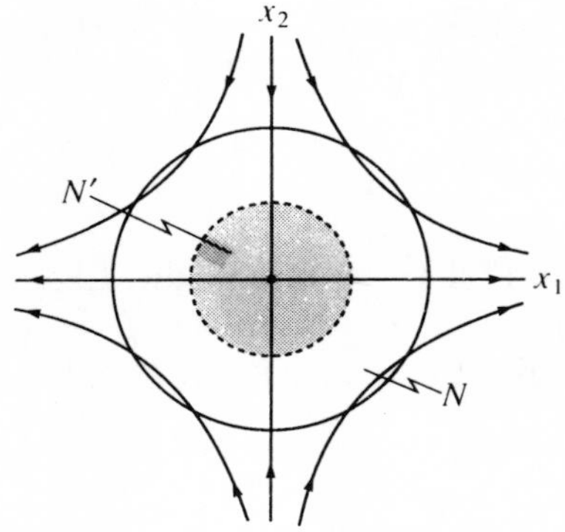

Abb. 1.32. Für $\lambda > 1$ sind die Hyperbeläste $x_1 x_2 = c$, $c \neq 0$ invariante Kurven für die Abbildung $\mathbf{Dx}$, wobei $\mathbf{D}$ durch (1.8.18) gegeben ist. Der Ursprung ist ein hyperbolischer Sattelpunkt und daher existiert für jedes $N' \subseteq N$ ein $\mathbf{x} \in N'$, für das $\mathbf{P}^m(\mathbf{x}) \notin N$ für einige $m \in \mathcal{Z}$. daher ist der Sattelpunkt instabil im Sinne Liapunovs.

Genau dies tut ein Kind auf einer Schaukel, indem es sein Gewicht passend verlagert, um die Amplitude der Schwingung der Schaukel zu vergrößern. Ein einfaches Beispiel, wie diese Instabilität erreicht werden kann, findet man bei Arnold (1973, S. 205-206). Man nennt dieses Phänomen *parametrische Resonanz.*

1.9 Hamiltonsche Ströme und Poincaré-Abbildungen

Eine andere Anwendung der Poincaré-Abbildung, die von großem Interesse für die aktuelle Forschung ist, liegt im Studium *nicht-integrabler* konservativer Hamiltonscher Systeme. Den integrablen Fall kennt der Leser zweifellos aus einer Vorlesung über Klassische Mechanik, es ist von Nutzen, die wichtigsten Gedanken zu wiederholen und die Verbindung zu Strömen zu verdeutlichen.

Definition 1.16 *Sei U eine offene Untermenge von $\mathcal{R}^{2n}$ und $H : U \to \mathcal{R}$ eine zweifach stetig differenzierbare Funktion. Das System von Differentialgleichungen $\dot{\mathbf{x}} = \mathbf{X}_H(\mathbf{x})$, $\mathbf{X}_H : U \to \mathcal{R}^{2n}$, gegeben durch*

$$\dot{q}_i = \frac{\partial H}{\partial p_i}, \qquad \dot{p}_i = -\frac{\partial H}{\partial q_i}, \qquad i = 1, \ldots, n, \tag{1.9.1}$$

mit $\mathbf{x} = (q_1, \ldots, q_n, p_1, \ldots, p_n)^T$, nennt man konservatives Hamiltonsches System mit n Freiheitsgraden.

$H = H(\mathbf{q}, \mathbf{p})$ ist die Hamiltonfunktion für das System und die Gleichungen (1.9.1) kennt man als *Hamilton-Gleichungen*. Der Zustand des Systems zur Zeit t ist gegeben durch

$$\mathbf{X}(t) = \begin{pmatrix} \mathbf{q}(t) \\ \mathbf{p}(t) \end{pmatrix}. \tag{1.9.2}$$

Die *räumliche Anordnung* $\mathbf{q}(t)$ des Systems ist durch die *n generalisierten Koordinaten* $q_i(t)$ gegeben und $\mathbf{p}(t)$ besteht aus den *konjugierten generalisierten Impulsen* $p_i(t)$. Ein System mit n Freiheitsgraden nennt man oft auch n-F-System.

Im allgemeinen verändern sich die p_i und q_i mit t, H allerdings nicht. Man beachte

$$\dot{H} = \sum_{i=1}^{n} \left(\frac{\partial H}{\partial q_i} \dot{q}_i + \frac{\partial H}{\partial p_i} \dot{p}_i \right) = 0 \tag{1.9.3}$$

für alle t durch (1.9.1). Dann ist H eine *erhaltene* Größe oder eine Konstante der Bewegung. Alternativ dazu kann man sagen, (1.9.1) ist ein autonomes System von Differentialgleichungen, welche einen *Hamiltonschen Strom* $\varphi_t{}^H : U \to \mathcal{R}^{2n}$ definieren. Gleichung (1.9.3) bedeutet, daß H konstant ist entlang der Trajektorien von $\varphi_t{}^H$, das heißt, H ist ein *erstes Integral* für (1.9.1) (siehe Arrowsmith, Place, 1982, S. 101-106).

Im allgemeinen treten Hamiltonsche Ströme auf differenzierbaren Mannigfaltigkeiten auf, und Definition 1.16 ist für jede Karte $(U_\alpha, \mathbf{h}_\alpha)$ gültig. Deshalb (siehe Abb. 1.33) gibt $H_\alpha : U_\alpha \to \mathcal{R}$ Anlaß zu einem Vektorfeld $\mathbf{X}_{H_\alpha}$ mittels (1.9.1), für jedes α. Ist weiterhin $W_\alpha \cap W_\beta$ $(\alpha \neq \beta)$ nichtleer, so stehen die beiden lokalen Koordinatensysteme auf U_α und U_β mittels der Überlappungs-Abbildung $\mathbf{h}_{\alpha\beta}$ in Beziehung (siehe Abb. 1.3). Stellen $\mathbf{x} = (q_1, \ldots, q_n, p_1, \ldots, p_n)^T$ in U_α und $\mathbf{y} = (Q_1, \ldots, Q_n P_1, \ldots, P_n)^T$ in U_β den gleichen Punkt auf M dar, so gilt

$$H_\alpha(\mathbf{x}) = H_\beta(\mathbf{h}_{\alpha\beta}(\mathbf{x})) \tag{1.9.4}$$

und

$$H_\alpha(\mathbf{h}_{\alpha\beta}^{-1}(\mathbf{y}) = H_\beta(\mathbf{y}). \tag{1.9.5}$$

Natürlich fordern wir, daß die Vektorfelder $\mathbf{X}_{H_\alpha}$ und $\mathbf{X}_{H_\beta}$ zu gleichem dynamischen Verhalten auf der Überlappungs-Abbildung zwischen den beiden Karten führen, und das führt zu Zwangsbedingungen auf der Mannigfaltigkeit selbst. Damit die Dynamik auf W_α und W_β mit der auf $W_\alpha \cap W_\beta$ übereinstimmt, fordern wir

$$D_x \mathbf{h}_{\alpha\beta}(\mathbf{x}) \mathbf{X}_{H_\alpha}(\mathbf{x}) = \mathbf{X}_{H_\beta}(\mathbf{h}_{\alpha\beta}(\mathbf{x})) \tag{1.9.6}$$

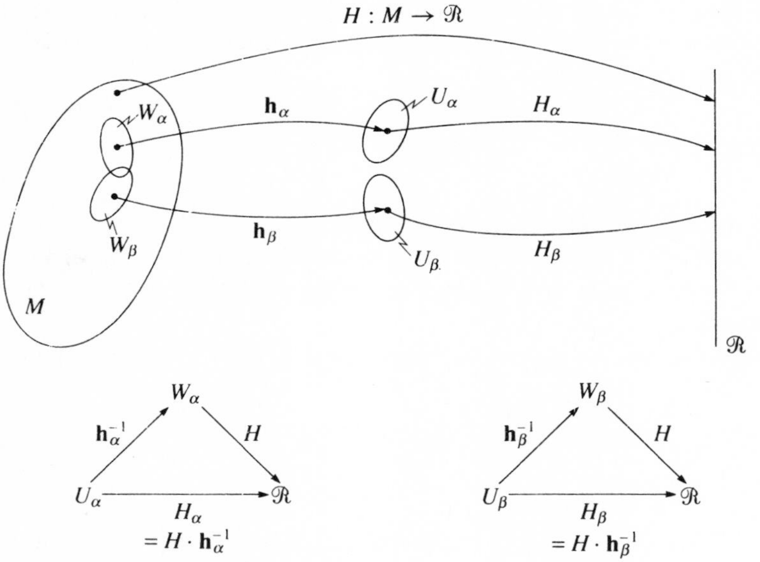

Abb. 1.33. Hier sieht man, wie eine Hamiltonfunktion, die auf der Mannigfaltigkeit M definiert ist, Anlaß gibt zu Hamiltonfunktionen H_α und H_β auf den Karten $(U_\alpha, \mathbf{h}_\alpha)$ und $(U_\beta, \mathbf{h}_\beta)$.

(siehe (1.5.16)). Differentiation von (1.9.4) liefert

$$D_x H_\alpha(\mathbf{x}) = D_y H_\beta(\mathbf{h}_{\alpha\beta}(\mathbf{x})) D_x \mathbf{h}_{\alpha\beta}(\mathbf{x}). \tag{1.9.7}$$

Gleichung (1.9.7) sieht in Komponentenform freundlicher aus

$$\left(\frac{\partial H_\alpha}{\partial q_1}, \ldots, \frac{\partial H_\alpha}{\partial q_n}, \frac{\partial H_\alpha}{\partial p_1}, \ldots, \frac{\partial H_\alpha}{\partial p_n}\right) =$$

$$\left(\frac{\partial H_\beta}{\partial Q_1}, \ldots, \frac{\partial H_\beta}{\partial Q_n}, \frac{\partial H_\beta}{\partial P_1}, \ldots, \frac{\partial H_\beta}{\partial P_n}\right) \begin{pmatrix} \frac{\partial Q_1}{\partial q_1} & \cdots & \frac{\partial Q_1}{\partial q_n} & \frac{\partial Q_1}{\partial p_1} & \cdots & \frac{\partial Q_1}{\partial p_n} \\ \vdots & & & & & \vdots \\ \frac{\partial P_n}{\partial q_1} & \cdots & \cdots & \cdots & \cdots & \frac{\partial P_n}{\partial p_n} \end{pmatrix}. \tag{1.9.8}$$

Weiterhin impliziert (1.9.1)

$$[D_x H_\alpha(\mathbf{x})]^T = \mathbf{S}\mathbf{X}_{H_\alpha}(\mathbf{x}) \tag{1.9.9}$$

und

$$[D_y H_\beta(\mathbf{y})]^T = \mathbf{S}\mathbf{X}_{H_\beta}(\mathbf{y}), \tag{1.9.10}$$

mit $\mathbf{S} = \begin{pmatrix} \mathbf{0} & -\mathbf{I} \\ \mathbf{I} & \mathbf{0} \end{pmatrix}$ und $\mathbf{I}$ gleich der $n \times n$-Einheitsmatrix. Multipliziert man (1.9.6) von links mit dem Operator $[D_x \mathbf{h}_{\alpha\beta}(\mathbf{x})]^T \mathbf{S}$, so erhält man

$$\begin{aligned}[][D_x\mathbf{h}_{\alpha\beta}(\mathbf{x})]^T\mathbf{S}D_x\mathbf{h}_{\alpha\beta}(\mathbf{x})X_{H_\alpha}(\mathbf{x}) &= [D_x\mathbf{h}_{\alpha\beta}(\mathbf{x})]^T\mathbf{S}\mathbf{X}_{H_\beta}(\mathbf{h}_{\alpha\beta}(x)) \\ &= [D_x\mathbf{h}_{\alpha\beta}(\mathbf{x})]^T[D_yH_\beta(\mathbf{h}_{\alpha\beta}(\mathbf{x}))]^T \\ &= [D_xH_\alpha(\mathbf{x})]^T,\end{aligned}$$

nach (1.9.6) und (1.9.10). Schließlich erhält man mit (1.9.9)

$$[D_x\mathbf{h}_{\alpha\beta}(\mathbf{x})]^T\mathbf{S}D_x\mathbf{h}_{\alpha\beta}(\mathbf{x})\mathbf{X}_{H_\alpha}(\mathbf{x}) = \mathbf{S}\mathbf{X}_{H_\alpha}(\mathbf{x}). \tag{1.9.11}$$

Natürlich wird (1.9.6) dann und nur dann befriedigt, wenn die Überlappungs-Abbildung $\mathbf{h}_{\alpha\beta}$

$$[D_x\mathbf{h}_{\alpha\beta}(\mathbf{x})]^T\mathbf{S}D_x\mathbf{h}_{\alpha\beta}(\mathbf{x}) = \mathbf{S} \tag{1.9.12}$$

erfüllt für alle $\mathbf{x} \in \mathbf{h}_\alpha(W_\alpha \cap W_\beta)$.

Definition 1.17 *Ein Diffeomorphismus* $\mathbf{h} : U \to \mathcal{R}^{2n}$, $U \subseteq \mathcal{R}^{2n}$ *heißt* symplektisch, *falls*

$$[D\mathbf{h}(\mathbf{x})]^T\mathbf{S}D\mathbf{h}(\mathbf{x}) = \mathbf{S} \tag{1.9.13}$$

gilt für alle $\mathbf{x} \in \mathcal{R}^{2n}$ *mit* $\mathbf{S} = \begin{pmatrix} \mathbf{0} & -\mathbf{I} \\ \mathbf{I} & \mathbf{0} \end{pmatrix}$, *wobei* $\mathbf{I}$ *die* $n \times n$*-Einheitsmatrix ist.*

Eine differenzierbare Mannigfaltigkeit, für die alle Überlappungs-Abbildungen die Gleichung (1.9.12) erfüllen, nennt man *symplektische Mannigfaltigkeit*. Die Theorie symplektischer Mannigfaltigkeiten liefert einen koordinatenfreien Zugang zur Hamiltonschen Mechanik (Abraham, Marsden, 1978; Arnold, 1968).

Wichtig ist hier, daß (1.9.12) ausreicht, um die Gültigkeit der Form (1.9.1) der Hamilton-Gleichungen auf U_α *und* U_β zu sichern (siehe (1.9.9 und 1.9.10)). Die Argumente bei der Herleitung von (1.9.12) sind nicht auf Überlappungs-Abbildungen beschränkt. Man betrachte die Wirkung einer Koordinatentransformation $\mathbf{h}$ auf ein Hamiltonsches System, definiert auf $\mathcal{R}^{2n}$. Wenn wir fordern, daß die Bewegungsgleichungen der neuen Koordinaten aus der transformierten Hamiltonfunktion nach (1.9.1) zu berechnen sind, so können wir schließen, nach genau den gleichen Schritten wie oben, daß $\mathbf{h}$ symplektisch sein muß. Die Erhaltung der Hamilton-Gleichungen in diesem Sinne ist genau die Eigenschaft, die die *kanonische* Transformation in der Klassischem Mechanik beschreibt. Daher sind symplektische und kanonische Transformationen das gleiche.

Eine Eigenschaft, die Hamiltonsche Ströme $\varphi_t{}^H$ von anderen Strömen mit gerader Dimension unterscheidet, ist, daß $\varphi_t{}^H$ Phasenraumvolumen-erhaltend ist.

Theorem 1.4 (Liouville) *Sei* φ_t *ein Strom hervorgerufen durch* $\dot{\mathbf{x}} = \mathbf{X}(\mathbf{x})$ *und sei* $\Omega(t)$ *das Volumen des Bildes* $\varphi_t(D)$ *eines beliebigen Bereiches* D *seines Phasenraumen. Ist* $\operatorname{div}\mathbf{X} \equiv 0$, *dann ist* φ_t *volumentreu, das heißt* $\Omega(t) = \Omega(0)$ *für alle* t.

Um die Gedanken des Beweises von Theorem 1.4 zu erläutern, nehmen wir an, D und $\boldsymbol{\varphi}_t(D)$ liegen in der gleichen Karte. Da $\boldsymbol{\varphi}_t$ ein Diffeomorphismus ist für alle t, können wir ihn als Koordinatentransformation im Phasenraum auffassen. Mit der Bezeichnung von Abb. 1.34 haben wir

$$\Omega(t) = \int_{\boldsymbol{\varphi}_t(D)} dq_1', \ldots, dp_n'. \tag{1.9.14}$$

Da $\mathbf{x}' = \boldsymbol{\varphi}_t(\mathbf{x})$ ist, kann dies als

$$\Omega(t) = \int_D \det(D\boldsymbol{\varphi}_t(\mathbf{x}))d^{2n}x \tag{1.9.15}$$

geschrieben werden mit $d^{2n}x = dq_1, \ldots, dp_n$. Nun ist

$$\boldsymbol{\varphi}_t(\mathbf{x}) = \mathbf{x} + t\mathbf{X}(\mathbf{x}) + O(t^2) \tag{1.9.16}$$

und damit

$$D\boldsymbol{\varphi}_t(\mathbf{x}) = \mathbf{I} + tD\mathbf{X}(\mathbf{x}) + O(t^2). \tag{1.9.17}$$

Daher gilt

$$\left.\frac{d\Omega}{dt}\right|_{t=0} = \dot{\Omega}(0) = \lim_{t\to 0} \int_D \left(\frac{\det(D\boldsymbol{\varphi}_t(\mathbf{x})) - 1}{t}\right) d^{2n}x, \tag{1.9.18}$$

da $\Omega(0) = \int dq_1, \ldots, dp_n$ ist. Hat nun $D\mathbf{X}(\mathbf{x})$ Eigenwerte $\eta_i(\mathbf{x})$, so folgt

$$\det(D\boldsymbol{\varphi}_t(\mathbf{x})) = \det(\mathbf{I} + tD\mathbf{X}(\mathbf{x}) + O(t^2)) \tag{1.9.19}$$

$$= \prod_i (1 + t\eta_i(\mathbf{x}) + O(t^2)) \tag{1.9.20}$$

$$= 1 + t\sum_i \eta_i(\mathbf{x}) + O(t^2) \tag{1.9.21}$$

$$= 1 + t\mathrm{Tr}D\mathbf{X}(\mathbf{x}) + O(t^2). \tag{1.9.22}$$

Natürlich ist

$$\mathrm{Tr}D\mathbf{X}(\mathbf{x}) = \mathrm{div}\,\mathbf{X}(\mathbf{x}) \tag{1.9.23}$$

und Einsetzen in (1.9.18) gibt

$$\dot{\Omega}(0) = \int_D \mathrm{div}\,\mathbf{X}(\mathbf{x})d^{2n}x. \tag{1.9.24}$$

Die obigen Argumente hängen nicht von der Anfangszeit ab, die null gesetzt ist. Wir können die letzte Gleichung also verallgemeinern zu

$$\dot{\Omega}(t) = \int_{D(t)} \mathrm{div}\,\mathbf{X}(\mathbf{x})d^{2n}x. \tag{1.9.25}$$

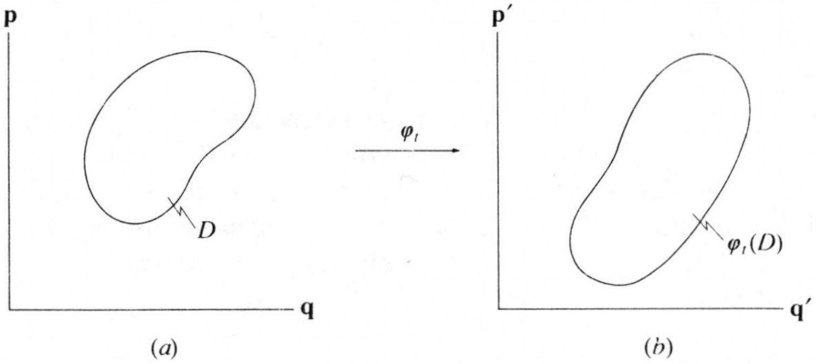

Abb. 1.34. Die Strom-Abbildung überträgt D zur Zeit Null (siehe (a)) nach $\varphi_t(D)$ zur Zeit t (siehe (b)). Da φ_t ein Diffeomorphismus ist, kann diese Transformation als ein Wechsel der Koordinaten von $(q_1, \ldots, q_n, p_1, \ldots, p_n) = \mathbf{x}^T$ nach $(q'_1, \ldots, q'_n, p'_1 \ldots, p'_n) = \mathbf{x}'^T$ betrachtet werden.

Wenn also $\operatorname{div}\mathbf{X}(\mathbf{x}) \equiv 0$ ist, gilt $\dot{\Omega}(t) = 0$ und damit $\dot{\Omega}(t) = \dot{\Omega}(0)$ für alle t.

Wenden wir Theorem 1.4 auf einen Hamiltonschen Strom an, dann gilt für das durch (1.9.1) gegebene Vektorfeld **X**

$$\operatorname{div}\mathbf{X}(\mathbf{x}) = \sum_{i=1}^{n} \frac{\partial}{\partial q_i}\left(\frac{\partial H}{\partial p_i}\right) - \frac{\partial}{\partial p_i}\left(\frac{\partial H}{\partial q_i}\right) \equiv 0. \tag{1.9.26}$$

${\varphi_t}^H$ erhält also das Phasenraumvolumen. Dieses Resultat hebt auf geometrische Weise das spezielle Verhalten Hamiltonscher Ströme hervor. Im allgemeinen können Ströme mit gerader Dimension das Volumen in manchen Bereichen des Phasenraumes verkleinern, in anderen vergrößern. Natürlich stellen die Gleichungen (1.9.26) eine globale Einschränkung für ${\varphi_t}^H$ dar. Die Volumentreue von Hamiltonschen Strömen spiegelt sich auch im Verhalten der Transformationen untereinander wider. Man kann zeigen (siehe Arnold 1968, S. 222 und Aufgabe 1.9.5), das aus (1.9.13) $\det(D\mathbf{h}(\mathbf{x})) = 1$ folgt, so daß symplektische Transformationen das Volumen des Phasenraumes erhalten. Es ist jedoch wichtig zu bemerken, daß $\det(D\mathbf{h}(\mathbf{x})) = 1$ nur für $\mathbf{h} : \mathcal{R}^2 \to \mathcal{R}^2$ impliziert, daß **h** symplektisch ist.

Betrachten wir nun, wie die Hamiltonschen Gleichungen durch symplektische Transformationen vereinfacht werden können. Sei nun $\mathbf{h} : (\mathbf{q}, \mathbf{p}) \to (\mathbf{Q}, \mathbf{P})$ und gelte $\tilde{H}(\mathbf{Q}, \mathbf{P}) = H(\mathbf{h}^{-1}(\mathbf{Q}, \mathbf{P}))$. Die transformierten Gleichungen werden einfacher sein, falls die neue Hamiltonfunktion unabhängig von einer der generalisierten Koordinaten ist. Nehmen wir an, $\tilde{H}$ hänge nicht von Q_n ab, dann folgt

$$\dot{P}_n = -\frac{\partial \tilde{H}}{\partial Q_n} = 0 \tag{1.9.27}$$

und

$$P_n(t) = P_n(0) = I_n. \tag{1.9.28}$$

Der konstante Wert I_n kann als Parameter betrachtet werden. Für einen gegebenen Wert von I_n hängt H nur noch von $(n-1)$ Paaren von konjugierten Variablen ab; die Zahl der Freiheitsgrade des Systems hat sich um eins erniedrigt und die Anzahl der Hamiltonschen Gleichungen ist um zwei gesunken.

Im Idealfall möchte man, daß $\tilde{H}$ unabhängig von allen Q_i ist, $i = 1, \ldots, n$. Dann erhält man

$$P_i(t) = P_i(0) = I_i \tag{1.9.29}$$

und

$$\dot{Q}_i = \frac{\partial \tilde{H}}{\partial P_i} = \omega_i(I_1, \ldots, I_n), \tag{1.9.30}$$

$i = 1, \ldots, n$. $\dot{Q}_i$ hängt also nur von den Parametern $I_1, \ldots, I_n$ ab und ist damit unabhängig von t. Man kann (1.9.30) einfach integrieren und erhält

$$Q_i(t) = \omega_i t + K_i, \tag{1.9.31}$$

$i = 1, \ldots, n$, $K_i \in \mathcal{R}$. Systeme, für die eine solche Reduktion möglich ist, nennt man *integrabel*, und die Gleichungen (1.9.29 und 1.9.30) heißen *Normalform* des Systems. Die Variablen $(\mathbf{Q}, \mathbf{P})$ der Normalform nennt man *Wirkungs-Winkel-Variablen*; die P_i (oder I_i) sind die „Wirkungen" und die Q_i sind die „Winkel" (oder zyklischen Variablen). Man verwendet diese Namen, da (1.9.29 und 1.9.30) die Polarform eines einfachen harmonischen Oszillators mit der Radialkomponente I_i und der Winkelkoordinate Q_i darstellen.

Traditionsgemäß wendet man in Vorlesungen über Klassische Mechanik seine Aufmerksamkeit dem integrablen Fall zu. So werden zum Beispiel 1-F-Systeme mit analytischer Hamiltonfunktion, linearen Bewegungsgleichungen (das heißt Normal-Moden) sowie nicht-lineare Systeme, die in 1-F-Systeme separierbar sind, diskutiert. Im allgemeinen sind Hamiltonsche Systeme nicht-integrabel und sie können ein mehr exotisches dynamisches Verhalten zeigen. Um dies zu erläutern, müssen wir ein System mit mindest zwei Freiheitsgraden betrachten; Poincaré-Abbildungen werden eine Schlüsselrolle in der Behandlung solcher Probleme spielen.

Ein System mit zwei Freiheitsgraden besitzt einen vierdimensionalen Phasenraum, und man kann daher seinen Strom nicht direkt darstellen. Da das System konservativ ist, liegen seine Trajektorien (immer) in dreidimensionalen Untermannigfaltigkeiten oder „shells", auf denen die Hamiltonfunktion $H(\mathbf{q}, \mathbf{p})$ konstant ist. Wählt man also einen Wert für $H(\mathbf{q}, \mathbf{p})$, so kann die Dimension des Problems um eins reduziert werden. Nun interessiert man sich häufig für Systeme, die eine bestimmte Art von Rekurrenz zeigen. Zum Beispiel nicht-integrable Störungen von integrablen Systemen oder das Verhalten von nicht-integrablen Systemen in der Nähe von geschlossenen Bahnen. In solchen Fällen können wir unser Problem durch die Konstruktion einer Poincaré-Abbildung auf ein zwei-dimensionales reduzieren. Natürlich verliert man einige Details der Dynamik dabei, da wir die Bahn nur periodisch beobachten. Der interessante Punkt ist aber, daß genügend Information erhalten bleibt, um zu zeigen, daß die Dynamik eines konservativen 2-F-Systems sehr kompliziert sein kann. Da diese Information in zwei Dimensionen vorliegt, ist es einfach, sie in graphischer Form darzustellen und zu beurteilen.

Um zu zeigen, wie die Poincaré-Abbildung konstruiert wird, wollen wir zuerst einen *integrablen* Fall betrachten, dessen Lösungen explizit aufgeschrieben werden können. Der zwei-dimensionale harmonische Oszillator wird durch die Gleichungen

$$\dot{q}_1 = p_1, \qquad \dot{p}_1 = -\omega_1^2 q_1, \tag{1.9.32}$$

$$\dot{q}_2 = p_2, \qquad \dot{p}_2 = -\omega_2^2 q_2 \tag{1.9.33}$$

beschrieben. Die Hamiltonfunktion lautet

$$H(q_1, p_1; q_2, p_2) = \frac{1}{2}\sum_{i=1}^{2}(p_1^2 + \omega_i^2 q_i^2), \tag{1.9.34}$$

und (1.9.32 und 1.9.33) haben die Lösungen

$$q_i = A_i \cos(\omega_i t + \eta_i), \tag{1.9.35}$$

$$p_i = -\omega_i A_i \sin(\omega_i t + \eta_i) \tag{1.9.36}$$

mit $\eta_i \in \mathcal{R}$, $i = 1, 2$. Das Ziel ist nun, die Poincaré-Abbildung so zu konstruieren, daß ein Paar konjugierter Variablen (sagen wir q_2, p_2) verschwindet. Beschränken wir uns auf die Hamilton-shell $H(\mathbf{q}, \mathbf{p}) = h_0 > 0$, so können wir p_2 durch q_1, p_1 und q_2 ausdrücken. Da q_2 periodisch ist mit der Periode $2\pi/\omega_2$, kehrt die Bahn eines Phasenpunktes der Ebene $q_2 = 0$ nach der Zeit $2\pi/\omega_2$ nach $q_2 = 0$ zurück (siehe Abb. 1.35). Daher ist die Poincaré-Abbildung $\mathbf{P}$ auf dem Schnitt $q_2 = 0$ gegeben durch

$$\mathbf{P}\begin{pmatrix} q_1 \\ p_1 \end{pmatrix} = \begin{pmatrix} A_1 \cos\left(\omega_1 \left[t + \frac{2\pi}{\omega_2}\right] + \eta_1\right) \\ -\omega_1 A_1 \sin\left(\omega_1 \left[t + \frac{2\pi}{\omega_2}\right] + \eta_1\right) \end{pmatrix} \tag{1.9.37}$$

$$= \begin{pmatrix} \cos 2\pi\mu & -\frac{1}{\omega_1}\sin 2\pi\mu \\ \omega_1 \sin 2\pi\mu & \cos 2\pi\mu \end{pmatrix} \begin{pmatrix} q_1 \\ p_1 \end{pmatrix} \tag{1.9.38}$$

mit $\mu = \omega_1/\omega_2$. $\mathbf{P}$ stellt eine Rotation dar, für die die Ellipsen

$$p_1^2 + \omega_1^2 q_1^2 = C \tag{1.9.39}$$

mit $0 < C < 2h_0$ invariante Kurven sind. Diesen geschlossenen invarianten Kurven entsprechen invariante Tori für den Strom auf der $H = h_0$-shell.

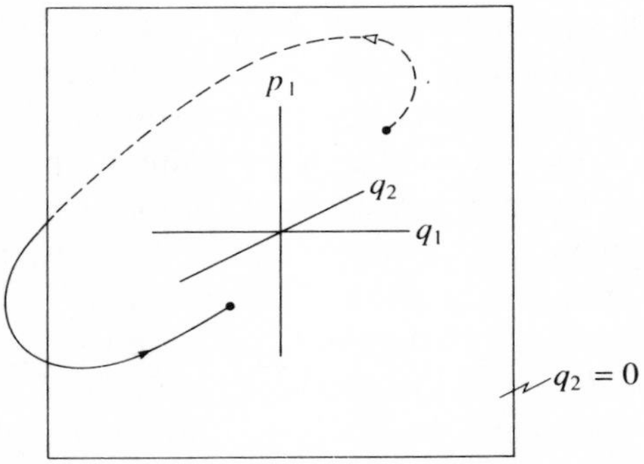

Abb. 1.35. Die Poincaré-Abbildung, definiert auf dem Schnitt $q_2 = 0$. Es folgt aus (1.9.36), daß q_2 zu null periodisch zurück kehrt mit der Periode $2\pi/\omega_2$.

Wichtig ist, daß für (1.9.38) $\det \mathbf{P} = 1$ gilt. Das bedeutet (siehe Aufgabe 1.9.5), daß die Poincaré-Abbildung, die nach obigem Schema konstruiert wurde, *inhaltstreu* ist. Daß sie es auch ist, falls das System nicht-integrabel ist, folgt aus der *Poincaré-Cartan-Invariante* (Arnold, 1968, S. 233-40 oder Arnold, Avez, 1968, S. 230-32). Eine Ableitung dieser Invarianten für 2-F-Systeme setzt die Kenntnis von Differentialformen voraus, für 1-F-Systeme jedoch kann man die bekannten Bezeichnungen der Vektoranalysis verwenden. Man betrachte den erweiterten Phasenraum für ein 1-F-System mit den Koordinaten (q, p, t). Sei $\mathbf{v} = (-p, 0, H)$, so ist $\operatorname{rot} \mathbf{v} = (\partial H/\partial p, -\partial H/\partial q, 1)$ das Vektorfeld der Hamiltonfunktion H im erweiterten Phasenraum (siehe (1.9.1). Nun wendet man das Theorem von Stokes für den tubusförmigen Bereich an, der in Abb. 1.36 (a) gezeigt ist. Die Seiten des Tubus bestehen hier aus Stromlinien von $\operatorname{rot} \mathbf{v}$.

Zerschneidet man den Tubus so, wie in Abb. 1.36 (b) gezeigt ist, erkennt man, daß

$$\int_S \operatorname{rot} \mathbf{v} \cdot d\mathbf{S} = 0 = \int_{\gamma_1} \mathbf{v} \cdot d\mathbf{r} - \int_{\gamma_2} \mathbf{v} \cdot d\mathbf{r} \tag{1.9.40}$$

ist mit $d\mathbf{r} = (dq, dp, dt)$. Daher gilt

$$\int_{\gamma_1} p\, dq - H\, dt = \int_{\gamma_2} p\, dq - H\, dt, \tag{1.9.41}$$

und es folgt, daß $\int_\gamma p\, dq - H\, dt$ unter dem Strom invariant ist.

Mit Hilfe von Differential-zwei-Formen (siehe Arnold, 1968, S. 234-236) kann man das Stokessche Theorem auf fünf Dimensionen ausdehnen und das entsprechende Ergebnis für 2-F-Systeme ableiten, nämlich

$$\int_{\gamma_1} p_1\, dq_1 + p_2\, dq_2 - H\, dt = \int_{\gamma_2} p_1\, dq_1 + p_2\, dq_2 - H\, dt, \tag{1.9.42}$$

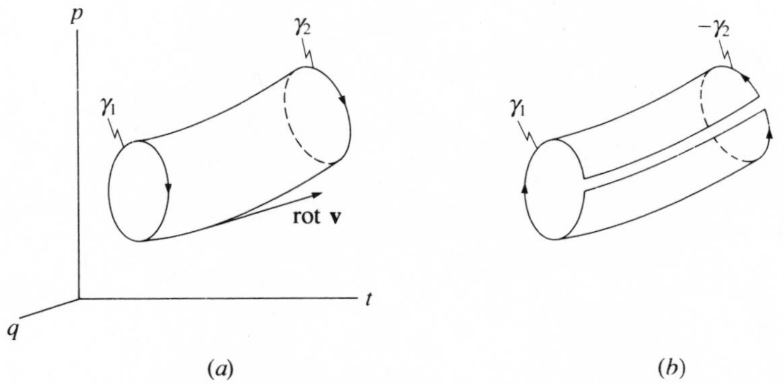

Abb. 1.36. (a) Ein tubusförmiger Bereich, für den das Stokessche Theorem für 1-F-Systeme angewandt wird. Das Vektorfeld rot $\mathbf{v}$ ist Tangente zur Oberfläche an jedem Punkt des Tubus, so daß rot $\mathbf{v} \cdot d\mathbf{S} \equiv 0$ gilt. Die geschlossenen Kurven γ_1 und γ_2 erhält man durch Schnitte, die senkrecht zu den Röhren der Stromlinien liegen. (b) Zerschneiden der Röhre von (a) für Gleichung (1.9.40).

mit γ_1 und γ_2 als geschlossenen Kurven, die eine Röhre des Stromes im fünfdimensionalen erweiterten Phasenraum mit den Koordinaten (q_1, q_2, p_1, p_2, t) begrenzen. Bestehe nun γ_1 ausschließlich aus Punkten mit $H = h_0$, $q_2 = t = 0$. Wir folgen den Linien des Stromes $\varphi_t{}^H$, bis wir zu $q_2 = 0$ zurückkehren. Obwohl $H = h_0$ bleibt und q_2 nach null zurückkehrt, wird die Zeit, die man benötigt, um nach $q_2 = 0$ zu gelangen, verschieden sein für verschiedene Punkte von γ_1. Daher haben im erweiterten Phasenraum die Punkte des Bildes γ_2 von γ_1 nicht alle die gleiche Koordinate t.

Setzen wir nun die so definierten Kurven γ_1 und γ_2 in (1.9.42) ein. Da H und q_2 auf beiden Kurven konstant sind, erhalten wir

$$\int_{\gamma_i} H\, dt = \int_{\gamma_i} p_2\, dq_2 = 0 \tag{1.9.43}$$

für $i = 1, 2$, so daß aus (1.9.42) folgt

$$\int_{\gamma_1} p_1\, dq_1 = \int_{\gamma_2} p_1\, dq_1 = \int_{\bar{\gamma}_2} p_1\, dq_1, \tag{1.9.44}$$

wobei $\bar{\gamma}_2$ die Projektion von γ_2 auf $t = 0$ ist. Nun ist $\bar{\gamma}_2$ das Bild von γ_1 unter der Poincaré-Abbildung $\mathbf{P}$ (siehe Abb. 1.37). Daher ist $\mathbf{P}$ eine inhaltstreue Abbildung auf dem Schnitt $H(\mathbf{q}, \mathbf{p}) = h_0$ und $q_2 = 0$ im Phasenraum des Systems.

Numerische Experimente zeigten, daß Poincaré-Abbildungen, die, wie oben beschrieben, konstruiert werden, ein kompliziertes dynamisches Verhalten zeigen (Hénon, 1983, S. 84-95; Lichtenberg, Liebermann, 1982). Diese Komplexität ist eine Eigenschaft inhaltstreuer Abbildungen der Ebene, welche durch

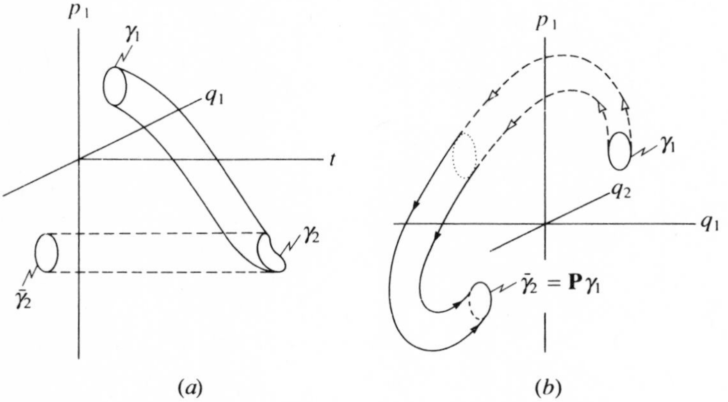

Abb. 1.37. Ist γ_2 gegeben durch $\mathbf{r} = \mathbf{r}(u)$, dann erhalten wir $\mathbf{r}(u) = (q_1(u), 0, p_1(u), p_2(u), t(u))$, wobei $p_2(u)$ durch $H(\mathbf{q}, \mathbf{p}) = h_0$ festgelegt ist. Die Kurve $\bar{\gamma}_2$, die durch Projektion von γ_2 auf $t = 0$ entsteht (siehe (a)), ist das Bild von γ_1 unter der Poincaré-Abbildung $\mathbf{P}$ (siehe (b)).

die quadratische Abbildung von Hénon typisiert wird:

$$x_{t+1} = x_t \cos\alpha - y_t \sin\alpha + x_t^2 \sin\alpha, \tag{1.9.45}$$

$$y_{t+1} = x_t \sin\alpha + y_t \cos\alpha - x_t^2 \cos\alpha, \tag{1.9.46}$$

wobei α ein reeller Parameter und $t \in \mathscr{Z}$ ist (siehe Hénon, 1969).

Diese Abbildung ist keine Poincaré-Abbildung eines Hamiltonschen Systems. Sie stellt statt dessen die allgemeinste quadratische ebene Abbildung dar, welche inhaltstreu ist und im linearen Anteil eine reine Rotation besitzt. Einige auffallende Erscheinungen sind in den Abb. 1.38–1.42 dargestellt, für mehr Details sei dem Leser der exzellente Überblick von Hénon (1983) empfohlen. Die Abb. 1.38–1.42 zeigen invariante Kreise, Inselketten, chaotische Bahnen und ihre Wiederholung auf allen Skalen. All dies führt zu einem Bild von immenser Komplexität, das noch lange nicht voll verstanden ist. Wir werden zu diesen Dingen in den Kapiteln 3 und 6 zurückkehren.

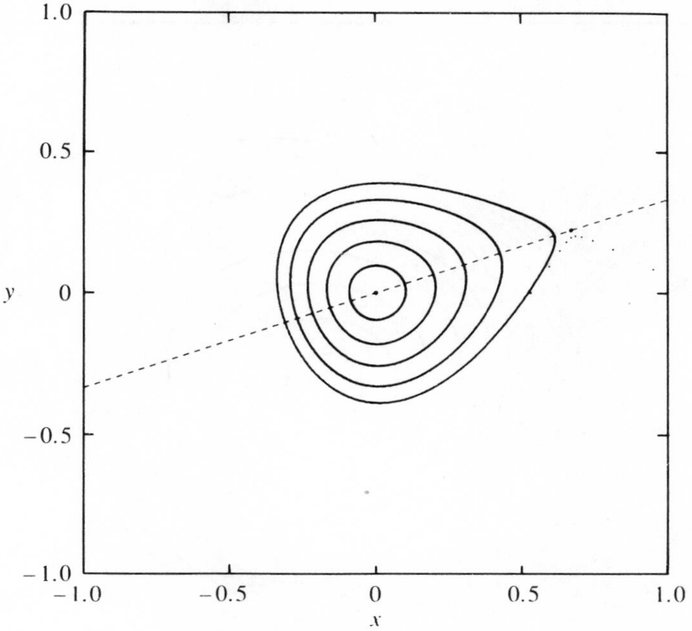

Abb. 1.38. Einige typische Bahnen der Hénon-Abbildung (1.9.45 und 1.9.46) für $\cos\alpha = 0.8$. Es sind zwei Fixpunkte zu erkennen: ein elliptischer (siehe Paragraph 6.5) und ein sattelförmiger. Was wie eine geschlossene Kurve erscheint, ist jeweils die Bahn eines einzelnen Punktes, das heißt, die Bahn ist beschränkt auf etwas, was topologisch ein invarianter Kreis genannt wird. Ist die Zahl der iterativen Schritte für (1.9.45 und 1.9.46) klein, so erkennt man einzelne Punkte dieser Bahnen, die sich um den Ursprung herum bewegen (siehe Aufgabe 1.9.9). Steigt die Anzahl der Iterationsschritte, verschmelzen die Punkte zu einer geschlossenen Kurve. Einzelne Bahnpunkte erscheinen deutlicher in der Nähe des Sattelpunktes (nach Hénon, 1969).

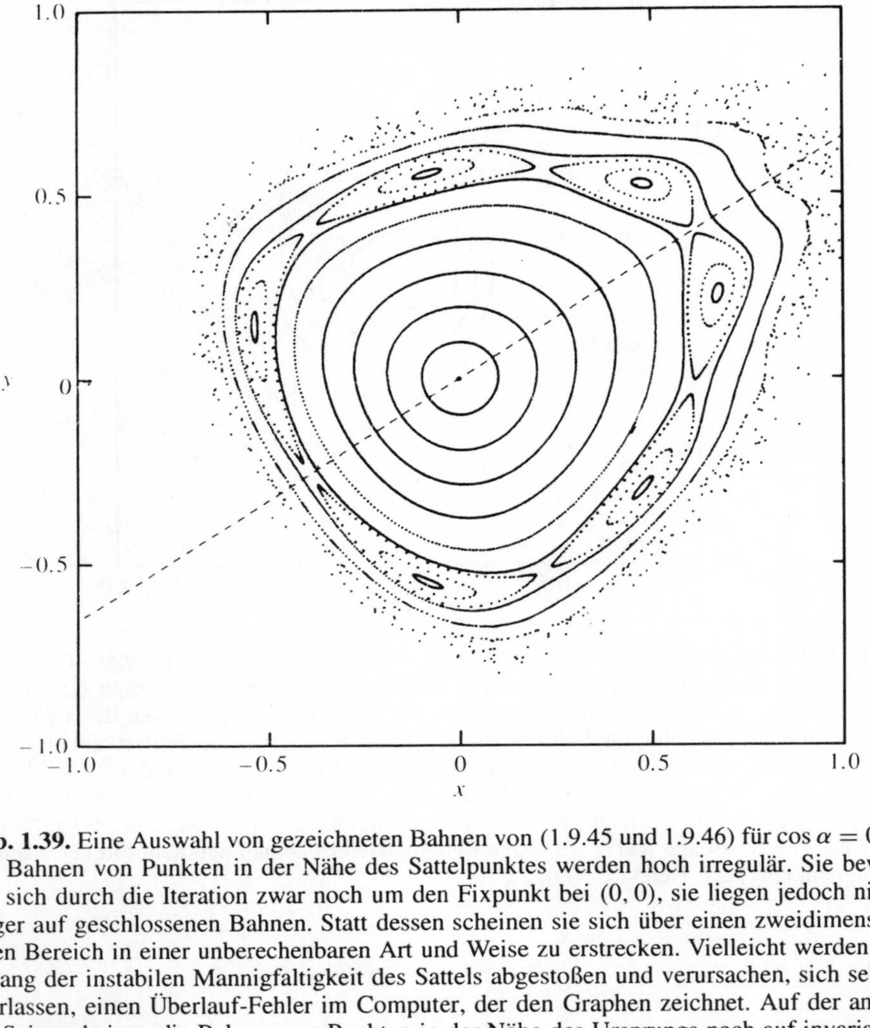

Abb. 1.39. Eine Auswahl von gezeichneten Bahnen von (1.9.45 und 1.9.46) für $\cos\alpha = 0.4$. Die Bahnen von Punkten in der Nähe des Sattelpunktes werden hoch irregulär. Sie bewegen sich durch die Iteration zwar noch um den Fixpunkt bei (0, 0), sie liegen jedoch nicht länger auf geschlossenen Bahnen. Statt dessen scheinen sie sich über einen zweidimensionalen Bereich in einer unberechenbaren Art und Weise zu erstrecken. Vielleicht werden sie entlang der instabilen Mannigfaltigkeit des Sattels abgestoßen und verursachen, sich selbst überlassen, einen Überlauf-Fehler im Computer, der den Graphen zeichnet. Auf der anderen Seite scheinen die Bahnen von Punkten in der Nähe des Ursprungs noch auf invariante Kreise beschränkt zu sein. Zwischen diesen Extrema kann man eine neue Erscheinung, Inselketten, beobachten. Die Inseln selbst liegen um die Punkte einer elliptischen periodischen Bahn, hier mit der Periode sechs. Die „Meeresengen" zwischen den Inseln enthalten eine hyperbolische periodische Bahn mit ebenfalls der Periode sechs. Die Bahnen von Punkten in der Nähe der elliptischen periodischen Punkte bewegen sich von Insel zu Insel und kehren nach jeder sechsten Iteration zu einem invarianten Kreis rund um den elliptischen Ausgangspunkt zurück. Informationen, die dem Leser helfen, Inselketten zu beobachten, sind in Aufgabe 1.1.9 gegeben (nach Hénon, 1969).

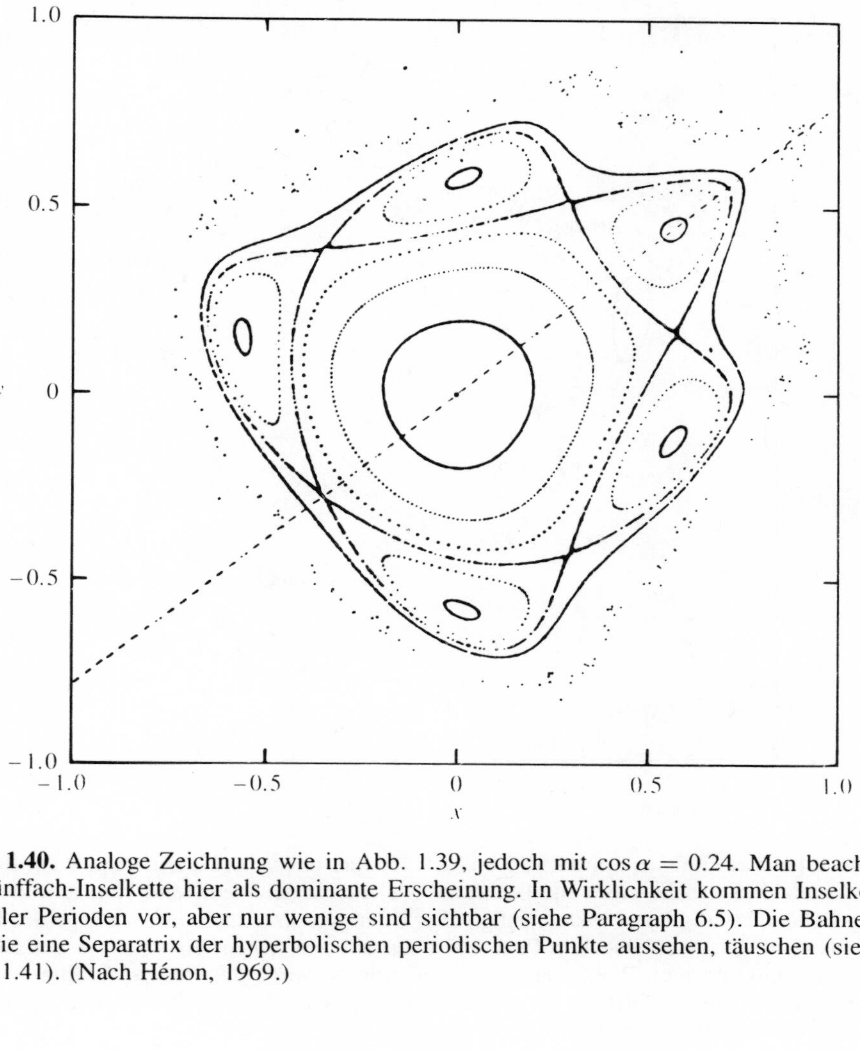

Abb. 1.40. Analoge Zeichnung wie in Abb. 1.39, jedoch mit $\cos\alpha = 0.24$. Man beachte die fünffach-Inselkette hier als dominante Erscheinung. In Wirklichkeit kommen Inselketten aller Perioden vor, aber nur wenige sind sichtbar (siehe Paragraph 6.5). Die Bahnen, die wie eine Separatrix der hyperbolischen periodischen Punkte aussehen, täuschen (siehe Abb. 1.41). (Nach Hénon, 1969.)

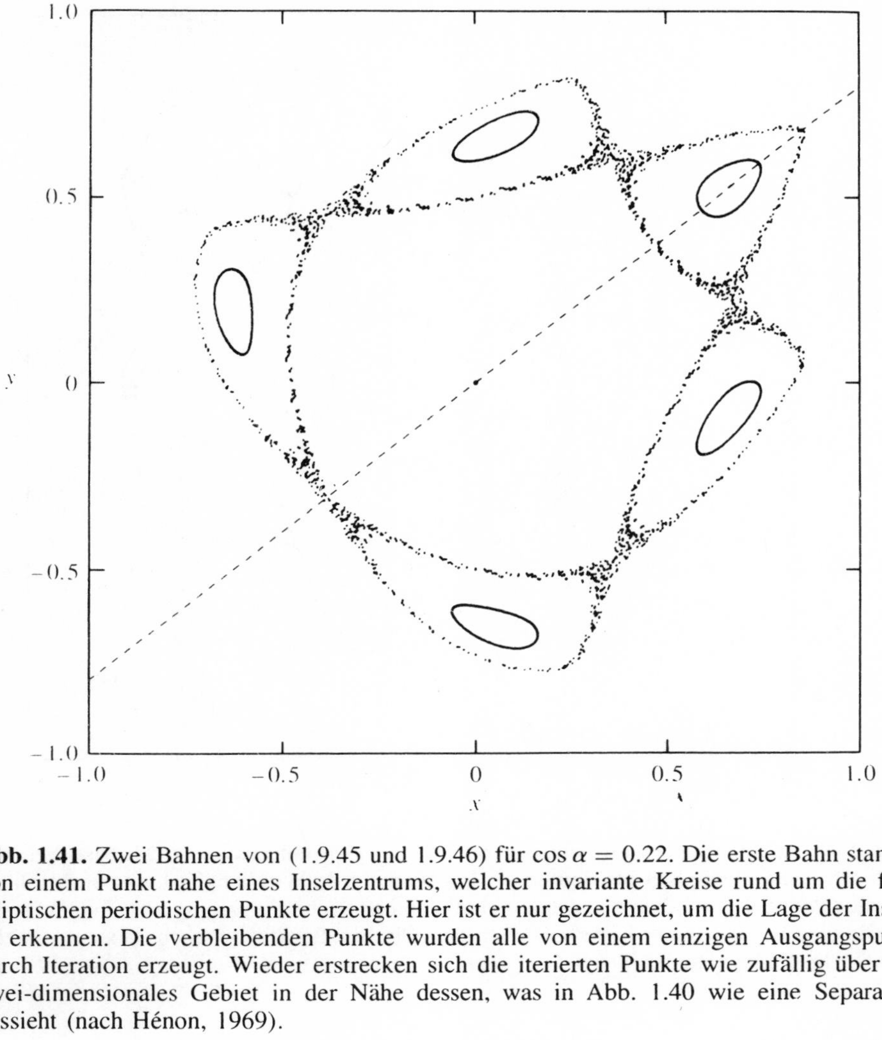

Abb. 1.41. Zwei Bahnen von (1.9.45 und 1.9.46) für $\cos\alpha = 0.22$. Die erste Bahn stammt von einem Punkt nahe eines Inselzentrums, welcher invariante Kreise rund um die fünf elliptischen periodischen Punkte erzeugt. Hier ist er nur gezeichnet, um die Lage der Inseln zu erkennen. Die verbleibenden Punkte wurden alle von einem einzigen Ausgangspunkt durch Iteration erzeugt. Wieder erstrecken sich die iterierten Punkte wie zufällig über ein zwei-dimensionales Gebiet in der Nähe dessen, was in Abb. 1.40 wie eine Separatrix aussieht (nach Hénon, 1969).

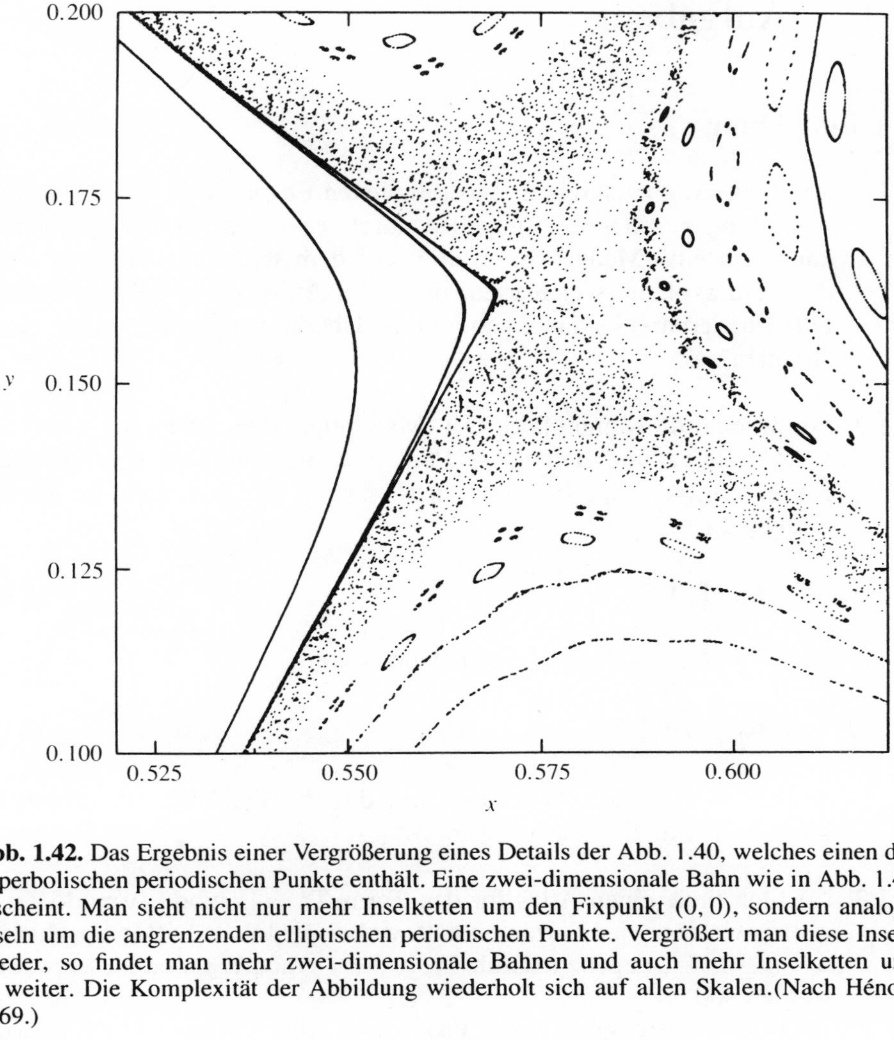

Abb. 1.42. Das Ergebnis einer Vergrößerung eines Details der Abb. 1.40, welches einen der hyperbolischen periodischen Punkte enthält. Eine zwei-dimensionale Bahn wie in Abb. 1.41 erscheint. Man sieht nicht nur mehr Inselketten um den Fixpunkt (0, 0), sondern analoge Inseln um die angrenzenden elliptischen periodischen Punkte. Vergrößert man diese Inseln wieder, so findet man mehr zwei-dimensionale Bahnen und auch mehr Inselketten und so weiter. Die Komplexität der Abbildung wiederholt sich auf allen Skalen.(Nach Hénon, 1969.)

1.10 Aufgaben

1.1 Einführung

1.1.1 Sei M der Einheitskreis in der komplexen Ebene. Man erkläre, wie die Abbildung $\pi : \mathcal{R} \to S^1$, gegeben durch $x \mapsto \exp(ix)$, benutzt werden kann, um eine Menge von Karten auf dem Kreis zu definieren. Man definiere explizit zwei Karten, die einen Atlas auf S^1 bilden. Welcher Differenzierbarkeitsklasse gehören die Überlappungsabbildungen dieses Atlanten an?

1.1.2 Sei M eine C^r-Mannigfaltigkeit. Man zeige, daß, ist $\mathbf{f} : M \to M$ eine C^k-Abbildung und liegen die Punkte $\mathbf{x}_0$ und $\mathbf{f}(\mathbf{x}_0)$ in überlappenden Karten $(U_\alpha, \mathbf{h}_\alpha)$,$(U_\gamma, \mathbf{h}_\gamma)$ bzw. in $(U_\beta, (\mathbf{h}_\beta), (U_\delta, \mathbf{h}_\delta)$, dann ist die Abbildung

$$\mathbf{h}_\beta \cdot \mathbf{f} \cdot \mathbf{h}_\alpha^{-1} \tag{E1.1}$$

aus C^k in $\mathbf{h}_\alpha(\mathbf{x}_0)$ dann und nur dann, wenn

$$\mathbf{h}_\delta \cdot \mathbf{f} \cdot \mathbf{h}_\gamma^{-1} \tag{E1.2}$$

aus C^k ist in $\mathbf{h}_\gamma(\mathbf{x}_0)$. Was impliziert dies für die Differenzierbarkeitsklasse von $\mathbf{f}$ in $\mathbf{x}_0$?

1.1.3 (a) Man finde einen Atlas für den Torus $T^2 = \{x \bmod 1, y \bmod 1 | (x, y) \in \mathcal{R}^2\}$, welcher vier Karten enthält, wobei der lokale Diffeomorphismus $\pi : \mathcal{R} \to T^2$, gegeben durch $(x, y) \mapsto (x \bmod 1, y \bmod 1)$, verwendet werden soll.
(b) Mittels Stereographischer Projektion auf der Einheitskugel konstruiere man einen Atlas, bestehend aus zwei Karten. Man konstruiere ebenfalls die Überlappungs-Abbildung zwischen diesen beiden Karten.

1.2 Elementare Dynamik von Diffeomorphismen

1.2.2 Diffeomorphismen des Kreises

1.2.1 Man zeige, daß die Menge von Punkten $\{m\alpha \bmod 1 | m \in \mathcal{Z}\}$, $\alpha \in \mathcal{R}\backslash\mathcal{Q}$ dicht ist im Intervall $[0, 1]$, indem man zeigt:

(i) $m\alpha \neq m'\alpha \bmod 1$ für $m \neq m'$,

(ii) es existieren zwei Punkte $\theta + m\alpha$, $\theta + m'\alpha$ in jedem gegebenen Intervall der Länge $2\pi/k$ auf dem Einheitskreis (man betrachte $k+1$ Punkte der Form $m\alpha$, $m \in \mathcal{Z}$),
(iii) aufeinanderfolgende Punkte von $(m - m')\alpha$, $2(m - m')\alpha$, $3(m - m')\alpha \ldots$ liegen weniger als $2\pi/k$ auseinander,
(iv) jede ε-Umgebung enthält Punkte der Folge in (iii).

1.2.2 Welche der folgenden Abbildungen $g : [0, 1] \to \mathcal{R}$ kann zur Konstruktion der Liftung $\bar{f} : \mathcal{R} \to \mathcal{R}$ eines Umlaufsinn-erhaltenden Diffeomorphismus auf dem Kreis S^1 verwendet werden?
(a) $g(x) = x^2$,
(b) $g(x) = x^2 - 2x$,
(c) $g(x) = 2x^2 - x$.
Man beschreibe die Liftung für jeden der Fälle.

1.2.3 Man betrachte den Homomorphismus $f : S^1 \to S^1$, $S^1 = \{\exp(2\pi ix) | 0 \leq x < 1\}$, gegeben durch $\exp(2\pi ix) \mapsto \exp(-2\pi ix)$(Reflexion an der x-Achse). Was sind die Fixpunkte und die Periode-2-Punkte von f? Man überprüfe die Antwort durch Auffinden einer Liftung $\bar{f} : \mathcal{R} \to \mathcal{R}$ von f in Bezug auf die überdeckende Abbildung $\pi : x \mapsto \exp(2\pi ix)$ von S^1 durch $\mathcal{R}$ und untersuche die Schnittpunkte des Graphen von $\bar{f}$ mit den Geraden $y = x + n$, $n \in \mathcal{Z}$. Man untersuche auch den Fall $\bar{f}^2$.

1.2.4 Man finde die periodischen Punkte mit Periode 2 des Kreisdiffeomorphismus $f : S^1 \to S^1$ mit Liftung $\bar{f}(x) = x + 0,5 + 0,1 \sin 2\pi x$. Welche Stabilität haben die periodischen Bahnen mit Periode 2? Man beweise, das weder Fixpunkte noch periodische Punkte mit Periode 3 existieren.

1.2.5 Man betrachte einen Umlaufsinn-umkehrenden Diffeomorphismus $f : S^1 \to S^1$. Man zeige, daß jede Liftung $\bar{f} : \mathcal{R} \to \mathcal{R}$ von f die Eigenschaft hat, daß $\bar{f}$ streng monoton fallend ist und es gilt $\bar{f}(x+1) = \bar{f} - 1$. Man zeige, daß f immer zwei Fixpunkte besitzt. Ist f^2 umlaufsinn-erhaltend oder -umkehrend?

1.3 Ströme und Differentialgleichungen

1.3.1 Man verwende Gleichung (1.3.2) und zeige, daß $(\boldsymbol{\varphi}_t)^{-1} = \boldsymbol{\varphi}_{-t}$ ist für alle $t \in \mathcal{R}$. Dann zeige man, daß aus Definition 1.5 folgt, daß $\boldsymbol{\varphi}_t : M \to M$ ein Diffeomorphismus ist für alle reellen t.

1.3.2 Sei $\boldsymbol{\varphi}_t$ ein Strom auf der Mannigfaltigkeit M und man nehme an, die Bahnen $\{\boldsymbol{\varphi}_t(\mathbf{x}_0)\}$ und $\{\boldsymbol{\varphi}_t(\mathbf{x}_1)\}$ schneiden sich. Man beweise, daß die beiden Bahnen übereinstimmen.

1.3.3 Sei γ eine geschlossene Bahn des Stromes $\boldsymbol{\varphi}$ auf der Mannigfaltigkeit M und es existieren $T > 0$ und $\mathbf{x}_0 \in \gamma$, so daß $\boldsymbol{\varphi}_T(\mathbf{x}_0) = \mathbf{x}_0$ ist. Man beweise $\boldsymbol{\varphi}_T(\mathbf{x}) = \mathbf{x}$ für alle $\mathbf{x} \in \gamma$.
Man bestimme zwei geschlossene Bahnen γ_1 und γ_2 sowie positive Perioden T_1 und T_2 für den Strom

$$\dot{r} = r(r-1)(r-2), \qquad \dot{\theta} = r^2. \tag{E1.3}$$

1.3.4 Man verifiziere, daß

$$\varphi(t, x) = x\exp(t)/[x\exp(t) - x + 1] \tag{E1.4}$$

ein Strom auf [0, 1] ist und finde das zugehörige Vektorfeld. Warum ist es kein Strom auf $\mathcal{R}$?

1.3.5 Man bestimme die Differentialgleichungen, die zu folgenden (lokalen) Strömen gehören:

$$\text{(a) } \varphi_t(x) = \frac{x}{(1-2x^2t)^{\frac{1}{2}}} \text{ auf } \mathcal{R}, \tag{E1.5}$$

$$\text{(b) } \boldsymbol{\varphi}_t(x, y) = \left(x\exp(t), \frac{y}{1-yt}\right) \text{ auf } \mathcal{R}^2. \tag{E1.6}$$

Man überzeuge sich, daß für jedes Intervall von t der Form $(-a, a)$ eine Umgebung des Ursprungs existiert, in der (E1.5 bzw. E1.6) die Lösungen der gefundenen Differentialgleichungen korrekt beschreiben.

1.4 Invariante Mengen

1.4.1 Man finde die kleinsten geschlossenen invarianten Mengen für (a) irrationale und (b) rationale Rotation des Kreises. Was ist die allgemeinste invariante Menge in beiden Fällen?

1.4.2 Man beweise, daß die Fixpunkte und periodischen Punkte eines Diffeomorphismus $\mathbf{f}$ auf einer Mannigfaltigkeit M in seiner nicht-wandernden Menge Ω liegen. Man zeige, daß Ω (a) geschlossen und (b) invariant unter $\mathbf{f}$ ist.

1.4.3 Man beweise, daß die nicht-wandernde Menge eines Stromes $\boldsymbol{\varphi}$ auf einer Mannigfaltigkeit M (a) geschlossen und (b) invariant ist. Man zeige, daß eine geschlossene Bahn von $\boldsymbol{\varphi}$ eine Untermenge der nicht-wandernden Menge ist.

1.4.4 Man beschreibe das Verhalten des Diffeomorphismus $f(x) = ax$, $a \in \mathcal{R}$ für

(i) $a < -1$,
(ii) $a = -1$,
(iii) $-1 < a < 0$,
(iv) $0 < a < 1$,
(v) $a = 1$,
(vi) $1 < a$.

Man gebe $L_\alpha(x)$ und $L_\omega(x)$, $x \neq 0$ für jeden Fall an.

1.4.5 Man skizziere Beispiele von Phasenbilder in der Ebene mit einer nichtleeren kompakten Grenzmenge, die (a) einen, (b) zwei, (c) drei, (d) vier Fixpunkte enthält. Man gebe an, wie Differentialgleichungen mit Strömen dieser Art konstruiert werden können.

1.4.6 Man verwende das Poincaré-Bendixson-Theorem, um zu zeigen, daß der „Van der Pol"-Oszillator

$$\ddot{x} + \varepsilon(x^2 - 1)\dot{x} + x = 0, \qquad \varepsilon < 1, \tag{E1.7}$$

einen stabilen Grenzzyklus besitzt für genügend kleine Werte von ε.

1.5 Konjugation

1.5.1 Man zeige, daß:

(i) $f(x) = 2x$ und $g(x) = 8x$ topologisch konjugiert auf $\mathcal{R}$ sind, jedoch nicht differenzierbar konjugiert,
(ii) $f(x) = 2x$ und $g(x) = -2x$ nicht topologisch konjugiert sind, indem man zeigt, daß Konjugation die Orientierung einer Abbildung erhält,
(iii) $f(x) = 2x$ und $g(x) = \frac{1}{2}x$ nicht topologisch konjugiert sind, indem man die Natur des Fixpunktes im Ursprung in beiden Fällen untersucht.

1.5.2 Man beweise, daß $\varphi : x \mapsto x^{2n+1}$, $n \in \mathcal{N}$ topologisch konjugiert zu den Diffeomorphismen $f(x) = 2x$ und $g(y) = 2^{2n+1}$ auf $\mathcal{R}$ ist. Warum liegt keine differenzierbare Konjugation vor für $n > 0$?

1.5.3 Seien $\mathbf{f}, \mathbf{g} : \mathcal{R} \to \mathcal{R}$ C^k-konjugierte ($k \geq 1$) Diffeomorphismen durch $\mathbf{h} : \mathcal{R} \to \mathcal{R}$ und es gelte $\mathbf{f}(\mathbf{0}) = \mathbf{0}$. Man beweise, daß die Jacobi-Matritzen von $\mathbf{f}$ bei $\mathbf{0}$ und von $\mathbf{g}$ bei $\mathbf{h}(\mathbf{0})$ gleich sind. Was sagt dies über die Eigenwerte von $D\mathbf{f}(\mathbf{0})$ und $D\mathbf{g}(\mathbf{h}(\mathbf{0}))$ aus?

Man zeige, daß $f(x) = \alpha x$ und $g(x) = \beta x$ nicht C^k-konjugiert sind für $\alpha \neq \beta$. Wann sind f und g nicht C^0-konjugiert?

1.5.4 Seien f, g Diffeomorphismen auf $\mathcal{R}$, gegeben durch

$$f(x) = x + \sin x \tag{E1.8}$$

und

$$g(x) = x + h_k(x) \tag{E1.9}$$

mit

$$h_k(x) = x - \frac{x^3}{3!} + \frac{x^5}{5!} + \cdots + (-1)^k \frac{x^{2k+1}}{(2k+1)!}, \tag{E1.10}$$

$k \in \mathcal{Z}^+$. Man zeige, daß f und g für alle k nicht topologisch konjugiert sind.

1.5.5 Man gebe die Anzahl der periodischen Punkte mit Periode 2 der Diffeomorphismen f und g auf dem Kreis S^1 an, wobei die Liftungen die Form

$$\bar{f}(x) = x + 0,5 + 0,1 \sin 2\pi x, \tag{E1.11}$$

$$\bar{g}(x) = x + 0,3 + 0,1 \sin 2\pi x, \tag{E1.12}$$

haben. Man zeige, daß f und g nicht topologisch konjugiert sind.

1.5.6 Man beweise, das die beiden linearen Systeme $\dot{\mathbf{x}} = \mathbf{A}\mathbf{x}$ und $\dot{\mathbf{y}} = \mathbf{B}\mathbf{y}$, $\mathbf{x}, \mathbf{y} \in \mathcal{R}^n$, Ströme besitzen, die linear konjugiert sind dann und nur dann, wenn $\mathbf{A}$ und $\mathbf{B}$ gleich sind.

1.5.7 Seien φ und ψ Ströme auf $\mathcal{R}^n$ und habe φ einen Fixpunkt im Ursprung. Wenn φ und ψ C^k-konjugiert sind, $k > 0$, durch $\mathbf{h} : \mathcal{R}^n \to \mathcal{R}^n$, so zeige man, daß die Vektorfelder $\mathbf{X}$ und $\mathbf{Y}$ von φ und ψ die Eigenschaft haben, daß die Matrizen $D\mathbf{X}(\mathbf{0})$ und $D\mathbf{Y}(\mathbf{0})$ gleich sind. Man vergleiche die Antwort mit der von Aufgabe 1.5.6 und erkläre, warum die Umkehrung der obigen Aussage im nicht-linearen Falle nicht gilt.

1.5.8 Man bestimme die Rotationszahl des Kreisdiffeomorphismus f mit der Liftung $\bar{f} : \mathcal{R} \to \mathcal{R}$, gegeben durch
(i) $\bar{f}(x) = x + \frac{2}{3}$,
(ii) $\bar{f}(x) = x^3 + \frac{3}{4}$; $0 \leq x < 1$, $\bar{f}(x+1) = \bar{f}(x) + 1$,
(iii) $\bar{f}(x) = x + \frac{1}{2} + \frac{1}{2\pi} \sin 2\pi x$;
durch Aufsuchen von Fixpunkten oder periodischen Punkten von f.

1.6 Äquivalenz von Strömen

1.6.1 Man zeige, daß die Ströme

$$\exp(\mathbf{J}t),\ \mathbf{J} = \begin{pmatrix} 0 & -\beta \\ \beta & 0 \end{pmatrix} \text{ und } \exp(\mathbf{J}_0 t),\ \mathbf{J}_0 = \begin{pmatrix} 0 & -1 \\ 1 & 0 \end{pmatrix} \tag{E1.13}$$

topologisch äquivalent sind. Man beweise weiter, daß alle linearen Ströme $\exp(\mathbf{A}t)$, für die $\mathbf{A}$ rein imaginäre Eigenwerte besitzt, topologisch äquivalent sind zu $\exp(\mathbf{J}_0 t)$. Warum sind diese Ströme nicht topologisch konjugiert?

1.6.2 Es ist oft leicht zu entscheiden, warum zwei Ströme *nicht* topologisch äquivalent sind durch Betrachten wichtiger Merkmale in ihren Phasenbildern. Man beschreibe für jede Darstellung in Abb. E1.1 ein unterscheidendes Merkmal, welches bei topologischer Äquivalenz erhalten bleibt und was bei den anderen Darstellungen nicht zu beobachten ist. Man erläutere die Antworten. Warum ist der invariante Kreis in (b) kein Grenzzyklus?

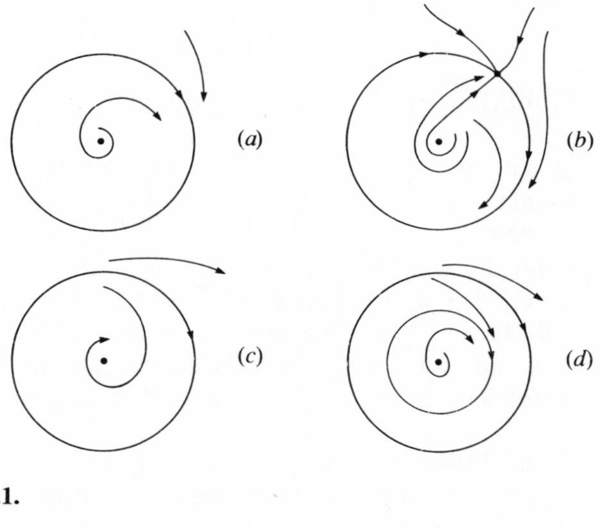

Abb. E1.1.

1.6.3 Man zeige, daß die topologischen Typen von einem Sattel und einem Knoten verschieden sind, indem man die Separatrix des Sattels betrachtet.

1.6.4 Man betrachte das System $\dot{\mathbf{x}} = \mathbf{X}_\alpha(\mathbf{x})$, $\alpha \in \mathscr{R}$

$$\dot{x} = 1, \qquad \dot{y} = \alpha \tag{E1.14}$$

auf $\mathcal{R}^2$ und den Strom auf T^2, induziert durch die Abbildung $\pi : \mathcal{R}^2 \to T^2$, wobei $\pi(x, y) = (x \bmod 1, y \bmod 1)$ ist. Man zeige, daß die Phasenbilder der Systeme für α (a) rational und (b) irrational nicht topologisch äquivalent sind.

1.6.5 Seien $\boldsymbol{\varphi}$ und $\boldsymbol{\varphi}$' topologisch konjugierte Ströme auf der Mannigfaltigkeit M und $\boldsymbol{\psi}$ und $\boldsymbol{\psi}$' topologisch konjugierte Ströme auf der Mannigfaltigkeit N. Man beweise, daß der Produktstrom $\boldsymbol{\varphi} \times \boldsymbol{\psi}$ topologisch konjugiert zu $\boldsymbol{\varphi}' \times \boldsymbol{\psi}'$ auf $M \times N$ ist. Man zeige, daß dieses Resultat sich nicht auf topologische Äquivalenz von Strömen erweitern läßt durch Betrachtung von Strömen auf $M = N = S^1$.

1.6.6 Die topologischen Typen von linearen Strömen $\exp(\mathbf{A}t)$, wie in Abb. 1.26 gegeben, können in *algebraische Typen* unterteilt werden. Man skizziere Phasenbilder von $\exp(\mathbf{A}t)$ für
(i) $[\mathrm{Tr}\mathbf{A}]^2 > 4 \det \mathbf{A}$ (Knoten),
(ii) $[\mathrm{Tr}\mathbf{A}]^2 = 4 \det \mathbf{A}$ (unechte Knoten) und
(iii) $[\mathrm{Tr}\mathbf{A}]^2 < 4 \det \mathbf{A}$, $\mathrm{Tr}\mathbf{A} \neq 0$ (Brennpunkte).
Man modifiziere Abb. 1.26, um diese algebraischen Typen auf der $(\mathrm{Tr}\mathbf{A}, \det \mathbf{A})$-Ebene darzustellen.

1.7 Poincaré-Abbildungen und Einhängungen

1.7.1 Man zeige, daß die Abbildung $f : \mathcal{R} \to \mathcal{R}$ der Form $f(x) = \alpha x$, $\alpha \in \mathcal{R}$ einen Fixpunkt bei $x = 0$ besitzt und daß dieser stabil oder instabil ist für $|\alpha| < 1$ bzw. $|\alpha| > 1$.
Man betrachte die Zeit-Eins-Abbildung φ_1 des Stromes von $\dot{x} = x - x^2$. Man leite her, daß φ_1 Fixpunkte bei $x = 0$ und $x = 1$ besitzt. Man berechne die lineare Näherung von φ_1 an diesen Punkten und mache Aussagen zu ihrer Stabilität. Man skizziere das Verhalten der Abbildung φ_1. Man vergleiche das Resultat mit dem Phasenbild des Stromes.

1.7.2 Man zeige, daß Ströme mit Fixpunkten die Forderungen für die Existenz von globalen Querschnitten nicht erfüllen. In welchem Sinne kann man sagen, das System $\dot{r} = r - r^3$, $\dot{\theta} = 1$, besitze einen globalen Schnitt $S = \{(r, \theta) | r \geq 0, \theta = 0\}$, auf welcher die Poincaré-Abbildung das dynamischer Verhalten bestimmt?

1.7.3 Sei γ eine periodische Bahn eines Stromes $\boldsymbol{\varphi}$. Man nehme an, S^1, S^2 seien verschiedene lokale Schnitte von γ (siehe Definition 1.11) in $\mathbf{x}_1, \mathbf{x}_2 \in \gamma$ mit $S_2 = \boldsymbol{\varphi}_{T_0}(S_1)$. Seien $\mathbf{P}_1, \mathbf{P}_2$ die zugehörigen Poincaré-Abbildungen auf S_1 und S_2. Man beweise, daß für geeignete Umgebungen von $\mathbf{x}_1$ und $\mathbf{x}_2$ eine C^1-Konjugation zwischen den Abbildungen $\mathbf{P}_1$ und $\mathbf{P}_2$ existiert.

1.7.4 Man konstruiere eine Einhängung des Diffeomorphismus $f : [0, 1] \to [0, 1]$, beschrieben durch $f(x) = \frac{1}{2}(x + x^2)$, um einen Strom auf einer Oberfläche zu erhalten. Was ist diese Oberfläche? Man beschreibe das Verhalten des Stromes.

1.7.5 Man zeichne Diagramme von eingehängten Strömen der Diffeomorphismen
(i) $f : I \to I,\ I = [-1, 1],\ x \mapsto -\frac{3}{2}x + \frac{1}{2}x^3$,
(ii) $f : S^1 \to S^1,\ \exp(2\pi i x) \mapsto \exp(-2\pi i x)$.

1.7.6 Man zeige, daß der Strom $\varphi_t(x, y) = ((x, y) \bmod 1, y + \alpha t)$ auf dem Zylinder $\{(x \bmod 1, y) | (x, y) \in \mathcal{R}^2\}$ die Einhängung des Diffeomorphismus $f : \mathcal{R} \to \mathcal{R}$, gegeben durch $f(y) = y + \alpha$, ist.

1.8 Periodische nicht-autonome Systeme

1.8.1 Sei $\dot{\mathbf{x}} = \mathbf{X}(\mathbf{x}, t)$, $(\mathbf{x}, t) \in \mathcal{R}^n \times \mathcal{R}$ eine periodische Differentialgleichung mit $\mathbf{X}(\mathbf{x}, t) = \mathbf{X}(\mathbf{x}, t + T)$ für beliebige $T > 0$. Man zeige, daß die Transformationen $t' = (2\pi/T)t$ und $\mathbf{X}'(\mathbf{x}, t') = (T/2\pi)\mathbf{X}(\mathbf{x}, t)$ ein 2π-periodisches System $d\mathbf{x}/dt' = \mathbf{X}'(\mathbf{x}, t')$ ergeben.

1.8.2 Man beweise, daß, falls $\mathbf{x} = \xi(t)$ eine Lösung von $\dot{\mathbf{x}} = \mathbf{X}(\mathbf{x}, t)$ mit $\mathbf{X}(\mathbf{x}, t+T) = \mathbf{X}(\mathbf{x}, t)$ und $(\mathbf{x}, t) \in \mathcal{R}^n \times \mathcal{R}$ ist, dann ist $\mathbf{x} = \xi(t+T)$ auch eine Lösung. Man zeige, daß solche Systeme nicht-periodische Lösungen haben können, indem die Differentialgleichung $\dot{x} = (1 + \sin t)x$ mit $(\mathbf{x}, t) \in \mathcal{R} \times \mathcal{R}$ betrachtet wird.

1.8.3 (a) Man zeige, daß die Menge von Lösungen von $\dot{\mathbf{x}} = \mathbf{A}(t)\mathbf{x}$, $(\mathbf{x}, t) \in \mathcal{R}^n \times \mathcal{R}^n$ einen Vektorraum bilden.
(b) Sei $\xi_i(t)$, $i = 1, \ldots, n + 1$ eine Menge von Lösungen. Man zeige, daß gewisse $\alpha_1, \ldots, \alpha_{n+1}$ existieren und von null verschieden sind, mit denen gilt $\sum_{i=1}^{n+1} \alpha_i \xi_i(0) = \mathbf{0}$. Man verwende die Eindeutigkeit der Lösung, um $\sum_{i=1}^{n+1} \alpha_i \xi_i(0) \equiv \mathbf{0}$ zu zeigen.
(c) Man zeige, daß der Vektorraum der Lösungen n-dimensional ist.

1.8.4 Man definiere die Zustands-Übergangsmatrix $\varphi(t, t_0)$ für das System $\dot{\mathbf{x}} = \mathbf{A}(t)\mathbf{x}$, $(\mathbf{x}, t) \in \mathcal{R}^n \times \mathcal{R}$, $\mathbf{A}(t + T) = \mathbf{A}(t)$. Man beweise
(i) $\varphi(t + T, t_0 + T) = \varphi(t, t_0)$,
(ii) $\varphi(t, 0)^{-1} = \varphi(0, t)$.

Man verwende die Resultate, um zu zeigen, daß

$$\varphi(t+T, t) = \varphi(0, t)^{-1}\varphi(T, 0)\varphi(0, t) \tag{E1.15}$$

gilt. Was bedeutet dies für die Familie von Poincaré-Abbildungen $\mathbf{P}_{\theta_0}$: $\Sigma_{\theta_0} \to \Sigma_{\theta_0}$, $\theta_0 \in [0, 2\pi]$ des Systems

$$\dot{\mathbf{x}} = \mathbf{A}(\theta)\mathbf{x}, \qquad \dot{\theta} = 1, \tag{E1.16}$$

mit $\mathbf{A}(\theta + 2\pi) = \mathbf{A}(\theta)$ und $\Sigma_{\theta_0} = \{(\mathbf{x}, \theta_0) | \mathbf{x} \in \mathscr{R}^2\}$?

1.8.5 Die Zustands-Übergangsmatrix ist nützlich für den Fall, daß **A** unabhängig von t oder aperiodisch ist.

(i) Man weise nach, daß $\xi_(t) = \begin{pmatrix} \exp(\lambda_1 t) \\ 0 \end{pmatrix}$ und $\xi_2(t) = \begin{pmatrix} 0 \\ \exp(\lambda_2 t) \end{pmatrix}$ linear unabhängige Lösungen von $\dot{\mathbf{x}} = \mathbf{A}\mathbf{x}$, $\mathbf{A} = \begin{pmatrix} \lambda_1 & 0 \\ 0 & \lambda_2 \end{pmatrix}$ sind.
Man bestimme $\varphi(t, t_0)$ für das System.

(ii) Man weise nach, daß $\xi_1(t) = \begin{pmatrix} 2 \\ \exp(t) \end{pmatrix}$ und $\xi_2(t) = \begin{pmatrix} \exp(t) \\ 1 \end{pmatrix}$ eine Basis für den Lösungsraum von $\dot{\mathbf{x}} = \mathbf{A}(t)\mathbf{X}$ bilden mit $\mathbf{A}(t) = \begin{pmatrix} 1 & -2\exp(-t) \\ \exp(t) & -1 \end{pmatrix}$. Man konstruiere $\varphi(t, 0)$ und finde $\mathbf{x}(t)$, wenn $\mathbf{x}(0) = \begin{pmatrix} 3 \\ 1 \end{pmatrix}$ gegeben ist.

1.8.6 Sei $\varphi(t, t_0)$ die Zustands-Übergangsmatrix des Systems $\dot{\mathbf{x}} = \mathbf{A}(t)\mathbf{x}$ und $W(t) = \det(\varphi(t, 0))$. Man beweise

(i) $\varphi(t+h, 0) = \varphi(t, 0) + h\mathbf{A}(t)\varphi(t, 0) + O(h^2)$.

(ii)
$$\begin{aligned} W(t+h) &= \det(\mathbf{I} + h\mathbf{A}(t) + O(h^2))W(t) \\ &= \prod_{i=1}^{n}(1 + h\lambda_i(t) + O(h^2))W(t), \end{aligned} \tag{E1.17}$$

wobei λ_i, $i = 1, \ldots, n$ die Eigenwerte von **A** sind.

(iii) $\dot{W}(t) = \mathrm{Tr}(\mathbf{A}(t))W(t)$.

1.8.7 Man finde Lösungen für das System

$$\begin{pmatrix} \dot{x}_1 \\ \dot{x}_2 \end{pmatrix} = \begin{pmatrix} \cos t & -\sin t \\ \sin t & \cos t \end{pmatrix} \begin{pmatrix} x_1 \\ x_2 \end{pmatrix} \tag{E1.18}$$

und dann die periodisch fortsetzende Abbildung $\varphi(2\pi, 0) = \mathbf{P}$. Man berechne die Eigenwerte von $\mathbf{P}$ und bestimme die Stabilität der Null-Lösung des Systems.

1.8.8 Ist $\varphi(t, t_0)$ die Zustands-Übergangsmatrix des Systems

$$\dot{\mathbf{x}} = \mathbf{A}(t)\mathbf{x}, \tag{E1.19}$$

so zeige man, daß

$$\dot{\mathbf{x}} = \mathbf{A}(t)\mathbf{x} + \mathbf{B}(t) \tag{E1.20}$$

die Lösung

$$\mathbf{x}(t) = \varphi(t, t_0)\left(\mathbf{x}_0 + \int_{t_0}^{t} \varphi(t_0, \tau)\mathbf{B}(\tau)d\tau\right) \tag{E1.21}$$

besitzt, wenn $\mathbf{x} = \mathbf{x}_0$ ist bei $t = t_0$.
Man bestimme die Lösung von

$$\dot{\mathbf{x}} = \begin{pmatrix} 0 & -1 \\ 1 & 0 \end{pmatrix}\mathbf{x} + \begin{pmatrix} \sin t \\ \cos t \end{pmatrix} \tag{E1.22}$$

für $\mathbf{x}(0) = \mathbf{x}_0$.

1.9 Hamiltonsche Ströme und Poincaré-Abbildungen

1.9.1 Man bestimme die Phasenbilder der Ströme in $\mathscr{R}^2$ mit der Hamiltonfunktion:

(i) $H(x_1, x_2) = x_1^2 + x_2^2$,
(ii) $H(x_1, x_2) = x_1^2 + x_2^3$,
(iii) $H(x_1, x_2) = x_1^2 + x_2^4 - x_2^2$.

1.9.2 Man skizziere die Phasenbilder für die Hamilton-Gleichungen, wenn gilt $H(x_1, x_2) = x_1^2 + x_2^3 + \mu x_2$ und

(i) $\mu < 0$,
(ii) $\mu = 0$,
(iii) $\mu > 0$.

1.9.3 Man beweise, daß der Fixpunkt eines ebenen Stromes mit einer quadratischen Hamiltonfunktion immer entweder ein Wirbelpunkt oder ein hyperbolischer Sattelpunkt ist.

1.9.4 Man zeige, daß für $\mu > 0$ das Hamiltonsche Vektorfeld, gegeben durch $H = -\mu r^2 + r^4 + r^5 \cos 5\theta$, wobei (r, θ) ebene Polarkoordinaten sind, 11 Fixpunkte besitzt mit 6 Wirbelpunkten und 5 Sattelpunkten. Man zeige, daß die Separatrizen der Sattelpunkte eine Kette von 5 Inseln um den Ursprung bilden, wobei jede Insel einen Wirbelpunkt enthält.

1.9.5 Man beweise, daß ein Wechsel der Variablen auf $\mathcal{R}^2$ symplektisch ist dann und nur dann, wenn er die Orientierung erhaltend und inhaltstreu ist. Man zeige, daß:

(i) der Wechsel von kartesischen zu ebenen Polarkoordinaten $(x, y) \mapsto (r, \theta)$ nicht symplektisch ist,

(ii) die Transformation $(x, y) \mapsto (\tau, \theta)$ mit $\tau = r^2/2$ symplektisch ist.

Man erläutere die Feststellung, daß symplektische Transformationen die Form der Hamiltonschen Gleichungen erhalten, indem man die Transformationen von (i) und (ii) auf das System

$$\dot{x} = y - y(x^2 + y^2), \qquad \dot{y} = -x + x(x^2 + y^2) \tag{E1.23}$$

anwendet.

1.9.6 Sei $\mathbf{h} \in L(\mathcal{R}^4)$ gegeben durch $\mathbf{h}(\mathbf{x}) = \mathbf{Px}$ mit

$$\mathbf{P} = \begin{pmatrix} \mathbf{A} & \mathbf{B} \\ \mathbf{C} & \mathbf{D} \end{pmatrix}, \tag{E1.24}$$

wobei $\mathbf{A}, \mathbf{B}, \mathbf{C}, \mathbf{D}$ 2×2-Matrizen sind. Man zeige, daß $\mathbf{h}$ symplektisch ist dann und nur dann, wenn gilt

$$\mathbf{D}^T\mathbf{A} - \mathbf{B}^T\mathbf{C} = \mathbf{I}, \qquad \mathbf{D}^T\mathbf{B} = \mathbf{B}^T\mathbf{D} \quad \text{und} \quad \mathbf{C}^T\mathbf{A} = \mathbf{A}^T\mathbf{C}, \tag{E1.25}$$

mit $\mathbf{I}$ der 2×2-Einheitsmatrix. Man konstruiere ein Gegenbeispiel, um zu zeigen, daß $\det(D\mathbf{h}(\mathbf{x})) \equiv 1$ nicht impliziert, daß $\mathbf{h}$ symplektisch ist.

1.9.7 Man zeige, daß die Volterra-Lotka-Gleichungen

$$\dot{x} = (a - by)x, \qquad \dot{y} = -(c - fx)y \tag{E1.26}$$

kein Hamiltonsches System bilden. Man zeige, daß der Variablenwechsel $x = \exp(q)$, $y = \exp(p)$ gestattet, obige Gleichung als ein Hamiltonsches System mit der Hamiltonfunktion

$$H(q, p) = ap - b\exp(p) + cq - f\exp(q) \tag{E1.27}$$

zu schreiben. Wie kann (ohne Rechnung) begründet werden, daß die Transformation $(q, p) \mapsto (x, y)$ nicht symplektisch ist?

1.9.8 (a) Man finde Wirkungs- und Winkel-Variablen für das Hamiltonsche System

$$\dot{x} = \omega y, \qquad \dot{y} = -\omega x \tag{E1.28}$$

bei Verwendung von $I = x^2 + y^2$.

(b) Man betrachte die Pendelgleichungen

$$\dot{x} = y, \qquad \dot{y} = -\sin x \tag{E1.29}$$

und zeige, daß die Transformation $\Psi : (x, y) \mapsto (I, \theta)$, wobei $I = (y^2/2) - \cos x$ und θ der Polarwinkel ist, die Jacobi-Determinante $1 + O(I)$ besitzt. Man zeige, daß das transformierte Vektorfeld lautet:

$$\dot{I} = 0, \qquad \dot{\theta} = -1 + O(|I|). \tag{E1.30}$$

Was sagen diese Ergebnisse mit Blick auf Aufgabe 1.9.5 über Ψ aus?

1.9.9 Man schreibe ein Rechner-Programm, um Bahnen der inhaltstreuen Hénon-Abbildung (1.9.45 und 1.9.46) zu zeichnen.

(i) Für $\cos\alpha = 0{,}8$ zeichne man einige Bahnen mit den Ausgangspunkten $(x, 0)$ für $x \in (0, \frac{1}{2}]$. Man vergleiche mit Abbildung 1.38.

(ii) Für $\cos\alpha = 0{,}4$ zeichne man Bahnen mit den Ausgangspunkten $(x, 0)$ für $x \in (\frac{1}{2}, 1]$. Man beachte die sechsfach-Inselkette und chaotische Bahnen.

2 Lokale Eigenschaften von Strömen und Diffeomorphismen

In diesem Kapitel wollen wir das topologische Verhalten von Diffeomorphismen und Strömen in der Umgebung eines isolierten Fixpunktes betrachten. Sei $\mathbf{x}_i^*$ ein isolierter Fixpunkt des Diffeomorphismus $\mathbf{f}_i$ für $i = 1, 2$. Dann sagt man, die beiden Fixpunkte $\mathbf{x}_1^*$ und $\mathbf{x}_2^*$ sind von gleichem *topologischem Typ*, falls $\mathbf{f}_1$ und $\mathbf{f}_2$ topologisch konjugiert sind, wenn man sie auf eine genügend kleine Umgebung ihrer Fixpunkte beschränkt. Eine ähnliche Definition gilt für Ströme $\boldsymbol{\varphi}_1$ und $\boldsymbol{\varphi}_2$, jedoch ist hier topologische Konjugation durch topologische Äquivalenz zu ersetzen. Das zentrale Ergebnis ist, daß der topologische Typ eines Fixpunktes festgelegt ist, wenn aus der linearen Näherung von $\mathbf{f}$ oder $\boldsymbol{\varphi}$ in $\mathbf{x}^*$ *folgt*, daß der Fixpunkt *hyperbolisch* ist. Beginnen wir mit der Definition dieses Begriffes für lineare Diffeomorphismen und Ströme.

2.1 Hyperbolische lineare Diffeomorphismen und Ströme

Definition 2.1 *Ein linearer Diffeomorphismus* $\mathbf{A} : \mathcal{R}^n \to \mathcal{R}^n$ *heißt* hyperbolisch, *wenn er keine Eigenwerte mit Betrag eins besitzt.*

Die wichtigsten Eigenschaften solcher Diffeomorphismen sind im folgenden Theorem zusammengefaßt.

Theorem 2.1 *Ist* $\mathbf{A} : \mathcal{R}^n \to \mathcal{R}^n$ *ein hyperbolischer linearer Diffeomorphismus, dann existieren Unterräume* E^s *und* $E^u \subseteq \mathcal{R}^n$*, die invariant unter* $\mathbf{A}$ *sind, so daß* $\mathbf{A}|E^s$ *eine Kontraktion und* $\mathbf{A}|E^u$ *eine Expansion ist mit* $E^s \oplus E^u = \mathcal{R}^n$.

Ein linearer Diffeomorphismus $\mathbf{L} : \mathcal{R}^l \to \mathcal{R}^l$ ist eine *Kontraktion (Expansion)*, wenn alle seine Eigenwerte vom Betrag *kleiner (größer)* als eins sind. Hat $\mathbf{L}$ verschiedene Eigenwerte, dann gilt für alle $\mathbf{x} \in \mathcal{R}^l$ und$k \in \mathcal{Z}$

$$\mathbf{L}^k\mathbf{x} = \mathbf{M}^{-1}\mathbf{D}^k\mathbf{M}\mathbf{x} \tag{2.1.1}$$

mit

$$\mathbf{D} = [\lambda_i \delta_{ij}]_{i,j=1}^{l}, \qquad \text{wobei} \qquad \delta_{ij} = \begin{cases} 1, & i = 1 \\ 0, & i \neq 1 \end{cases}. \tag{2.1.2}$$

Die i-te Spalte von $\mathbf{M}$ ist ein Eigenvektor von $\mathbf{L}$ mit dem Eigenwert λ_i. Ist $|\lambda_i| < 1$ für alle $i = 1, \ldots, n$, dann geht $\mathbf{D}^k \to 0$ für $k \to \infty$, und die Bahn unter $\mathbf{L}$ nähert sich schließlich dem Ursprung für jeden Punkt in $\mathcal{R}^l$, daher der Begriff „Kontraktion". Ist aber $|\lambda_i| > 1$ für alle $i = 1, \ldots, n$, so „expandiert" die Bahn weg vom Ursprung. Der Fall, daß $\mathbf{L}$ Eigenwerte mit Multiplizität größer als eins besitzt, wird in Aufgabe 2.1.1 behandelt.

Man erkennt leicht, daß die Unterräume E^s und E^u von Theorem 2.1 die Eigenräume der Eigenwerte mit Betrag kleiner eins bzw. größer eins sind. Gewöhnlich bezeichnet man sie als *stabile* und *instabile Eigenräume* von $\mathbf{A}$. Die direkte Summe von E^s und E^u ergibt den ganzen $\mathcal{R}^n$, da es für hyperbolische Diffeomorphismen $\mathbf{A}$ keine Eigenwerte gibt, die nicht zu E^s oder E^u gehören. Natürlich sind Expansionen ($E^u = \mathcal{R}^n$) und Kontraktionen ($E^s = \mathcal{R}^n$) hyperbolisch. Sind $E^s, E^u \neq \mathcal{R}^n$, so nennt man den Diffeomorphismus vom 'Sattel-Typ' (siehe Abb. 2.1).

Ist eine beliebige lineare Transformation $\mathbf{A} : \mathcal{R}^n \to \mathcal{R}^n$ gegeben, so gibt es einen entsprechenden linearen Strom der Form

$$\boldsymbol{\varphi}_t(\mathbf{x}) = \exp(\mathbf{A}t)\mathbf{x}, \tag{2.1.3}$$

wobei $\exp(\mathbf{A}t)$ die Exponential-Matrix ist, die durch

$$\exp(\mathbf{A}t) = \sum_{k=0}^{\infty} \frac{(\mathbf{A}t)^k}{k!} \tag{2.1.4}$$

gegeben ist. Man kann zeigen, daß zu $\exp(\mathbf{A}t)$ ein Vektorfeld $\mathbf{Ax}$ gehört und daß $\exp(\mathbf{A}t)\mathbf{x}_0$ die Lösung der Differentialgleichung $\dot{\mathbf{x}} = \mathbf{Ax}$ ist, die bei $t = 0$ durch $\mathbf{x}_0$ geht.

Definition 2.2 *Der lineare Strom* $\exp(\mathbf{A}t)$ *heißt* hyperbolisch, *wenn* $\mathbf{A}$ *keine Eigenwerte besitzt, deren Realteil null ist.*

Ist $\exp(\mathbf{A}t)$ hyperbolisch, so muß $\mathbf{A}$ nicht-singulär sein, und $\mathbf{Ax} = \mathbf{0}$ besitzt nur die triviale Lösung $\mathbf{x} = \mathbf{0}$. Daraus folgt, daß der Ursprung der einzige Fixpunkt des Stromes ist. In solchen Fällen nennt man beide, den Fixpunkt und das Vektorfeld, hyperbolisch.

Für den Fall, daß der lineare Strom $\exp(\mathbf{A}t)$ hyperbolisch ist, stellt die Exponential-Matrix $\exp(\mathbf{A}t)$ einen hyperbolischen linearen Diffeomorphismus dar für alle $t \neq 0$. Gleichung (2.1.4) hat zur Folge, daß ein Eigenvektor von $\mathbf{A}$ mit dem Eigenwert λ auch ein Eigenvektor von $\exp(\mathbf{A}t)$ mit dem Eigenwert $\exp(\lambda t)$ ist. Ist $\exp(\mathbf{A}t)$ ein hyperbolischer Strom, $\operatorname{Re}\lambda_i \neq 0$ für alle i, dann ist $|\exp(\lambda_i t)| = \exp(\operatorname{Re}\lambda_i t) \neq 1$ für alle $t \neq 0$, so daß $\exp(\mathbf{A}t)$ hyperbolisch ist.

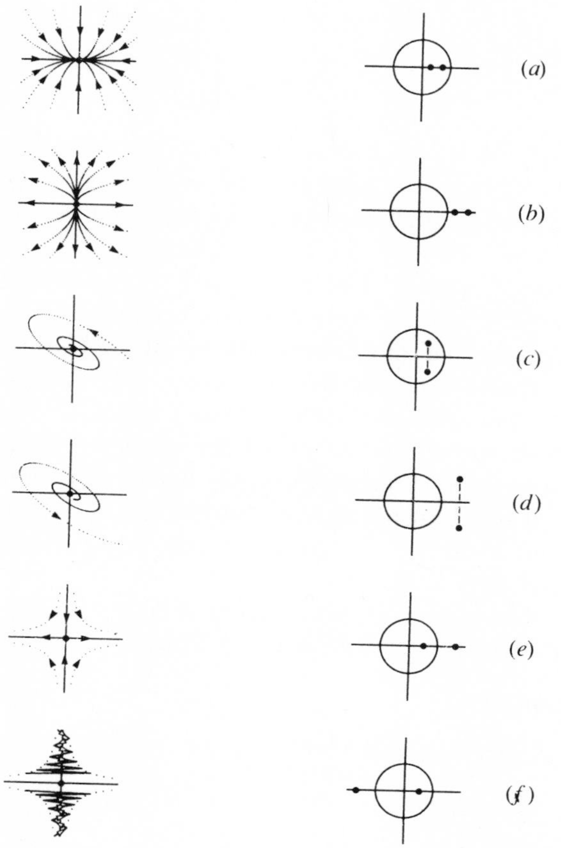

Abb. 2.1. Einige typische Bahnen für eine Auswahl von hyperbolischen linearen Diffeomorphismen auf der Ebene. Die Lage der Eigenwerte jedes Diffeomorphismus relativ zum Einheitskreis in der komplexen Ebene ist ebenfalls gezeigt. Das Problem der Klassifikation bezüglich C^0-Konjugation wird in Aufgabe 2.1.8 behandelt.

Mittels Theorem 2.1 kann der $\mathcal{R}^n$ in stabile (E^s) und instabile (E^u) Unterräume zerlegt werden. Natürlich ist $E^u(E^s)$ die direkte Summe von Eigenräumen, die zu Eigenwerten von $\mathbf{A}$ mit $\operatorname{Re}\lambda_i < 0$ (> 0) gehören.Ein linearer Strom $\exp(\mathbf{L}t)\mathbf{x}$ auf $\mathcal{R}^l$ heißt *Kontraktion (Expansion)*, wenn alle Eigenwerte von $\mathbf{L}$ *negative (positive)* Realteile besitzen. Daher ist $\exp(\mathbf{A}t)|E^s$ eine Kontraktion und $\exp(\mathbf{A}t)|E^u$ eine Expansion.

Wir haben in Paragraph 1.6 bereits erwähnt, daß hyperbolische lineare Ströme mittels topologischer Äquivalenz in eine endliche Anzahl von Typen eingeteilt werden können. Das folgende Theorem gibt diesem Ergebnis eine präzise Form.

Theorem 2.2 *Definiere* $\dot{\mathbf{x}} = \mathbf{A}\mathbf{x}$ *einen hyperbolischen linearen Strom auf* $\mathcal{R}^n$ *mit* $\dim E^s = n_s$. *Dann ist* $\dot{\mathbf{x}} = \mathbf{A}\mathbf{x}$ *topologisch äquivalent zu dem System*

$$\begin{aligned} \dot{\mathbf{x}}_s &= -\mathbf{x}_s, \qquad & \mathbf{x}_s \in \mathcal{R}^{n_s}, \\ \dot{\mathbf{x}}_u &= \mathbf{x}_u, \qquad & \mathbf{x}_u \in \mathcal{R}^{n_u}, \end{aligned} \tag{2.1.5}$$

mit $n_u = n - n_s$.

Man beachte, daß (2.1.5) vollständig durch n_s (oder n_u) bestimmt ist. Zwei hyperbolische lineare Ströme $\exp(\mathbf{A}t)$ und $\exp(\mathbf{B}t)$ sind also topologisch äquivalent, wenn **A** und **B** die gleiche Anzahl von Eigenwerten mit negativem Realteil besitzen. Dies folgt aus Theorem 2.2, da beide topologisch äquivalent zu dem Strom in (2.1.5) sind.

In Abb. 1.26 haben wir Theorem 2.2 für den Fall $n = 2$ bereits bildlich dargestellt. Die drei topologischen Typen stabil, sattelförmig und instabil entsprechen $n_s = 2, 1, 0$. Ist $n > 2$, so sagt man, Gleichung (2.1.5) besitze einen *mehr-dimensionalen* Sattelpunkt bei $\mathbf{x} = \begin{pmatrix} \mathbf{x}_s \\ \mathbf{x}_u \end{pmatrix} = \mathbf{0}$ für $0 < n_s < n$. Im allgemeinen folgen aus (2.1.5) $n+1$ verschiedene topologische Typen auf $\mathcal{R}^n$.

Für hyperbolische lineare Diffeomorphismen existiert ein Analogon zu Theorem 2.2. Abbildung 2.1 zeigt einige Bahnen von typischen ebenen Beispielen. Man erkennt, daß die Struktur der Bahnen nicht dadurch festgelegt sind, ob der Diffeomorphismus eine Kontraktion, Expansion oder vom Sattel-Typ ist. Die Sattel-Typ-Diffeomorphismen in Abbildung 2.1(e) und 2.1(f) verhalten sich recht verschieden; die Bahn des letzteren schneidet wiederholt die Y-Achse. Das folgende Theorem (Robbins, 1972) macht eine Charakterisierung der topologischen Typen hyperbolischer linearer Diffeomorphismen möglich.

Sei **A** ein hyperbolischer linearer Diffeomorphismus mit dem stabilen (instabilen) Eigenraum $E^s_A(E^u_A)$. Wir definieren $\mathbf{A}_i = \mathbf{A}|E^i_A$, $i = s, u$. Dann nennt man $\mathbf{A}_i$ die Orientierung erhaltend (umkehrend), wenn $\det \mathbf{A}_i > 0$ ($\det \mathbf{A}_i < 0$) gilt.

Theorem 2.3 *Seien* $\mathbf{A}, \mathbf{B} : \mathcal{R}^n \to \mathcal{R}^n$ *hyperbolische lineare Diffeomorphismen.* **A** *und* **B** *sind topologisch konjugiert dann und nur dann, wenn:*

(i) $\dim E^s_A = \dim E^s_B$ *ist (oder äquivalent dazu* $\dim E^u_A = \dim E^u_B$*),*

(ii) für $i = u, s$, $\mathbf{A}_i$ *und* $\mathbf{B}_i$ *beide die Orientierung erhaltend oder beide die Orientierung umkehrend sind.*

Dieses Theorem zeigt einen interessanten Unterschied zwischen allgemeinen Diffeomorphismen und Strömen auf. Der hyperbolische lineare Strom $\exp(\mathbf{A}t)$ hat die Eigenschaft, daß $\exp(\mathbf{A}t)|E^i$, $i = s, u$ die Orientierung erhaltend ist für alle t. So gibt es bezüglich topologischer Äquivalenz nur einen einzigen ebenen Strom vom Sattel-Typ (siehe Theorem 2.2). Auf der anderen Seite sind hyperbolische lineare Diffeomorphismen auf der Ebene nicht so eingeschränkt. Wie Theorem 2.3 sagt, existieren vier topologisch verschiedene Sattel-Typen, entsprechend, ob $\mathbf{A}_s$ und $\mathbf{A}_u$ jeder die Orientierung erhaltend oder umkehrend sind. Im allgemeinen kann man mit Theorem 2.3 zeigen (siehe Aufgabe 2.1.8), daß es $4n$ topologische Typen von hyperbolischen linearen Diffeomorphismen auf dem $\mathcal{R}^n$ gibt.

2.2 Hyperbolische nicht-lineare Fixpunkte

Ein nicht-lineares System ist im allgemeinen auf einer differenzierbaren Mannigfaltigkeit definiert. Der topologische Typ eines Fixpunktes wird aber durch die Beschränkung des Systems auf eine genügend kleine Umgebung des Punktes bestimmt. Diese Umgebungen kann man so wählen, daß sie in einer einzigen Karte liegen, so daß man nur eine Darstellung des Systems benötigt. Es ist daher bequem, unsere Diffeomorphismen und Ströme als auf offenen Mengen in $\mathcal{R}^n$ definiert anzusehen. Dies vereinfacht die Darstellung der Ergebnisse und ist auch für die Rechnungen praktischer.

2.2.1 Diffeomorphismen

Sei U ein offener Unterraum des $\mathcal{R}^n$ und $\mathbf{f} : U \to \mathcal{R}^n$ ein nicht-linearer Diffeomorphismus mit einem isolierten Fixpunkt $\mathbf{x}^* \in U$. Die Linearisierung von $\mathbf{f}$ in $\mathbf{x}^*$ ist durch

$$D\mathbf{f}(\mathbf{x}^*) = \left[\frac{\partial f_i}{\partial x_j}\right]_{i,j=1}^{n}\Bigg|_{x=x^*} \tag{2.2.1}$$

gegeben, wobei $x_1, \ldots, x_n$ Koordinaten auf U sind.

Definition 2.3 *Ein Fixpunkt* $\mathbf{x}^*$ *eines Diffeomorphismus* $\mathbf{f}$ *heißt* hyperbolisch, *wenn* $D\mathbf{f}(\mathbf{x}^*)$ *ein hyperbolischer linearer Diffeomorphismus ist.*

Wichtige Informationen aus $D\mathbf{f}(\mathbf{x}^*)$ über den Diffeomorphismus können wir mit Hilfe des folgenden Theorems erlangen.

Theorem 2.4 (Hartman-Grobman) *Sei* $\mathbf{x}^*$ *ein hyperbolischer Fixpunkt des Diffeomorphismus* $\mathbf{f} : U \to \mathcal{R}^n$. *Dann existiert eine Umgebung* $N \subseteq U$ *von* $\mathbf{x}^*$ *und eine Umgebung* $N' \subseteq \mathcal{R}^n$, *die den Ursprung enthält, so daß* $\mathbf{f}|N$ *topologisch konjugiert zu* $D\mathbf{f}(\mathbf{x}^*)|N'$ *ist.*

Es folgt aus Theorem 2.4 und Theorem 2.3, daß für Diffeomorphismen $\mathbf{f} : U \to \mathcal{R}^n$ $4n$ topologische Typen von hyperbolischen Fixpunkten existieren.

Theorem 2.5 (Invariante Mannigfaltigkeit) *Sei* $\mathbf{f} : U \to \mathcal{R}^n$ *ein Diffeomorphismus mit einem hyperbolischen Fixpunkt in* $\mathbf{x}^* \in U$. *Dann existieren in einer genügend kleinen Umgebung* $N \subseteq U$ *von* $\mathbf{x}^*$ *lokale stabile und instabile Mannigfaltigkeiten*

$$W^s_{loc}(\mathbf{x}^*) = \{\mathbf{x} \in U | \mathbf{f}^n(\mathbf{x}) \to \mathbf{x}^* \textit{ für } n \to \infty\}, \tag{2.2.2}$$

$$W^u_{loc}(\mathbf{x}^*) = \{\mathbf{x} \in U | \mathbf{f}^n(\mathbf{x}) \to \mathbf{x}^* \textit{ für } n \to -\infty\} \tag{2.2.3}$$

mit den gleichen Dimensionen wie E^s *und* E^u *für* $D\mathbf{f}(\mathbf{x}^*)$ *und tangential an ihnen in* $\mathbf{x}^*$.

Theorem 2.5 hat globale Folgen, denn es erlaubt uns, *globale* stabile und instabile Mannigfaltigkeiten in $\mathbf{x}^*$ zu definieren durch

$$W^s(\mathbf{x}^*) = \bigcup_{m \in \mathcal{Z}^+} \mathbf{f}^{-m}(W^s_{loc}(\mathbf{x}^*)), \tag{2.2.4}$$

$$W^u(\mathbf{x}^*) = \bigcup_{m \in \mathcal{Z}^+} \mathbf{f}^{m}(W^u_{loc}(\mathbf{x}^*)). \tag{2.2.5}$$

Das Verhalten von $W^s(\mathbf{x}^*)$ und $W^u(\mathbf{x}^*)$ ist grundlegend für die Komplexität der Dynamik von $\mathbf{f}$. Treffen sich $W^s(\mathbf{x}^*)$ und $W^u(\mathbf{x}^*)$ transversal an einem Punkt, so müssen sie es unendlich oft tun (siehe Paragraph 3.7), und es entsteht ein *homoklines Gewebe* (siehe Abbildung 2.2). Die Beziehung zwischen solchem Gewebe und „chaotischen Bahnen" von $\mathbf{f}$ wird in Kapitel 3 diskutiert, zum Begriff „homoklin" siehe die Definition 6.11.

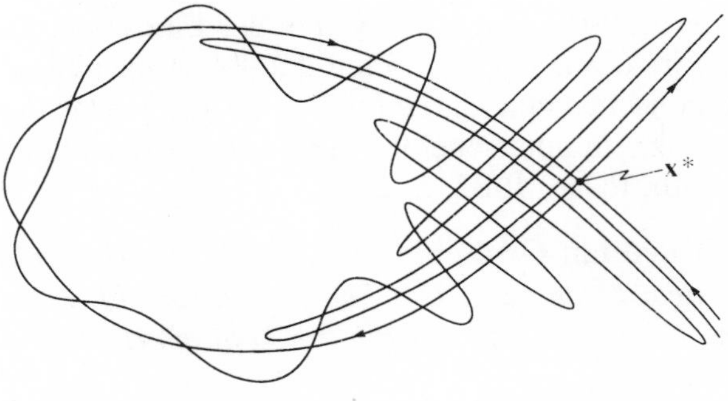

Abb. 2.2. Skizze eines homoklinen Gewebes. Die stabilen und instabilen Mannigfaltigkeiten des Sattel-Punktes $\mathbf{x}^*$ schneiden sich unendlich oft.

Die oben beschriebenen Ideen lassen sich natürlich auf periodische Punkte von $\mathbf{f}$ ausdehnen. Gehöre $\mathbf{x}^*$ zu einem q-Zyklus von $\mathbf{f}$, dann nennt man ihn einen hyperbolischen periodischen Punkt von $\mathbf{f}$, wenn er ein hyperbolischer Fixpunkt von $\mathbf{f}^q$ ist. Die Bahn von $\mathbf{x}^*$ unter $\mathbf{f}$ nennt man *hyperbolische periodische Bahn* und deren topologischer Typ ist durch den zugehörigen Fixpunkt von $\mathbf{f}^q$ festgelegt. Jedoch können Informationen über stabile und instabile Mannigfaltigkeiten in jedem Punkt des q-Zyklus durch Anwendung von Theorem 2.5 auf $\mathbf{f}^q$ erhalten werden (siehe Aufgabe 2.2.4).

2.2.2 Ströme

Für nicht-lineare Ströme gibt es Aussagen analog zu den Theoremen 2.4 und 2.5. Sei $\dot{\mathbf{x}} = \mathbf{X}(\mathbf{x})$, $\mathbf{x} \in U$, U ein offener Unterraum von $\mathcal{R}^n$, so daß gilt $\mathbf{X}(\mathbf{x}^*) = \mathbf{0}$, $\mathbf{x}^* \in U$. Dann ergibt die Linearisierung von $\dot{\mathbf{x}} = \mathbf{X}(\mathbf{x})$ bei $\mathbf{x}^*$ die lineare Differentialgleichung

$$\dot{\mathbf{y}} = D\mathbf{X}(\mathbf{x}^*)\mathbf{y}, \tag{2.2.6}$$

mit

$$D\mathbf{X}(\mathbf{x}^*) = \left[\frac{\partial X_i}{\partial x_j}\right]_{i,j=1}^{n}\Bigg|_{x=x^*} \tag{2.2.7}$$

und $\mathbf{y} = (y_1, \ldots, y_n)^T$ sind lokale Koordinaten in $\mathbf{x}^*$.

Definition 2.4 *Ein singulärer Punkt* $\mathbf{x}^*$ *eines Vektorfeldes* $\mathbf{X}$ *heißt* hyperbolisch, *falls bei keinem Eigenwert von* $D\mathbf{X}(\mathbf{x}^*)$ *der Realteil null ist.*

Ist $\mathbf{x}^*$ ein singulärer Punkt von $\mathbf{x}$, so ist er ein Fixpunkt des Stromes von $\dot{\mathbf{x}} = \mathbf{X}(\mathbf{x})$. Definition 2.4 bedeutet, daß $\mathbf{x}^*$ ein hyperbolischer singulärer Punkt von $\mathbf{X}$ ist, wenn der Strom $\exp(D\mathbf{X}(\mathbf{x}^*)t)\mathbf{x}$ der Linearisierung von $\dot{\mathbf{x}} = \mathbf{X}(\mathbf{x})$ hyperbolisch ist im Sinne der Definition 2.2. Es ist manchmal bequem, davon die nicht-hyperbolischen singulären Punkte, für die $D\mathbf{X}(\mathbf{x}^*)$ mindest einen Eigenwert null besitzt, zu unterscheiden. Solche Punkte nennt man *nicht-einfach* (siehe Arrowsmith, Place, 1982, S. 52).

Theorem 2.6 (Hartman-Grobman) *Sei* $\mathbf{x}^*$ *ein hyperbolischer Fixpunkt von* $\dot{\mathbf{x}} = \mathbf{X}(\mathbf{x})$ *mit dem Strom* $\varphi_t : U \subseteq \mathcal{R}^n \to \mathcal{R}^n$. *Dann existiert eine Umgebung* N *von* $\mathbf{x}^*$, *in welcher* φ *topologisch konjugiert zu dem linearen Strom* $\exp(D\mathbf{X}(\mathbf{x}^*)t)\mathbf{x}$ *ist.*

Das Theorem über invariante Mannigfaltigkeiten ist ebenfalls gültig für Ströme. Die Aussage ist gleich der in Theorem 2.5, nur daß man jetzt schreibt $\mathbf{f} \mapsto \varphi_t$, $D\mathbf{f}(\mathbf{x}^*) \mapsto \dot{\mathbf{y}} = D\mathbf{X}(\mathbf{x}^*)\mathbf{y}$ und $W^{s(u)}_{loc} = \{\mathbf{x} \in U | \varphi_t(\mathbf{x}) \to \dot{\mathbf{x}}$ für $t \to \infty(-\infty)\}$. Globale stabile und instabile Mannigfaltigkeiten werden definiert (siehe (2.2.4 und 2.2.5)), indem man eine Vereinigung von $\varphi_{-t}(W^s_{loc})$ bzw.

$\varphi_t(W^u_{loc})$ über reelle $t > 0$ bildet. Einfache Beispiele der obigen Theoreme werden im Kapitel 3 von Arrowsmith, Place (1982) besprochen.

Das Hartman-Theorem 2.6 liefert in Verbindung mit Theorem 2.2 die folgende Klassifizierung von hyperbolischen Fixpunkten.

Theorem 2.7 *Sei* $\mathbf{x}^*$ *ein hyperbolischer Fixpunkt von* $\dot{\mathbf{x}} = \mathbf{X}(\mathbf{x})$ *mit dem Strom* $\varphi_t : U \subseteq \mathcal{R}^n \to \mathcal{R}^n$. *Dann existiert eine Umgebung* N *von* $\mathbf{x}^*$, *in welcher* φ_t *topologisch äquivalent zum Strom der folgenden linearen Differentialgleichung*

$$\begin{aligned} \dot{\mathbf{x}}_s &= -\mathbf{x}_s, & \mathbf{x}_s &\in \mathcal{R}^{n_s}, \\ \dot{\mathbf{x}}_u &= \mathbf{x}_u, & \mathbf{x}_u &\in \mathcal{R}^{n_u} \end{aligned} \tag{2.2.8}$$

ist mit $n_u = n - n_s$. *Hierbei ist* n_s *die Dimension des stabilen Eigenraumes von* $\exp(D\mathbf{X}(\mathbf{x}^*)t)\mathbf{x}$.

Der Gedanke der Hyperbolizität kann auf geschlossene Bahnen von Strömen ausgedehnt werden. Sei γ eine geschlossene Bahn im Strom φ des Vektorfeldes $\mathbf{X}$ und sei S_0 ein lokaler Schnitt bei $\mathbf{x}_0 \in \gamma$. Ist $\mathbf{x} \in S_0$ genügend nahe bei $\mathbf{x}_0$, so kehrt die Trajektorie durch $\mathbf{x}$ nach S_0 zum Punkte $\mathbf{P}_0(\mathbf{x})$ zurück (siehe Abb. 2.3). Dies definiert eine lokale Poincaré-Abbildung $\mathbf{P}_0 : S_0 \to S_0$, für die $\mathbf{x}_0$ ein Fixpunkt ist. Die geschlossene Bahn γ nennt man *hyperbolische geschlossene Bahn*, falls $\mathbf{x}_0$ ein hyperbolischer Fixpunkt des Diffeomorphismus $\mathbf{P}_0$ ist. Diese Definition ist unabhängig von $\mathbf{x}_0$, da die Poincaré-Abbildung $\mathbf{P}_1 : S_1 \to S_1$, die man durch einen lokalen Schnitt bei $\mathbf{x}_1 \in \gamma$ erhält, C^1-konjugiert zu $\mathbf{P}_0$ ist (siehe Aufgabe 2.2.6). Daraus folgt, daß für jedes $\mathbf{x} \in \gamma$ die zugehörige Poincaré-Abbildung lokale stabile und instabile Mannigfaltigkeiten definiert, deren Dimensionen unabhängig von $\mathbf{x}$ sind. Die Gesamtheiten dieser Mannigfaltigkeiten (das heißt $\bigcup_{x\in\gamma} W^{s,u}_{loc}(\mathbf{x})$) definieren stabile und instabile Mannigfaltigkeiten für γ (siehe Abb. 2.4).

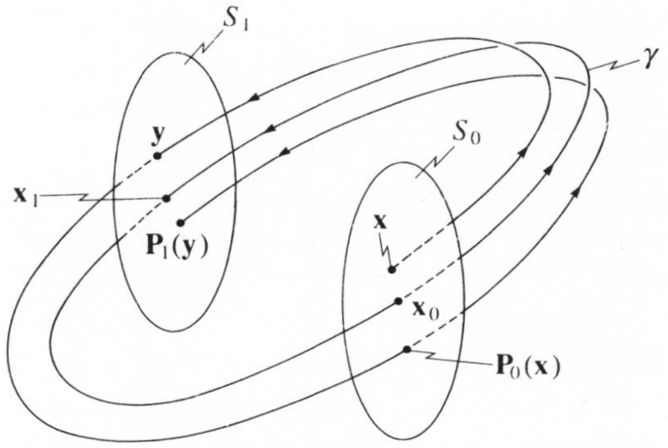

Abb. 2.3. Schematische Darstellung der Poincaré-Abbildungen $\mathbf{P}_0$ und $\mathbf{P}_1$, konstruiert auf lokalen Schnitten in verschiedenen Punkten einer geschlossenen Bahn γ eines Stromes. Diese Abbildungen sind C^1-konjugiert.

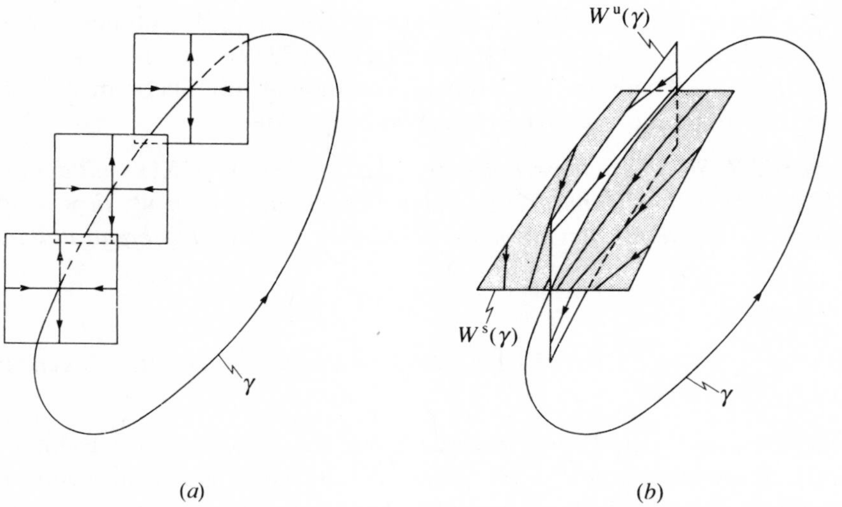

Abb. 2.4. Darstellung der stabilen und instabilen Mannigfaltigkeiten einer hyperbolischen geschlossenen Bahn γ: (a) stabile und instabile Mannigfaltigkeiten von Poincaré-Abbildungen, die auf lokalen Schnitten in $\mathbf{x} \in \gamma$ mit den Normalen-Vektoren $\mathbf{X}(\mathbf{x})/|\mathbf{X}(\mathbf{x})|$ konstruiert wurden; (b) Trajektorien des Stromes φ auf den stabilen und instabilen Mannigfaltigkeiten von γ.

Im Gegensatz dazu es nicht so einfach, einer geschlossenen invarianten Kurve eines Diffeomorphismus $\mathbf{f}$ Hyperbolizität zuzuschreiben. Es existiert kein Analogon zur Poincaré-Abbildung des Stromes in diesem Fall. Denn ist S_0 ein lokaler Schnitt im Punkte $\mathbf{x}_0$ eines solchen 'invarianten Kreises', dann gehört im allgemeinen $\mathbf{f}^n(\mathbf{x})$ nicht zu S_0 für beliebige ganze Zahlen $n \neq 0$ (man betrachte zum Beispiel eine irrationale Rotation in der Ebene). So muß ein anderer Weg, den invarianten Kreis mit dem Fixpunkt einer Abbildung zu verbinden, gefunden werden. Die dafür wichtigen Gedanken wollen wir für den ebenen Fall darstellen.

Sei $\mathscr{C}$ ein invarianter Kreis von $\mathbf{f} : \mathscr{R}^2 \to \mathscr{R}^2$ und sei $\mathscr{C} \times I$, I ein Intervall von $\mathscr{R}$, eine ringförmige Umgebung von $\mathscr{C}$. Man betrachte nun die Menge aller geschlossenen Kurven in $\mathscr{C} \times I$, die durch den Graphen einer Funktion $\sigma : \mathscr{C} \to I$ dargestellt werden können. Der Menge Σ aller Funktionen σ kann eine Banachraum-Struktur gegeben werden. In diesem Raum nun kann $\mathscr{C}$ mit dem Fixpunkt einer Abbildung verbunden werden. Dies geschieht wie folgt. Da $\mathbf{f}$ ein Diffeomorphismus ist, bildet er geschlossene Kurven auf geschlossene Kurven ab. Ist daher S_0 eine geschlossene Kurve in der Nähe von $\mathscr{C}$, dargestellt durch σ_0, so ist $\mathscr{C}_1 = \mathbf{f}(\mathscr{C}_0)$ auch eine geschlossene Kurve. Falls $\mathscr{C}_1 \subseteq \mathscr{C} \times I$ ist und durch den Graph der Funktion σ_1 dargestellt wird, so können wir σ_1 als das Bild von σ_0 unter der Abbildung $\mathscr{F} : \Sigma \to \Sigma$ betrachten, das heißt, trachten, das heißt, $\sigma_1 = \mathcal{F}(\sigma_0)$. Nun ist aber $\mathbf{f}(\mathcal{C}) = \mathcal{C}$, so daß, falls σ^* den invarianten Kreis $\mathcal{C}$ darstellt, dann $\mathcal{F}(\sigma^*) = \sigma^*$ gilt und also σ^* ein Fixpunkt der Abbildung $\mathcal{F}$ ist. Ist dieser Fixpunkt hyperbolisch, dann nennt man den invarianten Kreis von $\mathbf{f}$ *normal hyperbolisch*. Um sicher zu gehen, daß $\mathcal{F}(\sigma) \in \Sigma$ ist, muß der Diffeomorphismus $\mathbf{f}$ so gestaltet sein, daß die durch ihn erzeugte Expansion (Kontraktion) senkrecht zu $\mathcal{C}$ stärker ist als seine Tendenz, die Punkte entlang der Tangente an den invarianten Kreis zu bewegen.

Mehr noch, die Feststellung, daß der Fixpunkt von $\mathcal{F} : \Sigma \to \Sigma$ hyperbolisch ist, setzt voraus, daß Σ mit einer Metrik ausgestattet ist, mit deren Hilfe die charakteristische Exponential-Kontraktion (Expansion) (siehe Aufgabe 2.1.2), die zu den hyperbolischen Fixpunkten gehört, dargestellt werden kann. Die technischen Details hierzu liegen nicht im Rahmen dieses Buches, der interessierte Leser sei an Hirsch, Pugh, Shub (1977) verwiesen.

Mit Hilfe der oben beschriebenen Theoreme und dem Wissen über das topologischer Verhalten von linearen Systemen erhält man ein klares Bild vom Verhalten der Ströme und Diffeomorphismen in der Nähe von isolierten hyperbolischen Fixpunkten. Im weiteren wollen wir betrachten, wie man ähnliche Informationen für den Fall erhält, daß die betrachteten Fixpunkte nicht-hyperbolisch sind. Hier spielen Terme höherer Ableitungen in der Taylor-Entwicklung von $\mathbf{f}$ oder $\mathbf{X}$ die entscheidende Rolle. Die Berechnung des topologischen Typs besteht aus zwei Schritten:

i) die Konstruktion einer Normalform, in welcher die nicht-linearen Terme ihre „einfachste“ Form annehmen,
ii) die Feststellung des topologischen Typs des Fixpunktes aus der Normalform.

Mit diesen beiden Schritten werden wir uns im verbleibenden Teil dieses Kapitels beschäftigen.

2.3 Normalformen von Vektorfeldern
(Arnold, 1983, §§22 und 23)

Sei $\mathbf{X} : \mathcal{R}^n \to \mathcal{R}^n$ ein glattes Vektorfeld und $\mathbf{X}(\mathbf{0}) = \mathbf{0}$. Wir schreiben

$$\mathbf{X}(\mathbf{x}) = \mathbf{X}_1 + \mathbf{X}_2 + \cdots + \mathbf{X}_k + O(|\mathbf{x}|^{k+1}) \tag{2.3.1}$$

als formale Taylor-Entwicklung von $\mathbf{x}$ um $\mathbf{0}$, wobei $\mathbf{X}_r \in H^r$ist, dem reellen Vektorraum von Vektorfeldern, deren Komponenten homogene Polynome vom Grade r sind. Für $r = 1$ bis k schreiben wir

$$\mathbf{X}_r = \sum_{m_1=0}^{r} \cdots \sum_{m_n=0}^{r} \sum_{j=1}^{n} a_{\mathbf{m}}^{(j)} \mathbf{x}^{\mathbf{m}} \mathbf{e}_j, \qquad \sum_i m_i = r, \tag{2.3.2}$$

mit $\mathbf{m} = (m_1, \ldots, m_n)$, $\mathbf{x^m} = x_1^{m_1} x_2^{m_2} \cdots x_n^{m_n}$, $\mathbf{x} = (x_1, x_2, \ldots, x_n)^T$, und $\mathbf{e}_j$ ist das j-te Basiselement der natürlichen Basis von $\mathcal{R}^n$. Natürlich ist $\mathbf{X}_1 = D\mathbf{X}(\mathbf{0})\mathbf{x} = \mathbf{Ax}$.

Das Ziel der Normalform-Rechnungen ist es, eine Folge von Transformationen zu schaffen, die nacheinander die nicht-linearen Terme $\mathbf{X}_r$, beginnend bei $r = 2$, beseitigen. Die Transformationen haben die Form

$$\mathbf{x} = \mathbf{y} + \mathbf{h}_r(\mathbf{y}), \tag{2.3.3}$$

wobei $\mathbf{h}_r \in H^r$ mit $r \geq 2$. Im Idealfall möchte man sämtliche nicht-linearen Terme auf diese Art und Weise beseitigen, das Vektorfeld auf seinen linearen Teil reduzieren, das heißt, $\dot{\mathbf{x}} = \mathbf{X}(\mathbf{x})$ in $\dot{\mathbf{y}} = \mathbf{Ay}$ transformieren. Natürlich ist das nicht immer möglich.

Beginnen wir damit, die Wirkung einer Transformation der Form (2.3.3) auf $\mathbf{X}_1 = \mathbf{Ax}$ zu untersuchen. Man beachte, da $\mathbf{x} = O(|\mathbf{y}|)$ gilt, hat die Inverse von (2.3.3) die Form (siehe Aufgabe 2.3.1)

$$\mathbf{y} = \mathbf{x} - \mathbf{h}_r(\mathbf{x}) + O(|\mathbf{x}|^{r+1}). \tag{2.3.4}$$

Daher gilt

$$\begin{aligned}
\dot{\mathbf{y}} &= [\mathbf{I} - D\mathbf{h}_r(\mathbf{x}) + O(|\mathbf{x}|^r)]\dot{\mathbf{x}} \\
&= [\mathbf{I} - D\mathbf{h}_r(\mathbf{y} + O(|\mathbf{y}|^r)) + O(|\mathbf{y}|^r)]\mathbf{A}(\mathbf{y} + \mathbf{h}_r(\mathbf{y})) \\
&= [\mathbf{I} - D\mathbf{h}_r(\mathbf{y}) + O(|\mathbf{y}|^r)]\mathbf{A}(\mathbf{y} + \mathbf{h}_r(\mathbf{y})) \\
&= \mathbf{Ay} - \{D\mathbf{h}_r(\mathbf{y})\mathbf{Ay} - \mathbf{Ah}_r(\mathbf{y})\} + O(|\mathbf{y}|^{r+1}).
\end{aligned} \tag{2.3.5}$$

Man beachte, daß $D\mathbf{h}_r(\mathbf{y}+O(|\mathbf{y}|^r)) = D\mathbf{h}_r(\mathbf{y})+O(|\mathbf{y}|^{2(r-1)})$, aber $2(r-1) \geq r$ für $r \geq 2$. Die Größe

$$\{D\mathbf{h}_r(\mathbf{y})\mathbf{Ay} - \mathbf{Ah}_r(\mathbf{y})\} \tag{2.3.6}$$

ist die *Lie-* (oder *Poisson-*) *Klammer* der Vektorfelder $\mathbf{Ay}$ und $\mathbf{h}_r(\mathbf{y})$. Es empfielt sich, einen Operator $L_\mathbf{A}$ einzuführen, dessen Wirkung auf Vektorfelder darin besteht, ihre Lie-Klammern mit dem Vektorfeld $\mathbf{Ay}$ zu ergeben. Gleichung (2.3.6) kann dann als $L_\mathbf{A}\mathbf{h}_r(\mathbf{y})$ geschrieben werden.

Sei nun $\dot{\mathbf{x}} = \mathbf{Ax} + \mathbf{X}_r(\mathbf{x})$, $\mathbf{X}_r \in H^r$, $r \geq 2$. Da $\mathbf{X}_r(\mathbf{y} + \mathbf{h}_r(\mathbf{y})) = \mathbf{X}_r(\mathbf{y}) + O(|\mathbf{y}|^{r+1})$ für $r \geq 2$, so wird (2.3.5) zu

$$\dot{\mathbf{y}} = \mathbf{Ay} - L_\mathbf{A}\mathbf{h}_r(\mathbf{y}) + \mathbf{X}_r(\mathbf{y}) + O(|\mathbf{y}|^{r+1}). \tag{2.3.7}$$

Wenn man beachtet, daß sowohl $L_\mathbf{A}\mathbf{h}_r$ als auch $\mathbf{X}_r \in H^r$ sind, so erkennt man, daß die Ableitung von $\mathbf{Ay}$ auf der rechten Seite von (2.3.7) keine Terme besitzt, die von niedrigerer Ordnung als r in $|\mathbf{y}|$ sind. Das bedeutet, daß, falls für $\mathbf{X}$ die Terme $\mathbf{X}_2, \ldots, \mathbf{X}_{r-1} = \mathbf{0}$ sind, sie unter einer Transformation der Gestalt (2.3.3) null bleiben. Weiter zeigt (2.3.7), wie wir durch passende Wahl von $\mathbf{h}_r$ den Term $\mathbf{X}_r$ entfernen können.

Satz 2.1 *Existiert die Inverse von $L_{\mathbf{A}}$, so wird die Differentialgleichung*

$$\dot{\mathbf{x}} = \mathbf{A}\mathbf{x} + \mathbf{X}_r(\mathbf{x}) + O(|\mathbf{x}|^{r+1}) \tag{2.3.8}$$

mit $\mathbf{X}_r \in H^r$, $r \geq 2$, in die Form

$$\dot{\mathbf{y}} = \mathbf{A}\mathbf{y} + O(|\mathbf{y}|^{r+1}) \tag{2.3.9}$$

transformiert durch die Transformation $\mathbf{x} = \mathbf{y} + \mathbf{h}_r(\mathbf{y})$, wobei gilt

$$\mathbf{h}_r(\mathbf{y}) = L_{\mathbf{A}}^{-1}\mathbf{X}_r(\mathbf{y}). \tag{2.3.10}$$

Gleichung (2.3.7) zeigt, daß $\mathbf{X}_r$ eliminiert werden kann, falls man ein $\mathbf{h}_r$ wählen kann, daß die Gleichung

$$L_{\mathbf{A}}\mathbf{h}_r(\mathbf{y}) = \mathbf{X}_r(\mathbf{y}) \tag{2.3.11}$$

erfüllt. Man nennt sie die *homologische Gleichung* bezüglich des linearen Vektorfeldes $\mathbf{A}\mathbf{y}$. Satz 2.1 sagt einfach aus, daß $\mathbf{h}_r$, die Gleichung (2.3.11) erfüllend, gefunden werden kann, wenn der inverse Operator $L_{\mathbf{A}}^{-1}$ existiert. Um zu erkennen, wann dies der Fall ist, müssen wir $L_{\mathbf{A}}$ näher untersuchen.

Die Lie-Klammer $L_{\mathbf{A}} : H^r \to H^r$ ist eine lineare Abbildung (siehe Aufgabe 2.3.3) und ihre Eigenwerte können durch die Eigenwerte von $\mathbf{A} = D\mathbf{X}(\mathbf{0})$ ausgedrückt werden. Hat zum Beispiel $\mathbf{A}$ die verschiedenen Eigenwerte λ_i, $i = 1, \ldots, n$, so formen die zugehörigen Eigenvektoren eine Basis in $\mathcal{R}^n$. Relativ zu dieser Basis ist $\mathbf{A}$ diagonal, das heißt, $\mathbf{A} = [\lambda_i \delta_{ij}]_{i,j=1}^n$, mit den Eigenvektoren $\mathbf{e}_i$, $i = 1, \ldots, n$. Seien $x_1, \ldots, x_n$ die Koordinaten von $\mathbf{x}$ relativ zu dieser Eigenbasis. Wir betrachten den Ausdruck $L_{\mathbf{A}}\mathbf{x}^{\mathbf{m}}\mathbf{e}_i$, wobei (2.3.6) impliziert

$$\begin{aligned} L_{\mathbf{A}}\mathbf{x}^{\mathbf{m}}\mathbf{e}_i &= D(\mathbf{x}^{\mathbf{m}}\mathbf{e}_i)\mathbf{A}\mathbf{x} - \mathbf{A}(\mathbf{x}^{\mathbf{m}}\mathbf{e}_i) \\ &= \left\{ \sum_{j=1}^{n} \lambda_j x_j \frac{m_j}{x_j} \mathbf{x}^{\mathbf{m}}\mathbf{e}_i \right\} - \lambda_i \mathbf{x}^{\mathbf{m}}\mathbf{e}_i \\ &= \{(\mathbf{m}\cdot\boldsymbol{\lambda}) - \lambda_i\}\mathbf{x}^{\mathbf{m}}\mathbf{e}_i. \end{aligned} \tag{2.3.12}$$

Daher ist für jedes $i = 1, \ldots, n$ das Vektormonom $\mathbf{x}^{\mathbf{m}}\mathbf{e}_i$ ein Eigenvektor von $L_{\mathbf{A}}$ mit den Eigenwerten $\Lambda_{\mathbf{m},i} = (\mathbf{m}\cdot\boldsymbol{\lambda}) - \lambda_i$, mit $\boldsymbol{\lambda} = (\lambda_1, \ldots, \lambda_n)$. Sogar wenn $\mathbf{A}$ nicht diagonalisiert werden kann, kann man zeigen (siehe Aufgaben 2.3.8 und 2.3.9), daß die Eigenwerte von $L_{\mathbf{A}}$ noch durch obige Formel gegeben sind. Der inverse Operator existiert also dann und nur dann, wenn gilt

$$\Lambda_{\mathbf{m},i} = (\mathbf{m}\cdot\boldsymbol{\lambda}) - \lambda_i \neq 0 \tag{2.3.13}$$

für alle erlaubten $\mathbf{m}$ und $i = 1, \ldots, n$.

Definition 2.5 *Das n-Tupel von Eigenwerten $\boldsymbol{\lambda} = (\lambda_1, \ldots, \lambda_n)$ heißt* resonant r-ter Ordnung, *wenn gilt*

$$\lambda_i = \sum_{j=1}^{n} m_j \lambda_j, \tag{2.3.14}$$

für $m_j \in \mathcal{N}$ (beachte, $\mathcal{N}$ ist die Menge der nicht-negativen ganzen Zahlen), mit $\sum_{j=1}^{n} m_j = r$ und $i = 1, \ldots, n$.

Verwendet man die Eigenvektoren von $L_{\mathbf{A}}$ als Basis für H^r, so können wir schreiben

$$\mathbf{h}_r(\mathbf{x}) = \sum_{\mathbf{m},i} h_{\mathbf{m},i} \mathbf{x}^{\mathbf{m}} \mathbf{e}_i, \qquad \sum m_j = r, \tag{2.3.15}$$

und

$$\mathbf{X}_r(\mathbf{x}) = \sum_{\mathbf{m},i} X_{\mathbf{m},i} \mathbf{x}^{\mathbf{m}} \mathbf{e}_i, \qquad \sum m_j = r. \tag{2.3.16}$$

Setzt man dies in (2.3.11) ein, so sehen wir, daß die Eigenwerte von $\mathbf{A}$ nicht resonant r-ter Ordnung sind, denn

$$h_{\mathbf{m},i} = \frac{X_{\mathbf{m},i}}{(\mathbf{m}\cdot\boldsymbol{\lambda} - \lambda_i)} \tag{2.3.17}$$

gibt $\mathbf{h}_r$ explizit als Funktion von $\mathbf{X}_r$.

Beispiel 2.1 Sei $\mathbf{x} = \mathbf{y} + \mathbf{h}_2(\mathbf{y})$. Man wähle $\mathbf{h}_2$ so, daß die Terme in $|\mathbf{x}|^2$ der folgenden Vektorfelder

$$\text{(a) } \mathbf{X}(\mathbf{x}) = \begin{pmatrix} 3x_1 - x_2^2 \\ x_2 \end{pmatrix}, \qquad \text{(b) } \mathbf{X}(\mathbf{x}) = \begin{pmatrix} 3x_1 + 3x_1^2 \\ x_2 \end{pmatrix} \tag{2.3.18}$$

eliminiert werden. Man überprüfe das Resultat durch Transformation der Differentialgleichung $\dot{\mathbf{x}} = \mathbf{X}(\mathbf{x})$.

Lösung.

$$\text{(a)} \quad \mathbf{X}_2(\mathbf{x}) = -\begin{pmatrix} x_2^2 \\ 0 \end{pmatrix} = \sum_{\mathbf{m},i} X_{\mathbf{m},i} \mathbf{e}_i, \qquad m_1 + m_2 = 2, \tag{2.3.19}$$

mit

$$X_{\mathbf{m},i} = \begin{cases} -1, & \mathbf{m} = (0, 2), i = 1 \\ 0, & \text{sonst.} \end{cases} \tag{2.3.20}$$

Daher gibt (2.3.17)

$$\mathbf{h}_2(\mathbf{y}) = \begin{pmatrix} y_2^2 \\ 0 \end{pmatrix}. \tag{2.3.21}$$

Bei der Überprüfung beachte man, daß $\mathbf{x} = \mathbf{y} + \mathbf{h}_2(\mathbf{y})$ gilt, das heißt

$$x_1 = y_1 + y_2^2, \qquad x_2 = y_2, \tag{2.3.22}$$

bedeutet

$$y_1 = x_1 - x_2^2, \qquad y_2 = x_2. \tag{2.3.23}$$

Daher ist

$$\dot{y}_1 = \dot{x}_1 - 2x_2\dot{x}_2, \qquad \dot{y}_2 = \dot{x}_2, \tag{2.3.24}$$

mit $\dot{x}_1 = 3x_1 - x_2^2$ und $\dot{x}_2 = x_2$. Weiter folgt

$$\begin{aligned} \dot{y}_1 &= 3x_1 - x_2^2 - 2x_2^2 = 3(y_1 + y_2^2) - 3y_2^2 = 3y_1, \\ \dot{y}_2 &= \dot{x}_2 = y_2 = x_2, \end{aligned} \tag{2.3.25}$$

so daß sich für das transformierte Vektorfeld $\tilde{\mathbf{X}}(\mathbf{y}) = \begin{pmatrix} 3y_1 \\ y_2 \end{pmatrix}$ ergibt und man erkennt, daß der quadratische Term verschwunden ist.

(b) Hier ist

$$X_{\mathbf{m},i} = \begin{cases} 3, & \mathbf{m} = (2,0), i = 1, \\ 0, & \text{sonst}, \end{cases} \tag{2.3.26}$$

und (2.3.17) ergibt $\mathbf{h}_2(\mathbf{y}) = \begin{pmatrix} y_1^2 \\ 0 \end{pmatrix}$. Differentiation von $\mathbf{x} = \mathbf{y} + \mathbf{h}_2(\mathbf{y})$ nach der Zeit ergibt

$$\dot{x}_1 = \dot{y}_1(1 + 2y_1), \qquad \dot{x}_2 = \dot{y}_2 \tag{2.3.27}$$

mit $\dot{x}_1 = 3x_1 + 3x_1^2$, $\dot{x}_2 = x_2$. Natürlich ist $\dot{y}_2 = y_2$ wie in Fall (a), aber

$$\begin{aligned} \dot{y}_1 &= \frac{3x_1 + 3x_1^2}{1 + 2y_1} = 3y_1(1 + 2y_1 + O(y_1^2))(1 - 2y_1 + O(y_1^2)) \\ &= 3y_1 + O(y_1^3). \end{aligned} \tag{2.3.28}$$

Das transformierte Vektorfeld hat also die Form $\tilde{\mathbf{X}}(\mathbf{y}) = \begin{pmatrix} 3y_1 + O(y_1^3) \\ y_2 \end{pmatrix}$.

Beispiel 2.1 verdeutlicht die Tatsache, daß die Transformation $\mathbf{x} = \mathbf{y} + \mathbf{h}_r(\mathbf{y})$, die den Term $\mathbf{X}_r$ entfernt, die Terme $\mathbf{X}_{r+1}, \mathbf{X}_{r+2}\ldots$usw. verändern *kann*. Im Fall (b) zum Beispiel ist $\mathbf{X}_3(\mathbf{x}) = \mathbf{0}$ vor der Transformation, der kubische Term in (2.3.28) hat jedoch die Form $6y_1^3$ (siehe Aufgabe 2.3.10). Trotz dieser Veränderungen ist klar, daß man, wenn keine resonanten Terme auftreten, sukzessive die quadratischen, kubischen usw. Terme entfernen kann und so die Nicht-Linearität des transformierten Vektorfeldes in höhere und höhere Ordnungen verschiebt.

Betrachten wir nun den Fall, daß resonante Terme erscheinen. Wenn $\mathbf{A}$ diagonalisiert werden kann, so formen die Eigenvektoren von $L_{\mathbf{A}}$ eine Basis in H^r. Die Teilmenge der Eigenvektoren von $L_{\mathbf{A}}$ mit von null verschiedenen Eigenwerten formen dann eine Basis für das Bild B^r von H^r unter $L_{\mathbf{A}}$. Daraus folgt, daß die Komponente von $\mathbf{X}_r$ in B^r in Potenzen dieser Eigenvektoren entwickelt werden kann, und man wählt $\mathbf{h}_r$ wie in Gleichung (2.3.17), um diese Terme zu entfernen. Die Komponente $\mathbf{w}_r$ von $\mathbf{X}_r$, die im komplementären Unterraum G^r von B^r in H^r liegt, wird von der Transformation $\mathbf{x} = \mathbf{y} + \mathbf{h}_r(\mathbf{y})$ nicht beeinflußt. Diese *resonanten Terme* verbleiben daher im transformierten Vektorfeld. Natürlich werden diese Terme durch spätere Transformationen, die nicht-resonante Terme höherer Ordnung entfernen, nicht verändert, da $\mathbf{X}_r(\mathbf{y} + \mathbf{h}_{r+k}(\mathbf{y})) = \mathbf{X}_r(\mathbf{y}) + O(|\mathbf{y}|^{r+k+1})$, $r \geq 2$, $k = 1, 2, \ldots$ gilt. Wir kommen schließlich zu folgendem Theorem.

Theorem 2.8 (Normalform-Theorem) *Ist ein glattes Vektorfeld* $\mathbf{X}(\mathbf{x})$ *auf* $\mathcal{R}^n$ *mit* $\mathbf{X}(\mathbf{0}) = \mathbf{0}$ *gegeben, so gibt es eine Polynom-Transformation in neue Koordinaten* $\mathbf{y}$, *so daß die Differentialgleichung* $\dot{\mathbf{x}} = \mathbf{X}(\mathbf{x})$ *die Form*

$$\dot{\mathbf{y}} = \mathbf{J}\mathbf{y} + \sum_{r=2}^{N} \mathbf{w}_r(\mathbf{y}) + O(|\mathbf{y}|^{N+1}) \tag{2.3.29}$$

annimmt, wobei $\mathbf{J}$ *die reelle Jordan-Form von* $\mathbf{A} = D\mathbf{X}(\mathbf{0})$ *ist und* $\mathbf{w}_r \in G^r$ *ist, dabei ist* G^r *ein komplementärer Unterraum von* $B^r = L_{\mathbf{A}}(H^r)$ *in* H^r.

Man beachte, daß wir angenommen haben, $\mathbf{A}$ sei auf die reelle Jordan-Form reduziert worden, bevor mit der Eliminierung nicht-linearer Terme begonnen wurde. Theorem 2.8 hängt allerdings nicht davon ab, daß $\mathbf{J}$ diagonal ist. Entstehen Jordan-Blöcke in $\mathbf{J}$, so kann $L_{\mathbf{J}}$ nicht diagonalisiert werden, aber der Ausdruck (2.3.29) kann weiter für die Aussage, daß $L_{\mathbf{J}}^{-1}$ existiert, verwendet werden (siehe die Aufgaben 2.3.8 und 2.3.9). Die rechte Seite von (2.3.29) nennt man die *Normalform* von $\mathbf{X}(\mathbf{x})$. Die Polynom-Transformation nach Theorem 2.8 ist einfach eine Nacheinanderausführung einer Reihe von Koordinatentransformationen, jede von der Form $\mathbf{x} = \mathbf{y} + \mathbf{h}_r(\mathbf{y})$, $\mathbf{h}_r \in H^r$, für $2 \leq r \leq N$.

Beispiel 2.2 Sei $\mathbf{X}(\mathbf{x})$ ein glattes Vektorfeld, für welches gelte $\mathbf{X}(\mathbf{0}) = \mathbf{0}$ und $\mathbf{X}_1 = \begin{pmatrix} 2x_1 - \frac{1}{2}x_2 \\ x_2 \end{pmatrix}$. Man zeige, daß die Normalform von $\mathbf{x}$ gegeben ist durch

$$\begin{pmatrix} 2y_1 + Ky_2^2 \\ y_2 \end{pmatrix} + O(|\mathbf{y}|^{N+1}), \tag{2.3.30}$$

wobei K eine reelle Konstante und N eine ganze Zahl größer oder gleich 2 ist. Man bestimme K für

$$\mathbf{X}(\mathbf{x}) = \begin{pmatrix} 2x_1 - \frac{1}{2}x_2 + x_1^2 - \frac{1}{2}x_1x_2 + x_2^2 \\ x_2 + x_1x_2 - \frac{1}{2}x_2^2 \end{pmatrix} + O(|\mathbf{x}|^3). \tag{2.3.31}$$

Lösung. Man beachte, daß $\mathbf{X}_1 = D\mathbf{X}(\mathbf{0})\mathbf{x} = \mathbf{A}\mathbf{x}$ ist mit $\mathbf{A} = \begin{pmatrix} 2 & -\frac{1}{2} \\ 0 & 1 \end{pmatrix}$. Die Matrix $\mathbf{A}$ hat die Eigenwerte $\lambda_1 = 2$ und $\lambda_2 = 1$ und ihre Eigenvektoren bilden eine Basis in $\mathcal{R}^2$. Seien x'_1, x'_2 Koordinaten relativ zu dieser Basis. Die Jordan-Form von $\mathbf{A}$ ist $\mathbf{J} = \begin{pmatrix} 2 & 0 \\ 0 & 1 \end{pmatrix}$ und $L_{\mathbf{J}}: H^r \to H^r$ besitzt Eigenvektoren $\mathbf{x}'^{\mathbf{m}}\mathbf{e}_i$ mit den Eigenwerten $\Lambda_{\mathbf{m},1} = m_1\lambda_1 + m_2\lambda_2 - \lambda_i$, $i = 1, 2$, $m_1, m_2 \geq 0$, $m_1 + m_2 = r$. Um die Normalform zu erhalten, müssen wir nach resonanten Termen schauen, das heißt, nach den $\mathbf{m}, i$, für die $\Lambda_{\mathbf{m},i} = 0$ ist. Für $r = 2$ sind die Werte von $\Lambda_{\mathbf{m},i}$ in der Tabelle 2.3.1 gegeben. Es ist nur $\Lambda_{(0,2),1} = 0$, so daß nur ein resonanter Term zweiter Ordnung auftritt, und zwar $y_2^2\mathbf{e}_1$. Für $r \geq 3$ nimmt die Resonanzbedingung $\Lambda_{\mathbf{m},i} = 0$ die Form

$$(m_1 + r) = \lambda_i \qquad i = 1, 2 \tag{2.3.32}$$

an. Nun ist $m_1 + r \geq r \geq 3$, da das maximale $\lambda_i = 2$ ist, und so können wir schließen, daß es keine resonanten Terme der Ordnung $r \geq 3$ gibt.

Tabelle 2.3.1 $\Lambda_{\mathbf{m},i} = \mathbf{m}\cdot\boldsymbol{\lambda} - \lambda_i$ für $m_1 + m_2 = 2$

m_1	m_2	$\Lambda_{\mathbf{m},1}$	$\Lambda_{\mathbf{m},2}$
2	0	2	3
1	1	1	2
0	2	0	1

Daher ist $\mathbf{w}_r(\mathbf{y}) \equiv \mathbf{0}$ für $r \geq 3$ und $\mathbf{X}$ hat die Normalform

$$\begin{pmatrix} 2y_1 + Ky_2^2 \\ y_2 \end{pmatrix} + O(|\mathbf{y}|^{N+1}) \tag{2.3.33}$$

für K reell und $N \geq 2$.

Um K zu finden, müssen wir die lineare Transformation $\mathbf{x} = \mathbf{M}\mathbf{x}'$ in Betracht ziehen, die zur Reduktion von $\mathbf{A}$ in die Jordan-Form verwendet wird. Die Eigenvektoren von $\mathbf{A}$ sind skalare Vielfache von $\mathbf{u}_1 = \begin{pmatrix} 1 \\ 0 \end{pmatrix}$, $\mathbf{u}_2 = \begin{pmatrix} 1 \\ 2 \end{pmatrix}$ so können wir zum Beispiel $\mathbf{M} = (\mathbf{u}_1|\mathbf{u}_2)$ wählen. Dann folgt

$$\begin{aligned} \dot{\mathbf{x}}' &= \mathbf{M}^{-1}\mathbf{X}(\mathbf{M}\mathbf{x}') \\ &= \mathbf{M}^{-1}\mathbf{X}_1(\mathbf{M}\mathbf{x}') + \mathbf{M}^{-1}\mathbf{X}_2(\mathbf{M}\mathbf{x}') + O(|\mathbf{x}'|^3). \end{aligned} \tag{2.3.34}$$

Nun ergibt (2.3.31)

$$\mathbf{X}_1(\mathbf{x}) = \mathbf{A}\mathbf{x} \qquad \text{und} \qquad \mathbf{X}_2(\mathbf{x}) = \begin{pmatrix} x_1^2 - \frac{1}{2}x_1x_2 + x_2^2 \\ x_1x_2 - \frac{1}{2}x_2^2 \end{pmatrix} \tag{2.3.35}$$

so daß Gleichung (2.3.34) ergibt

$$\dot{\mathbf{x}}' = \mathbf{X}'(\mathbf{x}') = \begin{pmatrix} 2 & 0 \\ 0 & 1 \end{pmatrix} \begin{pmatrix} x_1' \\ x_2' \end{pmatrix} + \begin{pmatrix} x_1'^2 + 4x_2'^2 \\ x_1' x_2' \end{pmatrix} + O(|\mathbf{x}'|^3). \qquad (2.3.36)$$

Mit Blick auf die Diskussion vor Theorem 2.8 bemerken wir, daß die Transformationen, die benötigt werden, um $x_1'\mathbf{e}_1$ und $x_1'x_2'\mathbf{e}_2$ oder auch irgendwelche resonanten Terme höherer Ordnung, zu beseitigen, den Koeffizienten von $x_2'^2\mathbf{e}_2$ nicht verändern. Also ist $K = 4$.

In einem Gebiet, in dem so viele Koordinatentransformationen durchgeführt werden, ist es nicht üblich, gestrichene Variablen zu verwenden. Normalerweise sagt man,

$$\mathbf{X}' \text{ wird zu } \begin{pmatrix} 2x_1 + x_1^2 + 4x_2^2 \\ x_2 + x_1 x_2 \end{pmatrix} + O(|\mathbf{x}|^3), \text{ wenn } \mathbf{x} \to \mathbf{M}^{-1}\mathbf{x}'. \qquad (2.3.37)$$

Das bedeutet:

sei $\mathbf{x}' = \mathbf{M}^{-1}\mathbf{x}$, transformiere und lasse dann die Striche weg.

Beispiel 2.2 zeigt (in recht einfacher Form) eine andere Erscheinung, die für Normalform-Rechnungen typisch ist. Für gegebenes $\mathbf{X}$ ist es oft einfach, herauszufinden, welche Terme resonant sind, indem man einfach $\mathbf{m}\cdot\boldsymbol{\lambda}-\lambda_i$ ausrechnet für jedes $(\mathbf{m}, i)$. Wird jedoch der Koeffizient eines bestimmten resonanten Termes benötigt, so ist meist mehr Arbeit nötig. Letzteres Problem taucht häufig auf, wenn Nicht-Degenerations-Bedingungen in nicht-hyperbolischen Fixpunkten untersucht werden (siehe die Sätze 2.2–2.4). Im Beispiel 2.2 mußte nur die lineare Transformation gerechnet werden, um K zu bestimmen, wird jedoch der Koeffizient eines kubischen resonanten Termes benötigt, so müssen lineare und quadratische Transformationen durchgeführt werden, um ihn in den Termen der Koeffizienten der ursprünglichen Taylor-Entwicklung von $\mathbf{X}$ zu finden. Solche Rechnungen können recht lang werden.

2.4 Nicht-hyperbolische singuläre Punkte von Vektorfeldern

Ein singulärer Punkt $\mathbf{x}^*$ eines Vektorfeldes $\mathbf{X}$ ist nicht-hyperbolisch, wenn mindest einer der Eigenwerte von $D\mathbf{X}(\mathbf{x}^*)$ einen Realteil gleich null besitzt. Diese Nullen implizieren die Existent algebraischer Bedingungen, die die Elemente von $D\mathbf{X}(\mathbf{x}^*)$ erfüllen müssen. Der ebene Fall ist dabei von besonderer Wichtigkeit.

Sei $\mathbf{X} : \mathcal{R}^2 \to \mathcal{R}^2$ ein glattes Vektorfeld mit einem nicht-hyperbolischen singulären Punkt bei $\mathbf{x} = \mathbf{0}$. Dann gibt es vier Möglichkeiten:

(i) $D\mathbf{X}(\mathbf{0})$ besitzt reelle Eigenwerte und einer davon ist null, das heißt

$$\det D\mathbf{X}(\mathbf{0}) = 0, \qquad \operatorname{Tr} D\mathbf{X}(\mathbf{0}) \neq 0, \tag{2.4.1}$$

(ii) $D\mathbf{X}(\mathbf{0})$ besitzt rein imaginäre Eigenwerte, das heißt

$$\operatorname{Tr} D\mathbf{X}(\mathbf{0}) = 0, \qquad \det D\mathbf{X}(\mathbf{0}) > 0, \tag{2.4.2}$$

(iii) beide Eigenwerte von $D\mathbf{X}(\mathbf{0})$ sind null, jedoch ist $D\mathbf{X}(\mathbf{0})$ nicht die Null-Matrix, das heißt

$$\operatorname{Tr} D\mathbf{X}(\mathbf{0}) = \det D\mathbf{X}(\mathbf{0}) = 0, \qquad D\mathbf{X}(\mathbf{0}) \neq \mathbf{0}, \tag{2.4.3}$$

(iv) $$D\mathbf{X}(\mathbf{0}) = \mathbf{0}. \tag{2.4.4}$$

Die (Un)Gleichungen (2.4.1–2.4.4) werden *Entartungs-Bedingungen* genannt. Nicht-hyperbolische (hyperbolische) Singularitäten werden häufig als entartete (nicht-entartete) Singularitäten bezeichnet. Wie wir sehen werden, können im allgemeinen Entartungs-/Nicht-Entartungs-Bedingungen Koeffizienten höherer Ordnung der Taylor-Entwicklung von $\mathbf{X}$ in $\mathbf{x}^*$ einbeziehen (siehe Beispiel 2.7.4), uns genügen jedoch im Moment die Bedingungen (2.4.1–2.4.4).

Die Anzahl der Entartungs-Bedingungen, die in einem bestimmten singulären Punkt erfüllt sein müssen, bestimmen den *Entartungsgrad* (oder die Kodimension, siehe Dumortier, 1978; Guckenheimer, Holmes, 1983). Sind entweder $\det D\mathbf{X}(\mathbf{x}^*) = 0$ oder $\operatorname{Tr} D\mathbf{X}(\mathbf{x}^*) = 0$ die einzigen Entartungs-Bedingungen, die bei $\mathbf{x}^*$ erfüllt sein müssen, dann ist $\mathbf{x}^*$ einfach-entartet. Demzufolge ist ein Punkt, für den (2.4.3) gilt, zweifach-entartet.

Abbildung 2.5 zeigt die Phasenbilder der linearen Vektorfelder $D\mathbf{X}(\mathbf{0})\mathbf{x}$ für die Fälle (i)–(iii). Man beachte, daß alle empfindlich auf nicht-lineare Störungen reagieren (siehe Aufgabe 2.4.2). Natürlich sind die Störungen, die in der Normalform von $\mathbf{X}$ erscheinen, am bedeutendsten. Das Normalform-Theorem 2.8 ist für nicht-hyperbolische Fixpunkte gültig und die resonanten Terme hängen von den Entartungs-Bedingungen, die zu erfüllen sind, ab. Für den Fall $n = 2$ haben wir die Möglichkeiten aufgezeigt, wann nicht-hyperbolische Fixpunkte erscheinen können für $D\mathbf{X}(\mathbf{0}) \neq \mathbf{0}$ (siehe die Gleichungen (2.4.1–2.4.3)). Wir werden im folgenden die Normalformen der entsprechenden Vektorfelder bestimmen.

Satz 2.2 *Sei* $\mathbf{X}(\mathbf{x})$ *ein glattes Vektorfeld mit einer Singularität im Ursprung, die (2.4.1) erfülle. Die Normalform von* $\mathbf{X}$ *ist dann gegeben durch*

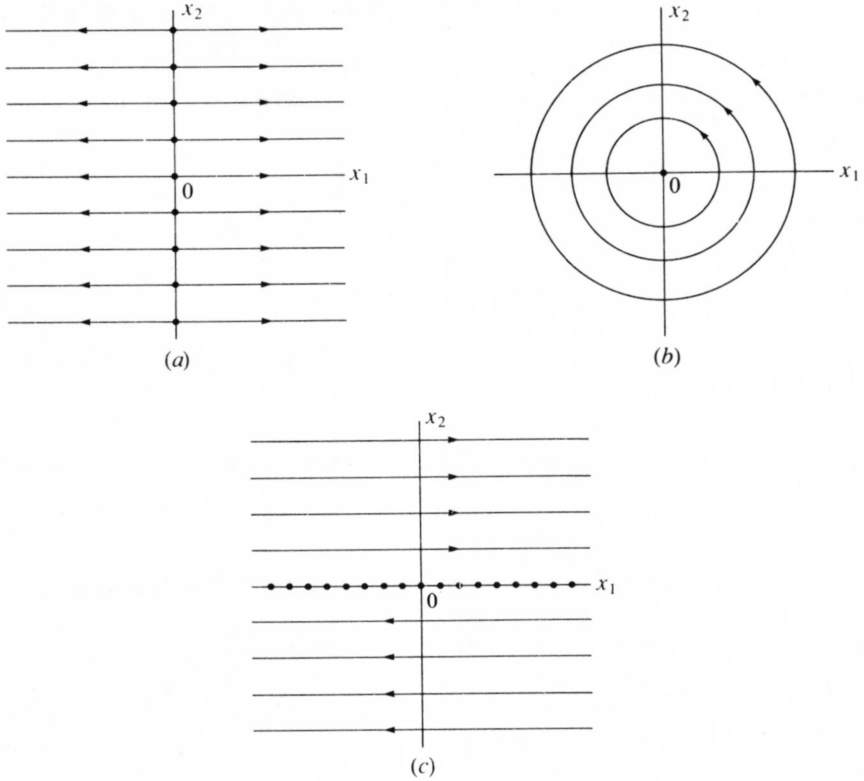

Abb. 2.5. Phasenbilder von linearen Vektorfeldern **Jx**, wobei **J** die reelle Jordan-Form von $D\mathbf{X}(\mathbf{0})$ ist, wenn gilt (a) (2.4.1) mit $\mathrm{Tr}(D\mathbf{X}(\mathbf{0})) > 0$; (b) (2.4.2); (c) (2.4.3).

$$\begin{pmatrix} \lambda_1 & 0 \\ 0 & 0 \end{pmatrix} \begin{pmatrix} y_1 \\ y_2 \end{pmatrix} + \sum_{r=2}^{N} \begin{pmatrix} a_r y_1 y_2^{r-1} \\ b_r y_2^r \end{pmatrix} + O(|\mathbf{y}|^{N+1}), \tag{2.4.5}$$

mit $a_r, b_r \in \mathscr{R}$.

Beweis. Sei $D\mathbf{X}(\mathbf{0}) = \mathbf{A}$, dann erlaubt uns (2.4.1) anzunehmen, daß $\lambda_1 = \mathrm{Tr}\,\mathbf{A} \neq 0$ und $\lambda_2 = 0$ ist. Analog zu Beispiel 2.2 führt die Transformation $\mathbf{x} \mapsto \mathbf{M}^{-1}\mathbf{x}$ mit $\mathbf{M} = (\mathbf{u}_1|\mathbf{u}_2)$ für $\mathbf{X}_1$ zu folgender Form

$$\mathbf{X}_1(\mathbf{x}) = \begin{pmatrix} \lambda_1 & 0 \\ 0 & 0 \end{pmatrix} \begin{pmatrix} x_1 \\ x_2 \end{pmatrix} = \mathbf{J}\mathbf{x} \tag{2.4.6}$$

und die Koeffizienten der Terme zweiter und höherer Ordnung werden im allgemeinen verändert.

Wir versuchen nun, die Terme $O(|\mathbf{x}|r)$, $r \geq 2$ zu vereinfachen, indem wir Transformationen der Gestalt $\mathbf{x} = \mathbf{y} + \mathbf{h}_r(\mathbf{y})$, $\mathbf{h}_r \in H^r$ durchführen. Da **J** diagonal ist, sind die einzigen Terme, die nicht zum Verschwinden gebracht werden können, resonante Vektormonome $\mathbf{x}^{\mathbf{m}}\mathbf{e}_i$, $i = 1, 2$. Man beachte: da $\lambda_2 = 0$, gilt

$$\lambda_1 + (r-1)\lambda_2 = \lambda_1 \tag{2.4.7}$$

und

$$(0)\lambda_1 + r\lambda_2 = \lambda_2, \tag{2.4.8}$$

für alle $r \geq 2$. Daher wird die Resonanz-Bedingung $\mathbf{m}\cdot\boldsymbol{\lambda} - \lambda_i$ erfüllt für $\mathbf{m} = (1, r-1)$ für $i = 1$ und $\mathbf{m} = (0, r)$ für $i = 2$. Daraus folgt, daß

$$y_1 y_2^{r-1}\mathbf{e}_1 \qquad \text{und} \qquad y_2^r\mathbf{e}_2 \tag{2.4.9}$$

resonante Monome sind. Es ist nicht schwer zu erkennen, daß dies die einzigen resonanten Terme sind. Daher hat $\mathbf{X}$ also die Normalform (2.4.5) nach Theorem 2.8.

Satz 2.3 *Sei $\mathbf{X}(\mathbf{x})$ ein glattes Vektorfeld mit einer Singularität im Ursprung, die (2.4.2) erfülle. Dann ist die Normalform von $\mathbf{X}$ gegeben durch*

$$\begin{aligned}&\begin{pmatrix} 0 & -\beta \\ \beta & 0 \end{pmatrix}\begin{pmatrix} y_1 \\ y_2 \end{pmatrix} + \sum_{k=1}^{[\frac{1}{2}(N-1)]} (y_1^2 + y_2^2)^k \cdot \\ &\left\{ a_k \begin{pmatrix} y_1 \\ y_2 \end{pmatrix} + b_k \begin{pmatrix} -y_1 \\ y_2 \end{pmatrix} \right\} + O(|\mathbf{y}|^{N+1}),\end{aligned} \tag{2.4.10}$$

mit $\beta = (\det D\mathbf{X}(\mathbf{0}))^{1/2}$, $N \geq 3$, $[\cdot]$ *bezeichnet den ganzzahligen Teil von* $\cdot$ *und* $a_k, b_k \in \mathcal{R}$.

Beweis. Aus den Bedingungen (2.4.2) folgt, $\mathbf{A} = D\mathbf{X}(\mathbf{0})$ besitzt Eigenwerte $\lambda_1 = \bar{\lambda}_2 = i\beta$ (der Querstrich bezeichnet die konjugiert komplexe Größe) mit den komplexen Eigenvektoren $\mathbf{u} + i\mathbf{v}$. Daher reduziert die lineare Transformation $\mathbf{x} \mapsto \mathbf{M}^{-1}\mathbf{x}$, mit $\mathbf{M} = (\mathbf{v}|\mathbf{u})$, den Term $\mathbf{X}_1$ zu der reellen Jordan-Form

$$\mathbf{X}_1(\mathbf{x}) = \begin{pmatrix} 0 & -\beta \\ \beta & 0 \end{pmatrix}\begin{pmatrix} x_1 \\ x_2 \end{pmatrix} = \mathbf{J}\mathbf{x}, \tag{2.4.11}$$

dabei vielleicht Terme zweiter und höherer Ordnung verändernd. Unglücklicherweise ist $\mathbf{J}$ nicht diagonal, so daß die Monome $\mathbf{x}^{\mathbf{m}}\mathbf{e}_i$ nicht Eigenvektoren von $L_{\mathbf{J}}$ sind.

Um $\mathbf{J}$ in Diagonalform zu bringen, verwenden wir die komplexe lineare Transformation $\mathbf{x} = \mathbf{M}_{\mathscr{C}}\mathbf{z}$, wobei $\mathbf{M}_{\mathscr{C}} = \begin{pmatrix} 1 & 1 \\ -i & i \end{pmatrix}$ ist. Die Spalten von $\mathbf{M}_{\mathscr{C}}$ sind einfach die normierten Eigenvektoren von $\mathbf{J}$, so daß $\mathbf{M}_{\mathscr{C}}^{-1}\mathbf{J}\mathbf{M}_{\mathscr{C}} =$

$\begin{pmatrix} i\beta & 0 \\ 0 & -i\beta \end{pmatrix} = \mathbf{J}_{\mathscr{C}}$ und $\mathbf{z} = \begin{pmatrix} z_1 \\ z_2 \end{pmatrix} = \begin{pmatrix} x_1 + ix_2 \\ x_1 - ix_2 \end{pmatrix} = \begin{pmatrix} z \\ \bar{z} \end{pmatrix}$ ist. Nun sind die Monome $\mathbf{z}^{\mathbf{m}}\mathbf{e}_i$, $i = 1, 2$ Eigenvektoren von $L_{\mathbf{J}_{\mathscr{C}}}$, jetzt greifen auch die üblichen Resonanz-Bedingungen (2.3.14).

Natürlich ist $\lambda_1 = -\lambda_2$, so daß für beliebige positive ganzzahlige k

$$(k+1)\lambda_1 + k\lambda_2 = \lambda_1 \tag{2.4.12}$$

und

$$k\lambda_1 + (k+1)\lambda_2 = \lambda_2 \tag{2.4.13}$$

gilt. Dies sind die einzigen resonanten Terme. In beiden Gleichungen (2.4.12 und 2.4.13) ist $r = m_1 + m_2 = 2k + 1$, so daß es keine resonanten Terme von gerader Ordnung in $|\mathbf{z}|$ gibt. Die resonanten Monome lauten also

$$z^{k+1}\bar{z}^k\mathbf{e}_1 \qquad \text{und} \qquad z^k\bar{z}^{k+1}\mathbf{e}_2, \quad \text{wobei } k \in \mathscr{Z}^+. \tag{2.4.14}$$

Transformiert man diese Vektorfelder zurück in die Koordinaten x_1, x_2, erhält man

$$\frac{1}{2}|\mathbf{x}|^{2k}\left[\begin{pmatrix} x_1 \\ x_2 \end{pmatrix} - i\begin{pmatrix} -x_2 \\ x_1 \end{pmatrix}\right] \text{ bzw. } \frac{1}{2}|\mathbf{x}|^{2k}\left[\begin{pmatrix} x_1 \\ x_2 \end{pmatrix} + i\begin{pmatrix} -x_2 \\ x_1 \end{pmatrix}\right].$$

Man beachte $(z\bar{z})^k = |\mathbf{x}|^{2k}$. Daher spannt für jedes $k \in \mathscr{Z}^+$

$$\left\{|\mathbf{x}|^{2k}\begin{pmatrix} x_1 \\ x_2 \end{pmatrix}, |\mathbf{x}|^{2k}\begin{pmatrix} -x_2 \\ x_2 \end{pmatrix}\right\} \tag{2.4.15}$$

einen Unterraum G^{2k+1} von H^{2k+1} auf, der komplementär zu $L_{\mathbf{J}}(H^{2k+1})$ ist. Mit Theorem 2.8 können wir nun schließen, daß die Normalform von $\mathbf{X}$ durch (2.4.10) gegeben ist.

Bisher waren wir in der Lage, $\mathbf{A} = D\mathbf{X}(\mathbf{0})$ zu diagonalisieren und konnten die Resonanz-Bedingungen (2.3.13) verwenden, um einen komplementären Unterraum G^r zu finden. Befriedigt jedoch $D\mathbf{X}(\mathbf{0})$ die Gleichung (2.4.3), so ist dies nicht länger möglich und wir müssen G^r direkt finden.

Satz 2.4 *Sei* $\mathbf{X}(\mathbf{x})$ *ein glattes Vektorfeld mit einer Singularität im Ursprung, die (2.4.3) erfülle. Dann ist die Normalform von* $\mathbf{X}$ *gegeben durch*

$$\begin{pmatrix} 0 & 1 \\ 0 & 0 \end{pmatrix}\begin{pmatrix} y_1 \\ y_2 \end{pmatrix} + \sum_{r=2}^{N}\begin{pmatrix} a_r y_1^r \\ b_r y_1^r \end{pmatrix} + O(|\mathbf{y}|^{N+1}) \tag{2.4.16}$$

mit $a_r, b_r \in \mathscr{R}$.

Beweis. Die Bedingung (2.4.3) fordert, daß beide Eigenwerte von $\mathbf{A} = D\mathbf{X}(\mathbf{0})$ null sind, jedoch $\mathbf{A} \neq \mathbf{0}$. Es folgt, daß nur ein Eigenvektor existiert und (siehe

Arrowsmith, Place,1982, S. 43-44) daß es eine Transformation $\mathbf{x} \mapsto \mathbf{M}^{-1}\mathbf{x}$ gibt, die den linearen Anteil von $\mathbf{X}$ in die Form

$$\mathbf{X}_1(\mathbf{x}) = \begin{pmatrix} 0 & 1 \\ 0 & 0 \end{pmatrix} \begin{pmatrix} x_1 \\ x_2 \end{pmatrix} = \mathbf{J}\mathbf{x} \tag{2.4.17}$$

transformiert. Da es keine Eigenvektoren von $L_{\mathbf{A}}$ gibt, wenden wir unsere Aufmerksamkeit der Aufgabe zu, eine Basis in $B^r = L_{\mathbf{J}}(H^r)$ zu finden. Natürlich formt

$$\{x_1^{m_1} x_2^{m_2} \mathbf{e}_i | m_1, m_2 \in \mathcal{N}, m_1 + m_2 = r, i = 1, 2\} \tag{2.4.18}$$

eine Basis in H^r, deshalb betrachten wir

$$L_{\mathbf{J}} x_1^{m_1} x_2^{m_2} \mathbf{e}_1 = m_1 x_1^{m_1 - 1} x_2^{m_2 + 2} \mathbf{e}_1 \tag{2.4.19}$$

und

$$L_{\mathbf{J}} x_1^{m_1} x_2^{m_2} \mathbf{e}_2 = -x_1^{m_1} x_2^{m_2} \mathbf{e}_1 + m_1 x_1^{m_1 - 1} x_2^{m_2 + 1} \mathbf{e}_2 \tag{2.4.20}$$

mit $m_1 + m_2 = r$, und schließen, daß

$$\left\{ \begin{pmatrix} x_2^r \\ 0 \end{pmatrix}, \begin{pmatrix} x_1 x_2^{r-1} \\ 0 \end{pmatrix}, \begin{pmatrix} x_1^2 x_2^{r-2} \\ 0 \end{pmatrix}, \ldots, \begin{pmatrix} x_1^{r-1} x_2 \\ 0 \end{pmatrix}, \right. \tag{2.4.21}$$

$$\left. \begin{pmatrix} -x_1 x_2^{r-1} \\ x_2^r \end{pmatrix}, \begin{pmatrix} -x_1^2 x_2^{r-2} \\ 2x_1 x_2^{r-1} \end{pmatrix}, \ldots, \begin{pmatrix} -x_1^r \\ r x_1^{r-1} x_2 \end{pmatrix} \right\} \tag{2.4.22}$$

eine Basis formt in B^r. Man beachte, daß (2.4.22) $2r$ Elemente enthält, während H^r die Dimension $2r + 2$ besitzt, so daß $\dim G^r = 2$. Da $G^r \subseteq H^r$, so gilt, daß $G^r \cap B^r = \{\mathbf{0}\}$ und $G^r \oplus B^r = H^r$ sind, zeigt (2.4.22), daß wir für G^r die Form

$$G^r = Sp\left\{ \begin{pmatrix} x_1^r \\ 0 \end{pmatrix}, \begin{pmatrix} 0 \\ x_1^r \end{pmatrix} \right\} \tag{2.4.23}$$

wählen sollten, wenn die Normalform von $\mathbf{X}$ die Form (2.4.16) haben soll nach Theorem 2.8.

Es sollte hervorgehoben werden, daß (2.4.23) nicht eindeutig ist. Die dazu alternative Wahl, zum Beispiel

$$G^r = Sp\left\{ \begin{pmatrix} 0 \\ x_1^{r-1} x_2 \end{pmatrix}, \begin{pmatrix} 0 \\ x_1^r \end{pmatrix} \right\}, \tag{2.4.24}$$

wird von Arnold und seinen Mitarbeitern (Arnold, 1983, S.296; Bogdanov, 1981b) vorgezogen. Die Form (2.4.16) stammt von Takens (1974a). Natürlich sind beide Formen vollständig äquivalent, oder, genauer gesagt, glatt konjugiert (siehe Aufgabe 2.4.4).

2.5 Normalformen von Diffeomorphismen

Es ist möglich, ein Kalkül analog zu dem in den §§2.3 und 4 für Differentialgleichungen beschriebenen auch für Diffeomorphismen zu entwickeln. Der entscheidende Unterschied liegt in der Resonanz-Bedingung .

Sei $\mathbf{f} : \mathscr{R}^n \to \mathscr{R}^n$ ein Diffeomorphismus, der $\mathbf{f}(\mathbf{0}) = \mathbf{0}$ erfülle und dessen Taylor-Entwicklung um $\mathbf{x} = \mathbf{0}$ gegeben ist durch

$$\mathbf{f}(\mathbf{x}) = \mathbf{f}_1 + \mathbf{f}_2 + \cdots + \mathbf{f}_k + O(|\mathbf{x}|^{k+1}), \tag{2.5.1}$$

wobei $\mathbf{f}_r \in H^r$ und $\mathbf{f}_1 = D\mathbf{f}(\mathbf{0})\mathbf{x} = \mathbf{A}\mathbf{x}$ ist. Nehmen wir an, daß

$$\mathbf{f}(\mathbf{x}) = \mathbf{A}\mathbf{x} + \mathbf{f}_r(\mathbf{x}) + O(|\mathbf{x}|^{r+1}) \tag{2.5.2}$$

gilt mit $r \geq 2$, und betrachten wir die Wirkung der Transformation

$$\mathbf{x} = \mathbf{y} + \mathbf{k}_r(\mathbf{y}) = \mathbf{K}(\mathbf{y}) \tag{2.5.3}$$

mit $\mathbf{k}_r \in H^r$. Transformiert $\mathbf{K}$ die Größe $\mathbf{f}$ in $\tilde{\mathbf{f}}$, dann folgt

$$\tilde{\mathbf{f}}(\mathbf{y}) = \mathbf{K}^{-1}(\mathbf{f}(\mathbf{K}(\mathbf{y}))). \tag{2.5.4}$$

Daher gilt

$$\begin{aligned}\tilde{\mathbf{f}}(\mathbf{y}) &= \mathbf{K}^{-1}(\mathbf{f}(\mathbf{y} + \mathbf{k}_r(\mathbf{y}))) \\ &= \mathbf{K}^{-1}(\mathbf{A}\mathbf{y} + \mathbf{A}\mathbf{k}_r(\mathbf{y}) + \mathbf{f}_r(\mathbf{y}) + O(|\mathbf{y}|^{r+1})) \\ &= \mathbf{A}\mathbf{y} + \mathbf{A}\mathbf{k}_r(\mathbf{y}) + \mathbf{f}_r(\mathbf{y}) - \mathbf{k}_r(\mathbf{A}\mathbf{y}) + O(|\mathbf{y}|^{r+1}).\end{aligned}$$

Wählt man also $\mathbf{k}_r(\mathbf{y})$ so, daß gilt

$$\mathbf{k}_r(\mathbf{A}\mathbf{y}) - \mathbf{A}\mathbf{k}_r(\mathbf{y}) = \mathbf{f}_r(\mathbf{y}), \tag{2.5.5}$$

so ist

$$\tilde{\mathbf{f}}(\mathbf{y}) = \mathbf{A}\mathbf{y} + O(|\mathbf{y}|^{r+1}). \tag{2.5.6}$$

Gleichung (2.5.6) ist die zu $\mathbf{A} = D\mathbf{f}(\mathbf{0})$ gehörige homologische Gleichung. Man kann zeigen, daß der Operator $M_{\mathbf{A}} : H^r \to H^r$, definiert durch

$$M_{\mathbf{A}}\mathbf{k}_r(\mathbf{x}) = \mathbf{k}_r(\mathbf{A}\mathbf{x}) - \mathbf{A}\mathbf{k}_r(\mathbf{x}), \tag{2.5.7}$$

linear ist (siehe Aufgabe 2.5.1) mit den Eigenvektoren $\mathbf{x}^{\mathbf{m}}\mathbf{e}_i$. Hat $\mathbf{A}$ die Form $\mathbf{A} = [\lambda_i \delta_{ij}]_{i,j=1}^n$, so sind durch

$$M_{\mathbf{A}}\mathbf{x}^{\mathbf{m}}\mathbf{e}_i = (\boldsymbol{\lambda}^{\mathbf{m}} - \lambda_i)\mathbf{x}^{\mathbf{m}}\mathbf{e}_i, \tag{2.5.8}$$

die Eigenwerte von $M_{\mathbf{A}}$ gegeben mit $i = 1, \ldots, n$, $\boldsymbol{\lambda}^{\mathbf{m}} = \lambda_1^{m_1}\lambda_2^{m_2}, \ldots, \lambda_n^{m_n}$. Die Entwicklung nach Eigenvektoren von $\mathbf{k}_r(\mathbf{x})$ und $\mathbf{f}_r(\mathbf{x})$ analog zu (2.3.15 und 2.3.16) führt auf

$$k_{\mathbf{m},i} = \frac{f_{\mathbf{m},i}}{(\boldsymbol{\lambda}^{\mathbf{m}} - \lambda_i)} \tag{2.5.9}$$

für die Koeffizienten in der Entwicklung von $\mathbf{k}_r(\mathbf{x})$. In diesem Fall nennt man das n-Tupel der Eigenwerte $\boldsymbol{\lambda} = (\lambda_1, \ldots, \lambda_n)$ resonant von r-ter Ordnung, wenn

$$\lambda_i = \boldsymbol{\lambda}^{\mathbf{m}} \tag{2.5.10}$$

ist für erlaubte $\mathbf{m}$ und $i = 1, \ldots, n$. Wie wir wissen, gilt $\mathbf{m} = (m_1, \ldots, m_n)$, $m_i \in \mathcal{N}$ und $\sum_i m_i = r$.

Ein zu Theorem 2.8 analoges Ergebnis kann auch für Diffeomorphismen bewiesen werden. Genauer gesagt, $\mathbf{f}$ kann auf die Form

$$\mathbf{Jy} + \sum_{r=2}^{N} \mathbf{w}_r(\mathbf{y}) + O(|\mathbf{y}|^{N+1}) \tag{2.5.11}$$

reduziert werden, wobei $\mathbf{w}_r$ resonant von r-ter Ordnung ist (im Sinne von (2.5.10). Die Reduktion erfolgte durch eine Polynom-Transformation, den Ausdruck (2.5.11) nennt man die *Normalform von* $\mathbf{f}$.

Ein Fixpunkt $\mathbf{x}^*$ von $\mathbf{f}$ ist nicht-hyperbolisch, falls $D\mathbf{f}(\mathbf{x}^*)$ mindest einen Eigenwert auf dem Einheitskreis der komplexen Ebene besitzt. Wie im Falle von Vektorfeldern erscheinen bei nicht-hyperbolischen Fixpunkten charakteristische Klassen von resonanten Termen. Die Eigenschaften dieser Terme hängen wieder davon ab, auf welche Art die Nicht-Hyperbolizität in Erscheinung tritt.

Beispiel 2.3 Man zeige, daß jeder glatte Diffeomorphismus $f : \mathcal{R} \to \mathcal{R}$, der $f(0) = 0$ und $Df(0) = -1$ erfüllt, folgendermaßen geschrieben werden kann:

$$f(x) = -x + \sum_{r=1}^{N} a_{2r+1}x^{2r+1} + O(x^{2N+3}), \tag{2.5.12}$$

für beliebige ganze Zahlen $N \geq 1$. Ist eine analoge Vereinfachung auch möglich, wenn $Df(0) = +1$ gilt?

Lösung. In diesem Falle ist $Df(0) = \lambda_1 = -1$ und $\boldsymbol{\lambda}^{\mathbf{m}} = \lambda_1^{m_1}$ mit $m_1 = r$ für Terme r-ter Ordnung. Daraus folgt, daß die Resonanzbedingung (2.5.10) nur erfüllt ist für r ungerade. Daher gestatten Transformationen der Form (2.5.3), die Terme der Ordnung x^r für r gerade aus der Taylor-Entwicklung von f um $x = 0$ zu entfernen. Solche Transformationen verändern nur Terme der Ordnung x^k für $k \geq r + 1$. Daher führt sukzessive Anwendung dieser Transformationen für $r = 2, 4, \ldots, 2N + 2$ zu (2.5.12).

Ist $Df(0) = +1$, so gilt $\boldsymbol{\lambda}^{\mathbf{m}} = \lambda_1^r = 1 = \lambda_1$ für alle r, so daß eine analoge Vereinfachung der Taylor-Entwicklung von f nicht möglich ist.

Es ist vielleicht wert zu bemerken, daß für $|Df(0)| = |\lambda_1| \neq 1$ dann $\boldsymbol{\lambda}^{\mathbf{m}} = \lambda_1^r \neq 1$ für alle $r \geq 2$ ist, also keine resonanten Terme in der Normalform von $f : \mathcal{R} \to \mathcal{R}$ auftreten.

Beispiel 2.4 Sei $\mathbf{f} : \mathcal{R}^2 \to \mathcal{R}^2$ eine glatte Abbildung mit $\mathbf{f}(\mathbf{0}) = \mathbf{0}$ und

$$D\mathbf{f}(\mathbf{0}) = \begin{pmatrix} \cos\alpha & -\sin\alpha \\ \sin\alpha & \cos\alpha \end{pmatrix} \tag{2.5.13}$$

wobei α ein irrationales Vielfaches von 2π ist. Man zeige, daß die Normalform von $\mathbf{f}$ nur Terme ungerader Ordnung enthält. Bleibt dieses Resultat auch gültig für $\alpha = 2\pi p/q$, $p, q \in \mathcal{Z}^+$ und teilerfremd?

Lösung. $D\mathbf{f}(\mathbf{0})$ kann diagonalisiert werden, indem man eine komplexe Koordinaten-Transformation $z_1 = z = x + iy$, $z_2 = \bar{z} = x - iy$ durchführt. Man erhält die Jordan-Form

$$\mathbf{J}_{\mathcal{C}} = \begin{pmatrix} \exp(i\alpha) & 0 \\ 0 & \exp(-i\alpha) \end{pmatrix} = \begin{pmatrix} \lambda_1 & 0 \\ 0 & \lambda_2 \end{pmatrix}. \tag{2.5.14}$$

Die Resonanz-Bedingungen (2.5.10) werden zu

$$\exp[i(m_1 - m_2)\alpha] = \begin{cases} \exp(i\alpha), & i = 1, \\ \exp(-i\alpha), & i = 2. \end{cases} \tag{2.5.15}$$

Natürlich gibt (2.5.15) resonante Terme der Form

$$\begin{pmatrix} z^{m+1}\bar{z}^m \\ 0 \end{pmatrix} \quad \text{und} \quad \begin{pmatrix} 0 \\ z^m\bar{z}^{m+1} \end{pmatrix}, \tag{2.5.16}$$

$m \in \mathcal{Z}^+$. Dies sind jedoch auch die einzigen resonanten Terme, wenn α ein irrationales Vielfaches von 2π ist, so daß in der Normalform von $\mathbf{f}$ nur Terme ungerader Ordnung auftreten.

Die Terme in (2.5.16) nennt man *unvermeidbare* resonante Terme, da sie für alle Werte von α erscheinen. Ist $\alpha = 2\pi p/q$, so ist obiges Ergebnis nicht länger gültig, denn es können *zusätzliche* resonante Terme (von gerader wie ungerader Ordnung) erscheinen. Man beachte, daß in diesem Falle (2.5.15) durch

$$m_1 - m_2 = 1 - lq, \ l \in Z, \tag{2.5.17}$$

erfüllt wird, wodurch resonante Terme der Gestalt

$$\begin{pmatrix} z^{m-lq+1}\bar{z}^m \\ 0 \end{pmatrix} \tag{2.5.18}$$

entstehen. Im allgemeinen muß $2m - lq + 1$, $l \neq 0$ nicht ungerade sein, so daß die Normalform von **f** auch Terme gerader Ordnung enthalten kann. So erscheint für $l = +1$ und $m = q - 1$ der resonante Term niedrigster Ordnung und hat die Form

$$\begin{pmatrix} \bar{z}^{q-1} \\ 0 \end{pmatrix}. \tag{2.5.19}$$

Natürlich kann $q - 1$ gerade sein.

Verwendet man die komplexe Notation wie in Beispiel 2.4, so reicht es in der Tat aus, nur die erste Komponente der Abbildung zu betrachten. (2.5.14) zeigt, daß die zweite Komponente der Linearisierung einfach die konjugiert Komplexe der ersten ist. Es folgt auch aus (2.5.15), daß, wenn (m_1, m_2) die erste Bedingung erfüllt, so erfüllt (m_2, m_1) die zweite. Das bedeutet, die resonanten Terme in der zweiten Komponente sind einfach die konjugiert Komplexen der ersten. Man sieht es auch in (2.5.16). Diese Beobachtungen spielen auch bei den zusätzlichen Resonanzen eine Rolle. Man beachte, daß die zweite Bedingung von (2.5.15) auf (2.5.17) führt, wobei m_1 und m_2 vertauscht sind. Um Verdopplungen zu vermeiden, ist es üblich, nur die erste Komponente zu betrachten und dies als die *komplexe Form* von $\mathbf{f} : \mathcal{R}^2 \to \mathcal{R}^2$ zu bezeichnen und mit $f(z)$ zu bezeichnen. Diese Bezeichnung ist bequem, aber leicht verwirrend, denn sie suggeriert, daß f nur von z abhängt anstatt von z und $\bar{z}$. Deshalb ziehen es einige Autoren (siehe Moser, 1968) vor, zu betonen, $\mathbf{f} : \mathcal{R}^2 \to \mathcal{R}^2$ wird durch eine Funktion $f(z, \bar{z})$ „dargestellt". Natürlich ist es wahr, daß man mit z auch $\bar{z}$ kennt, jedoch lautet die Abbildung $\kappa : \mathcal{C} \to \mathcal{C}$, so daß $\bar{z} = \kappa(z)$ nicht analytisch ist. Deshalb muß in diesem Zusammenhang betont werden, daß f keine analytische Funktion von z ist (siehe Aufgabe 2.5.3).

Abbildungen der Art, wie sie in Beispiel 2.4 betrachtet wurden, spielen in den Kapiteln 5 und 6 eine große Rolle. Der folgende Satz hebt die Symmetrie-Eigenschaften ihrer Normalformen hervor.

Satz 2.5 *Sei* $\mathbf{f} : \mathcal{R}^2 \to \mathcal{R}^2$ *mit* $\mathbf{f}(\mathbf{0}) = \mathbf{0}$ *und* $D\mathbf{f}(\mathbf{0}) = \mathbf{R}_\alpha$ *eine Rotation um den Winkel* α. *Dann liegt* **f** *in Normalform vor dann und nur dann, wenn gilt*

$$\mathbf{f} \cdot \mathbf{R}_\alpha = \mathbf{R}_\alpha \cdot \mathbf{f}. \tag{2.5.20}$$

Beweis. In komplexer Notation kann (2.5.20) als

$$f(\exp(i\alpha)z) = \exp(i\alpha) f(z) \tag{2.5.21}$$

geschrieben werden mit

$$f(z) = \exp(i\alpha) + \sum_{r=2}^{\infty} \sum_{\mathbf{m}} a_{\mathbf{m}} z^{m_1} \bar{z}^{m_2}, \qquad m_1 + m_2 = r. \tag{2.5.22}$$

Sei $w = \exp(i\alpha)z$, so daß gilt

$$f(\exp(i\alpha)z) = f(w) = \exp(i\alpha)w + \sum_{r=2}^{\infty}\sum_{\mathbf{m}} a_{\mathbf{m}} w^{m_1}\bar{w}^{m_2}, \qquad m_1 + m_2 = r,$$

$$= \exp(2i\alpha)z + \sum_{r=2}^{\infty}\sum_{\mathbf{m}} a_{\mathbf{m}} \exp[i\alpha(m_1 - m_2)]z^{m_1}\bar{z}^{m_2}$$

$$= \exp(i\alpha)\left\{\exp(i\alpha)z + \sum_{r=2}^{\infty}\sum_{\mathbf{m}} a_{\mathbf{m}} \exp[i\alpha(m_1 - m_2 - 1)]z^{m_1}\bar{z}^{m_2}\right\}.$$

Ist f nun in Normalform, so erscheinen nur resonante Terme und deshalb ist entweder

$$m_1 - m_2 - 1 = 0, \text{ wenn } \alpha \text{ irrational ist} \tag{2.5.23}$$

oder

$$m_1 - m_1 - 1 = -lq,\ l \in \mathscr{Z}, \text{ wenn } \alpha = 2\pi p/q \text{ ist.} \tag{2.5.24}$$

In beiden Fällen ist $\exp(i\alpha[m_1 - m_2 - 1)] = 1$, und es folgt daraus (2.5.21). Umgekehrt, soll (2.5.21) erfüllt sein, so ist $a_{\mathbf{m}} = 0$, sofern $\mathbf{m} = (m_1, m_2)$

$$\exp[i\alpha(m_1 - m_2 - 1)] = 1 \tag{2.5.25}$$

erfüllt. (2.5.25) ist exakt gleich der Resonanz-Bedingung (2.5.15) und daher muß f in der Normalform sein.

Die Beispiele 2.3 und 2.4 gestatteten nicht, die Art und Weise, wie die nicht-resonanten Terme entfernt werden, darzustellen. Werden die Koeffizienten der resonanten Terme in der Normalform benötigt (und das werden sie oft, siehe Kapitel 4 und 5), dann müssen die Transformationen, die die Normalform ergeben, im Detail betrachtet werden.

Beispiel 2.5 Sei $\mathbf{f} : \mathscr{R}^2 \to \mathscr{R}^2$ wie in Beispiel 2.4 beschrieben, mit α als irrationalem Vielfachen von 2π. Hat $\mathbf{f}$ die komplexe Form

$$f(z) = \exp(i\alpha)z + \sum_{\mathbf{m}} a_{\mathbf{m}} z^{m_1}\bar{z}^{m_2} + O(|z|^{m_1+m_2+1}), \qquad m_1 + m_2 = 2, \tag{2.5.26}$$

so finde man eine Transformation der Form

$$z = K(w) = w + \sum_{\mathbf{m}} k_{\mathbf{m}} w^{m_1}\bar{w}^{m_2}, \qquad m_1 + m_2 = 2, \tag{2.5.27}$$

so daß $\tilde{f}(w) = K^{-1}(f(K(w)))$ keine quadratischen Terme enthält.

Man zeige, daß $\mathbf{f}$ in der Form

$$\begin{pmatrix} \cos\alpha & -\sin\alpha \\ \sin\alpha & \cos\alpha \end{pmatrix}\begin{pmatrix} x \\ y \end{pmatrix} + (x^2 + y^2)\begin{pmatrix} c & -d \\ d & c \end{pmatrix}\begin{pmatrix} x \\ y \end{pmatrix} + O(|\mathbf{x}|^4) \tag{2.5.28}$$

geschrieben werden kann mit reellen Konstanten c, d. Man beschreibe, ohne Rechnungen, wie man aus (2.5.26) c und d bestimmen kann.

Lösung. Für $m_1 + m_2 = 2$ ist $\boldsymbol{\lambda}^{\mathbf{m}} - \lambda_1$, mit $\lambda_1 = \lambda = \exp(i\alpha)$ gegeben durch

$$[\lambda^{m_1}\bar{\lambda}^{m_2} - \lambda] = \begin{cases} \lambda(\lambda - 1), & \mathbf{m} = (2, 0), \\ \lambda(\bar{\lambda} - 1), & \mathbf{m} = (1, 1), \\ \lambda(\bar{\lambda}^3 - 1), & \mathbf{m} = (0, 2). \end{cases} \tag{2.5.29}$$

Da α ein irrationales Vielfaches von 2π ist, sind die rechten Seiten von (2.5.29) ungleich null für alle $\mathbf{m}$. Daher sichert die Wahl

$$k_{20} = \frac{a_{20}}{\lambda^2 - \lambda}, \qquad k_{11} = \frac{a_{11}}{1 - \lambda}, \qquad k_{02} = \frac{a_{02}}{\bar{\lambda}^2 - \lambda}, \tag{2.5.30}$$

daß $\tilde{f}(w) = K^{-1}(f(K(w)))$ keine quadratischen Terme besitzt.

Um (2.5.28) zu erhalten, verwende man, daß $\tilde{f}(w)$ nun die Form (2.5.26), mit $m_1 + m_2 = 3$ und $a_{\mathbf{m}}$ ersetzt durch $\tilde{a}_{\mathbf{m}}$, annimmt. Natürlich werden die Koeffizienten $\tilde{a}_{\mathbf{m}}$ hier verschieden sein von denen der kubischen Terme von (2.5.26), aber man kann sie mittels der originalen quadratischen und kubischen Koeffizienten ausdrücken. Wir betrachten nun die Wirkung einer Transformation (2.5.27) mit $m_1 + m_2 = 3$. In diesem Falle wird

$$[\lambda^{m_1}\bar{\lambda}^{m_2} - \lambda] = \begin{cases} \lambda(\lambda^2 - 1), & \mathbf{m} = (3, 0), \\ 0, & \mathbf{m} = (2, 1), \\ \lambda(\bar{\lambda}^2 - 1), & \mathbf{m} = (1, 2), \\ \lambda(\bar{\lambda}^4 - 1), & \mathbf{m} = (0, 3), \end{cases} \tag{2.5.31}$$

und man kann $k_{\mathbf{m}}$, $m_1 + m_2 = 3$ wählen, um alle außer den $z^2\bar{z}$-Term zu entfernen. Durch die Kombination der Transformationen $m_1 + m_2 = 2$ und $m_1 + m_2 = 3$ kann man schlußfolgern, daß f zu

$$\lambda w + \tilde{a}_{21} w^2 \bar{w} + O(|w|^4) \tag{2.5.32}$$

reduziert werden kann. Schreiben wir nun $\tilde{a}_{21} = c + id$, $\lambda = \exp(i\alpha) = \cos\alpha + i\sin\alpha$ und $w = x + iy$, so erhalten wir für (2.5.32)

$$\begin{aligned}&[x\cos\alpha - y\sin\alpha + cx(x^2 + y^2) - dy(x^2 + y^2)] \\ &\qquad + i[x\sin\alpha + y\cos\alpha + cy(x^2 + y^2) + dx(x^2 + y^2)]\end{aligned} \tag{2.5.33}$$

und die reelle Form (2.5.28) folgt.

Um c und d zu bestimmen, müssen wir $\tilde{a}_{21}$ mittels $a_{\mathbf{m}}$, $m_1 + m_2 = 2$ und 3 ausdrücken in Gleichung (2.5.26). Dazu nutzen wir $k_{\mathbf{m}}$ aus (2.5.30), um die kubischen Terme in $\tilde{f}$ zu berechnen. Diese etwas längere Rechnung wird bei Iooss (1979, S.28-32) behandelt.

2.6 Zeitabhängige Normalformen
(Arnold, 1983, §26)

Die Normalform-Rechnungen von §2.3 können für die zeitabhängigen Vektorfelder $\mathbf{X}(\mathbf{x}, t)$, welche die Bedingung

$$\mathbf{X}(\mathbf{x}, t + 2\pi) = \mathbf{X}(\mathbf{x}, t), \tag{2.6.1}$$

$t \in \mathscr{R}$, $\mathbf{x} \in \mathscr{R}^n$, $\mathbf{X}(\cdot, t) : \mathscr{R}^n \to \mathscr{R}^n$ für alle t, erfüllen, erweitert werden. In diesem Fall ergibt die Taylor-Entwicklung, wenn man $\mathbf{X}(\mathbf{0}, t) = \mathbf{0}$ für alle t annimmt,

$$\mathbf{X}(\mathbf{x}, t) = \mathbf{A}(t)\mathbf{x} + \sum_{r=2}^{k} \left\{ \sum_{\mathbf{m}} \sum_{j=1}^{n} a_{\mathbf{m}j}(t)\mathbf{x}^{\mathbf{m}}\mathbf{e}_j \right\} + O(|\mathbf{x}|^{k+1}; t),$$
$$\sum_i m_i = r, \tag{2.6.2}$$

wobei $\mathbf{A}(t)$, $a_{\mathbf{m}j}(t)$ und $O(|\mathbf{x}|^{k+1}; t)$ 2π-periodische Funktionen sind.

Das nicht-autonome lineare System

$$\dot{\mathbf{x}} = \mathbf{A}(t)\mathbf{x}, \qquad \mathbf{A}(t + 2\pi) = \mathbf{A}(t), \qquad \text{für alle } t \in \mathscr{R}, \tag{2.6.3}$$

habe die Zustands-Übergangsmatrix $\boldsymbol{\varphi}(t, t_0)$ und die periodisch fortsetzende Abbildung $\mathbf{P} = \boldsymbol{\varphi}(2\pi, 0)$ (siehe §1.8).

Theorem 2.9 (Floquet) *Schreiben wir* $\mathbf{P} = \exp(2\pi\mathbf{\Lambda})$, *dann existiert eine Transformation der Variablen* $\mathbf{x} = \mathbf{B}(t)\mathbf{y}$ *mit* $\mathbf{B}(t + 2\pi) = \mathbf{B}(t)$ *für alle* $t \in \mathscr{R}$, *so daß (2.6.3) die folgende Form annimmt*

$$\dot{\mathbf{y}} = \mathbf{\Lambda}\mathbf{y}. \tag{2.6.4}$$

Es sollte hervorgehoben werden, daß nicht jede lineare Transformation einen reellen Logarithmus besitzt. Wie wir sehen werden, bereitet jedoch das Erscheinen von komplexen $\mathbf{\Lambda}$ bei Normalform-Rechnungen keine Probleme. Wird aber aus anderen Gründen eine reelle Matrix $\mathbf{\Lambda}$ benötigt, so kann man dies erreichen durch eine 4π-periodische Transformation $\mathbf{B}(t)$. Der Hintergrund zu diesen Bemerkungen wird in den Aufgaben 2.6.1–2.6.4 erhellt.

Nehmen wir nun an, Theorem 2.9 werde auf den linearen Teil von (2.6.2) angewandt, dann reduziert die Variablen-Transformation $\mathbf{x} \mapsto \mathbf{B}(t)^{-1}\mathbf{x}$ das Vektorfeld $\mathbf{X}(\mathbf{x}, t)$ auf die Form

$$\mathbf{X}(\mathbf{x}, t) = \mathbf{\Lambda}\mathbf{x} + \sum_{r=2}^{k} \left\{ \sum_{\mathbf{m}} \sum_{j=1}^{n} a_{\mathbf{m}j}(t)\mathbf{x}^{\mathbf{m}}\mathbf{e}_j \right\} + O(|\mathbf{x}|k + 1; t),$$
$$\sum_i m_i = r. \tag{2.6.5}$$

In (2.6.5) ist $a_{\mathbf{m}j}$ immer noch eine 2π-periodische Funktion, im allgemeinen wird sie sich jedoch von der in (2.6.2) unterscheiden.

Das folgende Ergebnis verallgemeinert Gleichung (2.3.5) (siehe Aufgabe 2.6.6).

Satz 2.6 *Die lineare Gleichung* $\dot{\mathbf{x}} = \mathbf{\Lambda x}$, $\mathbf{\Lambda}$ *zeitunabhängig, wird in*

$$\dot{\mathbf{y}} = \mathbf{\Lambda y} - \left\{ (D_x\mathbf{h}_r)\mathbf{\Lambda y} - \mathbf{\Lambda h}_r + \frac{\partial \mathbf{h}_r}{\partial t} \right\} + O(|\mathbf{y}|^{r+1}; t) \tag{2.6.6}$$

transformiert durch die Koordinaten-Transformation

$$\mathbf{x} = \mathbf{y} + \mathbf{h}_r(\mathbf{y}, t), \tag{2.6.7}$$

wobei $\mathbf{h}_r \in H^r my$, $r \geq 2$ *und* $\mathbf{h}_r$ 2π*-periodisch in* t *ist.*

Gleichung (2.6.6) führt uns auf die Definition der homologischen Gleichung

$$\begin{aligned} L_{\Lambda}\mathbf{h}_r + \frac{\partial \mathbf{h}_r}{\partial t} &= \mathbf{X}_r(\mathbf{x}, t) \\ &= \sum_{\mathbf{m}} \sum_{j=1}^{n} a_{\mathbf{m}j}(t)\mathbf{x}^{\mathbf{m}}\mathbf{e}_j, \qquad \sum_i m_i = r. \end{aligned} \tag{2.6.8}$$

Nehmen wir nun wie in §2.3 an, daß $\Lambda = [\lambda_i \delta_{ij}]_{i,j=1}^n$ ist, wobei ganz allgemein $\lambda_i \in \mathscr{C}$ gilt. Um (2.6.8) zu lösen, führen wir eine Fourier-Analyse der Zeitabhängigkeit in $a_{\mathbf{m}j}(t)$ und $\mathbf{h}_r(\mathbf{x}, t)$ durch, das heißt

$$\mathbf{X}_r(\mathbf{x}, t) = \sum_{\mathbf{m}} \sum_{j=1}^{n} \sum_{\nu=-\infty}^{\infty} a_{\mathbf{m}j,\nu} \exp(i\nu t)\mathbf{x}^{\mathbf{m}}\mathbf{e}_j, \qquad \sum_i m_i = r, \tag{2.6.9}$$

und

$$\mathbf{h}_r(\mathbf{x}, t) = \sum_{\mathbf{m}} \sum_{j=1}^{n} \sum_{\nu=-\infty}^{\infty} h_{\mathbf{m}j,\nu} \exp(i\nu t)\mathbf{x}^{\mathbf{m}}\mathbf{e}_j, \qquad \sum_i m_i = r. \tag{2.6.10}$$

In (2.6.9 und 2.6.10) ist $h_{\mathbf{m}j,\nu}$, $a_{\mathbf{m}j,\nu} \in \mathscr{C}$ und $h_{\mathbf{m}j,-\nu} = \bar{h}_{\mathbf{m}j,\nu}$, $a_{\mathbf{m}j,-\nu} = \bar{a}_{\mathbf{m}j,\nu}$, da $\mathbf{X}_r$, $\mathbf{h}_r \in \mathscr{R}^n$. Setzt man (2.6.9 und 2.6.10) in (2.6.8) ein, erhalten wir

$$h_{\mathbf{m}j,\nu} = \frac{a_{\mathbf{m}j,\nu}}{i\nu + \mathbf{m}\cdot\boldsymbol{\lambda} - \lambda_i}, \tag{2.6.11}$$

falls

$$(i\nu + \mathbf{m}\cdot\boldsymbol{\lambda} - \lambda_i) \neq 0 \tag{2.6.12}$$

ist (vergleiche (2.3.15-2.3.17). Es folgt, daß man (2.6.5) auf die zeitabhängige Normalform

$$\dot{\mathbf{x}} = \mathbf{\Lambda x} + \sum_{r=2}^{N} \mathbf{w}(\mathbf{x}, t) + O(|\mathbf{x}|^{N+1}; t) \tag{2.6.13}$$

reduzieren kann. Die Zeitabhängigkeit des resonanten Terms $\mathbf{w}(\mathbf{x}, t)$ enthält hier nur eine endliche Anzahl von Fourier-Komponenten, da bei gegeben $\mathbf{m}$ und j die Resonanz-Bedingung

$$(i\nu + \mathbf{m}\cdot\boldsymbol{\lambda} - \lambda_i) = 0, \qquad \sum_i m_i = r, \tag{2.6.14}$$

ν eindeutig festlegt. Der Fall, daß $\boldsymbol{\Lambda}$ nicht diagonalisiert werden kann, wird in der Aufgabe 2.6.6 behandelt.

Beispiel 2.6 Man betrachte ein zeitabhängiges Vektorfeld $\mathbf{X}(\cdot, t) : \mathcal{R}^2 \to \mathcal{R}^2$, welches (2.6.1) erfüllt. Die periodisch fortsetzende Abbildung $\mathbf{P}$ der nichtautonomen Linearisierung habe komplexe Eigenwerte $\mu_{1,2} = \exp(\pm 2\pi i\omega)$.

Man nehme an, ω sei *irrational* und zeige, daß $\dot{\mathbf{x}} = \mathbf{X}(\mathbf{x}, t)$ in der komplexen Form

$$\dot{z} = i\omega z + \sum_{s=1}^{k-1} c_s z|z|^{2s} + O(|z|^{2k+1}; t) \tag{2.6.15}$$

geschrieben werden kann (siehe Aufgabe 2.6.7), wobei $O(|z|^{2k+1}; t)$ 2π-periodisch in t ist.

Ist ω aber *rational* und gleich p/q, $p, q \in \mathcal{Z}^+$, teilerfremd, so zeige man, daß der resonante Term der Ordnung r Fourier-Komponenten enthält mit

$$\nu = lp, \tag{2.6.16}$$

wobei $l \in \mathcal{Z}$ und

$$\left\lceil \frac{1-r}{q} \right\rceil \le l \le \left\lfloor \frac{r+1}{q} \right\rfloor \tag{2.6.17}$$

ist. In obiger Gleichung bedeutet $\lfloor(\cdot)$ die größte ganze Zahl kleiner oder gleich $(\cdot)$, entsprechend $\lceil(\cdot)\rceil$ die kleinste ganze Zahl größer oder gleich $(\cdot)$. Man zeige weiter, daß für rationales ω *zusätzliche* resonante Terme erscheinen. Zeige, daß der zusätzliche resonante Term niedrigster Ordnung proportional zu $\bar{z}^{q-1}\exp(ipt)$ ist.

Lösung. Da die Eigenwerte von $\mathbf{P}$ gleich $\exp(\pm 2\pi i\omega)$ sind, existiert eine (komplexe) lineare Koordinaten-Transformation, so daß gilt

$$\mathbf{P} = \begin{pmatrix} \exp(2\pi i\omega) & 0 \\ 0 & \exp(-2\pi i\omega) \end{pmatrix}, \tag{2.6.18}$$

was man auch als $\mathbf{P} = \exp(2\pi\boldsymbol{\Lambda})$ schreiben kann mit

$$\boldsymbol{\Lambda} = \begin{pmatrix} i\omega & 0 \\ 0 & -i\omega \end{pmatrix}. \tag{2.6.19}$$

Man kann die zugehörigen Koordinaten (z_1, z_2) so wählen, daß sie $z_1 = \bar{z}_2 = z$ erfüllen (siehe Aufgabe 2.6.7), daher ist es bequemer, die Differentialgleichung für z zu betrachten. Diese hat die Form

$$\dot{z} = i\omega z + \sum_{r=2}^{N} \sum_{\mathbf{m}} b_{\mathbf{m}}(t) z^{m_1} \bar{z}^{m_2} + O(|z|^{N+1}; t), \qquad m_1 + m_2 = r, \tag{2.6.20}$$

mit $b_{\mathbf{m}} \in \mathscr{C}$. Die resonanten Terme werden durch (2.6.14) bestimmt mit $\lambda_j = i\omega$ (siehe Aufgabe 2.6.10), das heißt

$$\nu + (m_1 - m_1 - 1)\omega = 0, \tag{2.6.21}$$

mit $m_1 + m_2 = r \geq 2$.

Ist ω irrational, so kann (2.6.21) nur erfüllt werden für $\nu = 0$ und $m_1 - m_2 = 1$. daher erhalten wir, für $m_1 + m_2 = r$

$$2m_1 = r + 1 \qquad \text{und} \qquad 2m_2 = r - 1. \tag{2.6.22}$$

Da $m_1, m_2 \in \mathscr{N}$ sind, kann es nur für ungeradzahliges r zu Resonanz kommen. Daher kann (2.6.20), mit $N = 2k$, auf die Form

$$\dot{z} = i\omega z + \sum_{s=1}^{k-1} c_s z |z|^{2s} + O(|z|^{2k+1}; t) \tag{2.6.23}$$

reduziert werden.

Für den Fall, daß ω rational ist mit $\omega = p/q$, wird (2.6.21) erfüllt für

$$\text{(a)} \quad \nu = lp \qquad \text{und} \qquad \text{(b)} \quad m_1 - m_2 - 1) = -lq, \tag{2.6.24}$$

falls $l \in \mathscr{Z}$ ist. $l = 0$ ergibt $\nu = 0$, $m_1 - m_2 = 1$ und die Terme der Form $z|z|^{2s}$ sind resonant für rationales wie auch irrationales ω. Solche Resonanzen sind „unvermeidbar“, für $l \neq 0$ erscheint jedoch zusätzliche Resonanz. Für $m_1 + m_2 = r$ ergibt (2.6.24(b))

$$2m_1 = r + 1 - lq, \tag{2.6.25}$$

und, da $0 \leq m_1 \leq r$, können wir schließen, daß

$$\left|\frac{1-r}{q}\right| \leq l \leq \left|\frac{r+1}{q}\right| . \tag{2.6.26}$$

Man beachte hier, daß nicht jedes l, welches (2.6.26) erfüllt, eine Lösung von (2.6.21) ergibt; nur diejenigen, für die m_1 (in (2.5.16)) eine nicht-negative ganze Zahl ist, sind geeignet.

Bei gegebenem q kennzeichnet (2.6.26), daß keine zusätzlichen resonanten Terme erscheinen, bis $r = q - 1$ ist für $l = \frac{r+1}{q} = 1$. (N.B.: $r \geq 2$ impliziert $q \geq 3$, siehe §5.5.) Man beachte, daß $l = -1$ nicht dazu gehört bis $r =$

$q + 1$ ist, und $|l| \geq 2$ tritt nur in Erscheinung bei $r \geq 2q - 1$. Daher tritt zusätzliche Resonanz niedrigster Ordnung für $r = q - 1$ und $l = +1$ auf. Gleichung (2.6.25) ergibt dann $m_1 = 0$, so daß der entsprechende resonante Term proportional zu $\bar{z}^{q-1} \exp(ipt)$ ist.

Wie wir sehen werden, spielen die oben beschriebenen Rechnungen eine zentrale Rolle bei der Konstruktion von Vektorfeld-Approximationen an die ebenen Abbildungen, die in Kapitel 5 behandelt werden.

2.7 Mittelpunkt-Mannigfaltigkeiten

(Carr, 1981; Guckenheimer, Holmes, 1983)

Wir wollen nun zum Problem der Bestimmung des topologischen Types eines nicht-hyperbolischen Fixpunktes zurückkommen. Haben wir die Normalform mit der kleinsten Menge an nicht-linearen Termen ermittelt, so müssen wir schauen, ob sich der topologische Typ erkennen läßt oder nicht. Bei Strömen erlaubt die Existenz von Mittelpunkt-Mannigfaltigkeiten manchmal, den gesuchten topologischen Typ aus einem Problem mit kleinerer Dimension zu erkennen. Wir können hier allerdings nur die Hauptgedanken ausführen.

Sei $\mathbf{A}$ ein nicht-hyperbolischer linearer Diffeomorphismus auf $\mathcal{R}^n$. Dann sagt das Jordanform -Theorem, daß eine Basis in $\mathcal{R}^n$ existiert, so daß

$$\mathbf{A} = \begin{pmatrix} \mathbf{J}_1 & & & \\ & \ddots & & \mathbf{0} \\ & & \ddots & \\ \mathbf{0} & & & \ddots \\ & & & & \mathbf{J}_k \end{pmatrix} \tag{2.7.1}$$

ist, wobei

$$\mathbf{J}_j = \begin{pmatrix} \lambda_j & 1 & & \\ & \ddots & \ddots & \mathbf{0} \\ & & \ddots & \ddots \\ \mathbf{0} & & \ddots & 1 \\ & & & \lambda_j \end{pmatrix} \tag{2.7.2}$$

oder

$$\mathbf{J}_j = \begin{pmatrix} \mathbf{R}_j & \mathbf{I} & & & \\ & \ddots & \ddots & & \mathbf{0} \\ & & \ddots & \ddots & \\ \mathbf{0} & & & \ddots & \mathbf{I} \\ & & & & \mathbf{R}_j \end{pmatrix} \tag{2.7.3}$$

gilt mit

$$\mathbf{R}_j = \begin{pmatrix} \alpha_j & -\beta_j \\ \beta_j & \alpha_j \end{pmatrix}, \qquad \mathbf{I} = \begin{pmatrix} 1 & 0 \\ 0 & 1 \end{pmatrix}, \tag{2.7.4}$$

$1 \leq \dim \mathbf{J}_j \leq n$ und $\sum_{j=1}^{k} \dim \mathbf{J}_j = n$. Jedem Jordan-Block kann eindeutig ein Eigenwert $\lambda_j \in \mathcal{R}$ oder $\alpha_j + i\beta_j \in \mathcal{C}$ von $\mathbf{A}$ zugeordnet werden. Wie im hyperbolischen Fall (siehe §2.1) werden den Eigenwerten mit Betrag verschieden von eins stabile und instabile Eigenräume E^s, E^u zugeordnet, eine neue Erscheinung ist der *neutrale Eigenraum* E^c, der durch die direkte Summe der Eigenräume aller Eigenwerte mit Betrag eins gebildet wird. Es ist E^c, der den Fixpunkt als die Größe ersetzt, um die herum die hyperbolische Bewegung stattfindet. Interessieren wir uns für den nicht-hyperbolischen Strom $\exp(\mathbf{A}t)$, dann ist es bequem, die Jordan-Blöcke von $\mathbf{A}$ entsprechend den Realteilen der Eigenwerte zu gruppieren, also ob sie positiv (E^u), negativ (E^s) oder null (E^c) sind. Es ist an dieser Stelle wichtig zu bemerken, daß sich die exponentielle Anziehung/Abstoßung von E^c nur auf E^c selbst durch Rekurrenz äußert (siehe Aufgaben 2.7.1, 2.7.2 und Abb. 2.6).

Das Theorem über Mittelpunkt-Mannigfaltigkeiten erweitert diese Ideen auf das lokale Verhalten nicht-hyperbolischer Fixpunkte von nicht-linearen Strömen. In diesem Sinne stellt es eine Verallgemeinerung des Theorems über invariante Mannigfaltigkeiten für Ströme aus §2.2.2 dar. Sei $\mathbf{X} : \mathcal{R}^n \to \mathcal{R}^n$ ein glattes Vektorfeld mit einer nicht-hyperbolischen Singularität im Ursprung (das heißt $\mathbf{X}(\mathbf{0}) = \mathbf{0}$ und $D\mathbf{X}(\mathbf{0})$ besitzt Eigenwerte, deren Realteile null sind) und E^u, E^s und E^c seien instabile, stabile und neutrale Eigenräume von $D\mathbf{X}(\mathbf{0})$.

Theorem 2.10 (Mittelpunkt-Mannigfaltigkeit) *Sei φ der Strom von $\mathbf{X}$. Dann existiert lokal eine Mittelpunkt-Mannigfaltigkeit W^c_{loc}, die den Ursprung enthält und invariant unter φ ist, wobei W^c_{loc} einen Tangentenraum E^c bei $\mathbf{x} = \mathbf{0}$ besitzt. Diese Mannigfaltigkeit kann aus C^k gewählt werden mit beliebigem $k \in \mathcal{R}$, der Definitionsbereich kann jedoch von k abhängen. Weiterhin existieren lokal glatte stabile und instabile Mannigfaltigkeiten W^s_{loc} und W^u_{loc}, die $\mathbf{x} = \mathbf{0}$ enthalten, invariant unter φ sind, Tangentenräume E^s bzw. E^u besitzen, und für die gilt, daß $\varphi_t|W^s_{loc}$ eine Kontraktion und $\varphi_t|W^u_{loc}$ eine Expansion ist.*

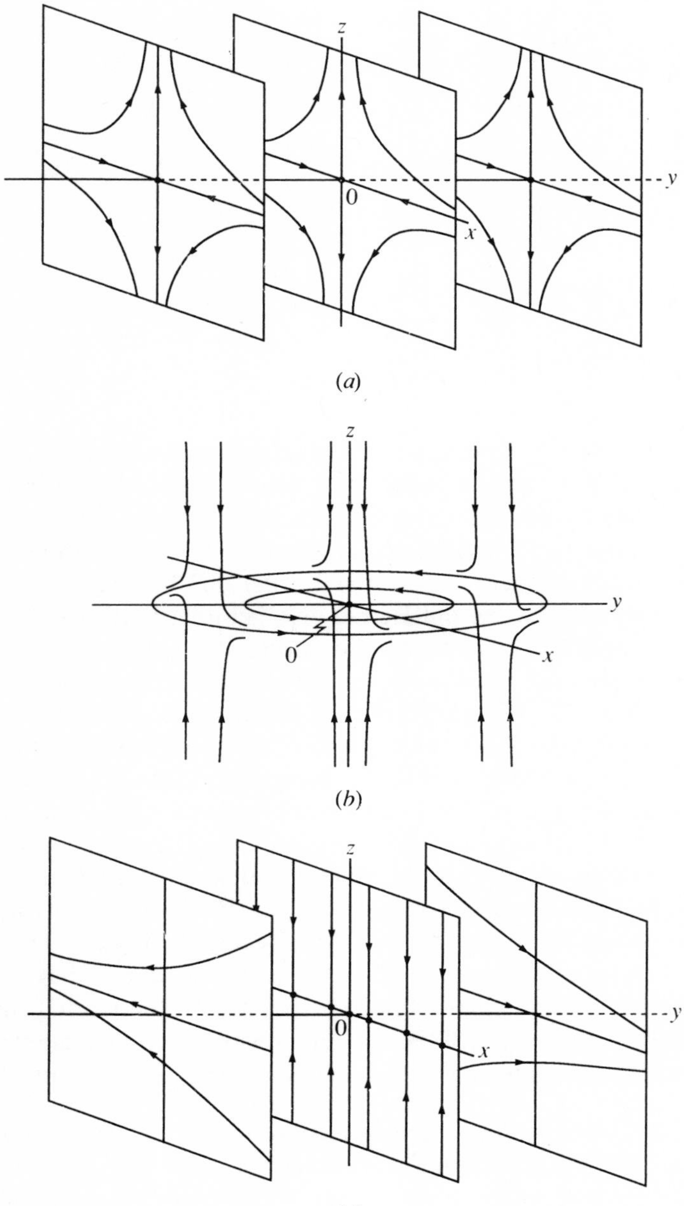

Abb. 2.6. Einige Beispiele für Eigenräume E^u, E^s und E^c für Ströme auf $\mathcal{R}^3$: (a) $\dot{x} = -y$, $\dot{y} = 0$, $\dot{z} = z$: bei $\mathbf{x} = \mathbf{0}$, E^u = z-Achse, E^s = x-Achse, E^c = y-Achse; (b) $\dot{x} = -y$, $\dot{y} = x$, $\dot{z} = -z$: $E^u = \{\mathbf{0}\}$, E^s = z-Achse, E^c = xy-Ebene; (c) $\dot{x} = y$, $\dot{y} = 0$, $\dot{z} = -z$: bei $\mathbf{x} = \mathbf{0}$, $E^u = \{\mathbf{0}\}$, E^s = z-Achse, E^c = xy-Ebene. Man beachte die Verbindung zu Abb. 2.5.

Man mache sich bewußt, daß, im Gegensatz zu W^u_{loc} und W^s_{loc}, die Mittelpunkt-Mannigfaltigkeit nicht notwendigerweise eindeutig ist.

Beispiel 2.7 Man zeige, daß die Differentialgleichung

$$\dot{x} = x^2, \qquad \dot{y} = -y \tag{2.7.5}$$

unendlich viele glatte Mittelpunkt-Mannigfaltigkeiten besitzt.

Lösung. Die Linearisierung von (2.7.5) im Ursprung ergibt

$$\dot{\mathbf{x}} = D\mathbf{X}(\mathbf{0})\mathbf{x} = \begin{pmatrix} 0 & 0 \\ 0 & -1 \end{pmatrix} \begin{pmatrix} x \\ y \end{pmatrix}. \tag{2.7.6}$$

Die Eigenwerte von $D\mathbf{X}(\mathbf{0})$ sind 0 und -1, die Eigenvektoren zeigen entlang der x-Achse bzw. der y-Achse. Das Theorem über Mittelpunkt-Mannigfaltigkeiten sagt die Existenz einer Kurve, invariant unter dem Strom und tangential zur x-Achse bei $\mathbf{x} = \mathbf{0}$, voraus. Die x-Achse selbst ist natürlich auch solch eine Mittelpunkt-Mannigfaltigkeit, da $y \equiv 0$ dann $\dot{y} = 0$ impliziert.

Es gibt jedoch noch andere Mittelpunkt-Manigfaltigkeiten. Das Phasenbild von (2.7.5) ist in Abb. 2.7 gezeigt. Die Bahn durch einen typischen Punkt (x_0, y_0) mit $x_0 < 0$ wird durch eine spezielle Lösung von

$$\frac{dy}{dx} = -\frac{y}{x^2} \tag{2.7.7}$$

gegeben, und zwar

$$y = y_0 \exp(1/x)/\exp(1/x_0). \tag{2.7.8}$$

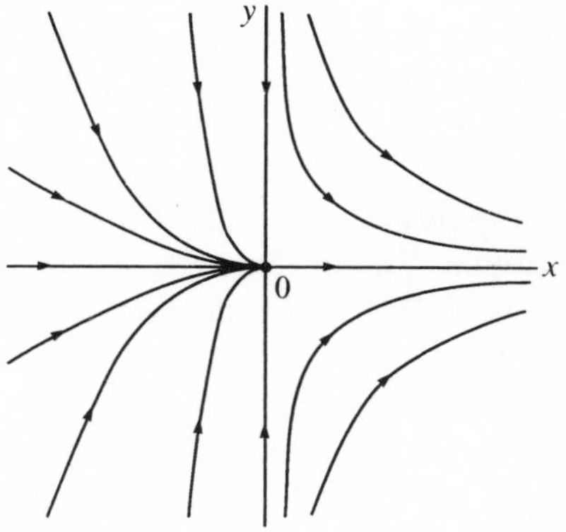

Abb. 2.7. Phasenbild für die Differentialgleichung (2.7.5). Trajektorien, die durch Punkte mit negativen x-Koordinaten gehen, nähern sich der x-Achse glatt für $x \to 0$.

Die Kurve

$$y = \begin{cases} y_0 \exp(1/x)/\exp(1/x_0), & x < 0, \\ 0, & x \geq 0, \end{cases} \tag{2.7.9}$$

ist invariant unter dem Strom. Sie ist sogar glatt bei $x = 0$, da $\exp(1/x) \to 0$ geht für $x \to 0^-$ und $d^m y/dx^m = 0$ ist bei $x = 0$ für alle $m \in \mathcal{N}$.

Man beachte, daß dieses Beispiel zeigt, daß Mittelpunkt-Mannigfaltigkeiten global existieren können.

Theorem 2.10 macht klar, daß die Glattheit der Mittelpunkt-Mannigfaltigkeit nicht garantiert werden kann. Das Problem ist, daß der Definitionsbereich von W^c_{loc} mit wachsendem k kleiner werden und sogar verschwinden kann für $k \to \infty$.

Beispiel 2.8 (Van Strien, 1979) Man zeige, daß die Mittelpunkt-Mannigfaltigkeit bei $\mathbf{0} \in \mathcal{R}^3$ des Systems

$$\begin{aligned} \dot{x} &= x^2 - \mu^2, \\ \dot{y} &= y + x^2 - \mu^2, \\ \dot{\mu} &= 0 \end{aligned} \tag{2.7.10}$$

tangential zur $x\mu$-Ebene liegt. Man betrachte das Subsystem in der Ebene $\mu = \mu_0 > 0$ und zeige, daß

(i) $(x, y) = (\mu_0, 0)$ ein instabiler Knoten,

(ii) $(x, y) = (-\mu_0, 0)$ ein Sattelpunkt ist.

Sei $\mathscr{C}_{\mu_0}$ die Kurve, die durch Beschränkung der Mittelpunkt-Mannigfaltigkeit auf die Ebene $\mu = \mu_0$ entsteht. Man zeige, daß $\mathscr{C}_{\mu_0}$ eine Vereinigung von Trajektorien, die den Knoten und den Sattelpunkt enthalten, ist. Ist $\mathscr{C}_{\mu_0}$ durch $y = g_{\mu_0}(x)$ gegeben, so beweise man, daß $g_{1/2m}$ $(m-1)$-mal differenzierbar ist bei $x = 1/2m$ für $m \geq 3$.

Lösung. Der neutrale Eigenraum E^c der Linearisierung von (2.7.10) im Ursprung ist die $x\mu$-Ebene. Daher existiert nach Theorem 2.10 eine C^k-Mittelpunkt-Mannigfaltigkeit W^c_{loc} auf einer Umgebung von $(x, y, z) = \mathbf{0}$, die tangential zur $x\mu$-Ebene liegt

Das Subsystem auf der $\mu = \mu_0$-Ebene, $\dot{x} = x^2 - \mu_0^2$, $\dot{y} = y + x^2 - \mu_0^2$, besitzt Fixpunkte bei $(x, y) = (\pm\mu_0, 0)$. Die Linearisierung hat die Eigenwerte $\pm 2\mu_0, 1$, daher ist für $\mu_0 > 0$ der Punkt $(\mu_0, 0)$ ein instabiler Knoten und $(-\mu_0, 0)$ ein Sattel.

Man beachte, daß die Linien $(x, y, \mu) = (\pm\mu, y, \mu)$, $y \in \mathcal{R}$, parallel zur x-Achse invariante Mengen für (2.7.10) sind, so daß $M = \{(x, y, \mu) | x^2 =$

μ^2, $\mu > 0\}$ eine invariante Oberfläche ist (siehe Abb. 2.8). Die Mittelpunkt-Mannigfaltigkeit W_{loc}^c ist invariant und tangential zur $x\mu$-Ebene. Deshalb muß $W_{loc}^c \cap M$ eine invariante Kurve von (2.7.10) sein, die durch den Ursprung geht und in M liegt. Die einzig mögliche Wahl für solch eine Kurve auf M ist die Menge der Fixpunkte. Dies impliziert nun (siehe Abb. 2.9), daß $\mathscr{C}_{\mu_0}$ die stabile Mannigfaltigkeit des Sattels $(-\mu_0, 0)$ enthält, denn nur Punkte dieser Mannigfaltigkeit erreichen den Fixpunkt mit wachsender Zeit. Für Werte $x > \mu_0$ ist $\mathscr{C}_{\mu_0}$ eine Trajektorie des instabilen Knotens $(\mu_0, 0)$. Da die stabile Mannigfaltigkeit des Sattels glatt ist, entsteht die endliche Differenzierbarkeit von $g_{\mu_0}(x)$ am Knoten $(\mu_0, 0)$ (siehe Aufgabe 2.7.4).

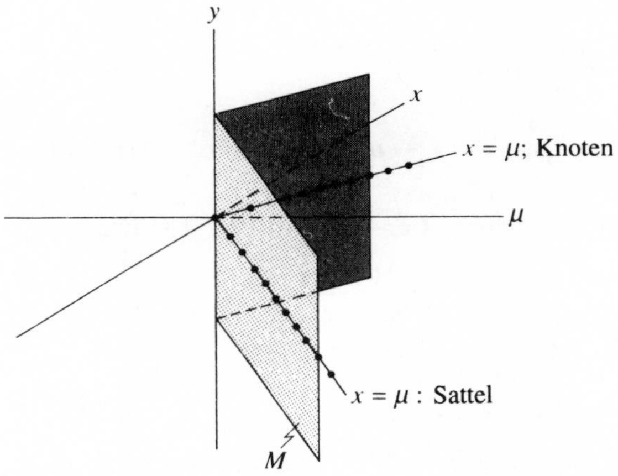

Abb. 2.8. Die Oberfläche $M = \{(x, y, \mu) : x^2 = \mu^2,\ \mu > 0\}$ ist eine invariante Menge für (2.7.10). Für $x < 0$ enthält sie die Linie $x = -\mu$ von Sattelpunkten, für $x > 0$ die Linie $x = \mu$ von Knoten.

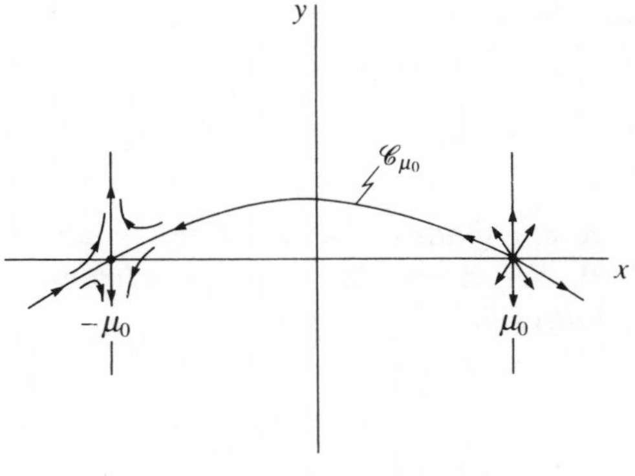

Abb. 2.9. Phasenbild des (x, y)-Subsystems von (2.7.10) in der $\mu = \mu_0$-Ebene sowie Darstellung der Kurve $\mathscr{C}_{\mu_0}$.

Nehmen wir an, g_{μ_0} ist C^k-differenzierbar in x, dann kann man es in der Form

$$g_{\mu_0}(x) = \sum_{i=1}^{k} a_i(\mu_0)(x-\mu_0)^i + o(x-\mu_0)^k \tag{2.7.11}$$

schreiben. Da $y = g_{\mu_0}(x)$ auch eine invariante Kurve von (2.7.10) ist, erfüllt es

$$(x^2-\mu_0^2)\frac{dy}{dx} = y + x^2 - \mu_0^2. \tag{2.7.12}$$

Setzt man (2.7.11) in (2.7.12) ein und schreibt $x^2 - \mu_0^2$ als die Beziehung $(x-\mu_0)^2 + 2\mu_0(x-\mu_0)$, so erhalten wir

$$\sum_{i=1}^{k} ia_i(x-\mu_0)^{i+1} + 2\mu_0 \sum_{i=1}^{k} ia_i(x-\mu_0)^i$$
$$= \sum_{i=1}^{k} a_i(x-\mu_0)^i + (x-\mu_0)^2 + 2\mu_0(x-\mu_0) + o(x-\mu_0)^k. \tag{2.7.13}$$

Koeffizienten-Vergleich von $(x-\mu_0)^i$ in (2.7.13) ergibt

$$a_1 = \frac{-2\mu_0}{1-2\mu_0}, \qquad a_2 = \frac{a_1 - 1}{1-4\mu_0} \tag{2.7.14}$$

und für $i = 3, \ldots, k$

$$(1-2i\mu_0)a_i = (i-1)a_{i-1}. \tag{2.7.15}$$

Nun setzen wir $\mu_0 = 1/2m$, $m \geq 3$, und nehmen an, daß g_{μ_0} C^k-differenzierbar ist mit $k \geq m$. Durch (2.7.15) wird $a_{m-1} = 0$ und damit $a_{m-2} = \cdots = a_2 = 0$. Auf der anderen Seite ergibt (2.7.14) $a_2 = -m^2/(m-1)(m-2) \neq 0$, also einen Widerspruch. Deshalb ist $g_{1/2m}(x)$ höchstens C^{m-1}-differenzierbar bei $x = 1/2m$. Betrachtet man (2.7.14) und (2.7.15), so sieht man, daß die Koeffizienten a_i wohldefiniert sind für $i = 1, 2, \ldots, m-1$, falls $\mu_0 = 1/2m$ ist, so daß $g_{1/2m}(x)$ C^{m-1}-differenzierbar ist bei $x = 1/2m$.

Das folgende Ergebnis verallgemeinert Theorem 2.7 für hyperbolische Fixpunkte.

Theorem 2.11 *Sei* $\mathbf{X}$ *ein glattes Vektorfeld mit einem nicht-hyperbolischen Fixpunkt bei* $\mathbf{x} = \mathbf{0}$. *Sei* $\tilde{\mathbf{X}} = \mathbf{X}|W^c_{loc}$ *die Beschränkung von* $\mathbf{X}$ *auf seine Mittelpunkt-Mannigfaltigkeit. Dann ist der Strom von* $\dot{\mathbf{x}} = \mathbf{X}(\mathbf{x})$ *topologisch äquivalent, in einer Umgebung um den Ursprung, zum Strom des untergliederten Systems*

$$\begin{aligned} \dot{\mathbf{x}}_c &= \tilde{\mathbf{X}}(\mathbf{x}_c), \qquad & \mathbf{x}_c &\in W^c_{loc}, \\ \dot{\mathbf{x}}_u &= \mathbf{x}_u, & \mathbf{x}_u &\in W^u_{loc}, \\ \dot{\mathbf{x}}_s &= -\mathbf{x}_s, & \mathbf{x}_s &\in W^s_{loc}. \end{aligned} \tag{2.7.16}$$

Aus diesem Theorem folgt, daß der topologische Typ einer nicht-hyperbolischen Singularität durch das topologische Verhalten des Stromes, der auf die zentrale Mannigfaltigkeit beschränkt ist, bestimmt wird. Deshalb ist es möglich, das Theorem über die Mittelpunkt-Mannigfaltigkeiten zu verwenden, um den topologischen Typ einer nicht-hyperbolischen Singularität festzulegen.

Beispiel 2.9 Man bestimme den topologischen Typ der Sigularität bei $\mathbf{x} = \mathbf{0}$ in der Differentialgleichung

$$\dot{x} = xy + y^2, \qquad \dot{y} = y - x^2. \tag{2.7.17}$$

Lösung. Die Linearisierung von (2.7.17) im Ursprung zeigt, das die Mittelpunkt-Mannigfaltigkeit W^c_{loc} tangential zur x-Achse ist bei $(x, y) = \mathbf{0}$. Nehmen wir an, die Gleichung von W^c_{loc} lasse sich in der folgenden Form schreiben

$$y = g(x) = \sum_{m=0}^{r} a_m x^m + O(|x|^{r+1}) \tag{2.7.18}$$

für beliebige $r \in \mathcal{N}$. Setzt man dies für y, $\dot{y}$ in (2.7.17) ein, so erhalten wir

$$\left(\sum_{m=0}^{r} m a_m x^{m-1}\right)\left[x\sum_{m=0}^{r} a_m x^m + \left(\sum_{m=0}^{r} a_m x^m\right)^2\right] \tag{2.7.19}$$

$$= \left(\sum_{m=0}^{r} a_m x^m\right) - x^2 + O(|x|^{r+1}). \tag{2.7.20}$$

Man beachte, daß $a_0 = a_1 = 0$ ist, da W^c_{loc} tangential zur x-Achse liegt bei $x = 0$. Ein Koeffizienten-Vergleich für x^2 ergibt $a_2 = 1$ (die linke Seite von (2.7.20) ist $O(x^4)$), daher ist

$$y = x^2 + O(|x|^3). \tag{2.7.21}$$

Daher nimmt (2.7.17) auf W^c_{loc} die Gestalt

$$\begin{aligned} \dot{x} &= x^3 + O(|x|^4), \\ \dot{y} &= 2x^4 + O(|x|^5) \end{aligned} \tag{2.7.22}$$

an. Dabei haben wir $\dot{y} = [2x + O(|x|^2)]\dot{x}$ verwendet. Das System ist also schwach abstoßend auf W^c_{loc} (siehe Abb. 2.10(a)). Daraus können wir folgern, daß der Ursprung ein schwacher (das heißt nicht-hyperbolischer) Knoten ist, wie in Abb. 2.10(b) gezeigt wird.

Beispiel 2.10 Man bestimme den topologischen Typ der Singularität bei $\mathbf{x} = \mathbf{0}$ für eine Differentialgleichung mit der Normalform

$$\dot{x} = x\left(\lambda + \sum_{i=1}^{N-1} a_i y^i\right) + O(|\mathbf{x}|^{N+1}) \tag{2.7.23}$$

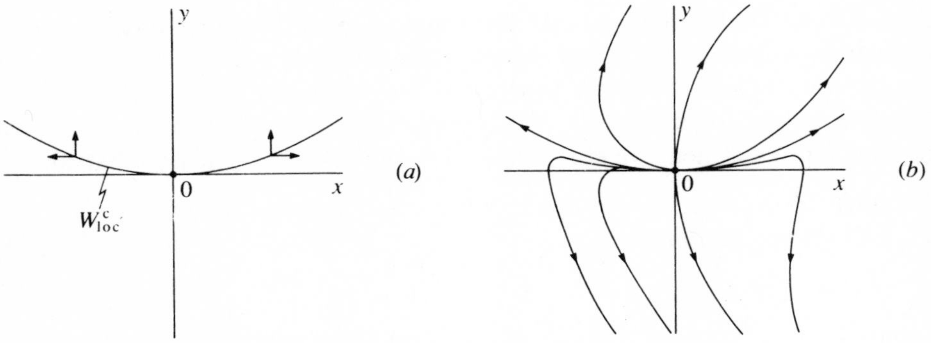

Abb. 2.10. (a) Mittelpunkt-Mannigfaltigkeit von (2.7.17) in der Umgebung des Ursprungs. Das Vektorfeld, welches auf die Mittelpunkt-Mannigfaltigkeit beschränkt ist, verläuft wie eingezeichnet. (b) Skizze des lokalen Phasenbildes von (2.7.17) im Ursprung.

$$\dot{y} = \sum_{i=2}^{N} b_i y^i + O(|\mathbf{x}|^{N+1}),$$

mit $N \geq 2$, wobei $b_2 \neq 0$ sein soll.

Lösung. Die Mittelpunkt-Mannigfaltigkeit W^c_{loc}, die tangential zur y-Achse sei, habe die Form

$$x = g(y) = \sum_{m=2}^{N} c_m y^m + O(|y|^{N+1}). \tag{2.7.24}$$

Differentiation dieser Gleichung nach t und einsetzen in (2.7.23) ergibt

$$\left(\sum_{m=2}^{N} m c_m y^{m-1}\right)\left(\sum_{m=2}^{N} b_i y^i\right) = \left(\sum_{m=2}^{N} c_m y^m\right)\left(\lambda + \sum_{i=1}^{N-1} a_i y^i\right) + O(|\mathbf{x}|^{N+1}). \tag{2.7.25}$$

Der Koeffizienten-Vergleich für y^2 liefert $\lambda c_2 = 0$, da für $b_2 \neq 0$ die linke Seite von (2.7.25) $O(y^3)$ ist. Daher ist $c_2 = 0$ und die Summation über m kann in (2.7.25) bei $m = 3$ beginnen. Nun vergleichen wir die Koeffizienten von y^3 und erhalten $\lambda c_3 = 0$, da die linke Seite jetzt $O(y^4)$ ist usw. Wir schließen daraus, daß $c_m = 0$, $0 \leq m \leq N$ ist, und W^c_{loc} ist bis zu Termen der Ordnung N durch $x = 0$ gegeben.

Auf W^c_{loc} hat (2.7.23) die Gestalt

$$\begin{aligned} \dot{x} &= O(|y|^N)\dot{y} = O(|y|^{N+2}), \\ \dot{y} &= b_2 y^2 + O(|y|^3), \end{aligned} \tag{2.7.26}$$

der topologische Typ des auf die Mittelpunkt-Mannigfaltigkeit beschränkten Stromes ist in Abb. 2.11 gezeigt.

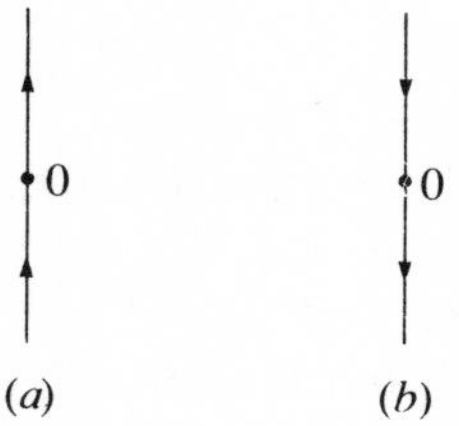

Abb. 2.11. Topologischer Typ (bis auf die Ordnung erhaltenden Homomorphismen) des Fixpunktes von (2.7.23) im Ursprung, beschränkt auf die Mittelpunkt-Mannigfaltigkeit: (a) $b_2 > 0$, (b) $b_2 < 0$.

Die hyperbolische Expansion oder Kontraktion, die zu dem von null verschiedenen Eigenwert λ gehört, ergibt, in Verbindung mit dem Verhalten der Mittelpunkt-Mannigfaltigkeit, die in Abb. 2.12 gezeigten Typen von lokalen Phasenbildern (oder ihre Zeitumkehrung).

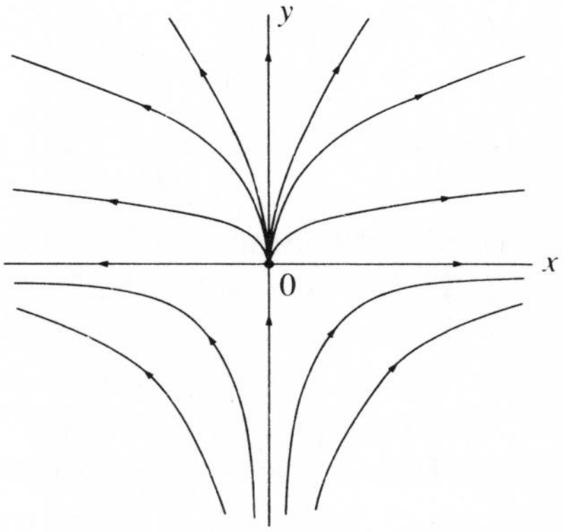

Abb. 2.12. Lokales Phasenbild im Ursprung von (2.7.23), wenn sowohl λ als auch b_2 größer als null sind. Den Fixpunkt im Ursprung nennt man *Sattel-Knoten*.

Der Leser beachte die Gleichheit von (2.7.23) mit der Normalform aus Satz 2.2. Eine nicht-hyperbolische Singularität mit der Normalform (2.7.23) nennt man vom *Sattel-Knoten-Typ*. Eine solche Singularität $\mathbf{x}^*$ wird durch die Entartungs-Bedingung $\det D\mathbf{X}(\mathbf{x}^*) = 0$ und die Nicht-Entartungs-Bedingungen $\mathrm{Tr} D\mathbf{X}(\mathbf{x}^*) \neq 0$ und $b_2 \neq 0$ charakterisiert. Das bedeutet, daß der topologische Typ dieser Singularität durch die Terme $\mathbf{X}_1 + \mathbf{X}_2$ in Gleichung (2.3.1) bestimmt wird.

Definition 2.6 *Die Stutzung der Taylor-Entwicklung von* **X** *um* $\mathbf{x}^*$, *die man durch weglassen der Terme* $k+1$*-ter Ordnung und höher erhält, nennt man den* k*-Jet von* **X** *bei* $\mathbf{x}^*$ *und wird mit* $j^k(\mathbf{X})(\mathbf{x}^*)$ *bezeichnet.*

Das Beispiel 2.10 zeigt, daß die Terme in Gleichung (2.7.23) mit Ordnung größer als zwei das lokale Phasenbild nicht verändern. Wir sagen, der topologische Typ ist *2-Jet-determiniert*. Man kann die Aussage des Hartman-Theorems auch so interpretieren, daß der topologische Typ eines hyperbolischen Fixpunktes 1-Jet-determiniert ist.

Das Theorem 2.11 erwies sich in den obigen Beispielen als hilfreich, da die Mittelpunkt-Mannigfaltigkeiten eindimensional sind und das topologische Verhalten des darauf beschränkten Stromes offensichtlich ist. Dies gilt jedoch nicht für die Normalformen in den Sätzen 2.3 und 2.4. In beiden Fällen sind die Mittelpunkt-Mannigfaltigkeiten zweidimensional.

Für Satz 2.3 ist das kein Problem, da (2.4.10) die Polar-Form

$$\dot{r} = \sum_{k=1}^{[\frac{1}{2}(N-1)]} a_k r^{2k+1} + O(r^{N+1};\theta), \tag{2.7.27}$$

$$\dot{\theta} = \beta + \sum_{k=1}^{[\frac{1}{2}(N-1)]} b_k r^{2k} + O(r^{N+1};\theta) \tag{2.7.28}$$

besitzt, wobei $\beta = (\det D\mathbf{X}(\mathbf{0}))^{1/2} > 0$, $N \geq 3$ ist. Ist $a_k = 0$ für $k < l$ und $a_l \neq 0$, so folgt, daß $\mathbf{x} = \mathbf{0}$ ein schwacher Fokus ist: stabil für $a_l < 0$, instabil für $a_l > 0$. Die einfachste Singularität dieses Typs wird durch die Entartungs-Bedingung $\mathrm{Tr}D\mathbf{X}(\mathbf{x}^*) = 0$ und die Nicht-Entartungs-Bedingungen $\det D\mathbf{X}(\mathbf{x}^*) > 0$ und $a_1 \neq 0$ charakterisiert. Sie ist unter dem Namen *nicht-entartete Hopf-Singularität* bekannt. „Hopf" soll hier die Verbindung zwischen dieser Singularität und der Hopf-Bifurkation, die in §4.2.2 diskutiert wird, verdeutlichen, während die Bezeichnung „nicht-entartet" sie von der entarteten Hopf-Singularität unterscheiden soll, für die $a_k = 0$ für $k < l$ und $a_l \neq 0$, $l > 1$ gilt. Jedes zusätzliche $a_k = 0$ gehört zu einer zusätzlichen Entartungs-Bedingung, die bei $\mathbf{x}^*$ erfüllt ist. Ist also $a_1 \neq 0$, so haben wir die am geringsten entartete Singularität dieses Typs. Man beachte, daß eine nicht-entartete Hopf-Singularität 3-Jet-determiniert ist. Während die Transformation in Polar-Koordinaten das Problem für (2.4.10) löst, werden für (2.4.16) andere Überlegungen benötigt, denn für den Fall $D\mathbf{X}(\mathbf{0}) = \mathbf{0}$ können wir keine Normalform, wie wir sie in §2.3 beschrieben haben, konstruieren.

2.8 Blowing-up-Techniken auf $\mathcal{R}^2$

Blowing-up-Techniken beinhalten Koordinaten-Transformationen, die den nicht-hyperbolischen Fixpunkt (er sei bei $\mathbf{x} = \mathbf{0}$) erweitern (oder aufblasen, daher die Bezeichnung blowing-up) zu einer Kurve, die eine Reihe von Singularitäten enthält. (Andere Bezeichnungen dieses Vorganges lauten „Auflösung der Singularität“ oder „σ-Prozess“.) Der topologische Typ jeder dieser Singularitäten kann dann mit Hilfe des Hartman-Theorems festgestellt werden. Die verwendeten Koordinaten-Transformationen sind natürlich im Fixpunkt singulär, da sie eine Kurve auf einen Punkt abbilden. Außerhalb sind es aber Diffeomorphismen. Das einfachste Beispiel ist wohl jedem bekannt, und zwar ebene Polar-Koordinaten.

2.8.1 Polares blowing-up
(Dumortier, 1978; Guckenheimer, Holmes, 1983)

Die Differentialgleichung $\dot{\mathbf{x}} = \mathbf{X}(\mathbf{x})$, $\mathbf{x} \in \mathcal{R}^2$ kann leicht in Polar-Koordinaten (r, θ) ausgedrückt werden:

$$\dot{r} = X_r(r, \theta), \qquad \dot{\theta} = r^{-1} X_\theta(r, \theta). \tag{2.8.1}$$

Hierbei ist $\mathbf{X} = X_r \mathbf{e}_r + X_\theta \mathbf{e}_\theta$ und $\mathbf{e}_r$, $\mathbf{e}_\theta$ sind der radiale und der Winkel-Einheitsvektor. Man kann diese Form betrachten, als ob sie eine Differentialgleichung auf einem Halbzylinder, oder gleichwertig, auf einer durchstochenen Ebene definiert (siehe Abb. 2.13). Dann entsprechen die gewöhnlichen Polar-Koordinaten dem singulären Fall, für den der $r = 0$-Kreis auf den Ursprung abgebildet wird, und der Halbzylinder $\mathcal{R}^+ \times S^1$ wird diffeomorph auf $\mathcal{R}^2 \backslash \{\mathbf{0}\}$ abgebildet. In kartesischen Koordinaten erreicht man dies natürlich mit der Abbildung

$$\mathbf{\Phi}(r, \theta) = (r \cos\theta, r \sin\theta) \tag{2.8.2}$$

und $\mathbf{\Phi}^{-1}$ kann als das „blowing-up“ des Ursprungs der Ebene zum $r = 0$-Kreis betrachtet werden.

Es ist wichtig zu bemerken, daß nicht immer der $r = 0$-Kreis direkt analysiert werden kann. Denn falls $j^l(\mathbf{X}(\mathbf{0})) \equiv \mathbf{0}$, $l \leq k$ und $j^{k+1}(\mathbf{X}(\mathbf{0})) \neq \mathbf{0}$ ist, dann gilt (vergleiche (2.3.16))

$$\begin{aligned} r\dot{r} = x_1\dot{x}_1 + x_2\dot{x}_2 &= \sum_{\mathbf{m}} \{X_{\mathbf{m},1}\mathbf{x}^{\mathbf{m}} x_1 + X_{\mathbf{m},2}\mathbf{x}^{\mathbf{m}} x_2\} + \cdots \\ &= r^{k+2} R(r, \theta) \quad (m_1 + m_2 = k + 1.). \end{aligned} \tag{2.8.3}$$

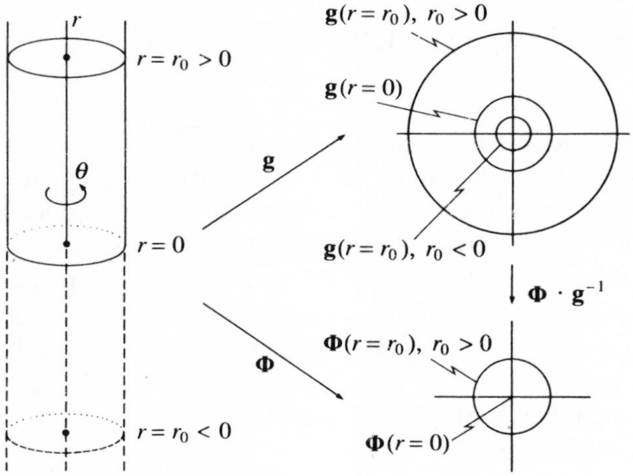

Abb. 2.13. Darstellung der Äquivalenz des Halbzylinders und der durchstochenen Ebene: $\mathbf{g}$ ist ein Diffeomorphismus, zum Beispiel kann $\mathbf{g}(r, \theta)$ die kartesischen Koordinaten $e^r(\cos\theta, \sin\theta)$ besitzen. Ebene Polar-Koordinaten entsprechen dem nicht-injektiven Fall $\mathbf{\Phi}(r, \theta) = (r\cos\theta, r\sin\theta)$.

Analog dazu gilt

$$\begin{aligned} r^2\dot{\theta} = x_1\dot{x}_2 - x_2\dot{x}_1 &= \sum_{\mathbf{m}}\{X_{\mathbf{m},2}\mathbf{x}^{\mathbf{m}}x_1 - X_{\mathbf{m},1}\mathbf{x}^{\mathbf{m}}x_2\} + \cdots \\ &= r^{k+2}\Theta(r, \theta) \quad (m_1 + m_2 = k + 1.). \end{aligned} \tag{2.8.4}$$

Also hat $\dot{\mathbf{x}} = \mathbf{X}(\mathbf{x})$ die Polarform

$$\dot{r} = r^{k+1}R(r, \theta), \qquad \dot{\theta} = r^k\Theta(r, \theta) \tag{2.8.5}$$

und man erhält keine Information, wenn man $r = 0$ setzt. Statt dessen beachte man, daß die Phasenkurven von (2.8.5) durch

$$\frac{dr}{d\theta} = \frac{rR(r, \theta)}{\Theta(r, \theta)} \tag{2.8.6}$$

gegeben sind für $r > 0$. Mit anderen Worten, die Phasenkurven von (2.8.5) sind die gleichen wie die des Systems

$$\dot{r} = rR(r, \theta), \qquad \dot{\theta} = \Theta(r, \theta), \tag{2.8.7}$$

das man aus (2.8.5) mittels Division durch r^k erhält. Da $r^k > 0$ ist, sind die Orientierungen der Trajektorien von (2.8.5) und (2.8.7) gleich. Im allgemeinen ist $\Theta(0, \theta) \neq 0$ in Gleichung (2.8.7) und wir können das Hartman-Theorem verwenden, um den Fixpunkt von (2.8.7) auf dem $r = 0$-Kreis zu studieren. Sind alle diese Fixpunkte hyperbolisch, so kann das lokale Phasenbild von $\dot{\mathbf{x}} = \mathbf{X}(\mathbf{x})$ bei $\mathbf{x} = \mathbf{0}$ konstruiert werden. Ist dies nicht der Fall, so sind vielleicht weitere blowing-up- oder Normalform-Rechnungen notwendig.

Beispiel 2.11 Man verwende polares blowing-up, um den topologische Typ der Singularität im Ursprung des Systems

$$\dot{x} = x^2 - 2xy, \qquad \dot{y} = y^2 - 2xy \tag{2.8.8}$$

zu bestimmen.

Lösung. In Polar-Koordinaten hat (2.8.8) die Form

$$\begin{aligned} \dot{r} &= r^2(\cos^3\theta - 2\cos^2\theta\sin\theta - 2\cos\theta\sin^2\theta + \sin^3\theta) = r^2R(r,\theta), \\ \dot{\theta} &= 3r\cos\theta\sin\theta(\sin\theta - \cos\theta) = r\Theta(r,\theta). \end{aligned} \tag{2.8.9}$$

Um den $r = 0$-Kreis zu untersuchen, verwenden wir, daß (2.8.9) zu

$$\dot{r} = rR(r,\theta), \qquad \dot{\theta} = \Theta(r,\theta) \tag{2.8.10}$$

topologisch äquivalent ist. Setzen wir $r = 0$ in (2.8.10), so erhalten wir den Strom auf dem $r = 0$-Kreis, der in Abb. 2.14 gezeigt ist. Singularitäten treten bei $\theta = 0$, π, $\pi/2$, $3\pi/2$, $\pi/4$ und $5\pi/4$ auf, und das Hartman-Theorem kann nun Aussagen über den topologischen Typ einer jeden Singularität machen. Für $\theta = 0$ zum Beispiel erhalten wir

$$\begin{pmatrix} \dot{r} \\ \dot{\theta} \end{pmatrix} = \begin{pmatrix} 1 & 0 \\ 0 & -3 \end{pmatrix} \begin{pmatrix} r \\ \theta \end{pmatrix}. \tag{2.8.11}$$

Also ist $(r,\theta) = (0,0)$ ein Sattelpunkt mit einer instabilen Mannigfaltigkeit, die tangential zur nach außen zeigenden radialen Richtung ist, und so weiter.

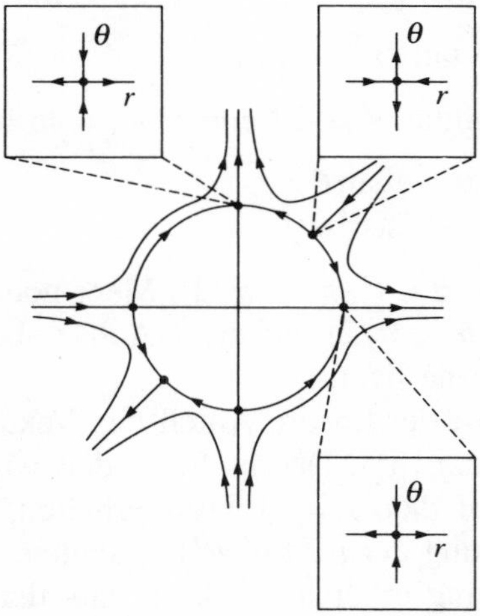

Abb. 2.14. Der Strom auf und in der Nähe des $r = 0$-Kreises für (2.8.10). Der topologische Typ der Fixpunkte wird mittels des Hartman-Theorems bestimmt. Da $\dot{r}$ und $\dot{\theta}$ das Vorzeichen wechseln für $\theta \mapsto \theta - \pi$, ist es ausreichend, nur die gezeigten Singularitäten zu betrachten

In diesem Falle macht die Linearisierung keine Probleme, was jedoch nicht immer so sein muß.

Zum Schluß ziehen wir den $r = 0$-Kreis in Abb. 2.14 auf den Ursprung zusammen und erhalten so das lokale Phasenbild, wie in Abb. 2.15 zu sehen ist.

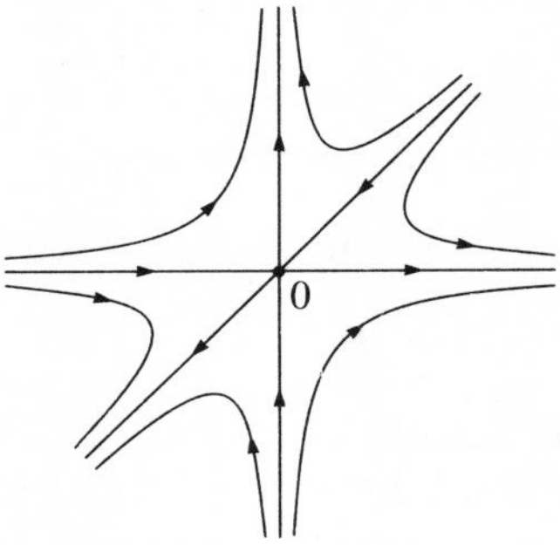

Abb. 2.15. Lokales Phasenbild für (2.8.8) im Ursprung, welches man durch Schrumpfen des $r = 0$-Kreises von Abb. 2.14 auf null erhält.

2.8.2 Gerichtetes blowing-up (Dumortier, 1978)

Man betrache die Abbildung $\mathbf{F} : \mathcal{R} \times (-\pi/2, \pi/2) \to \mathcal{R}^2$, die durch

$$\mathbf{F}(r, \theta) = (r \cos\theta, \tan\theta) = (u, v) \tag{2.8.12}$$

definiert ist. Diese Abbildung ist diffeomorph, man beachte, daß

$$D\mathbf{F}(r, \theta) = \begin{pmatrix} \cos\theta & -r\sin\theta \\ 0 & \sec^2\theta \end{pmatrix} \tag{2.8.13}$$

gilt mit $\det \sec\theta \neq 0$ für $\theta \in (-\pi/2, \pi/2)$. Mehr noch, $\mathbf{F}$ bildet den Halbkreis $\{(r, \theta) | r = 0, -\pi/2 < \theta < \pi/2\}$ auf die v-Achse ab, wobei der Punkt $\theta = 0$ im Ursprung der uv-Ebene liegt.

Da $D\mathbf{F}(0, 0) = \mathbf{id}$, ist der lineare Anteil des Vektorfeldes in beiden Koordinaten gleich (siehe (2.5.13)). Daraus folgt, daß wir die Linearisierung von $\mathbf{X}$ im Punkte $\theta = 0$ auf dem $r = 0$ Kreis erhalten, indem wir den linearen Anteil von $\mathbf{X}$ im Ursprung der uv-Ebene betrachten.

Letztere Linearisierung erhält man direkt aus der kartesischen Form von $\dot{\mathbf{x}} = \mathbf{X}(\mathbf{x})$. Die Koordinaten-Transformation $(u, v) \mapsto (x, y)$ ist durch die Abbildung $\mathbf{\Phi} \cdot \mathbf{F}^{-1} = \mathbf{\Psi}$ gegeben, wobei gilt

$$\mathbf{\Psi}(u, v) = (x, y) = (r\cos\theta, r\sin\theta) = (u, uv). \tag{2.8.14}$$

Beschränkt man sich auf $u > 0$, so ist $\boldsymbol{\Psi}$ ein Diffeomorphismus auf den Halb-Raum $x > 0$. Die Koordinaten-Transformation $(x, y) \mapsto (u, v)$ in (2.8.14) nennt man einen *blow-up in x-Richtung*, da man Informationen über die Singularität auf dem $r = 0$ Kreis bei $\theta = 0$ erhält, das heißt, auf der positiven x-Achse.

Man kann leicht zeigen, daß das kartesische System $\dot{x} = X_1(x, y)$, $\dot{y} = X_2(x, y)$ in (u, v)-Koordinaten die Form

$$\begin{aligned} \dot{u} &= \tilde{X}_1(u, v) = X_1(u, uv), \\ \dot{v} &= \tilde{X}_2(u, v) = \tfrac{1}{u}[X_2(u, uv) - vX_1(u, uv)] \end{aligned} \tag{2.8.15}$$

annimmt. Analog zum polaren blowing-up werden Faktoren von $|u|^k$ herausgekürzt, wenn die Jets $j^l(\tilde{\mathbf{X}}(\mathbf{0})) \equiv \mathbf{0}$, $l \leq k$ und $j^{k+1}(\tilde{\mathbf{X}}(\mathbf{0})) \neq \mathbf{0}$ sind (siehe Aufgabe 2.8.4).

Man kann eine ähnliche Transformation konstruieren, um ein blowing-up in y-Richtung zu erhalten. So erhält man Informationen über die Singulatrität bei $r = 0$, $\theta = \pi/2$. Die dazu benötigte Koordinaten-Transformation lautet

$$(x, y) = \boldsymbol{\Psi}(u, v) = (uv, v) \tag{2.8.16}$$

und das transformierte Vektorfeld hat die Gestalt

$$\begin{aligned} \tilde{X}_1(u, v) &= \frac{1}{v}[X_1(uv, v) - uX_2(uv, v)], \\ \tilde{X}_2(u, v) &= X_2(uv, v). \end{aligned} \tag{2.8.17}$$

Wir haben bereits bemerkt, daß die Linearisierungen beim polaren blowing-up ziemlich langwierig sein können. Manchmal empfielt es sich, gerichtetes blowing-up zu verwenden, um die Singularitäten auf dem $r = 0$-Kreis in x- und y-Richtung zu untersuchen, besonders, wenn wiederholtes blowing-up notwendig ist.

Beispiel 2.12 Man verwende gerichtetes blowing-up, um die Singularitäten bei $r = 0$, $\theta = 0$ und $\theta = \pi/2$ des Systems

$$\dot{x} = x^2 - 2xy, \qquad \dot{y} = y^2 - 2xy \tag{2.8.18}$$

aus Beispiel 2.11 zu untersuchen.

Lösung. Blowing-up in x-Richtung ergibt (siehe (2.8.15))

$$\tilde{\mathbf{X}}_{[0]}(u, v) = \left(u^2 - 2u^2v, \frac{1}{u}(u^2v^2 - 2u^2v - v(u^2 - 2u^2v))\right). \tag{2.8.19}$$

Division durch u ergibt

$$(u - 2uv, -3v + 3v^2). \tag{2.8.20}$$

Also ist der singuläre Punkt bei $(r, \theta) = (0, 0)$ vom Sattel-Typ. Man beachte, daß der lineare Anteil von (2.8.20) exakt gleich dem in (2.8.11) ist.

Für $\theta = \pi/2$ führt ein blowing-up in y-Richtung auf

$$\frac{1}{v}\tilde{\mathbf{X}}_{[\pi/2]}(u, v) = (-3u + 3u^2, v - 2uv). \tag{2.8.21}$$

(2.8.21) sagt ebenfalls, daß der singuläre Punkt bei $(r, \theta) = (0, \pi/2)$ ein Sattelpunkt ist.

Wir kehren nun zu der Normalform, die wir in Satz 2.4 gegeben hatten, zurück. Man erinnere sich, daß die Entartungs-Bedingungen $\det D\mathbf{X}(\mathbf{x}^*) = \operatorname{Tr} D\mathbf{X}(\mathbf{x}^*) = 0$ in dieser nicht-hyperbolischen Singularität erfüllt sind. Nimmt man an, daß die Nicht-Entartungs-Bedingung $D\mathbf{X}(\mathbf{x}^*) \neq \mathbf{0}$, $a_2 \neq 0$, $b_2 \neq 0$ erfüllt sind, so liefert eine längere Rechnung (Takens, 1974a), welche drei blowing-ups enthält (siehe Abb. 2.16(a,b,c)) das lokale Phasenbild, wie es in

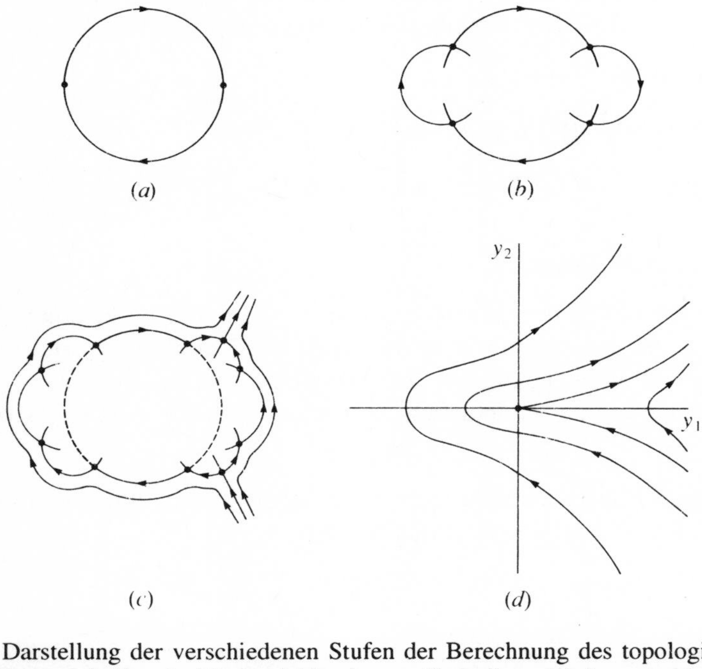

Abb. 2.16. Darstellung der verschiedenen Stufen der Berechnung des topologischen Typs der Cusp(Spitzpunkt)-Singularität durch blowing-up-Techniken: (a) der erste blow-up ergibt zwei nicht-hyperbolische Fixpunkte; (b) der zweite blow-up ergibt vier nicht-hyperbolische Fixpunkte; (c) beim dritten blow-up erscheinen Singularitäten der Art, wie sie in Beispiel 2.11 auftreten; (d) man sieht das lokale Phasenbild im Ursprung. Alle (bis auf eine) Trajektorien, die bei $y_2 < 0$ starten, strömen durch $y_2 > 0$. Zwei Trajektorien erreichen den Fixpunkt, eine in der Zeit vorwärts, die andere in der Zeit rückwärts. Ihre Annäherung ist tangential zur y_1-Achse und sie bilden eine Kurve, die einen Spitzpunkt (Cusp) im Fixpunkt enthält.

Abb. 2.16(d) für $b_2 > 0$ gezeigt ist. Ist $b_2 < 0$, dreht sich die Orientierung der Trajektorien um. Mit Blick auf die Spitze der Separatrix der Abbildung 2.16(d) nennt man es Spitzpunkt-(Cusp)-Singularität.

Wir haben uns im Laufe diese Abschnitts mit den topologischen Typen der drei prinzipiellen nicht-hyperbolischen Fixpunkte von ebenen Vektorfeldern befasst. Man sollte hier vielleicht anmerken, daß es häufig geschieht, daß die *Entartungs*-Bedingungen für eine spezielle Singularität erfüllt sind, der Nachweis, daß die entsprechende *Nicht-Entartungs*-Bedingung gilt, jedoch sehr langer Rechnungen bedarf. In einem solchen Fall sei darauf hingewiesen, daß die Nicht-Entartungs-Bedingungen Ungleichungen sind, so daß sie nur in Außnahmen nicht erfüllt sind. Unter diesen Umständen sagt man, daß diese spezielle Singularität *allgemein* (im Sinne einer Gattungseigenschaft) auftritt. Ist zum Beispiel $\mathrm{Tr}D\mathbf{X}(\mathbf{x}^*) = \det D\mathbf{X}(\mathbf{x}^*) = 0$, so können wir sagen, $\mathbf{x}^*$ ist allgemein eine Cusp-Singularität, da im Normalfall $D\mathbf{X}(\mathbf{x}^*) \neq \mathbf{0}$, $a_2 \neq 0$, und $b_2 \neq 0$ ist.

2.9 Aufgaben

2.1 Hyperbolische lineare Diffeomorphismen und Ströme

2.1.1 Sei $\mathbf{L} : \mathcal{R}^l \to \mathcal{R}^l$ ein linearer Diffeomorphismus mit m verschiedenen (vielleicht) komplexen Eigenwerten λ_i mit Multiplizitäten m_i, für die gilt: $|\lambda_i| < 1$, $i = 1, \ldots, m$. Man zeige, daß $\mathbf{L}^k\mathbf{x} \to \mathbf{0}$ geht für $k \to \infty$ für alle $\mathbf{x} \in \mathcal{R}^l \backslash \{\mathbf{0}\}$.

2.1.2 Man betrachte die folgenden hyperbolischen linearen Diffeomorphismen auf $\mathcal{R}^l$:
(a) $\mathbf{L} = [\lambda_i \delta_{ij}]_{i,j=1}^l$;
(b) $\mathbf{L} = \lambda\mathbf{I} + \mathbf{N}$ mit $\mathbf{N} = [\delta_{i,j-1}]_{i,j=1}^l$.
Man zeige, daß in jedem Fall ein C existiert mit $C > 0$, $0 < \mu < 1$ so daß für alle $\mathbf{x} \in \mathcal{R}^l$ und $n \in \mathcal{Z}^+$ gilt:

$$|\mathbf{L}^n\mathbf{x}| < C\mu^n|\mathbf{x}| \qquad \text{falls } |\lambda_i|, |\lambda_j| < 1$$

und

$$|\mathbf{L}^n\mathbf{x}| > c\mu^{-n}|\mathbf{x}| \qquad \text{falls } |\lambda_i|, |\lambda_j| > 1.$$

2.1.3 Man bestimme die instabilen und stabilen invarianten Unterräume E^u und $E^s \subseteq \mathcal{R}^2$ des linearen Diffeomorphismus $\mathbf{A} : \mathcal{R}^2 \to \mathcal{R}^2$ mit

(i) $\mathbf{A} = \begin{pmatrix} 1 & 1 \\ 1 & 2 \end{pmatrix}$,

(ii) $\mathbf{A} = \begin{pmatrix} 1 & 1 \\ 2 & 1 \end{pmatrix}$.

Man beschreibe den topologischen Typ von $\mathbf{A}|E^u$ und $\mathbf{A}|E^s$ für beide Fälle.

2.1.4 Man bestimme den stabilen Unterraum $E^s \subseteq \mathcal{R}^3$ des linearen Diffeomorphismus

$$\mathbf{A} = \begin{pmatrix} 3/4 & 1/2 & -5/4 \\ -1/4 & -1/2 & -1/4 \\ -5/4 & 1/2 & 3/4 \end{pmatrix}$$

und beschreibe das Verhalten von $\mathbf{A}|E^s$.

2.1.5 Man skizziere typische Bahnen linearer Diffeomorphismen in $\mathcal{R}^3$ mit verschiedenen positiven Eigenwerten $\lambda_1, \lambda_2, \lambda_3$, wobei
(a) $\lambda_1, \lambda_2, \lambda_3 < 1$,
(b) $\lambda_1, \lambda_2 < 1, \lambda_3 > 1$.
Wie groß sind die Dimensionen von E^s und E^u für die Fälle (a) und (b)? Wie wirkt sich $\lambda_3 < 0$ in (b) auf die Bahnen aus?

2.1.6 Man verifiziere Theorem 2.2 für das System $\dot{\mathbf{x}} = \mathbf{A}\mathbf{x}$ mit

$$\mathbf{A} = \begin{pmatrix} 3 & 2 & 5 \\ -1 & -2 & -5 \\ 1 & -4 & -1 \end{pmatrix}.$$

2.1.7 Man skizziere die vier topologisch verschiedenen Typen von Phasenbildern, die in einem hyperbolischen Fixpunkt eines Stromes in $\mathcal{R}^3$ auftreten können.

2.1.8 Man zeige, daß die Anzahl der verschiedenen topologischen Typen hyperbolischer Diffeomorphismen auf $\mathcal{R}$ und $\mathcal{R}^2$ 4 bzw. 8 ist. Man verallgemeinere seine Argumente, um zu zeigen, daß auf $\mathcal{R}^n$ $4n$ verschiedene topologische Typen existieren.

2.2 Hyperbolische nicht-lineare Fixpunkte

2.2.1 Diffeomorphismen

2.2.1 Man bestimme die Linearisierung der folgenden lokalen Diffeomorphismen der Ebene im Ursprung:

(a) $\mathbf{f}(x, y) = (2\sin(x) + xy, x - \frac{1}{2}y\cos(y))$,
(b) $\mathbf{f}(x, y) = (y\exp(y), \exp(2x) - 1)$.
Man gebe den topologischen Typ dieser Linearisierungen an. In welcher Beziehung steht dieses Verhalten zu dem des Diffeomorphismus $\mathbf{f}$?

2.2.2 Sei $\mathbf{f}$ die Abbildung des Zeit-eins-Stromes des Systems $\dot{x} = y$, $\dot{y} = x - x^2$. Man zeige, daß $\mathbf{f}$ einen hyperbolischen Fixpunkt vom Satteltyp bei $(x, y) = (0, 0)$ besitzt und daß $W^s_f(\mathbf{0}) \cap W^u_f(\mathbf{0})$ eine geschlossene Kurve ist. Man setze dem das Verhalten des Diffeomorphismus in Abbildung 2.2 entgegen.

2.2.3 Sei $\mathbf{f} : \mathcal{R}^n \to \mathcal{R}^n$ ein Diffeomorphismus mit einem hyperbolischen q-Zyklus. Man beweise, daß, falls $\mathbf{x}$ und $\mathbf{y}$ periodische Punkte des gleichen q-Zyklus sind, eine Umgebung U von $\mathbf{x}$ und eine Umgebung V von $\mathbf{y}$ existieren, so daß $\mathbf{f}^q|U$ differenzierbar konjugiert zu $\mathbf{f}^q|V$ ist.

2.2.4 Sei $\mathbf{x}^*$ ein periodischer Punkt des Diffeomorphismus $\mathbf{f} : \mathcal{R}^n \to \mathcal{R}^n$ mit der periodischen Bahn $\Lambda = \{\mathbf{x}^*, \mathbf{f}(\mathbf{x}^*), \ldots, \mathbf{f}^{q-1}(\mathbf{x}^*)\}$. Die stabile Mannigfaltigkeit $W^s(\Lambda)$ ist durch $\bigcup_{i=0}^{q-1} W^s(\mathbf{f}^i(\mathbf{x}^*))$ definiert, wobei $W^s(\mathbf{f}^i(\mathbf{x}^*))$ die stabile Mannigfaltigkeit des Fixpunktes $\mathbf{f}^i(\mathbf{x}^*)$ von $\mathbf{f}^q$ ist. Man beweise, daß für $\mathbf{y} \in W^s(\Lambda)$ Λ eine Untermenge der ω-Grenzmenge von $\mathbf{y}$ ist. Gilt auch die Umkehrung?

2.2.2 Ströme

2.2.5 Man betrachte den Strom

$$\dot{x} = x(1 - x^2), \qquad \dot{y} = y(1 - y^2) \tag{E2.1}$$

und seine Zeit-eins-Abbildung $\boldsymbol{\varphi}_1$. $\mathbf{f} : \mathcal{R}^2 \to \mathcal{R}^2$ sei durch

$$\mathbf{f}(x, y) = \boldsymbol{\varphi}_1(y, -x) \tag{E2.2}$$

definiert. Man zeige, daß $\mathbf{f}$ zwei hyperbolische periodische Bahnen mit der Periode 4 besitzt und beschreibe deren globale stabile und instabile Mannigfaltigkeiten.

2.2.6 Sei γ eine geschlossene Bahn im Strom $\boldsymbol{\varphi}$ des Vektorfeldes $\mathbf{X}$ und S_0 und S_1 seien lokale Querschnitte bei den Punkten $\mathbf{x}_0$ bzw $\mathbf{x}_1 (\neq \mathbf{x}_0)$ von γ. Man zeige, daß die lokalen Poincaré-Abbildungen $\mathbf{P}_0 : S_0 \to S_0$ und $\mathbf{P}_1 : S_1 \to S_1$ C^1-konjugiert sind.

2.2.7 Man beweise, daß das System

$$\begin{aligned}\dot{x}_1 &= -x_2 + x_1(x_1^2 + x_2^2 - 1),\\ \dot{x}_2 &= x_1 + x_2(x_1^2 + x_2^2 - 1),\\ \dot{x}_3 &= x_3\end{aligned} \tag{E2.3}$$

eine hyperbolische periodische Bahn besitzt.

2.3 Normalformen von Vektorfeldern

2.3.1 Man beweise, daß die Transformation $\mathbf{x} = \mathbf{y} + \mathbf{h}_r(\mathbf{y})$, $\mathbf{x}, \mathbf{y} \in \mathcal{R}^n$, wobei $\mathbf{h}_r$ ein Vektor von homogenen Polynomen r-ten Grades in $\mathbf{y}$ ist, eine Inverse bei $\mathbf{0} \in \mathcal{R}^n$ der Form

$$\mathbf{y} = \mathbf{x} - \mathbf{h}_r(\mathbf{x}) + O(|\mathbf{x}|^{r+1}) \tag{E2.4}$$

besitzt. Man überprüfe das Ergebnis, indem man zeigt, daß

(i) $x = y + y^2$ impliziert $y = x - x^2 + O(|x|^3)$ und

(ii) $\begin{pmatrix} x_1 \\ x_2 \end{pmatrix} = \begin{pmatrix} y_1 \\ y_2 \end{pmatrix} + \begin{pmatrix} y_1^2 \\ y_1 y_2 \end{pmatrix}$ impliziert $\begin{pmatrix} y_1 \\ y_2 \end{pmatrix} = \begin{pmatrix} x_1 \\ x_2 \end{pmatrix} - \begin{pmatrix} x_1^2 \\ x_1 x_2 \end{pmatrix} + O(|\mathbf{x}|^3)$.

2.3.2 Man betrachte die folgenden Transformationen der Form

$$\mathbf{x} = \mathbf{y} + \mathbf{h}_2(\mathbf{y}) = \mathbf{H}(\mathbf{y}). \tag{E2.5}$$

Man finde für die folgenden Fälle $\mathbf{H}^{-1}$, indem man nach y_1 und y_2 bis zu Termen $O(|\mathbf{x}|^3)$ auflöst.

(a) $\begin{pmatrix} x_1 \\ x_2 \end{pmatrix} = \begin{pmatrix} y_1 \\ y_2 \end{pmatrix} + \begin{pmatrix} b y_1 y_2 + c y_2^2 \\ 0 \end{pmatrix}$,

(b) $\begin{pmatrix} x_1 \\ x_2 \end{pmatrix} = \begin{pmatrix} y_1 \\ y_2 \end{pmatrix} + \begin{pmatrix} a y_1^2 \\ 0 \end{pmatrix}$,

(c) $\begin{pmatrix} x_1 \\ x_2 \end{pmatrix} = \begin{pmatrix} y_1 \\ y_2 \end{pmatrix} + \begin{pmatrix} b y_1 y_2 + c y_2^2 \\ a y_2^2 \end{pmatrix}$.

2.3.3 Sei $L_{\mathbf{A}}(\mathbf{h}_r(\mathbf{x}))$ die Lie-Klammer der Vektorfelder $\mathbf{Ax}$ und $\mathbf{h}_r(\mathbf{x}) \in H^r$ auf $\mathcal{R}^n$. Man zeige, daß gilt

(i) $L_{(\mathbf{A}+\mathbf{B})}(\mathbf{h}_r(\mathbf{x})) = L_{\mathbf{A}}(\mathbf{h}_r(\mathbf{x})) + L_{\mathbf{B}}(\mathbf{h}_r(\mathbf{x}))$, $\quad \mathbf{A}, \mathbf{B} \in L(\mathcal{R}^n)$,

(ii) $L_{\mathbf{A}}(\mathbf{h}_r(\mathbf{x}) + \mathbf{h}'_r(\mathbf{x})) = L_{\mathbf{A}}(\mathbf{h}_r(\mathbf{x})) + L_{\mathbf{A}}(\mathbf{h}'_r(\mathbf{x}))$, $\quad \mathbf{h}_r(\mathbf{x}), \mathbf{h}'_r(\mathbf{x}) \in H^r$.

2.3.4 Ist $\mathbf{A} = \begin{pmatrix} 0 & 3 \\ 2 & 0 \end{pmatrix}$, so berechne man $L_{\mathbf{A}}\begin{pmatrix} \mathbf{x^m} \\ 0 \end{pmatrix}$ und $L_{\mathbf{A}}\begin{pmatrix} 0 \\ \mathbf{x^m} \end{pmatrix}$, wobei $\mathbf{x^m} = x_1^{m_1} x_2^{m_2}$. Man gebe Ausdrücke für $L_{\mathbf{A}}$ an, wenn er auf alle möglichen Monome mit $m_1 + m_2 = 2$ wirkt. Man finde die Koordinaten-Transformation der Form $\mathbf{x} = \mathbf{y} + \mathbf{h}_r(\mathbf{y})$, die die Differentialgleichung

$$\begin{pmatrix} \dot{x}_1 \\ \dot{x}_2 \end{pmatrix} = \begin{pmatrix} 3x_2 - x_1^2 + 7x_1x_2 + 3x_2^2 \\ 2x_1 + 4x_1x_2 + x_2^2 \end{pmatrix} \tag{E2.6}$$

in die Form

$$\begin{pmatrix} \dot{y}_1 \\ \dot{y}_2 \end{pmatrix} = \begin{pmatrix} 3y_2 \\ 2y_2 \end{pmatrix} + O(|\mathbf{y}|^3) \tag{E2.7}$$

transformiert.

2.3.5 Sei $\mathbf{X(x)}$ ein glattes Vektorfeld auf $\mathscr{R}^2$ mit $\mathbf{X(0)} = \mathbf{0}$ und $\mathbf{X}_1 = \begin{pmatrix} 3x_1 \\ x_2 \end{pmatrix}$. Man zeige, daß die Normalform von $\mathbf{X}$ in der Form

$$\begin{pmatrix} 3y_1 + Ky_2^3 \\ y_2 \end{pmatrix} + O(|\mathbf{y}|^{N+1}) \tag{E2.8}$$

geschrieben werden kann, wobei K eine beliebige reelle Konstante und $N > 3$ eine ganze Zahl ist.

2.3.6 Sei $\mathbf{X(x)}$ ein glattes Vektorfeld mit $\mathbf{X(0)} = \mathbf{0}$ und $\mathbf{X}_1 = \begin{pmatrix} p\lambda x_1 \\ -q\lambda x_2 \end{pmatrix}$, wobei $p, q \in \mathscr{Z}^+$ und $\lambda > 0$ ist. Man gebe die resonanten Terme der Ordnung $p + q + 1$ an.

2.3.7 Man betrachte ein ebenes Vektorfeld $\mathbf{X(x)}$ mit einem linearen Anteil der Form $(\lambda_1 x_1, \lambda_2 x_2)^T$, wobei $\lambda_1 = 2\lambda_2$ gilt. Man beweise, daß die Normalform bis zu beliebiger Ordnung $N > 3$ durch $\begin{pmatrix} \lambda_1 x_1 + cx_2^2 \\ \lambda_2 x_2 \end{pmatrix}$ gegeben ist. Man finde die entsprechenden Normalformen für $\lambda_1 = m\lambda_2$, wobei m eine positive ganze Zahl größer 2 ist.

2.3.8 Ist $\mathbf{A} = \begin{pmatrix} \lambda & 1 \\ 0 & \lambda \end{pmatrix}$, so berechne man $L_{\mathbf{A}}\begin{pmatrix} \mathbf{x^m} \\ 0 \end{pmatrix}$ und $L_{\mathbf{A}}\begin{pmatrix} 0 \\ \mathbf{x^m} \end{pmatrix}$ mit $\mathbf{x^m} = x_1^{m_1} x_2^{m_2}$. Man bestimme die Matrix-Darstellung von $L_{\mathbf{A}}$ relativ zu der Basis

$$\left\{ \begin{pmatrix} 0 \\ x_1^2 \end{pmatrix}, \begin{pmatrix} 0 \\ x_1x_2 \end{pmatrix}, \begin{pmatrix} 0 \\ x_2^2 \end{pmatrix}, \begin{pmatrix} x_1^2 \\ 0 \end{pmatrix}, \begin{pmatrix} x_1x_2 \\ 0 \end{pmatrix}, \begin{pmatrix} x_2^2 \\ 0 \end{pmatrix} \right\}.$$

Man zeige, daß die Eigenwerte von $L_{\mathbf{A}}$ durch $m_1\lambda_1+m_2\lambda_2-\lambda_i$, $i=1,2$ gegeben sind mit $\lambda_1=\lambda_2=\lambda$ und $m_1+m_2=r=2$.

2.3.9 Man verallgemeinere Aufgabe 2.3.8, um die Matrix-Darstellung von $L_{\mathbf{\Lambda}}: H^r \to H^r$, $r \geq 2$ zu bestimmen, wenn $\mathbf{\Lambda} = \begin{pmatrix} \lambda & 1 \\ 0 & \lambda \end{pmatrix}$ ist. Man zeige, daß die Eigenwerte von $L_{\mathbf{\Lambda}}$ auch Vielfache des Wertes $\lambda(r-1)$ sind, daß dieses Ergebnis mit dem Wert von $\mathbf{\Lambda}_{\mathbf{m},i}$ aus (2.3.12) konsistent ist und daß $L_{\mathbf{\Lambda}}^{-1}$ dann und nur dann existiert, wenn $\lambda \neq 0$ ist.

2.3.10 Man beweise, daß das Vektorfeld $\mathbf{X}(\mathbf{x}) = (3x_1+3x_1^2, x_2)^T$ in die Form $\tilde{\mathbf{X}}(\mathbf{y}) = (3y_1+6y_1^3+O(y_1^4), y_2)^T$ transformiert werden kann durch $x_1 = y_1+y_1^2$, $x_2=y_2$ (siehe Beispiel 2.1(b)).

2.4 Nicht-hyperbolische singuläre Punkte von Vektorfeldern

2.4.1 Um den Untermengen der Menge aller reellen 2×2-Matrizen eine Kodimension zuordnen zu können, betrachten wir $\mathbf{A} = \begin{pmatrix} a & b \\ c & d \end{pmatrix}$ als ein Element (a,b,c,d) des $\mathcal{R}^4$. Entspricht einer gegebenen Untermenge S von Matrizen eine Untermenge von Punkten in einem Unterraum des $\mathcal{R}^4$ mit der Dimension n, so ist die Kodimension von S laut Definition $4-n$. Man gebe minimale Bedingungen für a, b, c, d an, wenn $\mathbf{A}$ die folgenden Eigenschaften besitzen soll:
(i) beide Eigenwerte sind nicht null;
(ii) genau ein Eigenwert ist null;
(iii) beide Eigenwerte sind null, $\mathbf{A}$ ist jedoch nicht die Null-Matrix.
Man bestimme die Kodimension der Untermenge S_j von reellen 2×2-Matrizen, die die Bedingung (j) erfüllen $(j = i, ii, iii)$. Was bedeutet dies für den Entartungsgrad der (linearen) Vektorfelder, für die (2.4.1) und (2.4.3) gilt?

2.4.2 Man skizziere die Phasenbilder für die folgenden nicht-linearen Störungen des nicht-hyperbolischen Systems, welches in Abbildung 2.5 gezeigt ist:
(i) $\dot{x}=x$, $\dot{y}=y^2$;
(ii) $\dot{x}=y+x(x^2+y^2)$, $\dot{y}=-x+y(x^2+y^2)$;
(iii) $\dot{x}=x$, $\dot{y}=x^2$.

2.4.3 Man zeige, daß das Vektorfeld

$$\mathbf{X}(\mathbf{x}) = \begin{pmatrix} x_2+ax_1^2+bx_1x_2+cx_2^2 \\ dx_1^2+ex_1x_2+fx_2^2 \end{pmatrix} \tag{E2.9}$$

durch

$$\mathbf{x} = \mathbf{y} + \begin{pmatrix} Ay_1^2 + By_1y_2 + Cy_2^2 \\ Dy_1^2 + Ey_1y_2 + Fy_2^2 \end{pmatrix} \tag{E2.10}$$

in die Form

$$\tilde{\mathbf{X}}(\mathbf{x}) = \begin{pmatrix} y_2 + (a+D)y_1^2 + (b+E-2A)y_1y_2 - (c+F-B)y_2^2 \\ dy_1^2 + (e-2D)y_1y_2 + (f-E)y_2^2 \end{pmatrix} \tag{E2.11}$$

transformiert wird. Man wähle $A, B, \ldots, F$ so, daß gilt

(i) $\tilde{\mathbf{X}}(\mathbf{y}) = \begin{pmatrix} y_2 + \alpha y_1^2 \\ \beta y_1^2 \end{pmatrix} + O(|\mathbf{y}|^3)$,

(ii) $\tilde{\mathbf{X}}(\mathbf{y}) = \begin{pmatrix} y_2 \\ \gamma y_1^2 + \delta y_1 y_2 \end{pmatrix} + O(|\mathbf{y}|^3)$.

Man drücke $\alpha, \beta, \gamma, \delta$ durch $a, b, \ldots, f$ aus.

2.4.4 Man zeige, daß die Systeme

$$\dot{x}_1 = x_2 + ax_1^2, \qquad \dot{x}_2 = bx_1^2 \tag{E2.12}$$

und

$$\dot{y}_1 = y_2, \qquad \dot{y}_2 = cy_1^2 + dy_1y_2 \tag{E2.13}$$

glatt konjugiert zueinander sind mittels der Variablen-Transformation $x_1 = y_1$, $x_2 = y_2 - ay_1^2$. Wie ist daß Verhältnis der Konstanten a, b und c, d zueinander?

2.4.5 Das Vektorfeld $\mathbf{X}$ auf $\mathcal{R}^n$ habe einen nicht-hyperbolischen Fixpunkt bei $\mathbf{X} = \mathbf{0}$. Man verwende die reelle Jordan-Form von $D\mathbf{X}(\mathbf{0})$, um zu zeigen, daß die Normalform von $\mathbf{X}$ resonante Terme r-ter Ordnung enthält für alle $r \geq 2$.

2.5 Normalformen von Diffeomorphismen

2.5.1 Man zeige, daß der Operator $M_\mathbf{A} : H^r \to H^r$, der durch Gleichung (2.5.7) definiert wird, eine lineare Abbildung ist. Man beweise, daß für $\mathbf{A} = [\lambda_i \delta_{ij}]_{i,j=1}^n$ die Eigenwerte von $M_\mathbf{A}$ die Form $\boldsymbol{\lambda}^\mathbf{m} - \lambda_i$ haben, wobei $\boldsymbol{\lambda}^\mathbf{m} = \lambda_1^{m_1}\lambda_2^{m_2}\cdots\lambda_n^{m_n}$ und $m_1 + \cdots + m_n = r$ ist und die dazugehörigen Eigenvektoren die Gestalt $\mathbf{x}^\mathbf{m}\mathbf{e}_i$ besitzen.

2.5.2 Die Abbildung $f : \mathcal{R} \to \mathcal{R}$ habe einen Fixpunkt im Ursprung mit dem Eigenwert -1. Man zeige, daß f in der Form

$$f(x) = -x + cx^3 + O(|x|^5) \tag{E2.14}$$

geschrieben werden kann. Man beweise, daß der Ursprung ein stabiler Fixpunkt ist für $c > 0$. Hat f die ursprüngliche Form

$$f(x) = -x + c_2x^2 + c_3x^3 + O(|x|^4), \tag{E2.15}$$

so zeige man, daß $c = c_3 + c_2^2$ gilt.

2.5.3 Man betrachte die Abbildung $f : \mathcal{C} \to \mathcal{C}$ der Form $\sum_{i=1}^{\infty} a_i z^i$ mit $f(0) = 0$ und dem Eigenwert $\lambda = \exp(2\pi i p/q)$. Man zeige, daß eine Koordinaten-Transformation existiert, so daß f in der Form

$$f(z) = \lambda z + cz^{q+1} + O(|z|^{2q+1}) \tag{E2.16}$$

geschrieben werden kann.

2.5.4 Man finde eine Transformation der Form $z = w + a\bar{w}^3$, so daß aus

$$f(z) = \exp(i\alpha)z + \bar{z}^3 + z^2\bar{z}, \tag{E2.17}$$

mit $\alpha \neq 2\pi p/q$, $q = 1, 2, 3, 4$,

$$\tilde{f}(\omega) = \exp(i\alpha)w + w^2\bar{w} + O(|w|^4) \tag{E2.18}$$

wird.

2.5.5 Sei $B^r = M_{\mathbf{A}}(H^r)$ der Bild-Unterraum von H^r, wobei $\mathbf{A}$ gleich

(i) $\begin{pmatrix} 1 & 0 \\ 0 & \lambda \end{pmatrix}$, $\lambda \neq 1$,

(ii) $\begin{pmatrix} 1 & 1 \\ 0 & 1 \end{pmatrix}$

ist. Man finde für jeden Fall einen komplementären Unterraum G^r von B^r in H^r. Man zeige, daß die Normalform eines Diffeomorphismus $\mathbf{f} : \mathcal{R}^2 \to \mathcal{R}^2$, mit $\mathbf{f}(\mathbf{0}) = \mathbf{0}$ und $D\mathbf{f}(\mathbf{0}) = \mathbf{A}$, in der Form

(i) $\mathbf{f}(\mathbf{x}) = \left(x_1 + \sum_{r\geq 2} a_r x_1^r,\ \lambda x_2 + \sum_{r\geq 2} b_r x_1^{r-1} x_2\right)^T$,

(ii) $\mathbf{f}(\mathbf{x}) = \left(x_1 + x_2 + \sum_{r\geq 2} a_r x_1^r,\ x_2 + \sum_{r\geq 2} b_r x_1^r\right)^T$

geschrieben werden kann.

2.6 Zeitabhängige Normalformen

2.6.1 Sei $\mathbf{M}$ eine nicht-singuläre reelle $n \times n$-Matrix mit der Jordanform $\mathbf{J} = [\lambda_i \delta_{ij}]_{i,j=1}^n$. Man zeige, daß $\ln \mathbf{M}$ der Matrix $[\ln \lambda_i \delta_{ij}]_{i,j=1}^n$ ähnlich ist. Man zeige weiter, daß, falls $\lambda_i \in \mathcal{R}^+$, $i = 1, \ldots, n$, $\ln \mathbf{M}$ reell ist. Man gebe ein Gegenbeispiel dafür an, daß die Umkehrung nicht gilt.

2.6.2 Man betrachte die nicht-singuläre $n \times n$-Jordan-Block-Matrix $\mathbf{J} = \lambda \mathbf{I} + \mathbf{N}$, wobei $\lambda \in \mathcal{C}$ und $\mathbf{N} = [N_{ij}]_{i,j=1}^n$ ist mit $N_{ij} = 1$, falls $j = i+1$ gilt und null sonst. Man nehme an, $\ln \mathbf{J}$ habe Dreiecksform und zeige, daß es durch
(i) $\ln \lambda \mathbf{I} + (\mathbf{N}/\lambda)$ für $n = 2$,
(ii) $\ln \lambda \mathbf{I} + (\mathbf{N}/\lambda) - (\mathbf{N}^2/2\lambda^2)$ für $n = 3$
gegeben ist. Man beweise, daß diese Ergebnisse mit der allgemeinen Form

$$\ln \mathbf{J} = \ln \lambda \mathbf{I} + \mathbf{R} \tag{E2.19}$$

übereinstimmen, wobei $\mathbf{R}$ die Potenzreihe von Matrizen ist, die man durch eine Maclaurin-Entwicklung von $\ln(1 + x)$ erhält, wobei x durch $\mathbf{N}/\lambda$ ersetzt ist.

2.6.3 Sei $\mathbf{M}$ eine nicht-singuläre reelle $n \times n$-Matrix. Man verwende die Ergebnisse der Aufgaben 2.6.1 und 2.6.2, um zu zeigen, daß eine (vielleicht komplexe) Matrix $\mathbf{L}$ existiert mit $\mathbf{M} = \exp(\mathbf{L})$.

Eine alternative Form des Theorems von Floquet lautet (siehe Hale, 1969):
Jede Fundamental-Matrix $\mathbf{Q}(t)$ für $\dot{\mathbf{x}} = \mathbf{A}(t)\mathbf{x}$, $\mathbf{A}(t+2\pi) = \mathbf{A}(t)$, $t \in \mathcal{R}$ hat die Form $\mathbf{Q}(t) = \mathbf{U}(t)\exp(\mathbf{C}t)$, wobei $\mathbf{U}$ und $\mathbf{C}$ $n \times n$-Matrizen sind. $\mathbf{C}$ ist konstant und $\mathbf{U}(t)$ ist 2π-periodisch in t.
Man zeige die Äquivalenz zu Theorem 2.9 mit $\mathbf{C} = \mathbf{\Lambda}$ und $\mathbf{U}(t) = \mathbf{B}(t) = \boldsymbol{\varphi}(t, 0)\exp(-\mathbf{\Lambda}t)$.

2.6.4 Man beweise, daß zu jeder reellen nicht-singulären $n \times n$-Matrix eine *reelle* Matrix $\mathbf{L}$ existiert mit $\mathbf{M}^2 = \exp(\mathbf{L})$.
Man betrachte das lineare System $\dot{\mathbf{x}} = \mathbf{A}(t)\mathbf{x}$, $\mathbf{A}(t+2\pi) = \mathbf{A}(t)$, $t \in \mathcal{R}$. Man zeige, daß es eine *reelle* Variablen-Transformation $\mathbf{x} = \mathbf{B}(t)\mathbf{y}$ gibt, wobei $\mathbf{B}(t)$ *4π-periodisch* in t ist, so daß $\dot{\mathbf{y}} = \mathbf{\Lambda}\mathbf{y}$ gilt mit $\mathbf{\Lambda}$ reell und unabhängig von t.

2.6.5 Man zeige, daß das System

$$\begin{pmatrix} \dot{x}_1 \\ \dot{x}_2 \end{pmatrix} = \begin{pmatrix} -\sin 2t & \cos 2t - 1 \\ \cos 2t + 1 & \sin 2t \end{pmatrix} \begin{pmatrix} x_1 \\ x_2 \end{pmatrix} \tag{E2.20}$$

zwei linear unabhängige Lösungen

$$\mathbf{x}_\pm = \begin{pmatrix} \exp(\pm t) & (\cos t \mp \sin t) \\ \exp(\pm t) & (\pm \cos t + \sin t) \end{pmatrix} \tag{E2.21}$$

besitzt. Man berechne die Matrix $\boldsymbol{\varphi}(t, 0)$ und finde ein $\boldsymbol{\Lambda}$, so daß gilt $\boldsymbol{\varphi}(2\pi, 0) = \exp(2\pi\boldsymbol{\Lambda})$. Durch die Konstruktion $\mathbf{B}(t) = \boldsymbol{\varphi}(t, 0)$ $\exp(-\boldsymbol{\Lambda}t)$ überprüfe man, daß $\mathbf{x} = \mathbf{B}(t)\mathbf{y}$ eine Variablen-Transformation darstellt, so daß $\dot{\mathbf{y}} = \boldsymbol{\Lambda}\mathbf{y}$ gilt.

2.6.6 Man zeige, daß das autonome System $\dot{\mathbf{x}} = \boldsymbol{\Lambda}\mathbf{x}$ in die Form

$$\dot{\mathbf{y}} = \boldsymbol{\Lambda}\mathbf{y} - \left(L_\Lambda + \frac{\partial}{\partial t}\right)\mathbf{h}_r(\mathbf{y}, t) + O(|\mathbf{y}|^{r+1}; t) \tag{E2.22}$$

durch eine Variablen-Transformation $\mathbf{x} = \mathbf{y} + \mathbf{h}_r(\mathbf{y}, t)$ überführt werden kann. Die Komponenten von $\mathbf{h}_r$ sind hier homogene Polynome r-ten Grades in $\mathbf{y}$ und L_Λ ist der Lie-Klammer Operator.
Sei H^r der Vektorraum der Vektorfelder mit der Basis $\{x_1^{m_1} x_2^{m_2} \exp(i\nu t)\mathbf{e}_j | m_1 + m_2 = r, j = 1, 2\}$ für gewisse feste ganze Zahlen ν. Man betrachte den Operator $(L_\Lambda + \frac{\partial}{\partial t}) : H^r \to H^r$ mit $\boldsymbol{\Lambda} = \begin{pmatrix} \lambda & 1 \\ 0 & \lambda \end{pmatrix}$. Man zeige, daß die Eigenwerte von $L_\Lambda + \frac{\partial}{\partial t}$ die Form $i\nu + m_1\lambda_1 + m_2\lambda_2 - \lambda_i$ mit $\lambda_1 = \lambda_2 = \lambda$ haben.

2.6.7 Man zeige, daß, wenn das reelle System

$$\dot{\mathbf{x}} = \begin{pmatrix} \alpha & -\beta \\ \beta & \alpha \end{pmatrix} \mathbf{x} \tag{E2.23}$$

so über dem Körper der komplexen Zahlen diagonalisiert wird, daß die transformierten Koordinaten (z_1, z_2) relativ zu den konjugiert komplexen Eigenrichtungen zeigen, dann gilt $z_1 = \bar{z}_2 = z$. Man zeige weiter, daß das reelle System durch eine einzige komplexe Differentialgleichung

$$\dot{z} = (\alpha + i\beta)z \tag{E2.24}$$

ersetzt wird. Man bestimme die Abbildungen des Zeit-2π-Stromes $\mathbf{P}_1 : \mathcal{R}^2 \to \mathcal{R}^2$ und $P_2 : \mathcal{C} \to \mathcal{C}$ der Systeme (E2.23) und (E2.24). Man verwende $z = x + iy$, um $\mathbf{P}_1$ aus P_2 abzuleiten.

2.6.8 Man erkläre, warum die Resonanz-Bedingung (2.6.14)

$$i\nu + \mathbf{m}\cdot\boldsymbol{\lambda} - \lambda_i = 0, \qquad \sum_i m_i = r \tag{E2.25}$$

für ein gegebenes r nur endlich viele Fourier-Terme zuläßt.

Man finde resonante Terme bis zu 5.Ordnung in $|z|$ für eine zeitabhängige Differentialgleichung

$$\dot{z} = i\omega z + O(|z|^2, t), \tag{E2.26}$$

wobei (a) ω irrational ist, und (b) $\omega = 2/5$.

2.6.9 Sei $\mathbf{\Lambda} = \mathbf{0}$ in (2.6.6). Man verwende (2.6.14), um zu zeigen, daß keine zeitabhängigen resonanten Terme existieren.

Man finde eine Variablen-Transformation, welche 2π-periodisch in der Zeit sein soll, die die Gleichung

$$\dot{x} = x^2 \cos^2 t - cx^3 \tag{E2.27}$$

auf die Form

$$\dot{x} = ax^2 + bx^3 + O(|x|^4, t) \tag{E2.28}$$

reduziert. Man bestimme die Konstanten a und b und beschreibe das Verhalten von Lösungen in der Nähe von $x = 0$.

2.6.10 Man betrachte das in Beispiel 2.6 diskutierte System

$$\begin{pmatrix} \dot{z} \\ \dot{\bar{z}} \end{pmatrix} = \begin{pmatrix} i\omega & 0 \\ 0 & -i\omega \end{pmatrix} \begin{pmatrix} z \\ \bar{z} \end{pmatrix} + \mathbf{f}(z, \bar{z}, t), \tag{E2.29}$$

wobei $z, \bar{z} \in \mathscr{C}$, $\omega \in \mathscr{R}$ und $\mathbf{f}$ sei 2π-periodisch in t. Man verwende (2.6.14), um nachzuweisen, daß, falls $\begin{pmatrix} z^{m_1}\bar{z}^{m_2}\exp(i\nu t) \\ 0 \end{pmatrix}$ ein resonanter Term von $\mathbf{f}(z, \bar{z}, t)$ ist, so auch $\begin{pmatrix} 0 \\ z^{m_2}\bar{z}^{m_1}\exp(-i\nu t) \end{pmatrix}$.

2.7 Mittelpunkt-Mannigfaltigkeiten

2.7.1 Sei $\exp(\mathbf{A}t) : \mathscr{R}^n \to \mathscr{R}^n$ ein nicht-hyperbolischer linearer Strom mit einem zweidimensionalen zentralen Eigenraum $E^c \subseteq \mathscr{R}^n$. Man beschreibe die drei topologischen Typen von Strömen, die auf E^c auftreten können. Welche dieser Ströme geben Anlaß zu ungebundener Bewegung auf E^c?

2.7.2 Sei $\exp(\mathbf{A}t) : \mathscr{R}^n \to \mathscr{R}^n$ ein nicht-hyperbolischer Strom mit der Mittelpunkt-Mannigfaltigkeit E^c, die eine echte Untermenge des $\mathscr{R}^n$ sein soll. Sei $\mathbf{x} \in \mathscr{R}^n \backslash E^c$. Man zeige, daß $\mathbf{x}$ ein wandernder Punkt ist.

2.7.3 Man zeige, daß das System

$$\dot{x} = -x^5, \qquad \dot{y} = y \tag{E2.30}$$

eine Mittelpunkt-Mannigfaltigkeit der Form $y = h(x)$ besitzt, wobei gilt

$$h(x) = \begin{cases} c_1 \exp(-\frac{1}{4}x^{-4}), & x > 0, \\ 0, & x = 0, \\ c_2 \exp(-\frac{1}{4}x^{-4}), & x < 0 \end{cases} \tag{E2.31}$$

für beliebige Wahl der Konstanten $c_1, c_2 \in \mathcal{R}$. Welcher Differenzierbarkeitsklasse gehören die Mannigfaltigkeiten an? Welchen topologischen Typ besitzt der Strom auf jeder der Mannigfaltigkeiten?

2.7.4 Man beweise, daß die Kurve

$$y = \begin{cases} C_1|x|^{b/a}, & x < 0, \\ C_2|x|^{b/a}, & x \geq 0, \end{cases} \tag{E2.32}$$

mit $C_1, C_2 \in \mathcal{R}$, $a, b > 0$, invariant für das System

$$\dot{x} = ax, \qquad \dot{y} = by \tag{E2.33}$$

ist. Ist diese invariante Menge eine Mittelpunkt-Mannigfaltigkeit? Welche maximale Differenzierbarkeitsklasse besitzt sie im allgemeinen?

2.7.5 Man nähere die Gleichung der Mittelpunkt-Mannigfaltigkeit des Systems

$$\begin{aligned} \dot{x} &= \mu x - x^3 \\ \dot{y} &= y + x^4 \\ \dot{\mu} &= 0 \end{aligned} \tag{E2.34}$$

durch die Substitution $y = \sum_{i=2, j=0}^{\infty} a_{ij} x^i \mu^j$ in $(\mu x - x^3) dy/dx = y + x^4$ und vergleiche die Koeffizienten x^i für $i = 2, 3, \ldots, 6$. Dann zeige man, daß y aus C^4 ist für $\mu < \frac{1}{4}$ und aus C^6 für $\mu < \frac{1}{6}$.

2.7.6 Man zeige, daß das System $\dot{x} = x^3$, $\dot{y} = 1 + 2y$ einen nichthyperbolischen Fixpunkt mit der Mittelpunkt-Mannigfaltigkeit $y = -\frac{1}{2} + C \exp(-1/x^2)$ besitzt mit beliebiger Konstante C.

Nimmt man an, die Mittelpunkt-Mannigfaltigkeit sei analytisch gleich $y = \sum_{i=0}^{\infty} a_i x^i$ und die a_i seien durch Einsetzen der Reihen in das

System bestimmt worden, so zeige man, daß hierbei nur der Fall $C = 0$ gefunden wird. Man erkläre diese Diskrepanz.

2.7.7 Man zeige, daß die Differentialgleichung

$$\dot{x} = x^3, \qquad \dot{y} = 2y - 2x^2 \tag{E2.35}$$

keine analytische Mittelpunkt-Mannigfaltigkeit besitzt.

2.7.8 Man betrachte das System

$$\begin{aligned} \dot{x} &= ax^3 + x^3 y, \\ \dot{y} &= -y + y^2 + xy + x^2 - xy^2. \end{aligned} \tag{E2.36}$$

Man zeige, daß eine Mittelpunkt-Mannigfaltigkeit der Form $y = x^2 + O(x^3)$ existiert. Dann zeige man, daß der Ursprung ein schwacher stabiler Knoten ist für $a < 0$ und ein schwacher Sattel für $a > 0$.

2.7.9 Man zeige, daß die Stabilität des Systems

$$\dot{x} = x + ay^2, \qquad \dot{y} = -xy \tag{E2.37}$$

auf seiner Mittelpunkt-Mannigfaltigkeit durch das Vorzeichen von a bestimmt wird. Man skizziere das lokale Phasenbild bei $\mathbf{x} = \mathbf{0}$.

2.7.10 Man betrachte das System

$$\dot{x} = ax^r + by^s, \qquad \dot{y} = -y, \tag{E2.38}$$

wobei $a \in \mathcal{R}\backslash\{0\}$ und $r, s \in \mathcal{Z}^+$ mit $r < 2s$. Man zeige, daß *nur* dann der Ursprung ein asymptotisch stabiler Fixpunkt ist, wenn $a < 0$ und r ungerade.

2.7.11 Man betrachte die Differentialgleichung

$$\dot{u} = v, \qquad \dot{v} = -v + \alpha u^2 + \beta v u. \tag{E2.39}$$

Man führe eine lineare Transformation $\mathbf{u} = \mathbf{M}\mathbf{x}$, $\mathbf{u} = (u, v)^T$, $\mathbf{x} = (x, y)^T$ durch, um den linearen Anteil von (E2.39) in Jordan-Form zu bringen. Man bestimme die Form der Mittelpunkt-Mannigfaltigkeit in der xy-Ebene bis auf Terme 3. Ordnung. Man skizziere dann das lokale Phasenbild bei $\mathbf{x} = \mathbf{0}$ für $\alpha > \beta > 0$.

2.8 Blowing-up-Techniken auf $\mathcal{R}^2$

2.8.1 Polares blowing-up

2.8.1 Man verwende polares blowing-up, um den topologische Typ der Singularitäten im Ursprung des Systems

$$\dot{x} = x^2 + ay^2, \qquad \dot{y} = bxy \tag{E2.40}$$

zu bestimmen, wobei (i) $a > 0$, $b < 1$, und (ii) $a < 0$, $b > 1$ gelten soll.

2.8.2 Man bestimme die topologischen Typen der folgenden Systeme bei $(x, y) = \mathbf{0}$ mittels polarem blowing-up:
(i) $\dot{x} = x(2y + x)$, $\dot{y} = y(y + 2x)$,
(ii) $\dot{x} = x^2$, $\dot{y} = y(2x - y)$.

2.8.2 Gerichtetes blowing-up

2.8.3 Man zeige, daß gerichtetes blowing-up entlang der y-Achse das Wesen der Singularität im Ursprung des Systems

$$\dot{x} = x(\lambda + ay), \qquad \dot{y} = by^2, \qquad a, b, \lambda > 0 \tag{E2.41}$$

nicht verändert.

2.8.4 Man beachte, daß die Formeln für gerichtetes blowing-up auch entlang der negativen x und y-Achsen verwendet werden können. Warum muß beim Herausdividieren der transformierten Vektorfelder durch $|u|^k$ oder $|v|^k$ geteilt werden und nicht durch u^k bzw. v^k? Man bestimme die gerichteten blow-ups von

$$\dot{x} = x^2 - 2xy, \qquad \dot{y} = y^2 - 2xy \tag{E2.42}$$

auf den negativen x- und y-Achsen.

2.8.5 Man verwende gerichtetes blowing-up, um den topologischen Typ der Singularität bei $\mathbf{0}$ des Systems

$$\dot{x} = x^2 - y^2, \qquad \dot{y} = 2xy \tag{E2.43}$$

zu bestimmen.

2.8.6 Man benutze blowing-up-Techniken, um die topologischen Typen der Singularitäten im Ursprung der folgenden Systeme zu bestimmen:

(i) $\dot{x} = y + x^3, \qquad \dot{y} = x^3,$
(ii) $\dot{x} = x^2 - y^2, \qquad \dot{y} = -2xy.$
Man erkläre, warum die Techniken beim Bestimmen des topologische Typs der Singularität bei $(x, y) = \mathbf{0}$ des Systems $\dot{x} = y + x^3$, $\dot{y} = -x^3$ versagen.

3 Strukturelle Stabilität, Hyperbolizität und homokline Punkte

Bei Anwendungen des bisher Gesagten erwarten wir, daß unsere mathematischen Modelle robust sind. Damit meinen wir, daß sich ihre qualitativen Eigenschaften nicht grundlegend verändern, wenn kleine, zulässige Störungen auf unser System wirken. Um dies präziser zu fassen, brauchen wir eine Einteilung der Störungen und Kriterien, wann sie als klein zu betrachten sind. Vom theoretischen Standpunkt aus kann man sagen, wir betrachten unser System als ein Element eines Raumes **S** von dynamischen Systemen, dem wir eine passende Metrik geben. Dann ist es möglich, der Aussage, eine Störung liegt nahe dem Original-Modell, einen Sinn zu geben. Ein dynamisches System, dessen topologische Eigenschaften von allen genügend nahe liegenden Systemen geteilt wird (in einem Sinne, der noch exakt definiert werden muß), nennt man *strukturell stabil*.

Strukturelle Stabilität ist wie Hyperbolizität (siehe §§2.1 und 2.2) eine Eigenschaft individueller dynamischer Systeme, und es stellt sich die Frage, ob diese Eigenschaft, in gewissem Sinne, für die Elemente des Raumes **S** typisch ist. Die Teilmenge aller strukturell stabilen Systeme ist *offen*. Dies folgt direkt aus der Definition der Stabilität. Denn jedes strukturell stabile System liegt in einer offenen Menge, deren Elemente ebenfalls strukturell stabil sind. Daher ist die Teilmenge der strukturell stabilen Systeme die Vereinigung offener Mengen und damit selbst offen. Daraus folgt, daß strukturell stabile Systeme nicht beliebig genau durch strukturell instabile Systeme approximiert werden können. Manchmal ist es möglich zu zeigen, daß die Teilmenge der strukturell stabilen System im Raum **S** *dicht* ist. Dies bedeutet, daß jedes strukturell instabile System beliebig genau durch strukturell stabile Systeme approximiert werden kann. In solchen Fällen sagen wir, die strukturelle Stabilität ist eine *Eigenschaft* von **S** (im Sinne einer Gattungseigenschaft). Man nennt eine Eigenschaft allgemein, wenn sie von einer *Rest-Teilmenge* von **S** besessen wird. Solch eine Teilmenge sind die abzählbar vielen Schnittpunkte offener dichter Mengen. In diesem Kapitel werden wir es ausschließlich mit offenen dichten Mengen zu tun haben.

In §3.1 zeigen wir, ein linearer Strom ist dann und nur dann strukturell stabil, wenn er hyperbolisch ist und diese Hyperbolizität ist eine allgemeine Eigenschaft linearer Transformationen auf $\mathcal{R}^n$. Die strukturell stabilen linearen Ströme werden daher durch einen einzelnen, hyperbolischen Fixpunkt im Ursprung charakterisiert und strukturelle Stabilität von Strömen ist eine allgemeine Eigenschaft linearer Transformationen.

Untersuchungen von Strömen auf zweidimensionalen kompakten Mannigfaltigkeiten (siehe §3.3) zeigen, daß strukturell stabile Systeme nicht-wandernde Mengen besitzen, die durch hyperbolische Fixpunkte und geschlossene Bahnen charakterisiert werden, zusammen mit der globalen Forderung, daß keine Sattel-Verbindungen auftreten können. Strukturelle Stabilität ist wieder eine allgemeine Eigenschaft dieser Ströme.

Die oben gemachten Bemerkungen führen zu zwei Vermutungen über Ströme auf Mannigfaltigkeiten mit Dimension $n \geq 2$:

(i) strukturelle Stabilität ist eine allgemeine Eigenschaft solcher Ströme,

(ii) die strukturell stabilen Ströme werden in der selben Art und Weise charakterisiert wie die Ströme auf zwei-Mannigfaltigkeiten.

Keine dieser Vermutungen ist korrekt. Ein Gegenbeispiel zu (i) wurde durch Smale (1966) gegeben. Wir werden dieses Beispiel an dieser Stelle nicht diskutieren; der interessierte Leser findet es in Arnold, Avez, 1968, S.196-200. In den §§3.4 und 3.5 werden wir zwei Typen von Diffeomorphismen auf zwei-Mannigfaltigkeiten beschreiben, die strukturell stabil sind, jedoch nicht auf die Art und Weise charakterisiert werden können wie es in (ii) beschrieben ist. Man erinnere sich an dieser Stelle, daß diese Diffeomorphismen Strömen in drei Dimensionen entsprechen (Einhängung). Der *Anosov-Automorphismus* des zwei-Torus (siehe §3.4) sowie der Hufeisen-Diffeomorphismus der Kugel (siehe §3.5) besitzen komplizierte nicht-wandernde Mengen. Um diese zu beschreiben, müssen wir unseren Begriff der hyperbolischen Mengen erweitern, jenseits von Fixpunkten und geschlossenen Bahnen (siehe §3.6). Systeme, auf die sich in (ii) bezogen wird, nennt man *Morse-Smale-Systeme* (siehe Nitecki, 1971).

Der Hufeisen-Diffeomorphismus spielt auch im Verständnis der komplexen Dynamik, die in §1.9 beschrieben wurde, eine zentrale Rolle. Speziell kann man zeigen, daß er Bahnen besitzt, deren Verhalten zufällig oder *chaotisch* ist (siehe §§3.5.2 und 3.5.3). In den §§3.6 und 3.7 wird erklärt, in welcher Beziehung dies zu den „zweidimensionalen chaotischen Bahnen", die zu hyperbolischen Fixpunkten oder periodischen Punkten gewisser ebener Abbildungen gehören, steht (siehe die Abb. 1.39–1.42). Das Erscheinen *homokliner* (oder *heterokliner*) *Punkte* ist das zentrale Merkmal unsere Diskussion. Sie treten auf, wenn sich stabile und instabile Mannigfaltigkeiten eines hyperbolischen Punktes (oder mehrerer) transversal schneiden, und man kann zeigen, daß die Abbildung dann eingebettete Hufeisen enthalten muß.

3.1 Strukturelle Stabilität linearer Systeme

Sei $L(\mathcal{R}^n)$ die Menge der reellen linearen Transformationen des $\mathcal{R}^n$ auf sich selbst. Wir definieren die *Norm* einer $n \times n$-Matrix $\mathbf{A} = [a_{ij}]$ als $||\mathbf{A}|| = \sum_{i,j=1}^{n} |a_{ij}|$. Dann gibt es eine *ε-Umgebung* von $\mathbf{A}$ der Form $N_\varepsilon(\mathbf{A}) = \{\mathbf{B} \in L(\mathcal{R}^n) | \, ||\mathbf{B} - \mathbf{A}|| < \varepsilon\}$. Jedes $\mathbf{B} \in N_\varepsilon(\mathbf{A})$ nennt man ε-nahe bei $\mathbf{A}$. Wir sind nun in der Lage, eine formale Definition der strukturellen Stabilität linearer Ströme und Diffeomorphismen auf dem $\mathcal{R}^n$ zu geben.

Definition 3.1 *Ein linearer Strom* $\exp(\mathbf{A}t) : \mathcal{R}^n \to \mathcal{R}^n$ *(oder ein Diffeomorphismus* $\mathbf{A}$*) heißt* strukturell stabil *in* $L(\mathcal{R}^n)$*, wenn eine ε-Umgebung* $N_\varepsilon(\mathbf{A}) \subseteq L(\mathcal{R}^n)$ *von* $\mathbf{A}$ *existiert, so daß für jedes* $\mathbf{B} \in N_\varepsilon(\mathbf{A})$ *der Strom* $\exp(\mathbf{B}t)$ *(oder der Diffeomorphismus* $\mathbf{B}$*) topologisch äquivalent (konjugiert) zu* $\exp(\mathbf{A}t)$ *(oder* $\mathbf{A}$*) ist.*

Der folgende Satz zeigt, daß für diesen linearen Fall das strukturell stabile System vollständig charakterisiert werden kann.

Satz 3.1 *Ein linearer Strom oder ein linearer Diffeomorphismus auf* $\mathcal{R}^n$ *ist dann und nur dann strukturell stabil, wenn er hyperbolisch ist.*

Beweis. Ein linearer Strom $\exp(\mathbf{A}t)$ ist hyperbolisch, wenn *alle* Eigenwerte der Matrix $\mathbf{A}$ von null verschiedene Realteile besitzen (siehe Definition 2.2). Die Eigenwerte einer beliebigen ε-nahen Matrix $\mathbf{B}$ unterscheiden sich von denen von $\mathbf{A}$ durch Terme von $O(\varepsilon)$ (siehe Aufgabe 3.1.1). Macht man nun ε genügend klein, so können wir sicher sein, daß die Eigenwerte von $\mathbf{B}$ denen von $\mathbf{A}$ sehr nahe kommen und damit ebenfalls von null verschiedene Realteile besitzen. $\mathbf{A}$ und $\mathbf{B}$ besitzen dann die gleiche Anzahl $n_s(n_u)$ von Eigenwerten mit negativem (positivem) Realteil. Theorem 2.2 sagt nun, daß sowohl $\mathbf{A}$ als auch $\mathbf{B}$ zum Strom des Systems $\dot{\mathbf{x}} = -\mathbf{x}$, $\dot{\mathbf{y}} = \mathbf{y}$, $\mathbf{x} \in \mathcal{R}^{n_s}$, $\mathbf{y} \in \mathcal{R}^{n_u}$ äquivalent sind. Daher ist $\mathbf{A}$ strukturell stabil.

Nehmen wir nun umgekehrt an, der Strom $\exp(\mathbf{A}t)$ sei *nicht* hyperbolisch. Dann besitzt $\mathbf{A}$ mindest einen Eigenwert, dessen Realteil null ist. $\mathbf{B} = \mathbf{A} + \varepsilon\mathbf{I}$ ist jedoch für fast alle $\varepsilon \neq 0$ hyperbolisch und kann für genügend kleines ε beliebig nahe bei $\mathbf{A}$ liegen. Daher ist der nicht-hyperbolische Strom $\exp(\mathbf{A}t)$ *nicht* strukturell stabil. Also muß ein strukturell stabiler Strom hyperbolisch sein (siehe Abb. 3.1).

Der Beweis von Satz 3.1 für Diffeomorphismen verläuft analog; er wird in Aufgabe 3.1.2 behandelt.

Es ist wichtig, zu bemerken, daß durch Definition 3.1 ein Raum von Systemen $(L(\mathcal{R}^n))$ ausgewählt wird, zu dem die Störungen gehören müssen. Ob ein gegebenes System strukturell stabil ist oder nicht, hängt von der Wahl dieses

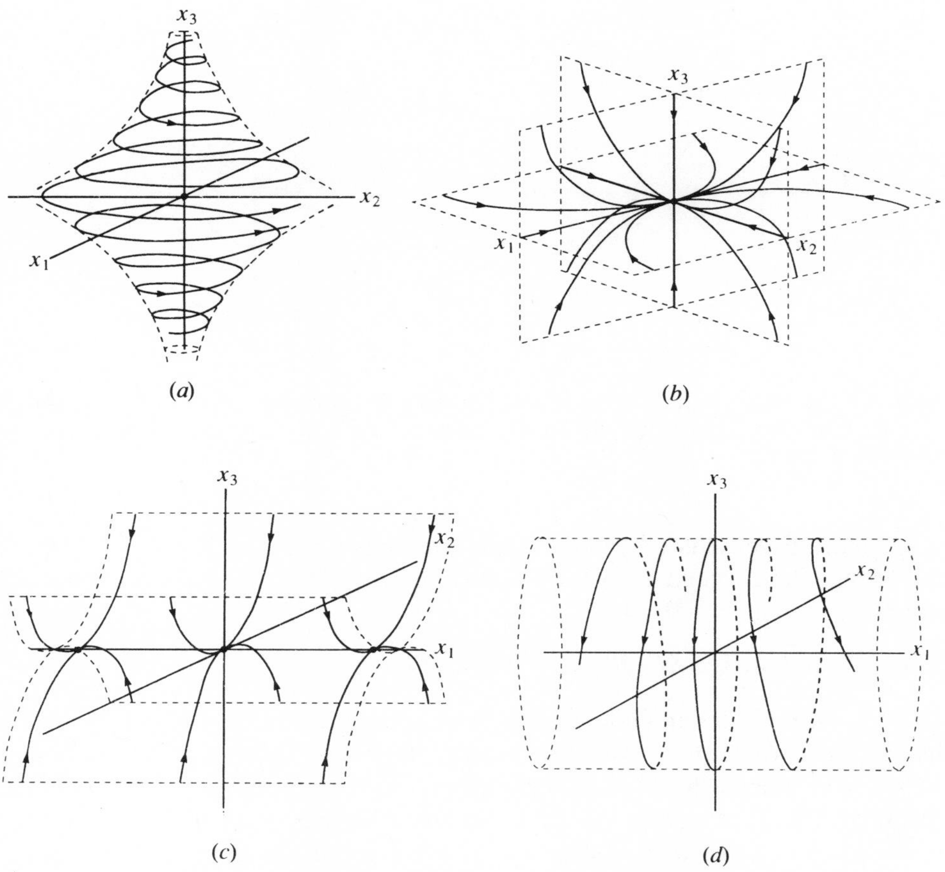

Abb. 3.1. Einige Beispiele für Phasenbilder von strukturell stabilen ((a) und (b)) und strukturell instabilen ((c) und (d)) linearen Strömen auf $\mathcal{R}^3$: (a) $\lambda_1, \lambda_2 = \alpha \pm i\beta$, $\alpha > 0$, $\lambda_3 < 0$; (b) $\lambda_1, \lambda_2, \lambda_3 < 0$; (c) $\lambda_1 = 0$, $\lambda_2, \lambda_3 < 0$; (d) $\lambda_1 > 0$, $\lambda_2, \lambda_3 = \pm i\beta$.

Raumes ab. Sei zum Beispiel $CL(\mathcal{R}^2) \subseteq L(\mathcal{R}^2)$ der Unterraum der linearen Transformationen mit rein imaginären, von null verschiedenen Eigenwerten. Ist $\mathbf{A} \in CL(\mathcal{R}^2)$, so ist $\mathbf{A}$ strukturell stabil in $CL(\mathcal{R}^2)$, aber strukturell instabil in $L(\mathcal{R}^2)$. Denn falls $\mathbf{B} \in CL(\mathcal{R}^2)$ und ε-nahe bei $\mathbf{A}$ ist, so besitzt $\mathbf{B}$ rein imaginäre Eigenwerte, die genügend nahe bei denen von $\mathbf{A}$ liegen. Daher sind beide Ströme $\exp(\mathbf{A}t)$ und $\exp(\mathbf{B}t)$ vom Wirbel-Typ und damit topologisch äquivalent (siehe Aufgabe 1.6.1). Also ist $\mathbf{A}$ in $CL(\mathcal{R}^2)$ strukturell stabil. Aber $\mathbf{A} \in CL(\mathcal{R}^2)$ ist natürlich nicht stabil in $L(\mathcal{R}^2)$ (siehe Abbildung 3.2). Dies folgt aus Satz 3.1, da $\mathbf{A}$ nicht hyperbolisch ist.

Die Beziehung zwischen hyperbolischen und strukturell stabilen Strömen in $L(\mathcal{R}^n)$ gestatte es zu zeigen, daß die „strukturelle Stabilität eines Stromes“ eine

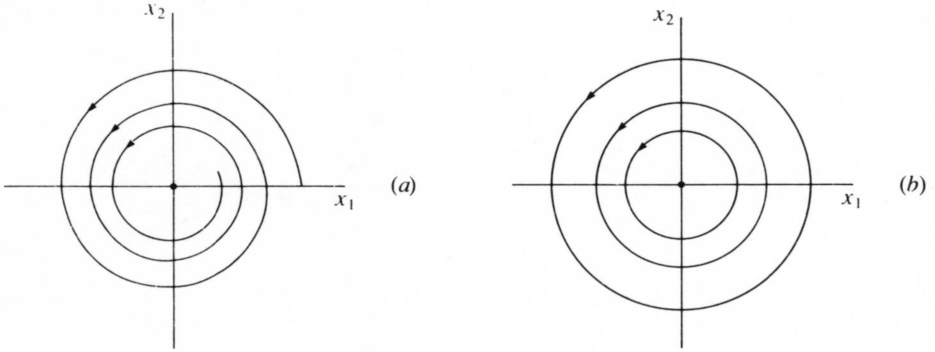

Abb. 3.2. Der Strom in (a) ist eine erlaubte Störung des Zentrums (b) in $L(\mathcal{R}^2)$, ist jedoch kein Element von $CL(\mathcal{R}^2)$. Ist die Spirale genügend klein, so kann (a) (b) beliebig nahe kommen in $L(\mathcal{R}^2)$.

allgemeine Eigenschaft linearer Transformationen ist. Sei $SF(\mathcal{R}^n) \subseteq L(\mathcal{R}^n)$ die Menge der linearen Transformationen, denen strukturell stabile Ströme auf $\mathcal{R}^n$ entsprechen.

Satz 3.2 *Die Menge $SF(\mathcal{R}^n)$ ist offen und dicht in $(\mathcal{R}^n)$.*

Beweis. Wie wir in den einleitenden Bemerkungen zu diesem Kapitel erwähnt haben, ist $SF(\mathcal{R}^n)$ offen. Genauer gesagt, liegt nach Definition 3.1 jedes $\mathbf{A} \in SF(\mathcal{R}^n)$ in einer offenen ε-Umgebung $N_\varepsilon(\mathbf{A})$ von topologisch äquivalenten Strömen. Da $N_\varepsilon(\mathbf{A})$ offen ist, sind alle seine Elemente strukturell stabil, das heißt $N_\varepsilon(\mathbf{A}) \subseteq SF(\mathcal{R}^n)$. Daher ist $SF(\mathcal{R}^n)$ offen, da es eine Vereinigung offener Mengen ist.

Es folgt aus Satz 3.1, daß $SF(\mathcal{R}^n) = HF(\mathcal{R}^n)$ ($\subseteq L(\mathcal{R}^n)$) ist, der Menge der linearen Transformationen, denen hyperbolische Ströme auf $\mathcal{R}^n$ entsprechen. Nun ist $HF(\mathcal{R}^n)$ eine dichte Untermenge von $L(\mathcal{R}^n)$. Um dies zu zeigen, nehmen wir an, $\mathbf{A} \notin HF(\mathcal{R}^n)$. Dann gibt es eine lineare Transformation $\mathbf{B}$, die beliebig nahe bei $\mathbf{A}$ liegt und dessen Strom $\exp(\mathbf{B}t)$ hyperbolisch ist (z.B. $\mathbf{B} = \mathbf{A} + \varepsilon\mathbf{I}$ mit kleinem ε).

Daher ist jedes Element von $L(\mathcal{R}^n)$ beliebig nahe bei Elementen von $HF(\mathcal{R}^n)$ und $HF(\mathcal{R}^n) = SF(\mathcal{R}^n)$ ist eine dichte Teilmenge von $L(\mathcal{R}^n)$. Also ist strukturelle Stabilität der Ströme eine allgemeine Eigenschaft des $L(\mathcal{R}^n)$.

Das analoge Ergebnis für hyperbolische, lineare Diffeomorphismen wird in Aufgabe 3.1.2 behandelt.

3.2 Lokale strukturelle Stabilität
(Hirsch, Smale, 1974, §16)

Ein wichtiges Ergebnis der Diskussion in §3.1 ist, daß hyperbolische Fixpunkte linearer Ströme und Diffeomorphismen bei genügend kleinen Störungen beständig sind. Dies kann auf lokale Ströme oder Diffeomorphismen, welche in einer Umgebung eines hyperbolischen Fixpunktes eines nicht-linearen Systems definiert sind, ausgedehnt werden. Natürlich müssen wir eine geeignete Klasse von Störungen wählen und angeben, wann sie als klein zu betrachten sind.

Sei U eine offene Teilmenge des $\mathcal{R}^n$ und $\mathrm{Vec}^1(U)$ die Menge aller C^1−Vektorfelder auf U. Der Betrag eines jeden Vektorfeldes $\mathbf{X} \in \mathrm{Vec}^1(U)$ sei seine C^1−Norm $||\mathbf{X}||_1$, mit

$$||\mathbf{X}||_1 = \sup_{x \in U} \left\{ \sum_{i=1}^{n} |X^i(\mathbf{x})| + \sum_{i,j=1}^{n} \left| \frac{\partial X^i(\mathbf{x})}{\partial x_j} \right| \right\}. \tag{3.2.1}$$

Ist also $\mathbf{X}(\mathbf{x}) = (X^1(\mathbf{x}), \ldots, X^n(\mathbf{x}))^T$, dann ist $||\mathbf{X}||_1$ „klein“, wenn $X^i(\mathbf{x})$ *und* $\partial X^i(\mathbf{x})/\partial x_j$, $i, j = 1, \ldots, n$ „klein“ sind für alle $\mathbf{x} \in U$. Wir definieren nun die ε-Umgebung von $\mathbf{X}$ in $\mathrm{Vec}^1(U)$ durch

$$N_\varepsilon(\mathbf{X}) = \{\mathbf{Y} \in \mathrm{Vec}^1(U) | \, ||\mathbf{Y} - \mathbf{X}||_1 < \varepsilon\}. \tag{3.2.2}$$

Man sagt oft, $\mathbf{Y} \in N_\varepsilon(\mathbf{X})$ ist $\varepsilon - C^1$-nahe (oder eine $\varepsilon - C^1$-Störung von) $\mathbf{X}$, um die Verwendung der C^1-Norm hervorzuheben. Dies bedeutet, daß die Komponenten *und* die ersten Ableitungen von $\mathbf{X}$ und $\mathbf{Y}$ nahe beieinander liegen in ganz U.

Nun können wir die oben gemachten Bemerkungen präziser fassen.

Satz 3.3 $\mathbf{X} \in$ *Vec*$^1(U)$ *habe eine hyperbolische Singularität bei* $\mathbf{x} = \mathbf{x}^*$. *Dann existiert eine Umgebung* V *von* $\mathbf{x}^*$ *in* U *und eine Umgebung* N *von* $\mathbf{X}$ *in Vec*$^1(U)$, *so daß jedes* $\mathbf{Y} \in N$ *einen eindeutigen hyperbolischen singulären Punkt* $\mathbf{y}^* \in V$ *besitzt. Der linearisierte Strom* $\exp(D\mathbf{Y}(\mathbf{y}^*)t)$ *besitzt stabile und instabile Eigenräume der gleichen Dimension wie* $\exp(D\mathbf{X}(\mathbf{x}^*)t)$.

Man beachte, daß der gestörte Fixpunkt $\mathbf{y}^*$ im allgemeinen nicht mit $\mathbf{x}^*$ zusammenfällt. Man kann jedoch für beliebiges gegebenes $\delta > 0$ ein N finden, so daß $|\mathbf{y}^* - \mathbf{x}^*| < \delta$ ist für alle $\mathbf{Y} \in N$. Mit Hilfe des Satzes 3.3 in Verbindung mit dem Hartman-Theorem (Theorem 2.6) kann man zeigen, daß Umgebungen von $\mathbf{x}^*$ und $\mathbf{y}^*$ existieren, auf welchen $\mathbf{X}$ und $\mathbf{Y}$ topologisch äquivalent sind. Aus Satz 3.3 folgt die Gleichheit der Dimensionen der stabilen Eigenräume der linearisierten Ströme $\exp(D\mathbf{X}(\mathbf{x}^*)t)$ und $\exp(D\mathbf{Y}(\mathbf{y}^*)t)$. Deshalb sind diese linearen Ströme topologisch äquivalent (siehe Theorem 2.1.2). Das Hartman-Theorem sagt nun, daß eine Umgebung von $\mathbf{x}^*$ ($\mathbf{y}^*$) existiert, auf welcher der Strom von $\dot{\mathbf{x}} = \mathbf{X}(\mathbf{x})$ ($\dot{\mathbf{y}} = \mathbf{Y}(\mathbf{y})$) topologisch konjugiert zu $\exp(D\mathbf{X}(\mathbf{x}^*)t)$ ($\exp(D\mathbf{Y}(\mathbf{y}^*)t)$) ist. Daher folgt die lokale, C^0-Äquivalenz der Ströme $\mathbf{X}$ und $\mathbf{Y}$ aus

$$\boldsymbol{\varphi}_t|U^H_{x^*} \sim \exp(D\mathbf{X}(\mathbf{x}^*)t) \sim \exp(D\mathbf{Y}(\mathbf{y}^*)t) \sim \boldsymbol{\psi}_t|U^H_{y^*}, \tag{3.2.3}$$

wobei $\boldsymbol{\varphi}_t$ und $\boldsymbol{\psi}_t$ die Ströme von $\mathbf{X}$ bzw. $\mathbf{Y}$ sind. $U^H_{x^*}$ und $U^H_{y^*} \subseteq U$ bezeichnen die Umgebungen, auf denen das Hartman-Theorem gilt. Es ist nun sinnvoll zu sagen, $\boldsymbol{\varphi}_t : U \to \mathcal{R}^n$ ist strukturell stabil in einer Umgebung von $\mathbf{x}^*$. Denn für jedes Paar $(\mathbf{Y}, \mathbf{y}^*)$ gibt es eine Umgebung $U^H_{y^*} \subseteq U$ von $\mathbf{y}^*$, so daß $\boldsymbol{\psi}_t|U^H_{y^*}$ C^0-äquivalent zu $\boldsymbol{\varphi}_t|U^H_{x^*}$ ist. Wir sagen, $\boldsymbol{\varphi}_t$ ist *lokal strukturell stabil* bei $\mathbf{x}^*$. Alternativ dazu kann man (3.2.3) auch so interpretieren, daß der *topologische Typ* des Fixpunktes (siehe die einführenden Bemerkungen zu Kapitel 2) unter allen genügend kleinen C^1-Störungen erhalten bleibt. Man sagt dann, der *Typ des Fixpunktes* ist strukturell stabil.

Hyperbolische Fixpunkte von Diffeomorphismen haben auch Bestand unter genügend kleinen C^1-Störungen. Sei $\mathrm{Diff}^1(U)$ die Menge der C^1-Diffeomorphismen $\mathbf{f} : U(\subseteq \mathcal{R}^n) \to \mathcal{R}^n$ mit der C^1-Norm. Parallel zu Satz 3.3 für Ströme erhalten wir:

Satz 3.4 *Sei $\mathbf{x}^*$ ein hyperbolischer Fixpunkt des Diffeomorphismus $\mathbf{f} : U \to \mathcal{R}^n$. Dann existiert eine Umgebung V von $\mathbf{x}^*$ in U und eine Umgebung N von $\mathbf{f}$ in $\mathrm{Diff}^1(U)$, so daß jedes $\mathbf{g} \in N$ einen eindeutigen hyperbolischen Fixpunkt $\mathbf{y}^* \in V$ vom gleichen topologischen Typ wie $\mathbf{x}^*$ besitzt.*

Satz 3.4 gestattet es uns zu zeigen, daß *hyperbolische geschlossene Bahnen* von Strömen auf $\mathcal{R}^n$ strukturell stabil sind. Der Strom $\boldsymbol{\varphi}_t : U \to \mathcal{R}^n$ mit dem Vektorfeld $\mathbf{X} \in \mathrm{Vec}^1(U)$ habe eine hyperbolische geschlossene Bahn γ. Dann gehört die entsprechende Poincaré-Abbildung $\mathbf{P}$, definiert auf einem lokalen Schnitt S bei $\mathbf{x}^* \in \gamma$, zu $\mathrm{Diff}^1(S)$. $\mathbf{x}^*$ ist ein hyperbolischer Fixpunkt von $\mathbf{P}$. Für genügend kleine ε besitzt nach Satz 3.4 jede $\varepsilon - C^1$-Störung von $\mathbf{P}$ einen hyperbolischen Fixpunkt mit dem gleichen topologischen Typ wie $\mathbf{x}^*$. Also ergibt jede genügend kleine C^1-Störung von $\mathbf{X}$ einen Strom mit einer hyperbolischen geschlossenen Bahn vom gleichen topologischen Typ wie γ.

3.3 Ströme auf zwei-dimensionalen Mannigfaltigkeiten

Die Charakterisierung strukturell stabiler Ströme auf zwei-Mannigfaltigkeiten liefert eine gute Illustration der technischen Schwierigkeiten, die entstehen, wenn man versucht, die Diskussion lokaler Phänomen in §3.2 auf globale Phänomen auszudehnen. Man erinnere sich, die Ergebnisse des §3.2 hingen von der Existenz genügend kleiner Umgebungen der gestörten und ungestörten Fixpunkte ab, auf denen man den Begriff der topologische Äquivalenz verwenden konnte. Diese Umgebungen waren genügend kleine Teilmengen der offenen Menge U, auf der $\mathbf{X}$ definiert worden war, so daß das Verhalten von $\mathbf{X}$ auf dem Rand ∂U von U keine Rolle spielte. So lange es um lokale Phänomene ging, haben wir uns keine Gedanken darum gemacht, ob $\mathbf{X}$ eine natürliche Fortsetzung auf ∂U besitzt. Wir haben auch, solange wir nur Störungen betrachteten, die sich von $\mathbf{X}$ nur auf genügend kleinen Umgebungen des singulären Punktes $\mathbf{x}^*$ unterschieden, uns nie die Frage gestellt, ob $||\mathbf{X} - \mathbf{Y}||_1$ endlich ist für *alle* $\mathbf{X}, \mathbf{Y}$ in $\mathrm{Vec}^1(U)$. Komplikationen dieser Art lassen sich allerdings nicht vermeiden, wenn präzise Aussagen über globale strukturelle Stabilität gemacht werden, und sie geben Anlaß zu technischer Bedingungen in den abzuleitenden Theoremen.

Beginnen wir mit der Betrachtung von Vektorfeldern auf $\mathcal{R}^2$. Wir können sicher gehen, daß $||\mathbf{X} - \mathbf{Y}||_1$ für alle $\mathbf{X}, \mathbf{Y}$ definiert ist, indem wir die Diskussion auf kompakte Teilmengen des $\mathcal{R}^2$ beschränken. Sei also $D^2 = \{\mathbf{x} \in \mathcal{R}^2 \mid ||\mathbf{x}|| \leq 1\}$ und ∂D^2 bezeichne ihren Rand. Damit die Vektorfelder, mit denen wir uns beschäftigen, auf ∂D^2 wohldefiniert sind, nehmen wir an, sie seien auf einer offenen Menge U, die D^2 enthält, definiert und wir verwenden die Beschränkung des Vektorfeldes auf die Einheitsscheibe für unsere Rechnungen. Sei nun $\mathrm{Vec}^1(D^2)$ die Menge aller C^1-Vektorfelder $\mathbf{X}$ wie oben definiert, ausgestattet mit einer C^1-Norm

$$||\mathbf{X}||_1 = \max_{x \in D^2} \left\{ \sum_{i=1}^{2} |X^i| + \sum_{i=1}^{2} \left| \frac{\partial X^i}{\partial x_j} \right| \right\}. \tag{3.3.1}$$

Definition 3.2 *Ein Vektorfeld* $\mathbf{X}$ *in* $Vec^1(D^2)$ *heißt* strukturell stabil, *falls eine Umgebung* N *von* $\mathbf{X}$ *in* $Vec^1(D^2)$ *existiert, so daß der Strom eines jeden* $\mathbf{Y}$ *in* N *topologisch äquivalent zu dem von* $\mathbf{X}$ *auf* D^2 *ist.*

Die obigen Vorkehrungen reichen allerdings nicht aus, um uns nur den strukturellen Instabilitäten im *Inneren von* D^2 zuwenden zu können. Leider können noch Instabilitäten, die mit dem Verhalten der Vektorfelder auf dem Rand der Scheibe zusammen hängen, auftreten. Sind keine weiteren Bedingungen vorhanden, so gehören im allgemeinen Vektorfelder, die tangential zu ∂D^2 liegen, noch zu $\mathrm{Vec}^1(D^2)$. In Abbildung 3.3 sind topologisch verschiedene C^1-Störungen solcher Vektorfelder dargestellt. Diese unerwünschten strukturellen Instabilitäten können ausgeschlossen werden, indem man nur Vektorfelder in die Diskussion einbezieht, die *transversal zu* ∂D^2 sind. Natürlich ist ein solches Vektorfeld Element einer der beiden disjunkten Teilmengen von $\mathrm{Vec}^1(D^2)$: es zeigt entweder in D^2 *hinein* oder aus D^2 *heraus* für jeden Punkt von ∂D^2. Sei $\mathrm{Vec}^1_{in}(D^2)$ die Menge der Vektorfelder, die wie oben beschrieben auf der Scheibe D^2 definiert sind und $\mathbf{X}(\mathbf{x})$ zeige in D^2 hinein für jeden Punkt $\mathbf{x} \in \partial D^2$. Dann verallgemeinert das folgende Theorem die Sätze 3.1 und 3.2 für lineare Vektorfelder.

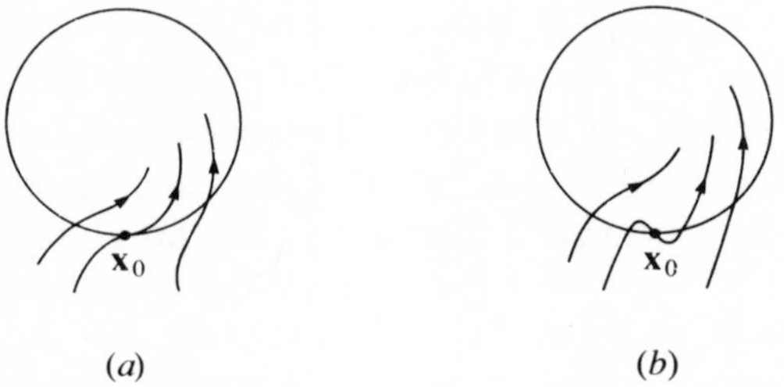

Abb. 3.3. Das Vektorfeld aus $\mathrm{Vec}^1(D^2)$ mit einer Tangente bei $\mathbf{x}_0 \in \partial D^2$in (a) ist nicht strukturell stabil, wie die Störung in (b) zeigt. In (b) verlässt mit wachsender Zeit eine Bahn die Scheibe D^2.

Theorem 3.1 (Peixoto) *Gehöre* $\mathbf{X}$ *zu* $\mathit{Vec}^1_{in}(D^2)$. $\mathbf{X}$ *ist strukturell stabil dann und nur dann, wenn sein Strom folgende Bedingungen erfüllt:*

(i) alle Fixpunkte sind hyperbolisch;

(ii) alle geschlossenen Bahnen sind hyperbolisch;

(iii) es gibt keine Bahnen, die Sattelpunkte miteinander verbinden.

Man beachte, daß die Bedingungen (i) und (ii) einfach lokale strukturelle Stabilität der Fixpunkte und geschlossenen Bahnen im Strom von $\mathbf{X}$ sichern. Nur Punkt (iii) verwendet eine globale Eigenschaft des Stromes.

Theorem 3.2 *Die Teilmenge der Vektorfelder in* $\mathit{Vec}^1_{in}(D^2)$, *die strukturell stabil sind, ist offen und dicht in* $\mathit{Vec}^1_{in}(D^2)$.

Für Vektorfelder, die in jedem Punkt von ∂D^2 aus D^2 heraus zeigen, können analoge Aussagen getroffen werden. Die Ströme in $\mathrm{Vec}^1_{in}(D^2)$ und $\mathrm{Vec}^1_{out}(D^2)$ gehen bei Zeitumkehr ineinander über.

Durch stereographische Projektion (siehe Abbildung 3.4(a)) ist die Einheitsscheibe D^2 homomorph zu einer geschlossenen Kugelhaube C^2 um den

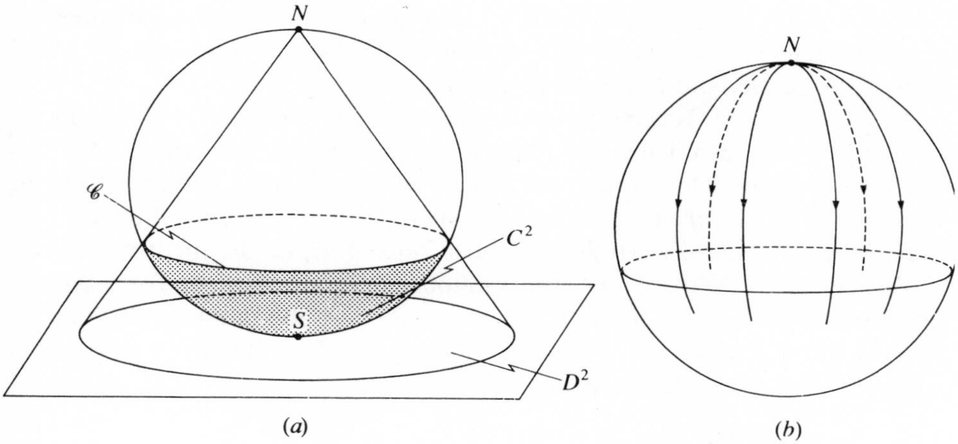

Abb. 3.4. (a) Stereographische Projektion vom Nordpol der Kugel. Der Kreis $\mathscr{C}$ bildet auf den Rand von D^2 ab. (b) Ein Vektorfeld in der Umgebung von N, welches **S** transversal schneidet.

Südpol der Kugel S^2. Die Randbedingungen auf ∂D^2 werden dann durch die Betrachtung von Strömen auf S^2 mit einem einzelnen abstoßenden Fixpunkt in $S^2 \backslash C^2$ ersetzt. Dieser liegt gewöhnlich auf dem Nordpol (siehe Abbildung 3.4(b)). Ist diese Fixpunkt nun hyperbolisch, so ist ein strukturell stabiles Vektorfeld auf D^2 auch strukturell stabil auf S^2. Dies folgt aus der Arbeit von Peixoto (1962), der die Theoreme 3.1 und 3.2 auf zweidimensionale kompakte Mannigfaltigkeiten erweiterte. Sei M eine zweidimensionale, kompakte Mannigfaltigkeit ohne Rand und $\mathrm{Vec}^1(M)$ die Menge der C^1-Vektorfelder auf M mit einer C^1-Norm.

Diese Norm definiert man durch Einführung der C^1-Norm auf jeder Karte eines endlichen Atlanten für M. Dann läßt sich das Ergebnis von Peixoto folgendermaßen ausdrücken:

Theorem 3.3 (Peixoto) *Ein Vektorfeld aus* $Vec^1(M)$ *ist dann und nur dann strukturell stabil, falls sein Strom die folgenden Bedingungen erfüllt:*

(i) alle Fixpunkte sind hyperbolisch;

(ii) alle geschlossenen Bahnen sind hyperbolisch;

(iii) es existieren keine Bahnen, die Sattelpunkte miteinander verbinden;

(iv) die nicht-wandernde Menge enthält nur Fixpunkte und periodische Punkte.

Ist M orientierbar, so formt die Menge der strukturell stabilen C^1*-Vektorfelder eine offene dichte Teilmenge des* $Vec^1(M)$.

Orientierbarkeit bedeutet hier einfach, daß man zwei verschiedene Seiten von M unterscheiden kann. Die Kugel, der Torus, die Bretzel usw. sind alles Beispiele für orientierbare Mannigfaltigkeiten.

Theorem 3.3 enthält eine zusätzliche Bedingung (iv), die in Theorem 3.1 nicht erscheint. Man kann sie folgendermaßen veranschaulichen. Man betrachte den irrationalen Strom auf dem Torus T^2. Dieser Strom erfüllt die Punkte (i)–(iii) trivial. Es gibt keine Fixpunkte, geschlossenen Bahnen oder Sattel-Verbindungen. Er erfüllt aber nicht Punkt (iv), da die nicht-wandernde Menge der ganze Torus T^2 ist. Ein irrationaler Strom auf dem Torus ist also nicht strukturell stabil. Natürlich existieren $\varepsilon - C^1$-nahe rationale Ströme, für die jede Bahn geschlossen ist. Einige Beispiele strukturell stabiler Ströme auf S^2 und T^2 werden in Abb. 3.5 gezeigt.

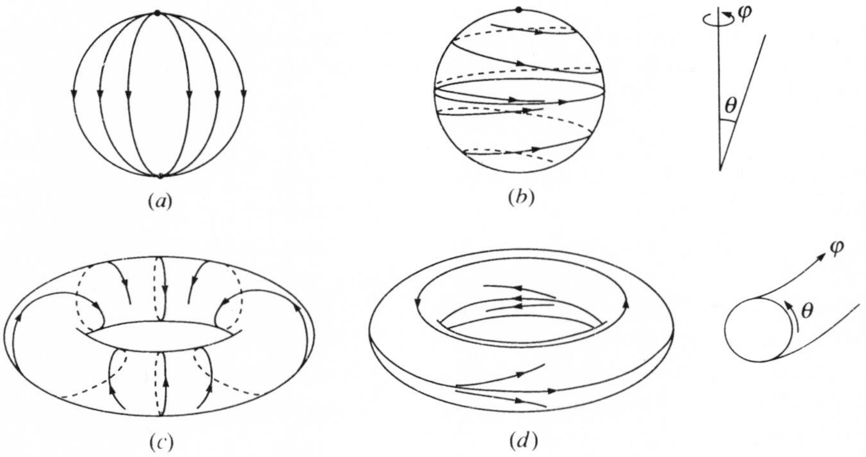

Abb. 3.5. Beispiele für strukturell stabile Phasenbilder auf der Kugel und dem Torus. (a) $\dot{\theta} = \sin\theta$, $\dot{\phi} = 0$; (b) $\dot{\theta} = \sin 2\theta$, $\dot{\phi} = 1$; (c) $\dot{\theta} = 1$, $\dot{\phi} = \sin\phi$; (d) $\dot{\theta} = \sin 2\theta$, $\dot{\phi} = 1$.

Man sollte vielleicht erwähnen, daß nur eine endliche Anzahl von Fixpunkten und periodischen Punkten, wenn sie alle hyperbolisch sind, auftreten können, da M kompakt ist. Nach dem Hartman-Theorem ist ein Strom in der Nähe eines hyperbolischen Fixpunktes topologisch konjugiert zu dem seiner Linearisierung. Letzterer besitzt einen isolierten Fixpunkt im Ursprung, daher müssen hyperbolische Punkte isoliert sein. Fixpunkte können sich also nicht bei einem hyperbolischen Fixpunkt häufen. Damit können nur eine endliche Anzahl von Fixpunkten auf einer kompakten Mannigfaltigkeit auftreten, wenn sie *alle* hyperbolisch sind.

Wir könnten nun versuchen, unsere Diskussion der strukturellen Stabilität auf nicht-kompakte Mengen, wie zum Beispiel die gesamte Ebene, auszudehnen. Natürlich kann dann eine endliche C^1-Norm nicht mehr garantiert werden, aber man kann offensichtlich versuchen, Beschränkungen auf kompakte Teilmengen zu betrachte. Ist ein Vektorfeld strukturell instabil auf beliebigen kompakten Teilmengen der Ebene, so wird es auch auf der ganzen Ebene strukturell instabil sein. Dieses Verfahren besitzt einen praktischen Wert, da wir bei Anwendungen kaum auf Variablen stoßen, die unendlich werden; sie können sehr groß werden, bleiben aber endlich. Das folgende Beispiel verdeutlicht diese Idee.

Beispiel 3.1 Man zeige, daß das Vektorfeld **X** der Differentialgleichung

$$\dot{x} = 2x - x^2, \qquad \dot{y} = -y + xy \tag{3.3.2}$$

nicht strukturell stabil ist auf jeder kompakten Teilmenge der Ebene, bei der die Verbindungslinie der singulären Punkte im Inneren der Menge liegt.

Lösung. Das System (3.3.2) besitzt Sattelpunkte bei $\mathbf{x}^* = (0, 0)$ und $\mathbf{y}^* = (2, 0)$. Auf der x-Achse gilt $\dot{y} = 0$, so daß eine Bahn existiert, die diese hyperbolischen Fixpunkte verbindet. Das Phasenbild ist in Abbildung 3.6(a) gezeigt. Sei D eine beliebige kompakte Menge, die die Separatrix von $\mathbf{x}^*$ und $\mathbf{y}^*$ enthält. Man beachte, daß die Gerade $x = 0$ die stabile Mannigfaltigkeit von $\mathbf{x}^*$ ist, während die Gerade $x = 2$ die instabile Mannigfaltigkeit für $\mathbf{y}^*$ ist.

Dies bedeutet, daß es Punkte auf dem Rand von D gibt, für die $\mathbf{X}(\mathbf{x})$ sowohl in als auch aus D zeigt. Deshalb sind wir (technisch) nicht in der Lage, Theorem 3.1 anzuwenden. Betrachten wir nun die einparametrige Schar von Systemen

$$\dot{x} = 2x - x^2, \qquad \dot{y} = -y + xy + \mu(2x - x^2). \tag{3.3.3}$$

Das Vektorfeld von (3.3.3) kann dem von (3.3.2) $\varepsilon - C^1$-nahe gemacht werden auf *jeder* kompaktem Teilmenge von D, wie sie oben beschrieben wurde, indem man μ genügend klein macht. Das Phasenbild von (3.3.3) ist für $\mu > 0$

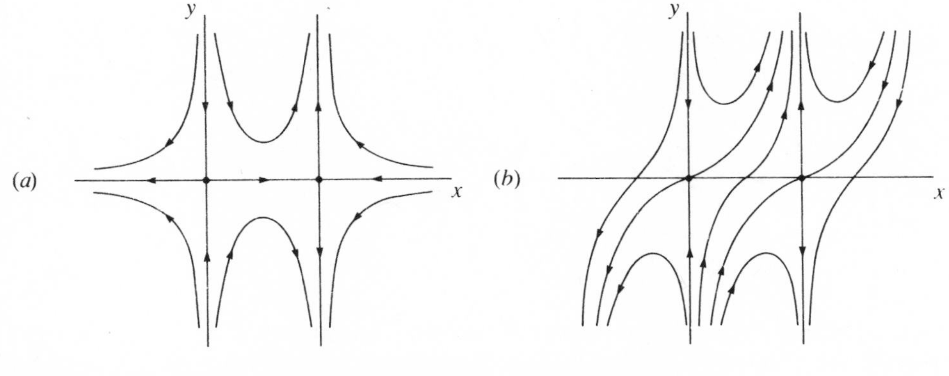

Abb. 3.6. Phasenbilder für (a) (3.3.2) und (b) (3.3.3) mit $\mu > 0$.

in Abbildung 3.6(b) gezeigt. Die Punkte $(0, 0)$ und $(2, 0)$ sind Sattelpunkte für alle reellen μ. Für μ verschieden von null ist $\dot{y} \neq 0$ auf der x-Achse zwischen beiden Punkten. Die stabile Separatrix bei $(2, 0)$ liegt tangential zu $y = \frac{2}{3}\mu x$. Deshalb existiert für $\mu > 0$ keine Sattel-Verbindung zwischen den Fixpunkten. Also sind die Ströme für $\mu = 0$ und $\mu > 0$ topologisch verschieden. Das Vektorfeld in (3.3.2) ist damit strukturell instabil auf jeder kompakten Teilmenge der Ebene, die die Sattelverbindung enthält.

Mit Blick auf die Rolle, die die Randbedingungen auf ∂D^2 in Theorem 3.1 spielen, sollte man vielleicht bemerken, daß ein Vektorfeld, welches die Bedingungen (i)–(iii) nicht erfüllt, sicherlich strukturell instabil ist, unabhängig von den Randbedingungen auf ∂D^2. Die Umkehrung ist natürlich nicht wahr, es sei denn, das Vektorfeld ist transversal zum Rand.

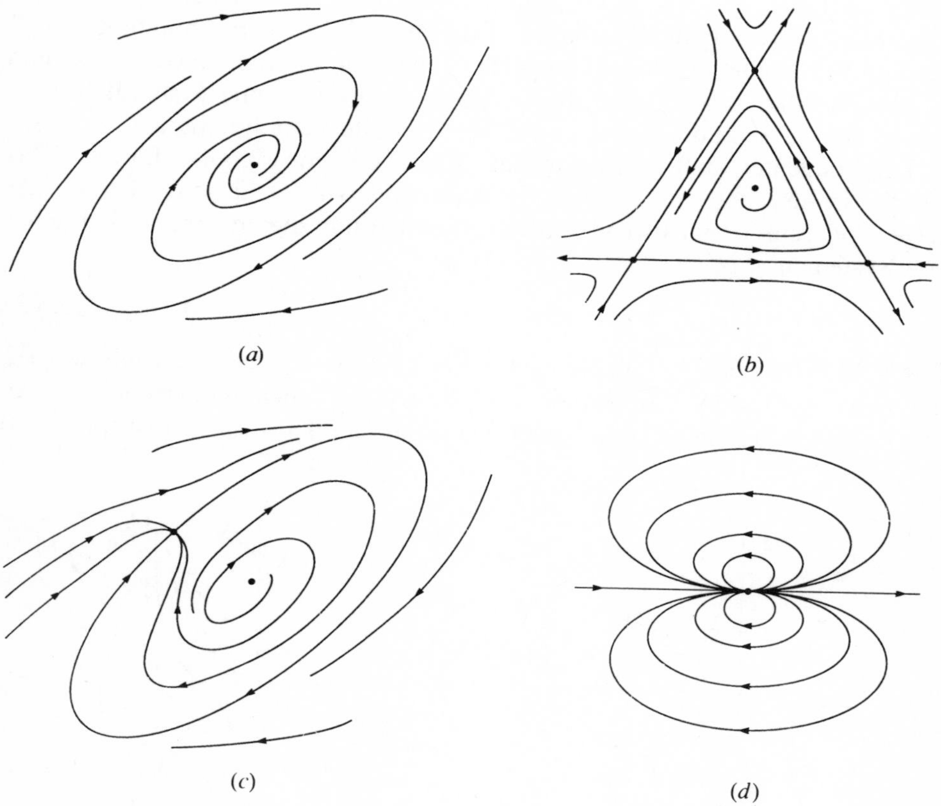

Abb. 3.7. Einige Beispiele für strukturell instabile Phasenbilder auf $\mathcal{R}^2$. In jedem Fall erscheint die strukturelle Instabilität in der Beschränkung des Stromes auf ein kompakte Teilmenge der Ebene.

Beispiel 3.1 zeigt einen nützlichen Weg, struktureller Instabilität auf der Ebene eine Bedeutung zu geben. Andere Beispiele zeigt Abbildung 3.7. Man sollte allerdings nicht glauben, daß, wenn ein Vektorfeld strukturell stabil auf beliebig großen kompakten Teilmengen der Ebene ist, es auch strukturell stabil auf der gesamten Ebene ist. Das folgende Beispiel ist ein Gegenbeispiel zu dieser irrigen Annahme.

Beispiel 3.2 Man zeige, daß es beliebig große kompakte Teilmengen der Ebene gibt, auf denen das System

$$\dot{x} = -x, \qquad \dot{y} = \sin(\pi y)\exp(-y^2) \tag{3.3.4}$$

strukturell stabil ist. Man zeige weiter, daß der topologische Typ von (3.3.4) auf der gesamten Ebene durch die Addition der Störung $(0, \mu)$ zu $(\dot{x}, \dot{y})$ geändert wird, so klein man auch μ macht.

Lösung. Abb. 3.8(a) zeigt $\dot{y}$ als Funktion von y. Daraus folgt, daß (3.3.4) bei $(\dot{y}, y) = (0, p)$, $p \in \mathscr{Z}$ Fixpunkte besitzt. Diese Fixpunkte sind abwechselnd Knoten und Sattelpunkte, wie in Abbildung 3.8(b) gezeigt. Sei nun D eine kompakte Teilmenge von $\mathscr{R}^2$, die die y-Achse bei $(0, y_l)$, $(0, y_u)$ schneidet mit $y_l < y_u$ und $y_l, y_u \neq p$ für beliebige ganze Zahlen p. Wählt man D so,

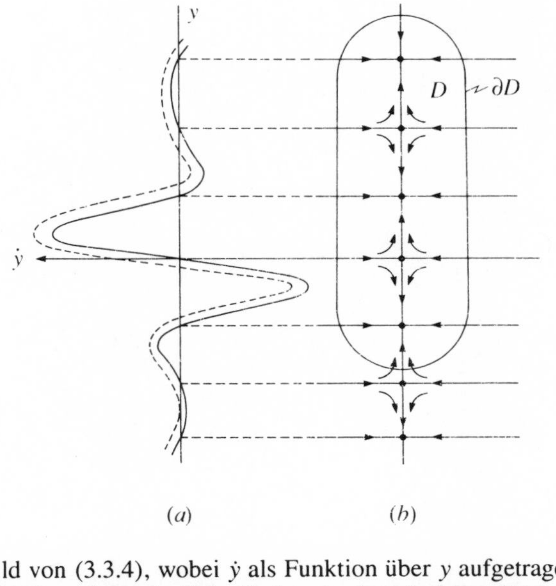

Abb. 3.8. Phasenbild von (3.3.4), wobei $\dot{y}$ als Funktion über y aufgetragen ist. Alle Nullen von $\dot{y}$ sind einfach. Der Fixpunkt (x^*, y^*) ist ein Sattel, falls $d\dot{y}/dy|_{y^*} > 0$, und ein Knoten, falls $d\dot{y}/dy|_{y^*} < 0$ ist. Die gebrochene Kurve in (a) entsteht durch Auftragen von $\dot{y}$ über y für (3.3.5). Die Abnahme der Amplitude der Oszillation von $\dot{y}$ bedeutet, daß für $\exp(-y^2) < |\mu|$, das heißt für $y^2 > -\ln(|\mu|)$ keine Fixpunkte auftreten.

daß $\dot{y}(y_l) > 0$ und $\dot{y}(y_u) < 0$ ist, so ist (3.3.4) strukturell stabil auf D nach Theorem 3.1. Natürlich können so beliebig große D konstruiert werden.

Betrachten wir nun die Schar von Vektorfeldern, die durch $\dot{\mathbf{x}} = \mathbf{X}_\mu(\mathbf{x})$ mit

$$\dot{x} = -x, \qquad \dot{y} = \sin(\pi y)\exp(-y^2) + \mu \tag{3.3.5}$$

definiert werden. Das Vektorfeld von (3.3.4) sei $\mathbf{X}_0$ und es gilt

$$||\mathbf{X}_0 - \mathbf{X}_\mu||_1 = \sup_{\mathcal{R}^2}\left(\sum_{i=1}^{2}|X_0^i - X_\mu^i| + \sum_{i=1}^{2}\left|\frac{\partial X_0^i}{\partial x_j} - \frac{\partial X_\mu^i}{\partial x_j}\right|\right) = \mu. \tag{3.3.6}$$

Man kann also $\mathbf{X}_\mu$ $\varepsilon - C^1$-nahe zu $\mathbf{X}_0$ machen auf der gesamten Ebene. $\mathbf{X}_\mu$, $\mu \neq 0$, besitzt jedoch nur endlich viele Fixpunkte (siehe die gebrochene

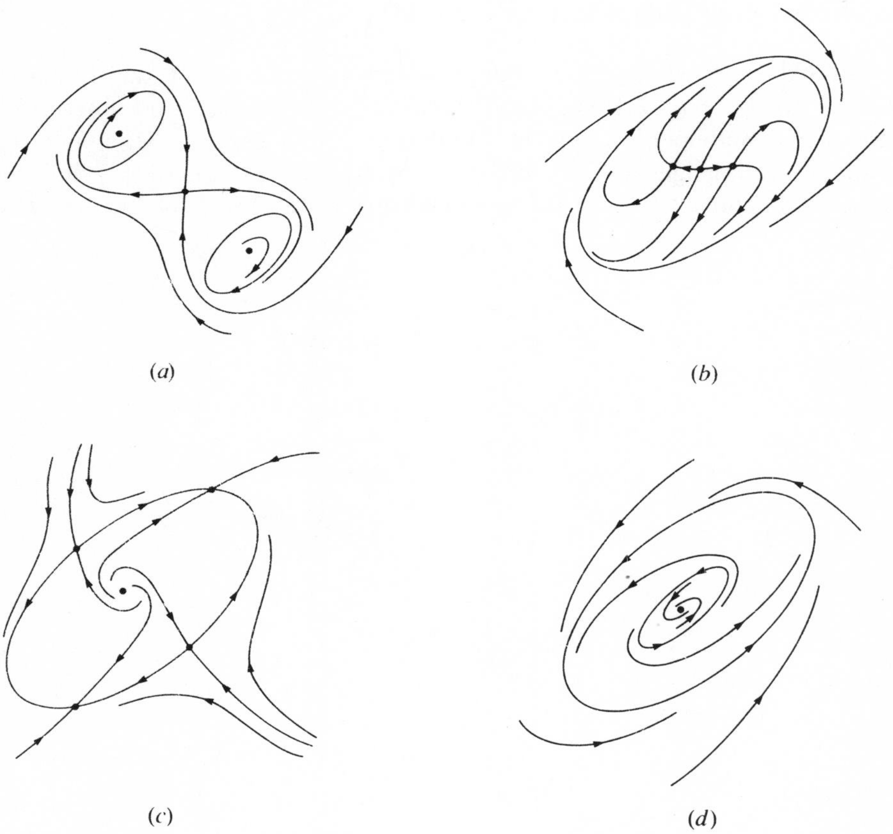

Abb. 3.9. Einige Beispiele für strukturell stabile Phasenbilder auf $\mathcal{R}^2$, die von Strömen auf S^2 abgeleitet wurden. Alle Fixpunkte und periodischen Punkte seien hyperbolisch. Um die Stabilität im Unendlichen zu sichern, besitzt das entsprechende Vektorfeld auf S^2 einen instabilen hyperbolischen Fixpunkt am Nordpol (vgl. Abbildung 3.4).

Linie in Abbildung 3.8(a)). Der Strom von (3.3.5) ist also topologisch verschieden von dem von (3.3.4) für jeden, von null verschiedenen Wert von μ.

Man beachte, daß der topologische Typ des Stromes von $\mathbf{X}_0$ in Beispiel 3.2 sich verändert, wenn μ ungleich null wird, obwohl er nur hyperbolische Fixpunkte und keine Sattel-Verbindungen besitzt. Da die Ebene nicht kompakt ist, können unendlich viele hyperbolische Fixpunkte auftreten. Wollen wir Theorem 3.1 zu Rate ziehen, müssen wir also Randbedingungen im Unendlichen betrachten. Fordern wir jedoch, daß alle Vektorfelder auf den Grenzen aller genügend großen Scheiben nach innen zeigen, so werden wir über stereographische Projektion zu Theorem 3.3 zurückgeführt. Mit anderen Worten, wir können aus strukturell stabilen Strömen auf S^2 strukturell stabile Ströme auf $\mathcal{R}^2$ ableiten, sie werden jedoch immer nur endlich viele hyperbolische Fixpunkte besitzen und ihr Verhalten im Unendlichen wird dem Auftreten eines hyperbolischen Fixpunktes am Nordpol der Kugel entsprechen (siehe Abb. 3.9).

3.4 Der Anosov-Diffeomorphismus

In §1.7 wurde die Beziehung zwischen Strömen auf n-Mannigfaltigkeiten mit globalen Schnitten und Diffeomorphismen auf Mannigfaltigkeiten der Dimension $n - 1$ (mittels Poincaré-Abbildungen) beschrieben. Daher überrascht es nicht, daß ein zu Theorem 3.3 analoges Ergebnis für Diffeomorphismen auf einer kompakten 1-Mannigfaltigkeit ohne Grenzen existiert. Topologisch gibt es nur eine solche zusammenhängende 1-Mannigfaltigkeit, den Kreis S^1.

Sei $\mathrm{Diff}^1(S^1)$ der Raum der die Orientierung erhaltenden C^1-Diffeomorphismen auf S^1 mit der C^1-Norm. Dann kann das Theorem von Peixoto für Diffeomorphismen auf dem Kreis wie folgt geschrieben werden.

Theorem 3.4 (Peixoto) *Ein Diffeomorphismus $f \in \mathit{Diff}^1(S^1)$ ist dann und nur dann strukturell stabil, wenn seine nicht-wandernde Menge nur endlich viele Fixpunkte oder periodische Punkte, welche alle hyperbolisch sind, enthält. Die strukturell stabilen Diffeomorphismen bilden eine offene dichte Teilmenge von $\mathit{Diff}^1(S^1)$.*

Man erinnere sich (siehe Satz 1.4), daß die Rotationszahl $\rho(f)$ rational ist, wenn f periodische Punkte besitzt. Deshalb haben strukturell stabile Diffeomorphismen auf S^1 rationale Rotationszahlen (die Umkehrung gilt nicht, siehe Beispiel 3.4.1). Ist f strukturell stabil mit der Rotationszahl $\rho(f) = p/q$, dann ist die Dynamik des Systems sehr einfach. Es besitzt eine gerade Anzahl von q-Zyklen mit stabilen und instabilen periodischen Punkten, die alternierend auf dem Kreis angeordnet sind (siehe Abbildung 1.23).

Man hoffte, die Verallgemeinerungen des Verhaltens, welches in den Theoremen 3.3 und 3.4 beschrieben wurde, würden nicht nur strukturell stabile Systeme höherer Dimensionen charakerisieren, sondern man könne auch beweisen, daß diese Eigenschaften allgemein sind. Zu diesem Zwecke wurden „Morse-Smale"-Vektorfelder und Diffeomorphismen definiert (Chillingworth, 1976, S.231 und Nitecki, 1971, S.88). Leider fand man jedoch, daß solche Systeme zwar strukturell stabil sind, ihre Eigenschaften jedoch nicht strukturell stabile Systeme höherer Dimensionen charakterisieren. Speziell konnte man zeigen, daß strukturell stabile Diffeomorphismen auf Mannigfaltigkeiten der Dimension $n \geq 2$ (Vektorfeldern der Dimension $n + 1 \geq 3$ durch Einhängung entsprechend) existieren, deren nicht-wandernden Mengen unendlich viele periodische Punkte enthalten. Der *Anosov-Diffeomorphismus auf dem Torus* T^n ist eine Teilmenge des $\mathrm{Diff}^1(T^n)$, der dieses Verhalten zeigt. Wir können einen Diffeomorphismus $\mathbf{f}$ auf T^n mittels einer „Liftung" beschreiben, fast analog zu unserer Vorgehensweise bei Diffeomorphismen auf dem Kreis (siehe §1.2.2). Jetzt ist die Liftung $\bar{\mathbf{f}}$ ein Diffeomorphismus auf $\mathcal{R}^n$, für den gilt:

$$\mathbf{f}(\boldsymbol{\pi}(\mathbf{x})) = \boldsymbol{\pi}(\bar{\mathbf{f}}(\mathbf{x})), \tag{3.4.1}$$

für alle $\mathbf{x} \in \mathcal{R}^n$, wobei $\boldsymbol{\pi} : \mathcal{R}^n \to T^n$ durch

$$\begin{aligned} \boldsymbol{\pi}(\mathbf{x}) = \boldsymbol{\pi}((x_1, \ldots, n_n)^T) &= (x_1 \mathrm{mod}\, 1, \ldots, x_n \mathrm{mod}\, 1)^T \\ &= (\theta_1, \ldots, \theta_n)^T = \boldsymbol{\theta} \end{aligned} \tag{3.4.2}$$

gegeben ist (siehe Abbildung 3.10). Ist $\mathbf{k} \in \mathcal{Z}^n$, dann ergibt (3.4.1)

$$\boldsymbol{\pi}(\bar{\mathbf{f}}(\mathbf{x} + \mathbf{k})) = \mathbf{f}(\boldsymbol{\pi}(\mathbf{x} + \mathbf{k})) = \mathbf{f}(\boldsymbol{\pi}(\mathbf{x})) = \boldsymbol{\pi}(\mathbf{f}(\mathbf{x})) \tag{3.4.3}$$

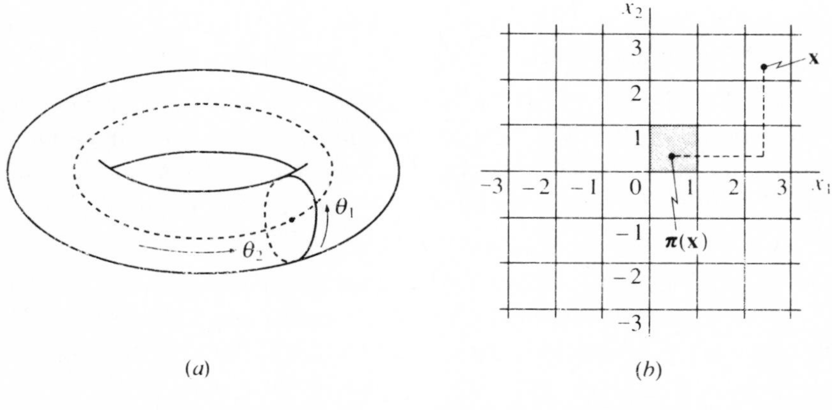

(a) (b)

Abb. 3.10. (a) Winkel-Koordinaten auf T^2, in Vielfachen von 2π gemessen. (b) Die Abbildung $\boldsymbol{\pi}$ ordnet jedem Punkt $(x_1, x_2) \in \mathcal{R}^2$ einen Punkt $(\theta_1, \theta_2) \in \{(x_1, x_2) | 0 \leq x_1 < 1, 0 \leq x_2 < 1\}$ zu, welcher eindeutig einen Punkt auf T^2 beschreibt.

für alle $\mathbf{x} \in \mathscr{R}^n$. Stetigkeit von $\bar{\mathbf{f}}$ gibt dann

$$\bar{\mathbf{f}}(\mathbf{x}+\mathbf{k}) = \bar{\mathbf{f}}(\mathbf{x}) + \mathbf{l}(\mathbf{k}), \tag{3.4.4}$$

wobei $\mathbf{l}(\mathbf{k}) \in \mathscr{Z}^n$ ist (siehe (1.2.10) *und folgende*). Alle Liftungen von Diffeomorphismen auf T^n müssen (3.4.4) erfüllen.

Wir beginnen mit der Beschreibung einer speziellen Teilmenge der Anosov-Diffeomorphismen, die als *Anosov-Automorphismen* bekannt sind. Die Liftung eines Anosov-Automorphismus $\mathbf{f}$ ist ein hyperbolischer linearer Diffeomorphismus $\mathbf{A} : \mathscr{R}^n \to \mathscr{R}^n$, der folgende Bedingungen erfüllt:

$$\mathbf{A} : \mathscr{Z}^n \to \mathscr{Z}^n, \tag{3.4.5}$$

$$\det \mathbf{A} = \pm 1. \tag{3.4.6}$$

Beide Gleichungen sichern $\mathbf{A}^{-1} : \mathscr{Z}^n \to \mathscr{Z}^n$, und es folgt, daß sowohl $\mathbf{A}$ als auch $\mathbf{A}^{-1}$ Gleichung (3.4.4) erfüllen. Es gelte nun $\mathbf{f}(\boldsymbol{\pi}(\mathbf{x})) = \boldsymbol{\pi}(\mathbf{A}(\mathbf{x}))$ und $\mathbf{g}(\boldsymbol{\pi}(\mathbf{x})) = \boldsymbol{\pi}(\mathbf{A}^{-1}(\mathbf{x}))$, dann folgt

$$\mathbf{f}(\mathbf{g}(\boldsymbol{\pi}(\mathbf{x}))) = \mathbf{f}(\boldsymbol{\pi}(\mathbf{A}^{-1}\mathbf{x})) = \boldsymbol{\pi}(\mathbf{A}\mathbf{A}^{-1}\mathbf{x}) = \boldsymbol{\pi}(\mathbf{x}) \tag{3.4.7}$$

und

$$\mathbf{g}(\mathbf{f}(\boldsymbol{\pi}(\mathbf{x}))) = \mathbf{g}(\boldsymbol{\pi}(\mathbf{A}(\mathbf{x}))) = \boldsymbol{\pi}(\mathbf{A}^{-1}\mathbf{A}\mathbf{x}) = \boldsymbol{\pi}(\mathbf{x}). \tag{3.4.8}$$

Daher existiert $\mathbf{f}^{-1} : T^n \to T^n$ und besitzt die Liftung $\mathbf{A}^{-1}$. Schließlich beachte man, daß $\mathbf{f}(\mathbf{x})$ und $\mathbf{f}^{-1}(\mathbf{x})$ differenzierbar sind, da $\mathbf{A}\mathbf{x}$ und $\mathbf{A}^{-1}\mathbf{x}$ es offensichtlich sind und $\boldsymbol{\pi}$ ein lokaler Diffeomorphismus ist. Also ist $\mathbf{f}$ ein Diffeomorphismus auf T^n.

Hyperbolische lineare Diffeomorphismen auf dem $\mathscr{R}^n$ werden oft als *Automorphismen* bezeichnet, da sie Isomorphismen der Gruppe $\mathscr{R}^n$ mit sich selbst sind. Der oben definierte Diffeomorphismus $\mathbf{f}$ heißt Automorphismus, um ihn von den anderen Anosov-Diffeomorphismen, deren Liftungen nicht linear sind, zu unterscheiden. Eine allgemeine Definition der Anosov-Diffeomorphismen findet man in Arnold (1973, S.126) oder Nitecki (1971, S.103), doch dank des folgenden Theorems nach Manning (1974) ist es ausreichend, nur den Automorphismus zu betrachten.

Theorem 3.5 *Jeder Anosov-Diffeomorphismus* $\mathbf{f}$ *auf* T^n*, für den* $\Omega(\mathbf{f}) = T^n$ *gilt, ist topologisch konjugiert zu einem Anosov-Automorphismus auf* T^n.

Zusammen mit Theorem 3.5 zeigt uns der folgende Satz, daß die Anosov-Diffeomorphismen komplizierte nicht-wandernde Mengen besitzen.

Satz 3.5 *Ein Punkt* $\boldsymbol{\theta} \in T^n$ *ist dann und nur dann ein periodischer Punkt des Anosov-Automorphismus* $\mathbf{f} : T^n \to T^n$*, wenn* $\boldsymbol{\theta} = \boldsymbol{\pi}(\mathbf{x})$ *ist, wobei* $\mathbf{x} \in \mathscr{R}^n$ *rationale Koordinaten besitzt.*

Beweis. Sei $\boldsymbol{\theta}$ ein periodischer Punkt von $\mathbf{f}$, dann gilt $\mathbf{f}^q(\boldsymbol{\theta}) = \boldsymbol{\theta}$ für eine positive ganze Zahl q. Nehmen wir nun an, $\mathbf{x} \in \mathcal{R}^n$ erfüllt $\boldsymbol{\pi}(\mathbf{x}) = \boldsymbol{\theta}$, dann folgt

$$\boldsymbol{\pi}(\mathbf{x}) = \boldsymbol{\theta} = \mathbf{f}^q(\boldsymbol{\theta}) = \mathbf{f}^q(\boldsymbol{\pi}(\mathbf{x})) = \boldsymbol{\pi}(\mathbf{A}^q\mathbf{x}). \tag{3.4.9}$$

Dies bedeutet, daß gilt

$$(\mathbf{A}^q - \mathbf{I})\mathbf{x} = \mathbf{m} \tag{3.4.10}$$

mit $\mathbf{x} = (x_1, \ldots, x_n)^T$ und $\mathbf{m} = (m_1, \ldots, m_n)^T$, $m_i \in \mathcal{Z}$, $i = 1, \ldots, n$. Da $\mathbf{A}$ eine hyperbolische Matrix ist, existiert $(\mathbf{A}^q - \mathbf{I})^{-1}$ und (3.4.10) hat die Lösung

$$\mathbf{x} = (\mathbf{A}^q - \mathbf{I})^{-1}\mathbf{m}. \tag{3.4.11}$$

Da nun $\mathbf{A}^q - \mathbf{I}$ eine ganzzahlige Matrix ist, besitzt $(\mathbf{A}^q - \mathbf{I})^{-1}$ nur rationale Elemente. Also hat $\mathbf{x}$ nur rationale Koordinaten.

Habe nun $\boldsymbol{\theta} \in T^n$ die Darstellung $\mathbf{x} = ((p_1^{(0)}/r), \ldots, (p_n^{(0)}/r))^T$, wobei $p_i^{(0)}; r \in \mathcal{Z}$ ist mit $r \neq 0$. Dann gilt für alle $k \in \mathcal{Z}$

$$\mathbf{A}^k\mathbf{x} = \left(\frac{p_1^{(k)}}{r}, \ldots, \frac{p_n^{(k)}}{k}\right)^T \tag{3.4.12}$$

für ganze Zahlen $p_1^{(k)}, \ldots, p_n^{(k)}$. Nun gibt es r^n Punkte auf T^n, die so dargestellt werden können, deshalb gibt es ein $q > 0$, so daß $\boldsymbol{\pi}(\mathbf{A}^q\mathbf{x}) = \boldsymbol{\pi}(\mathbf{x})$ ist.

Satz 3.5 hat nicht nur zur Folge, daß $\mathbf{f}$ unendlich viele periodische Punkte besitzt; er zeigt auch, daß die periodischen Punkte auf dem Torus dicht liegen. Alle dies Punkte liegen in der nicht-wandernden Menge Ω von $\mathbf{f}$, und da Ω geschlossen ist (siehe Aufgabe 1.4.2), gilt $\Omega = T^n$.

Das letzte Glied in der Kette der Argumente gegen Morse-Smale-Systeme wurde von Mather (1967) bewiesen.

Theorem 3.6 (Mather) *Die Anosov-Diffeomorphismen auf T^n sind strukturell stabil in $Diff^1(T^n)$.*

Die Anosov-Diffeomorphismen auf T^n, $n \geq 2$ sind also Beispiele für strukturell stabile Diffeomorphismen auf einer kompakten Mannigfaltigkeit, dessen nicht-wandernde Menge unendlich viele Punkte enthält. Die Dynamik auf Ω ist durch das Vorhandensein unendlich vieler periodischer Bahnen, die dicht über den Torus verteilt sind, sehr kompliziert. Tatsächlich ist jeder periodischer Punkt hyperbolisch (siehe Aufgabe 3.4.2). Da T^n kompakt ist, können sich nur endlich viele solcher Punkte mit einer bestimmten Periode q auf dem Torus befinden. So kann man zeigen, daß periodische Punkte zu unendlich vielen Perioden auftreten (siehe Aufgabe 3.4.3), um die von Satz 3.5 geforderte unendliche Menge zu erzeugen. Um einen Einblick zu erhalten, wie diese

Komplexität entsteht, wollen wir ein oft zitiertes Beispiel betrachten (siehe Arnold, 1983; Arnold, Avez, 1968).

Sei $\mathbf{A} : \mathcal{R}^2 \to \mathcal{R}^2$ gegeben durch

$$\mathbf{A} = \begin{pmatrix} 1 & 1 \\ 1 & 2 \end{pmatrix}. \tag{3.4.13}$$

Man kann leicht zeigen, daß $\mathbf{A}$ (3.4.5) und (3.4.6) erfüllt. Das Verhalten von $\mathbf{A}$ auf $\mathcal{R}^2$ ist einfach: es existiert ein Sattelpunkt bei $\mathbf{x} = \mathbf{0}$ mit den stabilen und instabilen Eigenräumen, die durch die Geraden

$$y = \left(\frac{1 - 5^{1/2}}{2}\right) x \qquad \text{und} \qquad y = \left(\frac{1 + 5^{1/2}}{2}\right) x \tag{3.4.14}$$

gegeben sind. Die Komplexität erscheint, wenn man $\mathbf{A}$ auf T^2 abbildet. Fortwährende Iteration von $\mathbf{A}$ auf $\mathcal{R}^2$ liefert eine Kontraktion bzw. Expansion entlang der zwei zueinander rechtwinkligen Richtungen von (3.4.14), wie in Abbildung 3.11(a) zu sehen ist. Das Einheitsquadrat $B_1 = \{(x, y) | 0 \le x < 1, 0 \le y < 1\}$ wird auf immer dünner werdende Parallelogramme abgebildet (siehe Abbildung 3.11(b) und (c)). Die Neigungen der langen Diagonale dieser Parallelogramme sind rational, sie nähern sich jedoch für große Iterationszahlen dem irrationalen Wert $\frac{1}{2}(1 + 5^{1/2})$. Identifiziert man diese Punkte der Bilder von B_1 unter $\mathbf{A}$ mit Punkten von T^2 (siehe Abbildung 3.11(b) und (c)), so sieht man, daß wiederholte Anwendung von $\mathbf{A}$ den Effekt hat, jede Teilmenge von T^2 immer gleichmäßiger über den gesamten Torus zu verteilen. Ein anderer Weg, dies zu sehen, verwendet die Tatsache, daß für beliebiges $\mathbf{x} \in \mathcal{R}^2$ $\mathbf{A}^N\mathbf{x}$ der Linie $y = \frac{1}{2}(1 + 5^{1/2})$ nahe kommen kann, wenn N genügend groß wird. Da $\frac{1}{2}(1 + 5^{1/2})$ irrational ist, repräsentiert diese Linie eine Kurve W^u, die den Torus dicht umwindet (siehe Abbildung 3.12).

Der stabile Eigenraum des Sattelpunktes in Abbildung 3.11(a) entspricht ebenfalls einer dicht umwindenden Kurve W^s auf T^2. Der Schlüssel zur Komplexität der Dynamik von $\mathbf{f}$ liegt in der Tatsache, daß der Querschnitt dieser stabilen und instabilen Mannigfaltigkeiten eine dichte Menge transversaler homokliner Punkte ist (siehe Abbildung 3.12). Ein *homokliner Punkt* ist ein Punkt, der sowohl in den stabilen als auch instabilen Mannigfaltigkeiten eines Fixpunktes oder periodischen Punktes liegt. Solche Punkte nennt man transversal, wenn sie durch einen transversalen Schnitt der Mannigfaltigkeiten entstehen. Man beachte, daß, ist $\boldsymbol{\theta}^{\dagger}$ ein homokliner Punkt, das heißt $\boldsymbol{\theta}^{\dagger} \in W^s \cap W^u$, dann ist $\mathbf{f}(\boldsymbol{\theta}^{\dagger}) \in W^s \cap W^u$, da $\boldsymbol{\theta}^{\dagger} \in W^{s,u}$ gilt. Also ist $\mathbf{f}(\boldsymbol{\theta}^{\dagger})$ ein homokliner Punkt. Die Dynamik dieser homoklinen Punkte ist daher auf die dichte Menge der Schnittpunkte von W^s und W^u beschränkt.

Der Leser sollte die homoklinen Punkte nicht mit den periodischen Punkten von $\mathbf{f}$ verwechseln. Nach Satz 3.5 besitzen die periodischen Punkte von $\mathbf{f}$ Repräsentanten $\mathbf{x} \in \mathcal{R}^2$ mit rationalen Koordinaten. Die stabilen und instabilen

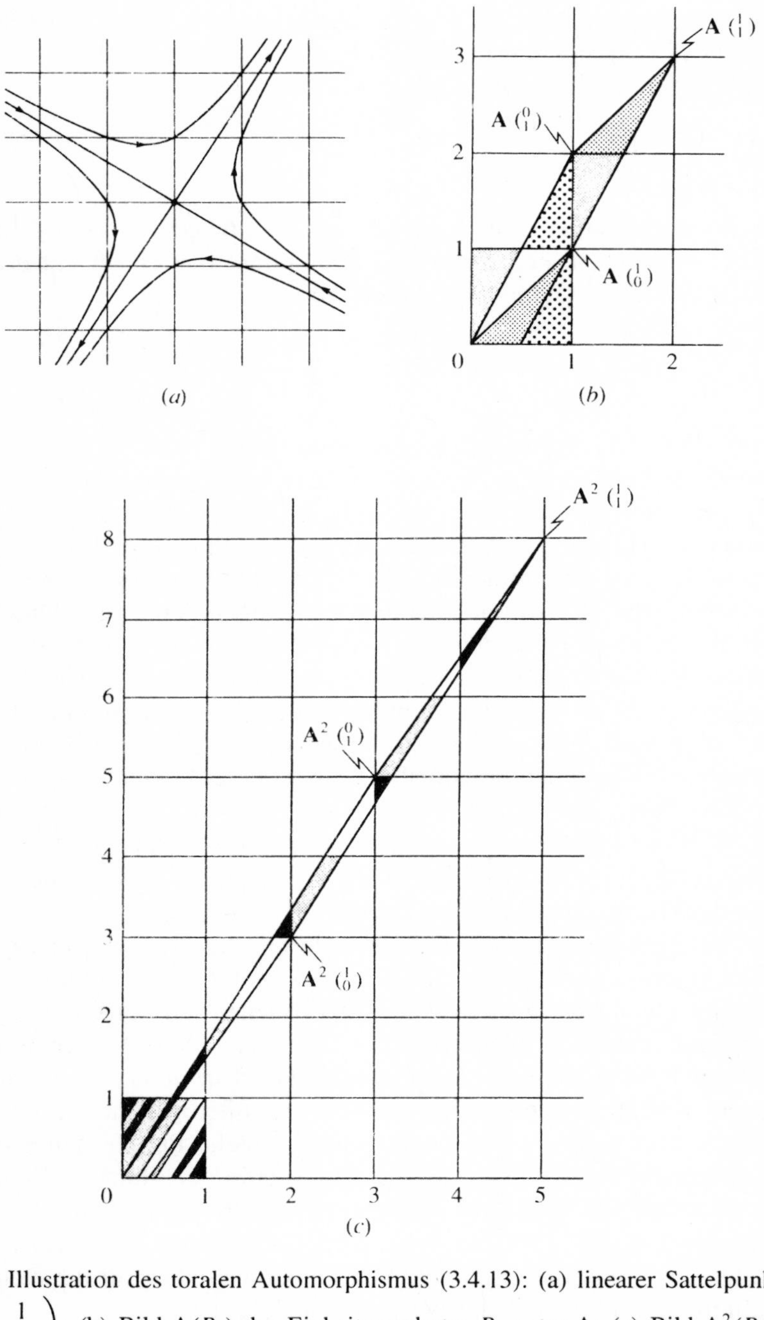

Abb. 3.11. Illustration des toralen Automorphismus (3.4.13): (a) linearer Sattelpunkt von $\mathbf{A} = \begin{pmatrix} 1 & 1 \\ 1 & 2 \end{pmatrix}$; (b) Bild $\mathbf{A}(B_1)$ des Einheitsquadrates B_1 unter $\mathbf{A}$; (c) Bild $\mathbf{A}^2(B_1)$. Die Schattierungen in (b) und (c) zeigen, wie $\pi(\mathbf{A}(B_1))$ die Abbildung $\mathbf{f} : T^2 \to T^2$ definiert und $\pi(\mathbf{A}^2(B_1))$ die Abbildung $\mathbf{f}^2 : T^2 \to T^2$ ergibt.

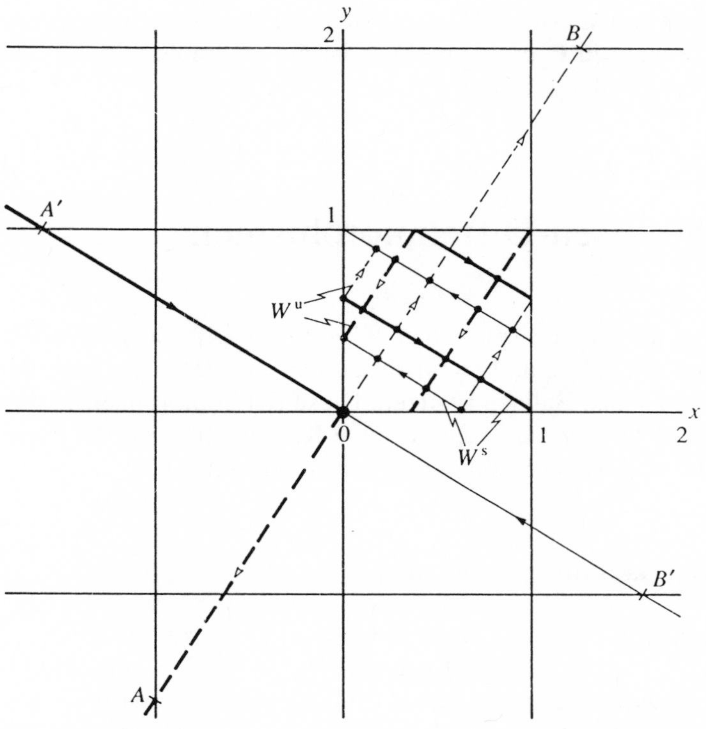

Abb. 3.12. Segmente der stabilen und instabilen Mannigfaltigkeiten des Fixpunkts $\boldsymbol{\pi}(\mathbf{o})$ von $\mathbf{f}$ auf T^2. Die Abschnitte AB und A′B′ von E^u und E^s für $\mathbf{A}$ sind durch $\boldsymbol{\pi}(\mathbf{x}) = (x \bmod 1, y \bmod 1)$ auf den Torus abgebildet. Alle Schnitte von W^s und W^u, außer im Ursprung, sind transversale homokline Punkte.

Eigenräume von $\mathbf{A}$ haben jedoch irrationale Neigungen (siehe (3.4.14)), und daher, abgesehen von $\mathbf{x} = \mathbf{0}$, keinen Punkt mit rationalen Koordinaten. Wir werden später sehen (siehe §3.7), daß das Auftreten transversaler homokliner Punkte ein Anzeichen für kompliziertes dynamisches Verhalten ist.

An dieser Stelle sei noch bemerkt, daß $\mathbf{A}^q$ eine Liftung für $\mathbf{f}^q$ ist für beliebiges q. Besitzt also $\mathbf{f}$ einen periodischen Punkt $\boldsymbol{\theta}^*$ der Periode q, dann sind seine stabilen und instabilen Mannigfaltigkeiten dicht gewundene Kurven auf T^2, parallel zu W^S bzw. W^u.

Dies erkennt man, wenn man beachtet, daß man für alle $\mathbf{x}^*$, die $\Theta^* = \boldsymbol{\pi}(\mathbf{x}^*)$ erfüllen, schreiben kann

$$\mathbf{A}^q(\mathbf{x}) = \mathbf{A}^q(\mathbf{x}^*) + \mathbf{A}^q(\mathbf{x} - \mathbf{x}^*). \tag{3.4.15}$$

Man erhält also die stabilen/instabilen Eigenrichtungen bei $\mathbf{x}^*$ durch *Verschiebungen* der stabilen/instabilen Eigenräume von $\mathbf{A}$ im Ursprung. Damit folgt, daß $\mathbf{f}^q$ auch eine dichte Menge transversaler homokliner Punkte für jedes q

besitzt. Wir können also die Komplexität, die durch die homoklinen Punkte in $\mathbf{f}$ entstehen, auch in $\mathbf{f}^q$ erwarten. Dies ist die „Komplexität auf allen Skalen", die man in Abbildung 1.42 beobachten kann.

3.5 Hufeisen-Diffeomorphismen

Dies ist ein anderes Beispiel einer Klasse von Diffeomorphismen, die strukturell stabil sind und eine komplizierte nicht-wandernde Menge mit unendlich vielen periodischen Bahnen besitzen. Diese Diffeomorphismen sind besonders interessant, denn die von ihnen gezeigte Komplexität tritt bei jeder Abbildung auf, welche transversale homokline Punkte besitzt.

3.5.1 Das kanonische Beispiel

Man betrachte einen Diffeomorphismus $\mathbf{f} : Q \to \mathcal{R}^2$, mit $Q = \{(x, y) | \, |x|, |y| \leq 1\}$, der in folgender Weise konstruiert wird. Jeder Punkt $(x, y) \in Q$ wird zuerst auf $(5x, y/5)$ abgebildet, Q wird so auf die rechteckige Region $R = \{(x, y) | \, |x| \leq 5, |y| \leq 1/5\}$ abgebildet. Diese Region kann durch die Geraden $|x| = 1$ und 3 in fünf Teile geteilt werden. Zum Schluß verbiegt man das mittlere Fünftel des Rechtecks und verschiebt diese Hufeisen-förmige Region so, daß das zweite und vierte Fünftel die Bereiche Q_0 und Q_1 von Q überdecken (siehe Abb. 3.13(a)). Bezeichne nun P_0, P_1 die Urbilder von Q_0, Q_1 (das heißt $\mathbf{f}(P_i) = Q_i$, $i = 0, 1$, siehe Abb. 3.13(b)). Dann ist $\mathbf{f}|P_i$ linear für $i = 0, 1$ (siehe Aufgabe 3.5.1).

Man kann zeigen, daß $\mathbf{f}$ eine komplizierte invariante Menge besitzt, indem man die Sequenz von Teilmengen von Q betrachtet, die induktiv durch

$$Q^{(n+1)} = \mathbf{f}(Q^{(n)}) \cap Q \tag{3.5.1}$$

definiert werden mit $n \in \mathcal{Z}$, $Q^{(1)} = Q_0 \cup Q_1$. Man sieht leicht, daß $Q^{(2)} = \mathbf{f}(Q_0 \cup Q_1) \cap Q$ aus vier horizontalen Streifen besteht, die innerhalb von $Q_0 \cup Q_1$ liegen (siehe Abb. 3.14(a)). Offensichtlich ist $Q^{(1)} \supset Q^{(2)} \supset \cdots \supset Q^{(n)} \supset \cdots$ und $Q^{(n)}$ besteht aus 2^n horizontalen Streifen (siehe Abb. 3.14(b)). Wenn wir die Schnitte der Mengen $Q^{(n)}$ mit der y-Achse betrachten, dann erkennt man, daß die Beziehung zwischen den entstehenden Subintervallen für sukzessive Werte von n der Beschreibung der Konstruktion einer Cantor-Mengen gleicht. Daraus folgt, daß der Querschnitt $\bigcap_{n \in \mathcal{Z}^+} Q^{(n)}$ das kartesische Produkt eines Intervalles von x mit einer Cantor-Menge von y-Werten ist. In gleicher Weise kann durch Iteration der Inversen von $\mathbf{f}$ eine analoge Menge vertikaler Streifen

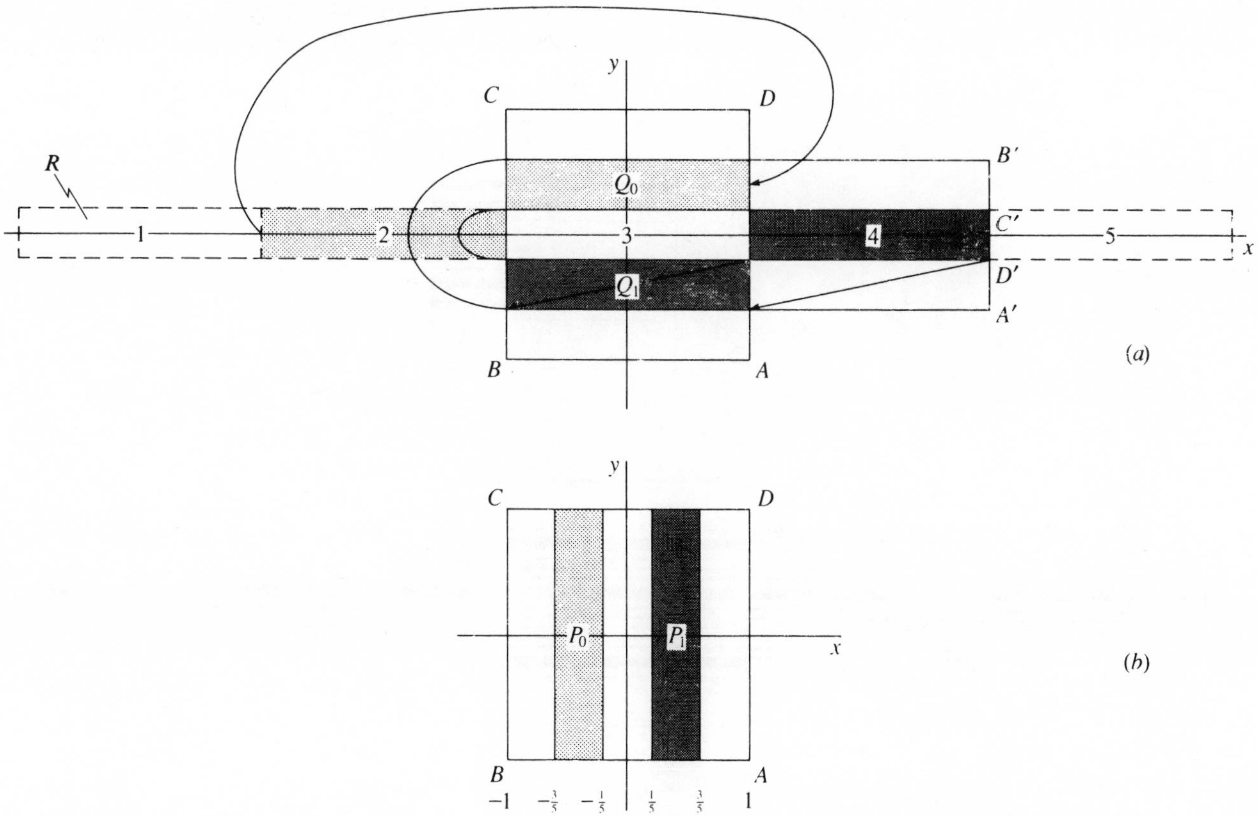

Abb. 3.13. (a) Konstruktion von **f** auf $Q = ABCD$: die rechteckige Region R ist in fünf Teile geteilt und von links nach rechts numeriert. (b) Die Urbilder P_0, P_1 von Q_0, Q_1 sind vertikale Streifen, bestehend aus dem zweiten und vierte Fünftel von $Q = ABCD$.

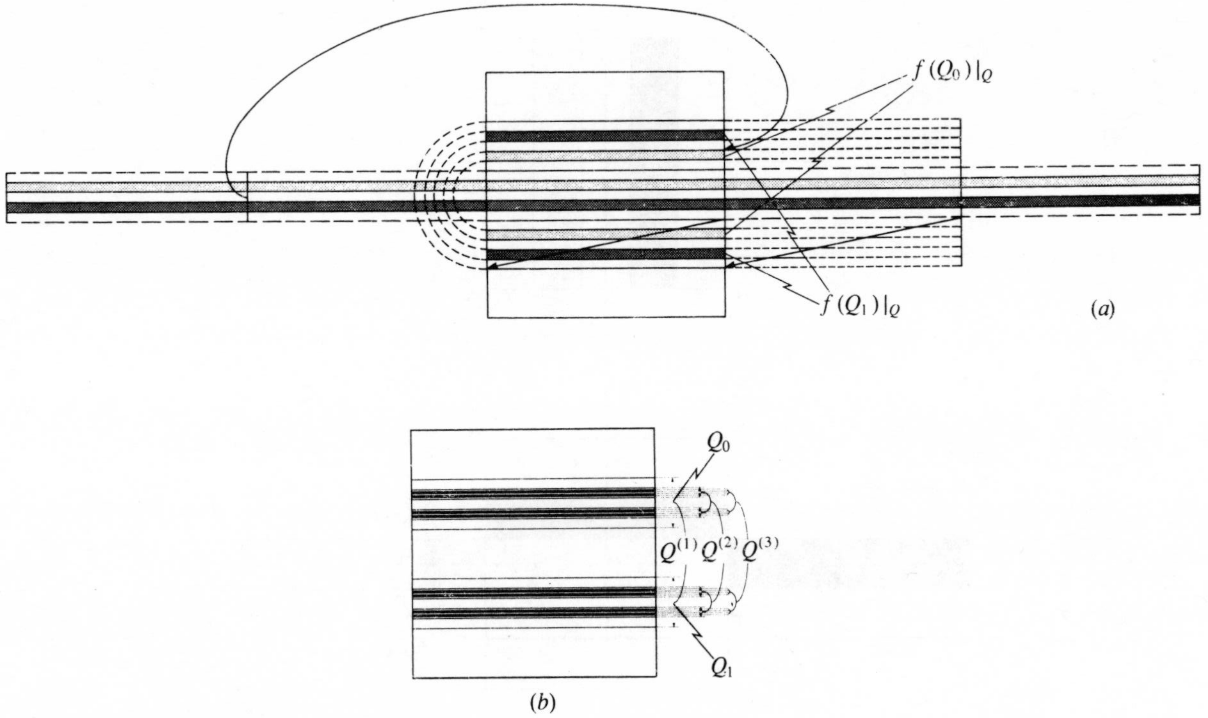

Abb. 3.14. (a) Konstruktion von $\mathbf{f}(Q_0 \cup Q_1)$: Strecken/Stauchen liefert zwei Streifen im Rechteck R; Falten liefert vier horizontale Streifen für $Q^{(2)} = \mathbf{f}(Q^{(1)}) \cap Q$. Bilder von $Q_0(Q_1)$ sind für alle Schritte gezeigt. (b) Darstellung von $Q^{(n)}$ für $n = 1, 2, 3$. $Q^{(n)}$ besteht aus 2^n disjunkten horizontalen Streifen mit der Dicke $2/5^n$, schnell abnehmend mit wachsendem n; die acht Streifen von $Q^{(3)}$ (schwarz) lassen sich in diesem Diagramm schon nicht mehr auflösen.

erzeugt werden. Eine gewisse Sorgfalt ist hier nötig, da $\mathbf{f}^{-1}|Q$ nur auf der Teilmenge $Q^{(1)} = Q_0 \cup Q_1$ von Q definiert ist. Um diese Schwierigkeit zu vermeiden, nehmen wir

$$Q^{(0)} = P_0 \cup P_1 = \mathbf{f}^{-1}(Q^{(1)}) \tag{3.5.2}$$

und definieren

$$Q^{(-n)} = \mathbf{f}^{-1}(Q^{(-(n-1))} \cap Q^{(1)}) = \mathbf{f}^{-1}(Q^{(-(n-1))} \cap \mathbf{f}(Q)) \tag{3.5.3}$$

für $n \in \mathscr{Z}^+$. Die letzte Gleichheit in (3.5.3) folgt, da $Q^{(-(n-1))}$ eine Teilmenge der zwei vertikalen Streifen $Q^{(0)} = P_0 \cup P_1$ ist für alle $n \in \mathscr{Z}^+$. Daher ist für alle $n \in \mathscr{Z}^+$ der Querschnitt von $Q^{(-(n-1))}$ mit $Q^{(1)} = Q_0 \cup Q_1$ der gleiche wie der Querschnitt mit dem gesamten Hufeisen $\mathbf{f}(Q)$. Die Abbildung $\mathbf{f}^{-1}$ streckt $Q^{(-(n-1))} \cap Q^{(1)}$ um den Faktor fünf in y-Richtung, staucht es um den Faktor fünf in x-Richtung und setzt es auf das Quadrat wie in Abbildung 3.15(a,b) gezeigt ist für $n = 1, 2$. Die Mengen $Q^{(0)}$, $Q^{(-1)}$, $Q^{(-2)}, \ldots$ bestehen dann aus $2, 4, 8, \ldots$ vertikalen Streifen (siehe Abb. 3.15(c)) und $\bigcap_{n \in \mathscr{N}} Q^{(-n)}$ ist das kartesische Produkt eines Intervalles von y mit einer Cantor-Menge von x-Werten.

Definieren wir nun

$$\Lambda = \bigcap_{n \in \mathscr{Z}} Q^{(n)} \tag{3.5.4}$$

so ist Λ das kartesische Produkt zweier Cantor-Mengen, welches selber eine Cantor-Menge ist.

Satz 3.6 *Die Menge* $\Lambda = \bigcap_{n \in \mathscr{Z}} Q^{(n)}$ *ist invariant unter* $\mathbf{f}$ *und* $\mathbf{f}^{-1}$.

Beweis. Sei $\mathbf{x} \in \Lambda$, dann ist $\mathbf{x} \in Q^{(n)}$ für alle $n \in \mathscr{Z}$. Ist nun $\mathbf{x} \in Q^{(-n)}$, $n \in \mathscr{Z}$, dann liefert (3.5.3) $\mathbf{f}(\mathbf{x}) \in Q^{(-(n-1))} \cap \mathbf{f}(Q) \subseteq Q^{(-(n-1))}$. Ist $\mathbf{x} \in Q^{(n)}$, $n \in \mathscr{Z}$, so beachte man, daß:

(i) $\mathbf{f}(\mathbf{x}) \in \mathbf{f}(Q^{(n)})$ und

(ii) $\mathbf{f}(\mathbf{x}) \in \mathbf{f}(Q^{(0)}) \subseteq Q$ ist, da $\mathbf{x} \in Q^{(0)}$ gilt.

(i) und (ii) ergeben $\mathbf{f}(\mathbf{x}) \in \mathbf{f}(Q^{(n)}) \cap Q = Q^{(n+1)}$. Ist also $\mathbf{x} \in Q^{(n)}$, für alle $n \in \mathscr{Z}$, so ist $\mathbf{f}(\mathbf{x}) \in Q^{(n+1)}$ für alle $n \in \mathscr{Z}$. Also ist $\mathbf{f} \in \Lambda$.

Ähnliche Argumente (siehe Aufgabe 3.5.2), bei denen die Rollen der Gleichungen (3.5.1) und (3.5.3) vertauscht sind, zeigen, daß Λ auch invariant unter $\mathbf{f}^{-1}$ ist, also gilt $\mathbf{f}(\Lambda) = \Lambda$.

Die Abbildung $\mathbf{f}$, wie wir sie bisher definiert haben, ist *kein* Diffeomorphismus auf dem Quadrat Q ($\mathbf{f}(Q) \not\subseteq Q$). Mehr noch, es gibt auch keine offensichtliche Verbindung zu Diffeomorphismen auf kompakten Mannigfaltigkeiten ohne Rand. Man kann jedoch einen Diffeomorphismus $\mathbf{g} : S^2 \to S^2$ konstruieren,

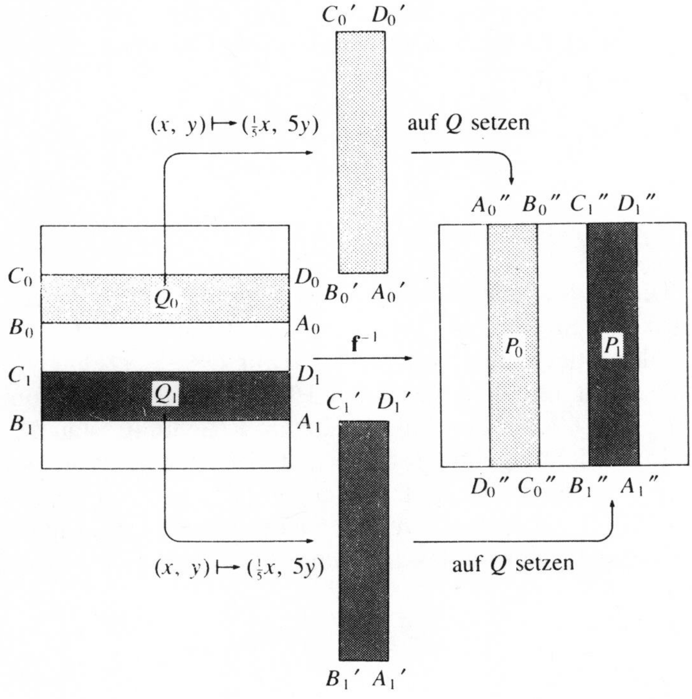

(*a*)

Abb. 3.15. (a) Darstellung von $Q^{(0)} = \mathbf{f}^{-1}(Q^{(1)}) = P_0 \cup P_1$. $\mathbf{f}^{-1}$ wirkt nur auf $Q^{(1)} = Q_0 \cup Q_1$. (b) Darstellung von $Q^{(-1)} = \mathbf{f}^{-1}(Q^{(0)} \cap Q^{(1)})$. Die schattierten Quadrate im ungestrichenen Teil des Diagramms stellen $Q^{(0)} \cap Q^{(1)}$ dar. $Q^{(-1)}$ besteht aus den schattierten Streifen im doppelt gestrichenen Teil des Diagramms. (c) Gezeigt sind die vertikalen Streifen $Q^{(0)}$, $Q^{(-1)}$, $Q^{(-2)}$, definiert durch (3.5.3). Man beachte $Q^{(0)} \supset Q^{(-1)} \supset Q^{(-2)} \cdots$. Die Menge $Q^{(-n)}$ besteht aus 2^{n+1} disjunkten Streifen der Breite $2/5^{(n+1)}$.

so daß **f** die Beschränkung von **g** auf eine Teilmenge der Kugel ist. Der erste Schritt besteht darin, die Abbildung **f** auf ein gekapptes Quadrat Q' auszudehnen (siehe Abb. 3.16). Die Erweiterung $\mathbf{f}'$ wird so konstruiert, daß $\mathbf{f}'|F$ einen eindeutigen, anziehenden hyperbolischen Fixpunkt besitzt. Dies bedeutet, daß die Bahn jedes Punktes, der einmal auf F abgebildet wird, später in F verbleibt. Die Abbildung $\mathbf{f}'$ kann auf eine geschlosene Scheibe D^2 mit beliebig großem Radius ausgedehnt werden. Die Erweiterung $\mathbf{g}' : D^2 \to D^2$ erfolgt so, daß $\mathbf{g}'(D^2)$ die Form annimmt, die in Abbildung 3.17 gezeigt ist. Den Diffeomorphismus $\mathbf{g} : S^2 \to S^2$ erhält man schließlich, indem man die Scheibe D^2 auf $\mathcal{R}^2$ mit einer Kugelhaube C^2 auf der Kugel (durch stereographische Projektion, siehe §3.3) identifiziert, und einen eindeutigen, abstoßenden hyperbolischen Fixpunkt in $S^2 \backslash C^2$ hinzufügt.

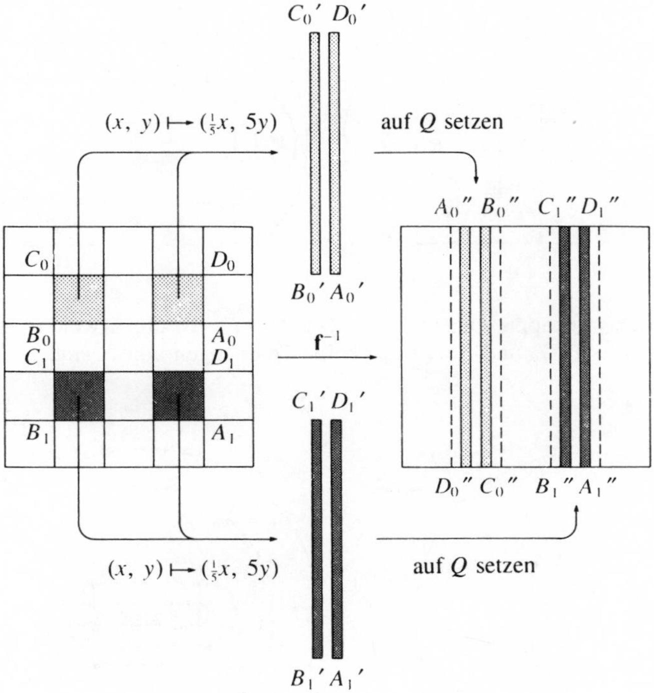

C_0' D_0'
$(x, y) \mapsto (\frac{1}{5}x, 5y)$
auf Q setzen
A_0'' B_0'' C_1'' D_1''
C_0
D_0
B_0' A_0'
B_0
A_0
C_1
D_1
$\mathbf{f}^{-1}$
C_1' D_1'
B_1
A_1
D_0'' C_0'' B_1'' A_1''
$(x, y) \mapsto (\frac{1}{5}x, 5y)$
auf Q setzen
B_1' A_1'

(b)

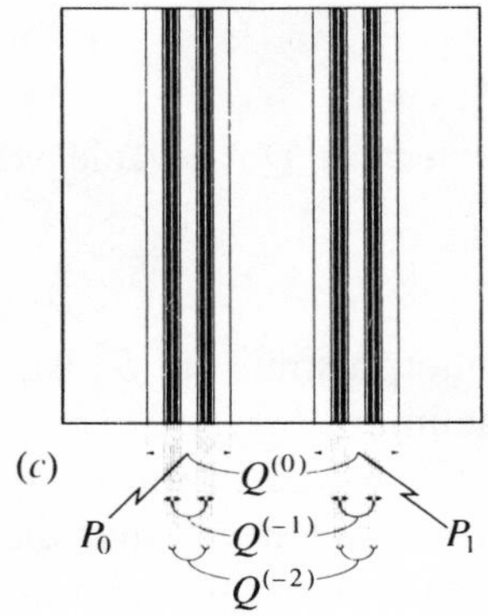

(c)
$Q^{(0)}$
P_0
$Q^{(-1)}$
P_1
$Q^{(-2)}$

Abb. 3.15.

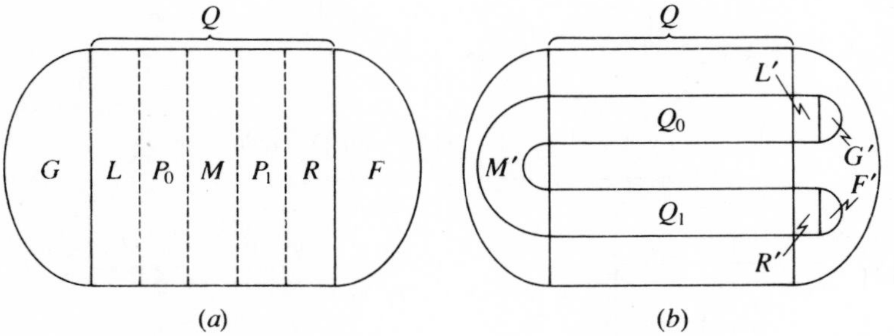

Abb. 3.16. (a) Das gekappte Quadrat $Q' = G \cup Q \cup F$; (b) die Erweiterung $\mathbf{f}' : Q' \to Q'$ erfolgt so, daß $G' = \mathbf{f}'(G)$ und $F' = \mathbf{f}'(F)$ beide Teilmengen von F sind.

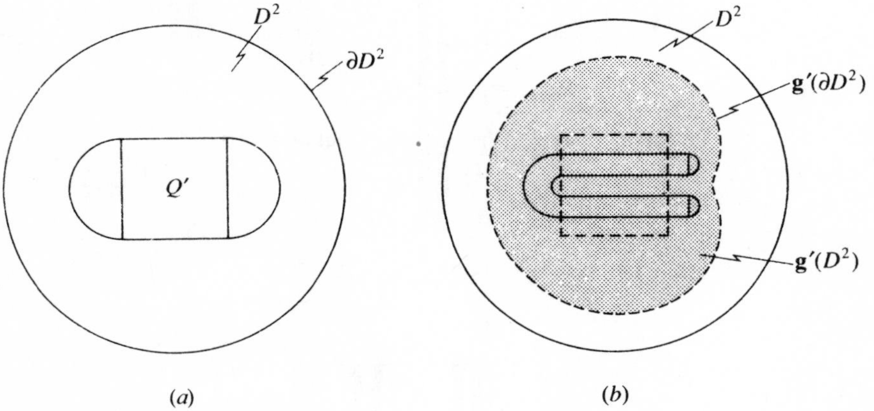

Abb. 3.17. (a) Die Scheibe D^2 enthält Q'; (b) Bild von D^2 unter $\mathbf{g}'$ (schattiert) mit $\mathbf{g}'|Q' = \mathbf{f}'$.

Da $\mathbf{g}$ ein globaler Diffeomorphismus auf S^2 ist, sind sowohl $\mathbf{g}$ als auch $\mathbf{g}^{-1}$ für alle Punkte der Kugel definiert.

Die Konstruktion von $\mathbf{g}$ sichert, daß er mit $\mathbf{f}$ oder $\mathbf{f}'$ übereinstimmt, wenn er passend beschränkt wird. Wir nehmen uns hier die Freiheit der Bezeichnung, indem wir nicht zwischen den Beschränkungen auf der Kugel und ihrer Darstellung auf $\mathcal{R}^2$ mittels stereographischer Projektion unterscheiden. Die Unterscheidung spielt keine bedeutende Rolle in unserer Diskussion, und sollte, einmal erwähnt, nicht zu Konfusionen führen. Der instabile Fixpunkt in $S^2 \backslash C^2$ bedeutet, daß gewöhnliche Punkte dieser Menge sich unter $\mathbf{g}$ auf C^2 zu bewegen. Wie in Abbildung 3.17(b) gezeigt ist, ist $\mathbf{g}|(D^2 \backslash Q')$ auch eine Kontraktion, so daß $\mathbf{g}$ im wesenlichen Punkte nach Q' abbildet. Auf Q' verhält sich $\mathbf{g}$ wie $\mathbf{f}'$. Wir wissen bereits, daß $\mathbf{f}'$ eine invariante Cantor-Menge Λ besitzt, die durch die Beschränkung von $\mathbf{f}$ auf Q entsteht, aber was ist mit den Punkten $S^2\backslash\Lambda = \Lambda^c$? Der folgende Satz liefert einen Teil der Antwort auf diese Frage. Er besagt, daß diese Punkte von Q', die nicht in der unendlichen Menge von vertikalen Liniensegmenten $\bigcap_{n\in\mathcal{N}} Q^{(-n)}$ liegen, vielleicht in F „gespült" werden.

Satz 3.7 *Die Bahnen der Punkte in* $Q\backslash(\bigcap_{n\in\mathcal{N}} Q^{(-n)})$ *unter* $\mathbf{g}$ *nähern sich schließlich dem stabilen Fixpunkt von* $\mathbf{g}$ *in* F.

Beweis. Abb. 3.16 zeigt, was mit den verschiedenen Teilen von Q bei einer einzelnen Anwendung von $\mathbf{g}|Q' = \mathbf{f}'$ geschieht. Das rechte (R) und linke (L) Fünftel von Q werden, zusammen mit G und F in F abgebildet . Da F einen eindeutigen, anziehenden Fixpunkt besitzt, nähert sich die Bahn jedes Punktes in F diesem Fixpunkt asymptotisch. Punkte im mittleren Fünftel M von Q erleiden das gleiche Schicksal nach einer weiteren Iteration. Solche Punkte werden in G durch $\mathbf{f}'$ abgebildet und von dort durch $\mathbf{f}'^2$ in F. Nur Punkte in $P_0 \cup P_1$ verbleiben in Q (eigentlich in $Q_0 \cup Q_1$) nach einer Anwendung von $\mathbf{f}'$. Mit anderen Worten, nach höchstens zwei Iterationen sind Punkte aus $Q\backslash Q^{(0)}$ in F.

Richten wir nun unsere Aufmerksamkeit auf die Teile des Quadrates Q, welche durch $Q^{(-1)}$ bestimmt werden, an Stelle von $Q^{(0)}$. Punkte in $Q^{(0)}\backslash(Q^{(0)}\cap Q^{(-1)})$ werden nach einer Iteration von $\mathbf{g}|Q = \mathbf{f}$ in M, R, L abgebildet (siehe Abb. 3.15(b)) und dann in F nach zwei oder drei Iterationen. Wir schließen also, daß alle Punkte in $(Q\backslash Q^{(0)}) \cup (Q^{(0)}\backslash(Q^{(0)} \cap Q^{(-1)})) = Q\backslash(Q^{(0)} \cap Q^{(-1)})$ nach höchstens drei Anwendungen von $\mathbf{g}$ nach F gelangt sind. Betrachten wir weiter die Teile von Q, die durch $Q^{(-2)}$ entstehen. Die Punkte in $Q^{(-1)}\backslash Q^{(-2)} = (Q^{(0)}\cap Q^{(-1)})\backslash(Q^{(0)}\cap Q^{(-1)}\cap Q^{(-2)})$ besitzen Bilder unter $\mathbf{g}$ in $Q^{(0)}\backslash(Q^{(0)}\cap Q^{(-1)})$. Ist also $\mathbf{x} \in Q\backslash\bigcap_{n=0}^{2} Q^{(-n)}$, dann ist $\mathbf{g}^k(\mathbf{x}) \in F$ für $k > 4$. Wir schließen daraus mittels Induktion, daß alle Punkte in $Q\backslash\bigcap_{n\in\mathcal{N}} Q^{(-n)}$ schließlich F erreichen.

Mit Blick auf die Konstruktion von Λ sieht man, daß $\Lambda \subseteq \bigcap_{n\in\mathcal{N}} Q^{(-n)}$ ist. Es ist nicht schwer zu zeigen, daß auch $\bigcap_{n\in\mathcal{N}} Q^{(-n)}$ invariant unter $\mathbf{g}$ ist (siehe Aufgabe 3.5.3). Erinnert man sich, daß $\bigcap_{n\in\mathcal{N}} Q^{(-n)}$ eine Menge gerader Liniensegmente parallel zur y-Achse ist und daß $\mathbf{g}$ eine Kontraktion in dieser Richtung bewirkt, so überrascht es nicht, daß Punkte in $(\bigcap_{n\in\mathcal{N}} Q^{(-n)})\backslash\Lambda$ Bahnen besitzen, die sich Λ asymptotisch nähern (siehe Aufgabe 3.5.3). Es soll hier hervorgehoben werden , daß diese Bahnen nicht auf die Teilmenge einer einzelnen vertikalen Linie beschränkt sind.

Wenden wir uns nun der Dynamik der Punkte in $S^2\backslash Q'$ zu. Anders als $\mathbf{f}^{-1}$ ist $\mathbf{g}^{-1}$ für alle $\mathbf{x} \in Q$ definiert (Abb. 3.18). Natürlich ist $\mathbf{g}^{-1}|Q^{(1)} \equiv \mathbf{f}^{-1}$ wie in Abbildung 3.15 gezeigt, doch ist $\mathbf{g}^{-1}(Q\backslash Q^{(1)} \subseteq S^2\backslash Q' = Q'^c$. Das bedeutet, daß Punkte in $Q\backslash Q^{(1)}$ die Bilder von Punkten *außerhalb* von Q' unter $\mathbf{g}$ sind. Wir haben das Schicksal solcher Bilder bei fortwährenden Iterationen von $\mathbf{g}$ bereits diskutiert. Da $\Lambda \cap (Q\backslash Q^{(1)}) = \varnothing$ ist, besitzen Punkte in $(Q\backslash Q^{(1)}) \cap$

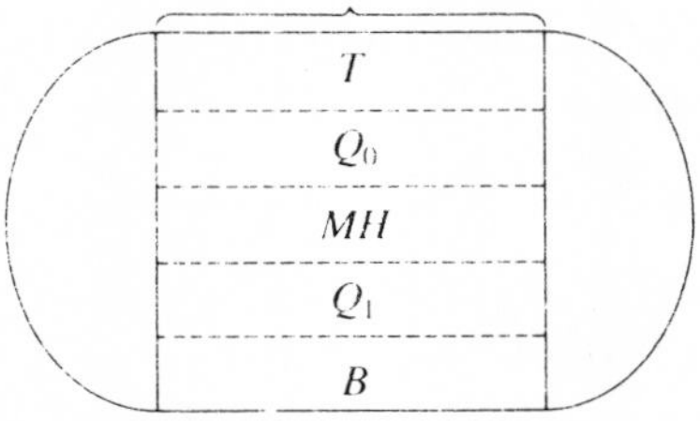

(a)

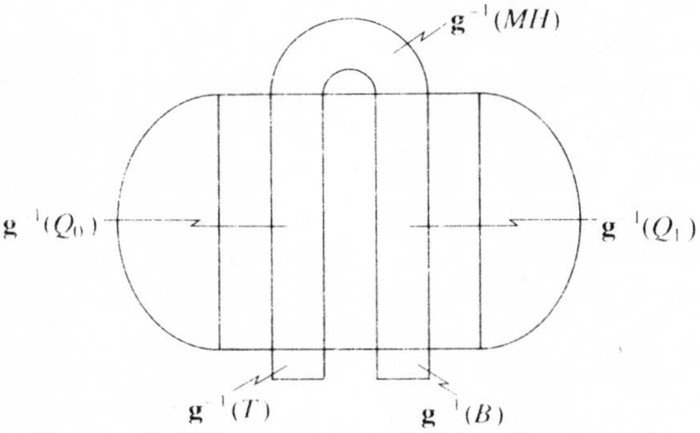

(b)

Abb. 3.18. Illustration von $\mathbf{g}^{-1}$, die zeigt, daß Punkte, die in $Q \backslash Q^{(1)} = T \cup MH \cup B$ starten, aus Q' heraus abgebildet werden durch $\mathbf{g}^{-1}$. Man beachte, daß $S^2 \backslash Q'$ einen eindeutigen, *stabilen*, hyperbolischen Fixpunkt von $\mathbf{g}^{-1}$ besitzt, so daß die Bahnen dieser Punkte unter $\mathbf{g}^{-1}$ nicht nach Q' zurückkehren.

$(\bigcap_{n \in \mathcal{N}} Q^{(-n)})$ Bahnen, die sich Λ asymptotisch nähern; während Punkte in $(Q \backslash Q^{(1)}) \backslash \bigcap_{n \in \mathcal{N}} Q^{(-n)}$ Bahnen haben, die F erreichen.

Unter rückwärtsgerichteter Iteration von $\mathbf{g}$ sind wir in der Lage, die invariante Menge $\bigcap_{n \in \mathcal{N}} Q^{(-n)}$ auf die gesamte Kugel auszudehnen. Die entstehende Punktmenge nennt man *Inset* oder abgekürzt $in(\Lambda)$ von Λ, das heißt

$$in(\Lambda) = \{\mathbf{x} \in S^2 | \mathbf{g}^n(\mathbf{x}) \to \Lambda \text{ für } n \to \infty\}. \tag{3.5.5}$$

Ähnliche Argumente, wie wir sie oben angeführt haben, wobei $\mathbf{g}^{-1}$ durch $\mathbf{g}$ ersetzt wird, ergeben analoge Schlüsse über die unendliche Menge horizontaler Linien $\bigcap_{n \in \mathcal{N}} Q^{(n)}$ (siehe Aufgabe 3.5.3). Daraus folgt, daß es eine Punktmenge $out(\Lambda) \subseteq G \cup Q \cup F$, genannt Outset von Λ, gibt, dessen Bahnen sich Λ nähern bei rückwärtsgerichteter Iteration von $\mathbf{g}$, das heißt

$$out(\Lambda) = \{\mathbf{x} \in S^2 | \mathbf{g}^{-n}(\mathbf{x} \to \Lambda \text{ für } n \to \infty\}. \tag{3.5.6}$$

Die Rolle der Menge Λ in der Dynamik von $\mathbf{g}$ ist natürlich analog der eines Sattelpunktes in einfacheren Diffeomorphismen. Inset und Outset von Λ verallgemeinern die stabilen und instabilen Mannigfaltigkeiten des Sattels. Wir werden zu Mengen mit dieser etwas allgemeineren hyperbolischen Struktur in §3.6 zurückkehren, jetzt wenden wir uns der Dynamik von $\mathbf{g}$ auf Λ zu.

3.5.2 Dynamik auf Symbolsequenzen

Sei Σ die Menge aller doppelt-unendlichen Sequenzen der binären Symbole $\{0, 1\}$, das heißt $\Sigma = \{\sigma | \sigma : \mathscr{Z} \to \{0, 1\}\}$. Die Elemente σ von Σ nennt man *Symbolsequenzen*, sie werden durch $\sigma(n) = \sigma_n \in \{0, 1\}$ für alle $n \in \mathscr{Z}$ definiert. Wir schreiben $\sigma = \{\sigma_n\}_{n=-\infty}^{\infty} = \{\ldots \sigma_{-2}\sigma_{-1}\sigma_0 \cdot \sigma_1\sigma_2 \ldots\}$. Unser Ziel ist die Betrachtung der Dynamik der Abbildung $\alpha : \Sigma \to \Sigma$, die durch

$$\alpha(\sigma)_n = \sigma_{n-1} \tag{3.5.7}$$

definiert wird, $n \in \mathscr{Z}$. Man nennt sie den *Left-Shift* auf Σ, da ihr die Bewegung des binären Punktes um ein Symbol nach links entspricht.

Satz 3.8 *Der Left-Shift $\alpha : \Sigma \to \Sigma$ besitzt periodische Bahnen aller Perioden sowie aperiodische Bahnen.*

Ein Punkt $\sigma^* \in \Sigma$ ist periodisch, wenn

$$\alpha^q(\sigma^*) = \sigma^* \tag{3.5.8}$$

gilt mit $q \in \mathscr{Z}$. Ist q die kleinste positive Zahl, für die (3.5.8) erfüllt ist, dann nennt man σ^* periodisch mit der Periode q. Man sieht sofort, daß (3.5.8) dann und nur dann erfüllt ist, wenn $\sigma_n^* = \sigma_{n+q}^*$ ist für alle $n \in \mathscr{Z}$. So findet man leicht die periodischen Punkte von α mit gegebener Periode q. Die entsprechende Sequenz σ^* entsteht durch Wiederholung eines Blockes von Symbolen der Länge q, der selber nicht aus Wiederholungen eines seiner Subblöcke besteht. So hat zum Beispiel der Punkt

$$\sigma^* = \{\ldots 11010\overline{11110111011010} \cdot 11110 \ldots\} \tag{3.5.9}$$

die Periode 14, während

$$\sigma^* = \{\ldots 10\overline{1011010}\,\overline{10110110} \cdot 101 \ldots\} \tag{3.5.10}$$

zwar $\alpha^{14}(\sigma^*) = \sigma^*$ erfüllt, aber die Periode 7 besitzt, da $\alpha^7(\sigma^*) = \sigma^*$ ist. Ebenso leicht sieht man, daß α auch aperiodische Bahnen besitzt. Zum Beispiel

$$\sigma = \{\ldots \underbrace{1 \ldots 110}_{n} \ldots \underbrace{11110}_{4}\underbrace{1110}_{3}\underbrace{110}_{2}\underbrace{10}_{1} \cdot 1011011101111 \ldots\} \tag{3.5.11}$$

enthält Blöcke der gezeigten Art für alle $n \in \mathscr{Z}^+$, es gibt also kein $q \in \mathscr{Z}^+$, so daß $\alpha^q(\sigma) = \sigma$ ist.

Satz 3.9 *Es existiert eine Topologie, in welcher die periodischen Punkte von α dicht in Σ sind.*

Es gibt ein natürliches Verfahren zu definieren, wie nahe sich zwei Symbolsequenzen sind. Seien zwei Sequenzen in Σ gegeben, so können wir die Länge des längsten Symbolblockes, zentriert um den binären Punkt, erkennen, in dem sie übereinstimmen. Wir sind nun in der Lage, den Grenzwert einer Sequenz von Elementen von Σ zu definieren. Eine Sequenz $\{\sigma^{(m)}\}_{m=0}^{\infty} \subseteq \Sigma$ geht gegen $\sigma \in \Sigma$ für $m \to \infty$, wenn für ein gegebenes $N \in \mathcal{Z}^+$ ein $M \in \mathcal{Z}^+$ existiert, so daß $\sigma_n^{(m)} = \sigma_n$ ist für $-(N-1) \leq n \leq N$ mit $m > M$. Wenn also $\sigma^{(m)} \to \sigma$ für $m \to \infty$, dann stimmen $\sigma^{(m)}$ und σ in immer größer werdenden zentralen Blöcken überein. Sei zum Beispiel die Sequenz $\sigma^{(m)}$ durch die Definition

$$\sigma_n^{(m)} = \begin{cases} 1, & -(m-1) \leq n \leq m, \; m \in \mathcal{Z}^+, \\ 0, & \text{sonst} \end{cases} \tag{3.5.12}$$

gegeben. Sie konvergiert für $m \to \infty$ gegen die die Sequenz σ mit $\sigma_n = 1$ für alle $n \in \mathcal{Z}$.

Mit der obigen Definition der Konvergenz liegen die periodischen Punkte von α dicht in Σ. Denn für beliebiges $\sigma \in \Sigma$ gibt es eine Sequenz von periodischen Sequenzen $\{\sigma^{(m)}\}_{m=0}^{\infty}$, die gegen σ konvergiert für $m \to \infty$. Jede Sequenz $\sigma^{(m)}$ wird so gewählt, daß sie die Periode $2m$ besitzt und daß $\sigma_n^{(m)} = \sigma_n$ ist für $-(m-1) \leq n \leq m$. Sei σ die aperiodische Sequenz (3.5.11), dann erhalten wir

$$\begin{aligned} \sigma^{(1)} &= \ldots \overline{01}\,\overline{01}\,\overline{01} \cdot \overline{01}\,\overline{01}, \\ \sigma^{(2)} &= \ldots \overline{1010}\,\overline{10 \cdot 10}\,\overline{1010} \ldots, \\ \sigma^{(3)} &= \ldots \overline{010101}\,\overline{010 \cdot 101}\,\overline{010101} \ldots, \\ \sigma^{(4)} &= \ldots \overline{10101011}\,\overline{1010 \cdot 1011}\,\overline{10101011} \ldots \end{aligned} \tag{3.5.13}$$

und so weiter.

Satz 3.10 *Der Left-Shift $\alpha : \Sigma \to \Sigma$ besitzt eine dichte Bahn auf Σ.*

Um den Satz zu beweisen, müssen wir zeigen, daß α eine Bahn auf Σ besitzt, die jedem beliebigen Punkt von Σ beliebig nahe kommt. Sei $\sigma \in \Sigma$ so gestaltet, daß σ_{-n} für $n \in \mathcal{N}$ durch die folgende geordnete Liste von Symbolblöcken gegeben ist:

(i) alle Blöcke der Länge 1, das heißt $\{0\}, \{1\}$,

(ii) alle Blöcke der Länge 2, das heißt $\{0, 0\}, \{0, 1\}, \{1, 0\}, \{1, 1\}$,

(iii) alle Blöcke der Länge 3 und so weiter.

Alle möglichen Blöcke aller möglichen Längen sind in $\{\sigma_{-n}\}_{n=0}^{\infty}$ enthalten; σ_n, $n \in \mathcal{Z}^+$ kann beliebig gewählt werden. Die Bahn von σ unter α enthält

$\{\alpha^m(\sigma) | m \in \mathcal{N}\}$. Nun enthält σ jeden möglichen Symbolblock der Länge N in seiner linken Hälfte. Nach genügend vielen Anwendungen von α liegt dieser Block zentriert um den binären Punkt. Da N beliebig ist, kann so jedes Element von Σ beliebig genau approximiert werden durch einen Punkt der Bahn von σ unter α.

Mit Blick auf die recht spezielle Konstruktion von σ, dessen Bahn in Σ dicht ist, könnte der Leser denken, solche Sequenzen sind selten oder atypisch. Dies ist *nicht* der Fall. Tatsächlich enthalten die meisten doppelt-unendlichen binären Sequenzen jeden beschriebenen Block von Symbolen (siehe Hardy, 1979) und besitzen damit eine dichte Bahn unter α. Das spezielle Beispiel, welches wir gewählt hatten, ist nur stark geordnet, um das Argument überzeugender zu gestalten.

Nachdem wir einige Eigenschaften des Left-Shifts $\alpha : \Sigma \to \Sigma$ diskutiert haben, ist es an der Zeit, unser Motiv zu nennen, warum wir uns mit der Dynamik dieser Abbildung beschäftigen. Wir sind auf der Suche nach einer symbolischen Beschreibung der Dynamik des Hufeisen-Diffeomorphismus auf Λ. Bevor wir uns dem zuwenden, sei angemerkt, daß die Gültigkeit der Sätze 3.8–3.10 nicht von der *binären* Natur der Sequenzen in Σ abhängt. Ähnliche Ergebnisse kann man für Sequenzen von m-Symbolen, $\{0, 1, \ldots, m-1\}$ ableiten (siehe Aufgabe 3.5.5). Die binären Symbole ermöglichen die Verbindung zum Hufeisen-Diffeomorphismus von §3.5.1. Es gibt jedoch auch kompliziertere Abbildungen dieses Typs (siehe Aufgabe 3.6.5), deren „symbolische Dynamik" Sequenzen mit m Symbolen enthält, wobei $m > 2$.

3.5.3 Symboldynamik für den Hufeisen-Diffeomorphismus

In diesem Abschnitt wollen wir zeigen, daß die Beschränkung des Hufeisen-Diffeomorphismus auf die invariante Menge Λ, zum Left-Shift α auf Σ topologisch konjugiert ist. Die Grundidee ist, daß sich die Punkte von Λ durch doppelt-unendliche Sequenzen von $\{0, 1\}$ „codieren" lassen.

Man erinnere sich, daß gilt $\Lambda = \bigcap_{n \in \mathcal{Z}} Q^{(n)}$, wobei $Q^{(n)}$, $n \in \mathcal{Z}^+$, die disjunkte Vereinigung von 2^n horizontalen Streifen des Quadrates Q ist, während $Q^{(-n)}$, $n \in \mathcal{N}$, die Vereinigung von 2^{n+1} ähnlichen vertikalen Streifen ist. Wie man in den Abbildungen 3.14(b) und 3.15(c) sieht, gilt $Q^{(1)} \supset Q^{(2)} \supset \cdots \supset Q^{(n)} \supset \cdots$ und $Q^{(0)} \supset Q^{(-1)} \supset \cdots \supset Q^{(-n)} \supset \cdots$. Daher ist $\Lambda^{(N)} = \bigcap_{n=-(N-1)}^{N} Q^{(n)} = Q^{(-(N-1))} \cap Q^{(N)}$ die disjunkte Vereinigung von 2^{2N} Quadraten der Seitenlänge $2/5^N$ (siehe Abb. 3.19). Natürlich geht die Größe der Quadrate gegen null für $N \to \infty$, ihre Anzahl geht gegen unendlich und $\Lambda^{(N)} \to \Lambda$. Die Codierung der Punkte von Λ wird dadurch möglich, daß jedes Quadrat von $\Lambda^{(N)}$ eindeutig durch einen Symbolblock $\sigma^{(N)} = \{\sigma_{-(N-1)} \ldots \sigma_0 \cdot \sigma_1 \ldots \sigma_N\}$, $\sigma_n \in \{0, 1\}$ der Länge $2N$ repräsentiert werden kann.

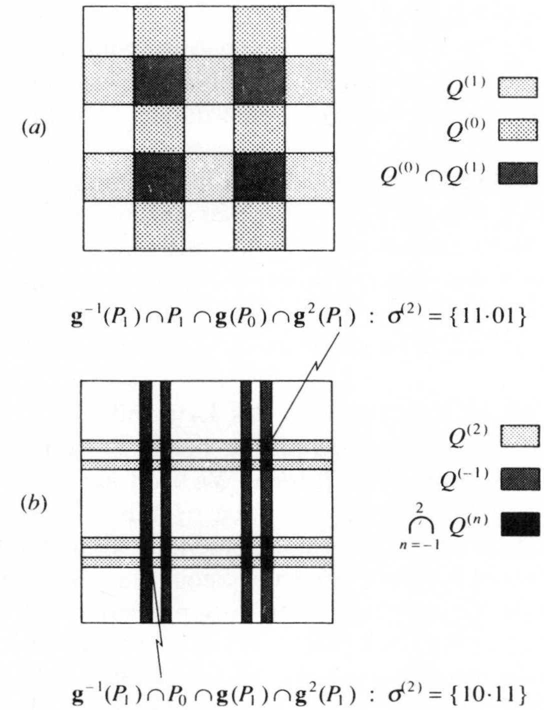

Abb. 3.19. Darstellung von $\bigcap_{n=-(N-1)}^{N} Q^{(N)}$ für (a) $N = 1$; (b) $N = 2$. Die quadratischen Regionen, die durch (3.5.17), mit $\sigma^{(2)}$ gegeben durch $\{11 \cdot 01\}$ und $\{10 \cdot 11\}$, definiert werden, sind hervorgehoben.

Jedem Streifen in $Q^{(N)}$ kann eine 0 oder eine 1 in folgender Art und Weise zugeordet werden. Man betrachte die vertikalen Streifen P_0 und P_1. Es gilt

$$Q^{(1)} = \mathbf{g}(P_0) \cup \mathbf{g}(P_1) = Q_0 \cup Q_1, \tag{3.5.14}$$

wobei $Q_0 \cap Q_1 = \varnothing$ ist (siehe Abb. 3.13). Weiter ist

$$Q^{(2)} \subseteq \mathbf{g}^2(P_0) \cup \mathbf{g}^2(P_1) \tag{3.5.15}$$

mit $\mathbf{g}^2(P_0) \cap \mathbf{g}^2(P_1) = \varnothing$ (siehe Abb. 3.14(a)). Allgemein gilt also für $n \in \mathscr{Z}^+$

$$Q^{(n)} \subseteq \mathbf{g}^n(P_0) \cup \mathbf{g}^n(P_1) \tag{3.5.16}$$

und $\mathbf{g}^n(P_0) \cap \mathbf{g}^n(P_1)$ ist immer leer, da $P_0 \cap P_1 = \varnothing$ und $\mathbf{g}$ ein Diffeomorphismus ist. Deshalb liegt ein horizontaler Streifen von $Q^{(n)}$ entweder in $\mathbf{g}^n(P_0)$ oder in $\mathbf{g}^n(P_1)$. Wir ordnen dem Streifen von $Q^{(n)}$ das Symbol 0 zu, wenn er eine Teilmenge von $\mathbf{g}^n(P_0)$ ist und eine 1, wenn er in $\mathbf{g}^n(P_1)$ liegt. Offensichtlich erhält man so nicht nur eine eindeutige Beschreibung jedes horizontalen

Streifens in $Q^{(n)}$, $n \geq 2$, sondern man kann sie auch zur Auswahl eines Streifens verwenden. Seien zwei Streifen von $Q^{(2)}$ das Symbol 0 zugewiesen. Sie sollen sich aber durch die Tatsache unterscheiden, daß einer in $\mathbf{g}(P_0)$ liege (das heißt Streifen 0 von $Q^{(1)}$) und der andere in $\mathbf{g}(P_1)$ (also Streifen 1 von $Q^{(1)}$). Dann können wir die Streifen eindeutig kennzeichnen, indem wir ihnen zwei Symbole zuordnen: das erste beschreibt einen Streifen in $Q^{(1)}$, so daß das zweite es eindeutig in $Q^{(2)}$ festlegt (siehe Abb. 3.20).

Ähnlich können die Streifen von $Q^{(3)}$ eindeutig gekennzeichnet werden, indem man von der eindeutigen Kennzeichnung der Streifen in $Q^{(2)}$ ausgeht

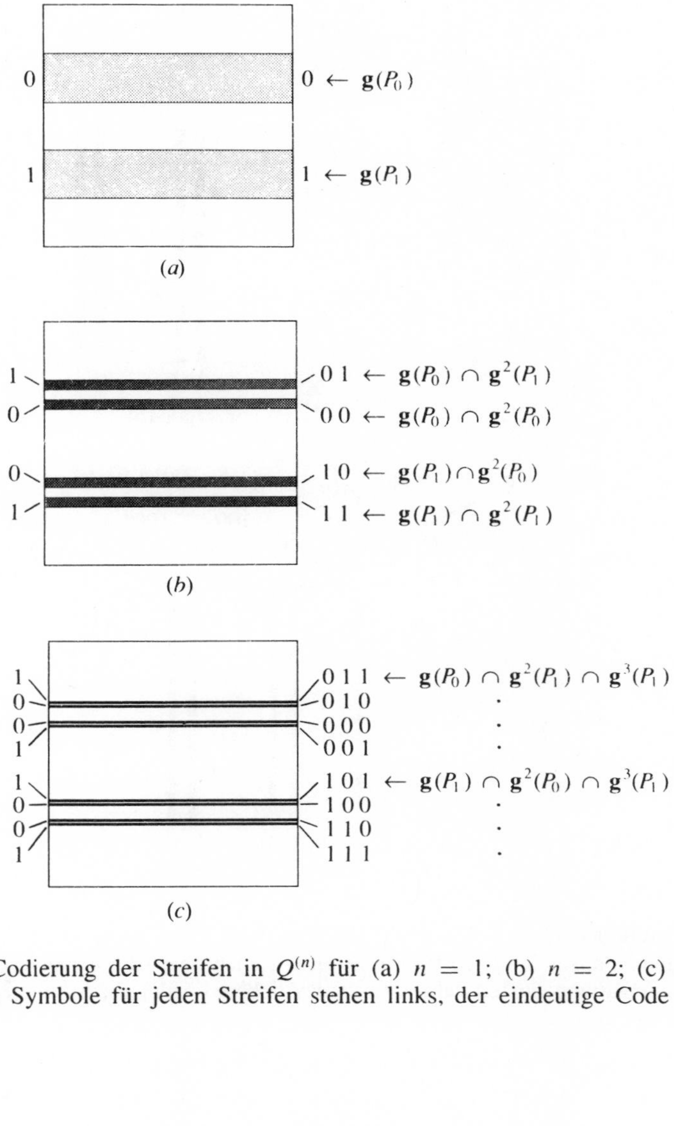

Abb. 3.20. Codierung der Streifen in $Q^{(n)}$ für (a) $n = 1$; (b) $n = 2$; (c) $n = 3$. Die zugeordneten Symbole für jeden Streifen stehen links, der eindeutige Code der Streifen rechts.

und die Symbole, die man $Q^{(3)}$ zuweist, hinzufügt. Die Streifen von $Q^{(n)}$ sind also eindeutig bezeichnet durch eine Menge von n Symbolen aus $\{0, 1\}$. Analoge Argumente kann man für $Q^{(-n)}$ anführen, indem man die Bilder von P_0 und P_1 unter Potenzen von $\mathbf{g}^{-1}$ betrachtet (siehe Aufgabe 3.5.8). Einem vertikalen Streifen von $Q^{(-n)}$, $n \in \mathcal{N}$, wird das Symbol i zugewiesen, wenn er eine Teilmenge von $\mathbf{g}^{-n}(P_i)$, $i = 0, 1$ ist. Für $n \in \mathscr{Z}^+$ erhält man eindeutige Kennzeichnungen dieser Streifen in $Q^{(n-1)}$ durch Anhängen dieser Symbole an die der Streifen von $Q^{(-(n-1))}$ (siehe Abbildung 3.21). Man beachte, daß

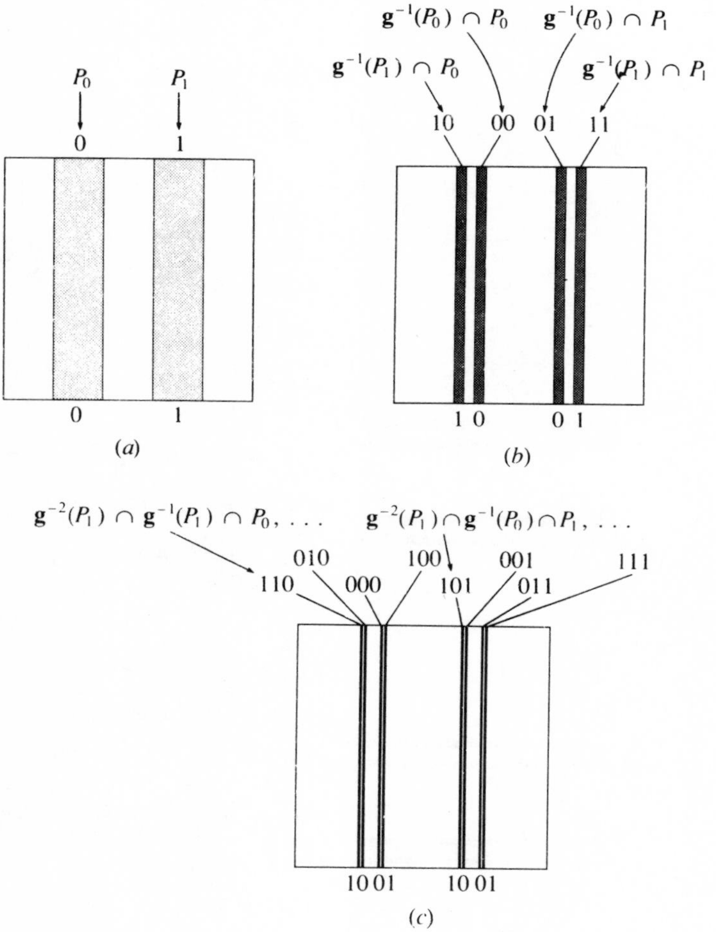

Abb. 3.21. Streifencodierung von $Q^{(-n)}$ für $n = 0, 1, 2$: (a) $Q^{(0)}$; (b) $Q^{(-1)}$; (c) $Q^{(-2)}$. Die eindeutigen Kennzeichnungen für die Streifen stehen oben, die zugewiesenen Symbole unten. Um die negativen ganzen Zahlen zu verdeutlichen, werden die Symbole an der linken Seite hinzugefügt anstatt an der rechten.

wir die Symbole links angehängt haben, so daß die Ordnung in den Streifenbezeichnungen die der negativen ganzen Zahlen widerspiegelt.

Jetzt können wir zum Schluß den Symbolblock, der die in $\Lambda^{(N)}$ erscheinenden Quadrate repräsentiert, konstruieren. Jedes solche Quadrat ist der Querschnitt eines vertikalen Streifens von $Q^{(-(N-1))}$ mit einem horizontalen Streifen von $Q^{(N)}$. Besitzt der vertikale Streifen die Kennzeichnung $\sigma_{-(n-1)}, \ldots, \sigma_{-1}, \sigma_0$ und der horizontale Streifen $\sigma_1, \ldots, \sigma_N$, dann hat der Symbolblock, der das Quadrat kennzeichnet, die Gestalt $\sigma^{(N)} = \{\sigma_{-(N-1)}, \ldots, \sigma_{-1}, \sigma_0 \cdot \sigma_1, \ldots, \sigma_N\}$. So repräsentieren zum Beispiel $\{11 \cdot 01\}$ und $\{10 \cdot 11\}$ das obere rechte bzw. das untere linke Quadrat in der Darstellung von $\Lambda^{(2)}$ in Abb. 3.19(b). Man kann nun leicht zeigen (siehe Aufgabe 3.5.11), daß das Quadrat, welches durch den Symbolblock $\sigma^{(N)}$ repräsentiert wird, durch

$$\left(\bigcap_{n=-(N-1)}^{N} \mathbf{g}^n(P_{\sigma_n}) \right) \cap Q \tag{3.5.17}$$

gegeben ist.

Im Limit $N \to \infty$ verbindet die obige Konstruktion eine eindeutige, doppelt-unendliche binäre Sequenz mit jedem Punkt von Λ. Sie erlaubt außerdem die eindeutige Konvertierung jeder Sequenz zu einem Punkt von Λ. Somit haben wir eine Bijektion $\mathbf{h} : \Sigma \to \Lambda$ konstruiert.

Satz 3.11 *Die oben definierte Bijektion* $\mathbf{h} : \Sigma \to \Lambda$ *ist ein Homomorphismus, der die topologische Konjugation von* $\mathbf{g} : \Lambda \to \Lambda$ *und* $\alpha : \Sigma \to \Sigma$ *zeigt.*

Beweis. Die eng benachbarte Lage der horizontalen und vertikalen Streifen, die Λ definieren, bedeutet, daß Sequenzen, die nahe beieinander liegen in dem Sinne, daß sie in großen zentrierten Blöcken übereinstimmen, unter $\mathbf{h}$ auf Punkte von Λ abgebildet werden, die geometrisch nah beieinander liegen. Ebenso, wenn zwei Punkte von Λ geometrisch nah sind, so stimmen die Symbolsequenzen in großen zentrierten Blöcken überein, da diese Punkte nur für genügend große N in $\Lambda^{(N)}$ verschieden sind. Also ist $\mathbf{h}$ ein Homomorphismus.

Sei $\sigma \in \Sigma$ und

$$\mathbf{x} = \mathbf{h}(\sigma) = \left[\bigcap_{n \in \mathcal{Z}} \mathbf{g}^n(P_{\sigma_n}) \right] \cap Q. \tag{3.5.18}$$

Dann ist

$$\begin{aligned} \mathbf{g}(\mathbf{h}(\sigma)) &= \mathbf{g}(\mathbf{x}) = \mathbf{g}\left(\left[\bigcap_{n \in \mathcal{Z}} \mathbf{g}^n(P_{\sigma_n}) \right] \cap Q \right) \\ &= \left[\bigcap_{n \in \mathcal{Z}} \mathbf{g}^{n+1}(P_{\sigma_n}) \right] \cap Q \end{aligned}$$

$$\begin{aligned} &= \left[\bigcap_{n\in\mathcal{Z}} \mathbf{g}^n(P_{\sigma_{n-1}})\right] \cap Q \\ &= \mathbf{h}(\alpha(\sigma)). \end{aligned} \tag{3.5.19}$$

Deshalb zeigt $\mathbf{h}$ die Konjugation von $\mathbf{g}$ und α.

Satz 3.11 impliziert, daß die Komplexität, die die Bahnen der Punkte in Σ unter α zeigen (siehe §3.5.2), auch in den Bahnen der Punkte von Λ unter $\mathbf{g}$ zu erkennen ist. Also besitzt $\mathbf{g}|\Lambda$ unendlich viele periodische Punkte, seine periodischen Punkte liegen dicht in Λ und $\mathbf{g}$ besitzt Bahnen, die dichte Teilmengen von Λ sind.

Eine andere Erscheinung in der Dynamik von $\alpha : \Sigma \to \Sigma$, die wichtige Folgen für $\mathbf{g}|\Lambda$ hat, ist, daß es Punkte in Σ gibt, deren Bahnen unter α aperiodisch sind. Da sich im allgemeinen $\alpha(\sigma)$ und σ in Σ nicht nahe sind, wandern diese Bahnen in einer scheinbar planlosen Art und Weise durch Σ. Ihre Analoga in den Bahnen von $\mathbf{g}|\Lambda$ bewegen sich durch Λ und hüpfen von Punkt zu Punkt in einer zufälligen oder *chaotischen* Art und Weise. Man nennt aufgrund des Erscheinens solcher Bahnen invariante Mengen wie Λ oft *chaotische Mengen* (siehe §3.6).

Obwohl die Dynamik von $\mathbf{g}|\Lambda$ sehr kompliziert ist, sollten wir nicht vergessen, daß die Dynamik von $\mathbf{g}|\Lambda^c$ suggeriert, daß Λ in gewissem Sinne hyperbolisch ist. Im folgenden Abschnitt wollen wir untersuchen, wie sich solche Mengen in einem allgemeinen theoretischen Rahmen unterbringen lassen.

3.6 Hyperbolische Struktur und Grundmengen

Kehren wir nun zur hyperbolischen Natur der invarianten Menge Λ des Hufeisen-Diffeomorphismus $\mathbf{g} : S^2 \to S^2$ zurück. Tatsächlich sagt man, Λ habe eine *hyperbolische Struktur* oder ist eine *hyperbolische Menge* für $\mathbf{g}$. In diesem Abschnitt wollen wir die Bedeutung dieser Aussage erläutern und ein wichtiges Theorem über Diffeomorphismen, deren nicht-wandernde Mengen Ω eine hyperbolische Struktur besitzen, einführen.

Es ist von Nutzen, uns an dieser Stelle an unsere Ausführungen über Hyperbolizität zu erinnern (siehe §2.1 und §2.2). Die entscheidende Aussage war, daß wir uns nur mit hyperbolischen Fixpunkten zu beschäftigen brauchen. Nicht-triviale hyperbolische Mengen wie zum Beispiel hyperbolische periodische Bahnen oder ein normal hyperbolischer invarianter Kreis werden durch Terme eines hyperbolischen Fixpunktes einer zugehörigen Abbildung ($\mathbf{f}^q$ oder $\mathcal{F}$ in §2.2) ausgedrückt. Wir haben es dann mit dem lokalen Verhalten einer Abbildung bei einem Fixpunkt in einem euklidischen oder Banachraum zu tun.In diesen Fällen ist die hyperbolische Natur des Fixpunktes durch die Eigenwerte der Ableitung der Abbildung ($D\mathbf{f}^q$ oder $D\mathcal{F}$) gegeben. Es ist nicht möglich, diesen Zugang zur Charakterisierung der Hyperbolizität der invarianten Menge Λ des Hufeisen-Diffeomorphismus zu verwenden. Zwei Problemfelder treten dabei in Erscheinung, die wir nun untersuchen wollen.

(i) Der Hufeisen-Diffeomorphismus ist auf einer Mannigfaltigkeit (der Kugel) definiert und nicht auf einem euklidischen Raum. Deshalb muß die Ableitung der Abbildung für diese Fälle verallgemeinert werden.

(ii) Die Komplexität von Λ führt dazu, daß es nicht möglich ist, das Problem als Funktion eines Fixpunktes einer zugehörigen Abbildung zu formulieren. So enthält Λ zum Beispiel aperiodische Bahnen, die nicht zu einem Fixpunkt von $\mathbf{g}^q$ gehören für beliebiges $q \in \mathcal{Z}^+$. Haben wir nun die Verallgemeinerung der Ableitung der Abbildung eingeführt, so muß unsere Definition erlauben, daß $\mathbf{x}$ und $\mathbf{g(x)}$ verschiedene Punkte in Λ sind.

Beginnen wir mit der Überlegung, wie die Ergebnisse des §2.2 auf einen Diffeomorphismus $\mathbf{f} : M \to M$ angewandt werden können, wenn M eine n-dimensionale, differenzierbare Mannigfaltigkeit ist, die keine Teilmenge des $\mathcal{R}^n$ darstellt (siehe Abbildung 3.22). Die Ableitung der Abbildung $D\mathbf{f}(\mathbf{x}^*)$:

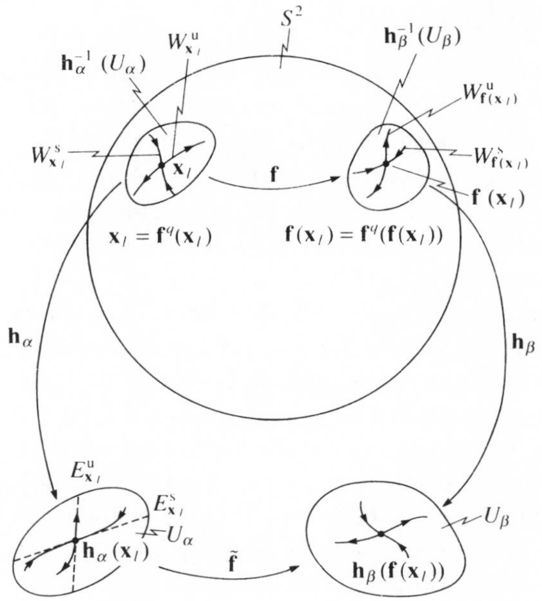

Abb. 3.22. Für eine hyperbolische periodische Bahn sagt das Theorem über invariante Mannigfaltigkeiten die Existenz von stabilen und instabilen Eigenräumen in jeder Karte für $\mathbf{f}^q$ voraus. Die kartenbildenden Diffeomorphismen gestatten dann die Übertragung von ihnen auf M (hier als S^2 gezeigt). $E^{s,u}_{\mathbf{x}_l}$ sind tangential zu den Bildern von $W^{s,u}_{\mathbf{x}_l}$ auf jeder lokalen Karte.

$\mathcal{R}^n \to \mathcal{R}^n$, die bei der Betrachtung des hyperbolischen Fixpunktes $\mathbf{x}^*$ von $\mathbf{f}: \mathcal{R}^n \to \mathcal{R}^n$ in §2.2 verwendet wurde, wird durch die Tangential-Abbildung $T\mathbf{f}_{\mathbf{x}^*}: TM_{\mathbf{x}^*} \to TM_{\mathbf{x}^*}$ ersetzt, wobei $TM_{\mathbf{x}^*}$ der Tangentialraum zu M an $\mathbf{x}^*$ ist. Man erinnere sich (siehe §1.3), daß $TM_{\mathbf{x}^*}$ für alle $\mathbf{x} \in M$ mittels Äquivalenzklassen von Kurven auf M mit dem gleichen Tangentenvektor bei $\mathbf{x}^*$ definiert werden kann. Wir wollen nun die Verbindung mit dem Verhalten von $\mathbf{f}$ in der Nähe von $\mathbf{x}^*$ verdeutlichen. Es sei $\boldsymbol{\eta}(t)$, mit $t \in I \subseteq \mathcal{R}^n$, $0 \in I$ und $\boldsymbol{\eta}(0) = \mathbf{x}^*$, eine parametrisierte Kurve auf M, die durch $\mathbf{x}^*$ geht. Um den Tangentenvektor bei $\mathbf{x}^*$ zu erhalten, müssen wir $\boldsymbol{\eta}(t)$ nach t differenzieren, dies kann nur bei Verwendung einer lokalen Karte $U, \mathbf{h}_\alpha$, die $\mathbf{x}^*$ enthält, geschehen (siehe §1.1). Die lokalen Darstellungen $\tilde{\mathbf{f}}$, $\tilde{\boldsymbol{\eta}}$ und $\widetilde{\mathbf{f}\cdot\boldsymbol{\eta}}$ von $\mathbf{f}$, $\boldsymbol{\eta}$ und $\mathbf{f}\cdot\boldsymbol{\eta}$ in $(U, \mathbf{h}_\alpha)$ (oder kürzer, die α-Darstellungen) lauten

$$\tilde{\mathbf{f}}_\alpha = \mathbf{h}_\alpha \cdot \mathbf{f} \cdot \mathbf{h}_\alpha^{-1}, \qquad \tilde{\boldsymbol{\eta}}_\alpha = \mathbf{h}_\alpha \cdot \boldsymbol{\eta}, \qquad (\widetilde{\mathbf{f}\cdot\boldsymbol{\eta}})_\alpha = \mathbf{h}_\alpha \cdot (\mathbf{f}\cdot\boldsymbol{\eta}). \tag{3.6.1}$$

Sie erfüllen die Gleichung

$$(\widetilde{\mathbf{f}\cdot\boldsymbol{\eta}})_\alpha(t) = \tilde{\mathbf{f}}_\alpha(\tilde{\boldsymbol{\eta}}_\alpha(t)), \tag{3.6.2}$$

welche, unter den Annahme, M ist eine C^1-Mannigfaltigkeit, differenziert werden kann. Man erhält

$$(\dot{\widetilde{\mathbf{f}\cdot\boldsymbol{\eta}}})_\alpha(0) = D\tilde{\mathbf{f}}_\alpha(\tilde{\boldsymbol{\eta}}_\alpha(0))\dot{\tilde{\boldsymbol{\eta}}}_\alpha(0) \tag{3.6.3}$$

bei $t = 0$. Die Vektoren $(\dot{\widetilde{\mathbf{f}\cdot\boldsymbol{\eta}}})_\alpha(0)$ und $\dot{\tilde{\boldsymbol{\eta}}}_\alpha(0)$ sind α-Darstellungen der Elemente von $TM_{\mathbf{x}^*}$ in $(U, \mathbf{h}_\alpha)$. Streng genommen liegen sie im Tangentialraum zu U_α bei $\tilde{\mathbf{x}}_\alpha^* = \tilde{\boldsymbol{\eta}}_\alpha(0)$, aber da $TU_{\tilde{\mathbf{x}}_\alpha^*}$ ein Replikat des $\mathcal{R}^n$ ist, tritt dieser Unterschied nicht immer in Erscheinung. Die Ableitung der Abbildung $D\tilde{\mathbf{f}}_\alpha(\tilde{\mathbf{x}}_\alpha^*)$ ist die lokale Darstellung der Tangential-Abbildung $T\mathbf{f}_{\mathbf{x}^*}$. Wie am Anfang des §2.2 bereits erwähnt, nennt man $\mathbf{x}^* \in M$ einen hyperbolischen Fixpunkt von $\mathbf{f}: M \to M$, wenn $\tilde{\mathbf{x}}_\alpha^*$ ein hyperbolischer Fixpunkt von $\tilde{\mathbf{f}}_\alpha$ im Sinne der Definition 2.3 ist, das heißt, wenn $D\tilde{\mathbf{f}}_\alpha(\tilde{\mathbf{x}}_\alpha^*)$ keine Eigenwerte mit dem Betrag 1 besitzt. Wenn wir $TU_{\tilde{\mathbf{x}}^*}$ eine Metrik zuweisen, dann (siehe Aufgabe 2.1.2) entspricht Hyperbolizität von $\tilde{\mathbf{x}}_\alpha^*$ der Begrenzung auf $|D\tilde{\mathbf{f}}_\alpha(\tilde{\mathbf{x}}_\alpha^*)^n\mathbf{v}|$ für alle $\mathbf{v}$ in den stabilen und instabilen Eigenräumen von $D\tilde{\mathbf{f}}_\alpha(\tilde{\mathbf{x}}_\alpha^*)$. Natürlich ist genau diese Zuweisung Voraussetzung für die Definition einer Metrik auf $TM_{\mathbf{x}^*}$.

Liegt $\mathbf{x}^*$ in der Überlappung zweier Karten $(U_\alpha, \mathbf{h}_\alpha)$ und $(U_\beta, \mathbf{h}_\beta)$, so können wir nur Metriken auf $TU_{\tilde{\mathbf{x}}_\alpha^*}$ und $TU_{\tilde{\mathbf{x}}_\beta^*}$ so wählen, daß für alle $\mathbf{v} \in TM_{\mathbf{x}^*}$ gilt $|\tilde{\mathbf{v}}_\alpha|_\alpha = |\tilde{\mathbf{v}}_\beta|_\beta$, wobei $\tilde{\mathbf{v}}_\alpha$ $(\tilde{\mathbf{v}}_\beta)$ die α-(β-)Darstellung von $\mathbf{v}$ ist (siehe Abbildung 3.23). Der gemeinsame Wert definiert $||\mathbf{v}||_{\mathbf{x}^*}$ für alle $\mathbf{v}$ in $TM_{\mathbf{x}^*}$. Kompatible Metriken, so daß $||\mathbf{v}||_x$ positiv definit ist, die in allen Punkten $\mathbf{x}$ aller Überlappungen eines Atlanten definiert sind, liefern eine Riemann-Struktur für M (siehe Aufgabe 3.6.2). Besitzt M eine Riemann-Struktur, so können wir die hyperbolische Natur von $\mathbf{x}^*$ koordinatenunabhängig beschreiben, indem wir fordern:

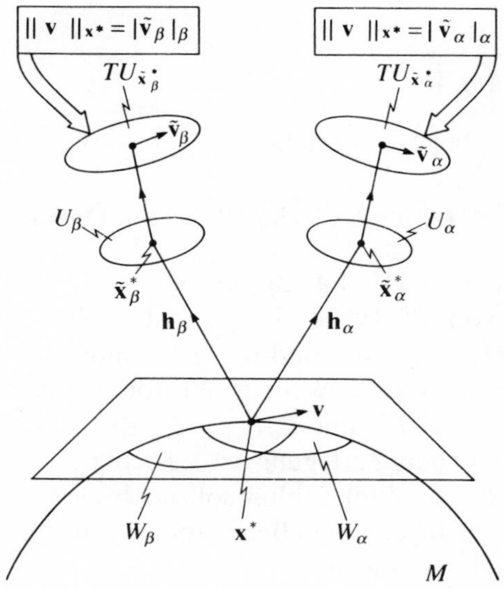

Abb. 3.23. Schematische Darstellung der Definition der Norm $\|\cdot\|_{\mathbf{x}^*}$ auf $TM_{\mathbf{x}^*}$ mittels der kompatiblen Normen $|\cdot|_\alpha$ und $|\cdot|_\beta$ auf $TU_{\tilde{\mathbf{x}}^*_\alpha}$ und $TU_{\tilde{\mathbf{x}}^*_\beta}$

(i) $TM_{\mathbf{x}^*} = E^s_{\mathbf{x}^*} \oplus E^u_{\mathbf{x}^*}$, wobei $E^{s(u)}_{\mathbf{x}^*}$ der stabile (instabile) Eigenraum von $T\mathbf{f}_{\mathbf{x}^*}$ ist;

(ii) es existieren $c, C > 0$ und $0 < \mu < 1$, so daß für alle $n \in \mathfrak{Z}^+$ gilt:

$$\|(T\mathbf{f}_{\mathbf{x}^*})^n(\mathbf{v})\|_{\mathbf{x}^*} < C\mu^n\|\mathbf{v}\|_{\mathbf{x}^*} \text{ für alle } \mathbf{v} \in E^s_{\mathbf{x}^*} \tag{3.6.4}$$

$$\|(T\mathbf{f}_{\mathbf{x}^*})^n(\mathbf{v})\|_{\mathbf{x}^*} > c\mu^{-n}\|\mathbf{v}\|_{\mathbf{x}^*} \text{ für alle } \mathbf{v} \in E^u_{\mathbf{x}^*}. \tag{3.6.5}$$

Wir wollen nun eine alternative Definition einer hyperbolischen periodischen Bahn betrachten.

Habe $\mathbf{f} : M \to M$ eine q-periodische Bahn, $\Lambda^{(q)} = \{\mathbf{x}_0, \mathbf{x}_1, \ldots, \mathbf{x}_{q-1}\}$. Jeder Punkt $\mathbf{x}_l = \mathbf{f}^l(\mathbf{x}_0)$ ist natürlich ein Fixpunkt von $\mathbf{f}^q$, wir wollen jedoch der Versuchung widerstehen, dies für den Test auf Hyperbolizität von $\Lambda^{(q)}$ zu verwenden. Statt dessen wollen wir den oben diskutierten Ansatz verwenden. Das Neue in diesem Fall ist, daß $T\mathbf{f}_{\mathbf{x}_l}$ $TM_{\mathbf{x}_l}$ auf $TM_{f(\mathbf{x}_l)}$ abbildet mit $\mathbf{f}(\mathbf{x}_l) \neq \mathbf{x}_l$. Die Riemann-Struktur auf M erlaubt uns jedoch die Beschäftigung mit dieser Abbildung, da sie eine Norm $\|\cdot\|_{\mathbf{x}}$ für jeden $TM_{\mathbf{x}}$, $\mathbf{x} \in M$ liefert.

Wir müssen also die Gleichungen (3.6.1)–(3.6.5) wie folgt verallgemeinern. Gehören $\mathbf{x}_l$ und $\mathbf{f}(\mathbf{x}_l)$ zu den Karten $(U_\alpha, \mathbf{h}_\alpha)$ bzw. $(U_\beta, \mathbf{h}_\beta)$. Dann gilt

$$\tilde{\mathbf{f}}_{\alpha\beta} = \mathbf{h}_\beta \cdot \mathbf{f} \cdot \mathbf{h}_\alpha^{-1}, \qquad \tilde{\boldsymbol{\eta}}_\alpha = \mathbf{h}_\alpha \cdot \boldsymbol{\eta}, \qquad \widetilde{(\mathbf{f} \cdot \boldsymbol{\eta})} = \mathbf{h}_\beta \cdot (\mathbf{f} \cdot \boldsymbol{\eta}) \tag{3.6.6}$$

mit

$$\widetilde{(\mathbf{f}\cdot\boldsymbol{\eta})}(t) = \tilde{\mathbf{f}}_{\alpha\beta}(\boldsymbol{\eta}_\alpha(t)). \tag{3.6.7}$$

Differentiation nach t bei $t = 0$ ergibt

$$\tilde{\mathbf{v}}_\beta = \dot{\widetilde{(\mathbf{f}\cdot\boldsymbol{\eta})}}(0) = D\tilde{\mathbf{f}}_{\alpha\beta}(\tilde{\boldsymbol{\eta}}_\alpha(0))\dot{\tilde{\boldsymbol{\eta}}}_\alpha(0) = D\tilde{\mathbf{f}}_{\alpha\beta}(\tilde{\mathbf{x}}_l)\tilde{\mathbf{v}}_\alpha. \tag{3.6.8}$$

Jetzt ist $\tilde{\mathbf{v}}_\alpha = \dot{\tilde{\boldsymbol{\eta}}}(0)$ eine α-Darstellung von $\mathbf{v} \in TM_{\mathbf{x}_l}$, während $\tilde{\mathbf{v}}_\beta = \dot{\widetilde{\mathbf{f}\cdot\boldsymbol{\eta}}}(0)$ eine β-Darstellung von $T\mathbf{f}_{\mathbf{x}_l}(\mathbf{v}) \in TM_{f(\mathbf{x}_l)}$ ist. Daher kann die Tangential-Abbildung $T\mathbf{f}_{\mathbf{x}_l} : TM_{\mathbf{x}_l} \to TM_{\mathbf{x}_l}$ und die gewöhnliche Eigenraum-Zerlegung von $TM_{\mathbf{x}_l}$ nicht länger verwendet werden. Wir fordern statt dessen die Existenz von Unterräumen $E^s_{\mathbf{x}_l}$ und $E^u_{\mathbf{x}_l}$ mit $TM_{\mathbf{x}_l} = E^s_{\mathbf{x}_l} \oplus E^u_{\mathbf{x}_l}$ und $T\mathbf{f}_{\mathbf{x}_l}(E^{s,u}_{\mathbf{x}_l}) = E^{s,u}_{\mathbf{f}(\mathbf{x}_l)}$. Die Existenz einer solchen Zerlegung ist gesichert, wenn $\mathbf{x}_l$ ein hyperbolischer Fixpunkt von $\mathbf{f}^q$ ist. Zum Schluß soll noch daran erinnert werden, daß die passenden Normen in den Verallgemeinerungen von (3.6.4) und (3.6.5) verwendet werden müssen, das heißt

$$||(T\mathbf{f}_{\mathbf{x}_l})^n\mathbf{v}||_{\mathbf{f}^n(\mathbf{x}_l)} < C\mu^n||\mathbf{v}||_{\mathbf{x}_l} \text{ für alle } \mathbf{v} \in E^s_{\mathbf{x}_l}, \tag{3.6.9}$$

$$||(T\mathbf{f}_{\mathbf{x}_l})^n\mathbf{v}||_{\mathbf{f}^n(\mathbf{x}_l)} > c\mu^{-1}||\mathbf{v}||_{\mathbf{x}_l} \text{ für alle } \mathbf{v} \in E^u_{\mathbf{x}_l}. \tag{3.6.10}$$

Wir sind nun in der Lage, eine Definition der hyperbolischen Struktur allgemeinerer invarianter Mengen zu geben.

Definition 3.3 *Eine invariante Menge Λ heißt* hyperbolisch *für $\mathbf{f}$ (oder besitzt eine hyperbolische Struktur), wenn für jedes $\mathbf{x} \in \Lambda$ der Tangentialraum $TM_\mathbf{x}$ in zwei lineare Unterräume $E^s_\mathbf{x}$, $E^u_\mathbf{x}$ zerfällt, so daß gilt:*

(i) $T\mathbf{f}_\mathbf{x}(E^{s,u}_\mathbf{x}) = E^{s,u}_{\mathbf{f}(\mathbf{x})}$,

(ii) (3.6.9) und (3.6.10) werden für alle positiven ganzen Zahlen n erfüllt ($\mathbf{x}_l \mapsto \mathbf{x}$),

(iii) die Unterräume $E^s_\mathbf{x}$, $E^u_\mathbf{x}$ hängen stetig von $\mathbf{x} \in \Lambda$ ab.

Punkt (iii) ist trivial erfüllt, wenn Λ eine periodische Bahn ist, da die Punkte $\mathbf{x} \in \Lambda$ isoliert sind. Im allgemeinen ist er jedoch eine wichtige technische Einschränkung für invariante Mengen, die dichte Bahnen oder dichte Teilmengen von periodischen Bahnen enthalten.

Nun ist es nicht schwer zu erkennen, daß die invariante Menge $\Lambda = \bigcap_{n\in\mathcal{N}} Q^{(n)}$ eine hyperbolische Menge für den Hufeisen-Diffeomorphismus $\mathbf{g}$ ist. Man beachte (siehe §3.5.1), daß die Menge der vertikalen Liniensegmente $\bigcap 0_{n\in\mathcal{N}} Q^{(-n)}$ auf dem Quadrat Q Anlaß zu Kurven auf S^2 gibt, analog zur stabilen Mannigfaltigkeit einer periodischen Bahn. Und die horizontalen Liniensegmente $\bigcap_{n\in\mathcal{N}} Q^{(n)}$ führen zu einem Analogon zur instabilen Mannigfaltigkeit der periodischen Bahn. An jedem Punkt $\mathbf{x} \in \Lambda$ können wir Tangenten an diese Kurven erkennen und so $E^s_{\mathbf{x}}$ und $E^u_{\mathbf{x}}$ bestimmen. Diese Aufspaltung in $E^s_{\mathbf{x}}$ und $E^u_{\mathbf{x}}$ hängt stetig von $\mathbf{x}$ ab, für alle $\mathbf{x}', \mathbf{x} \in \Lambda$ sind $E^s_{\mathbf{x}}$ und $E^s_{\mathbf{x}'}$ (oder $E^u_{\mathbf{x}}$ und $E^u_{\mathbf{x}'}$) tangential zu diffeomorphen Bildern von parallelen Liniensegmenten auf dem Quadrat Q. Schließlich befriedigt die Kontraktion auf $E^s_{\mathbf{x}}$ und die Expansion auf $E^u_{\mathbf{x}}$ die Gleichungen (3.6.9) und (3.6.10) mit $\mu > \frac{1}{5}$ und $c = C = 1$, so daß Λ eine hyperbolische Struktur besitzt.

In §1.4 hatten wir bemerkt, daß Fixpunkte und periodische Punkte invariante Mengen sind, die häufig die Bahnen von Punkten, die nicht zu ihnen gehören, abstoßen oder anziehen. Mehr noch, sie sind recht speziell, insoweit sie keine echten Untermengen enthalten, die ihrerseits invariant sind. Das folgende Theorem für Diffeomorphismen, deren nicht-wandernde Menge Ω eine hyperbolische Struktur besitzt, liefert die theoretische Grundlage für diese Erscheinungen.

Theorem 3.7 *Sei* $\mathbf{f} : M \to M$ *ein Diffeomorphismus auf einer kompakten Mannigfaltigkeit ohne Rand mit einer hyperbolischen nicht-wandernden Menge* Ω. *Sind die periodischen Punkte von* $\mathbf{f}$ *dicht in* Ω, *so kann* Ω *als eine disjunkte Vereinigung endlich vieler Grundmengen* Ω_i *geschrieben werden, das heißt*

$$\Omega = \Omega_1 \cup \Omega_2 \cup \cdots \cup \Omega_k. \tag{3.6.11}$$

Jedes Ω_i *ist geschlossen, invariant und enthält eine dichte Bahn von* $\mathbf{f}$. *Die Aufspaltung von* Ω *in Grundmengen ist eindeutig und* M *kann als disjunkte Vereinigung*

$$M = \bigcup_{i=1}^{k} in(\Omega_i) \tag{3.6.12}$$

geschrieben werden, wobei

$$in(\Omega_i) = \{\mathbf{x} \in M | \mathbf{f}^m(\mathbf{x}) \to \Omega_i,\ m \to \infty\} \tag{3.6.13}$$

der Inset von Ω_i *ist.*

Diffeomorphismen mit hyperbolischen nicht-wandernder Menge Ω und periodischen Bahnen, die dicht in Ω liegen, werden gewöhnlich als *Axiom-A*-Diffeomorphismen bezeichnet (siehe Chillingworth, 1976, S.240; Nitecki, 1971, S.189). Natürlich ist jeder Diffeomorphismus, dessen nicht-wandernde Menge aus einer endlichen Zahl von Fixpunkten und periodischen Punkten besteht, ein Axiom-A-Diffeomorphismus. Denn Fixpunkte und periodische Punkte sind geschlossene, invariante Mengen, die trivialerweise eine dichte Bahn enthalten, also sind sie Grundmengen.

Theorem 3.7 liefert nicht nur eine Zerlegung von Ω. Gleichung (3.6.12) besagt, daß jedes $\mathbf{x} \in M$ zu einem Inset (oder äquivalen zu einem Outset) einer und nur einer Grundmenge gehört. Das bedeutet, daß sich die wandernden Punkte zwischen den Grundmengen bewegen und die erreichen, welche asymptotisch anziehend sind. Einige einfache Beispiele sieht man in Abb. 3.24.

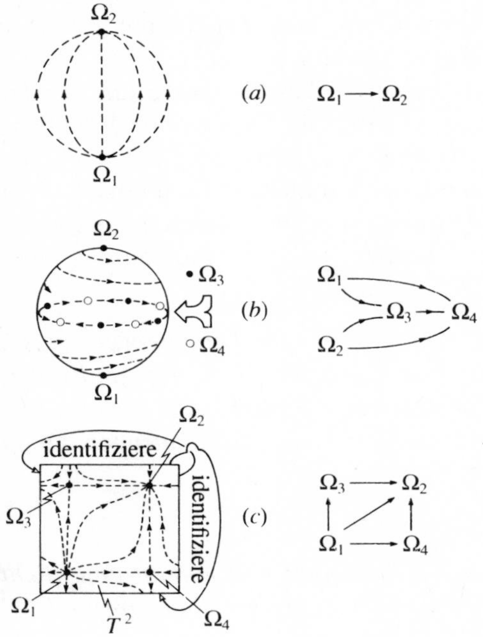

Abb. 3.24. Illustration des Theorems 3.7, wobei die Grundmengen Fixpunkte und periodische Punkte sind. (a) $\mathbf{f} : S^2 \to S^2$ besitzt eine nicht-wandernde Menge Ω, die aus zwei Grundmengen Ω_1 und Ω_2 besteht – beides sind Fixpunkte. Alle wandernden Punkte besitzen die α-Grenzmenge Ω_1 und die ω-Grenzmenge Ω_2. (b) Die Grundmengen Ω_1 und Ω_2 sind instabile Fixpunkte, Ω_3 ist ein sattel-artiger 4-Zyklus und Ω_4 ist ein stabiler 4-Zyklus. Die Dynamik der wandernden Punkte ist rechts schematisch gezeigt. (c) Die Grundmengen sind alle Fixpunkte in diesem Fall: Ω_1 ist instabil; Ω_2 ist stabil und Ω_3, Ω_4 sind vom Sattel-Typ. Eine schematische Darstellung der Dynamik der wandernden Punkte ist wieder rechts zu sehen.

Der Hufeisen-Diffeomorphismus $\mathbf{g}$ auf der Kugel ist ein interessanteres Beispiel. Die nicht-wandernde Menge Ω dieses Diffeomorphismus besteht aus der invarianten Menge $\Lambda = \bigcap_{n \in \mathcal{N}} Q^{(n)}$ und den beiden Fixpunkten, einem stabilen und einem instabilen. Ω besitzt eine hyperbolische Struktur und Satz 3.9 zeigt, daß die periodischen Punkte von $\mathbf{g}$ dicht in Ω sind, so daß das Theorem 3.7 greift. Offensichtlich ist jeder Fixpunkt eine Grundmenge (Ω_1 instabil; Ω_2 stabil), kann jedoch Λ in eine Zahl von Grundmengen zerlegt werden? Die Sätze 3.10 und 3.11 zeigen, daß Λ eine dichte Bahn von $\mathbf{g}$ enthält. Dies bedeutet, daß weitere Zerlegungen von Λ irrelevant sind, und, da Λ geschlossen ist (es ist eine Cantor-Menge) und invariant, so ist die einzige noch verbleibende Grundmenge (Ω_3) Λ selbst. Grundmengen dieses Typs nennt man *chaotische Mengen* (siehe §3.5.3 und Aufgabe 3.5.11). Die Anosov-Automorphismen liefern ein weiteres Beispiel für Theorem 3.7, welches eine chaotische Grundmenge enthält. Man erinnere sich, daß die periodischen Punkte dieser Abbildungen dicht in T^nwaren und die nicht-wandernde Menge aus dem gesamten Torus bestand. Im zweidimensionalen Fall mit $\mathbf{A} = \begin{pmatrix} 1 & 1 \\ 1 & 2 \end{pmatrix}$, der in §3.4 besprochen wurde, ist klar, daß $E^s_{\mathbf{x}_l}$ und $E^u_{\mathbf{x}_l}$ durch $(1, (1 - 5^{1/2})/2)$ bzw. $(1, (1 + 5^{1/2})/2)$ gegeben sind an jedem periodischen Punkt $\mathbf{x}_l$ (siehe Aufgabe 3.4.2). Da die periodischen Punkte dicht sind, folgt aus der Stetigkeit, daß dies auch für alle $\mathbf{x} \in \Omega$ gilt.

Die Aufspaltung des Tangentialraumes ist deshalb trivialerweise stetig, sie ist an jedem Punkt von Ω gleich. Hyperbolische Werte für Kontraktion und Expansion folgen aus der Hyperbolizität von $\mathbf{A}$ (siehe Aufgabe 3.6.4). Also hat Ω eine hyperbolische Struktur. Hier gibt es nur eine einzige Grundmenge $\Omega_1 = \Omega = T^2$ und es folgt aus Theorem 3.7, das der torale Automorphismus eine dichte Bahn auf dem Torus besitzen muß.

Ein weiteres Beispiel ist die Transformation $\mathbf{f}$ des festen Torus $T = S^1 \times D^2$, der in Abbildung 3.25 gezeigt ist. Der Torus wird als eine Art fester Gummiring betrachtet Er wird gedehnt (konsequenterweise entsteht dadurch eine Verkleinerung des Querschnittes), gedreht und gefaltet, so daß er in sich selbst hineinpasst. Wiederholte Anwendung dieser Transformation erzeugt länger und länger werdende Tori, die in wachsender Zahl um T gewickelt sind. Ist D^2 der Querschnitt von T, dann ist $D^2 \cap \left(\bigcap_{n=1}^{\infty} \mathbf{f}^n(t)\right)$ eine Cantor-Menge. Daher ist die ω-Grenzmenge von $\mathbf{f}$ lokal das Produkt einer Cantor-Menge und einer 1-Mannigfaltigkeit. Dieses Beispiel besitzt die wichtige Eigenschaft, daß die chaotische Grundmenge ein *Attraktor* ist.

Die Menge $\Lambda = \bigcap_{n \in \mathcal{N}} Q^{(n)}$ des Hufeisen-Diffeomorphismus besitzt nur einen eindimensionalen Inset. Dies bedeutet, daß die meisten Bahnen nicht asymptotisch zu Λ sind, deshalb ist es schwierig, Λ bei numerischen Rechnungen zu beobachten.

Im Prinzip können wir Punkte, deren Bahnen unter $\mathbf{g}$ in einer gegebenen Umgebung von Λ für eine beliebige Anzahl von Iterationen liegen, bestimmen. Allerdings verschwinden praktisch die meisten geplotteten Bahnen nach nur wenigen Iterationen in der Nähe von Λ in der Senke in F. Der Grund ist, daß wir mittels endlicher Computer-Arithmetik nicht in der Lage sind, den Inset in(Λ) so genau zu approximieren, um in der Nähe von Λ zu verbleiben angesichts wiederholter Fünffach-Faltungen (siehe Aufgabe 3.5.4). Deshalb sagen einfache Computer-Experimente, die die Bahnen von wandernden Punkten enthalten, nicht viel über die Lage von Λ aus. Ein gewisses Gefühl für letzteren Aspekt von $\mathbf{g}$ kann durch Anwendung von Symbol-Dynamik erhalten werden (siehe Aufgabe 3.5.11).

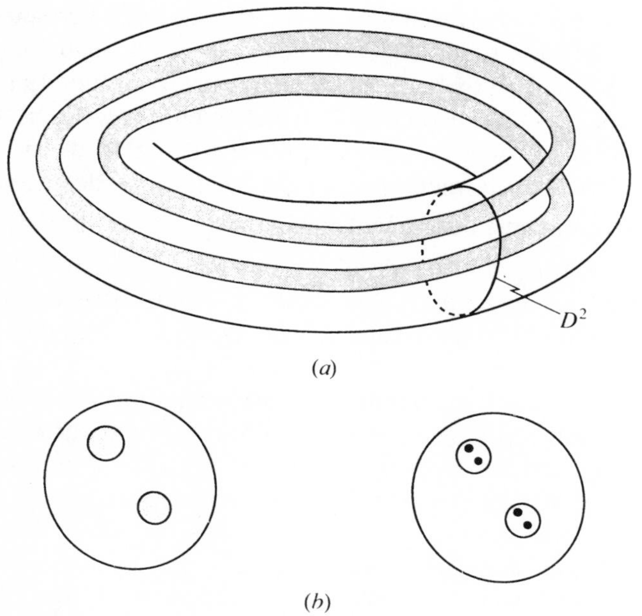

Abb. 3.25. (a) Darstellung der Transformation **f** des festen Torus T, welche eine anziehende chaotische Menge besitzt. Das Bild **f**(T) von T unter **f** ist schattiert gezeichnet. (b) Schnitte von sukzessiven Bildern von T unter **f** mit dem Querschnitt D^2 des Torus. Man beachte, daß $\mathbf{f}^{-1}$ nicht auf dem gesamten Torus definiert ist, nur Vorwärts-Iterationen sind nötig, um die anziehende Menge zu beobachten. Die Abbildung **f** nennt man manchmal den „drehenden“ Diffeomorphismus.

Mit Blick auf diese praktischen Schwierigkeiten überrascht es nicht, daß anziehende chaotische Grundmengen viel leichter in numerischen Rechnungen zu beobachten sind. Anziehende chaotische Mengen – oft auch als *starke Attraktoren* bezeichnet – wurden bei vielen Computer-Experimenten beobachtet (siehe die Abbildungen 3.26–3.30). Detailierte Dokumentationen zu diesem Gebiet findet man in Gumowski, Mira, 1980; Helleman, 1980; Lichtenberg, Lieberman, 1982; Sparrow, 1982. Solche anziehenden Mengen sind noch nicht vollständig verstanden und sind vielleicht keine Grundmengen im Sinne des Theorems 3.7. Sie haben die gemeinsame Eigenschaft, daß Punkte in ihnen auf immer feiner werdenden Skalen erscheinen. In Abb. 3.27 zum Beispiel erscheint der Hénon-Attraktor eindimensional und aus einer Anzahl von Segmenten bestehend. Genauere Beobachtung zeigt, daß jedes Segment aus mehreren nahe beieinander liegenden Kurven mit ähnlicher Form besteht, die in Abb. 3.27 nicht aufgelöst sind.

Weitere Vergrößerungen zeigen, daß jede dieser Kurven eine ähnliche Struktur besitzt usw. Man sagt, der Attraktor hat eine „geflochtene“ Struktur,

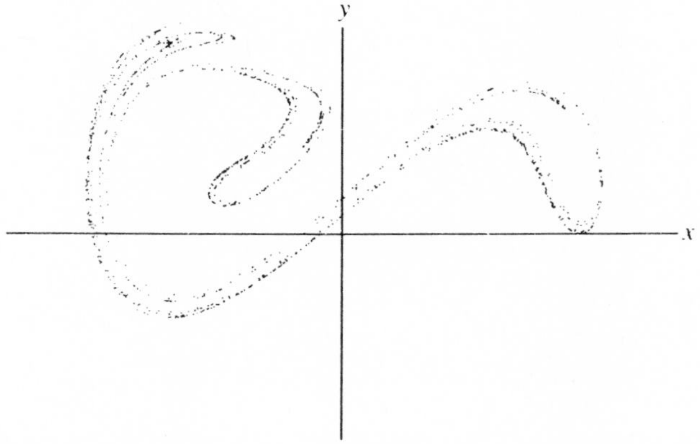

Abb. 3.26. Der *Duffing-Attraktor* (siehe Guckenheimer, Holmes, 1983, S. 82-91 und S. 191-193). Die Duffing-Gleichung lautet

$$\dot{x} = y, \qquad \dot{y} = x - x^3 + \varepsilon(a \cos \theta - by), \qquad \dot{\theta} = 1. \tag{3.6.14}$$

Dieses System ist periodisch in θ und der Phasenraum hat die Form $M = \mathcal{R}^2 \times S^1$. Jede Fläche θ =konstant ist ein globaler Poincaré-Schnitt, so daß das Systemverhalten vollständig durch die Poincaré-Abbildung $\mathbf{P}_{\varepsilon,\theta}$ beschrieben werden kann. Numerische Approximation an $\mathbf{P}_{\varepsilon,\theta}$ zeigt, daß eine chaotische anziehende Menge existiert – die Euler-Approximation wird in diesem Diagramm für $\varepsilon a = 0.4$ und $\varepsilon b = 0.25$ gezeigt. Die Struktur von $\mathbf{P}_{\varepsilon,\theta}$ wird genauer in §3.8 diskutiert.

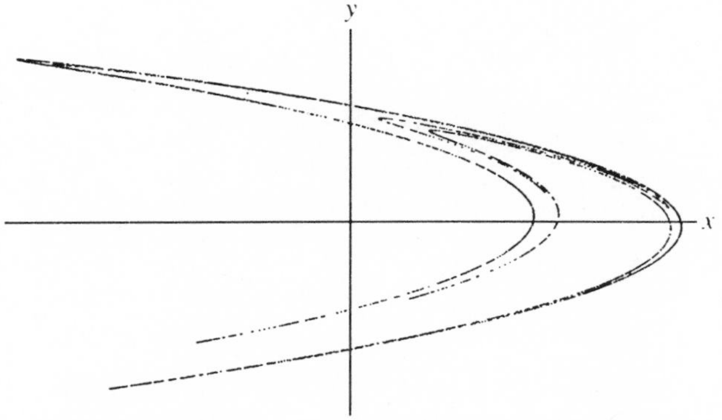

Abb. 3.27. Der *Hénon-Attraktor* (siehe Hénon, 1976). Die diesen Attraktor erzeugende Abbildung **f** hat die Form

$$(x, y) \xrightarrow{\mathbf{f}} (y - ax^2 + 1, bx) \tag{3.6.15}$$

mit $a, b \in \mathcal{R}$. Es ist die anziehende Menge für $a = 1.4$ und $b = 0.3$ gezeigt. Sie entsteht durch wiederholtes Falten und Strecken durch die Wirkung von **f**. Wird der Attraktor vergrößert, so zeigt sich, daß er aus vielen Kurven, die sich sehr nahe sind, besteht. Diese „geflochtene" Struktur des Attraktors wiederholt sich auf allen Skalen.

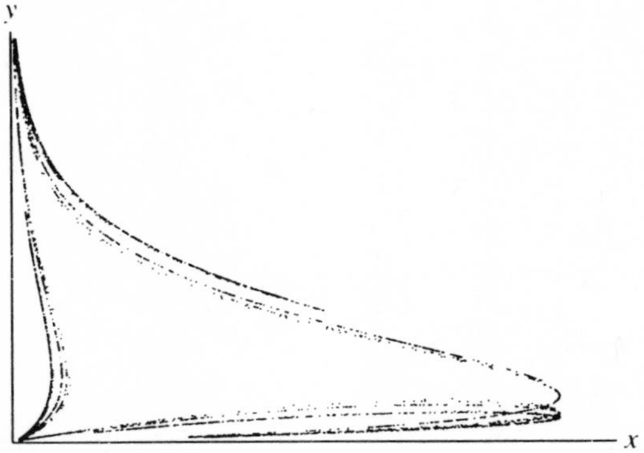

Abb. 3.28. Guckenheimer u.a. (1977) diskutierten ein Leslie-Modell einer dichte-abhängigen Population mit zwei Altersklassen der Größe x und y. Es ist ein Modell mit diskreter Zeit und die Dynamik der beiden Klassen wird durch folgende Abbildung beschrieben

$$(x, y) \mapsto (r[x+y]\exp(-[x+y]/10), x), \tag{3.6.16}$$

wobei r ein reeller Parameter ist. Die Abbildung zeigt chaotisches Verhalten für $r \geq 17$, hier ist eine typische Bahn mit $r = 20$ gezeigt. Mehr numerische Details findet man bei Guckenheimer u.a. (1977), wo die Entstehung der anziehenden Menge mittels einer gedrehten Hufeisen-Abbildung diskutiert wird.

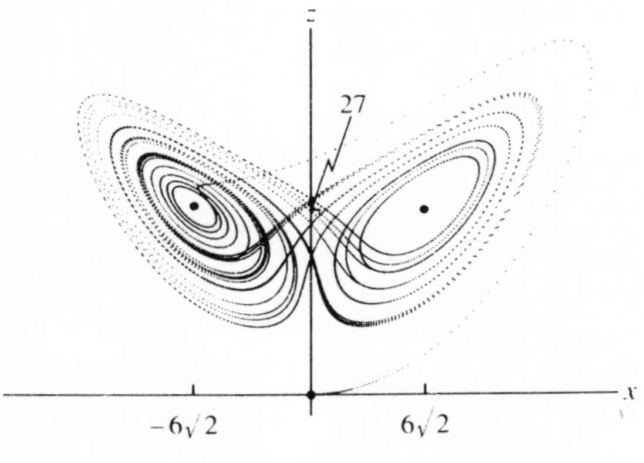

Abb. 3.29. Der *Lorenz-Attraktor* (Lorenz, 1963). Es muß hier gesagt werden, daß es ein zu Theorem 3.7 korrespondierendes Theorem für Ströme gibt, so daß starke anziehende Mengen auch bei Strömen auftreten können, die keine Einhängung eines Diffeomorphismus sind. Die Lorenz-Gleichungen

$$\dot{x} = 10(y-x), \qquad \dot{y} = x(28-z) - y, \qquad \dot{z} = xy - (8/3)z \tag{3.6.17}$$

besitzen Fixpunkte bei $\pm 6(2^{1/2}), \pm 6(2^{1/2}), 27)$. Das System besitzt keinen globalen Schnitt, so daß die Projektion auf die xz-Ebene gezeigt ist. Es sind die mittels Euler-Methode mit Schrittlänge 0.005 erzeugten Bahnen mit dem Ausgangspunkt $(x, y, z) = (0.1, 0, 0)$ geplottet. Die projezierte Bahn springt zwischen der Umkreisung der Punkte $(x, z) = (+6(2^{1/2}), 27)$ und $(x, z) = (-6(2^{1/2}), 27)$ scheinbar zufällig hin und her.

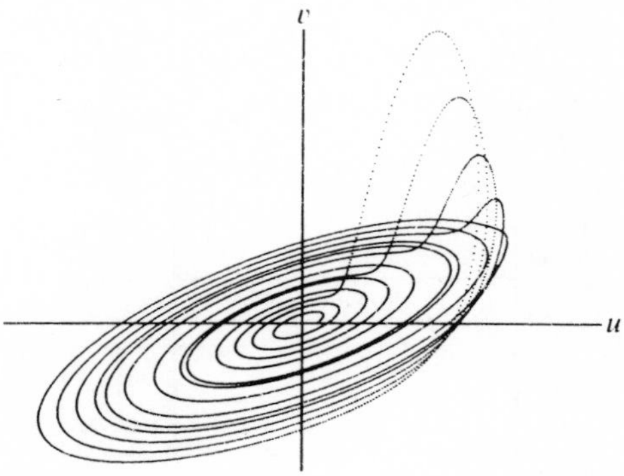

Abb. 3.30. Der *Rössler-Attraktor* (Rössler, 1979). Dies ist ebenfalls ein dreidimensionaler Strom, der eine anziehende Menge mit komplexer Dynamik zeigt. Die System-Gleichungen lauten

$$\dot{x} = -(x + y), \qquad \dot{y} = x + ey, \qquad \dot{z} = f + xz - \mu z. \qquad (3.6.18)$$

Ein perspektivischer Blick auf eine Bahn in der Nähe des Attraktors ist gezeigt für $e = 0.17$, $f = 0.4$ und $\mu = 8.5$. Er wurde mittels Euler-Methode mit Schrittlänge 0.005 erzeugt und approximiert die Trajektorie durch $(x, y, z) = (1, 0, 0)$. Geplottet ist $u = x + y$, $v = y + z$.

die sich auf allen Skalen wiederholt. Der Leser wird sich erinnern, daß die chaotische Grundmenge Λ des Hufeisen-Diffeomorphismus diese Eigenschaft besaß (siehe Aufgabe 3.5.9). Tatsächlich existiert in manchen Fällen eine theoretische Verbindung zur Grundmenge des Hufeisen-Diffeomorphismus; nämlich wenn homokline Punkte auftreten.

3.7 Homokline Punkte

Wie wir gesehen haben, treten in der Dynamik der Anosov-Automorphismen homokline Punkte auf. Dies ist auch beim Hufeisen-Diffeomorphismus der Fall. Man betrachte zum Beispiel den durch die Sequenz $\{\ldots 1111 \cdot 1111 \ldots\}$ dargestellten Fixpunkt. Die stabile Mannigfaltigkeit dieses Punktes auf Q ist ein vertikales Liniensegment, die instabile Mannigfaltigkeit ein horizontales. In Abb. 3.31 sieht man die Wirkung einer einzelnen Iteration der Hufeisen-Abbildung $\mathbf{f}$ des §3.5.1: man erkennt, daß natürlich homokline Punkte erscheinen. Sind nun homokline Punkte eine Eigenschaft von chaotischen Grundmengen? Das folgende Theorem gibt uns teilweise eine Antwort auf diese Frage.

Sei M eine kompakte zwei-Mannigfaltigkeit und $\mathrm{Diff}^1(M)$ die Menge aller C^1-Diffeomorphismen auf M. Die Elemente einer Rest-Teilmenge von

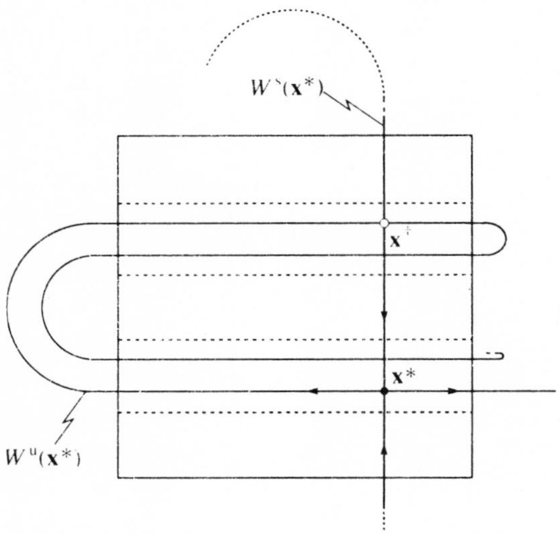

Abb. 3.31. Ein transversaler homokliner Punkt $\mathbf{x}^{\ddagger}$ des Fixpunktes $\mathbf{x}^* = \{\ldots 11 \cdot 11 \ldots\}$ der Hufeisen-Abbildung.

$\mathrm{Diff}^1(M)$ besitzen die Eigenschaft, daß alle ihre Fixpunkte und periodischen Punkte hyperbolisch und daß alle Schnitte der stabilen und instabilen Mannigfaltigkeiten transversal sind. Die Diffeomorphismen dieser Teilmenge nennt man gewöhnlich *Kupka-Smale-Diffeomorphismen* (siehe Chillingworth, 1976, S. 227; Nitecki, 1971, S.83).

Theorem 3.8 (Smale-Birkhoff) *Sei* $\mathbf{f} \in \mathit{Diff}^1(M)$ *ein Kupka-Smale-Diffeomorphismus und* $\mathbf{x}^{\ddagger}$ *ein transversaler homokliner Punkt eines periodischen Punktes* $\mathbf{x}^*$ *von* $\mathbf{f}$. *Dann existiert eine geschlossene Teilmenge* Λ *von* $\Omega(\mathbf{f})$, *die* $\mathbf{x}^{\ddagger}$ *enthält und für die gilt:*

(i) Λ *ist eine Cantor-Menge,*

(ii) $\mathbf{f}^p(\Lambda) = \Lambda$ *für gewisse* $p \in \mathcal{Z}^+$,

(iii) $\mathbf{f}^p$ *ist, auf* Λ *beschränkt, topologisch konjugiert zu einem Shift auf binären Symbolen.*

Einen Punkt $\mathbf{x}^{\ddagger}$ nennt man einen homoklinen Punkt des periodischen Punktes $\mathbf{x}^*$ der Periode q, wenn er auf einem Schnittpunkt ($\neq \mathbf{x}^*$) der stabilen und instabilen Mannigfaltigkeiten des Fixpunktes von $\mathbf{f}^q$ bei $\mathbf{x}^*$ liegt.

Die Beweisidee des Theorems 3.8 ist in Abbildung 3.32 dargestellt. Schneiden sich die stabilen und instabilen Mannigfaltigkeiten des hyperbolischen Sattelpunktes $\mathbf{x}^*$ in einem Punkt $\mathbf{x}_1^{\ddagger}$, so müssen sie sich unendlich oft schneiden. Nach §3.4 folgt aus $\mathbf{x}_1^{\ddagger} \in W^s \cap W^u$ dann $\mathbf{f}^m(\mathbf{x}_1^{\ddagger}) \in W^s \cap W^u$ für alle $m \in \mathcal{Z}$. In

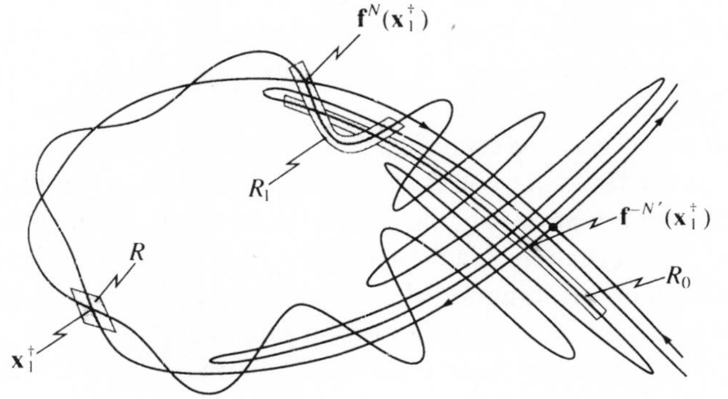

Abb. 3.32. Darsellung des homoklinen Gewebes, welches an einem hyperbolischen Sattelpunkt entsteht. Das Parallelogramm R besitzt die Bilder $R_1 = \mathbf{f}^N(R)$ und $R_0 = \mathbf{f}^{-N'}(R)$, die sich in der Art eines Hufeisen schneiden.

Abbildung 3.32 sehen wir das Resultat dieser Bedingung für beide Mannigfaltigkeiten, wenn wir versuchen, sie direkt zu $\mathbf{x}^*$ zurückkehren zu lassen. Nähert sich die instabile Mannigfaltigkeit dem Sattelpunkt, so werden die Bögen zwischen benachbarten homoklinen Punkten parallel zu W^u_{loc} auseinander gezogen und parallel zu W^s_{loc} zusammen gequetscht. Die Mannigfaltigkeit erfährt daher Oszillationen mit wachsender Amplitude und abnehmender Periode. Das gleiche geschieht mit der stabilen Mannigfaltigkeit bei inverser Iteration, so daß das in Abbildung 3.32 gezeigte *homokline Gewebe* entsteht.

Die Verbindung mit Shifts auf binären Symbolen wird deutlich, wenn wir die Bilder eines kleinen Parallelogrammes R betrachten, welches $\mathbf{x}_1^\dagger$ enthält und dessen Seiten parallel zu W^u und W^s sind. Für $m > 0$ wird $\mathbf{f}^{(m-1)}(R)$ durch die m-te Iteration von $\mathbf{f}$ entlang W^u gestreckt und entlang W^s verkürzt. Nun ist $\mathbf{f}^{(m-1)}(\mathbf{x}_1^\dagger)$ ein homokliner Punkt und gehört zu $\mathbf{f}^{(m-1)}(R)$ für alle m. Vielleicht existiert nun ein $N \in \mathscr{Z}^+$, so daß $\mathbf{f}^N(R)$ die Hufeisen-Form R_1 annimmt (siehe Abb. 3.32).

Bei inverser Iteration vertauschen W^u und W^s die Rollen und für gewisse $N' \in \mathscr{Z}^+$ gilt $\mathbf{f}^{(-N')}(R) = R_0$, wobei sich R_1 und R_0 in der in Abbildung 3.32 gezeigten Art und Weise schneiden. Ist nun $p = N + N'$, dann erhalten wir $\mathbf{f}^p(R_0) = R_1$ und wir erwarten, daß $\mathbf{f}^p$ Hufeisen-artiges Verhalten zeigt und damit zu einem Left-Shift auf binären Symbolen konjugiert ist. Der homokline Punkt, auf den sich hier Theorem 3.8 bezieht, ist dann $\mathbf{x}^\dagger = \mathbf{f}^{-N'}(\mathbf{x}_1^\dagger)$.

Theorem 3.8 besagt nun, daß $\mathbf{f}$ all die Komplexität des Left-Shift $\alpha : \Sigma \to \Sigma$ zeigt, die in §3.5.2 diskutiert wurde. Speziell liegt in jeder Umgebung eines transversalen homoklinen Punktes von $\mathbf{f}$ ein periodischer Punkt. Nach Theorem 3.8 liegt also der transversale homokline Punkt in Λ und $\mathbf{f}^p|\Lambda$ ist topologisch konjugiert zum Left-Shift $\alpha : \Sigma \to \Sigma$. Satz 3.9 sagt nun, daß die periodischen

Punkte von α in Σ dicht liegen. Also sind die periodischen Punkte von $\mathbf{f}^p|\Lambda$ dicht in Λ, und damit gibt es stets einen periodischen Punkt von $\mathbf{f}$, der beliebig nahe bei $\mathbf{x}^{\dagger}$ liegt. Somit liegen in jeder Umgebung von $\mathbf{x}^{\dagger}$ unendlich viele periodische Punkte.

Hierbei ist es wichtig zu erkennen, daß Theorem 3.8 genügend Bedingungen enthält, um die Existenz von Λ zu sichern. Wie Smale betont (siehe Smale, 1963), könnte man erwarten, ein ähnliches Ergebnis auch mit schwächeren Bedingungen für $\mathbf{f}$ zu erhalten. Nach Abbildung 3.32 liegt die Vermutung nahe, daß die entscheidende Bedingung der transversale Schnitt der stabilen und instabilen Mannigfaltigkeiten eines hyperbolischen Fixpunktes ist. Das folgende Beispiel zeigt, daß die oben beschriebenen Phänomene wirklich auftreten. Betrachten wir die ebene Abbildung

$$x_1 = x + y_1, \qquad y_1 = y + kx(x-1) \tag{3.7.1}$$

für $0 < k < 4$. Die Fixpunkte dieser Abbildung liegen für alle Werte von k bei $(x, y) = (0, 0)$ und $(1, 0)$. Der Fixpunkt bei $(0, 0)$ ist nicht-hyperbolisch. Die lineare Approximation von (3.7.1) ist konjugiert zu einer Rotation entgegen dem Uhrzeiger um den Winkel θ mit

$$2\sin\theta = [k(4+k)]^{1/2}, \qquad 2\cos\theta = (2-k). \tag{3.7.2}$$

Die Linearisierung bei $(1, 0)$ zeigt, daß dieser Fixpunkt ein hyperbolischer Sattel ist, wobei $W^s_{(1,0)}$ und $W^u_{(1,0)}$ durch

$$v = u\{-k - [k(4+k)]^{1/2}\}/2 \quad \text{und} \quad v = u\{-k + [k(4+k)]^{1/2}\}/2 \tag{3.7.3}$$

gegeben sind. (u, v) stellen lokale Koordinaten bei $(1, 0)$ dar. Mit Hilfe eines Computers ist es nicht schwer, sukzessive Bilder von, sagen wir 100 Punkten, die in einem kleinen Intervall von $E^u_{(1,0)}$ in der Nähe von $(1, 0)$ liegen, zu zeichnen Das Ergebnis einer solchen Rechnung kann recht spektakulär sein (siehe Abb. 3.33(a)). Ein passendes Intervall entlang $W^u_{(1,0)}$ kann man durch inverse Iteration mit der Umkehr-Abbildung

$$x = x_1 - y_1, \qquad y = y_1 - kx(x-1) \tag{3.7.4}$$

erhalten, um das homokline Gewebe vollständig darstellen zu können (siehe Abb. 3.33(b)). In den Aufgaben 3.7.3 und 3.7.4 sind Vorschläge für Computer-Programme dieser Art enthalten.

An dieser Stelle ist es wichtig zu verstehen, wie die Verzerrung der stabilen und instabilen Mannigfaltigkeiten die Bahnen von wandernden Punkten von (3.7.1) beeinflussen. Man könnte geneigt sein anzunehmen, daß sie ebenfalls wilde Oszillationen ausführen, dies ist jedoch nicht der Fall. So ist das Verhalten von (3.7.1) in der Umgebung des Sattelpunktes durch das Hartman-Theorem gegeben. Da die Eigenwerte der Linearisierung bei $(1, 0)$ beide positiv sind (siehe Aufgabe 3.7.3), durchqueren die Bahnen gewöhnlicher Punkte den Sattelpunkt so, wie es in Abbildung 2.1(e) gezeigt ist.

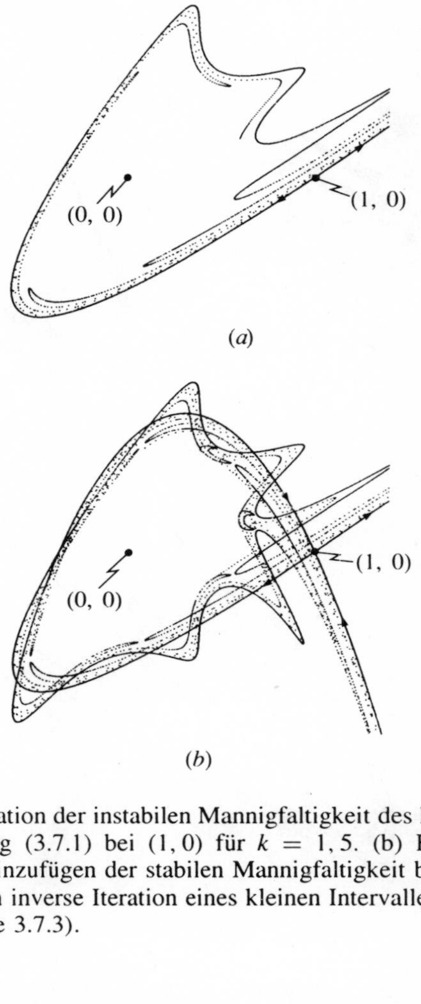

Abb. 3.33. (a) Approximation der instabilen Mannigfaltigkeit des hyperbolischen Fixpunktes der ebenen Abbildung (3.7.1) bei $(1, 0)$ für $k = 1,5$. (b) Homoklines Gewebe für (3.7.1), welches durch Hinzufügen der stabilen Mannigfaltigkeit bei $(1, 0)$ zu (a) entsteht. Letztere erhält man durch inverse Iteration eines kleinen Intervalles von $E^s_{(1,0)}$ in der Nähe von $(1, 0)$ (siehe Aufgabe 3.7.3).

Die Ableitung der Abbildung (3.7.1) besitzt eine positive Determinante für alle $(x, y) \in \mathscr{R}^2$ (siehe Aufgabe 3.7.5). Man nennt einen Diffeomorphismus $\mathbf{f} : \mathscr{R}^2 \to \mathscr{R}^2$ mit dieser Eigenschaft die Orientierung erhaltend (siehe Chillingworth, 1976, S.139). Eine geschlossene Kurve γ kann auf zwei Weisen orientiert sein, je nach dem, ob die durch γ eingeschlossene Fläche für einen Beobachter, der die orientierte Kurve entlang geht, links oder rechts von ihm liegt. Ist $\det(D\mathbf{f}(\mathbf{x})) > 0$ für alle $\mathbf{x} \in \mathscr{R}^2$, so kann man beweisen, daß die Orientierung des Bildes von γ unter $\mathbf{f}$ gleich der Orientierung von γ ist (siehe Aufgabe 3.7.6). Wir betrachten nun die geschlossene Fläche S_0 mit dem Rand γ_0 (siehe Abb. 3.34(a)), und γ_0 sei in Übereinstimmung mit der Darstellung der instabilen Mannigfaltigkeit orientiert. Daraus folgt, daß das Bild von S_0 unter (3.7.1) einer der Bereiche S_i, $i = 1, 2, \ldots$ mit der gleichen Orientierung

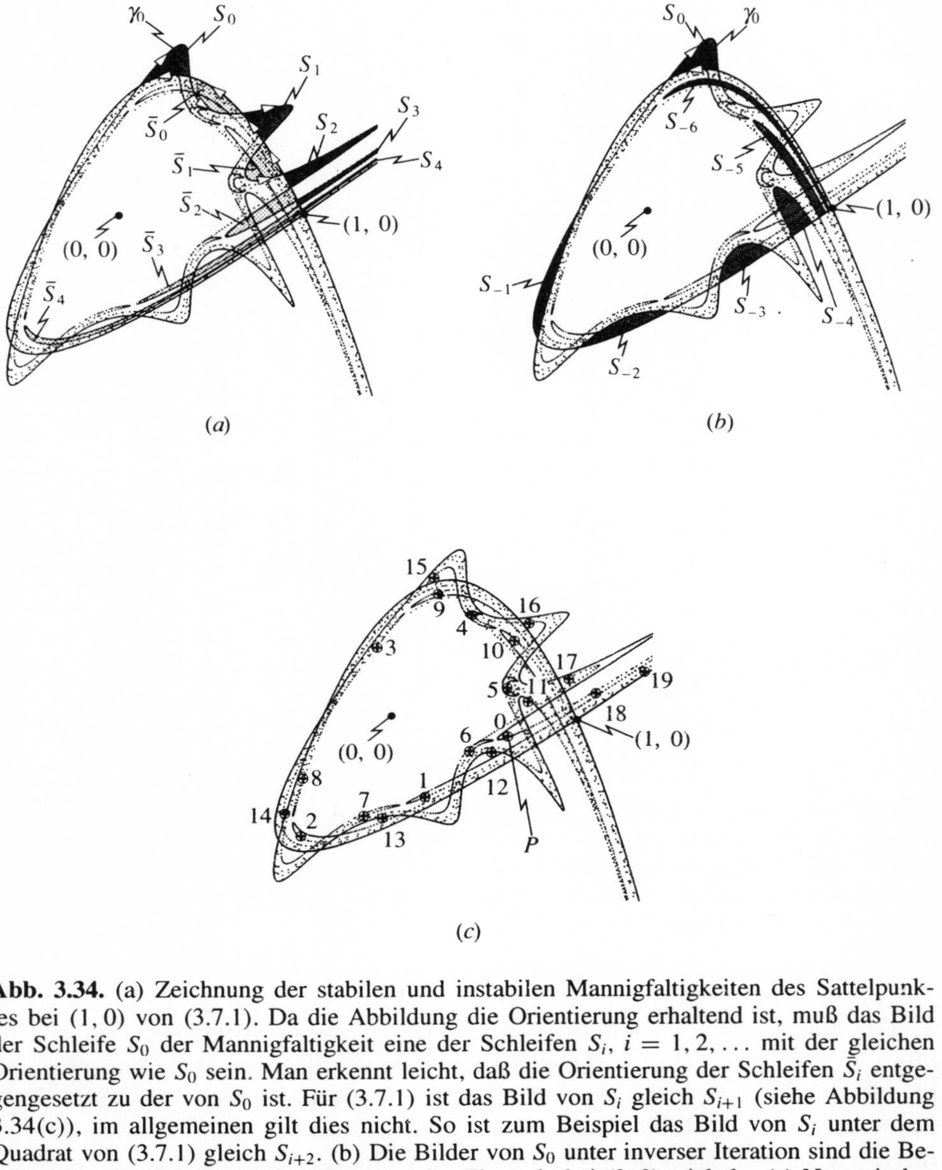

Abb. 3.34. (a) Zeichnung der stabilen und instabilen Mannigfaltigkeiten des Sattelpunktes bei $(1, 0)$ von (3.7.1). Da die Abbildung die Orientierung erhaltend ist, muß das Bild der Schleife S_0 der Mannigfaltigkeit eine der Schleifen S_i, $i = 1, 2, \ldots$ mit der gleichen Orientierung wie S_0 sein. Man erkennt leicht, daß die Orientierung der Schleifen $\bar{S}_i$ entgegengesetzt zu der von S_0 ist. Für (3.7.1) ist das Bild von S_i gleich S_{i+1} (siehe Abbildung 3.34(c)), im allgemeinen gilt dies nicht. So ist zum Beispiel das Bild von S_i unter dem Quadrat von (3.7.1) gleich S_{i+2}. (b) Die Bilder von S_0 unter inverser Iteration sind die Bereiche S_{-i}, die sich für wachsendes i um den Fixpunkt bei $(0, 0)$ wickeln. (c) Numerischer Plot der Bahn des Punktes $P = (0{,}64; -0{,}094)$ unter (3.7.1). Sie umrundet $(0, 0)$ zwei mal, nähert sich dem Sattelpunkt bei dieser Gelegenheit und landet in S_0 nach der 15-ten Iteration. Weitere Iterationen führen nach Unendlich durch den Einfluß des Sattelpunktes. Da die Schleifen der Mannigfaltigkeit sich extrem nahe kommen und sehr schmal werden, hängt die Anzahl der Umrundungen von $(0, 0)$ vor dem Entschwinden nach Unendlich sehr empfindlich von der Wahl des Anfangspunktes ab.

wie S_0 sein muß, und nicht einer der $\bar{S}_i$, $i = 0, 1, 2, \ldots$, die eine umgekehrte Orientierung besitzen. Deshalb werden die Punkte in S_0 letztendlich unter dem Einfluß des Sattelpunktes bei $(1, 0)$ nach Unendlich wandern. Die Punkte von $\bar{S}_0$ wandern um den Fixpunkt bei $(0, 0)$ und gelangen so wieder in die Nähe des Sattelpunktes. Die Bedeutung dieser Bewegung um $(0, 0)$ für die Dynamik von (3.7.1) erkennt man am besten, wenn man die Bilder von S_0 unter Potenzen der inversen Abbildung betrachtet. Die Urbilder von S_0 sind Teilmengen der Bereiche S_{-i}, $i = 1, 2, \ldots$, wie in Abbildung 3.34(b) gezeigt wird. Wächst i, so werden diese Bereiche um $(0, 0)$ herum gestreckt. Für jedes $N \in \mathcal{Z}^+$ gibt es ein $i(N)$, so daß $S_{-i(N)}$den Punkt $(0, 0)$ N-mal umwindet. Also gibt es Punkte in $S_{-i(N)}$, deren Bahnen $(0, 0)$ N-mal umkreisen, bevor sie in S_0 landen und dann im Unendlichen verschwinden. Mittels numerischer Rechnungen kann man dieses Verhalten sehr schön veranschaulichen, in Abb. 3.34(c) sieht man die Bahn eines Punktes, die ein solches Verhalten zeigt.

In den Abb. 1.39 und 1.40 sieht man ähnliche Bahnen für die inhaltstreue Hénon-Abbildung. Die Ähnlichkeit ist hier kein Zufall. Hénon zeigte (Hénon, 1969), daß jede quadratische, inhaltstreue ebene Abbildung, deren Rotationsanteil im Ursprung linear ist, zu der Form (1.9.45 und 1.9.46) konjugiert ist. Wie man leicht zeigen kann, ist die Determinante der Ableitung der Abbildung (3.7.1) gleich eins (siehe Aufgabe 3.7.5), also müssen (3.7.1) und (1.9.45 und 1.9.46) das gleiche dynamische Verhalten zeigen. Für unsere gegenwärtige Diskussion hat (3.7.1) den Vorteil, daß der Sattelpunkt für alle k bei $(1, 0)$ liegt, so daß man $W^u_{(1,0)}$ und $W^s_{(1,0)}$ leicht berechnen kann.

Bisher haben wir immer angenommen, daß die sich transversal schneidenden stabilen und instabilen Mannigfaltigkeiten alle von einem einzigen Fixpunkt stammen. Theorem 3.8 schließt aber auch den Fall ein, daß die stabilen und instabilen Mannigfaltigkeiten zu einem Fixpunkt von $\mathbf{f}^q$ gehören. Ist $\mathbf{x}^*$ nun ein periodischer Punkt, dessen Periode größer als eins ist, so können sich zum Beispiel die instabile Mannigfaltigkeit von $\mathbf{x}^*$ und die stabile Mannigfaltigkeit von $\mathbf{f}(\mathbf{x}^*)$ transversal schneiden (siehe Abb. 3.35(a)). Die Mannigfaltigkeiten oszillieren wieder stark, da die Bilder von homoklinen Punkten homokline Punkte sind. Schneidet nun die instabile Mannigfaltigkeit von $\mathbf{f}(\mathbf{x}^*)$ die stabile Mannigfaltigkeit von $\mathbf{x}^*$ transversal, so zeigt die Betrachtung der Bilder eines passenden Parallelogrammes unter $\mathbf{f}$, daß sich gewisse Potenzen von $\mathbf{f}$ wie eine Hufeisen-Abbildung verhalten (siehe Abbildung 3.35(b)).

Diese Konstruktion spielt auch bei quadratischen, inhaltstreuen Abbildungen der Ebene eine Rolle. Wenn wir annehmen, daß $\mathbf{x}^*$ periodisch mit der Periode q ist, so erscheinen homokline Punkte wie oben beschrieben an jedem Punkt der periodischen Bahn, das heißt, $\mathbf{x}^* \mapsto \mathbf{f}^{(m-1)}(\mathbf{x}^*)$ und $\mathbf{f}(\mathbf{x}^*) \mapsto \mathbf{f}^{m'}(\mathbf{x}^*)$, $m' = m \bmod q$ für $m = 1, \ldots, q$. So erhalten wir eine Kette von homoklinen Geweben, wie man in Abbildung 3.36 sieht. In diesem Falle kann die Bahn eine Punktes P um die gesamte periodische Bahn herum führen,

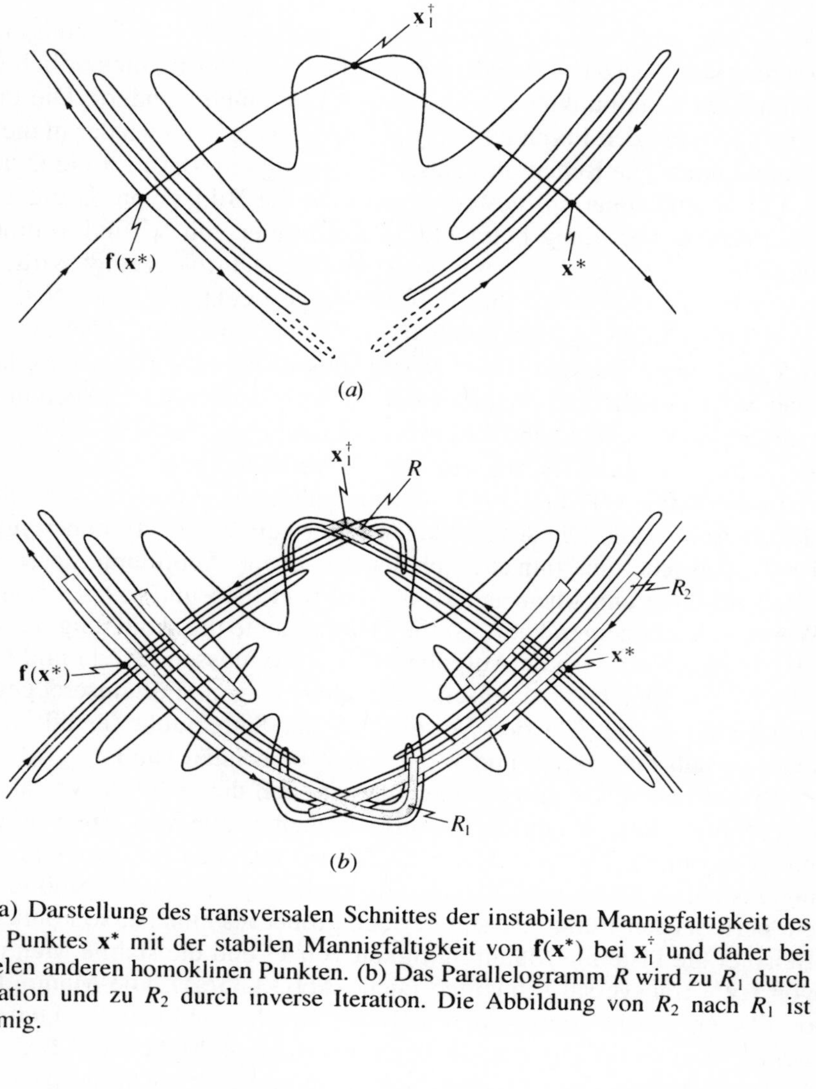

Abb. 3.35. (a) Darstellung des transversalen Schnittes der instabilen Mannigfaltigkeit des periodischen Punktes $\mathbf{x}^*$ mit der stabilen Mannigfaltigkeit von $\mathbf{f}(\mathbf{x}^*)$ bei $\mathbf{x}_1^\dagger$ und daher bei unendlich vielen anderen homoklinen Punkten. (b) Das Parallelogramm R wird zu R_1 durch einfache Iteration und zu R_2 durch inverse Iteration. Die Abbildung von R_2 nach R_1 ist Hufeisen-förmig.

bevor sie wieder in der Nähe von $\mathbf{x}^*$ an einem anderen Punkt P' landet. Durch die massive Streckung entlang der instabilen Mannigfaltigkeit bei jedem periodischen Punkt hängt die Position von P' sehr empfindlich von der von P ab.

Diese Art von Verhalten tritt offensichtlich in den Abbildungen (1.9.45 und 1.9.46) sowie (3.7.1) auf. Die „zweidimensionalen" Bahnen in den Abbildungen 1.41 und 1.42 gehören zu einer hyperbolischen periodischen Bahn. Sie entstehen durch Iteration eines einzelnen Punktes und ihre Ausdehnungen sind gleich denen der erwarteten homoklinen Gewebe (siehe Gumowski, Mira, 1980, S.303). Die Abb. 6.17 zeigt einen Grund, weshalb Bahnen dieser Art

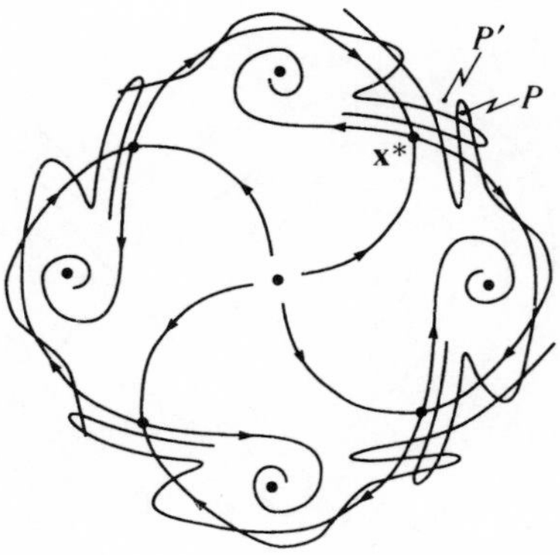

Abb. 3.36. Kette von homoklinen Geweben, die auf einer hyperbolischen periodischen Bahn erscheinen.

sich nicht vom Einfluß der periodischen Bahn lösen. Deshalb scheint es, als ob die gezeichneten Iterationen des einzelnen Punktes die zwei-dimensionale Region in einer scheinbar zufälligen Art und Weise füllen.

3.8 Die Melnikov-Funktion

In diesem Abschnitt wollen wir eine Methode beschreiben, mit der man beweisen kann, daß transversale homokline Punkte in den Poincaré-Abbildungen einer bestimmten Art von Strömen in drei Dimensionen auftreten.

Diese Methode ist besonders interessant, da sie auf die Duffing-Gleichung angewandt werden kann, welche eine chaotische anziehende Menge besitzt (siehe Abb. 3.26).

Man betrachte die ebene Differentialgleichung

$$\dot{\mathbf{x}} = \mathbf{f}_0(\mathbf{x}), \tag{3.8.1}$$

die bei $\mathbf{x} = \mathbf{0}$ einen hyperbolischen Sattelpunkt besitzt und wir wollen annehmen, daß sie eine homokline Sattel-Verbindung, wie sie in Abb. 3.37 dargestellt ist, besitzt. Man betrachte nun den Produkt-Strom in $\mathcal{R}^2 \times S^1$, der durch

$$\dot{\mathbf{x}} = \mathbf{f}_0(\mathbf{x}), \qquad \dot{\theta} = 1, \tag{3.8.2}$$

definiert wird. Der Sattelpunkt von (3.8.1) bei $\mathbf{x} = \mathbf{0} \in \mathcal{R}^2$ wird so zu einer periodischen Bahn $\gamma_0 = \{(\mathbf{x}, \theta) \in \mathcal{R}^2 \times S^1 | \mathbf{x} = \mathbf{0},\ \theta \in S^1\}$ vom Satteltyp. Die instabile Mannigfaltigkeit von γ_0, $W^u(\gamma_0)$ schneidet die stabile Mannigfaltigkeit $W^s(\gamma_0)$ in der zylindrischen Fläche $\Gamma \times S^1 \subseteq \mathcal{R}^2 \times S^1$. Dieses Verhalten ist

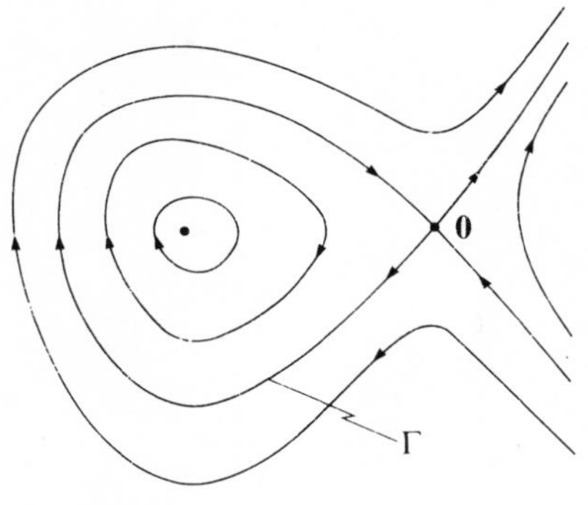

Abb. 3.37. Phasen-Darstellung für $\dot{\mathbf{x}} = \mathbf{f}_0(\mathbf{x})$. Der Ursprung ist ein hyperbolischer Sattelpunkt und Γ ist eine homokline Sattelverbindung.

nicht-allgemein. Im speziellen schneiden sich die stabilen und instabilen Mannigfaltigkeiten des entsprechenden Fixpunktes der Poincaré-Abbildung $\mathbf{P}_0$ von (3.8.2) nicht transversal. Die Melnikov-Methode wird nun auf kleine Störungen von (3.8.2) der Form

$$\dot{\mathbf{x}} = \mathbf{f}_0(\mathbf{x}) + \varepsilon \mathbf{f}_1(\mathbf{x}, \theta), \qquad \dot{\theta} = 1 \tag{3.8.3}$$

angewandt. Dabei ist $\varepsilon \in \mathcal{R}^+$ und $\mathbf{f}_1(\mathbf{x}, \theta) = \mathbf{f}_1(\mathbf{x}, \theta + 2\pi)$. Für genügend kleine ε folgt aus Satz 3.4, daß (3.8.3) ebenfalls eine hyperbolische periodische Bahn γ_ε in der Nähe von γ_0 besitzt. Die invarianten Mannigfaltigkeiten $W^u(\gamma_\varepsilon)$ und $W^s(\gamma_\varepsilon)$ müssen sich jedoch nicht in Form eines Zylinders schneiden (siehe Abb. 3.38). Die Melnikov-Funktion hängt nun vom „Abstand" dieser zwei Mannigfaltigkeiten ab.

Sei $\mathbf{x}_0 \in \mathcal{R}^2$ ein Punkt der Sattelverbindung Γ im ungestörten System (3.8.1). Man nehme nun einen zur Sattelverbindung senkrechten Schnitt L bei $\mathbf{x}_0$. Im folgenden wollen wir den Punkt $\mathbf{x}_0$ und den Schnitt L in der $\theta = \theta_0$-Ebene, Σ_{θ_0}, betrachten. Wir wenden uns nun dem gestörten System und den Schnittpunkten von γ_ε, $W^u(\gamma_\varepsilon)$ und $W^s(\gamma_\varepsilon)$ mit Σ_{θ_0} zu. Dies ist natürlich äquivalent der Betrachtung der Poincaré-Abbildung $\mathbf{P}_{\varepsilon,\theta_0} : \Sigma_{\theta_0} \to \Sigma_{\theta_0}$ des Stromes (3.8.3). $\mathbf{P}_{\varepsilon,\theta_0}$ besitzt einen hyperbolischen Sattelpunkt $\mathbf{x}^*_{\varepsilon,\theta_0}$ in der Nähe von $\mathbf{x} = \mathbf{0}$, mit stabilen und instabilen Mannigfaltigkeiten $W^{u,s}(\mathbf{x}^*_{\varepsilon,\theta_0}) = W^{u,s}(\gamma_\varepsilon) \cap \Sigma_{\theta_0}$, die nahe bei Γ auf Σ_{θ_0} liegen.

Der Abstand zwischen $W^u(\gamma_\varepsilon)$ und $W^s(\gamma_\varepsilon)$ auf Σ_{θ_0}wird entlang L berechnet. Dieser Abstand wird sich im allgemeinen mit θ_0 ändern, da durch $\varepsilon > 0$ die Kurven $W^u(\mathbf{x}^*_{\varepsilon,\theta_0})$ und $W^s(\mathbf{x}^*_{\varepsilon,\theta_0})$ θ_0-abhängig sind. Für den Spezialfall $\varepsilon = 0$ ist der Abstand gleich null für alle θ_0. Natürlich besteht die Möglichkeit, daß die Mannigfaltigkeiten $W^{u,s}(\mathbf{x}^*_{\varepsilon,\theta_0})$ L oft schneiden, jedoch gibt es auf jeder Kurve einen eindeutigen Schnittpunkt $A^{u,s}$, der $\mathbf{x}_0$ am nähesten ist (siehe Abb. 3.39).

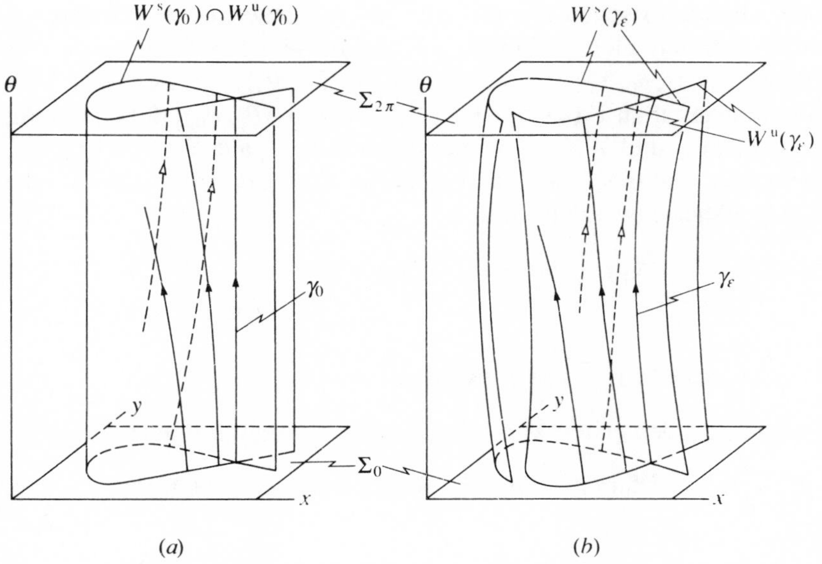

Abb. 3.38. Die Mannigfaltigkeiten $W^u(\gamma_\varepsilon)$ und $W^s(\gamma_\varepsilon)$ für (a) $\varepsilon = 0$ und (b) $\varepsilon > 0$.

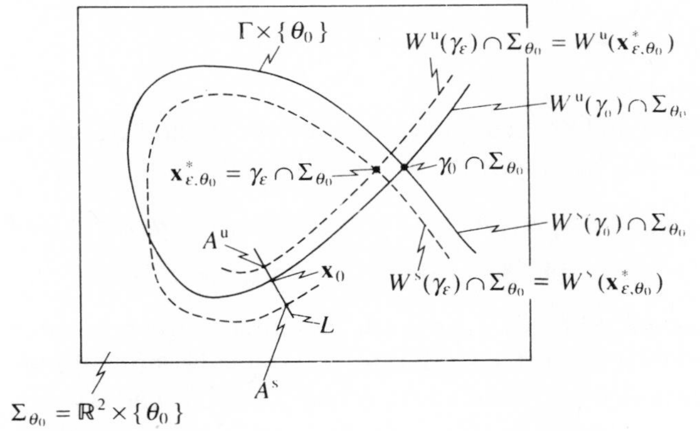

Abb. 3.39. Die Querschnitte von γ_ε, $W^u(\gamma_\varepsilon)$ und $W^s(\gamma_\varepsilon)$ mit Σ_{θ_0} für $\varepsilon = 0$ und $\varepsilon > 0$.

Sei nun $(\mathbf{x}^{u,s}(t;\theta_0,\varepsilon), t)$, $t \in \mathcal{R}$ die eindeutige Trajektorie von (3.8.3) durch $A^{u,s}$ bei $t = \theta_0$, das heißt, $A^{u,s}$ ist der Punkt $\mathbf{x}^{u,s}(\theta_0;\theta_0,\varepsilon) \in \Sigma_{\theta_0}$. Wir definieren die zeitabhängige Abstandsfunktion

$$\Delta_\varepsilon(t,\theta_0) = \mathbf{f}_0(\mathbf{x}_0(t-\theta_0)) \wedge [\mathbf{x}^u(t;\theta_0,\varepsilon) - \mathbf{x}^s(t;\theta_0,\varepsilon)], \tag{3.8.4}$$

wobei $\mathbf{x}_0(t)$ die homokline Trajektorie von (3.8.1) mit $\mathbf{x}_0(0) = \mathbf{x}_0$ ist. Das Keilprodukt in (3.8.4) ist durch $\mathbf{a} \wedge \mathbf{b} = a_1 b_2 - a_2 b_1$ definiert, wobei

$\mathbf{a}, \mathbf{b} \in \mathcal{R}^2$ die kartesischen Koordinaten (a_1, a_2) bzw. (b_1, b_2) besitzen. Damit folgt, daß $\Delta_\varepsilon(t, \theta_0)$ gleich $|\mathbf{f}_0(\mathbf{x}_0(t-\theta_0))|$ mal die Komponente des Vektors $[\mathbf{x}^u(t; \theta_0, \varepsilon) - \mathbf{x}^s(t; \theta_0, \varepsilon)]$ senkrecht zu $\mathbf{f}_0(\mathbf{x}_0(t-\theta_0))$ ist. Letzterer Vektor ist natürlich tangential zu Γ bei $\mathbf{x}_0(t-\theta_0)$. Also ist $\Delta_\varepsilon(\theta_0, \theta_0)/|\mathbf{f}_0(\mathbf{x})|$ der Abstand zwischen $W^u(\gamma_\varepsilon)$ und $W^s(\gamma_\varepsilon)$, gemessen entlang L auf Σ_{θ_0}.

Wir wollen jetzt eine nützliche Form von $\Delta_\varepsilon(\theta_0, \theta_0)$ bestimmen, indem wir uns (3.8.4) näher zuwenden. Sei

$$\mathbf{x}^u(t; \theta_0, \varepsilon) = \mathbf{x}_0(t-\theta_0) + \varepsilon \mathbf{x}_1^u(t, \theta_0) + O(\varepsilon^2) \tag{3.8.5}$$

und

$$\mathbf{x}^s(t; \theta_0, \varepsilon) = \mathbf{x}_0(t-\theta_0) + \varepsilon \mathbf{x}_1^s(t, \theta_0) + O(\varepsilon^2) \tag{3.8.6}$$

mit $\mathbf{x}_1^u$ und $\mathbf{x}_1^s$ als den ersten Variationen nach ε. Nun gilt (siehe Aufgabe 3.8.1)

$$\dot{\mathbf{x}}_1^{u,s}(t, \theta_0) = D\mathbf{f}_0(\mathbf{x}_0(t-\theta_0))\mathbf{x}_1^{u,s}(t, \theta_0) + \mathbf{f}_1(\mathbf{x}_0(t-\theta_0), t). \tag{3.8.7}$$

Wir definieren nun

$$\Delta_\varepsilon^{u,s}(t, \theta_0) = \mathbf{f}_0(\mathbf{x}_0(t-\theta_0)) \wedge \varepsilon \mathbf{x}_1^{u,s}(t, \theta_0), \tag{3.8.8}$$

so daß nun $\Delta_\varepsilon(t, \theta_0)$ in (3.8.4) in der Form

$$\Delta_\varepsilon(t, \theta_0) = \Delta_\varepsilon^u(t, \theta_0) - \Delta_\varepsilon^s(t, \theta_0) + O(\varepsilon^2) \tag{3.8.9}$$

geschrieben werden kann.

Wir erhalten so Differentialgleichungen für Δ_ε^u und Δ_ε^s. Da nun $\dot{\mathbf{x}}_0(t-\theta_0) = \mathbf{f}_0(\mathbf{x}_0(t-\theta_0))$ ist, kann gezeigt werden, daß gilt

$$\begin{aligned}\dot{\Delta}_\varepsilon^u(t-\theta_0) &= \varepsilon[\mathrm{Tr}(D\mathbf{f}_0(\mathbf{x}_0(t-\theta_0)))\mathbf{f}_0(\mathbf{x}_0(t-\theta_0)) \wedge \mathbf{x}_1^u(t, \theta_0) \\ &\quad + \mathbf{f}_0(\mathbf{x}_0(t-\theta_0)) \wedge \mathbf{f}_1(\mathbf{x}_0(t-\theta_0), t)].\end{aligned} \tag{3.8.10}$$

Der Ausdruck (3.8.10) kann noch vereinfacht werden, wenn $\mathbf{f}_0$ ein Hamiltonsches Vektorfeld ist. Dies gilt zum Beispiel für die Duffing-Gleichung, für die $\mathrm{Tr}(D\mathbf{f}_0(\mathbf{x})) \equiv 0$ ist (siehe (1.9.23 und 1.9.26)), und damit

$$\dot{\Delta}_\varepsilon^u(t, \theta_0) = \varepsilon \mathbf{f}_0(\mathbf{x}_0(t-\theta_0)) \wedge \mathbf{f}_1(\mathbf{x}_0(t-\theta_0), t). \tag{3.8.11}$$

Integriert man (3.8.11) von $t = -\infty$ bis $t = \theta_0$, so erhält man

$$\Delta_\varepsilon^u(\theta_0, \theta_0) = \varepsilon \int_{-\infty}^{\theta_0} \mathbf{f}_0(\mathbf{x}_0(t-\theta_0)) \wedge \mathbf{f}_1(\mathbf{x}_0(t-\theta_0), t)\,dt. \tag{3.8.12}$$

Dabei haben wir verwandt, daß $\Delta_\varepsilon^u(-\infty, \theta_0) = 0$ ist, da $\mathbf{x}_0(-\infty) = \mathbf{0} = \mathbf{f}_0(\mathbf{0})$ gilt. Eine ähnliche Rechnung führt uns auf

$$\Delta_\varepsilon^s(\theta_0, \theta_0) = -\varepsilon \int_{\theta_0}^{\infty} \mathbf{f}_0(\mathbf{x}_0(t-\theta_0)) \wedge \mathbf{f}_1(\mathbf{x}_0(t-\theta_0), t)\,dt, \tag{3.8.13}$$

damit erhalten wir schließlich

$$\Delta_\varepsilon(\theta_0, \theta_0) = \varepsilon \int_{-\infty}^{\infty} \mathbf{f}_0(\mathbf{x}_0(t - \theta_0)) \wedge \mathbf{f}_1(\mathbf{x}_0(t - \theta_0), t)dt + O(\varepsilon^2). \tag{3.8.14}$$

Definieren wir jetzt die *Melnikov-Funktion* $M(\theta_0)$ durch

$$M(\theta_0) = \int_{-\infty}^{\infty} \mathbf{f}_0(\mathbf{x}_0(t - \theta_0)) \wedge f_1(\mathbf{x}_(t - \theta_0), t)dt, \tag{3.8.15}$$

so gilt

$$\Delta_\varepsilon(\theta_0, \theta_0) = \varepsilon M(\theta_0) + O(\varepsilon^2). \tag{3.8.16}$$

Satz 3.12 *Besitzt $M(\theta_0)$ einfache Nullstellen, so schneiden sich für genügend kleines $\varepsilon > 0$ $W^u(\mathbf{x}^*_{\varepsilon,\theta_0})$ und $W^s(\mathbf{x}^*_{\varepsilon,\theta_0})$ transversal für gewisse $\theta_0 \in [0, 2\pi)$. Ist aber $M(\theta_0)$ immer ungleich null, so gilt $W^u(\mathbf{x}^*_{\varepsilon,\theta_0}) \cap W^s(\mathbf{x}^*_{\varepsilon,\theta_0}) = \varnothing$ für alle θ_0.*

Ist θ_0 variabel, so beziehen wir uns auf einen festen Punkt $\mathbf{x}_0$ und einen Schnitt L, senkrecht zu $\mathbf{f}_0(\mathbf{x}_0)$, in jeder Schnittebene Σ_{θ_0}, $\theta_0 \in [0, 2\pi)$. Wählt man ε genügend klein, so ist $\Delta_\varepsilon(\theta_0, \theta_0)$ eine beliebig kleine Störung von $\varepsilon M(\theta_0)$. Hat $\varepsilon M(\theta_0)$ eine einfache Nullstelle, so besitzt auch $\Delta_\varepsilon(\theta_0, \theta_0)$ eine einfache Nullstelle. Dies bedeutet nun, daß es einen Wert Θ von θ_0 gibt, bei dem $\Delta_\varepsilon(\theta_0, \theta_0)$ das Vorzeichen wechselt, da $\mathbf{x}^u(\theta_0; \theta_0, \varepsilon) - \mathbf{x}^s(\theta_0; \theta_0, \varepsilon)$ seine Orientierung relativ zu $\mathbf{f}_0(\mathbf{x}_0)$ umdreht. Natürlich ist $\mathbf{x}^u(\Theta; \Theta, \varepsilon) = \mathbf{x}^s(\Theta; \Theta, \varepsilon)$, daher schneiden sich die Mannigfaltigkeiten $W^u(\mathbf{x}^*_{\varepsilon,\Theta})$ und $W^s(\mathbf{x}^*_{\varepsilon,\Theta})$ des Fixpunktes $\mathbf{x}^*_{\varepsilon,\Theta}$ der Poincaré-Abbildung $\mathbf{P}_{\varepsilon,\Theta}$ transversal auf L in der Nähe von $\mathbf{x}_0$. Außerdem sind alle Poincaré-Abbildungen $\mathbf{P}_{\varepsilon,\theta_0}$, $\theta_0 \in [0, 2\pi)$ topologisch konjugiert (siehe Aufgabe 1.7.3), damit müssen sich $W^u(\mathbf{x}^*_{\varepsilon,\Theta})$ und $W^s(\mathbf{x}^*_{\varepsilon,\Theta})$ transversal schneiden für alle $\theta_0 \in [0, 2\pi)$ (obwohl dies offensichtlich nicht in der Nähe von $\mathbf{x}_0$ geschehen muß (siehe Abb. 3.40)). Ist aber $M(\theta_0)$ immer ungleich null, dann gilt dies auch bei genügend kleinem ε für $\Delta_\varepsilon(\theta_0, \theta_0)$.

Daraus folgt, daß keine transversalen homoklinen Punkte auf L für beliebiges $\theta_0 \in [0, 2\pi)$ auftreten. Diese Feststellung hängt nicht von der Wahl des Punktes $\mathbf{x}_0 \in \Gamma$ ab, durch den L verläuft, wie man in Abb. 3.40 sehen kann. Es existieren also keine homoklinen Punkte.

Beispiel 3.3 Man zeige, daß die Poincaré-Abbildung der Duffing-Gleichung

$$\dot{x} = y, \qquad \dot{y} = x - x^3 + \varepsilon(a \cos\theta - by), \qquad \dot{\theta} = 1, \tag{3.8.17}$$

mit $a, b > 0$, für genügend kleines ε transversale homokline Punkte besitzt, falls

$$\frac{a}{b} > \frac{4\cosh(\pi/2)}{3(2^{1/2})\pi} \tag{3.8.18}$$

gilt.

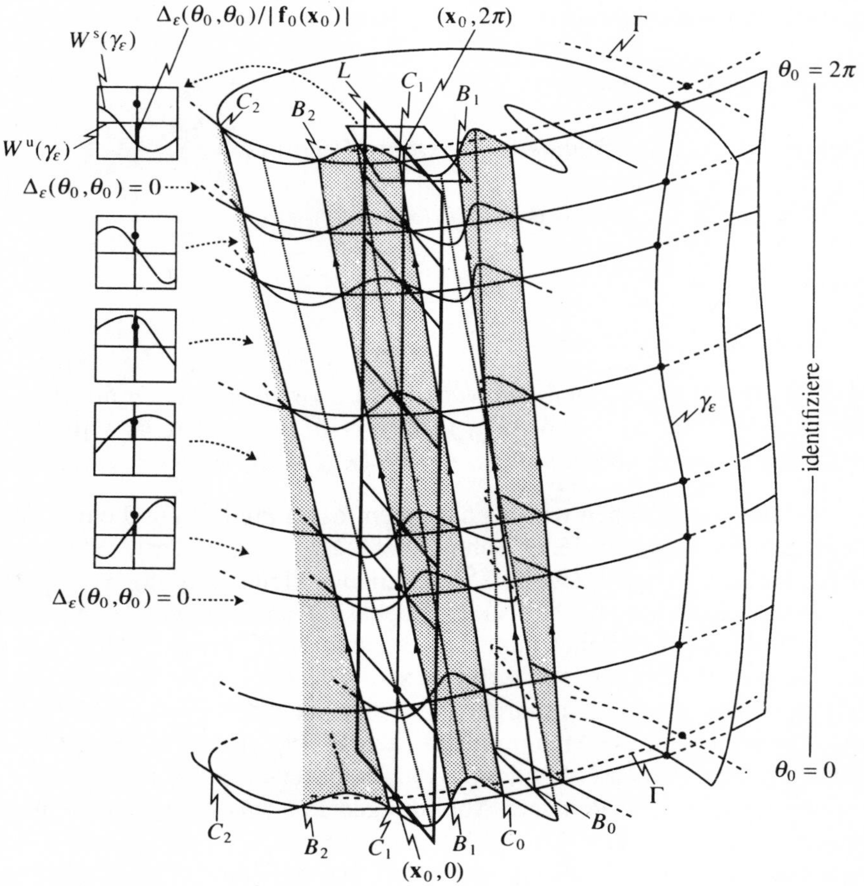

Abb. 3.40. Die Mannigfaltigkeiten $W^u(\gamma_\varepsilon)$ und $W^s(\gamma_\varepsilon)$ schneiden sich in einer homoklinen Trajektorie, die sich für $t \to \infty$ γ_ε nähert. Besitzt $\Delta_\varepsilon(\theta_0, \theta_0)$ einfache Nullstellen, so verläuft diese Trajektorie durch den Schnitt $L \times [0, 2\pi)$ mindest zwei mal. Man erhält ein Vorstellung vom Charakter der homoklinen Trajektorie, indem man $\theta = 2\pi$ mit $\theta = 0$ identifiziert. Dann wird das Segment B_0B_1 durch B_1B_2 fortgesetzt und C_0C_1 durch C_1C_2. Die Trajektorie selbst ist $\bigcup_{n\in\mathbb{Z}}(B_{n-1}B_n) \cup (C_{n-1}C_n)$. Daraus folgt, daß für jede Wahl von $\mathbf{x}_0$ ein Nullstellen-Paar auftritt. Ist jedoch $M(\theta_0)$ auf $[0, 2\pi)$ immer von null verschieden, dann ist dies so unabhängig von der Wahl von $\mathbf{x}_0$ und es treten keine homoklinen Punkte auf. Für gegebenes θ_0 erhält man die stabilen und instabilen Mannigfaltigkeiten des Fixpunktes $\mathbf{x}^*_{\varepsilon,\theta_0}$ der Poincaré-Abbildung $\mathbf{P}_{\varepsilon,\theta_0}$, indem man den entsprechenden Schnitt in dieser Abbildung betrachtet.

Lösung. Für $\varepsilon = 0$ wird aus (3.8.17)

$$\dot{x} = y, \qquad \dot{y} = x - x^3, \qquad \dot{\theta} = 1, \tag{3.8.19}$$

so daß $\mathbf{f}_0(\mathbf{x}) = (y, x - x^3)^T$ folgt. Die Differentialgleichung $\dot{\mathbf{x}} = \mathbf{f}_0(\mathbf{x})$ besitzt bei $\mathbf{x} = \mathbf{0}$ einen hyperbolischen Sattelpunkt sowie bei $\mathbf{x} = (\pm 1, 0)^T$ zwei weitere Fixpunkte. Das System ist ein Hamiltonsches System mit der Hamiltonfunktion

$$H(x, y) = \frac{1}{2}\left(y^2 - x^2 + \frac{x^4}{2}\right). \tag{3.8.20}$$

Die Menge zu $H(x, y) = 0$ besteht aus zwei homoklinen Bahnen $\Gamma_0^{\pm}$ und dem Sattelpunkt bei $\mathbf{x} = \mathbf{0}$ (siehe Abb. 3.41). Man kann nun zeigen (siehe Aufgabe 3.8.2), daß die bei $t = 0$ durch $(x, y) = (\pm(2^{1/2}), 0)$ gehende Trajektorie folgende Form besitzt

$$(x^{\pm}(t), y^{\pm}(t)) = (\pm(2^{1/2})\operatorname{sech} t, \pm(2^{1/2})\operatorname{sech} t \tanh t). \tag{3.8.21}$$

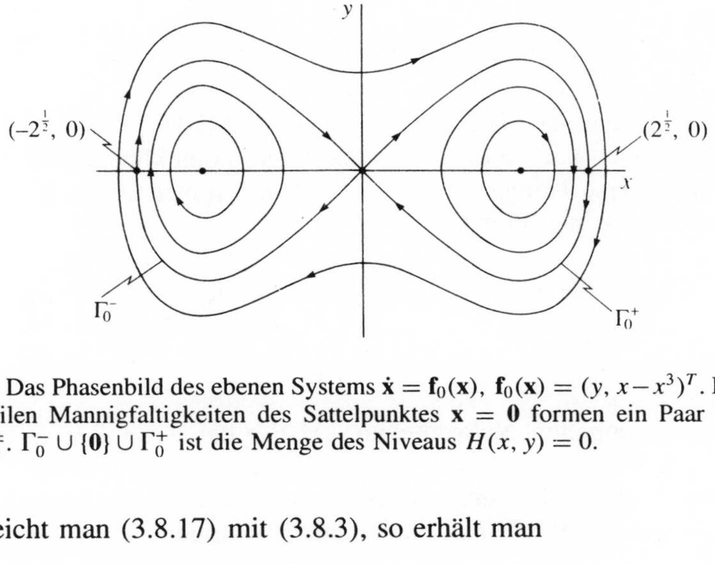

Abb. 3.41. Das Phasenbild des ebenen Systems $\dot{\mathbf{x}} = \mathbf{f}_0(\mathbf{x})$, $\mathbf{f}_0(\mathbf{x}) = (y, x - x^3)^T$. Die stabilen und instabilen Mannigfaltigkeiten des Sattelpunktes $\mathbf{x} = \mathbf{0}$ formen ein Paar homokliner Bahnen $\Gamma_0^{\pm}$. $\Gamma_0^- \cup \{\mathbf{0}\} \cup \Gamma_0^+$ ist die Menge des Niveaus $H(x, y) = 0$.

Vergleicht man (3.8.17) mit (3.8.3), so erhält man

$$\mathbf{f}_1(\mathbf{x}, \theta) = (0, a\cos\theta - by)^T, \tag{3.8.22}$$

die $\mathbf{f}_1(\mathbf{x}), \theta) = \mathbf{f}_1(\mathbf{x}, \theta + 2\pi)$ erfüllt. Man findet mit (3.8.15) nun die Melnikov-Funktion für die homokline Bahn Γ_0^+:

$$\begin{aligned} M(\theta_0) \;=\; & -2^{1/2}\int_{-\infty}^{\infty} \operatorname{sech}(t-\theta_0)\tanh(t-\theta_0)[a\cos(t) \\ & +2^{1/2} b \operatorname{sech}(t-\theta_0)\tanh(t-\theta_0)]dt. \end{aligned} \tag{3.8.23}$$

Eine Transformation der Integrationsvariablen $t \mapsto t - \theta_0$ liefert

$$\begin{aligned} M(\theta_0) &= -2^{1/2}a \int_{-\infty}^{\infty} \operatorname{sech}(t)\tanh(t)\cos(t+\theta_0)dt \\ &\quad -2b \int_{-\infty}^{\infty} \operatorname{sech}^2(t)\tanh^2(t)dt. \end{aligned} \tag{3.8.24}$$

Letzteres Integral läßt sich leicht berechnen, während das erstere durch $\cos(t+\theta_0) = \cos(t)\cos(\theta_0) - \sin(t)\sin(\theta_0)$ vereinfacht werden kann. Weiter gilt

$$\int_{-\infty}^{\infty} \operatorname{sech}(t)\tanh(t)\cos(t)dt = 0, \tag{3.8.25}$$

da der Integrand eine ungerade Funktion von t ist. Also erhält man

$$M(\theta_0) = 2^{1/2}a\sin(\theta_0) \int_{-\infty}^{\infty} \operatorname{sech}(t)\tanh(t)\sin(t)dt - \frac{4b}{3}. \tag{3.8.26}$$

Das auftretende Integral kann mit Hilfe der Residuen-Methode berechnet werden (siehe Aufgabe 3.8.4), man erhält schließlich

$$M(\theta_0) = -\frac{4b}{3} + 2^{1/2}\pi a \operatorname{sech}\left(\frac{\pi}{2}\right)\sin(\theta_0). \tag{3.8.27}$$

Wie man leicht sieht, besitzt $M(\theta_0)$ einfache Nullstellen, falls (3.8.18) erfüllt ist. Deshalb müssen nach Satz 3.12 transversale homokline Punkte auftreten. Gilt aber die inverse Ungleichung, so ist $M(\theta_0)$ immer ungleich null und es treten keine homoklinen Punkte auf.

Die einzig noch verbleibende Möglichkeit für System (3.8.17), nämlich

$$\frac{a}{b} = \frac{4\cosh(\pi/2)}{3(2^{1/2})\pi} \tag{3.8.28}$$

führt zu einer doppelten Nullstelle von $M(\theta_0)$ bei $\theta_0 = 3\pi/2$. Dies führt dazu, daß sich $W^u(\mathbf{x}^*_{\varepsilon,3\pi/2})$ und $W^s(\mathbf{x}^*_{\varepsilon,3\pi/2})$ nicht transversal, sondern tangential berühren. Wie zuvor besteht die Bahn eines solchen homoklinen Punktes unter $\mathbf{P}_{\varepsilon,3\pi/2}$ ausschließlich aus tangentialen Schnitten von $W^u(\mathbf{x}^*_{\varepsilon,3\pi/2})$ und $W^s(\mathbf{x}^*_{\varepsilon,3\pi/2})$.

Da $\mathbf{P}_{\varepsilon,\theta_0}$ und $\mathbf{P}_{\varepsilon,\theta_0'}$ für alle θ_0 und θ_0' topologisch konjugiert sind, treten diese homoklinen Tangenten in allen $\mathbf{P}_{\varepsilon,\theta_0}$ auf. Ueda (siehe Guckenheimer, Holmes, 1983, S.192) hat stabile und instabile Mannigfaltigkeiten des hyperbolischen Sattelpunktes der Poincaré-Abbildung von (3.8.17) berechnet, einige seiner Ergebnisse sind in Abb. 3.42 dargestellt. Man kann leicht sehen, daß der numerische Wert von a/b, bei dem homokline Tangenten auftreten, gut mit (3.8.28) übereinstimmt.

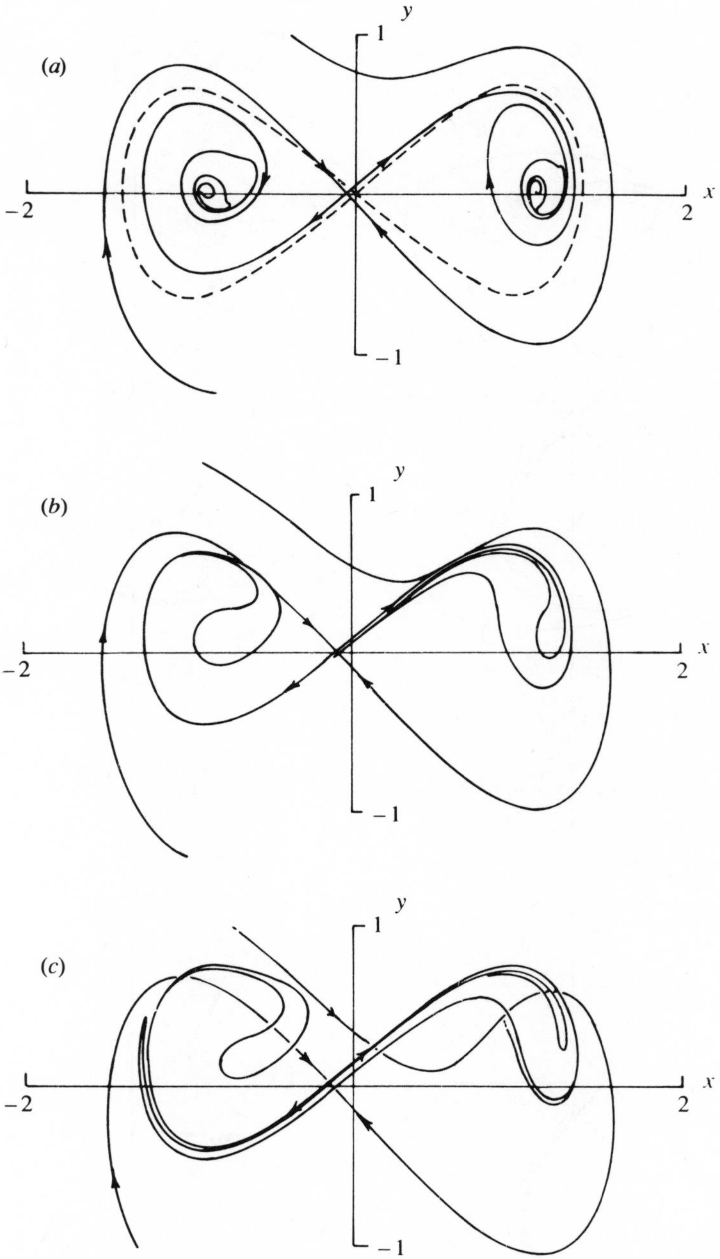

Abb. 3.42. (Nach Ueda in Guckenheimer, Holmes, 1983, S.192.) Stabile und instabile Mannigfaltigkeiten für die Poincaré-Abbildung der Duffing-Gleichung (3.8.17) mit $\varepsilon b = 0,25$ und (a) $\varepsilon a = 0,11$; (b) $\varepsilon a = 0,19$; (c) $\varepsilon a = 0,30$. Man beachte die Berührung der stabilen und instabilen Mannigfaltigkeiten in (b).

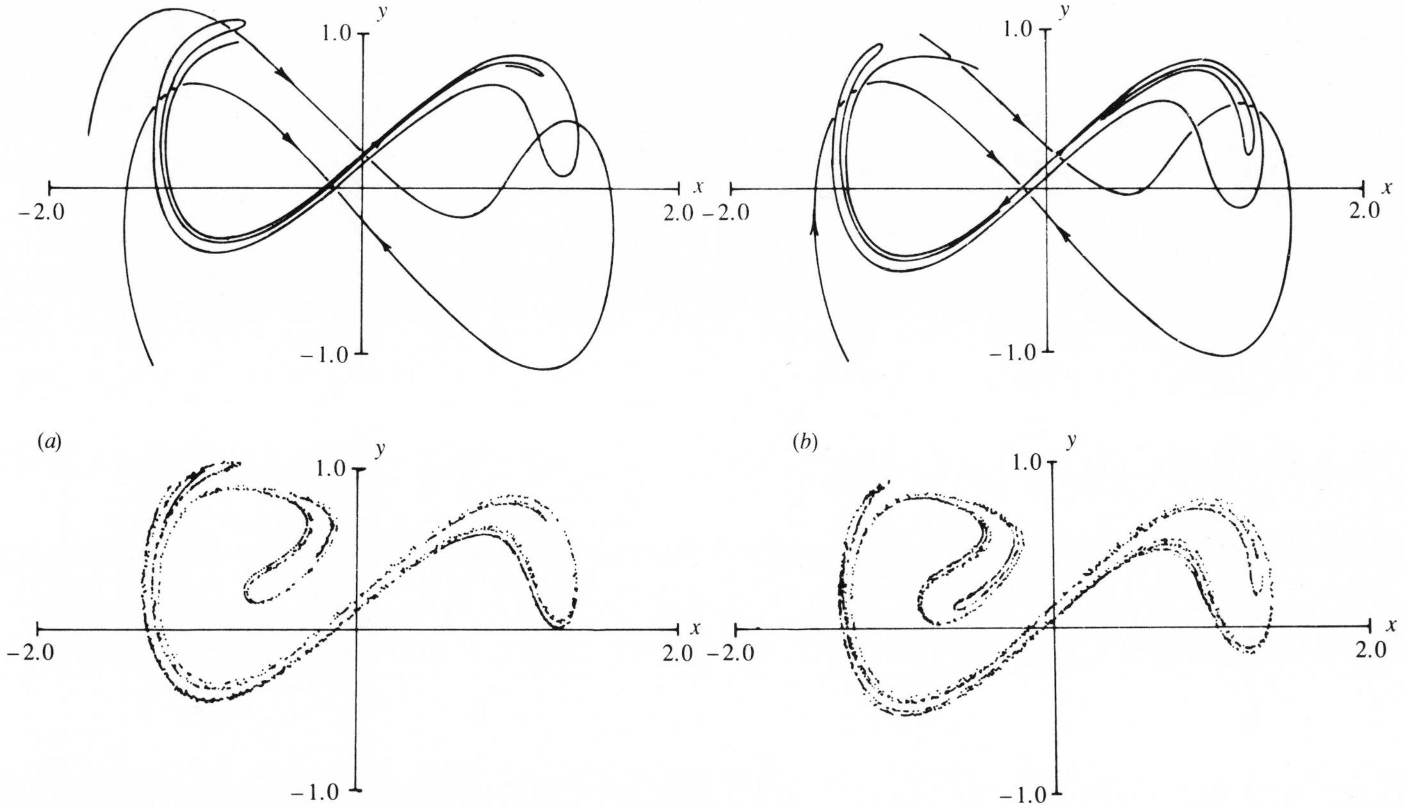

Abb. 3.43. (Nach Ueda in Guckenheimer, Holmes, 1983, S.90.) Vergleich der Form der instabilen Mannigfaltigkeit des Sattelpunktes und der anziehenden Menge für die Poincaré-Abbildung der Duffing-Gleichung (3.8.17) mit: (a) $\varepsilon a = 0.40$, $\varepsilon b = 0.25$; (b) $\varepsilon a = 0.30$, $\varepsilon b = 0.20$.

Das Auftreten homokliner Tangenten hat bedeutende Rückwirkungen auf Details der Betrachtung, die außerhalb dieses Textes liegen. Newhouse (1979, 1980) zeigte, daß, falls eine solche Tangente bei $\mathbf{x}_1$ für $\mathbf{f} \in \mathrm{Diff}^r(\mathcal{R}^2)$ auftritt, eine Abbildung $\tilde{\mathbf{f}}$ existiert, die $\varepsilon - C^r$-nahe zu $\mathbf{f}$ ist, bei welcher ebenfalls stabile Tangenten in einer hyperbolischen invarianten Menge auftreten. Diese Menge liegt in der Nähe der Bahn von $\mathbf{x}_1$ und wird *wilde hyperbolische Menge* genannt. $\tilde{\mathbf{f}}$ besitzt eine unendlich große Anzahl stabiler periodischer Bahnen – oder „unendlich viele Senken" – wie der Titel der Originalarbeit von Newhouse lautet. Wir empfehlen dem interessierten Leser Guckenheimer, Holmes, 1983, S.331-40 für eine genauere Beschreibung dieser Gedanken. Ein solches Verhalten kann in $\mathbf{P}_{\varepsilon,\theta_0}$ auftreten, wenn der Wert von a/b nahe dem kritischen Wert (3.8.28) liegt.

Numerische Approximation von (3.8.17) führt, wie wir bereits bemerkt haben, zu einer komplizierten anziehenden Menge (siehe Abb. 3.26). Eine solche Menge entsteht sogar bei Euler-Approximation. Dann ist es nicht schwer zu zeigen, daß a/b einen kritischen Wert erreichen muß, damit dies geschieht. Eine Verbindung zwischen der anziehenden Menge und dem Erscheinen von homoklinen Punkten liegt damit auf der Hand. Die sorgfältige numerische Arbeit von Ueda (in Guckenheimer, Holmes, 1983, S.90) führt zu der Annahme (siehe Abb. 3.43), daß der Attraktor die abgeschlossene Hülle der instabilen Mannigfaltigkeit des Sattelpunktes ist. Während man dies für Werte von a/b, die kleiner sind als der Wert in (3.8.28), beweisen kann (Guckenheimer, Holmes, 1983, S.91), ist die Situation beim Erscheinen von homoklinen Punkten komplizierter.

3.9 Aufgaben

3.1 Strukturelle Stabilität linearer Systeme

3.1.1 Man betrachte eine reelle $n \times n$-Matrix $\mathbf{A}$ mit den Eigenwerten $\lambda_1, \ldots, \lambda_n$, die nicht notwendigerweise verschieden sein sollen. Die Matrix $\mathbf{B}$ mit den Eigenwerten $\mu_1, \ldots, \mu_n$ sei ε-nahe zu $\mathbf{A}$ in $L(\mathcal{R}^n)$. Die spektrale Variation von $\mathbf{B}$ nach $\mathbf{A}$ sei durch

$$S_{\mathbf{A}}(\mathbf{B}) = \max_j[\min_i(|\lambda_i - \mu_j|)] \tag{E3.1}$$

gegeben.

(a) Man nehme an, $\mathbf{A}$ lasse sich diagonalisieren und zeige, daß

$$S_{\mathbf{A}}(\mathbf{B}) < \varepsilon \tag{E3.2}$$

gilt.

(b) Man nehme an, $\mathbf{A}$ lasse sich nicht diagonalisieren und zeige, daß

$$S_{\mathbf{A}}(\mathbf{B}) < (n\varepsilon)^{1/n} \tag{E3.3}$$

gilt, wobei $\varepsilon > 1/n$ sei.

(c) Man zeige, daß $\{\mu_1, \ldots, \mu_n\} \to \{\lambda_1, \ldots, \lambda_n\}$ geht für $\varepsilon \to 0$ für alle $\mathbf{A} \in L(\mathcal{R}^n)$.

3.1.2 Sei $SD(\mathcal{R}^n)$ die Teilmenge der strukturell stabilen linearen Diffeomorphismen in $L(\mathcal{R}^n)$. Man zeige, daß ein linearer Diffeomorphismus dann und nur dann strukturell stabil ist, falls er hyperbolisch ist. Dann zeige man, daß $SD(\mathcal{R}^n)$ offen und dicht in $L(\mathcal{R}^n)$ ist.

3.1.3 Sei S der Unterraum von $L(\mathcal{R}^2)$, der durch $\left\{ \begin{pmatrix} 1 & 0 \\ 0 & \lambda \end{pmatrix} \middle| \, \lambda \neq 0 \, \text{oder} \, 1 \right\}$ definiert wird. Man zeige, daß jeder linearer Diffeomorphismus in S strukturell stabil in S aber nicht in $L(\mathcal{R}^2)$ ist.

3.1.4 Man betrachte den Unterraum $O(\mathcal{R}^2)$ von $L(\mathcal{R}^2)$, der durch $\{\mathbf{A} | \mathbf{A}^T\mathbf{A} = \mathbf{I},\ \mathbf{A} \in L(\mathcal{R}^2)\}$ definiert ist. Man zeige, daß kein Element von $O(\mathcal{R}^2)$ strukturell stabil in $L(\mathcal{R}^2)$ ist.

3.2 Lokale strukturelle Stabilität

3.2.1 Das Vektorfeld $\mathbf{X}(\mathbf{x}) \in \text{Vec}^1(U)$, $U \subseteq \mathcal{R}^n$ und offen, besitze einen hyperbolischen Fixpunkt bei $\mathbf{x}^* = \mathbf{0} \in \mathbf{U}$. $\tilde{\mathbf{X}}(\mathbf{x})$ sei eine $\varepsilon - C^1$-Störung von $\mathbf{X}$. Man verifiziere Satz 3.3 für den Spezialfall, daß $\tilde{\mathbf{X}} - \mathbf{X}$ (a) konstant, (b) linear, (c) $O(|\mathbf{x}|^k)$, $k \geq 2$ ist.

3.2.2 Man bestimme $\eta = \eta(\varepsilon)$ so, daß jedes der folgenden Vektorfelder $\varepsilon - C^1$-nahe zu $\dot{r} = r(1 - r)$, $\dot{\theta} = 1$ auf $U = \{(\theta, r) | r < 2\}$ ist:
(a) $\dot{r} = r(1 + \eta - r)$, $\dot{\theta} = 1$;
(b) $\dot{r} = r(1 - r + \eta r^2)$, $\dot{\theta} = 1$;
(c) $\dot{r} = (1 + \eta) r(1 - r)$, $\dot{\theta} = 1$.
Man zeige, daß die Ströme (a)–(c) für genügend kleines ε einen hyperbolischen Fixpunkt in der Nähe von $r = 1$ besitzen.

3.2.3 Man zeige, daß der nicht-triviale Fixpunkt $\mathbf{x}^* = (c/f, a/b)^T$ des Volterra-Lotka-Vektorfeldes

$$\mathbf{X}(\mathbf{x}) = ((a - by)x, -(c - fx)y)^T \tag{E3.4}$$

nicht-hyperbolisch ist für $a, b, c, f > 0$. Man bestimme das erste Integral des Systems $\dot{\mathbf{x}} = \mathbf{X}(\mathbf{x})$ und den topologischen Typ von $\mathbf{x}^*$.

Man betrachte Vektorfelder der Form $\mathbf{X} + \mathbf{X}_\delta$ auf einer Scheibe mit dem Radius $R > |\mathbf{x}^*|$ für
(a) $\mathbf{X}_\delta = (-\delta x, -\delta y)^T$;
(b) $\mathbf{X}_\delta = (-\delta x^2, 0)^T$.
Man wähle δ für jeden Fall so, daß $||\mathbf{X}_\delta||_1 < \varepsilon$ ist. Man zeige für genügend kleines ε, daß $\mathbf{X} + \mathbf{X}_\varepsilon$ in beiden Fällen einen Fixpunkt $\mathbf{y}^*$ in der Nähe von $\mathbf{x}^*$ besitzt, wobei der topologische Typ von $\mathbf{y}^*$ der gleiche ist für Fall (a), jedoch nicht für Fall (b). Man erkläre, warum dieses Ergebnis konsistent mit Satz 3.3 ist.

3.3 Ströme auf zwei-dimensionalen Mannigfaltigkeiten

3.3.1 Alle folgenden Vektorfelder sind auf $\mathscr{R}^2$ strukrurell instabil. Auf welche dieser Fälle kann das Theorem 3.1 angewandt werden? Man verwende das Theorem, wo es geht, um den Charakter der Instabilität zu erklären. Für die verbleibenden Fälle konstruiere man $\varepsilon - C^1$-nahe Systeme, um ihre strukturelle Instabilität in $\mathrm{Vec}^1(\mathscr{D})$ zu zeigen, wobei $\mathscr{D}$ die geschlossene Scheibe mit dem Radius 2 ist, deren Mittelpunkt im Ursprung liegt.
(a) $\dot{r} = -r(r-1)^2, \ \dot{\theta} = 1$;
(b) $\dot{r} = r(1-r), \ \dot{\theta} = \sin^2(\theta)$;
(c) $\dot{x} = -2y(1-x^2) + xB(x), \ \dot{y} = 2x(1-y^2) + yB(y)$;
dabei gilt $B(x) = \exp\{-x^2/(1-x^2)\}$ für $|x| < 1$ und $B(x) = 0$ für $|x| \geq 1$.

3.3.2 Den Strömen $\boldsymbol{\varphi}_t : \mathscr{R}^2 \to \mathscr{R}^2$ der folgenden Systeme entsprechen Ströme auf dem Torus $T^2 = \{(\theta_1, \theta_2) | 0 \leq \theta_1, \theta_2 \leq 1\}$, indem wir beide Komponenten von $\boldsymbol{\varphi}_t$ mod 1 betrachten. Man verwende das Theorem von Peixoto, um zu zeigen, daß diese toralen Ströme strukturell instabil sind.
(a) $\dot{x} = \sin(2\pi x), \ \dot{y} = 0$;
(b) $\dot{x} = 1, \ \dot{y} = 2$.
Man verdeutliche diese Instabilitäten, indem man topologisch verschiedene Systeme konstruiert, die $\varepsilon - C^1$-nahe zu den Originalsystemen sind für beliebig kleines ε.

3.3.3 Man betrachte das System

$$\dot{r} = \frac{r}{(1+r^2)} \cos(2\pi r), \ \dot{\theta} = 1 \qquad \text{(E3.5)}$$

auf dem Zylinder $C = \{(\theta, r) | 0 \leq \theta < 2\pi, \ r \in \mathscr{R}\}$. Man zeige, daß das System auf jeder Menge $S_n = \{(\theta, r) | -n \leq r \leq n\}$, $n \in \mathscr{Z}^+$ strukturell stabil ist, jedoch nicht auf ganz C.

3.4 Anosov-Diffeomorphismen

3.4.1 Man verwende das Theorem von Peixoto um zu zeigen, daß keiner der folgenden Diffeomorphismen $f \in \mathrm{Diff}^1(S^1)$ strukturell stabil ist:
(a) $f(\theta) = (\theta + \alpha) \bmod 1,\ \alpha \in \mathcal{Q}$;
(b) $f(\theta) = (\theta + \alpha) \bmod 1,\ \alpha \in \mathcal{R} \backslash \mathcal{Q}$;
(c) $f(\theta) = (\theta + \sin^2(2\pi\theta)) \bmod 1$;
(d) $f(\theta) = (\theta + \frac{1}{2} + 0,1 \sin^2(2\pi\theta)) \bmod 1$.

3.4.2 Man zeige, daß alle periodischen Punkte eines Anosov-Automorphismus $\mathbf{f} : T^n \to T^n$ hyperbolisch sind. Sei $\boldsymbol{\theta}^*$ ein periodischer Punkt von $\mathbf{f}$ mit der Periode $q \in \mathcal{Z}^+$. Man gebe Ausdrücke für die stabilen und instabilen Mannigfaltigkeiten der periodischen Bahn, die $\boldsymbol{\theta}^*$ enthält, an.

3.4.3 Der Anosov-Automorphismus $\mathbf{f} : T^2 \to T^2$ besitzt eine Liftung $\mathbf{A} : \mathcal{R}^2 \to \mathcal{R}^2$, die durch (3.4.13) gegeben ist. Man beweise, daß $\mathbf{f}$ periodische Punkte jeder *geraden* Periode q besitzt, indem man die Existenz von $\mathbf{x} \in \mathcal{R}^2$ zeigt, für welches $\mathbf{A}^q\mathbf{x} - \mathbf{x} \in \mathcal{Z}^n$ gilt, wobei $\mathbf{x}$ kein Fixpunkt sein soll.

3.4.4 Seien $\mathbf{f}$ und $\mathbf{g}$ Anosov-Automorphismen des T^n, welche Liftungen besitzen, die durch Automorphismen $\mathbf{A}, \mathbf{B} : \mathcal{R}^n \to \mathcal{R}^n$ gegeben sind. Man beweise, daß $\mathbf{A}$ und $\mathbf{B}$ ähnlich sind, wenn $\mathbf{f}$ und $\mathbf{g}$ differenzierbar konjugiert sind. Umgedreht zeige man auch, daß, wenn $\mathbf{A}$ und $\mathbf{B}$ Liftungen der Anosov-Automorphismen $\mathbf{f}, \mathbf{g}$ sind und beide ähnlich zu einer Matrix $\mathbf{C}$ mit ganzzahligen Komponenten und $\det \mathbf{C} = \pm 1$ sind, $\mathbf{f}$ und $\mathbf{g}$ differenzierbar konjugiert sind.

3.4.5 Man zeige, daß der durch

$$\mathbf{A} = \begin{pmatrix} 1 & 3 \\ 1 & 2 \end{pmatrix} : \mathcal{R}^2 \to \mathcal{R}^2 \tag{E3.6}$$

erzeugte Anosov-Automorphismus einen Sattelpunkt bei $\boldsymbol{\pi}(\mathbf{0})$ besitzt, wobei $\boldsymbol{\pi} : \mathcal{R}^2 \to T^2$ die durch (3.4.2) gegebene Abbildung ist. Man bestimme die Gleichung der Separatrizen von $\mathbf{A}$ bei $\mathbf{0}$ und zeige, daß ihre Anstiege irrational sind. Welche Folgerungen hat dies auf dem Torus? Man zeige, daß der durch $\boldsymbol{\pi}(\mathbf{x}^{\div})$ gegebene Punkt auf dem Torus ein transversaler homokliner Punkt ist, wobei $\mathbf{x}^{\div}$ = Anosov-Auto$(13^{1/2} - 1)/2(13^{1/2}), 1/13^{1/2}$ gilt. Wodurch unterscheidet sich der betrachtete Automorphismus von dem durch (3.4.13) gegebenen?

3.5 Hufeisen-Diffeomorphismen

3.5.1 Das kanonische Beispiel

3.5.1 Man gebe explizite Gleichungen für die auf $P_0 \cup P_1 \subset Q$ beschränkte Hufeisen-Abbildung an (siehe Abb. 3.13). Man zeige, daß $(x, y) \overset{\mathbf{f}}{\mapsto} (f_1(x), f_2(x, y))$ gilt.

3.5.2 Sei Λ die Cantor-Menge des durch (3.5.4) definierten Hufeisen-Diffeomorphismus $\mathbf{f}$. Man vervollständige den Beweis von Satz 3.6, indem man zeigt, daß Λ invariant unter $\mathbf{f}^{-1}$ ist. Dann zeige man $\mathbf{f}(\Lambda) = \Lambda$.

3.5.3 Sei $\mathbf{g} : S^2 \to S^2$ der global erweiterte Hufeisen-Diffeomorphismus. Man beweise:
(a) $\bigcap_{n\in\mathcal{N}} Q^{(-n)}$ ist unter $\mathbf{g}$ invariant und $\bigcap_{n\in\mathcal{Z}^+} Q^{(n)}$ ist unter $\mathbf{g}^{-1}$ invariant;
(b) $\bigcap_{n\in\mathcal{N}} Q^{(-n)}(\bigcap_{n\in\mathcal{Z}^+} Q^{(n)})$ ist der Inset (Outset) von Λ für $\mathbf{g}$ auf Q.

3.5.4 Sei $\mathbf{g} : Q \to \mathcal{R}^2$ die Hufeisen-Abbildung und $\mathbf{x}_0$ ein Punkt von $Q\backslash\Lambda$ mit den Koordinaten (x_0, y_0). Weiter sei $d = d(\mathbf{x}_0, \Lambda) = \min_{(x,y)\in\Lambda}\{|x_0 - x|\}$ der horizontale Abstand zwischen $\mathbf{x}_0$ und Λ. Man bestimme den maximalen Wert $N(d)$ von n, so daß $\mathbf{f}^n(\mathbf{x}_0) \in Q$ ist.

3.5.2 Dynamik auf Symbolsequenzen

3.5.5 Sei Σ_S die Menge aller doppelt-unendlichen Sequenzen auf den m Symbolen $S = \{0, 1, \ldots, m-1\}$ und $\alpha : \Sigma_S \to \Sigma_S$ der Left-Shift $\alpha(\sigma)_n = \sigma_{n-1}$ (siehe (3.5.7)). Man beweise:
(a) α besitzt periodische Bahnen aller Perioden sowie aperiodische Bahnen,
(b) es existiert eine natürliche Topologie auf Σ_S, für die die periodischen Punkte von α dicht in Σ_S liegen,
(c) es existieren dichte Bahnen von α auf Σ_S.

3.5.6 Sei $\alpha(\beta)$ der Left(Right)-Shift auf dem Symbolsequenzen-Raum Σ. Man zeige:
(a) α ist ein Homomorphismus und $\alpha^{-1} = \beta$,
(b) α ist topologisch konjugiert zu β.

3.5.7 Sei $\alpha : \Sigma_S \to \Sigma_S$ entweder ein Left- oder ein Right-Shift auf Σ_S, dem Raum der Symbolsequenzen mit $S = \{0, 1, \ldots, m-1\}$. Man zeige, daß m^q Sequenzen σ existieren, so daß $\alpha^q(\sigma) = \sigma$ ist. Sei weiter m_k die

Zahl der Punkte mit der Periode k von α und $K = \{k | k \in \mathscr{Z}^+ \& k|q\}$. Man beweise, daß

$$\sum_{k \in K} m_k = m^q \tag{E3.7}$$

gilt für $m, q \in \mathscr{Z}^+$. Man verwende das Ergebnis, um für $m = 2$ die Zahl der Bahnen mit der Periode 12 zu finden.

3.5.3 Symboldynamik für den Hufeisen-Diffeomorphismus

3.5.8 Sei $\mathbf{f} : Q \to \mathscr{R}^2$ die Hufeisen-Abbildung. Man verwende (3.5.3), um zu beweisen, daß jeder vertikale Streifen von $Q^{(-n)}$, $n \in \mathscr{N}$ durch eine binäre Sequenz von n Symbolen beschrieben werden kann.

3.5.9 Sei $(x, y) \in \Lambda$ die invariante Cantor-Menge der Hufeisen-Abbildung $\mathbf{f} : Q \to \mathscr{R}^2$. Seien $\{\alpha_i\}$, $\{\beta_i\}_{i=1}^{\infty}$ wie folgt definiert:

(i) Man betrachte die gebündelten vertikalen Streifen $\bigcap_{n \in \mathscr{N}} Q^{(-n)}$. Ist $x \in \begin{cases} P_0 \\ P_1 \end{cases}$, so sei $a_1 = \begin{cases} -1 \\ +1 \end{cases}$. Für $i \geq 2$ sei $a_i = \begin{cases} -1 \\ +1 \end{cases}$, falls $x \begin{cases} \text{links} \\ \text{rechts} \end{cases}$ vom vorherigen Streifen im Bündel liegt.

(ii) Man betrachte die gebündelten horizontalen Streifen $\bigcap_{n \in \mathscr{Z}^+} Q^{(n)}$. Ist $x \in \begin{cases} Q_0 \\ Q_1 \end{cases}$, so sei $b_1 = \begin{cases} +1 \\ -1 \end{cases}$. Für $i \geq 2$ sei $b_i = \begin{cases} -1 \\ +1 \end{cases}$, falls $x \begin{cases} \text{oberhalb} \\ \text{unterhalb} \end{cases}$ vom vorherigen Streifen im Bündel liegt.

Man zeige, daß jeder Punkt (x, y) von Λ in der Form

$$\left(2 \sum_{i=1}^{\infty} a_i / 5^i,\ 2 \sum_{i=1}^{\infty} b_i / 5^i \right), \quad a_i, b_i = \pm 1 \tag{E3.8}$$

geschrieben werden kann. Man zeige dann, daß die Teilmenge von Λ im Quadranten $x, y > 0$ homomorph zu ganz Λ ist mittels der fünffach-Vergrößerung $(x, y) \mapsto (5x - 2, 5y - 2)$. Was bedeutet das für die Struktur der Menge Λ?

3.5.10 Man verwende die in Aufgabe 3.5.9 gegebene Form von $\mathbf{x} \in \Lambda$, um die Koordinaten der Fixpunkte und der periodischen Punkte mit der Periode 2 der Hufeisen-Abbildung $\mathbf{f} : Q \to \mathscr{R}^2$ in Q zu finden.

3.5.11 Sei $\mathbf{f} : Q \to \mathscr{R}^2$ die Hufeisen-Abbildung. Nach der Bezeichnungstaktik des §3.5.3 besteht die Menge $\Lambda^{(N)} = \bigcap_{n=-(N-1)}^{N} Q^{(n)}$ aus 2^{2N} verbundenen Komponenten, wobei jede ein Quadrat mit der Seitenlänge $2/5^N$ darstellt, welches in Q liegt.

(a) Man beweise, daß (3.5.17) jeder verbundenen Komponente $\kappa(\sigma^{(N)})$ von $\Lambda^{(N)}$ eindeutig einen Symbolblock $\sigma^{(N)} = \{\sigma_{-(N-1)}, \ldots, \sigma_N\}$ zuordnet. Man bestimme $\kappa(\sigma^{(N)})$ für die folgenden Symbolblöcke $\sigma^{(N)}$

$$\text{(i) } \{1 \cdot 1\}; \qquad \text{(ii) } \{11 \cdot 00\}; \qquad \text{(iii) } \{010 \cdot 101\}. \tag{E3.9}$$

(b) Seien $\eta^{(N)} = \{\eta_{-(N-1)}, \ldots, \eta_N\}$ und $\nu^{(N)} = \{\nu_{-(N-1)}, \ldots, \nu_N\}$ zwei Symbolblöcke der Länge $2N$. Man erkläre, wie ein Punkt $\mathbf{x} \in \Lambda$ in $\kappa(\eta^{(N)})$ zu wählen ist, damit $\mathbf{f}^{2N}(\mathbf{x}) \in \kappa(\nu^{(N)})$ ist. Man zeige weiter, daß Punkte in $\kappa(\eta^{(N)})$ existieren, deren Bahnen unter $\mathbf{f}^{2N}$ jede verbundene Komponente von $\Lambda^{(N)}$ für beliebige N berühren.

(c) Welche Beschränkung muß den Elementen der Sequenz σ auferlegt werden, damit die Bahn des Punktes $\mathbf{x} = \mathbf{h}(\sigma) \in \Lambda$ in einer speziellen Komponente $\kappa(^{(N)})$ für k Anwendungen von $\mathbf{f}$ verbleibt? Wie groß ist maximal die Anzahl der verbundenen Komponenten, die von $\kappa(\sigma^{(N)})$ in k Iterationen erreicht werden kann?

(d) Welcher Aspekt der Dynamik von $\mathbf{f}|\Lambda$ wird durch die Beobachtungen in (a)–(c) verdeutlicht?

3.5.12 Man erinnere sich, daß die Hufeisen-Abbildung die Beziehung $(x, y) \overset{\mathbf{f}}{\mapsto} (f_1(x), f_2(x, y))$ erfüllt. Man beweise diese Eigenschaft für $\mathbf{f}|\Lambda$, indem man den zu $\mathbf{f}$ konjugierten Left-Shift $\alpha : \Sigma \to \Sigma$ betrachtet. Man zeige, daß $f_1 : [-1, 1] \to \mathcal{R}$ eine abstoßende invariante Cantor-Menge besitzt.

3.5.13 Die *Baker*-Transformation $\mathbf{B} : T^2 \to T^2$ ist durch

$$x_1 = 2x \bmod 1, \qquad y_1 = \frac{1}{2}(2x - x_1 + y) \bmod 1 \tag{E3.10}$$

definiert für $(x \bmod 1, y \bmod 1) \in T^2$ (Arnold, Avez, 1968, Anhang 7). Man beschreibe den Effekt dieser Transformation auf die Rechtecke $P_0 = [0, \frac{1}{2}) \times [0, 1)$ und $P_1 = [\frac{1}{2}, 1) \times [0, 1)$. Man zeige, daß jeder Punkt $\mathbf{x} \in T^2$ in der Form

$$\mathbf{x} = \mathbf{h}(\sigma) = \bigcap_{n=-\infty}^{\infty} \mathbf{B}^n(P_{\sigma_n}) \tag{E3.11}$$

geschrieben werden kann, wobei $\sigma = \{\sigma_n\}_{n=-\infty}^{\infty}$ eine doppelt-unendliche binäre Sequenz ist. Man verwende dieses Ergebnis zum Nachweis, daß

$$\mathbf{B}(\mathbf{x}) = \bigcap_{n=-\infty}^{\infty} \mathbf{B}^n(P_{\alpha(\sigma)_n}) \tag{E3.12}$$

gilt, dabei ist $\alpha : \Sigma \to \Sigma$ der Left-Shift.
Man beweise, daß $\mathbf{h} : \Sigma \to T^2$ nicht eineindeutig ist, indem man $\mathbf{h}(\sigma_1)$ und $\mathbf{h}(\sigma_2)$ berechne, wobei $\sigma_1 = \{\dot{}01 \cdot 01\dot{}\}$ und $\sigma_2 = \{\dot{}10 \cdot 0\dot{}\}$ ist ($\dot{}i$ und $i\dot{}$ bedeutet unendliche Rekurrenz des Symbols i links bzw. rechts). Wie lautet die allgemeine Form von Punkten $\mathbf{x} \in T^2$, für die $\mathbf{h}$ nicht injektiv ist? Man zeige, daß die nicht-wandernde Menge von $\mathbf{B}$ die von ganz T^2 ist, wenn die obigen problematischen Punkte vernachlässigt werden (siehe Arnold, Avez, 1968, S.125).

3.6 Hyperbolische Struktur und Grundmengen

3.6.1 Sei $\mathbf{g} : \mathcal{R}^2 \to \mathcal{R}^2$, durch $\mathbf{g}(\mathbf{x}) = (g_1(\mathbf{x}), g_2(\mathbf{x}))^T$, $\mathbf{x} = (x_1, x_2)^T$ gegeben, eine glatte Abbildung und $\gamma : (-1, 1) \to \mathcal{R}^2$ eine glatte Kurve. Man zeige, daß die Tangenten an die Kurven γ und $\mathbf{g} \cdot \gamma$ bei $t = 0$ durch die Gleichung

$$\left.\frac{d(\mathbf{g} \cdot \gamma)}{dt}\right|_{t=0} = D\mathbf{g}(\gamma(0)) \left.\frac{d\gamma}{dt}\right|_{t=0} \tag{E3.13}$$

verbunden sind, wobei wie üblich $D\mathbf{g}(\mathbf{x})$ die Matrix der partiellen Ableitungen $\left(\frac{\partial g_i}{\partial x_j}\right)_{i,j=1}^{2}$ ist. Man veranschauliche das Ergebnis, indem man die Bilder der Kurven (a) $x_1 = t$, $x_2 = t \cos t$; (b) $x_1 = t + t^2$, $x_2 = \tan t$ unter $\mathbf{g}(x_1, x_2) = (\exp(x_1 + x_2), x_1 x_2)^T$ betrachtet.
Man zeige, daß die Kurven (a) und (b) eine gemeinsame Tangente bei $\mathbf{x} = \mathbf{0}$ besitzen. Man überprüfe, daß die Bilder der Kurve unter $\mathbf{g}$ ebenfalls eine gemeinsame Tangente besitzen, die durch Gleichung (E3.13) gegeben ist.

3.6.2 Man betrachte die Darstellung von S^1 in Abbildung E3.1. Man bestimme die Überlappungs-Abbildung h_{12} zwischen U_1 und U_2.
Die Normen $||\cdot||_{x_1}$ auf TU_{1,x_1} und $||\cdot||_{x_2}$ auf TU_{2,x_2} sind kompatibel, wenn

$$||v||_{x_1} = ||Dh_{12}(x_2)v||_{x_2} \tag{E3.14}$$

gilt.
(a) Man beweise, daß die euklidischen Normen auf U_1 und U_2 nicht kompatibel sind.
(b) Man bestimme die Norm auf $U_2 \backslash P_2$, die mittels h_{12} kompatibel zur euklidischen Norm auf U_1 ist. Man zeige, daß diese Norm nicht stetig

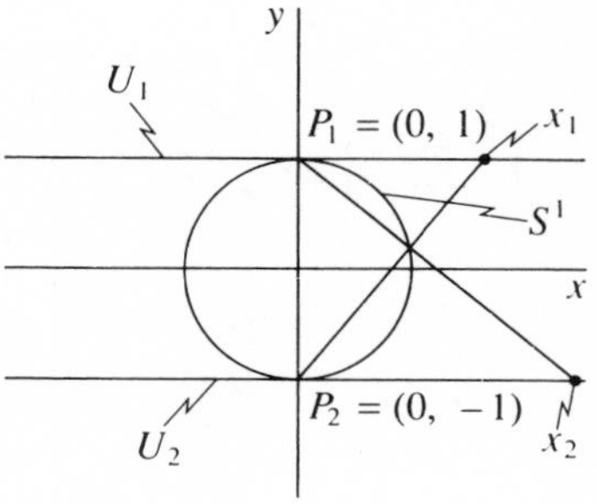

Abb. E3.1. Die stereographische Projektion von $(S^1\backslash P_1) \to U_1$ und von $(S^1\backslash P_2) \to U_2$ liefert einen Atlas für den Einheitskreis $S^1 \subset \mathcal{R}^2$.

auf ganz U_2 fortgesetzt werden kann.
(c) Man zeige, daß

$$< u, v >_i = 16uv/(4 + x_i^2)^2 \tag{E3.15}$$

ein positives inneres Produkt auf TU_{i,x_i} an jedem Punkt x_i von U_i ist. Man weise nach, daß die Normen $||v||_i =< v, v >_i$ kompatibel sind.

3.6.3 Sei M eine differenzierbare Mannigfaltigkeit und $\mathbf{x}^*$ ein Fixpunkt des Diffeomorphismus $\mathbf{f} : M \to M$. Sei weiter $\mathbf{h} : W \subset M \to U$ eine Karte bei $\mathbf{x}^*$ und es gelte $\mathbf{h}(\mathbf{x}^*) = \tilde{\mathbf{x}}^*$. Man zeige, daß die Eigenwerte der Ableitung $D(\mathbf{hfh}^{-1})(\tilde{\mathbf{x}}^*)$ unabhängig von der Wahl der Karte $(U, \mathbf{h})$ bei $\mathbf{x}^*$ sind. Was bedeutet dies für das Problem der Definition des hyperbolischen Fixpunktes auf M?

3.6.4 Man zeige, daß der Anosov-Automorphismus $\mathbf{f} : T^2 \to T^2$, der durch $\mathbf{A} : \mathcal{R}^2 \to \mathcal{R}^2$, $\mathbf{A} = \begin{pmatrix} 1 & 1 \\ 1 & 2 \end{pmatrix}$ gegeben ist, die Hyperbolizitäts-Bedingungen (3.6.9 und 3.6.10) an jedem Punkt von $\Omega = T^2$ erfüllt.

3.6.5 Man betrachte die Diffeomorphismen $\mathbf{g}_1, \mathbf{g}_2 : S^2 \to S^2$, die durch Abbildung E3.2 definiert werden. Man gebe Argumente an, die zeigen, daß $\mathbf{g}_i$, $i = 1, 2$ eine invariante Cantor-Menge $\Lambda_i \subseteq Q$ besitzt, wobei $\mathbf{g}_i|\Lambda_i$ konjugiert zu einem Left-Shift auf $m(i)$ Symbolen ist. Dabei sei $m(1) = 3$ und $m(2) = 4$. Man gebe die Grundmengen von $\mathbf{g}_1$ und $\mathbf{g}_2$ an. Man zeichne Diagramme, die die Dynamik der wandernden Punkte illustrieren. Ist $\mathbf{g}_1|\Lambda_1$ konjugiert zu $\mathbf{g}_2|\Lambda_2$?

3.6.6 Man überprüfe, welche der folgenden Diffeomorphismen auf dem Torus T^2 die Annahmen des Theorems 3.7 erfüllen und beschreibe ihre Grundmengen:

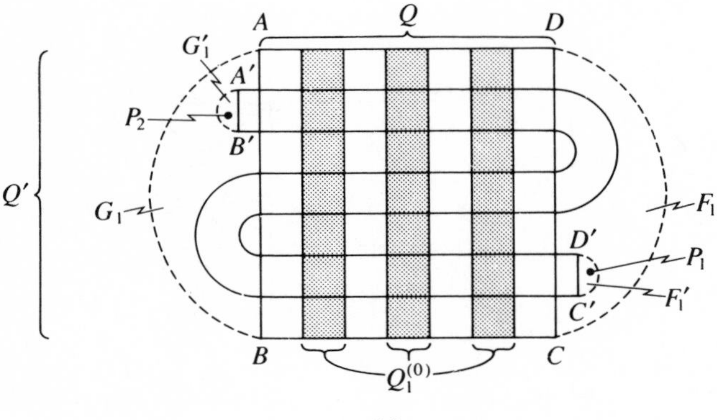

(a) $\mathbf{g}_1$

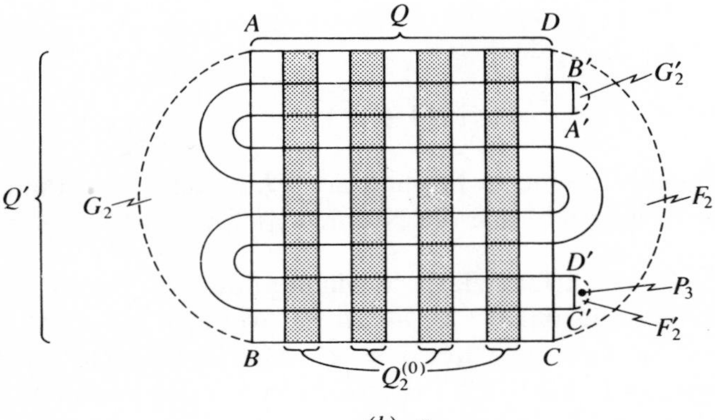

(b) $\mathbf{g}_2$

Abb. E3.2. Die Beschränkungen von $\mathbf{g}_1$ und $\mathbf{g}_2$ auf das gekappte Quadrat Q' sind in (a) bzw. (b) gezeigt. Man nehme an, daß $\mathbf{g}_i$ auf jeder Komponente von $Q_i^{(0)}$, $i = 1, 2$ linear ist. Die Abbildung $\mathbf{g}_1$ ist ein kontrahierender Diffeomorphismus sowohl auf F_1 als auch auf G_1 mit den hyperbolischen Fixpunkten $P_1 \in F_1' = \mathbf{g}_1(F_1)$ und $P_2 \in G_1' = \mathbf{g}_1(G_1)$. Man beachte, daß $G_2' = \mathbf{g}_2(G_2) \subset F_2$ und $\mathbf{g}_2|F_2$ ein kontrahierender Diffeomorphismus mit dem hyperbolischen Fixpunkt $P_3 \in F_2' = \mathbf{g}_2(F_2)$ ist. Auf $S^2\backslash Q'$ besitzen beide Abbildungen $\mathbf{g}_1, \mathbf{g}_2$ einen einzigen abstoßenden hyperbolischen Fixpunkt P_0. Man gehe davon aus, daß sowohl auf $\mathbf{g}_1$ als auch auf $\mathbf{g}_2$ Theorem 3.7 anwendbar ist.

(a) $\mathbf{f}_1(\boldsymbol{\pi}(\mathbf{x})) = \boldsymbol{\pi}(\mathbf{A}\mathbf{x})$, $\mathbf{A} = \begin{pmatrix} 3 & 4 \\ 4 & 5 \end{pmatrix}$,

(b) $\mathbf{f}_2(\boldsymbol{\pi}(\mathbf{x})) = \boldsymbol{\pi}(\mathbf{x} + \mathbf{b})$, $\mathbf{b} = \begin{pmatrix} 1/2 \\ 3^{1/2} \end{pmatrix}$,

(c) $\mathbf{f}_3(\boldsymbol{\pi}(\mathbf{x})) = \boldsymbol{\pi}(\boldsymbol{\varphi}_1(\mathbf{x}))$, wobei $\boldsymbol{\varphi}_1$ die Zeit-Eins-Abbildung des Systems $\begin{pmatrix} \dot{x} \\ \dot{y} \end{pmatrix} = \begin{pmatrix} \sin(2\pi x) \\ \sin(2\pi y) \end{pmatrix}$ ist.

3.6.7 Man erzeuge den Hénon-Attraktor durch Zeichnen der Iterationen der Abbildung

$$x_1 = y - 1,4x^2 + 1, \qquad y_1 = 0,3x \tag{E3.16}$$

mit Hilfe eines Computers mit dem Anfangswert $(1, 0)$. Man wähle die Einteilungen der x- und y-Achse so, daß das Quadrat $Q = \{(x, y) | \, |x| < 1, |y| < 1\}$ einen Großteil des Bildschirmes ausfüllt. Man überzeuge sich von der geflechtartigen Struktur des Attraktors durch Vergrößerung und Verschiebung des Ursprungs.

3.7 Homokline Punkte

3.7.1 Man verwende die explizite Form der Hufeisen-Abbildung $\mathbf{f} : Q \to \mathcal{R}^2$ auf $P_0 \cup P_1$ (siehe Aufgabe 3.5.1), um die Fixpunkte von $\mathbf{f}$ und ihre stabilen und instabilen Mannigfaltigkeiten zu bestimmen. Man weise nach, daß bei $(x, y) = (-\frac{1}{3}, -\frac{1}{3})$ und $(\frac{1}{2}, \frac{1}{2})$ transversale homokline Punkte existieren. Man zeige, daß jeder homokline Punkt $\mathbf{x}^{\div}$ einer periodischen Bahn von Λ wieder ein Element von Λ ist.

3.7.1 $\mathbf{f} : M \to M$ erfülle die Voraussetzungen des Theorems 3.8, das heißt $\mathbf{f}$ sei ein Kupka-Smale-Diffeomorphismus mit einem transversalen homoklinen Punkt, der zu einem der periodischen Punkte von $\mathbf{f}$ gehört. Man zeige, daß $\tilde{\Lambda} = \bigcup_{i=0}^{p-1} \mathbf{f}^i(\Lambda)$ eine Cantor-Menge ist, die $\mathbf{f}(\tilde{\Lambda}) = \tilde{\Lambda}$ erfüllt.

3.7.3 Man bestimme die Eigenwerte der Linearisierung von (3.7.1) am Fixpunkt $(x, y) = (1, 0)$ und überprüfe, daß beide positiv sind für $k > 0$. Man zeige, daß die Eigenrichtungen durch die Beziehung $y = \{-k \pm [k(k+4)]^{1/2}\}(x-1)/2$ gegeben sind. Man wähle für $k = 1,5$ ein Intervall mit Schrittlänge $0,0001$, welches 100 Punkte des passenden Zweiges der instabilen Mannigfaltigkeit des Sattel-Fixpunktes enthält. Dann erzeuge man eine numerische Approximation der instabilen Mannigfaltigkeit bei $(1, 0)$ durch 15 Iterationen unter (3.7.1). Man vervollständige das homokline Gewebe (siehe Abb. 3.33) durch Iteration der inversen Abb. (3.7.4). Man modifiziere das Programm so, daß die Bilder jeder Iteration nacheinander dargestellt werden und beobachte das wiederholte Strecken und Stauchen um den Ursprung.

3.7.4 Man verwende das Programm aus Aufgabe 3.7.3, um zu untersuchen, wie die Ausbreitung des homoklinen Gewebes von k abhängt. Man zeichne das Gewebe für $k = 0,4$; $0,8$; $1,2$; $1,6$ und $2,0$. Man kommentiere die Ergebnisse.

3.7.5 Man zeige, daß die Determinante der Ableitung der Abb. (3.7.1) gleich eins ist für alle $(x, y) \in \mathcal{R}^2$. Man bestimme die Beziehung zwischen k und α, wenn wir annehmen, daß (3.7.1) und (1.9.45,1.9.46) linear konjugiert zueinander sind. Man modifiziere das Programm aus Aufgabe 1.9.9 und erzeuge Bilder der Bahnen von (3.7.1), die den Abbildungen 1.38 und 1.39 entsprechen.

3.7.6 Sei $\gamma(t)$, $t \in I \subset \mathcal{R}$, eine geschlossene, mit wachsendem t orientierte, Kurve in der Ebene. Man nehme an, $\Gamma(s)$, $s \in J \subset \mathcal{R}$, definiere ein Segment einer ebenen Kurve Γ, die γ transversal schneide. Der Schnittpunkt liege bei $\mathbf{x}_0 = \gamma(0) = \Gamma(0)$ und $\Gamma(s)$ liege innerhalb von γ für $s > 0$. Man zeige, daß $\dot{\gamma}(0) \wedge \dot{\Gamma}(0)$ die Orientierung von γ festlegt. Sei $\mathbf{f} : \mathcal{R}^2 \to \mathcal{R}^2$ ein Diffeomorphismus. Man zeige, daß

$$(\mathbf{f} \dot{\cdot} \gamma)(0) \wedge (\mathbf{f} \dot{\cdot} \Gamma)(0) = \det D\mathbf{f}(\mathbf{x}_0)[\dot{\gamma}(0) \wedge \dot{\Gamma}(0)] \tag{E3.17}$$

die Orientierung von $\mathbf{f} \cdot \gamma$ ergibt.

3.7.7 Sei $\mathbf{f} : Q \to \mathcal{R}^2$ die Hufeisen-Abbildung und $\mathbf{x}^*$ ein periodischer Punkt mit der Periode $q > 1$ auf der invarianten Cantor-Menge Λ. Man verwende Symboldynamik zur Konstruktion eines Punktes $\mathbf{x}^{\div}$ von Λ, welcher zu der periodischen Bahn, die $\mathbf{x}^{\div}$ enthält, homoklin ist (vergleiche Abbildung 3.35). Kann die Transversalität des homoklinen Punktes durch die Symboldynamik erkannt werden?

3.8 Die Melnikov-Funktion

3.8.1 Man betrachte die Lösungen von

$$\dot{\mathbf{x}} = \mathbf{f}_0(\mathbf{x}) + \varepsilon \mathbf{f}_1(\mathbf{x}, t), \tag{E3.18}$$

die durch (3.8.5) und (3.8.6) gegeben sind. Durch Substitution und Vergleich der Terme der Ordnung ε leite man (3.8.7) her. Man zeige, daß daraus (3.8.10) folgt.

3.8.2 Man zeige, daß $H(x, y) = \frac{1}{2}(y^2 - x^2 + \frac{1}{2}x^4)$ eine Hamiltonfunktion des Systems $\dot{x} = y$, $\dot{y} = x - x^3$ ist und weise nach, daß die Menge zum Niveau $H = 0$ aus einem Sattelpunkt bei $\mathbf{x} = \mathbf{0}$ und zwei homoklinen Bahnen Γ_0^+ und Γ_0^- besteht, wobei letztere durch

$$(x^{\pm}(t), y^{\pm}(t)) = (\pm 2^{1/2}\operatorname{sech}(t), \mp 2^{1/2}\operatorname{sech}(t)\tanh(t)) \tag{E3.19}$$

beschrieben werden.

3.8.3 Besitzt das System

$$\dot{\mathbf{x}} = \mathbf{f}_0(\mathbf{x}) + \varepsilon \mathbf{f}_1(\mathbf{x}, t) \tag{E3.20}$$

eine homokline Bahn $\mathbf{x}_0(t)$ für $\varepsilon = 0$, wobei $\mathbf{f}_1$ die Periode $2\pi/\omega$ besitzt, so lautet die entsprechende Melnikov-Funktion

$$M(\theta_0) = \int_{-\infty}^{\infty} \mathbf{f}_0(\mathbf{x}_0(t)) \wedge \mathbf{f}_1(\mathbf{x}_0(t), t + \theta_0) dt, \tag{E3.21}$$

$\theta_0 \in [0, 2\pi/\omega)$. Man verwende Γ_0^+ aus Aufgabe 3.8.2, um eine Melnikov-Funktion für das System

$$\dot{x} = y, \qquad \dot{y} = x - x^3 + \varepsilon \cos(\omega t) \tag{E3.22}$$

zu finden.

3.8.4 Man beweise $\int_{-\infty}^{\infty} \operatorname{sech}(t) \tanh(t) \sin(\omega t)\, dt = \pi\omega \operatorname{sech}(\pi\omega/2)$ durch Integration entlang eines Rechteckes in $\mathscr{C}$ mit den Ecken bei $(\pm R, 0)$, $(\pm R, i\pi)$ mit anschließendem Grenzübergang $R \to \infty$.

3.8.5 Die in (3.8.15) gegebene Melnikov-Funktion kann auch zur Angabe der Separation der stabilen und instabilen Mannigfaltigkeiten zweier verschiedener Sattelpunkte in einem Hamiltonschen System (der sogenannte heterokline Fall) verwendet werden. Man zeige, daß die Sattel-Verbindungen $\Gamma_0^\pm$ zwischen den Fixpunkten $(-\pi, 0)$ und $(\pi, 0)$ des Systems

$$\dot{x} = y, \qquad \dot{y} = -\sin(x) + \varepsilon(a - by) \tag{E3.23}$$

bei $\varepsilon = 0$ durch

$$(x_0(t), y_0(t)) = (\pm 2 \arctan(\sinh(t)), \pm 2 \operatorname{sech}(t)) \tag{E3.24}$$

gegeben sind. Man berechne die Melnikov-Funktion für das System entlang dieser Bahnen und zeige, daß

$$M(\theta_0) = \pm 2a\pi - 8b \tag{E3.25}$$

für $\Gamma_0^\pm$ ist. Man erkläre, warum $M(\theta_0)$ konstant ist.

3.8.6 Die Sinus-Gordon-Gleichung

$$\dot{x} = y, \qquad \dot{y} = -\sin(x) + \varepsilon(a \cos(\omega t) - by), \tag{E3.26}$$

$a, b > 0$, besitzt für $\varepsilon = 0$ Sattel-Verbindungen $\Gamma_0^\pm$ zwischen den Fixpunkten bei $(\pm\pi, 0)$. Man berechne die Melnikov-Funktion für das System entlang $\Gamma_0^\pm$ und zeige, daß sie in der Form

$$M(\theta_0) = \frac{1}{\omega}\left\{\pm\frac{2a\pi\omega\cos(\omega\theta_0)}{\cosh(\pi\omega/2)} - 8b\right\} \tag{E3.27}$$

geschrieben werden kann. Man beschreibe die Bereiche der (a, b)-Ebene, für die transversale heterokline Punkte auftreten.

4 Lokale Bifurkation I: Ebene Vektorfelder und Diffeomorphismen auf $\mathcal{R}$

4.1 Einführung

Dynamische Modelle bestehen häufig aus einer *Familie* von Differentialgleichungen oder Diffeomorphismen. Bei der Analyse solcher Modelle ist ein wichtiger Schritt das Erkennen von topologisch verschiedenen Verhaltenstypen in der Familie. Deshalb werden wir unsere Aufmerksamkeit auf die Elemente der Familie richten, bei denen ein topologischer Wechsel – oder eine „Bifurkation" – auftreten kann. Genauer gesagt, sei $\mathbf{X} : \mathcal{R}^m \times \mathcal{R}^n \to \mathcal{R}^n$ ($\mathbf{f} : \mathcal{R}^m \times \mathcal{R}^n \to \mathcal{R}^n$) eine m-parametrige C^r-Familie von Vektorfeldern (Diffeomorphismen) auf $\mathcal{R}^n$, das heißt $(\boldsymbol{\mu}, \mathbf{x}) \mapsto \mathbf{X}(\boldsymbol{\mu}, \mathbf{x})$ $(\mathbf{f}(\boldsymbol{\mu}, \mathbf{x}))$, $\boldsymbol{\mu} \in \mathcal{R}^m$, $\mathbf{x} \in \mathcal{R}^n$. Man sagt, die Familie besitzt einen *Bifurkationspunkt* bei $\boldsymbol{\mu} = \boldsymbol{\mu}^*$, wenn in jeder Umgebung von $\boldsymbol{\mu}^*$ ein Wert von $\boldsymbol{\mu}$ existiert, so daß die entsprechenden Vektorfelder $\mathbf{X}(\boldsymbol{\mu}, \cdot) = \mathbf{X}_\mu(\cdot)$ (Diffeomorphismen $\mathbf{f}(\boldsymbol{\mu}, \cdot) = \mathbf{f}_\mu(\cdot)$) topologisch verschiedenes Verhalten zeigen.

Offensichtlich können alle strukturell stabilen Mitglieder der Familie aus diesen Betrachtungen ausgeschlossen werden, denn ihr topologisches Verhalten wird nach Definition 3.2 von allen Familienmitgliedern in der Nähe geteilt. In Kapitel 3 haben wir gezeigt, daß *nicht-hyperbolische* Fixpunkte von Strömen oder Diffeomorphismen lokal strukturell instabil sind. In diesem Kapitel wollen wir uns mit den Bifurkationen, die den einfachsten Beispielen nicht-hyperbolischer Fixpunkte auf $\mathcal{R}^n$ mit $n \leq 2$ entsprechen, beschäftigen. Das folgende Beispiel zeigt einige Möglichkeiten für das eindimensionale Vektorfeld $X_0(x) = -x^2$, welches einen nicht-hyperbolischen singulären Punkt bei $x = 0$ besitzt.

Beispiel 4.1 Man betrachte die folgenden einparametrigen Familien von Vektorfeldern auf $\mathcal{R}$:

$$
\begin{aligned}
&\text{(a)} \quad X(\mu, x) = \mu - x^2, \\
&\text{(b)} \quad X(\mu, x) = \mu x - x^2, \qquad\qquad (4.1.1)\\
&\text{(c)} \quad X(\mu, x) = -(1 + \mu^2)x^2.
\end{aligned}
$$

Man skizziere Diagramme in der μx-Ebene, mit den (vielleicht vorhandenen) lokalen Bifurkationen, die diese Familien bei $\mu = 0$ zeigen.

Lösung. Zur Lösung des Problems benötigen wir einfach die Phasenbilder von $\dot{x} = X_\mu(x)$, wobei (μ, x) in der Nähe von $(0, 0)$ liegt. In diesem Sinne haben wir es hier mit *lokaler* Bifurkation zu tun. Die benötigte Information kann man dann einem Diagramm in der μx-Ebene entnehmen.

(a) Für $\mu < 0$ folgt für die Differentialgleichung $\dot{x} = \mu - x^2$ $\dot{x} < 0$ für alle $x \in \mathcal{R}$. Für $\mu = 0$ gibt es einen nicht-hyperbolischen Fixpunkt bei $x = 0$, jedoch ist $\dot{x} < 0$ für alle $x \neq 0$. Schließlich gibt es für $\mu > 0$ zwei Fixpunkte, einen stabilen bei $\mu^{1/2}$ sowie einen instabilen bei $-\mu^{1/2}$. Das Bifurkations-Diagramm ist in Abb. 4.1(a) gezeigt.

(b) $X(\mu, x)$ besitzt singuläre Punkte bei $x = 0$ und $x = \mu$ für $\mu \neq 0$. Ist $\mu > 0$, so ist $x = \mu$ stabil und $x = 0$ instabil. Die Stabilitätsverhältnisse kehren sich für $\mu < 0$ gerade um. Bei $\mu = 0$ gibt es nur eine Singularität bei $x = 0$ und $\dot{x} < 0$ gilt für alle $x \neq 0$. Dies führt zu dem in Abb. 4.1(b) gezeigten Bifurkations-Diagramm.

(c) Die Differentialgleichung $\dot{x} = X(\mu, x)$ besitzt einen Fixpunkt bei $x = 0$ für alle μ und $\dot{x} < 0$ für alle μ und $x \neq 0$. Man erhält also für alle Werte von $\mu \in \mathcal{R}$ das gleiche Phasenbild, es tritt keine Bifurkation auf.

Es sollte hervorgehoben werden, daß wir es bei der Lösung des Beispiels 4.1 nur mit Bifurkationen zu tun haben, die genügend nahe bei $(\mu, x) = (0, 0)$ in der μx-Ebene auftreten. Typischerweise werden wir stets das Verhalten glatter Familien von Vektorfeldern $\mathbf{X}$ (Diffeomorphismen $\mathbf{f}$) betrachten, die in genügend kleinen Umgebungen von $(\boldsymbol{\mu}^*, \mathbf{x}^*)$ in $\mathcal{R}^m \times \mathcal{R}^n$ definiert sind, wobei $\mathbf{X}_{\mu^*}$ $(\mathbf{f}_{\mu^*})$ einen nicht-hyperbolischen Fixpunkt bei $\mathbf{x} = \mathbf{x}^*$ besitzen soll. Mit anderen Worten, wir beschäftigen uns mit *lokalen Familien* von Vektorfeldern (Diffeomorphismen) *bei* $(\boldsymbol{\mu}^*, \mathbf{x}^*)$. Dann ist es bequem, lokale Koordinaten in $\mathcal{R}^m \times \mathcal{R}^n$ so einzuführen, daß $(\boldsymbol{\mu}^*, \mathbf{x}^*) = (\mathbf{0}, \mathbf{0})$ gilt.

Man sieht bei Beispiel 4.1 auch, daß strukturelle Instabilität von $\mathbf{x}^*$ eine notwendige, aber nicht hinreichende Bedingung dafür ist, daß $\boldsymbol{\mu}^*$ ein Bifurkationspunkt der Familie ist. Bei Familie (c) ist $X_0(x) = -x^2$, es tritt jedoch keine Bifurkation auf. Man sagt dann, eine solche Familie *entfaltet* die Singularität in X_0 nicht. Wichtiger noch ist die Feststellung, daß verschiedene Familien, die eine gegebe Singularität enthalten, sie in verschiedenem Grade entfalten. So treten bei Familie (a) drei topologisch verschiedene Typen von Phasenbildern auf, in Familie (b) zwei und in Familie (c) nur einer. Dazu kommt, daß die in (b) und (c) auftretenden Typen Teilmengen der in (a) auftretenden Typen sind.

Wir können nun diese Beobachtungen präzisieren, indem wir folgende Definitionen einführen (siehe Arnold, 1983, S.264).

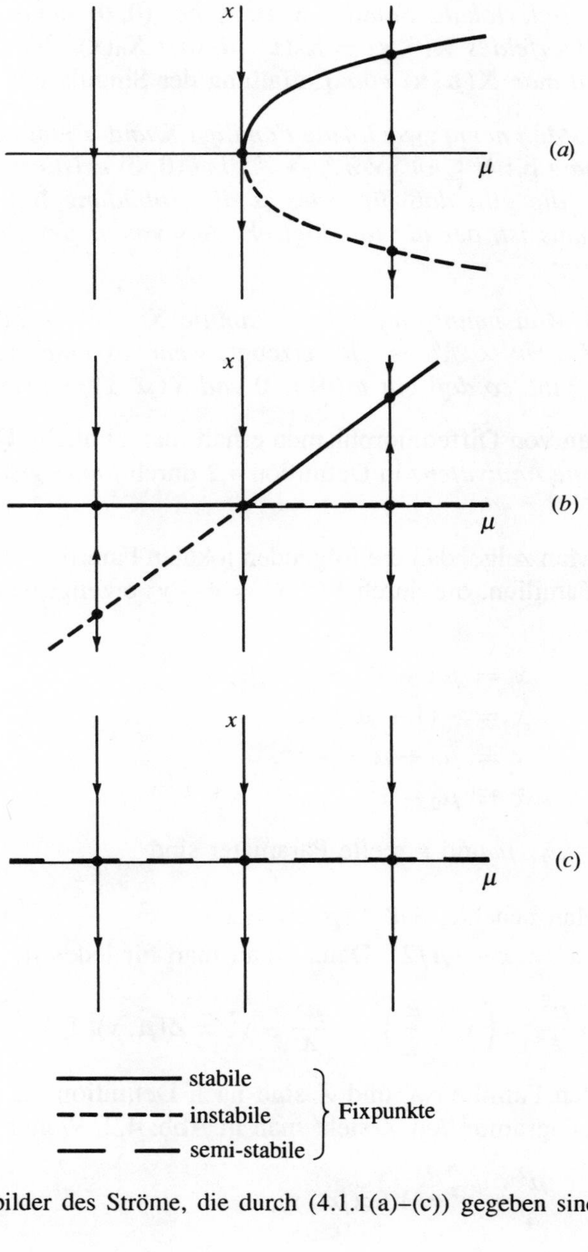

Abb. 4.1. Phasenbilder des Ströme, die durch (4.1.1(a)–(c)) gegeben sind, dargestellt in der μx-Ebene.

Definition 4.1 *Jede lokale Familie* $\mathbf{X}(\boldsymbol{\mu}, \mathbf{x})$ *bei* $(\mathbf{0}, \mathbf{0})$ *nennt man eine* Entfaltung *des Vektorfeldes* $\mathbf{X}(\mathbf{0}, \mathbf{x}) = \mathbf{X}_0(\mathbf{x})$. *Besitzt* $\mathbf{X}_0(\mathbf{x})$ *eine Singularität bei* $\mathbf{x} = \mathbf{0}$, *so nennt man* $\mathbf{X}(\boldsymbol{\mu}, \mathbf{x})$ *eine* Entfaltung der Singularität.

Definition 4.2 *Man nennt zwei lokale Familien* $\mathbf{X}$ *und* $\mathbf{Y}$ äquivalent, *wenn eine stetige Abbildung* $\mathbf{h} : N \subseteq \mathcal{R}^m \times \mathcal{R}^n \to \mathcal{R}^n$ *bei* $(\mathbf{0}, \mathbf{0})$ *existiert, die* $\mathbf{h}(\mathbf{0}, \mathbf{0}) = \mathbf{0}$ *erfüllt und für die gilt, daß für jedes* $\boldsymbol{\mu}$ *die Abbildung* $\mathbf{h}_\mu(\cdot) = \mathbf{h}(\boldsymbol{\mu}, \cdot)$ *ein Homomorphismus ist, der die topologische Äquivalenz der Phasenbilder von* $\mathbf{X}_\mu$ *und* $\mathbf{Y}_\mu$ *zeigt.*

Definition 4.3 *Man nennt eine lokale Familie* $\mathbf{X} : \mathcal{R}^m \times \mathcal{R}^n \to \mathcal{R}^n$ *durch die Familie* $\mathbf{Y} : \mathcal{R}^l \times \mathcal{R}^n \to \mathcal{R}^n$ erzeugt, *wenn es eine stetige Abbildung* $\boldsymbol{\varphi} : \mathcal{R}^m \to \mathcal{R}^l$ *gibt, so daß gilt* $\boldsymbol{\varphi}(\mathbf{0}) = \mathbf{0}$ *und* $X(\boldsymbol{\mu}, x) = Y(\boldsymbol{\varphi}(\boldsymbol{\mu}), x)$.

Für Familien von Diffeomorphismen erhält man ähnliche Definitionen, nur daß *topologische Äquivalenz* in Definition 4.2 durch *topologische Konjugation* ersetzt wird.

Beispiel 4.2 Man zeige, daß die folgenden lokalen Familien von Vektorfeldern bei $(0, 0)$ zu Familien, die durch $Y(\nu, y) = \nu - y^2$ erzeugt werden, äquivalent sind:

$$\text{(a)} \qquad \dot{x} = \mu x - x^2, \tag{4.1.2}$$

$$\text{(b)} \qquad \dot{x} = -(1 + \mu^2)x^2, \tag{4.1.3}$$

$$\text{(c)} \qquad \dot{x} = \mu_0 + \mu_1 x - x^2, \tag{4.1.4}$$

$$\text{(d)} \qquad \dot{x} = \mu_0 - x^2 - \mu_r x^r, \ r \geq 3, \tag{4.1.5}$$

wobei μ_0, μ_1, μ_r, μ und ν reelle Parameter sind.

Lösung. (a) Man beachte, daß $X(\mu, x) = \mu x - x^2 = \frac{\mu^2}{4} - \left(x - \frac{\mu}{2}\right)^2$ gilt. Sei nun $y = h(\mu, x) = x - (\mu/2)$. Dann erhält man für jedes μ

$$\dot{y} = \dot{x} = \frac{\mu^2}{4} - \left(x - \frac{\mu}{2}\right)^2 = \frac{\mu^2}{4} - y^2 = Z(\mu, y), \tag{4.1.6}$$

d.h., die lokalen Familien X und Z sind nach Definition 4.2 äquivalent. Das Bifurkations-Diagramm von Z sieht man in Abb. 4.2. Weiter gilt

$$Z(\mu, y) = \frac{\mu^2}{4} - y^2 = Y(\varphi(\mu), y), \tag{4.1.7}$$

wobei $\varphi : \mathcal{R} \to \mathcal{R}$ durch

$$\varphi(\mu) = \frac{\mu^2}{4} \tag{4.1.8}$$

definiert ist. Das bedeutet, $Z(\mu, y)$ wird durch $Y(\nu, y)$ erzeugt.

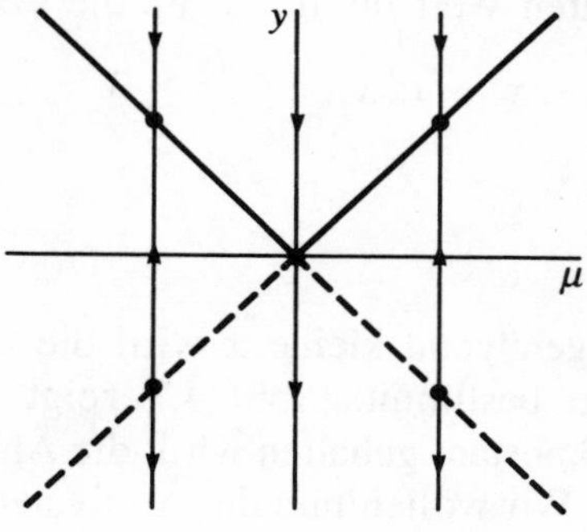

Abb. 4.2. Bifurkations-Diagramm für die Familie $Z(\mu, y) = (\mu^2/4) - y^2$. Man beachte die Ähnlichkeit zwischen diesem Diagramm und Abbildung 4.1 (b).

(b) Sei $\dot{x} = -(1 + \mu^2)x^2 = X(\mu, x)$. Führen wir nun eine Variablentransformation $y = \alpha x$ durch, so erhalten wir

$$\dot{y} = \alpha \dot{x} = -\alpha(1 + \mu^2)\frac{y^2}{\alpha^2}. \tag{4.1.9}$$

Wählen wir $\alpha = (1 + \mu^2)$, so wird aus (4.1.9)

$$\dot{y} = -y^2 = Z(\mu, y). \tag{4.1.10}$$

So zeigt also $y = h_\mu(x) = (1 + \mu^2)x$ für jedes μ die topologische Äquivalenz von $X_\mu(x)$ und $Z_\mu(y)$. Wie man leicht sieht, wird für alle μ die Familie $Z(\mu, y) = -y^2$ durch $Y(\nu, y) = \nu - y^2$ mittels der stetigen Funktion $\varphi(\mu) \equiv 0$ erzeugt, da $Y(\varphi(\mu), y^2) = -y^2$ gilt.

(c) Wir haben

$$X(\mu_0, \mu_1, x) = \mu_0 + \mu_1 x - x^2 = \left(\mu_0 + \frac{\mu_1^2}{4}\right) - \left(x - \frac{\mu_1}{2}\right)^2. \tag{4.1.11}$$

Sei nun $y = x - (\mu_1/2)$, dann folgt

$$\dot{y} = \dot{x} = \left(\mu_0 + \frac{\mu_1^2}{4}\right) - y^2 = Z(\mu_0, \mu_1, y). \tag{4.1.12}$$

X und Z sind also äquivalent. Weiter wird Z durch $Y(\nu, y) = \nu - y^2$ mittels $\varphi : \mathcal{R}^2 \to \mathcal{R}$ erzeugt, wobei

$$\varphi(\mu_0, \mu_1) = \mu_0 + \frac{\mu_1^2}{4} \tag{4.1.13}$$

ist.

(d) Für jeden gewählten Wert für μ_r liegen die Fixpunkte von

$$X(\mu_0, \mu_r, x) = \mu_0 - x^2 - \mu_r x^r, \qquad r \geq 3 \tag{4.1.14}$$

auf der Kurve

$$\mu_0 = x^2 + \mu_r x^r \tag{4.1.15}$$

in der $\mu_0 x$-Ebene. Für genügend kleine x wird die Gestalt der Kurve durch den quadratischen Term bestimmt. Abb. 4.3 zeigt Phasenbilder von $\dot{x} = X(\mu_0, \mu_r, x)$, wobei μ_r konstant gehalten wird; die Ähnlichkeit mit Abbildung 4.1(a) ist offensichtlich. Wir wollen nun die Äquivalenz von $X(\mu_0, \mu_r, x)$ und $\mu_0 - y^2$ für jedes feste μ_r zeigen. Dabei beachten wir, daß die Variablentransformation

$$y = \psi(x) = x(1 + \mu_r x^{r-2})^{1/2} \tag{4.1.16}$$

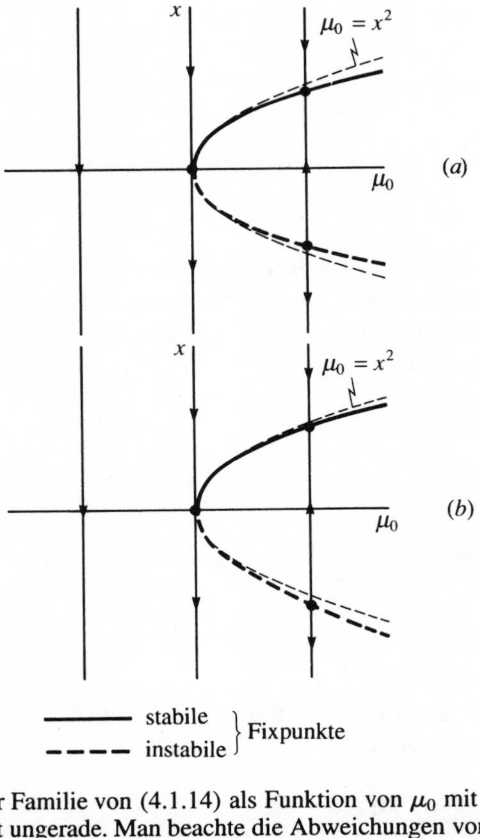

Abb. 4.3. Fixpunkte der Familie von (4.1.14) als Funktion von μ_0 mit $\mu_r > 0$ für die Fälle: (a) r ist gerade; (b) r ist ungerade. Man beachte die Abweichungen von der Kurve $\mu_0 = x^2$. Für $\mu_r < 0$ verkehren sich die relativen Positionen von $\mu_0 = x^2$ und $\mu_0 = x^2 + \mu_r x^r$. Man beachte die qualitative Gleichheit mit Abb. 4.1(a).

die Kurve (4.1.15) in die Form $\mu_0 = y^2$ überführt, dabei bleibt der Wert von μ_0 erhalten. Weiter gilt

$$\begin{aligned}\dot{y} = \frac{d\psi}{dt}\dot{x} &= D\psi(x)(\mu_0 - x^2 - \mu_r x^r) \\ &= D\psi(\psi^{-1}(y))(\mu_0 - y^2). \end{aligned} \tag{4.1.17}$$

Nun folgt aus (4.1.16) für kleine x, μ_r

$$D\psi(x) = 1 + \frac{1}{2}\mu_r(r-1)x^{r-2} + \cdots. \tag{4.1.18}$$

Es existiert also eine Umgebung von (μ_r, x), auf welcher $D\psi(x) > 0$ und $\text{sign}(\dot{y}) = \text{sign}(D\psi(x)\dot{x}) = \text{sign}(\dot{x})$ gilt. Daraus folgt, daß das Vektorfeld in (4.1.17) für jeden genügend kleinen Wert von μ_r zu $\mu_0 - y^2$ topologisch äquivalent ist. Die Äquivalenz der Familien $X(\mu_0, \mu_r, x)$ und $Z(\mu_0, \mu_r, y) = \mu_0 - y^2$ folgt aus Definition 4.2 mit dem durch

$$h(\mu_0, \mu_r, x) = x(1 + \mu_r x^{r-2})^{1/2} \tag{4.1.19}$$

definierten Homomorphismus $h : \mathcal{R}^2 \times \mathcal{R} \to \mathcal{R}$. Offensichtlich erzeugt $Y(\nu, y)$ die Familie $Z(\mu_0, \mu_r, x)$, indem $\nu = \varphi(\mu_0, \mu_r) = \mu_0$ gesetzt wird.

Man kann nun zeigen, daß *jede* glatte lokale Familie $X(\boldsymbol{\mu}, x)$, welche $X(\mathbf{0}, x) = X_{\mathbf{0}}(x) = -x^2$ erfüllt, äquivalent zu einer durch $Y(\nu, y) = \nu - y^2$ erzeugten Familie ist.

Der Beweis dieses Ergebnisses auf die in Beispiel 4.2 vorgestellte Weise ist nicht leicht, wie man an Beispiel 4.1 sehen kann. Ein erfolgversprechenderer Ansatz macht vom sogenannten „Malgrange-Prepration-Theorem" Gebrauch (siehe Chow, Hale, 1982; Golubitzky, Guillemin, 1973).

Theorem 4.1 (Malgrange) *Sei $F(\boldsymbol{\mu}, x)$, $\boldsymbol{\mu} \in \mathcal{R}^m$ eine glatte, reellwertige Funktion, die auf einer Umgebung des Ursprungs in $\mathcal{R}^m \times \mathcal{R}$ definiert ist. Weiter sei $F(\mathbf{0}, x) = x^k g(x)$, wobei $g(x)$ glatt sei in einer Umgebung von $x = 0$ und $g(0) \neq 0$. Dann existiert eine Funktion $q(\boldsymbol{\mu}, x)$, die glatt in einer Umgebung von $(\boldsymbol{\mu}, x) = (\mathbf{0}, 0)$ ist sowie Funktionen $s_i(\boldsymbol{\mu})$, $i = i, \ldots, k-1$, die glatt in einer Umgebung von $\boldsymbol{\mu} = \mathbf{0}$ sind, so daß gilt:*

$$q(\boldsymbol{\mu}, x)F(\boldsymbol{\mu}, x) = x^k + \sum_{i=0}^{k-1} s_i(\boldsymbol{\mu})x^i. \tag{4.1.20}$$

In den Aufgaben 4.1.4 und 4.1.5 werden einige elementare Eigenschaften dieses Resultates betrachtet. Mit Blick auf unsere gegenwärtige Diskussion erkennt man, daß jede glatte, m-parametrige Entfaltung $X(\boldsymbol{\mu}, x)$ des singulären Vektorfeldes $\dot{x} = -x^2$ die Bedingungen des Theorems 4.1 erfüllt mit $k = 2$

und $g(x) \equiv -1$. Wie man leicht sieht, ist $q(\mathbf{0}, 0) = -1$, so daß $q(\boldsymbol{\mu}, x) < 0$ auf einer Umgebung von $(\boldsymbol{\mu}, x) = (\mathbf{0}, 0)$ ist. (4.1.20) ergibt dann

$$X(\boldsymbol{\mu}, x) = \frac{1}{|q(\boldsymbol{\mu}, x)|}(-x^2 - s_1(\boldsymbol{\mu})x - s_0(\boldsymbol{\mu})), \tag{4.1.21}$$

daher ist $\dot{x} = X(\boldsymbol{\mu}, x)$ topologisch äquivalent (durch die Identität) zu $\dot{x} = Z(\boldsymbol{\mu}, x)$, mit

$$Z(\boldsymbol{\mu}, x) = -x^2 - s_1(\boldsymbol{\mu})x - s_0(\boldsymbol{\mu}). \tag{4.1.22}$$

Wie in Beispiel 4.2(c) kann nun (4.1.22) in der Form

$$Z(\boldsymbol{\mu}, x) = \left(-s_0(\boldsymbol{\mu}) + \frac{s_1(\boldsymbol{\mu})^2}{4}\right) - \left(x + \frac{s_1(\boldsymbol{\mu})}{2}\right)^2 \tag{4.1.23}$$

geschrieben werden, $Z(\boldsymbol{\mu}, x)$ ist daher äquivalent zu einer durch $Y(\nu, y) = \nu - y^2$ erzeugten Familie. Man sieht, daß $Y(\nu, y) = \nu - y^2$ einen besonderen Status unter den Entfaltungen von $\dot{x} = -x^2$ besitzt.

Definition 4.4 *Man nennt eine gegebene, m-parametrige lokale Familie* $\mathbf{X}(\boldsymbol{\nu}, \mathbf{x})$ *auf* $\mathcal{R}^n$ *eine* versale Entfaltung *des Vektorfeldes* $\mathbf{X}(\mathbf{0}, \mathbf{x}) = \mathbf{X}_0(\mathbf{x})$, *wenn jede andere Entfaltung äquivalent zu einer durch die gegebene Familie erzeugte Familie ist.*

Die Familie $X(\nu, x) = \nu - x^2$ ist also eine versale Entfaltung von $\dot{x} = -x^2$. Allerdings ebenfalls von $\dot{x} = \mu_0 + \mu_1 x - x^2$ oder $\dot{x} = \mu_0 - \mu_r x^r$, $r \geq 3$, da sie in $X(\nu, x)$ enthalten sind (siehe Aufgabe 4.1.2). Die besondere Eigenschaft von $\dot{x} = \nu - x^2$ ist, daß diese versale Entfaltung die kleinste Anzahl an Parametern besitzt. Solche (mini-)versalen Entfaltungen einer Singularität sind von besonderem Interesse, stellen sie doch die prägnanteste Beschreibungsweise des topologischen Verhaltens *aller* Vektorfelder dar, die in der Nähe von $\mathbf{X}_0(\mathbf{x})$ in glatt variierenden Familien auftreten können. Mit anderen Worten, sie zeigen auf einfachste Weise das gesamte Bifurkationsverhalten, welches der Singularität in $\mathbf{X}_0(\mathbf{x})$ entspricht.

Die lokale Familie $X(\nu, x) = \nu - x^2$ ist also repräsentativ für die Entfaltungen aller Singularitäten der Form

$$\dot{x} = -ax^2, \qquad a > 0. \tag{4.1.24}$$

Offensichtlich ist sie selbst keine Entfaltung dieser Singularitäten, man sieht jedoch leicht, daß ihre versalen Entfaltungen zu dieser Familie äquivalent sind. Man betrachte zum Beispiel die Entfaltung

$$\dot{x} = \nu - ax^2, \qquad a > 0. \tag{4.1.25}$$

Sei $y = \alpha x$, so folgt

$$\dot{y} = \alpha\dot{x} = \alpha\left(\nu - a\frac{y^2}{\alpha^2}\right). \tag{4.1.26}$$

Wählt man nun $\alpha = a^{1/2}$, so erhält man

$$\dot{y} = a^{1/2}(\nu - y^2). \tag{4.1.27}$$

Beachtet man schließlich noch, daß die Zeit-Skalierung $t \to a^{1/2}t$ die Orientierung von Trajektorien erhält, so erkennt man, daß (4.1.27) zu

$$\dot{y} = (\nu - y^2) \tag{4.1.28}$$

äquivalent ist (durch die Identität). Man kann ebenso Entfaltungen der Singularitäten (4.1.24) mit $a < 0$ einschließen, wenn in die Definition der topologischen Äquivalenz die Orientierung umkehrende Homomorphismen auf $\mathcal{R}$ aufgenommen werden (siehe Aufgabe 4.1.3).

Beispiel 4.3 Man zeige, daß die Entfaltung

$$\dot{x} = \mu_0 + \mu_1 x + \mu_2 x^2 - x^3, \qquad \mu_i \in \mathcal{R},\ i = 0, 1, 2, \tag{4.1.29}$$

des singulären Vektorfeldes $\dot{x} = -x^3$ äquivalent zu einer durch

$$\dot{x} = \nu_1 x + \nu_2 x^2 - x^3, \qquad \nu_i \in \mathcal{R},\ i = 1, 2, \tag{4.1.30}$$

erzeugten lokalen Familie ist. Man skizziere das Bifurkationsdiagramm für (4.1.30).

Lösung. Die kubische Gleichung

$$\mu_0 + \mu_1 x + \mu_2 x^2 - x^3 = 0 \tag{4.1.31}$$

besitzt die Wurzeln λ_i, $i = 1, 2, 3$, die entweder alle reell sind, oder eine ist reell und die beiden anderen sind konjugiert komplex zueinander. Wir nehmen an, $\lambda_i \in \mathcal{R}$, $i = 1, 2, 3$ und $\lambda_1 \le \lambda_2 \le \lambda_3$ oder $\lambda_1 = \bar{\lambda}_3 \in \mathcal{C}$ und $\lambda_2 \in \mathcal{R}$. Da die λ_i, $i = 1, 2, 3$, die Wurzeln der Gleichung (4.1.31) sind, kann (4.1.29) in folgender Form geschrieben werden:

$$\dot{x} = -(x - \lambda_1)(x - \lambda_2)(x - \lambda_3). \tag{4.1.32}$$

Sei $y = h(\boldsymbol{\mu}, x) = (x - \lambda_2)$, so folgt

$$\dot{y} = \dot{x} = -y(y + \alpha)(y + \beta) \tag{4.1.33}$$

mit $\alpha = \lambda_2 - \lambda_1$ und $\beta = \lambda_2 - \lambda_3$. Wir definieren nun die reellen Parameter

$$\nu_1 = -\alpha\beta, \qquad \nu_2 = -(\alpha + \beta) \tag{4.1.34}$$

und schreiben (4.1.33) als

$$\dot{y} = \nu_1 y + \nu_2 y^2 - y^3. \tag{4.1.35}$$

Da λ_2 stetig von den μ_i, $i = 0, 1, 2$, abhängt, folgt, daß (4.1.29) äquivalent zu einer durch (4.1.30) erzeugten Familie ist.

Die Fixpunkte von (4.1.30) sind durch

$$x = 0 \qquad \text{und} \qquad x = \frac{1}{2}[\nu_2 \pm (\nu_2^2 + 4\nu_1)^{1/2}] \tag{4.1.36}$$

gegeben. Damit besitzt (4.1.30):

(i) einen Fixpunkt bei $x = 0$ für $\nu_2^2 < -4\nu_1$,

(ii) zwei Fixpunkte, einen bei $x = 0$ und einen (mit Multiplizität 2) bei $x = \nu_2/2$ für $\nu_2^2 = -4\nu_1$,

(iii) drei Fixpunkte für $\nu_2^2 > -4\nu_1 > 0$,

(iv) zwei Fixpunkte, einen bei $x = 0$ (Multiplizität 2) und einen bei $x = \nu_2$ für $\nu_1 = 0$,

(v) drei Fixpunkte für $\nu_1 > 0$.

Das Bifurkations-Diagramm ist in Abbildung 4.4 gezeigt. Die Orientierung der Trajektorien in den gezeigten Phasenbildern erhält man durch Analyse von (4.1.30) und ihrer Linearisierung.

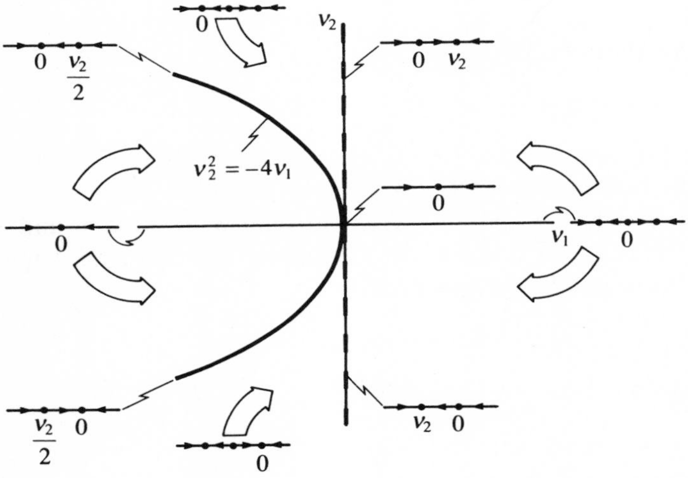

Abb. 4.4. Diagramm der Fixpunkt-Bifurkation für die lokale Familie (4.1.30). Bifurkationen treten auf der Kurve $\nu_2^2 = -4\nu_1$ und $\nu_1 = 0$ auf.

Das Malgrange-Preparation-Theorem erlaubt es uns zu zeigen, daß jede glatte, m-parametrige Entfaltung $Y(\boldsymbol{\eta}, x)$ von $\dot{x} = -x^3$ zu

$$\dot{x} = -x^3 - s_2(\boldsymbol{\eta})x^2 - s_1(\boldsymbol{\eta})x - s_0(\boldsymbol{\eta}) \tag{4.1.37}$$

topologisch äquivalent ist. Natürlich ist (4.1.37) durch (4.1.29) mittels $\mu_i = \varphi_i(\boldsymbol{\eta}) = -s_i(\boldsymbol{\eta})$, $i = 0, 1, 2$, erzeugt. Wir können dann aus Beispiel 4.3 schließen, daß (4.1.30), welche nur zwei Parameter enthält, auch versal ist. Ist nun $m = 1$, dann hängen die Funktionen s_i in (4.1.37) nur von einer einzigen Variable $\eta \in \mathcal{R}$ ab. Dies impliziert, daß die μ_i und damit die ν_i für ein-parametrige Familien nicht unabhängig sein können. Deshalb ergeben ein-parametrige Entfaltungen $Y(\eta; x)$ nur eine Teilmenge der in Abb. 4.4 gezeigten Bifurkationen und sind daher nicht versal. Daraus können wir nun schließen, daß (4.1.30) eine (minimale) versale Entfaltung der Singularität $\dot{x} = -x^3$ ist. Man beachte, daß mindest zwei Parameter für die vollständige Entfaltung dieser Singularität nötig sind.

Die Beispiele 4.2 und 4.3 illustrieren den Zusammengang zwischen dem Entartungsgrad der Singularität (siehe §2.4) und der minimalen Anzahl der Parameter, die zur vollständigen Entfaltung nötig sind. Man beachte, daß $\dot{x} = -x^2$ die Entartungs-Bedingung $dX/dx|_{x=0} = 0$ und die Nichtentartungs-Bedingung $d^2X/dx^2|_{x=0} \neq 0$ erfüllt. Auf der anderen Seite erfüllt $\dot{x} = -x^3$ die Gleichungen $dX/dx|_{x=0} = d^2X/dx^2|_{x=0} = 0$ und $d^3X/dx^3|_{x=0} \neq 0$. Im allgemeinen wächst die Zahl der Parameter, die zur vollständigen Entfaltung einer Singularität nötig sind, mit dem Entartungsgrad. So ist zum Beispiel eine (minimale) versale Entfaltung von $\dot{x} = -x^k$

$$\dot{x} = \nu_0 + \nu_1 x + \cdots + \nu_{k-2} x^{k-2} - x^k \tag{4.1.38}$$

(siehe Dumortier,1978, und Aufgabe 4.1.6).

4.2 Sattel-Knoten- und Hopf-Bifurkationen

In diesem Abschnitt wollen wir die versalen Entfaltungen der nicht-hyperbolischen Singularitäten (2.4.1) und (2.4.2) von ebenen Vektorfeldern behandeln. Diese Singularitäten besitzen den gleichen Status in dem Sinne, daß sie eine einzige Entartungs-Bedingung erfüllen. Sie sind Beispiele für *Kodimension-1-Singularitäten*.

4.2.1 Sattel-Knoten-Bifurkation (Sotomayor, 1974)

Sei $\mathbf{X}_0$ ein glattes Vektorfeld mit einer Sattel-Knoten-Singularität im Ursprung. Dann gilt $\det D\mathbf{X}_0(\mathbf{0}) = 0$ und die Normalform von $\mathbf{X}_0$ lautet

$$\begin{pmatrix} x_1(\lambda + a_2 x_2) \\ b_2 x_2^2 \end{pmatrix} + O(|\mathbf{x}|^3), \tag{4.2.1}$$

wobei $\lambda = \mathrm{Tr}D\mathbf{X}_0(\mathbf{0})$ und b_2 von null verschieden ist (siehe Satz 2.2 und Beispiel 2.10).

Satz 4.1 *Die lokale Familie*

$$\mathbf{X}(\nu, x) = \begin{pmatrix} x_1(\lambda + a_2 x_2) \\ \nu + b_2 x_2^2 \end{pmatrix} + O(|\mathbf{x}|^3) \tag{4.2.2}$$

ist eine versale Entfaltung der Sattel-Knoten-Singularität (4.2.1).

Die Versalität von (4.2.2) folgt im wesentlichen aus der von $\dot{x} = \nu + b_2 x_2^2$ (siehe die Aufgaben 4.1.3 und 4.1.6) und dem Theorem über Mittelpunkt-Mannigfaltigkeiten, welches auf Familien von Vektorfeldern erweitert wurde (siehe Palis, Takens, 1977).

Man betrachte (4.2.2) für den Fall, daß die $O(|\mathbf{x}|^3)$-Terme abwesend sind. Sei $b_2 = -b$, $b > 0$, dann existieren keine Fixpunkte für $\nu < 0$ und zwei Fixpunkte $\mathbf{x} = \mathbf{x}_\pm^*(\nu)$ für $\nu > 0$. Dabei gilt

$$\mathbf{x}_\pm^*(\nu) = (\mathbf{x}_{1,\pm}^*(\nu), \mathbf{x}_{2,\pm}^*(\nu))^T = \left(0, \pm\left(\frac{\nu}{b}\right)^{1/2}\right)^T. \tag{4.2.3}$$

Dann folgt

$$D\mathbf{X}_\nu(\mathbf{x}_\pm^*(\nu)) = \begin{pmatrix} \lambda + a_2 x_2 & a_2 x_1 \\ 0 & -2bx_2 \end{pmatrix}\Bigg|_{x_\pm^*(\nu)}, \tag{4.2.4}$$

so daß gilt

$$\begin{aligned} \det D\mathbf{X}_\nu(\mathbf{x}_\pm^*(\nu)) &= -2bx_2(\lambda + a_2 x_2)|_{x_2 = \pm(\nu/b)^{1/2}} \\ &= \mp 2b\lambda\left(\frac{\nu}{b}\right)^{1/2} + O(\nu) \end{aligned} \tag{4.2.5}$$

und

$$\begin{aligned} \mathrm{Tr}\, D\mathbf{X}_\nu(\mathbf{x}_\pm^*(\nu)) &= (\lambda + (a_2 - 2b)x_2)|_{x_2 = \pm(\nu/b)^{1/2}} \\ &= \lambda \pm O(\nu)^{1/2}. \end{aligned} \tag{4.2.6}$$

Dies bedeutet, daß aus $\lambda > 0\,(\lambda < 0)$ folgt, daß $\mathbf{x}_+^*(\nu)\,(\mathbf{x}_-^*(\nu))$ ein Sattel, während $\mathbf{x}_-^*(\nu)\,(\mathbf{x}_+^*(\nu))$ ein Knoten ist. Für den Fall $\lambda > 0$ ist die Bifurkation in Abb. 4.5 schematisch dargestellt. Man beachte, daß hier einfach Abb. 4.1(a) mit einer hyperbolischen Erweiterung in x_1-Richtung vorliegt. Eine solche Bifurkation nennt man *superkritische* Sattel-Knoten-Bifurkation, da Sattel und Knoten für $\nu > 0$ erscheinen. Natürlich bedeutet dann $b < 0$, daß die Fixpunkte für $\nu < 0$ auftreten, für $\nu = 0$ verschmelzen und für $\nu > 0$ verschwinden. Eine solche Bifurkation nennt man *subkritisch*.

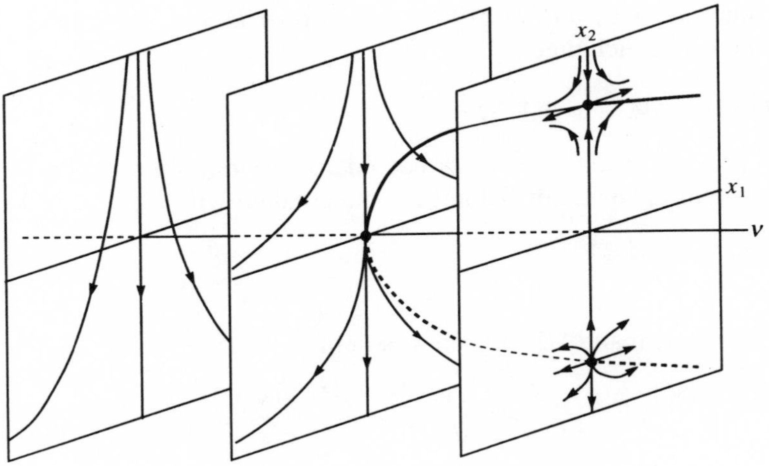

Abb. 4.5. Superkritische Sattel-Knoten-Bifurkation in der Beschränkung von (4.2.2) auf $b_2 = -b$ mit $b, \lambda > 0$. Das Auftreten von $O(|\mathbf{x}|^3)$-Termen verändert das Bild qualitativ nicht.

Die einzige Entartungs-Bedingung, die zur Sattel-Knoten-Singularität in $\mathbf{X}_0$ gehört, ist $\det D\mathbf{X}_0(\mathbf{0}) = 0$. In Anwendungen kann man oft beobachten, daß diese Bedingung vom Verhalten der Isoklinen in der Umgebung der Singularität erfüllt wird. Sei $\dot{\mathbf{x}} = \mathbf{Y}(\boldsymbol{\mu}, \mathbf{x})$, $\mathbf{x} = (x, y)^T \in \mathcal{R}^2$ und $\boldsymbol{\mu} \in \mathcal{R}^m$. Für $\boldsymbol{\mu} = \boldsymbol{\mu}^*$ sollen sich die $\dot{x} = 0$- und $\dot{y} = 0$-Isoklinen *tangential* und nicht *transversal* schneiden (siehe die Aufgaben 4.2.1 und 4.2.2 sowie Abbildung 4.6). Sei zum Beispiel $\mathbf{Y}_{\mu^*}(\mathbf{x}) = (f(x, y), g(x, y))^T$, wobei f, g C^1-Funktionen sein sollen.

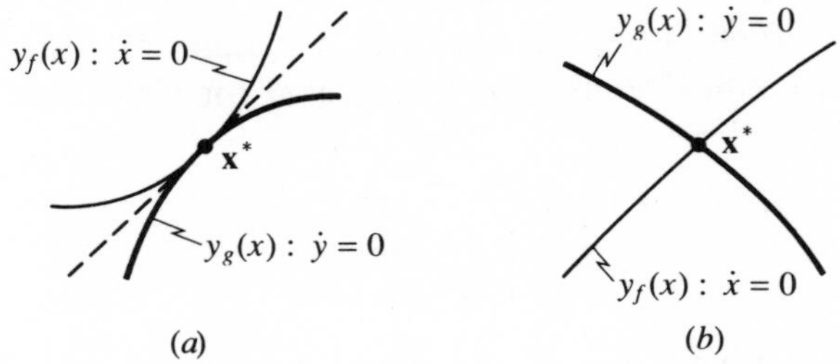

Abb. 4.6. Schnitt der $\dot{x} = 0$- und $\dot{y} = 0$-Isoklinen: (a) tangential; (b) transversal. Berührung der Isoklinen bei $\mathbf{x}^*$ bedeutet, daß $y_f(x)$ und $y_g(x)$ an diesem Punkt den gleichen Anstieg besitzen. Im allgemeinen ist $[d^2(y_f - y_g)/dx^2]|_{x^*} \neq 0$ (siehe (a)). Einige nicht-allgemeine Konfigurationen von Isoklinen, die die Bedingung der gleichen Neigung erfüllen, werden in Aufgabe 4.3.2 behandelt.

Gelte nun $D_y f(0,0)$ und $D_y g(0,0) \neq 0$ (wobei $D_x f = \partial f/\partial x$ usw. gilt), so definieren die Gleichungen

$$f(x,y) = 0, \qquad g(x,y) = 0 \tag{4.2.7}$$

Kurven $y = y_f(x)$ und $y = y_g(x)$ nach dem Theorem über implizite Funktionen. Tritt nun tangentialer Schnitt auf, so erhalten wir

$$\left.\frac{dy_f}{dx}\right|_{x^*} = \left.\frac{dy_g}{dx}\right|_{x^*}. \tag{4.2.8}$$

Differenziert man (4.2.7) nach x, so erhält man

$$-\frac{D_x f(\mathbf{x}^*)}{D_y f(\mathbf{x}^*)} = \left.\frac{dy_f}{dx}\right|_{x^*} = \left.\frac{dy_g}{dx}\right|_{x^*} = -\frac{D_x g(\mathbf{x}^*)}{D_y g(\mathbf{x}^*)}. \tag{4.2.9}$$

Daraus folgt

$$(D_x f D_y g - D_y f D_x g)|_{x^*} = \det D\mathbf{Y}_{\mu^*}(\mathbf{x}^*) = 0. \tag{4.2.10}$$

Man kann daraus schließen, daß (tangentiale) Berührung der $\dot{x} = 0$- und $\dot{y} = 0$-Isoklinen bei $\mathbf{x}^*$ für $\boldsymbol{\mu} = \boldsymbol{\mu}^*$ impliziert, daß $\det D\mathbf{Y}_{\mu^*}(\mathbf{x}^*) = 0$ gilt. Dieses Phänomen tritt häufig in Modellen auf, in denen Fixpunkte erzeugt werden (siehe die Aufgaben 4.2.4 und 4.2.5). Wie man leicht an Abbildung 4.6(a) sieht, können kleine Störungen der Isoklinen zu Situationen mit entweder keinem oder zwei Fixpunkten führen.

Während die Berührung der Isoklinen bei $\mathbf{x}^*$ sichert, daß $\det D\mathbf{Y}_{\mu^*}(\mathbf{x}^*) = 0$ gilt, garantiert sie *nicht*, daß $\mathbf{x}^*$ eine Sattel-Knoten-Singularität ist. So kann es vorkommen, daß noch andere Entartungs-Bedingungen erfüllt sind, so daß $\mathbf{x}^*$ eine cusp-Singularität ($\mathrm{Tr} D\mathbf{Y}_{\mu^*}(\mathbf{x}^*) = 0$) oder eine andere stärker entartete Singularität ist. Es kann ebenso geschehen, daß die gegebene Familie die Sattel-Knoten-Singularität nicht vollständig entfaltet, wenn sie auch in Erscheinung tritt. Unterzieht sich eine lokale Familie einer vollständigen Sattel-Knoten-Bifurkation bei $(\boldsymbol{\mu}, \mathbf{x}) = (\boldsymbol{\mu}^*, \mathbf{x}^*)$, dann muß sie zu einer durch (4.2.2) erzeugten Familie äquivalent sein, wobei für die erzeugende Funktion $\nu : \mathcal{R}^m \to \mathcal{R}$ gilt:

$$\left.\frac{\partial \nu}{\partial \mu_j}\right|_{\mu=\mu^*} \neq 0, \qquad \text{für } j = 1, \ldots, m. \tag{4.2.11}$$

Ist nun Gleichung (4.2.11) für $j = k$ erfüllt, so ist die durch

$$\bar{\nu}(\mu) = \nu(\mu_1^*, \ldots, \mu_{k-1}^*, \mu_k^* + \mu, \mu_{k+1}^*, \ldots, \mu_m^*) \tag{4.2.12}$$

definierte Beschränkung $\bar{\nu} : \mathcal{R} \to \mathcal{R}$ ein Diffeomorphismus, der offene Intervalle, die $\mu = 0$ enthalten, auf offene Intervalle von ν, die $\nu = 0$ enthalten, abbildet. Daraus folgt, daß der Parameter μ die Singularität vollständig entfaltet.

Man kann die Kriterien für die oben auftretende Äquivalenz durch Terme der Koeffizienten der Taylor-Entwicklung von $\mathbf{Y}(\boldsymbol{\mu}, \mathbf{x})$ um $(\boldsymbol{\mu}, \mathbf{x}) = (\boldsymbol{\mu}^*, \mathbf{x}^*)$ ausdrücken. Dabei ist es bequem, davon auszugehen, daß durch eine lineare Transformation der lineare Teil von $\mathbf{Y}_{\mu^*}(\mathbf{x})$ auf Jordanform reduziert wurde. Ist $(\boldsymbol{\mu}^*, \mathbf{x}^*) \neq (\mathbf{0}, \mathbf{0})$, so sollten vor der Reduktion lokale Koordinaten in $\mathcal{R}^m \times \mathcal{R}^2$ gewählt werden. Die Taylor-Entwicklung von $\mathbf{Y}(\boldsymbol{\mu}, \mathbf{x})$ sei also durch

$$\begin{pmatrix} \dot{x}_1 \\ \dot{x}_2 \end{pmatrix} = \mathbf{J}\mathbf{x} +$$

$$\begin{pmatrix} \sum_{j=1}^{m} a_{1j}\mu_j + \sum_{i=1}^{2}\sum_{j=1}^{m} b_{ij}^{(1)} x_i\mu_j + c_{11}x_1^2 + c_{12}x_1x_2 + c_{13}x_2^2 + R_1 \\ \sum_{j=1}^{m} a_{2j}\mu_j + \sum_{i=1}^{2}\sum_{j=1}^{m} b_{ij}^{(2)} x_i\mu_j + c_{21}x_1^2 + c_{22}x_1x_2 + c_{23}x_2^2 + R_2 \end{pmatrix} \quad (4.2.13)$$

gegeben, wobei $\mathbf{J} = \begin{pmatrix} \lambda & 0 \\ 0 & 0 \end{pmatrix}$ und $R_i = O(|\mu|^2) + O(|(\boldsymbol{\mu}, \mathbf{x})|^3)$ ist, mit $|(\boldsymbol{\mu}, \mathbf{x})| = \left(\sum_{j=1}^{m} \mu_j^2 + \sum_{i=1}^{2} x_i^2\right)^{1/2}$.

Satz 4.2 *Die Koeffizienten in Gleichung (4.2.13) erfüllen:*

(i) $c_{23} \neq 0,$ (4.2.14)

(ii) $a_{2j} \neq 0$ *für einige* $j = 1, \ldots, m.$ (4.2.15)

Dann existiert eine differenzierbare Variablentransformation $\mathbf{x} \mapsto \mathbf{x}(\boldsymbol{\mu}, \mathbf{x})$, $\boldsymbol{\mu} \mapsto \nu(\boldsymbol{\mu})$ *bei* $(\boldsymbol{\mu}, \mathbf{x}) = (\mathbf{0}, \mathbf{0}) \in \mathcal{R}^m \times \mathcal{R}^2$, *so daß der 2-Jet von* $\mathbf{Y}(\boldsymbol{\mu}, \mathbf{x})$ *durch den von (4.2.2) gegeben ist.*

In Aufgabe 4.2.6 wird eine Anleitung zu der für den Beweis benötigten Normalform-Rechnung gegeben. Die zentrale Idee ist, sich die Familie $\dot{\mathbf{x}} = \mathbf{Y}(\boldsymbol{\mu}, \mathbf{x})$ als Differentialgleichung

$$\begin{pmatrix} \dot{\mathbf{x}} \\ \dot{\boldsymbol{\mu}} \end{pmatrix} = \begin{pmatrix} \mathbf{Y}(\boldsymbol{\mu}, \mathbf{x}) \\ \mathbf{0} \end{pmatrix} = \tilde{\mathbf{Y}}(\boldsymbol{\mu}, \mathbf{x}) \quad (4.2.16)$$

zu denken. Dann kann die Normalform-Rechnung mit dem erweiterten Vektorfeld $\tilde{\mathbf{Y}}(\boldsymbol{\mu}, \mathbf{x})$ entlang von Linien, die denen in §2.3 gleichen, durchgeführt werden. Es stellt sich heraus, daß (4.2.14) eine Nichtentartungs-Bedingung ist, die sicherstellt, daß die Singularität ein Sattel-Knoten ist, während (4.2.15) einfach Gleichung (4.2.11) für dieses Problem ist. Die Anwendung von Satz 4.2 wird in Aufgabe 4.2.7 dargestellt.

4.2.2 Die Hopf-Bifurkation
(Hassard u.a.,1981; Marsden, McCracken, 1976)

Sei $\mathbf{X}_0$ ein Vektorfeld mit einer Hopf-Singularität im Ursprung. Dann gilt, wie wir wissen, $\mathrm{Tr}D\mathbf{X}_0(\mathbf{0}) = 0$ und die Normalform von $\mathbf{X}_0$ lautet:

$$\begin{pmatrix} 0 & -\beta \\ \beta & 0 \end{pmatrix}\begin{pmatrix} x_1 \\ x_2 \end{pmatrix} + (x_1^2 + x_2^2)\left\{a_1 \begin{pmatrix} x_1 \\ x_2 \end{pmatrix} + b_1 \begin{pmatrix} -x_2 \\ x_1 \end{pmatrix}\right\} + O(|\mathbf{x}|^5), \tag{4.2.17}$$

mit $\beta = (\det D\mathbf{X}_0(\mathbf{0}))^{1/2} > 0$ und $a_1 \neq 0$ (siehe Satz 2.3 und die den Gleichungen (2.7.27 und 2.7.28) folgende Diskussion).

Satz 4.3 *Die lokale Familie*

$$\begin{aligned}\mathbf{X}(\nu, \mathbf{x}) = & \begin{pmatrix} \nu & -\beta \\ \beta & \nu \end{pmatrix}\begin{pmatrix} x_1 \\ x_2 \end{pmatrix} + (x_1^2 + x_2^2) \times \\ & \left\{a_1 \begin{pmatrix} x_1 \\ x_2 \end{pmatrix} + b_1 \begin{pmatrix} -x_2 \\ x_1 \end{pmatrix}\right\} + O(|\mathbf{x}|^5)\end{aligned} \tag{4.2.18}$$

ist eine versale Entfaltung der Hopf-Singularität (4.2.17).

Bei Abwesenheit der Terme der Ordnung $|\mathbf{x}|^5$ läßt sich die lokale Familie (4.2.18) bequemer in ebenen Polarkoordinaten behandeln. Wie man leicht sieht, ist

$$\dot{r} = r(\nu + a_1 r^2), \qquad \dot{\theta} = \beta + b_1 r^2. \tag{4.2.19}$$

Sei $a_1 > 0$. Das Phasenbild von (4.2.19) besteht für $\nu > 0$ aus einem hyperbolischen, stabilen Fixpunkt im Ursprung. Ist $\nu = 0$, so ist $\dot{r} = a_1 r^3$ und der Ursprung ist noch asymptotisch stabil, jedoch nicht länger hyperbolisch. Für $\nu > 0$ gilt $\dot{r} = 0$ für $r = (\nu/|a_1|)^{1/2}$ und für $r = 0$. In diesem Fall existiert also ein stabiler Grenzzyklus, dessen Radius proportional zu $\nu^{1/2}$ ist, welcher einen hyperbolischen instabilen Fixpunkt im Ursprung umkreist (siehe Abb. 4.7(a)). Dies nennt man eine *superkritische* Hopf-Bifurkation. Ist $a_1 > 0$, so tritt der Grenzzyklus für $\nu < 0$ auf: er ist instabil und umkreist einen stabilen Fixpunkt. Mit wachsendem ν schrumpft der Radius des Zyklus gegen null für $\nu = 0$, wobei der Fixpunkt im Ursprung schwach instabil wird. Für $\nu > 0$ ist $(x_1, x_2)^T = \mathbf{0}$ instabil und hyperbolisch. Dies nennt man *subkritische* Hopf-Bifurkation (siehe Abb. 4.7(b)). Sei $\mathbf{Y}(\boldsymbol{\mu}, \mathbf{x})$, $\boldsymbol{\mu} \in \mathcal{R}^m$, $\mathbf{x} \in \mathcal{R}^2$, eine Familie von Vektorfeldern. Im allgemeinen treten Hopf-Bifurkationen bei $(\boldsymbol{\mu}^*, \mathbf{x}^*)$ auf, wenn $\mathrm{Tr}D\mathbf{Y}_\mu(\mathbf{x}^*)$ bei $\boldsymbol{\mu} = \boldsymbol{\mu}^*$ durch null geht. Dies ist dann mit einem Wechsel der Stabilität des Fixpunktes bei $\mathbf{x}^*$ verbunden. Die algebraischen Kriterien für die Familie $\mathbf{Y}(\boldsymbol{\mu}, \mathbf{x})$, daß eine vollständige Hopf-Bifurkation auftritt, werden im folgenden Theorem ausgeführt, wobei μ eines der μ_j, $j = 1, \ldots, m$ ist, und es gilt: $\mathbf{Y}(\mu, \mathbf{x}) = \mathbf{Y}(\boldsymbol{\mu}, \mathbf{x})|_{k \neq j}^{\mu_k = \mu_k^*}$.

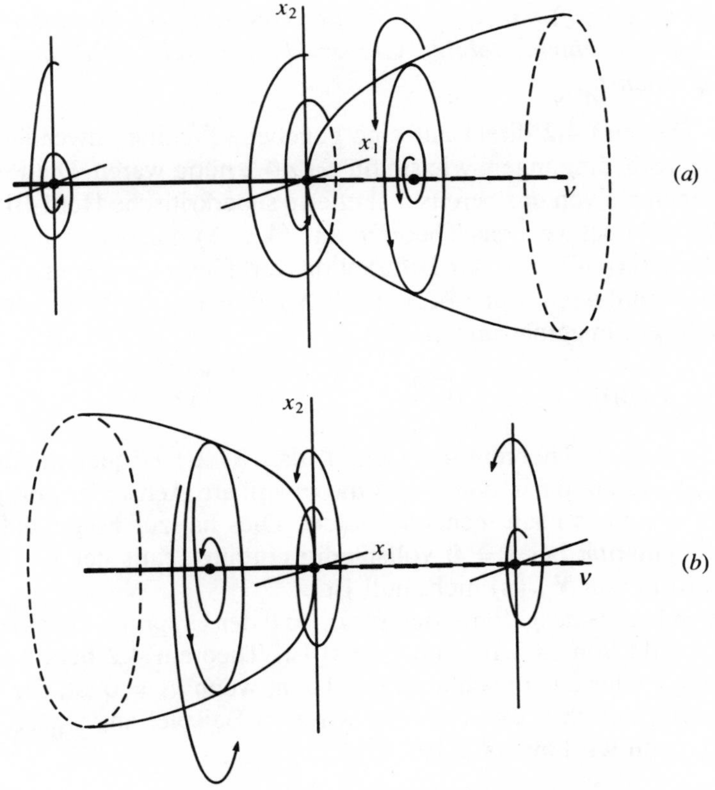

Abb. 4.7. Darstellung der Hopf-Bifurkation für die Familie (4.2.18): (a) superkritisch ($a_1 < 0$); (b) subkritisch ($a_1 > 0$). Die qualitativen Eigenschaften des Diagramms hängen nicht von der Anwesenheit der $O(|\mathbf{x}|^5)$-Terme ab. Man beachte, daß $\nu \mapsto -\nu$ in (4.2.18) Familien erzeugt, die der Zeit-Spiegelung von (a) und (b) entsprechen.

Theorem 4.2 (Hopf-Bifurkations-Theorem) *Das parametrisierte System* $\dot{\mathbf{x}} = \mathbf{Y}(\mu, \mathbf{x})$, $\mathbf{x} \in \mathcal{R}^2$, $\mu \in \mathcal{R}$ *besitzt für alle Werte des reellen Parameters* μ *einen Fixpunkt im Ursprung. Weiter seien die Eigenwerte* $\lambda_1(\mu)$ *und* $\lambda_2(\mu)$ *von* $D\mathbf{Y}(\mu, \mathbf{0})$ *für* $\mu = \mu^*$ *rein imaginär. Erfüllen die Realteile der Eigenwerte* $Re\, \lambda_1(\mu)$ $(= Re\, \lambda_2(\mu))$ *die Gleichung*

$$\frac{d}{d\mu}\{Re\, \lambda_1(\mu)\}|_{\mu=\mu^*} > 0 \qquad (4.2.20)$$

und ist für $\mu = \mu^*$ *der Ursprung ein asymptotisch stabiler Fixpunkt, dann gilt:*

(a) $\mu = \mu^*$ *ist ein Bifurkationspunkt des Systems;*

(b) für $\mu \in (\mu_1, \mu^*)$ *mit* $\mu_1 < \mu^*$ *ist der Ursprung ein stabiler Fixpunkt;*

(c) *Für $\mu \in (\mu^*, \mu_2)$ mit $\mu_2 > \mu^*$ ist der Ursprung ein instabiler Fixpunkt, welcher von einem stabilen Grenzzyklus umkreist wird, dessen Größe mit μ wächst.*

Man kann Theorem 4.2 direkt auf eine gegebene Familie anwenden ohne irgendwelche Vorbedingungen, wie sie für Satz 4.2 nötig waren. Die Punkte (a)–(c) beschreiben die von uns bereits diskutierte superkritische Hopf-Bifurkation, und es fällt nicht schwer, das Theorem auf (4.2.18) anzuwenden und zu zeigen, daß die $O(|\mathbf{x}|^5)$-Terme das Bifurkationsverhalten, so wie es aus (4.2.19) folgt, nicht beeinflussen. Für (4.2.19) gilt $\lambda_1(\nu) = \nu + i\beta$. Wie man sieht, ist λ_1 für $\nu = 0$ rein imaginär und erfüllt

$$\frac{d}{d\nu}(\operatorname{Re}\lambda_1(\nu))|_{\nu=0} = 1 > 0. \tag{4.2.21}$$

Diese Bedingung in Theorem 4.2 sichert, daß $\operatorname{Re}\lambda_1(\mu)$ quer durch die null geht, oder äquivalent dazu, daß $\lambda_1(\mu)$ die imaginäre Achse der komplexen λ-Ebene quer von links nach rechts schneidet. Dies hat zur Folge, daß $\mathbf{Y}(\mu, \mathbf{x})$ die Hopf-Singularität bei $\mathbf{x} = \mathbf{0}$ vollständig entfaltet, falls der Koeffizient a_1 der Normalform von $\mathbf{Y}_{\mu^*}(\mathbf{x})$ nicht null ist.

Wir hatten bereits ausgeführt, daß für $a_1 < 0$ der Ursprung ein asymptotisch stabiler Fixpunkt von (4.2.18) mit $\nu = 0$ ist. Theorem 4.2 hebt nun hervor, daß ein Grenzzyklus auch noch auftreten kann, wenn $a_1 = 0$ ist; der Ursprung sei dabei asymptotisch stabil. Nehmen wir zum Beispiel an, $a_1, \ldots, a_{l-1} = 0$ und $a_l < 0$, dann wird aus (4.2.19)

$$\dot{r} = r(\nu + a_l r^{2l}), \qquad \dot{\theta} = \beta + b_1 r^2. \tag{4.2.22}$$

Es gibt also einen stabilen Grenzzyklus für $\nu > 0$, dessen Radius $r = (\nu/|a_l|)^{1/2l}$ mit ν wächst. Wir werden jedoch in §4.3.2 sehen, daß (4.2.18) nicht länger eine versale Entfaltung der entsprechenden Singularität ist.

Manchmal gelingt der Nachweis, daß der Ursprung ein asymptotisch stabiler Fixpunkt ist, durch die Verwendung einer Liapunov-Funktion. Gelingt dies nicht, so können wir notfalls über Normalform-Rechnungen a_1 bestimmen. Nehmen wir an, $\mathbf{Y}_{\mu^*}$ ist so vorbereitet, daß der lineare Anteil in Jordanform vorliegt, das heißt:

$$\mathbf{Y}_{\mu^*}(\mathbf{x}) = \mathbf{J}\mathbf{x} + \begin{pmatrix} f(\mathbf{x}) \\ g(\mathbf{x}) \end{pmatrix}, \tag{4.2.23}$$

mit $\mathbf{J} = \begin{pmatrix} 0 & -\beta \\ \beta & 0 \end{pmatrix}$ und $\mathbf{x} = (x, y)^T$. Man kann nun zeigen (siehe Guckenheimer, Holmes, 1983, S.152-56), daß gilt

$$\begin{aligned} 16a_1 = {} & \Big\{(f_{xxx} + f_{xyy} + g_{xxy} + g_{yyy}) + \frac{1}{\beta}(f_{xy}[f_{xx} + f_{yy}] \\ & -g_{xy}[g_{xx} + g_{yy}] - f_{xx}g_{xx} + f_{yy}g_{yy})\Big\}\Big|_{x=0}. \end{aligned} \tag{4.2.24}$$

Die Hopf-Bifurkation erfreut sich großer Aufmerksamkeit und konnte bereits bemerkenswerten Erfolg bei Anwendungen erzielen (siehe Hassard u.a., 1981; Marsden, McCracken, 1976).

4.3 Cusp- und verallgemeinerte Hopf-Bifurkationen

Die in diesem Abschnitt zu behandelnden Bifurkationen entsprechen Singularitäten in ebenen Vektorfeldern mit Kodimensionen, die größer als eins sind. Die vollständige Entfaltung solcher Singularitäten durch lokale Familien hängt dann von mehr als einem Parameter ab.

4.3.1 Cusp-Bifurkation (Bogdanov, 1981a,b; Takens, 1974b)

Sei $\mathbf{X}_0$ ein glattes Vektorfeld mit einer Cusp-Singularität im Ursprung. Dann gilt $D\mathbf{X}_0(\mathbf{0}) \neq \mathbf{0}$, aber $\mathrm{Tr}D\mathbf{X}_0(\mathbf{0}) = \det D\mathbf{X}_0(\mathbf{0}) = 0$ und $\mathbf{X}_0$ besitzt die Normalform

$$\begin{pmatrix} x_2 + a_2 x_1^2 \\ b_2 x_1^2 \end{pmatrix} + O(|\mathbf{x}|^3), \tag{4.3.1}$$

wobei $a_2 \neq 0$ und $b_2 \neq 0$ gilt (siehe Satz 2.4, S. 94 und die Diskussion auf S. 123).

Satz 4.4 *Die lokale Familie*

$$\mathbf{X}(\boldsymbol{\nu}, \mathbf{x}) = \begin{pmatrix} x_2 + \nu_2 x_1 + a_2 x_1^2 \\ \nu_1 + b_2 x_1^2 \end{pmatrix} + O(|\mathbf{x}|^3) \tag{4.3.2}$$

ist eine versale Entfaltung der Cusp-Singularität (4.3.1).

Wir haben bereits in §2.4 darauf hingewiesen, daß die Normalform (4.3.1) nicht eindeutig ist. Wir verdanken dem Werk von Bogdanov (1981a,b) viel über unser Wissen von den Eigenschaften der versalen Entfaltungen von Cusp-Singularitäten. Bogdanov verwendete die alternative Form (2.4.24) der Normalform. Er zeigt, daß jede zwei-parametrige Entfaltung einer Cusp-Singularität äquivalent zu einer durch eine der Familien

$$\dot{x}_1 = x_2, \qquad \dot{x}_2 = \eta_1 + \eta_2 x_1 + x_1^2 \pm x_1 x_2 \tag{4.3.3}$$

erzeugten Familie ist.

Man beachte, daß die Cusp-Singularität mindest zwei Parameter zur vollständigen Entfaltung benötigt. Die Bifurkationsmenge besteht aus einer Reihe von Kurven in der $\boldsymbol{\nu}$-Ebene. Betrachten wir nun (4.3.2) ohne die $O(|\mathbf{x}|^3)$-Terme und mit $a_2 < 0$, $b_1 > 0$. Für $\nu_1 > 0$ existieren dann keine Fixpunkte. Ist $\nu_1 = 0$ mit $\nu_2 \neq 0$, so ist der Ursprung der Phasenebene ein Fixpunkt mit der Linearisierung

$$\begin{pmatrix} \nu_2 & 1 \\ 0 & 0 \end{pmatrix} \begin{pmatrix} x_1 \\ x_2 \end{pmatrix}. \tag{4.3.4}$$

Dann folgt $\det D\mathbf{X}_{0,\nu_2}(\mathbf{0}) = 0$, und, da $b_2 > 0$, ist $\mathbf{x} = \mathbf{0}$ ein Sattel-Knoten. Also ist die ν_2-Achse (den Ursprung eingeschlossen) eine Linie (γ_0) von Sattel-Knoten-Bifurkationen (siehe Aufgabe 4.3.1 und Abb. 4.8).

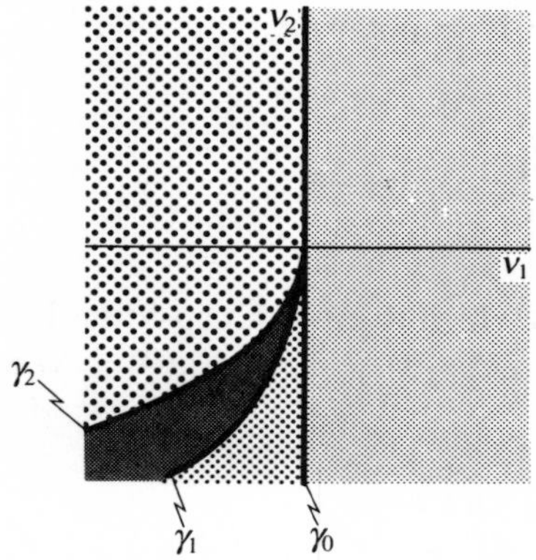

Abb. 4.8. Skizze der Bifurkationskurven für die versale Entfaltung (4.3.2) der Cusp-Singularität: γ_0 (Sattel-Knoten), γ_1 (Hopf) und γ_2 (Sattel-Verbindung). Man beachte, daß sowohl γ_1 als auch γ_2 im Ursprung tangential zur ν_2-Achse verlaufen.

Für $\nu_1 < 0$ gibt es zwei Fixpunkte

$$\begin{aligned} \mathbf{x}_1^* &= (\varepsilon, -\nu_2\varepsilon - a_2\varepsilon^2)^T \\ \mathbf{x}_2^* &= (-\varepsilon, \nu_2\varepsilon - a_2\varepsilon^2)^T, \end{aligned} \tag{4.3.5}$$

wobei $\varepsilon = (-\nu_1/b_1)^{1/2} > 0$ ist. Nun folgt

$$D\mathbf{X}_\nu(\mathbf{x}) = \begin{pmatrix} \nu_2 + 2a_2x_1 & 1 \\ 2b_2x_1 & 0 \end{pmatrix}, \tag{4.3.6}$$

so daß gilt

$$\det D\mathbf{X}_\nu(\mathbf{x}) = -2b_2x_1, \tag{4.3.7}$$

$$\mathrm{Tr} D\mathbf{X}_\nu(\mathbf{x}) = \nu_2 + 2a_2x_1. \tag{4.3.8}$$

Ist $b_2 > 0$, so impliziert (4.3.7), daß $\mathbf{x}_1^*$ ein Sattel ist. Für genügend kleine $|\nu_1|$ (und damit ε) ergeben (4.3.7) und (4.3.8) $[\mathrm{Tr}D\mathbf{X}_\nu(\mathbf{x}_2^*)]^2 > 4\det D\mathbf{X}_\nu(\mathbf{x}_2^*) > 0$, so daß $\mathbf{x}_2^*$ ein Knoten ist: stabil für $\nu_2 < 0$, instabil für $\nu_2 > 0$.

Richten wir nun unsere Aufmerksamkeit auf den stabilen Knoten, der für $\nu_2 < 0$ bei $\mathbf{x}_2^*$ auftritt. Hier ist

$$\mathrm{Tr}D\mathbf{X}_\nu(\mathbf{x}_2^*) = \nu_2 - 2a_2\varepsilon. \tag{4.3.9}$$

Wird $\nu_1(< 0)$ kleiner, so wächst ε und $\mathrm{Tr}D\mathbf{X}_\nu(\mathbf{x}_2^*)$ wird null für

$$\nu_2 = 2a_2\varepsilon = 2a_2\left(-\frac{\nu_1}{b_2}\right)^{1/2} < 0, \tag{4.3.10}$$

da $a_2 < 0$ ist. Dies ergibt im allgemeinen eine Linie von Hopf-Bifurkationen (γ_1 in Abb. 4.8), die im Ursprung der $\boldsymbol{\nu}$-Ebene tangential zur ν_2-Achse verläuft.

Die Grundzüge der Phasenbilder, die entstehen, wenn (ν_1, ν_2) in der $\boldsymbol{\nu}$-Ebene dem Weg **S** folgt, sind schematisch in Abbildung 4.9 gezeigt. Entfernen wir uns von γ_1, so wächst die Größe des in der Hopf-Bifurkation entstandenen Grenzzyklus, er trifft vielleicht den Sattelpunkt $\mathbf{x}_1^*$ und formt so eine Sattel-Verbindung. Diese Eigenschaft ist nicht strukturell stabil (siehe §3.3), die Verbindung zerbricht, wie in Abb. 4.9(e) gezeigt ist.

Das bedeutet nun, daß noch eine andere Kurve (γ_2 in Abb. 4.8) existiert, auf der eine *Sattel-Verbindung-Bifurkation* auftritt. Man kann zeigen, daß γ_2 tatsächlich tangential zur ν_2-Achse ist (siehe Bogdanov, 1981a; Takens, 1974b). Der instabile Brennpunkt $\mathbf{x}_2^*$ in Abbildung 4.9(e) wird zu einem instabilen Knoten, wenn $\nu_1 \to 0_-$ geht mit $\nu_2 > 0$ (siehe die (4.3.8) folgende Diskussion), der Knoten und der Sattel verschmelzen für Parameter-Punkte auf der positiven ν_2-Achse.

Der $O(|\mathbf{x}|^3)$-Term, der oben vernachlässigt wurde, verändert unser Bifurkations-Diagramm qualitativ nicht, in Abbildung 4.10 sind die Phasenbilder von (4.3.2) im Gegensatz zu den Bifurkationskurven gezeigt. Es muß hier hervorgehoben werden, daß eine eigenständige Ableitung des topologischen Verhaltens dieser Familie und der Beweis der Versalität ein schwieriges Unterfangen ist (siehe Bogdanov, 1981a,b; Takens, 1974b). Die obige Diskussion hatte das Ziel, die auftretenden Bifurkationen plausibel zu machen. So ist der Beweis, daß eine Sattel-Verbindung auftritt, nicht trivial. Sattel-Verbindungen treten in einfachen Hamiltonschen Systemen in den Niveau-Linien der Hamiltonfunktion auf. Man benötigt eine subtile Transformation (siehe Takens, 1974b und Aufgabe 4.3.3), um eine Beziehung zwischen (4.3.2) und einer Familie, die ein Hamiltonsches Vektorfeld mit einer homoklinen Sattel-Verbindung enthält, herzustellen. Dazu kommt, daß der Nachweis von Sattel-Knoten-, Hopf- und

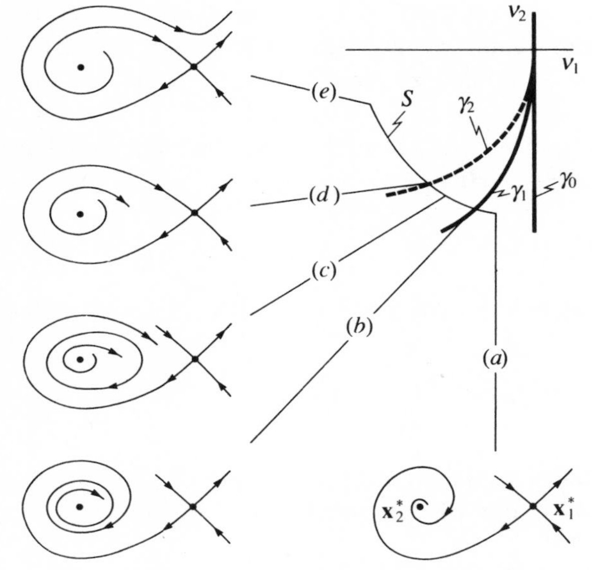

Abb. 4.9. Phasenbilder der Unterfamilie der versalen Entfaltung (4.3.2), die zum Weg **S** in der $\boldsymbol{\nu}$-Ebene gehören. (a) $\boldsymbol{\nu}$ liegt zwischen γ_0 und γ_1: der Knoten bei γ_0 wird zum Brennpunkt, wenn γ_1 erreicht ist. (b) $\boldsymbol{\nu} \in \gamma_1$ und $\mathbf{x}_2^*$ ist ein schwach stabiler Brennpunkt. (c) $\boldsymbol{\nu}$ liegt zwischen γ_1 und γ_2: der Grenzzyklus wächst mit dem Abstand zu γ_1. (d) $\boldsymbol{\nu} \in \gamma_2$: der Grenzzyklus erreicht $\mathbf{x}_1^*$ und bildet eine Sattel-Verbindung. (e) Jenseits von γ_2 zerbricht die Sattel-Verbindung und alle Trajektorien vom instabilen Brennpunkt bis auf eine verschwinden im Unendlichen.

Sattel-Verbindung-Bifurkationskurven nicht für den Beweis der Versalität von (4.3.2) ausreichend ist (siehe Bogdanov, 1981b). Man muß nachweisen, daß nur ein durch die Hopf-Bifurkation erzeugter Grenzzyklus existiert, der durch die Sattel-Verbindung zerstört wird.

Man benötigt dies, um sicher zu sein, daß keine weiteren Bifurkationen auftreten, die Paare von Grenzzyklen erzeugen (siehe §4.3.2 und Takens, 1973b, 1974b). Der Beweis der Eindeutigkeit des Grenzzyklus ist hochgradig nichttrivial (siehe Arnold, 1983, S.282; Bogdanov, 1981a).

Bei der Analyse der Cusp-Bifurkation trat eine lokale Bifurkation auf, die zu einer Singularität des Entartungsgrades zwei gehört. Es ist bemerkenswert, daß hier dieses *lokale* Problem die Existenz einer *globalen* Bifurkation, der Sattel-Verbindung, fordert. Können wir zeigen, daß bei einer Familie $\mathbf{Y}(\boldsymbol{\mu}, \mathbf{x})$ eine Cusp-Bifurkation auftritt, so ist das Erscheinen einer Sattel-Verbindung für gewisse $\boldsymbol{\mu}$ in der Nähe von $\boldsymbol{\mu}^*$ sicher. Natürlich sind, wie in der vorangehenden Diskussion, $\mathrm{Tr}D\mathbf{Y}_{\boldsymbol{\mu}^*}(\mathbf{x}^*) = \det D\mathbf{Y}_{\boldsymbol{\mu}^*}(\mathbf{x}^*) = 0$ nur notwendige Bedingungen für eine Cusp-Singularität bei $(\boldsymbol{\mu}^*, \mathbf{x}^*)$. Der folgende Satz liefert algebraische Kriterien für das Erscheinen einer Cusp-Bifurkation.

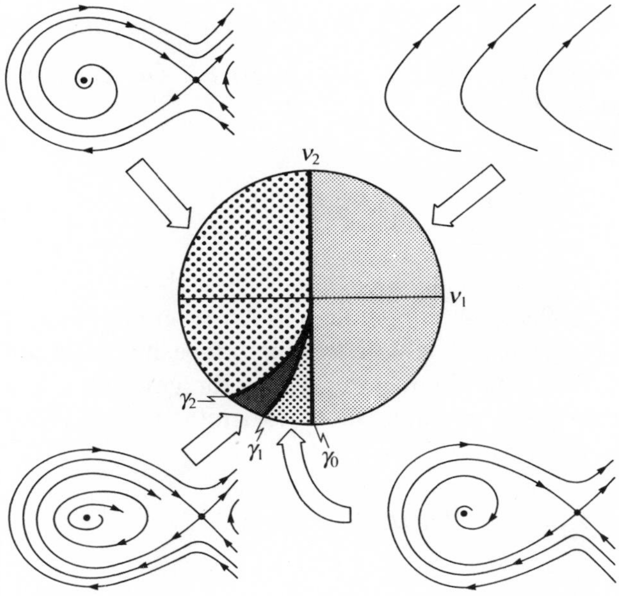

Abb. 4.10. Strukturell stabile Phasenbilder in Ergänzung der Bifurkationskurven der Familie (4.3.2) mit $a_2 < 0$, $b_2 > 0$. Ähnliche Diagramme (mit γ_1 und γ_2 in anderen Quadranten) treten für andere Festlegungen der Vorzeichen von a_2 und b_2 auf. Die entscheidende Erscheinung ist die Stabilität des Grenzzyklus: stabil für $a_2b_2 < 0$, instabil für $a_2b_2 > 0$.

Nehmen wir an, wir verwenden lokale Koordinaten bei $(\boldsymbol{\mu}^*, \mathbf{x}^*)$ und der lineare Anteil von $\mathbf{Y}_{\boldsymbol{\mu}^*}$ liegt in Jordanform vor. Die Taylor-Entwicklung der Familie $\mathbf{Y}(\boldsymbol{\mu}, \mathbf{x})$ nimmt dann die Form (4.2.13) mit $\mathbf{J} = \begin{pmatrix} 0 & 1 \\ 0 & 0 \end{pmatrix}$ an.

Satz 4.5 *Die Koeffizienten in (4.2.13) sollen folgende Bedingungen erfüllen:*

$$\text{(i)} \quad c_{11} + \frac{1}{2}c_{22} = a \neq 0, \qquad c_{21} = b \neq 0, \tag{4.3.11}$$

$$\text{(ii)} \quad e_i a_{2j} - e_j a_{2i} \neq 0, \qquad \textit{für gewisse} \quad i, j = 1, \ldots, m. \tag{4.3.12}$$

Dabei ist in (4.3.12)

$$e_j = e_{1j}^{(1)} + e_{2j}^{(2)} - \frac{a}{b} e_{1j}^{(2)}, \tag{4.3.13}$$

$j = 1, \ldots, m$, *mit*

$$e_{lj}^{(k)} = b_{lj}^{(k)} - d_{lk}^{(k)}, \tag{4.3.14}$$

$l, k = 1, 2$. *Die* $2 \times m$*-Matrizen* $\mathbf{d}^{(1)}$ *und* $\mathbf{d}^{(2)}$ *sind durch*

$$\mathbf{d}^{(1)} = \begin{pmatrix} c_{12} + c_{23} & 0 \\ 0 & 0 \end{pmatrix} \mathbf{A}, \qquad \mathbf{d}^{(2)} = \begin{pmatrix} c_{22} & c_{23} \\ c_{23} & -2c_{13} \end{pmatrix} \mathbf{A} \tag{4.3.15}$$

gegeben mit $\mathbf{A} = \begin{pmatrix} a_{11} \cdots a_{1m} \\ a_{21} \cdots a_{2m} \end{pmatrix}$. *Dann existiert eine differenzierbare Variablentransformation* $\mathbf{x} \mapsto \mathbf{x}(\boldsymbol{\mu}, \mathbf{x})$, $\boldsymbol{\mu} \mapsto \boldsymbol{\nu}(\boldsymbol{\mu})$ *bei* $(\boldsymbol{\mu}, \mathbf{x}) = (\mathbf{0}, \mathbf{0})$, *so daß der 2-Jet von* $\mathbf{Y}(\boldsymbol{\mu}, \mathbf{x})$ *die Form*

$$\begin{aligned} \dot{x}_1 &= x_2 + \nu_2 x_1 + a x_1^2 \\ \dot{x}_2 &= \nu_1 + b x_1^2 \end{aligned} \tag{4.3.16}$$

annimmt.

Einen Beweis des Satzes 4.5 findet man in Arrowsmith, Place (1984): (4.3.11) sichert, daß $\mathbf{Y}_0$ eine Cusp-Singularität bei $\mathbf{x} = \mathbf{0}$ besitzt, während (4.3.12) dafür sorgt, daß ein Paar von Parametern μ_i, μ_j für gewisse $i, j = 1, \ldots, m$ die Singularität vollständig entfaltet. In Arrowsmith, Place (1984) wird gezeigt, daß $\boldsymbol{\nu} : \mathcal{R}^m \to \mathcal{R}^2$ die Form

$$\nu_1(\boldsymbol{\mu}) = \sum_{j=1}^{m} a_{2j}\mu_j + O(|\boldsymbol{\mu}|^2), \tag{4.3.17}$$

$$\nu_2(\boldsymbol{\mu}) = \sum_{j=1}^{m} e_j\mu_j + O(|\boldsymbol{\mu}|^2) \tag{4.3.18}$$

besitzt. Wird (4.3.12) für $i = i_0$ und $j = j_0$ erfüllt, so ist die Beschränkung

$$\bar{\boldsymbol{\nu}}(\mu_{i_0}, \mu_{j_0}) = \boldsymbol{\nu}(0, \ldots, 0, \mu_{i_0}, 0, \ldots, \mu_{j_0}, 0, \ldots, 0) \tag{4.3.19}$$

ein Diffeomorphismus der $\mu_{i_0}\mu_{j_0}$-Ebene auf die $\boldsymbol{\nu}$-Ebene in der Umgebung des Ursprungs. Daraus folgt, daß die Bifurkationskurven in der $\mu_{i_0}\mu_{j_0}$-Ebene tangential zur Richtung $(-a_{2j_0}, a_{2i_0})$ (das heißt $\bar{\nu}_1(\mu_{i_0}, \mu_{j_0}) = 0$) verlaufen.

Die Anwendung der obigen Resultate auf ein Modell des Tumorwachstums wird in den Aufgaben 4.3.4–4.3.6 besprochen. Andere Modelle, die Cusp-Bifurkation zeigen, werden in Arrowsmith, Place (1984) diskutiert.

4.3.2 Verallgemeinerte Hopf-Bifurkationen (Takens, 1973b; Guckenheimer, Holmes, 1983)

Diese Bifurkationen liefern ein gutes Beispiel für den Zusammenhang zwischen dem Entartungsgrad einer Singularität und der Anzahl der Parameter, die in der minimalen versalen Entfaltung auftreten. Man erhält das Vektorfeld (4.2.17), indem man $a_1 \neq 0$ annimmt in der Normalform

$$\begin{pmatrix} 0 & -\beta \\ \beta & 0 \end{pmatrix}\begin{pmatrix} x_1 \\ x_2 \end{pmatrix} + \sum_{k=1}^{\infty}(x_1^2 + x_2^2)^k \left[a_k \begin{pmatrix} x_1 \\ x_2 \end{pmatrix} + b_k \begin{pmatrix} -x_2 \\ x_1 \end{pmatrix}\right] \tag{4.3.20}$$

(siehe (2.4.10)). Man kann nun weitere Entartung ins Spiel bringen, indem

$$a_1 = a_2 = \cdots = a_{l-1} = 0 \qquad \text{und} \qquad a_l \neq 0 \tag{4.3.21}$$

gefordert wird (siehe §2.7). Man nennt ein Vektorfeld mit der Normalform (4.3.20), welches (4.3.21) erfüllt, eine *verallgemeinerte Hopf-Singularität vom Typ l* am Punkte $(x_1, x_2)^T = \mathbf{0}$. Offensichtlich ist (4.2.17) vom Typ 1.

Tritt nun eine Hopf-Singularität vom Typ l auf, so vereinfacht folgende nicht-lineare Skalierung die Normalform (4.3.20). Sei

$$f(x_1, x_2) = \left(\beta + \sum_{k=1}^{\infty} b_k (x_1^2 + x_2^2)^k\right). \tag{4.3.22}$$

Nun kann (4.3.20) in der Form

$$f(x_1, x_2)\left[\begin{pmatrix} 0 & -1 \\ 1 & 0 \end{pmatrix}\begin{pmatrix} x_1 \\ x_2 \end{pmatrix} + \sum_{k=l}^{\infty} a_k'(x_1^2 + x_2^2)^k \begin{pmatrix} x_1 \\ x_2 \end{pmatrix}\right] \tag{4.3.23}$$

geschrieben werden mit $a_l' = a_l/\beta$. Da $\beta > 0$ gilt, ist $f(x_1, x_2)$ größer als null für alle (x_1, x_2), die dem Ursprung genügend nahe sind. Daher existiert eine Umgebung von $(x_1, x_2)^T = \mathbf{0}$, auf der (4.3.20) topologisch äquivalent zu dem einfacheren Vektorfeld

$$\begin{pmatrix} 0 & -1 \\ 1 & 0 \end{pmatrix}\begin{pmatrix} x_1 \\ x_2 \end{pmatrix} + \sum_{k=l}^{\infty} a_k'(x_1^2 + x_2^2)^k \begin{pmatrix} x_1 \\ x_2 \end{pmatrix} \tag{4.3.24}$$

ist.

Eine weitere radiale Skalierung erlaubt die Ersetzung von a_l' durch $\operatorname{sign}(a_l') = \operatorname{sign}(a_l)$ in Gleichung (4.3.24). Wir unterscheiden die zwei Möglichkeiten durch die Bezeichnung Singularität vom $(l, +)$- oder $(l, -)$-Typ. Das folgende von Takens (1973b) stammende Theorem liefert eine versale Entfaltung für (4.3.24).

Theorem 4.3 *Die versale Entfaltung einer verallgemeinerten Hopf-Singularität vom Typ l der Form (4.3.24) lautet*

$$\begin{pmatrix} 0 & -1 \\ 1 & 0 \end{pmatrix}\begin{pmatrix} x_1 \\ x_2 \end{pmatrix} + \sum_{k=l}^{\infty} a_k'(x_1^2 + x_2^2)^k \begin{pmatrix} x_1 \\ x_2 \end{pmatrix} + \sum_{i=0}^{l-1} \nu_i (x_1^2 + x_2^2)^i \begin{pmatrix} x_1 \\ x_2 \end{pmatrix}, \tag{4.3.25}$$

mit $\nu_i \in \mathcal{R}$, $i = 0, 1, 2, \ldots, l - 1$.

Man erhält zwei Typen von Entfaltungen, die vom Vorzeichen von a_l' abhängen. Wir werden hier nur den $(l, +)$-Fall beschreiben. Man kann leicht zeigen (siehe Aufgabe 4.3.7), daß $(l, -)$ einfach über eine Zeitumkehr mit

$(l, +)$ zusammenhängt, so daß die Stabilität der Fixpunkte und Grenzzyklen umgedreht wird, es tritt jedoch keine neue Bifurkation auf.

Die Winkelgleichung der Polarform von (4.3.25) lautet einfach $\dot{\theta} = 1$. Deshalb ist das Bifurkations-Verhalten des $(l, +)$-Falles durch die Radial-Gleichung

$$\dot{r} = \sum_{i=0}^{l-1} \nu_i r^{2i+1} + r^{2l+1} + O(r^{2l+3}) \tag{4.3.26}$$

gegeben. Wie in §4.2.2 ist das Verhalten wieder unabhängig von den Termen der Ordnung r^{2l+3}, deshalb betrachten wir (4.3.26) ohne diese Terme. Damit treten Grenzzyklen für die Werte von r, die durch die positiven Wurzeln des Polynoms $r^2 = \rho$ auf der rechten Seite von (4.3.26) gegeben sind, auf. Für $l = 1$ lösen wir die Gleichung

$$\rho^2 + \nu_0 = 0 \tag{4.3.27}$$

und schließen (siehe §4.2.2), daß nur für $\nu_0 < 0$ ein Grenzzyklus vom Radius $(-\nu_0)^{1/2}$ auftritt. Die triviale Lösung $r = 0$ gilt für alle ν_0 und entspricht einem Fixpunkt im Ursprung für jedes Mitglied der ein-parametrigen Familie (4.3.25). Für $l = 2$ ergibt die Gleichung

$$\rho^2 + \nu_1\rho + \nu_0 = 0 \tag{4.3.28}$$

nicht-triviale Nullstellen der Form

$$\rho = [-\nu_1 \pm (\nu_1^2 - 4\nu_0)^{1/2}]/2. \tag{4.3.29}$$

Die Grenzzyklen erscheinen also wie folgt (siehe Aufgabe 4.3.8):

(i) zwei für $\nu_1 < 0$ und $\nu_1^2 - 4\nu_0 > 0$,

(ii) einer für $\nu_0 < 0$,

(iii) keiner für $\nu_0 > 0$ und $\nu_1 > 0$ oder $\nu_1^2 - 4\nu_0 < 0$.

Das Bifurkations-Diagramm ist in Abb. 4.11 gezeigt. Man beachte die *Doppel-Grenzzyklus-Bifurkation*, bei welcher ein Grenzzyklus mit von null verschiedenem Radius, der am Bifurkationspunkt erzeugt wurde, sich zu einem Paar von Grenzzyklen mit entgegengesetzter Stabilität entwickelt.

Für $l = 3$ ist die Situation etwas komplizierter. Wir haben

$$\dot{r} = r^7 + \nu_2 r^5 + \nu_1 r^3 + \nu_0 r, \tag{4.3.30}$$

und wir müssen die Stellen finden, an denen die drei-parametrige Familie von kubischen Gleichungen

$$P_\nu(\rho) = \rho^3 + \nu_2\rho^2 + \nu_1\rho + \nu_0 = 0 \tag{4.3.31}$$

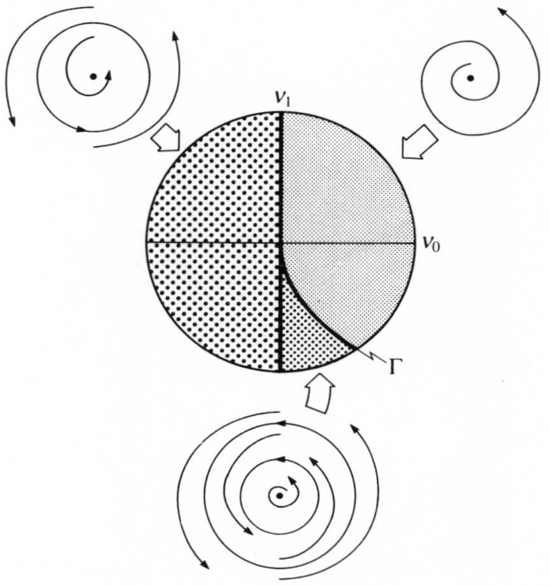

Abb. 4.11. Bifurkations-Diagramm für die Typ-(2, +)-Hopf-Bifurkation mit den strukturell stabilen topologischen Typen von Phasenbildern, die in Ergänzung der Bifurkationskurven auftreten. Eine nicht-entartete superkritische (subkritische) Hopf-Bifurkation findet statt, wenn ν_0 durch Null wächst, während $\nu_1 < 0\,(\nu_1 > 0)$ ist, es tritt eine Doppel-Grenzzyklus-Bifurkation auf der Halbparabel Γ auf. Fällt ν_0 durch Γ, so erscheint ein nicht-hyperbolischer Grenzzyklus mit endlichem Radius und zerfällt schließlich in zwei hyperbolische Zyklen.

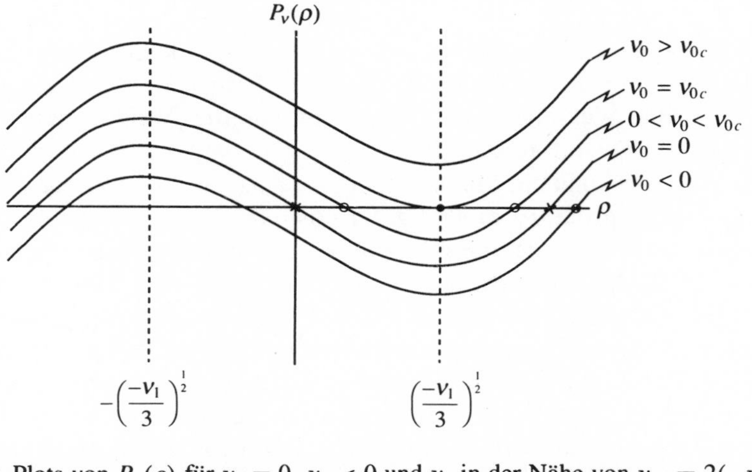

Abb. 4.12. Plots von $P_\nu(\rho)$ für $\nu_2 = 0$, $\nu_1 < 0$ und ν_0 in der Nähe von $\nu_{0c} = 2(-\nu_1/3)^{1/2}$. Man sieht, daß $P_\nu(\rho) = 0$ keine positiven Wurzeln für $\nu_0 > \nu_{0c}$ besitzt, eine für $\nu_0 = \nu_{0c}$, zwei für $0 < \nu_0 < \nu_{0c}$ und eine für $\nu_0 < 0$.

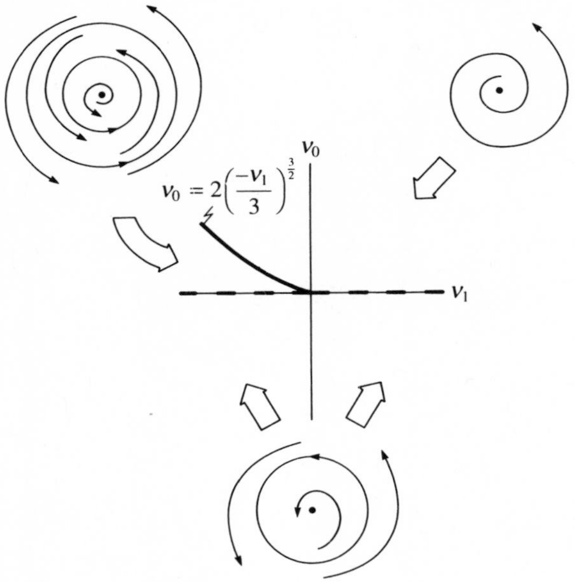

Abb. 4.13. Schnitt des Typ-(3, +)-Hopf-Bifurkations-Diagramms mit der Ebene $\nu_2 = 0$. Man beachte: (a) die negative ν_1-Achse ist eine Linie von nicht-entarteten superkritischen (das heißt Typ-(1, −))-Hopf-Bifurkationen mit wachsendem ν_0; (b) die positive ν_1-Achse ist eine Linie von nicht-entarteten subkritischen (das heißt Typ-(1, +))-Hopf-Bifurkationen mit wachsendem ν_0; die Kurve $\nu_0 = 2(-\nu_1/3)^{1/2}$ ist eine Linie von Doppel-Grenzzyklus-Bifurkationen: ein Paar von Grenzzyklen mit endlichem Radius entsteht, wenn ν_0 durch diese Kurve fällt.

positive Lösungen besitzt. Für $\nu_0, \nu_1, \nu_2 > 0$ gibt es keine solche Lösungen. Es treten jedoch positive Lösungen (das heißt Bifurkationspunkte) auf, wenn (4.3.31) multiple Wurzeln besitzt. Man sieht, daß die Wendepunkte von $P_\nu(\rho)$ unabhängig von ν_0 sind. Ist zum Beispiel $\nu_2 = 0$, dann hat $P_\nu(\rho)$ ein Minimum bei $\rho = (-\nu_1/3)^{1/2}$ und ein Maximum bei $\rho = -(-\nu_1/3)^{1/2}$ (siehe Abb. 4.12).

Für genügend große ν_0 gibt es zwei positive Wurzeln von (4.3.31). Fällt ν_0, so verschiebt sich der Graph von $P_\nu(\rho)$ einfach nach unten, und für $\nu_0 = \nu_{0c} = 2(-\nu_1/3)^{1/2}$ tritt bei $\rho = (-\nu_1/3)^{1/2}$ eine Doppelwurzel von (4.3.31) auf. Diese Wurzel zerfällt in zwei einfache positive Nullstellen von P_ν, wenn ν_0 kleiner als ν_{0c} wird, die kleinere der Nullstellen erreicht $\rho = 0$ für $\nu_0 \to 0$. Für $\nu_0 < 0$ gibt es nur eine einfache Wurzel von (4.3.31). Daraus folgt eine Doppel-Grenzzyklus-Bifurkation des Vektorfeldes bei $\nu_0 = \nu_{0c}$. Das Vorzeichen von $\dot{r}$ erhält man aus sign $(P_\nu(\rho))$, so daß der Grenzzyklus mit dem kleineren Radius stabil, der andere instabil ist. Der Radius des kleineren Zyklus schrumpft auf null bei $\nu_0 = 0$ und die Stabilität des Fixpunktes am Ursprung verändert sich, wenn ν_0 durch Null geht. Tatsächlich erfährt das Vektorfeld

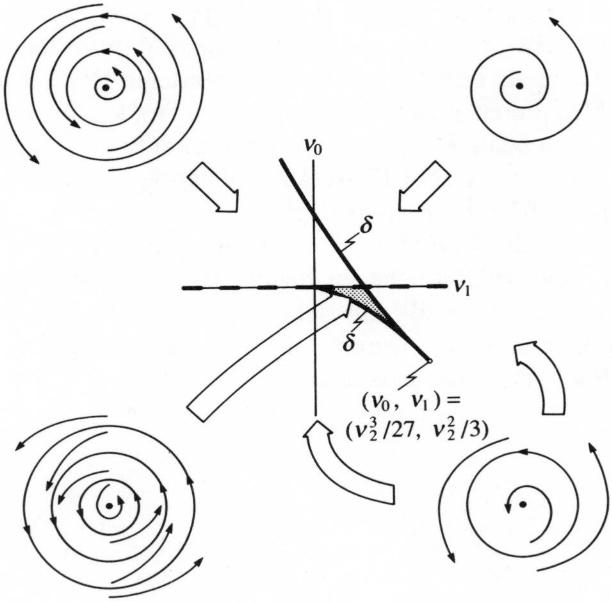

Abb. 4.14. Schnitt durch das (3,+)-Hopf-Bifurkations-Diagramm mit $\nu_2 < 0$ und fest. Doppel-Grenzzyklus-Bifurkationen finden auf der kuspodalen Kurve δ und nicht-entartete Hopf-Bifurkation auf der ν_1-Achse für $\nu_1 \neq 0$ statt. Der Punkt $(\nu_0, \nu_1) = (\nu_2^3/27, \nu_2^2/3)$ ist ein Dreifach-Grenzzyklus-Bifurkationspunkt. Drei Grenzzyklen erscheinen in den Phasenbildern von Systemen, deren Parameter aus dem schattierten Bereich kommen.

eine Typ-1(nicht-entartete)-Hopf-Bifurkation im Ursprung, wenn $\nu_0 = 0$ ist. Man kann leicht zeigen (siehe Aufgabe 4.3.9(b)), daß dem Ursprung ein instabiler Grenzzyklus entwächst, wenn ν_0 durch Null fällt für $\nu_1 \geq 1$, welches zu denen in Abb. 4.13 gezeigten Bifurkationskurven führt.

Für festes $\nu_2 > 0$ sind die Bifurkationskurven in der $\nu_0\nu_1$-Ebene gleich denen für $\nu_2 = 0$ (siehe Aufgabe 4.3.9(c)), für $\nu_2 < 0$ können jedoch drei Grenzzyklen auftreten. Gleichung (4.3.31) besitzt eine Dreifach-Wurzel, wenn sie zusammen mit

$$3\rho^2 + 2\nu_2\rho + \nu_1 = 0 \tag{4.3.32}$$

und

$$6\rho + 2\nu_2 = 0 \tag{4.3.33}$$

gilt. Natürlich besitzt (4.3.33) eine positive Lösung $\rho = -\nu_2/3$ nur für $\nu_2 < 0$. Eliminierung von ρ aus (4.3.32) liefert $\nu_1 = \nu_2^2/3$, dann ergibt (4.3.31) $\nu_0 = \nu_2^3/27$. Die Kurve $(\nu_0, \nu_1, \nu_2) = (\nu_2^3/27, \nu_2^2/3, \nu_2)$ ist also für $\nu_2 < 0$ eine Linie von Dreifach-Wurzeln von (4.3.31). Eine Analyse der Doppel-Wurzeln von $P_\nu(\rho) = 0$ für festes $\nu_2 < 0$, zeigt, daß Doppel-Grenzzyklus-Bifurkationen auf der in Abb. 4.14 gezeigten kuspodalen Kurve δ auftreten.

Die ν_1-Achse bleibt eine Linie von nicht-entarteten Hopf-Bifurkationen und drei Grenzzyklen treten gleichzeitig auf, wenn (ν_0, ν_1) in der durch die ν_1-Achse und die kuspodale Kurve begrenzten Region liegen (siehe die Aufgaben 4.3.10 und 4.3.11). In Abb. 4.15 ist das vollständige Bifurkations-Diagramm für die (3, +)-Hopf-Bifurkation gezeigt.

Für $l > 3$ steigt die Komplexität der Bifurkation, und es wird schwieriger, die strukturell stabilen Bereiche zu finden. Es ist jedoch klar, daß für jede ganze Zahl k zwischen 0 und l ein Bereich des Parameterraumes existiert, für den k Grenzzyklen auftreten. Daraus folgt, daß mindest $l+1$ strukturell stabile Bereiche im Parameterraum existieren.

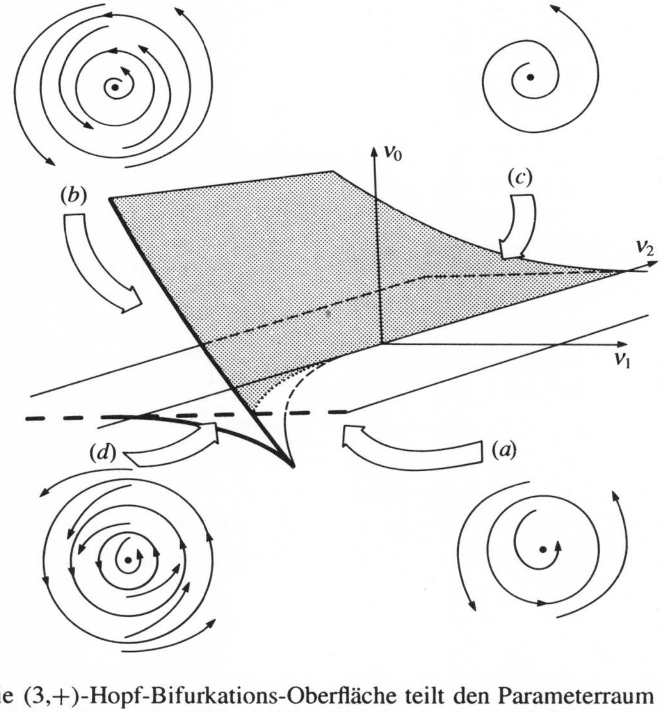

Abb. 4.15. Die (3,+)-Hopf-Bifurkations-Oberfläche teilt den Parameterraum in die Regionen (a)–d). Strukturell stabile Phasenbilder illustrieren das Verhalten von Systemen, die zu den gezeigten Regionen gehören. Die Bifurkationen, die auf den Oberflächen auftreten, lauten im allgemeinen wie folgt:

$$\left.\begin{array}{l}(c) \to (a)\\(b) \to (d)\\(a) \to (b)\end{array}\right\}\text{ Hopf-Bifurkationen;}\quad \left.\begin{array}{l}(c) \to (b)\\(a) \to (d)\end{array}\right\}\text{ Doppel-Grenzzyklen.} \tag{4.3.34}$$

4.4 Diffeomorphismen auf $\mathcal{R}$
(Arnold, 1983; Whitley, 1983)

In diesem Abschnitt wollen wir die Entsprechungen der eindimensionalen Familien, die wir in §4.1 besprochen hatten, für Diffeomorphismen diskutieren. Man sollte vielleicht hervorheben, daß wir uns in diesem Kapitel mit *lokalen* Familien beschäftigen. In diesem Abschnitt werden wir häufig Abbildungen einführen, die *nicht* Diffeomorphismen auf dem *ganzen* $\mathcal{R}$ sind, die jedoch *lokale* Familien von Diffeomorphismen definieren, wenn sie passend beschränkt werden.

Wir werden uns in der Diskussion nur mit diesen Beschränkungen beschäftigen. Würden wir diesen Punkt im Laufe des Abschnittes ständig wiederholen, so würde sich die Notation verkomplizieren und die Ergebnisse würden unklar bleiben. So werden wir nur ab und zu den Leser an den lokalen Charakter der Familien bei unserer Diskussion erinnern.

Sei $f(\mu, x)$, $\mu, x \in \mathcal{R}$, eine glatte, ein-parametrige Familie von Diffeomorphismen, für die $f(0, x) = f_0(x)$ einen nicht-hyperbolischen Fixpunkt im Ursprung besitzt, das heißt $f_0(0) = 0$ und $|Df_0(0)| = |D_x f(\mathbf{0})| = 1$. Im Gegensatz zu den Betrachtungen über Vektorfelder in §4.1 haben wir hier *zwei* Fälle zu behandeln: $D_x f(\mathbf{0}) = +1$ und $D_x f(\mathbf{0}) = -1$. Die Normalformen von f_0 unter diesen Bedingungen wurden im Beispiel 2.3 behandelt, wir müssen an dieser Stelle ihre Entfaltungen untersuchen.

Die Taylor-Entwicklung von $f(\mu, x)$ um $(0, 0)$ ergibt

$$f_\mu(x) = D_x f(\mathbf{0})x + D_\mu f(\mathbf{0})\mu + \frac{1}{2}[x^2 D_{xx} f(\mathbf{0}) + 2\mu x D_{\mu x} f(\mathbf{0}) + \mu^2 D_{\mu\mu} f(\mathbf{0})] + O(|(\mu, x)|^3). \tag{4.4.1}$$

Faßt man Terme in x^r, $r = 0, 1, 2, \ldots$ zusammen, so erhalten wir

$$f_\mu(x) = \sum_{r=0}^{N} a_r(\mu) x^r + O(x^{N+1}), \tag{4.4.2}$$

wobei $a_r(\mu)$ eine glatte Funktion von μ für alle r ist. Weiter gilt

$$a_0(\mu) = \mu D_\mu f(\mathbf{0}) + \frac{1}{2}\mu^2 D_{\mu\mu} f(\mathbf{0}) + \cdots, \tag{4.4.3}$$

$$a_1(\mu) = \pm 1 + \mu D_{\mu x} f(\mathbf{0}) + \cdots, \tag{4.4.4}$$

$$a_2(\mu) = \frac{1}{2} D_{xx} f(\mathbf{0}) + \cdots, \tag{4.4.5}$$

$$\vdots \tag{4.4.6}$$

4.4.1 $D_x f(\mathbf{0}) = +1$: die Faltungsbifurkation

Die Fixpunkte von $f_\mu(x)$ sind durch

$$g(\mu, x) = f(\mu, x) - x \tag{4.4.7}$$

$$= a_0(\mu) + (a_1(\mu) - 1)x + a_2(\mu)x^2 + O(x^3) = 0 \tag{4.4.8}$$

bestimmt, wobei $a_1(\mu)^{-1} = \mu D_{\mu x} f(\mathbf{0}) + \cdots = O(\mu)$ gilt. Aus der Annahme $f(\mathbf{0}) = 0$ folgt, daß $(\mu, x) = (0, 0)$ Gleichung (4.4.8) erfüllt. Für $D_\mu f(\mathbf{0}) \neq 0$ ergibt das Theorem über implizite Funktionen die Existenz einer glatten Funktion $\mu(x)$, die auf dem Intervall $(-\varepsilon, \varepsilon)$, $\varepsilon > 0$ definiert ist, so daß $\mu(0) = 0$ und

$$g(\mu(x), x) = 0 \tag{4.4.9}$$

gilt für alle $x \in (-\varepsilon, \varepsilon)$.

Differentiation von Gleichung (4.4.9) nach x ergibt

$$D\mu(0) = -\frac{D_x g(\mathbf{0})}{D_\mu g(\mathbf{0})} = 0, \tag{4.4.10}$$

da $D_x g(\mathbf{0}) = a_1(0) - 1 = 0$ und $D_\mu g(\mathbf{0}) = Da_0(0) = D_\mu f(\mathbf{0}) \neq 0$ ist. Eine zweite Differentiation liefert dann

$$D^2\mu(0) = -\frac{D_{xx} g(\mathbf{0})}{D_\mu g(\mathbf{0})} = -\frac{D_{xx} f(\mathbf{0})}{D_\mu f(\mathbf{0})}. \tag{4.4.11}$$

Nehmen wir nun an, daß

$$D_\mu f(\mathbf{0}) > 0 \qquad \text{und} \qquad D_{xx} f(\mathbf{0}) > 0, \tag{4.4.12}$$

ist, dann besitzt μ bei $x = 0$ das Maximum null. Also treten bei $f_\mu(x)$ zwei Fixpunkte $x^*_\pm(\mu)$ auf, wenn $\mu < 0$ ist, ein Fixpunkt für $\mu = 0$ und keine Fixpunkte für $\mu > 0$ (siehe Abbildung 4.16(a)). Da nun $D_{xx} f(\mathbf{0}) > 0$ und $D_x f(\mathbf{0}) = 1$ ist, gilt $Df_\mu(x^*_+(\mu)) > 1$, während $Df_\mu(x^*_-(\mu)) < 1$ ist. Daher ist $x^*_+(\mu)$ instabil und $x^*_-(\mu)$ stabil.

Wir sind nun in einer ähnlichen Lage wie bei Beispiel 4.2(d) für Vektorfelder. Die bei $(\nu, y) = (0, 0)$ durch

$$\tilde{f}(\nu, y) = \nu + y + y^2 \tag{4.4.13}$$

definierte *lokale* Familie zeigt das gleiche Verhalten wie $f(\mu, x)$, außer daß die Kurve der Fixpunkte $\mu = \mu(x)$ durch $\nu = -x^2$ ersetzt ist. Man beachte, daß (4.4.13) keine Familie von *globalen* Diffeomorphismen auf $\mathcal{R}$ ist. Für jedes $\nu = \mu$ in der Nähe von null gibt es offene Intervalle I, J, die $x, y = 0$ enthalten, so daß die Diffeomorphismen $f_\mu|I$ und $\tilde{f}_\mu|J$ die gleiche Anzahl an Fixpunkten vom gleichen Typ besitzen, die in gleicher Weise auf der Linie angeordnet sind. Ist dies der Fall, so erlaubt die Konstruktion, die wir in

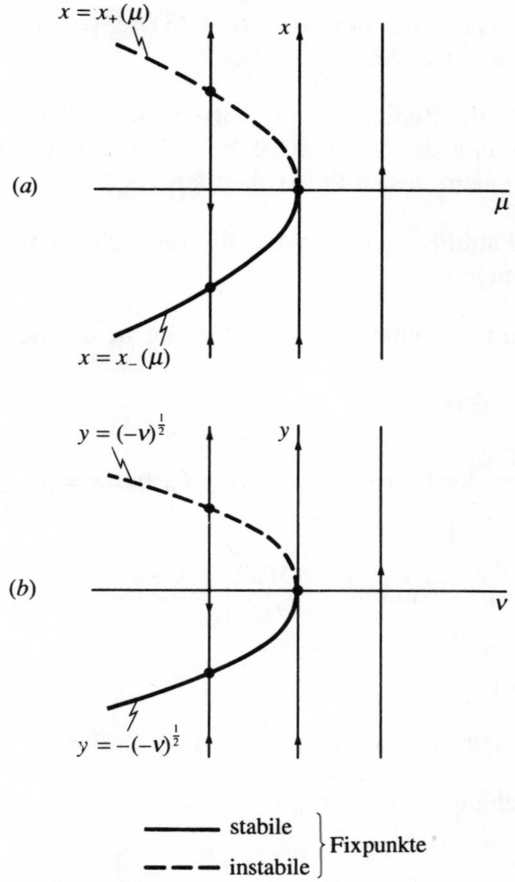

Abb. 4.16. Bifurkationsdiagramm für: (a) $f(\mu, x)$ (siehe (4.4.8)) und (b) $\tilde{f}(\mu, x)$, gegeben durch (4.4.13). Man sagt, diese Diffeomorphismen unterliegen einer *Faltungsbifurkation*, wenn der Parameterwert gleich null ist.

Beispiel 1.3 verwandt haben, zu beweisen, daß diese Beschränkungen zueinander topologisch konjugiert sind. Man kann noch weiter gehen und zeigen, daß eine stetige Funktion $h : U \to \mathscr{R}$ existiert (wobei U eine Umgebung des Ursprungs von $\mathscr{R}^2$ ist), die die Äquivalenz der lokalen Familien, die durch f und $\tilde{f}$ definiert werden, zeigen (siehe Arnold, 1983, S.285-286). Man erhält dann folgendes Ergebnis.

Satz 4.6 (siehe Arnold, 1983, S.285; Withley, 1983, S.181) *Die glatte Familie von Diffeomorphismen* $f(\mu, x)$ *erfülle* $f(\mathbf{0}) = 0$ *und* $D_x f(\mathbf{0}) = +1$. *Dann existiert für* $D_\mu f(\mathbf{0}) > 0$ *und* $D_{xx} f(\mathbf{0}) > 0$ *eine Umgebung von* $(\mu, x) =$

(0, 0), auf welcher $f(\mu, x)$ zu der durch (4.4.13) bei $(\nu, y) = (0, 0)$ definierten lokalen Familie äquivalent ist.

Man beachte, daß die Bedingung $D_\mu f(\mathbf{0}) > 0$ in Satz 4.6 ausreicht, die vollständige Entfaltung der Singularität bei $(\mu, x) = (0, 0)$ zu sichern. Das folgende Beispiel macht diesen Punkt deutlich.

Beispiel 4.4 Die Familie $f(\mu, x)$ von Diffeomorphismen auf $\mathcal{R}$ erfülle die folgenden Bedingungen:

(i) es existiert ein Fixpunkt bei $x = 0$ für alle μ, das heißt

$$f(\mu, 0) \equiv 0; \tag{4.4.14}$$

(ii) der Eigenwert der Linearisierung von f_μ bei $x = 0$, $\lambda(\mu) = D_x f(\mu, 0)$ erfüllt

$$\lambda(0) = 1 \qquad \text{und} \qquad \left.\frac{d\lambda(\mu)}{d\mu}\right|_{\mu=0} > 0; \tag{4.4.15}$$

(iii)
$$D_{xx} f(\mathbf{0}) > 0. \tag{4.4.16}$$

Man skizziere das Bifurkationsdiagramm von f in der μx-Ebene.

Lösung. Aus Gleichung (4.4.14) folgt

$$a_0(\mu) \equiv 0, \tag{4.4.17}$$

während (4.4.1) bedeutet, daß

$$D_x f(\mathbf{0}) = 1 \qquad \text{und} \qquad D_{\mu x} f(\mathbf{0}) > 0 \tag{4.4.18}$$

gilt. Es folgt nun aus Gleichung (4.4.8), daß die nicht-trivialen Fixpunkte von $f(x)$ die Bedingung

$$(a_1(\mu) - 1) + a_2(\mu)x + O(x^2) = 0 \tag{4.4.19}$$

erfüllen, wobei $(a_1(\mu) - 1) = \mu D_{\mu x} f(\mathbf{0}) + \cdots$ und $a_2(\mu) = \frac{1}{2} D_{xx} f(\mathbf{0}) + \cdots$ ist. Wenden wir das Theorem über implizite Funktionen auf (4.4.19) an, so können wir schlußfolgern (siehe Aufgabe 4.4.2), daß es eine Funktion $x^*(\mu)$ gibt, die auf einer Umgebung von $\mu = 0$ definiert ist, die (4.4.19) erfüllt und für die $x^*(0) = 0$ gilt. In diesem Falle gilt mit (4.4.16) und (4.4.18)

$$Dx^*(0) = -\frac{2D_{\mu x} f(\mathbf{0})}{D_{xx} f(\mathbf{0})} < 0. \tag{4.4.20}$$

Da $\left.\frac{d\lambda(\mu)}{d\mu}\right|_{\mu=0} > 0$ gilt, ist $\lambda(\mu) > 1\,(< 1)$ für $\mu > 0\,(< 0)$. Also ist der Fixpunkt bei $x = 0$ für $\mu < 0$ stabil sowie für $\mu > 0$ instabil. Weiter ergeben (4.4.8) und (4.4.20)

$$\begin{aligned} D_x f(\mu, x^*(\mu)) &= a_1(\mu) + 2a_2(\mu)x^*(\mu) + O(x^*(\mu)^2) \\ &= 1 - \mu D_{\mu x} f(\mathbf{0}) + O(\mu^2) \end{aligned} \tag{4.4.21}$$

(siehe Aufgabe 4.4.2). Dies bedeutet nun, daß der nicht-triviale Fixpunkt für $\mu < 0$ instabil und für $\mu > 0$ stabil ist. Die Form des Bifurkationsdiagramms findet man in Abb. 4.17.

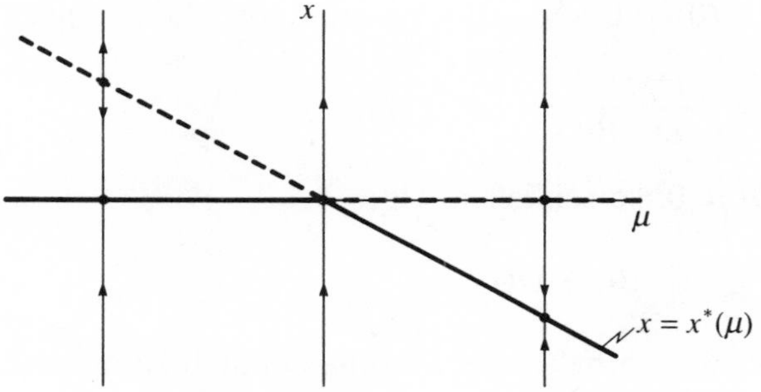

Abb. 4.17. Bifurkationsdiagramm für $f(\mu, x)$ aus Beispiel 4.4. Man beachte, daß $x^*(\mu)$ im Ursprung einen negativen Anstieg besitzt (siehe (4.4.20)). Man nennt diese Bifurkation die *transkritische Bifurkation* (Whitley, 1983, S.185).

Man kann zeigen, daß eine Familie des in Beispiel 4.4 beschriebenen Types auf einer Umgebung von $(\sigma, x) = (0, 0)$ äquivalent zu

$$\hat{f}(\sigma, x) = (\sigma + 1)x + x^2 \tag{4.4.22}$$

ist. Die Fixpunkte von $\hat{f}(\sigma, x)$ sind durch $\sigma x + x^2 = -\frac{1}{4}\sigma^2 + (\frac{1}{2}\sigma + x)^2 = 0$ gegeben. Die Transformation $x = h_\sigma(y) = y - \frac{1}{2}\sigma$ führt dann auf

$$h_\sigma^{-1}(\hat{f}_\sigma(h_\sigma(y))) = -\frac{1}{4}\sigma^2 + y + y^2 = \tilde{f}_{\nu(\sigma)}(y), \tag{4.4.23}$$

wobei $\nu(\sigma) = -\frac{1}{4}\sigma^2$ ist. Da $h(\sigma, y) = y - \frac{1}{2}\sigma$ stetig ist, ist (4.4.22) äquivalent zu (4.4.23), die wiederum durch (4.4.13) erzeugt wird. Da es für keinen Wert von σ vorkommt, daß (4.4.22) und (4.4.23) keine Fixpunkte haben, ist die Singularität bei $(\sigma, x) = (0, 0)$ nicht vollständig entfaltet.

4.4.2 $D_x f(\mathbf{0}) = -1$: die Flip-Bifurkation

Für μ nahe bei null ist f_μ in einer Umgebung von $x = 0$ ein fallender Diffeomorphismus, daher besitzt er nur einen Fixpunkt. Genauer gesagt gilt $g(0) = 0$ und $D_x g(\mathbf{0}) = -2$, wenn wir $g(\mu, x)$ wie folgt definieren:

$$g(\mu, x) = f(\mu, x) - x. \tag{4.4.24}$$

Das Theorem über implizite Funktionen liefert nun die Existenz einer eindeutigen, glatten Abbildung $x = x^*(\mu)$, die auf einem $\mu = 0$ enthaltenden Intervall definiert ist und für die gilt

$$g(\mu, x^*(\mu)) = f(\mu, x^*(\mu)) - x^*(\mu) \equiv 0. \tag{4.4.25}$$

Natürlich gilt $x^*(0) = 0$ und differenzieren von (4.4.25) nach μ liefert

$$Dx^*(\mu) = -\frac{D_\mu g(\mathbf{0})}{D_x g(\mathbf{0})} = \frac{1}{2} D_\mu f(\mathbf{0}). \tag{4.4.26}$$

Ist nun $D_\mu f(\mathbf{0}) \neq 0$, so schließen wir

$$x^*(\mu) = \frac{\mu}{2} D_\mu f(\mathbf{0}) + O(\mu^2). \tag{4.4.27}$$

Um das Bifurkationsverhalten der Familie deutlich zu machen, transformieren wir in die Normalform.

Es werden lokale Koordinaten eingeführt, so daß der Fixpunkt für alle μ im Ursprung verbleibt, das heißt $x \mapsto x - x^*(\mu)$, $\mu \mapsto \mu$. Eine Taylor-Entwicklung gibt dann

$$G(\mu, x) = g(\mu, x + x^*(\mu)) = \sum_{r=1}^{N} b_r(\mu) x^r + O(x^{N+1}) \tag{4.4.28}$$

mit

$$b_r(\mu) = \frac{1}{r!} D_x^r g(\mu, x^*(\mu)). \tag{4.4.29}$$

Mit Hilfe der Gleichungen (4.4.2) und (4.4.24) sieht man, daß

$$b_1(\mu) = (a_1(\mu) - 1) + 2a_2(\mu) x^*(\mu) + 3a_3(\mu) x^*(\mu)^2 + \cdots \tag{4.4.30}$$

und

$$b_r(\mu) = a_r(\mu) + (r+1) a_{r+1}(\mu) x^*(\mu) + \cdots \tag{4.4.31}$$

gilt für $r \geq 2$. Definieren wir nun $F(\mu, x)$ durch

$$G(\mu, x) = F(\mu, x) - x, \tag{4.4.32}$$

so erhalten wir

$$F(\mu, x) = (b_1(\mu) + 1)x + \sum_{r=2}^{N} b_r(\mu)x^r + O(x^{N+1}). \tag{4.4.33}$$

Nun gilt mit (4.4.27)

$$b_1(\mu) + 1 = a_1(\mu) + 2a_2(\mu)x^*(\mu) + 3a_3(\mu)x^*(\mu)^2 + \cdots, \tag{4.4.34}$$

so daß man aus (4.4.4) und (4.4.5) zusammen mit (4.4.27) erhält

$$b_1(\mu) + 1 = \nu(\mu) - 1, \tag{4.4.35}$$

wobei

$$\nu(\mu) = \mu\{D_{\mu x}f(\mathbf{0}) + \frac{1}{2}D_{xx}f(\mathbf{0})D_{\mu}f(\mathbf{0})\} + O(\mu^2) \tag{4.4.36}$$

gilt. So ergibt sich (4.4.33) zu

$$F(\mu, x) = (\nu(\mu) - 1)x + \sum_{r=2}^{N} b_r(\mu)x^r + O(x^{N+1}). \tag{4.4.37}$$

Die Details der obigen Rechnung werden in Aufgabe 4.4.4 behandelt.

Man erinnere sich an Beispiel 2.3 und beachte, daß:

(i) wenn $\mu = 0$ ist, so können die Terme der Ordnung x^r für gerade r aus (4.4.37) entfernt werden durch fortgesetzte Normalform-Transformationen,

(ii) ist $\nu(\mu) \not\equiv 0$, so können für $\mu \neq 0$ Terme der Ordnung x^r für jedes $r \geq 2$ eliminiert werden, da $|DF_{\mu}(x)| \neq 1$ für $\mu \neq 0$ ist.

Um zu vermeiden, daß die Koeffizienten der ungeraden Potenzen von x singuläres Verhalten zeigen, wenn μ null wird, *legen* wir *fest*, daß nur gerade Potenzen von x für $\mu \neq 0$ eliminiert werden.

Betrachten wir den allgemeinen Fall, bei welchem der Koeffizient von x^3 ungleich null ist für $\mu = 0$, das heißt

$$\tilde{F}(\mu, x) = (\nu(\mu) - 1)x + \tilde{b}_3(\mu)x^3 + O(x^5). \tag{4.4.38}$$

Es sollte hier hervorgehoben werden, daß $\tilde{b}_3(\mu)$ in Gleichung (4.4.38) im allgemeinen von $b_3(\mu)$ in (4.4.37) verschieden ist, da der kubische Term durch die Forttransformation des quadratischen Terms verändert werden kann. Die Details dieser Normalform-Rechnung werden in Aufgabe 4.4.5 besprochen, das Ergebnis für $\tilde{b}_3(\mu)$ in (4.4.38) lautet

$$\tilde{b}_3(\mu) = -\frac{1}{12}D_{xxx}f^2(\mathbf{0}) + O(\mu). \tag{4.4.39}$$

Die Skalierung $x \mapsto \alpha x$ mit $\alpha^2 = |\tilde{b}_3(\mu)|$ reduziert den Betrag des Koeffizienten von x^3 in (4.4.38) zu eins.

Jede der obigen Transformationen setzt voraus, daß x und μ auf eine genügend kleine Umgebung von $(\mu, x) = (0, 0)$ beschränkt und daß sie stetige Funktionen von μ und x sind. So können wir schließen, daß auf einer Umgebung von $(\mu, x) = (0, 0)$ die Familie $f(\mu, x)$ zu der Familie

$$\alpha\tilde{F}(\mu, \alpha^{-1}x) = (\nu(\mu) - 1)x \pm x^3 + O(x^5) \tag{4.4.40}$$

äquivalent ist, wobei das Vorzeichen durch $-\text{sign}(D_{xxx}f^2(\mathbf{0}))$ gegeben ist. Die Familie (4.4.40) wird durch eine lokale Familie erzeugt, die durch

$$\bar{f}(\nu, x) = (\nu - 1)x \pm x^3 + O(x^5) \tag{4.4.41}$$

definiert ist. Die induzierende Funktion $\nu = \nu(\mu)$ ist eine Bijektion auf einem Intervall, welches $\mu = 0$ enthält, vorausgesetzt, der Koeffizient von μ in (4.4.36) ist ungleich null.

Beispiel 4.5 Man betrachte die durch

$$\bar{f}(\nu, x) = (\nu - 1)x \pm x^3 \tag{4.4.42}$$

definierten Familien in der Umgebung des Ursprungs. Man zeige, daß $x = 0$ ein Fixpunkt $\bar{f}_\nu$ für alle ν ist und diskutiere die Stabilität. Man bestimme die Fixpunkte von $\bar{f}_\nu^2$ und bestimme ihre Stabilität. Man skizziere ein Bifurkationsdiagramm in der νx-Ebene, welches sowohl die 1- als auch die 2-Zyklen beider Familien darstellt.

Lösung. Die Fixpunkte von $\bar{f}_\nu$ erfüllen $x = \bar{f}_\nu(x)$, so daß natürlich $x = 0$ für alle ν ein Fixpunkt ist. Da $D\bar{f}_\nu(0) = (\nu - 1)$ ist, ist dieser Fixpunkt für ν nahe bei null ein stabiler (instabiler) Fixpunkt für $\nu > 0$ ($\nu < 0$) in beiden Familien.

Nun gilt

$$\begin{aligned} \bar{f}_\nu^2(x) &= \bar{f}_\nu(\bar{f}_\nu(x)) \\ &= (\nu - 1)^2 x \pm x^3(\nu - 1)[1 + (\nu - 1)^2] + O(x^4). \end{aligned} \tag{4.4.43}$$

Die Fixpunkte von $\bar{f}_\nu^2$ erfüllen also

$$x[(\nu^2 - 2\nu) \pm (\nu - 1)(\nu^2 - 2\nu + 2)x^2 + O(x^3)] = 0, \tag{4.4.44}$$

so daß die nicht-trivialen Fixpunkte von $\bar{f}_\nu^2$ durch

$$\begin{aligned} x^2 &= \pm\frac{2\nu - \nu^2}{(\nu - 1)(\nu^2 - 2\nu + 2)} + O(\nu^{3/2}) \\ &= \mp\nu(1 + O(\nu^{1/2})) \end{aligned} \tag{4.4.45}$$

gegeben sind. Gilt nun in (4.4.42) das positive Vorzeichen, so besitzt (4.4.45)

(i) keine reelle Lösung für $\nu > 0$ und

(ii) zwei reelle Lösungen $x = x_\pm^* = \pm(-\nu)^{1/2} + O(\nu)$ für $\nu < 0$.

Die Stabilität der Fixpunkte $x_\pm^*$ folgt aus der Gleichung

$$D\bar{f}_\nu^2(x_\pm^*) = D\bar{f}_\nu(x_+^*)D\bar{f}_\nu(x_-^*) \tag{4.4.46}$$

(siehe Aufgabe 4.4.6). Nun ist $D\bar{f}_\nu(x) = (\nu - 1) + 3x^2$, so daß (4.4.46) ergibt

$$\begin{aligned} D\bar{f}_\nu^2(x_\pm^*) &= [(\nu - 1) - 3\nu(1 + O(\nu^{1/2}))]^2 \\ &= [-1 - 2\nu + O(\nu^{3/2})]^2 \\ &= 1 + 4\nu + O(\nu^{3/2}). \end{aligned} \tag{4.4.47}$$

Da ν klein und negativ ist, sind beide Fixpunkte von $\bar{f}_\nu^2$ stabil, das Bifurkationsdiagramm ist in Abbildung 4.18(a) gezeigt.

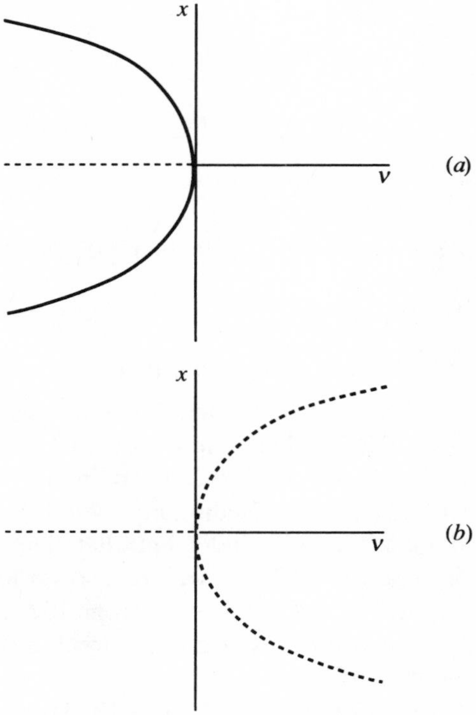

Abb. 4.18. Bifurkationsdiagramm für die lokale Familie $\bar{f}(\nu, x)$, die durch (4.4.42) gegeben ist, für (a) positives ; (b) negatives Vorzeichen. Die ν-Achse ist eine Linie von Fixpunkten für $\bar{f}_\nu$: stabil für $\nu > 0$ und instabil für $\nu < 0$. Die Fixpunkte von $\bar{f}_\nu^2$ liegen auf der qudratischen Kurve (4.4.45). Diese Punkte entsprechen einem 2-Zyklus von $\bar{f}_\nu$: stabil in (a) und instabil in (b). Die lokale Familie $\bar{f}(v, x)$ unterliegt einer *Flip-Bifurkation* bei $\nu = 0$.

Gilt in (4.4.42) das negative Vorzeichen, so besitzt $\bar{f}_\nu^2$ für $\nu > 0$ zwei Fixpunkte ($x_\pm^* = \pm\nu^{1/2} + O(\nu)$)), $D\bar{f}_\nu(x) = (\nu - 1) - 3x^2$ und (4.4.47) gilt unverändert. Da aber $\nu > 0$ ist, ist $D\bar{f}_\nu^2(x_\pm^*) > 1$ und die Fixpunkte von $\bar{f}_\nu^2$ sind instabil. Das Bifurkationsdiagramm sieht man in Abbildung 4.18(b).

Wie man zeigen kann, verändern die $O(x^5)$-Terme in (4.4.41) das Bifurkationsverhalten, das in Beispiel 4.5 beschrieben wurde, nicht. Die Wirkung dieser Terme ist die quantitative, aber nicht die qualitative Veränderung der Details der Nullmengen von $\bar{f}^2(\nu, x) - x$ (siehe Aufgabe 4.4.6). Daraus folgt nun, daß eine Bifurkation der Form, wie sie in Abb. 4.18 gezeigt wird, allgemein auftritt, wenn $f_{\mu^*}(x^*) = x^*$ und $Df_{\mu^*}(x^*) = -1$ gilt. Präziser ausgedrückt, kann der folgende Satz bewiesen werden, wobei hier von lokalen Koordinaten bei (μ^*, x^*) ausgegangen wird.

Satz 4.7 (siehe Arnold, 1983, S. 286; Whitley, 1983, S.182) *Die glatte Familie von Diffeomorphismen $f(\mu, x)$ erfülle:*

(i) $$f(\mathbf{0}) = 0, \tag{4.4.48}$$

(ii) $$D_x f(\mathbf{0}) = -1, \tag{4.4.49}$$

(iii) $$D_{xxx} f^2(\mathbf{0}) < 0. \tag{4.4.50}$$

Dann ist $f(\mu, x)$ bei $(\nu, x) = (0, 0)$ topologisch äquivalent zu einer Familie, die durch

$$\bar{f}(\nu, x) = (\nu - 1)x + x^3 \tag{4.4.51}$$

erzeugt wird. Gilt für die Linie der Fixpunkte $x^*(\mu)$ zusätzlich

$$\frac{d}{d\mu}\{D_x f(\mu, x^*(\mu))\}|_{\mu=0} > 0, \tag{4.4.52}$$

dann wird f_0 durch $f(\mu, x)$ vollständig entfaltet.

Der Beweis von Satz 4.7 besteht im wesentlichen aus dem in der Einleitung zu Beispiel 4.5 Gesagten. Die Ungleichung (4.4.50) ist eine Nicht-Entartungs-Bedingung, die sichert, daß der kubische Term in der Normalform von f nicht null ist (siehe (4.4.39)). Die Bedingung (4.4.52) hat zur Folge, daß μ die entstehende Singularität vollständig entfaltet. Die Richtungen in den Ungleichungen (4.4.50) und (4.4.52) sind wählbar, so verändert $D_{xxx} f^2(\mathbf{0}) > 0$ einfach das Vorzeichen von x^3 in (4.4.51); während die inverse Ungleichung für (4.4.52) das Vorzeichen von ν in (4.4.51) umdreht. Solche *Ungleichungen* werden natürlich allgemein erfüllt.

Wir nennen die Bifurkation, die in Abb. 4.18 dargestellt ist, eine *Flip-Bifurkation*, manchmal heißt sie auch *periodenverdoppelnde Bifurkation*. Denn bei einem Stabilitätswechsel eines Fixpunktes (oder 1-Zyklus) wird bei dieser lokalen Bifurkation ein 2-Zyklus erzeugt. Die Bedeutung letzterer Bezeichnung wird allerdings erst klar, wenn Bifurkationen von Familien von Abbildungen auf einem Intervall betrachtet werden.

4.5 Die logistische Abbildung

In diesem Abschnitt wollen wir nun zeigen, wie die in §4.4 entwickelte Theorie auf Bifurkationen gewisser Abbildungen auf einem Intervall angewandt werden kann. Ein typisches Beispiel ist die diskrete logistische Abbildung in der Populationsdynamik (siehe Guckenheimer u.a., 1977; May, 1976, 1983), die zum Beispiel folgende Form haben kann:

$$F(\rho, x) = \rho x(1 - x). \tag{4.5.1}$$

Für $0 < \rho \leq 4$ ist $F_\rho : [0, 1] \rightarrow [0, 1]$, F_ρ ist jedoch kein Diffeomorphismus auf $[0, 1]$ für jedes ρ, da $DF_\rho(\frac{1}{2}) = 0$ ist. (4.5.1) besitzt einen nicht-trivialen Fixpunkt bei $x^* = (\rho - 1)/\rho \in [0, 1]$ für $1 \leq \rho \leq 4$. Mehr noch, es gilt

$$DF_\rho(x^*) = \rho(1 - 2x^*) = 2 - \rho, \tag{4.5.2}$$

der nicht-triviale Fixpunkt ist also für $\rho = 3$ nicht-hyperbolisch. Wie Abbildung 4.19 zeigt, definiert (4.5.1) für ρ nahe 3 und x in der Nähe von $x^* = \frac{2}{3}$ eine lokale Familie von Diffeomorphismen.

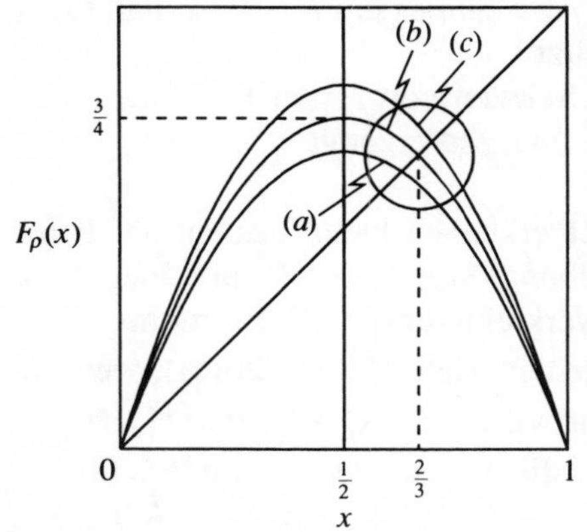

Abb. 4.19. Darstellung von $F_\rho(x)$ für: (a) $\rho < 3$; (b) $\rho = 3$; (c) $\rho > 3$. Man beachte, daß (4.5.1) für jeden Wert von ρ einen lokalen Diffeomorphismus in dem entsprechenden Fixpunkt $x^*(\rho) \simeq \frac{2}{3}$ definiert. Dann kann die in §4.4 entwickelte Theorie auf die lokale Familie angewandt werden, die man durch Beschränkung von F auf eine genügend kleine Umgebung von $(\rho, x) = (3, \frac{2}{3})$ erhält.

Beispiel 4.6 Man zeige, daß (4.5.1) bei $\rho = 3$ einer Flip-Bifurkation unterliegt, indem ein stabiler 2-Zyklus für $\rho \in (3, 3 + \varepsilon)$ konstruiert wird, wobei $\varepsilon > 0$ gelte. Man bestätige das Ergebnis durch eine Skizze von F_ρ^2 für ρ in der Nähe von 3.

Lösung. Bei $\rho = 3$ impliziert (4.5.2) $DF_3(x^*) = -1$. Dann folgt

$$F_3^2(x) = F_3(F_3(x)) = 9x - 36x^2 + 54x^3 - 27x^4 \tag{4.5.3}$$

und $x^* = (\rho - 1)/\rho = \frac{2}{3}$. Damit gilt

$$D_{xxx}F^2(3, \frac{2}{3}) = 54(6 - 12x^*) = -108 < 0, \tag{4.5.4}$$

wie es in Satz 4.7 gefordert wird. Weiter folgt

$$\frac{d}{d\rho}[D_xF(\rho, x^*(\rho))]_{\rho=3} = \frac{d}{d\rho}(2 - \rho)|_{\rho=3} = -1 < 0. \tag{4.5.5}$$

Entsprechend den Ausführungen, die sich Satz 4.7 anschließen, sehen wir, daß die durch (4.5.1) definierte lokale Familie in der Umgebung von $(3, \frac{2}{3})$ zu (4.4.51) mit $\nu \mapsto -\nu$ topologisch konjugiert ist. Daraus folgt, daß das Bifurkationsdiagramm durch Abb. 4.18(a) gegeben ist, wobei das Vorzeichen von ν invertiert wird. Also gibt es ein $\varepsilon > 0$, so daß für $\rho \in (3, 3+\varepsilon)$ F_ρ einen stabilen 2-Zyklus besitzt.

In Abb. 4.20 sind Skizzen von $F_\rho^2(x)$ für ρ nahe bei 3 gezeigt. Abb. 4.21 zeigt, wie man solche Skizzen erzeugt.

Wie man in Abb. 4.21 erkennen kann, besteht der Effekt einer Vergrößerung von ρ in der Umgebung von $\rho = 3$ in einer Vergrößerung des Maximums und in einer Verkleinerung des Minimums von F_ρ^2. Damit wird auch $DF_\rho^2(x_i^*)$, $i = 1, 2$, kleiner (siehe Abb. 4.20(c)), wenn ρ abnimmt (siehe Aufgabe 4.5.2). Vielleicht wird $DF_\rho^2(x_i^*) = DF_\rho(x_1^*)DF_\rho(x_2^*)$ für $i = 1, 2$ gleich -1, dann unterliegen die Fixpunkte x_i^* von F_ρ^2 Flip-Bifurkationen, es werden 2-Zyklen von F_ρ^2, das heißt 4-Zyklen von F_ρ erzeugt. Man kann nun zeigen, daß diese 4-Zyklen wieder Flip-Bifurkationen unterliegen, so daß 8-Zyklen erzeugt werden usw. (siehe Aufgabe 4.5.3). Diese Zyklen der Länge $2, 4, 8, \ldots, 2^k, \ldots$ erscheinen sukzessive für wachsendes ρ in der Nähe von 3. Numerische Experimente (Collet, Eckmann, 1980; May, 1976) zeigen, daß der Bereich von ρ, für den die 2^k-Zyklen stabil bleiben, mit wachsendem k kleiner wird und daß sich die stabilen 2^k-Zyklen bei $\rho = \rho_c = 3,57000\cdots$ häufen für $k \to \infty$.

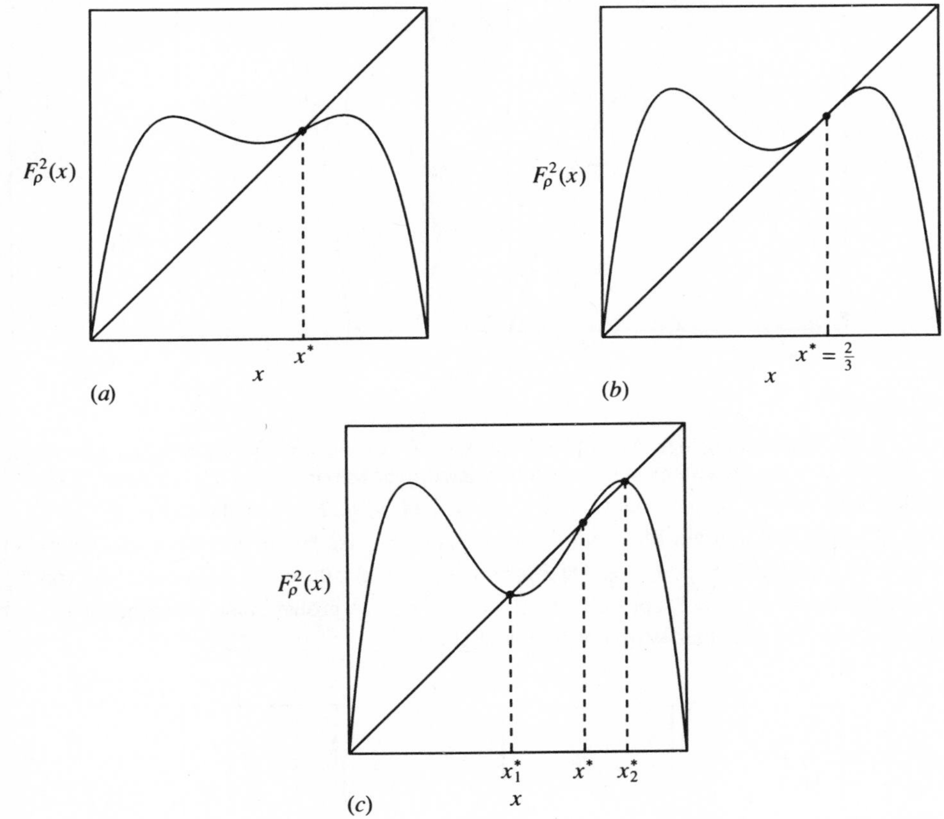

Abb. 4.20. Skizzen von $F_\rho^2(x)$ für: (a) $\rho < 3$, (b) $\rho = 3$, (c) $\rho > 3$, die die Flip-Bifurkation für die logistische Abbildung (4.5.1) bei $\rho = 3$ darstellen. Wenn ρ durch die Drei geht, so wird der Fixpunkt bei $x^*(\rho)$ instabil, und es entstehen die zusätzlichen Fixpunkte $x_1^*(\rho)$ und $x_2^*(\rho)$, wobei $x_1^*(\rho) < x^*(\rho) < x_2^*(\rho)$ gilt. Diese Fixpunkte von F_ρ^2 entsprechen einem stabilen 2-Zyklus in F_ρ.

Beispiel 4.7 Man zeichne den Graphen von $F_\rho^3(x)$ für $\rho_0 < \rho < 4$, wobei ρ_0 die größte Wurzel von

$$\frac{\rho^2}{4}\left(1 - \frac{\rho}{4}\right) = \frac{1}{2} \tag{4.5.6}$$

ist. Man zeige weiter, daß F_ρ für gewisse ρ in diesem Intervall stabile wie instabile 3-Zyklen erzeugt.

Lösung. Abb. 4.22 zeigt, wie man die Gestalt von $F_\rho^3(x)$ erhalten kann. Zuerst erreicht $F_\rho^3(x)$ bei $x = x_m^{(2)}$ ein Maximum, wobei $F_\rho^2(x_m^{(2)}) = \frac{1}{2}$ ist; dann fällt

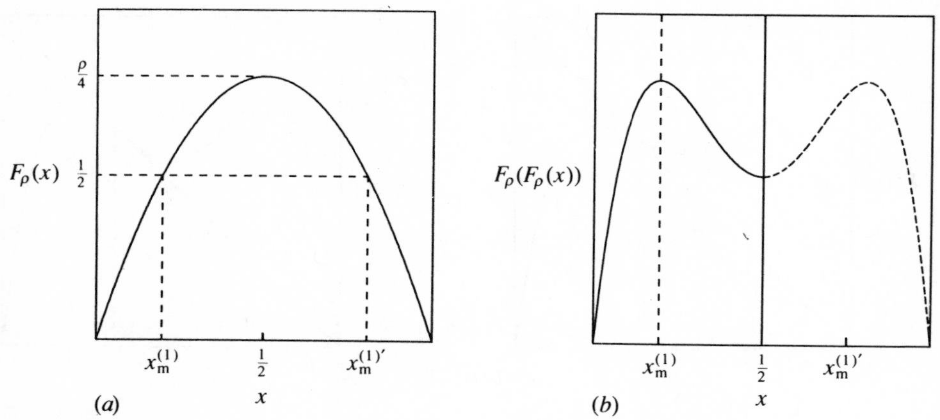

Abb. 4.21. Darstellung der Art und Weise, wie ein einfaches, symmetrisches Maximum in $F_\rho(x)$, $\rho \simeq 3$, zu einem symmetrischen Zwillings-Maximum in $F_\rho^2(x)$ führt. Liegt ρ in der Nähe von 3, so gilt $\max_{0 \leq x \leq 1}(F_\rho(x)) = \rho/4 > \frac{1}{2}$. F_ρ^2 läuft daher bei $x_m^{(1)} = \{1 - [1-(2/\rho)]^{1/2}/2$ durch ein Maximum, wobei $F_\rho(x) = \frac{1}{2}$ ist, sowie durch ein Minimum bei $x = \frac{1}{2}$, hier ist $F_\rho(x) = \rho/4 > \frac{1}{2}$. Da $F_\rho(x) = F_\rho(1-x)$ gilt, erhält man den Rest von F_ρ^2 durch Reflexion an $x = \frac{1}{2}$, speziell ist $x_m^{(1)'} = 1 - x_m^{(1)}$. Je größer ρ ist, umso näher ist $\rho/4$ bei eins und umso kleiner ist der Wert von $F_\rho^2(\frac{1}{2})$.

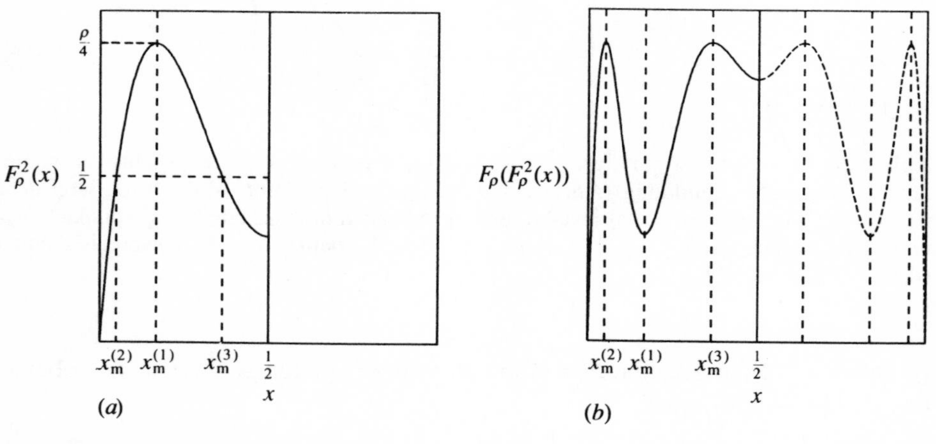

Abb. 4.22. Skizzen, die zeigen, wie man den Graphen von $F_\rho^3(x)$ aus dem von $F_\rho^2(x)$ für $0 < x \leq \frac{1}{2}$ erhalten kann. $F_\rho^3(x) = F_\rho^3(1-x)$ ergibt dann den Rest des Graphen für $\frac{1}{2} < x < 1$ (gestrichelt gezeichnet). Man beachte, daß sich die Zahl der Maxima verdoppelt hat (vergleiche Abbildung 4.21). Diese Maxima erzeugen dann wieder mehr Maxima bei F_ρ^4 usw. Der Ausgangspunkt für dieses immer komplizierter werdende Verhalten ist das einzelne Maximum von F_ρ bei $x = \frac{1}{2}$ mit $F_\rho(\frac{1}{2}) = \rho/4 > \frac{1}{2}$.

es auf ein Minimum bei $x = x_m^{(1)}$ ab, wobei $F_\rho^2(x)$ sein Maximum von $\rho/4$ erreicht. Wächst x von $x_m^{(1)}$ auf $\frac{1}{2}$, so fällt $F_\rho^2(x)$ von $\rho/4$ auf $F_\rho^2(\frac{1}{2})$. Nun gilt

$$F_\rho^2\left(\frac{1}{2}\right) = \rho[\rho x(1-x)][1-\rho x(1-x)]|_{x=\frac{1}{2}} = \frac{\rho^2}{4}\left(1-\frac{\rho}{4}\right), \qquad (4.5.7)$$

so daß $F_\rho^2(\frac{1}{2}) = 0$ ist für $\rho = 0, 4$ und bei $(0, 4)$ ein eindeutiges Maximum besitzt. Ist $\rho > \rho_0$, so ist $F_\rho^2(\frac{1}{2}) > \frac{1}{2}$, und $F_\rho(F_\rho^2(x))$ wächst auf ein Maximum von $\rho/3$ bei $x = x_m^{(3)}$ (siehe Abb. 4.22). Schließlich sinkt $F_\rho^3(x)$ auf ein Minimum bei $x = \frac{1}{2}$, wenn $F_\rho^2(x)$ von $\frac{1}{2}$ auf $\frac{\rho^2}{4}\left(1-\frac{\rho}{4}\right)$ sinkt. Daraus können wir nun schlußfolgern, daß $F_\rho^3(x)$ vier Maxima und drei Minima besitzt, wie es in Abb. 4.22 gezeigt ist.

Das obige Argument zeigt nun, daß der Wert von F_ρ^3 im Minimum bei $x = x_m^{(1)}$ gleich dem von F_ρ^2 bei $x = \frac{1}{2}$ ist. Es gilt mittels (4.5.7)

$$F_\rho^3(x_m^{(1)}) = F_\rho(F_\rho^2(x_m^{(1)})) = F_\rho\left(\frac{\rho}{4}\right) = F_\rho^2\left(\frac{1}{2}\right). \qquad (4.5.8)$$

Die Tiefe des lokalen Minimums von F_ρ^3 bei $x = \frac{1}{2}$ geht für $\rho \to \rho_{0^+}$ gegen null; die zwei zentralen Maxima verschmelzen für $\rho = \rho_0$. Dabei ist

$$F_\rho^3\left(\frac{1}{2}\right) = F_\rho\left(F_\rho^2\left(\frac{1}{2}\right)\right). \qquad (4.5.9)$$

Aus (4.5.7) folgt nun $F_{\rho_0}^2(\frac{1}{2}) = \frac{1}{2}$ und $F_4^2(\frac{1}{2}) = 0$, $F_\rho^2(\frac{1}{2})$ ist auf dem Intervall $(\rho_0, 4)$ eine fallende Funktion. Die Gleichungen (4.5.8) und (4.5.9) implizieren dann, daß $F_\rho^3(x_m^{(1)})$ $(= F_\rho^3(1 - x_m^{(1)}))$ und $F_\rho^3(\frac{1}{2})$ auf null fallen, wenn ρ von $\rho = \rho_0$ auf $\rho = 4$ wächst. Die Höhe der Maxima, die durch $\rho/4$ gegeben ist, wächst gleichzeitig auf eins.

Abbildung 4.23 zeigt eine Reihe von Skizzen von $F_\rho^3(x)$ mit wachsendem $\rho \in (\rho_0, 4)$. Der Punkt P ist der instabile Fixpunkt von F_ρ: er ist offensichtlich ein Fixpunkt von F_ρ^3 und erscheint für alle $\rho_0 < \rho < 4$. Wenn die Maxima von F_ρ^3 wachsen und die Minima kleiner werden, tritt *gleichzeitig* Faltungs-Bifurkation bei x_1^*, x_2^* und x_3^* auf. Alle drei Fixpunkte erscheinen beim gleichen Wert $\rho = \rho^*$ (siehe Aufgabe 4.5.4). Wird ρ größer als ρ^*, so erscheint ein Paar von 3-Zyklen von F_ρ: ein stabiler sowie ein instabiler (siehe Abbildung 4.24).

Wie man sieht, existiert ein stabiler 3-Zyklus von F_ρ für $\rho \in (\rho^*, \rho^* + \varepsilon)$ für gewisse $\varepsilon > 0$, jedoch nimmt der Anstieg von F_ρ^3 am Periode-3-Punkt für

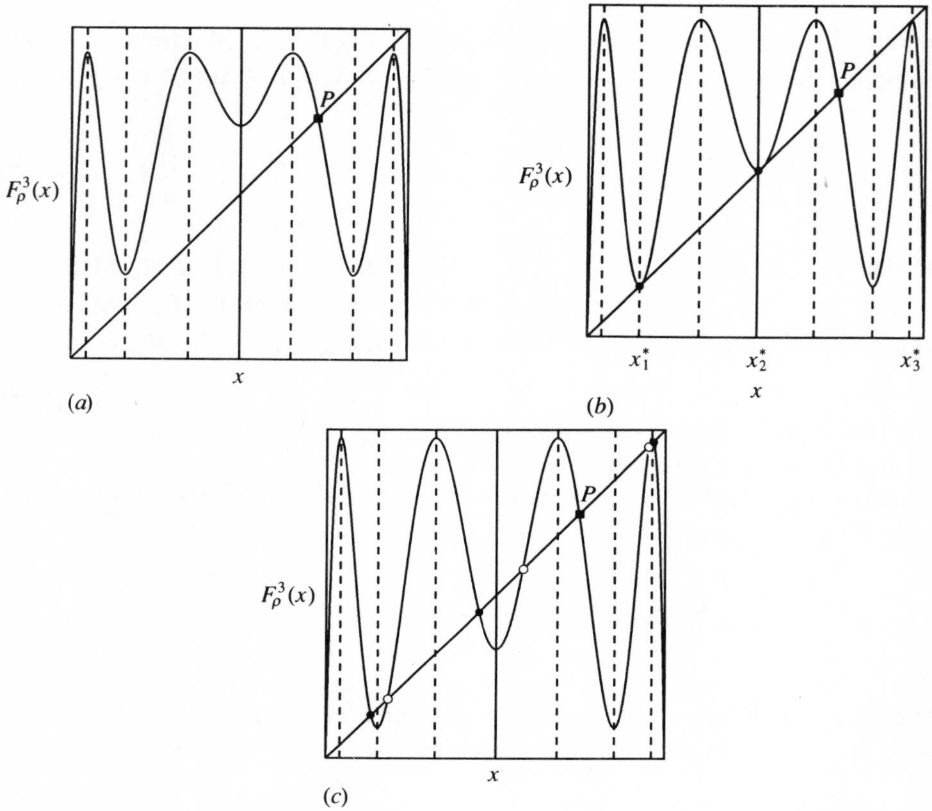

Abb. 4.23. Plots von $F_\rho^3(x)$ für: (a) $\rho_0 < \rho < \rho^*$; (b) $\rho = \rho^*$; (c) $\rho^* < \rho < 4$. ρ_0 ist durch (4.5.6) gegeben. Man beachte, daß für $\rho = \rho^*$ nicht-hyperbolische Fixpunkte bei x_i^*, $i = 1, 2, 3$, auftreten und das jeder sich in ein Paar von Fixpunkten verwandelt, wenn ρ größer als ρ^* wird. Dieses Verhalten ist typisch für die in §4.4 diskutierte Faltungs-Bifurkation.

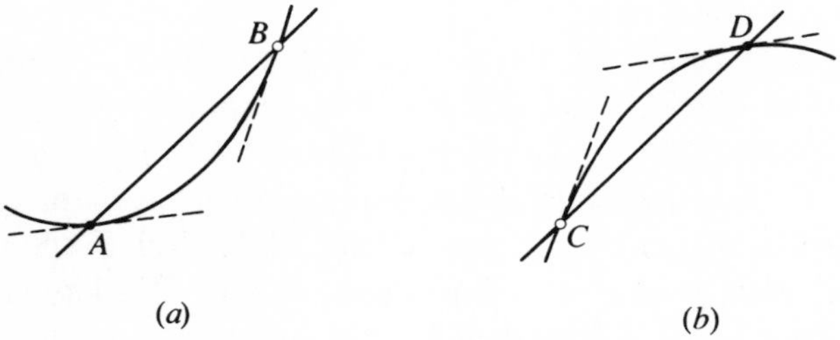

Abb. 4.24. Detail des: (a) Minimum; (b) Maximum von $F_\rho^3(x)$, wenn ρ größer als, jedoch noch genügend nahe bei ρ^* ist. In (a) gilt dann natürlich $|DF_\rho^3(A)| < 1$, $DF_\rho^3(B) > 1$ während in (b) $|DF_\rho^3(D)| < 1$ und $DF_\rho^3(C) > 1$ ist. Daher sind die Fixpunkte von F_ρ^3 bei A, D stabil, diejenigen bei B, C instabil.

wachsendes ρ ab und erreicht eventuell den Wert -1 (siehe Abbildung 4.25). Dann tritt Flip-Bifurkation auf und erzeugt stabile Zyklen der Periode 6. Wie bei den 2^k-Zyklen folgt eine Kaskade von stabilen 3×2^k-Zyklen. Numerische Experimente liefern den Wert von ρ^* zu $\rho^* = 3,8284\cdots$ (siehe May, 1976) und zeigen, daß sich bei $\rho = 3,8495\cdots$ die stabilen 3×2^k-Zyklen häufen.

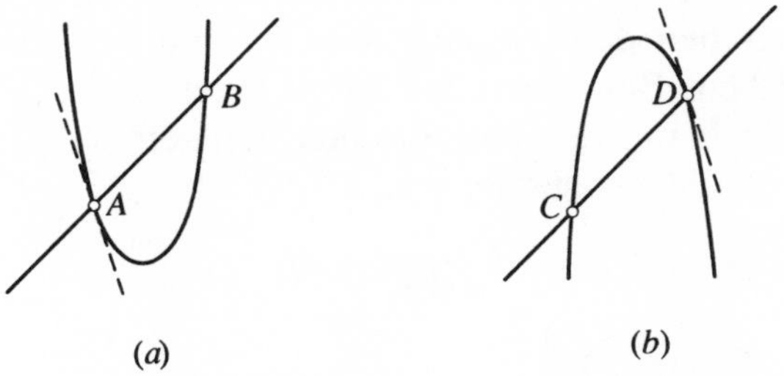

Abb. 4.25. Detail des: (a) Minimum; (b) Maximum von $F_\rho^3(x)$, wenn ρ deutlich größer als ρ^* ist. Das Wachsen des Maximums und die Vertiefung des Minimums für wachsendes ρ führt zu der gezeigten Situation: $DF_\rho^3(A)$ und $DF_\rho^3(D)$ sind kleiner als -1. Der stabile Fixpunkt von F_ρ^3 aus Abbildung 4.24 unterliegt einer Flip-Bifurkation, wenn $DF_\rho^3(A) = DF_\rho^3(D) = -1$ ist, das heißt die Periode-3-Bahn wird instabil, und es tritt ein stabiler 6-Zyklus auf.

Tatsächlich ist die Dynamik von F_ρ für $\rho \geq \rho^*$ noch komplizierter, als die obigen Bemerkungen erwarten lassen, wie das folgende Theorem (nach Sarkovskii, 1964) zeigt.

Theorem 4.4 *Man ordne die positiven ganzen Zahlen* $\mathfrak{Z}^+$ *wie folgt*

$$\begin{aligned} &3 \lhd 5 \lhd 7 \lhd \cdots \lhd 2\cdot 3 \lhd 2\cdot 5 \lhd 2\cdot 7 \lhd \cdots \lhd 2^k\cdot 3 \lhd 2^k \cdot 5 \\ &\lhd 2^k\cdot 7 \lhd \cdots \lhd 2^k \lhd \cdots \lhd 2^3 \lhd 2^2 \lhd 2 \lhd 1. \end{aligned} \tag{4.5.10}$$

Ist $f : \mathfrak{R} \to \mathfrak{R}$ *eine stetige Abbildung, die eine Bahn mit der Periode* n *besitzt, dann besitzt* f *eine Bahn mit der Periode* m *für alle* $m \in \mathfrak{Z}^+$ *mit* $n \lhd m$.

Aus diesem Theorem folgt nun, daß F_ρ für $\rho \geq \rho^*$ periodische Bahnen mit *jeder* ganzzahligen Periode besitzt. Das mit der Flip-Bifurkation verbundene *Periodenverdopplungs-Phänomen* findet für jeden stabilen periodischen Punkt mit der Periode p statt und erzeugt eine Kaskade von stabilen $p \times 2^k$-Zyklen. Man kann nun zeigen (siehe Guckenheimer u.a., 1977), daß F_ρ nur eine einzige *stabile* periodische Bahn für alle Werte von ρ besitzt; numerische Experimente (siehe May, 1976; Cvitanovic, 1984) machen deutlich, daß jede Kaskade von stabilen $p \times 2^k$-Zyklen in einem kleinen Fenster von ρ-Werten auftritt, die sich am rechten Ende dieses Intervalles häufen. Daß der Fall $\rho = 3$ der letzte ist, bei dem dieses Verhalten auftritt, wurde zuerst von Li, Yorke

(1975) beobachtet. Sie zeigten auch, daß für $\rho > \rho^*$ unendlich viele asymptotisch aperiodische Bahnen existieren. Obwohl dieser Aspekt der Dynamik der logistischen Abbildung keine Anwendung der lokalen Bifurkationstheorie darstellt, wollen wir die Gelegenheit ergreifen, ihn etwas detailierter zu betrachten. Dies wird uns nicht nur gestatten, hervorzuheben, daß der „gefaltete" (das heißt nicht-diffeomorphe) Charakter von $F_\rho : [0,1] \to [0,1]$ für die Komplexität der Dynamik verantwortlich ist, wir können so auch die Ähnlichkeiten zwischen der Dynamik von F_ρ und der Hufeisen-Abbildung aus §3.5 hervorheben. Betrachten wir einen Wert von $\rho > \rho^*$, für den ein stabiler 3-Zyklus $\Lambda^{(3)}$ mit den periodischen Punkten x_1^*, x_2^*, x_3^* existiert. Da zum Beispiel (siehe Guckenheimer u.a., 1977)

$$\begin{aligned} DF_\rho^3(x_i^*) &= DF_\rho(F_\rho^2(x))DF_\rho(F_\rho(x))DF_\rho(x)|_{x_i^*} \\ &= \prod_{j=1}^{3} DF_\rho(x_j^*) \end{aligned} \tag{4.5.11}$$

für jedes $i = 1, 2, 3$ gilt, können wir die Stabilität sichern, indem wir $DF_\rho(x_2^*) = 0$ wählen, das heißt $x_2^* = \frac{1}{2}$. Soll also $x_2^* = \frac{1}{2}$ ein Fixpunkt von F_ρ^3 sein, so wird ρ eine Lösung von

$$F_\rho^3(\frac{1}{2}) = \frac{\rho^3}{4}\left(1 - \frac{\rho}{4}\right)\left(1 - \frac{\rho^2}{4}\left(1 - \frac{\rho}{4}\right)\right) = \frac{1}{2} \tag{4.5.12}$$

sein, die kleiner als 4 ist. Die numerische Lösung von (4.5.12) ergibt $\rho \simeq 3,832\cdots$. Der daraus resultierende 3-Zyklus ist in Abbildung 4.26 zu sehen.

Die periodischen Punkte x_i^*, $i = 1, 2, 3$, teilen das Intervall $[0, 1]$ in vier Teile $\alpha, \beta, \gamma, \delta$, wie man in Abbildung 4.26 sehen kann. Man erkennt leicht die Bilder dieser Intervalle unter F_ρ. Das Intervall $[0, 1]$ wird (nicht-uniform) auf eine Länge von $2 \times \rho/4$ gestreckt, auf sich selbst gefaltet und, wie in Abbildung 4.26(b) gezeigt, verschoben. Dieses Strecken und Falten erinnert an eine Variante der Hufeisen-Abbildung, bei der die vertikale Koordinate auf null geschrumpft ist.

Bezeichnen wir das Bild von α unter F_ρ mit $F_\rho(\alpha)$, so können wir wie folgt schreiben

$$\begin{aligned} F_\rho(\alpha) &= \alpha \cup \beta, \qquad & F_\rho(\beta) &= \gamma, \\ F_\rho(\gamma) &= \gamma \cup \beta, \qquad & F_\rho(\delta) &= \alpha. \end{aligned} \tag{4.5.13}$$

In ähnlicher Art und Weise wie bei der Hufeisen-Abbildung können wir der Bahn eines jeden Punktes $x_0 \in [0, 1]$ eine unendliche Sequenz $s(x_0) = \{a_k\}_0^\infty$ zuordnen, die die vier Symbole $\alpha, \beta, \gamma, \delta$ enthält. Wir definieren

$$a_k = j, \qquad \text{wenn } F_\rho^k(x_0) \in j \backslash \Lambda^{(3)}, \qquad j = \alpha, \beta, \gamma, \delta. \tag{4.5.14}$$

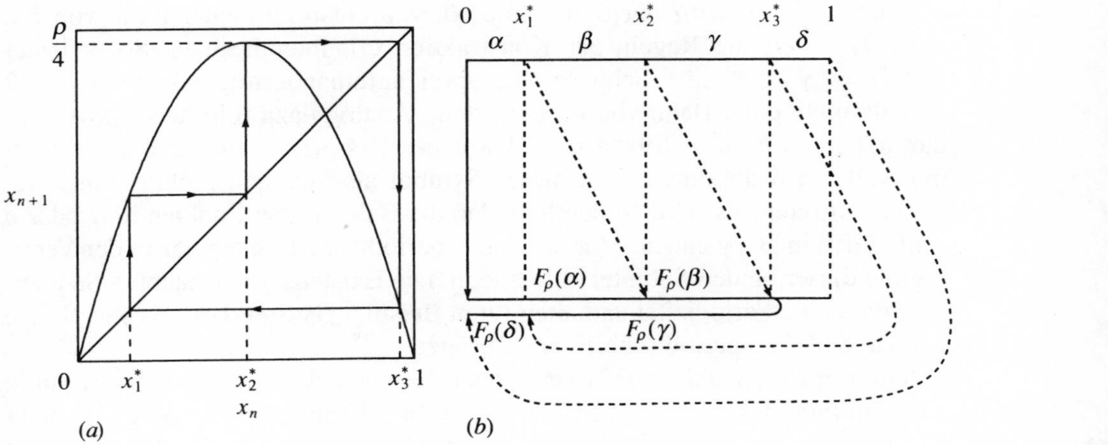

Abb. 4.26. (a) Darstellung des 3-Zyklus in der Iteration $x_{n+1} = F_\rho(x_n)$ für $\rho = 3,832\ldots$. $x_0 = x_1^*$ ergibt $x_1 = F_\rho(x_1^*) = x_2^*$, $x_2 = F_\rho(x_1) = F_\rho(x_2^*) = x_3^*$ und $x_3 = F_\rho(x_2) = F_\rho(x_3^*) = x_1^*$. (b) Geometrische Interpretation der Wirkung von F_ρ auf das Intervall [0, 1]. Sei $\alpha = [0, x_1^*]$, $\beta = [x_1^*, x_2^*]$, $\gamma = [x_2^*, x_3^*]$, $\delta = [x_3^*, 1]$. Dann streckt und faltet F_ρ diese Intervalle wie gezeigt.

Im Falle $F_\rho^k(x_0) \in \Lambda^{(3)}$ erhalten wir

$$a_k = \begin{cases} \alpha, \\ \beta, \\ \gamma, \end{cases} \quad \text{wenn} \quad F_\rho^k(x_0) = \begin{cases} x_1^* \\ x_2^* \\ x_3^* \end{cases} \text{ist.} \tag{4.5.15}$$

Wir erhalten nun:

$$\begin{aligned} x_0 = 0 \quad &\text{ergibt} \quad s(0) = \{\alpha, \alpha, \ldots, \alpha, \ldots\}, \\ x_0 = 1 \quad &\text{ergibt} \quad s(1) = \{\delta, \alpha, \ldots, \alpha, \ldots\}, \\ x_0 = x_1^* \quad &\text{ergibt} \quad s(x_1^*) = \{\overline{\alpha, \beta, \gamma}, \overline{\alpha, \beta, \gamma}, \ldots\}, \\ x_0 = x_2^* \quad &\text{ergibt} \quad s(x_2^*) = \{\overline{\beta, \gamma, \alpha}, \overline{\beta, \gamma\alpha}, \ldots\}, \\ x_0 = x_3^* \quad &\text{ergibt} \quad s(x_3^*) = \{\overline{\gamma, \alpha, \beta}, \overline{\gamma, \alpha, \beta}, \ldots\}. \end{aligned} \tag{4.5.16}$$

Zwei voneinander verschiedene Punkte von [0, 1] ergeben so verschiedene Sequenzen, so nahe sie auch beieinander liegen. Sind x und y beide innere Punkte desselben Subintervalls α, β, γ oder δ und ist ihr Abstand sehr klein, so gilt

$$a_k = b_k \qquad \text{für } k \leq N, \tag{4.5.17}$$

wenn $s(x) = \{a_k\}_0^\infty$ und $s(y) = \{b_k\}_0^\infty$ ist; N sei ein große positive ganze Zahl. Wiederholtes Strecken des Intervalls $[x, y]$ bei jeder Anwendung von F_ρ führt schließlich dazu, daß $F_\rho^k(x)$ und $F_\rho^k(y)$ für gewisse k in verschiedenen Intervallen liegen, so daß $s(x) \neq s(y)$ ist.

Nicht jede Sequenz der Symbole α, β, γ, δ entspricht einer Bahn von F_ρ. (4.5.13) liefert die Regeln zur Konstruktion erlaubter Bahnen. So bedeutet $F_\rho(\beta) = \gamma$, daß eine Sequenz, die zwei aufeinanderfolgende Symbole β enthält, nicht einer Bahn von F_ρ entspricht. Analog dazu folgt aus $F_\rho(\delta) = \alpha$, daß auf jedes δ ein α folgen muß. Da man an (4.5.13) sieht, daß keine Subintervalle in δ abbilden, kann dieses Symbol also nur am Anfang einer Sequenz auftreten. Es wird so deutlich, daß die Bahnen von Punkten in α oder δ schließlich in $\beta \cup \gamma$ enden. Man wird also periodische Bahnen nur in der Vereinigung dieser beiden Subintervalle finden. Die Existenz von erlaubten Sequenzen, die keine Periodizität enthalten (zum Beispiel $\beta\gamma\beta\gamma\gamma\beta\gamma\gamma\gamma\beta\gamma\gamma\gamma\gamma\beta\cdots$), zeigen, daß F_ρ aperiodische Bahnen besitzt.

Guckenheimer u.a. (1977) verwendet die oben definierte Symboldynamik zum Studium des dynamischen Verhaltens im „chaotischen“ Regime, das heißt für $\rho > \rho^*$. Auch wird die Existenz eines starken Attraktors für F_ρ mit $\rho = 4$ diskutiert. Die Theorie der Abbildungen auf einem Intervall, wie eben die logistische Abbildung, wird in den folgenden Abhandlungen weiter ausgeführt, die dem interessierten Leser weitere Details dieses faszinierenden Themas liefern können: Collet, Eckmann (1980); Cvitanovic (1984); Devaney (1986); Eckmann (1983); Guckenheimer (1979); Misiurewicz (1983): Whitley (1983).

4.6 Aufgaben

4.1 Einführung

4.1.1 Man betrachte die Entfaltung

$$\dot{x} = \mu_0 + \mu_1 x - x^2 - \mu_r x^r \tag{E4.1}$$

des Vektorfeldes $\dot{x} = -x^2$ mit $r \geq 3$.

(a) Man zeige, daß der Variablenwechsel (4.1.16) zur topologischen Äquivalenz von (E4.1) und

$$\dot{y} = \mu_0 + \mu_1 y - y^2 - \frac{\mu_1 \mu_r}{2} y^{r-1} + O(y^r) \tag{E4.2}$$

führt mit $r \geq 3$. Man erkläre, warum dieses Ergebnis die Verallgemeinerung der Argumente verhindert, die im Beispiel 4.2 besprochen wurden.

(b) Sei $y = x - (\mu_1/2)$. Man zeige, daß aus (E4.1) folgt:

$$\begin{aligned}\dot{y} = &\left(\mu_0 + \frac{\mu_1^2}{4}\right) - r\mu_r\left(\frac{\mu_1}{2}\right)^{r-1} y \\ &- \left[1 + \frac{r(r-1)}{2}\mu_r\left(\frac{\mu_1}{2}\right)^{r-2}\right] y^2 + O(y^3).\end{aligned} \tag{E4.3}$$

Man vergleiche (E.4.3) mit (4.1.12). Warum ist in diesem Falle die „quadratische Ergänzung“ zunächst nicht hilfreich?

4.1.2 (a) Seien $\dot{x} = X(\boldsymbol{\mu}, x)$, $(\boldsymbol{\mu}, x) \in \mathcal{R}^{m_1} \times \mathcal{R}$ und $\dot{y} = Y(\boldsymbol{\nu}, y)$, $(\boldsymbol{\nu}, y) \in \mathcal{R}^{m_2} \times \mathcal{R}$ zwei glatte Familien. $X \sim Y$ bedeute, daß $\dot{x} = X(\boldsymbol{\mu}, x)$ zu einer durch $\dot{y} = Y(\boldsymbol{\nu}, y)$ erzeugten Familie äquivalent ist. Man beweise, daß $\sim$ reflexiv und transitiv ist. Man gebe ein Beispiel dafür an, daß im allgemeinen $\sim$ nicht symmetrisch ist.

(b) Um zu zeigen, daß $X \sim Y$ und $Y \sim X$ für die folgenden System gilt, bestimme man Familien **h** von Äquivalenz-Homomorphismen und Erzeugungsfunktionen $\boldsymbol{\varphi}$.

(i) $X(\mu_0, \mu_1, x) = \mu_0 + \mu_1 x - x^2$, $Y(\nu_0, y) = \nu_0 - y^2$;

(ii) $X(\mu_0, \mu_1, x) = \mu_0 + \mu_1 x - x^3$, $Y(\nu_0, \nu_1, y) = \nu_0 y + \nu_1 y^2 - y^3$.

4.1.3 Besitze $\dot{x} = x^2$ die versale Entfaltung $\dot{x} = \nu + x^2$. Man zeige, daß $\dot{y} = ay^2$, $a \neq 0$, die versale Entfaltung $\dot{y} = \mu + ay^2$ besitzt.

4.1.4 Man zeige, daß bei gegebenem $F(\mu, x) = x^2 + \mu$ die folgenden Funktionen q, s_0, s_1 die Gleichung (4.1.20) des Malgrange-Preparation-Theorems erfüllen:

(a) $$q(\mu, x) \equiv 1,\ s_0(\mu) = \mu,\ s_1(\mu) \equiv 0; \tag{E4.4}$$

(b) $$q(\mu, x) = \begin{cases} 1 + \dfrac{\exp(-1/\mu^2)}{F(\mu, x)}, & \mu > 0 \\ 1, & \mu \leq 0 \end{cases}, \tag{E4.5}$$

$$s_0(\mu) = \begin{cases} \exp(-1/\mu^2) + \mu, & \mu > 0 \\ \mu, & \mu \leq 0 \end{cases}, \tag{E4.6}$$

$$s_1(\mu) \equiv 0. \tag{E4.7}$$

4.1.5 Man betrachte die glatte Funktion

$$F(\mu, x) = \mu x^3 + x^2 + \mu^2 x + \mu. \tag{E4.8}$$

(a) Man zeige, daß $F(\mu, x)$ die Gleichung

$$q(\mu, x)F(\mu, x) = x^2 + \mu^2 x + \mu \tag{E4.9}$$

nicht erfüllt, wobei $q(\mu, x)$ eine glatte Funktion sei.

(b) Man verwende

$$F(\mu, x) = (b_0(\mu) + b_1(\mu)x)(x^2 + s_1(\mu)x + s_0(\mu)), \qquad \text{(E4.10)}$$

wobei b_0, b_1 glatt seien, um $q(\mu, x) = (1 + \mu x)^{-1}$, $s_1(\mu) \equiv 0$, $s_0(\mu) = \mu$ in (4.1.20) zu erhalten.

(c) Man verwende die in (E4.6) gegebenen Funktionen (siehe Aufgabe 4.1.4) und zeige, daß glatte, jedoch nicht-analytische Funktionen $\hat{q}$ und $\hat{s}_0$ existieren, für die gilt:

$$\hat{q}(\mu, x)F(\mu, x) = x^2 + \hat{s}_0(\mu). \qquad \text{(E4.11)}$$

4.1.6 Sei $U \subseteq \mathcal{R}^m \times \mathcal{R}$ eine Umgebung des Ursprungs $(\boldsymbol{\mu}, x) = (\mathbf{0}, x)$, $\boldsymbol{\mu} \in \mathcal{R}^m$, $x \in \mathcal{R}$ und $C^\infty(U, \mathcal{R})$ bezeichne die Menge der glatten Funkionen von U nach $\mathcal{R}$. $F \in C^\infty(u, \mathcal{R})$ erfülle $F(\mathbf{0}, x) = x^k g(x)$ mit $g(0) = 0$, und g sei glatt in einer Umgebung von $x = 0$. Dann kann das Mather-Division-Theorem (siehe Golubitzky, Guillemin, 1973; Chow, Hale, 1982) wie folgt formuliert werden:

Theorem 4.5 (Mather) *Sei F wie oben definiert und G eine beliebige glatte, reellwertige Funktion, die in einer Umgebung des Ursprungs in $\mathcal{R}^m \times \mathcal{R}$ definiert ist. Dann existieren Funktionen $q, r \in C^\infty(V, \mathcal{R})$, wobei V eine Umgebung des Ursprungs in $\mathcal{R}^m \times \mathcal{R}$ ist, so daß gilt:*

$$G(\boldsymbol{\mu}, x) = q(\boldsymbol{\mu}, x)F(\boldsymbol{\mu}, x) + r(\boldsymbol{\mu}, x), \qquad \text{(E4.12)}$$

mit

$$r(\boldsymbol{\mu}, x) = \sum_{i=0}^{k-1} r_i(\boldsymbol{\mu})x^i. \qquad \text{(E4.13)}$$

(a) Man zeige, daß das Malgrange-Preparation-Theorem aus dem obigen Mather-Division-Theorem folgt und berechne die alternative Form

$$F(\boldsymbol{\mu}, x) = Q(\boldsymbol{\mu}, x)\left(x^k + \sum_{i=0}^{k-1} s_i(\boldsymbol{\mu})x^i\right), \qquad \text{(E4.14)}$$

mit $Q \in C^\infty(W, \mathcal{R})$. Dabei enthalte $W \subseteq \mathcal{R}^m \times \mathcal{R}$ den Ursprung, und es gelte $Q(\mathbf{0}, 0) = 0$.

(b) Man berechne mittels (E4.14) die versale Entfaltung

$$\dot{x} = -x^k + \sum_{i=0}^{k-1} \nu_i x^i \qquad \text{(E4.15)}$$

von $\dot{x} = -x^k$. Man zeige:

(i) $\dot{x} = -x^k + \sum_{i=0}^{k-2} \xi_i x^i$ ist ebenfalls versal,

(ii) $\dot{x} = -x^k + \sum_{i=1}^{k-1} \eta_i x^i$ ist für k ungerade versal, jedoch nicht für k gerade.

4.2 Sattel-Knoten- und Hopf-Bifurkationen

4.2.1 Sattel-Knoten-Bifurkation

4.2.1 Man betrachte die Systeme $\dot{\mathbf{x}} = \mathbf{X}(\mathbf{x}) = (f(\mathbf{x}), g(\mathbf{x}))^T$, $\mathbf{x} = (x, y)^T$, wobei $\mathbf{X}(\mathbf{x})$ durch die folgenden Ausdrücke gegeben ist:

(i) $(x^2 - y^2, 2xy)^T$,
(ii) $(y - x^2, x^2)^T$,
(iii) $(x^2, 2x - y)^T$,
(iv) $(y - \sinh x, y - x)^T$,
(v) $(1 + y - x - \cosh x, y - x)^T$.

(a) Man weise für jedes System nach, daß die $\dot{x} = 0$- und $\dot{y} = 0$-Isoklinen Kurven in der Ebene sind, die sich bei $\mathbf{x}^* = \mathbf{0}$ schneiden. Welche der Systeme erfüllen die allgemeinen Bedingungen $f_x(\mathbf{0})$, $f_y(\mathbf{0})$, $g_x(\mathbf{0})$, $g_y(\mathbf{0}) \neq 0$? Welche Eigenschaft der Isoklinen unterscheidet diesen allgemeinen Fall?

(b) Man überprüfe, daß für jedes System $\det D\mathbf{X}(\mathbf{0}) = 0$ gilt. Für welche Systeme schneiden sich die $\dot{x} = 0$- und $\dot{y} = 0$-Isoklinen tangential? Welche dieser tangentialen Schnitte sind allgemein in dem Sinne, daß die Separation der Isoklinen quadratisch von x oder y abhängt?

4.2.2 Man betrachte das System $\dot{\mathbf{x}} = \mathbf{X}(\mathbf{x})$, $\mathbf{x} = (x, y)^T$ mit

$$\mathbf{X}(\mathbf{x}) = \begin{pmatrix} -\frac{1}{2}y + x(1 - x^2 - y^2) \\ \frac{1}{2}x + y(1 - x^2 - y^2) - \frac{1}{2} \end{pmatrix}. \tag{E4.16}$$

Man zeige, daß $\{(x, y) | \dot{y} = 0\}$ die disjunkte Vereinigung des Punktes $(x, y) = (\frac{1}{2}, \frac{1}{2})$ und der in der Halbebene $y \leq y_1$ liegenden Kurve ist, wobei $0 < y_1 < (5^{1/2} - 1)/4$ gilt. Man beweise, daß $\mathbf{x}^* = (\frac{1}{2}, \frac{1}{2})$ ein Fixpunkt von (E4.16) ist und berechne $\det D\mathbf{X}(\mathbf{x}^*)$ und $\operatorname{Tr} D\mathbf{X}(\mathbf{x}^*)$.

4.2.3 Man skizziere die $\dot{x} = 0$- und $\dot{y} = 0$-Isoklinen des Systems $\dot{\mathbf{x}} = \mathbf{X}_r(\mathbf{x}) = (y - x^r, y)^T$ für $r = 2, 3, 4$. Man überprüfe in jedem Fall, daß diese Isoklinen Kurven sind, die sich bei $\mathbf{x} = \mathbf{0}$ tangential schneiden und überprüfe $\det D\mathbf{X}(\mathbf{0})$. Man zeige, daß:

(a) keine Entfaltung für $\mathbf{X}_2$ existiert, für die mehr als zwei Fixpunkte durch Bifurkation am Ursprung auftreten,

(b) eine Entfaltung von $\mathbf{X}_3$ existiert, für die drei Fixpunkte durch Bifurkation am Ursprung auftreten,

(c) Entfaltungen von $\mathbf{X}_4$ existieren, für die zwei und vier Fixpunkte durch Bifurkation am Ursprung auftreten, jedoch keine, bei der exakt drei hyperbolische Fixpunkte erscheinen.

4.2.4 Ein Spezialfall des Modells von Resigno und DeLisi für das Wachstum eines kugelförmigen Tumors (siehe Arrowsmith, Place, 1984) besitzt die Gleichungen

$$\begin{aligned} \dot{x} &= [-\lambda_1 + y^{2/3}(1-x)/(1+x)]x, \\ \dot{y} &= [\lambda_2 y^{1/3} - x/(1+x)]y^{2/3}, \end{aligned} \tag{E4.17}$$

$0 < x \leq 1$, $y > 0$, $\lambda_1, \lambda_2 > 0$. Man zeige, daß die x-Koordinaten der nicht-trivialen Fixpunkte (das heißt $x^*, y^* > 0$) die Gleichung

$$\psi(x) = \frac{x^2(1-x)}{(1+x)^3} = \lambda_1 \lambda_2^2 \tag{E4.18}$$

erfüllen. Man zeige, daß (E4.17) zwei, einen oder keinen Fixpunkt besitzt, wenn $\lambda_1\lambda_2^2 <, =, > (1/27)$ ist. Man überprüfe numerisch, daß sich die $\dot{x} = 0$- und $\dot{y} = 0$-Isoklinen von (E4.17) für $\lambda_1\lambda_2^2 = 1/27$ tangential schneiden.

4.2.5 (a) Man betrachte die folgende Spezialisierung eines Räuber-Beute-Modells (siehe Arrowsmith, Place, 1984) nach Tanner

$$\dot{H} = \frac{11}{5}H\left(1 - \frac{H}{11}\right) - \frac{10HP}{(2+3H)}, \tag{E4.19}$$

$$\dot{P} = P\left(1 - \frac{P(\beta + H)}{\gamma H}\right), \tag{E4.20}$$

wobei H (P) die pflanzenfressende (Räuber-)Population und β, γ positive Konstanten sind. Man skizziere Konstellationen der $\dot{H} = 0$- und $\dot{P} = 0$-Isoklinen, um herauszufinden, wie β, γ zu wählen sind, damit (E4.19) und (E4.20) (i) keine, (ii) eine, (iii) zwei nicht-triviale Fixpunkte besitzt.

(b) Ein von Soberon u.a. angegebenes Modell für die Wechselwirkung einer Pflanzenpopulation (p) und ihrer tierischen Bestäuber (a) (siehe Arrowsmith, Place, 1984) hat die Form

$$\dot{a} = a(K - a) + \frac{ap}{1+p}, \tag{E4.21}$$

$$\dot{p} = -\gamma p + \frac{ap}{1+p}, \tag{E4.22}$$

wenn alle bis auf zwei Parameter gleich eins gesetzt werden. Man zeige, daß sich für $\gamma = \frac{1}{2}$ die nicht-trivialen $\dot{a} = 0$- und $\dot{p} = 0$-Isoklinen bei $(a, p) = (a^*, p^*) = (1/2^{1/2}, 2^{1/2} - 1)$ tangential schneiden für $K = K^* = 2^{1/2} - 1$.

4.2.6 Man betrachte die m-parametrige Familie von Vektorfeldern, die durch (4.2.13) definiert wird, wenn die $R_{1,2}$-Terme nicht vorhanden sind. Man untersuche das $m+2$-dimensionale System, welches durch Hinzufügen von $\dot{\boldsymbol{\mu}} = \mathbf{0}$ wie in (4.2.16) entsteht.

(a) Man zeige, daß die Normalform-Transformationen für dieses System gestatten, alle parameterfreien Terme zu entfernen, außer die vom Typ $x_1 x_2$ in der ersten Komponente und x_2^2 in der zweiten, wobei einige der $x_i \mu_j$-Terme modifiziert werden.

(b) Man zeige, daß $x_1 \mu_k$-Terme mit $k = 1, \ldots, m$ aus $\dot{x}_2$ eliminiert werden können sowie $x_2 \mu_k$-Terme von $\dot{x}_1$ entfernt werden können, wobei die Terme $O(|\boldsymbol{\mu}|^2)$ verändert werden.

(c) Man vernachlässige alle Terme der Ordnung größer oder gleich 3 in $|(\boldsymbol{\mu}, \mathbf{x})|$ und verwende ein Argument des Theorems über Mittelpunkt-Mannigfaltigkeiten, um zu zeigen, daß (4.2.13) zu einer durch (4.2.2) mit $a_2 = 0$ induzierten Familie äquivalent ist.

4.2.2 Hopf-Bifurkation

4.2.7 Man betrachte das System (E4.21) und (E4.22) aus Aufgabe 4.2.5(b) mit $\gamma = \frac{1}{2}$. Man definiere $a = a^* + x_1$, $p = p^* + x_2$, $K = K^* + \kappa$ und zeige

$$\dot{\mathbf{x}} = \begin{pmatrix} \dot{x}_1 \\ \dot{x}_2 \end{pmatrix} \tag{E4.23}$$

$$= \begin{pmatrix} \frac{\kappa}{2^{1/2}} - \frac{x_1}{2^{1/2}} + \frac{x_2}{2(2^{1/2})} + \kappa x_1 - x_1^2 + \frac{1}{2} x_1 x_2 - \frac{1}{4} x_2^2 \\ \left(1 - \frac{1}{2^{1/2}}\right) x_1 - \frac{1}{2}\left(1 - \frac{1}{2^{1/2}}\right) x_2 + \frac{1}{2} x_1 x_2 - \frac{1}{4} x_2^2 \end{pmatrix} + O(|\mathbf{x}|^3).$$

Man überprüfe, daß die Transformation $\mathbf{x} = \mathbf{M}\mathbf{y}$, $\mathbf{y} = (y_1, y_2)^T$ mit

$$\mathbf{M} = \begin{pmatrix} 1 & 1 \\ 1 - 2^{1/2} & 2 \end{pmatrix} \tag{E4.24}$$

den linearen Anteil von (E4.23) auf Jordanform reduziert und verwende dann Satz 4.2, um zu zeigen, daß (E4.21) und (E4.22) einer Sattel-Knoten-Bifurkation unterliegen, wenn K durch K^* wächst.

4.2.8 Man überprüfe, wie die Voraussagen des Hopf-Bifurkation-Theorems (Theorem 4.2) bei den folgenden Systemen versagen:

(a) $\dot{r} = r(\mu^2 - r^2)$, $\dot{\theta} = 1$,
(b) $\dot{r} = \mu r(r - \mu)(r - 2\mu)$, $\dot{\theta} = 1$,
(c) $\dot{r} = \mu r(r - \mu)(r - 2\mu) - r^3$, $\dot{\theta} = 1$,
(d) $\dot{r} = \mu r$, $\dot{\theta} = 1$.

Man vergegenwärtige sich die tatsächlich auftretenden Bifurkationen.

4.2.9 Man betrachte die Familie von Differentialgleichungen

$$\begin{pmatrix} \dot{x}_1 \\ \dot{x}_2 \end{pmatrix} = \begin{pmatrix} \mu & -1 \\ 1 & \mu \end{pmatrix} \begin{pmatrix} x_1 \\ x_2 \end{pmatrix} + ar^2 \begin{pmatrix} x_1 \\ x_2 \end{pmatrix} + br^2 \begin{pmatrix} -x_2 \\ x_1 \end{pmatrix} \tag{E4.25}$$

mit $r^2 = (x_1^2 + x_2^2)$, $b, \mu \in \mathcal{R}$ und $a > 0$. Man verwende die Polarform von (E4.25), um zu zeigen, daß eine superkritische Hopf-Bifurkation für wachsendes μ bei $\mu = 0$ auftritt.

Man beweise, ohne auf Theorem 4.2 zurückzugreifen, daß die Familie von Differentialgleichungen

$$\begin{pmatrix} \dot{x}_1 \\ \dot{x}_2 \end{pmatrix} = \begin{pmatrix} \mu + 2 & -5 \\ 1 & \mu - 2 \end{pmatrix} \begin{pmatrix} x_1 \\ x_2 \end{pmatrix} + (x_1^2 - 4x_1x_2 + 5x_2^2) \begin{pmatrix} x_1 \\ x_2 \end{pmatrix} \tag{E4.26}$$

einer Hopf-Bifurkation bei $\mu = 0$ unterliegt. Wie unterscheidet sich diese Bifurkation von der durch (E4.25) gezeigten?

4.2.10 Man zeige mit Hilfe des Theorems 4.2, daß die ein-parametrige Familie von Differentialgleichungen

$$\begin{aligned} \dot{x} &= (1 + \mu)x - y + x^2 - xy \\ \dot{y} &= 2x - y + x^2 \end{aligned} \tag{E4.27}$$

einer superkritischen Hopf-Bifurkation mit wachsendem μ bei $\mu = 0$ unterliegt.

4.2.11 Man beweise, daß sowohl die Rayleigh-Gleichung

$$\ddot{x} + \dot{x}^3 + \mu\dot{x} + x = 0 \tag{E4.28}$$

als auch die Van der Pol-Gleichung

$$\ddot{x} + \dot{x}(\mu - x^2) + x = 0 \tag{E4.29}$$

bei $\mu = 0$ Hopf-Bifurkationen unterliegen. Man zeichne für beide Fälle Phasenbilder für $\mu <, =, > 0$ und bestimme den Typ der Hopf-Bifurkation.

4.2.12 Die kinetischen Gleichungen für die Wechselwirkung zweier chemischer Substanzen mit den Konzentrationen x und y lauten

$$\dot{x} = a - (b+1)x + x^2 y, \qquad \dot{y} = bx - x^2 y, \tag{E4.30}$$

wobei a, b positive Konstanten sind. Man zeige, daß für festes a bei wachsendem b bei $b = b^* = a^2+1$ eine superkritische Hopf-Bifurkation stattfindet.

4.3 Cusp- und verallgemeinerte Hopf-Bifurkationen

4.3.1 Cusp-Bifurkation

4.3.1 Man betrachte das System

$$\dot{x}_1 = x_2 + \nu_2 x_1 + a_2 x_1^2, \qquad \dot{x}_2 = \nu_1 + b_2 x_1^2, \tag{E4.31}$$

mit $b_2 > 0$ und ν_2 konstant ungleich null. Sei $\mathbf{x} = \mathbf{M}\mathbf{y}$ mit $\mathbf{x} = (x_1, x_2)^T$, $\mathbf{y} = (y_1, y_2)^T$, $\mathbf{M} = \begin{pmatrix} 1 & -1 \\ 0 & \nu_2 \end{pmatrix}$. Man berechne $\dot{\mathbf{y}}$. Dann zeige man, daß (E4.31) einer Sattel-Knoten-Bifurkation mit wachsendem ν_1 bei $\nu_1 = 0$ unterliegt. Man skizziere Phasenbilder für die Normalform von (E4.31) mit $\nu_1 <, =, > 0$, wenn: (a) $\nu_2 > 0$, (b) $\nu_0 < 0$. Warum ist die Bifurkation sowohl bei (a) als auch bei (b) superkritisch?

4.3.2 Man zeige, daß das System

$$\dot{x}_1 = x_2 + \nu_2 x_1 + a_2 x_1^2, \qquad \dot{x}_2 = \nu_1 + b_2 x_1^2 \tag{E4.32}$$

mit $a_2 < 0$, $b_2 > 0$ einer superkritischen Hopf-Bifurkation unterliegt:
(a) mit wachsendem ν_2 bei $\nu_2 = \nu_2^* = 2a_2(-\nu_1/b_2)^{1/2}$ für festes $\nu_1 < 0$,
(b) mit fallendem ν_1 bei $\nu_1 = \nu_1^* = -b_2(\nu_2/2a_2)^2$ für festes $\nu_2 < 0$.

4.3.3 Man zeige, daß die singuläre Transformation

$$x_1 = \tau^2 \bar{u}, \quad x_2 = \tau^3 \bar{v}, \quad \nu_1 = \tau^4 \bar{\nu}_1, \quad \nu_2 = \tau \bar{\nu}_2, \quad \mathbf{X} = \tau \bar{\mathbf{X}} \tag{E4.33}$$

des Vektorfeldes

$$\mathbf{X} = (x_2 + \nu_2 x_1 + a x_1^2 + O(|\mathbf{x}|^3), \nu_1 + b x_1^2 + O(|\mathbf{x}|^3))^T \tag{E4.34}$$

mit $a < 0$, $b > 0$ ergibt:

$$\bar{\mathbf{X}}_{(\bar{\nu}_1, \bar{\nu}_2, \tau)} = (\bar{v} + \bar{\nu}_2 \bar{u} + a\tau\bar{u}^2 + O(\tau^2), \bar{\nu}_1 + b\bar{u}^2 + O(\tau^2))^T. \tag{E4.35}$$

Man zeige, für $\bar{\nu}_1 = -1$, daß die Halbebene $\nu_1 < 0$ der $\nu_1\nu_2$-Ebene in einem 1:1-Verhältnis zu der Halbebene $\tau > 0$ der $(\bar{\nu}_2, \tau)$-Ebene steht. Man zeige, daß $\bar{\mathbf{X}}_{(-1,0,0)}$ ein Hamiltonsches Vektorfeld ist und skizziere sein Phasenbild. Man zeige weiter, daß für $\bar{\nu}_1 = -1$ und $\bar{\nu}_2 < 0$ eine superkritische Hopf-Bifurkation mit wachsendem τ bei $\tau^* = \bar{\nu}_2 b^{1/2}/2a > 0$ auftritt.

4.3.4 Sei $\dot{\mathbf{x}} = \mathbf{X}(\mathbf{x})$, $\mathbf{x} = (x, y)^T$ durch die dynamischen Gleichungen (E4.17) aus Aufgabe 4.2.4 definiert. Man zeige, daß an jedem nicht-trivialen Fixpunkt $\mathbf{x}^*$ gilt:

$$\operatorname{Tr} D\mathbf{X}(\mathbf{x}^*) = \frac{\lambda_2}{3}\left[1 - 6\left(\frac{\lambda_1}{\lambda_2}\right)\frac{x}{(1-x^2)}\right]_{x^*}. \tag{E4.36}$$

Man verwende dieses Ergebnis sowie das Resultat aus Aufgabe 4.2.4, um zu zeigen, daß (E4.17), mit $\lambda_1 = \lambda_1^* = 4^{-2/3}/3$ und $\lambda_2 = \lambda_2^* = 4^{1/3}/3$, einen Fixpunkt $\mathbf{x}^* = (\frac{1}{2}, \frac{1}{4})^T$ besitzt, für den gilt: $\det D\mathbf{X}(\mathbf{x}^*) = \operatorname{Tr} D\mathbf{X}(\mathbf{x}^*) = 0$.

4.3.5 Der 2-Jet von (E4.17) im Punkt $(\lambda_1, \lambda_2, x, y) = (\lambda_1^*, \lambda_2^*, \frac{1}{2}, \frac{1}{4})$ (siehe Aufgabe 4.3.4) lautet

$$\begin{pmatrix} -\frac{1}{2}\mu_1 - \varepsilon x_1 + \varepsilon x_2 - \frac{4}{3}\varepsilon x_1^2 - \frac{2}{3}\varepsilon x_1 x_2 - \frac{2}{3}\varepsilon x_2^2 - \mu_1 x_1 \\ \frac{1}{4}\mu_2 - \varepsilon x_1 + \varepsilon x_2 + \frac{2}{3}\varepsilon x_1^2 - \frac{8}{3}\varepsilon x_1 x_2 + \frac{4}{3}\varepsilon x_2^2 + \mu_2 x_2 \end{pmatrix} \tag{E4.37}$$

mit

$$x_1 = x - \frac{1}{2}, \quad x_2 = y - \frac{1}{4}, \quad \mu_1 = \lambda_1 - \lambda_1^*, \quad \mu_2 = \lambda_2 - \lambda_2^*,$$
$$\varepsilon = 4^{1/3}/9. \tag{E4.38}$$

Man weise nach, daß die Transformation $\mathbf{x} = (x_1, x_2)^T = \mathbf{M}\mathbf{y}$, $\mathbf{y} = (y_1, y_2)^T$ mit $\mathbf{M} = \begin{pmatrix} \varepsilon & 0 \\ \varepsilon & 1 \end{pmatrix}$ den linearen Teil von (E4.37) auf die reelle Jordanform reduziert. Man verwende Satz 4.5, um zu zeigen daß:

(a) die Singularität in Aufgabe 4.3.4 eine Cusp-Singularität ist,

(b) die Parameter μ_1, μ_2 sie vollständig entfalten.

Was sagt diese Rechnung über die Stabilität der Grenzzyklen aus?

4.3.6 $\dot{\mathbf{x}} = \mathbf{X}(\mathbf{x})$, $\mathbf{x} = (x, y)^T$ sei durch (E4.17) aus Aufgabe 4.2.4 definiert. Man zeige, daß bei jedem nicht-trivialen Fixpunkt $\mathbf{x}^*$ gilt

$$\det D\mathbf{X}(\mathbf{x}^*) = \left[2\lambda_2 x y^{2/3}\left(\frac{1}{x} - 2\right)/(3(1+x)^2)\right]_{x^*}. \tag{E4.39}$$

Für den Fall, daß Gleichung (E4.17) bei $(x, y) = (\frac{1}{2}, \frac{1}{4})$ für $(\lambda_1, \lambda_2) = (4^{-2/3}/3, 4^{2/3}/3)$ einer Cusp-Bifurkation unterliegt, zeige man:

(a) die Sattel-Knoten-Bifurkationskurve ist durch $\lambda_2^2 = 1/(27\lambda_1)$ gegeben,

(b) die Hopf-Bifurkationskurve hat die Form

$$(\lambda_1(s), \lambda_2(s)) = \left(\frac{1-s}{[36(1+s)]^{1/3}}, \frac{6s\lambda_1(s)}{(1-s^2)}\right) \tag{E4.40}$$

für $0 < s < \frac{1}{2}$.

4.3.2 Verallgemeinerte Hopf-Bifurkationen

4.3.7 Man zeige, daß das Vektorfeld

$$\begin{pmatrix} 0 & -\beta \\ \beta & 0 \end{pmatrix}\begin{pmatrix} x_1 \\ x_2 \end{pmatrix} + \sum_{k=1}^{\infty}(x_1^2 + x_2^2)^k \left[a_k \begin{pmatrix} x_1 \\ x_2 \end{pmatrix} + b_k \begin{matrix} -x_2 \\ x_1 \end{matrix}\right], \tag{E4.41}$$

mit $\beta > 0$ und $a_1 = a_2 = \cdots = a_{l-1} = 0$, $a_l \neq 0$, in folgender Form geschrieben werden kann:

$$f(x_1, x_2)\left[\begin{pmatrix} 0 & -1 \\ 1 & 0 \end{pmatrix}\begin{pmatrix} x_1 \\ x_2 \end{pmatrix} + \sum_{k=1}^{\infty} a_k'(x_1^2 + x_2^2)^k \begin{pmatrix} x_1 \\ x_2 \end{pmatrix}\right], \tag{E4.42}$$

wobei $f(x_1, x_2) = \beta + \sum_{k=1}^{\infty} b_k(x_1^2 + x_2^2)^k$ ist und a_k' wird für $k \geq l$ induktiv durch $a_l' = a_l/\beta$ sowie

$$a_k' = (a_k - a_{k-1}'b_1 - a_{k-2}'b_2 - \cdots - a_l' b_{k-l})/\beta \tag{E4.43}$$

definiert. Man finde eine radiale Skalierung, so daß a_l' durch ± 1 ersetzt werden kann. Man zeige, daß ein Vektorfeld vom Typ $(l, -)$ topologisch äquivalent zum Zeit-Inversen eines Vektorfeldes vom $(l, +)$-Typ ist.

4.3.8 Man zeige, daß das Bifurkationsdiagramm des Systems

$$\dot{r} = \nu_0 r + \nu_1 r^3 + r^5, \; \dot{\theta} = 1 \tag{E4.44}$$

gleich dem in Abb. 4.11 gezeigten ist und gebe die Phasenbilder der auftretenden strukturell stabilen Systeme in Ergänzung der Bifurkationskurven an. Man untersuche die Übergänge zwischen den Systemen und skizziere dafür Phasenbilder auf den Bifurkationskurven selbst.

4.3.9 Man betrachte das Polynom

$$P_\nu(\rho) = \rho^3 + \nu_2\rho^2 + \nu_1\rho + \nu_0 \tag{E4.45}$$

mit $\boldsymbol{\nu} = (\nu_0, \nu_1, \nu_2) \in \mathcal{R}^3,\ \rho \in \mathcal{R}$.

(a) Sei $\nu_2 = 0$. Man zeige, daß für $\nu_1 < 0$ $P_\nu(\rho)$ bei $\rho = (-\nu_1/3)^{1/2}$ ein Minimum und bei $\rho = -(-\nu_1/3)^{1/2}$ ein Maximum besitzt. Man skizziere $P_\nu(\rho)$ für $\boldsymbol{\nu} = (0, \nu_1, 0)$ mit $\nu_1 <, =, > 0$.
(b) Man skizziere $P_\nu(\rho)$ mit $\boldsymbol{\nu} = (\nu_0, \nu_1, 0)$ und zeige damit, daß aus dem Ursprung des Systems (4.3.30) ein instabiler Grenzzyklus entwächst, wenn ν_0 durch Null fällt und $\nu_2 = 0,\ \nu_1 \geq 0$ ist.
(c) Man erkläre, wie die Diagramme von (a) und (b) zu modifizieren sind, wenn $\nu_2 > 0$ ist. Sei $C > 0$, worin unterscheidet sich der $\nu_2 = C$-Abschnitt des Typ-(3, +)-Bifurkationsdiagrammes von Abb. 4.13?

4.3.10 Man betrache das Polynom (E4.45).

(a) Man erkläre, wie die in Aufgabe 4.3.9(a) und (b) gezeichneten Diagramme für $\nu_2 < 0$ modifiziert werden müssen.
(b) Man überprüfe, daß diese modifizierten Diagramme mit dem Abschnitt für $\nu_2 < 0$ des Typ-(3,+)-Bifurkationsdiagrammmes in Abb. 4.14 übereinstimmen.

4.3.11 Man betrachte den $\nu_2 = C$-Abschnitt ($C < 0$) des Typ-(3,+)-Hopf-Bifurkationsdiagrammes in Abbildung 4.14.

(a) Man zeige, daß die Kurven der Doppel-Grenzzyklus-Bifurkationen durch
$$\nu_0^\pm = \frac{\nu_2^3}{27} + \frac{1}{3}\nu_2\tilde{\nu} \mp \tilde{\nu}\left(\frac{-\tilde{\nu}}{3}\right)^{1/2} \tag{E4.46}$$
gegeben sind, mit $\tilde{\nu} = \nu_1 - \nu_2^2/3$.
(b) Man bestätige, daß sich ν_0^+ und ν_0^- am Punkt $P = \left(\frac{\nu_2^3}{27}, \frac{\nu_2^2}{3}, \nu_2\right)$ treffen, und es gilt:
$$\left.\frac{d\nu_0^+}{d\nu_1}\right|_P = \left.\frac{d\nu_0^-}{d\nu_1}\right|_P . \tag{E4.47}$$
(c) Man zeige, daß ν_0^+ bei $\nu_1 = 0$ für $\nu_2 > 0$ den Anstieg null besitzt (siehe Abbildung 4.13) sowie, daß ν_0^- bei $\nu_1 = 0$ für $\nu_2 < 0$ ebenfalls Anstieg null besitzt (siehe Abbildung 4.14).

4.4 Diffeomorphismen auf $\mathcal{R}$

4.4.1 $D_x f(\mathbf{0}) = +1$: die Faltungsbifurkation

4.4.1 Man leite die Gleichungen (4.4.10) und (4.4.11) für die Kurve der Fixpunkte $\mu = \mu(x)$ (4.4.9) her. Man zeichne entsprechend Abbildung 4.16(a) Bifurkationsdiagramme, wenn $D_\mu f(\mathbf{0})$ und $D_{xx} f(\mathbf{0})$
(a) positiv bzw. negativ,
(b) negativ bzw. positiv,
(c) negativ bzw. negativ sind.

4.4.2 Man zeige mit Hilfe des Theorems über implizite Funktionen, daß (4.4.9) eine Lösung $x = x^*(\mu)$ für $\mu \in (-\varepsilon, \varepsilon)$, $\varepsilon > 0$, besitzt und verifiziere

$$Dx^*(0) = \frac{-2D_{\mu x} f(\mathbf{0})}{D_{xx} f(\mathbf{0})} < 0. \tag{E4.48}$$

Mittels dieses Ergebnisses zeige man

$$D_x f(\mu, x^*(\mu)) = 1 - \mu D_{\mu x} f(\mathbf{0}) + O(\mu^2). \tag{E4.49}$$

Damit bestimme man die Stabilität des Fixpunktes $x = x^*(\mu)$ für $\mu < 0$, > 0.

4.4.3 (Die Heugabel-(pitchfork-)Bifurkation (siehe Whitley, 1983, S.185)) Sei $f(\mu, x)$ eine glatte ein-parametrige Familie von Diffeomorphismen, für die gilt:
(i) $f(\mu, -x) = -f(\mu, x)$,
(ii) $D_x f(\mu, 0) = \lambda(\mu)$, $\lambda(0) = 1$ und $\left.\dfrac{d\lambda}{d\mu}\right|_{\mu=0} > 0$,
(iii) $D_{xxx} f(\mathbf{0}) < 0$.

Man zeige, daß

$$f(\mu, x) = \lambda(\mu)x + a_3(\mu)x^3 + O(x^5) \tag{E4.50}$$

ist für (μ, x) genügend nahe bei $(0, 0)$ und $a_3(0) < 0$.

Man beweise, daß auf einer Umgebung von $(\mu, x) = (0, 0)$
(a) f_μ einen stabilen Fixpunkt im Ursprung für $\mu < 0$ besitzt,
(b) für $\mu > 0$ f_μ im Ursprung einen instabilen Fixpunkt sowie stabile Fixpunkte bei

$$x^*_\pm(\mu) = \pm \left[6\mu \left.\frac{d\lambda}{d\mu}\right|_{\mu=0} / |D_{xxx} f(\mathbf{0})| \right]^{1/2} (1 + O(\mu)) \tag{E4.51}$$

besitzt.

Man zeichne für f das Bifurkationsdiagramm in der μx-Ebene.

4.4.2 $D_x f(\mathbf{0}) = -1$: die Flip-Bifurkation

4.4.4 Man betrachte die in Gleichung (4.4.28) definierte Funktion $G(\mu, x)$. Mittels (4.4.2),(4.4.3),(4.4.4),(4.4.5) und (4.4.24) zeige man

$$\begin{aligned} F(\mu, x) &= G(\mu, x) + x \\ &= (\nu(\mu) - 1)x + \sum_{r=2}^{N} b_r(\mu)x^r + O(x^{N+1}) \end{aligned} \tag{E4.52}$$

mit

$$b_r(\mu) = \sum_{i=r}^{N} \binom{i}{r} a_i(\mu)x^*(\mu)^{i-r} \tag{E4.53}$$

und

$$\nu(\mu) = \mu \frac{d}{d\mu}\{D_x f(\mu, x^*(\mu))\}|_{\mu=0} + O(\mu^2). \tag{E4.54}$$

4.4.5 Man zeige, daß die in (4.4.37) definierte Familie von Diffeomorphismen

$$F(\mu, x) = (\nu(\mu) - 1)x + \sum_{r=2}^{3} b_r(\mu)x^r + O(x^4) \tag{E4.55}$$

äquivalent zu

$$\tilde{F}(\mu, x) = (\nu(\mu) - 1)x + \tilde{b}_3(\mu)x^3 + O(x^4) \tag{E4.56}$$

mit

$$\tilde{b}_3(\mu) = b_3(\mu) + \frac{2b_2(\mu)^2}{(\nu(\mu) - 1)(\nu(\mu) - 2)} \tag{E4.57}$$

ist. Man zeige weiter

$$\tilde{b}_3(\mu) = -\frac{1}{12} D_{xxx} f^2(\mathbf{0}) + O(\mu). \tag{E4.58}$$

4.4.6 Man betrachte $\bar{f}_\nu^2$ aus (4.4.43), wobei das negative Vorzeichen gültig sein soll. Man zeige, daß $\bar{f}_\nu^2$ Fixpunkte $x_\pm^*$ besitzt, welche (4.4.45) erfüllen und zeige, daß die $x_\pm^*$ nicht Fixpunkte von $\bar{f}_\nu$ sind. Man verifiziere

$$D\bar{f}_\nu^2(y_+^*) = D\bar{f}_\nu(x_+^*)D\bar{f}_\nu(x_-^*) \tag{E4.59}$$

und vergewissere sich, daß der 2-Zyklus in diesem Fall instabil ist. Wie werden die Rechnungen durch in $\bar{f}_\nu(x)$ auftretende $O(x^5)$-Terme (wie in (4.4.41)) beeinflußt?

4.4.7 Man vergewissere sich, daß die folgenden Familien von Abbildungen den angegebenen Bifurkationen unterliegen:
(a) $x \mapsto \mu - x^2$, Faltung, $\mu = -\frac{1}{4}$,
(b) $x \mapsto \mu - x^2$, Flip, $\mu = \frac{3}{4}$,
(c) $x \mapsto \mu x(1-x)$, transkritisch, $\mu = 1$,
(d) $x \mapsto \mu x - x^3$, Heugabel, $\mu = 1$.
Man zeichne für jeden Fall die lokalen Bifurkationsdiagramme in der μx-Ebene.

4.5 Die logistische Abbildung

4.5.1 Man betrachte die logistische Abbildung $F_\rho(x) = \rho x(1-x)$, $\rho \in (0,4]$ und $x \in [0,1]$. Man zeichne mit Hilfe eines Computers die Graphen von F_ρ, F_ρ^2, F_ρ^4, F_ρ^8 für $\rho = 3,6$ und die Gerade $x = y$. Man kennzeichne die periodischen Punkte von F_ρ mit den Perioden 1, 2, 4 und 8.

4.5.2 Man zeichne die Graphen von F_ρ^2 für $\rho = 3{,}4$; 3,5; 3,6; und 3,7, wobei F_ρ die logistische Abbildung ist. Man beachte, daß die Neigung von F_ρ^2 bei zwei seiner nicht-trivialen Fixpunkte für wachsendes ρ durch -1 geht. Man überprüfe, daß Flip-Bifurkation auftritt, indem man zeigt, daß periodische Punkte mit der Periode 4 erzeugt werden.

4.5.3 Man zeichne für die logistische Abbildung $F_\rho(x) = \rho x(1-x)$ die Graphen von F_ρ^4 und F_ρ^8 für $\rho = 3{,}0$; 3,2; 3,4; 3,6; 3,8; 4,0. Zwischen welchen aufeinanderfolgenden Paaren von ρ-Werten werden: (a) Periode-4- (b) Periode-8-Punkte zuerst erzeugt? Man untersuche die Situation für $\rho \in [3{,}9; 4{,}0]$ genauer und zeige, daß weitere Periode-4-Punkte bei Faltungsbifurkationen in F_ρ^4 entstehen.

4.5.4 Man zeige, daß periodische Bahnen mit Periode 3 zwischen $\rho = 3{,}8$ und $\rho = 3{,}9$ erzeugt werden, indem die Fixpunkte von F_ρ^3 graphisch bestimmt werden. Man gebe an, welche der periodischen Bahnen anfänglich stabil sind. Warum ist der Graph von F_ρ^3 gleichzeitig an drei verschiedenen Punkten tangential zur Gerade $x = y$ für wachsendes ρ?

4.5.5 (a) Sei $\bar{f} : \mathcal{R} \to \mathcal{R}$ durch $\bar{f}(x) = 2x$ gegeben. Man verwende die Standard-Projektion $\pi(x) = x \bmod 1$, um zu zeigen, daß

$\bar{f}$ die Liftung einer wohldefinierten, nicht-injektiven Abbildung $f : S^1 \to S^1$ ist. Man betrachte die Unterklasse Σ' von doppelt-unendlichen 2-Symbol-Sequenzen, die durch die binären Formen der reellen Zahlen erzeugt werden. Man zeige, daß $\bar{f}$ zu einem Right-Shift auf Σ' topologisch konjugiert ist. Man beweise:

(i) die Menge aller periodischen Punkte von f ist dicht in S^1,

(ii) es existiert eine Bahn von f, die in S^1 dicht ist.

(b) Eine Abbildung $F : I \to I \subseteq \mathcal{R}$ besitzt die Eigenschaft, daß ihre Bahnen empfindlich von den Anfangsbedingungen abhängen, wenn ein $\varepsilon > 0$ existiert, so daß für jedes $x \in I$ und jede offene Menge N, die x enthält, es einen Punkt $y \in N$ gibt, für den $|F^n(x) - F^n(y)| > \varepsilon$ gilt für gewisse $n \in \mathcal{Z}^+$.

Man zeige, daß die logistische Abbildung $F_\rho : [0, 1] \to [0, 1]$, $\rho = 4$ und $f : S^1 \to S^1$, definiert in (a), die Gleichung $\Phi F_4 = f \Phi$ erfüllen, wobei $\Phi : S^1 \to I$ durch $\Phi(\theta) = \sin^2 \theta$ gegeben ist. Man beweise nun, daß die logistische Abbildung F_4 folgende „chaotischen" Erscheinungen besitzt:

(i) sie besitzt eine Menge von periodischen Bahnen, die in [0, 1] dicht liegen,

(ii) sie besitzt eine Bahn, die in [0, 1] dicht liegt,

(iii) sie genügt den Forderungen nach empfindlicher Abhängigkeit von den Anfangsbedingungen mit $\varepsilon = \frac{1}{2}$.

5 Lokale Bifurkation II: Diffeomorphismen auf $\mathscr{R}^2$

5.1 Einführung

Ein ebener Diffeomorphismus $\mathbf{f}_0$ besitzt einen nicht-hyperbolischen Fixpunkt bei $\mathbf{x} = \mathbf{0}$, wenn wenigstens einer der Eigenwerte von $D\mathbf{f}_0(\mathbf{0})$ den Betrag eins aufweist. Habe also $D\mathbf{f}_0(\mathbf{0})$ die Eigenwerte λ_1 und λ_2, $|\lambda_1| \geq |\lambda_2|$, dann ist $\mathbf{x} = \mathbf{0}$ nicht-hyperbolisch, wenn gilt:

$$|\lambda_1| = 1, \; |\lambda_2| < 1, \tag{5.1.1}$$

$$|\lambda_1| > 1, \; |\lambda_2| = 1, \tag{5.1.2}$$

$$|\lambda_2| = |\lambda_2| = 1. \tag{5.1.3}$$

Das lokale Bifurkationsverhalten allgemeiner ein-parametriger Familien $\mathbf{f}(\mu, \mathbf{x})$, für die $\mathbf{f}_0(\cdot) = \mathbf{f}(0, \cdot)$ die Gleichung (5.1.1) oder (5.1.2) erfüllt, wird durch die entsprechende eindimensionale Familie bestimmt, die in §4.4 diskutiert wurde (siehe Arnold, 1983, S.286). Wenn zum Beispiel Gleichung (5.1.1) mit $\lambda_1 = 1$ gilt, so ist $\mathbf{f}(\mu, \mathbf{x})$ für $(\mu, \mathbf{x})$ nahe bei $(0, \mathbf{0})$ äquivalent zu der durch

$$\tilde{\mathbf{f}}(\mu, \mathbf{x}) = (\mu + x + x^2, \pm(y/2))^T \tag{5.1.4}$$

definierten lokalen Familie bei $(0, \mathbf{0})$, mit $\mathbf{x} = (x, y)^T$. Das Vorzeichen in der zweiten Komponente wird durch das Vorzeichen von λ_2 festgelegt. Ist andererseits $\lambda_1 = -1$, so ist $\mathbf{f}(\mu, \mathbf{x})$ zu

$$\tilde{\mathbf{f}}(\mu, \mathbf{x}) = ((\mu - 1)x \pm x^3, \pm(y/2))^T \tag{5.1.5}$$

lokal äquivalent. Das Vorzeichen in der ersten Komponente von (5.1.5) hängt von dem des kubischen Termes in der Normalform von $\mathbf{f}_0$ ab. Die lokalen Familien (5.1.4) und (5.1.5) sind Beispiele für *Einhängungen* der eindimensionalen Familien, die in der ersten Komponente erscheinen. In Abb. 5.1 sind die Bifurkationsdiagramme für (5.1.4) und (5.1.5) gezeigt. Gilt dagegen (5.1.2) so können ähnliche Einhängungen konstruiert werden, dabei gibt der

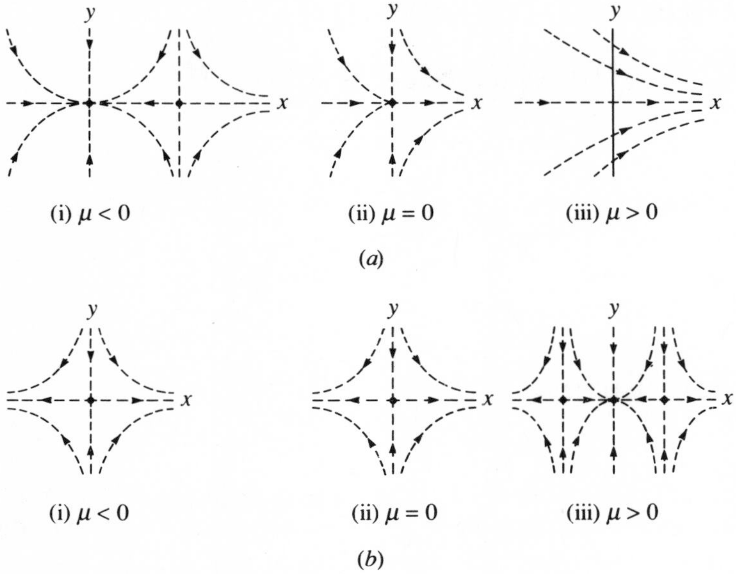

Abb. 5.1. Darstellung der Bifurkationsdiagramme der Familien $\tilde{\mathbf{f}}(\mu, \mathbf{x})$ nach (5.1.4) und (5.1.5), wobei das positive Vorzeichen in der zweiten Komponente gilt. (a) Die gestrichelten Linien zeigen das Verhalten der Bahnen von $\tilde{\mathbf{f}}_\mu$ nach (5.1.4) für: (i) $\mu < 0$, (ii) $\mu = 0$, (iii) $\mu > 0$. Man sagt, diese lokale Familie unterliegt bei $\mu = 0$ einer *Sattel-Knoten-Bifurkation*. (b) Hier ist $\tilde{\mathbf{f}}_\mu$ durch (5.1.5) gegeben. Für μ nahe null alterniert das Vorzeichen der ersten Komponente von $\tilde{\mathbf{f}}_\mu$. Deshalb stellen in diesem Fall die gestrichelten Linien das Verhalten von $\tilde{\mathbf{f}}_\mu^2$ dar, die nicht-trivialen Fixpunkte, die für $\mu > 0$ erscheinen, entsprechen einem 2-Zyklus in $\tilde{\mathbf{f}}_\mu$.

hyperbolische Eigenwert anstelle einer Kontraktion zu einer Expansion Anlaß (siehe Aufgabe 5.1.1).

Besitzen wie in (5.1.3) beide Eigenwerte von $D\mathbf{f}_0(\mathbf{0})$ den Betrag eins, so gibt es mehrere Möglichkeiten für $D\mathbf{f}_0(\mathbf{0})$ und (λ_1, λ_2):

(i) $$\lambda_1 = \bar{\lambda}_2 = \exp(2\pi i\beta), \tag{5.1.6}$$

mit $\beta \neq 0, \frac{1}{2}$ (hier bedeutet der Querstrich das konjugiert Komplexe),

(ii) $$\lambda_1 = \lambda_2 = 1 \quad \text{oder} \quad \lambda_1 = \lambda_2 = -1, \tag{5.1.7}$$

wobei jedoch $D\mathbf{f}_0(\mathbf{0})$ nicht diagonalisiert werden kann,

(iii) $$\lambda_1 = 1 \quad \text{und} \quad \lambda_2 = -1, \tag{5.1.8}$$

(iv) $$\lambda_1 = \lambda_2 = 1 \quad \text{oder} \quad \lambda_1 = \lambda_2 = -1, \tag{5.1.9}$$

und $D\mathbf{f}_0(\mathbf{0})$ kann diagonalisiert werden (siehe $\beta = 0, \frac{1}{2}$ in (5.1.6)).

Im allgemeinen wird (5.1.3) durch λ_1 und λ_2 vom Typ (i) erfüllt. Ist $\beta = 0$ oder $\frac{1}{2}$ so ist die allgemeine Situation (ii) und nicht (iv). Die Fälle (i) und (ii) bringen einige recht subtile Probleme mit sich, die uns für den Rest dieses Kapitels beschäftigen werden. Mann könnte annehmen, daß (iii) einfacher zu behandeln ist als Fall (ii), da die Eigenwerte verschieden sind. Leider ist dies jedoch nicht der Fall. Die Aufgaben 5.1.3 und 5.1.4 machen deutlich, daß es nicht genügt, das oben erwähnte Produkt der „Faltungs"- und „Flip"-Familien zu betrachten. Mehr noch, obwohl die Fälle (ii) und (iii) die lineare Kodimension zwei besitzen (siehe die Aufgaben 5.1.2 und 5.1.5), greift bei letzterem die zur Untersuchung von (i) und (ii) angewandte Methode der Vektorfeld-Approximation nicht, da einer der Eigenwerte negativ ist.

Das Problem der negativen Eigenwerte kann man durch Betrachten der Quadrate der Abbildungen (siehe §5.5.3) umgehen, für (iii) ist $D\mathbf{f}_0^2(\mathbf{0})$ jedoch die Identität, was zur Folge hat, daß $\mathbf{f}_0^2$ vom in (iv) beschriebenen Typ ist. Fall (iv) besitzt die lineare Kodimension vier (siehe Aufgabe 5.1.5) und ist damit schwieriger zu behandeln als (i) oder (ii). Wir beschränken unsere Aufmerksamkeit daher auf die Entfaltungen von $\mathbf{f}_0$, welche (i) und (ii) erfüllen.

Sei $\mathbf{f} : \mathcal{R} \times \mathcal{R}^2 \to \mathcal{R}^2$ eine glatte, ein-parametrige Familie von Abbildungen und habe $\mathbf{f}(\mu, \mathbf{x}) = \mathbf{f}_\mu(\mathbf{x})$ einen Fixpunkt bei $\mathbf{x} = \mathbf{0}$ für alle $\mu \in \mathcal{R}$ (siehe Aufgabe 5.1.6). Weiter nehmen wir an, daß die Eigenwerte von $D\mathbf{f}_0(\mathbf{0})$ bei $\mu = 0$ Gleichung (5.1.6) erfüllen mit $\beta \neq 0, \frac{1}{2}$. Die Linearisierung von $\mathbf{f}_0$ bei $\mathbf{x} = \mathbf{0}$ ist daher eine Rotation entgegen dem Uhrzeiger um den Winkel $2\pi\beta$, also gibt es eine Basis in $\mathcal{R}^2$, so daß gilt:

$$D\mathbf{f}_0(\mathbf{0}) = \begin{pmatrix} \cos 2\pi\beta & -\sin 2\pi\beta \\ \sin 2\pi\beta & \cos 2\pi\beta \end{pmatrix}. \tag{5.1.10}$$

Welcher Art ist nun das topologische Verhalten einer solchen Familie für $(\mu, \mathbf{x}) \in U$, einer genügend kleinen Umgebung von $(0, \mathbf{0}) \in \mathcal{R} \times \mathcal{R}^2$? Die Beschränkung von $\mathbf{f}$ auf U, $\mathbf{f}|U$, definiert eine ein-parametrige lokale Familie von Diffeomorphismen. Angenommen, $\lambda(\mu)$, $\bar{\lambda}(\mu)$ seien die Eigenwerte von $D\mathbf{f}_\mu(\mathbf{0})$, so gilt im allgemeinen $[d|\lambda(\mu)|/d\mu]_{\mu=0} \neq 0$ und die Stabilität der Fixpunkte wechselt bei $\mathbf{x} = \mathbf{0}$, wenn μ die Null passiert. Dies ist das Analogon für Diffeomorphismen zur Situation, die bei der Hopf-Bifurkation von Vektorfeldern auftritt (siehe §4.2.2).

Im typischen Fall ist β irrational, da die rationalen Werte in $[0, 1)$ ein Null-Maß besitzen. Dann kann man leicht zeigen, daß in der lokalen Familie $\mathbf{f}|U$ ein invarianter Kreis erscheint, ähnlich wie beim Vektorfeld-Problem (siehe §5.3). Während jedoch für Vektorfelder die Dynamik von invarianten Kreisen topologisch trivial ist, gilt dies nicht für die Familie von Abbildungen. Wenn der invariante Kreis wächst, so durchläuft die Rotationszahl des Diffeomorphismus rationale wie irrationale Werte in der Nähe von β; jeder rationale Wert tritt für ein Intervall von Parameterwerten auf. Die Länge dieser Intervalle verkleinert sich mit der Größe des invarianten Kreises, so daß die Erzeugung des invarianten Kreises (das heißt $\mu = 0$) eine Ansammlung von Bifurkationen darstellt (von oben, wenn der invariante Kreis für $\mu > 0$ erscheint). Ein solch kompliziertes Verhalten tritt bei Vektorfeldern nicht auf und um es zu verstehen, müssen wir *zwei-parametrige* Entfaltungen von $\mathbf{f}_0$ betrachten. Die relevanten Eigenschaften von zwei-parametrigen Familien von Diffeomorphismen auf dem Kreis können am einfachsten durch das Beispiel (siehe Arnold, 1983, S.108)

$$f(\alpha, \varepsilon; \theta) = \theta + \alpha + \varepsilon \sin \theta, \tag{5.1.11}$$

$\theta \in [0, 2\pi]$, $\varepsilon \in [0, 1)$, verdeutlicht werden, welches wir in §5.2 ausführlich behandeln wollen.

Die zusätzliche Freiheit durch zwei-parametrige Entfaltungen erlaubt uns auch die Analyse der Situation, daß β rational, gleich p/q von kleinster Ordnung ist, mit $q \geq 3$. Mittels Normalform-Rechnungen (siehe §§5.3 und 5.4) kann man zeigen, daß resonante Terme der Form $\bar{z}^{q-1}$ *zusätzlich* zu denen erscheinen, die für irrationales β auftreten. Ist $q \geq 5$ (schwache Resonanz), so spielen diese zusätzlichen Resonanzen eine ähnliche, jedoch nicht determinierende Rolle für alle q. Dies gilt jedoch nicht für $q \leq 4$ (starke Resonanz), wo die zusätzlichen Resonanzen zu Bifurkationen führen, die durch der Wert von q charakterisiert sind.

Wir folgen nun Arnold und Takens (siehe Arnold, 1983, S. 292-313; Takens, 1974b) und beschreiben einen systematischen Zugang zu diesen Resonanz-Phänomenen durch Approximation von $\mathbf{f}^q_\mu$, $\mu \in \mathcal{R}$ durch die Zeit-2π-Abbildung eines autonomen Vektorfeldes. Die Konstruktion der Approximation wird in §5.5 beschrieben. Dieser Ansatz hat den Vorteil, daß er auf den allgemeinen Fall $q = 1$ und $q = 2$ (siehe Fall (ii) oben) erweitert werden kann. Für diese Werte von q besitzt $D\mathbf{f}_0(\mathbf{0})$ reelle Eigenwerte und ist keine Rotation. In §5.6 werden Bifurkationsdiagramme für die entsprechenden Familien von Vektorfeldern gezeigt, ihre Beziehung zur zugehörigen lokalen Familie $\mathbf{f}|U$ wird dann in §5.7 diskutiert.

5.2 Die Kreisabbildung von Arnold

Man betrachte die folgende zwei-parametrige Familie von Diffeomorphismen $f_{(\alpha,\varepsilon)} : S^1 \to S^1$

$$f_{(\alpha,\varepsilon)}(\theta) = \theta + \alpha + \varepsilon \sin \theta, \tag{5.2.1}$$

$\varepsilon \in [0, 1)$, $\theta, \alpha \in [0, 2\pi]$, wobei 0 und 2π miteinander identifiziert werden. Für welche Werte von (α, ε) besitzt $f_{(\alpha,\varepsilon)}$ die Rotationszahl p/q in niedrigster

Ordnung mit $p \in \{0, 1, \ldots, q-1\}$, $q \in \mathcal{Z}^+$? Es ist hier bequem, θ in Einheiten von 2π zu messen, das heißt $2\pi\theta' = \theta$, so daß wir für die Iteration $\theta_{n+1} = f_{(\alpha,\varepsilon)}(\theta_n)$

$$\begin{aligned} \theta'_{n+1} &= \frac{1}{2\pi} f_{(\alpha,\varepsilon)}(2\pi\theta'_n) = f'_{(\alpha',\varepsilon')}(\theta'_n) \\ &= \theta'_n + \alpha' + \varepsilon' \sin 2\pi\theta' \end{aligned} \tag{5.2.2}$$

erhalten, mit $2\pi\alpha' = \alpha$ und $2\pi\varepsilon' = \varepsilon$. Lassen wir die Striche weg, so können wir schreiben

$$\theta_{n+1} = f_{(\alpha,\varepsilon)}(\theta_n) = \theta_n + \alpha + \varepsilon \sin 2\pi\theta_n \tag{5.2.3}$$

mit α, $\theta \in [0, 1]$ und $\varepsilon \in [0, 1/2\pi)$. Schließlich bestimmen wir die Liftung $\bar{f}_{(\alpha,\varepsilon)}$ von $f_{(\alpha,\varepsilon)}$ zu

$$\bar{f}_{(\alpha,\varepsilon)}(x) = x + \alpha + \varepsilon \sin 2\pi x, \tag{5.2.4}$$

$x \in \mathcal{R}$. Wie für einen die Orientierung erhaltenden Diffeomorphismus auf S^1 gefordert, gilt $\bar{f}_{(\alpha,\varepsilon)}(x+1) = \bar{f}_{(\alpha,\varepsilon)}(x) + 1$ (siehe §1.2).

Satz 5.1 *Die Rotationszahl von $f_{(\alpha,\varepsilon)}$ ist dann und nur dann gleich $\rho(f_{(\alpha,\varepsilon)}) = p/q$, wenn*

$$\bar{f}^q_{(\alpha,\varepsilon)}(x) - (x + p) = 0 \tag{5.2.5}$$

ist für gewisse $x \in \mathcal{R}$.

Beweis. Gilt (5.2.5) für gewisse $x = x_0$, dann erhalten wir

$$\bar{f}^q_{(\alpha,\varepsilon)}(x_0) = x_0 + p \tag{5.2.6}$$

und damit

$$\bar{f}^{nq}_{(\alpha,\varepsilon)}(x_0) = x_0 + np. \tag{5.2.7}$$

Daher ist

$$\begin{aligned} \rho(f_{(\alpha,\varepsilon)}) &= \lim_{n\to\infty} \frac{\bar{f}^n_{(\alpha,\varepsilon)}(x_0) - x_0}{n} \bmod 1 \\ &= \lim_{n\to\infty} \frac{\bar{f}^{nq}_{(\alpha,\varepsilon)}(x_0) - x_0}{nq} \bmod 1 = p/q. \end{aligned} \tag{5.2.8}$$

Nun impliziert umgekehrt (5.2.4)

$$\bar{f}^q_{(\alpha,\varepsilon)}(x) = x + q\alpha + F(\alpha, \varepsilon, x). \tag{5.2.9}$$

Mit $\alpha = (p/q) + \beta$ erhalten wir

$$\bar{f}^q_{(\alpha,\varepsilon)}(x) = x + p + G_{p/q}(\beta, \varepsilon, x), \tag{5.2.10}$$

wobei $G_{p/q}(\beta, \varepsilon, x) = q\beta + F((p/q) + \beta, \varepsilon, x)$ ist. Wird also (5.2.5) für gewisse $x \in \mathfrak{R}$ *nicht* erfüllt, so ist

$$G_{p/q}(\beta, \varepsilon, x) \neq 0 \tag{5.2.11}$$

für *alle* $x \in \mathfrak{R}$. Da $G_{p/q}$ in x periodisch ist (siehe Aufgabe 5.2.1), bedeutet dies, daß $G_{p/q}$ immer von null verschieden ist. Daraus folgt

$$|\rho(f_{(\alpha,\varepsilon)}) - p/q| \geq \min_{x\in\mathfrak{R}} |q^{-1}G_{p/q}(\beta, \varepsilon, x)| > 0. \tag{5.2.12}$$

Daher gilt $\rho(f_{(\alpha,\varepsilon)}) = p/q$ dann und nur dann, wenn (5.2.5) für gewisse $x \in \mathfrak{R}$ erfüllt wird.

Man kann nun leicht zeigen, daß

$$F(\alpha, \varepsilon, x) = \varepsilon \sum_{k=0}^{q-1} \sin[2\pi \bar{f}^k_{(\alpha,\varepsilon)}(x)] \tag{5.2.13}$$

und

$$\sin[2\pi \bar{f}^k_{(\alpha,\varepsilon)}(x + 1)] = \sin[2\pi \bar{f}^k_{(\alpha,\varepsilon)}(x)] \tag{5.2.14}$$

ist für $k = 0, 1, \ldots, q-1$, so daß G beschränkt ist und auf $[0, 1]$ sein Maximum sowie sein Minimum annimmt. Daher gibt es für jedes ε ein Intervall von β, auf dem $G_{p/q}(\beta, \varepsilon, x) = 0$ für gewisse $x \in [0, 1]$ ist (siehe Abb. 5.2).

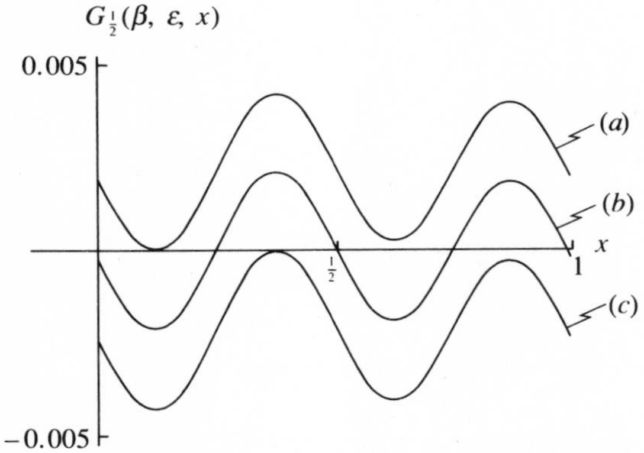

Abb. 5.2. Plots von $G_{p/q}(\beta, \varepsilon, x)$ (siehe (5.2.27)) für $\varepsilon = 0{,}025$ und (a) $\beta = \beta_m(\varepsilon) \simeq 0{,}001$; (b) $\beta = 0$; (c) $\beta = -\beta_m(\varepsilon)$. Man beachte, daß $G_{1/2}(\beta, \varepsilon, x) = 0$ ist für gewisse $x \in [0, 1]$, wenn β im Intervall $[-\beta_m(\varepsilon), \beta_m(\varepsilon)]$ liegt.

Wie hängen nun die Endpunkte dieses Intervalles von β ab? Für $q = 1$, $p = 0$ besitzt

$$G_{0/1}(\beta, \varepsilon, x) = \beta + \varepsilon \sin 2\pi x = 0 \tag{5.2.15}$$

Lösungen für gewisse $x \in [0, 1]$, wenn $\beta \leq \pm\varepsilon$ ist. Da 0 und 1 miteinander identifiziert werden, folgt nun, daß $\rho(f_{(\alpha,\varepsilon)}) = 0$ ist, wenn (α, ε) in den linear keilförmigen Gebieten liegen, die in Abb. 5.3(a) gezeigt sind. Ist $q \geq 2$, so

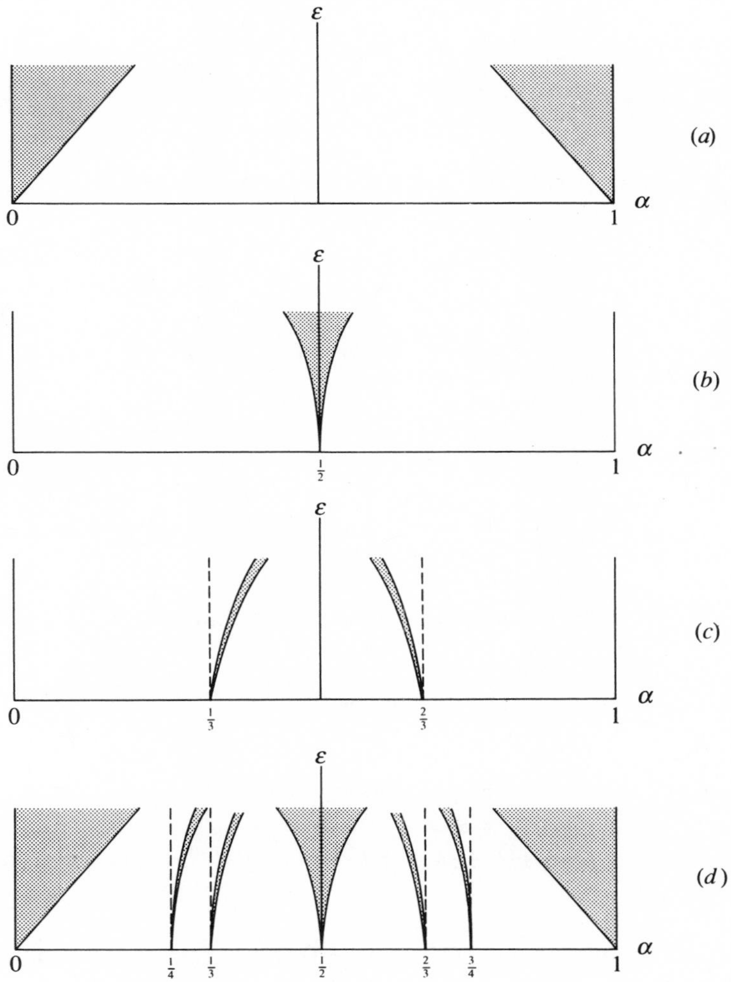

Abb. 5.3. Arnold-Zungen für die Kreis-Abbildung (5.2.3): (a) $T_{0/1}$, (b) $T_{1/2}$, (c) $T_{1/3}$ und $T_{2/3}$, (d) schematische Darstellung von $\{T_{p/q} | 1 \leq q \leq 4\}$. Für jede rationale Rotationszahl $p/q \in [0, 1)$ gibt es eine Zunge $T_{p/q} = \{(\alpha, \varepsilon) | \rho(f_{(\alpha,\varepsilon)}) = p/q\}$, deren Breite mit wachsendem q stark abnimmt. Das System der Zungen ist bezüglich $\alpha = \frac{1}{2}$ symmetrisch.

können wir die Grenzen der Region approximieren, in der $\rho(f_{(\alpha,\varepsilon)}) = p/q$ für $\varepsilon \ll 1$ ist. Aus (5.2.13) folgt

$$|F(\alpha, \varepsilon, x)| \leq q\varepsilon \tag{5.2.16}$$

für alle α, x. Also ist $|\beta| \leq \varepsilon$ eine notwendige Bedingung dafür, daß $G_{p/q}(\beta, \varepsilon, x)$ gleich null ist für gewisse x. Ist daher ε klein, so ist auch β klein und wir können die Taylor-Entwicklung von $F((p/q) + \beta, \varepsilon, x)$ um $(\beta, \varepsilon) = (0, 0)$ betrachten. Dazu beachte man, daß für $q \geq 2$ gilt:

$$\bar{f}^k_{(\alpha,\varepsilon)}(x) = \begin{cases} x + k\alpha + \varepsilon \sum_{l=0}^{k-1} \sin(2\pi \bar{f}^l_{(\alpha,\varepsilon)}(x)), & k = 1, \ldots, q-1, \\ x, & k = 0. \end{cases} \tag{5.2.17}$$

Dann folgt aus (5.2.13)

$$\begin{aligned} F(\alpha, \varepsilon, x) &= \varepsilon \Bigg\{ \sin 2\pi x + \\ &\quad + \sum_{k=1}^{q-1} \sin \left[2\pi \left(x + \frac{kp}{q} + k\beta + \varepsilon \sum_{l=0}^{k-1} \sin[2\pi \bar{f}^l_{(\alpha,\varepsilon)}(x)] \right) \right] \Bigg\} \\ &= \varepsilon \Bigg\{ \sin 2\pi x + \\ &\quad + \sum_{k=1}^{q-1} \sin \left[2\pi \left(x + \frac{kp}{q} \right) \right] \Bigg\} + O(\varepsilon^{r+1} \beta^s : r + s = 1), \end{aligned} \tag{5.2.18}$$

mit $\alpha = (p/q) + \beta$. Wie man leicht sieht (siehe Aufgabe 5.2.2), gilt

$$\sum_{k=1}^{q-1} \sin \left[2\pi \left(x + \frac{kp}{q} \right) \right] = -\sin 2\pi x. \tag{5.2.19}$$

Wir schließen daraus, daß für $q \geq 2$ die Gleichung $G_{p/q}(\beta, \varepsilon, x)$ die Form

$$G_{p/q}(\beta, \varepsilon, x) = q\beta + g_0(x)\beta\varepsilon + g_1(x)\varepsilon^2 + O(\varepsilon^{r+1}\beta^s : r + s = 2) \tag{5.2.20}$$

annimmt.

Wir betrachten mittels $G_{p/q}(\beta, \varepsilon, x) = 0$ die Größe β als Funktion von ε und x in der Form

$$\beta(\varepsilon, x) = \beta_0(x) + \varepsilon\beta_1(x) + \varepsilon^2\beta_2(x) + O(\varepsilon^3). \tag{5.2.21}$$

Substituieren wir (5.2.21) in (5.2.20) und führen einen Koeffizientenvergleich der Potenzen von ε durch, so erhalten wir

$$\beta_0(x) = \beta_1(x) \equiv 0, \qquad \beta_2(x) = -\frac{g_1(x)}{q}. \tag{5.2.22}$$

Also ist $\beta(\varepsilon, x)$ mindest quadratisch in ε für alle $q \geq 2$.

Beispiel 5.1 Sei $p/q = \frac{1}{2}$. Man berechne $g_1(x)$, beschreibe dann die Menge $\{(\alpha, \varepsilon)|\ \rho(f_{(\alpha,\varepsilon)}) = \frac{1}{2}\}$ und zeichne ein Diagramm, welches diese Menge in der (α, ε)-Ebene darstellt.

Lösung. Wir erhalten

$$\bar{f}^2_{(\alpha,\varepsilon)}(x) = x + 2\alpha + \varepsilon \sin 2\pi x + \varepsilon \sin 2\pi(x + \alpha + \varepsilon \sin 2\pi x). \tag{5.2.23}$$

Mit $\alpha = \frac{1}{2} + \beta$ gilt dann

$$\bar{f}^2_{(\alpha,\varepsilon)}(x) = x + 1 + 2\beta + \varepsilon \sin 2\pi x + \varepsilon \sin 2\pi(x + \frac{1}{2} + \beta + \varepsilon \sin 2\pi x) \tag{5.2.24}$$

und damit

$$G_{1/2}(\beta, \varepsilon, x) = 2\beta + \varepsilon \sin 2\pi x + \varepsilon \sin 2\pi(x + \frac{1}{2} + \beta + \varepsilon \sin 2\pi x). \tag{5.2.25}$$

Nun ist

$$\begin{aligned}\varepsilon \sin 2\pi(x + \frac{1}{2} + \beta + \varepsilon \sin 2\pi x) &= \varepsilon\{\sin(2\pi(x + \frac{1}{2})) \cos(2\pi(\beta + \varepsilon \sin 2\pi x)) \\ &\quad + \cos(2\pi(x + \frac{1}{2})) \sin(2\pi(\beta + \varepsilon \sin 2\pi x))\}\end{aligned} \tag{5.2.26}$$

und

$$\begin{aligned}G_{1/2}(\beta, \varepsilon, x) &= 2\beta + \varepsilon \sin 2\pi x + \varepsilon\{\sin(2\pi(x + \frac{1}{2})) \\ &\quad + \cos(2\pi(x + \frac{1}{2}))[2\pi(\beta + \varepsilon \sin 2\pi x)]\} + O(\varepsilon^{r+1}\beta^s : r + s = 2).\end{aligned} \tag{5.2.27}$$

Also gilt

$$\begin{aligned}g_1(x) &= 2\pi \cos(2\pi(x + \frac{1}{2})) \sin 2\pi x \\ &= -2\pi \cos 2\pi x \sin 2\pi x.\end{aligned} \tag{5.2.28}$$

Wir erhalten damit

$$\beta(\varepsilon, x) = \frac{\pi\varepsilon^2}{2} \sin 4\pi x + O(\varepsilon^3). \tag{5.2.29}$$

Für $\varepsilon \ll 1$ gilt dann

$$-\frac{\pi}{2}\varepsilon^2 + O(\varepsilon^3) \leq \beta(\varepsilon, x) \leq \frac{\pi\varepsilon^2}{2} + O(\varepsilon^3) \tag{5.2.30}$$

und $\left\{(\alpha, \varepsilon)|\rho(f_{(\alpha,\varepsilon)}) = \frac{1}{2}\right\}$ ist eine symmetrische kuspodal-förmige Region mit dem Vertex bei $\alpha = \frac{1}{2}$ (siehe Abb. 5.3(b)).

Die Mengen $T_{p/q} = \{(\alpha, \varepsilon)|\rho(f_{(\alpha,\varepsilon)}) = p/q\}$ für $p/q \in \mathfrak{Q} \cap [0, 1)$ nennt man „Arnoldsche Zungen", ihre Ränder können für jedes p/q approximiert werden (siehe Aufgabe 5.2.3). Ist zum Beispiel $p/q = \frac{1}{3}$, so erhält man $\beta_2(x) \equiv 3^{1/2}\pi/6$. Dies bedeutet, daß die Approximationen an die oberen und unteren Ränder von $T_{1/3}$ den gleichen quadratischen Term enthalten, die Zunge muß also $\alpha = \frac{1}{3}$ (wie in Abbildung 5.3(c) gezeigt) verlassen. Die Breite von $T_{1/3}$ geht mit $O(\varepsilon^3)$. Solch asymmetrisches Verhalten ist für Zungen mit $q \geq 3$ typisch, die von $T_{0/1}$ und $T_{1/2}$ gezeigte Symmetrie ist die Ausnahme. Es ist bemerkenswert, daß das System der Zungen um $\alpha = \frac{1}{2}$ symmetrisch ist. Genauer gesagt, $T_{(1-p/q)}$ ist das Bild von $T_{p/q}$ unter Reflektion an $\alpha = \frac{1}{2}$. Deshalb nimmt $T_{3/2}$ die in Abb. 5.3(c) gezeigt Form an. Ähnliche Betrachtungen für $q = 4$ liefern die schematische Darstellung von $\{T_{p/q}|1 \leq q \leq 4\}$, man betrachte dazu Abbildung 5.3(d).

Für jeden rationalen Wert in $[0, 1)$ gibt es eine separate Zunge. Je größer der Wert von q ist, umso dünner ist die Zunge, jedoch besitzt jede von ihnen für $\varepsilon > 0$ eine positive Breite. Daraus folgt, daß die Abhängigkeit von $\rho(f_{(\alpha,\varepsilon)})$ von α für festes ε recht subtil ist. Für jede rationale Zahl $p/q \in [0, 1)$ gibt es ein Intervall von Werten für α, für die $\rho(f_{(\alpha,\varepsilon)}) = p/q$ gilt. Die Länge des (p/q)-Intervalles nimmt jedoch für wachsendes q rapide ab, tatsächlich ist das Ausmaß der Gesamtheit der Zungen für $0 < \varepsilon < \varepsilon_0 \ll (2\pi)^{-1}$, $0 \leq \alpha \leq 1$, klein im Vergleich zu ε_0. Wählt man nun zufällig ein Mitglied der Familie aus, so wird es mit Wahrscheinlichkeit nahe eins für $\varepsilon \to 0$ eine irrationale Rotationszahl besitzen. Dies steht in scharfem Kontrast zum Verhalten von Kreis-Diffeomorphismen, für welche (siehe Theorem 3.4) eine rationale Rotationszahl eine allgemeine Eigenschaft (im Sinne einer Gattungseigenschaft) ist.

Man kann zu den oben beschriebenen Ergebnissen analoge Resultate für jede analytische oder genügend glatte Entfaltung einer Rotation finden. Speziell gilt dies für Familien der Form

$$f_{(\alpha,\varepsilon)}(\theta) = \theta + \alpha + \varepsilon a(\theta), \tag{5.2.31}$$

wobei $a(\theta)$ eine beliebige analytische Funktion auf S^1 ist.

5.3 Irrationale Rotationen

Ist $D\mathbf{f}_0(\mathbf{0})$ eine irrationale Rotation, so zeigt eine Normalform-Rechnung, daß ein invarianter Kreis auftritt. Wir haben diese Rechnung für $\mu = 0$ bereits in den Aufgaben 2.5.2 und 2.5.3 betrachtet, wo gezeigt wurde, daß $\mathbf{f}_0$ in die komplexe Form

$$\tilde{f}_0(z) = \lambda(0)z + a_3 z|z|^2 + O(|z|^5) \tag{5.3.1}$$

transformiert werden kann. Dabei ist $a_3 = \tilde{a}_{21} \in \mathscr{C}$ in (2.5.32) und $\lambda(0) = \exp(2\pi i\beta)$. Seien nun $\lambda(\mu), \bar{\lambda}(\mu)$ die Eigenwerte von $D\mathbf{f}_\mu(\mathbf{0})$. Dann ist für $[(d|\lambda(\mu)|/d\mu])]_{\mu=0} \neq 0$, $|\lambda(\mu)| \neq 1$ für $\mu \neq 0$ und der $z|z|^2$-Term ist nicht länger resonant. Daher kann er durch eine passende Transformation beseitigt werden. Dies zerstört jedoch die Stetigkeit von $\tilde{f}(\mu, z)$ in μ. Wir entschließen uns daher, diesen Term nicht zu beseitigen. Dann ist $f(\mu, z)$ äquivalent zu

$$\tilde{f}_\mu(z) = \lambda(\mu)z\{1 + a(\mu)|z|^2 + R(\mu, z)\}, \tag{5.3.2}$$

wobei $\lambda(\mu) = |\lambda(\mu)| \exp(2\pi i\beta(\mu))$ ist und $a(\mu) = a_3(\mu)/\lambda(\mu)$ glatt von μ abhängt. In (5.3.2) ist $R(\mu, z) = O(|z|^4)$.

Sei $a(\mu) = c(\mu) + id(\mu)$, dann gilt bei Abwesenheit des Restes $R(\mu, z)$

$$|\tilde{f}_\mu(z)| = |\lambda(\mu)|\,|z|\,|(1 + a(\mu)|z|^2)|. \tag{5.3.3}$$

Natürlich bildet $\tilde{f}_\mu$ die Menge der um $z = 0$ zentrierten Kreise auf sich selbst ab, da $|\tilde{f}_\mu(z)|$ unabhängig von $\arg z$ ist. Es treten dann und nur dann invariante Kreise auf, wenn gilt $|\tilde{f}_\mu(z)| = |z|$, das heißt für

$$|\lambda(\mu)|\,|(1 + a(\mu)|z|^2)| = 1 \tag{5.3.4}$$

oder, äquivalent dazu, wenn

$$|a(\mu)|^2|z|^4 + 2c(\mu)|z|^2 + 1 - \frac{1}{|\lambda(\mu)|^2} = 0 \tag{5.3.5}$$

ist. Für allgemeine Familien haben wir $c(0) = c \neq 0$ und $[(d|\lambda(\mu)|/d\mu)]_{\mu=0} = b \neq 0$, damit folgt

$$|\lambda(\mu)| = 1 + b\mu + O(\mu^2), \tag{5.3.6}$$
$$c(\mu) = c + O(\mu). \tag{5.3.7}$$

Man kann nun zeigen (siehe Aufgabe 5.3.1), daß (5.3.3) eine Lösung der Form

$$|z|^2 = r_0(\mu)^2 = -\frac{b\mu}{c} + O(\mu^2) \tag{5.3.8}$$

mit $b = \frac{1}{2}[d(\det D\mathbf{f}_\mu(\mathbf{0})/d\mu]_{\mu=0}$ und $c = \mathrm{Re}(a(0)) = \mathrm{Re}(a_3(0)\exp(-2\pi i\beta))$ besitzt. Ist weiter $|z| = r_0(\mu)$, so erhalten wir

$$\begin{aligned} \arg(\tilde{f}_\mu(z)) - \arg(z) &= 2\pi\beta(\mu) + \arg(1 + a(\mu)r_0(\mu)^2) \\ &= 2\pi\beta + O(\mu) \end{aligned} \tag{5.3.9}$$

mit $\beta(0) = \beta \in \mathcal{R}\backslash\mathcal{Q}$. Für $(b/c) < 0\,(> 0)$ impliziert (5.3.8) also die Existenz eines invarianten Kreises für $\mu > 0\,(< 0)$. Der Radius des Kreises ist gleich $O(\mu^{1/2})$, er ist stabil und umrundet einen instabilen Fixpunkt bei $z = 0$ (siehe Aufgabe 5.3.2). Gleichung (5.3.9) zeigt, daß auf dem invarianten Kreis die Abbildung zu einer Rotation reduziert wird, da $\arg(\tilde{f}_\mu(z)) - \arg(z)$ unabhängig von $\arg(z)$ ist.

Das oben beschriebene Phänomen gleicht wesentlich dem einer superkritischen Hopf-Bifurkation in einer Familie von Vektorfeldern (siehe §4.2.2). Diese Parallelität kann jedoch nicht aufrecht erhalten werden, wenn $R(\mu, z)$ in (5.3.2) auftritt. Obwohl immer noch ein invarianter Kreis existiert und seine Stabilität erhalten bleibt (Whitley, 1983), muß die Dynamik auf ihm nicht länger eine reine Rotation bleiben. Um zu verstehen, wie es zu diesem Unterschied kommt, kehren wir zu den Normalform-Rechnungen zurück. Es läßt sich zeigen (siehe Aufgabe 5.3.3), daß $\mathbf{f}(\mu, \mathbf{x})$ äquivalent zu

$$\tilde{f}(\mu, z) = \lambda(\mu) z\{1 + A_N(\mu, |z|^2) + R_N(\mu, z)\} \tag{5.3.10}$$

ist mit $A_N(\mu, |z|^2) = \sum_{m=1}^{N}(a_{2m+1}(\mu)/\lambda(\mu))|z|^{2m}$ und $R_N(\mu, z)$ ist $O(|z|^{2N+2})$, $N \in \mathcal{Z}^+$. Bei Abwesenheit von $R_N(\mu, z)$ gilt dann

$$|\tilde{f}_\mu(z)| = |\lambda(\mu)|\,|z|\,|(1 + A_N(\mu, |z|^2))| \tag{5.3.11}$$

sowie

$$\arg(\tilde{f}_\mu(z)) - \arg(z) = 2\pi\beta(\mu) + \arg(1 + A_N(\mu, |z|^2)). \tag{5.3.12}$$

Wieder impliziert (5.3.11) die Existenz eines invarianten Kreises mit dem Radius $r_0(\mu)$ (siehe Aufgabe 5.3.3), während (5.3.12), mit $|z|^2 = r_0(\mu)^2$, bedeutet, daß $\tilde{f}_\mu$ bei Beschränkung auf den invarianten Kreis zu einer reinen Rotation reduziert wird. Der von uns gesuchte Unterschied kann also nicht auf die unvermeidlichen resonanten Terme beliebiger endlicher Ordnung zurückgeführt werden. Sogar wenn der $\lim_{N\to\infty} A_N(\mu, |z|^2)$ existiert, kann es einen Teil von $\tilde{f}_\mu(z)$ geben, der sich nicht durch eine Potenzreihe beschreiben läßt. Dieser „$O(\infty)$-Anteil", der bei den Normalform-Rechnungen weggelassen wird, hängt im allgemeinen von z und nicht von $|z|^2$ ab.

Tritt $R_N(\mu, z)$ auf, so ist der Nachweis der Existenz eines invarianten Kreises schwieriger. Eine Darstellung des Existenzbeweises findet man bei Whitley (1983). Zwei Punkte sind dabei für uns wichtig. Erstens ist der invariante Kreis mehr „topologisch" als „geometrisch" (obwohl er als eine Störung des geometrischen Kreises $|z| = r_0(\mu)$ entsteht). Zweitens ist seine Differenzierbarkeit nicht länger gesichert. Bezeichne C den invarianten Kreis und $r_0(\mu, 2\pi\theta)$ sei der radiale Abstand von $z = 0$ zu C in der durch θ definierten Richtung. Dann ist $C = \{z \,|\, |z| = r_0(\mu, 2\pi\theta), 0 \leq \theta < 1\}$. Nun bilden wir das Argument auf beiden Seiten von (5.3.10) und definieren $\tilde{f}^C_\mu(\theta)$ wie folgt:

$$\arg(\tilde{f}_\mu(r_0(\mu, 2\pi\theta)\exp(2\pi i\theta))) = 2\pi f^C_\mu(\theta) = 2\pi\theta + 2\pi\beta(\mu)$$

$$+ \arg\{1 + A_N(\mu, r_0(\mu, 2\pi\theta)^2) + R_N(\mu, r_0(\mu, 2\pi\theta)\exp(2\pi i\theta))\}. \quad (5.3.13)$$

Dann gilt

$$f^C_\mu(\theta) = \theta + \beta + \Phi(\mu, \theta) \quad (5.3.14)$$

mit $\beta(0) = \beta \in \mathcal{R}\backslash\mathcal{Q}$ und $\theta \in [0, 1)$. Wir schließen daraus, daß die Beschränkung f^C_μ von $\tilde{f}_\mu$ auf C ein Diffeomorphismus auf dem Kreis ist, der nicht länger notwendigerweise auf eine Rotation reduzierbar ist.

Das typische Verhalten von Diffeomorphismen auf S^1 haben wir bereits in den §§1.2 und 3.4 behandelt. Man erinnere sich: ist die Rotationszahl $\rho(f^C_\mu)$ rational, dann besitzt im allgemeinen f^C_μ eine gerade Anzahl periodischer Punkte, alternierend stabil und instabil auf dem Kreis herum angeordnet (siehe Abb. 1.23). Diese Punkte sind abwechselnd Knoten- und Satteltyp-periodische Punkte von $\tilde{\mathbf{f}}_\mu : \mathcal{R}^2 \to \mathcal{R}^2$ (siehe Abbildung 5.4). Ist $\rho(f^C_\mu)$ irrational, so besitzt f^C_μ keine periodischen Punkte (siehe Satz 1.4). Ist f^C_μ zweifach differenzierbar, so folgt aus dem Theorem von Denjoy, daß es topologisch konjugiert zu einer irrationalen Rotation mit $\rho(f^C_\mu)$ ist.

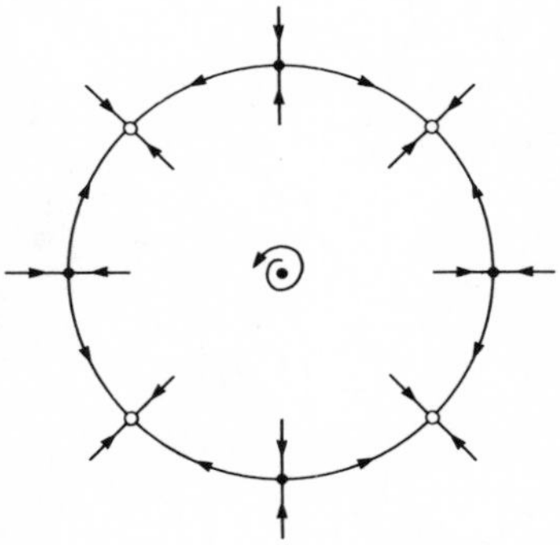

Abb. 5.4. Lokales Verhalten eines ebenen Diffeomorphismus in der Umgebung eines anziehenden invarianten Kreises mit einer rationalen Rotationszahl. Kreis-Diffeomorphismen mit rationalen Rotationszahlen besitzen allgemein eine gerade Anzahl von alternierend stabilen und instabilen periodischen Punkten. Diese Punkte werden Knoten/Brennpunkte und Sattelpunkte in der ebenen Abbildung. Man beachte, daß für den Fall eines abstoßenden invarianten Kreises die Sattelpunkte sich an den stabilen und nicht an den instabilen Punkten der Beschränkung auf den Kreis bilden.

In §5.1 hatten wir bemerkt, daß im allgemeinen Fall $\rho(f_\mu^C)$ für veränderliches μ sowohl rationale als auch irrationale Werte annimmt. Um das Wesen der Abhängigkeit von $\rho(f_\mu^C)$ von μ zu verstehen, müssen wir zwei-parametrige Entfaltungen von $\mathbf{f}_0$ betrachten. Sei also $\mathbf{f}(\boldsymbol{\mu}, \mathbf{x})$, $\boldsymbol{\mu} = (\mu_1, \mu_2) \in \mathcal{R}^2$ eine glatte zwei-parametrige Familie mit einem Fixpunkt bei $\mathbf{x} = \mathbf{0}$ für alle $\boldsymbol{\mu}$ in der Nähe von $\mathbf{0}$ und sei $D\mathbf{f}_0(\mathbf{0})$ durch (5.1.10) gegeben. Da die Parameter in der Normalform-Rechnung nur eine passive Rolle spielen, kann (5.3.10) zu

$$\tilde{f}(\boldsymbol{\mu}, z) = \lambda(\boldsymbol{\mu}) z \left\{ 1 + \sum_{m=1}^{N} \tilde{a}_{2m+1}(\boldsymbol{\mu}) |z|^{2m} + R_N(\boldsymbol{\mu}, z) \right\} \tag{5.3.15}$$

verallgemeinert werden mit $\tilde{a}_{2m+1}(\boldsymbol{\mu}) = a_{2m+1}(\boldsymbol{\mu})/\lambda(\boldsymbol{\mu})$.

Wir können nun feststellen, daß, mit der in Abb. 5.5 definierten Bezeichnungstaktik , die Abbildung $(\mu_1, \mu_2) \in U \subseteq \mathcal{R}^2$ nach $\lambda(\mu_1, \mu_2) \in V \subseteq \mathcal{C}$ allgemein ein lokaler Diffeomorphismus ist. Wir führen nun geeignete Koordinaten (ν_1, ν_2) ein, die durch

$$\nu_1 = |\lambda| - 1, \quad 2\pi\nu_2 = \arg(\lambda) - 2\pi\beta \tag{5.3.16}$$

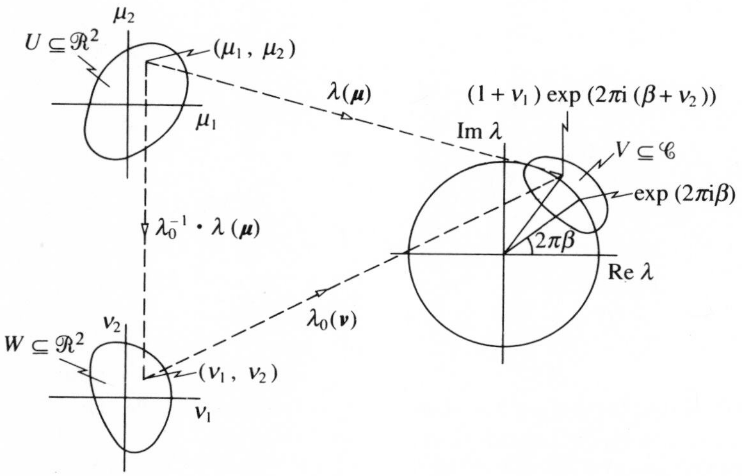

Abb. 5.5. Diagramm zur Darstellung der Reparametrisierung, welche (5.3.15) in (5.3.17) transformiert. Die Bedingungen, damit die Abbildung $\lambda : U \to V$ ein lokaler Diffeomorphismus ist, werden in Aufgabe 5.3.4 behandelt.

definiert werden. Es gibt nun eine nicht-singuläre Transformation der Parameter $(\mu_1, \mu_2) \mapsto (\nu_1, \nu_2)$, so daß gilt

$$\tilde{f}_\nu(z) =$$
$$(1+\nu_1)\exp[2\pi i(\beta+\nu_2)]z\left\{1+\sum_{m=1}^{N}\tilde{a}_{2m+1}(\boldsymbol{\nu})|z|^{2m}+R_N(\boldsymbol{\nu},z)\right\}. \qquad (5.3.17)$$

Diese Parametrisierung erweist sich als besonders nützlich. Ist zum Beispiel $N = 1$ und wird $R_1(\boldsymbol{\nu}, z) = O(|z|^4)$ vernachlässigt, so impliziert (5.3.17) die Existenz eines invarianten Kreises C mit

$$r_0(\boldsymbol{\nu})^2 = -\frac{\nu_1}{\operatorname{Re}\tilde{a}_3(\mathbf{0})} + O(|\boldsymbol{\nu}|^2). \qquad (5.3.18)$$

In der gleichen Approximation gilt auch

$$\begin{aligned} f_\nu^C(\theta) &= \frac{1}{2\pi}\arg(\tilde{f}_\nu(r_0(\boldsymbol{\nu})\exp(2\pi i\theta))) \\ &= \theta+\beta+\nu_2-\frac{\nu_1}{2\pi}\frac{\operatorname{Im}\tilde{a}_3(\mathbf{0})}{\operatorname{Re}\tilde{a}_3(\mathbf{0})}+O(|\boldsymbol{\nu}|^2). \end{aligned} \qquad (5.3.19)$$

So bestimmt ν_1 in erster Linie die Größe des invarianten Kreises, während ν_2 für gegebenes ν_1 die Windungszahl der Beschränkung f_ν^C festlegt. Wird $R_1(\boldsymbol{\nu}, z)$ in (5.3.17) berücksichtigt, so existiert noch ein invarianter Kreis für $\nu > 0\,(< 0)$, wenn $\operatorname{Re}\tilde{a}_3(\mathbf{0}) < 0\,(> 0)$ ist (siehe Whitley, 1983, S.194). Wie im ein-parametrigen Fall (siehe (5.3.14)) wird $r_0(\boldsymbol{\nu})$ durch $r_0(\boldsymbol{\nu}, 2\pi\theta)$ ersetzt sowie (5.3.19) durch

$$f_\nu^C(z) = \theta+\beta+\nu_2+\Phi(\boldsymbol{\nu},\theta). \qquad (5.3.20)$$

Ist der invariante Kreis klein, so ist

$$\Phi(\boldsymbol{\nu},\theta) = \frac{1}{2\pi}\operatorname{Im}\tilde{a}_3(\mathbf{0})r_0(\boldsymbol{\nu},2\pi\theta)^2+O(r_0(\boldsymbol{\nu},2\pi\theta)^4) \qquad (5.3.21)$$

mit $r_0(\boldsymbol{\nu}, 2\pi\theta) \simeq r_0(\boldsymbol{\nu})$ für alle θ. Daher folgt aus (5.3.18), daß für kleines ν_1 auch $\Phi(\boldsymbol{\nu}, \theta)$ klein ist. Mit dieser Eigenschaft von $\Phi(\boldsymbol{\nu}, \theta)$ im Gedächnis wollen wir nun (5.3.20) mit der Arnoldschen Kreis-Abbildung (5.2.3) vergleichen, wobei wir $\beta + \nu_2$ mit α und ν_1 mit ε identifizieren.

Wenn wir annehmen, daß f_ν^C ein analoges Verhalten zu $f_{(\alpha,\varepsilon)}$ zeigt, so erwarten wir, eine Zunge $T_{p/q}$ zu jedem rationalen Wert p/q in der Nähe von β zu finden. Ist $\boldsymbol{\nu} \in T_{p/q}$, so gilt $\rho(f_\nu^C) = p/q$. In Abb. 5.6 ist dieser Zustand in der ganzen λ-Ebene dargestellt. Natürlich gibt es unendlich viele solcher Zungen, die von jedem Winkel, der $\exp(2\pi i\beta)$ enthält, ausgehen. Um das Verhalten von $\rho(f_\nu^C)$ für unsere Original-Familie $\mathbf{f}(\mu, \mathbf{x})$ als eine Funktion von μ zu verstehen, genügt es zu beachten, daß die Familie f_ν^C, $\mu \in \mathcal{R}$, allgemein durch eine Kurve $\mathbf{S}$ in der λ-Ebene dargestellt wird, welche durch

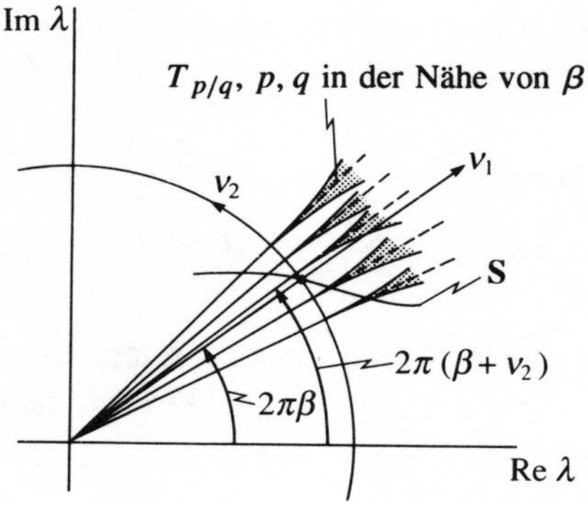

Abb. 5.6. Die Annahme, f_ν^C verhalte sich in der gleichen Weise wie $f_{(\alpha,\varepsilon)}$, führt zu Arnoldschen Zungen an jedem Punkt des Einheitskreises in der komplexen λ-Ebene, für den $\beta + \nu_2$ rational ist. Die Kurve **S** schneidet die Zungen in der Nähe von β transversal. Das ist der Grund für die Dynamik auf dem invarianten Kreis, die der ein-parametrigen Familie von ebenen Diffeomorphismen, die durch die Kurve **S** repräsentiert wird, eigen ist.

$\lambda = \exp(2\pi i\beta)$ bei $\mu = 0$ transversal verläuft (siehe Abb. 5.6). Im superkritischen Fall liegt die Kurve **S** für $\mu < 0$ innerhalb und für $\mu > 0$ außerhalb des Einheitskreises. Für $\mu > 0$ nimmt $\rho(f_\nu^C)$ den rationalen Wert p/q nahe β auf einem Intervall von μ an, dem der Schnitt von **S** mit der Zunge $T_{p/q}$ entspricht. Die kuspodale Form der Zunge bedeutet, daß die Länge diese Intervalles in μ kleiner wird, wenn μ die Null von oben erreicht. Weiter gibt es unendlich viele irrationale Rotationszahlen zwischen zwei rationalen Rotationszahlen, verläuft also **S** von einer Zunge zur anderen, so nimmt $\rho(f_\nu^C)$ auch irrationale Werte an. Nun ist klar, daß $\mu = 0$ den Inset einer Vielzahl von Bifurkationen in der Familie $\mathbf{f}(\mu, \mathbf{x})$ markiert.

Die obige Erklärung der Abhängigkeit von $\rho(f_\nu^C)$ von μ beruht auf der Annahme, daß sich f_ν^C analog zu $f_{(\alpha,\varepsilon)}$ verhält. Um dies zu beweisen, müssen wir zwei-parametrige Entfaltungen von rationalen Rotationen untersuchen und zeigen, daß eine von $\lambda = \exp(2\pi ip/q)$ ausgehende Zunge existiert.

5.4 Rationale Rotationen und schwache Resonanz

Ist $\beta \in [0, 1)$ rational, gleich p/q in niedrigster Ordnung, dann ist $q \in \mathfrak{Z}^+$ und $p \in \{0, 1, \ldots, q-1\}$. Da wir $\beta = 0$ und $\beta = \frac{1}{2}$ ausgeschlossen haben (siehe (5.1.6)), können wir uns auf $q \geq 3$ und $p > 0$ beschränken. Ist $D\mathbf{f}_0(\mathbf{0})$ eine rationale Rotation und erfüllt diese Bedingungen, so erscheinen in den

Normalform-Rechnungen zusätzliche resonante Terme. Aus dem Beispiel 2.5 wissen wir, daß die Resonanzbedingung für Terme r-ter Ordnung lautet:

$$\lambda^{m_1}\bar{\lambda}^{m_2} - \lambda = 0, \tag{5.4.1}$$

mit $\lambda = \lambda(0) = \exp(2\pi i\beta)$ und $m_1 + m_2 = r$.

Die unvermeidbaren Resonanzen (die auftreten, unabhängig davon, ob β rational ist oder nicht), entsprechen $m_1 = m + 1$, $m_2 = m$ mit $m = (r-1)/2$, $r \geq 3$ und ungerade. Ist jedoch $\lambda = \exp(2\pi ip/q)$, dann ist $\lambda^q = \bar{\lambda}^q = 1$, und es gilt (5.4.1), wenn

$$m_1 - m_2 - 1 = lq \tag{5.4.2}$$

mit $l \in \mathfrak{Z}$ erfüllt wird. Zusätzliche Resonanz tritt also für

$$m_1 = m + lq + 1, \qquad m_2 = m, \qquad l > 0, \tag{5.4.3}$$

$$m_1 = m, \qquad m_2 = m - lq - 1, \qquad l < 0 \tag{5.4.4}$$

auf mit $m \geq 0$ und $m_1 + m_2 = r$. Man kann zeigen, daß der zusätzliche resonante Term niedrigster Ordnung die Form $\bar{z}^{q-1}$ besitzt. Es folgt daraus (siehe Aufgabe 5.4.1), daß für $\beta = p/q \in \mathfrak{Q} \cap (0,1)$ Gleichung (5.3.17) für $q = 3$ durch

$$\tilde{f}(\boldsymbol{\nu}, z) = \lambda(\boldsymbol{\nu})z + a_3(\boldsymbol{\nu})z^2\bar{z} + b(\boldsymbol{\nu})\bar{z}^2 + O(|z|^4) \tag{5.4.5}$$

ersetzt werden kann, für $q \geq 4$ gilt dann

$$\tilde{f}(\boldsymbol{\nu}, z) = \lambda(\boldsymbol{\nu})z + \sum_{m=1}^{[\frac{1}{2}(q-2)]} a_{2m+1}(\boldsymbol{\nu})z^{m+1}\bar{z}^m + b(\boldsymbol{\nu})\bar{z}^{q-1} + O(|z|^q). \tag{5.4.6}$$

In diesen Gleichungen ist $\lambda(\boldsymbol{\nu}) = (1 + \nu_1)\exp\{2\pi i((p/q) + \nu_2)\}$ und $[(\cdot)]$ bezeichnet den ganzzahligen Anteil von $(\cdot)$.

Der unvermeidliche resonante Term niedrigster Ordnung lautet $z|z|^2 = O(|z|^3)$, so können wir hoffen, daß der neue resonante Term für $q \geq 5$ keine entscheidende Rolle spielt. Das folgende Theorem, welches die Polarform von (5.4.6) verwendet, zeigt, daß dies der Fall ist. Sei $z = r\exp(2\pi i\theta)$ und $\tilde{f}_\nu(z) = R\exp(2\pi i\Theta)$, dann kann gezeigt werden (siehe Aufgabe 5.4.2), daß gilt:

$$R = (1 + \nu_1)r + \sum_{m=1}^{[\frac{1}{2}(q-2)]} c_{2m+1}(\boldsymbol{\nu})r^{2m+1} + \tilde{c}_{q-1}(\boldsymbol{\nu}, \theta)r^{q-1} + O(r^q), \tag{5.4.7}$$

$$\Theta = \theta + \frac{p}{q} + \nu_2 + \sum_{m=1}^{[\frac{1}{2}(q-2)]} d_{2m}(\boldsymbol{\nu})r^{2m} + \tilde{d}_{q-2}(\boldsymbol{\nu}, \theta)r^{q-2} + O(r^{q-1}). \tag{5.4.8}$$

Hierbei sind c_{2m+1}, d_{2m}, $\tilde{c}_{q-1}$ und $\tilde{d}_{q-2}$ glatte Funktionen von ν_1 und ν_2 in der Nähe von $\boldsymbol{\nu} = \mathbf{0}$. Weiter haben $\tilde{c}_{q-1}$, $\tilde{d}_{q-2}$ die Form

$$A(\boldsymbol{\nu})\cos(2\pi q\theta) + B(\boldsymbol{\nu})\sin(2\pi q\theta). \tag{5.4.9}$$

Theorem 5.1 *Man betrachte die Familie (5.4.6) für $q \geq 5$. Für alle genügend kleinen $\boldsymbol{\nu}$ mit $|\lambda(\boldsymbol{\nu})| > 1$ ($|\lambda(\boldsymbol{\nu})| < 1$) besitzt $\tilde{f}_\nu$ einen anziehenden (abstoßenden) invarianten Kreis, wenn $c_3 = c_3(0) < 0$ ($c_3 > 0$) ist.*

Ist $b = b(\mathbf{0}) \neq 0$ und $d_2 = d_2(\mathbf{0}) \neq 0$, dann besitzt die Abbildung zwei Bahnen mit der Periode q, eine stabile sowie eine instabile, wenn die Werte von $\boldsymbol{\nu}$ in einer Zunge in der Parameter-Ebene liegen, deren Grenzen durch

$$\nu_2 \simeq \frac{d_2}{c_3}\nu_1 \pm \frac{|b|}{2\pi|c_3|^{\frac{1}{2}(q-2)}}\nu_1^{\frac{1}{2}(q-2)} \tag{5.4.10}$$

gegeben sind.

Die in Theorem 5.1 betrachtete Situation (das heißt $q \geq 5$ und die unvermeidliche Resonanz dominiert) nennt man *schwache Resonanz*. Man nennt deshalb Theorem 5.1 oft auch „Schwaches Resonanz-Theorem“. Für starke Resonanz, wenn $q \leq 4$ ist, kann gezeigt werden, daß man die Bifurkationen durch den Wert von q charakterisieren kann. Wir werden in §5.7 zur starken Resonanz zurückkehren, wenn wir Techniken entwickelt haben, die uns den Beweis des eben Gesagten ermöglichen.

Es wäre unpassend, auf Details des Beweises von Theorem 5.1 hier einzugehen. Ist die Existenz eines invarianten Kreises gegeben, so ist die Möglichkeit der Existenz einer Zunge von $\boldsymbol{\nu}$-Werten, für die $\rho(f_\nu^C) = p/q$ gilt, offensichtlich. Nimmt man zum Beispiel an, C sei ein geometrischer Kreis mit dem Radius $(-\nu_1/c_3)^{1/2}$ und vernachlässige man die $O(r^{q-1})$-Terme in (5.4.8), dann kann man zeigen, daß die resultierende Approximation von f_ν^C eine Rotationszahl p/q dann und nur dann besitzt, wenn $\boldsymbol{\nu}$ zu einer Zunge mit der in (5.4.10) gegebenen Form gehört (siehe Aufgabe 5.4.3(a)). Eine angemessene Darstellung des Problems erfordert allerdings einen komplizierteren Ansatz sowie einige sorgfältig gewählte Variablentransformationen. Der interessierte Leser sei auf Whitley (1983, S.203-204) verwiesen.

Der Inhalt von Theorem 5.1 ist in Abb. 5.7 schematisch dargestellt. Schwache Resonanz unterscheidet sich vom Fall, daß β irrational ist, durch das Auftreten der Resonanzzunge (Region (c) in Abb. 5.7), in der die Rotationszahl der Beschränkung auf den invarianten Kreis bekanntlich gleich p/q ist. Für wachsendes q wird die Zunge schmaler (vergleich Aufgabe 5.4.3(c)), für irrationales β kann man sie als zu einer Linie degeneriert betrachten.

Die Abb. 5.7 sollte sorgfältig interpretiert werden. Im speziellen ist es inkorrekt anzunehmen, daß alle Mitglieder der Familie $\mathbf{f}(\boldsymbol{\nu}, \mathbf{x})$, für die $\boldsymbol{\nu}$ in einem der Bereiche (a), (b), (c) oder (d) liegt, topologisch konjugiert zueinander

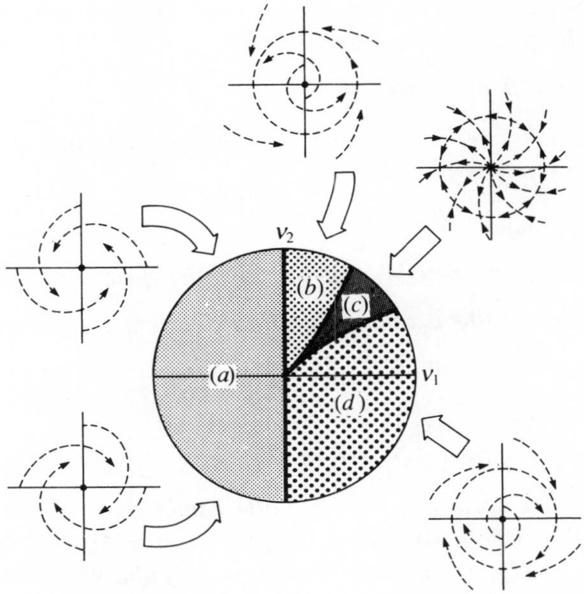

Abb. 5.7. Schematische Darstellung der Ergebnisse des Theorems 5.1. Während für alle $\nu_1 > 0$ ein invarianter Kreis existiert, so besitzt die Beschränkung von (5.4.7, 5.4.8)auf ihn nur q-Zyklen ($q \geq 5$) in der Zunge (c), die durch (5.4.10) gegeben ist. Es folgt dann aus (5.4.8) (siehe Aufgabe 5.4.3), daß die Rotationszahl der Beschränkung gleich p/q ist. Für $\nu_1 < 0$ folgt aus (5.4.7), daß der Ursprung ein stabiler Fixpunkt ist.

sind. Wie man an Abb. 5.6 sieht, wird die Rotationszahl von f_ν^C für $\boldsymbol{\nu} \in (b)$ oder (d) durch die Verteilung der Zungen für rationale Zahlen in der Nähe von β bestimmt. Entsprechend ist innerhalb von (c) die Existenz von stabilen und instabilen q-Zyklen nicht ausreichend, um zu sichern, daß alle Abbildungen in (c) zueinander topologisch äquivalent sind. Deshalb stellt Abb. 5.7 nur einen kleinen Teil der in dieser Familie auftretenden Bifurkationen dar. Dies steht im Gegensatz zu den Bifurkationsdiagrammen für Vektorfelder in Kapitel 4, bei denen die Familienmitglieder in Bereichen ähnlich zu (a) – (d) alle topologisch äquivalent waren. So wird die Tatsache verdeutlicht, daß bei Vektorfeldern die Normalform den Typ bis auf topologische Äquivalenz festlegt. Die Normalformen der obigen Diffeomorphismen jedoch legen ihren Typ nicht bis auf topologische Äquivalenz fest. Das gilt sogar für die Beschränkungen auf den invarianten Kreis.

Theorem 5.1 bestätigt die Annahmen, die wir am Ende des §5.3 für allgemeine, ein-parametrige Familien gemacht hatten. Wenn wir unsere Aufmerksamkeit der Existenz eines invarianten Kreises zuwenden, so können wir ein Hopf-Bifurkation-Theorem für Abbildungen auf $\mathcal{R}^2$ formulieren.

Theorem 5.2 *Sei* $\mathbf{f}(\mu, \mathbf{x})$ *eine ein-parametrige Familie von Abbildungen auf der Ebene, die folgende Bedingungen erfüllt:*

(a) $\mathbf{f}_\mu(\mathbf{0}) = \mathbf{0}$ *für* μ *nahe bei 0;*

(b) $D\mathbf{f}_\mu(\mathbf{0})$ *besitzt zwei nicht-reelle Eigenwerte* $\lambda(\mu)$ *und* $\bar{\lambda}(\mu)$ *für* μ *nahe bei 0 mit* $|\lambda(\mu)| = 1$*;*

(c) $[d|\lambda(\mu)|/d\mu]_{\mu=0} > 0$*;*

(d) $\lambda = \lambda(0)$ *ist keine q-te Wurzel von eins für* $q = 1, 2, 3, 4$.

Dann existiert eine glatte μ*-abhängige Koordinatentransformation, so daß*

$$\mathbf{f}_\mu(\mathbf{x}) = \mathbf{g}_\mu(\mathbf{x}) + O(|\mathbf{x}|^5) \tag{5.4.11}$$

gilt mit

$$\mathbf{g}_\mu(r, \theta) = (|\lambda(\mu)|r + c_3(\mu)r^3,\ \theta + \beta(\mu) + d_2(\mu)r^2) \tag{5.4.12}$$

in Polarkoordinaten, wobei c_3, d_2, β *glatte Funktionen von* μ *sind.*

Ist $c_3(0) < 0\, (c_3(0) > 0)$*, so ist für* $\mu < 0\, (\mu > 0)$ *der Ursprung stabil (instabil), für* $\mu > 0\, (\mu < 0)$ *ist er instabil (stabil) und von einem anziehenden (abstoßenden) invarianten Kreis umgeben. Ist* $c_3(0) < 0\, (c_3(0) > 0)$*, so nennt man die Bifurkation bei* $\mu = 0$ *superkritisch (subkritisch).*

Dieses Theorem liefert eine praktische Prozedur, mit der man überprüfen kann, ob in einer Familie von ebenen Abbildungen ein invarianter Kreis auftritt oder nicht, ähnlich wie Theorem 4.2 für Vektorfelder. Diese Parallelität kann ausgeweitet werden, um einen Ausdruck für $c_3(0)$ als Funktion der Taylor-Entwicklung von $\mathbf{f}_0$ zu erhalten. Wenn wir die Transformationen zur Beseitigung quadratischer Terme im Beispiel 2.5 heranziehen, kann gezeigt werden (Iooss, 1979, S.30), daß für

$$f_0(z) = \lambda z + \sum_{r=2,3} \sum_{m_1+m_2=r} a_{m_1 m_2} z^{m_1} \bar{z}^{m_2} + O(|z|^4) \tag{5.4.13}$$

dann

$$c_3(0) = \mathrm{Re}(\bar{\lambda} a_{21}) - |a_{02}|^2 - \frac{1}{2}|a_{11}|^2 - \mathrm{Re}\left[\frac{(1-2\lambda)\bar{\lambda}^2}{(1-\lambda)} a_{11} a_{20}\right] \tag{5.4.14}$$

gilt. Dieser Ausdruck für $c_3(0)$ ist das Analogon zu (4.2.14) beim Vektorfeld-Problem.

Die Theoreme 5.2 und 4.2 verdeutlichen die Verbindung zwischen den aus Normalform-Rechnungen folgenden Bifurkationen für Diffeomorphismen und den entsprechenden Phänomenen für Vektorfelder. Das ist kein Zufall. Tatsächlich kann jede glatte Familie von Abbildungen, die $\mathbf{f}_0$ enthält, lokal durch eine Familie approximiert werden, welche die Zeit-2π-Abbildungen gewisser autonomer ebener Vektorfelder aufweist. Der Ursprung dieser „Vektorfeld-Approximationen" wird im nächsten Abschnitt erläutert.

5.5 Vektorfeld-Approximation

Sei $\mathbf{f} : \mathcal{R}^l \times \mathcal{R}^2 \to \mathcal{R}^2$, $(\boldsymbol{\mu}, \mathbf{x}) \to \mathbf{f}(\boldsymbol{\mu}, \mathbf{x})$ eine glatte l-parametrige Familie von Abbildungen mit $\mathbf{f}(\mathbf{0}, \mathbf{0}) = \mathbf{f_0}(\mathbf{0}) = \mathbf{0}$ und habe $D_\mathbf{x}\mathbf{f}(\mathbf{0}, \mathbf{0}) = D\mathbf{f_0}(\mathbf{0})$ die durch $\exp(\pm 2\pi i\beta)$ gegebenen Eigenwerte, wobei $\beta \in [0, 1]$ ist und 0 und 1 identifiziert werden. Da $D\mathbf{f_0}(\mathbf{0})$ nicht-singulär ist, gibt es im allgemeinen eine Umgebung $W \subseteq \mathcal{R}^l \times \mathcal{R}^2$ von $(\mathbf{0}, \mathbf{0})$, auf der $\mathbf{f}$ durch Beschränkung eine lokale Familie von Diffeomorphismen definiert. Diese lokale Familie wollen wir approximieren. Beginnen wir mit dem Fall $\beta \in \mathcal{R} \backslash \mathcal{Q}$.

5.5.1 Irrationales β

Durch die Bedingungen, die wir $\mathbf{f_0}$ auferlegt haben, existiert eine Umgebung U_0 von $\mathbf{x} = \mathbf{0}$, auf der $\mathbf{f_0}$ eine nicht-lineare Störung einer Rotation um $2\pi\beta$ ist. Daher kann $\mathbf{f_0}$ eingehängt werden und ergibt einen lokalen Strom im festen Torus $U_0 \times S^1$. Die Differentialgleichung dieses Stroms kann in der Form

$$\dot{\mathbf{x}} = \mathbf{X_0}(\mathbf{x}, \theta), \qquad \dot{\theta} = 1, \tag{5.5.1}$$

mit $\theta \in [0, 2\pi]$ und $\mathbf{X_0}(\mathbf{0}, \theta) = 0$ für alle θ geschrieben werden. Wenn wir die Argumente am Beginn von §1.8 umkehren, so wird klar, daß (5.5.1) äquivalent zur *nicht-autonomen* Differentialgleichung

$$\dot{\mathbf{x}} = \mathbf{X_0}(\mathbf{x}, t) \tag{5.5.2}$$

ist, wobei

$$\mathbf{X_0}(\mathbf{x}, t + 2\pi) = \mathbf{X_0}(\mathbf{x}, t) \tag{5.5.3}$$

und $\mathbf{X_0}(\mathbf{0}, t) = \mathbf{0}$ gilt für alle t. Die periodisch fortsetzende Abbildung für das nicht-autonome System (5.5.2) ist die Poincaré-Abbildung des Stromes (5.5.1) und diese ist $\mathbf{f_0}$ nach Konstruktion.

Wir haben die Normalform-Rechnungen für Systeme der Form (5.5.2) mit der Bedingung (5.5.3) bereits in Beispiel 2.6 diskutiert. Für irrationales β kann (5.5.2) in der folgenden komplexen Form

$$\dot{z} = i\beta z + \sum_{s=1}^{k-1} c_s z|z|^{2s} + G(z, t) \tag{5.5.4}$$

geschrieben werden, wobei $G(z, t) = O(|z|^{2k+1})$ 2π-periodisch in t ist. Natürlich ist (5.5.4) zu dem autonomen System

$$\dot{z} = Z_0(z, \theta), \qquad \dot{\theta} = 1, \tag{5.5.5}$$

äquivalent, $Z_0(z, \theta)$ ist durch die rechte Seite von (5.5.4) gegeben, wenn t durch θ ersetzt wird. Alle Variablentransformationen, die von (5.5.2) auf (5.5.5) führen, können als Diffeomorphismen in einem Phasenraum von (5.5.1) verstanden werden (siehe Aufgabe 5.5.1). Daher sind (5.5.1) und (5.5.5) differenzierbar konjugiert und damit ist konsequenterweise $\mathbf{f_0}$ differenzierbar konjugiert zur Poincaré-Abbildung $\mathbf{P_0}$, die aus (5.5.5) erhalten werden kann (siehe Aufgabe 2.6.7).

Betrachten wir nun das gestutzte System

$$\dot{z} = \tilde{Z}_{\mathbf{0}}(z), \qquad \dot{\theta} = 1, \tag{5.5.6}$$

mit

$$\tilde{Z}_{\mathbf{0}}(z) = i\beta z + \sum_{s=1}^{k-1} c_s z|z|^{2s}. \tag{5.5.7}$$

Da in (5.5.6) z und θ entkoppelt sind, ist die Poincaré-Abbildung $\tilde{\mathbf{P}}_{\mathbf{0}}$ des Systems, welche auf dem Schnitt $\theta = 0$ definiert ist, durch die Zeit-2π-Abbildung $\varphi_{2\pi}$ des autonomen komplexen Stromes $\dot{z} = \tilde{Z}_{\mathbf{0}}(z)$ gegeben. $\tilde{\mathbf{P}}_{\mathbf{0}}$ unterscheidet sich von $\mathbf{P_0}$ nur in den Termen $O(|z|^{2k+1})$, wobei k eine positive ganze Zahl ist. Also kann $\mathbf{P_0}$ bis auf Terme beliebig hohen, jedoch endlichen Grades, durch Zeit-2π-Abbildungen des ebenen Vektorfeldes $\tilde{Z}_{\mathbf{0}}(z)$ approximiert werden.

Betrachten wir nun $\boldsymbol{\mu} \neq \mathbf{0}$ und wiederholen die Normalform-Rechnungen von Beispiel 2.6, eliminieren dabei nur die für $\boldsymbol{\mu} = \mathbf{0}$ nicht-resonanten Terme (siehe §5.3); wir erhalten eine glatte Familie von Systemen analog zu (5.5.5). Ist zum Beispiel $\mathbf{f_0}(\mathbf{0}) = \mathbf{0}$ für alle $\boldsymbol{\mu}$ in der Nähe von $\mathbf{0}$, so haben wir

$$\dot{z} = Z_{\mu}(z, \theta) = \omega(\boldsymbol{\mu})z + \sum_{s=1}^{k-1} c_s(\boldsymbol{\mu})z|z|^{2s} + G(\boldsymbol{\mu}, z, \theta), \tag{5.5.8}$$

$$\dot{\theta} = 1, \tag{5.5.9}$$

mit $\omega(\mathbf{0}) = i\beta$ und $G(\boldsymbol{\mu}, z, \theta) = O(|z|^{2k+1})$. Damit ist $\mathbf{f}_{\boldsymbol{\mu}}$ differenzierbar konjugiert zu der Poincaré-Abbildung $\mathbf{P}_{\boldsymbol{\mu}}$, erzeugt aus (5.5.8), deren komplexe Form durch $\tilde{\mathbf{P}}_{\boldsymbol{\mu}} = \varphi_{2\pi}^{\boldsymbol{\mu}}$ approximiert wird, der Zeit-2π-Abbildung des komplexen Vektorfeldes

$$\tilde{Z}_{\boldsymbol{\mu}}(z) = \omega(\boldsymbol{\mu})z + \sum_{s=1}^{k-1} c_s(\boldsymbol{\mu})z|z|^{2s}. \tag{5.5.10}$$

Zusammenfassend kann man sagen, dieses Verfahren liefert eine glatte, lokale Familie $\mathbf{P} : \mathcal{R}^l \times \mathcal{R}^2 \to \mathcal{R}^2$, die zu $\mathbf{f}$ äquivalent ist, welche durch die Familie $\tilde{\mathbf{P}} : \mathcal{R}^l \times \mathcal{R}^2 \to \mathcal{R}^2$ von Zeit-2π-Abbildungen, gegeben durch (5.5.10), approximiert wird. Die Aussage, daß $\tilde{\mathbf{P}}$ das Bifurkationsverhalten von $\mathbf{P}$ (und damit von $\mathbf{f}$) widerspiegelt, wird in §5.7 diskutiert werden.

5.5.2 Rationales $\beta = p/q$, $q \geq 3$

Ist β von diesem Typ, so ist $D\mathbf{f}_0(\mathbf{0})$ noch eine nicht-triviale Rotation und $\mathbf{f}_0$ gibt durch Einhängung Anlaß zu einem Strom auf einem festen Torus. Die Konstruktion von $\tilde{Z}_0(z)$ verläuft analog zur Situation, wenn β irrational ist, der einzige Unterschied liegt in der errechneten komplexen Normalform. Anstelle von (5.5.4) erhalten wir

$$\dot{z} = i\beta z + \sum_{s=1}^{S} c_s z|z|^{2s} + d\bar{z}^{(q-1)} \exp(ipt) + G(z,t), \tag{5.5.11}$$

wobei $S = \max\{1, [(q-2)/2]\}$ ist und

$$G(z,t) = \begin{cases} O(|z|^4), & q = 3, \\ O(|z|^q), & q \geq 4, \end{cases} \tag{5.5.12}$$

ist 2π-periodisch in t (siehe Beispiel 2.6). Unglücklicherweise ist der zusätzliche resonante Term zeitabhängig, deshalb ist eine weitere Variablentransformation notwendig, um ein autonomes Vektorfeld zu erhalten. Sei also

$$z = \exp(i\beta t)\zeta, \tag{5.5.13}$$

dann gilt

$$\begin{aligned} \dot{\zeta} &= -i\beta\zeta + \exp(-i\beta t)\dot{z}, \\ &= \sum_{s=1}^{S} c_s \zeta|\zeta|^{2s} + d\bar{\zeta}^{q-1} + G(\exp(i\beta t)\zeta, t), \end{aligned} \tag{5.5.14}$$

da $\exp(-i\beta t)\bar{z}^{q-1} = \bar{\zeta}^{q-1}\exp(-iq\beta t) = \bar{\zeta}^{q-1}\exp(-ipt)$ ist. So bringt (5.5.13) die Zeitabhängigkeit des zusätzlichen resonanten Termes zum Verschwinden, die Transformation ist allerdings nicht 2π-periodisch in t, wie es bei der Normalform-Transformation der Fall war. Sie ist dafür $2\pi q$-periodisch und damit auch (5.5.14). Man beachte

$$G(\exp[i\beta(t + 2\pi q)]\zeta, t + 2\pi q) = G(\exp(i\beta t)\zeta, t), \tag{5.5.15}$$

da $\beta = p/q$ und $G(z,t)$ 2π-periodisch in t ist.

Durch die Transformation (5.5.13) wird auch die lineare Abhängigkeit von z in (5.5.11) eliminiert. Dies überrascht nicht, ist doch (5.5.13) die Lösung von $\dot{z} = i\beta z$, die bei $t = 0$ durch ζ geht. Damit ist eine nützliche geometrische Interpretation von (5.5.13) möglich. Die Stromlinien für $\dot{z} = i\beta z$, $\dot{\theta} = 1$ formen eine sogenannte Seifert-Blätterung (siehe Arnold, 1983, S.170) des festen Torus $\mathcal{R}^2 \times S^1$ durch Kreise. Bei der Seifert-Blätterung vom (p,q)-Typ wird jedem Umlauf um den Torus eine Drehung um $2\pi p/q$ zugeordnet (siehe Abb. 5.8(a)). Die gleichen Kurven liefern eine einfachere Blätterung der q-blättrigen Überdeckung von $\mathcal{R}^2 \times S^1$ (siehe Abb. 5.8(b)). Wir können ζ als

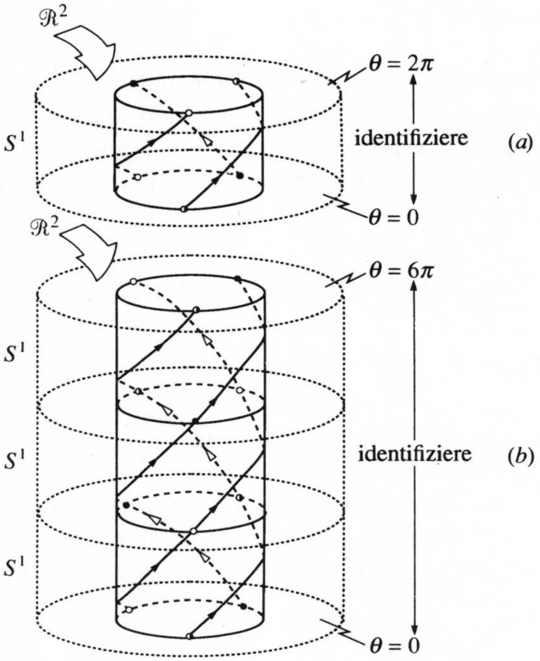

Abb. 5.8. (a) Seifert-Blätterung vom $(1,3)$-Typ für den festen Torus $\mathcal{R}^2 \times S^1$, hier durch einen Zylinder, dessen Enden identifiziert werden, dargestellt. Man sieht typische Stromlinien für $\dot{z} = iz/3$, $\dot{\theta} = 1$. Wächst θ von 0 auf 2π, so rotieren die Stromlinien um $2\pi/3$ um die Achse des Zylinders. (b) Seifert-Blätterung vom Typ $(1,3)$ auf der 3-blättrigen Überdeckung des festen Torus, dargestellt durch einen Zylinder der Länge 6π, dessen Enden identifiziert werden. Die 6π-Periodizität der Stromlinien von $\dot{z} = iz/3$, $\dot{\theta} = 1$ ist offensichtlich.

die Basiskoordinate in Abbildung 5.8(b) betrachten und $t(\bmod 2\pi q)$ als die Koordinate auf der Faser. In diesen Koordinaten stellt die t-Abhängigkeit von ζ eine Abweichung vom spiralförmigen Strom $\dot{z} = i\beta z$ dar.

Der Preis, den wir für das autonome Vektorfeld bis auf Terme $O(|\zeta|^{q-1})$ zahlen müssen, ist die 2π-Periodizität. Mehr noch, die periodisch fortsetzende Abbildung $\mathbf{P_0}$, die man aus (5.5.14) erhält, ist differenzierbar konjugiert zu $\mathbf{f}_0^q$ und nicht zu $\mathbf{f_0}$ selbst (siehe Aufgabe 5.5.2). Man kann allerdings noch eine Abbildung, die $\mathbf{f_0}$ approximiert, aus dem Vektorfeld

$$\tilde{Z}_0(\zeta) = \sum_{s=1}^{S} c_s \zeta |\zeta|^{2s} + d\bar{\zeta}^{q-1} \tag{5.5.16}$$

konstruieren, indem man beachtet, daß $\tilde{Z}_0(\zeta)$ eine $2\pi/q$-Symmetrie aufweist. Diese Eigenschaft der Normalform kann auf beliebige Ordnungen erweitert werden. In Aufgabe 5.5.3 wird eine interessante Methode zum Beweis einer solchen Aussage betrachtet, bei der die Äquivalenz der Normalform-Rechnungen zur Mittelung über die Seifert-Blätterung verwendet wird. Für (5.5.16) sieht man jedoch leicht, daß $\tilde{Z}_0(\zeta)$ unter der Transformation $\zeta \to \exp(2\pi i/q)\zeta$ invariant ist.

Teilt man nun eine um $\zeta = 0$ zentrierte Scheibe in q kongruente Sektoren, so ist das Phasenbild von (5.5.16) in jedem Sektor gleich (siehe Abb. 5.9). Da $\mathbf{f}_0^q$ zu $\mathbf{P_0}$ differenzierbar konjugiert ist, besitzt letztere die komplexe Form

$$P_{\mathbf{0}}(\zeta) = \varphi^{\mathbf{0}}_{2\pi q}(\zeta) + O(|\zeta|^q), \tag{5.5.17}$$

wenn $\varphi_t^{\mathbf{0}}$ der Strom von (5.5.16) ist. Topologisch gesehen approximiert daher $\boldsymbol{\varphi}^{\mathbf{0}}_{2\pi q} : \mathcal{R}^2 \to \mathcal{R}^2$ die Abbildung $\mathbf{f}_0^q$. Um nun eine Abbildung zu erhalten, die im gleichen Sinne $\mathbf{f_0}$ approximiert, benötigen wir die q-te Wurzel von $\boldsymbol{\varphi}^{\mathbf{0}}_{2\pi q}$. Der folgende Satz (siehe Moser, 1968) zeigt, daß diese q-te Wurzel eindeutig bestimmt ist.

Satz 5.2 *Gelte für* $\mathbf{M} : \mathcal{R}^2 \to \mathcal{R}^2$ $\mathbf{M}(\mathbf{0}) = \mathbf{0}$ *und* $D\mathbf{M}(\mathbf{0}) = \mathbf{R}_\beta$, *wobei* $\mathbf{R}_\beta$ *durch (5.1.10) gegeben und* $\beta = p/q$ *eine* bekannte *rationale Zahl aus dem Intervall* $[0, 1)$ *sei.* Σ *sei der Raum, der durch die Vektormonome, die für* $\mathbf{R}_\beta$

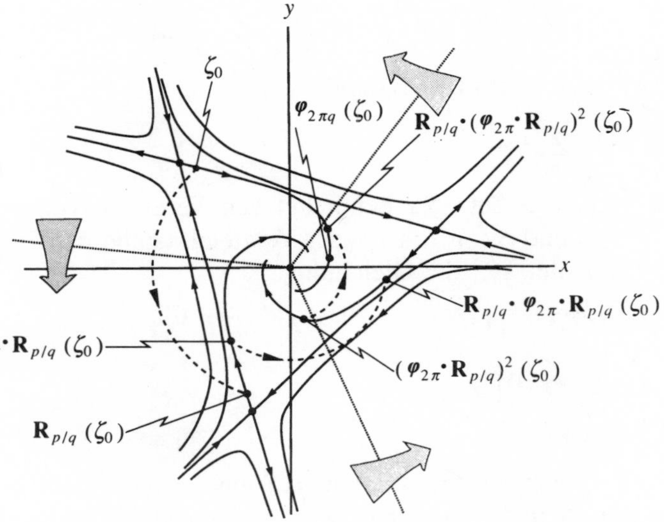

Abb. 5.9. Schematisches Phasenbild des $2\pi/q$-symmetrischen Systems (5.5.16) für $q = 3$. Für jede Wahl von drei kongruenten Sektoren, die symmetrisch zum Ursprung liegen, lassen sich die in einem Sektor befindlichen Phasenkurven durch eine Rotation um $+2\pi/3$ bzw. $-2\pi/3$ mit den in den benachbarten Sektoren liegenden Kurven zur Deckung bringen. Dabei wird p als eins angenommen.

resonant in r-ter Ordnung für $r \geq 2$ sind, aufgespannt wird. Dann bestimmt die Gleichung

$$\mathbf{M}^q(\mathbf{x}) = \mathbf{x} + \mathbf{N}(\mathbf{x}) \tag{5.5.18}$$

M *eindeutig, wenn* **N** *in* Σ *liegt.*

In Satz 5.2 taucht der durch die Monome, die für die durch (5.1.10) gegebene reelle Jordanform von $\mathbf{R}_\beta$ resonant in $r \geq 2$-ter Ordnung sind, aufgespannte Raum Σ auf.

Die komplexe Transformation $z = x+iy$, $\bar{z} = x-iy$ ergibt solche Einglieder zu

$$\left\{ \begin{pmatrix} z^{m_1}\bar{z}^{m_2} \\ 0 \end{pmatrix}, \begin{pmatrix} 0 \\ z^{m_2}\bar{z}^{m_1} \end{pmatrix} \middle| m_1 + m_2 = r,\ m_1 - m_2 - 1 = lq,\ l \in \mathfrak{Z} \right\} \tag{5.5.19}$$

(siehe (5.4.2)), welche nun die resonanten Terme der (komplexen) Jordanform von $\mathbf{R}_\beta$ sind. Die Resonanzbedingung für letzteres Problem (siehe Aufgabe 2.5.2) besitzt die Eigenschaft, daß $z^{m_1}\bar{z}^{m_2}$ dann und nur dann resonant in der ersten Komponente ist, wenn $z^{m_2}\bar{z}^{m_1}$ resonant in der zweiten Komponente ist. So muß nur die erste Komponente in der sogenannten komplexen Normalform betrachtet werden. Natürlich liegt eine Funktion von (x, y), deren komplexe Form nur die Monome in (5.5.19) enthält, selbst in Σ.

Da $D\mathbf{M}(\mathbf{0}) = \mathbf{R}_\beta$ ist, kann man die komplexe Form von **M** als

$$M(z) = \lambda z + \sum_{r=2}^{\infty} M_r(z, \bar{z}) \tag{5.5.20}$$

schreiben, wobei $\lambda = \exp(2\pi i \beta)$ und

$$M_r(z, \bar{z}) = \sum_{\mathbf{m}} c_{\mathbf{m}}^{(r)} z^{m_1}\bar{z}^{m_2}, \qquad m_1 + m_2 = r, \tag{5.5.21}$$

gilt. Der Beweis von Satz 5.2 beinhaltet den Vergleich von entsprechenden Termen in $M^q(z)$ und $N(z)$. Ein solcher Vergleich (siehe Aufgabe 5.5.4) zeigt, daß die Koeffizienten $c_{\mathbf{m}}^{(r)}$ die Gleichung

$$\sum_{\mathbf{m}} c_{\mathbf{m}}^{(r)} z^{m_1}\bar{z}^{m_2}\lambda^{q-1}[1 + \lambda^{m_1-m_2-1} + \lambda^{2(m_1-m_2-1)} + \cdots \tag{5.5.22}$$

$$+\lambda^{q(m_1-m_2-1)}] = g_r(z, \bar{z}),$$

$$m_1 + m_2 = r \tag{5.5.23}$$

erfüllen müssen, wobei $g_r(z, \bar{z})$ durch $N(z)$ und $M_k(z, \bar{z})$ mit $k < r$ bestimmt wird. Liegt nun **N** in Σ, so enthält $g_r(z, \bar{z})$ nur die ersten Komponenten der Monome aus (5.5.19) (siehe Aufgabe 5.5.5). Nun gilt

$$\sum_{i=0}^{q-1} \lambda^{i(m_1-m_2-1)} = \begin{cases} \dfrac{1 - \lambda^{q(m_1-m_2-1)}}{1 - \lambda^{m_1-m_2-1}} = 0 & \text{für } m_1 - m_2 - 1 \neq lq, \\ q \neq 0, & \text{für } m_1 - m_2 - 1 = lq, \end{cases} \tag{5.5.24}$$

da $\lambda^q = 1$ ist. Also ist $c_{\mathbf{m}}^{(r)}$ eindeutig bestimmt und der nicht-lineare Teil von $\mathbf{M}(\mathbf{x})$ muß in Σ liegen.

Es ist bemerkenswert, daß (5.5.24) gilt, wenn λ eine *beliebige* q-te Wurzel von eins ist, daher ist es wichtig, $D\mathbf{M}(\mathbf{0})$ zu kennen. Dies ist natürlich für die Approximation von $\mathbf{f_0}$ der Fall, da wir $D\mathbf{f_0}(\mathbf{0}) = \mathbf{R}_{p/q}$ kennen. Weiterhin kann man mit Hilfe von (5.5.16) zeigen (siehe Aufgabe 5.5.6), daß $\boldsymbol{\varphi}_t^{\mathbf{0}}(\mathbf{x}) - \mathbf{x}$ für alle t in Σ liegt. Satz 5.2 liefert also die Existenz einer eindeutigen q-ten Wurzel von $\boldsymbol{\varphi}_{2\pi q}^{\mathbf{0}}$, dessen linearer Anteil gleich $\mathbf{R}_{p/q}$ ist. So erfüllt $\boldsymbol{\varphi}_{2\pi}^{\mathbf{0}}$ zum Beispiel $(\boldsymbol{\varphi}_{2\pi}^{\mathbf{0}})^q = \boldsymbol{\varphi}_{2\pi q}^{\mathbf{0}}$, allerdings ist $D\boldsymbol{\varphi}_{2\pi}^{\mathbf{0}}(\mathbf{0}) = \mathbf{I}$ und nicht $\mathbf{R}_{p/q}$. Auf der anderen Seite zeigt $(\mathbf{R}_{p/q} \cdot \boldsymbol{\varphi}_{2\pi}^{\mathbf{0}})$ das richtige lineare Verhalten, aber ist es eine q-te Wurzel von $\boldsymbol{\varphi}_{2\pi q}^{\mathbf{0}}$? Offensichtlich gilt

$$(\mathbf{R}_{p/q} \cdot \boldsymbol{\varphi}_{2\pi}^{\mathbf{0}})^q = (\boldsymbol{\varphi}_{2\pi}^{\mathbf{0}} \cdot \mathbf{R}_{p/q})^q = (\mathbf{R}_{p/q})^q (\boldsymbol{\varphi}_{2\pi}^{\mathbf{0}})^q = \boldsymbol{\varphi}_{2\pi q}^{\mathbf{0}}, \tag{5.5.25}$$

wobei $\mathbf{R}_{p/q} \cdot \boldsymbol{\varphi}_{2\pi}^{\mathbf{0}} = \boldsymbol{\varphi}_{2\pi}^{\mathbf{0}} \cdot \mathbf{R}_{p/q}$ angenommen wurde. Nun wissen wir aus Aufgabe 5.5.6, daß $\boldsymbol{\varphi}_{2\pi}^{\mathbf{0}}(\mathbf{x}) - \mathbf{x} \in \Sigma$ ist und damit nach Satz 2.5 Gleichung $\mathbf{R}_{p/q}(\boldsymbol{\varphi}_{2\pi}^{\mathbf{0}} - \mathbf{I})(\mathbf{x}) = (\boldsymbol{\varphi}_{2\pi}^{\mathbf{0}} - \mathbf{I})\mathbf{R}_{p/q}(\mathbf{x})$ gilt. Also kommutiert $\boldsymbol{\varphi}_{2\pi}^{\mathbf{0}}$ mit $\mathbf{R}_{p/q}$ und damit ist

$$\mathbf{R}_{p/q} \cdot \boldsymbol{\varphi}_{2\pi}^{\mathbf{0}} = \boldsymbol{\varphi}_{2\pi}^{\mathbf{0}} \cdot \mathbf{R}_{p/q} \tag{5.5.26}$$

die gesuchte q-te Wurzel von $\boldsymbol{\varphi}_{2\pi q}^{\mathbf{0}}$. Diese Abbildung approximiert das qualitative Verhalten von $\mathbf{f_0}$.

Die oben vorgeführte Rechnung kann nun wieder für $\mu \neq 0$ wiederholt werden. Ist zum Beispiel $\mathbf{f}_\mu(\mathbf{0}) = \mathbf{0}$ in der Nähe von $\boldsymbol{\mu} = \mathbf{0}$, so wird (5.5.11) durch die Gleichung

$$\dot{z} = \omega(\boldsymbol{\mu})z + \sum_{s=1}^{S} c_s(\boldsymbol{\mu})z|z|^{2s} + d(\boldsymbol{\mu})\bar{z}^{(q-1)}\exp(ipt) + G(\boldsymbol{\mu}, z, t) \tag{5.5.27}$$

sowie (5.5.14) durch

$$\dot{\zeta} = [\omega(\boldsymbol{\mu}) - i\beta]\zeta + \sum_{s=1}^{S} c_s(\boldsymbol{\mu})\zeta|\zeta|^{2s} + d(\boldsymbol{\mu})\bar{\zeta}^{(q-1)} + G(\boldsymbol{\mu}, \exp(i\beta t)\zeta, t) \tag{5.5.28}$$

ersetzt, wobei $S = \max\{1, [(q-2)/2]\}$ ist. Man beachte, daß das Vektorfeld in (5.5.28) unter Rotationen um $2\pi/q$ für alle Werte von $\boldsymbol{\mu}$ invariant ist. Schließlich ist also das Verhalten der Familie $\mathbf{f} : \mathcal{R}^l \times \mathcal{R}^2 \to \mathcal{R}^2$ lokal durch

$$(\boldsymbol{\mu}, \mathbf{x}) \mapsto (\boldsymbol{\mu}, \mathbf{R}_{p/q} \cdot \boldsymbol{\varphi}_{2\pi}^{\mu}(\mathbf{x})) = (\boldsymbol{\mu}, \boldsymbol{\varphi}_{2\pi}^{\mu} \cdot \mathbf{R}_{p/q}(\mathbf{x})) \tag{5.5.29}$$

approximiert.

5.5.3 Rationales $\beta = p/q$, $q = 1, 2$

Wie wir bereits früher ausgeführt haben, besitzt $D\mathbf{f}_0(\mathbf{0})$ gleiche reelle Eigenwerte $\lambda = \bar{\lambda} = 1$ für $q = 1$ und $\lambda = \bar{\lambda} = -1$ für $q = 2$. Im allgemeinen Fall lautet die Jordanform von $D\mathbf{f}_0(\mathbf{0})$:

$$\begin{pmatrix} 1 & 1 \\ 0 & 1 \end{pmatrix} \qquad \text{für } q = 1 \tag{5.5.30}$$

und

$$\begin{pmatrix} -1 & 1 \\ 0 & -1 \end{pmatrix} \qquad \text{für } q = 2. \tag{5.5.31}$$

Weder (5.5.30) noch (5.5.31) ist eine Rotation, und da beide Matrizen nicht diagonal sind, kann die Normalform-Analysis aus §2.6 nicht direkt verwandt werden. Wir müssen also die wichtigsten Schritte der Rechnung nochmals überprüfen, um nachzuweisen, daß noch ein approximierendes Vektorfeld konstruiert werden kann. Im folgenden werden wir zur Vereinfachung annehmen, die Reduktion auf Jordanform habe bereits stattgefunden, so daß $D\mathbf{f}_0(\mathbf{0})$ eine der Formen (5.5.30) oder (5.5.31) besitzt.

(a) $q = 1$
In diesem Fall ist $D\mathbf{f}_0(\mathbf{0})$ eine lineare Scheren-Abbildung (siehe Abbildung 5.10), damit ist die Einhängung von $\mathbf{f}_0$ noch ein Strom auf dem festen Torus. Die periodisch fortgesetzte Abbildung des linearen Anteils (siehe (2.6.3)) der zugehörigen nicht-autonomen Differentialgleichung ist $D\mathbf{f}_0(\mathbf{0})$ selbst. Weiter gilt

$$D\mathbf{f}_0(\mathbf{0}) = \begin{pmatrix} 1 & 1 \\ 0 & 1 \end{pmatrix} = \exp(2\pi\mathbf{\Lambda}) \tag{5.5.32}$$

mit $\mathbf{\Lambda} = \begin{pmatrix} 0 & (2\pi^{-1}) \\ 0 & 0 \end{pmatrix}$. Um numerische Inkonsistenzen zu vermeiden, verwenden wir die Tatsache, daß $\mathbf{f}_0$ zu einer Abbildung mit dem linearen Anteil $\begin{pmatrix} 1 & 2\pi \\ 0 & 1 \end{pmatrix}$ linear konjugiert ist. Deshalb können wir ohne Beschränkung der Allgemeinheit schreiben

$$\mathbf{\Lambda} = \begin{pmatrix} 0 & 1 \\ 0 & 0 \end{pmatrix}. \tag{5.5.33}$$

In der folgenden Normalform-Rechnung müssen wir die homologe Gleichung

$$L_{\mathbf{\Lambda}}\mathbf{h}_r + \frac{\partial}{\partial t}\mathbf{h}_r = \mathbf{X}_r(\mathbf{x}, t) \tag{5.5.34}$$

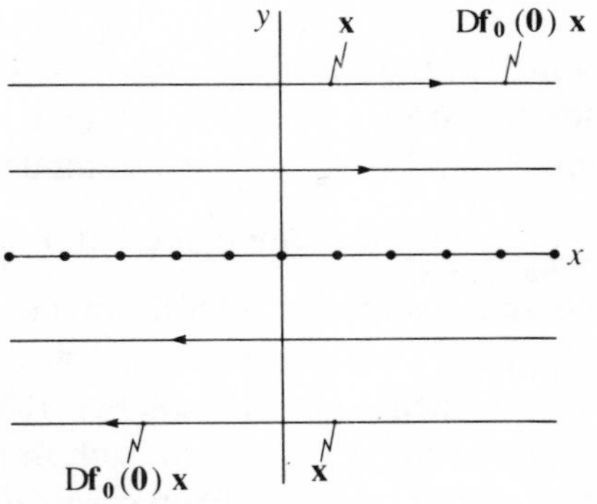

Abb. 5.10. Darstellung der Bahnen von $D\mathbf{f}_0(\mathbf{0})$ aus (5.5.30). Die Geraden y =konstant sind invariant, die Bahnen verlaufen für $y > 0$ nach rechts und für $y < 0$ nach links. Die x-Achse ist eine Linie von Fixpunkten. Eine solche Transformation nennt man *lineare Scheren-Abbildung*. Das Quadrat der linearen Transformation (5.5.31) ist ebenfalls von diesem Typ. Die Bahnen von (x_0, y_0) unter (5.5.31) selber alternieren zwischen den Linien $y = y_0$ und $y = -y_0$.

lösen (siehe (2.6.8)). Leider sind $\{\exp(i\nu t)\mathbf{x}^{\mathbf{m}}\mathbf{e}_j | m_1 + m_2 = r,\ \nu \in \mathcal{Z},\ j = 1, 2\}$ nicht länger Eigenvektoren von $L_\Lambda + \partial/\partial t$, da Λ nicht diagonal ist.

Es kann jedoch gezeigt werden (siehe Aufgabe 2.2.6), daß $L_\Lambda + \partial/\partial t$ nicht existiert, wenn es ein $(\mathbf{m}, j)$ gibt, so daß gilt

$$i\nu + \mathbf{m}\cdot\boldsymbol{\lambda} - \lambda_j = 0 \tag{5.5.35}$$

mit $\mathbf{m}\cdot\boldsymbol{\lambda} = m_1\lambda_1 + m_2\lambda_2$ und $m_1 + m_2 = r$. Nun folgt aus (5.5.33) $\lambda_1 = \lambda_2 = 0$, so daß (5.5.35) nur für $\nu = 0$ erfüllt werden kann, das heißt, wenn keine zeitabhängigen resonanten Terme auftreten. Ist $\nu = 0$, so reduziert sich (5.5.35) auf die homologe Gleichung einer Cusp-Singularität. Man erhält damit die zeitunabhängigen resonanten Terme wie im Beweis von Satz 2.4 vorgeführt. Wir schließen daraus, daß die nicht-autonome Differentialgleichung (5.5.2, 5.5.3) auf die Form

$$\begin{aligned}\begin{pmatrix}\dot{x}\\ \dot{y}\end{pmatrix} &= \begin{pmatrix}0 & 1\\ 0 & 0\end{pmatrix}\begin{pmatrix}x\\ y\end{pmatrix} + \sum_{s=2}^{k}\begin{pmatrix}a_s x^s\\ b_s x^s\end{pmatrix} + O(|\mathbf{x}|^{k+1}; t)\\ &= \tilde{\mathbf{X}}_0(\mathbf{x}) + O(|\mathbf{x}|^{k-1}; t)\end{aligned} \tag{5.5.36}$$

reduziert werden kann, wobei $O(|\mathbf{x}|^{k+1}; t)$ in t 2π-periodisch ist. Ist $a_2 \neq 0$, $b_2 \neq 0$, so besitzt $\tilde{\mathbf{X}}_0(\mathbf{x})$ bei $\mathbf{x} = \mathbf{0}$ eine Cusp-Singularität. Ist nun $\mathbf{P}_0$ die periodisch fortsetzende Abbildung von (5.5.36) und $\tilde{\mathbf{P}}_0$ die Zeit-2π-Abbildung von $\tilde{\mathbf{X}}_0(\mathbf{x})$, dann ist $\mathbf{f}_0$ differenzierbar konjugiert zu $\mathbf{P}_0 = \tilde{\mathbf{P}}_0 + O(|\mathbf{x}|^{k+1}; t)$, analog zu $q \geq 3$.

(b) $q = 2$

Obwohl zu $\mathbf{f_0}$ in diesem Fall eine Einhängung konstruiert werden und damit ein Strom auf dem festen Torus gewonnen werden kann, ist die periodisch fortsetzende Abbildung von (2.6.3) des resultierenden nicht-autonomen Systems gleich $\begin{pmatrix} -1 & 1 \\ 0 & -1 \end{pmatrix}$, welche keinen reellen Logarithmus besitzt. Dies bedeutet, man erinnere sich an unsere Ausführungen nach Theorem 2.9, daß man ein 4π-periodische Koordinatentransformation für die Eliminierung der Zeitabhängigkeit in (2.6.3) benötigt. Ein solcher Koordinatenwechsel, dem Lie-Klammer-Transformationen, die 4π-periodisch in t sind, folgen, liefert ein nicht-autonomes System der Form (5.5.36), wobei $O(|\mathbf{x}|^{k+1}; t)$ 4π-periodisch in t ist. Damit ist natürlich die periodisch fortsetzende Abbildung $\mathbf{P_0}$ dieses Systems differenzierbar konjugiert zu $\mathbf{f}_0^2$ und nicht zu $\mathbf{f_0}$.

Eine merkwürdige Erscheinung bei dieser Rechnung ist, daß die erscheinenden resonanten Terme die gleichen sind wie für $q = 1$. Abgesehen von der 4π-Periodizität anstelle der 2π-Periodizität gelangen wir für $q = 2$ ebenfalls zu (5.5.36). Wir haben jedoch ein wichtiges Merkmal von $\mathbf{f_0}$ weggelassen, welches $\mathbf{f}_0^2$ bei $q = 2$ von $\mathbf{f_0}$ bei $q = 1$ unterscheidet: seine Symmetrie. Normalform-Rechnungen für die Abbildung $\mathbf{f_0}$ zeigen (siehe Aufgabe 5.5.7), daß, wenn $D\mathbf{f_0}(\mathbf{0})$ durch (5.5.31) gegeben ist, $\mathbf{f_0}$ die Gleichung

$$\mathbf{f_0}(-\mathbf{x}) = -\mathbf{f_0}(\mathbf{x}) \tag{5.5.37}$$

erfüllt für alle endlichen Ordungen in $|\mathbf{x}|$, das heißt, $\mathbf{f_0}$ ist invariant unter einer Rotation um $2\pi/q = \pi$ *für* $q = 2$. Nun gilt auch

$$\mathbf{f}_0^2(-\mathbf{x}) = \mathbf{f_0}(\mathbf{f_0}(-\mathbf{x})) = \mathbf{f_0}(-\mathbf{f_0}(\mathbf{x})) = -\mathbf{f}_0^2(\mathbf{x}). \tag{5.5.38}$$

$\mathbf{f}_0^2$ besitzt also auch π-Rotationssymmetrie, wenn es durch die Zeit-2π-Abbildung von $\tilde{\mathbf{X}}_0(\mathbf{x})$ approximiert wird, daher sollte das Vektorfeld diese Symmetrie ebenfalls zeigen. Dies bedeutet aber $a_s = b_s = 0$ für ungerades s in (5.5.36). Man sollte hier vielleicht erwähnen, daß der topologische Typ eines solchen Vektorfeldes bei $a_3 \neq 0$ und $b_3 \neq 0$ bereits festgelegt ist (siehe Takens, 1974b).

Hat man einmal die π-Rotationssymmetrie von $\tilde{\mathbf{X}}_0(\mathbf{x})$ festgestellt, so kann man eine Approximation an $\mathbf{f_0}$ selbst entlang den Linien, die in §5.5.2 für $q \geq 3$ beschrieben wurden, konstruieren (siehe Aufgabe 5.5.8). Wir erhalten

$$\mathbf{f_0} \sim \varphi^{\mathbf{0}}_{2\pi} \cdot \mathbf{R}_{1/2} + O(|\mathbf{x}|^{k+1}), \tag{5.5.39}$$

wobei $\boldsymbol{\varphi}^{\mathbf{0}}$ der Strom zu $\tilde{\mathbf{X}}_0(\mathbf{x})$ ist, in Übereinstimmung mit (5.5.26). Wie für den Fall $q \geq 3$ können die oben beschriebenen Normalform-Rechnungen dazu verwandt werden, glatte Entfaltungen des singulären Vektorfeldes $\tilde{\mathbf{X}}_0(\mathbf{x})$ sowohl für $q = 1$ als auch für $q = 2$ zu erzeugen.

Zusammenfassend kann man sagen, für jeden Wert von $q \in \mathfrak{X}^+$ liefern die zeitabhängigen Normalform-Rechnungen Entfaltungen von $\tilde{\mathbf{X}}_0$ oder $\tilde{Z}_0$, welche unter Rotationen um $2\pi/q$ invariant sind. Wünschen wir allerdings soviele Informationen wie möglich über das Verhalten der Familien von approximierenden Zeit-2π-Abbildungen, so benötigen wir die *äquivarianten versalen Entfaltungen* von $\tilde{\mathbf{X}}_0$ und $\tilde{Z}_0$. Man nennt eine Entfaltung *äquivariant versal*, wenn jede andere äquivariante Entfaltung äquivalent zu einer Entfaltung ist, die durch die versale erzeugt wurde. Das Bifurkationsverhalten in dieser sehr speziellen Familie von Vektorfeldern ist der Inhalt des nächsten Abschnittes.

5.6 Äquivariante versale Entfaltungen für Vektorfeld-Approximationen

Äquivariante versale Entfaltungen kennt man für alle autonomen Vektorfelder, die in §5.5 berechnet wurden, *außer* für $q = 4$. Während diese Entfaltungen das topologische Verhalten aller nahegelegenen äquivarianten Vektorfelder offenlegen, liefern ihre Zeit-2π-Abbildungen nur eine Teilmenge der Abbildungen, die nahe bei $\mathbf{f}_0$ liegen. Die in diesen Familien von Zeit-2π-Abbildungen auftretenden Bifurkationen müssen in den breiteren Bifurkationsbildern, die mit $\mathbf{f}_0$ verbunden sind, gewisse Entsprechungen besitzen. In diesem Abschnitt werden wir die Bifurkationsdiagramme allein für die Vektorfelder beschreiben. In §5.7 kehren wir dann zu dem Problem, wie diese Informationen bezüglich der Bifurkationen der Entfaltungen von $\mathbf{f}_0$ zu interpretieren sind, zurück.

Ist β irrational, so wird die Vektorfeld-Approximation durch (5.5.7) gegeben, mit deren versaler Entfaltung wir uns bereits beschäftigt haben. Man kann leicht zeigen, daß (5.5.7) die komplexe Form von (4.2.17) mit $c_1 = a_1 + ib_1$ ist. Da für irrationales β keine Symmetrie-Forderung existiert, besitzt die versale Entfaltung die komplexe Form von (4.2.18), das heißt

$$\dot{z} = \omega(\nu)z + c_1 z|z|^2 + O(|z|^5) \tag{5.6.1}$$

mit $\omega(\nu) = \nu + i\beta$. Ist $\operatorname{Re} c_1 < 0\,(> 0)$, so kommt es bei $\nu = 0$ zu einer superkritischen (subkritischen) Hopf-Bifurkation. Ist andererseits $\beta = 0$ (das heißt $p/q \in \mathfrak{Q} \cap [0, 1)$, mit $q = 1$), so besitzt im allgemeinen $\tilde{\mathbf{X}}_0(\mathbf{x})$ in (5.5.36) eine Cusp-Singularität bei $\mathbf{x} = \mathbf{0}$. Wieder bedeutet $2\pi/q$-Symmetrie keine Einschränkung. Ist also $a_2 \neq 0$ und $b_2 \neq 0$, so ergibt (4.3.2) die (äquivariante) versale Entfaltung von $\tilde{\mathbf{X}}_0(\mathbf{0})$ und das Bifurkationsdiagramm ist in Abb. 4.10 dargestellt.

Die für $\beta = p/q \in \mathfrak{Q} \cap (0, 1)$ auftretenden Singularitäten mit $q \geq 2$ haben wir noch nicht diskutiert. Die linearen Anteile der betrachteten Vektorfelder besitzen alle die Spur sowie die Determinante null, für $q \geq 3$ gibt es überhaupt keine linearen Terme mehr (siehe (5.5.16)). Zur Feststellung des topologischen Types können blowing-up-Techniken verwandt werden (siehe Aufgabe 2.8.6 und Dumortier, 1977). Äquivariante versale Entfaltungen kann man für $q \neq 4$ erhalten, unser Ziel ist dabei die Beschreibung und Plausibilisierung des Bifurkationsverhaltens. Der Beweis der Versalität ist eine schwierige mathemathische Aufgabe und liegt nicht im Rahmen unseres Buchs (Arnold, 1983; Bogdanov, 1981a,b; Carr, 1981; Takens, 1974b).

5.6.1 $q = 2$

Der allgemeine Fall ist durch $\tilde{\mathbf{X}}_0(\mathbf{x})$ in (5.5.36) mit $a_2 = b_2 = 0$, $a_3 \neq 0$ und $b_3 \neq 0$ gegeben. Unter diesen Umständen ist (5.5.36), wie man zeigen kann, zu

$$\dot{x} = y + x^3, \qquad \dot{y} = \delta x^3, \tag{5.6.2}$$

mit $\delta = \pm 1$, oder dem Zeit-Inversen, äquivalent. Die äquivariante versale Entfaltung $\tilde{\mathbf{X}}^{\delta}_{\boldsymbol{\nu}}(\mathbf{x})$ des durch (5.6.2) definierten singulären Vektorfeldes $\tilde{\mathbf{X}}_0(\mathbf{x})$ hat die Form (siehe Takens, 1974b, S.22)

$$\dot{x} = \nu_1 x + (1 + \nu_2)y + x^3, \qquad \dot{y} = -\nu_2 x + \nu_1 y + \delta x^3. \tag{5.6.3}$$

Man beachte dabei, daß $\tilde{\mathbf{X}}^{\delta}_{\boldsymbol{\nu}}(\mathbf{x})$ invariant unter Rotation um π ist für alle $\delta, \boldsymbol{\nu}$. Das Bifurkationsdiagramm der durch (5.6.3) definierten Familie von Vektorfeldern hängt jedoch vom Wert von δ ab.

(a) $\delta = +1$

Das Bifurkationsdiagramm ist in Abb. 5.11 gezeigt. Man beachte, daß (5.6.3) für alle $\boldsymbol{\nu}$ im Ursprung einen Fixpunkt besitzt, mit der Linearisierung

$$D\tilde{\mathbf{X}}^{+}_{\boldsymbol{\nu}}(\mathbf{0})\mathbf{x} = \begin{pmatrix} \nu_1 & 1+\nu_2 \\ -\nu_2 & \nu_1 \end{pmatrix} \begin{pmatrix} x \\ y \end{pmatrix}. \tag{5.6.4}$$

Natürlich ist

$$\det D\tilde{\mathbf{X}}^{+}_{\boldsymbol{\nu}}(\mathbf{0}) = \nu_1^2 + \nu_2^2 + \nu_2, \tag{5.6.5}$$

$$\operatorname{Tr} D\tilde{\mathbf{X}}^{+}_{\boldsymbol{\nu}}(\mathbf{0}) = 2\nu_1. \tag{5.6.6}$$

Daher ist der Urprung ein Sattelpunkt , wenn $\boldsymbol{\nu}$ unterhalb der durch

$$\nu_1^2 + \nu_2^2 + \nu_2 = 0 \tag{5.6.7}$$

gegebenen Parabel γ_1 liegt, oberhalb dieser Kurve ist er ein Knoten/Brennpunkt. Die auftretende Bifurkation auf γ_1 ist eine symmetrische *Sattel-Knoten*-Bifurkation (siehe Aufgabe 5.6.1). Diese Bifurkation ist bei

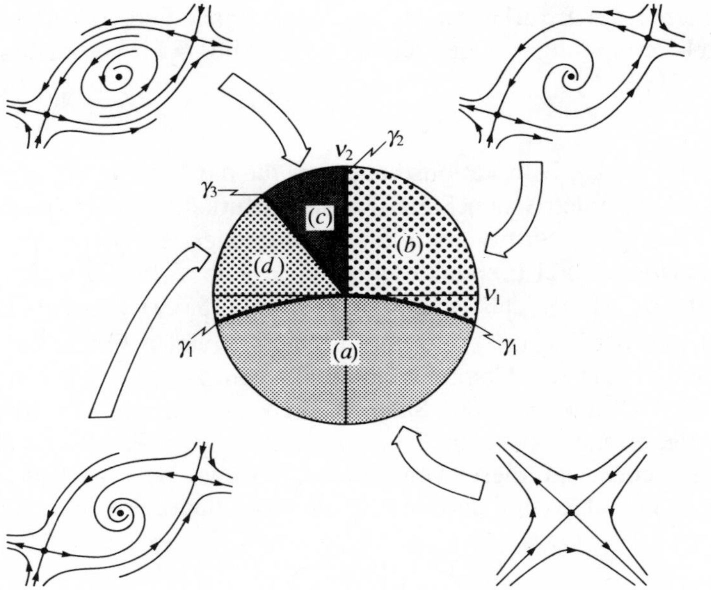

Abb. 5.11. Bifurkationsdiagramm für die äquivariante versale Entfaltung $\tilde{\mathbf{X}}^+_{\boldsymbol{\nu}}(\boldsymbol{\nu}, \mathbf{x})$, definiert durch (5.6.3) mit $\delta = +1$. Es sind Phasenbilder für $\tilde{\mathbf{X}}^+_{\boldsymbol{\nu}}$ für den Fall, daß $\boldsymbol{\nu}$ im Komplement der Bifurkationskurven liegt, gezeigt. Man beachte, daß alle unter einer Rotation um π invariant sind.

$\nu_1 = 0$ degeneriert. Liegt $\boldsymbol{\nu}$ auf der ν_2-Achse, dann folgt aus (5.6.3) $\dot{y} = 0$, wenn $x = 0$ oder $\pm(\nu_2)^{1/2} = x^*_\pm$, $\nu_2 > 0$ ist. Eliminierung von x^3 zwischen $\dot{x} = 0$ und $\dot{y} = 0$ ergibt

$$y = -\frac{(\nu_1 + \nu_2)}{(1 + \nu_2 - \nu_1)} x, \tag{5.6.8}$$

so daß gilt $y = 0$ oder $y^*_\pm = \mp\nu_2^{3/2}/(1 + \nu_2)$. Weiter ist

$$\det D\tilde{\mathbf{X}}^+_{\boldsymbol{\nu}}(x^*_\pm) = -2(\nu_2 + \nu_2^2) < 0 \tag{5.6.9}$$

so daß die nicht-trivialen Fixpunkte Sattelpunkte sind. Wächst daher ν_2 durch Null, mit $\nu_1 = 0$, so läuft der Sattelpunkt bei $\mathbf{x} = \mathbf{0}$ durch einen nicht-hyperbolischen Sattel (siehe Aufgabe 2.8.6), wird zu einem schwachen Knoten/Brennpunkt und stößt zwei Sattelpunkte aus. Diese Sattelpunkte liege symmetrisch zum Ursprung.

Die Stabilität des Ursprungs ändert sich, wenn ν_1 für $\nu_2 > 0$ durch die Null geht, daher ist die positive ν_2-Achse (allgemein) eine Linie von Hopf-Bifurkationen. Berechnungen von a_1 in (4.2.14) zeigen, daß diese Bifurkationen subkritisch sind. Für fallendes ν_1 und festes $\nu_2 > 0$ bleibt der Sattelpunkt stationär in erster Ordnung in $|\boldsymbol{\nu}|$ und der Grenzzyklus, der bei der subkritischen Hopf-Bifurkation erzeugt wird, expandiert, bis eine symmetrische Sattel-Verbindung auf der Kurve γ_1 in Abb. 5.11 vorhanden ist (siehe Aufgabe 5.6.2).

(b) $\delta = -1$
In Abb. 5.12 ist das Bifurkationsdiagramm für die Familie $\tilde{\mathbf{X}}_{\boldsymbol{\nu}}^{-}(\boldsymbol{\nu}, \mathbf{x})$ gezeigt. Der Sinn der symmetrischen Sattel-Knoten-Bifurkation ist invertiert. Ist zum Beispiel $\nu_1 = 0$, so gilt $\dot{y} = 0$ für $x = 0$ oder $\pm(-\nu_2)^{1/2}$, $\nu_2 < 0$; das heißt, es existieren drei Fixpunkte *unter* γ_1 in Abb. 5.12. Es stellt sich heraus (siehe Aufgabe 5.6.1), daß $\det D\tilde{\mathbf{X}}_{\boldsymbol{\nu}}^{-}(\mathbf{x}_{\pm}^{*})$ durch (5.6.9) gegeben ist, da aber $\nu_2 < 0$ ist, gilt $\det D\tilde{\mathbf{X}}_{\boldsymbol{\nu}}^{-}(\mathbf{x}_{\pm}^{*}) > 0$ und die nicht-trivialen Fixpunkte sind keine Sättel. Natürlich ist der Ursprung unterhalb von γ_1 weiterhin ein Sattel und wir schließen daraus, daß der Sattel-Knoten zwei Knoten und einen Sattel erzeugt. Man erinnere sich, für $\delta = +1$ waren es zwei Sättel und ein Knoten. Wir werden sehen, daß dieser Unterschied zwischen $\delta = +1$ und $\delta = -1$ bei letzterem zu einem komplizierteren Bifurkationsdiagramm führt.

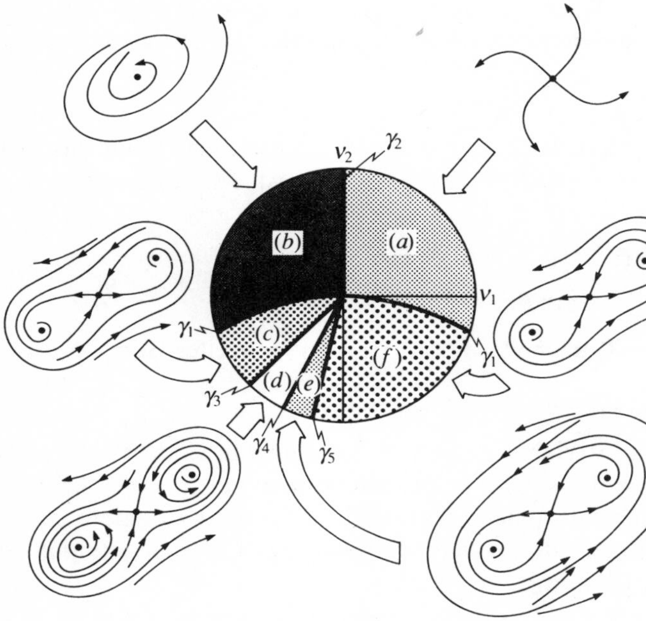

Abb. 5.12. Bifurkationsdiagramm für die Familie $\tilde{\mathbf{X}}^{-}(\boldsymbol{\nu}, \mathbf{x})$, gegeben durch (5.6.3) mit $\delta = -1$. Alle Phasenbilder sind invariant unter Rotation um π. Man beachte die symmetrischen Hopf- und Sattel-Knoten-Bifurkationen. Die Doppel-Grenzzyklus-Bifurkation ist ebenfalls von besonderem Interesse.

Starten wir mit $\nu_1, \nu_2 > 0$ und folgen einem geschlossenen Weg, der in dem Uhrzeiger entgegen gesetzter Richtung in der $\boldsymbol{\nu}$-Ebene $\boldsymbol{\nu} = 0$ umkreist. Nahe genug an der positiven ν_2-Achse ist der Ursprung ein instabiler Brennpunkt, eine subkritische Hopf-Bifurkation tritt für $\nu_1 = 0$ auf und ein instabiler Grenzzyklus um einen stabilen Brennpunkt wird erzeugt. Wird die Kurve γ_1 erreicht mit $\nu_1 < 0$, so ist dieser Grenzzyklus noch anwesend mit endlicher Größe. Beim Schneiden von γ_1 erscheint ein Paar stabiler Fixpunkte symmetrisch zum Ursprung (siehe Aufgabe 5.6.1) mit

$$x^2 = x_{\pm}^{*2} = -\left\{\nu_2 + \frac{\nu_1(\nu_1 - \nu_2)}{(1 + \nu_2 + \nu_1)}\right\}. \tag{5.6.10}$$

Für gegebenes ν_1 wächst $x_{\pm}^{*2}$, wenn ν_2 kleiner wird. Da

$$\operatorname{Tr} D\tilde{\mathbf{X}}_{\boldsymbol{\nu}}^{-}(\mathbf{x}_{\pm}^{*}) = 3x_{\pm}^{*2} + 2\nu_1 \tag{5.6.11}$$

ist, unterliegen die nicht-trivialen Fixpunkte gleichzeitig Hopf-Bifurkationen auf einer Kurve γ_3 in Abb. 5.12, definiert durch $3x_{\pm}^{*2} + 2\nu_1 = 0$ (siehe Aufgabe 5.6.3). Reduzieren wir ν_2 weiter, so werden die Grenzzyklen, die die nicht-trivialen Fixpunkte umkreisen, größer, bis auf einer Kurve γ_4 in Abb. 5.12 eine symmetrische Verbindung entsteht. Diese Sattel-Verbindung zerbricht und ergibt eine Grenzzyklus, der alle drei Fixpunkte umkreist. Nun wächst für fallendes ν_2 der innere Zyklus und der äußere schrumpft für wachsendes ν_1. Vielleicht verschmelzen die zwei Grenzzyklen und verschwinden in einer Sattel-Knoten-Bifurkation in der lokalen Poincaré-Abbildung. Diese Doppel-Grenzzyklus-Bifurkation findet auf γ_5 in Abb. 5.12 statt. Wird schließlich γ_1 von unten erreicht mit $\nu_1 < 0$, so bewegen sich die drei Fixpunkte aufeinander zu und verschmelzen zu einem Knoten, wenn γ_1 geschnitten wird.

5.6.2 $q = 3$

Die äquivariante versale Entfaltung des Vektorfeldes (5.5.16) mit $q = 3$ besitzt die komplexe Form

$$\dot{\zeta} = \varepsilon\zeta + c\zeta|\zeta|^2 + d\bar{\zeta}^2, \tag{5.6.12}$$

mit $\varepsilon, c, d \in \mathscr{C}$. Mittels einer Skalierung kann $d = 1$ erreicht werden (siehe Aufgabe 5.6.4). Nehmen wir also $d = 1$ an, schreiben $\varepsilon = \nu_1 + i\nu_2$, $c = a + ib$ sowie $\zeta = x + iy$ und trennen Real- und Imaginärteil in (5.6.12), so erhalten wir

$$\dot{x} = \nu_1 x - \nu_2 y + ax(x^2 + y^2) - by(x^2 + y^2) + x^2 - y^2, \tag{5.6.13}$$

$$\dot{y} = \nu_2 x + \nu_1 y + ay(x^2 + y^2) + bx(x^2 + y^2) - 2xy. \tag{5.6.14}$$

In Polarkoordinaten nehmen die obigen Gleichungen folgende Gestalt an:

$$\dot{r} = \nu_1 r + ar^3 + r^2 \cos 3\theta, \tag{5.6.15}$$

$$\dot{\theta} = \nu_2 + br^2 - r \sin 3\theta. \tag{5.6.16}$$

Eliminiert man θ aus den Fixpunkt-Gleichungen von (5.6.15,5.6.16), so erhält man folgende Gleichung für die radiale Koordinate der nicht-trivialen Fixpunkte

$$(a^2 + b^2)r^4 - [1 - 2(\nu_1 a + \nu_2 b)]r^2 + (\nu_1^2 + \nu_2^2) = 0. \tag{5.6.17}$$

Die Lösung dieser Gleichung lautet

$$r_p^2 = \frac{1 - 2(\nu_1 a + \nu_2 b)}{2(a^2 + b^2)} \left\{ 1 \pm \left(1 - \frac{4(a^2 + b^2)(\nu_1^2 + \nu_2^2)}{[1 - 2(\nu_1 a + \nu_2 b)]^2} \right)^{1/2} \right\}. \tag{5.6.18}$$

Für kleine $|\boldsymbol{\nu}|$ ergibt (5.6.18)

$$r_p^2 = \nu_1^2 + \nu_2^2 + O(|\boldsymbol{\nu}|^3) \tag{5.6.19}$$

für die nicht-trivialen Fixpunkte in der Umgebung des Ursprungs. Substituiert man (5.6.19) in (5.6.15, 5.6.16), so erhält man für $\dot{r} = \dot{\theta} = 0$ drei Werte für θ, die sich um $2\pi/3$ unterscheiden und den symmetrisch auf einem Kreis um den Ursprung mit dem Radius r_p angeordneten nicht-trivialen Fixpunkten entsprechen.

Natürlich ist $\mathbf{x} = \mathbf{0}$ für alle $\boldsymbol{\nu}$ ein Fixpunkt von (5.6.13, 5.6.14). Die Linearisierung dieser Gleichungen besitzt bei $\mathbf{x} = \mathbf{0}$ die Eigenwerte $\lambda(\nu_1, \nu_2) = \nu_1 + i\nu_2$, welche für $\nu_1 = 0$ und $\nu_2 \neq 0$ rein imaginär sind. Betrachten wir deshalb $\nu_2 \neq 0$ und fest, so greift Theorem 4.2 und zeigt, daß (5.6.13, 5.6.14) bei $\nu_1 = 0$ einer Hopf-Bifurkation unterliegt. Gleichung (4.2.14) zeigt weiter, daß diese Bifurkation für $a < 0\,(> 0)$ superkritisch (subkritisch) ist (siehe Aufgabe 5.6.5). Der entstehende Grenzzyklus besitzt angenähert den Radius $r_0 = (\nu_1/|a|)^{1/2}$.

Sei nun $a < 0$ und betrachten wir die ein-parametrige Unterfamilie von Vektorfeldern, der ein Kreisbogen in der $\boldsymbol{\nu}$-Ebene entspricht, welcher die negative ν_2-Achse bei $\nu_2 = -\nu$ schneidet und entgegen dem Uhrzeiger orientiert ist. Für eine solche Unterfamilie ist r_p im wesentlichen unveränderlich gleich ν, während r_0 mit $(\nu_1/|a|)^{1/2}$ wächst. Deshalb wird es einen Wert von ν_1 geben, bei dem der invariante Kreis die nicht-trivialen Fixpunkte berührt. Man kann nun zeigen, daß alle der nicht-trivialen Fixpunkte für beliebige $\boldsymbol{\nu}$ Sättel sind (siehe Aufgabe 5.6.6). Erreicht der Grenzzyklus diese Punkte, so formt sich eine heterokline Sattel-Verbindung (siehe Abb. 5.13). Sind wir nahe genug bei $\boldsymbol{\nu} = \mathbf{0}$, so läßt sich eine Approximation der Sattel-Verbindung-Bifurkationskurve angeben, indem wir r_p^2 und r_0^2 berechnen, das heißt

$$-\frac{\nu_1}{a} + O(\nu_1^{3/2}) = \nu_1^2 + \nu_2^2 + O(|\boldsymbol{\nu}|^3) \tag{5.6.20}$$

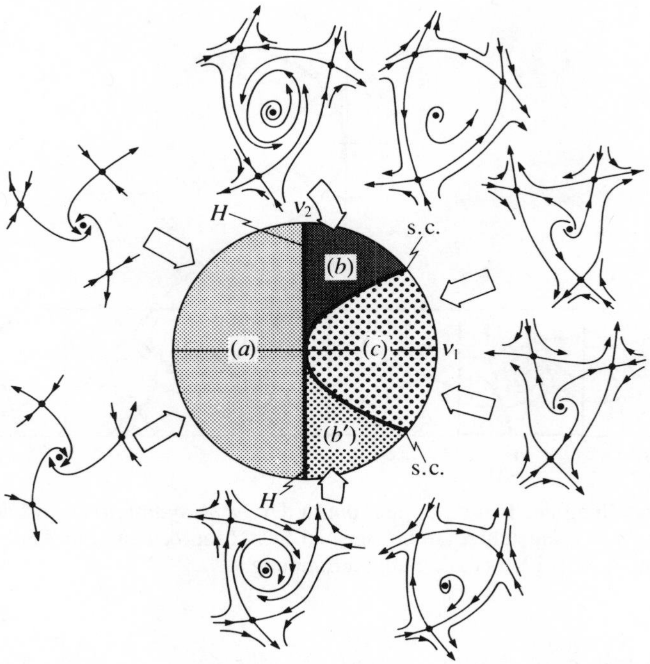

Abb. 5.13. Bifurkationsdiagramm für die Familie von Vektorfeldern, die durch die komplexe Form (5.6.12) mit $a = \text{Re}(c) < 0$ definiert wird. Die ν_2-Achse ist eine Linie von superkritischen Hopf-Bifurkationen (H) mit wachsendem ν_1, die Expansion des entstehenden invarianten Kreises führt zu einer heteroklinen Sattel-Verbindung (s.c.) auf der quadratischen Kurve (5.6.21). Für kleine r ist der Rotationssinn des Stromes durch das Vorzeichen von ν_2 bestimmt. Für $a > 0$ findet auf der ν_2-Achse eine subkritische Hopf-Bifurkation statt und die Sattel-Verbindung-Bifurkation tritt für negative Werte von ν_1 auf.

oder, da $\nu_1 \ll 1$ ist,

$$\nu_1 = -a\nu_2^2 + O(\nu_2^3). \tag{5.6.21}$$

Dies stimmt mit der in Abb. 5.13 angegebenen Sattel-Verbindung-Bifurkationskurve überein. Man beachte, daß hier, wie im Falle der Cusp-Bifurkation, der Grenzzyklus in der Sattel-Verbindung-Bifurkation zerstört wird.

5.6.3 $q = 4$

In diesem Abschnitt wollen wir einige der Bifurkationen in der Entfaltung

$$\dot{\zeta} = \varepsilon\zeta + c\zeta|\zeta|^2 + \bar{\zeta}^3 \tag{5.6.22}$$

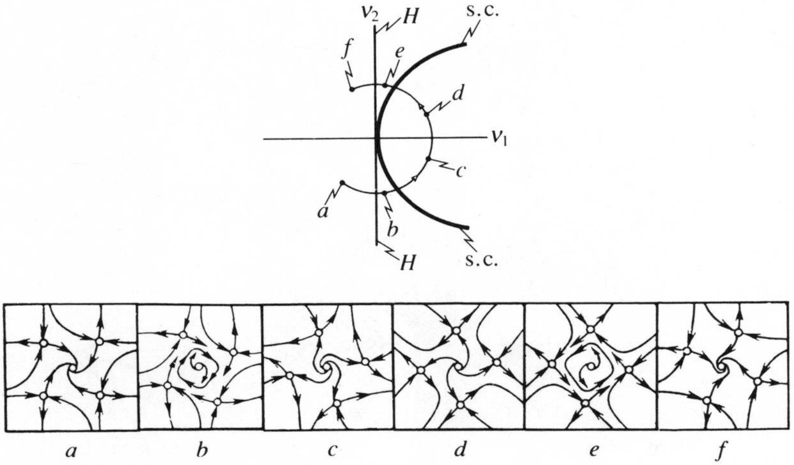

Abb. 5.14. Darstellung der Bifurkationen, die in der $2\pi/4$-symmetrischen Familie (5.6.22) für $|c|^2 < 1$ und $a < 0$ entstehen (siehe Beispiel 5.2). Man beachte die Ähnlichkeit zu den Bifurkationen in Abb. 5.13. (s.c. = Sattelverbindung.)

von (5.5.16) mit $q = 4$ untersuchen. Wieder sei ζ so skaliert, daß $d = 1$ gilt. Die lokale Familie (5.6.22) erhält man aus (5.5.16) durch Addition des Termes $\varepsilon\zeta$. Es ist das gleiche Verfahren wie zur Konstruktion der äquivariant versalen Entfaltungen für $q \neq 4$. Leider konnte noch nicht bewiesen werden, daß (5.6.22) äquivariant versal ist (Arnold, 1983, S. 288-89). Die Polarform von (5.6.22) lautet

$$\dot{r} = \nu_1 r + ar^3 + r^3 \cos 4\theta, \qquad (5.6.23)$$

$$\dot{\theta} = \nu_2 + br^2 - r^2 \sin 4\theta, \qquad (5.6.24)$$

mit $\varepsilon = \nu_1 + i\nu_2$ und $c = a + ib$.

Die nicht-trivialen Fixpunkte von (5.6.23, 5.6.24) erfüllen

$$(|c|^2 - 1)r^4 + 2(\nu_1 a + \nu_2 b)r^2 + (\nu_1^2 + \nu_2^2) = 0, \qquad (5.6.25)$$

(siehe (5.6.17)), mit den Lösungen

$$r_p^2 = \frac{\xi_2 \pm \{\xi_2^2 - (1 - |c|^2)\xi_1^2\}^{1/2}}{(1 - |c|^2)}, \qquad |c|^2 \neq 1, \qquad (5.6.26)$$

$$r_p^2 = -\xi_1^2/2\xi_2^2, \qquad |c|^2 = 1, \qquad (5.6.27)$$

mit $\xi_1^2 = \nu_1^2 + \nu_2^2$ und $\xi_2 = \nu_1 a + \nu_2 b$.

Man kann drei Fälle unterscheiden.

(a) $|c|^2 < 1$
Gleichung (5.6.26) ergibt nur einen positiven Wert für r_p für alle $\xi \in \mathcal{R}$. Dies führt zu vier nicht-trivialen Fixpunkten, wenn man (5.6.23, 5.6.24) für die entsprechenden Werte von θ löst.

(b) $|c|^2 = 1$
Es folgt aus (5.6.27), daß (5.6.23, 5.6.24) für $\xi_2 < 0$ vier nicht-triviale Fixpunkte besitzt. Diese Fixpunkte verlassen jede Umgebung des Ursprungs für $\xi_2 \to 0_-$. Für $\xi_2 > 0$ gibt es keine nicht-trivialen Fixpunkte.

(c) $|c|^2 > 1$
In diesem Fall können 8, 4 oder keine nicht-trivialen Fixpunkte auftreten. Ist $\xi_2 < 0$, so ergibt (5.6.26) *zwei* positive Werte für r_p^2, wenn Gleichung $\Xi = \xi_2^2 + (1 - |c|^2)\xi_1^2 > 0$ ist. Nähert sich Ξ der Null, so gehen diese beiden positiven Werte gegen den gleichen Wert und verschmelzen für $\Xi = 0$. Ist $\Xi < 0$, so besitzt (5.6.26) keine reellen Lösungen. Also erhält man für (5.6.23, 5.6.24) für $\Xi >, =, < 0$ dann 8,4 bzw. 0 nicht-triviale Fixpunkte. Für $\xi_2 \geq 0$ besitzt (5.6.25) keine positiven Lösungen, so daß hier keine nicht-trivialen Fixpunkte auftreten.

Für genügend großes $|\zeta|$ kann (5.6.22) durch

$$\dot{\zeta} = c\zeta|\zeta|^2 + \bar{\zeta}^3 \tag{5.6.28}$$

für beliebiges ε nahe bei null approximiert werden. Wie man leicht zeigen kann (siehe Aufgabe 5.6.7), ist (5.6.17) zu dem linearen System

$$\dot{x} = (a+1)x - by, \tag{5.6.29}$$

$$\dot{y} = bx + (a-1)y \tag{5.6.30}$$

topologisch äquivalent. Der Fixpunkt dieses linearen Systems bei $(x, y) = (0, 0)$ ist dann:

(i) ein Sattelpunkt für $|c|^2 < 1$;

(ii) ein Knoten/Brennpunkt für $|c|^2 > 1$.

Deshalb ist das Verhalten von (5.6.22) im Unendlichen verschieden für $|c|^2 <$ oder > 1. Auch ist für $|c|^2 < 1$ der Knoten/Brennpunkt stabil für $a < 0$ und instabil für $a > 0$. (5.6.22) verhält sich daher, als ob es für $a < 0$ im Unendlichen eine Quelle und für $a > 0$ im Unendlichen eine Senke besäße (siehe die Abbildungen 1.1(d) und 1.12(b)).

Aus den obigen Ausführungen wird klar, daß sich (5.6.22) für $|c|^2 <$ oder > 1 recht verschieden verhält, und im letzteren Fall ebenfalls für $a <$ oder > 0. Jede Möglichkeit muß separat betrachtet werden, wenn wir uns dem Bifurkationsverhalten, welches für veränderliche ν_1 und ν_2 entsteht, zuwenden. Deshalb entspricht (5.6.22) verschiedenen zwei-parametrigen Familien und nicht nur einer. Für $q = 2$ hatten wir es mit einem ähnlichen (jedoch viel einfacheren Fall) zu tun. Man erinnere sich an die recht verschiedenen Bifurkationsdiagramm für $\delta = +1$ und $\delta = -1$ in (5.6.3). Die gleiche Situation tritt hier nun für $q = 4$ auf, nur daß die Anzahl der verschiedenen Bifurkationsdiagramme größer ist. Im folgenden werden wir uns auf die Beschreibung von zwei der möglichen Fälle beschränken.

Beispiel 5.2 Man analysiere die Ähnlichkeiten zwischen den Bifurkationen, die in der Familie (5.6.22) für $|c|^2 < 1$ auftreten, und den in §5.6.2 diskutierten.

Lösung. Wie wir bereits gezeigt haben, treten für $|c|^2 < 1$ für alle $\boldsymbol{\nu} \neq \mathbf{0}$ vier nicht-triviale Fixpunkte auf. Es kann nun gezeigt werden (siehe Aufgabe 5.6.8), daß die Determinante der Linearisierung von (5.6.22) an jedem nicht-trivialen Fixpunkt die Form

$$-4(\nu_1^2 + \nu_2^2) - 4(1 - |c|^2)r_p^4 \tag{5.6.31}$$

besitzt. Daher sind diese vier nicht-trivialen Fixpunkte Sättel für alle $\boldsymbol{\nu} \neq \mathbf{0}$. Der Ursprung ($\zeta = 0$) ist ein Fixpunkt für alle $\boldsymbol{\nu}$ und die Spur der Linearisierung von (5.6.22) bei $\zeta = 0$ ist $2\nu_1$ (vergleiche (5.6.13, 5.6.14; 5.6.15, 5.6.16 sowie 5.6.23, 5.6.24). Der Fixpunkt bei $\zeta = 0$ wechselt also seine Stabilität, wenn ν_1 durch die Null geht. Man kann sich leicht davon überzeugen (mittels Theorem 4.2 und Gleichung (4.2.14)), daß für $\nu_2 \neq 0$ eine superkritische (subkritische) Hopf-Bifurkation stattfindet, wenn $a = \mathrm{Re}(c) < 0 \, (> 0)$ ist. Man erkennt die Parallelität zur Diskussion für $q = 3$ in §5.6.2 und tatsächlich ist für unseren Fall hier das Bifurkationsverhalten ähnlich dem in Abbildung 5.13. Für $a < 0$ ist eine Sequenz von Phasenbildern gezeigt, die typisch für unseren Befund sind. Sie bewegen sich entgegen dem Uhrzeiger auf einer geschlossenen Bahn um $\boldsymbol{\nu} = \mathbf{0}$ in der $\boldsymbol{\nu}$-Ebene. Der in der Hopf-Bifurkation bei $\nu_1 = 0$, $\nu_2 < 0$ erzeugte Grenzzyklus expandiert und wird an einer heteroklinen Sattel-Verbindung zerstört. Man beachte, daß der Rotationssinn des Stromes um den Ursprung invertiert wird, wenn die ν_1-Achse überquert wird (siehe (5.6.23, 5.6.24). Schließlich kontrahiert der im oberen Zweig der Sattel-Verbindung-Bifurkationskurve erzeugte Grenzzyklus und verschwindet an einer subkritischen Hopf-Bifurkation auf der positiven ν_2-Achse.

Beispiel 5.3 Man diskutiere die in Familie (5.6.22) auftretenden Bifurkationen für $|c|^2 >$ und $a < 0$. Man wähle b so, daß für große r eine Rotation des Stromes mit dem Uhrzeiger sicher ist und beschränke a so, daß an den nicht-trivialen Fixpunkten Hopf-Bifurkationen möglich sind.

Lösung. Da $a < 0$ ist, verlaufen die Trajektorien des Stromes von (5.6.22) spiralförmig ein aus dem Unendlichen. Für große r sieht man an (5.6.23,

5.6.24), daß der Rotationssinn um den Ursprung durch das Vorzeichen von b bestimmt ist, wenn gilt $|b| > 1$. Um also Rotation mit dem Uhrzeiger zu sichern, wählen wir $b < -1$.

Beginnen wir mit der Betrachtung der nicht-trivialen Fixpunkte von (5.6.22). Wie wir bereits festgestellt haben, zeigt (5.6.26), daß solche Punkte nur für $\xi_2 = a\nu_1 + b\nu_2 < 0$ und $\Xi = \xi_2^2 + (1 - |c|^2)\xi_1^2 \geq 0$ auftreten. Man kann nun zeigen, daß $\Xi = 0$ ein Geradenpaar durch $\boldsymbol{\nu} = \mathbf{0}$ definiert, welches symmetrisch zu $\nu_2 = (-a/b)\nu_1$, wo $\xi_2 = 0$ ist, liegt. Es folgt aus unseren früheren Diskussionen, daß vier nicht-triviale Fixpunkte auftreten, wenn $\boldsymbol{\nu}$ auf diesen $\Xi = 0$-Linien liegt *und* $\xi_2 < 0$ ist (siehe Abb. 5.15). An solchen Punkten gilt $r_p^2 = \xi_2/(1 - |c|^2)$ und (5.6.31) erhält die Form $-4\Xi/(1 - |c|^2) = 0$. Deshalb sind im allgemeinen diese Fixpunkte Sattel-Knoten. Ist $\Xi > 0$, so besitzt (5.6.25) zwei verschiedene Wurzeln

$$r_{p>}^2 = \frac{\xi_2 - \Xi^{1/2}}{1 - |c|^2} \tag{5.6.32}$$

sowie

$$r_{p<}^2 = \frac{\xi_2 + \Xi^{1/2}}{1 - |c|^2}. \tag{5.6.33}$$

Wir erwarten, daß einer der Radien dem Sattelpunkt und der andere dem Knoten/Brennpunkt entspricht, die sich aus dem Sattel-Knoten bei $\Xi = 0$ entwickeln.

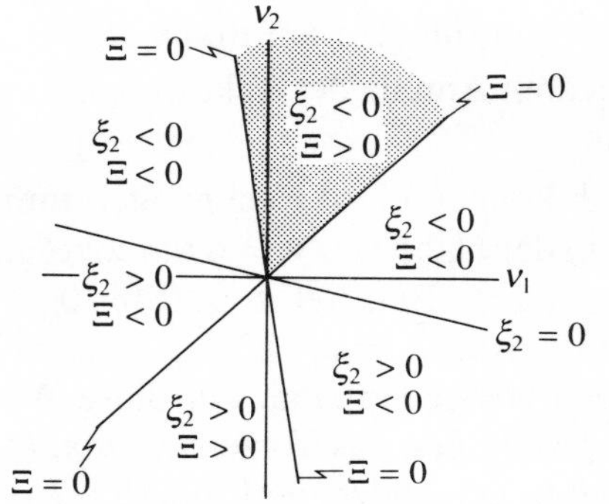

Abb. 5.15. Für $-1 < a = \mathrm{Re}(c) < 0$, $b = \mathrm{Im}(c) < -1$ besitzt die durch (5.6.22) gegebene Familie von Vektorfeldern: (i) keinen nicht-trivialen Fixpunkt für $\Xi < 0$ oder $\xi_2 > 0$; (ii) vier nicht-triviale Fixpunkte für $\Xi = 0$ und $\xi_2 < 0$; (iii) acht nicht-triviale Fixpunkte für $\Xi > 0$ und $\xi_2 < 0$ (schattiert) (siehe Aufgabe 5.6.9).

Tatsächlich kann man zeigen, daß sich (5.6.31) zu

$$-8(\Xi)^{1/2}\frac{(\Xi^{1/2} \pm \xi_2)}{(1-|c|^2)} = \begin{cases} -8(\Xi)^{1/2}r_{p<}^2, & \text{für positives Vertikalvorzeichen,} \\ +8(\Xi)^{1/2}r_{p>}^2, & \text{für negatives Vertikalvorzeichen} \end{cases} \tag{5.6.34}$$

umformen läßt, so daß die dem Ursprung näher liegenden nicht-trivialen Fixpunkte Sattelpunkte sind.

Die Stabilität der Knoten/Brennpunkte wird durch die Spur der Linearisierung bestimmt. Diese ist

$$2\nu_1 + 4ar_{p>}^2. \tag{5.6.35}$$

Setzt man (5.6.35) gleich null, so kann man zeigen, daß die Stabilität der Knoten/Brennpunkte sich auf der Geraden

$$\nu_2 = \frac{b}{2a}\left\{1 - \left(\frac{1-a^2}{b^2}\right)^{1/2}\right\}\nu_1 \tag{5.6.36}$$

ändert, wenn $-1 < a < 0$ und $|b|$ genügend groß ist. Die Details dieser Rechnung werden in Aufgabe 5.6.10 betrachtet. Den für $a < -1$ auftretenden Bifurkationen wenden wir uns in Aufgabe 5.6.19 zu.

Wir konzentrieren uns nun auf $a \in (-1, 0)$ und $b \ll -1$. In diesem Fall definiert (5.6.36) allgemein eine Linie von „entfernten“ Hopf-Bifurkationen (das heißt, Hopf-Bifurkationen an den vier nicht-trivialen Knoten/Brennpunkten und daher „entfernt“ vom Ursprung). Das Wesen einer jeden Hopf-Bifurkation wird durch den Koeffizienten a_1 von r^3 in der Normalform an den nicht-trivialen Fixpunkten bestimmt. Man erhält diese Informationen aus (4.2.14) nach:

(i) Einführung lokaler Koordinaten am Fixpunkt,
(ii) Reduktion des linearen Anteils des Vektorfeldes am Bifurkationspunkt auf reelle Jordanform.

Für gegebenes a und b können diese Rechnungen numerisch für jeden Punkt auf der Linie (5.6.36) in der Nähe von $\boldsymbol{\nu} = \mathbf{0}$ durchgeführt werden. Für $a = -\frac{1}{2}$ und $b = -5$ erhalten wir zum Beispiel $a_1 > 0$ für $0 < \nu_1 < 1$ (siehe Aufgabe 5.6.12), daraus können wir schließen, daß die untersuchten Fixpunkte auf der Kurve (5.6.36) schwach abstoßend sind. Für diese Werte von a und b ist die Neigung von (5.6.36) positiv und das Vorzeichen von (5.6.35) wie in Abb. 5.16 gezeigt. Damit findet beim Schneiden der Linie (5.6.36) für wachsendes ν_1 eine subkritische Hopf-Bifurkation statt. Also existiert ein instabiler Grenzzyklus für die Parameterwerte, für welche (5.6.35) genügend klein und negativ ist. Fällt (5.6.35) von null aus, so wächst der Radius des Grenzzyklus und wir erwarten eine entfernte, homokline Sattel-Verbindung (vergleiche §4.3.1).

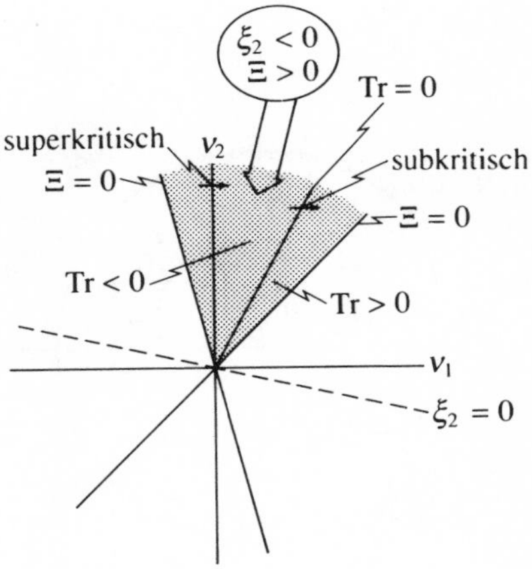

Abb. 5.16. Sattel-Knoten- und entfernte Hopf-Bifurkationskurven für Familie (5.6.22), die in Beispiel 5.3 besprochen wurden. Die entfernten Hopf-Bifurkationen finden auf der Geraden (5.6.34) statt, auf der $\mathrm{Tr} = 2\nu_1 + 4ar_{p>}^2 = 0$ gilt und sind subkritisch mit wachsendem ν_1. Die ν_2-Achse ist eine Linie von superkritischen Hopf-Bifurkationen im Ursprung, man beachte, daß in der schattierten Region, in der $\Xi > 0$ und $\xi_2 < 0$ gilt, acht nicht-triviale Fixpunkte existieren.

Grenzzyklus und wir erwarten eine entfernte, homokline Sattel-Verbindung (vergleiche §4.3.1).

Man sollte nicht vergessen, daß bei $\mathbf{x} = \mathbf{0}$ für wachsendes ν_1 eine superkritische Hopf-Bifurkation stattfindet, wenn die ν_2-Achse geschnitten wird. Ist $\nu_2 > 0$, so gilt $\xi_2 < 0$, $\Xi > 0$ und die nicht-trivialen Fixpunkte sind bereits im Phasenbild enthalten, wenn der Grenzzyklus um den Ursprung erzeugt wird. Sein Radius wächst mit $(-\nu_1/a)^{1/2}$ (siehe Aufgabe 5.6.2), während die radiale Komponente der Sattelpunkte durch (5.6.33) gegeben ist. Für genügend große $|b|$ ist, wie man zeigen kann, $r_{p<}^2$ im wesentlichen unabhängig von ν_1 (siehe Aufgabe 5.6.13), so daß für wachsendes ν_1 der Grenzzyklus expandiert und er Sattelpunkte in einer heteroklinen Sattel-Verbindung trifft. Wird die ν_2-Achse mit $\nu_2 < 0$ und wachsendem ν_1 geschnitten, so gibt es im Phasenbild bei der Erzeugung des Grenzzyklus keine nicht-trivialen Fixpunkte. Folgen wir einem Kreisbogen in der $\boldsymbol{\nu}$-Ebene um $\boldsymbol{\nu} = \mathbf{0}$, so ist der Grenzzyklus bereits vorhanden, wenn die Sattel-Knoten erscheinen. Diese Fixpunkte können sogar im Inneren des Grenzzyklus erzeugt werden (siehe Aufgabe 5.6.13(c)). So ist es möglich, daß die entfernten Hopf- und Sattel-Verbindung-Bifurkationen innerhalb des Grenzzyklus um den Ursprung auftreten.

Die komplizierte Sequenz der Bifurkationen, die auf einem geschlossenen Weg um den Ursprung in der $\boldsymbol{\nu}$-Ebene entstehen, ist in Arnold (1983, S.310) sehr schön dargestellt und in Abb. 5.17 reproduziert. Der Leser sollte besonders beachten, wie der Grenzzyklus offensichtlich die nicht-trivialen Fixpunkte

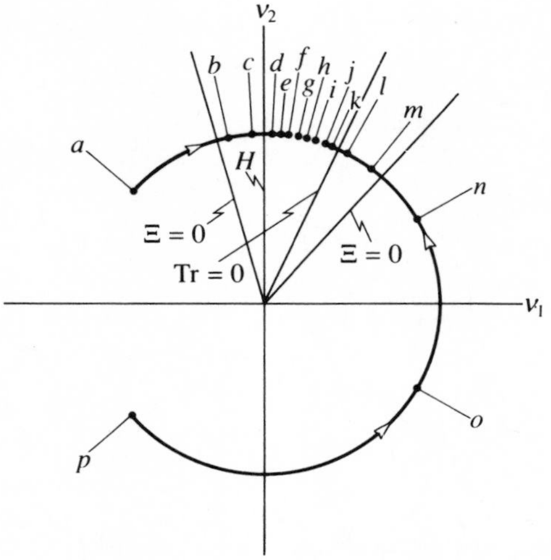

Abb. 5.17. Darstellung der Bifurkationen, die für eine durch (5.6.22) definierte $2\pi/4$-symmetrische Familie von Vektorfeldern auftreten, wenn gilt $a = \mathrm{Re}(c) = -\frac{1}{2}$ und $b = \mathrm{Im}(c) = -5$. Im Text werden die Bifurkationen, die auf zwei Segmenten des gezeigten Kreisbogens stattfinden, diskutiert: (i) $(a) - (f)$, hier wird der Grenzzyklus erzeugt, wenn die nicht-trivialen Fixpunkte bereits existieren; (ii) $(p) - (j)$, die nicht-trivialen Fixpunkte werden innerhalb des Grenzzyklus erzeugt und unterliegen entfernten Hopf- und Sattel-Verbindung-Bifurkationen. Die Diagramme $(e) - (i)$ zeigen, wie der Grenzzyklus sich durch die nicht-trivialen Fixpunkte wie ein invarianter Kreis bewegt. In (g) findet man einen nicht-differenzierbaren invarianten Kreis, der alle acht nicht-trivialen Fixpunkte enthält.

„durchquert" und einen nicht-differenzierbaren invarianten Kreis bildet, der sie enthält. Man beachte auch die Veränderungen in den Gebieten der Anziehung der Knoten/Brennpunkte, die während dieses Überganges auftreten. Es ist dieser Übergang, der die Annäherungen von $\nu_2 > 0$ und $\nu_2 < 0$ verbindet, die wir oben beschrieben haben.

5.6.4 $q \geq 5$

In diesem Fall lautet die versale Entfaltung von (5.5.16) bezüglich der Forderung nach $2\pi/q$-Symmetrie

$$\dot{\zeta} = \varepsilon\zeta + \sum_{s=1}^{[\frac{1}{2}(q-2)]} c_s \zeta|\zeta|^{2s} + d\bar{\zeta}^{q-1}, \tag{5.6.37}$$

mit $\varepsilon = \nu_1 + i\nu_2$, $c_s = a_s + ib_s$ und $d \in \mathscr{C}$.

Sei $a_1 < 0$, dann läßt sich zeigen, daß eine komplexe Skalierung von ζ existiert, für welche $a_1 = -1$ und $d \in \mathscr{R}$ gilt (siehe Aufgabe 5.6.14). Dann lautet die Polarform von (5.6.37)

$$\dot{r} = r(\nu_1 - r^2 + F(r^2) + dr^{q-1}\cos q\theta), \tag{5.6.38}$$
$$\dot{\theta} = \nu_2 + b_1 r^2 + G(r^2) - dr^{q-2}\sin q\theta. \tag{5.6.39}$$

Für $q = 5$ ist $F = G = 0$, während für $q \geq 6$

$$F(r^2) = \sum_{s=2}^{[\frac{1}{2}(q-2)]} a_s (r^2)^s \qquad \text{und} \qquad G(r^2) = \sum_{s=1}^{[\frac{1}{2}(q-2)]} b_s (r^2)^s \tag{5.6.40}$$

gilt. Betrachten wir den Fall $q = 5$. In Abwesenheit der θ-abhängigen Terme besitzt das System (5.6.38,5.6.39) einen hyperbolischen, anziehenden Grenzzyklus mit dem Radius $\nu_1^{1/2}$, $\nu_1 > 0$, wenn $\nu_2 + b_1\nu_1 \neq 0$ ist (siehe Aufgabe 5.6.14(c)). Ist $\nu_2 + b_1\nu_1 = 0$, so ist jeder Punkt des Kreises $r = \nu_1^{1/2}$ ein Fixpunkt und wir erwarten, daß eine solch strukturell instabile Erscheinung des Phasenbildes durch die $O(r^3)$-Terme beeinflußt wird. Die nicht-trivialen Fixpunkte des Systems (5.6.38, 5.6.39) werden durch die gemeinsame Lösung

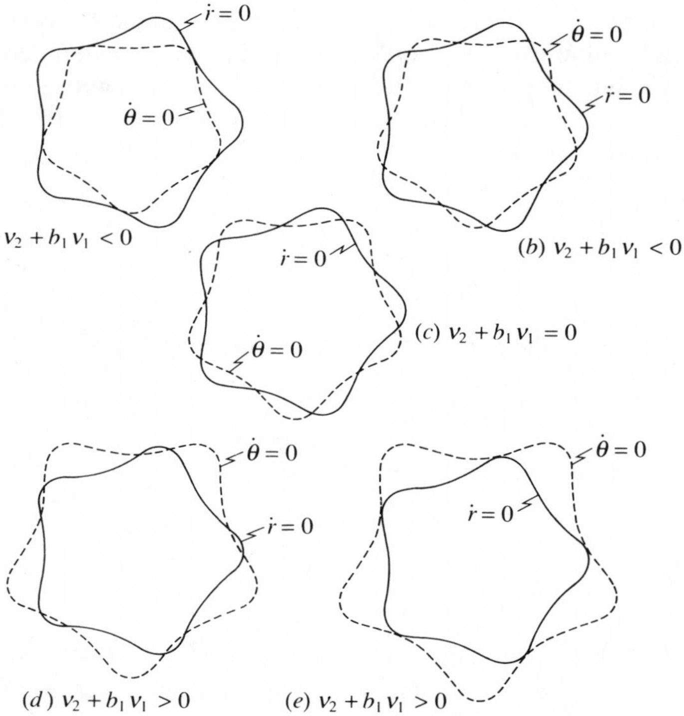

Abb. 5.18. Relative Positionen der $\dot{r} = 0$- und $\dot{\theta} = 0$-Isoklinen für System (5.6.38, 5.6.39), wenn $|\nu_2+b_1\nu_1|$ von null wächst. Die gezeigten Plots entstanden für $d = 1$, $b_1 = -1$, $\nu_1 = 0,05$ und ν_2 variabel. Man beachte, daß sich die $\dot{\theta} = 0$-Isokline durch die $\dot{r} = 0$-Isokline bewegt, wenn $|\nu_2 + b_1\nu_1|$ durch null wächst. Die Werte von ν_2, bei denen die in (a) und (e) gezeigten Tangenten erscheinen, werden durch (5.6.46) genähert.

von

$$\nu_1 - r^2 + dr^3 \cos 5\theta = 0, \tag{5.6.41}$$

$$-\frac{\nu_2}{b_1} - r^2 + \frac{d}{b_1} r^3 \sin 5\theta = 0 \tag{5.6.42}$$

gegeben. Die Gleichungen (5.6.41) und (5.6.42) definieren geschlossene Kurven in der Phasenebene, die um Kreise der Radien $\nu_1^{1/2}$ bzw. $(-\nu_2/b_1)^{1/2}$ oszillieren. Ist $\nu_2+b_1\nu_1 = 0$, so schneiden sich diese Isoklinen, wie in Abb. 5.18(a) gezeigt, und erzeugen zehn Fixpunkte: fünf liegen innerhalb von $r = \nu_1^{1/2}$, die anderen fünf außerhalb des Kreises. Man kann nun zeigen (siehe Aufgabe 5.6.16), daß die Fixpunkte mit der Radialkoordinate kleiner als $\nu_1^{1/2}$ Sattelpunkte, die anderen stabile Knoten/Brennpunkte sind.

Wächst $|\nu_2 + b_1\nu_1|$ von null aus, so wandern die $\dot{r} = 0$- und $\dot{\theta} = 0$-Isoklinen auseinander, wie man in Abb. 5.18(a,b) und 5.18(d,e) sieht. Die Sättel und Knoten/Brennpunkte nähern sich paarweise und verschwinden in Sattel-Knoten-Bifurkationen. Die entstehenden Sattel-Knoten-Bifurkationskurven (die die Grenzen der Region in der $\boldsymbol{\nu}$-Ebene markieren, in der nicht-triviale Fixpunkte existieren) können wie folgt genähert werden. Sei Gleichung $r = \nu_1^{1/2} + r_1(\nu_1, \theta)$ mit $r_1(\nu_1, \theta) = O(\nu_1)$. Mittels (5.6.41) kann man zeigen, daß $\dot{r} = 0$ gilt für

$$r = \nu_1^{1/2} + \frac{1}{2} d\nu_1 \cos 5\theta + O(\nu_1^{3/2}). \tag{5.6.43}$$

Setzt man (5.6.43) in (5.6.42) ein, so folgt

$$\nu_2 + b_1\nu_1 = \nu_1^{3/2}(\sin 5\theta - b_1 \cos 5\theta) + O(\nu_1^2). \tag{5.6.44}$$

Nun kann (5.6.44) nur erfüllt werden, wenn gilt

$$|\nu_2 + b_1\nu_1| + O(\nu_1^2) < d\nu_1^{3/2}(1 + b_1^2)^{1/2}. \tag{5.6.45}$$

Diese Gleichung definiert einen Bereich in der $\boldsymbol{\nu}$-Ebene mit den Grenzen

$$\nu_2 = -b_1\nu_1 \pm d\nu_1^{3/2}(1 + b_1^2)^{1/2} + O(\nu_1^2). \tag{5.6.46}$$

Es existieren also nicht-triviale Fixpunkte des Systems (5.6.38, 5.6.39) nur in einer kuspodalen Region oder „Zunge" in der $\boldsymbol{\nu}$-Ebene, die in führender Ordnung symmetrisch zur Linie $\nu_2 + b_1\nu_1$ liegt.

Für einen allgemeinen Punkt, der in der durch (5.6.45) definierten Zunge liegt, schneiden sich die $\dot{r} = 0$- und $\dot{\theta} = 0$-Isoklinen transversal, wie man in Abbildung 5.18(b)–(d) sieht. Untersuchungen der Frage, wie das Vektorfeld diese Isoklinen schneidet, zeigen, daß die instabilen Separatrizen der Sattelpunkte in die Schleifen aufgehen, die das Geflecht der $\dot{r} = 0$- und $\dot{\theta} = 0$-Kurven bildet. Mit Hilfe der Fünfach-Rotationssymmetrie des Stromes kann dann gezeigt werden, daß im allgemeinen eine instabile Separatrix in den nächstbenachbarten Knoten/Brennpunkt gezogen werden muß (siehe Aufgabe 5.6.17). Eine solche Schlußfolgerung impliziert die Existenz eines invarianten Kreises, der aus der Vereinigung instabiler Separatrizen und den Fixpunkten selbst besteht.

Im allgemeinen wird ein solcher invarianter Kreis nicht-differenzierbar sein (siehe Abb. 5.19). Das Bifurkationsdiagramm schließlich für (5.6.38, 5.6.39) mit $q = 5$ wird in Abb. 5.20 gezeigt.

Ist $q > 5$, so sind F und G nicht länger gleich null, sie hängen jedoch nur von r ab. Deshalb verändern sie die Merkmale von Abbildung 5.20 quantitativ, nicht jedoch qualitativ. Die entscheidende Veränderung in (5.6.44) ist $\nu_1^{3/2} \mapsto \nu_1^{(q-2)/2}$, so daß in Übereinstimmung mit (5.4.10) der Index der Cusp-Singularität gleich $(q-2)/2$ ist.

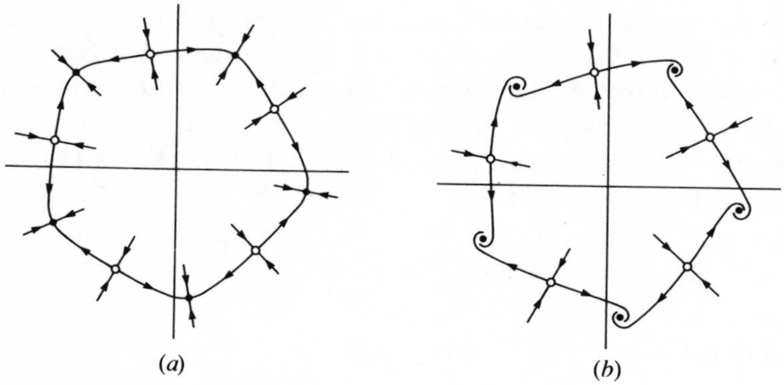

Abb. 5.19. Skizzen, die das allgemeine Verhalten des Stromes von (5.6.38, 5.6.39) in der Nähe von anziehenden invarianten Kreisen, die Fixpunkte enthalten, darstellen. In (a) sind die stabilen Fixpunkte Knoten, in (b) jedoch Brennpunkte. In beiden Fällen ist der invariante Kreis allgemein nicht differenzierbar.

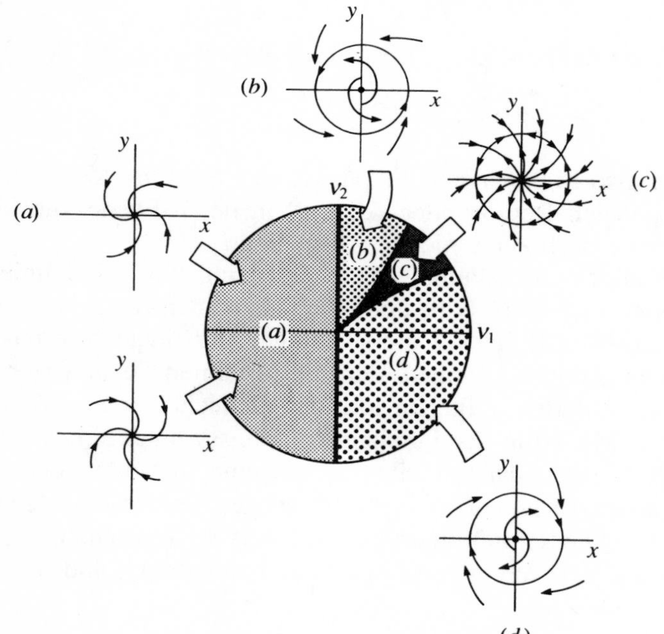

Abb. 5.20. Bifurkationsdiagramm für die Familie der durch (5.6.37) definierten $2\pi/5$-symmetrischen Vektorfelder mit $q = 5$. Es existieren nicht-triviale Fixpunkte des Stromes für Werte von $\boldsymbol{\nu}$, die in der durch (5.6.46) approximierten Zunge liegen. Man sollte dieses Diagramm mit Abb. 5.7 vergleichen.

5.7 Entfaltungen von Rotationen und Scheren

Wir sollten bei der Betrachtung von Familien von Vektorfeldern in §5.6 unser eigentlichen Anliegen nicht vergessen. Unser Ziel war das Studium der Bifurkationen, die in lokalen Familien von Diffeomorphismen $\mathbf{f} : \mathcal{R}^l \times \mathcal{R}^2 \to \mathcal{R}^2$ auftreten, wobei diese Entfaltungen von $\mathbf{f_0}$ sein sollen und $D\mathbf{f_0}(\mathbf{0})$ entweder eine nicht-triviale Rotation oder eine Schere ist. Wir hatten in §5.5 gezeigt, daß $\mathbf{f}_{\boldsymbol{\mu}}$ für alle $\boldsymbol{\mu} \in \mathcal{R}^l$ zu einer Abbildung $\mathbf{P}_{\boldsymbol{\mu}}$ topologisch konjugiert ist, welche die Form

$$\mathbf{P}_{\boldsymbol{\mu}} = \tilde{\mathbf{P}}_{\boldsymbol{\mu}} + O(|\mathbf{x}|^N) \tag{5.7.1}$$

besitzt. Dabei ist N eine endliche, positive ganze Zahl und

$$\tilde{\mathbf{P}}_{\boldsymbol{\mu}} = \boldsymbol{\varphi}^{\boldsymbol{\mu}}_{2\pi} \cdot \mathbf{R}. \tag{5.7.2}$$

In (5.7.2) wird $\mathbf{R}$ durch die Eigenwerte $\exp(\pm 2\pi i\beta)$ von $D\mathbf{f_0}(\mathbf{0})$ bestimmt:

$$\mathbf{R} = \begin{cases} \mathbf{R}_{p/q} \\ \mathbf{I} \end{cases} \quad \text{für} \quad \begin{cases} \beta = p/q \in \mathcal{Q} \text{ und } q \geq 2, \\ \beta = 0 \, (\text{d.h. } q = 1) \text{ oder } \beta \in \mathcal{R} \backslash \mathcal{Q}, \end{cases} \tag{5.7.3}$$

wobei $\mathbf{R}_{p/q}$ eine Rotation entgegen dem Uhrzeiger um den Winkel $2\Pi p/q$ ist. Die Abbildung $\tilde{\mathbf{P}}_{\boldsymbol{\mu}}$ ist dann durch die Hintereinanderausführung von $\mathbf{R}$ und $\boldsymbol{\varphi}^{\boldsymbol{\mu}}_{2\pi}$ gegeben: letzteres ist die Zeit-2π-Abbildung eines ebenen Vektorfeldes $\tilde{\mathbf{X}}_{\boldsymbol{\mu}}(\mathbf{x})$, daß über eine $2\pi/q$-Symmetrie verfügt.

Die Familie $\tilde{\mathbf{X}} : \mathcal{R}^l \times \mathcal{R}^2 \to \mathcal{R}^2$ von $2\pi/q$-symmetrischen Vektorfeldern der Gestalt $\tilde{\mathbf{X}}_{\boldsymbol{\mu}}(\mathbf{x})$, $\boldsymbol{\mu} \in \mathcal{R}^l$ stellt eine äquivariante versale Entfaltung des singulären Vektorfeldes $\tilde{\mathbf{X}}_\mathbf{0}$ dar, welches bei der Approximation von $\mathbf{f_0}$ eine Rolle spielt. Damit ist sie äquivalent zu einer durch die äquivariante versale Entfaltung $\tilde{\mathbf{X}}(\boldsymbol{\nu}, \mathbf{x})$ von $\tilde{\mathbf{X}}_\mathbf{0}$ erzeugte Familie.

Wir nutzen nun die Beziehung zwischen den Entfaltungen von $\mathbf{f_0}$ und den Entfaltungen des approximierenden Vektorfeldes $\tilde{\mathbf{X}}_\mathbf{0}$ in indirekter Weise. So betrachten wir die in §5.5 gegebenen Ausführungen nicht in der Hinsicht, daß sie uns das Wesen der Konstruktion von $\tilde{\mathbf{X}}(\boldsymbol{\mu}, \mathbf{x})$ für ein gegebenes $\mathbf{f}(\boldsymbol{\mu}, \mathbf{x})$ erhellt haben. Statt dessen verwenden wir die äquivarianten versalen Entfaltungen von $\tilde{\mathbf{X}}_\mathbf{0}$, um zu erfahren, welche Bifurkationen in den Entfaltungen von $\mathbf{f_0}$ auftreten können. So beobachten wir zum Beispiel, daß der Wert von β festlegt, welche der Familien in §5.6 relevant für $\mathbf{f_0}$ sind. Ist β irrational, so muß (5.6.1) (oder (4.2.18)) verwandt werden. Für rationales β gleich p/q in niedrigster Ordnung determiniert q, welche Familie aus §5.6 betrachtet werden sollte. So legt β im wesentlichen das Bifurkationsdiagramm für die Vektorfeld-Approximation, welche die Singularität in $\tilde{\mathbf{X}}_\mathbf{0}$ vollständig entfaltet, fest. Für $q = 2$ gibt es zwei Möglichkeiten, für $q = 4$ sind es deutlich mehr, andere Werte von q jedoch führen zu nur einem einheitlichen Bifurkationsdiagramm.

Man beachte, daß für $q \geq 5$ alle Diagramme die gleiche Form haben (schwache Resonanz), während sie für $q \leq 4$ mit q variieren (starke Resonanz).

Wie interpretieren wir nun die Bifurkationsdiagramme für einen gegebene Wert für β? Die äquivariante versale Entfaltung $\tilde{\mathbf{X}}(\boldsymbol{\nu}, \mathbf{x})$ liefert eine Zeit-2π-Abbildung $\boldsymbol{\varphi}_{2\pi}^{\nu}$ für (5.7.2). Die Kombination mit der Rotation $\mathbf{R}$ hat zur Folge, daß die nicht-trivialen Fixpunkte von $\tilde{\mathbf{X}}_{\nu}$ auf q-periodische Punkte von $\tilde{\mathbf{P}}_{\boldsymbol{\nu}}$ übertragen werden. So ist zum Beispiel für $q = 2$ der Punkt $\mathbf{x} = \mathbf{0}$ ein Fixpunkt sowohl für $\tilde{\mathbf{X}}_{\boldsymbol{\nu}}$ als auch für $\tilde{\mathbf{P}}_{\boldsymbol{\nu}}$, während die nicht-trivialen Fixpunkte von $\tilde{\mathbf{X}}_{\boldsymbol{\nu}}$ einen 2-Zyklus für $\tilde{\mathbf{P}}_{\boldsymbol{\nu}}$ bilden, da $\mathbf{R} = \mathbf{R}_{1/2}$ in (5.7.2) ist. Es ist klar, daß für $q = 1$ die nicht-trivialen Sättel und Knoten/Brennpunkte, die für gewisse $\tilde{\mathbf{X}}_{\boldsymbol{\nu}}$ erscheinen (siehe Abb. 4.10), auch für $\tilde{\mathbf{P}}_{\boldsymbol{\nu}}$ Fixpunkte sind, da $\mathbf{R} = \mathbf{I}$ gilt. Geschlossenen Bahnen im Phasenbild von $\tilde{\mathbf{X}}_{\boldsymbol{\nu}}$ entsprechen geschlossene invariante Kurven in $\tilde{\mathbf{P}}_{\boldsymbol{\nu}}$. Für $q = 1$ wird aus dem in der Hopf-Bifurkation entstehenden Grenzzyklus (siehe Abb. 4.10) eine invariante Kurve für $\tilde{\mathbf{P}}_{\boldsymbol{\nu}}$, einfach da $\tilde{\mathbf{P}}_{\boldsymbol{\nu}} = \boldsymbol{\varphi}_{2\pi}^{\nu}$ gilt. Für $q = 4$ andererseits sind die vier Grenzzyklen, welche die nicht-trivialen Fixpunkte umkreisen (siehe Abb. 5.17(k)), verschiedene geschlossene Bahnen für $\tilde{\mathbf{X}}_{\boldsymbol{\nu}}$, alle vier geschlossenen invarianten Kurven werden jedoch von einer einzigen Bahn von $\tilde{\mathbf{P}}_{\boldsymbol{\nu}}$ dargestellt, wobei diese Bahn zur originalen geschlossenen invarianten Kurve nach vier Iterationen zurück kehrt (vergleiche Abb. 5.9). Natürlich verändert sich das Wesen der Dynamik von $\tilde{\mathbf{P}}_{\boldsymbol{\nu}}$ auf einer geschlossenen invarianten Kurve mit $\boldsymbol{\nu}$, da sowohl rationale als auch irrationale Rotationszahlen auftreten.

Unterliegt $\tilde{\mathbf{X}}_{\boldsymbol{\nu}}$ einer Hopf-Bifurkation, wenn $\boldsymbol{\nu}$ eine gewisse Kurve γ in der $\boldsymbol{\nu}$-Ebene schneidet, so unterliegt $\tilde{\mathbf{P}}_{\boldsymbol{\nu}}$ ebenfalls einer Hopf-Bifurkation. Um dies nachzuweisen, müssen wir prüfen, ob $\tilde{\mathbf{P}}_{\boldsymbol{\nu}}$ die Bedingungen von Theorem 5.2 erfüllt. Wir wollen die Rechnung für $\beta \in \mathcal{R}\backslash\mathcal{Q}$ darstellen, wenn die Hopf-Bifurkation bei $\mathbf{x} = \mathbf{0}$ stattfindet. Die Bedingung, daß der Realteil der Eigenwerte von $D\tilde{\mathbf{X}}_{\boldsymbol{\nu}}(\mathbf{0})$ auf γ durch Null geht, bedeutet, daß der Betrag der Eigenwerte von

$$D\tilde{\mathbf{P}}_{\boldsymbol{\nu}}(\mathbf{0}) = \exp(2\pi D\tilde{\mathbf{X}}_{\boldsymbol{\nu}}(\mathbf{0})) \tag{5.7.4}$$

durch eins geht auf γ. Ist $\beta \in \mathcal{R}\backslash\mathcal{Q}$, so sind die Punkte (a)–(d) von Theorem 5.2 erfüllt. Dies sichert nun, daß $\tilde{\mathbf{P}}_{\boldsymbol{\nu}}(\mathbf{x})$ in der Form (5.4.11, 5.4.12) geschrieben werden kann. So bleibt nur zu untersuchen, ob für $a_1 \neq 0$ aus (4.2.14) für $\tilde{\mathbf{X}}_{\boldsymbol{\nu}}$, $\boldsymbol{\nu} \in \gamma$ dann $c_3(0) \neq 0$ in (5.4.14) gilt. Verwendet man die Methode der Taylorreihen- Entwicklung für die Approximation der Radialgleichung für $\tilde{\mathbf{X}}_{\boldsymbol{\nu}}$, so folgt (siehe Aufgabe 5.7.1)

$$r(2\pi) = r(0)(1 + 2\pi\nu_1 + O(\nu_1^2)) + r(0)^3(2\pi a_1 + O(\nu_1)) + O(r(0)^5) \tag{5.7.5}$$

und damit $c_3(0) = 2\pi a_1$. So unterliegt also nach Theorem 5.2 $\tilde{\mathbf{P}}_{\boldsymbol{\nu}}$ einer Hopf-Bifurkation auf γ. Ähnliche Argumente können für den Nachweis herangezogen werden, daß, unterliegt $\tilde{\mathbf{X}}$ einer Sattel-Knoten-Bifurkation, dies auch für $\tilde{\mathbf{P}}$ gilt (siehe Aufgabe 5.7.2).

Ein wichtiges Merkmal von Hopf- und auch von Sattel-Knoten-Bifurkationen ist, daß ihr Erscheinen durch Terme der Ordnung $|\mathbf{x}|^3$ oder kleiner bestimmt wird. Da in (5.7.1) N größer als drei gewählt werden kann, bedeutet dies, daß für jedes $\boldsymbol{\nu}$ die Abbildungen $\tilde{\mathbf{P}}_{\boldsymbol{\nu}}$ und $\mathbf{P}_{\boldsymbol{\nu}}$ übereinstimmen in allen Termen, die für diese Bifurkationen relevant sind. Man kann daher zeigen, daß $\mathbf{P}$ Sattel-Knoten- und Hopf-Bifurkationen unterliegt, wenn dies für $\tilde{\mathbf{P}}$ gilt. Und da für $\tilde{\mathbf{X}}(\boldsymbol{\nu}, \mathbf{x})$ solche Bifurkationen auf γ auftreten, so auch für die Familie $\mathbf{P}$. Mit anderen Worten, γ fungiert als Bifurkationskurve im Bifurkationsdiagramm von $\mathbf{P}$. Dies ist für die Bifurkationskurven in der Vektorfeld-Approximation, die Sattel-Verbindungen enthalten, nicht der Fall.

Die Eindeutigkeit der Lösungen impliziert, daß zwei Trajektorien eines Stromes, die sich in einem Punkt schneiden, vollständig übereinstimmen. So gilt für Ströme, daß sich die instabile Separatrix eines Sattels und die stabile Separatrix eines Sattels in einer einzigen Trajektorie treffen, der Sattel-Verbindung (homoklin oder heteroklin). Dies steht in völligem Kontrast zu Diffeomorphismen. Wir haben bereits in §3.7 bemerkt, daß sich im allgemeinen die stabilen und instabilen Mannigfaltigkeiten transversal schneiden und dabei ein homoklines oder heteroklines Gewebe entsteht. Dieser Unterschied hat bedeutende Folgen. Betrachten wir den Fall $q = 1$. Im Phasenbild von $\tilde{\mathbf{X}}_{\boldsymbol{\nu}}$ tritt eine homokline Sattelverbindung für $\boldsymbol{\nu}$ auf einer Kurve γ_2 in der $\boldsymbol{\nu}$-Ebene auf (siehe Abb. 4.10). Hier ist $\tilde{\mathbf{P}}_{\boldsymbol{\nu}} = \boldsymbol{\varphi}_{2\pi}^{\nu}$ die Zeit-2π-Abbildung von $\tilde{\mathbf{X}}_{\boldsymbol{\nu}}$, so daß die Trajektorien von $\tilde{\mathbf{X}}_{\boldsymbol{\nu}}$ für $\tilde{\mathbf{P}}_{\boldsymbol{\nu}}$ invariante Kurven sind und die Familie $\tilde{\mathbf{P}}$ auf γ_2 einer Sattel-Verbindung-Bifurkation gleicher Art unterliegt. Für Diffeomorphismen stellt dies jedoch ein hochgradig spezielles Verhalten dar. So groß man auch N in (5.7.1) wählt, können doch Terme höherer Ordnung $\tilde{\mathbf{P}}_{\boldsymbol{\nu}}$, $\boldsymbol{\nu} \in \gamma_2$ stören, so daß die stabilen und instabilen Mannigfaltigkeiten des Sattels für $\mathbf{P}$ nicht übereinstimmen, sondern sich transversal in einem homoklinen Gewebe schneiden (siehe Abb. 5.21(b)).

Das bedeutet nun, daß die Sattel-Verbindung nicht länger auf einer einzigen Kurve stattfindet. Die Kurve wird durch einen schmalen Keil von Parameterwerten ersetzt (siehe Abbildung 5.22). Zwischen den Grenzen γ_2' und γ_2'' des Keiles bewegen sich die stabilen und instabilen Mannigfaltigkeiten durch einander, wie es in der Sequenz $(a) \rightarrow (b) \rightarrow (c)$ in Abb. 5.21 dargestellt ist. Bewegen wir uns von γ_2' nach γ_2'', so treten unendlich viele Bifurkationen auf, entsprechend den entstehenden und zerbrechenden Tangenten zwischen den stabilen und instabilen Mannigfaltigkeiten, wenn sie durch einander hindurch gezogen werden. Die Dynamik von $\mathbf{P}_{\boldsymbol{\nu}}$ ist, liegt $\boldsymbol{\nu}$ in diesem Keil, extrem kompliziert. Auf einem Computer scheint sich die Bahn eines Punktes unter $\mathbf{P}_{\boldsymbol{\nu}}$ in einer Region, die das Gewebe enthält, im wesenlichen zufällig zu bewegen. Man kann theoretisch zeigen, daß das Gewebe Hufeisen-Abbildungen und unendlich viele Senken enthält.

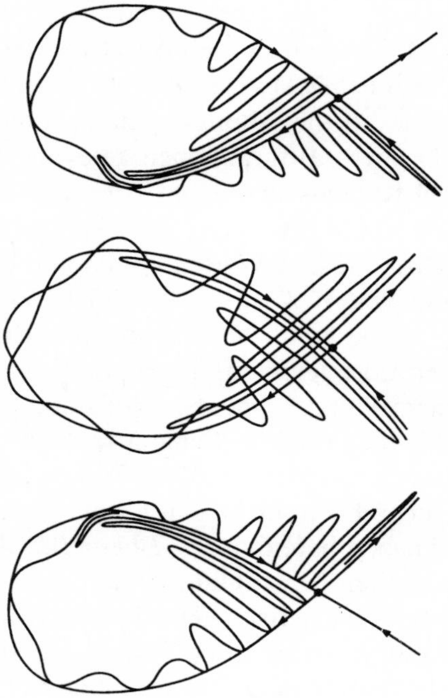

Abb. 5.21. Homokline Sattel-Verbindungen in den Vektorfeld-Approximationen werden durch homokline Gewebe in allgemeinen ebenen Diffeomorphismen ersetzt. Die schematischen Darstellungen zeigen, wie solche Gewebe sich verhalten können, wenn in einer Familie von Diffeomorphismen die Parameter variiert werden. Die zwei Arten, auf die die Mannigfaltigkeiten sich auseinander bewegen können, zeigen die Extremfälle (a) und (c), bei denen nur Tangenten übrig bleiben.

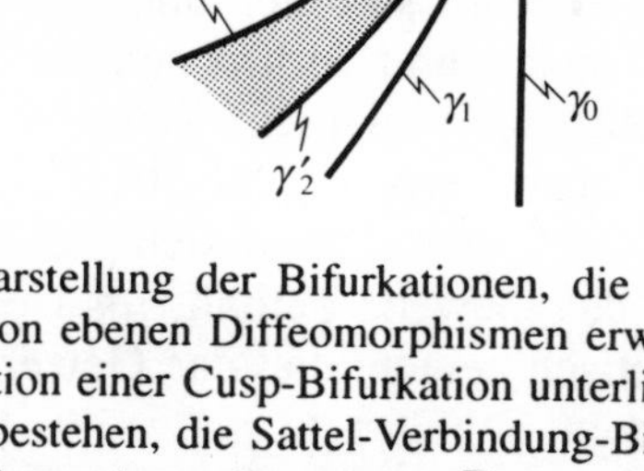

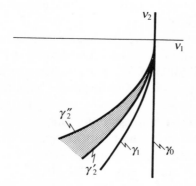

Abb. 5.22. Schematische Darstellung der Bifurkationen, die im Falle einer allgemeinen zwei-parametrigen Familie von ebenen Diffeomorphismen erwartet werden können, wenn deren Vektorfeld-Approximation einer Cusp-Bifurkation unterliegt. Die Sattel-Knoten- und Hopf-Bifurkationen bleiben bestehen, die Sattel-Verbindung-Bifurkationskurve wird durch einen Keil (schattiert) von Parameterwerten ersetzt. Bewegt sich $\boldsymbol{\nu}$ durch diesen Keil im Uhrzeigersinn, so entwickelt sich das homokline Gewebe von Abb. 5.21(a) zu Abb. 5.21(c).

Ähnliche Phänomene treten bei heteroklinen Sattel-Verbindungen und ebenfalls bei Doppel-Grenzzyklus-Bifurkationen auf. Im letzteren Falle bewegen sich die Grenzzyklen im approximierenden Vektorfeld aufeinander zu, treffen zusammen und verschwinden. Dies geschieht auch für die entsprechenden invarianten Kreise in $\tilde{\mathbf{P}}$. Dieses degenerierte Verhalten kann jedoch nicht allgemein für $\mathbf{P}$ auftreten. Die invarianten Kreise müssen sich transversal schneiden und durch einander hindurch bewegen über einen Bereich von Parameterwerten. Nehmen wir an, transversale Schnitte treten auf. Da die Menge der Schnittpunkte unter $\mathbf{P}$ invariant sein muß, überrascht es uns nicht, sowohl stabile (instabile) als auch sattel-typische periodische Punkte in dieser Menge zu finden. Die stabilen und instabilen Mannigfaltigkeiten solcher Punkte schneiden sich jedoch in homoklinem oder heteroklinem Gewebe, was zu sehr kompliziertem Verhalten in der Region, in der die beiden Kreise wechselwirken, führt.

Zum Schluß soll noch angefügt werden, daß die Vektorfeld-Approximation-Bifurkationsdiagramme, auch wenn passende Bifurkationen hinzugefügt werden, nur vergleichsweise unvollständige Information im Vergleich zu topologischer Konjugation liefern.

In gewissem Sinne beziehen sich solche Diagramme auf eine schwächere Äquivalenzrelation (nämlich topologische Äquivalenz von Vektorfeld-Approximationen), um die Aufmerksamkeit auf einige wichtige Merkmale in den Bifurkationsdiagrammen der zugehörigen Familien von ebenen Abbildungen zu lenken.

5.8 Aufgaben

5.1 Einführung

5.1.1 Sei $\mathbf{f}(\mu, \mathbf{x})$ eine glatte, ein-parametrige Familie von ebenen Diffeomorphismen, deren Eigenwerte λ_1, λ_2 von $D\mathbf{f}_0(\mathbf{0})$ die Gleichung (5.2.1) erfüllen. Man gebe Einhängungen der Familien (4.4.13) und (4.4.42) entsprechend (5.1.4) und (5.1.5) an und mache sich klar, wie die verwendeten Vorzeichen aus $\mathbf{f}$ erhalten werden. Man zeichne Diagramme, um die in jeder eingehängten Familie stattfindenden Bifurkationen darzustellen.

5.1.2 Die Kodimension einer m-dimensionalen Mannigfaltigkeit in $\mathcal{R}^n$ ist $n - m$. Sei $\mathbf{A} = \begin{pmatrix} a & b \\ c & d \end{pmatrix}$. Man zeige, daß die Menge der Punkte $(a, b, c, d) \in \mathcal{R}^4$, für die $\operatorname{Tr}\mathbf{A} = 0$, $\det\mathbf{A} = -1$ gilt, eine Mannigfaltigkeit der Kodimension zwei in $\mathcal{R}^4$ formen.

5.1.3 Man zeige, daß die Normalform einer glatten Familie von Diffeomorphismen $\mathbf{f} : \mathcal{R}^m \times \mathcal{R}^2 \to \mathcal{R}^2$, für die gilt $\mathbf{f_0}(\mathbf{0}) = \mathbf{0}$, $D\mathbf{f_0}(\mathbf{0}) = \begin{pmatrix} 1 & 0 \\ 0 & -1 \end{pmatrix}$, den unendlichen Jet

$$\begin{pmatrix} x + \sum_{i=0}^{\infty} a_{2i}(\boldsymbol{\mu}, x) y^{2i} \\ -y + \sum_{i=0}^{\infty} b_{2i+1}(\boldsymbol{\mu}, x) y^{2i+1} \end{pmatrix} \tag{E5.1}$$

besitzt, wobei $a_0(\mathbf{0}, x) = O(x^2)$, $b_1(\mathbf{0}, x) = O(x)$ ist und a_{2i}, b_{2i+1} für alle $i \in \mathcal{N}^+$ glatte Funktionen sind.

Man beweise, daß die lokale Familie von Produkt-Diffeomorphismen bei $(\boldsymbol{\mu}, \mathbf{x}) = (\mathbf{0}, \mathbf{0})$, die durch

$$\mathbf{f}(\mu_1, \mu_2, x, y) = \begin{pmatrix} \mu_1 + x + x^2 \\ (\mu_2 - 1)y - y^3 \end{pmatrix} \tag{E5.2}$$

beschrieben wird, in Normalform vorliegt und beschreibe das Bifurkationsverhalten in einer Umgebung des Ursprungs in $\mathcal{R}^2 \times \mathcal{R}^2$.

5.1.4 Man betrachte die ein-parametrige lokale Familie

$$\mathbf{f}(\mu, \mathbf{x}) = \begin{pmatrix} x + \mu x y \\ -y + \mu(x^2 - y^2) \end{pmatrix} \tag{E5.3}$$

bei $(\mu, \mathbf{x}) = (0, \mathbf{0})$.

(a) Man zeichne Bahnen von $\mathbf{f}_1$ und zeige, daß für $\mu = 1$ Punkte $\mathbf{x}_0$ existieren, für die gilt $\lim_{n\to\infty} \mathbf{f}_1^n(\mathbf{x}_0) = \lim_{n\to-\infty} \mathbf{f}_1^n(\mathbf{x}_0) = \mathbf{0}$.

(b) Man beweise, daß $\mathbf{f}_1$ und $\mathbf{f}_\mu$, $\mu \neq 1$ differenzierbar konjugiert sind.

(c) Man zeige mit Hilfe von (a) und (b), daß (E5.3) *nicht* äquivalent zu einer durch (E5.2) erzeugten Familie ist.

5.1.5 Sei $\mathbf{A} = \begin{pmatrix} a & b \\ c & d \end{pmatrix}$. Man beweise, daß $\operatorname{Tr} \mathbf{A} = 2\delta$, wobei $\delta = \pm 1$, und $\det \mathbf{A} = +1$ dann und nur dann gelten, wenn $a = 2\delta - d$ und

$$\frac{1}{4}(b - c)^2 = \frac{1}{4}(b + c)^2 + (d - \delta)^2 \tag{E5.4}$$

ist. Man zeige, daß die Menge der Punkte $(a, b, c, d) \in \mathcal{R}^4$, welche (E5.4) erfüllen, einen Doppelkegel im (b, c, d)-Raum mit dem gemeinsamen Vertex bei $(0, 0, \delta)$ formt. Man leite ab, daß die linearen Typen in (5.1.7) eine Mannigfaltigkeit der Kodimension zwei in $\mathcal{R}^4$ formen, während diejenigen in (5.1.9) einer Mannigfaltigkeit der Kodimension vier entsprechen.

5.1.6 Man betrachte eine glatte, ein-parametrige Entfaltung von $\mathbf{f}_0$ mit $\mathbf{f_0(0)} = \mathbf{0}$, und die Eigenwerte von $D\mathbf{f_0(0)}$ besitzen beide den Betrag eins. Für welche der Möglichkeiten (5.1.6)–(5.1.9) kann angenommen werden, daß diese Entfaltung äquivalent zu einer lokalen Familie mit $\mathbf{f}_\mu(\mathbf{0}) = \mathbf{0}$ ist für μ in einem die Null enthaltenden Intervall.

5.2 Die Kreisabbildung von Arnold

5.2.1 Man betrachte die Kreisabbildung $f_{(\alpha,\varepsilon)}$, definiert durch (5.2.3), deren Liftung durch (5.2.4) gegeben sei. Man beweise für $k \in \mathscr{Z}^+$:

(a) $$\bar{f}^k_{(\alpha,\varepsilon)}(x) = x + k\alpha + F_k(\alpha, \varepsilon, x), \tag{E5.5}$$

mit

$$F_k(\alpha, \varepsilon, x) = \varepsilon \sum_{l=0}^{k-1} \sin[2\pi \bar{f}^l_{(\alpha,\varepsilon)}(x)]; \tag{E5.6}$$

(b) $$\sin[2\pi \bar{f}^k_{(\alpha,\varepsilon)}(x+1)] = \sin[2\pi \bar{f}^k_{(\alpha,\varepsilon)}(x)]. \tag{E5.7}$$

Man beweise weiter, daß für $\alpha = (p/q) + \beta$ dann $\bar{f}^q_{(\alpha,\varepsilon)}(x)$ durch (5.2.10) gegeben ist mit

$$G_{p/q}(\beta, \varepsilon, x+1) = G_{p/q}(\beta, \varepsilon, x). \tag{E5.8}$$

Man erkläre, warum (E5.8) wichtig bei der Suche nach der Menge $\{(\alpha, \varepsilon) | \rho(f_{(\alpha,\varepsilon)}) = p/q\}$ ist.

5.2.2 Das folgende Ergebnis ist bei der Berechnung von $G_{p/q}(\beta, \varepsilon, x)$ nützlich. Sei $\eta = \exp(2\pi i p/q)$, $\bar{\eta} = \exp(-2\pi i p/q)$, $p/q \in [0, 1)$. Man beweise:

$$\sum_{k=1}^{q-1} \eta^k = -1; \tag{E5.9}$$

$$\sum_{k=1}^{q-1} \eta^k(\eta^k - 1) = 0, \qquad q \geq 3; \tag{E5.10}$$

$$\sum_{k=1}^{q-1} \bar{\eta}^k(\eta^k - 1) = q. \tag{E5.11}$$

Man leite (5.2.19) mittels (E5.9) ab.

5.2.3 Man erweitere (5.2.18), um zu zeigen, daß für kleines β, ε gilt:

$$\begin{aligned} G_{p/q}(\beta, \varepsilon, x) = {} & q\beta + \beta\varepsilon \left(2\pi \sum_{k=1}^{q-1} \cos\left[2\pi\left(x + \frac{kp}{q}\right)\right]\right) \\ & + \varepsilon^2 \left(2\pi \sum_{k=1}^{q-1} \cos\left[2\pi\left(x + \frac{kp}{q}\right)\right] \right. \\ & \left. \cdot \sum_{l=0}^{k-1} \sin\left[2\pi\left(x + \frac{lp}{q}\right)\right]\right) \\ & + O(\varepsilon^{r+1}\beta^s : r + s = 2). \end{aligned}$$

Ist $\beta = O(\varepsilon^2)$, so zeige man für $q \geq 3$, daß $\beta_2(x)$ in (5.2.22) die Form

$$\beta_2(x) = \frac{\pi \sin(2\pi p/q)}{2(1 - \cos(2\pi p/q))} \tag{E5.12}$$

besitzt. Man beweise, daß $\{(\alpha, \varepsilon) | \rho(f_{(\alpha,\varepsilon)}) = p/q\}$ die folgenden Grenzen besitzt:

$$\alpha = \begin{cases} \frac{1}{4} + \frac{\pi}{2}\varepsilon^2 + O(\varepsilon^3) & p/q = \frac{1}{4}, \\ \frac{1}{3} + \frac{(3)^{1/2}\pi}{6}\varepsilon^2 + O(\varepsilon^3) & p/q = \frac{1}{3}, \\ \frac{2}{3} - \frac{(3)^{1/2}\pi}{6}\varepsilon^2 + O(\varepsilon^3) & p/q = \frac{2}{3}, \\ \frac{3}{4} - \frac{\pi}{2}\varepsilon^2 + O(\varepsilon^3) & p/q = \frac{3}{4}. \end{cases} \quad \text{für} \tag{E5.13}$$

5.2.4 Gegeben sei $f_{(\alpha,\varepsilon)} : S^1 \to S^1$ mit der Liftung $\bar{f}_{(\alpha,\varepsilon)}(x) = x + \alpha + \varepsilon \sin(2\pi x)$. Man zeige, daß die Resonanzzungen $T_{p/q} = \{(\alpha, \varepsilon) | \rho(f_{(\alpha,\varepsilon)}) = p/q\}$, $p/q \in \mathfrak{Q} \cap [0, 1)$, so beschaffen sind, daß $(\alpha, \varepsilon) \in T_{p/q}$ dann und nur dann gilt, wenn $(1 - \alpha, \varepsilon) \in T_{1-(p/q)}$ ist.

5.3 Irrationale Rotationen

5.3.1 Sei $\mathbf{f}(\mu, \mathbf{x})$, $\mu \in \mathfrak{R}$, $\mathbf{x} \in \mathfrak{R}^2$, die durch die komplexe Form

$$f(\mu, z) = \lambda(\mu) z (1 + a(\mu)|z|^2) \tag{E5.14}$$

gegebene Familie ebener Diffeomorphismen mit $\lambda(0) = \exp(2\pi i\beta)$, $\beta \in \mathfrak{R} \backslash \mathfrak{Q}$ (siehe (5.3.2) mit $R(\mu, z) \equiv 0$). Weiter gelte $[d|\lambda(\mu)|/d\mu]_{\mu=0} = b > 0$ und $a(\mu) = c(\mu) + id(\mu)$, mit $c(0) = c < 0$ und $d(0) = d \neq 0$. Man beweise, daß (E5.14) für kleines positives μ zwei invariante Kreise besitzt. Man zeige, daß einer der Kreise, C, den Radius $r_0(\mu)$, gegeben in (5.3.8), besitzt und erkläre, warum der andere für die lokale Bifurkation in $\mathbf{f}(\mu, \mathbf{x})$ bei $(\mu, \mathbf{x}) = (0, \mathbf{0})$ nicht relevant ist.

5.3.2 Man betrachte die durch (E5.15) in Aufgabe 5.3.1 definierte Familie $f(\mu, z)$.

(a) Man zeige, daß der invariante Kreis C mit dem Radius $r_0(\mu)$ für kleines, positives μ stabil ist.

(b) Man bestimme $f_\mu|C$ und zeige, daß dies eine Rotation um den Winkel

$$2\pi\beta(\mu) - \frac{bd}{c}\mu + O(\mu^2) \tag{E5.15}$$

ist mit $\lambda(\mu) = |\lambda(\mu)| \exp(2\pi i \beta(\mu))$.

(c) Besitzt (E5.14) irgendwelche invarianten Kreise für kleines, negatives μ? Wenn dem so ist, treten sie dann bei der lokalen Bifurkation bei $(\mu, z) = (0, 0)$ in Erscheinung?

(d) Man beschreibe die bei $(\mu, z) = (0, 0)$ in der durch (E5.14) definierten lokalen Familie auftretenden Bifurkationen.

5.3.3 Sei $\mathbf{f}(\mu, \mathbf{x})$, $\mu \in \mathcal{R}$, $\mathbf{x} \in \mathcal{R}^2$, eine glatte, allgemeine ein-parametrige Familie von ebenen Diffeomorphismen, für die $\mathbf{f}(\mu, \cdot) = \mathbf{f}_\mu(\cdot)$ die Gleichung $\mathbf{f}_\mu(\mathbf{0}) = \mathbf{0}$ erfüllt für $\mu \in (-\mu_0, \mu_0)$, $\mu_0 > 0$ und

$$D\mathbf{f}_0(\mathbf{0}) = \begin{pmatrix} \cos 2\pi\beta & -\sin 2\pi\beta \\ \sin 2\pi\beta & \cos 2\pi\beta \end{pmatrix}, \qquad \beta \in \mathcal{R}\backslash\mathcal{Q}. \tag{E5.16}$$

(a) Man bestimme die komplexe Normalform von $\mathbf{f}_\mu$ für: (i) $\mu = 0$; (ii) $\mu \neq 0$. Man erkläre, warum die komplexe Normalform der Familie $\mathbf{f} : \mathcal{R} \times \mathcal{R}^2 \to \mathcal{R}^2$ die Form (5.3.10) annimmt.

(b) Man betrachte die Stutzung von $\tilde{f}_\mu(\cdot) = \tilde{f}(\mu, \cdot)$, die durch Streichen der $O(|z|^r)$-Terme mit $r \geq 2N + 3$ aus (5.3.10) entsteht. Sei $\mu > 0$, klein und $\mathrm{Re}(a_3(0)/\lambda(0)) = c < 0$. Man zeige, daß für alle $N \in \mathcal{Z}^+$ die gestutzte Form einen eindeutigen invarianten Kreis C besitzt, dessen Radius für $\mu \to 0$ gegen null geht. Für $[d|\lambda(\mu)|/d\mu]_{\mu=0} = b > 0$ zeige man, daß der Radius $r_0(\mu)$ von C die Form (5.3.8) unabhängig von N annimmt.

5.3.4 Man betrachte eine zwei-parametrige Familie von Diffeomorphismen $\mathbf{f} : \mathcal{R}^2 \to \mathcal{R}^2$, wobei $\mathbf{f}_{\boldsymbol{\mu}}(\mathbf{0}) = \mathbf{0}$ ist und $D\mathbf{f}_{\boldsymbol{\mu}}(\mathbf{0})$ die komplexen Eigenwerte $\lambda(\boldsymbol{\mu})$, $\bar{\lambda}(\boldsymbol{\mu})$ besitzt mit $\lambda(\mathbf{0}) = \exp(2\pi i\beta)$. Man zeige, daß die

Abbildung $\lambda : U(\subseteq \mathcal{R}^2) \ni \mathbf{0} \to V(\subseteq \mathcal{C}) \ni \exp(2\pi i\beta)$ ein lokaler Diffeomorphismus dann und nur dann ist, wenn gilt

$$\left[\operatorname{Im}\left(\frac{\partial\lambda}{\partial\mu_1}\cdot\frac{\partial\bar{\lambda}}{\partial\mu_2}\right)\right]_{\boldsymbol{\mu}=(\mu_1,\mu_2)=\mathbf{0}} \neq 0. \tag{E5.17}$$

Man erkläre, wie diese Bedingung zu den Elementen von $D\mathbf{f}_{\boldsymbol{\mu}}(\mathbf{0})$ in Beziehung steht. Man verifiziere, daß die Abbildung $\lambda_0(\boldsymbol{\nu})$, die in Abb. 5.5 definiert wird, (E5.17) erfüllt und zeige dann, daß $\lambda_0^{-1}\cdot\lambda : U \to W \subseteq \mathcal{R}^2 \ni \mathbf{0}$ im allgemeinen ein lokaler Diffeomorphismus ist.

Man verwende die reparametrisierte Form von (5.3.17) und berechne:
(a) die Schätzung (5.3.18) des Radius des invarianten Kreises C,
(b) die Approximationen (5.3.19) und (5.3.20, 5.3.21) zu $f_{\boldsymbol{\nu}}^C$.

5.4 Rationale Rotationen und schwache Resonanz

5.4.1 Sei $\mathbf{f}(\boldsymbol{\mu}, \mathbf{x})$ eine glatte, zwei-parametrige Familie von ebenen Diffeomorphismen, die (i) $\mathbf{f}_{\boldsymbol{\mu}}(\mathbf{0}) = \mathbf{0}$ erfüllt und für die (ii) $D\mathbf{f}_{\mathbf{0}}(\mathbf{0})$ eine Rotation um den Winkel $2\pi p/q$, $q \geq 3$, $p/q \in \mathcal{Q} \cap (0, 1)$ ist. Man verwende (5.4.1) und zeige, daß der zusätzliche resonante Term niedrigster Ordnung in der komplexen Normalform von $\mathbf{f}_{\mathbf{0}}$ proportional zu $\bar{z}^{q-1}$ ist. Man erkläre, wie die komplexen Normalformen für die durch (5.4.5) und (5.4.6) gegeben Familien berechnet werden.

5.4.2 Man zeige, daß die Polarform von (5.4.6) durch (5.4.7) und (5.4.8) gegeben ist mit $\lambda(\boldsymbol{\nu}) = (1+\nu_1)\exp(2\pi i((p/q)+\nu_2))$. Man beweise speziell

$$\tilde{c}_{q-1}(\boldsymbol{\nu},\theta) = |b(\boldsymbol{\nu})|\cos(2\pi(q\theta-\varphi)), \tag{E5.18}$$

$$\tilde{d}_{q-2}(\boldsymbol{\nu},\theta) = -\frac{|b(\boldsymbol{\nu})|}{2\pi(1+\nu_1)}\sin(2\pi(q\theta-\varphi)) \tag{E5.19}$$

mit $2\pi\varphi = \arg(b(\boldsymbol{\nu}))$.

5.4.3 (a) Sei $r^2 = -\nu_1/c_3$, $c_3 = c_3(0) < 0$, $\nu_1 > 0$ in (5.4.8) und die $O(r^{q-1})$-Terme sollen vernachlässigt werden. Man verwende (E5.19) und zeige, daß der entstehende Diffeomorphismus auf dem Kreis die Rotationszahl p/q für Werte von $\boldsymbol{\nu} = (\nu_1, \nu_2)$ besitzt, die innerhalb einer Zunge in der $\boldsymbol{\nu}$-Ebene liegen, deren Grenzen durch

$$\nu_2 \simeq \frac{d_2}{c_3}\nu_1 \pm \frac{|b|\nu_1^{\frac{1}{2}(q-2)}}{2\pi|c_3|^{\frac{1}{2}(q-2)}} \tag{E5.20}$$

approximiert werden. In (E5.20) wird die Notation von Theorem 5.1 verwandt.

(b) Man betrachte die durch

$$\nu_2^{\pm}(\nu_1) = \gamma_1 \nu_1 \pm \gamma_2 \nu_1^{\frac{1}{2}(q-2)} \tag{E5.21}$$

definierten Funktionen $\nu_2^{\pm}(\nu_1)$ mit $\gamma_1, \gamma_2 \in \mathscr{R}^+$. Man zeige, daß gilt $D^n \nu_2^+(0) = D^n \nu_2^-(0)$ für $n = 1, \ldots, [(q-4)/2]$. Was bedeutet dieses Ergebnis für die Gestalt der Kurven $\nu_2 = \nu_2^{\pm}(\nu_1)$ in der Nähe von $\nu_1 = 0$, wenn q den Bereich der positiven ganzen Zahlen wachsend durchläuft? Man illustriere seine Antwort durch Zeichnen von $\nu_2^{\pm}(\nu_1)$ für $0 \leq \nu_1 \leq \frac{1}{2}$ und $\gamma_1 = \gamma_2 = 1$ und den Fall, daß q gleich: (i) 5, (ii) 7, (iii) 9 ist.

5.4.4 Man zeige, daß die Familie

$$\mathbf{f}(\mu, \mathbf{x}) = \begin{pmatrix} (1+\mu)x + y + x^2 - 2y^2 \\ -x + (1+\mu)y + x^2 - x^3 \end{pmatrix} \tag{E5.22}$$

bei $\mu = 0$ Hopf-Bifurkationen unterliegt. Sind die erzeugten invarianten Kreise anziehend oder abstoßend?

5.5 Vektorfeld-Approximation

5.5.1 Irrationales β

5.5.1 Man gebe die Schritte der Transformation von (5.5.2) in (5.5.5) an. Man weise nach, daß jeder Schritt eine Transformation enthält, die als Diffeomorphismus im Phasenraum von (5.5.1) interpretiert werden kann. Man leite ab, daß (5.5.5) die komplexe Form eines Systems darstellt, daß zu (5.5.1) differenzierbar konjugiert ist.

5.5.2 Rationales $\beta = p/q$, $q \geq 3$

5.5.2 Man wende die Transformation $z = \exp(i\beta t)\zeta$ auf (5.5.11) an und leite

$$\dot{\zeta} = \sum_{s=1}^{S} c_s \zeta |\zeta|^{2s} + d\bar{\zeta}^{q-1} + G(\exp(i\beta t)\zeta, t) \tag{E5.23}$$

her. Man zeige, daß $G(\exp(i\beta t)\zeta, t)$ eine $2\pi q$-periodische Funktion in t ist. Seien weiter $\hat{P}_0$, P_0 die periodisch fortsetzenden Abbildungen von (5.5.11) und (E5.23). Man zeige, daß P_0 differenzierbar konjugiert zu $\hat{P}_0$ ist.

5.5.3 (Mittelung in der Seifert-Blätterung). Man betrachte die zeitabhängige komplexe Form

$$\dot{z} = i\beta t + \sum_{r=2}^{N} Z_r(z,t) + G(z,t) \tag{E5.24}$$

mit

$$Z_r(z,t) = \sum_{\mathbf{m}} a_{\mathbf{m}}(t) z^{m_1}\bar{z}^{m_2}, \qquad m_1 + m_2 = r, \tag{E5.25}$$

$$G(z,t) = O(|z|^{N+1}), \tag{E5.26}$$

wobei G, Z_r, $r = 2, \ldots, N$ 2π-periodisch in t sind. Sei $z = \exp(i\beta t)\zeta$. Man zeige, daß $\dot{\zeta}$:

(a) keine in ζ linearen Terme enthält,

(b) $2\pi q$-periodisch in t ist, wenn gilt $\beta = p/q$, p, q teilerfremd.

Die Mittelung über eine Periode des Termes der Ordnung $|\zeta|^r$ in $\dot{\zeta}$ lautet

$$\tilde{Z}_r(\zeta) = \frac{1}{2\pi q}\int_0^{2\pi q} \exp(-i\beta t) Z_r(\exp(i\beta t)\zeta, t)dt. \tag{E5.27}$$

Man beweise, daß $\tilde{Z}_r(\zeta)$ nur Monome $\zeta^{m_1}\bar{\zeta}^{m_2}$ der Ordnung r enthält, die die Resonanzbedingung (2.6.24) erfüllen. Man zeige, daß für alle $r \geq 2$ $\tilde{Z}_r(\zeta)$ invariant unter Rotation um $2\pi/q$ ist.

5.5.4 Habe M die Form (5.5.20) und sei $z_j = M^j(z)$, $j = 0, \ldots, q$. Man zeige, daß:

(a) $z_q = \lambda^q z + \sum_{r=2}^{\infty}[\lambda^{q-1}M_r(z, \bar{z}_1) + \lambda^{q-2}M_r(z_{q-1}, \bar{z}_{q-1}) + \cdots + M_r(z, \bar{z})]$ gilt mit $\lambda = \exp(2\pi i\beta)$,

(b) $M_r(z_j, \bar{z}_j) = M_r(\lambda^j z, \bar{\lambda}^j \bar{z}) + O(|z|^{r+1})$ gilt für $j = 1, \ldots, q-1$.

Man leite (5.5.22) her und verifiziere, daß $g_r(z, \bar{z})$ nur von N sowie den Koeffizienten $c_{\mathbf{m}}^{(k)}$ für $k < r$ abhängt.

5.5.5 Man betrachte z_q aus (a) in Aufgabe 5.5.4. $\Sigma_{\mathscr{C}}$ bezeichne den Raum, der durch die Monome $z^{m_1}\bar{z}^{m_2}$ aufgespannt wird, mit $m_1 + m_2 = r \geq 2$ und $m_1 - m_2 - 1 = lq$, $l \in \mathfrak{Z}$ (siehe (5.5.19)). Ist $M_r \in \Sigma_{\mathscr{C}}$ für $r \geq 2$, so beweise man, daß (5.5.22) M_r eindeutig festlegt, wenn angenommen wird, daß die nicht-linearen Terme $N(z) \in \Sigma_{\mathscr{C}}$ sind. Was bedeutet diese Rechnung für $N(z) \notin \Sigma_{\mathscr{C}}$?

5.5.6 Man betrachte die komplexe Form

$$\dot{z} = \tilde{Z}_0(z), \tag{E5.28}$$

wobei $\tilde{Z}_0(z)$ in dem in Aufgabe 5.5.5 definierten Raum $\Sigma_{\mathscr{C}}$ liege (siehe (5.5.16)). Man zeige, daß der lineare Anteil des Stromes von (E5.28) die Identität ist und das seine nicht-linearen Terme in $\Sigma_{\mathscr{C}}$ liegen.

5.5.3 Rationales $\boldsymbol{\beta = p/q}$, $\boldsymbol{q = 1, 2}$

5.5.7 Sei $\mathbf{f} : \mathscr{R}^2 \to \mathscr{R}^2$ ein lokaler Diffeomorphismus bei $\mathbf{0} \in \mathscr{R}^2$ mit $\mathbf{f}(\mathbf{0}) = \mathbf{0}$ und $D\mathbf{f}(\mathbf{0}) = \begin{pmatrix} -1 & 1 \\ 0 & -1 \end{pmatrix}$. Man zeige, daß der k-Jet der Normalform von $\mathbf{f}$ in der Form

$$j^k(\tilde{\mathbf{f}})(\mathbf{0})(x, y) = \begin{pmatrix} -x + y + \sum_{i=1}^{[(k-1)/2]} a_1 x^{2i+1} \\ -y + \sum_{i=1}^{[(k-1)/2]} b_i x^{2i+1} \end{pmatrix} \tag{E5.29}$$

geschrieben werden kann. Man schließe daraus, daß $j^k(\tilde{\mathbf{f}})(\mathbf{0})$ für jedes $k \in \mathscr{Z}^+$ eine π-Rotationssymmetrie besitzt.

5.5.8 (a) Sei $\boldsymbol{\varphi}_t^{\mathbf{0}} : \mathscr{R}^2 \to \mathscr{R}^2$ der Strom des Vektorfeldes (5.5.36) für den Fall $q = 2$ mit $k = \infty$. Man zeige, daß der unendliche Jet von $\boldsymbol{\varphi}_t^{\mathbf{0}}$ in der Form

$$\begin{pmatrix} x - (t/2\pi)y + \sum_{i=1}^{\infty} a_{2i+1}(t) x^{2i+1} \\ -y + \sum_{i=1}^{\infty} b_{2i+1}(t) x^{2i+1} \end{pmatrix} \tag{E5.30}$$

geschrieben werden kann für $t \neq 0$.

(b) Ist $D\hat{\mathbf{P}}_0 = \begin{pmatrix} -1 & 1 \\ 0 & -1 \end{pmatrix}$, so beweise man, daß $\hat{\mathbf{P}}_0^2 = \boldsymbol{\varphi}_{4\pi}^{\mathbf{0}}$ eindeutig $\hat{\mathbf{P}}_0$ zu $\boldsymbol{\varphi}_{2\pi}^{\mathbf{0}} \cdot \mathbf{R}_{1/2}$ festlegt.

5.6 Äquivariante versale Entfaltungen für Vektorfeld-Approximationen

5.6.1 $\boldsymbol{q = 2}$

5.6.1 Man zeige, daß die nicht-trivialen Fixpunkte des Vektorfeldes $\tilde{\mathbf{X}}_{\boldsymbol{\nu}}^{\delta}(\mathbf{x})$, $\delta = \pm 1$, welches in (5.6.3) definiert wird, in der Form $\mathbf{x}_{\pm}^* = (x_{\pm}^*, y_{\pm}^*)$ geschrieben werden können mit

$$x_{\pm}^* = \left[\delta\left(\nu_2 + \frac{\nu_1(\nu_1 + \delta\nu_2)}{(1 + \nu_2 - \delta\nu_1)}\right)\right]^{1/2}, \tag{E5.31}$$

$$y_{\pm}^* = \frac{-(\nu_1 + \delta\nu_2)}{(1 + \nu_2 - \delta\nu_1)} x_{\pm}^*. \tag{E5.32}$$

Sei γ_1 die durch $\nu_1+\nu_1^2+\nu_2^2=0$ definierte Kurve in der $\boldsymbol{\nu}$-Ebene. Man zeige, daß:

(a) $\mathbf{x}_\pm^*=\mathbf{0}$ ist auf γ_1 für beide Werte von δ,

(b) die Fixpunkte $\mathbf{x}_\pm^*$ liegen für $\delta=+1$ oberhalb γ_1 und für $\delta=-1$ unterhalb von γ_1,

(c) $\det D\tilde{\mathbf{X}}_{\boldsymbol{\nu}}^\delta(\mathbf{x}_\pm^*)=-2(\nu_2+\nu_1^2+\nu_2^2)$.

5.6.2 Man betrachte die zwei durch (5.6.3) gegebenen Familien von Vektorfeldern $\tilde{\mathbf{X}}_{\boldsymbol{\nu}}^\delta(\boldsymbol{\nu},\mathbf{x})$, $\delta=\pm1$. Man zeige, daß für festes $\nu_2>0$ beide Familien einer subkritischen Hopf-Bifurkation bei $\nu_1=0$ unterliegen, wenn ν_1 wächst. Man verifiziere, daß:

(a) der Radius r_0 des in der Hopf-Bifurkation auftretenden Grenzzyklus die Form hat,

$$r_0^2=-\frac{\nu_1}{a_1}+O(\nu_1^2) \tag{E5.33}$$

mit $a_1>0$,

(b) für $\delta=+1$ der radiale Abstand r_s der zwei Sattelpunkte vom Ursprung $\mathbf{x}=\mathbf{0}$ die Gleichung

$$r_s^2=\nu_2+O(|\boldsymbol{\nu}|^2) \tag{E5.34}$$

erfüllt.

Was bedeuten (E5.33) und (E5.34) für das Bifurkationsdiagramm von $\tilde{\mathbf{X}}^+(\boldsymbol{\nu},\mathbf{x})$?

5.6.3 Man betrachte die in (5.6.3) definierte Familie $\tilde{\mathbf{X}}^-(\boldsymbol{\nu},\mathbf{x})$ mit $\delta=-1$. Man zeige, daß $\operatorname{Tr} D\tilde{\mathbf{X}}_{\boldsymbol{\nu}}^-(\mathbf{x}_\pm^*)=0$ gilt auf einer Kurve γ_3 in der ν_1,ν_2-Ebene, welche für $\nu_2<0$ die Gleichung

$$\nu_2=\frac{2}{3}\nu_1+O(\nu_1^2) \tag{E5.35}$$

erfüllt. Man beweise, daß für festes $\nu_2<0$ $\tilde{\mathbf{X}}^-(\boldsymbol{\nu},\mathbf{x})$ einer superkritischen Hopf-Bifurkation bei $\mathbf{x}=\mathbf{x}_\pm^*$ unterliegt, wenn ν_1 durch γ_3 wächst. Was bedeutet dies für die in Region (d) in Abb. 5.12 erscheinenden Grenzzyklen?

5.6.2 $q=3$

5.6.4 Man betrachte die komplexe Differentialgleichung

$$\dot{\zeta}=\varepsilon\zeta+c\zeta|\zeta|^2+d\bar{\zeta}^{q-1} \tag{E5.36}$$

mit $q \geq 3$. Man finde eine Skalierung der Variable ζ, die den Koeffizienten d von $\bar{\zeta}^{q-1}$ auf eins reduziert. Man zeige, daß für $d = 1$ die Polarform von (E5.36) lautet:

$$\dot{r} = \nu_1 r + ar^3 + r^{q-1}\cos q\theta, \qquad \dot{\theta} = \nu_2 + br^2 - r^{q-2}\sin q\theta \tag{E5.37}$$

mit $\zeta = r\exp(i\theta)$, $\varepsilon = \nu_1 + i\nu_2$ und $c = a + ib$. Man verifiziere damit (5.6.15, 5.6.16) und (5.6.23, 5.6.24).

5.6.5 Man zeige mittels Theorem 4.2, daß für jedes $q \geq 3$ die komplexe Differentialgleichung

$$\dot{\zeta} = \varepsilon\zeta + c\zeta|\zeta|^2 + \bar{\zeta}^{q-1} \tag{E5.38}$$

mit $\zeta = x+iy$, $\varepsilon = \nu_1+i\nu_2$, $\nu_2 \neq 0$, $c = a+ib$ mit wachsendem ν_1 einer Hopf-Bifurkation bei $(\nu_1, x, y) = (0, 0, 0)$ unterliegt. Man berechne den durch (4.2.14) definierten Wert von a_1, um zu beweisen, daß diese Bifurkation für $a_1 = \mathrm{Re}(c) < 0\,(> 0)$ superkritisch (subkritisch) ist.

5.6.6 Sei $\mathbf{X}(\mathbf{x})$ ein ebenes Vektorfeld. Man beweise, daß $\det D\mathbf{X}(\mathbf{x})$, drückt man es in Polarkoordinaten (r, θ) aus, folgende Form annimmt:

$$\det D\mathbf{X}(\mathbf{x}) = \frac{1}{r}\left\{\left(X_r + \frac{\partial X_\theta}{\partial\theta}\right)\frac{\partial X_r}{\partial r} + \left(X_\theta - \frac{\partial X_r}{\partial\theta}\right)\frac{\partial X_\theta}{\partial r}\right\} \tag{E5.39}$$

mit $X_r = \dot{r}$ und $X_\theta = \dot{\theta}$.

Sei $\mathbf{X}$ durch (5.6.15, 5.6.16) definiert. Man zeige, daß an jedem nicht-trivialen singulären Punkt $\mathbf{x}^*$ gilt:

$$\det D\mathbf{X}(\mathbf{x}^*) = -3(\nu_1^2 + \nu_2^2) + 3(a^2 + b^2)|\mathbf{x}^*|^4. \tag{E5.40}$$

Man verwende (5.6.19) und zeige, daß alle nicht-trivialen singulären Punkte von (5.6.15, 5.6.16) vom Satteltyp sind.

5.6.3 $q = 4$

5.6.7 Man zeige, daß die komplexe Differentialgleichung $\dot{\zeta} = c\zeta|\zeta|^2 + \bar{\zeta}^3$ (siehe (5.6.28)) zu dem linearen System

$$\begin{pmatrix}\dot{x}\\ \dot{y}\end{pmatrix} = \begin{pmatrix}a+1 & -b\\ b & a-1\end{pmatrix}\begin{pmatrix}x\\ y\end{pmatrix} \tag{E5.41}$$

mit $c = a + ib$ topologisch äquivalent ist. Man zeige, daß der singuläre Punkt im Ursprung von (E5.41): (a) ein Sattel für $|c|^2 < 1$; (b) ein stabiler Knoten/Brennpunkt für $|c|^2 > 1$ und $a < 0$; (c) ein instabiler Knoten/Brennpunkt für $|c|^2 > 1$ und $a > 0$ ist.

5.6.8 Sei $\mathbf{X(x)}$ das ebene Vektorfeld mit der Polarform

$$\dot{r} = \nu_1 r + ar^3 + r^3 \cos 4\theta, \qquad \dot{\theta} = \nu_2 + br^2 - r^2 \sin 4\theta \tag{E5.42}$$

siehe (5.6.23, 5.6.24)). Man verwende Gleichung (E5.39) aus Aufgabe 5.6.6 und zeige, daß an jedem nicht-trivialen singulären Punkt $\mathbf{x}^*$ von $\mathbf{X}$ gilt

$$\det D\mathbf{X}(\mathbf{x}^*) = -4(\nu_1^2 + \nu_2^2) - 4(1 - |c|^2)|\mathbf{x}^*|^4. \tag{E5.43}$$

(a) Sei $|c|^2 = a^2 + b^2 < 1$ (siehe Beispiel 5.2). Man beweise, daß jeder nicht-triviale singuläre Punkt vom Satteltyp ist.

(b) Man nehme an, daß gilt (siehe Beispiel 5.3):
(i) $b < -1,\ a < 0$,
(ii) $\Xi = \xi_2^2 - (|c|^2 - 1)\xi_1^2 > 0$ mit $\xi_1^2 = \nu_1^2 + \nu_2^2$, $\xi_2 = a\nu_1 + b\nu_2 < 0$,
(iii) $r_{p>}^2$ und $r_{p<}^2$ werden durch (5.6.32) bzw. (5.6.33) definiert.

Man zeige, daß gilt

$$\det D\mathbf{X}(\mathbf{x}^*) = \begin{cases} -8(\Xi)^{1/2} r_{p<}^2 & \text{für} \quad |\mathbf{x}^*| = r_{p<}, \\ +8(\Xi)^{1/2} r_{p>}^2 & \text{für} \quad |\mathbf{x}^*| = r_{p>}. \end{cases} \tag{E5.44}$$

5.6.9 Man betrachte die Funktion $\Xi = \xi_2^2 - (|c|^2 - 1)\xi_1^2$ mit $\xi_1^2 = \nu_1^2 + \nu_2^2$, $\xi_2 = a\nu_1 + b\nu_2$ und $|c|^2 = a^2 + b^2 > 1$. Man zeige, daß die Niveau-Kurven von Ξ in der ν_1, ν_2-Ebene eine Familie von Hyperbeln ist, deren Asymptoten ($\Xi = 0$) symmetrisch zu der Linie $\xi_2 = 0$ liegen. Man bestimme den Anstieg der Asymptoten und untersuche ihr Verhalten, wenn b in $(-\infty, -1)$ bei festem $a \in (-1, 0)$ variiert. Man berechne die Anstiege für die $\Xi = 0$-Linien mit $a = -\frac{1}{2}$ und $b = -5$ und zeichne diese sowie die $\xi_2 = 0$-Linie. Man bestimme, an welchen Stellen das System mit diesen Parameterwerten 0, 4 und 8 nicht-triviale Fixpunkte besitzt.

5.6.10 Sei $\mathbf{X}$ ein ebenes Vektorfeld mit den polaren Komponenten X_r und X_θ (siehe Aufgabe 5.6.6). Man beweise

$$\operatorname{Tr} D\mathbf{X}(\mathbf{x}) = \frac{1}{r}\frac{\partial}{\partial r}(rX_r) + \frac{\partial X_\theta}{\partial \theta}. \tag{E5.45}$$

Sei $\mathbf{X}$ durch (5.6.23, 5.6.24) definiert und $\mathbf{x}^*$ einer der vier nicht-trivialen Knoten/Brennpunkte aus Beispiel 5.3. Man berechne $\operatorname{Tr} D\mathbf{X}(\mathbf{x}^*)$ und zeige, daß die Spur auf der Linie

$$\nu_2 = \frac{b}{2a}\left\{1 - \left(\frac{1-a^2}{b^2}\right)^{1/2}\right\}\nu_1 \tag{E5.46}$$

in der ν_1, ν_2-Ebene ihr Vorzeichen wechselt, wenn $a^2 < 1$ und $|b|$ genügend groß ist. Man beweise, daß $\operatorname{Tr} D\mathbf{X}(\mathbf{x}^*) = 0$ ist auf der Linie (E5.46) für $a = -\frac{1}{2}$ und $b = -5$.

5.6.11 Man berechne den Anstieg der $\operatorname{Tr} D\mathbf{X}(\mathbf{x}^*) = 0$-Linie von (E5.46) für $a = -\frac{1}{2}$ und $b = -5$ und füge diese Linie dem in Aufgabe 5.6.9 erzeugten Diagramm hinzu. Man beachte, daß $\operatorname{Tr} D\mathbf{X}(\mathbf{x}^*) = 0$ im Bereich $\Xi = 0$ gilt. Man beweise, daß dies gilt für alle (a, b), die $-1 < a < 0$ und $b < -1$ erfüllen.

5.6.12 Das Wesen der entfernten Hopf-Bifurkation, welche auf der Linie (E5.46) in Aufgabe 5.6.10 auftritt, kann mittels Gleichung (4.2.14) determiniert werden. Leider wird dazu das Vektorfeld beim Bifurkationswert $\boldsymbol{\nu}^*$, ausgedrückt in lokalen Koordinaten der Singularität $\mathbf{x}^*$, benötigt. Der lineare Anteil des Vektorfeldes muß weiterhin in reeller Jordanform vorliegen (siehe (4.2.23)). Man schreibe ein Computerprogramm, welches diese Transformationen für gegebenes ν_1 durchführt und berechne den Koeffizienten a_1 in (4.2.14). Man zeige, daß für $a = -\frac{1}{2}$ und $b = -5$ eine subkritische Hopf-Bifurkation stattfindet, wenn ν_1 durch die Linie $\operatorname{Tr} D\mathbf{X}(\mathbf{x}^*) = 0$ wächst.

5.6.13 Sei ν_2 eine positive Konstante. Man betrachte den Ausdruck für $r^2_{p<}$ in (5.6.33) mit $-1 < a < 0$ und $b \ll -1$, sowie $\nu_1 \geq 0$.

(a) Man zeige, daß die in Beispiel 5.3 diskutierten nicht-trivialen Sattelpunkte für $\nu_1 > \nu_{1m}$ nicht existieren mit

$$\nu_{1m} = \frac{\nu_2(a-1)}{b}(1 + O(b^{-2})). \tag{E5.47}$$

(b) Man untersuche die Abhängigkeit von Ξ von $\nu_1 \in [0, \nu_{1m}]$ für festes ν_2 und beweise

$$r^2_{p<} < \frac{b\nu_2}{1 - a^2 - b^2} + O\left(\frac{\nu_2}{|b|^3}\right). \tag{E5.48}$$

(c) Man erkläre, warum eine starke Veränderung von $r^2_{p<}$ auf $[0, \nu_{1m}/3]$ für $a = -\frac{1}{2}$ nicht zu erwarten ist. Man stelle einen graphischen Vergleich von $r^2_{p<}(\nu_1)$ und seines $\nu_1 = 0$-Wertes für $a = -\frac{1}{2}$, $b = -5$ und $\nu_2 = 0,5$ an. Man zeichne den Wert $(-\nu_1/a)$ der Wurzel des Radius des Hopf-Grenzzyklus in das gleiche Diagramm. Was bedeutet das Ergebnis für das in Beispiel 5.3 im Text analysierte Bifurkationsdiagramm?

5.6.4 $q \geq 5$

5.6.14 Man betrachte die komplexe Differentialgleichung

$$\dot{\zeta} = \varepsilon\zeta + \sum_{s=1}^{[\frac{1}{2}(q-2)]} c_s\zeta|\zeta|^{2s} + d\bar{\zeta}^{q-1} \tag{E5.49}$$

mit $\zeta = x + iy$, $\varepsilon = \nu_1 + i\nu_2$ und $c_s = a_s + ib_s$, wobei $a_1 < 0$.

(a) Man bestimme die komplexe Skalierung von ζ, deren Ergebnis $a_1 \to -1$ und $d \to d' \in \Re$ ist.

(b) Sei $a_1 = -1$, $d \in \Re$ und $q \geq 6$. Man zeige, daß die Polarform von (E5.49) durch (5.6.38, 5.6.39) gegeben ist, wobei G und F durch (5.6.40) definiert sind. Man erkläre, warum für $q = 5$ $F = G = 0$ gilt.

(c) Sei $a = -1$, $d = 0$ und $q = 5$ in (E5.49) Man zeige, daß der um den Ursprung zentrierte Kreis mit dem Radius $\nu_1^{1/2}$ ein hyperbolischer invarianter Kreis für alle ν_2, ein hyperbolischer Grenzzyklus jedoch nur für $\nu_2 \neq -b\nu_1$ ist. Besitzt (E5.49) hyperbolische nicht-triviale Fixpunkte für $\nu_2 = -b\nu_1$, wenn die obigen Werte für a, b und d gelten?

5.6.15 Man betrachte die ebene Differentialgleichung mit der in (5.6.38, 5.6.39) gegebenen Polarform mit $q = 5$. Weiter seien ν_1, ν_2 klein und erfüllen $\nu_2 + b_1\nu_1 = 0$ mit $\nu_1 > 0$ und $b_1 < 0$. Man zeige, daß der Strom der Differentialgleichung zehn Fixpunkte besitzt, deren Winkelkoordinaten in Intervallen von $\pi/5$ liegen. Man überprüfe, daß fünf Fixpunkte innerhalb des Kreises $r = \nu_1^{1/2}$ und fünf außerhalb liegen.

5.6.16 Sei $\mathbf{X}$ das ebene Vektorfeld mit der Polarform (5.6.38, 5.6.39) mit $q = 5$. Man zeige mittels (E5.39) aus Aufgabe 5.6.6, daß an jedem nicht-trivialen singulären Punkt $\mathbf{x}^*$ von $\mathbf{X}$ gilt:

$$\det D\mathbf{X}(\mathbf{x}^*) = \{-5[(\nu_1 - r^2)(3\nu_1 - r^2) + (\nu_2 + b_1 r^2)(3\nu_2 + b_1 r^2)]\}|_{x^*}. \quad \text{(E5.50)}$$

Man weise nach, daß die nicht-trivialen Fixpunkte innerhalb (außerhalb) des Kreises $r = \nu_1^{1/2}$ in Aufgabe 5.6.15 Sattelpunkte (stabile Knoten/Brennpunkte) sind.

5.6.17 Man betrachte das in (5.6.38, 5.6.39) definierte System mit $q = 5$ und $\nu_2 + b_1\nu_1 = 0$. Man zeichne die $\dot{r} = 0$- und $\dot{\theta} = 0$-Isoklinen im gleichen Diagramm für den speziellen Fall, daß $d = 1$, $b_1 = -1$, $\nu_1 = 0{,}05$ ist. Man bestätige die in Aufgabe 5.6.15 vorhergesagte Existenz von zehn Fixpunkten. Man gebe:

(i) den Orientierungssinn des Vektorfeldes beim Schneiden der Isoklinen an,

(ii) das Vorzeichen von $\dot{r}$ und $\dot{\theta}$ in dem an die Isoklinen angrenzenden Bereich an.

Man verwende diese Informationen zur Festlegung, welche der Fixpunkte Knoten/Brennpunkte sind. Man zeige, daß sich die instabile Mannigfaltigkeit jedes Sattelpunktes in die Region zwischen den Isoklinen erstreckt und nicht in die Regionen entweder innerhalb oder außerhalb beider Isoklinen. Man zeige dann, daß in diesem Fall alle zehn Fixpunkte auf einem einzigen (im allgemeinen nichtdifferenzierbaren) invarianten Kreis liegen.

5.6.18 Man wiederhole die in Aufgabe 5.6.17 diskutierte graphische Analyse mit $\nu_1 = 0{,}05$ und $\nu_2 + b_1\nu_1 = 0{,}015$. Man skizziere Trajektorien, um zu zeigen, daß diese Information allein die Existenz eines invarianten Kreises, welcher nur die fünf Sattelpunkte enthält, nicht ausschließt. Man zeige weiter, daß ein solcher Kreis nicht existieren kann, wenn der Punkt $(r, \theta) = (r_m, \pi/5)$, wobei r_m die Gleichung $dr_m^3 + r_m^2 - \nu_1 = 0$ erfülle, im Wirkungsbereich der Anziehung des nächsten Knoten/Brennpunktes liegt. Man verifiziere daraufhin numerisch, daß alle zehn Fixpunkte in diesem Fall ebenfalls im gleichen invarianten Kreis liegen.

5.6.19 Man betrachte die äquivariante Entfaltung (5.6.23, 5.6.24) aus §5.6.3, wenn *beide* a und $b < -1$ sind.

(a) Man zeichne $\dot{r} = 0$- und $\dot{\theta} = 0$-Isoklinen für: (i) $a = -5$, $b = -5$ und $\nu_1 = \nu_2 = 0{,}05$; (ii) $a = -1{,}25$, $b = -5$, $\nu_1 = 0{,}05$ und

$\nu_2 = 0{,}85$; und vergleiche sie mit dem Kreis vom Radius $\nu_1^{1/2}$. Man bestätige die Existenz von acht Fixpunkten in (i) und (ii).

(b) Man gebe das Vorzeichen von $\dot{r}$ und $\dot{\theta}$ auf den Isoklinen sowie in den benachbarten Regionen an. Man zeige, daß (i) nur mit der Existenz eines invarianten Kreises mit dem Radius $\simeq \nu_1^{1/2}$, welcher alle acht Fixpunkte enthält, konsistent ist. Man zeichne Trajektorien und zeige, daß (ii) mit einem invarianten Kreis mit dem Radius $\simeq \nu_1^{1/2}$ konsistent ist, von dem sich alle acht Fixpunkte entfernt haben.

(c) Man zeichne die Sattel-Knoten-Bifurkationslinien in der $\boldsymbol{\nu}$-Ebene für (i) und (ii) und lokalisiere die Parameterpunkte, für welche Isoklinen gezeichnet wurden.

(d) Welche Folgen haben (a)–(c) auf die für $a, b < -1$ möglichen Bifurkationen für $q = 4$? Wie unterscheiden sich diese Möglichkeiten vom Fall $q = 5$ und was ist der Hauptgrund für diesen Unterschied?

5.7 Entfaltungen von Rotationen und Scheren

5.7.1 Sei die Familie $\tilde{\mathbf{X}}(\boldsymbol{\nu}, \mathbf{x})$, die durch die Polarform

$$\dot{r} = \nu_1 r + a_1 r^3 + O(r^5), \quad \dot{\theta} = \nu_2 + \beta + b_1 r^2 + O(r^4) \qquad \text{(E5.51)}$$

definiert ist mit $\beta \in \mathcal{R}\backslash\mathcal{Q} \cap (0, 1)$ und $a_1 < 0$, eine Vektorfeld-Approximation einer Entfaltung von $\mathbf{f}_0$. Man zeige, daß die durch (5.7.2) definierte Familie $\tilde{\mathbf{P}}(\boldsymbol{\nu}, \mathbf{x})$ in der Form

$$\begin{aligned} r(2\pi) &= r(0)(1 + 2\pi\nu_1 + O(\nu_1^2)) + r(0)^3(2\pi a_1 + O(\nu_1) + O(r(0)^5), \\ \theta(2\pi) &= \theta(0) + \beta + \nu_2 + r(0)^2(2\pi b_1 + 4\pi^2 b_1 \nu_1 + O(\nu_1^2)) + O(r(0)^4). \end{aligned}$$

geschrieben werden kann. Man verifiziere, daß $\tilde{\mathbf{X}}$ und $\tilde{\mathbf{P}}$ einer superkritischen Hopf-Bifurkation unterliegen, wenn ν_1 durch Null wächst bei $\nu_2 \neq 0$, Was geschieht für $a_1 > 0$?

5.7.2 Sei $\tilde{\mathbf{X}}(\boldsymbol{\nu}, \mathbf{x})$ eine der in §5.6 diskutierten Familien mit einer Sattel-Knoten-Bifurkationskurve γ. Eine ein-parametrige Unterfamilie $\mathbf{Y}$, die einer Kurve in der $\boldsymbol{\nu}$-Ebene entspricht, welche γ bei $\mathbf{x}^*$ transversal schneidet, unterliegt einer Sattel-Knoten-Bifurkation, bei welcher ein Fixpunkt bei $\mathbf{x}^*$ erzeugt wird. Nun habe $\mathbf{Y}$, wenn es durch lokale Koordinaten $(\mu, \mathbf{y})$ bei $(\boldsymbol{\nu}^*, \mathbf{x}^*)$ ausgedrückt wird, die Form

$$\mathbf{Y}(\mu, \mathbf{y}) = \begin{pmatrix} y_1(\lambda + F(\mu, \mathbf{y})) \\ G(\mu, \mathbf{y}) \end{pmatrix} \qquad \text{(E5.52)}$$

mit $\mathbf{y} = (y_1, y_2)^T$ und F, G seien glatte Funktionen mit $F(0, \mathbf{0}) = G(0, \mathbf{0}) = 0$. Man verwende Satz 4.6 um zu zeigen, daß die Familie der Zeit-2π-Abbildungen von (E5.52) ebenfalls einer Sattel-Knoten-Bifurkation bei $(\mu, \mathbf{y}) = (0, \mathbf{0})$ unterliegt.

5.7.3 Man skizziere die Phasenbilder der Vektorfeld-Approximation $\tilde{\mathbf{X}}_\nu$, wenn $\boldsymbol{\nu}$ auf der Sattel-Verbindung-Bifurkationskurve in: (a) Abb. 5.11, (b) Abb. 5.12, (c) Abb. 5.13 liegt. Warum sind solche Sattel-Verbindungen in den in (5.7.1) gegebenen Familien *nicht* zu erwarten? Man skizziere für die Fälle (a)–(c) das allgemeine Verhalten der stabilen und instabilen Mannigfaltigkeiten der Sattelpunkte für die Familie **P**. Wie widerspiegelt sich die Sattel-Verbindung-Bifurkationskurve der Vektorfeld-Approximation im Bifurkationsdiagramm von **P**?

5.7.4 Man betrachte die Familie (5.6.37) mit $q = 5$. Man untersuche die Phasenbilder, welche in der Unterfamilie auftreten, die einem Kreisbogen in der $\boldsymbol{\nu}$-Ebene entspricht, welcher von einem Punkt in der Region (b) der Abb. 5.20 durch die Resonanzzunge zu einem Punkt in der Region (d) verläuft. Man skizziere das Verhalten des Vektorfeldes auf dem invarianten Kreis für repräsentative Mitglieder der Familie. Ist es dabei zu erwarten, daß sich das Verhalten der $\mathbf{P}(\boldsymbol{\nu}, \mathbf{x})$ in (5.7.1) entsprechenden Unterfamilie von der von $\tilde{\mathbf{P}}(\boldsymbol{\nu}, \mathbf{x})$ abgeleiteten, welche durch (5.7.2) gegeben ist, unterscheidet? Man erkläre, warum ähnliche Erwartungen für den Fall des Kreisbogens (a)–(c) in Abbildung 5.17 mit $q = 4$ nicht erfüllt werden.

6 Inhaltstreue Abbildungen und ihre Störungen

Ohne die Diskussion inhaltstreuer Abbildungen wäre wohl keine Veröffentlichung über dynamische Systeme vollständig. Wie wir bereits gesehen haben, zeigen numerische Experimente mit diesen Abbildungen extrem komplizierte Phänomene. In den §§6.2–6.5 wollen wir die wichtigsten Theoreme beschreiben, die für diese Beobachtungen verantwortlich sind. Jedoch auch die aktuellen Untersuchungen nicht-inhaltstreuer Abbildungen werden dadurch beeinflußt. Deshalb bildet eine Auswahl von Beispielen, die das Zusammenspiel zwischen inhaltstreuen Abbildungen und ihren Störungen widerspiegeln, einen passenden Abschluß dieses einführenden Buchs. Es gibt damit auch Einblick in die aktuelle Forschung auf diesem sich stürmisch entwickelnden Gebiet.

6.1 Einführung

Obwohl unser Hauptziel die Betrachtung inhaltstreuer Abbildungen ist, soll die Verbindung zu Vektorfeldern mittels Hamiltonscher Ströme nicht übersehen werden. So spielen Vektorfeld-Approximationen innerhalb dieses Kapitels eine wichtige Rolle. Die folgenden Betrachtungen sollen helfen, die Bedeutung von Inhaltstreue in den beiden Fällen zu beurteilen.

Hierbei ist wichtig zu erkennen, daß inhaltstreue Abbildungen eine starke Beschränkung der Vektorfelder und Abbildungen, die wir bisher betrachtet haben, darstellen. So ist zum Beispiel der Strom eines Vektorfeldes $\mathbf{X} : \mathcal{R}^2 \to \mathcal{R}^2$ inhaltstreu, wenn gilt $\operatorname{div} \mathbf{X}(\mathbf{x}) \equiv 0$ (siehe (1.9.25)). Wir wollen diese Bedingung nun auf den unendlichen Jet $\mathbf{X}(\mathbf{x})$ des in (4.3.20) definierten Vektorfeldes anwenden. Dabei ist

$$\operatorname{div} \mathbf{X}(\mathbf{x}) = \sum_{l=1}^{\infty} (2l+1) a_l (x_1^2 + x_2^2)^l, \tag{6.1.1}$$

daher ist der Strom von **X** dann und nur dann inhaltstreu, wenn $a_l = 0$ für alle $l \in \mathfrak{X}^+$ ist. Dies bedeutet (siehe (2.7.27, 2.7.28)), daß die Polarform des unendlichen Jets von (4.3.20) die Form

$$(\dot{\theta}, \dot{r}) = \left(\beta + \sum_{l=1}^{\infty} b_l r^{2l}, 0\right) \tag{6.1.2}$$

annimmt, wenn der Strom inhaltstreu sein soll. Deshalb bedeutet Inhaltstreue, nach den Kriterien des §4.3.2, einen unendlichen Entartungsgrad für das System. Natürlich ist das inhaltstreue Vektorfeld nicht einfach ein Vektorfeld mit einer Hopf-Singularität unendlicher Entartung, da die Terme unendlicher Ordnung im allgemeinen nicht-verschwindende Divergenz besitzen. Das folgende Theorem nach Birkhoff zeigt, daß (6.1.2) tatsächlich die Normalform eines ebenen Vektorfeldes mit einem inhaltstreuen Strom in der Umgebung eines stabilen Fixpunktes darstellt (siehe Aufgabe 1.9.3).

Für volumentreue Vektorfelder auf $\mathcal{R}^{2n}$ ist die Normalform eine Funktion der Hamiltonfunktion $H(\mathbf{q}, \mathbf{p})$, wobei die quadratischen Terme durch eine symplektische Transformation auf die Form

$$\frac{1}{2}\sum_{i=1}^{n} \omega_i(q_i^2 + p_i^2) \tag{6.1.3}$$

gebracht worden sind (siehe Aufgabe 6.1.1). Wir wollen hier anmerken, daß eine symplektische Transformation auf $\mathcal{R}^2$ inhaltstreu ist (siehe Aufgabe 6.1.2). $\{\omega_i\}_{i=1}^n$ sind die charakteristischen Frequenzen des n-F-Systems (welche als verschieden angenommen werden), und $(\mathbf{q}, \mathbf{p})$ seien die lokalen Koordinaten des Fixpunktes. Nach Arnold (1978) definieren wir nun wie folgt.

Definition 6.1 *Die Frequenzen $\omega_1, \ldots, \omega_n$ erfüllen eine* Resonanzbedingung der Ordnung K, *wenn ganze Zahlen k_i, $i = 1, \ldots, n$, die nicht alle gleich null seien, existieren, für die gilt:*

$$k_1\omega_1 + \cdots + k_n\omega_n = 0 \tag{6.1.4}$$

mit $|k_1| + \cdots + |k_n| = K$.

Definition 6.2 *Die* Birkhoff-Normalform *des Grades s einer* Hamiltonfunktion *ist ein Polynom des Grades s in den kanonischen Koordinaten (Q_i, P_i), $i = 1, \ldots, n$, welches gleichzeitig ein Polynom $[s/2]$-ten Grades in den Variablen $\tau_i = (Q_i^2 + P_i^2)/2$ ist.*

Theorem 6.1 *Erfülle $\{\omega_i\}_{i=1}^n$ keine Resonanzbedingungen der Ordnung s oder kleiner. Dann existiert ein kanonisches Koordinatensystem in der Umgebung des Fixpunktes, in welchem die Hamiltonfunktion auf Birkhoff-Normalform der Ordnung s bis auf Terme $s+1$-ter Ordnung reduziert werden kann, das heißt*

$$H(\mathbf{q}, \mathbf{p}) = H_s(\mathbf{Q}, \mathbf{P}) + R, \qquad R = O(|(\mathbf{Q}, \mathbf{P})|^{s+1}). \tag{6.1.5}$$

Für ebene Vektorfelder wird nicht die gesamte Stärke von Theorem 6.1 benötigt. Es gibt nur eine charakteristische Frequenz, so daß Resonanz nicht auftreten kann. Daher erhalten wir für jedes $m \in \mathscr{Z}^+$:

$$H(q, p) = \sum_{l=1}^{m} \alpha_l \left(\frac{Q^2 + P^2}{2} \right) + O(|(\mathbf{Q}, \mathbf{P}|^{2m+2}). \tag{6.1.6}$$

(6.1.2) ist damit die Polarform des unendlichen Jets der Hamilton-Gleichungen für diese Hamiltonfunktion mit $\beta = -\alpha_1$ und $b_l = -(l+1)\alpha_{l+1}/2^l$, $l = 1, 2, \ldots$ (siehe Aufgabe 6.1.3).

Die in Definition 6.1 gegebenen Resonanzbedingungen unterscheiden sich geringfügig von den in Kapitel 2 behandelten, in welchen die k_i negativ sein dürfen (vergleiche Definition 2.5). Dieser Unterschied entsteht durch den symplektischen Charakter der Transformation und die Tatsache, daß anstelle des Vektorfeldes die Hamiltonfunktion transformiert wird. Betrachten wir zum Beispiel ein System mit nur einem Freiheitsgrad. Die erzeugende Funktion

$$F_2(q, P) = qP + S_N(q, P) \tag{6.1.7}$$

(siehe Percival, Richards, 1982, S.90), wobei $S_N(q, P)$ ein homogenes Polynom vom Grade $N > 2$ ist, gibt Anlaß zu der symplektischen Transformation

$$p = P + D_q S_N(q, P) = P + D_q S_N(Q, P) + O(|(Q, P)|^N), \tag{6.1.8}$$

$$q = Q - D_p S_N(q, P) = Q - D_p S_N(Q, P) + O(|(Q, P)|^N), \tag{6.1.9}$$

mit $D_q S_N(Q, P) = [\partial S_N/\partial q]|_{(Q,P)}$ usw. (siehe Aufgabe 6.1.4). Um zu verstehen, wie sich die Transformation in der Resonanzbedingung auswirkt, genügt es, den Effekt der Transformation auf die quadratischen Terme der Hamiltonfunktion zu betrachten. Der Einfachheit halber gehen wir dazu zu den komplexen Variablen

$$z = q + ip, \qquad \bar{z} = q - ip \tag{6.1.10}$$

über, dabei nimmt der quadratische Anteil der Hamiltonfunktion die Form $-i\omega z\bar{z}$ an (siehe Aufgabe 6.1.4). Einsetzen von

$$\mathbf{S}_N(z, \bar{z}) = S_N(q(z, \bar{z}), P(z, \bar{z})) = \sum_{m,\bar{m}} \sigma_{m,\bar{m}} z^m \bar{z}^{\bar{m}} + O(|z|^{N+1}),$$
$$m + \bar{m} = N \tag{6.1.11}$$

in (6.1.8) und (6.1.9) ergibt

$$z = Z + 2i \sum_{m,\bar{m}} \bar{m} \sigma_{m,\bar{m}} Z^m \bar{Z}^{\bar{m}-1} + \cdots, \qquad m + \bar{m} = N, \tag{6.1.12}$$

$$\bar{z} = \bar{Z} - 2i \sum_{m,\bar{m}} m \sigma_{m,\bar{m}} Z^{m-1} \bar{Z}^{\bar{m}} + \cdots, \qquad m + \bar{m} = N. \tag{6.1.13}$$

Damit folgt

$$i\omega z\bar{z} = i\omega Z\bar{Z} + 2\sum_{m,\bar{m}} \omega(m-\bar{m})\sigma_{m,\bar{m}} Z^m \bar{Z}^{\bar{m}} + \cdots, \qquad m+\bar{m} = N. \quad (6.1.14)$$

Gilt

$$k = m - \bar{m} \neq 0, \quad (6.1.15)$$

so kann $\sigma_{m,\bar{m}}$ so gewählt werden, daß die Terme der Ordnung N aus der transformierten Hamiltonfunktion eliminiert werden können. Der Punkt ist nun, daß k sowohl positiv als auch negativ sein kann, da es die Differenz zweier positiver ganzer Zahlen ist. Die Verallgemeinerung von (6.1.14) für n Freiheitsgrade lautet

$$\sum_{j=1}^{n} i\omega_j z_j \bar{z}_j = \sum_{j=1}^{n} i\omega_j Z_j \bar{Z}_j$$

$$+2\sum_{m,\bar{m}} \left[\sum_{j=1}^{n} \omega_j(m_j - \bar{m}_j)\right] \sigma_{m,\bar{m}} Z_1^{m_1} \cdots Z_n^{m_n} \bar{Z}_1^{\bar{m}_1} \cdots \bar{Z}_n^{\bar{m}_n} + \cdots, \quad (6.1.16)$$

$$\Sigma_j(m_j + \bar{m}_j) = N,$$

und es folgen die Resonanzbedingungen von Definition 6.1. Details werden in Aufgabe 6.1.5 behandelt.

Kehren wir nun zum analogen Problem für inhaltstreue Abbildungen zurück. Wir nehmen an, der Ursprung sei ein stabiler Fixpunkt der Abbildung und der lineare Anteil besitze komplexe Eigenwerte mit Betrag eins. Einen solchen Fixpunkt nennt man *elliptisch.*

Definition 6.3 *Die* Birkhoff-Normalform *vom Grade s* einer inhaltstreuen ebenen Abbildung *in der Umgebung eines elliptischen Fixpunktes ist eine Rotation um einen variablen Winkel, dargestellt durch ein Polynom, dessen Grad in der radialen Variable τ des kanonischen Polarkoordinatensystems nicht größer als $M = [s/2] - 1$ ist, das heißt*

$$(\theta_1, \tau_1) = (\theta + \alpha_0 + \alpha_1\tau + \cdots + \alpha_M \tau^M, \tau) \quad (6.1.17)$$

mit $q = (2\tau)^{1/2}\cos\theta$ *und* $p = (2\tau)^{1/2}\sin\theta.$

Man beachte die Verwendung der Phrase „kanonisches Polarkoordinatensystem" in Definition 6.3 bei der Beschreibung der Koordinaten (θ, τ) zur Unterscheidung von den bekannten Polarkoordinaten (θ, r). Man erinnere sich (siehe Aufgabe 1.9.5), daß erstere durch symplektische Transformationen aus den kartesischen Koordinaten (x, y) hervorgegangen sind, während dies für letztere nicht gilt.

Theorem 6.2 *Ist der Eigenwert des linearen Anteils einer inhaltstreuen Abbildung an einem elliptischen Fixpunkt keine Wurzel der Eins mit dem Grad kleiner oder gleich s, so kann die Abbildung lokal durch eine symplektische Variablentransformation auf eine Birkhoff-Normalform des Grades s plus Terme höherer Ordnung reduziert werden.*

Beweis. Wie wir bereits gesehen haben, kann die durch (6.1.7) erzeugte symplektische Transformation in der komplexen Form (6.1.12) geschrieben werden. Mit $N = n + 1$, $l = \bar{m} - 1$ wird aus (6.1.12)

$$\begin{aligned} z &= Z + 2i\sum_{m,l}(l+1)\sigma_{m,l+1}Z^m\bar{Z}^l + O(|Z|^{n+1}), \qquad m+l=n, \\ &= Z + 2iD_{\bar{Z}}\mathbf{S}_{n+1}(Z,\bar{Z}) + O(|\bar{Z}|^{n+1}). \end{aligned} \tag{6.1.18}$$

Wir können ohne Beschränkung der Allgemeinheit annehmen, daß sich der elliptische Fixpunkt im Ursprung befindet und schreiben die inhaltstreue Abbildung in komplexer Notation als

$$z_1 = \exp(i\alpha_0)z + \sum_{j=2}^{n} p_j(z,\bar{z}) + O(|z|^{n+1}), \tag{6.1.19}$$

wobei $p_j(z, \bar{z})$ ein homogenes Polynom in z und $\bar{z}$ vom Grade j ist. Setzt man nun (6.1.18) in (6.1.19) ein, so erhält man (siehe Aufgabe 6.1.6)

$$\begin{aligned} Z_1 &= \exp(i\alpha_0)Z + \sum_{j=2}^{n} p_j(Z,\bar{Z}) \\ &\quad + 2i[\exp(i\alpha_0)D_{\bar{Z}}\mathbf{S}_{n+1}(Z,\bar{Z}) - D_{\bar{Z}}\mathbf{S}_{n+1}(Z_1,\bar{Z}_1)] + O(|Z|^{n+1}). \end{aligned} \tag{6.1.20}$$

Nun ist

$$D_{\bar{Z}}\mathbf{S}_{n+1}(Z_1,\bar{Z}_1) = D_{\bar{Z}}\mathbf{S}_{n+1}(\exp(i\alpha_0)Z, \exp(-i\alpha_0)\bar{Z}) + O(|Z|^{n+1}) \tag{6.1.21}$$

und daher

$$\begin{aligned} &[\exp(i\alpha_0)D_{\bar{Z}}\mathbf{S}_{n+1}(Z,\bar{Z}) - D_{\bar{Z}}\mathbf{S}_{n+1}(Z_1,\bar{Z}_1)] = \\ &\quad \exp(i\alpha_0)\sum_{m,l}(l+1)\sigma_{m,l+1}[1-\exp(i\alpha_0(m-l-1))]Z^m\bar{Z}^l + O(|Z|^{n+1}), \end{aligned} \tag{6.1.22}$$

wobei bei der Summation über m, l gilt $m + l = n$. Diese Terme sind $O(|Z|^n)$, und mit

$$\exp(i\alpha_0(m-l-1)) \neq 1 \tag{6.1.23}$$

folgt, daß $\sigma_{m,l+1}$ so gewählt werden kann, daß Terme aus $p_n(z, \bar{z})$ eliminiert werden können, ohne daß $p_j(z, \bar{z})$ für $j < n$ beeinflußt wird. Ist α_0 keine Wurzel der Eins vom Grade s oder kleiner, so gilt

$$\exp(i\alpha_0 k) \neq 1 \tag{6.1.24}$$

für alle $k = \pm 1, \ldots, \pm s$. Daher wird (6.1.23) immer dann nicht erfüllt für $m = l+1$, das heißt für $n = 2l+1$, und für $m = 0$, $l = s$, das heißt für $n = s$. Daraus folgt nun, daß die inhaltstreue Abbildung auf die Form

$$z_1 = \exp(i\alpha_0)z\left(1 + \sum_{l=1}^{[s/2]-1} a_{2l+1}|z|^{2l}\right) + O(|z|^s) \tag{6.1.25}$$

reduziert werden kann. Wir führen nun kanonische Polarkoordinaten (θ, τ) mittels $z = (2\tau)^{1/2}\exp(i\theta)$ ein und definieren

$$\left(1 + \sum_{l=1}^{[s/2]-1} a_{2l+1}|z|^{2l}\right) = R(\tau)\exp(i\Theta(\tau)). \tag{6.1.26}$$

Für den $(s-1)$-Jet von (6.1.25) erhalten wir dann

$$(\theta_1, \tau_1) = (\theta + \alpha_0 + \Theta(\tau), \tau R(\tau)^2). \tag{6.1.27}$$

Die Jacobi-Determinante lautet $(d\tau_1/d\tau) = d[\tau R(\tau)^2]/d\tau$, welche für eine inhaltstreue Abbildung identisch eins sein muß. Deshalb ist $R(\tau) \equiv 1$ und die Birkhoff-Normalform folgt aus der Entwicklung von Θ nach Potenzen von τ.

Besitzt die Linearisierung der Abbildung an dem elliptischen Fixpunkt Eigenwerte der Form $\exp(i\alpha_0)$, wobei α_0 ein irrationales Vielfaches von 2π ist, so folgt aus Theorem 6.2, daß die Abbildung lokal auf die Form

$$(\theta_1, \tau_1) = (\theta + \alpha_0 + \alpha_1\tau + \cdots + \alpha_M\tau^M + R_\theta(\theta, \tau), \tau + R_\tau(\theta, \tau)) \tag{6.1.28}$$

reduziert werden kann, wobei R_θ, R_τ gleich $o(\tau^M)$ sind mit $M = [s/2]-1$ für jedes $M \in \mathfrak{X}^+$. Man kann nun zeigen, daß (6.1.28) genau dem gleicht, was man erhält, wenn die Bedingung für Inhaltstreue

$$\det(D\mathbf{f}(\mathbf{x})) \equiv 1 \tag{6.1.29}$$

auf die Normalform

$$\theta_1 = \theta + \alpha_0 + \sum_{l=1}^{N} d_l r^{2l} + O(r^{2N+2}), \tag{6.1.30}$$

$$r_1 = r\left(1 + \sum_{l=1}^{N} c_l r^{2l}\right) + O(r^{2N+3}), \tag{6.1.31}$$

die durch (2.5.16) für irrationales $\alpha_0/2\pi$ gegeben ist (siehe Aufgabe 6.1.7(a)), anwendet. Definiere also (6.1.30, 6.1.31) eine Abbildung $\mathbf{F} : (\theta, r) \to (\theta_1, r_1)$, so gilt

$$\det(D\mathbf{f}(\mathbf{x})) = (r_1/r)\det(D\mathbf{F}(\theta, r)) \tag{6.1.32}$$

(siehe Aufgabe 6.1.7(b)). Daraus folgt

$$\det(D\mathbf{f}(\mathbf{x})) = \left(1 + \sum_{l=1}^{N} c_l r^{2l}\right)\left(1 + \sum_{l=1}^{N}(2l+1)c_l r^{2l}\right) + O(r^{2N+2}), \qquad (6.1.33)$$

und (6.1.29) impliziert $c_l = 0$ für $l = 1, \ldots, N$. So muß (6.1.30, 6.1.31) die Form

$$(\theta_1, r_1) = \left(\theta + \alpha_0 + \sum_{l=1}^{N} d_l r^{2l} + O(r^{2N+2}), r + O(r^{2N+3})\right) \qquad (6.1.34)$$

annehmen. Drückt man (6.1.34) durch die Variable $\tau = r^2/2$ aus, so folgt

$$(\theta_1, \tau_1) = \left(\theta + \alpha_0 + \sum_{l=1}^{N} 2^l d_l \tau^l + o(\tau^N), \tau + o(\tau^N)\right). \qquad (6.1.35)$$

Dies ist genau (6.1.17) mit $\alpha_l = 2^l d_l$ für $l = 1, \ldots, M = N$.

Ist in Gleichung (6.1.28) s unendlich, so sagt man oft, daß man sie durch eine „formale" Transformation erhalten habe, das heißt durch eine unendliche Folge von symplektischen Normalform-Transformationen, deren Konvergenz aber nicht betrachtet wird. Tatsächlich kann die Konvergenz dieser Konstruktion nicht garantiert werden (siehe Moser, 1968, S.28), man kann sogar im allgemeinen Divergenz erwarten (siehe Rüssmann, 1959). Ist aber $\alpha_0/2\pi$ irrational, so kann M in (6.1.28) beliebig groß gewählt werden. Dies bedeutet, daß die restliche θ-Abhängigkeit in $(R_\theta(\theta, \tau), R_\tau(\theta, \tau)$ in Terme beliebig hoher Ordnung in τ verschoben werden kann. Für $\alpha_0/2\pi$ rational geht dies jedoch nicht. Ist $\alpha_0 = 2\pi p/q$, dann wird (6.1.23) nicht erfüllt für

$$m - l - 1 = kq, \qquad (6.1.36)$$

$k \in \mathfrak{Z}$ (vergleiche (2.5.17)). Der Fall $k = 0$ gibt Anlaß zu den unvermeidbaren resonanten Termen in der Birkhoff-Normalform, für $k \neq 0$ jedoch erscheinen zusätzliche resonante Terme, und die Normalform ist nicht länger vom Birkhoff-Typ. In den kanonischen Polarkoordinaten (θ, τ) sind die zusätzlichen resonanten Terme nicht mehr allein eine Funktion von τ, so daß die Abbildung nicht länger auf die Form $(\theta + \alpha(\tau), \tau)$ mit beliebig hoher Ordnung in τ reduziert werden kann. Das Erscheinen dieser zusätzlichen resonanten Terme der Ordnung s und kleiner wird in Theorem 6.2 verhindert durch die Forderung, daß α_0 keine entsprechende Wurzel der Eins sein soll. Man kann jedoch die im Beweis des Theorems 6.2 entwickelten Transformationen alternativ dazu auch verwenden, wenn zusätzliche resonante Terme erlaubt werden und die Forderung nach der *Birkhoff*-Normalform aufgegeben wird. Man gelangt so zu folgendem Korollar zu Theorem 6.2.

Korollar 6.1 *An einem elliptischen Fixpunkt kann eine inhaltstreue Abbildung durch eine symplektische Variablentransformation lokal auf* Normalform *transformiert werden.*

Da die Transformation symplektisch ist, so ist die entstehende Normalform, obwohl nicht notwendig vom Birkhoff-Typ, so doch immer noch inhaltstreu.

Man nennt elliptische Fixpunkte, welche die Bedingungen des Theorems 6.2 mit $s \geq 5$ erfüllen, *allgemein* (im Sinne einer Gattungseigenschaft), falls die Konstante α_1 in (6.1.17) ungleich null ist. Diese Bedingung sichert gleichzeitig, daß die Birkhoff-Normalform (6.1.17) ein Beispiel für eine inhaltstreue Twist-Abbildung ist.

Twist-Abbildungen werden gewöhnlich auf Ringen (oder äquivalenten Zylindern) definiert, auf welchen die radialen (oder longitudinalen) und Winkel-Koordinaten als globale Koordinaten verwendet werden können. Wir nehmen an dieser Stelle an, der Ring liege in der Ebene und ist als Funktion der kanonischen Polarkoordinaten in der Form $A = \{(\theta, \tau) | a \leq \tau \leq b, 0 \leq \theta < 2\pi\}$ gegeben. Eine inhaltstreue Twist-Abbildung **T** hat dann die Gestalt

$$\mathbf{T} : (\theta, \tau) \mapsto (\theta + \alpha(\tau), \tau) \tag{6.1.37}$$

mit $d\alpha/d\tau = \alpha'(\tau) \neq 0$ für $\tau \in [a, b]$. Für den allgemeinen Fall (6.1.17) ist $\alpha'(\tau) = \alpha_1 \neq 0$ für alle $\tau > 0$, daher ist die Beschränkung dieser Abbildung auf A eine inhaltstreue Twist-Abbildung für alle a, b mit $b > a$. Wie im Falle einer Rotation liegen die Bahnen von (6.1.37) auf einem um den Ursprung zentriert liegenden Kreis. Der Unterschied zu einer reinen Rotation liegt darin, daß hier die Rotationszahl von der radialen Koordinate abhängt. Natürlich ist die Rotationszahl auf dem invarianten Kreis mit $\tau = \tau_0$ gleich $\alpha(\tau_0)$. Variiert τ_0, so kann diese Größe sowohl rationale als auch irrationale Werte annehmen. Ist sie rational (siehe §1.2), so ist jeder Punkt des invarianten Kreises ein periodischer Punkt. Ist sie auf der anderen Seite irrational, so enthält der entsprechende invariante Kreis keine periodischen Punkte und die Bahnen von (6.1.37) füllen den Kreis dicht. Mehr noch, $\alpha_0(\tau)$ muß nicht in $[0, 2\pi)$ liegen. Dann ist es bequem, bei der Berechnung der Rotationszahl nicht mod 1 zu rechnen. Diese „geliftete" Rotationszahl wird in den folgenden Ausführungen meist verwendet. Da $\alpha(\tau_0)$ stetig von τ_0 abhängt, sind Abbildungen wie (6.1.37) in einer subtilen und entarteten Art und Weise topologisch kompliziert. Diese Komplexität kann durch beliebig kleine Störungen zerstört werden: so besitzt zum Beispiel die Abbildung

$$\mathbf{T}_\varepsilon : (\theta, \tau) \mapsto (\theta + \alpha(\tau), (1 - \varepsilon)\tau + \varepsilon a), \qquad \varepsilon > 0, \tag{6.1.38}$$

für $a < \tau \leq b$ keine invarianten Kreise. Werden allerdings die Störungen passend beschränkt (zum Beispiel inhaltstreu: wir werden später sehen, daß schwächere Bedingungen ebenfalls interessante Phänomene ergeben), dann können inhaltstreue Twist-Abbildungen so entfaltet werden, daß sie den Grad der Komplexität zeigen, den wir von der Hénon-Abbildung (siehe §1.9) kennen. Um erklären zu können, wie dies geschieht, betrachten wir nun die Wirkung von Störungen auf die rationalen und irrationalen invarianten Kreise von (6.1.37).

6.2 Rationale Rotationszahlen und Birkhoff-periodische Punkte

6.2.1 Das Poincaré-Birkhoff-Theorem

Man betrachte die folgende Störung von (6.1.37)

$$\mathbf{M}_\varepsilon : (\theta, \tau) \mapsto (\theta + \alpha(\tau) + f(\theta, \tau, \varepsilon), \tau + g(\theta, \tau, \varepsilon)) \tag{6.2.1}$$

mit $\alpha'(\tau) \neq 0$ und f, g seien 2π-periodische Funktionen in θ mit $f(\theta, \tau, 0) = g(\theta, \tau, 0) \equiv 0$. Wir wollen annehmen, daß $\mathbf{M}_\varepsilon$, definiert auf einem Ring $a \leq \tau \leq b$, $a < b$, für alle Werte von ε inhaltstreu ist, das heißt

$$\int_\Gamma \tau d\theta = \int_{M_\varepsilon \Gamma} \tau d\theta \tag{6.2.2}$$

für jede geschlossene Kurve Γ im Ring.

Theorem 6.3 (Poincaré-Birkhoff) *Für eine gegebene rotationale Zahl p/q zwischen $\alpha(a)/2\pi$ und $\alpha(b)/2\pi$ existieren $2q$ Fixpunkte von $\mathbf{M}_\varepsilon^q : (\theta, \tau) \mapsto (\theta_q, \tau_q)$, welche für genügend kleines ε die Gleichung*

$$(\theta_q, \tau_q) = (\theta + 2\pi p, \tau) \tag{6.2.3}$$

erfüllen.

Dieses Ergebnis ist eine schwächere Version des Theorems nach Birkhoff (siehe §6.5), welches keine kleinen Parameter verwendet. Die hier vorhergesagten periodischen Punkte unterscheidet man oft von anderen periodischen Punkten, indem man sie mit dem Namen Birkhoff verbindet.

Man kann nun zeigen (siehe Aufgabe 6.2.1(a)), daß

$$\theta_q = \theta + q\alpha(\tau) + \tilde{f}_q(\theta, \tau, \varepsilon), \tag{6.2.4}$$

$$\tau_q = \tau + \tilde{g}(\theta, \tau, \varepsilon) \tag{6.2.5}$$

ist mit $\tilde{f}(\theta, \tau, 0) = \tilde{g}(\theta, \tau, 0) \equiv 0$. Ist $\alpha(\tau_0)/2\pi = p/q$, $a < \tau_0 < b$, dann besitzt $(\theta_q, \tau_q) = (\theta + 2\pi p, \tau)$ eine Lösung (θ, τ_0) für $\varepsilon = 0$ und alle $\theta \in [0, 2\pi)$. Da $\alpha'(\tau_0) \neq 0$ ist, sichert das Theorem über implizite Funktionen, daß die Gleichung $\theta_q = \theta + 2\pi p$ die eindeutige Lösung

$$\tau = F(\theta, \varepsilon) \tag{6.2.6}$$

besitzt, für welche für genügend kleine ε gilt $F(\theta, 0) \equiv \tau_0$. Typischerweise nimmt die in (6.2.6) definierte Kurve $\mathbf{S}$ die in Abbildung 6.1 gezeigte

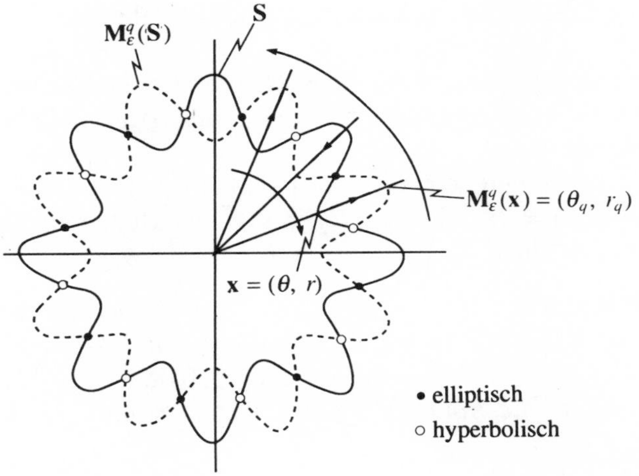

Abb. 6.1. Schematische Darstellung der allgemeinen Formen von **S** und $\mathbf{M}_\varepsilon^q(\mathbf{S})$, die zeigt, wie die Fixpunkte von $\mathbf{M}_\varepsilon^q$ entstehen. Die Kurve **S** wird radial abgebildet und für $\alpha'(\tau) > 0$ bewegt $\mathbf{M}_\varepsilon^q$ Punkte innerhalb (außerhalb) von **S** im Uhrzeigersinn (entgegen dem Uhrzeigersinn). Daher sind die Fixpunkte alternierend elliptisch und hyperbolisch. Für $\varepsilon = 0$ besitzt $\mathbf{M}_\varepsilon^q$ unendlich viele Fixpunkte, während für $\varepsilon > 0$ nur endlich viele auftreten.

sternförmige Form an. Obwohl natürlich Punkte von **S** durch $\mathbf{M}_\varepsilon^q$ in ihrer *radialen* Lage verändert werden, da θ und $\theta + 2\pi p$ in die gleiche radiale Richtung zeigen, so bedeutet doch (6.2.2), daß **S** und $\mathbf{M}_\varepsilon^q(\mathbf{S})$ die gleiche Fläche einschließen. Damit folgt, daß **S** und $\mathbf{M}_\varepsilon^q(\mathbf{S})$ sich mindest zweimal schneiden müssen (siehe Aufgabe 6.2.1(b)). Diese Punkte sind damit Fixpunkte von $\mathbf{M}_\varepsilon^q$. Ist $\mathbf{x}^*$ ein solcher Fixpunkt, so sind es auch $\mathbf{M}_\varepsilon^l(\mathbf{x}^*)$, $l = 1, \dots, q-1$, da $\mathbf{M}_\varepsilon^q\mathbf{M}_\varepsilon^l(\mathbf{x}^*) = \mathbf{M}_\varepsilon^l\mathbf{M}_\varepsilon^q(\mathbf{x}^*) = \mathbf{M}_\varepsilon^l(\mathbf{x}^*)$ gilt. Deshalb muß $\mathbf{M}_\varepsilon^q$ mindest $2q$ Fixpunkte besitzen. In Abbildung 6.1 erkennt man, wie diese Fixpunkte geometrisch in Erscheinung treten (siehe Aufgabe 6.2.2). Man erkennt, daß zwei verschiedene Typen von periodischen Punkten auftreten müssen. Ist zum Beispiel $\alpha'(\tau) > 0$, so folgt (siehe 6.2.4, 6.2.5), daß bei genügend kleinem ε die Punkte innerhalb von **S** mit dem Uhrzeiger, die Punkte außerhalb **S** jedoch entgegen dem Uhrzeiger unter $\mathbf{M}_\varepsilon^q$ rotieren. Nun wird mit Abb. 6.1 deutlich, daß elliptische • und hyperbolische ○ Fixpunkte alternierend in den Schnittpunkten von **S** und $\mathbf{M}_\varepsilon^q(\mathbf{S})$ auftreten. Tatsächlich liegen die entsprechenden periodischen Punkte im Herzen einer Inselkette, die wir bereits in §1.9 eingeführt hatten. Man sollte jedoch die Schleifen in Abbildung 6.1 nicht mit den Inselketten verwechseln. Genauere Informationen über das Auftreten von Inselketten erhält man durch die Untersuchung von Vektorfeld-Approximationen sorgfältig ausgewählter Familien von Abbildungen der Ebene.

6.2.2 Vektorfeld-Approximationen und Inselketten

Wir beginnen mit der Betrachtung eines Theorems nach Takens (1973a), welches sich mit ein-parametrigen Familien von inhaltstreuen Diffeomorphismen auf $\mathcal{R}^2$ beschäftigt.

Im folgenden werden wir eine ein-parametrige Familie $\mathbf{F} : \mathcal{R}^3 \to \mathcal{R}^3$ der Form $\mathbf{F}(\varepsilon, x, y) = (\varepsilon, F_1^\varepsilon(x, y), F_2^\varepsilon(x, y))^T$ der Bequemlichkeit halber mit $(\varepsilon, \mathbf{F}_\varepsilon(x, y))$ bezeichnen.

Theorem 6.4 *Sei* $\mathbf{P} : \mathcal{R}^3 \to \mathcal{R}^3$ *ein* C^∞*-Diffeomorphismus der Form* $\mathbf{P}(\varepsilon, x, y) = (\varepsilon, \mathbf{P}_\varepsilon(x, y))$*, wobei* $\mathbf{P}_\varepsilon$ *für alle* ε *inhaltstreu sein soll, und es gelte* $\mathbf{P}_0(0, 0) = (0, 0)^T$*. Weiter besitze* $D\mathbf{P}_0(0, 0)$ *die Eigenwerte* $\exp(\pm\alpha i)$*. Sei* $\mathbf{R}_\alpha : \mathcal{R}^2 \to \mathcal{R}^2$ *die Rotation um den Winkel* α *und sei* $\tilde{\mathbf{R}}_\alpha : \mathcal{R}^3 \to \mathcal{R}^3$ *durch*

$$\tilde{\mathbf{R}}_\alpha(\varepsilon, x, y) = (\varepsilon, \mathbf{R}_\alpha(x, y)) \tag{6.2.7}$$

definiert. Dann existiert eine Funktion $H : \mathcal{R}^3 \to \mathcal{R}$*, die unter* $\tilde{\mathbf{R}}_\alpha : \mathcal{R}^3 \to \mathcal{R}^3$ *invariant ist, sowie ein Diffeomorphismus* $\boldsymbol{\Psi} : \mathcal{R}^3 \to \mathcal{R}^3$ *der Form* $\boldsymbol{\Psi}(\varepsilon, x, y) = (\varepsilon, \boldsymbol{\Psi}_\varepsilon(x, y))$*, wobei* $\boldsymbol{\Psi}_\varepsilon$ *inhaltstreu ist, und es gelte* $\boldsymbol{\Psi}_0(0, 0) = (0, 0)^T$*. Die unendlichen Jets von* $\boldsymbol{\Psi}^{-1} \cdot \mathbf{P} \cdot \boldsymbol{\Psi}$ *und* $\boldsymbol{\varphi}_1 \cdot \tilde{\mathbf{R}}_\alpha$ *sollen im Punkte* $(0, 0, 0)^T$ *gleich sein. Hierbei ist* $\boldsymbol{\varphi}_1 : \mathcal{R}^3 \to \mathcal{R}^3$ *die Zeit-Eins-Abbildung des Vektorfeldes*

$$\left(0, \frac{\partial H_\varepsilon}{\partial y}, -\frac{\partial H_\varepsilon}{\partial x}\right)^T = (0, X^\varepsilon, Y^\varepsilon)^T, \tag{6.2.8}$$

das heißt $\boldsymbol{\varphi}_1 = (\varepsilon, \boldsymbol{\varphi}_1^\varepsilon)$*, dabei ist* $\boldsymbol{\varphi}_1^\varepsilon$ *der Strom von* $(X^\varepsilon, Y^\varepsilon)^T$*, und es gilt* $H_\varepsilon(x, y) = H(\varepsilon, x, y)$*.*

Die Invarianz von H unter $\tilde{\mathbf{R}}_\alpha$ bedeutet, daß der Strom $\boldsymbol{\varphi}_t^\varepsilon$ des Vektorfeldes $(X^\varepsilon, Y^\varepsilon)^T$ die Gleichung $\mathbf{R}_\alpha \cdot \boldsymbol{\varphi}_t^\varepsilon = \boldsymbol{\varphi}_t^\varepsilon \cdot \mathbf{R}_\alpha$ für alle ε erfüllt. Ist damit $\mathbf{x}^*$ ein Fixpunkt von $\boldsymbol{\varphi}_t^\varepsilon$, so ist er es auch für $\mathbf{R}_\alpha^j$ für alle $j \in \mathcal{Z}$. Ist $\alpha = 2\pi p/q$, so ist $\mathbf{R}_\alpha^q$ die Identität, und die Anzahl der Fixpunkte von $\boldsymbol{\varphi}_t^\varepsilon$ ist ein Vielfaches von q. Diese Fixpunkte des Stromes sind nun periodische Punkte mit der Periode q für $\mathbf{R}_\alpha \cdot \boldsymbol{\varphi}_1^\varepsilon$. Mehr noch, da die unendlichen Jets $\boldsymbol{\Psi}^{-1} \cdot \mathbf{P} \cdot \boldsymbol{\Psi}$ und $\mathbf{R}_\alpha \cdot \boldsymbol{\varphi}_1^\varepsilon$ übereinstimmen, kann man zeigen, daß die topologische Struktur der periodischen Punkte dieser zwei Abbildungen die gleiche ist, zumindest im allgemeinen Fall und in der Nähe von Null (siehe die Aufgaben 6.2.3 und 6.2.4). Die Funktion H kann noch weiter vereinfacht werden mittels Transformationen, welche die $\tilde{\mathbf{R}}_\alpha$-Invarianz erhalten, die jedoch nicht notwendig inhaltstreu sind. Im allgemeinen Fall führt dies zu den in den Abb. 6.2–6.8 gezeigten topologischen Typen in Abhängigkeit vom Wert des Divisors q. In diesen Phasenbildern treten Merkmale auf, die Inselketten ähnlich sehen, besonders für $q \geq 5$.

Die Familie $\mathbf{P}$ entfaltet die Familie $\mathbf{P}_0$, welche einen nicht-hyperbolischen Fixpunkt im Ursprung besitzt. Der erste Schritt bei der Konstruktion der Funktion H ist es, sich die entsprechende Familie von Normalformen $\mathbf{N}(\varepsilon, x, y) = (\varepsilon, \mathbf{N}_\varepsilon(x, y))$ zu verschaffen. Dazu benötigt man natürlich eine lineare Koordinatentransformation, um $D\mathbf{P}_0(\mathbf{0})$ auf Jordanform zu reduzieren, damit danach die Normalform berechnet werden kann. Man sollte hier erwähnen, daß es für den Fall, daß $D\mathbf{P}_0(\mathbf{0})$ eine Rotation darstellt, günstig ist, die Rechnung in komplexen Koordinaten $(z, \bar{z})$ durchzuführen (siehe Aufgabe 2.5.2). Wenn $\mathbf{N}$ eine glatte Funktion von ε sein soll, so müssen die gleichen resonanten Terme für $\varepsilon \neq 0$ erhalten bleiben. Diese Prozedur erlaubt es uns, die Normalform $\mathbf{N}_\varepsilon$ von $\mathbf{P}_\varepsilon$ zu konstruieren. Die hier ausgeführten Transformationen können als symplektisch angenommen werden, sowohl für α irrational als auch rational mittels Theorem 6.2 bzw. seines Korollars. Die Nacheinanderausführung aller dieser Variablenwechsel stellt die Transformation $\boldsymbol{\Psi}_\varepsilon(x, y)$ im Text des Theorems 6.4 dar.

Die Funktion H wird mittels der Familie der Normalformen $\mathbf{N} = \boldsymbol{\Psi}^{-1} \cdot \mathbf{P} \cdot \boldsymbol{\Psi} = (\varepsilon, \mathbf{N}_\varepsilon(x, y))$ konstruiert. Beginnen wir mit dem Fall $\varepsilon = 0$. Ist $\alpha/2\pi$ irrational, so ist $\mathbf{N}_0$ eine Birkhoff-Normalform, und der unendliche Jet kann in kanonischen Polarkoordinaten in der Form

$$(\theta + \alpha_0(\tau), \tau) \tag{6.2.9}$$

geschrieben werden. Diese Form hat die Eigenschaft, daß jeder Kreis τ =konstant invariant ist. Daher sollten die Trajektorien des Stromes φ_t^0 ebenfalls konzentrische Kreise um den Ursprung sein. Man kann dies überprüfen, indem man seine Hamiltonfunktion H_0 als Funktion nur von τ betrachtet. Aus den Hamiltonschen Gleichungen folgt dann (siehe Aufgabe 6.2.5)

$$H_0(\tau) = -\int^\tau \alpha_0(u)du. \tag{6.2.10}$$

Dieses Argument gilt offensichtlich auch für $\varepsilon \neq 0$, da $\mathbf{N}_\varepsilon$ durch (6.2.9) gegeben ist, wobei $\alpha_0(\tau)$ durch $\alpha_\varepsilon(\tau)$ ersetzt wird. Ist $\alpha/2\pi$ rational, wird die Rechnung allerdings deutlich komplizierter.

Sei nun $\alpha = 2\pi p/q$, $p \in \mathfrak{Z}$, $q \geq 3$, dann ist der lineare Anteil von $\mathbf{N}_0^q$ die Identität. So können wir schreiben (siehe Moser, 1968, S.26):

$$\mathbf{N}_0^q : \quad \begin{aligned} x_q &= x + \sum_{k=2}^{\infty} F_k^0(x, y), \\ y_q &= y + \sum_{k=2}^{\infty} G_k^0(x, y), \end{aligned} \tag{6.2.11}$$

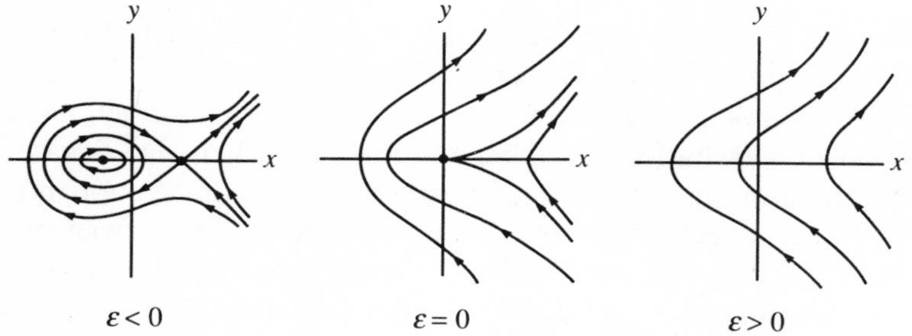

Abb. 6.2. $q = 1$, $H(\varepsilon, x, y) = \frac{1}{2}y^2 - \frac{1}{3}x^3 - \varepsilon x$.

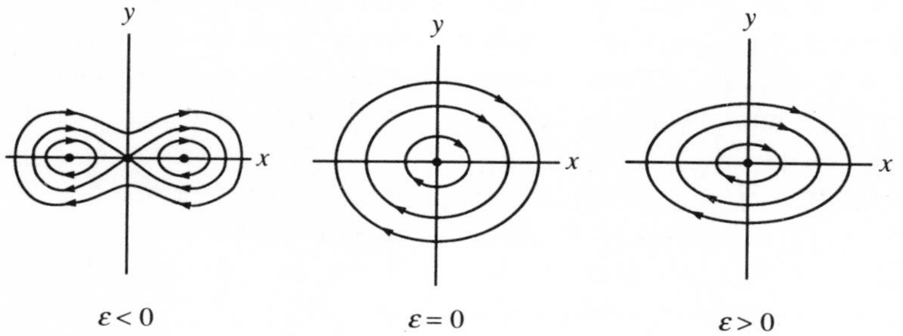

Abb. 6.3. $q = 2$, $H(\varepsilon, x, y) = \frac{1}{2}y^2 + \frac{1}{4}x^4 + \varepsilon(x^2 + y^2)$.

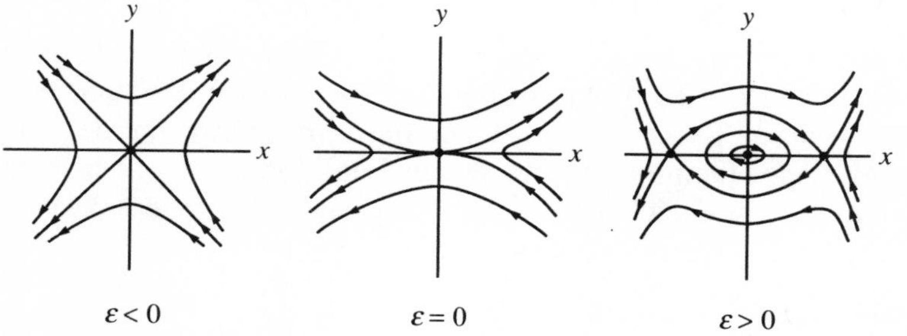

Abb. 6.4. $q = 2$, $H(\varepsilon, x, y) = \frac{1}{2}y^2 - \frac{1}{4}x^4 + \varepsilon(x^2 + y^2)$.

Abb. 6.2–6.8. Die topologischen Typen von Phasenbildern der ein-parametrigen Familie $\varphi_t = (\varepsilon, \varphi_t^\varepsilon)$ mit $\alpha = 2\pi p/q$. Die Trajektorien fallen mit den Niveau-Linien der Funktion $H(\varepsilon, x, y)$ zusammen, wobei letztere für jeden Wert von q gegeben wird. Man beachte die Ähnlichkeit zu den in §5.6 gegebenen Abbildungen, jedoch fehlt die Dissipation. Im Unterschied zu Kapitel 5 unterscheiden sich die Fälle $q = 1, 2$ durch ihre Linearisierungen, welche Scheren anstelle von Rotationen sind. Im folgenden bezeichnet H_q das Polynom in $\mathcal{R}^2$, welches in Polarkoordinaten die Form $H_q(\theta, r) = r^q \sin(q\theta)$ besitzt. (Nach Takens, 1973b).

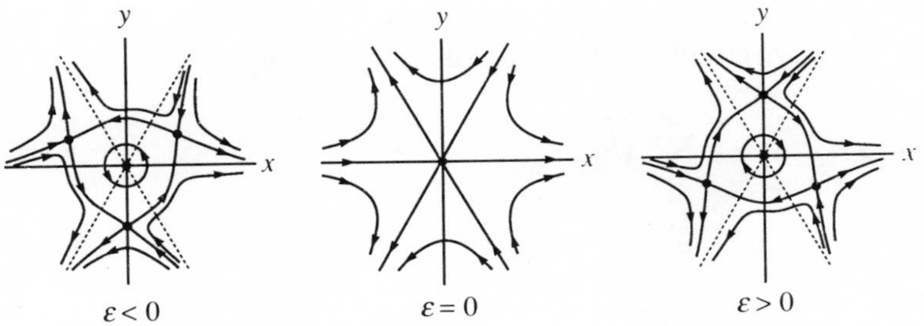

Abb. 6.5. $q = 3$, $H(\varepsilon, x, y) = H_3 + \varepsilon(x^2 + y^2)$.

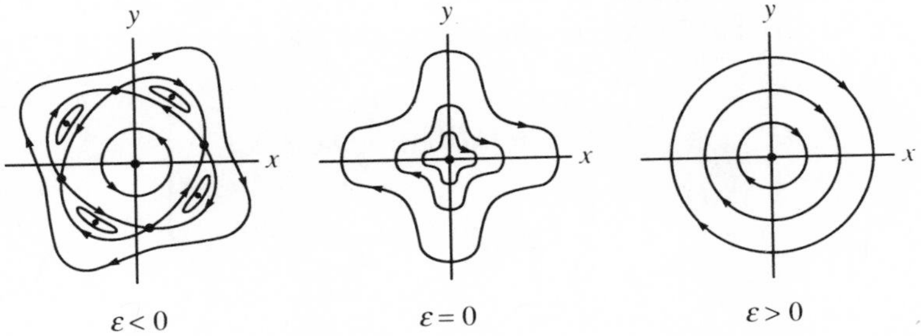

Abb. 6.6. $q = 4$, $H(\varepsilon, x, y) = H_4 + \kappa(x^2 + y^2)^2 + \varepsilon(x^2 + y^2)$, $H(0, x, y)$ ist positiv definit.

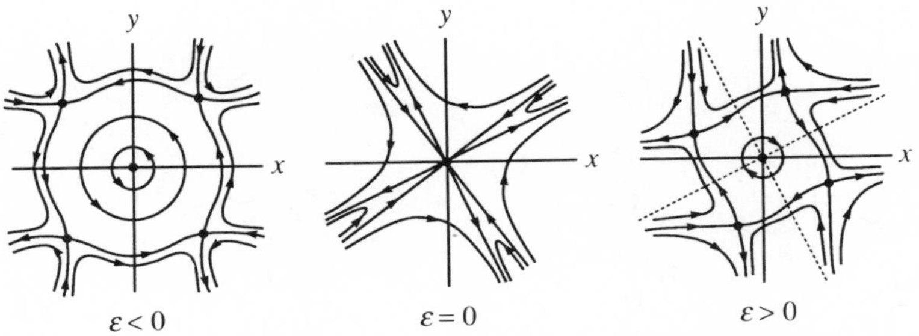

Abb. 6.7. $q = 4$, $H(\varepsilon, x, y) = H_4 + \kappa(x^2 + y^2)^2 + \varepsilon(x^2 + y^2)$, $H(0, x, y)$ ist nicht definit.

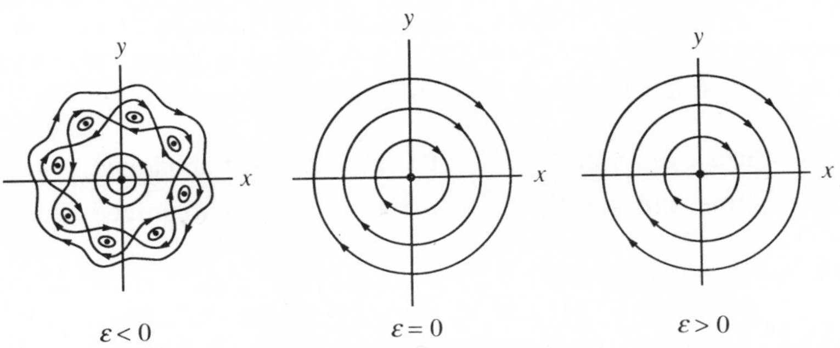

Abb. 6.8 $q \geq 5$, $H(\varepsilon, x, y) = H_q + (x^2 + y^2)^2 + \varepsilon(x^2 + y^2)$.

Abb. 6.2–8. (Fortsetzung)

wobei F_k^0 und G_k^0 homogene Polynome vom Grade k in x, y sind. Wir versuchen nun, eine Differentialgleichung zu konstruieren:

$$\dot{x} = X^0(x, y) = \sum_{k=2}^{\infty} X_k^0(x, y), \tag{6.2.12}$$

$$\dot{y} = Y^0(x, y) = \sum_{k=2}^{\infty} Y_k^0(x, y), \tag{6.2.13}$$

mit $(X_k^0, Y_k^0) \in H^k$ (zur Definition von H^k siehe (2.3.1)). Der Strom $\boldsymbol{\varphi}_t^0$ soll dabei so beschaffen sein, daß der unendliche Jet der Zeit-q-Abbildung von $\boldsymbol{\varphi}_t^0$ gleich dem von $\mathbf{N}_0^q$ ist. Man erreicht dies durch die Entwicklung von $\boldsymbol{\varphi}_t^0$

$$\boldsymbol{\varphi}_t^0(x, y) = \begin{pmatrix} x^0(t) \\ y^0(t) \end{pmatrix} = \begin{pmatrix} x + t\dot{x}(0) + \dfrac{t^2}{2}\ddot{x}(0) + \cdots \\ y + t\dot{y}(0) + \dfrac{t^2}{2}\ddot{y}(0) + \cdots \end{pmatrix} \tag{6.2.14}$$

mit

$$\dot{x}(0) = X^0(x, y), \qquad \dot{y}(0) = Y^0(x, y) \tag{6.2.15}$$

und

$$\ddot{x}(0) = \left[\frac{\partial X^0}{\partial x} X^0 + \frac{\partial X^0}{\partial y} Y^0\right]_{(x,y)}, \tag{6.2.16}$$

$$\ddot{y}(0) = \left[\frac{\partial Y^0}{\partial x} X^0 + \frac{\partial Y^0}{\partial y} Y^0\right]_{(x,y)}. \tag{6.2.17}$$

Man beachte, daß die Terme, welche t^l, $l \geq 2$ enthalten, in (6.2.14) mindest von dritter Ordnung in x, y sind. Man kann deshalb die Koeffizienten von x^2, xy, y^2 in (X_2^0, Y_2^0) so wählen, daß $\boldsymbol{\varphi}_t^0$ mit $\mathbf{N}_0^q$ in dieser Ordnung in x, y übereinstimmen, da $F_2^0(x, y)$ und $G_2^0(x, y)$ bekannt sein sollen. Im allgemeinen besitzen die Terme der Ordnung k in (6.2.14) die Form

$$tX_k^0 + \text{ Terme, die von } X_i^0,\ Y_i^0\ ,\ i = 2, \ldots, k-1 \text{ abhängen,} \tag{6.2.18}$$

$$tY_k^0 + \text{ Terme, die von } X_i^0,\ Y_i^0\ ,\ i = 2, \ldots, k-1 \text{ abhängen,} \tag{6.2.19}$$

(siehe die Aufgaben 6.2.6 und 6.2.7), so daß für gegebene X_i^0, Y_i^0 mit $i = 2, \ldots, k-1$ die Größen X_k^0 und Y_k^0 berechnet werden können. X^0 und Y^0 können damit induktiv so konstruiert werden, daß $\boldsymbol{\varphi}_t^0$ und $\mathbf{N}_0^q$ in beliebiger Ordnung übereinstimmen.

Für $\varepsilon \neq 0$ wird (6.2.11) durch

$$\mathbf{N}_\varepsilon^q : \begin{aligned} x_q &= x + \sum_{k=2}^{\infty} F_k^0(x, y) + \sum_{k=0}^{\infty}\sum_{i=1}^{\infty} \varepsilon^i F_k^i(x, y) \\ y_q &= y + \sum_{k=2}^{\infty} G_k^0(x, y) + \sum_{k=0}^{\infty}\sum_{i=1}^{\infty} \varepsilon^i G_k^i(x, y) \end{aligned} \tag{6.2.20}$$

sowie (6.2.12) und (6.2.13) durch

$$\dot{x} = X^\varepsilon(x, y) = \sum_{k=2}^{\infty} X_k^0(x, y) + \sum_{k=0}^{\infty}\sum_{i=1}^{\infty} \varepsilon^i X_k^i(x, y), \tag{6.2.21}$$

$$\dot{y} = Y^\varepsilon(x, y) = \sum_{k=2}^{\infty} Y_k^0(x, y) + \sum_{k=0}^{\infty}\sum_{i=1}^{\infty} \varepsilon^i Y_k^i(x, y) \tag{6.2.22}$$

ersetzt. Für jede Potenz von ε muß dann die oben beschriebene induktive Konstruktion durchgeführt werden. So finden wir zum Beispiel (siehe Aufgabe 6.2.8), daß die Terme der Ordnung ε in $\boldsymbol{\varphi}_t^\varepsilon(x, y)$ folgende Form aufweisen:

$$tX_k^1 + \text{Terme, welche von } X_i^1,\ Y_i^1\ ,\ i = 0, \dots, k-1 \text{ und } X_i^0,\ Y_i^0\ ,\ i = 2, 3, \dots, k+1 \text{ abhängen,} \tag{6.2.23}$$

$$tY_k^1 + \text{Terme, welche von } X_i^1,\ Y_i^1\ ,\ i = 0, \dots, k-1 \text{ und } X_i^0,\ Y_i^0\ ,\ i = 2, 3, \dots, k+1 \text{ abhängen.} \tag{6.2.24}$$

Kennen wir also X_i^0, Y_i^0, $i = 2, 3, \dots, k+1$ aus $\mathbf{N}_0$ und seien X_i^1, Y_i^1, $i = 0, \dots, k-1$ bereits berechnet, so erhält man mittels obiger Formeln X_k^1 und Y_k^1.

Man kann nun zeigen, daß das auf dies Art und Weise konstruierte Vektorfeld $\mathbf{X}^\varepsilon = (X^\varepsilon, Y^\varepsilon)^T$ eine Hamiltonfunktion ist. Denn mit Hilfe der Eigenschaft der Inhaltstreue von $\mathbf{N}_\varepsilon$ kann man beweisen, daß in einer Umgebung von $(x, y) = (0, 0)$ gilt

$$\operatorname{Tr} D\mathbf{X}^\varepsilon = \frac{\partial X^\varepsilon}{\partial x} + \frac{\partial Y^\varepsilon}{\partial y} = X_x^\varepsilon + Y_y^\varepsilon \equiv 0. \tag{6.2.25}$$

Die Jakobi-Determinante der Transformation $\boldsymbol{\varphi}_t^\varepsilon$ erfüllt nun (siehe Aufgabe 6.2.9)

$$\frac{d}{dt}\{\det(D\boldsymbol{\varphi}_t^\varepsilon(\mathbf{x}))\} = \operatorname{Tr} D\mathbf{X}^\varepsilon(\boldsymbol{\varphi}_t^\varepsilon(\mathbf{x}))\det(D\boldsymbol{\varphi}_t^\varepsilon(\mathbf{x})) \tag{6.2.26}$$

auf grund der Anfangsbedingung $\det(D\boldsymbol{\varphi}_t^\varepsilon(\mathbf{x})) = 1$. Sei nun

$$\operatorname{Tr} D\mathbf{X}^\varepsilon(\mathbf{x}) \not\equiv 0, \tag{6.2.27}$$

dann existiert ein Wert von $k \geq 1$, so daß gilt

$$\operatorname{Tr} D\mathbf{X}^\varepsilon(\mathbf{x}) = \tau_k^\varepsilon(x, y) + \cdots, \tag{6.2.28}$$

wobei τ_k^ε ein homogenes Polynom vom Grade k in x, y ist. Mit Blick auf (6.2.14) folgt dann

$$\operatorname{Tr} D\mathbf{X}^\varepsilon(\boldsymbol{\varphi}_t^\varepsilon(\mathbf{x})) = \tau_k^\varepsilon(x, y) + \cdots, \tag{6.2.29}$$

und (6.2.26) ergibt

$$\det(D\boldsymbol{\varphi}_t^\varepsilon(\mathbf{x})) = 1 + t\tau_k^\varepsilon(x, y) + \cdots. \tag{6.2.30}$$

Damit erhalten wir

$$\det(D\boldsymbol{\varphi}_q^\varepsilon(\mathbf{x})) = 1 + q\tau_k^\varepsilon(x, y) + \cdots. \tag{6.2.31}$$

Dies steht im Widerspruch zu der Annahme, $\mathbf{N}_\varepsilon$ ist inhaltstreu. Mittels obigen Verfahrens stimmt $\boldsymbol{\varphi}_q^\varepsilon$ mit $\mathbf{N}_\varepsilon^q$ in allen Ordnungen überein, so daß in k-ter Ordnung in $|\mathbf{x}|$ gilt

$$\det(D\boldsymbol{\varphi}_q^\varepsilon(\mathbf{x})) = \det(D\mathbf{N}_\varepsilon^q(\mathbf{x})). \tag{6.2.32}$$

Da $\mathbf{N}_\varepsilon^q$ inhaltstreu ist, gilt ebenfalls

$$\det(D\mathbf{N}_\varepsilon^q(\mathbf{x})) \equiv 1 \tag{6.2.33}$$

in einer Umgebung des Ursprungs. Wir schließen damit:

$$\operatorname{Tr} D\mathbf{X}^\varepsilon(\mathbf{x}) = X_x^\varepsilon(x, y) + Y_y^\varepsilon(x, y) \equiv 0. \tag{6.2.34}$$

Man kann weiter zeigen (siehe Aufgabe 6.2.10), daß eine formale Potenzreihe $H_\varepsilon(x, y)$ existiert, für welche

$$X^\varepsilon = \frac{\partial H_\varepsilon}{\partial y}, \qquad Y^\varepsilon = -\frac{\partial H_\varepsilon}{\partial x} \tag{6.2.35}$$

gilt; also ist $(X^\varepsilon, Y^\varepsilon)$ ein Hamiltonsches Vektorfeld. Da ε eine von t unabhängige Konstante ist, wird die Komponente $\dot{\varepsilon} = 0$ zu (6.2.35) hinzugefügt und man erhält damit (6.2.8).

Diese Argumentation führt uns zu einer glatten, ein-parametrigen Familie von approximierenden Vektorfeldern. Wie in §5.5 sind diese Vektorfelder alle invariant unter einer Drehung um $2\pi/q$ und führen zu einer Approximation für $\mathbf{N}_\varepsilon$, welche aus einem Produkt (Nacheinanderausführung) von $\boldsymbol{\varphi}_1^\varepsilon$ mit einer Rotation um $2\pi p/q$ besteht; das heißt (siehe Aufgabe 6.2.11)

$$\mathbf{R}_{p/q} \cdot \boldsymbol{\varphi}_1^\varepsilon = \boldsymbol{\varphi}_1^\varepsilon \cdot \mathbf{R}_{p/q} \tag{6.2.36}$$

(siehe Satz 5.2). Es ist hier bequem, diese Ergebnisse mit Hilfe der Abbildungen $\tilde{\mathbf{R}}_\alpha$, $\boldsymbol{\varphi} : \mathcal{R}^3 \to \mathcal{R}^3$ auszudrücken, welche in (6.2.7) bzw. (6.2.8) definiert werden.

Die Verwendung von Theorem 6.4 zur Generierung von Informationen über die Inselketten in einer Familie von Abbildungen auf einem Ring wie (6.2.1) ist nicht trivial. Wir können annehmen, daß der Ring in der Ebene eingebettet ist, zentriert um den Ursprung liegt und daß (6.2.1) eine passende Beschränkung einer Familie $\mathbf{P}$ von ebenen Abbildungen ist. Bei der Analyse von (6.2.1) sind wir jedoch an den Auswirkungen von Störungen auf dem invarianten Kreis der Twist-Abbildung (6.1.37) mit der Rotationsszahl p/q interessiert. Ist dieser Kreis durch $\tau = \tau_0$ gegeben, so wissen wir: $\alpha(\tau_0) = 2\pi p/q$; um jedoch Theorem 6.4 anwenden zu können, benötigen wir $\alpha = \alpha(0)$, welches wir aber nicht berechnen können. Der Fall der schwachen Resonanz $q \geq 5$ liefert den Schlüssel zu einem möglichen Verfahren. In Abb. 6.8 sieht man eine Approximation einer q-fachen Inselkette. Die Fixpunkte des Vektorfeldes in diesem Phasenbild sind q-periodische Punkte von $\mathbf{R}_\alpha \cdot \boldsymbol{\varphi}_1^\varepsilon = \boldsymbol{\varphi}_1^\varepsilon \cdot \mathbf{R}_\alpha$. Sie bilden zwei periodische Bahnen, eine stabile sowie eine instabile, deren Rotationszahl in beiden Fällen gleich p/q ist. Die Abb. 6.8 entspricht jedoch $\alpha(0)$, anstatt $\alpha(\tau_0)$, gleich $2\pi p/q$. Wollen wir also die periodischen Bahnen in dieser Vektorfeld-Approximation mit den durch Theorem 6.3 vorhergesagten in Verbindung bringen, müssen wir zeigen, daß sich $\mathbf{M} = (\varepsilon, \mathbf{M}_\varepsilon)$, wobei $\mathbf{M}_0$ durch $(\theta + \alpha(\tau), \tau)$ und $\alpha(\tau_0) = 2\pi p/q$ gegeben ist, in gleicher Weise verhält wie $\mathbf{P} = (\varepsilon, \mathbf{P}_\varepsilon)$, dabei besitze $D\mathbf{P}_0(\mathbf{0})$ die Eigenwerte $\exp(2\pi i p/q)$. Diese Aufgabe ist nicht trivial. Man kann die geforderte Beziehung beweisen (siehe Chenciner, 1982), zumindest wenn $\alpha(0)$ genügend nahe bei $2\pi i p/q$ liegt, indem man die zwei-parametrige Familie von Abbildungen untersucht, welche durch Multiplikation von $\mathbf{M}_\varepsilon$ mit einer Rotation um $[\alpha(\tau_0) - \alpha(0) + s]$ entsteht, wobei s ein neuer Parameter ist. Diese neue Familie entfaltet offensichtlich eine Abbildung, deren linearer Anteil im Ursprung eine Rotation um $\alpha(\tau_0) = 2\pi p/q$ darstellt. $\mathbf{M}_\varepsilon$ läßt sich zurückgewinnen, indem $s = -[\alpha(\tau_0) - \alpha(0)]$ gesetzt wird. Man kann nun tatsächlich zeigen, daß sich die neue Familie mit ε für alle s genügend klein so verhält und Theorem 6.4 kann für $s = 0$ angewandt werden. Auf diese Art und Weise kann eine formale Verbindung zwischen den Familien $\mathbf{M}$ und $\mathbf{P}$ geschaffen werden. Das gleiche Problem tritt auch in §6.8 auf, so daß wir die weitere Diskussion bis dahin verschieben wollen.

Vom praktischen Standpunkt aus gesehen ist es bemerkenswert, daß das Theorem 6.4 die Existenz von periodischen Punkten mit einer Periode verschieden von q nicht ausschließt, es fokussiert nur die Aufmerksamkeit auf eine ausgewählte Periode q. Wir wollen diesen Punkt hervorheben und gleichzeitig die Anwendung von Theorem 6.4 illustrieren, indem wir nun die in §1.9 eingeführte Hénon-Abbildung betrachten.

Beschränkt man die Abbildung (1.9.45, 1.9.46) (Hénon, 1969) passend, so definiert sie eine Familie des in Theorem 6.4 beschriebenen Types:

$$(\alpha,\ x\cos\alpha - y\sin\alpha + x^2\sin\alpha,\ x\sin\alpha + y\cos\alpha - x^2\cos\alpha)^T. \quad (6.2.37)$$

Wir können weiter die Forderung, daß der Parameter klein sein soll, erfüllen, indem wir für verschiedene p/q schreiben $\alpha = 2\pi p/q - \varepsilon$. Wählen wir zum Beispiel $p = 1$ und $q = 4$, so erwarten wir, etwas den Abb. 6.6 oder 6.7 ähnliches zu finden, wenn bei den numerischen Rechnungen $\cos\alpha$ in der Nähe von $\cos\pi/2$ liegt. Dies ist auch der Fall, wie man in den Abb. 6.9 und 6.10 (nach Hénon, 1969) sieht. Es ist kein Zufall: $p = 1$, $q = 5$ entspricht einer 5-fachen Inselkette für $\cos\alpha \leq \cos 2\pi/5 \simeq 0{,}3090$ und im Werk von Hénon gibt es eine solche Kette für $\cos\alpha = 0,24$ (siehe Abbildung 6.11). Man kann sogar zeigen (siehe die Aufgaben 6.2.12 und 6.2.13), daß diese 5-fache Inselkette für $\cos\alpha \simeq 0{,}3$ zu verschwinden scheint. Der Fall $q = 3$ ist ebenfalls in der Arbeit von Hénon sichtbar. Man beachte, daß $\cos 2\pi/3 = -\frac{1}{2}$ ist, und man erkennt, daß Abb. 6.12(a)–(c) (nach Hénon, 1969) das in Abb. 6.5 vorgezeichnete Verhalten widerspiegelt. Natürlich sagt Theorem 6.4 nicht, daß die Inselketten nur einzeln erscheinen. So ergibt $p = 5$ und $q = 12$ $\cos 2\pi p/q = -0{,}8660$, während $p = 3$ und $q = 7$ $\cos 2\pi p/q = -0{,}9010$ liefert. Theorem 6.4 sagt dann (siehe Abbildung 6.8), daß für $\cos \leq -0{,}9010$ sowohl die 7fache als auch die 12fache Inselkette erscheinen sollte. Die Abb. 12 von Hénon (1969) zeigt beide Ketten bei $\cos\alpha = -0{,}95$, sie ist in Abb. 6.13 reproduziert.

Wie wir bereits in §5.7 sahen, werden die Separatrizen der Vektorfeld-Approximationen im allgemeinen in $\mathbf{P}_\varepsilon$ nicht zu finden sein. Statt dessen erwarten wir homoklines Gewebe an jedem hyperbolischen Fixpunkt.

Nach der Diskussion in §3.7 wissen wir, daß diese Gewebe für die „zweidimensionalen" Bahnen, die in den obigen Abbildungen auftreten, verantwortlich sind.

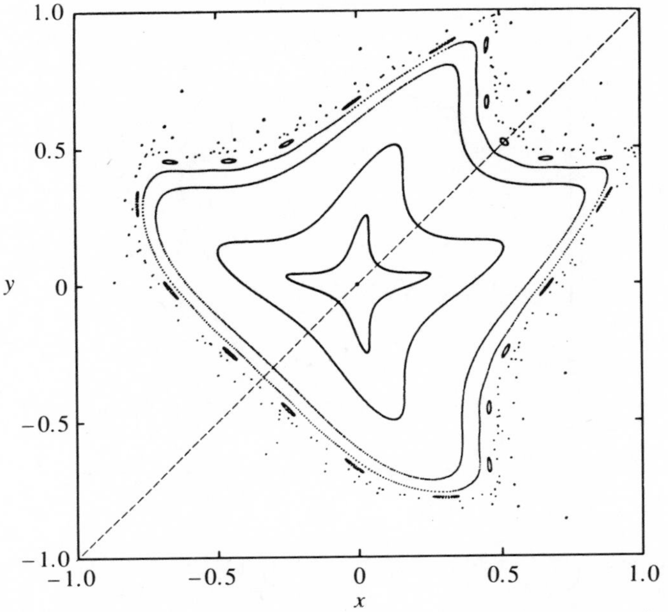

Abb. 6.9. Einige Bahnen von (6.2.37) mit $\alpha = \pi/2 - \varepsilon$ und $\varepsilon = 0$ (siehe Abb. 6.6). (Nach Hénon, 1969.)

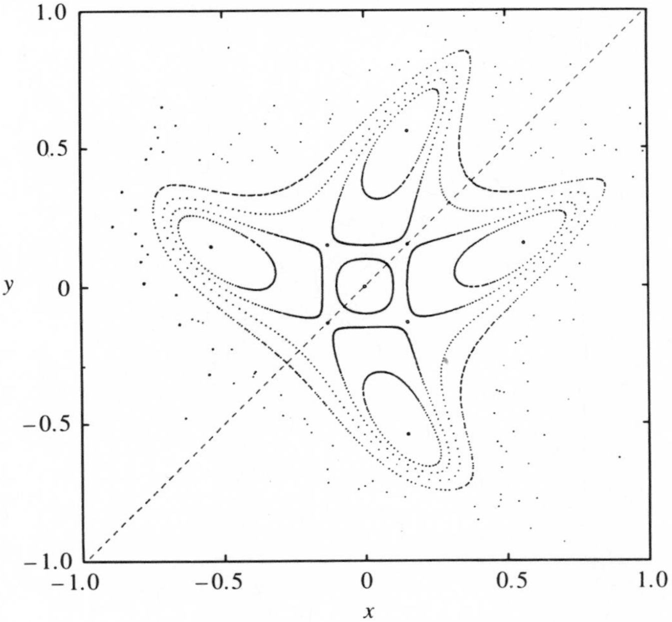

Abb. 6.10. Ausgewählte Bahnen von (6.2.37) mit $\alpha = \pi/2 - \varepsilon$ und $\varepsilon < 0$ (siehe Abb. 6.6). Tatsächlich ist $\cos\alpha = \sin\varepsilon = -0,01$. (Nach Hénon, 1969.)

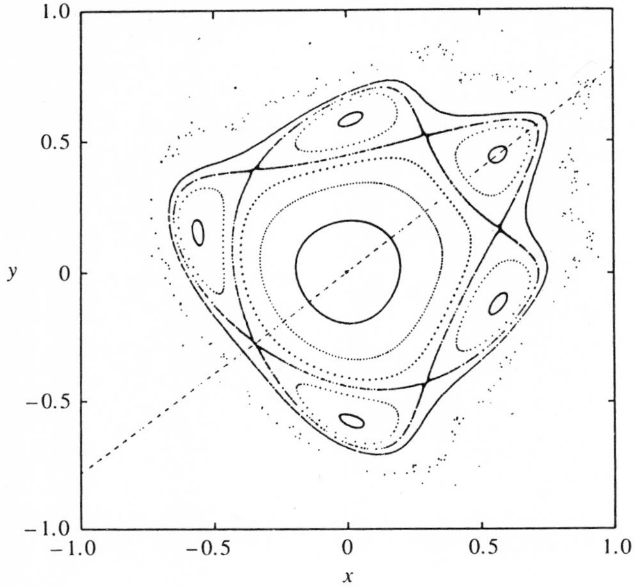

Abb. 6.11. Sei $\alpha = 2\pi/5 - \varepsilon$. Man sollte, mit Blick auf Abb. 6.8, eine 5fache Inselkette für kleines, negatives ε erwarten, das heißt für $\alpha > 2\pi/5$ und daher $\cos\alpha < 0{,}3090$. Dieses Diagramm zeigt typische Bahnen von (6.2.37) mit $\cos\alpha = 0{,}24$, das heißt $\varepsilon \simeq 0{,}07$. (Nach Hénon, 1969.)

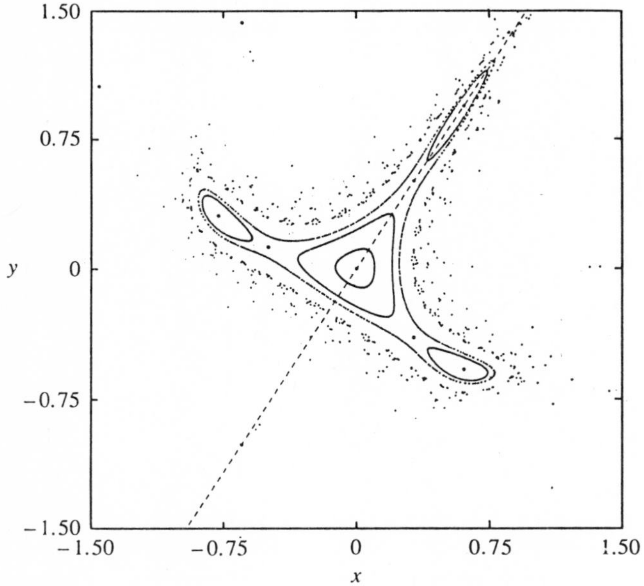

(*a*) $\varepsilon = +0.09$

Abb. 6.12. Gemeinsame Bahnen von (6.2.37) für drei Werte von $\cos\alpha$ in der Nähe von $\cos 2\pi/3 = -0{,}5$: (a) $\cos\alpha = -0{,}42$; (b) $\cos\alpha = -0{,}45$; (c) $\cos\alpha = -0{,}60$. Ist $\alpha = 2\pi/3 - \varepsilon$, so gilt: (a) $\varepsilon = 0{,}09$; (b) $\varepsilon = 0{,}06$; (c) $\varepsilon = -0{,}12$. Diese Sequenz von Diagrammen ist mit dem in Abbildung 6.5 gezeigten Bifurkationsdiagramm konsistent. (Nach Hénon, 1969.)

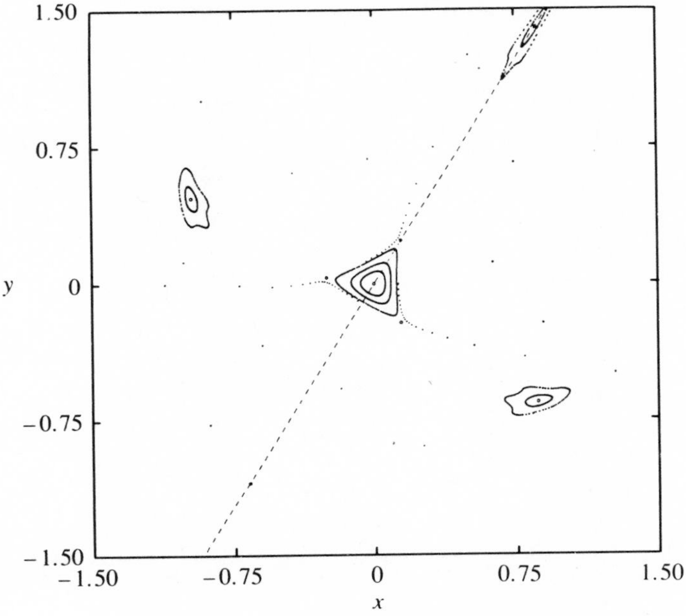

(*b*) $\varepsilon = +0.06$

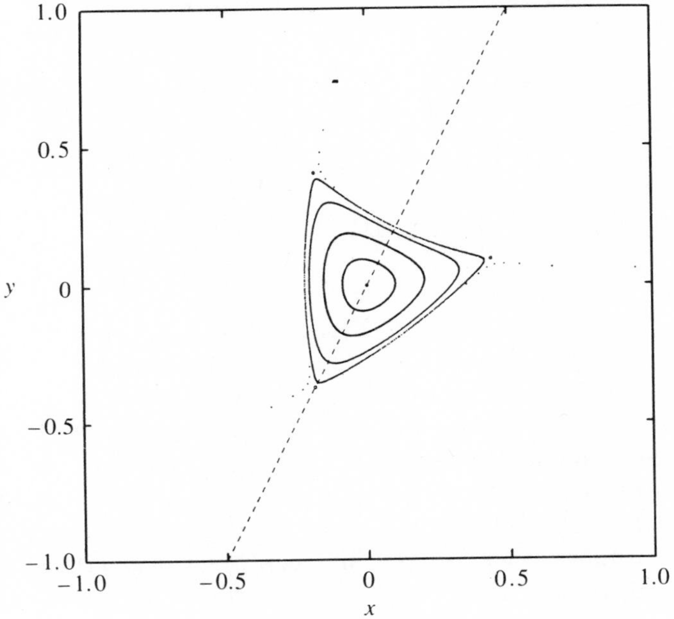

(*c*) $\varepsilon = -0.12$

Abb. 6.12. (Fortsetzung)

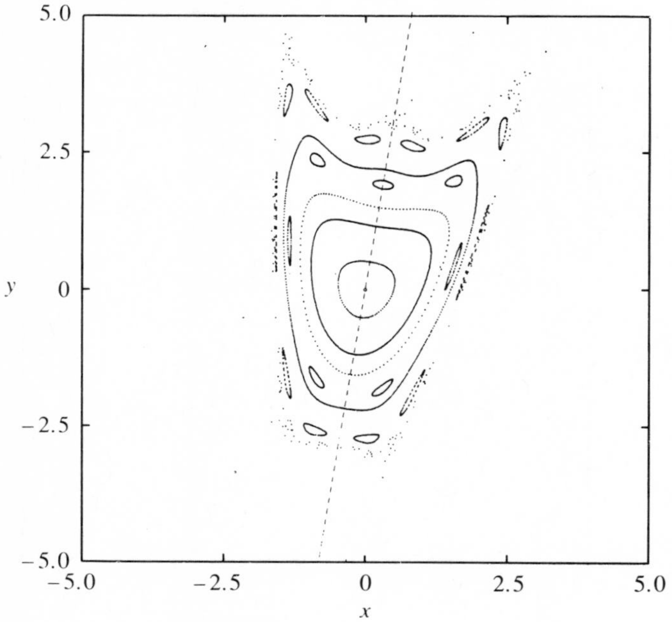

Abb. 6.13. Verhalten der Abbildung (6.2.37) für $\cos\alpha = -0{,}95$. Man kann sich diesen Wert von $\cos\alpha$ auf zwei Arten entstanden denken: (i) $\alpha = 6\pi/7 - \varepsilon$, mit $\varepsilon = -0{,}13$; oder (ii) $\alpha = 10\pi/12 - \varepsilon$ für $\varepsilon = -0{,}21$. Wenn also Theorem 6.4 für solche Werte von ε gilt, so kann davon ausgegangen werden, daß für diesen Wert von $\cos\alpha$ sowohl die 7fache als auch die 12fache Inselkette erscheint. (Nach Hénon, 1969.)

6.3 Irrationale Rotationszahlen und das KAM-Theorem

Die Tatsache, daß (6.2.1) invariante Kreise besitzt, auf welchen $\mathbf{M}_\varepsilon$ konjugiert zu einer irrationalen Rotation ist, ist der Inhalt des berühmten Theorems von Kolmogorov, Arnold und Moser (siehe Kolmogorov, 1957; Arnold, 1963; Moser, 1962). Im wesentlichen sagt dieses Theorem, daß invariante Kreise dieser Art erscheinen, wenn die Rotationszahl „genügend irrational" und die Störung (f, g) „genügend klein" ist. Dieses Ergebnis wurde zuerst von Kolmogorov formuliert und von Arnold für die Poincaré-Abbildungen nicht-integrabler, analytischer Hamiltonscher Systeme mit beliebig vielen Freiheitsgraden bewiesen (Arnold, 1963). Moser (1962) bewies unabhängig davon ein dazu analoges Ergebnis für genügend differenzierbare, inhaltstreue, ebene Abbildungen.

Letzteres ist unter dem Namen Moser-Twist-Theorem bekannt, und unser Ziel in diesem Abschnitt ist es, einige wichtige Merkmale dieses Beweises hervorzuheben. Den vollständigen Beweis findet man in Siegel, Moser (1971) und Sternberg (1969), während der Ansatz von Arnold für höhere Dimensionen in Arnold, Avez (1968) kurz dargestellt ist.

Bevor wir mit der eigentlichen Diskussion beginnen, ist es nützlich, die Lösung der linearen Differenzengleichung

$$w(x+\omega) - w(x) = h(x) \tag{6.3.1}$$

zu betrachten, wobei $\omega/2\pi$ irrational sein soll, $h(x)$ besitze die Periode 2π und es gelte

$$\int_0^{2\pi} h(s)ds = 0. \tag{6.3.2}$$

Man erhält eine formale Lösung, wenn w und h in Fourierreihen entwickelt werden. Sei also

$$w(x) = \sum_{k\in\mathfrak{Z}} \hat{w}_k \exp(ikx) \tag{6.3.3}$$

und, mit Blick auf (6.3.2),

$$h(x) = \sum_{k\in\mathfrak{Z}, k\neq 0} \hat{h}_k \exp(ikx). \tag{6.3.4}$$

Setzt man dies in (6.3.1) ein und vergleicht die Fourierkoeffizienten, so erhält man

$$\hat{w}_k = \hat{h}_k/[\exp(ik\omega) - 1], \qquad k \neq 0, \tag{6.3.5}$$

wobei $\hat{w}_0$ beliebig ist. Man beachte, daß (6.3.2) für die Existenz dieser Lösung wesentlich ist.

Wenn die Reihe (6.3.3) konvergieren soll, darf der Divisor $[\exp(ik\omega) - 1]$ relativ zu $|\hat{h}_k|$ nicht zu klein werden. Das folgende Lemma liefert eine Umgehung dieses „Problems des kleinen Divisors".

Lemma 6.1 *Sei $h(x)$ eine reelle analytische Funktion, und es existieren Zahlen $c, \mu > 0$, so daß für alle $q \in \mathfrak{Z}^+$ und $p \in \mathfrak{Z}$ gilt*

$$\left|q\frac{\omega}{2\pi} - p\right| \geq cq^{-\mu}. \tag{6.3.6}$$

Dann konvergieren die Fourierreihen (6.3.3) für $w(x)$ für alle x.

Beweis. Elementare Umformungen ergeben

$$|[\exp(ik\omega) - 1]| = 2\left|\sin\frac{k\omega}{2}\right|. \tag{6.3.7}$$

Für jedes $k \in \mathfrak{X}^+$ gibt es jedoch eine ganze Zahl p_0, so daß $(2\pi p_0/k) < \omega < 2\pi(p_0+1)/k$ gilt. Daher ist

$$2\left|\sin\frac{k\omega}{2}\right| = 2\left|\sin\left(\frac{k\omega}{2} - \pi p_0\right)\right|, \tag{6.3.8}$$

mit $0 < [(k\omega/2) - \pi p_0] < \pi/2$. Da der Sinus auf $(0, \pi/2)$ eine wachsende Funktion ist, folgt mit (6.3.6)

$$2\left|\sin\frac{k\omega}{2}\right| \geq 2\sin\left(\frac{c\pi}{k^\mu}\right) \geq \frac{4c}{k^\mu}. \tag{6.3.9}$$

Dabei haben wir $(2x/\pi) \leq \sin(x)$, $x \in (0, \pi/2)$ verwandt. Ähnliche Argumente für $-k \in \mathfrak{X}^+$ führen zu dem Schluß, daß

$$|[\exp(ik\omega) - 1]|^{-1} \leq |k|^\mu/4c \tag{6.3.10}$$

gilt. Da h eine reelle analytische Funktion ist, kann sie natürlich analytisch ins Komplexe fortgesetzt werden, das heißt $h(z)$, $z = x + iy$, definiert auf einem Streifen $|y| < r$ für gewisse $r > 0$. Dann folgt aus dem Cauchy-Theorem, daß

$$\frac{1}{2\pi}\int_0^{2\pi} h(x+iy)\exp([-ik(x+iy)]dx \tag{6.3.11}$$

unabhängig von y ist für $|y| < r$, und damit ist (6.3.11) eine alternative Darstellung für $\hat{h}_k$.

Ist nun $|h| < K$ in $|y| < r$, so folgt

$$|\hat{h}_k| \leq K\exp(ky) \tag{6.3.12}$$

für alle y mit $|y| < r$. Die beste obere Grenze erhält man natürlich für $y = -r(r)$, wenn $k > 0(< 0)$ ist, und man erhält

$$|\hat{h}_k| \leq K\exp(-|k|r) \tag{6.3.13}$$

für gewisse $r > 0$. Weiter gilt

$$\begin{aligned} |w(x)| &= \left|\hat{w}_o + \sum_{k\in\mathfrak{X}, k\neq 0} \frac{\hat{h}_k \exp(ikx)}{[\exp(ik\omega)-1]}\right|, \\ &\leq |\hat{w}_0| + \sum_{k\in\mathfrak{X}, k\neq 0} |\hat{h}_k||[\exp(ik\omega)-1]|^{-1}, \\ &\leq |\hat{w}_0| + \sum_{k=1}^{\infty} \frac{K}{2c} k^\mu \exp(-kr), \\ &\leq |\hat{w}_0| + \frac{KC(\mu)}{2c} r^{-(\mu+1)} \end{aligned} \tag{6.3.14}$$

(siehe Aufgabe 6.3.1). Die Fourierreihen für w konvergieren also für alle x.

Eine andere instruktive Vorbetrachtung besteht in der Untersuchung der Möglichkeit, einen invarianten Kreis mit den geforderten Eigenschaften aus einer Potenzreihe in ε zu erhalten, welches ja ein kleiner Parameter in (6.2.1) ist. Man kann die Form von $\mathbf{M}_\varepsilon$ vereinfachen, indem neue Variablen $x = \theta$ und $y = \alpha(\tau)/\gamma$, $\gamma = |\alpha(b) - \alpha(a)| > 0$ eingeführt werden, so daß (6.2.1) folgende Form annimmt

$$\begin{aligned} x_1 &= x + \gamma y + f(x, y, \varepsilon) \\ y_1 &= y + g(x, y, \varepsilon). \end{aligned} \tag{6.3.15}$$

Um unnötige Komplizierung bei der Bezeichnung zu vermeiden, haben wir die transformierten Störfunktionen wieder f und g genannt. Zur weiteren Vereinfachung der Form ersetzen wir $\alpha(a)/\gamma \mapsto a$ und $\alpha(b)/\gamma \mapsto b$. Nehmen wir nun an, f und g seien reelle analytische Funktionen in allen ihren Variablen, so können wir schreiben

$$f(x, y, \varepsilon) = \sum_{n=1}^{\infty} \varepsilon^n f_n(x, y), \qquad g(x, y, \varepsilon) = \sum_{n=1}^{\infty} \varepsilon^n g_n(x, y), \tag{6.3.16}$$

wobei die f_n, g_n reell analytisch sind und die Periode 2π in x besitzen. Wir suchen nun nach einem invarianten Kreis für (6.3.15) der Form

$$x = \xi + u(\xi, \varepsilon), \qquad y = v(\xi, \varepsilon), \tag{6.3.17}$$

auf dem die Abbildung die Form

$$\xi_1 = \xi + \omega \tag{6.3.18}$$

annehmen soll, wobei $\omega/2\pi$ irrational ist. Wir wollen u und v aus Potenzreihen von ε bestimmen. Deshalb sei

$$u(\xi, \varepsilon) = \sum_{n=1}^{\infty} \varepsilon^n u_n(\xi), \qquad v(\xi, \varepsilon) = \omega\gamma^{-1} + \sum_{n=1}^{\infty} \varepsilon^n v_n(\xi). \tag{6.3.19}$$

Dabei haben wir $v(\xi, 0) = \omega\gamma^{-1}$ gewählt, da (6.3.15, 6.3.17, 6.3.18) ergeben, daß für $\varepsilon = 0$ und $x = \xi$ gilt $\omega = \gamma y = \gamma v(\xi, 0)$.

Auf dem invarianten Kreis (6.3.17) nimmt die Abbildung (6.3.15) dann die Form

$$\begin{aligned} \xi_1 + u(\xi_1, \varepsilon) &= \xi + u(\xi, \varepsilon) + \gamma v(\xi, \varepsilon) + f(\xi + u, v, \varepsilon), \\ v(\xi_1, \varepsilon) &= v(\xi, \varepsilon) + g(\xi + u, v, \varepsilon) \end{aligned} \tag{6.3.20}$$

an. Setz man nun (6.3.18) und (6.3.19) in (6.3.20) ein und vergleicht die Koeffizienten von ε^n, so erhält man

$$u_n(\xi + \omega) - u_n(\xi) - \gamma v_n(\xi) = F_n(\xi), \tag{6.3.21}$$

$$v_n(\xi + \omega) - v_n(\xi) = G_n(\xi). \tag{6.3.22}$$

Dabei hängen

$$F_n(\xi) - f_n(\xi, \omega\gamma^{-1}) \tag{6.3.23}$$

und

$$G_n(\xi) - g_n(\xi, \omega\gamma^{-1}) \tag{6.3.24}$$

nur von f_l, g_l, u_l, v_l ab für $l < n$ und können daher als bekannt vorausgesetzt werden (siehe Aufgabe 6.3.2).

Da $\mathbf{M}_\varepsilon$ inhaltstreu ist, ist $\mathbf{M}_\varepsilon(\Gamma) \cap \Gamma$ nicht-leer für jede geschlossene Kurve Γ, die den Ursprung enthält. Man kann diese Eigenschaft verwenden (siehe Siegel, Moser, 1971, S. 229-30), um zu zeigen, daß

$$\int_0^{2\pi} G_n(s)ds = 0 \tag{6.3.25}$$

ist für alle n. Erfüllt ω die Gleichung (6.3.6), so sichert das Lemma 6.1, daß (6.3.22) für $v_n(\xi)$ bis auf eine beliebige Konstante $\hat{v}_{n0} = (2\pi)^{-1} \int_0^{2\pi} v_n(s)ds$ gelöst werden kann. Wählt man diese Konstante zu $-\gamma^{-1}\hat{F}_{n0} = -(2\pi\gamma)^{-1} \int_0^{2\pi} F_n(s)ds$, so kann man sicher sein, daß (6.3.21) für u_n ebenfalls eine konvergente Lösung besitzt.Dieses Argument setzt natürlich voraus, daß die $F_n(\xi)$ und $G_n(\xi)$ reelle analytische Funktionen für alle n sind. Leider kann, obwohl es möglich ist, konvergente Fourierreihen für $v_n(\xi)$ und $u_n(\xi)$ anzugeben, es nicht garantiert werden, daß die Potenzreihen (6.3.19) für $v(\xi, \varepsilon)$ und $u(\xi, \varepsilon)$ konvergieren, so daß die Störungsrechnung versagt. Um diese Schwierigkeit zu umgehen, ist ein völlig anderer Zugang notwendig.

In der folgenden Diskussion soll ε konstant gehalten werden, und wir bezeichnen $\mathbf{M}_\varepsilon$ einfach mit $\mathbf{M}$. Der erste Schritt des neuen Ansatzes ist die Ersetzung von $\mathbf{M}$ durch seine Fortsetzung ins Komplexe. f und g seien also analytische Funktionen der komplexen Variablen x und y in der komplexen Region $\mathcal{D}$ mit $|\operatorname{Im} x| < r_0$, $r_0 \in (0, 1]$ und $y \in \mathcal{C}$ gehöre zu einer komplexen Umgebung von $a \leq y \leq b$. Weiter wird gefordert, daß jede Kurve $y = \varphi(x) = \varphi(x + 2\pi)$ ihr eigenes Bild unter $\mathbf{M}$ schneidet. Für gegebenes ε erhält man so die Funktionen $u(\xi, \varepsilon)$ und $v(\xi, \varepsilon)$ in (6.3.17) aus einem Iterationsprozess, dessen Konvergenz sorgfältig kontrolliert wird. Dieser Prozess erzeugt eine Folge von Abbildungen $\mathbf{M}_i$ (wobei $\mathbf{M}_0$ eine Beschränkung von $\mathbf{M}$ sein soll) mit den folgenden Eigenschaften:

(i) der Grenzwert der $\mathbf{M}_i$ für $i \to \infty$ ist eine Twist-Abbildung $\mathbf{M}_\infty$,

(ii) jedes $\mathbf{M}_i$ ist konjugiert zu $\mathbf{M}_0$ auf einem passend beschränkten Bereich,

(iii) es existiert die Grenz-Konjugation zwischen $\mathbf{M}_\infty$ und $\mathbf{M}_0$.

Besitzt nun $\mathbf{M}_\infty$ in Punkt (i) einen invarianten Kreis mit der Rotationszahl $\omega/2\pi$, so gestattet es die Grenz-Konjugation in (iii), in $\mathbf{M}$ einen entsprechenden invarianten Kreis zu finden. Betrachten wir an dieser Stelle die Konstruktion der Folge $\{\mathbf{M}_i\}_{i=0}^{\infty}$ etwas genauer, um die Rolle der Bereichsbeschränkung, die in Punkt (ii) erwähnt wird, besser zu verstehen. Der Einfachheit halber wollen wir den Fall $\gamma = 1$ betrachten.

Man beachte, daß in Abwesenheit der Störung (f, g) (6.3.15) eine inhaltstreue Twist-Abbildung ist, deren invarianter Kreis, gegeben durch $y = \omega$, eine Rotationszahl $\omega/2\pi$ besitzt, welche zwischen a und b liegt. Ein Merkmal der Methode von Kolmogorov ist, daß wir unsere Aufmerksamkeit auf einen *irrationalen* Wert von $\omega/2\pi$ in diesem Intervall zu Beginn der Rechnung richten. Die Schlüsselrolle in der Konstruktion der Abbildungen $\mathbf{M}_i$, $i = 1, 2, \ldots$, spielt das folgende Lemma, in dem *angenommen wird*, daß ω (6.3.6) *erfüllt*. Die Ausgangsabbildung $\mathbf{M}_0$ wird durch die Beschränkung von $\mathbf{M}$ auf den Bereich $|\mathrm{Im}\, x| < r_0$, $|y - \omega| < s_0$ definiert.

Lemma 6.2 *Habe* $\mathbf{M}_i$ *die Form (6.3.15) mit* $f \equiv f_i$, $g \equiv g_i$ *und* $\gamma = 1$. *Sei* $\mathbf{M}_i$ *auf dem Bereich* $\mathfrak{D}_i : |Im\, x| < r_i$, $|y - \omega| < s_i$ *definiert und gelte* $|f_i| + |g_i| < d_i$ *auf* $\mathfrak{D}_i$. *Dann existiert eine Koordinatentransformation* $\mathbf{U}_i$ *der Form*

$$\mathbf{U}_i : x = \xi + u_i(\xi, \eta), \qquad y = \eta + v_i(\xi, \eta), \tag{6.3.26}$$

so daß $\mathbf{M}_{i+1} = \mathbf{U}_i^{-1}\mathbf{M}_i\mathbf{U}_i$ *die Form*

$$\xi_1 = \xi + \eta + f_{i+1}(\xi, \eta), \qquad \eta_1 = \eta + g_{i+1}(\xi, \eta) \tag{6.3.27}$$

annimmt. Dabei sind f_{i+1} *und* g_{i+1} *reelle analytische Funktionen und erfüllen*

$$|f_{i+1}| + |g_{i+1}| < C' \left[(r_i - r_{i+1})^{-(2\mu+3)} \left(\frac{d_i^2}{s_i} + s_i d_i \right) + \left(\frac{s_{i+1}}{s_i} \right)^2 d_i \right] \tag{6.3.28}$$

auf einem Bereich $\mathfrak{D}_{i+1} : |Im\, x| < r_{i+1}$, $|y - \omega| < s_{i+1}$, *wobei* $0 < r_{i+1} < r_i$ *und* $0 < s_{i+1} < s_i$ *ist. Weiter gilt für die Funktionen* u_i *und* v_i

$$|u_i| + |v_i| < \frac{1}{7} s_i. \tag{6.3.29}$$

In Lemma 6.2 ist $|f_i| = \sup_{(x,y)\in\mathfrak{D}_i}\{|f_i(x, y)|\}$. Man beachte, daß der in (6.3.6) erscheinende Exponent μ in (6.3.28) auftritt.

Der Beweis von Lemma 6.2 verlangt eine Reihe von sorgfältigen Abschätzungen einer Reihe von Größen der komplexen Ebene, der interessierte Leser sei auf Siegel, Moser (1971, S.235-243) verwiesen. Einige wichtige Merkmale des Lemmas seien trotzdem erläutert. Warum wird zum Beispiel angenommen, ω erfüllt (6.3.6)? Die Antwort darauf ist, daß man die Transformation (6.3.26) durch die Lösung einer Differenzengleichung der Form (6.3.1) erhält. Diese Gleichung entsteht aus dem Wunsch, $\mathbf{M}$ in eine Twist-Abbildung $\mathbf{T} : \xi_1 = \xi + \eta$, $\eta_1 = \eta$ zu transformieren. Wir suchen dazu eine Transformation $\mathbf{U}$ der Gestalt

$$\mathbf{U} : x = \xi + u(\xi, \eta), \qquad y = \eta + v(\xi, \eta) \tag{6.3.30}$$

mit **UT** = **MU**. Man kann nun leicht zeigen, daß u und v die *nicht-linearen* Differenzengleichungen

$$\begin{aligned} u(\xi+\eta,\eta) &= u+v+f(\xi+u,\eta+v), \\ v(\xi+\eta,\eta) &= v+g(\xi+u,\eta+v) \end{aligned} \tag{6.3.31}$$

erfüllen müssen mit $u = u(\xi,\eta)$ und $v = v(\xi,\eta)$. Diese Gleichungen lassen sich nicht direkt lösen und werden daher durch ihre linearen Gegenstücke ersetzt

$$\begin{aligned} u(\xi+\omega,\eta) - u(\xi,\eta) &= v(\xi,\eta) + f(\xi,\eta), \\ v(\xi+\omega,\eta) - v(\xi,\eta) &= g(\xi,\eta) - g^*(\eta), \end{aligned} \tag{6.3.32}$$

wobei gilt $g^*(\eta) = (2\pi)^{-1} \int_0^{2\pi} g(\xi,\eta)d\xi$. Man beachte, daß $\xi+\eta$ durch $\xi+\omega$ auf der linken Seite ersetzt wurde und daß der Hauptwert $g^*(\eta)$ von $g(\xi,\eta)$ von der rechten Seite der zweiten Gleichung subtrahiert wurde. Die linearen Differenzengleichungen (6.3.32) können nun analog zu (6.3.21, 6.3.22) gelöst werden, wenn wir die Bedingung, ω erfülle (6.3.6), fordern; diese Lösungen definieren dann die Transformation $\mathbf{U}_0$. Natürlich ist $\mathbf{U}_0^{-1}\mathbf{M}_0\mathbf{U}_0$ nicht die Twist-Abbildung **T**; es ist jedoch der Beweis von Lemma 6.2, welcher sichert, daß es **T** näher liegt als $\mathbf{M}_0$. Die Verbindung zu Lemma 6.1 zeigt sich in (6.3.28); hier tritt der Faktor $(r_i - r_{i+1})^{2\mu+3}$ auf, welcher aus Abschätzungen stammt, die ähnlich denen in Aufgabe 6.3.1(b) betrachteten sind (siehe Siegel, Moser, 1971, S.238-41).

Die Größen r_i, s_i, d_i, $i = 0, 1, 2, \ldots$ kontrollieren die Konvergenz der Reihe $\{\mathbf{M}_i\}_{i=0}^{\infty}$. Bei der Konstruktion von $\mathbf{U}_i$ wird davon ausgegangen, daß folgende Ungleichungen erfüllt werden:

$$0 < r_1 \leq 1, \qquad 0 < 3s_{i+1} < s_i < \frac{r_i - r_{i+1}}{4}, \qquad d_1 < \frac{s_i}{6}, \tag{6.3.33}$$

$$C''(r_i - r_{i+1})^{-2(\mu+1)} \frac{d_i}{s_i} < \frac{1}{7}. \tag{6.3.34}$$

Werden r_i, s_i, d_i so gewählt, daß sie in diesen Bereichen liegen, so sichert Lemma 6.2 die Existenz der entsprechenden Transformation $\mathbf{U}_i$. Wählt man nun eine passende Sequenz von r_i, s_i und d_i, $i = 0, 1, \ldots$, so liefert die wiederholte Anwendung von Lemma 6.2 eine Reihe $\{\mathbf{M}_i\}_{i=0}^{\infty}$ mit den oben angegebenen Eigenschaften. Die Wahl

$$r_i = \frac{r_0}{2}\left(1 + \frac{1}{2^i}\right), \quad s_i = d_i^{2/3}, \quad d_{i+1} = C^{i+1} r_0^{-(2\mu+3)} d_i^{4/3} \tag{6.3.35}$$

(siehe Siegel, Moser, 1971, S.233), wobei C eine Konstante größer oder gleich zwei ist, erfüllt nicht nur alle geforderten Bedingungen, sondern besitzt auch die Eigenschaft, daß für genügend kleines d_0 für $i \to \infty$ gilt (siehe Aufgabe 6.3.3)

$$r_i \to \frac{r_0}{2}, \quad s_i \to 0, \quad d_i \to 0. \tag{6.3.36}$$

Daraus folgt, daß $\mathbf{M}_\infty$ auf dem komplexen Bereich

$$|\mathrm{Im}\, x| < \frac{r_0}{2}, \qquad y = \omega \tag{6.3.37}$$

definiert ist, auf welchem es die Form

$$x_1 = x + y, \qquad y_1 = y \tag{6.3.38}$$

besitzt, da d_i (und damit $|f_i|$, $|g_i|$) gegen null geht für $i \to \infty$. Mit Blick auf (6.3.37) kann $\mathbf{M}_\infty$ auch in der Gestalt

$$x_1 = x + \omega, \qquad y = \omega \tag{6.3.39}$$

geschrieben werden. Für reelles x kann (6.3.39) als die Beschränkung einer Twist-Abbildung auf einen einzelnen Kreis mit der Rotationszahl $\omega/2\pi$ interpretiert werden.

Die Existenz eines invarianten Kreises in $\mathbf{M}_0$ und die Konjugation zwischen einer irrationalen Rotation und der Beschränkung von $\mathbf{M}_0$ auf diesen Kreis hängt von der Konvergenz des Produktes $\mathbf{V}_i = \mathbf{U}_0\mathbf{U}_1 \cdots \mathbf{U}_i$ für $i \to \infty$ ab. Im wesentlichen folgt dies aus (6.3.29) und der Beobachtung, daß $\mathbf{V}_i$ die Form

$$\mathbf{V}_i : x = \xi + p_i(\xi, \eta), \qquad y = \eta + q_i(\xi, \eta) \tag{6.3.40}$$

besitzt mit

$$\begin{aligned} p_i &= u_i + p_{i-1}(\xi + u_i, \eta + v_i), \\ q_i &= v_i + q_{i-1}(\xi + u_i, \eta + v_i), \end{aligned} \tag{6.3.41}$$

so daß gilt

$$|p_i| \le |u_i| + |u_{i-1}| + \cdots + |u_0|, \qquad |q_i| \le |v_i| + |v_{i-1}| + \cdots + |v_0| \tag{6.3.42}$$

(siehe Aufgabe 6.3.4). Existieren nun $\lim_{i\to\infty} p_i$ und $\lim_{i\to\infty} q_i$, so sind sie allein Funkionen von ξ, da der Bereich von $\mathbf{V}_\infty = \lim_{i\to\infty} \mathbf{V}_i$ gleich $|\mathrm{Im}\,\xi| < r_0/2$, $\eta = \omega$ ist (siehe (6.3.37)). Schreiben wir nun $\lim_{i\to\infty} p_i = u(\xi)$ und $\lim_{i\to\infty} q_i = v(\xi) - \omega$, so nimmt $\mathbf{V}_\infty$ die Form

$$\mathbf{V}_\infty : x = \xi + u(\xi), \qquad y = v(\xi), \tag{6.3.43}$$

an und die Konjugation $\mathbf{M}_\infty = \mathbf{V}_\infty^{-1}\mathbf{M}_0\mathbf{V}_\infty$ liefert die Form des invarianten Kreises in $\mathbf{M}$. In Anlehnung an (6.3.39) schreiben wir $\mathbf{M}_\infty$ als

$$\xi_1 = \xi + \omega, \qquad \eta = \omega, \tag{6.3.44}$$

dann wird mit Hilfe von (6.3.43) und (6.3.15) aus $\mathbf{V}_\infty\mathbf{M}_\infty = \mathbf{M}_0\mathbf{V}_\infty$

$$\begin{aligned} \xi + \omega + u(\xi + \omega) &= \xi + u + v + f(\xi + u, v), \\ v(\xi + \omega) &= v + g(\xi + u, v), \end{aligned} \tag{6.3.45}$$

mit $u = u(\xi)$, $v = v(\xi)$. Ein Vergleich mit (6.3.20) zeigt, daß dies genau die Bedingung dafür ist, daß $x = \xi + u(\xi)$, $y = v(\xi)$ ein invarianter Kreis von $\mathbf{M}$ ist, auf welchem sich die Abbildung wie eine irrationale Rotation um ω verhält (siehe Aufgabe 6.3.5). Dieser neue Ansatz erlaubt uns also, $u(\xi, \varepsilon)$ und $v(\xi, \varepsilon)$ in (6.3.17) zu bestimmen, ohne auf Potenzreihen in ε zurückzugreifen.

Die oben ausgeführten Ideen gestatten, die folgende Version des Moser-Twist-Theorems für die Abbildung (6.3.15) zu beweisen. Man findet die Details dazu in Siegel, Moser, 1971, S.230-35.

Theorem 6.5 *Sei $\varepsilon > 0$ und der Bereich $\mathfrak{D}$ sei wie oben definiert. Dann existiert ein δ, welches von ε und $\mathfrak{D}$, aber nicht von γ abhängt, so daß für*

$$|f| + |g| < \delta \tag{6.3.46}$$

auf $\mathfrak{D}$ die Abbildung $\mathbf{M}$ in (6.3.15) eine invariante Kurve $\mathbf{S}$ der Form

$$x = \xi + u(\xi), \qquad y = v(\xi) \tag{6.3.47}$$

zuläßt, wobei u, v reelle analytische Funktionen mit der Periode 2π in der komplexen Region $|Im\, x| < r_0/2$ sind. $\mathbf{M}$ besitzt mittels der Parametrisierung (6.3.47) auf $\mathbf{S}$ die Form $\xi_1 = \xi + \omega$, wobei $a < \omega < b$ ein irrationales Vielfaches von 2π ist und (6.3.6) erfüllt. Mehr noch, die Funktionen u, v erfüllen

$$|u| + |v - \omega| < \varepsilon. \tag{6.3.48}$$

Die Ungleichung (6.3.48) zeigt, daß die invariante Kurve $\mathbf{S}$ für genügend kleine Störungen (f, g) in der Nähe des Kreises $x = \xi$, $y = \omega$ liegt. Mit (6.3.29, 6.3.42) und $s_{i+1} < s_i/3$ kann man zeigen, daß

$$|u| + |v - \omega| < \frac{1}{7}\sum_{i=0}^{\infty} s_i < \frac{1}{7}\sum_{i=0}^{\infty} \frac{s_0}{3^i} < s_0 \tag{6.3.49}$$

gilt, und es folgt (6.3.48), wenn wir $\delta = d_0$ so klein wählen, daß $s_0 = d_0^{2/3} < \varepsilon$ ist.

Es ist wichtig, daß Theorem 6.5 die Existenz eines invarianten Kreises $\mathbf{S}$ für jedes irrationale $\omega/2\pi$, welches (6.3.6) erfüllt mit $\omega \in (a, b)$, vorhersagt. Man kann zeigen, daß die Teilmenge von ω-Werten, für welche (6.3.6) nicht gilt, das Maß null besitzen (siehe Arnold, 1983, S.114) und daß daher invariante Kreise fast aller Rotationszahlen zwischen $a/2\pi$ und $b/2\pi$ auftreten können.

Theorem 6.5 setzt voraus, daß die Funktionen f und g in (6.3.15) reell analytisch sind. In diesem Sinne unterscheidet es sich von der Originalarbeit von Moser (1962), in welcher nur endliche Differenzierbarkeit gefordert wird.

Folgende Aussage, welche ebenfalls von Moser (1968) stammt, verdeutlicht diesen Punkt und faßt die Bedingungen für das Theorem zusammen. Es bezieht sich direkt auf eine Abbildung der Form (6.2.1) mit $a = 1$ und $b = 2$.

Theorem 6.6 (Moser-Twist-Theorem) *Sei $\alpha' \neq 0$ und jede Kurve Γ, welche $\tau = 1$ umrundet, schneide sich mit ihrem Bild $\mathbf{M}_\varepsilon$. Die Funktionen f und g sollen genügend oft differenzierbar sein. Dann existiert für genügend kleines ε eine invariante Kurve $\mathbf{S}$, die $\tau = 1$ umkreist. Genauer gesagt, für jede gegebene Zahl ω zwischen $\alpha(1)$ und $\alpha(2)$, die mit 2π inkommensurabel ist und die Ungleichung*

$$\left|\frac{\omega}{2\pi} - \frac{p}{q}\right| \geq c|q|^{-5/2} \tag{6.3.50}$$

für alle ganzen Zahlen p, q erfüllt, existiert eine differenzierbare geschlossene Kurve

$$\theta = \xi + G(\xi, \varepsilon), \qquad \tau = F(\xi, \varepsilon), \tag{6.3.51}$$

wobei F, G in ξ 2π-periodisch sind, die unter der Abbildung $\mathbf{M}_\varepsilon$ invariant ist, wenn ε genügend klein ist. Das Bild eines Punktes auf der Kurve (6.3.51) erhält man durch die Ersetzung von ξ durch $\xi + \omega$.

Die Forderung nach endlicher Differenzierbarkeit ist für den Beweis von Lemma 6.1 wichtig. Ist zum Beispiel h in (6.3.1) N-mal differenzierbar, anstatt analytisch, dann wird die Abschätzung (6.3.13) seiner Fourierkomponente $\hat{h}_k$ durch

$$|\hat{h}_k| \leq \frac{K}{|k|^N} \tag{6.3.52}$$

ersetzt, mit $|d^N h/dx^N| \leq K$ (siehe Aufgabe 6.3.7). Wird (6.3.52) in Verbindung mit (6.3.10) verwandt, so erhalten wir

$$\left|\frac{\hat{h}_k}{\exp(ik\omega) - 1}\right| \leq \frac{K}{4c|k|^{N-\mu}}. \tag{6.3.53}$$

Da die Reihe $\sum_{k=1}^{\infty} k^{-\nu}$ für $\nu > 1$ konvergiert, so konvergieren die Reihen für $w(x) - \hat{w}_0$ gleichmäßig und absolut nach dem Weierstraßschen Majorantenkriterium, wenn $N - \mu > 1$ ist. Da die Partialsummen eine Reihe von stetigen Funktionen bilden, welche gleichmäßig gegen einen Grenzwert konvergiert, schließen wir, daß $w(x)$ stetig ist, das heißt $w \in C^0$. Fordern wir $w \in C^l$, $l > 0$, so können wir eine ähnliche Abschätzung durchführen für

$$w^{(l)}(x) = \frac{d^l w}{dx^l} = \sum_{k \in \mathfrak{Z}, k \neq 0} \frac{(ik)^l \hat{h}_k}{[\exp(ik\omega) - 1]} \exp(ikx) \tag{6.3.54}$$

und erhalten

$$|w^{(l)}(x)| \leq \sum_{k \in \mathfrak{X}, k \neq 0} |k|^l \left| \frac{\hat{h}_k}{\exp(ik\omega) - 1} \right| \leq \sum_{k \in \mathfrak{X}, k \neq 0} \frac{K}{4c|k|^{N-l-\mu}}. \tag{6.3.55}$$

Daraus folgt, daß $w^{(l)}(x)$ stetig ist für $N - l - \mu > 1$. Der entscheidende Punkt hierbei ist, daß gilt $N - l > 1 + \mu$, und deshalb bei jedem Lösen einer Differenzengleichung der Form (6.3.1) die Differenzierbarkeit verloren geht. Da bei der Konstruktion eines jeden Elementes der Reihe $\{\mathbf{M}_i\}_{i=1}^{\infty}$ in Lemma 6.2 eine solche Lösung verwendet wird, ist klar, daß gegen diesen Verlust der Differenzierbarkeit ein Gegenmittel gefunden werden muß, da sonst nach einer endlichen Anzahl von Iterationen der Vorrat an Ableitungen erschöpft ist. Man erreicht dies durch eine Glättungsprozedur, bei welcher die Lösung der Differenzengleichung durch eine genügend genaue, öfter differenzierbare Näherung ersetzt wird (siehe Moser, 1962; Rüssmann, 1970). Die Differenzierbarkeitsklasse der Funktionen f und g in (6.3.15) und die Reihe der Glättungsoperationen müssen so gewählt werden, daß der entstehende invariante Kreis endlich oft differenzierbar ist.

Offensichtlich hängt der gesamte Verlust an Differenzierbarkeit in der Rechnung von den Details der Glättungsoperation ab, er wird jedoch auch von der *Größenordnung* des Verlustes, der bei jeder Lösung von (6.3.1) auftritt, beeinflußt. Dies hängt wiederum vom Wesen der Bedingungsgleichung der Rotationszahl ab. In obiger Diskussion galt $\mu > 0$, so daß l höchstens gleich $N - 2$ ist. In der Originalarbeit von Moser (1962) ist $\mu \geq \frac{3}{2}$, damit gilt $l \leq N - 3$. Ist nun $\Omega_{\mu_0} = \{\omega | (6.3.6) \text{ ist mit } \mu \geq \mu_0 \text{ erfüllt}\}$, so gilt $\Omega_{0^+} \subseteq \Omega_{3/2}$, da q^{μ} mit μ wächst für alle $q \in \mathfrak{X}^+$. Das heißt, je schwächer die Bedingung an die erlaubten Werte von ω ist, desto größer ist der minimale Verlust an Differenzierbarkeit bei der Lösung der Differenzengleichung. In der Literatur gibt es mehrere Versionen der Bedingungsgleichung (6.3.6). So wird

$$\left| \frac{\omega}{2\pi} - \frac{p}{q} \right| \geq \frac{c}{q^{2+\sigma}}, \tag{6.3.56}$$

für alle $p \in \mathfrak{X}$, $q \in \mathfrak{X}^+$ mit $c, \sigma > 0$, welche dem Fall $\mu > 1$ in (6.3.6) entspricht, in der Arbeit von Arnold (1963,1983) verwandt. Spätere Arbeiten von Moser (siehe Moser, 1973; Guckenheimer, Holmes, 1983) verwenden die restriktivere Bedingung

$$\left| \frac{\omega}{2\pi} - \frac{p}{q} \right| \geq \frac{c}{q^{\tau}} \tag{6.3.57}$$

für alle $p \in \mathfrak{X}$, $q \in \mathfrak{X}^+$ mit $c, \tau = \mu - 1 > 0$.

In Theorem 6.6 ist definitionsgemäß $\mu = \frac{3}{2}$. Dann, bezieht man sich auf den Originalbeweis durch Moser (1962), bedeutet „genügend oft differenzierbar“ in diesem Falle „aus Klasse C^N“ mit $N \geq 333$. Ein neueres Ergebnis (siehe Moser, 1973 und Guckenheimer, Holmes, 1983) verwendet $N \geq 5$, beschränkt die Rotationszahlen mittels Gleichung (6.3.57) und sagt die Existenz eines stetig differenzierbaren invarianten Kreises voraus. Moser (1973) betont dabei (vergleiche Moser, 1969; Rüssmann, 1970), daß es ausreicht, $N > 3$ zu nehmen und vermutet, daß vielleicht stetige invariante Kurven für den Fall $N > 2$ auffindbar sind. Wie wir durch das Gegenbeispiel von Takens (1971) wissen, ist dies mit Sicherheit nicht wahr für $N = 1$.

6.4 Das Aubry-Mather-Theorem

In den §§6.2 und 6.3 diskutierten wir die Existenz periodischer Bahnen und invarianter Kreise in genügend kleinen inhaltstreuen Störungen der ebenen Twist-Abbildung (6.1.37). Das folgende Theorem nach Aubry (Aubry, Le Daeron, 1983) und Mather (1982) (siehe auch Katok, 1982) zeigt, daß ebenfalls invariante Cantor-Mengen auftreten können. Das Wesen dieser invarianten Mengen folgt aus der Theorie der Kreis-Homomorphismen.

6.4.1 Invariante Cantor-Mengen für Homomorphismen auf S^1

Man erinnere sich, daß nach dem Theorem von Denjoy (siehe dazu §1.5) jeder Umlaufsinn-erhaltende C^2-Diffeomorphismus f des Kreises mit irrationaler Rotationszahl β zu einer reinen Rotation um β konjugiert ist. Ist f allerdings nicht C^2, so können Gegenbeispiele zu diesem Ergebnis, welche invariante Cantor-Mengen enthalten, konstruiert werden. Diese *Denjoy-Gegenbeispiele* spielen eine wesentlicher Rolle im Ergebnis des Aubry-Mather-Theorems (siehe §6.4.2).

Sei $f : S^1 \to S^1$ ein Homomorphismus mit *irrationaler* Rotationszahl $\rho(f) = \beta$ und sei $\omega(x)$, $x \in S^1$, die Menge der Häufungspunkte der Sequenz $\{f^m(x)\}_{m=1}^{\infty}$.

Satz 6.1 *Die Menge $\omega(x)$ ist unabhängig von x. $E = \omega(x)$ ist die eindeutige minimale geschlossene invariante Menge von f.*

Beweis. Sei $I = [f^m(x), f^n(x)]$ für verschiedene ganze Zahlen m, n $(m < n)$. Dann grenzt jedes aufeinanderfolgende Intervall der Sequenz $\{f^{-k(m-n)}(I)\}_{k=0}^{\infty}$ an seinen Vorgänger. Die Vereinigung der Intervalle bedeckt entweder ganz S^1 oder die Endpunkte der Sequenz konvergieren gegen einen Fixpunkt von f^{m-n}. Besitzt f^{m-n} einen Fixpunkt, so hat f periodische Punkte und $\rho(f)$ würde rational sein, was ein Widerspruch ist.

Sei nun $z \in \omega(x)$, das heißt, es existiere eine Sequenz $\{f^{m_l}(x)\}_{l=1}^{\infty}$ mit dem Grenzwert z. Man betrachte das Intervall $I_l = [f^{m_l}(x), f^{m_{l+1}}(x)]$ und die zugehörige Sequenz $\{f^{-k(m_l-m_{l+1})}(I_l)\}$. Diese Sequenz ist von dem oben beschriebenen Typ und bedeckt daher S^1. Also gibt es für jedes $y \in S^1$ ein $k = k_l$ mit $y \in f^{-k_l(m_l-m_{l+1})}(I_l)$, und damit ist $f^{K_l}(y) \in I_l$ mit $K_l = k_l(m_l - m_{l+1})$. Dieses Argument gilt für jedes l, und da $f^{m_l}(x) \to z$ geht für $l \to \infty$, zieht sich das Intervall I_l um z zusammen für wachsendes l. Damit folgt $f^{K_l}(y) \to z$ für $l \to \infty$ und also $z \in \omega(x)$. Da z jeder Punkt in $\omega(x)$ sein kann, schließen wir $\omega(x) \subseteq \omega(y)$. Vertauscht man die Rollen von x und y, so erhält man $\omega(x) = \omega(y)$, damit ist $\omega(x) = E$ unabhängig von x.

Ist nun $z \in E$, dann existiert eine Sequenz $\{f^{m_l}(x)\}_{l=1}^{\infty}$ für jedes x mit dem Grenzwert z. Die Sequenz $\{f^{m_l+1}(x)\}_{l=1}^{\infty}$ besitzt den Grenzwert $f(z)$, und damit ist E invariant unter f. E ist abgeschlossen, da es die Menge der Häufungspunkte von $\{f^m(x)\}_{m=1}^{\infty}$ darstellt. Um zu zeigen, daß E eindeutig und minimal ist, nehmen wir an, E' sei abgeschlossen und invariant unter f. Ist $x \in E'$, dann ist die Bahn von x eine Teilmenge von E'. Da jedoch E' abgeschlossen ist, beinhaltet es die Häufungspunkte $\omega(x)$ der Bahn. Also gilt $E = \omega(x) \subseteq E'$. Wir können daher schließen, daß E minimal ist und keine abgeschlossene, f-invariante Menge existiert, die nicht E enthält, das heißt E ist *eindeutig*, minimal, abgeschlossen und f-invariant.

Erinnern wir uns nun an die Definition einer Cantor-Menge.

Definition 6.4 *Eine Cantor-Menge ist eine Menge, welche perfekt und nirgends dicht ist.*

Man nennt eine Menge *perfekt*, wenn sie gleich der Menge ihrer Häufungspunkte ist und *nirgends dicht*, wenn ihre abgeschlossene Hülle einen leeren offenen Kern besitzt (siehe Aufgabe 6.4.1). Mit Hilfe dieser Definition können wir folgenden Satz beweisen.

Satz 6.2 *Die Menge E ist entweder ganz S^1 oder eine Cantor-Menge.*

Beweis. Für jedes $x \in E$ können wir $E = \omega(x)$ wählen. Es muß nun eine konvergente Untersequenz $\{f^{m_l}(x)\}_{l=1}^{\infty}$ der Bahn von x existieren, deren Grenzwert x selbst ist. Da die Rotationszahl $\rho(f)$ irrational ist, besitzt f keine periodischen Punkte. Daher sind die Punkte $f^{m_l}(x)$ alle verschieden und häufen sich um x. Also ist x ein Häufungspunkt von E und damit ist E perfekt.

Man beachte nun, daß der Rand von E, ∂E, invariant unter f ist. Dies folgt aus der Stetigkeit von f, der Invarianz von E und der Tatsache, daß die Punkte in ∂E Grenzwerte von Sequenzen von Punkten, die sowohl in E als auch in E^c liegen, sind. Da E minimal ist, kann es keine echte Teilmenge besitzen, welche invariant unter f ist. Das heißt, entweder gilt $\partial E = \emptyset$, also $E = S^1$, oder $\partial E = E$. Im letzteren Fall ist der offene Kern der abgeschlossenen Menge

E (im folgenden mit $\text{int}(E)$ bezeichnet) leer und somit ist E nirgends dicht. Da E perfekt ist, ist es eine Cantor-Menge.

Kehren wir nun zum Problem der Konstruktion eines Homomorphismus, für welchen E eine Cantor-Menge ist, zurück. Die entscheidende Beobachtung ist, daß E in Satz 6.2 immer perfekt ist. Die beiden Fälle unterscheiden sich dadurch, daß E nirgends dicht sein muß, damit es eine Cantor-Menge ist. Der Ausgangspunkt der Konstruktion ist eine irrationale Rotation R_β, für die gilt $E = S^1$. Die Idee ist nun, an den Punkten einer Bahn dieser Rotation Intervalle so „einzufügen", daß E perfekt und nirgends dicht wird. Ist $\{x_n\}_{n\in\mathfrak{Z}}$ eine Bahn von R_β, dann erreicht man das Einfügen durch die in Abb. 6.14 dargestellte *Semi-Konjugation* Π. Die Bilder der x_n unter Π^{-1} ist das Intervall $I_n = [a_n, b_n] \subseteq S^1$ für jedes x_n in der gewählten Bahn, während die

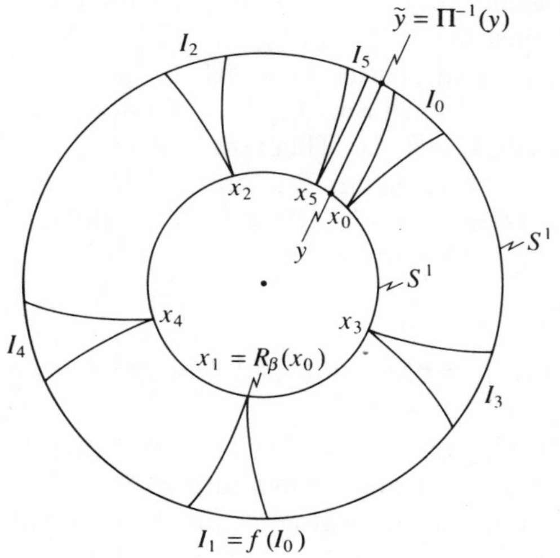

Abb. 6.14. Darstellung der Abbildung Π, welche zur Konstruktion des Denjoy-Gegenbeispiels f aus der irrationalen Rotation R_β mittels der Semi-Konjugation

$$\begin{array}{ccc} S^1 & \xrightarrow{f} & S^1 \\ \Pi \downarrow & & \downarrow \Pi \\ S^1 & \xrightarrow{R_\beta} & S^1 \end{array} \tag{6.4.1}$$

verwendet wird. Die Intervalle I_n liegen in der gleichen Reihenfolge auf S^1 wie die Punkte x_n der Bahn von x_0 unter der Rotation R_β. Es gilt $l_n \to 0$ für $n \to \infty$, da $\sum_{-\infty}^{\infty} l_n < 1$ ist. Konvergiert die Sequenz der Punkte $\{x_{n_k}\}_{k\in\mathfrak{Z}^+}$ gegen $y \in (\bigcup_{n\in\mathfrak{Z}} x_n)^c$ von oben (unten) für $k \to \infty$, dann konvergiert die Sequenz der Intervalle $\{I_k\}_{k\in\mathfrak{Z}^+}$ gegen den Punkt $\tilde{y} = \Pi^{-1}(y)$ von oben (unten) für $k \to \infty$. Da $C = (\bigcup_{n\in\mathfrak{Z}} x_n)^c$ weder perfekt noch irgendwo dicht ist, ist $\tilde{C} = (\bigcup_{n\in\mathfrak{Z}} \text{int}(I_n))^c$ eine Cantor-Menge (siehe Aufgabe 6.5.4).

die Beschränkung von Π auf $(\{x_n\}_{n\in\mathfrak{Z}})^c$ eine Bijektion darstellt. Die Intervalle I_n sind disjunkt, wenn Π die von uns geforderte Bedingung $\sum_{n=-\infty}^{\infty} l_n < 1$ erfüllt, wobei l_n die Länge von $[a_n, b_n]$ ist. Existiert nun eine solche Menge von Intervallen $\{I_n\}_{n\in\mathfrak{Z}}$, erzeugt durch $\{x_n\}_{n\in\mathfrak{Z}}$ auf S^1 (siehe Aufgabe 6.4.2), so definieren wir $f(I_n) = I_{n+1}$ für alle n, wobei $f|I_n$ ein wachsender Homomorphismus ist, welcher die Bedingungen $f(a_n) = a_{n+1}$ und $f(b_n) = b_{n+1}$ erfüllt. Man kann nun zeigen (siehe Aufgabe 6.4.3), daß das so definierte $f : S^1 \to S^1$ wirklich ein Homomorphismus ist. Sind weiter $\bar{f}$, $\bar{R}_\beta$ passend gewählte Liftungen auf $\mathfrak{R}$, dann gilt für alle $\bar{x} \in \mathfrak{R}$

$$\bar{\Pi}\bar{f}(\bar{x}) = \bar{R}_\beta\bar{\Pi}(\bar{x}), \tag{6.4.2}$$

wobei $\bar{\Pi}$ die Liftung der Semi-Konjugation Π ist. Es folgt dann

$$\rho(f) = \rho(R_\beta) = \beta, \tag{6.4.3}$$

das irrational ist (siehe Aufgabe 6.4.4). Ist jedoch $\tilde{y} \in (\bigcup_{n\in\mathfrak{Z}} \operatorname{int}(I_n))^c = \tilde{C}$, dann folgt durch Konstruktion $\{f^m(\tilde{y})\}_{m\in\mathfrak{Z}^+} \subseteq \tilde{C}$.

$E = \omega(\tilde{y})$ muß also so geartet sein, daß für jedes n $E \cap \operatorname{int}(I_n)$ leer ist. Also ist $E \neq S^1$ und muß nach Satz 6.2 eine Cantor-Menge sein.

Dieses Beispiel zeigt, daß das Theorem von Denjoy nicht auf Homomorphismen ausgedehnt werden kann. Tatsächlich kann man eine Definition von $\bigcup_{n\in\mathfrak{Z}} I_n$ so wählen (siehe Nitecki, 1971, S.48), daß man ein Gegenbeispiel auch für C^1-Diffeomorphismen erhält.

6.4.2 Twist-Homomorphismen und Mather-Mengen

Das Aubry-Mather-Theorem bezieht sich auf einen inhaltstreuen Twist-Homomorphismus $\mathbf{f}$, der auf dem Standardring $A = S^1 \times [0,1] = \{(\theta, r) | 0 \leq \theta < 1,\ 0 \leq r \leq 1\}$ definiert ist. Analog zu unserem Vorgehen in §1.2 für Kreisabbildungen können wir hier eine Liftung $\bar{\mathbf{f}}$ eines Homomorphismus $\mathbf{f} : A \to A$ auf dem Streifen $\mathbf{S} = \mathfrak{R} \times [0,1] = \{(x, y) | x \in \mathfrak{R},\ 0 \leq y \leq 1\}$ definieren (vergleiche (1.2.5)). Entsprechend Satz 1.1 erhalten wir hier

$$\bar{\mathbf{f}}(x+1, y) = \bar{\mathbf{f}}(x, y) + (1, 0)^T \tag{6.4.4}$$

für alle $x \in \mathfrak{R}$ und $y \in [0,1]$. Ein Homomorphismus $\mathbf{f}$ von A ist ein *Twist-Homomorphismus*, wenn er die Orientierung sowie die Randkomponenten von A erhält und wenn für $\bar{\mathbf{f}}(x, y) = (\bar{f}^1(x, y), \bar{f}^2(x, y))^T$ gilt, daß $\bar{f}^1(x, y)$ eine streng monoton wachsende Funktion von y für alle $x \in \mathfrak{R}$ ist (siehe Aufgabe 6.4.6).

Die Liftung $\bar{\mathbf{f}}$ gestattet die Definition einer Rotationszahl für einige der invarianten Mengen von $\mathbf{f}$. Wenn man sich mit Twist-Homomorphismen beschäftigt, ist es wichtig, für alle Rotationszahlberechnungen die gleiche

Liftung zu verwenden. Diese Forderung führt zu der „gelifteten" Rotationszahl, die wir am Ende von §6.1 erwähnten. Man erinnere sich an den Ausdruck (1.5.23) für die Rotationszahl eines Kreis-Diffeomorphismus f. Sei nun $\lim_{n\to\infty}(\bar{f}(x)-x)/n = k+\alpha$, $k \in \mathcal{Z}$ für eine spezielle Liftung $\bar{f}$ von f, dann ergibt (1.5.23) $\rho(f) = \alpha$. $\bar{f}_k(x) = \bar{f}(x) - k$ ist ebenfalls eine Liftung von f (siehe §1.2) und $\lim_{n\to\infty}(\bar{f}_k(x)-x)/n = \alpha = \rho(f)$. Dieses Beispiel zeigt, daß der Übergang zu mod 1 in (1.5.23) äquivalent zur Verwendung einer passenden alternativen Liftung von f ist. Wollen wir also die feste Wahl der Liftung bei der Berechnung der Rotationszahl erhalten, so dürfen wir in (1.5.23) nicht mod 1 reduzieren. Die entstehende geliftete Rotationszahl $\rho(\bar{f})$ unterscheidet sich von $\rho(f)$ durch eine ganze Zahl (k in unserem obigen Beispiel), welche von $\bar{f}$ abhängt. Betrachten wir nun die Beschränkung von $\mathbf{f}$ auf $S^1 \times \{0\}$ und $S^1 \times \{1\}$. Diese Homomorphismen von S^1 besitzen die Liftungen $\bar{f}_1(x, 0)$ und $\bar{f}_1(x, 1)$, welche durch die gewählte Liftung $\bar{\mathbf{f}}$ von $\mathbf{f} : A \to A$ gegeben sind. Wir berechnen $\rho_0(\bar{\mathbf{f}})$ und $\rho_1(\bar{\mathbf{f}})$ mittels (1.5.23) (ohne mod 1). Ist $\bar{f}_1(x, y)$ streng monoton wachsend in y für alle $x \in \mathcal{R}$, dann ist $\rho_1(\bar{\mathbf{f}}) \geq \rho_0(\bar{\mathbf{f}})$ und $[\rho_0(\bar{\mathbf{f}}), \rho_1(\bar{\mathbf{f}})]$ nennt man das *Rotations- oder Twist-Intervall* von $\bar{\mathbf{f}}$. Die Verwendung einer anderen Liftung für $\mathbf{f}$ verändert $\rho_0(\bar{\mathbf{f}})$ und $\rho_1(\bar{\mathbf{f}})$ um den gleichen ganzzahligen Wert. Das Rotationsintervall ist damit bis auf eine ganzzahlige Translation bestimmt. Daraus folgt, daß die Rotationszahlen aller invarianten Mengen von $\mathbf{f}$, welche relativ zu $\bar{\mathbf{f}}$ berechnet werden, im Intervall $[\rho_0(\bar{\mathbf{f}}), \rho_1(\bar{\mathbf{f}})]$ liegen. Ist zum Beispiel $\mathbf{f}^q(\mathbf{x}) = \mathbf{x}$, $\mathbf{x} \in A$, dann ist $\bar{\mathbf{f}}^q(x, y) = (x + p, y)^T$, wobei p bis auf Vielfache von q bestimmt ist (siehe Aufgabe 6.4.7(a)). Den Bruch p/q, der im Intervall $[\rho_0(\bar{\mathbf{f}}), \rho_1(\bar{\mathbf{f}})]$ liegen muß, nennt man die *Rotationszahl des periodischen Punktes x*. Speziell diese Definition erlaubt es uns, eine Rotationsszahl mit allen durch das Poincaré-Birkhoff-Theorem vorhergesagten periodischen Punkten zu verbinden (siehe Aufgabe 6.5.1). Diese Birkhoff-periodischen Punkte, wie sie genannt werden, erscheinen in der von Katok gegebenen Form des Aubry-Mather-Ergebnisses, wobei er sie wie folgt definiert (siehe Katok, 1982).

Definition 6.5 *Einen Punkt* $\mathbf{x} \in A$ *nennt man* Birkhoff-periodisch *vom Typ* (p, q), *wenn für eine Liftung* (x, y) *von* $\mathbf{x}$ *eine Abbildung* $\mathbf{\Theta} : \mathcal{Z} \to \mathbf{S}$ *existiert mit den folgenden Eigenschaften:*

(i) $\mathbf{\Theta}(0) = (x, y)$,

(ii) $\mathbf{\Theta} = (\xi, \eta)$, *wobei* ξ *eine streng monotone Funktion ist,*

(iii)
$$\mathbf{\Theta}(n + q) = \mathbf{T}\mathbf{\Theta}(n), \quad \mathbf{T}\mathbf{\Theta} = (\xi + 1, \eta), \tag{6.4.5}$$
$$\mathbf{\Theta}(n + p) = \bar{\mathbf{f}}\mathbf{\Theta}(n) \text{ für alle } n \in \mathcal{Z}. \tag{6.4.6}$$

Die Bahn eines Birkhoff-periodischen Punktes vom Typ (p, q) *nennt man eine* Birkhoff-periodische Bahn *vom Typ* (p, q).

Man kann leicht zeigen (siehe Aufgabe 6.4.7(b)), daß nach (6.4.5, 6.4.6) $\mathbf{x}$ in Definition 6.5 ein periodischer Punkt mit der Rotationszahl p/q ist. Mehr noch, falls $\mathbf{x}$ Polarkoordinaten (θ, r) besitzt und es gilt $\mathbf{f}^n : (\theta, r) \to (\theta_n, r_n)$, dann erscheinen die θ_n in der gleichen Reihenfolge auf S^1 wie die Bahn von θ unter der Rotation um $2\pi p/q$ (siehe Abb. 6.15). Definition 6.5 liefert jedoch auch Grenzen für die radiale Auslenkung $|r_m - r_n|$ der periodischen Bahn (siehe Katok, 1982), so daß Rotationszahl und Ordnung allein nicht ausreichen, um zu sichern, daß ein periodischer Punkt vom Birkhoff-Typ ist.

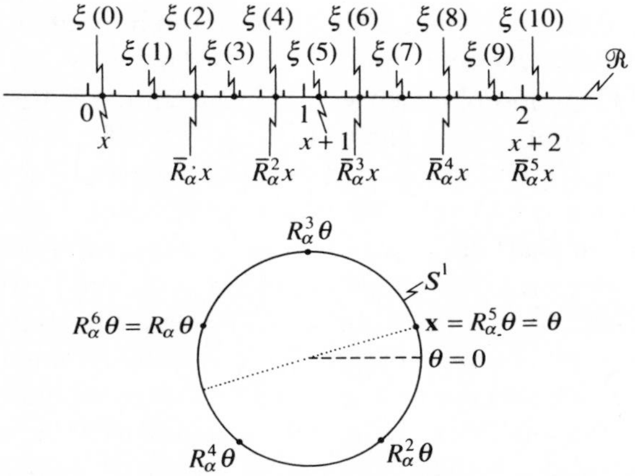

Abb. 6.15. Darstellung der Beziehung zwischen der Funktion $\Theta = (\xi, \eta)$, die die Birkhoff-periodischen Punkte vom Typ (p, q) beschreibt, und der Ordnung der Winkel der Bahn des Punktes $\theta \in S^1$ unter der Rotation R_α mit $\alpha = 2\pi p/q$. Die erste Komponente von Θ widerspiegelt diese Ordnung, so daß nur S^1 und sein Bedeckungsraum $\mathcal{R}$ gezeigt sind. Für das gewählte Beispiel gilt $p = 2$, $q = 5$ und der Punkt θ wird zu $x + n$, $x \in [0, 1)$, $n \in \mathfrak{Z}$ geliftet, $\bar{R}^k_\alpha x$ ist für $k = 0, 1, \ldots, 6$ im Verhältnis zu ξ gegeben. $\bar{R}_\alpha$ ist die Liftung von R_α. Man beachte, daß ξ streng monoton ist und daß $\xi(0), \ldots, \xi(4)$ Liftungen der periodischen Punkte, geordnet nach wachsenden Winkeln anstatt nach $R^k_\alpha\theta$, $k = 0, \ldots, 4$, sind. Die Eigenschaften von $\bar{R}_\alpha$ sichern, daß für jedes $n \in \mathfrak{Z}$ gilt $\xi(n+5) = \xi(n) + 1$ und $\xi(n+2) = \bar{R}_\alpha \xi(n)$ in Übereinstimmung mit (6.4.5) und (6.4.6).

Eine Birkhoff-periodische Bahn ist ein Beispiel für eine allgemeinere Struktur, die man *Mather-Menge* nennt, für welche wieder eine Rotationszahl definiert werden kann.

Definition 6.6 *Sei* $\mathbf{f}$ *ein Twist-Homomorphismus. Eine abgeschlossene,* $\mathbf{f}$*-invariante Menge* $E \subseteq A$ *ist eine* Mather-Menge, *wenn gilt:*

(i) E ist der Graph einer stetigen Funktion Φ*, die auf einer abgeschlossenen Teilmenge K von* S^1 *definiert ist und Werte aus dem Intervall* $[0, 1]$ *annimmt,*

(ii) $\bar{\mathbf{f}}$ *erhält die Ordnung der Bedeckung von* S^1.

Die in Definition 6.6 geforderten Eigenschaften von E sind in Abb. 6.16 dargestellt. Natürlich ist jede abgeschlossene, **f**-invariante Teilmenge einer Mather-Menge wieder eine Mather-Menge und damit enthält jede Mather-Menge eine minimale Teilmenge.

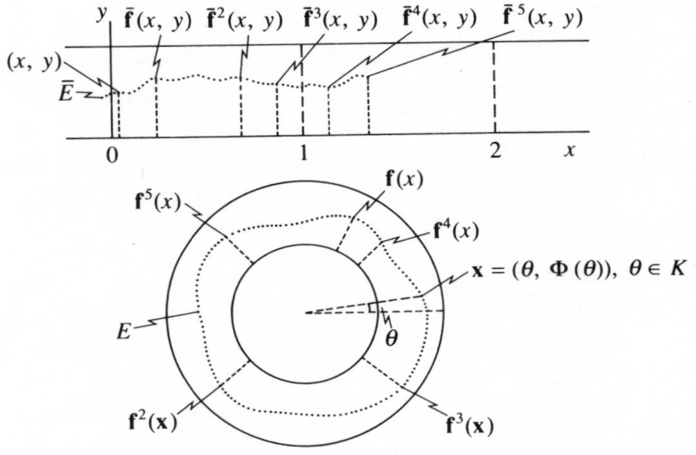

Abb. 6.16. Schematische Darstellung der Definition 6.6 für eine Mather-Menge. Die Funktion Φ ist auf einer abgeschlossenen Teilmenge K von S^1 definiert. Gezeigt sind die Mather-Menge E und ihre Bedeckung $\bar{E}$. Es sind einige Bahnpunkte gezeigt, die darstellen, wie $\bar{\mathbf{f}}$ die Ordnung der Bedeckung von E erhält.

Man kann zeigen (siehe Aufgabe 6.4.9), daß $\mathbf{f}|E$ topologisch konjugiert zu einer Beschränkung eines Homomorphismus des Kreises auf die Menge K ist mittel eines die Ordnung erhaltenden Homomorphismus. Daher kann eine Rotationszahl $\rho(E)$ definiert werden.

Dann folgt aber aus der Theorie der Kreis-Homomorphismen (siehe §6.4.1 und Nitecki, 1971, S.32-50), daß genau drei Typen von minimalen Mather-Mengen existieren. Ist $\rho(E)$ rational, gleich p/q, dann ist E eine Birkhoff-periodische Bahn vom Typ (p, q). Ist $\rho(E)$ irrational, dann gilt entweder:

(i) $E = S^1$ und $\mathbf{f}|E$ ist konjugiert zu einer Rotation um $\rho(E)$ oder

(ii) E ist eine Cantor-Menge und $\mathbf{f}|E$ ist konjugiert zu der Beschränkung einer der Denjoyschen Gegenbeispiele auf seine invariante Cantor-Menge (siehe §6.4.1).

Katok (1982) bewies die folgende Aussage für einen Twist-Homomorphismus $\mathbf{f} : A \to A$ unabhängig davon, ob dieser inhaltstreu ist oder nicht.

Theorem 6.7 (Katok) *Besitzt* **f** *eine Birkhoff-periodische Bahn vom Typ* (p, q) *für alle rationalen Zahlen aus dem Rotationsintervall, dann besitzt* **f** *eine minimale Mather-Menge für jede irrationale Zahl aus dem Rotationsintervall.*

Ist **f** inhaltstreu, so sichert das berühmte geometrische Theorem von Birkhoff (1968a) die Existenz der in Theorem 6.7 geforderten Birkhoff-periodischen Bahn.

Theorem 6.8 (Birkhoff) *Sei* **f** *ein inhaltstreuer Twist-Homomorphismus und liege die rationale Zahl* p/q *im Rotationsintervall. Dann besitzt* **f** *eine Birkhoff-periodische Bahn vom Typ* (p, q).

Ist zusätzlich **f** *ein* C^1*-Diffeomorphismus, dann besitzt unter den gleichen Voraussetzungen* **f** *zwei verschiedene Birkhoff-periodische Bahnen vom Typ* (p, q), *welche zusammen eine Mather-Menge bilden.*

Wie man sieht, enthält der zweite Teil von Theorem 6.8 bereits Theorem 6.7. Offensichtlich ist das letztere Resultat schwächer, da hier angenommen wird, daß die in Frage kommende Abbildung eine kleine Störung der Twist-Abbildung (6.1.37) ist.

Beide Theoreme zusammen ergeben das Aubry-Mather-Theorem.

Theorem 6.9 (Aubry-Mather) *Sei* **f** *ein inhaltstreuer Twist-Homomorphismus des Ringes mit dem Rotationsintervall* $[a, b]$. *Dann besitzt* **f** *für jedes* $\rho \in [a, b]$ *eine Mather-Menge mit der Rotationszahl* ρ.

Während Theorem 6.9 in diesem Abschnitt von grundlegender Bedeutung ist, da wir den inhaltstreuen Fall diskutieren, hebt das Resultat von Katok (Theorem 6.7) hervor, daß in nicht-inhaltstreuen Systemen Cantor-Mengen auftreten können, wenn die entsprechenden Birkhoff-periodischen Punkte vorhanden sind. Dies ist für die Diskussion in späteren Abschnitten von Bedeutung.

6.5 Allgemeine elliptische Punkte

Wir wollen nun zur Dynamik einer ebenen inhaltstreuen Abbildung in den Nähe von allgemeinen elliptischen Punkten zurückkehren. Fügen wir die in den letzten drei Abschnitten entwickelten Gedanken zusammen, so entsteht ein Bild von großer Komplexität. Nach Theorem 6.6 besitzt die Abbildung (6.2.1) einen invarianten Kreis, der den Ursprung umrundet, zu fast jeder irrationalen Zahl im Intervall $(\alpha(a)/2\pi, \alpha(b)/2\pi)$. Diese Kreise werden oft auch als KAM-Kreise bezeichnet. Die Diskussion in §6.2 sagt jedoch weiter die

Existenz einer Inselkette zu jeder rationalen Zahl aus diesem Intervall voraus. Abb. 6.17 versucht, diese Situation darzustellen. Leider ist es bestenfalls möglich, individuelle invariante Kreise und Inselketten zu zeigen. Deshalb muß hier betont werden, daß zwischen zwei Kreisen oder Ketten jeweils unendlich viele dieser Art liegen.

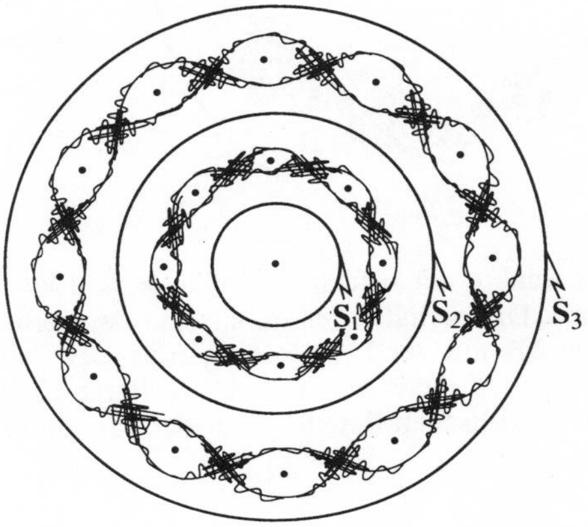

Abb. 6.17. Schematische Darstellung von KAM-Kreisen und Inselketten, welche einen allgemeinen elliptischen Punkt einer ebenen inhaltstreuen Abbildung umrunden. Die Inselkette der Periode q liegt um zwei periodische Bahnen dieser Periode herum: eine elliptisch und die andere hyperbolisch. Es sind Acht- und Zwölf-fach-Inselketten gezeigt. Allgemein tritt an den hyperbolischen periodischen Punkten homoklines Gewebe auf. Die gezeigten KAM-Kreise $\mathbf{S}_i$, $i = 1, 2, 3$ besitzen die Rotationszahlen $\omega_i/2\pi$ mit $\omega_1 < \omega_2 < \omega_3$.

Theorem 6.6 sichert, daß die Beschränkung der Abbildung auf einen KAM-Kreis konjugiert zu einer irrationalen Rotation ist, die Dynamik, welche mit dem Erscheinen einer Inselkette verbunden ist, ist jedoch deutlich komplizierter. Jede Kette steht in Verbindung mit zwei Typen von periodischen Punkten: hyperbolische und elliptische. Wie wir bereits ausgeführt haben (siehe §6.2), tritt in der Umgebung der hyperbolischen Punkte homoklines Gewebe auf, welches dann zu Komplexität in der Dynamik führt, die wir bereits vom Hufeisen-Diffeomorphismus kennen (siehe §3.7). Daher können bei der numerischen Iteration der Abbildung, wenn in der Nähe dieses Gewebes gestartet wird, chaotische Bahnen erscheinen. In der Umgebung der elliptischen Punkte ist das Verhalten sogar noch komplizierter. Jeder elliptische Punkt der Periode q ist ein elliptischer Fixpunkt für $\mathbf{M}_\varepsilon^q$ und die in §§6.2 und 6.3 entwickelten Ergebnisse können gleichermaßen auf jeden dieser Punkte angewandt werden. Wir schließen daraus, daß invariante Kreise und Inselketten von $\mathbf{M}_\varepsilon^q$ existieren, die jeden elliptischen periodischen Punkt einer q-fachen Inselkette umkreisen (siehe Abb. 6.18).

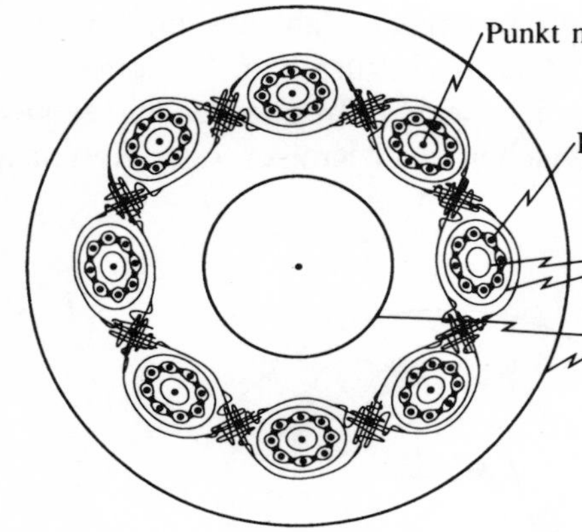

Abb. 6.18. Elliptische Punkte der q-fachen Inselkette sind von KAM-Kreisen und Inselketten von $\mathbf{M}_\varepsilon^q$ umgeben. Die periodischen Punkte mit der Periode q' in den letzteren sind periodische Punkte von $\mathbf{M}_\varepsilon$ mit der Periode qq'. Es ist der Fall $q = q' = 8$ gezeigt. Die KAM-Kreise von $\mathbf{M}_\varepsilon^q$ werden jeder durch jede q-te Iteration von $\mathbf{M}_\varepsilon$ dicht gefüllt. Man beachte, daß an den hyperbolischen Punkten aller Perioden homokline Gewebe auftreten.

Diese q'-fachen Ketten von $\mathbf{M}_\varepsilon^q$ enthalten hyperbolische und elliptische periodische Punkte von $\mathbf{M}_\varepsilon$ mit der Periode qq'. Wir wollen hier hervorheben (siehe Aufgabe 6.5.1), daß alle diese periodischen Punkte von $\mathbf{M}_\varepsilon$ die gleiche Rotationszahl, jedoch verschiedene Perioden besitzen. Zu den hyperbolischen Punkten gehören homokline Gewebe, und die elliptischen Punkte sind von weiteren invarianten Kreisen und Inselketten umgeben, welche höheren Perioden entsprechen und so weiter. Die Komplexität der allgemeinen elliptischen Punkte setzt sich so auf feiner und feiner werdenden Skalen fort. Dieses Verhalten wurde in den numerischen Rechnungen von Hénon (siehe Abb. 1.42) beobachtet. Natürlich lassen sich nur die Inselketten mit relativ großen Perioden, bei welchen der Winkelabstand der stabilen und instabilen Mannigfaltigkeiten groß genug ist, beobachten.

Die KAM-Kreise beeinflussen die Dynamik nicht unerheblich, da sie die Bahnen der Punkte innerhalb von denen außerhalb trennen. Da die KAM-Kreise den elliptischen Punkt umlaufen und in jeder seiner Umgebungen auftreten, wird die Dynamik von Punkten, die nicht zu ihnen gehören, stark beschränkt. Man sieht dies recht gut bei der sogenannten *Standard-Abbildung* (siehe Taylor, 1968, unveröffentlicht; Chirikov, 1979; Greene, 1979). Diese auf dem Zylinder definierte Abbildung besitzt die Form

$$\theta_1 = (\theta + r_1) \bmod 1, \qquad r_1 = r - \frac{k}{2\pi} \sin 2\pi\theta, \tag{6.5.1}$$

wobei die Koordinatenlinien von r entlang der Erzeugenden des Zylinders liegen und θ die übliche Winkelkoordinate ist. Für $k = 0$ ist die Bahn eines Punktes (θ, r) auf den Kreis beschränkt, der den Zylinder in θ-Richtung umläuft bei festem r.

Die Beschränkung von (6.5.1) auf den Kreis bei r besitzt die Rotationszahl gleich r. Ist r rational, gleich p/q, dann ist jeder Punkt des Kreises periodischer Punkt mit der Periode q. Ist r auf der anderen Seite irrational, dann füllen die Iterationen von (6.5.1) den Kreis dicht. Für genügend kleine $k > 0$ existieren, nach Theorem 6.6, KAM-Kreise mit fast jeder irrationalen Rotationszahl, die in der ungestörten Abbildung auftritt. Der KAM-Kreis mit der Rotationsszahl $r \in \mathcal{R}\backslash\mathcal{Q}$ geht stetig in den invarianten Kreis der $k = 0$-Abbildung mit gleichem Orientierungssinn über, wenn $k \to 0$ geht. Ist also k nahe genug bei null, so ist die Rotationszahl der KAM-Kreise eine wachsende Funktion von r für jedes θ (siehe Abb. 6.17). Die periodischen Punkte, welche im Herzen der Inselketten liegen und vom Poincaré-Birkhoff-Theorem vorhergesagt werden, entwickeln sich ebenfalls stetig aus den invarianten Kreisen mit rationaler Rotationszahl bei $k = 0$ (siehe die Aufgaben 6.5.2 und 6.5.2). Numerisch scheint sich diese Ordnung auf Werte von k der Ordnung eins auszudehen. Natürlich lassen sich KAM-Kreise nicht direkt in numerischen Experimenten beobachten, da die Rechnungen nur eine endliche Auflösung besitzen, allerdings können einige der Inselketten identifiziert werden. Tatsächlich ist es die Ordnung spezieller Sequenzen von Inselketten, die anzeigen, wo ein gegebener KAM-Kreis liegt.

Die zu wählende Sequenz erhält man durch einen Kettenbruch der Rotationszahl des KAM-Kreises. Ist α eine reelle Zahl, so schreiben wir

$$\alpha = a_0 + \frac{1}{\alpha_1}, \tag{6.5.2}$$

wobei a_0 die größte ganze Zahl ist, die kleiner oder gleich α ist, das heißt $a_0 = [\alpha]$. und $\alpha_1 > 1$. Wir definieren die ganzen Zahlen a_n, $n = 1, 2, \ldots$, induktiv durch

$$\alpha_n = a_n + \frac{1}{\alpha_{n+1}}, \tag{6.5.3}$$

mit $a_n = [\alpha_n]$ und $\alpha_{n+1} > 1$. Ist α rational, so endet dieser Prozeß nach einer endlichen Zahl von Schritten (siehe Aufgabe 6.5.4), das heißt es existiert ein m mit $\alpha_m = a_m$ und

$$\alpha = a_0 + \cfrac{1}{a_1 + \cfrac{1}{a_2 + \cfrac{1}{\ddots \; \overline{\quad a_{m-2} + \cfrac{1}{a_{m-1} + \cfrac{1}{a_m}}}}}} \tag{6.5.4}$$

Wir schreiben dann

$$\alpha = [a_0, a_1, a_2, \ldots, a_m]. \tag{6.5.5}$$

Ist α irrational, dann endet dieser Prozeß niemals, das heißt

$$\alpha = a_0 + \cfrac{1}{a_1 + \cfrac{1}{a_2 + \cfrac{1}{\ddots \cfrac{}{a_{n-2} + \cfrac{1}{a_{n-1} + \cfrac{1}{\alpha_n}}}}}} \tag{6.5.6}$$

für jedes $n \in \mathfrak{X}^+$, und wir schreiben

$$\alpha = [a_0, a_1, a_2, \ldots, a_{n-1}, \alpha_n] \text{ für alle } n \in \mathfrak{X}^+ \tag{6.5.7}$$

oder

$$\alpha = [a_0, a_1, a_2, \ldots]. \tag{6.5.8}$$

Die rationale Zahl

$$p_n/q_n = [a_0, a_1, \ldots, a_n] \tag{6.5.9}$$

nennt man den n-ten *Näherungsbruch* von α und die Sequenz $\{p_n/q_n\}_{n=0}^{\infty}$ ist der Kettenbruch für α. Die Näherungsbrüche einer irrationalen Zahl haben die folgenden wichtigen Eigenschaften.

(i) Für jedes n sind p_n, q_n teilerfremd und $q_n \geq 1$.

(ii) Die Divisoren q_n bilden eine wachsende Folge

$$q < q_1 < q_2 < \cdots < q_n < \cdots. \tag{6.5.10}$$

(iii) p_n/q_n ist die „beste Approximation" an α in dem Sinne, daß

$$|q\alpha - p| > |q_n\alpha - p_n| \tag{6.5.11}$$

gilt für jedes $1 \leq q < q_n$.

(iv) Für gerades (ungerades) n bilden die n-ten Näherungsbrüche eine streng wachsende (fallende) Folge, die gegen α konvergiert.

Der Ursprung dieser Eigenschaften wird in den Aufgaben 6.5.5 – 6.5.7 untersucht.

Betrachten wir nun den KAM-Kreis mit der irrationalen Rotationszahl $\omega/2\pi$, welche (6.3.6) erfüllt und nehmen wir an, die Ordnung der KAM-Kreise und Inselketten sei wie oben beschrieben. Dann gibt es zu jedem n-ten Näherungsbruch p_n/q_n von $\omega/2\pi$ eine Inselkette, die auf periodischen Bahnen mit der Periode q_n basiert. Punkt (iii) sichert, daß diese Bahnen von allen Bahnen der Periode q_n oder kürzer dem betrachteten KAM-Kreis am nächsten liegen. Punkt (iv) sagt uns, daß die periodischen Bahnen, die geraden Werten von n entsprechen, innerhalb des KAM-Kreises liegen. während die zu ungeraden Werten von n gehörenden Bahnen außerhalb liegen. Das Auftreten dieser Sequenzen von Inselketten in numerischen Experimenten bestätigt nicht nur die angenommene Ordnung, sondern kann den gegebenen KAM-Kreis recht genau lokalisieren (siehe Abb. 6.19).

Natürlich tritt die Frage auf, wie man zu einer irrationalen Zahl gelangt, welche (6.3.6) erfüllt. Die Antwort liefert wieder die Theorie der Kettenbrüche.

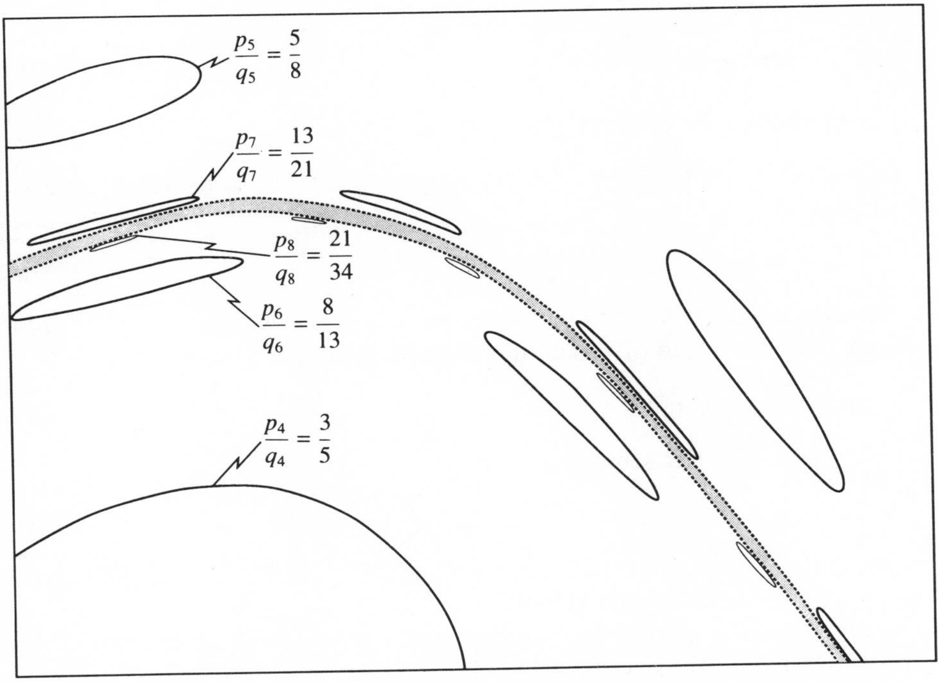

Abb. 6.19. Die Zahl $\alpha^* + 1$ ist der „goldene Schnitt" $[1, 1, 1, \ldots] = (1 + 5^{1/2})/2$ (siehe Niren, 1956; Gardner, 1961). Das Diagramm zeigt einige Inselketten, die gegen den „goldenen" KAM-Kreis mit der Rotationszahl $\alpha^* = (5^{1/2} - 1)/2$ in der Standard-Abbildung konvergieren.

Man sieht an der Form von (6.5.6), daß, je größer der Wert von α_n ist, umso näher liegt α an dem rationalen Wert p_{n-1}/q_{n-1}. Die Größe von α_n wird durch $a_n = [\alpha_n]$ bestimmt, so können wir α von allen seinen Näherungsbrüchen abgrenzen, indem wir eine obere Schranke für a_n für alle n wählen. Ist nun der n-te Näherungsbruch p_n/q_n die beste rationale Approximation an α, wobei der Divisor kleiner oder gleich q_n ist, so grenzt in einem gewissen Sinne diese Schranke α von allen rationalen Zahlen ab. Die Verbindung zu (6.3.6) erhält man, wenn beachtet wird, daß folgende Eigenschaften einer irrationalen Zahl α äquivalent sind (siehe Lang, 1966, S.24).

(i) Der Kettenbruch für α ist $[a_0, a_1, \ldots]$, und es existiert eine Konstante $a > 0$ mit $a_n < a$ für alle n.

(ii) Für jede positive Funktion ψ mit der konvergenten Summe

$$\sum_{q=0}^{\infty} \psi(q) \tag{6.5.12}$$

besitzt die Ungleichung

$$|q\alpha - p| < \psi(q) \tag{6.5.13}$$

nur endlich viele Lösungen.

Ist nun $\psi(q) = Cq^{-(1+\varepsilon)}$, $\varepsilon > 0$, dann ist (6.5.12) konvergent, und wir schließen, daß

$$|q\alpha - p| \geq Cq^{-(1+\varepsilon)} \tag{6.5.14}$$

ist für alle, jedoch endlich viele, Werte von q, sagen wir q_i, $i = 1, \ldots, l$.Für jedes q_i finden wir nun offensichtlich eine Konstante C_i, so daß gilt

$$|q_i\alpha - p_i| = C_i q_i^{-(1+\varepsilon)}, \tag{6.5.15}$$

und weiter können wir schreiben

$$|q\alpha - p| \geq cq^{-\mu} \tag{6.5.16}$$

für alle $q \in \mathscr{Z}^+$ mit $\mu = 1 + \varepsilon$, wobei $c = \min\{C, C_1, \ldots, C_l\}$ ist. Wählen wir also $\omega = 2\pi\alpha$, so ist (6.3.6) erfüllt.

Je kleiner wir a in (i) oben machen, umso weiter ist α offensichtlich von jeder rationalen Zahl entfernt. Nun ist jedoch $a_n \geq 1$ für alle $n \geq 1$, da gilt $a_n = [\alpha_n]$ und $\alpha_n > 1$. So ist $\alpha^* = [0, 1, 1, \ldots]$ die am weitesten von jeder rationalen Zahl entfernt liegende irrationale Zahl im Intervall $[0, 1)$. In Abb. 6.19 sind einige Inselketten mit Rotationszahlen, die durch Näherungsbrüche von α^* gegeben sind, gezeigt. Andere sichere Möglichkeiten bei der Wahl von

$\omega/2\pi$, welche (6.3.6) erfüllt, haben die Form $[a_0, a_1, \ldots, a_n, 1, 1, \ldots]$ und werden als *noble Zahlen* bezeichnet (siehe Percival, 1982).

Die durch Theorem 6.9 vorhergesagten Cantor-Mengen spielen eine besonders interessante Rolle in der Dynamik der Standard-Abbildung (6.5.1). Mather (1984) entwickelte ein Kriterium für die *Nicht-Existenz* von invarianten Kreisen in Abbildungen ähnlich der Standard-Abbildung. Man erhält so die Aussage, daß (6.5.1) für $|k| > \frac{4}{3}$ keine KAM-Kreise enthält. Greene (1979) führte ein numerisches Kriterium für das Aufbrechen eines KAM-Kreises mit gegebener Rotationszahl an. Er schloß daraus, daß der „goldene Kreis", dessen Rotationszahl gleich α^* ist, der letzte Kreis ist, welcher verschwindet und schätzte den kritischen Wert von $|k|$ mit $k_c = 0,971635406$ ab. Jüngeren Datums ist ein Computer-unterstützter Beweis von MacKay, Percival (1985), welcher die Nicht-Existenz von rotationsinvarianten Kreisen für die Standard-Abbildung für $|k| \geq 63/64$ vorhersagt. Mehr noch, es ist numerisch evident (siehe MacKay u.a.,1984), daß für wachsendes $|k|$ in Richtung k_c die KAM-Kreise zu invarianten Cantor-Mengen oder „Cantori" aufbrechen, welche die gleichen Eigenschaften besitzen, die durch das Aubry-Mather-Theorem gegeben werden. Die Standard-Abbildung scheint also für $|k| < k_c$ alle drei Typen von Mather-Mengen zu zeigen.

Wie wir gesehen haben, ist Inhaltstreue eine hochgradig nicht-allgemeine Eigenschaft von Abbildungen der Ebene. Einige Merkmale der in ihrer Dynamik auftretenden Komplexität sind jedoch strukturell stabil. So bestehen die hyperbolischen periodischen Punkte und die transversalen Schnitte ihrer stabilen und instabilen Mannigfaltigkeiten unter genügend kleinen Störungen unabhängig davon, ob die Störungen inhaltstreu sind oder nicht. Wie spiegelt sich die Komplexität von inhaltstreuen Abbildungen in der Dynamik von fast ebenen Abbildungen wider? Die in den folgenden Abschnitten beschriebenen Beispiele, die von großem Forschungsinteresse sind, werden etwas Einblick in die Antwort zu dieser Frage geben.

6.6 Schwach dissipative Systeme und Birkhoff-Attraktoren

In der Literatur zu diesem Thema wird der in den letzten Abschnitten angenommene Ring durch einen Zylinder C ersetzt. Wir haben bereits in Kapitel 2 bemerkt, daß diese beiden Bereiche topologisch vollständig gleichwertig sind (siehe Abb. 2.13). Inhaltstreue für eine Abbildung auf dem Ring erfordert jedoch eine Null-Calabi-Invariante für die entsprechende Abbildung auf dem Zylinder (siehe MacKay u.a.,1984). Dies schließt inhaltstreue Abbildungen, welche Netz-Translationen entlang des Zylinders beinhalten, aus. Die hier betrachteten Twist-Abbildungen unterscheiden sich ebenfalls von den in §6.4.2 definierten. In diesem Abschnitt werden wir uns mit Diffeomorphismen anstatt mit Homomorphismen beschäftigen. Die Differenzierbarkeit erlaubt es, die Twist-Bedingung in der Form

$$\frac{\partial}{\partial y}\bar{f}_1(x, y) > \delta > 0 \tag{6.6.1}$$

zu schreiben, wobei $\bar{\mathbf{f}} : (x, y) \mapsto (\bar{f}_1(x, y), \bar{f}_2(x, y))$ eine passend gewählte Liftung der Twist-Abbildung ist (siehe (6.4.4)). Weiter sei der Zylinder offen, das heißt $C = S^1 \times \mathcal{R}$ und $\mathbf{f}$ sei Rand-erhaltend. Diese Bedingungen ersetzen der geschlossenen Ring mit $\mathbf{f}$-invarianten Randkreisen aus §6.4.2. Ist $\sup_{x\in\mathscr{C}}\{|\det(D\mathbf{f}(\mathbf{x}))|\}$ kleiner eins, so nennt man die Twist-Abbildung *dissipativ*. Können in solchen Systemen nun komplexe Strukturen, die an Mather-Mengen von inhaltstreuen Abbildungen erinnern, auftreten?

Höchstens ein rotationsinvarianter Kreis kann bei Anwesenheit von Dissipation übrig bleiben. Nehmen wir an, es gäbe zwei verschiedene solche invarianten Kreise, dann müßte $\mathbf{f}$ den Inhalt der Region C' des Zylinders zwischen beiden erhalten, das heißt $\mathbf{f}(C') = C'$. Dies widerspricht jedoch der Forderung nach Dissipation, denn dann würde gelten

$$\text{Inhalt}[\mathbf{f}(C')] < \max_{x\in\mathscr{C}}\{\det(D\mathbf{f}(\mathbf{x}))\} \times \text{Inhalt}[C'] < \text{Inhalt}[C'] \tag{6.6.2}$$

für alle solche C'.

Die Birkhoff-periodischen Bahnen können unter genügend kleinen dissipativen Störungen bestehen bleiben. Nehmen wir zum Beispiel die inhaltstreue Abbildung $\mathbf{M}_\varepsilon$ der Form (6.2.1) mit $\varepsilon \neq 0$ und genügend klein als Startpunkt. Theorem 6.3 sichert, daß für diese Abbildung Birkhoff-periodische Punkte existieren. Wir wollen nun eine dissipative Abbildung konstruieren, indem wir $\mathbf{M}_\varepsilon$ mit der Kontraktion $\mathbf{C}_\delta : (\theta, \tau) \to (\theta, (1+\delta)\tau)$, $-1 < \delta < 0$ verknüpfen. Man kann leicht zeigen (siehe Aufgabe 6.6.1), daß $(\mathbf{M}_\varepsilon \cdot \mathbf{C}_\delta)^q$ eine zu (6.2.4, 6.2.5) ähnliche Form annimmt, das Theorem über implizite Funktionen liefert wieder die Existenz einer radial abgebildeten geschlossenen Kurve $\mathbf{S}'$ in der Nähe der entsprechenden Kurve $\mathbf{S}$ von $\mathbf{M}_\varepsilon^q$; es gilt $\mathbf{S} = \mathbf{S}'$ für $\delta = 0$. Da die Schnitte von $\mathbf{S}$ und $\mathbf{M}_\varepsilon^q(\mathbf{S}')$ allgemein transversal sind, schneiden sich $\mathbf{S}'$ und $(\mathbf{M}_\varepsilon \cdot \mathbf{C}_\delta)^q(\mathbf{S}')$ ebenfalls transversal, wenn δ genügend klein ist. Dann folgt aus den gleichen Argumenten, die wir zum Beweis von Theorem 6.3 verwendet haben, daß $\mathbf{M}_\varepsilon \cdot \mathbf{C}_\delta$ Birkhoff-periodische Punkte mit der Periode q besitzt.

Nehmen wir nun an, wir haben eine dissipative Abbildung mit den oben beschriebenen Eigenschaften, deren Beschränkung auf einen Ring einen Twist-Homomorphismus im Sinne von §6.4.2 darstellt. Sind die nötigen Birkhoff-periodischen Bahnen gegeben, so gestattet Theorem 6.7 den Schluß auf das

Erscheinen von Mather-Mengen mit einer irrationalen Rotationszahl. Da es aber höchstens einen invarianten Kreis gibt, müssen einige von ihnen vom Cantor-Typ sein. Diese Argumente führen zu dem Gedanken, daß es möglich sein müßte, ein Analogon zum Aubry-Mather-Theorem für dissipative Twist-Abbildungen zu formulieren.

Man beachte, daß Theorem 6.7 *sowohl* einen Twist-Homomorphismus mit einem nicht-trivialen Rotationsintervall *als auch* das Erscheinen von Birkhoff-periodischen Bahnen vom (p, q)-Typ für jede rationale Zahl in diesem Intervall fordert. Wie ist es nun möglich, ein solches Verhalten bei dissipativen Twist-Abbildungen aufzufinden? Recht plausibel ist die Tatsache, daß Birkhoff-periodische Bahnen in dissipativen Twist-Abbildungen bestehen bleiben, welche nahe bei inhaltstreuen Abbildungen liegen, um jedoch Theorem 6.7 anwenden zu können, benötigen wir ihr Erscheinen in einem kompakten Zylinder (das heißt in einem geschlossenen Ring), in welchem die Abbildung ein nicht-triviales Rotationsintervall besitzen muß. Hier hilft die Beobachtung, daß die (im Sinne Liapunovs) stabilen periodischen Punkte der inhaltstreuen Abbildung bei Anwesenheit von dissipativen Störungen asymptotisch stabil werden sollten. Natürlich bleiben sattelartige periodische Punkte erhalten, da sie lokal strukturell stabil sind. Dies legt den Gedanken nahe, daß, falls Birkhoff-periodische Punkte existieren, diese in den *anziehenden Mengen* der dissipativen Twist-Abbildung erscheinen werden. Man erinnere sich, eine geschlossene invariante Menge A ist anziehend für $\mathbf{f}$, wenn innerhalb einer Umgebung von A eine Einfangregion T existiert mit $A = \bigcap_{n \in \mathfrak{Z}^+} \mathbf{f}^n(T)$. Man nennt eine geschlossene Menge T eine Einfangmenge von $\mathbf{f}$, wenn gilt $\mathbf{f}(T) \subseteq \text{int}(T)$. Die anziehende Menge, welche eine dichte Bahn von $\mathbf{f}$ enthält, nennt man *Attraktor*. Wir müssen also nach anziehenden Mengen mit nicht-trivialen Rotationsintervallen suchen.

Birkhoff (1968b) gibt ein Beispiel für eine dissipative Twist-Abbildung, welche eine anziehende Menge mit einem nicht-trivialen Rotationsintervall besitzt. Die Menge A ist in einem kompakten Subzylinder von C gelegen und teilt C in zwei zusammenhängende Komponenten. Birkhoff führte die Bezeichnungen interne und externe Rotationszahl solcher anziehender Mengen wie folgt ein. Man wählt Linien mit konstantem r auf C oberhalb und unterhalb von A, und es werden vertikale ($\theta =$konstant) Projektionen dieser Linien auf die anziehende Menge betrachtet (siehe Abb. 6.20). Die Punkte des ersten Schnittes von oben bzw. unten ergeben Teilmengen von A, welche die „Spitze" und der „Boden" der anziehenden Menge genannt werden. Diese Teilmengen sind unter $\mathbf{f}^{-1}$ invariant, und man kann Rotationszahlen ρ_e bzw ρ_i definieren. Dies geschieht durch eine feste Liftung $\bar{\mathbf{f}}$ von $\mathbf{f}$ und Projektion auf die Referenzkreise, die in Abb. 6.20 zu sehen sind (siehe Aufgabe 6.6.5). Sei $\rho_e \geq \rho_i$, dann ist das Rotationsintervall von A gleich $[\rho_e, \rho_i]$.

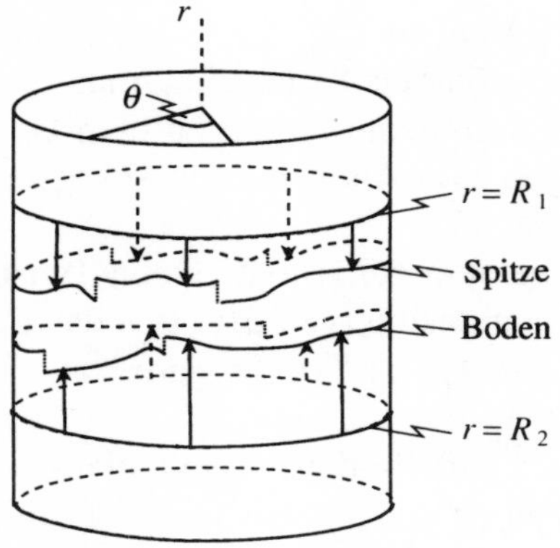

Abb. 6.20. Schematische Darstellung der Spitze und des Bodens einer Birkhoff-anziehenden Menge. Die Referenzkreise $r = R_1$ und $r = R_2$ erlauben die Definition von Rotationszahlen für die Beschränkung von **f** auf diese Mengen. Man beachte, daß die Spitze und der Boden einer anziehenden Menge nicht notwendig stetige Kurven sind (vergleiche Abb. 6.21).

Zusammengefaßt besteht unser Wunsch in der Formulierung einer Verallgemeinerung des Aubry-Mather-Theorems für dissipative Twist-Abbildungen, wenn die anziehende Menge des ganzen Zylinders in einem kompakten Subzylinder liegt, für den die Abbildung ein nicht-triviales Rotationsintervall besitzt. Dieser Ansatz wurde von Le Calvez (1986) und Casdagli (1987a,b) verfolgt. Dabei ist die oben definierte Twist-Abbildung **f** Subjekt einer zusätzlichen Zwangsbedingung. Man nimmt an, es existiere ein $K_0 \in \mathcal{R}^+$, so daß für alle $K > K_0$ der kompakte Subzylinder $T_K = S^1 \times [-K, K]$ eine Einfangregion für **f** ist. Nicht für alle Abbildungen, die die Twist- und Dissipations-Bedingungen erfüllen, gilt diese „Einfang-Hypothese" (siehe Aufgabe 6.6.2), Casdagli hat jedoch gezeigt, daß eine dissipative Twist-Abbildung **f** mit dieser Eigenschaft eine eindeutige anziehende Menge von dem durch Birkhoff beschriebenen Typ besitzt.

Definition 6.7 *Die Birkhoff-Menge* $B(\mathbf{f})$ *einer dissipativen Twist-Abbildung* **f**, *welche die Einfang-Hypothese erfüllt, wird durch* $B(\mathbf{f}) = Cl(L) \cap Cl(U)$ *definiert mit*

$$L = \{(\theta, r) \in C | r_{-j} < -K_0 \textit{ für gewisse } j \in \mathcal{Z}^+\}, \tag{6.6.3}$$

$$U = \{(\theta, r) \in C | r_{-j} > +K_0 \textit{ für gewisse } j \in \mathcal{Z}^+\} \tag{6.6.4}$$

und $\mathbf{f}^{-j} : (\theta, r) \mapsto (\theta_{-j}, r_{-j})$.

Man beachte, daß die Ober-(U) und Unter-(L)-Mengen in obiger Definition als Funktionen der expandierenden Abbildung $\mathbf{f}^{-1}$ definiert werden. Da **f** Endpunkt-erhaltend ist, sind L und U disjunkt. Daher muß $Cl(L) \cap Cl(U)$

vollständig aus Randpunkten von L und U bestehen. Also besitzt $B(\mathbf{f})$ kein Inneres, oder anders gesagt, es ist sein eigener Rand.

Man kann tatsächlich $B(\mathbf{f})$ als den Rand der Einzugsmenge der Senke von $\mathbf{f}^{-1}$ bei $r = \pm\infty$ betrachten. Wir wollen an dieser Stelle betonen, daß $B(\mathbf{f})$ nicht notwendig ein Attraktor ist, da es nicht notwendig eine dichte Bahn enthält (siehe Aufgabe 6.6.5). Deshalb haben wir es vermieden, den Begriff „Birkhoff-Attraktor" an dieser Stelle zu verwenden, obwohl er in der Literatur gebräuchlich ist. $B(\mathbf{f})$ ist allerdings eine anziehende Menge vom Typ, wie ihn Birkhoff ins Auge gefaßt hatte. Sie ist zum Beispiel eine nicht-leere, kompakte Teilmenge der anziehenden Menge $\bigcap_{n\in\mathscr{Z}^+} \mathbf{f}^n(T_K)$ für alle $K > K_0$. Man kann nun zeigen, daß sich C in zwei zusammenhängende Bereiche teilen läßt (siehe die Aufgaben 6.6.3 und 6.6.4(a)). Manchmal ist $B(\mathbf{f})$ einfach eine invariante Kurve, die sich einmal um den Zylinder windet, das heißt ein rotationsinvarianter Kreis (siehe Abb. 6.21 oder Aufgabe 6.6.5). Man sagt dann, das Rotationsintervall der Birkhoff-Menge ist trivial, da es zu einem Punkt entartet ist. Man beachte, daß in beiden oben erwähnten Beispielen periodische Punkte existieren, welche nicht in der Birkhoff-Menge liegen. Daher beschreibt $B(\mathbf{f})$ die nicht-triviale Dynamik von $\mathbf{f}$ nicht vollständig.

Ist $B(\mathbf{f})$ ein rotationsinvarianter Kreis, so überrascht es nicht, daß diese Menge Birkhoff-periodische Punkte enthält, falls die Rotationszahl rational ist. Trotzdem ist das folgende Theorem nach Casdagli (1987a) alles andere als offensichtlich.

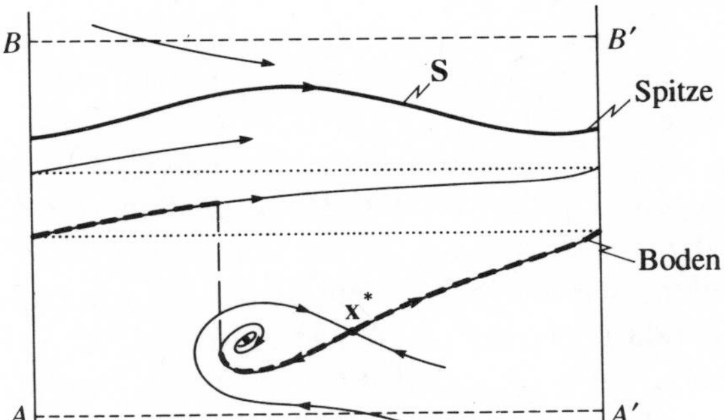

Abb. 6.21. Die gezeigte Abbildung $\mathbf{f}$ ist auf dem Zylinder definiert, daher müssen die Punkte A, B mit A', B' identifiziert werden. Man erkennt drei wichtige Merkmale: einen invarianten Kreis $\mathbf{S}$ mit $\rho(\mathbf{f}|\mathbf{S}) = \alpha > 0$, einen Brennpunkt und einen Sattelpunkt $\mathbf{x}^*$. Die Vereinigung von $\mathbf{S}$ mit der instabilen Mannigfaltigkeit des Sattels ist eine anziehende Menge A für $\mathbf{f}$. Die Spitze von A ist $\mathbf{S}$, während der Boden ein Segment der instabilen Mannigfaltigkeit von $\mathbf{x}^*$ ist. Damit ist $\rho_i = 0$ und $\rho_e = \alpha$, so daß A ein nicht-triviales Rotationsintervall besitzt. Die Birkhoff-Menge $B(\mathbf{f})$ ist jedoch einfach der invariante Kreis $\mathbf{S}$ (vergleiche Aufgabe 6.6.5) mit einem trivialen Rotationsintervall.

Theorem 6.10 *Besitze die Birkhoff-Menge $B(\mathbf{f})$ interne und externe Rotationszahlen ρ_i bzw. ρ_e mit $\rho_i \leq \rho_e$. Dann enthält $B(\mathbf{f})$ eine Birkhoff-periodische Bahn vom Typ (p, q) für alle $p/q \in [\rho_i, \rho_e]$.*

Man erinnere sich, daß in §6.4 die Inhaltstreue das Schneiden der Rotationskreise und der Bilder unter der dort behandelten Twist-Abbildung erzwang.

Diese topologische Eigenschaft inhaltstreuer Twist-Abbildungen spielte beim Erscheinen ihrer Birkhoff-priodischen Punkte eine Schlüsselrolle. Es ist bemerkenswert, daß die Menge $B(\mathbf{f})$ eine analoge Eigenschaft besitzt. Genauer gesagt kann man zeigen (siehe Aufgabe 6.6.4(c)), daß $B(\mathbf{f}) \cap R \neq \emptyset$ dann $\mathbf{f}(R) \cap R \neq \emptyset$ impliziert für jeden Rotationskreis R. Deshalb hat es Sinn, von einer Parallelität im Verhalten von $\mathbf{f}|B(\mathbf{f})$ und inhaltstreuen Twist-Abbildungen zu sprechen.

Schließlich folgt aus dem Theorem von Katok (Theorem 6.7) ein Analogon für unsere jetzigen Betrachtungen.

Theorem 6.11 *Sei $B(\mathbf{f})$ eine Birkhoff-Menge mit nicht-trivialem Rotationsintervall $[\rho_i, \rho_e]$, $\rho_i < \rho_e$. Dann enthält $B(\mathbf{f})$ für jede rationale Zahl $p/q \in [\rho_i, \rho_e]$ eine Birkhoff-periodische Bahn vom Typ (p, q) und für jede irrationale Zahl $\beta \in [\rho_i, \rho_e]$ eine Mather-Menge mit der Rotationszahl β.*

Wie man sieht, kann die Mather-Menge mit irrationaler Rotationszahl β in Theorem 6.11 kein invarianter Kreis sein, da sonst die Birkhoff-Menge selbst der invariante Kreis sein müßte, was der Annahme, das Rotationsintervall ist nicht-trivial, widerspricht.

Die Familie $\mathbf{f}_{b,k,\omega}$, definiert durch

$$\theta_1 = (\theta + \omega + r_1) \bmod 1, \qquad r_1 = br - \frac{k}{2\pi} \sin 2\pi\theta, \tag{6.6.5}$$

$0 \leq b \leq 1$, $0 \leq \omega < 1$, $k \in \mathfrak{R}$ besitzt für gewisse Werte der Parameter eine Birkhoff-Menge mit nicht-trivialem Rotationsintervall. Diese Familie hat die Eigenschaft, daß für $b = 0$ im wesentlichen die Arnoldsche Kreisabbildung vorliegt, welche wir in §5.2 diskutiert haben, während der Fall $b = 1$ die inhaltstreue Standard-Abbildung (6.5.1) ergibt (siehe Aufgabe 6.6.6). Die Jacobi-Determinante von $\mathbf{f}_{b,k,\omega}$ ist identisch gleich b, damit ist die Abbildung dissipativ für $b < 1$. Man nennt deshalb (6.6.5) oft auch die *dissipative Standard-Abbildung*. Man zeigt leicht, daß $\mathbf{f}_{b,k,\omega}$ eine Twist-Abbildung ist. Aus der radialen Komponente von (6.6.5) folgt weiter

$$b - \left|\frac{k}{2\pi r}\right| \leq \left|\frac{r_1}{r}\right| \leq b + \left|\frac{k}{2\pi r}\right|. \tag{6.6.6}$$

Also ist $|r_1| < |r|$ für alle $|r| > h$ mit

$$h = |k|/[2\pi(1 - b)]. \tag{6.6.7}$$

Daraus folgt nun (siehe Aufgabe 6.6.7(a)), daß $\mathbf{f}_{b,k,\omega}$ in (6.6.5) die Einfang-Hypothese mit $K_0 = h$ erfüllt. Damit existiert in dem geschlossenen Subzylinder $-h \leq r \leq h$ eine Birkhoff-Menge.

Ist $\mathbf{f}^n_{b,k,\omega} : (\theta_0, r_0) \mapsto (\theta_n, r_n)$, $n \in \mathfrak{Z}^+$, so kann gezeigt werden (siehe Aufgabe 6.6.7(b)), daß $|r_0| > h$ dann $|r_n| < |r_0|$ impliziert für alle $n \in \mathfrak{Z}^+$. $|r_n| < |r_0|$ für alle n bedeutet jedoch, daß keine periodischen Punkte oder Fixpunkte der Abbildung mit der radialen Komponente r_0 existieren können. Damit können periodische Punkte oder Fixpunkte von $\mathbf{f}_{b,k,\omega}$ nicht außerhalb der Region $-h \leq r \leq h$ auftreten. Es fällt nicht schwer zu zeigen, daß sie innerhalb dieser Region erscheinen. So sind zum Beispiel die Fixpunkte (θ^*, r^*) von $\mathbf{f}_{b,k,\omega}$ durch

$$r^* = -\omega + m \tag{6.6.8}$$

gegeben, wobei m eine ganze Zahl ist, für welche die Gleichung

$$\omega - m = k \sin(2\pi\theta^*)/[2\pi(1-b)] \tag{6.6.9}$$

Lösungen für θ^* zuläßt. Um dies an einem Beispiel zu illustrieren: für $b = 0,95$, $k = 1$ und $\omega = 0,2$ existieren Fixpunkte für $r^* = \{-2,2; -1,2; -0,2; 0,8; 1,8; 2,8\}$. Alle sechs Werte von r^* liegen im Intervall $[-h, h]$ mit $h = 10/\pi = 3,18\ldots$, und jeder von ihnen gehört zu einem Paar von θ^*-Werten aus (6.6.9). Ein Fixpunkt des Paares, die für jeden Wert von r^* erscheinen, ist vom Satteltyp, der andere ist ein stabiler Brennpunkt. Der Abstand zwischen Sattel und Brennpunkt mit gleicher radialer Komponente r^* schrumpft für wachsendes $|r^*|$. Wird b kleiner, so verkleinert sich auch der Sattel-Brennpunkt-Abstand, und es kann geschehen, daß Sattel und Brennpunkt für den größten Wert von $|r^*|$ verschmelzen und in einer Sattel-Knoten-Bifurkation verschwinden. Wächst b aber, so entstehen weitere Sättel und Brennpunkte durch ähnliche Bifurkationen, bis die inhaltstreue Standard-Abbildung bei $b = 1$ erreicht ist.

Man sollte hierbei beachten, daß die Einfang-Hypothese nicht garantiert, daß die Birkhoff-Menge ein nicht-triviales Rotationsintervall besitzt oder daß sie die Möglichkeit ausschließt, daß die Birkhoff-Menge als eine Teilmenge der anziehenden Menge $A = \bigcap_{n \in \mathfrak{Z}^+} \mathbf{f}^n(T_K)$, $K > K_0$ auftritt. So kann A zum Beispiel aus der Vereinigung von periodischen Bahnen entlang eines anziehenden invarianten Kreises bestehen (siehe Aufgabe 6.6.5). Hierbei ist der invariante Kreis die Birkhoff-Menge. Man kann die Existenz einer nicht-trivialen Birkhoff-Menge beweisen, wenn sich die stabilen und instabilen Mannigfaltigkeiten des Sattelpunktes am kleinsten Wert von $|r^*|$ so schneiden, daß sie homokline Bahnen ergeben, die sich um den Zylinder winden. Genauer gesagt (Rand, private Mitteilung), sei $\mathbf{x}^*$ der Sattelpunkt und $\mathbf{x}^\dagger$ ein homokliner Punkt, dann muß die geschlossene Kurve, die durch die Vereinigung des Segmentes von $W^u(\mathbf{x}^*)$, welches von $\mathbf{x}^*$ nach $\mathbf{x}^\dagger$, mit dem Segment von $W^s(\mathbf{x}^*)$,

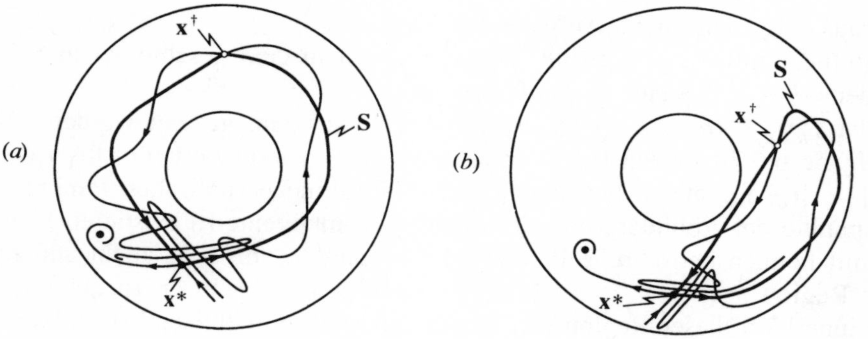

Abb. 6.22. Schematische Darstellung der Vereinigung des Segmentes von $W^u(\mathbf{x}^*)$ von $\mathbf{x}^*$ nach $\mathbf{x}^\dagger$ mit dem von $W^s(\mathbf{x}^*)$ von $\mathbf{x}^\dagger$ nach $\mathbf{x}^*$. In (a) ist die resultierende Kurve **S** nicht homotop zu Null, jedoch ist sie es in (b). Die in (a) gezeigte Situation ist kompatibel mit homoklinen Bahnen, die sich um den Ring (oder Zylinder) winden, die in (b) gezeigte nicht.

welches von $\mathbf{x}^\dagger$ nach $\mathbf{x}^*$ verläuft, geformt wird, nicht homotop zu Null sein (siehe Abb. 6.22). Abbildung 6.23 zeigt, daß $\mathbf{f}_{b,k,\omega}$ diese Art von Verhalten für gewisse Werte der Parameter zeigt.

Der Beweis der Existenz eines nicht-trivialen Rotationsintervalles verwendet das sogenannte *Shadowing-Lemma* (siehe Bowen, 1970, 1978; Newhouse, 1980). Sei $\mathbf{f}$ ein C^l-Diffeomorphismus auf $\mathcal{R}^n$ mit einer hyperbolischen invarianten Menge Λ. Man erinnere sich daran, daß die Bahn eines Punktes $\mathbf{x}_0 \in \mathcal{R}^n$ unter $\mathbf{f}$ die Sequenz von Punkten $\{\mathbf{x}_i\}_{-\infty}^{\infty}$ ist mit $\mathbf{x}_i = \mathbf{f}^i(\mathbf{x}_0)$, so daß gilt $\mathbf{x}_{i+1} = \mathbf{f}(\mathbf{x}_i)$.

Definition 6.8 *Eine* ε-pseudo-Bahn *in* Λ *ist eine doppelt-unendliche Sequenz von Punkten* $\{\mathbf{y}_i\}_{-\infty}^{\infty}$, $\mathbf{y}_i \in \Lambda$ *mit*

$$d(\mathbf{y}_i, \mathbf{f}(\mathbf{y}_i)) < \varepsilon, \tag{6.6.10}$$

wobei $d(\mathbf{x}, \mathbf{y})$ *eine passende Abstandsfunktion auf* $\mathcal{R}^n$ *ist.*

Definition 6.9 *Eine echte Bahn* $\{\mathbf{x}_0\}_{-\infty}^{\infty}$ *in* Λ *nennt man einen* δ*-Schatten der Pseudo-Bahn* $\{\mathbf{y}_i\}_{-\infty}^{\infty}$, *wenn*

$$d(\mathbf{x}_i, \mathbf{y}_i) < \delta \tag{6.6.11}$$

ist für alle $i \in \mathcal{Z}$.

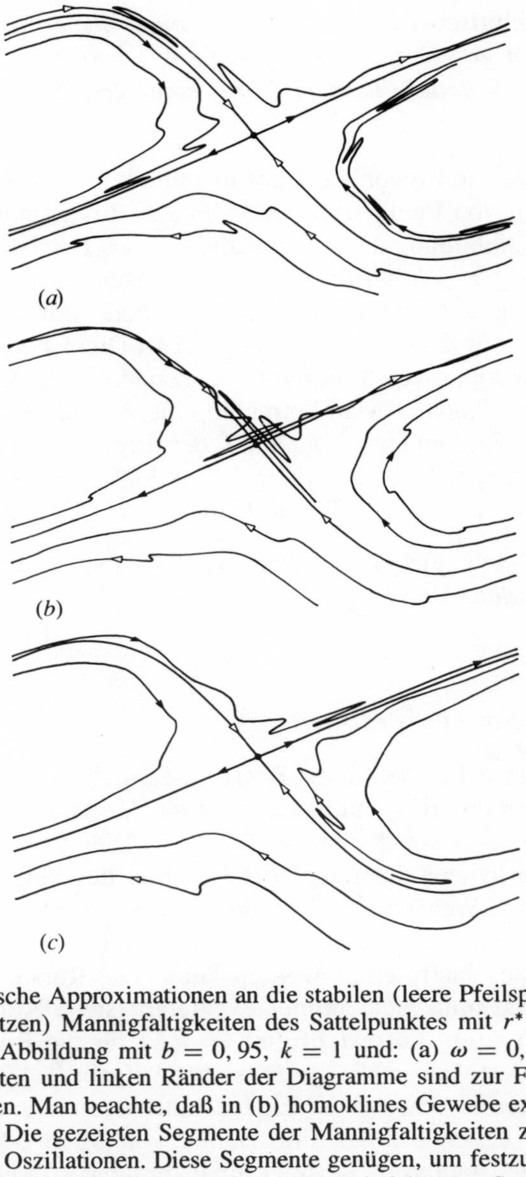

Abb. 6.23. Numerische Approximationen an die stabilen (leere Pfeilspitzen) und instabilen (schwarzer Pfeilspitzen) Mannigfaltigkeiten des Sattelpunktes mit $r^* = -0,2$ in der dissipativen Standard-Abbildung mit $b = 0,95$, $k = 1$ und: (a) $\omega = 0,1$; (b) $\omega = 0,2$; (c) $\omega = 0,3$. Die rechten und linken Ränder der Diagramme sind zur Formung eines Zylinders zu identifizieren. Man beachte, daß in (b) homoklines Gewebe existiert, jedoch weder in (a) noch in (c). Die gezeigten Segmente der Mannigfaltigkeiten zeigen nur einige der frühen homoklinen Oszillationen. Diese Segmente genügen, um festzulegen, ob homokline Punkte erscheinen oder nicht. In Abbildung 6.25(a) sind längere Segmente der instabilen Mannigfaltigkeit gezeigt.

Theorem 6.12 (Schatten-Lemma) *Sei Λ eine hyperbolische invariante Menge für* **f**. *Dann gibt es für jedes $\delta > 0$ ein $\varepsilon > 0$, so daß jede ε-pseudo-Bahn in Λ eine δ-Schatten-Bahn in Form einer echten Bahn eines Punktes $\mathbf{x} \in \Lambda$ besitzt.*

Dieses bemerkenswerte Ergebnis erlaubt uns nun beachtliche Einblicke in das Wesen der Bahnen von Punkten in der Menge Λ. Im gegenwärtigen Kontext sind wir mit einer Abbildung des offenen Zylinders C beschäftigt, welcher eine Einfangregion $-h \leq r \leq h$ besitzt. Eine solche Abbildung ist glatt konjugiert zu einer Abbildung auf der durchstochenen Ebene mit einer ringförmigen Einfangregion $1 \leq r \leq 2$ (siehe Abbildung 2.13). Diese Form erlaubt uns nun nicht nur die Anwendung von Theorem 6.12, sondern auch die Definition einer *Rotationszahl eines Punktes*. Man betrachte eine Abbildung $\mathbf{f} : \mathcal{R}^2 \to \mathcal{R}^2$ mit einer ringförmigen Einfangregion T. Sei $\bar{T}$ der Streifen in der x, y-Ebene, der den Bedeckungsraum für T mittels der Projektion $(\theta, r) = (x \bmod 1, y) \in T$ darstellt und sei weiter $\bar{\mathbf{f}} : \bar{T} \to \bar{T}$ eine Liftung von $\mathbf{f}|T$.

Definition 6.10 *Sei $(x, y) \in \bar{T}$ und $\bar{\mathbf{f}}^n : (x, y) \mapsto (x_n, y_n)$. Die* Rotationszahl *von $(\theta, r) \in T$ ist dann durch*

$$\rho(\theta, r) = \lim_{n\to\infty} \frac{x_n - x}{n} \tag{6.6.12}$$

gegeben, wenn dieser Limes existiert.

Während die in (6.6.12) definierte Rotationszahl die mittlere Rotation der Bahn von (θ, r) um den Ring mißt, zieht sie das Verhalten der radialen Komponente der Iterationen von **f** nicht in Betracht. Dies ist äquivalent zur Untersuchung des Verhaltens der radialen Projektion des Punktes der Bahn auf einen Referenzkreis. Wenn nicht (θ, r) in einer Mather-Menge liegt, können wir nicht sicher sein, daß die projizierte Bahn als Bahn eines Homomorphismus des Kreises interpretiert werden kann. Die Rotationszahl kann von (θ, r) abhängen und muß nicht immer existieren (siehe Aufgabe 6.6.8). Der Ausdruck (6.6.12) ergibt korrekt $\rho(\theta, r) = \rho(E)$ für die Rotationszahl eines jeden Punktes in der Mather-Menge E (siehe Aufgabe 6.4.9). Man sollte jedoch Sorgfalt walten lassen, um die Eigenschaften von $\rho(\theta, r)$ für allgemeine Punkte (θ, r) mit denen der Rotationszahlen von Mather-Mengen nicht zu verwechseln. Findet man zum Beispiel einen rationalen Wert für die Rotationszahl eines allgemeinen Punktes, so kann man nicht schließen, daß diese Bahn unter **f** periodisch ist. Die Bahn eines jeden Punktes mit $1 \leq r \leq 2$ unter $(\theta, r) \mapsto ((\theta + (p/q)) \bmod 1, (1 - \eta)r + \frac{3}{2}\eta$, $0 < \eta < 1$, besitzt eine rationale Rotationszahl nach Definition 6.10, sie besitzt jedoch nur auf dem Kreis $r = \frac{3}{2}$ periodische Punkte. In diesem Beispiel ist $\rho(\theta, r) \in \mathcal{Q}$, da die Bahn von (θ, r) sich einer periodischen Bahn mit rationaler Rotationszahl nähert. Daher kann in der kontraktiven Umgebung eines einschließenden Bereiches ein rationales

$\rho(\theta, r)$ Zeugnis einer stärkeren Rekurrenz sein. Schließlich beachte man, daß $\rho(\mathbf{f}^n(\theta, r)) = \rho(\theta, r)$ für alle $n \geq 0$ gilt, daher können wir eine eindeutige Rotationszahl mit der Bahn des Punktes (θ, r) in Verbindung bringen, wenn der Limes (6.6.12) existiert. Deshalb können wir die Rotationszahl einer Bahn anstatt einem individuellen Punkt in ihr zuweisen.

In der folgenden Diskussion sollen die Parameter k, b, ω als fest betrachtet werden (siehe Abbildung 6.23(b)), das heißt, es existiert ein homoklines Gewirr von dem in Abbildung 6.22(a) gezeigten Typ und gehört zu dem Sattelpunkt mit $r^* = -0,2$. Die Abbildung $\mathbf{f}_{b,k,\omega}$ mit diesen Parametern wollen wir einfach mit $\mathbf{f}$ bezeichnen. Damit wir Theorem 6.12 anwenden können, sei Λ die abgeschlossene Hülle der Menge der transversalen homoklinen Punkte, die zum Sattelpunkt $\mathbf{x}^*$ von $\mathbf{f}$ gehören. Da diese Punkte auf den Schnitten der stabilen und instabilen Mannigfaltigkeiten des Sattels liegen, ist es nicht schwer, sich davon zu überzeugen, daß diese Menge hyperbolisch für $\mathbf{f}$ ist. Mehr noch, $W^u(\mathbf{x}^*) \subseteq T_h = S^1 \times [-h, h]$ und ist invariant unter $\mathbf{f}$. Da jeder homokline Punkt in $W^u(\mathbf{x}^*)$ liegt, ist Λ eine Teilmenge der anziehenden Menge $A = \bigcap_{n \in \mathfrak{Z}^+} \mathbf{f}^n(T_h)$.

Unser Ziel ist es zu zeigen, daß Bahnen auf Λ mit einer Kette von Rotationszahlen existieren. Das folgende Ergebnis spielt dabei eine wichtige Rolle. Man kann zeigen, daß es unter den hier betrachteten Umständen gültig ist (siehe Aronson u.a., 1983, S.324, 331).

Satz 6.3 *Eine ε-pseudo-Bahn in Λ und ein δ-Schatten von ihr besitzen die gleiche Rotationszahl, wenn $\delta, \varepsilon < \pi$ sind und eine der beiden Rotationszahlen existiert.*

Satz 6.4 *Ist $\{\mathbf{y}_i\}_{-\infty}^{\infty}$ eine periodische ε-pseudo-Bahn in Λ, dann besitzt sie einen δ-Schatten in Λ, welcher periodisch ist.*

Für eine spezielle Wahl von δ liefert Theorem 6.12 die Existenz einer echten Bahn von $\mathbf{f}$ in Λ zu jeder ε-pseudo-Bahn in Λ. Satz 6.3 sichert, daß für $\delta, \varepsilon < \pi$ der δ-Schatten die gleiche Rotationszahl wie die ε-pseudo-Bahn besitzt. Schließlich erlaubt uns Satz 6.4 anzunehmen, daß der δ-Schatten periodisch ist, wenn dies auch für die ε-pseudo-Bahn gilt. Existiert also eine Menge von periodischen ε-pseudo-Bahnen in Λ mit jeder rationalen Rotationszahl in einem gewissen Intervall, dann gibt es dazu eine Menge von echten Bahnen in Λ mit der gleichen Eigenschaft. Es bleibt nur noch zu zeigen, daß die geforderte Menge von ε-pseudo-Bahnen existiert. Dazu betrachte man den homoklinen Punkt $\mathbf{x}_0$, welcher in Abbildung 6.24 gezeigt ist und richte seine Aufmerksamkeit auf $\{\mathbf{f}^n(\mathbf{x}_0)\}_{-\infty}^{\infty}$. Man beachte, daß die Linien AB und $A'B'$ in der Abbildung identifiziert werden müssen, um einen Zylinder zu formieren. Weiter bezeichne $N_{\varepsilon'}$ eine ε'-Umgebung des Sattelpunktes $\mathbf{x}^*$ mit $\varepsilon' \leq \varepsilon/2$. Vorwärts-Iterationen von $\mathbf{x}_0$ häufen sich bei $\mathbf{x}^*$ von rechts in Abbildung 6.24,

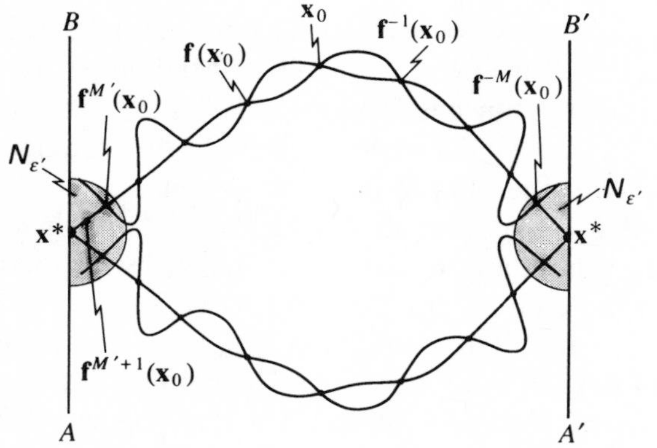

Abb. 6.24. Schematische Darstellung des homoklinen Gewebes am Sattelpunkt $\mathbf{x}^*$ in der dissipativen Standard-Abbildung, es ist hier der Bahnblock B_1 gezeigt. Man beachte, daß $d(\mathbf{f}^{-M}(\mathbf{x}_0), \mathbf{f}(\mathbf{f}^{M'}(\mathbf{x}_0))) < \varepsilon$ ist, so daß E_1 eine ε-pseudo-Bahn von $\mathbf{f}$ ist.

während Rückwärts-Iterationen sich bei $\mathbf{x}^*$ von links häufen. Daraus folgt, daß es ein Segment der Bahn von $\mathbf{x}_0$ unter $\mathbf{f}$, gegeben durch

$$B_1 = \{\mathbf{f}^{-M}(\mathbf{x}_0), \ldots, \mathbf{f}^{-1}(\mathbf{x}_0), \mathbf{x}_0, \mathbf{f}(\mathbf{x}_0), \ldots, \mathbf{f}^{M'}(\mathbf{x}_0)\}, \tag{6.6.13}$$

gibt, welches $N_{\varepsilon'}$ verläßt, einmal um C läuft – von rechts nach links in Abbildung 6.24 – und nach $N_{\varepsilon'}$ zurückkehrt. Wir konstruieren nun eine ε-pseudo-Bahn durch Wiederholung des Bahnblockes B_1, das heißt $E_1 = \{\ldots, B_1, B_1, B_1, B_1, \ldots\}$ und berechnen ihre Rotationszahl. E_1 ergibt einen Umlauf um C für jede $N = M + M'$ Iterationen von $\mathbf{f}$ und besitzt damit die Rotationszahl $1/N$. Man beachte, daß E_1 keine echte Bahn von $\mathbf{f}$ ist, da die echte Bahn durch $\mathbf{x}_0$ nicht die Gleichung $\mathbf{f}(\mathbf{f}^{M'}(\mathbf{x}_0)) = \mathbf{f}^{-M}(\mathbf{x}_0)$ erfüllt. Es ist jedoch eine ε-pseudo-Bahn für $\mathbf{f}$, da sowohl $\mathbf{f}(\mathbf{f}^{M'}(\mathbf{x}_0))$ als auch $\mathbf{f}^{-M}(\mathbf{x}_0)$ in $N_{\varepsilon'}$ liegen. Mehr noch, E_1 ist periodisch mit der Periode N. Sei nun $B_0 = \{\mathbf{x}^*\}$ und $E_2 = \{\ldots, B_0, B_0, B_0, B_0, \ldots\}$. E_2 ist eine echte Bahn für $\mathbf{f}$ mit der Rotationszahl null, damit sind mit Λ zwei Rotationszahlen, nämlich $1/N$ und null verbunden. Natürlich gibt es noch andere Möglichkeiten. Sei $uB_1 + vB_0$ die Bezeichnung für u Kopien von B_1 gefolgt von v Kopien von B_0. Dann ist $E_3 = \{\ldots, uB_1 + vB_0, uB_1 + vB_0, \ldots\}$ eine ε-pseudo-Bahn für $\mathbf{f}$ mit der Rotationszahl $u/(uN + v)$, welche eine rationale Zahl im Intervall $(0, 1/N)$ darstellt. Da jede rationale Zahl $p/q \in (0, 1/N)$ in der Form $u/(uN + v)$ mit $u = p$ und $v = (q - pN)$ geschrieben werden kann, können ε-pseudo-Bahnen mit jeder rationalen Rotationszahl in $(0, 1/N)$ erzeugt werden. Da alle dies pseudo-Bahnen periodisch sind, existieren echte periodische Bahnen in Λ mit jeder rationalen Rotationszahl im Intervall $[0, 1/N]$, Nehmen wir nun an, diese Bahnen seien vom Birkhoff-Typ, so impliziert Theorem 6.7 die Existenz einer Mather-Menge mit jeder *irrationalen* Rotationszahl in diesem Intervall.

Daher überrascht es nicht, daß ε-pseudo-Bahnen mit irrationalen Rotationszahlen konstruiert werden können. Sei $\{p_i/q_i\}_0^\infty$ eine Sequenz von rationalen Zahlen, die gegen eine irrationale Zahl $\beta \in (0, 1/N)$ geht, dann besitzt die ε-pseudo-Bahn

$$E = \left\{ \dots \sum_{i=1}^{\infty} m_i(u_i B_1 + v_i B_0) \right\} \tag{6.6.14}$$

die Rotationszahl β für eine passende Wahl der $\{m_i\}_1^\infty$ (siehe Aufgabe 6.6.8). Daraus folgt, daß für jedes $\alpha \in (0, 1/N)$ eine Bahn von $\mathbf{f}$ mit der Rotationsszahl α existiert. Man beachte, daß die δ-Wahl ε determiniert und damit eine endliche Anzahl von Iterationen von $\mathbf{f}$ zur Umkreisung des Zylinders von $N_{\varepsilon'}$ zu sich zurück notwendig ist. Also ist $[0, 1/N]$ ein nicht-triviales Intervall.

Die oben angeführten Argumente zeigen, daß die dissipative Standard-Abbildung $\mathbf{f} = \mathbf{f}_{b,k,\omega}$ mit $b = 0,95; k = 1$ und $\omega = 0,2$ eine Birkhoff-Menge $B(\mathbf{f})$ mit einem nicht-trivialen Rotationsintervall besitzt. Diese Menge teilt den Zylinder in zwei verbundene Komponenten (siehe Aufgabe 6.6.4) auf eine recht subtile Art und Weise. Mittels numerischer Experimente gelingt es, Einblick in die Natur von $B(\mathbf{f})$ zu bekommen. Abb. 6.25(a) zeigt die instabile Mannigfaltigkeit des Sattelpunktes $\mathbf{x}^*$ mit $r^* = -0,2$. Man beachte, daß die linke und die rechte Seite der Abbildung miteinander identifiziert werden. Die Schleifen des homoklinen Gewebes, welche sich nach rechts über den Rand hinaus erstrecken, erscheinen auf der linken Seite wieder und liegen entlang und oberhalb der Anfangsoszillation von $W^u(\mathbf{x}^*)$, die in Abb. 6.23(b) gezeigt ist. Natürlich gibt es unendlich viele solche Schleifen, so daß sich die instabile Mannigfaltigkeit auf eine sehr komplizierte Art um den Zylinder windet. Abb. 6.25(b) zeigt eine Sammlung von Bahnen von $\mathbf{f}$, welche in die einschließende Region T_h von oben gelangen. Sie häufen sich offensichtlich bei $W^u(\mathbf{x}^*)$. Man bemerke, daß die gezeichneten Punkte in die komplexe Schleifenstruktur von $W^u(\mathbf{x}^*)$ einzudringen scheinen. Diese Punkte müssen in U liegen, da ihre inversen Iterationen T_h verlassen. Abb. 6.25(c) zeigt eine ähnliche Sammlung von Bahnen, die von oben in T_h eintreten. Diese Bahnen werden letztlich in den stabilen Brennpunkt mit $r^* = -0,2$ hineingezogen; ihre Aufwärtsbewegung ist jedoch wieder durch $W^u(\mathbf{x}^*)$ beschränkt. In diesem Falle müssen die gezeichneten Punkte in L liegen. Es ist damit verständlich, anzunehmen, daß $B(\mathbf{f}) = Cl(L) \cap Cl(U)$ die abgeschlossene Hülle der instabilen Mannigfaltigkeit $W^u(\mathbf{x}^*)$ darstellt. In Aufgabe 6.6.9 werden weitere numerische Experimente mit $\mathbf{f}_{b,k,\omega}$ betrachtet.

Wir haben in der obigen Diskussion vom Begriff des Schattens bezüglich homokliner Punkte, die zu einem hyperbolischen Fixpunkt gehören, Gebrauch gemacht, um ein in der Nähe von Null liegendes Intervall von Rotationszahlen zu erhalten. In §6.7 wollen wir diese Idee verwenden, um zu einem

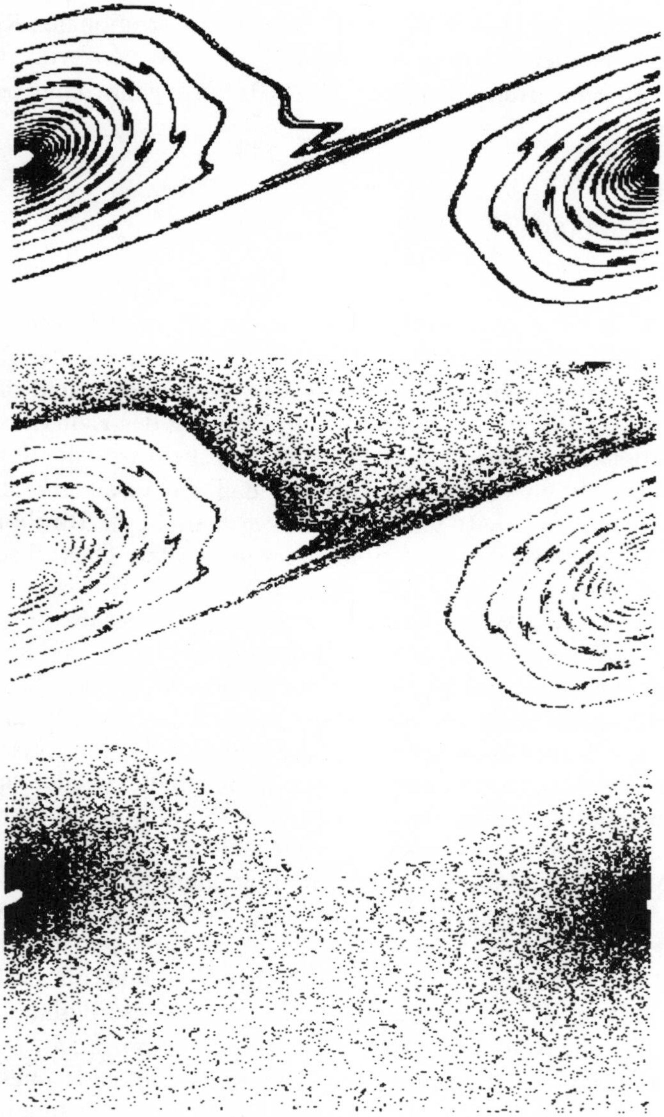
(a)
(b)
(c)

Abb. 6.25. Ergebnisse von numerischen Experimenten mit der dissipativen Standard-Abbildung $\mathbf{f} = \mathbf{f}_{b,k,\omega}$ für $b = 0{,}95$, $k = 1$ und $\omega = 0{,}2$. Die rechte und linke Seite sind dabei zu identifizieren. (a) Genäherte instabile Mannigfaltigkeit für den Sattelpunkt bei $r^* = -0{,}2$. Die Schleifen der instabilen Mannigfaltigkeit, die das Bild nach links verlassen, werden direkt in den stabilen Brennpunkt mit $r^* = -0{,}2$ hineingezogen, während die nach rechts verlaufenden Schleifen erst den Zylinder umrunden. (b) Iterationen einer Sammlung von 200 Punkten, deren Bahnen in T_h von oben eintreten. (c) Darstellung von Bahnen, die T_h von unten erreichen. Man beachte die Häufung der in (b) und (c) gezeichneten Punkte auf der instabilen Mannigfaltigkeit, die in (a) zu sehen ist.

Rotationsintervall in der Nähe einer Rotationszahl p/q zu gelangen, indem wir hyperbolische periodische Bahnen mit der Periode q betrachten .

6.7 Birkhoff-periodische Bahnen und Hopf-Bifurkationen

Neueste Arbeiten von Aronson u.a. (1983) untersuchen die Bifurkationen, denen invariante Kreise unterliegen, die durch nicht-entartete Hopf-Bifurkationen entstehen. Theorem 5.2 ist lokal gültig und kann nur für Parameterwerte nahe dem Bifurkationspunkt angewandt werden.

Von Aronson u.a. (1983) (siehe auch Hockett, Holmes, 1986) wird das Schicksal von invarianten Kreisen untersucht, welche diese Umgebungen verlassen. Unter diesen Umständen muß der Kreis nicht länger differenzierbar sein (vergleiche Abb. 5.19). Weit entfernt vom Bifurkationspunkt kann er zu einem Attraktor werden, der topologisch nicht länger ein Kreis ist. Dies kann durch eine Bifurkation zu komplizierteren anziehenden Mengen mit nicht-trivialen Rotationsintervallen geschehen. Mit Hilfe der folgenden Definitionen geben Aronson u.a. ausreichende Bedingungen für die Existenz eines solchen Attraktors an.

Besitze $\mathbf{f} : \mathcal{R}^2 \to \mathcal{R}^2$ eine ringförmige Einfangregion T, die mit einer anziehenden Menge $A = \bigcap_{n \in \mathcal{Z}^+} \mathbf{f}^n(T)$ verbunden ist.

Definition 6.11 *Sei $Y \subseteq T$ eine periodische Bahn von* $\mathbf{f}$. *Man nennt einen Punkt* $\mathbf{x}^\dagger \in T$ homoklin *zu* Y, *wenn gilt* $\mathbf{x}^\dagger \in W^s(Y, \mathbf{f}) \cap W^u(Y, \mathbf{f}) \backslash Y$.

Definition 6.12 *Seien Y und Y' zwei verschiedene periodische Bahnen von* $\mathbf{f}$. *Man nennt einen Punkt* $\mathbf{x}^\dagger$ heteroklin *von Y zu Y', falls gilt* $\mathbf{x}^\dagger \in W^u(Y, \mathbf{f}) \cap W^s(Y', \mathbf{f})$.

Theorem 6.13 *Sei* $\mathbf{y} \in A$ *ein periodischer Punkt von* $\mathbf{f}$ *mit der Periode q und der Rotationszahl p/q, wobei p, q teilerfremd seien. Man nehme an,* $W^u(\mathbf{y}, \mathbf{f}^q)$ *schneide* $W^s(\mathbf{f}^k(\mathbf{y}), \mathbf{f}^q)$ *transversal für gewisse $0 < k < q$. Dann existiert ein nicht-triviales Intervall I, welches p/q enthält, so daß es für jedes $\alpha \in I$ einen Punkt mit den Polarkoordinaten $(\theta, r) \in A$ gibt, für den gilt $\rho(\theta, r) = \alpha$. Weiter gibt es Punkte in A, für welche keine Rotationszahl existiert.*

Dieses Theorem liefert hinreichende Bedingungen für die Existenz eines zu einer anziehenden Menge A gehörenden nicht-trivialen Rotationsintervalles. Man beachte, daß das transversale Schneiden von $W^u(\mathbf{y}, \mathbf{f}^q)$ und $W^s(\mathbf{f}^k(\mathbf{y}), \mathbf{f}^q)$ mit $0 < k < q$ folgendes impliziert:

(i) Es existiert ein Punkt $\mathbf{x}^{\dagger}$ homoklin zu $Y = \{\mathbf{y}, \mathbf{f}(\mathbf{y}), \ldots, \mathbf{f}^{q-1}(\mathbf{y})\}$,

(ii) $\mathbf{x}^{\dagger}$ ist heteroklin vom Fixpunkt $\mathbf{y}$ von $\mathbf{f}^q$ zum Fixpunkt $\mathbf{y}' = \mathbf{f}^k(\mathbf{y})$ von $\mathbf{f}^q$.

Der Beweis von Theorem 6.13 verwendet den am Ende von §6.6 eingeführten Begriff des Schattens. Seien $\mathbf{y}, \mathbf{y}' \in Y$ mit $\mathbf{y}' = \mathbf{f}^k(\mathbf{y})$, $0 < k < q$. Sowohl $\mathbf{y}$ als auch $\mathbf{y}'$ sind Fixpunkte von $\mathbf{f}^q$, und wir nehmen an, daß $W^u(\mathbf{y}, \mathbf{f}^q) \cap W^s(\mathbf{y}', \mathbf{f}^q) \neq \emptyset$ (siehe Abb. 6.26). Wir betrachten nun einen Punkt $\mathbf{x}_0$ in diesem Schnitt in der Nähe von $\mathbf{y}$ und beachten:

(i) $\mathbf{f}^{nq}(\mathbf{x}_0) \to \mathbf{y}'$ für $n \to \infty$;

(ii) $\mathbf{f}^k(\mathbf{x}_0)$ ist ein Punkt $\mathbf{x}'_0$ auf $W^u(\mathbf{y}', \mathbf{f}^q)$ nahe bei $\mathbf{y}'$;

(iii) $\mathbf{x}_0$ kann so gewählt werden, daß $\mathbf{x}'_0$ in einer ε'-Umgebung $N_{\varepsilon'}(\mathbf{y}')$ von $\mathbf{y}'$ liegt mit $\varepsilon' \leq \varepsilon/2$.

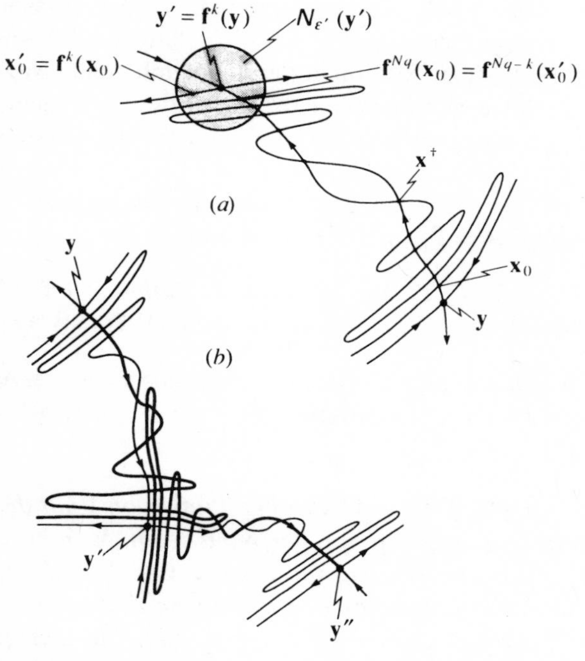

Abb. 6.26. (a) Schematische Darstellung des in Theorem 6.13 vorhergesagten homoklinen Gewebes. Zur größeren Klarheit ist der Fall $k = 1$, bei dem $\mathbf{y}$ und $\mathbf{y}'$ benachbarte Punkte der periodischen Bahn sind, gezeigt. (b) Ist $k > 1$, so fügen die dazwischenliegenden periodischen Punkte zusätzliche Verzerrungen in die sich schneidenden Mannigfaltigkeiten ein; wir zeigen den Fall $k = 2$. Bezüglich $\mathbf{f}^q$ sind die Schnittpunkte der dick gezeichneten Kurven heteroklin von $\mathbf{y}$ zu $\mathbf{y}''$.

Damit gibt es ein $n = N$, für welches das Bahnsegment

$$B_r = \{\mathbf{x}'_0, \mathbf{f}(\mathbf{x}'_0), \ldots, \mathbf{f}^{Nq-k}(\mathbf{x}'_0)\} \tag{6.7.1}$$

in $N_{\varepsilon'}(\mathbf{y}')$ startet, sich r-mal (r gegeben durch eine Liftung von $\mathbf{f}|T$) um den Ring windet und wieder zu $N_{\varepsilon'}(\mathbf{y}')$ zurückkehrt. Damit ist natürlich die Sequenz $E = \{\ldots, B_r, B_r, B_r, \ldots\}$ eine ε-pseudo-Bahn auf der Hülle Λ der Menge von homoklinen Punkte zu Y. Sie ist weiterhin periodisch und besitzt die Rotationszahl r/s mit $s = Nq - k$. Da $0 < k < q$ und q teilerfremd zu s ist, gilt $r/s \neq p/q$. Die Hülle der Punkte homoklin zu Y enthält jedoch Y selbst und Y besitzt die Rotationszahl p/q. Also gibt es in Λ zwei periodische Bahnen mit verschiedener Rotationszahl. Man kann nun analog zu §6.6 B_r und $B_p = Y$ verwenden, um zu zeigen (vergleiche Aufgabe 6.6.8), daß für jedes α in dem durch p/q und r/s definierten Intervall eine Bahn in Λ existiert mit der Rotationszahl α. Auf diese Art und Weise kann die Existenz eines nicht-trivialen Rotationsintervalles gesichert werden. Die Konstruktion von ε-pseudo-Bahnen, für die keine Rotationsszahl existiert, wird in Aufgabe 6.6.8 betrachtet.

Theorem 6.13 hilft uns zu verstehen, wie ein invarianter Kreis durch eine periodische Bahn „hindurch expandiert". Wir haben bereits ein Beispiel betrachtet, wo dieses Phänomen auftritt, nämlich der Fall der starken Resonanz mit $q = 4$ in §5.6.3.

In Abb. 5.17(e)–(i) findet man die Vektorfeld-Approximationen der Familie der interessierenden Abbildungen. In der Dynamik der Familie selbst erwarten wir, daß die heteroklinen Sattel-Verbindungen nach Abb. 5.17(f) und (h) durch homokline Gewebe, wie sie in Abb. 6.27 gezeigt sind, ersetzt werden. Die beiden in dieser Abbildung gezeigten Möglichkeiten sollten durch das Verhalten nach Abb. 5.17(g), in welcher der invariante Kreis resonant mit der 4-periodischen Bahn ist, getrennt werden können. Mit Blick auf das Verhalten des Vektorfeldes im Ursprung und im Unendlichen in Abb. 5.17 kann man vermuten, daß sich die Bedingungen von Theorem 6.13 finden lassen.

In der obigen Fragestellung entstehen die periodischen Bahnen aus stark resonanten Termen in ihrer Normalform. Es ist jedoch nicht schwer, Beispiele zu finden, die nahe bei inhaltstreuen Abbildungen liegen, deren periodische Bahnen vom Birkhoff-Typ sind. Man betrachte so die folgende Entfaltung von (3.7.1)

$$x_1 = x + y_1, \qquad y_1 = y + \varepsilon y + kx(x-1) + \mu xy \tag{6.7.2}$$

mit $k > 0$ und $(\varepsilon, \mu) \in \mathcal{R}^2$. Diese Wahl motiviert sich aus der zweiparametrigen Entfaltung

$$\dot{x} = y, \qquad \dot{y} = \varepsilon y + kx(x-1) + \mu xy \tag{6.7.3}$$

des Hamiltonschen Vektorfeldes

$$\dot{x} = y, \qquad \dot{y} = kx(x-1). \tag{6.7.4}$$

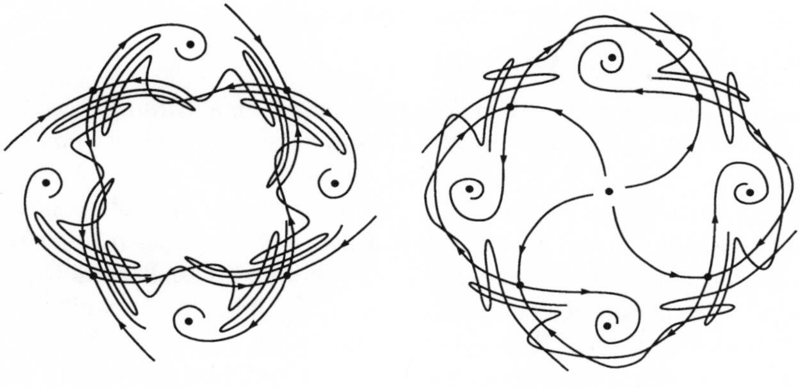

Abb. 6.27. Die homoklinen Gewebe, die im allgemeinen die Sattelverbindungen in: (a) Abb. 5.17(f); (b) Abb. 5.17(h) ersetzen. Man beachte, daß sich in (a) nur die inneren Äste der stabilen und instabilen Mannigfaltigkeiten schneiden, während in (b) dies nur die äußeren tun.

Die Familie von Vektorfeldern (6.7.3) mit $k = 1$ wurde von Bogdanov als Vorarbeit seiner Ableitung (1981b) der versalen Entfaltung der Cusp-Singularität (siehe §4.3.1) untersucht. Wir wollen deshalb (6.7.2) als Bogdanov-Abbildung bezeichnen. Für jedes feste k ist das Bifurkationsdiagramm für die Familie von Vektorfeldern (6.7.3) in Abb. 6.28 gegeben (siehe Aufgabe 6.7.1).

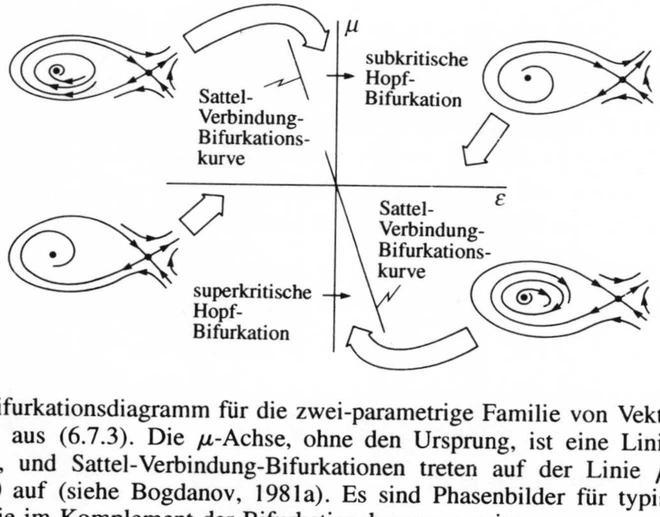

Abb. 6.28. Bifurkationsdiagramm für die zwei-parametrige Familie von Vektorfeldern mit konstantem k aus (6.7.3). Die μ-Achse, ohne den Ursprung, ist eine Linie von Hopf-Bifurkationen, und Sattel-Verbindung-Bifurkationen treten auf der Linie $\mu = -7\varepsilon + O(\varepsilon^2)$, $\varepsilon \neq 0$ auf (siehe Bogdanov, 1981a). Es sind Phasenbilder für typische Mitglieder der Familie im Komplement der Bifurkationskurven gezeigt.

Die Differentialgleichung (6.7.4) nimmt dann die Form

$$\dot{x} = y, \qquad \dot{y} = f(x) \tag{6.7.5}$$

an, und es läßt sich leicht zeigen, daß die Diskretisierung

$$x_1 = x + y_1, \qquad y_1 = y + f(x) \tag{6.7.6}$$

eine inhaltstreue Abbildung liefert. Diese Approximation an die Differentialgleichung (6.7.4) ergibt (3.7.1), während eine analoge Diskretisierung von (6.7.3) zur Bogdanov-Abbildung führt.

Wir hatten in §3.7 festgestellt, daß sich die Komplexität von (3.7.1) durch numerische Experimente mit $k \simeq 1$ leicht sichtbar machen läßt. Innerhalb der folgenden Diskussion soll deshalb $k = 1,15$ gelten. Diese Festlegung sichert, daß die sechsfache Inselkette ein wesentliches Merkmal der Dynamik von (6.7.2) ist. Für gegebenes k läßt sich nun leicht zeigen, daß die aus (6.7.2) erhaltene ein-parametrige Abbildung für festes $\mu \neq 0$ die Punkte (a)–(d) von Theorem 5.2 erfüllt. Der Koeffizient von r^3 in der Normalform von (6.7.2) mit $\varepsilon = 0$ und $\mu \neq 0$ ist durch (5.4.14) gegeben, und eine geradlinige, wenn auch etwas längere Rechnung (siehe Aufgabe 6.7.2) ergibt, daß sub(super)kritische Hopf-Bifurkationen für $\mu > (<)0$ auftreten (siehe Abb. 6.29). Wie in §3.7 bereits erwähnt, treten in der Umgebung der Fixpunkte von (3.7.1) bei (0, 1) homokline Gewebe auf. Diese Gewebe gibt es auch in (6.7.2) in der Nähe des Ursprungs des Parameterraumes mit dem Ergebnis, daß die Sattel-Verbindungs-Kurve in Abb. 6.28 sich zu einem Streifen „verdickt“ (siehe Abb. 6.29, 6.30).

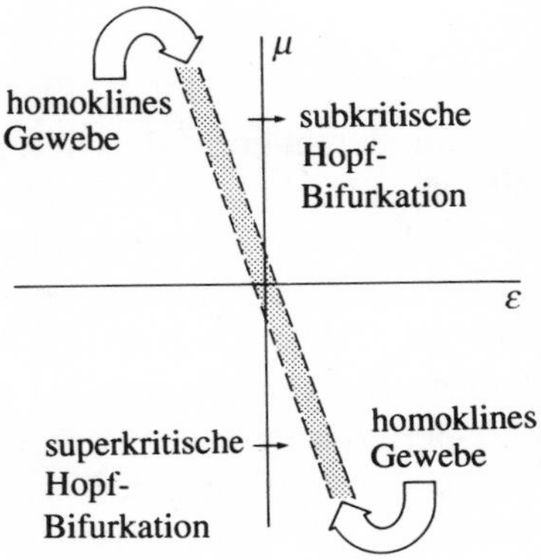

Abb. 6.29. Analoga für die Bogdanov-Abbildung (6.7.2) der Bifurkationen in der Familie von Vektorfeldern (6.7.3). Der Parameter k soll in beiden Systemen fest sein. Die Sattel-Verbindung-Bifurkationskurve wird durch eine Menge, schematisch durch die schattierte Region dargestellt, ersetzt, in welcher homoklines Gewebe auftritt.

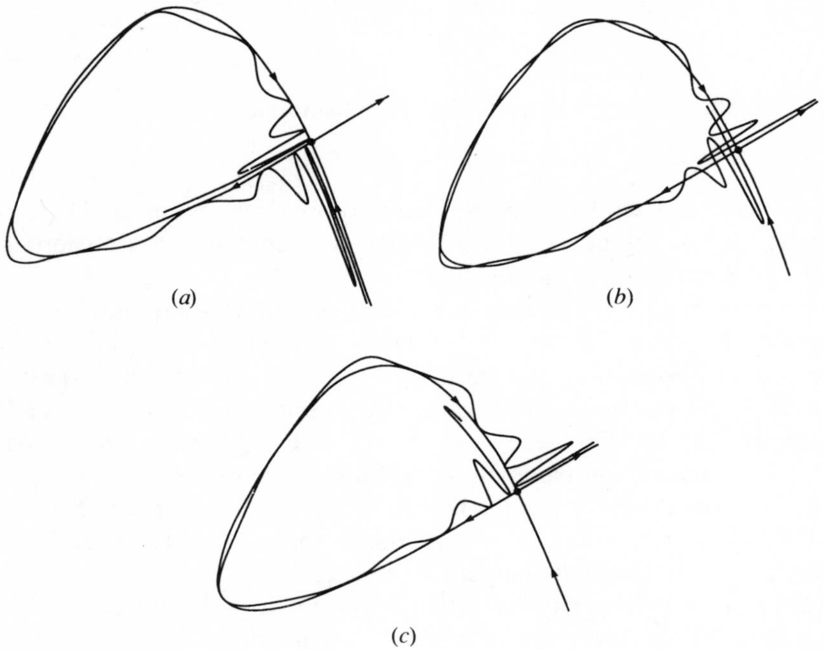

Abb. 6.30. Numerische Approximationen an die stabilen und instabilen Mannigfaltigkeiten des Sattelpunktes nahe $(1, 0)$ in (6.7.2), wenn der Sattel-Verbindung-Streifen in Abb. 6.29 überquert wird. Die Diagramme wurden für $k = 1{,}15$, $\mu = -0{,}1$ und: (a) $\varepsilon = 0{,}0059$, (b) $\varepsilon = 0{,}015$, (c) $\varepsilon = 0{,}0256$ berechnet.

Wichtiger bezüglich der momentanen Diskussion ist die Tatsache, daß jede Birkhoff-periodische Bahn von (3.7.1) in (6.7.2) für (ε, μ) in einer gewissen Umgebung des Ursprungs der Parameterebene erhalten bleibt. (6.7.2) ist somit ein Beispiel, an welchem die Wechselwirkung der Hopf-invarianten Kreise mit den Birkhoff-periodischen Bahnen numerisch studiert werden kann. In Abb. 6.31 sind einige typische Ergebnisse gezeigt; man erkennt, wie der invariante Kreis die Birkhoff-periodische Bahn vom Typ $(1, 6)$ „durchquert".

In Abb. 6.31(b) sind ε und μ so gewählt, daß der invariante Kreis resonant mit der $(1, 6)$-periodischen Bahn ist. Der Kreis ist nicht-differenzierbar, und die Beschränkung eines solchen Mitgliedes der Familie (6.7.2) auf ihn besitzt die Rotationszahl $p/q = \frac{1}{6}$. Die in Abb. 6.31(b) gezeigte Situation ist strukturell stabil, und wir erwarten daher, daß dies für ein Intervall von Werten von ε bestehen bleibt. Die Abb. 6.31(a) und (c) zeigen jedoch, daß sich homokline Gewebe der Form, wie sie in Abb. 6.27 gezeigt wird, entwickeln, wenn ε die Enden dieses Intervalles erreicht. Mit Blick auf Theorem 6.13 kann man fra-

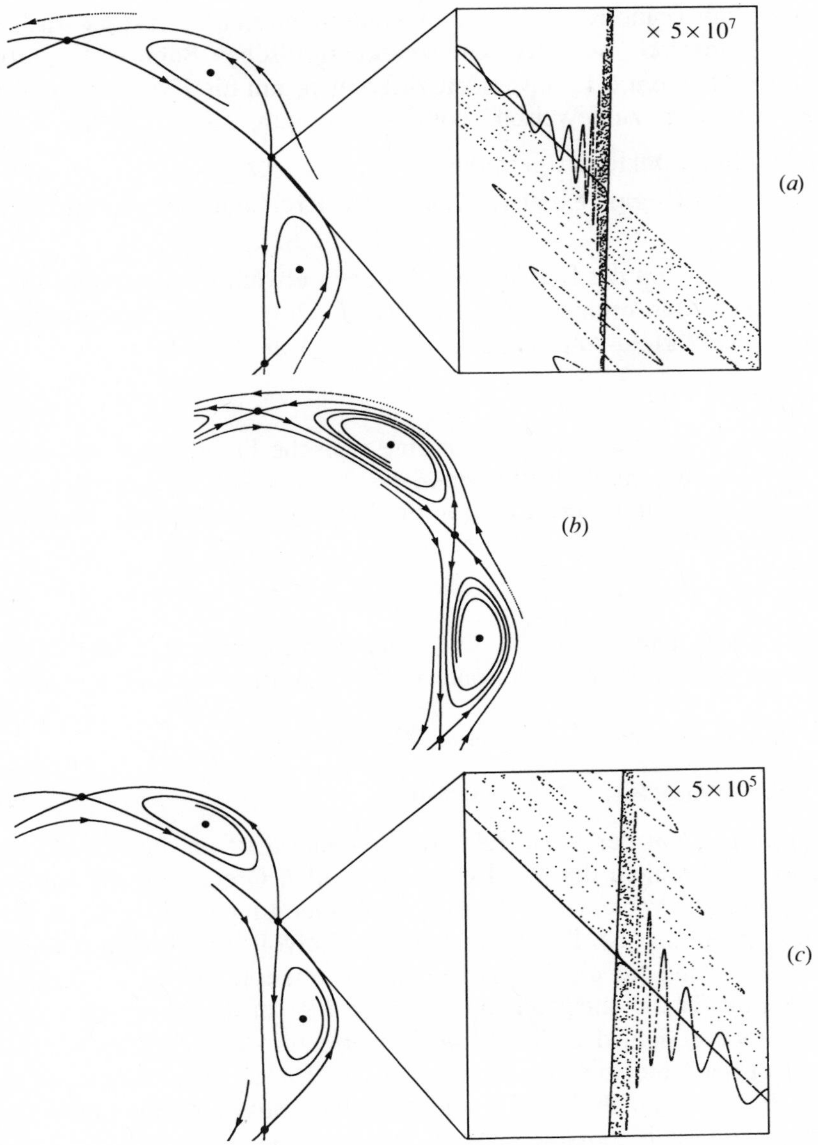

Abb. 6.31. Computer-generierte Approximationen an die stabilen und instabilen Mannigfaltigkeiten der (1, 6)-periodischen Bahn in der Bogdanov-Abbildung. Die Daten zeigen, wie sich die Mannigfaltigkeiten für $k = 1{,}15$, $\mu = -0{,}1$ und wachsendes ε durch ein Intervall der Länge $\simeq 0{,}0009$, zentriert um $\varepsilon = 0{,}0044$, verhalten. Man beachte, daß in (b), wo ε in der Mitte des Intervalles liegt, keine Evidenz von homoklinen Punkten sichtbar ist. In (a) und (c), wo ε an den Enden des Intervalles liegt, kann man homokline Schnitte der Art, wie sie in den Abb. 6.27(a) und (b) gezeigt sind, für genügend hohe Auflösung entdecken. Obwohl die Transversalität dieser Schnitte uns versichert, daß die Schnitte für ein Intervall von ε-Werten erhalten bleiben, kann die Ausdehnung dieses Intervalles in der Größenordnung $10^{-11} - 10^{-12}$ liegen.

gen, ob der invariante Kreis Teil eines komplizierteren Attraktors wird, wenn der Resonanzbereich mit einer gegebenen periodischen Bahn verlassen wird.

Um nun Theorem 6.13 anwenden zu können, um die Existenz eines nichttrivialen Attraktors zu beweisen, wollen wir zeigen, daß:

(i) homokline Punkte der geforderten Art erscheinen,
(ii) eine Einfangregion existiert, welche den Kreis und die periodische Bahn enthält.

Beginnen wir mit der Betrachtung des oben erwähnten Beispieles mit starker Resonanz. Man erinnere sich (siehe (5.6.22)), daß die äquivariante Entfaltung der Vektorfeld-Approximation für $q = 4$ die Gestalt

$$\dot{\zeta} = \varepsilon\zeta + c\zeta|\zeta|^2 + \bar{\zeta}^3 \tag{6.7.7}$$

besitzt mit $c, \varepsilon \in \mathscr{C}$. Wir wollen nun eine typische Familie von Abbildungen, die in der Nähe der durch den Strom (6.7.7) bei der Zeit 2π gegebenen Abbildung, multipliziert mit einer Rotation um $2\pi p/q = p\pi/2$, liegt, untersuchen.

Die Polarform von (6.7.7) lautet

$$\dot{\theta} = \nu_2 + br^2 - r^2 \sin 4\theta, \qquad \dot{r} = \nu_1 r + ar^3 + r^3 \cos 4\theta \tag{6.7.8}$$

mit $\varepsilon = \nu_1 + i\nu_2$ und $c = a + ib$. Die Euler-Approximation an (6.7.8) mit der Schrittlänge eins ergibt die zwei-parametrige Familie von Abbildungen

$$\begin{aligned} \theta_{l+1} &= \theta_l + \nu_2 + \frac{p\pi}{2} + r_l^2(b - \sin 4\theta_l), \\ r_{l+1} &= r_l + \nu_1 r_l + r_l^3(a + \cos 4\theta_l). \end{aligned} \tag{6.7.9}$$

Die Verbindung mit der Vektorfeld-Approximation ist an dieser Stelle wichtig, da so das Problem der Wahl einer passenden Grenze für die Einfangregion eng an das Problem der Bestimmung einer Liapunov-Funktion für das Vektorfeld gebunden ist. Es erscheint recht sinnvoll, die Niveau-Kurven der Liapunov-Funktion für die Vektorfeld-Approximation (6.7.8) als Rand einer Einfangregion für die entsprechende Abb. (6.7.9) zu interpretieren.

Man erinnere sich, daß die Parameterwerte für das in §5.6.3 verwendete Beispiel bei der Untersuchung der in Abb. 5.17 gezeigten Phänomene gleich $a = -\frac{1}{2}$, $b = -5$ lauteten. Sind a und b fest bei diesen Werten und $0 < \nu_2 \leq 0{,}3$, so lassen sich homokline Gewebe der Art, wie sie in Abb. 6.27 gezeigt sind, durch sorgfältige Wahl von ν_1 finden. Die Gewebe erscheinen für zwei disjunkte Intervalle von ν_1; für das eine wird das Gewebe durch die inneren Äste der Mannigfaltigkeiten der periodischen Sattelpunkte geformt und für das andere durch die äußeren Äste. Variiert man ν_1 zwischen diesen Intervallen, so scheint es Werte von ν_1 zu geben, für die sich keine homoklinen Punkte nachweisen lassen; offensichtlich ist der invariante Kreis nicht-differenzierbar und resonant mit der Bahn der Periode 4. In Abb. 6.32 sind die numerischen Ergebnisse dargestellt.

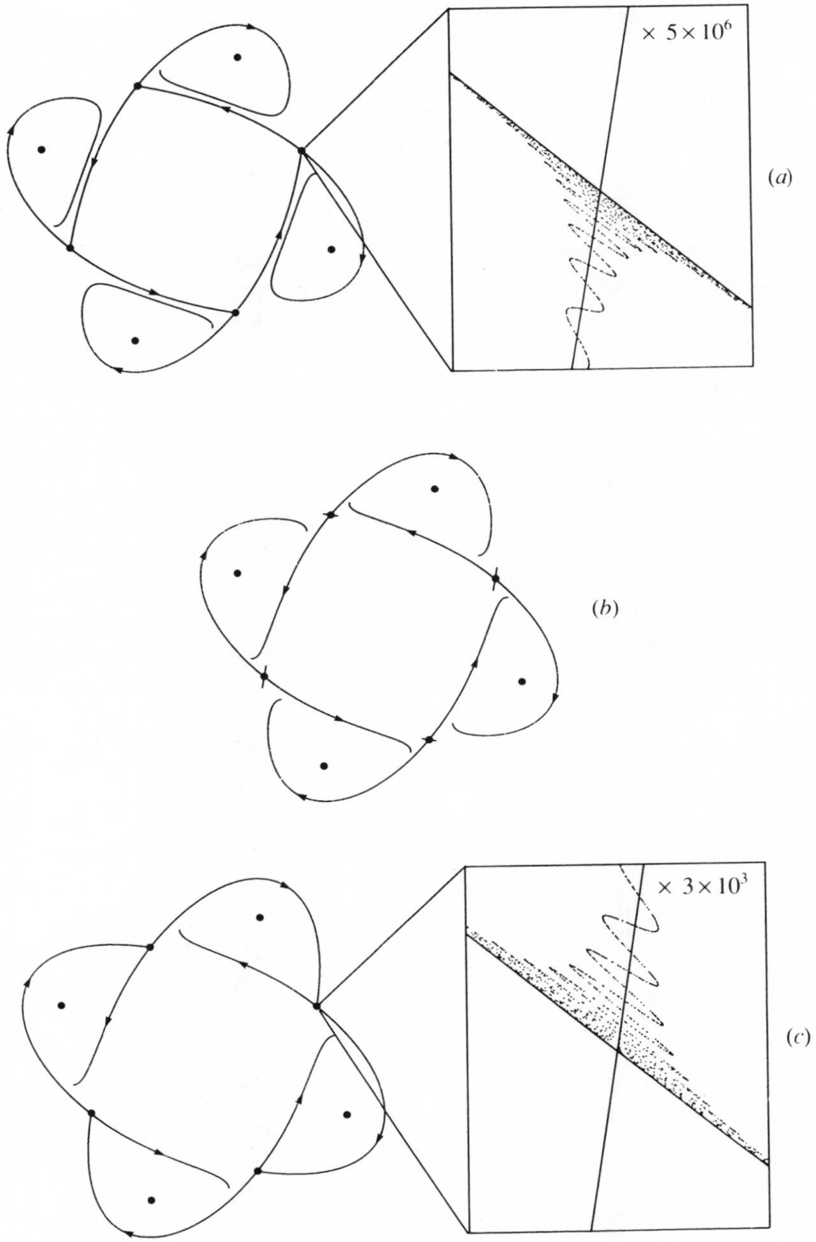

Abb. 6.32. Numerische Approximationen an die instabile Mannigfaltigkeit der Periode-4-Bahn von (6.7.9) für die Werte $a = -0{,}5$, $b = -5$, $\nu_2 = 0{,}3$ und ν_1 wächst durch ein Intervall der Länge $\simeq 0{,}0082$ zentriert um $\nu_1 = 0{,}0285$. Man bemerke, daß die homoklinen Oszillationen in (a) und (c) den in Abb. 6.27 gezeigten ähnlich sind. Man beachte, daß die Inverse von (6.7.9) in geschlossener Form nicht darstellbar ist, so daß exakte Approximationen an die stabile Mannigfaltigkeit nicht leicht zu berechnen sind.

Sind $\nu_1 = a = 0$, dann ist (6.7.8) ein Hamiltonsches System mit der Hamiltonfunktion

$$H(\theta, r) = -\frac{1}{2}\nu_2 r^2 - \frac{1}{4}br^4 + \frac{1}{4}r^4 \sin 4\theta \tag{6.7.10}$$

(siehe Aufgabe 6.7.5).

Die Niveau-Kurven für (6.7.10) sind in Abb. 6.33 für $b = -5$ und $\nu_2 = 0,3$ gezeigt. Man könnte nun hoffen, daß die Trajektorien von (6.7.9) Niveau-Kurven, wie zum Beispiel $\mathbf{S}_i$ oder $\mathbf{S}_e$, schneiden, wenn a und ν_2 ungleich null sind. Leider liegen die Dinge nicht so einfach, da sich nicht nur die Positionen der Fixpunkte mit ν_1 und a verändern, sondern zusätzliche Rotationen auftreten, wenn Veränderungen in r auf θ zurückwirken (siehe (6.7.9)). Wir können diesen Effekt jedoch kompensieren durch eine kleine Rotation der betrachteten Niveau-Kurve (siehe die Aufgaben 6.7.6 und 6.7.7). Abb. 6.34 zeigt, daß diese Idee dazu verwandt werden kann, einen äußeren Rand für die Einfangregion für (6.7.9) zu erhalten. Der innere Rand ist weniger problematisch, da die Niveau-Kurven von (6.7.10) im wesenlichen kreisförmig sind für kleines r. Iteration dieser Ränder ergibt engere innere und äußere Ränder für den Attraktor. In Abb. 6.35 ist gezeigt, wie diese Iterationen auf dem Attraktor selbst kollabieren könnten. Hier, wie auch beim Duffing-Attraktor (siehe §3.8 oder

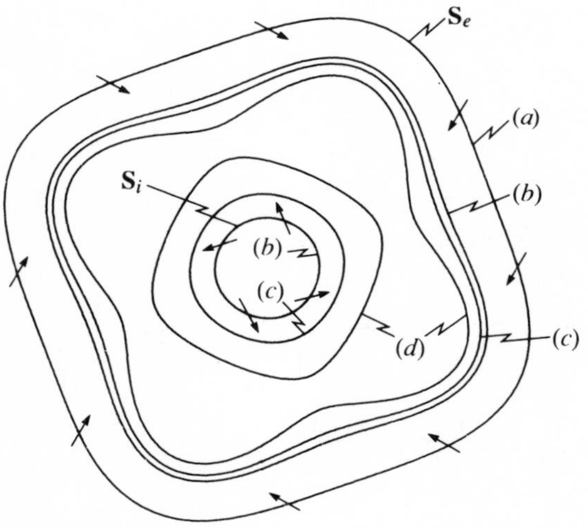

Abb. 6.33. Niveau-Linien für die Hamiltonfunktion (6.7.10) mit $b = -5$, $\nu_2 = 0,3$ und H gleich: (a) 0,01; (b) −0,001; (c) −0,002; (d) −0,0035. In (b), (c) und (d) bestehen diese Mengen aus der Vereinigung von zwei disjunkten geschlossenen Kurven. Wählt man die Kurven $\mathbf{S}_i$ und $\mathbf{S}_e$ so, daß sie genügend weit innerhalb und außerhalb des invarianten Kreises in (6.7.8) liegen, so schneiden die Trajektorien dieses Vektorfeldes, mit $a = -5$ und ν_2 klein, die Kurven $\mathbf{S}_i$ und $\mathbf{S}_e$ wie gezeigt (siehe die Aufgabe 6.7.5 und 6.7.6).

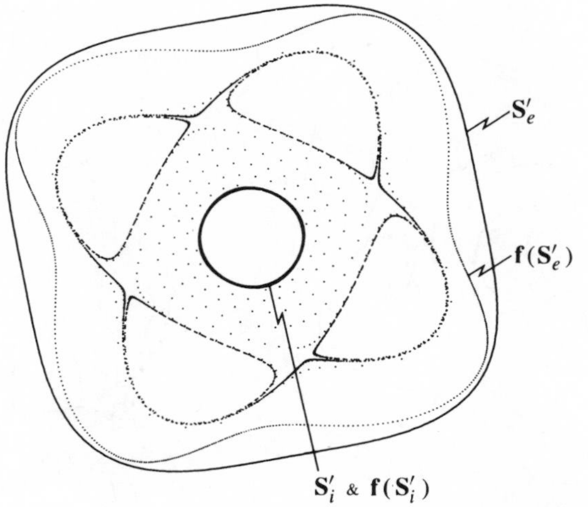

Abb. 6.34. Darstellung des äußeren Randes $\mathbf{S}'_e$ einer einschließenden Region für die Abbildung $\mathbf{f}$ aus (6.7.9) mit $a = -0{,}5$, $b = -5$, $\nu_1 = 0{,}033$ und $\nu_2 = 0{,}3$. Es sind ebenfalls die Bilder $\mathbf{f}(\mathbf{S}'_e)$ gezeigt. Man erhält die Kurve $\mathbf{S}'_e$ durch Rotation der $H = 0,01$-Niveau-Menge von (6.7.10) um $-0,2$ rad entgegen dem Uhrzeiger. Es sind die Bahnen der Anfangspunkte $(\pm 0{,}3; 0)$, $(0; \pm 0{,}3)$, $(\pm 0{,}09; 0)$, $(0; \pm 0{,}09)$ gezeigt, um die Position der Periode-4-Bahn zu bestimmen. Man sieht ebenfalls einen inneren Rand $\mathbf{S}'_i$, allerdings kann auf dieser Skale $\mathbf{f}(\mathbf{S}'_i)$ nicht aufgelöst werden. Es ist $\mathbf{S}_i = \{(\theta, r) | H(\theta, r) = -0{,}001\}$ und $\mathbf{S}'_i$ ist im wesentlichen kreisförmig.

Guckenheimer, Holmes, 1983) kann man annehmen, daß der Attraktor einfach die Hülle der instabilen Mannigfaltigkeit der periodischen Bahn ist. Nun können wir mit Theorem 6.13 schließen, daß, bewegt sich der invariante Kreis aus der Resonanz mit der Periode-4-Bahn heraus (sowohl mit wachsendem als auch mit fallendem ν_1), er sich zu einem Attraktor mit einem nicht-trivialen Rotationsintervall gabelt.

Kehren wir nun zur Bogdanov-Abbildung (6.7.2) mit festem $\mu = -0,1$ zurück. Man sieht mittels numerischer Rechnungen, daß man ε so wählen kann, daß die in Punkt (i) geforderten homoklinen Punkte im $(1,6)$-Fall erscheinen (siehe Abb. 6.31). Wie im Beispiel der starken Resonanz findet man zwei Intervalle von ε, für welche innere und äußere Gewebe auftreten.

Liegt der instabile Fixpunkt im Ursprung, so fällt die Argumentation für die Existenz eines inneren Randes einer Einfangregion leicht. Der äußere Rand ist problematischer. Man betrachte die stabilen und instabilen Mannigfaltigkeiten des Sattelpunktes in der Nähe von $(1,0)$. Das Verhalten der instabilen Mannigfaltigkeit, wie man es in Abb. 6.36 sieht, ist typisch für Werte von ε in dem in Abb. 6.31 genannten Intervall. Man beachte, daß für diese Werte von ε keine homoklinen Schnitte der stabilen und instabilen Mannigfaltigkeiten an

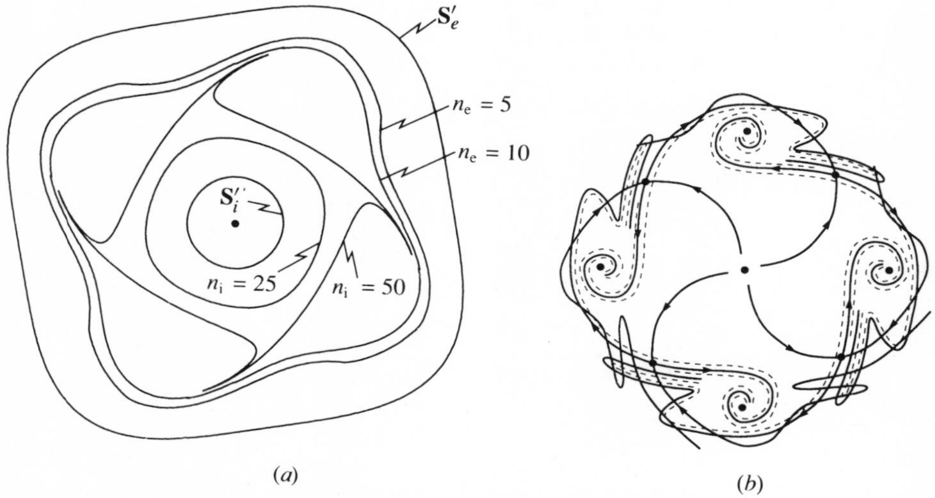

Abb. 6.35. (a) $\mathbf{f}^{n_i}(\mathbf{S}'_i)$ und $\mathbf{f}^{n_e}(\mathbf{S}'_e)$ für die Abbildung **f** nach (6.7.9) mit $a = -0{,}5$, $b = -5$, $\nu_1 = 0{,}033$ und $\nu_2 = 0{,}3$. Man beachte speziell, wie das Bild von $\mathbf{S}'_i$ verzerrt wird, wenn es die anziehende periodische Bahn erreicht. Ähnliche Bilder erhält man, wenn das homokline Gewebe die in Abb. 6.27(a) gezeigte Form besitzt (vergleiche Aufgabe 6.7.7), dann ist es jedoch das Bild von $\mathbf{S}'_e$, welches dieser Art von Verzerrung unterliegt. (b) Schematische Darstellung, die das Schicksal von $\mathbf{f}^{n_i}(\mathbf{S}'_i)$ für $n_i \to \infty$ zeigt. Wird n_i groß, so schmiegt sich $\mathbf{f}^{n_i}(\mathbf{S}'_i)$ enger und enger an die Innenseite der instabilen Mannigfaltigkeit an und wird tiefer in jeden Brennpunkt gezogen. Inzwischen kollabiert $\mathbf{f}^{n_e}(\mathbf{S}'_e)$ auf der Außenseite der gleichen Mannigfaltigkeit. Dies suggeriert, daß der Attraktor die Hülle der instabilen Mannigfaltigkeit der Periode-4-Bahn ist.

diesem Fixpunkt auftreten; die instabile Mannigfaltigkeit liegt gänzlich innerhalb der stabilen Mannigfaltigkeit. Wir vermuten daher, daß eine geschlossene Kurve **S** der Gestalt, wie sie schematisch in Abb. 6.36 dargestellt ist, existiert, welche als äußerer Rand einer einschließenden Region fungiert, welche die in Abb. 6.31 gezeigten homoklinen Gewebe enthält. Wir können nun mittels Theorem 6.13 argumentieren, daß für die entsprechenden Werte von ε Attraktoren mit nicht-trivialen Rotationsintervallen existieren.

Natürlich nimmt hierbei die sechsfache Inselkette keine besondere Rolle ein, außer daß sie numerisch leicht zu entdecken ist. Ähnliche Bifurkationen können auftreten, wenn der invariante Kreis mit anderen dissipativen Inselketten verbunden ist. Man könnte an dieser Stelle anmerken, daß es nicht länger passend ist, von expandierenden invarianten Kreisen zu sprechen, außer in der unmittelbaren Umgebung der Hopf-Bifurkation. Man sollte besser an eine expandierende anziehende Menge denken, die als invarianter Kreis wahrgenommen werden kann, wenn sie mit einer Birkhoff-periodischen Bahn resonant

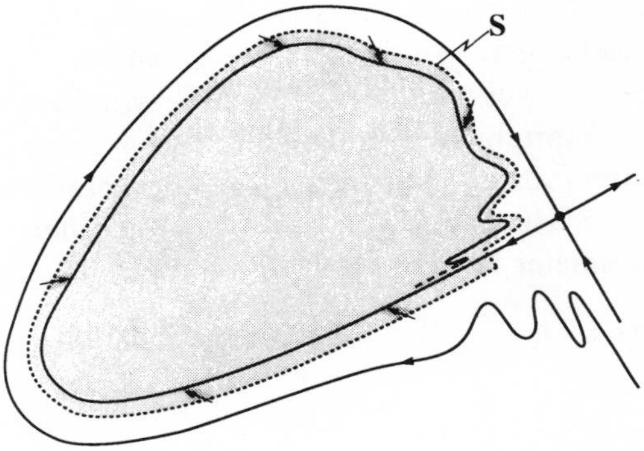

Abb. 6.36. Typisches Verhalten der instabilen Mannigfaltigkeit des Sattelpunktes in der Nähe von $(1, 0)$ in (6.7.2) mit $k = 1{,}15$, $\mu = -0{,}1$ und $0 < \varepsilon < 0{,}0059$. Die instabile Mannigfaltigkeit liegt vollständig innerhalb der stabilen Mannigfaltigkeit. Die geschlossene Kurve **S** ist eine schematische Darstellung eines äußeren Randes einer Einfangregion, welche die in Abb. 6.31 gezeigten homoklinen Gewebe enthält.

ist, sich jedoch zu einem nicht-trivialen Attraktor vom Birkhoff-Typ aufgabelt, wenn der Bereich der Resonanz verlassen wird.

6.8 Bifurkationen invarianter Doppelkreise in ebenen Abbildungen

In den §§4.3.2 und 5.6 haben wir uns mit Doppel-Grenzzyklus-Bifurkationen für Vektorfelder beschäftigt. Dabei verschmelzen die beiden Grenzzyklen gleichzeitig über ihre gesamte Länge und bilden dabei einen einzigen (nicht-hyperbolischen) Zyklus am Bifurkationspunkt (siehe Abb. 4.11 oder Abb. 5.12). Der Grund dafür ist die Tatsache, daß, stimmen zwei Trajektorien eines Stromes an einem Punkt überein, so müssen sie komplett übereinstimmen (siehe Aufgabe 1.3.2). Wir hatten bereits in §5.7 bemerkt, daß dies im allgemeinen für invariante Kreise ebener Abbildungen nicht der Fall ist und kompliziertere Bifurkationen zu erwarten sind. Chenciner (1985a,b und 1987) untersuchte detailiert die Bifurkationen invarianter Doppelkreise in der Abbildung analog zur Typ-2-verallgemeinerten Hopf-Bifurkation. Diese Arbeit ist für uns von besonderem Interesse, da sie sowohl die Technik verwendet, die zum Beweis des KAM-Theorems entwickelt wurde, als auch die Möglichkeit der Existenz von Attraktoren des Birkhoff-Types konstatiert. Das Werk von Chenciner ist extrem technisch, und es ist nicht möglich, es in dem uns zur

Verfügung stehenden Raum vollständig zu analysieren. Wir hoffen jedoch, daß die folgenden Anmerkungen den Appetit des Lesers wecken.

Betrachten wir eine zwei-parametrige Familie von Diffeomorphismen, deren Ableitung am Ursprung des Parameterraumes konjugiert zu einer Rotation um den Winkel $2\pi\omega_0$ ist, wobei ω_0 keine rationale Zahl p/q mit $q < 2n+3$, $n \in \mathfrak{X}^+$ ist. Dann gibt es im allgemeinen komplexe Koordinaten $(z, \bar{z})$ und Parameter (ν_1, ν_2), in denen die Familie die Form

$$f_\nu(z) = N_\nu(z) + O(|z|^{2n+2}) \tag{6.8.1}$$

besitzt mit

$$N_\nu(z) = z(1 + F(\boldsymbol{\nu}, |z|^2)) \exp\{2\pi i G(\boldsymbol{\nu}, |z|^2)\} \tag{6.8.2}$$

und

$$F(\boldsymbol{\nu}, X) = \nu_1 + \nu_2 X + a_2(\boldsymbol{\nu})X^2 + \cdots + a_n(\boldsymbol{\nu})X^n, \tag{6.8.3}$$

$$G(\boldsymbol{\nu}, X) = b_0(\boldsymbol{\nu}) + b_1(\boldsymbol{\nu})X + \cdots + b_n(\boldsymbol{\nu})X^n. \tag{6.8.4}$$

In Analogie zur Typ-(2,+)-verallgemeinerten Hopf-Bifurkation nehmen wir an, daß $a_2(0,0) = +1$ ist und, um zu sichern, daß der Winkelanteil der Abbildung keine konstante Rotation ist, sei $b_1(0,0) \neq 0$. Natürlich ist $b_0(0,0) = \omega_0$. Die wichtigsten Merkmale des Bifurkationsdiagrammes für die Familie der Normalformen N_ν wird durch Terme der Ordnung größer als fünf nicht beeinflußt. Bis zu dieser Ordnung besitzt $\mathbf{N}_\nu$ die Polarform

$$\begin{aligned}(\theta_1, r_1) &= (\theta + b_0(\boldsymbol{\nu}) + b_1(\boldsymbol{\nu})r^2 + b_2(\boldsymbol{\nu})r^4,\ (1+\nu_1)r + \nu_2 r^3 + a_2(\boldsymbol{\nu})r^5) \\ &= (\theta + G(\boldsymbol{\nu}, r^2),\ r(1 + F(\boldsymbol{\nu}, r^2))).\end{aligned} \tag{6.8.5}$$

Da r_1 unabhängig von θ ist, erhält (6.8.5) die Blätterung der Kreise um den Ursprung, das heißt, wenn L_c die Menge der um den Ursprung zentrierten Kreise ist, so gilt für jedes $C \in L_c$ dann $\mathbf{N}_\nu(C) = C' \in L_c$. Die Radien eines jeden invarianten Kreises sind durch die positiven Wurzeln der Gleichung

$$F(\boldsymbol{\nu}, r^2) = \nu_1 + \nu_2 r^2 + a_2(\boldsymbol{\nu})r^4 = 0 \tag{6.8.6}$$

gegeben, die Rotationszahl kann dann aus θ_1 in (6.8.5) berechnet werden. Die Analyse der Anzahl der invarianten Kreise, welche für einen gegebenen Wert von $\boldsymbol{\nu}$ auftreten, ist im wesentlichen gleich der in §4.3.2 gegebenen Rechnung für Typ-(2,+)-verallgemeinerte Hopf-Bifurkationen (siehe Aufgabe 6.8.1). Die resultierenden Bifurkationen sind in Abb. 6.37 gezeigt. Natürlich verhalten sich in diesem Sinne die invarianten Kreise von N_ν in der gleichen Art und Weise wie die Grenzzyklen im Falle der Vektorfelder (siehe Abb. 4.11). Wir wollen jedoch hervorheben, daß, während die Periode der Grenzzyklen für die topologische Äquivalenz von Vektorfeldern keine Rolle spielt, dies bei der Rotationszahl eines invarianten Kreises eines Diffeomorphismus der Fall ist. Die

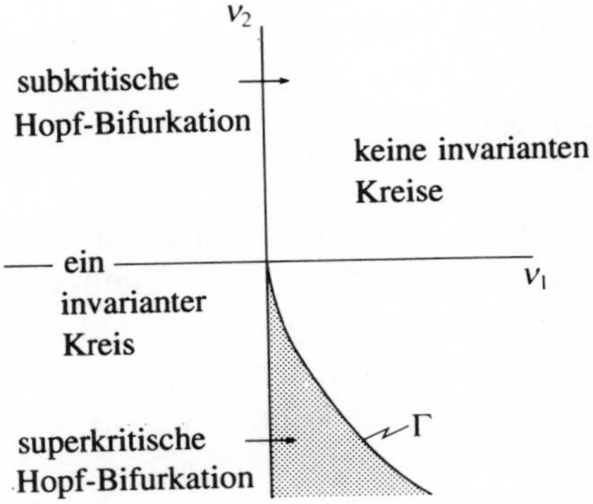

Abb. 6.37. Invariante Kreis-Bifurkationen für die Familie von Normalformen $\mathbf{N}_\nu$. $\Gamma = \{\boldsymbol{\nu} | \nu_2^2 - 4\nu_1 a_2(\boldsymbol{\nu}) = 0,\ \nu_2 < 0\}$ ist die invariante Doppelkreis-Bifurkationskurve. Die ν_2-Achse mit $\nu_2 < 0 (> 0)$ ist eine Linie von superkritischen (subkritischen) Hopf-Bifurkationen mit wachsendem ν_1. Zwei invariante Kreise sind gleichzeitig in der Dynamik von $\mathbf{N}_\nu$ vorhanden, wenn $\boldsymbol{\nu}$ in der schattierten Region der Halbebene $\nu_1 > 0$ liegt.

Klasse der topologischen Konjugation eines Diffeomorphismus ist nicht nur durch seine invarianten Kreise und ihre Stabilität festgelegt. Da die Rotationszahlen auf den invarianten Kreisen von der Lage von $\boldsymbol{\nu}$ in den verschiedenen Bereichen von Abb. 6.37 abhängen, bilden die Diffeomorphismen, die zu einem solchen Bereich gehören, nicht nur eine einzige Konjugationsklasse. Sie haben jedoch ähnliche topologische Merkmale gemeinsam und, nach Chenciner, wollen wir sagen, sie sehen sich „ähnlich". Präziser gesagt, $\mathbf{f}_\nu$ sieht aus wie $\mathbf{N}_\nu$, wenn in einer $\boldsymbol{\nu}$-unabhängigen Umgebung Ω des Ursprungs $\mathbf{f}_\nu$ und $\mathbf{N}_\nu$ die gleiche Anzahl von invarianten Kurven und die gleiche topologische Zerlegung von Ω in anziehende und abstoßende Bereiche dieser Kurven und des Ursprungs besitzen.

Wir richten nun unsere Aufmerksamkeit auf die invariante Doppelkreis-Bifurkationskurve Γ in Abb. 6.37. Für $\boldsymbol{\nu} \in \Gamma$ haben wir

$$\nu_2^2 = 4\nu_1 a_2(\boldsymbol{\nu}), \tag{6.8.7}$$

und $\mathbf{N}_\nu$ besitzt einen einzigen nicht-normalen hyperbolischen invarianten Kreis mit dem Radius

$$r_c^2 = -\nu_2/2a_2(\boldsymbol{\nu}). \tag{6.8.8}$$

Die Beschränkung von $\mathbf{N}_\nu$ auf diesen Kreis besitzt die Rotationszahl

$$\omega = b_0(\boldsymbol{\nu}) + b_1(\boldsymbol{\nu}) r_c^2 + b_2(\boldsymbol{\nu}) r_c^4. \tag{6.8.9}$$

Natürlich ist ω durch ν_2 parametrisiert und eine Taylor-Entwicklung um $\nu_2 = 0$ ergibt

$$\omega = b_0(\mathbf{0}) + \left[\frac{\partial b_0}{\partial \nu_2}(\mathbf{0}) - \frac{b_1(\mathbf{0})}{2a_2(\mathbf{0})}\right] \nu_2 + O(\nu_2^2) \tag{6.8.10}$$

(siehe Aufgabe 6.8.2(a)). Wir nehmen nun an, daß gilt

$$\left[\frac{\partial b_0}{\partial \nu_2}(\mathbf{0}) - \frac{b_1(\mathbf{0})}{2a_2(\mathbf{0})}\right] \neq 0, \tag{6.8.11}$$

so daß sich ω monoton mit ν_2 verändert und damit mit der Bogenlänge entlang Γ. Besitzt nun ω einen passenden Wert genügend nahe bei ω_0 (siehe Aufgabe 6.8.2), dann gibt es eindeutig einen Punkt $\gamma_\omega \in \Gamma$ mit $\boldsymbol{\nu} = \boldsymbol{\nu}_\omega$, so daß $\mathbf{N}_{\nu_\omega}$ einen einzigen (nicht-normalen, hyperbolischen) invarianten Kreis mit der Rotationszahl ω besitzt. Wie können wir für den Fall $\boldsymbol{\nu} \notin \Gamma$ ähnliche Informationen erlangen?

Chenciner untersuchte dazu die Menge $C_\omega = \{\boldsymbol{\nu}|\mathbf{N}_\nu$ besitzt einen invarianten Kreis mit der Rotationszahl $\omega\}$. Offensichtlich ist $C_\omega \cap \Gamma$ der einzelne Punkt γ_ω, man betrachte jedoch die Parameterpunkte $\boldsymbol{\nu}$ in einer Umgebung von γ_ω. Ist $\boldsymbol{\nu}$ genügend nahe bei γ_ω, dann existiert ein eindeutiger Kreis mit dem Radius $r = r(\omega, \boldsymbol{\nu})$, dessen Punkte unter N_ν um ω rotieren. Dies bedeutet nicht, daß der Kreis notwendig invariant ist, es gilt nur $G(\nu, r(\omega, \boldsymbol{\nu})^2) = \omega$. Wir führen nun ein lokales Koordinatensystem ein mit

$$r = r(\omega, \boldsymbol{\nu})(1 + \sigma). \tag{6.8.12}$$

Eine Taylor-Entwicklung von $G(\boldsymbol{\nu}, r^2)$ und $F(\boldsymbol{\nu}, r^2)$ erlaubt dann, (6.8.5) als Funktion von (θ, σ) auszudrücken (siehe Aufgabe 6.8.2(b)). Im Ergebnis lautet die Form von $\mathbf{N}_{\boldsymbol{\nu}}$ dann

$$\theta_1 = \theta + \omega + \tau\sigma + O(\sigma^2), \tag{6.8.13}$$

$$\sigma_1 = \varepsilon_1 + (1 + \varepsilon_2)\sigma + O(\sigma^2) \tag{6.8.14}$$

mit

$$\tau = 2\frac{\partial G}{\partial X}(\boldsymbol{\nu}, r(\omega, \boldsymbol{\nu})^2) r(\omega, \boldsymbol{\nu})^2, \tag{6.8.15}$$

und

$$\varepsilon_1 = F(\boldsymbol{\nu}, r(\omega, \boldsymbol{\nu})^2) \tag{6.8.16}$$

$$\varepsilon_2 = F(\boldsymbol{\nu}, r(\omega, \boldsymbol{\nu})^2) + 2\frac{\partial F}{\partial X}(\boldsymbol{\nu}, r(\omega, \boldsymbol{\nu})^2) r(\omega, \boldsymbol{\nu})^2 \tag{6.8.17}$$

sind die neuen Parameter. Das Theorem über inverse Funktionen sichert, daß (ν_1, ν_2) und $(\varepsilon_1, \varepsilon_2)$ über einen lokalen Diffeomorphismus bei γ_ω verbunden sind. Es folgt aus (6.8.16), daß $\varepsilon_1 = 0$ dem Fall entspricht, daß $r(\omega, \boldsymbol{\nu})$ eine Wurzel von (6.8.6) ist. Weiter zeigt (6.8.17), daß dies eine Doppelwurzel ist für den Fall $\varepsilon_2 = 0$. Tatsächlich ist $(\varepsilon_1, \varepsilon_2) = (0, 0)$ der Punkt γ_ω. Mit $\varepsilon_1 = 0$ folgt auch aus (6.8.14), daß wenn $\sigma = 0$, dann $r = r(\omega, \boldsymbol{\nu})$ ein invarianter Kreis für $\mathbf{N}_{\boldsymbol{\nu}}$ ist mit der Rotationszahl ω. Die Beschränkung von $\mathbf{N}_{\boldsymbol{\nu}}$ auf

$r = r(\omega, \nu)$ ist, genauer gesagt, eine reine Rotation um den Winkel ω. Damit ist C_ω die ε_2-Koordinatenlinie, die durch γ_ω verläuft (siehe Abb. 6.38). Die radiale Komponente (6.8.13) zeigt, daß für $\varepsilon_1 = 0$ der invariante Kreis $r = r(\omega, \boldsymbol{\nu})$ stabil für $\varepsilon_2 < 0$ und instabil für $\varepsilon_2 > 0$ ist. Da $\mathbf{N}_\nu$ für $\boldsymbol{\nu} \in C_\omega \backslash \gamma_\omega$ normale hyperbolische invariante Kreise besitzt (siehe Aufgabe 6.8.4), folgt, daß der Ast von C_ω mit $\varepsilon_2 < 0 (> 0)$ innerhalb eines „Kegels" von Parameterpunkten liegt, für die $\mathbf{N}_\nu$ einen anziehenden (abstoßenden) invarianten Kreis besitzt. Natürlich ist die Rotationszahl dieser Kreise gleich ω nur auf C_ω selbst garantiert. Es ist wichtig, sich daran zu erinnern, daß $\mathbf{N}_\nu$ für $\boldsymbol{\nu}$ innerhalb der betrachteten Region der Parameterebene zwei invariante Kreise besitzt. Liegt also $\boldsymbol{\nu}$ im Schnittpunkt zweier Kegel, so ist ein Kreis anziehend und der andere abstoßend.

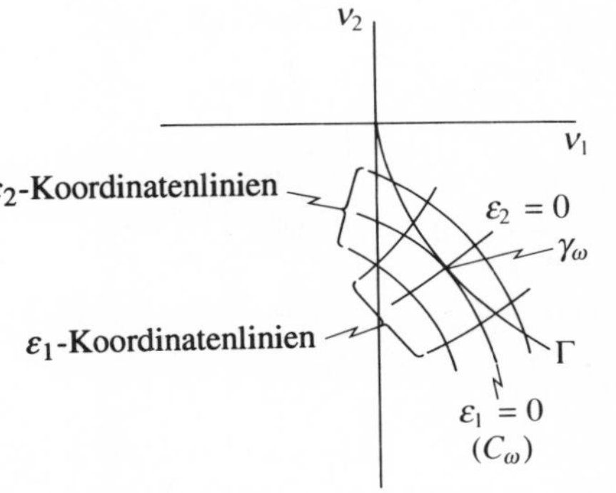

Abb. 6.38. Schematische Darstellung der Beziehung zwischen den Parametern (ν_1, ν_2) und $(\varepsilon_1, \varepsilon_2)$. C_ω entspricht der ε_2-Achse. Die Form der Kurve und ihrer Tangente an Γ im Punkt γ_ω werden in Aufgabe 6.8.3 betrachtet.

Wir werden nicht erwarten, daß der für die Normalform $\mathbf{N}_\nu$ beschriebene Zustand für die Abbildung $\mathbf{f}_\nu$ selbst gilt. Ist zum Beispiel ω rational und $\boldsymbol{\nu} \in C_\omega$, so ist jeder Punkt des Kreises $r = r(\omega, \boldsymbol{\nu})$ ein periodischer Punkt für $\mathbf{N}_\nu$. Wie wir gesehen haben, wird diese Eigenschaft bei Störungen nicht erhalten. Im Licht der §§6.2 und 6.7 erwarten wir Birkhoff-periodische Punkte in Verbindung mit dissipativen Inselketten. Können wir nun zeigen, daß für gewisse Werte von $\boldsymbol{\nu}$ dissipative Inselketten auftreten, dann müssen diese in einer Umgebung dieses Wertes erhalten bleiben, da sie hyperbolische Elemente enthalten. Dies führt zu der Annahme, daß der einzelne Punkt $\boldsymbol{\nu} \in \Gamma$ in Abb. 6.38, für welchen $\omega = p/q$ gilt, einer offenen Menge von Punkten im Bifurkationsdiagramm für $\mathbf{f}_\nu$ entspricht. Dies ist auch wirklich der Fall; wie kann man dieses Merkmal nun aus (6.8.1) herleiten?

Um die periodischen Punkte mit der Periode q zu entdecken, welche mit den dissipativen Inselketten verbunden sind, bettet Chenciner die zwei-parametrige

Familie $\mathbf{f}_\nu$ in eine drei-parametrige Familie $\mathbf{f}_{\nu,t}$ ein, die durch die komplexe Form

$$f_{\nu,t}(z) = \exp\{2\pi i((p/q) - \omega_0 + t)\} f_\nu(z) \tag{6.8.18}$$

definiert ist. Man kann nun f_ν aus $f_{\nu,t}$ rekonstruieren, indem $t = t_0 = (\omega_0 - (p/q))$ gesetzt wird, damit jedoch eine lokale Analyse von (6.8.18) bei $(\boldsymbol{\nu}, t) = (\mathbf{0}, 0)$ möglich ist, darf $|t_0|$ nicht zu groß sein. Unter diesen Umständen kann aus den Bifurkationen von $\mathbf{f}_{\nu,t}$ in der Nähe von $(\boldsymbol{\nu}, t) = (\mathbf{0}, 0)$ auf $\mathbf{f}_\nu$ zurück geschlossen werden. In passenden Koordinaten kann (6.8.18) in der Gestalt

$$f_{\nu,t}(z) = N_{\nu,t}(z) + \exp(2\pi i p/q) c(\boldsymbol{\nu}, t)\bar{z}^{q-1} + O(|z|^q) \tag{6.8.19}$$

geschrieben werden mit

$$N_{\nu,t}(z) = z(1 + F(\boldsymbol{\nu}, t, |z|^2)) \exp(2\pi i G(\boldsymbol{\nu}, t, |z|^2) \tag{6.8.20}$$

und

$$F(\boldsymbol{\nu}, t, X) = \nu_1 + \nu_2 X + a_2(\boldsymbol{\nu}) X^2 + \cdots, \tag{6.8.21}$$
$$G(\boldsymbol{\nu}, t, X) = \bar{\omega}(\boldsymbol{\nu}) + t + b_1(\boldsymbol{\nu}) X + \cdots. \tag{6.8.22}$$

F und G sind dabei Polynome vom Grade $[(q-2)/2]$,

$$\bar{\omega}(\boldsymbol{\nu}) = b_0(\boldsymbol{\nu}) + \frac{p}{q} - \omega_0, \tag{6.8.23}$$

und $c(\boldsymbol{\nu}, t)$ kann als reell angenommen werden (siehe Aufgabe 5.6.14). Es folgt dann aus (6.8.23), daß gilt $\bar{\omega}(\mathbf{0}) = p/q$, und im Kontrast zu $D\mathbf{f}_0(\mathbf{0})$ ist $D\mathbf{f}_{0,0}(\mathbf{0})$ eine Rotation um $2\pi p/q$. Diese lineare Form ist für die Suche nach q-periodischen Punkten günstiger. Wie im Falle des Beweises von Theorem 6.3 (Poincaré-Birkhoff) ist die Idee, eine geschlossene Kurve $\mathbf{S}$ zu finden, die den Ursprung umkreist, unter $\mathbf{f}^q_{\nu,t}$ radial abbildet und dann notwendige und hinreichende Bedingungen für $\mathbf{S} \cap \mathbf{f}^q_{\nu,t}(\mathbf{S}) \neq \emptyset$ zu finden. Der kritische Punkt in diesem Programm ist die Wahrnehmung der Bedeutung des Radius $r_q = r_q(\boldsymbol{\nu}, t)$ des eindeutigen , um den Ursprung zentrierten Kreises, welcher durch $\mathbf{N}_\nu$ radial abgebildet wird, das heißt der eindeutigen positiven Wurzel von

$$\beta_q(\boldsymbol{\nu}, t, r^2) = 0 \tag{6.8.24}$$

nahe bei Null, wobei β_q durch

$$N^q_{\nu,t}(z) = z\alpha_q(\boldsymbol{\nu}, t, |z|^2) \exp(2\pi i \beta_q(\boldsymbol{\nu}, t, |z|^2)) \tag{6.8.25}$$

definiert ist. Chenciner konnte nun die Existenz von $\mathbf{S}$ zeigen und die Bedingungen für den Schnitt von $\mathbf{S}$ und $\mathbf{f}^q_{\nu,t}(\mathbf{S})$ angeben. Mehr noch, die Größe $\partial\alpha_q(r_q^2)/\partial X$, wobei α_q in (6.8.25) gegeben ist, ist ein Maß für den Abstand des Parameterpunktes $(\boldsymbol{\nu}, t)$ von $\gamma_{p/q}(t)$ auf $C_{p/q}(t)$ (siehe die Aufgaben 6.8.5 und 6.8.6). Hierbei sind $C_{p/q}(t)$ und $\gamma_{p/q}(t)$ die Analoga für $\mathbf{N}_{\nu,t}$ von C_ω und γ_ω für $\mathbf{N}_\nu$. So spielt r_q die Rolle eines Bifurkationsparameters für die spezielle ein-parametrige Subfamilie, die durch $C_{p/q}(t)$ definiert wird.

Chenciner (1982) hebt hervor, daß die Pendel-Gleichung

$$\ddot{\psi} = 2\delta_q \tilde{\beta}_q(r_q^2) r_q^q \sin 2\pi q \psi + 2\tilde{\alpha}_q(r_q^2) r_q^2 \dot{\psi} \tag{6.8.26}$$

eine Vektorfeld-Approximation an $\mathbf{f}^q_{\nu,t}$ liefert. In Abb. 6.39 sieht man die Bifurkationen in dieser Approximation, wenn wir uns entlang $C_{p/q}(t)$ bewegen. Man beachte, wie die stabilen und instabilen Mannigfaltigkeiten von aufeinanderfolgenden Sattelpunkten sich aufeinander zu bewegen, wenn man sich dem ungedämpften Fall (c) nähert. Für $\mathbf{f}_{\nu,t}$ berühren sich diese Mannigfaltigkeiten, schneiden sich transversal und geben so Anlaß zu einem homoklinen Gewebe zwischen jedem Paar von aufeinanderfolgenden periodischen Sattelpunkten (siehe Abb. 6.40). Da sich die beiden Mannigfaltigkeiten transversal schneiden, existiert eine offene Menge von Parameterwerten in der Nähe von $\gamma_{p/q}(t)$, für die solche Gewirre entstehen. Ersetzt man Abb. 6.39(c) durch 6.40, so sieht man, daß ähnliche Sequenzen von Bifurkationen in anderen ein-parametrigen Familien, die Kurven in der Nähe von $C_{p/q}(t)$ entsprechen, auftreten.

Ein anderer Punkt, der beim Betrachten der Abb. 6.39 (a),(b),(d) und (e) hervorzuheben ist, ist die Existenz eines invarianten Kreises, möglicherweise von endlicher Differenzierbarkeit in (a) und (e) und nicht-differenzierbar in (b) und (d). Weiterhin ist dieser Kreis resonant mit der Periode-q-Bahn. Das folgende Argument zeigt, daß dies uns nicht zu überraschen braucht. Besitzt $\mathbf{f}_{\nu,t}$ einen invarianten Kreis mit der Rotationszahl p/q, dann besitzt im allgemeinen seine Beschränkung auf diesen Kreis zwei periodische Bahnen der Periode q: eine stabile sowie eine instabile. Also ist Resonanz zu erwarten. Wichtiger noch, der in Frage stehende invariante Kreis wird bei einer Hopf-Bifurkation (im Sinne von Theorem 5.2) auf der negativen ν_2-Achse erzeugt (siehe Aufgabe 6.8.7). Für $q \geq 5$ haben wir gesehen (siehe Theorem 5.1), daß ein solcher Kreis eine Rotationszahl p/q in einer Resonanzzunge, wie sie in Abb. 5.7 gezeigt ist, besitzt. Ist $\tilde{C}_{p/q}(t) = \{\boldsymbol{\nu} | \mathbf{f}_{\nu,t}$ besitzt einen invarianten Kreis mit der Rotationszahl $p/q\}$, dann sollte $\tilde{C}_{p/q}(t)$ die von Theorem 5.1 vorhergesagte (p/q)-Resonanzzunge enthalten. Wir erwarten jedoch auch, daß $\tilde{C}_{p/q}(t)$ in der Nähe von $C_{p/q}(t)$ liegt. Diese beiden Forderungen zusammen ergeben die in Abb. 6.41 gezeigte Form von $\tilde{C}_{p/q}(t)$. Dies bestätigt damit rückwirkend die Vektorfeld-Approximation (6.8.26).

Man beachte, daß die Approximation (6.8.26) nur den invarianten Kreis mit der Rotationszahl p/q ins Spiel bringt. Die invarianten Kreise dieses Typs, die in Abb. 6.39(a) und (b) gezeigt werden, beenden ihre Existenz, wenn das homokline Gewebe von Abb. 6.40 erscheint. Es tritt ein Kreis mit entge-

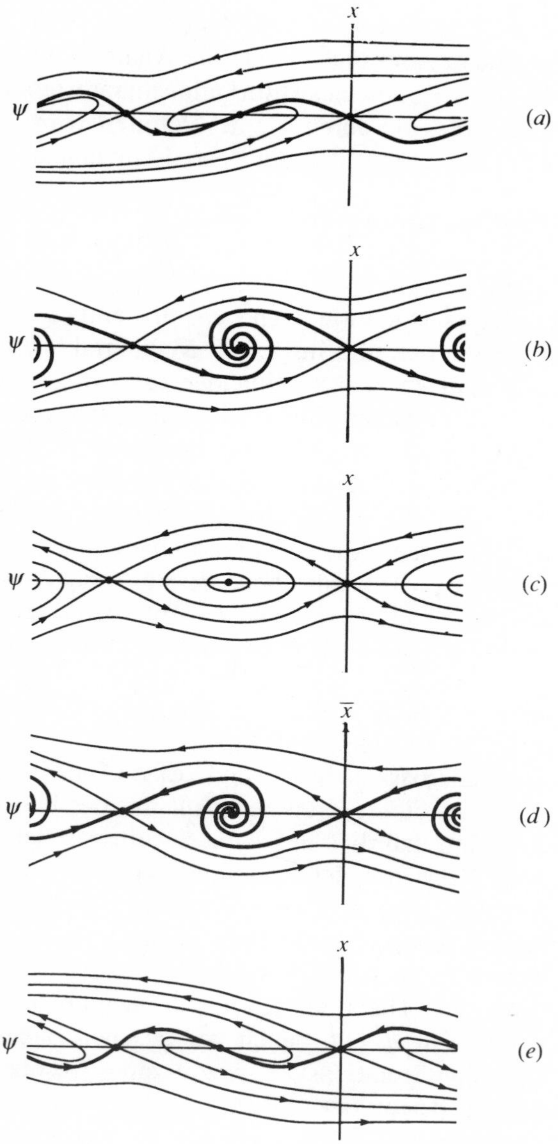

Abb. 6.39. Bifurkationsdiagramm für die Vektorfeld-Approximation (6.8.26) mit dem Reibungskoeffizienten $2\tilde{\alpha}_q(r_q^2)r_q^2$ als dem einzigen Parameter. Die Variablen ψ und $x = \dot{\psi}/2\tilde{\beta}_q(r_q^2)r_q^{q/2}$ sind lokale Winkel- und Radialkoordinaten an einem der Sattelpunkte von $\mathbf{f}^q_{\nu,t}$. Jedes Diagramm zeigt das lokale Verhalten an typischen Punkten der stabilen und instabilen Periode-q-Bahn. Die Größen $\tilde{\alpha}_q$ und $\tilde{\beta}_q$ haben die Form

$$\tilde{\alpha}_q(r_q^2) \equiv \frac{\partial \alpha_q}{\partial X}(\boldsymbol{\nu}, t, X)|_{r_q^2} \quad \text{und} \quad \tilde{\beta}_q(r_q^2) = \frac{\partial \beta_q}{\partial X}(\boldsymbol{\nu}, t, X)|_{r_q^2}. \tag{6.8.27}$$

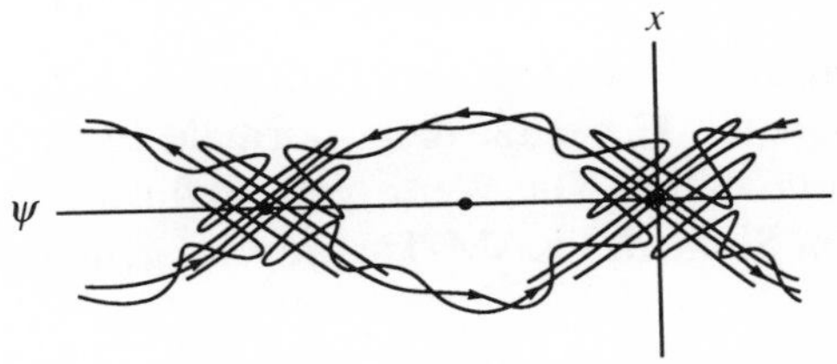

Abb. 6.40. Homokline Gewebe, die im allgemeinen an den periodischen Punkten von $\mathbf{f}_{\nu,t}$ anstelle der in Abb. 6.39(c) gezeigten Sattel-Verbindungen entstehen.

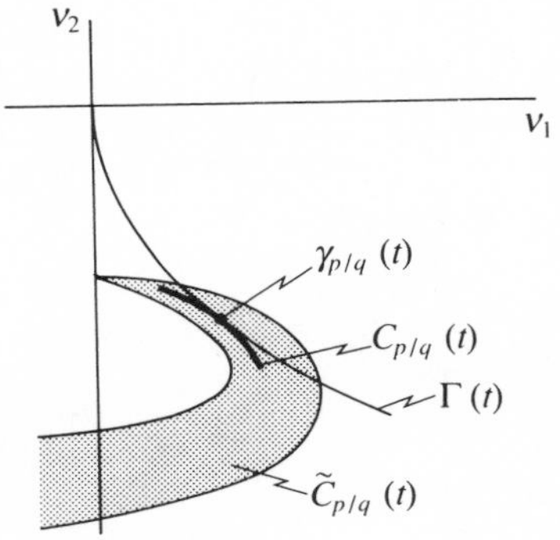

Abb. 6.41. Schematische Darstellung der Form von $\tilde{C}_{p/q}(t)$, basierend auf der Position von $C_{p/q}(t)$ und der Annahme, daß sich die durch Theorem 5.1 vorhergesagte (p, q)-Resonanzzunge so weit wie $\Gamma(t)$ erstreckt. Aronson u.a. (1983) haben unabhängige Untersuchungen der Bifurkationen, denen ein Hopf-invarianter Kreis für Parameterwerte jenseits der kuspodalen Spitze der Resonanzzunge, für die Theorem 5.1 gilt, unterliegt, durchgeführt. Sie fanden, daß der Kreis seine Differenzierbarkeit verliert und eventuell Brennpunkte, gleich den in Abb. 6.39 gezeigten, auftreten, gefolgt von der Entwicklung homokliner Gewebe. Die Arbeit von Chenciner ist komplizierter durch die Anwesenheit eines zweiten invarianten Kreises. Details der Verbindung zwischen diesem Diagramm und den Abb. 5.6 und 5.7 werden in den Aufgaben 6.8.7 und 6.8.8 behandelt.

gengesetzter Stabilität, jedoch mit der gleichen Rotationszahl, in Abb. 6.39(d) und (e) auf. Andere invariante Kreise sind nicht zu entdecken.

Schließlich beachte man, daß (6.8.26) nicht explizit vom Parameter t abhängt. Dies reflektiert die Tatsache, daß ähnliche Bifurkationen für alle genügend kleinen Werte von t und speziell für $t = t_0$ gefunden werden. Wir können also das gleiche Verhalten für $\mathbf{f}_\nu$ erwarten, wenn $\boldsymbol{\nu}$ in der Nähe von $C_{p/q}$ liegt.

Chenciner diskutiert ebenfalls die Menge N von Parameterpunkten, für welche $\mathbf{f}_\nu$ *aussieht wie* $\mathbf{N}_\nu$. Aus technischen Gründen (siehe Gleichung (108) auf S.101 von Chenciner, 1985a) muß in (6.8.1) $n \geq 15$ gefordert werden. Die Menge N liegt im Komplement einer unendlichen Vielzahl von „Blasen“, die auf einer Saite in der Nähe der Bifurkationskurve Γ von $\mathbf{N}_\nu$ angeordnet sind (siehe Abb. 6.42). Die Blasen sind an den Punkten $\tilde{\gamma}_\omega$ eingeschnürt, so daß $\mathbf{f}_\nu$ wie $\mathbf{N}_\nu$ aussieht, das heißt, $\mathbf{f}_\nu$ besitzt nicht-normale hyperbolische invariante Kreise mit der Rotationszahl ω. Die Werte von ω, für die dies gezeigt werden kann, müssen, ganz im Sinne des KAM-Theorems, „genügend irrational“ sein, das heißt

$$|\omega - (p/q)| \geq C\tau_\omega/|q|^{2+c} \tag{6.8.28}$$

mit C und c konstant für alle $p/q \in \mathcal{Q}$ und τ_ω nach (6.8.15) wird am Punkte γ_ω berechnet.

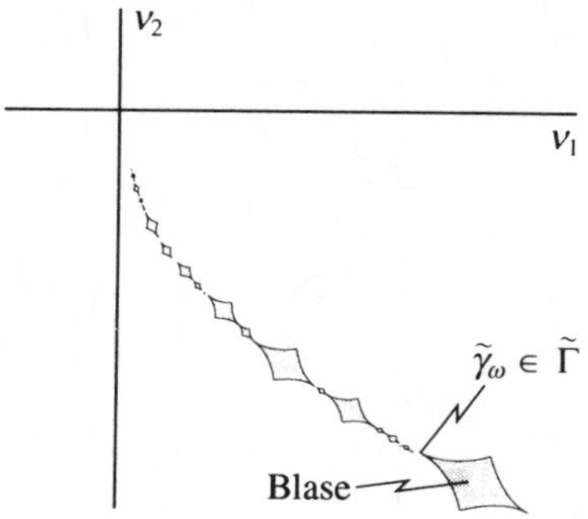

Abb. 6.42. Man kann zeigen (siehe Chenciner, 1985a), daß die Abbildung $\mathbf{f}_\nu$ wie die Normalform $\mathbf{N}_\nu$ aussieht für Werte von $\boldsymbol{\nu}$, die außerhalb der Kette von Blasen liegen, welche unten schematisch dargestellt sind. Jede Blase gehört zu einer rationalen Zahl p/q. Die Blasen sind an den Punkten $\tilde{\gamma}_\omega$ eingeschnürt, diese formen eine Cantor-Menge in der Nähe der invarianten Doppelkreis-Bifurkationskurve der Familie $\mathbf{N}_\nu$.

Man muß hier auf Techniken, die wir bereits beim Beweis des KAM-Theorems kennengelernt haben, zurückgreifen, um die Existenz eines eindeutigen invarianten Kreises nachzuweisen, auf dem die Beschränkung von $\mathbf{f}_\nu$ konjugiert zu einer Rotation um den Winkel ω ist. Es folgt aus (6.8.27), daß die Menge $\tilde{\Gamma}$ aller Punkte $\tilde{\gamma}_\omega$ eine Cantor-Menge in der $\boldsymbol{\nu}$-Ebene bildet, die nahe der Kurve Γ liegt (siehe Chenciner, 1983). Jede lokale ein-parametrige Subfamilie, die durch den Punkt $\tilde{\gamma}_\omega \in \tilde{\Gamma}$ läuft, unterliegt einer invarianten Doppelkreis-Bifurkation, bei der zwei invariante Kreise verschmelzen und in gleicher Art und Weise verschwinden wie für eine Familie von Vektorfeldern.

Mehr noch, erfüllt ω (6.8.27), so kann man zeigen, daß eine Kurve $\tilde{C}_\omega$ existiert, die durch den Punkt $\tilde{\gamma}_\omega$ verläuft, auf welcher $\mathbf{f}_\nu$ die gleichen Eigenschaften besitzt wie $\mathbf{N}_\nu$ auf C_ω.

Im allgemeinen sind die Blasen offen, so daß die Menge der Parameterpunkte, für die $\mathbf{f}_\nu$ nicht so aussieht wie $\mathbf{N}_\nu$, eine unendliche Vereinigung von disjunkten Mengen enthält. In dieser Region kann $\mathbf{f}_\nu$ periodische Punkte mit zugehörigen homoklinen Geweben besitzen. Chenciner (1985) bewies, daß es

Werte von $\boldsymbol{\nu}$ gibt, für die $\mathbf{f}_\nu$ eine Mather-Menge vom Cantor-Typ besitzt. Deshalb ist es vielleicht passender, die Umdefinierung $\tilde{C}_\omega = \{\boldsymbol{\nu}|\mathbf{f}_\nu$ besitzt eine Aubry-Mather-Menge mit der Rotationszahl $\omega\}$ vorzunehmen.

Unsere frühere Diskussion bezog sich auf die Bifurkationen, die auftraten, wenn wir uns entlang $C_{p/q}(t)$ bewegen. Chenciner (1987) hat untersucht, was in Familien geschieht, die nicht in der Nähe dieser Kurve bleiben. Wir erhalten eine Vektorfeld-Approximation an $\mathbf{f}^q_{\nu,t}$ der Form

$$\dot{\theta} = \omega y, \qquad \dot{y} = \alpha + \beta y + \gamma y^2 + \delta \cos 2\pi q \theta, \tag{6.8.29}$$

wobei (θ, y) wieder lokale Winkel- und Radialkoordinaten sind. Die Zeit-eins-Abbildung des Stromes von (6.8.29), multipliziert mit einer Rotation um $2\pi p/q$ liefert eine gute Approximation an $\mathbf{f}_{\nu,t}$ in einer ringförmigen Region, welche die periodische Bahn mit der Rotationszahl p/q enthält. Die Parameter ω, γ und δ können festgehalten werden, so daß die Familie (6.8.29) die zwei Parameter α und β besitzt. Das Bifurkationsdiagramm für (6.8.29) ist in Abb. 6.43 gezeigt. Es besitzt eine reiche Struktur und enthält die von (6.8.26) gezeigten Bifurkationen. Diese Approximation kann nun verwendet werden, ein interessantes Szenario für das Verschwinden der zwei invarianten Kreise von $\mathbf{f}_\nu$ in gewissen ein-parametrigen Subfamilien, welche durch die (p/q)-Blase in Abb. 6.42 wandern, zu konstruieren. Man betrachte die dem in Abb. 6.44 gezeigten Weg durch diese Blase entsprechende Subfamilie. Das Verhalten von $\mathbf{f}_\nu$ an verschiedenen bezeichneten Punkten ist in Abb. 6.45 gezeigt.

Man beachte, daß die Subfamilie so gewählt werden kann, daß, nähern sich die Kreise einander, Periode-q-Punkte erscheinen an den Stellen, welche in (6.8.29) kuspodale Punkte sind. Chenciner nennt sie „Bogdanov-Punkte". Jeder dieser Punkte entwickelt sich zu einem Sattel und einem Zentrum. Für $\mathbf{f}_\nu$ bilden die stabilen und instabilen Mannigfaltigkeiten des Sattels ein homoklines Gewebe. Chenciner nimmt an, daß, wenn die Trennung von Wirbel und Sattel wächst und die invarianten Kreise um sie herum schrumpfen, dann Attraktoren vom Birkhoff-Typ auftreten. Die Situation ist hier der in §6.7 diskutierten sehr ähnlich. In Abb. 6.45(e) ist das Hauptmerkmal das homokline Gewirr. Diese Abbildung ist identisch mit Abb. 6.40. Bewegen wir uns durch die Blase, so bewegen sich die originalen Sattel/Wirbel-Paare voneinander weg, und jeder Sattel formt ein neues Paar mit dem nächsten Wirbel der stabilen periodischen Bahn. Vielleicht treffen diese neuen Paare zusammen und verschwinden an einem anderen kuspodalen Punkt. Chenciner bewies, daß das in den Abbildungen (a)–(c) und (g)–(i) tatsächlich stattfindet. Die Diagramme (d), (e) und (f) in Abb. 6.45 sind noch spekulativ. Es ist der kunstvollen Verwendung von Normalformen und Vektorfeld-Approximationen durch Chenciner zu verdanken, daß man bis hierher vorgedrungen ist.

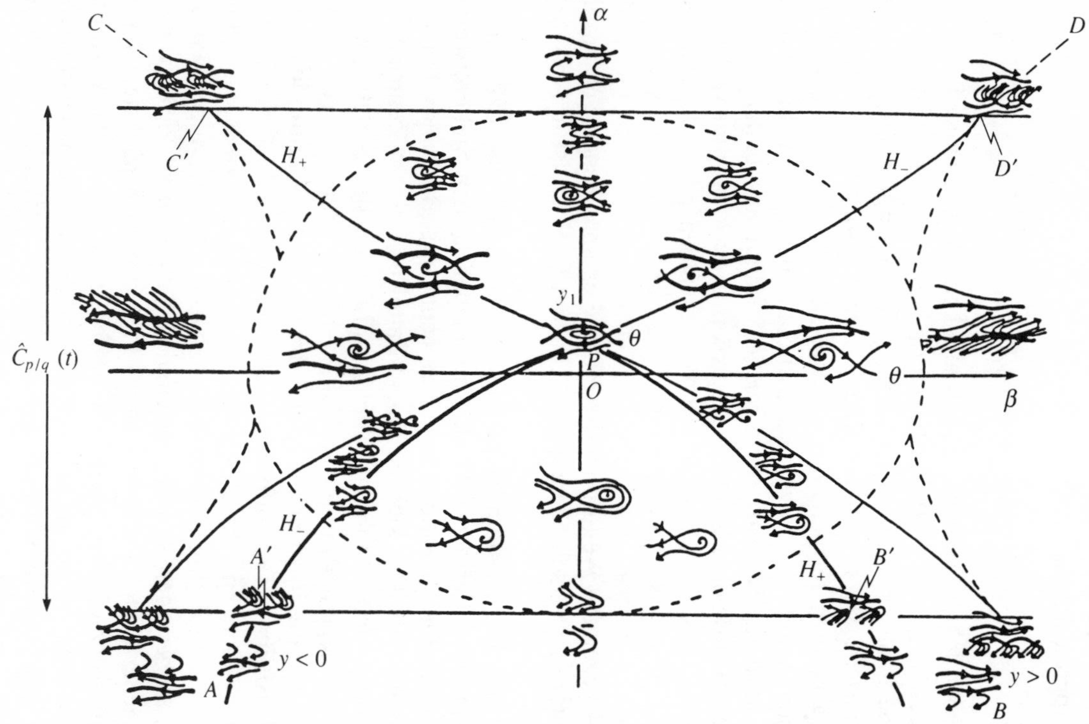

Abb. 6.43. Bifurkationsdiagramm für die zwei-parametrige Familie von Vektorfeldern (6.8.29). Man beachte, daß ein periodischer Punkt mit der Rotationszahl p/q in der Region $\hat{C}_{p/q}(t)$ existiert, aber: (i) unterhalb der Linie AOB kein invarianter Kreis auftritt; (ii) oberhalb der Linie COD existiert kein invarianter Kreis, der resonant mit der periodischen Bahn ist. Die Bifurkationen des invarianten Kreises in Resonanz mit der periodischen Bahn in (6.8.26) kann man in der ein-parametrigen Subfamilie, die man durch $\alpha = 0$ erhält, entdecken, die Veränderung von β entspricht der Bewegung entlang $C_{p/q}(t)$. In dieser Approximation erkennt man, daß die entsprechenden homoklinen Gewebe aus Abb. 6.40 ebenfalls den zweiten invarianten Kreis beeinflussen. Erlaubt man ein α ungleich null, so entspricht dem eine Bewegung weg von $C_{p/q}(t)$. Der Fall $\beta = 0$ fest und fallendes α durch die Null führt zu Abb. 6.45. (Nach Chenciner, 1987, S.88.)

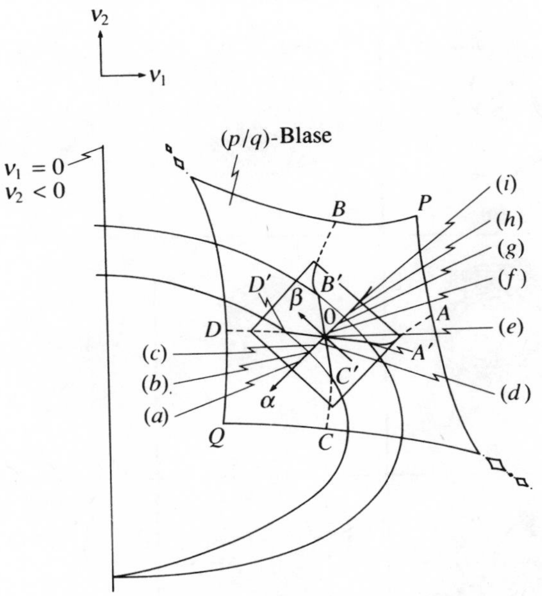

Abb. 6.44. Schematische Darstellung, wie das Bifurkationsdiagramm von (6.8.29) in die (ν_1, ν_2)-Ebene eingebettet ist. Man vermutet zwei invariante Kreise in $OCQC$ und keine invarianten Kreise in $OBPA$. Wird die Sattel-Verbindung von (6.8.29) mit $\alpha = \beta = 0$ durch die homoklinen Gewebe für $\mathbf{f}_\nu$ in einer Umgebung von O ersetzt, dann bedeutet dies, daß die Blasen eine 'Wespen-Taille' anstelle der Diamant-Form in Abb. 6.42 besitzen. Der Weg durch die (p/q)-Blase, welchem fallendes α durch Null mit $\beta = 0$ entspricht, ist bezeichnet. Das an den numerierten Punkten des Weges vorhergesagte Verhalten von $\mathbf{f}_\nu$ ist in Abb. 6.45 dargestellt.

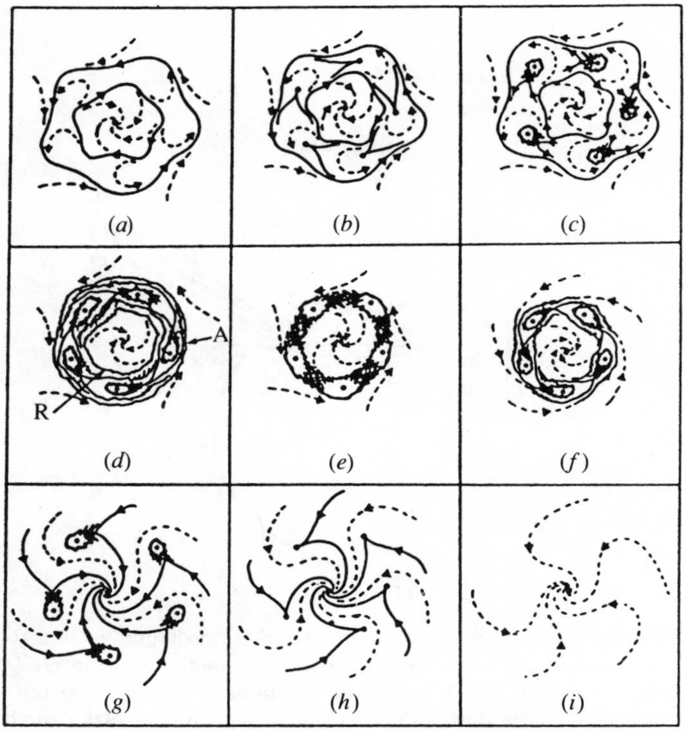

? A, R = Attraktor, Repellor vom Birkhoff-Typ

Abb. 6.45. Skizzen des Verhaltens von $\mathbf{f}_\nu$ an den markierten Punkten des Weges durch die (p/q)-Blase in Abb. 6.44. Chenciner bewies, daß (a)–(c) und (g)–(i) tatsächlich auftreten, (d)-(f) und die Existenz von Birkhoff-Attraktoren sind bis jetzt noch Vermutungen. Die Ähnlichkeit zwischen dem Geschehen hier und den Attraktoren in §6.7 wird durch die Annahme des gleichzeitigen Erscheinens eines Attraktors sowie einer abstoßenden Menge vom Birkhoff-Typ verwischt. Abb. 6.43 zeigt, daß man auf Umstände, die den in §6.7 diskutierten näher liegen, in Subfamilien stoßen sollte, wenn α durch Null variiert und β eine kleine, von Null verschieden Konstante ist. In diesen Familien wechselwirken die invarianten Kreise separat mit der periodischen Bahn. (Nach Chenciner, 1987, S. 67)

6.9 Aufgaben

6.1 Einführung

6.1.1 (a) Sei $\mathbf{U} : \mathcal{R}^n \to \mathcal{R}^n$ ein linearer Diffeomorphismus. Man zeige, daß

$$\begin{pmatrix} (\mathbf{U}^T)^{-1} & \mathbf{0} \\ \mathbf{0} & \mathbf{U} \end{pmatrix} : \mathcal{R}^{2n} \to \mathcal{R}^{2n} \tag{E6.1}$$

symplektisch ist.

(b) Man betrachte die Hamiltonfunktion

$$K(\mathbf{Q}, \mathbf{P}) = \mathbf{Q}^T \mathbf{A} \mathbf{Q} + \mathbf{P}^T \mathbf{B} \mathbf{P}, \tag{E6.2}$$

wobei $\mathbf{A}, \mathbf{B}$ nicht-singuläre, symmetrische Matrizen mit den Eigenwerten $\{\mu_i\}_1^n$ bzw. $\{\lambda_i\}_1^n$ sind. Man nehme an, $\mathbf{B}$ sei positiv definit und beweise, daß K durch eine symplektische Koordinatentransformation auf die Form

$$\begin{aligned} \bar{K}(\bar{\mathbf{q}}, \bar{\mathbf{p}}) &= K(\mathbf{Q}(\bar{\mathbf{q}}, \bar{\mathbf{p}}), \mathbf{P}(\bar{\mathbf{q}}, \bar{\mathbf{p}})) \\ &= \sum_{i=1}^{n} (\mu_i \bar{q}_i^2 + \lambda_i \bar{p}_i^2) \end{aligned} \tag{E6.3}$$

reduziert werden kann.

(c) Sei $\mu_i > 0$, $i = 1, \ldots, n$. Man finde eine weitere symplektische Transformation $\bar{\mathbf{q}} = \bar{\mathbf{q}}(\mathbf{q}, \mathbf{p})$, $\bar{\mathbf{p}} = \bar{\mathbf{p}}(\mathbf{q}, \mathbf{p})$, so daß $H(\bar{\mathbf{q}}, \bar{\mathbf{p}}) = \bar{K}(\bar{\mathbf{q}}, \bar{\mathbf{p}})$ die Form (6.1.3) annimmt mit $\omega_i = (\mu_i \lambda_i)^{1/2}$.

6.1.2 (a) Man zeige, daß eine Abbildung $\mathbf{f} : \mathcal{R}^2 \to \mathcal{R}^2$ dann und nur dann symplektisch ist (siehe Definition 1.17), wenn sie sowohl inhaltstreu als auch die Orientierung erhaltend ist.

(b) Man verifiziere, daß folgende Koordinatentransformation $(Q, P)^T = \mathbf{f}(q, p)$, die durch die erzeugende Funktion $F_2(q, P)$ in (6.1.7) gegeben ist, die Gleichung $\det(D\mathbf{f}(q, p)) \equiv 1$ erfüllt.

6.1.3 Man betrachte die Hamiltonfunktion

$$H(Q, P) = \sum_{k=1}^{\infty} \alpha_k \left(\frac{Q^2 + P^2}{2} \right)^k . \tag{E6.4}$$

Man zeige, daß die Hamiltonschen Gleichungen in Polarkoordinaten (θ, r) in der QP-Ebene die Gestalt

$$\dot{\theta} = -\sum_{k=1}^{\infty} k \alpha_k \left(\frac{r^2}{2} \right)^{k-1} , \tag{E6.5}$$

$$\dot{r} = 0 \tag{E6.6}$$

annehmen. Man überzeuge sich, daß (E6.5) gleich (6.1.2) ist mit $\beta = -\alpha_1$ und $b_l = -(l+1)\alpha_{l+1}/2^l$, $l = 1, 2, \ldots$.

6.1.4 Man überzeuge sich, daß die durch die in (6.1.7) gegebene Funktion $F_2(q, P)$ erzeugte symplektische Transformation die Gestalt

$$p = P + D_q S_N(Q, P) + O(|(Q, P)|^N), \tag{E6.7}$$
$$q = Q - D_p S_N(Q, P) + O(|(Q, P)|^N) \tag{E6.8}$$

besitzt mit $D_q S_N(Q, P) = (\partial S_N/\partial q)|_{Q,P}$ usw. Man führe komplexe Variablen $z = q + ip$, $Z = Q + iP$ ein und zeige, daß (E6.7, E6.8) in der Form

$$z = Z + 2iD_{\bar{z}}\mathbf{S}_N(Z, \bar{Z}) + O(|Z|^N), \tag{E6.9}$$
$$\bar{z} = \bar{Z} - 2iD_z\mathbf{S}_N(Z, \bar{Z}) + O(|Z|^N) \tag{E6.10}$$

geschrieben werden kann, wobei $\mathbf{S}_N$ in (6.1.11) definiert ist. Weiter zeige man, daß gilt:

$$i\omega z\bar{z} = i\omega Z\bar{Z} + 2 \sum_{\substack{m,\bar{m} \\ m+\bar{m}=N}} \omega(m - \bar{m})\sigma_{m,\bar{m}} Z^m \bar{Z}^{\bar{m}} + O(|Z|^{N+1}). \tag{E6.11}$$

6.1.5 Man verallgemeinere die Rechnung in Aufgabe 6.1.4 auf Systeme mit n Freiheitsgraden. Man betrachte die erzeugende Funktion $F_2(\mathbf{q}, \mathbf{P}) = \mathbf{q}^T\mathbf{P} + S_N(\mathbf{q}, \mathbf{P})$, wobei $\mathbf{q} = [q_j]_{j=1}^n$, $\mathbf{P} = [P_j]_{j=1}^n$ Spaltenvektoren sind und $S_N(\mathbf{q}, \mathbf{P})$ ein homogenes Polynom vom Grade N in den $2n$ Variablen q_j, P_j, $j1, 2, \ldots, n$ darstellt. Man definiere $p_j = \partial F_2/\partial q_j$ und $Q_j = \partial F_2/\partial P_j$, führe die komplexen Variablen $z_j = q_j + ip_j$, $Z_j = Q_j + iP_j$ ein und zeige, daß bei

$$\sum_j (m_j + \bar{m}_j) = N \tag{E6.12}$$

$$\sum_{j=1}^n i\omega_j z_j \bar{z}_j = \sum_{j=1}^n i\omega_j Z_j \bar{Z}_j \tag{E6.13}$$
$$+2 \sum_{m,\bar{m},\sum_j(m_j+\bar{m}_j)=N} \left[\sum_{j=1}^n \omega_j(m_j - \bar{m}_j)\right] \cdot$$
$$\sigma_{m,\bar{m}} Z_1^{m_1} \cdots Z_n^{m_n} \bar{Z}_1^{\bar{m}_1} \cdots \bar{Z}_n^{\bar{m}_n} + O(|\mathbf{Z}|^{N+1}).$$

6.1.6 Man zeige, daß die in (6.1.18) definierte symplektische Koordinatentransformation $z \to Z$ die inhaltstreue Abbildung (6.1.19) so transformiert, daß Terme der Ordnung $|z|^k$, $k < n$, nicht verändert werden. Man zeige weiter, daß die Transformation der $O(|z|^n)$-Terme durch (6.1.20) gegeben ist.

6.1.7 (a) Man betrachte die komplexe Normalform

$$f(z) = \exp(i\alpha_0)z\left(1 + \sum_{l=1}^{N} a_{2l+1}|z|^{2l} + O(|z|^{2N+2})\right) \quad \text{(E6.14)}$$

mit $\alpha_0/2\pi \in \mathcal{R}\backslash\mathcal{Q}$ (siehe 2.5.16) und (5.3.10)). Man definiere $z = r\exp(i\theta)$, $f(z) = r_1\exp(i\theta_1)$ und zeige, daß

$$\theta_1 = \theta + \alpha_0 + \sum_{l=1}^{N} d_l r^{2l} + O(r^{2N+2}), \quad \text{(E6.15)}$$

$$r_1 = r\left(1 + \sum_{l=1}^{N} c_l r^{2l}\right) + O(r^{2N+3}) \quad \text{(E6.16)}$$

mit $c_l, d_l \in \mathcal{R}$.

(b) Sei eine ebene Abbildung in Kartesischen Koordinaten (x, y) durch $\mathbf{f} : (x, y) \mapsto (x_1, y_1)$ und in Polarkoordinaten (θ, r) durch $\mathbf{F} : (\theta, r) \mapsto (\theta_1, r_1)$ dargestellt. Man zeige, daß

$$\det(D\mathbf{f}(x, y)) = (r_1/r)\det(D\mathbf{F}(\theta, r)). \quad \text{(E6.17)}$$

6.2 Rationale Rotationszahlen und Birkhoff-periodische Punkte

6.2.1 Das Poincaré-Birkhoff-Theorem

6.2.1 Man betrachte die in (6.2.1) definierte inhaltstreue Abbildung $\mathbf{M}_\varepsilon$ mit $\alpha(\tau_0) = 2\pi p/q$, $\tau_0 \in (a, b)$ und es sei $p/q \in \mathcal{Q} \cap (0, 1)$ in erster Ordnung.

(a) Man zeige, daß $\mathbf{M}_\varepsilon^q$ in der Form (6.2.4, 6.2.5) geschrieben werden kann und überprüfe, daß (θ, τ_0) ein periodischer Punkt mit der Periode q ist für alle $\theta \in [0, 2\pi)$, falls $\varepsilon = 0$ ist. Man zeige mit Hilfe des Theorems über implizite Funktionen, daß die Gleichung $\theta_q = \theta + 2\pi p$ für genügend kleines ε eine eindeutige Lösung $\tau = F(\theta, \varepsilon)$, $\theta \in [0, 2\pi)$ besitzt.

(b) Sei $\mathbf{S}$ der durch $\tau = F(\theta, \varepsilon)$ definierte Kreis. Man zeige, daß sich $\mathbf{S}$ und $\mathbf{M}_\varepsilon^q(\mathbf{S})$ an mindest zwei Punkten schneiden. Man erkläre, warum diese Schnittpunkte von $\mathbf{S}$ und $\mathbf{M}_\varepsilon^q(\mathbf{S})$ q-periodische Punkte von $\mathbf{M}_\varepsilon$ sind und warum im allgemeinen $2q$ davon existieren.

6.2.2 Man betrachte die durch

$$\mathbf{M}_\varepsilon : (\theta, \tau) \mapsto (\theta + \tau + \varepsilon \sin\theta, \tau + \varepsilon \sin\theta) \tag{E6.18}$$

definierte inhaltstreue ebene Abbildung, wobei (θ, τ) kanonische Polarkoordinaten sind. Sei $p/q = \frac{1}{2}$. Man leite den in Aufgabe 6.2.1 beschriebenen radial abgebildeten Kreis **S** in der Form

$$\tau = F(\theta, \varepsilon) = F_0(\theta) + F_1(\theta)\varepsilon + F_2(\theta)\varepsilon^2 + O(\varepsilon^3) \tag{E6.19}$$

ab. Man zeichne die quadratische Approximation an **S** und $\mathbf{M}_\varepsilon^2(\mathbf{S})$ für $\varepsilon = 0,5$ und verifiziere, daß die Schnittpunkte dieser Kurven von zwei verschiedenen Typen sind.

6.2.2 Vektorfeld-Approximationen und Inselketten

6.2.3 Man betrachte die inhaltstreuen ebenen Diffeomorphismen $\mathbf{P}_i$, $i = 1, 2$, für welche $\mathbf{P}_i(\mathbf{0}) = \mathbf{0}$ und

$$D\mathbf{P}_1(\mathbf{0}) = \begin{pmatrix} 1 & 1 \\ 1 & 0 \end{pmatrix}; \qquad D\mathbf{P}_2(\mathbf{0}) = \begin{pmatrix} -1 & 1 \\ 0 & -1 \end{pmatrix} \tag{E6.20}$$

gilt. Man gebe für $\mathbf{P}_1$ und $\mathbf{P}_2$ Normalformen an. Es ist eine allgemeine Eigenschaft solcher Diffeomorphismen, daß die Terme niedrigster Ordnung, konsistent mit der Symmetrie der Abbildung, in diesen Normalformen von null verschiedene Koeffizienten besitzen. Man zeige für den allgemeinen Fall:

(a) $y = \pm C_1 x^{3/2} + O(x^2)$ ist eine invariante Kurve für $\mathbf{P}_1$,

(b) $y = \pm C_2 x^2 + O(x^4)$ ist eine invariante Kurve für $\mathbf{P}_2$.

Man verifiziere, daß die Hamiltonschen Vektorfelder

$$\mathbf{X}_1(\mathbf{x}) = (y, x^2)^T, \qquad \mathbf{X}_2(\mathbf{x}) = (y, x^3)^T \tag{E6.21}$$

invariante Kurven der gleichen Form wie in (a) bzw. (b) besitzen.

6.2.4 Sei $F_2(x, Y)$ die in (6.1.7) gegebene erzeugende Funktion. Man leite die durch

$$F_2(x, Y) = xY - (x^2/2) \tag{E6.22}$$

und

$$F_2(x, Y) = xY - (x^2/2) + R(Y) \tag{E6.23}$$

erzeugten inhaltstreuen Diffeomorphismen ab, wobei $R(Y) = \exp(-1/Y^2)$ für $Y \neq 0$ und $R(Y) = 0$ für $Y = 0$ ist. Man zeige, daß diese Diffeomorphismen den gleichen unendlichen Jet, jedoch unterschiedliches Verhalten der Fixpunkte besitzen. In welchem Sinne sind beide Diffeomorphismen nicht-allgemein? Man modifiziere (E6.22) und (E6.23) so, daß die erzeugten Diffeomorphismen allgemein sind. Zu welchem der in Theorem 6.4 gegebenen topologischen Typen gehören diese allgemeinen Beispiele?

6.2.5 Man drücke die Hamiltonschen Gleichungen $\dot{x} = \partial H/\partial y$, $\dot{y} = -\partial H/\partial x$ in kanonischen Polarkoordinaten aus, welche durch $x = (2\tau)^{1/2}\cos\theta$, $y = (2\tau)^{1/2}\sin\theta$ definiert werden. Dann zeige man, daß für irrationales $\alpha/2\pi$ die Hamiltonfunktion H_0, auf die sich Theorem 6.4 bezieht, in der Form

$$H_0(\tau) = -\left[\alpha\tau + \sum_{i=1}^{\infty}\frac{a_i\tau^{i+1}}{i+1}\right] \tag{E6.24}$$

geschrieben werden kann, wobei die Koeffizienten a_i durch die Birkhoff-Normalform von $\mathbf{P}_0$ bestimmt sind.

6.2.6 Sei $\varphi_t : \mathcal{R} \to \mathcal{R}$ der Strom von $\dot{x} = X(x) = \sum_{k=2}^{\infty} X_k(x)$ mit $x \in \mathcal{R}$ und $X_k(x) = a_k x^k$. Ist nun $\varphi_q(x) = x + \sum_{k=2}^{\infty} A_k x^k$, so zeige man:

(a) $a_2 = A_2/q$;

(b) $A_k = \left[ta_k + \sum_{j=2}^{k-1}(t^j/j!)a_k^{(j)}\right]$
für $k \geq 3$ mit $[d^j x/dt^j]_{t=0} = \sum_{l=j+1}^{\infty} a_l^{(j)} x^l$;

(c) $a_k^{(l)}$, $j = 2, \ldots, k-1$ hängt nur von $a_2, \ldots, a_{k-1}$ ab.

Man erkläre, wie (a)–(c) verwandt werden kann, um $X(x)$ (oder äquivalent $\varphi_t(x)$) aus $\varphi_q(x)$ zu erhalten. Man veranschauliche seine Antwort durch Berechnung von a_3 und skizziere, wie a_4 zu berechnen wäre.

6.2.7 Man betrachte den Strom $\boldsymbol{\varphi}_t^0(x, y)$ der Differentialgleichung

$$\dot{x} = \sum_{k=2}^{\infty} X_k^0(x, y), \qquad \dot{y} = \sum_{k=2}^{\infty} Y_k^0(x, y) \tag{E6.25}$$

mit $(X_k^0, Y_k^0) \in H^k$ (siehe (6.2.12, 6.2.13)). Man zeige, daß die in H^k liegenden Terme von $\boldsymbol{\varphi}_t^0(x, y)$ die Form $(tX_k^0(x, y), tY_k^0(x, y))$ plus Terme, die von (X_i^0, Y_i^0), $i = 2, \ldots, k-1$, abhängen, annehmen.

6.2.8 Man erweitere das Ergebnis von Aufgabe 6.2.7 auf das ε-abhängige System (6.2.21, 6.2.22). Man zeige, daß der Strom $\boldsymbol{\varphi}_t^\varepsilon(x, y)$ dieses Systems Terme in x, y in erster Ordnung in ε und k der Form (tX_k^1, tY_k^1) plus Terme, die von $X_i^1, Y_i^1, i = 0, \ldots, k-1$, und $X_j^0, Y_j^0, , j = 2, \ldots, k+1$, abhängen, besitzt.

6.2.9 Man beweise, daß die Jacobi-Determinante des Stromes $\boldsymbol{\varphi}_t$ der Differentialgleichung $\dot{\mathbf{x}} = \mathbf{X}(\mathbf{x}),\ \mathbf{x} \in \mathcal{R}^2$ die Gleichung

$$\frac{d}{dt}(\det(D\boldsymbol{\varphi}_t(\mathbf{x}))) = \operatorname{Tr} D\mathbf{X}(\boldsymbol{\varphi}_t(\mathbf{x})) \det(D\boldsymbol{\varphi}_t(\mathbf{x})) \qquad \text{(E6.26)}$$

erfüllt. Man verifiziere (E6.26) explizit für $X(x) = (x^2, y)^T$.

6.2.10 Man betrachte das Vektorfeld $\mathbf{X}^\varepsilon$, welches durch die Multiplikation von $\boldsymbol{\varphi}_q^\varepsilon$ und $\mathbf{N}_\varepsilon^q$ entsteht. Man zeige, daß gilt $\int^y X^\varepsilon(x, y)dy = -\int^x Y^\varepsilon(x, y)dx = H_\varepsilon(x, y)$, wobei $H_\varepsilon(x, y)$ die Hamiltonschen Gleichungen (6.2.35) erfüllt und invariant unter $\mathbf{R}_\alpha$ ist.

6.2.11 Der inhaltstreue, ebene Diffeomorphismus $\mathbf{P}_\varepsilon$ erfülle die Gleichung $\mathbf{P}_\varepsilon(\mathbf{0}) = \mathbf{0}$, und $D\mathbf{P}_\varepsilon(\mathbf{0})$ besitze die Eigenwerte $\exp(\pm 2\pi i p/q),\ q \geq 3,\ p > 0$. Ist nun $\boldsymbol{\varphi}_t^\varepsilon$ der Strom des Vektorfeldes (6.2.35), so beweise man, daß der unendliche Jet der Normalform $\mathbf{N}_\varepsilon$ von $\mathbf{P}_\varepsilon$ als die Multiplikation von $\boldsymbol{\varphi}_1^\varepsilon$ und einer Rotation um $2\pi p/q$ geschrieben werden kann.

6.2.12 Man betrachte die inhaltstreue Hénon-Abbildung

$$x_1 = x\cos\alpha - y\sin\alpha + x^2\sin\alpha, \qquad \text{(E6.27)}$$

$$y_1 = x\sin\alpha + y\cos\alpha - x^2\cos\alpha. \qquad \text{(E6.28)}$$

(a) Man zeige, daß die zwei Fixpunkte von (E6.27, E6.28) auf der Linie $y = x\tan(\alpha/2)$ liegen.

(b) Man verifiziere, daß (E6.27, E6.28) durch eine Rotation um den Winkel $\alpha/2$ konjugiert zu

$$X_1 = X\cos\alpha - Y\sin\alpha + {} + (X\cos(\alpha/2) - Y\sin(\alpha/2))^2\sin(\alpha/2), \qquad \text{(E6.29)}$$

$$Y_1 = X\sin\alpha + Y\cos\alpha - {} - (X\cos(\alpha/2) - Y\sin(\alpha/2))^2\cos(\alpha/2)) \qquad \text{(E6.30)}$$

ist.

(c) Man beweise, daß (E6.29, E6.30) zu seiner eigenen Inversen konjugiert ist, wenn die Transformation $(X, Y) \mapsto (X, -Y)$ verwandt wird.

6.2.13 (a) Man verwende das Ergebnis aus Aufgabe 6.2.12(c) und zeige, daß die Menge der periodischen Punkte von (E6.29, E6.30) symmetrisch zur Geraden $Y = 0$ liegt

(b) Man führe folgende Rechnung durch. Sei (X_5, Y_5) die fünfte Iteration von $(X_0, 0)$ unter (E6.29, E6.30). Man zeichne $(Y_5^2 + (X_5 - X_0)^2)$ für jedes $\alpha = 1,24(0,01)1,27$ als Funktion von X_0 für $-0,25 \leq X_0 \leq 0,25$.

(c) Man erkläre, wie (a) und (b) verwandt werden können, um eine Periode-5-Bahn der Hénon-Abbildung vorherzusagen, wenn α durch $2\pi/5$ wächst.

6.3 Irrationale Rotationszahlen und das KAM-Theorem

6.3.1 (a) Man beweise, daß für $r > 0$ gilt:

$$\sum_{k=1}^{\infty} k^{\mu} \exp(-kr) \leq C(\mu) r^{-(\mu+1)} \tag{E6.31}$$

mit $C(\mu) = \mu^{\mu+1} \exp(-\mu) + \Gamma(\mu + 1)$.

(b) Man betrachte die analytische Fortsetzung

$$w(z + \omega) - w(z) = h(z) \tag{E6.32}$$

mit $z = x + iy$, der Differenzengleichung (6.3.1) auf dem Streifen $|y| < r$. Sei $|h(z)| < K$ auf diesem Bereich, so zeige man, daß (E6.32) eine eindeutige Lösung $w(z)$ mit dem Hauptwert null besitzt, welche

$$|w(z)| \leq C_1(\mu) K (r - \rho)^{-(\mu+1)} \tag{E6.33}$$

auf dem Streifen $|y| < \rho$ erfüllt mit $0 < \rho < r$.

6.3.2 Man betrachte die gekoppelten Differenzengleichungen (6.3.21, 6.3.22).

(a) Man verifiziere, daß $F_n(\xi) - f_n(\xi, \omega\gamma^{-1})$ und $G_n(\xi) - g_n(\xi, \omega\gamma^{-1})$ nur von f_l, g_l, u_l, v_l abhängen für $l < n$.

(b) Erfülle ω die Gleichung (6.3.6) und es gelte (6.3.25). Man verschaffe sich die Lösung zu (6.3.21, 6.3.22) in der Form $v_n(\xi) = \sum_{k \in \mathfrak{Z}} \hat{v}_{nk} \exp(ik\xi)$, $u_n(\xi) = \sum_{k \in \mathfrak{Z}} \hat{u}_{nk} \exp(ik\xi)$ mit

$$\hat{v}_{n0} = -\gamma^{-1} \hat{F}_{n0} \tag{E6.34}$$

$$\hat{v}_{nk} = \hat{G}_{nk} / [\exp(ik\omega) - 1], \quad k \neq 0, \tag{E6.35}$$

$$\hat{u}_{nk} = \frac{\hat{F}_{nk}}{[\exp(ik\omega) - 1]} + \frac{\hat{G}_{nk}}{[\exp(ik\omega) - 1]^2}, \quad k \neq 0, \tag{E6.36}$$

und $\hat{u}_{n0}$ ist beliebig.

(c) Man schreibe die Lösung (6.3.3) der Differenzengleichung (6.3.1) in Operatorform $w(x) - w^* = Lh(z)$, $w^* = (2\pi)^{-1}\int_0^{2\pi} w(x)dx$ und zeige, daß (E6.34–E6.36) zu

$$\begin{aligned} v_n(\xi) + \gamma^{-1}F_n^* &= LG_n(\xi) \\ u_n(\xi) - u_n^* &= LF_n(\xi) + L^2G_n(\xi) \end{aligned} \tag{E6.37}$$

korrespondiert mit $F_n^* = \hat{F}_{n0}$, $u_n^* = \hat{u}_{n0}$.

6.3.3 Man betrachte die in (6.3.35), gegebene Parameterwahl r_i, s_i, d_i, $i = 0, 1, 2, \ldots$.

(a) Sei $e_i = r_0^{-3(2\mu+3)}C^{3(i+4)}d_i$. Man zeige, daß

$$(d_{i+1}/d_i) < C^{-3} \tag{E6.38}$$

gilt für

$$0 \le d_0 < r_0^{3(2\mu+3)}C^{-12} \tag{E6.39}$$

Man leite ab, daß $d_i \to 0$ geht für $i \to \infty$, wenn d_0 genügend klein ist.

(b) Erfülle d_0 die Ungleichung (E6.39). Man beweise

$$|f_{i+1}| + |g_{i+1}| < d_{i+1} \tag{E6.40}$$

für eine genügend große Konstante C.

6.3.4 Sei $\mathbf{U}_j$, $j = 0, 1, \ldots, i$, gegeben durch (6.3.26). Man beweise, daß $\mathbf{V}_i = \mathbf{U}_0\mathbf{U}_1 \cdots \mathbf{U}_i$ die Form

$$\mathbf{V}_i : x = \xi + p_i(\xi, \eta), \qquad y = \eta + q_i(\xi, \eta) \tag{E6.41}$$

annimmt mit

$$p_i(\xi, \eta) = u_i + p_{i-1}(\xi + u_i, \eta + v_i), \tag{E6.42}$$

$$q_i(\xi, \eta) = v_i + q_{i-1}(\xi + u_i, \eta + v_i), \tag{E6.43}$$

und $u_i = u_i(\xi, \eta)$, $v_i = v_i(\xi, \eta)$.
Sei $|u_i| = \sup_{(\xi,\eta)\in\mathbf{D}_{i+1}}(|u_i(\xi, \eta)|)$, $|v_i| = \sup_{(\xi,\eta)\in\mathbf{D}_{i+1}}(|v_i(\xi, \eta)|)$. Man zeige, daß

$$|p_i| + |q_i| \le \sum_{j=0}^{i}\{|u_i| + |v_i|\} \tag{E6.44}$$

gilt für jede nicht-negative ganze Zahl i.

6.3.5 (a) Man verwende die Konjugation von $\mathbf{M}_\infty$ und $\mathbf{M}_0$ zum Beweis, daß $u(\xi)$ und $v(\xi)$ in (6.3.43) die Gleichung (6.3.45) erfüllen.

(b) Besitze

$$\mathbf{M}: \begin{array}{l} x_1 = x + y + f(x, y), \\ y_1 = y + g(x, y) \end{array} \tag{E6.45}$$

den durch

$$x = \xi + \tilde{u}(\xi), \qquad y = (\tilde{v}(\xi) \tag{E6.46}$$

gegebenen invarianten Kreis **S**, so daß **M**|**S** die Form $\xi_1 = \xi + \omega$ annimmt. Man zeige, daß $\tilde{u}(\xi)$ und $\tilde{v}(\xi)$ auch (6.3.45) erfüllen.

(c) Man verifiziere, daß $f(x, y) \equiv g(x, y) \equiv 0$ dem Fall $\tilde{u}(\xi) \equiv 0$ und $\tilde{v}(\xi) \equiv \omega$ in (E6.46) entspricht und erkläre die Signifizanz der zur Ableitung von (6.3.43) getroffenen Wahl $\lim_{i\to\infty} p_i = u(\xi)$, $\lim_{i\to\infty} q_i = v(\xi) - \omega$.

6.3.6 Man betrachte die Lösung der gekoppelten, linearen Differenzengleichungen

$$u_i(\xi + \omega, \eta) - u_i(\xi, \eta) = v_i(\xi, \eta) + f_i(\xi, \eta), \tag{E6.47}$$
$$v_i(\xi + \omega, \eta) - v_i(\xi, \eta) = g_i(\xi, \eta) - g_i^*(\eta), \tag{E6.48}$$

$\xi, \eta \in \mathbf{D}_{i+1} \subseteq \mathscr{C}$ (siehe (6.3.32)), wobei η die Rolle eines Parameters spielt. Ist nun der Hauptwert von $u_i(\cdot, \eta)$ gleich null, so kann die Lösung von (E6.47, E6.48) in der Form

$$v_i = -f_i^* + Lg_i, \tag{E6.49}$$
$$u_i = L(v_i + f_i) \tag{E6.50}$$

geschrieben werden, wobei f_i^* der Hauptwert vom f_i und L ein Operator von dem in Aufgabe 6.3.2(c) eingeführten Typ ist.

Sei $f_i^* = 0$ für alle i. Man verwende (E6.33) mit:

(a) $\rho = r_i - [(r_i - r_{i+1})/16]$, um $|v_i|$ zu bestimmen,

(b) $\rho = r_i - [(r_i - r_{i+1})/8]$, um $|u_i|$ zu bestimmen.

Man leite

$$|u_i| + |v_i| < (s_i/7) \tag{E6.51}$$

her. Man zeige mit Hilfe von (E6.38) aus Aufgabe 6.3.3, daß gilt $(s_{i+1}/s_i) < \frac{1}{3}$ und bestätige dann (6.3.49).

6.3.7 (a) Sei $h : \mathscr{R} \to \mathscr{R}$ eine 2π-periodische, N-mal differenzierbare Funktion. Man zeige, daß der k-te Koeffizient $\hat{h}_k$ der komplexen Fourierreihe für h die Ungleichung $|\hat{h}_k| < K/|k|^N$ mit $K = \max_{0\le x\le 2\pi}\{|d^N h/dx^N|\}$ erfüllt.

(b) Man verifiziere, daß die in (a) gegebene Grenze mit der in (6.3.13) gegebenen für reelle analytische Funktionen konsistent ist.

6.4 Das Aubry-Mather-Theorem

6.4.1 Invariante Cantor-Mengen für Homomorphismen aus S^1

6.4.1 Man betrachte die wie folgt konstruierte „mittel-dritte" Cantor-Menge. Man teile das Intervall $[0, 1]$ in drei Teile und definiere $T_1 = [0, \frac{1}{3}] \cup [\frac{2}{3}, 1]$. Man teile nun die zwei Subintervalle von T_1 in drei Teile in die Form $T_2 = [0, \frac{1}{9}] \cup [\frac{2}{9}, \frac{1}{3}] \cup [\frac{3}{3}, \frac{7}{9}] \cup [\frac{8}{9}, 1]$. Man setze diesen Prozeß fort und generiere so die Sequenz

$$T_1 \supset T_2 \supset T_3 \supset T_4 \supset T_5 \supset \cdots . \tag{E6.52}$$

Sei $T = \bigcap_{i=0}^{\infty} T_i$. Man beweise, daß T abgeschlossen und nirgends dicht ist. Man zeige, daß jedes $x \in T$ in der Form

$$x = \sum_{j=1}^{\infty} a_j / 3^j \tag{E6.53}$$

geschrieben werden kann mit $a_j = 0$ oder 2. Dann zeige man, daß T perfekt ist.

6.4.2 Man beschreibe einen Algorithmus, mit welchem man einen Kreis generieren kann, dem Intervalle $\{I_n | n \in \mathfrak{Z}\}$ an den gleichen relativen Positionen eingeschoben sind, wie sie die Bahn $\{x_n | n \in \mathfrak{Z}\}$ einer irrationalen Rotation besitzt (siehe Abbildung 6.14). Man erkläre, wie gesichert werden kann, daß die Menge $\bigcup_{n \in \mathfrak{Z}} I_n$ in S^1 dicht ist.

6.4.3 Man definiere die Semi-Konjugation $\Pi : S^1 \to S^1$ wie folgt. Ist $x \in I_n$, dann gilt $\Pi(x) = x_n$. Ist jedoch $x \notin I_n$ für jedes $n \in \mathfrak{Z}$, dann gilt $\Pi(x) = y$, wobei y an der gleiche Stelle relativ zu $\{x_n\}_{n \in \mathfrak{Z}}$ liegt wie x relativ zu $\{I_n\}_{n \in \mathfrak{Z}}$.

(a) Man zeige, daß Π wohldefiniert, stetig und injektiv auf $S^1 \setminus \bigcup_{n \in \mathfrak{Z}} I_n$ ist.

(b) Man zeige, daß die im Text definierte Abbildung f ein Homomorphismus ist und daß $\tilde{C} = \left(\bigcup_{n \in \mathfrak{Z}} \operatorname{int}(I_n)\right)^c$ die in Satz 6.1 betrachtete invariante Menge E ist.

6.4.4 (a) Sei $\bar{\Pi}$ eine Liftung der Semi-Konjugation Π. Man beweise, daß: (i) $\bar{\Pi}(\bar{x} + 1) - \bar{\Pi}(\bar{x}) \equiv 1$ ist, (ii) $\bar{\Pi}(\bar{x}) - \bar{x}$ periodisch mit der Periode 1 ist.

(b) Man zeige, daß die Liftung von $\mathbf{R}_\beta$ so gewählt werden kann, daß gilt

$$\bar{\Pi}\bar{f}(\bar{x}) \equiv \bar{R}_\beta\bar{\Pi}(\bar{x}) \tag{E6.54}$$

mit $x \in \mathcal{R}$. Man zeige weiter $\rho(f) = \beta$.

6.4.5 Sei $f : S^1 \to S^1$ ein wie in §6.4.1 konstruiertes Denjoysches Gegenbeispiel. Mit der dort verwendeten Notation beweise man: (a) jeder Punkt von $C = \left(\bigcup_{n\in\mathcal{Z}} x_n\right)^c$ ist ein Häufungspunkt von C, jedoch ist C nicht perfekt; (b) C ist nirgends dicht; (c) $\tilde{C} = \left(\bigcup_{n\in\mathcal{Z}} \mathrm{int}(I_n)\right)^c$ ist sowohl perfekt als auch nirgends dicht.

6.4.2 Twist-Homomorphismen und Mather-Mengen

6.4.6 (a) Sei $\bar{\mathbf{f}} : \bar{A} \to \bar{A}$ die Liftung von $\mathbf{f} : A \to A$ mit $A = \{(\theta, r) | \theta \in S^1,\ r \in [0, 1]\}$. Man zeige, daß, ist $\mathbf{f}$ ein Twist-Homomorphismus, so ist $\bar{f}(x, y)$ entweder eine monoton wachsende Funktion von y für alle $x \in \mathcal{R}$ oder eine monoton fallende Funktion von y für alle $x \in \mathcal{R}$.

(b) Man betrachte die für $(x, y) \in \mathcal{R} \times [0, 1]$ definierten Abbildungen. Welche von ihnen sind Liftungen von Twist-Homomorphismen des Ringes A? Man erkläre seine Antwort.

(i) $x_1 = x + \alpha,\ y_1 = y,$

(ii) $x_1 = x + y + \frac{1}{2} y \sin(2\pi x),\ y_1 = y + k \sin(2\pi x),$

(iii) $x_1 = x + y,\ y_1 = y^2,$

(iv) $x_1 = x + y,\ y_1 = y(1 - y),$

mit $\alpha, k \in \mathcal{R}\backslash\{0\}$.

6.4.7 (a) Sei $\mathbf{x} \in S^1 \times [0, 1] = A$ ein periodischer Punkt mit der Periode q der Abbildung $\mathbf{f} : A \to A$. Ist $\bar{\mathbf{f}} : \mathcal{R} \times [0, 1] \to \mathcal{R} \times [0, 1]$ die Liftung von $\mathbf{f}$ durch die Projektion $\boldsymbol{\pi}(x, y) = \mathbf{x}$, so zeige man, daß gilt $\bar{\mathbf{f}}^q(x, y) = (x + p, y)^T$, wobei p bis auf ein ganzzahliges Vielfaches von q bestimmt ist. Man verifiziere, daß die Rotationszahl von $\mathbf{x}$ bis auf eine ganze Zahl unabhängig von der Wahl der Liftung $\bar{\mathbf{f}}$ ist.

(b) Man zeige, daß eine Birkhoff-periodische Bahn vom Typ (p, q) eine periodische Bahn mit der Rotationszahl $(p/q) + k,\ k \in \mathcal{Z}$ ist.

6.4.8 Man zeige, daß eine Abbildung auf A mit der Liftung $(x, y) \mapsto (x + y, y)$ Birkhoff-periodische Bahnen mit allen rationalen Rotationszahlen in $[0, 1]$ besitzt.

6.4.9 (a) Ist E eine Mather-Menge eines Twist-Homomorphismus $\mathbf{f}$ des Ringes A, so zeige man, daß dann $\mathbf{f}|E$ topologisch konjugiert zu einer Beschränkung eines die Orientierung erhaltenden Homomorphismus des Kreises ist.

(b) Liege $\mathbf{x} \in A$ mit Liftung (x, y) in einer Mather-Menge E. Ist $\bar{\mathbf{f}}$ eine Liftung von $\mathbf{f}$ und gilt $\bar{\mathbf{f}}^n : (x, y) \mapsto (x_n, y_n)$, so beweise man, daß

$$\lim_{n\to\infty} \frac{x_n - x}{n} \tag{E6.55}$$

existiert und unabhängig von $\mathbf{x}$ ist. Dieser Grenzwert ist nach Definition die Rotationszahl $\rho(E)$ der Mather-Menge E.

(c) Sei E eine minimale Mather-Menge von $\mathbf{f}$. Man beweise, daß $\rho(E) \in \mathfrak{Q}$ dann und nur dann gilt, wenn E eine Birkhoff-periodische Bahn ist.

6.5 Allgemeine elliptische Punkte

6.5.1 Sei $\mathbf{f}$ eine inhaltstreue, ebene Abbildung mit einem elliptischen Fixpunkt im Ursprung und einem periodischen Punkt der Periode q bei $\mathbf{x}_0$. Sei $\mathbf{x}_1$ ein periodischer Punkt von $\mathbf{f}^q$ mit der Periode q' in einer durch einen KAM-Kreis von $\mathbf{f}^q$ begrenzten Umgebung von $\mathbf{x}_0$. Man zeige, daß die Rotationszahlen von $\mathbf{x}_0$ und $\mathbf{x}_1$ gleich sind.

6.5.2 Man betrachte die Standard-Abbildung in der Form

$$\theta_1 = (\theta + r_1) \bmod 1, \qquad r_1 = r - (k/2\pi)\sin(2\pi\theta). \tag{E6.56}$$

Man untersuche die periodischen Punkte der Form $(0, r(k))$ mit der Periode: (a) zwei, (b) drei und leite Definitionsgleichungen für $r(k)$ ab. Man zeige, daß in beiden Fällen $r(k)$ eine C^1-Funktion von k ist.

6.5.3 Man definiere die Abbildungen $\mathbf{I}_1$, $\mathbf{I}_2$ und $\mathbf{S}$ durch

$$\begin{aligned}
\mathbf{I}_1 &: (\theta, r) \mapsto (-\theta \bmod 1, r - (k/2\pi)\sin(2\pi\theta)),\\
\mathbf{I}_2 &: (\theta, r) \mapsto ((-\theta + r) \bmod 1, r),\\
\mathbf{S} &: (\theta, r) \mapsto ((\theta + r - (k/2\pi)\sin(2\pi\theta)) \bmod 1, r - k(k/2\pi)\sin(2\pi\theta)).
\end{aligned}$$

Man verifiziere:

(a) $\mathbf{S} = \mathbf{I}_2\mathbf{I}_1$, $\mathbf{I}_1^2 = \mathbf{I}_2^2 = \mathbf{id}$.

(b) Falls (θ_0, r_0) und $\mathbf{S}^N(\theta_0, r_0)$ Fixpunkte von $\mathbf{I}_1$ sind, so ist (θ_0, r_0) ein $2N$-periodischer Punkt von $\mathbf{S}$.

(c) $\theta = 0$ ist eine Linie von Fixpunkten für $\mathbf{I}_1$.

Man zeige dann, daß **S** $2N$-periodische Punkte bei $(0, r(k))$ für genügend kleines k besitzt, wobei $r(k)$ stetig von k abhängt.

6.5.4 Man beweise, daß der zur Konstruktion des Kettenbruches einer reellen Zahl α verwendete Algorithmus dann und nur dann nach endlich vielen Schritten endet, wenn α rational ist.

6.5.5 (a) Man betrachte die Näherungsbrüche p_0/q_0, p_1/q_1, p_2/q_2 des Kettenbruches $[a_0, a_1, a_2, \ldots]$ einer reellen Zahl α. Man zeige für $n = 0, 1, 2$, daß

$$\frac{p_n}{q_n} = \frac{P_n(a_0, \ldots, a_n)}{Q_n(a_0, \ldots, a_n)}, \tag{E6.57}$$

wobei P_n, Q_n die durch

$$\begin{aligned} &P_0(x) = x, \qquad Q_0(x) = 1, \\ &P_1(x, y) = xy + 1, \qquad Q_1(x, y) = y, \\ &P_2(x, y, z) = xyz + x + z, \qquad Q_2(x, y, z) = yz + 1 \end{aligned} \tag{E6.58}$$

gegebenen Polynome in $n + 1$ Variablen sind.

(b) Man definiere P_n und Q_n, $n \in \mathfrak{Z}^+$, durch

$$\frac{p_n}{q_n} = \frac{P_n(a_0, \ldots, a_n)}{Q_n(a_0, \ldots, a_n)} \tag{E6.59}$$

und verwende die Form von (6.5.4), um zu zeigen, daß gilt:

$$P_n(a_0, \ldots, a_n) = a_0 P_{n-1}(a_1, \ldots, a_n) + Q_{n-1}(a_1, \ldots, a_n) \tag{E6.60}$$

$$Q_n(a_0, \ldots, a_n) = P_{n-1}(a_1, \ldots, a_n). \tag{E6.61}$$

(c) Man beweise durch Induktion:

$$p_n = a_n p_{n-1} + p_{n-2}, \qquad q_n = a_n q_{n-1} + q_{n-2}. \tag{E6.62}$$

6.5.6 Sei α die in Aufgabe 6.5.5 betrachtete reelle Zahl. Man verwende (E6.62) zum Beweis, daß

(a) für $n \geq 1$ gilt

$$q_n p_{n-1} + p_n q_{n-1} = (-1)^n, \tag{E6.63}$$

(b) für $n \geq 2$ gilt

$$q_n p_{n-2} - p_n q_{n-2} = (-1)^{n-1} a_n, \tag{E6.64}$$

(c) gilt

$$0 < q_1 < q_2 < \cdots < q_n < \cdots. \tag{E6.65}$$

Man zeige, daß für n gerade (ungerade) die Menge der n-ten Näherungsbrüche eine streng wachsende (fallende) Sequenz bildet, die gegen α konvergiert.

6.5.7 Man betrachte den Kettenbruch einer irrationalen Zahl α. Man beweise, daß der n-te Näherungsbruch p_n/q_n die beste rationale Approximation an α ist in dem Sinne, daß für alle rationalen Zahlen p/q, mit $1 \le q \le q_n$, gilt

$$|q_n\alpha - p_n| < |q\alpha - p|. \tag{E6.66}$$

6.6 Schwach dissipative Systeme und Birkhoff-Attraktoren

6.6.1 Sei $\mathbf{M}_\varepsilon$ die in Aufgabe 6.2.2 betrachtete Abbildung. Man definiere $\mathbf{f}_{\varepsilon,\delta}(\theta, \tau)$ durch $\mathbf{f}_{\varepsilon,\delta} = \mathbf{M}_\varepsilon \cdot \mathbf{C}_\delta$ mit

$$\mathbf{C}_\delta : (\theta, \tau) \mapsto (\theta, (1+\delta)\tau), \tag{E6.67}$$

$-1 < \delta < 0$. Man zeige, daß $\mathbf{f}^2_{\varepsilon,\delta}$ einen radial abgebildeten Kreis $\mathbf{S}'$ der Form $\tau = F(\theta, \varepsilon, \delta)$ für genügend kleine ε, δ besitzt. Man verifiziere, daß sich $\mathbf{S}'$ stetig aus dem radial abgebildeten Kreis $\mathbf{S}$ von $\mathbf{M}^2_\varepsilon$ bei $\delta = 0$ entwickelt. Man erkläre, warum im allgemeinen die Periode-2-Punkte von $\mathbf{f}_{\varepsilon,\delta}$ erhalten bleiben, wenn $|\delta|$ klein genug ist, sich jedoch der lineare Typ von einigen von ihnen verändern kann.

6.6.2 Man betrachte die Abbildung $\mathbf{f} = \mathbf{T} \cdot \mathbf{h}$ des Zylinders C, die durch

$$\begin{aligned}
\mathbf{T} &: (\theta, r) \mapsto ((\theta + r) \bmod 1, r),\\
\mathbf{h} &: (\theta, r) \mapsto ((\theta + (\beta/2\pi)\cos(2\pi\theta)) \bmod 1, \alpha r(1 + \beta \sin(2\pi\theta))
\end{aligned}$$

definiert wird mit $0 < \alpha, \beta < 1$. Man zeige, daß für eine geeignete Wahl von α und β $\mathbf{f}$ ein dissipativer Twist-Diffeomorphismus ist, welcher keine ringförmigen Einfangregionen der Form $S^1 \times [-K, K]$, $K > K_0$ besitzt für gewisse $K_0 > 0$.

6.6.3 Sei $B(\mathbf{f})$ die Birkhoff-Menge einer dissipativen Twist-Abbildung $\mathbf{f} : C \to C$, welche die Einfang-Hypothese erfüllt. Man zeige, daß $B(\mathbf{f})$ eine nicht-leere, kompakte Teilmenge von $\bigcap_{n \in \mathfrak{Z}^+} \mathbf{f}^n(T_K)$ ist, wobei $T_K = S^1 \times [-K, K]$, $K > K_0$ eine Einfangregion für $\mathbf{f}$ ist.

6.6.4 Sei $B(\mathbf{f})$ die in Aufgabe 6.6.3 definierte Birkhoff-Menge.

(a) Man zeige, daß $C \backslash B(\mathbf{f})$ aus zwei zusammenhängenden Komponenten besteht.

(b) Sei $B'(\mathbf{f})$ eine beliebige rotationsinvariante Menge, welche C in zwei zusammenhängende Komponenten teilt. Man zeige, daß $B(\mathbf{f})$ minimal ist im Sinne von $B(\mathbf{f}) \subseteq B'(\mathbf{f})$.

(c) Sei R ein Rotationskreis auf C mit $B(\mathbf{f}) \cap R \neq \emptyset$. Man beweise $\mathbf{f}(R) \cap R \neq \emptyset$.

6.6.5 Man betrachte den in Abb. E6.1 dargestellten Strom $\varphi_t : C \to C$. Man beweise, daß der Strom φ_t und der Diffeomorphismus $\mathbf{f} = \varphi_1 \cdot \mathbf{R}$ die gleiche anziehende Menge A besitzen. Man beschreibe die Menge A. Man skizziere die Spitze und den Boden und erkläre, warum diese Mengen $\mathbf{f}^{-1}$-invariant, jedoch nicht $\mathbf{f}$-invariant sind. Man bestimme alle Rotationszahlen von A. Man lokalisiere die Birkhoff-Menge $B(\mathbf{f})$ in A und bestimme ihr Rotationsintervall. Unter welchen Umständen ist $B(\mathbf{f})$ ein Birkhoff-*Attraktor*?

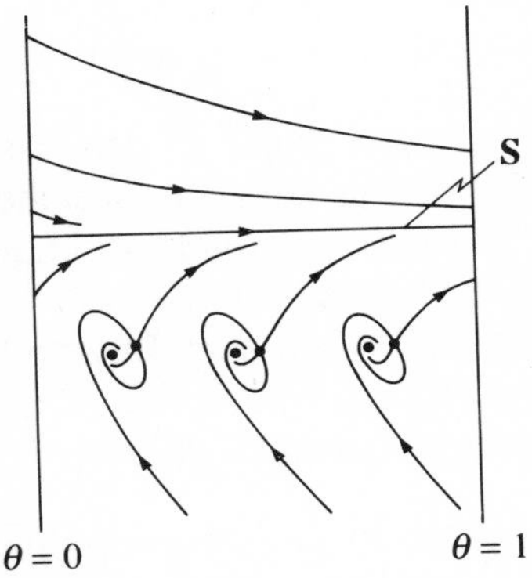

Abb. E6.1. Phasenbild für den Strom φ_t aus Aufgabe 6.6.5. Der Grenzzyklus **S** besitzt die Periode τ und φ_t ist invariant unter der Rotation $\mathbf{R} : (\theta, r) \mapsto (\theta + 2/3) \bmod 1, r)$. Die Linien $\theta = 0$ und $\theta = 1$ müssen miteinander identifiziert werden, um einen Zylinder zu formen. Man beachte, daß die Fixpunkte von φ_t ein Paar von Periode-3-Bahnen von $\mathbf{f} = \varphi_1 \cdot \mathbf{R}$ bilden.

6.6.6 Man betrachte die Abbildung

$$\mathbf{f}_{b,k,\omega} : (\theta, r) \mapsto ((\theta + \omega + r_1) \bmod 1, br - (k/2\pi)\sin(2\pi\theta)) \qquad \text{(E6.68)}$$

mit $(\theta, r) \in C = S^1 \times \mathcal{R}$ und $0 \leq b \leq 1$ (siehe (6.6.5)).

(a) Man überzeuge sich, daß für $0 < b < 1$ (E6.68) ein dissipativer Twist-Diffeomorphismus des Zylinders ist.

(b) Man verifiziere für $b = 1$, daß (E6.68) konjugiert zu der inhaltstreuen Standard-Abbildung (6.5.1) ist.

(c) Man diskutiere das Wesen von (E6.68) für $b = 0$. Man definiere die Kurve $\mathbf{S} \subset C$ parametrisch durch

$$\theta = (\xi + \omega - (k/2\pi)sin(2\pi\xi)) \bmod 1,$$
$$r = -(k/2\pi)\sin(2\pi\xi) \tag{E6.69}$$

mit $\xi \in S^1$. Man verifiziere, daß $\mathbf{f}^n_{0,k,\omega}(\theta_0, r_0) \in \mathbf{S}$ ist für alle $(\theta_0, r_0) \in C$ und alle $n \in \mathscr{Z}^+$. Man zeige, daß $\mathbf{f}_{0,k,\omega}|\mathbf{S}$ topologisch konjugiert zur Arnoldschen Kreisabbildung

$$\theta \mapsto (\theta + \omega - (k/2\pi)\sin(2\pi\theta)) \bmod 1 \tag{E6.70}$$

ist.

6.6.7 (a) Man beweise, daß die in Gleichung (6.6.5) gegebene dissipative Standard-Abbildung $\mathbf{f}_{b,k,\omega}$ mit $0 < b < 1$ die Einfang-Hypothese mit $K_0 = h = |k|/[2\pi(1 - b)]$ erfüllt.

(b) Sei $\mathbf{f}^n_{b,k,\omega} : (\theta_0, r_0) \mapsto (\theta_n, r_n)$, $n \in \mathscr{Z}^+$. Man zeige explizit, daß $|r_n| < |r_0|$ ist für alle $n \in \mathscr{Z}^+$, wenn $|r_0| > h$ ist.

6.6.8 Man betrachte das am Sattelpunkt $\mathbf{x}^*$ der dissipativen Standard-Abbildung auftretende homokline Gewebe, welches schematisch in Abbildung 6.24 gezeigt ist. Man verwende Bahnblöcke $B_0 = \{\mathbf{x}^*\}$ und B_1, definiert in (6.6.13) zur Konstruktion von ε-pseudo-Bahnen mit der Rotationszahl α für jede reelle Zahl α im Intervall $[0, 1/N]$, wobei $N \in \mathscr{Z}^+$ die Länge von Block B_1 ist. Man geben ein Beispiel einer ε-pseudo-Bahn, deren Rotationszahl nicht existiert.

6.6.9 Man betrachte die in (6.6.5) gegebene dissipative Standard-Abbildung mit $b = 0{,}95$; $k = 1$. Man überprüfe numerisch, daß sich die Mengen U und L auf der instabilen Mannigfaltigkeit des Sattelpunktes bei $r^* = -\omega$ häufen, wenn $\omega = 0{,}2$ und $\omega = 0$ ist. Man zeige, daß die Abbildung $\mathbf{f}_{b,k,-\omega}$ konjugiert zu $\mathbf{f}_{b,k,\omega}$ ist und beschreibe die Birkhoff-Menge für ω gleich: (a) 0,2; (b) 0,0; (c) −0,2.

6.7 Birkhoff-periodische Bahnen und Hopf-Bifurkationen

6.7.1 Man betrachte die Familie von Differentialgleichungen

$$\dot{x} = y, \qquad \dot{y} = \varepsilon y + kx(x-1) + \mu xy \tag{E6.71}$$

mit $k > 0$. Man zeige, daß für $\mu < 0 (> 0)$ Gleichung (E6.71) einer super(sub)kritischen Hopf-Bifurkation bei $\varepsilon = 0$ für wachsendes ε unterliegt. Man verifiziere numerisch, daß die Sattel-Verbindung-Bifurkationskurve für $k = 1$ durch $\mu = -7\varepsilon$ für (ε, μ) in der Nähe von (0, 0) approximiert wird. Man zeige, daß dieses asymptotische Verhalten der Sattel-Verbindung-Bifurkationskurve für (E6.71) unabhängig von k ist.

6.7.2 Man betrachte die Bogdanov-Abbildung (6.7.2) mit $k = 1$ und festem, von null verschiedenem $\mu = \mu_0$. Man verifiziere, daß die entstehende, durch ε parametrisierte, Subfamilie den Forderungen (a)–(d) des Theorems 5.2 genügt und zeige, daß für $\mu_0 < 0 (> 0)$ eine super(sub)kritische Hopf-Bifurkation vorhergesagt wird.

6.7.3 Man wende die Euler-Methode mit Schrittlänge $h > 0$ auf die zweiparametrige Familie von Differentialgleichungen (6.7.8) an, um zu einer Familie von Euler-Abbildungen $E_h : \mathcal{R}^2 \times \mathcal{R}^2 \to \mathcal{R}^2$ zu gelangen.

(a) Man zeige, daß für jedes h E_h äquivalent zu einer durch E_1 erzeugten Familie ist vermittels eines Diffeomorphismus der ν_1, ν_2-Ebene.

(b) Man verifiziere, daß jedes Mitglied von E_1 mit einer Rotation um $\pi/2$ kommutiert. Man erkläre, warum die instabilen Mannigfaltigkeiten der Periode-4-Punkte von (6.7.9) mit denen der Fixpunkte von E_1 übereinstimmen.

6.7.4 (a) Man betrachte die Familie von Abbildungen $\mathbf{E}_h : \mathcal{C} \times \mathcal{C} \to \mathcal{C}$, die man durch Anwendung der Euler-Methode mit Schrittlänge $h > 0$ auf die komplexe Differentialgleichung (6.7.7) erhält. Man beweise, daß $\mathbf{E}_h$ äquivalent zu einer durch $\mathbf{E}_1$ mittels einer reellen Skalierung von ε erzeugten Familie ist.

(b) Man zeige, daß die durch Multiplikation von $\mathbf{E}_1$ mit einer Rotation um den Winkel $p\pi/2$ erzeugte Familie die komplexe Normalform (5.4.6) mit $q = 4$ erzeugt mittels eines lokalen Diffeomorphismus bei $\varepsilon = 0$.

6.7.5 Man drücke die Hamiltonschen Gleichungen $\dot{x} = \partial K/\partial y$, $\dot{y} = -\partial K/\partial x$ in Polarkoordinaten (θ, r) aus (definiert durch $x = r\cos\theta$, $y = r\sin\theta$) mittels der Hamiltonfunktion $H(\theta, r) = K(r\cos\theta, r\sin\theta)$. Man zeige, daß

$$H(\theta, r) = -\frac{1}{2}\nu_2 r^2 - \frac{1}{4}br^4 + \frac{1}{4}r^4 \sin 4\theta \qquad \text{(E6.72)}$$

eine Hamiltonfunktion für das System (6.7.8) ist für $\nu_1 = a = 0$. Sei $b \ll -1$, dann zeige man, daß für jeden festen Punkt θ $H(\theta, r)$ ein Minimum bei $r = r_m$ besitzt, wobei gilt $r_m^2 = \nu_2/(-b + \sin 4\theta)$ und $H(\theta, r_m) = -\nu_2 r_m^2/4$. Man lokalisiere die Fixpunkte für (6.7.8), bestimme ihren linearen Typ und skizziere die Niveau-Mengen für $H(\theta, r)$.

6.7.6 (a) Man zeichne Niveau-Kurven von $H(\theta, r)$, gegeben durch (E6.72), für $b = -5$, $\nu_2 = 0{,}3$ und: (i) $H = -0{,}001$; (ii) $H = 0{,}01$.

(b) Man zeige numerisch, daß das Vektorfeld (6.7.8) mit $\nu_1 = 0{,}033$ und $a = -0{,}5$ die Kurven $\mathbf{S}_i$ und $\mathbf{S}_e$, wie in Abb. 6.33 gezeigt, schneidet. Man verwende den Wert von H als einen Indikator, um zu zeigen, daß die Region zwischen $\mathbf{S}_i$ und $\mathbf{S}_e$ *keine* Einfangregion für (6.7.9) ist, wenn die in Abb. 6.32(c) gezeigten homoklinen Gewebe präsent sind.

6.7.7 Man betrachte die Bilder der Kurve $\mathbf{S}_e$ in Abb. 6.33 unter Rotationen. Man bestätige numerisch, daß eine Rotation von $\mathbf{S}_e$ entgegen dem Uhrzeiger um $-0{,}2$ rad eine Einfangregion für (6.7.9) liefert, wenn ν_1 gleich: (a) 0,033; (b) 0,024 ist. Man untersuche in beiden Fällen das Verhalten der Bilder der inneren und äußeren Ränder der Einfangregion unter wiederholter Anwendung von (6.7.9). Man bestätige das in Abb. 6.35 gezeigte Ergebnis und erzeuge ein entsprechendes Diagramm, wenn das innere homokline Gewebe präsent ist (siehe Abb. 6.32(a)).

6.8 Bifurkationen invarianter Doppelkreise in ebenen Abbildungen

6.8.1 Man untersuche das Auftreten von invarianten Kreisen in den Mitgliedern der Familie von gestutzten komplexen Normalformen

$$\begin{aligned} N(\boldsymbol{\nu}, z) &= z(1 + \nu_1 + \nu_2|z|^2 + a_2(\boldsymbol{\nu})|z|^4) \\ &\quad \cdot \exp\{2\pi i(b_0(\boldsymbol{\nu}) + b_1(\boldsymbol{\nu})|z|^2 + b_2(\boldsymbol{\nu})|z|^4\} \end{aligned} \tag{E6.73}$$

(siehe (6.8.2) und (6.8.5)). Man verifiziere, daß im allgemeinen Fall $\mathbf{N}$ den in Abb. 6.37 gezeigten Bifurkationen unterliegt.

6.8.2 Man betrachte die durch (E6.73) in Aufgabe 6.8.1 definierte Abb. $\mathbf{N}$.

(a) Man gebe ausreichende Bedingungen dafür an, daß $\mathbf{N}$ einen nicht-normalen, hyperbolischen invarianten Kreis $\mathbf{S}$ besitzt. Man zeige, daß für genügend kleines $|\boldsymbol{\nu}|$ $\mathbf{N}_\nu|\mathbf{S}$ eine Rotation um den Winkel ω darstellt, wobei ω durch (6.8.10) gegeben ist.

(b) Sei

$$\left[\frac{\partial b_0}{\partial \nu_2}(\mathbf{0}) - \frac{b_1(\mathbf{0})}{2a_2(\mathbf{0})}\right] > 0 \tag{E6.74}$$

und ω sei kleiner als, jedoch genügend nahe bei ω_0. Sei $\gamma_\omega \in \Gamma$ so, daß $\mathbf{N}_{\nu_\omega}$ einen invarianten Kreis mit der Rotationszahl ω besitzt. Man zeige, daß für jedes $\boldsymbol{\nu}$ in einer Umgebung von γ_ω ein eindeutiger Kreis $r = r(\omega, \boldsymbol{\nu})$ existiert, welcher aus Punkten besteht, deren Winkelkoordinate um ω durch $\mathbf{N}_\nu$ verändert wird. Man definiere eine lokale radiale Koordinate σ durch $r = r(\omega, \boldsymbol{\nu})(1+\sigma)$ und zeige, daß $\mathbf{N}_\nu$ in der Form (6.8.14) geschrieben werden kann.

6.8.3 Sei N_ν durch (E6.73) definiert, und es sei ω nahe bei ω_0 gegeben. Sei weiter $\boldsymbol{\nu}$ genügend nahe bei γ_ω, so daß die Ergebnisse von Aufgabe 6.8.2(b) gelten. Man beweise, daß (6.8.16) mit $\varepsilon_1 = 0$ eine Kurve in der ν_1, ν_2-Ebene definiert, welche tangential zur Bifurkationskurve Γ im Punkt γ_ω verläuft.

6.8.4 Man erinnere sich an die Diskussion über normale hyperbolische invariante Kreise am Ende von §2.2. Man erkläre, warum Σ einfach für $\mathbf{N}_\nu$ ist und gebe eine Darstellung der Funktion $\mathbf{F} : \Sigma \to \Sigma$ an, welche erlaubt, die hyperbolische Natur des Fixpunktes von $\mathbf{F}$ leicht zu erkennen. Man zeige dann, daß der in $\mathbf{N}_\nu$ auftretende invariante Kreis mit der Rotationszahl ω normal hyperbolisch ist für $\boldsymbol{\nu} \in C\backslash\gamma_\omega$, während dies nicht gilt für $\boldsymbol{\nu} = \boldsymbol{\nu}_\omega$.

6.8.5 Man beweise, daß die k-te Iteration der in (6.8.19) definierten Abbildung $f_{\nu,t}(z)$ in der Form

$$f^k_{\nu,t}(z) = N^k_{\nu,t}(z) + \exp(2\pi i k p/q) c_k(\boldsymbol{\nu}, t)\bar{z}^{q-1} + O(|z|^q) \quad \text{(E6.75)}$$

geschrieben werden kann, wobei $c_k(\boldsymbol{\nu}, t)$ von $c(\boldsymbol{\nu}, t), b_0(\nu)$ und ω_0 abhängt.

6.8.6 Sei $N^q_{\nu,t}(z)$ durch (6.8.25) gegeben. Man verwende (E6.75), um zu zeigen, daß $f^q_{\nu,t}(z)$ in der folgenden Polarform geschrieben werden kann:

$$\theta_1 = \theta + p + \beta_q(\boldsymbol{\nu}, t, r^2) - \frac{\delta_q}{2\pi} \frac{r^{q-2}\sin(2\pi U_q)}{\alpha_q(\boldsymbol{\nu}, t, r^2)} + O(r^{q-1}), \quad \text{(E6.76)}$$

$$r_1 = r\alpha_q(\boldsymbol{\nu}, t, r^2) + \delta_q r^{q-1}\cos(2\pi U_q) + O(r^q), \quad \text{(E6.77)}$$

wobei $c_q(\boldsymbol{\nu}, t) = \delta_q \exp(2\pi i U_q)$ gilt. Man definiere lokale Koordinaten r_L durch $r = r_q(1 + r_L)$ und zeige, daß (E6.77) die Form

$$r_{L_1} = r_L\left(1 + 2r_q^2 \frac{\partial \alpha_q}{\partial X}(\boldsymbol{\nu}, t, X)|_{r_q^2}\right) + O(r_L^2) \quad \text{(E6.78)}$$

annimmt. Man vergleiche (E6.78) mit der radialen Komponente von (6.8.14) und finde das Analogon zu ε_2. Man diskutiere die Signifizanz dieses Ergebnisses im Vergleich zu der Kurve $C_{p/q}(t)$ in der $\boldsymbol{\nu}$-Ebene, auf welcher $\mathbf{N}_{\nu,t}$ einen invarianten Kreis mit der Rotationszahl p/q besitzt.

6.8.7 Man zeige, daß die durch die komplexe Form (6.8.19) definierte Abbildung $\mathbf{f}_{\nu,t}$ einer superkritischen Hopf-Bifurkation (im Sinne von Theorem 5.2) bei $\nu_1 = 0$ unterliegt, wenn ν_1 durch die Null wächst bei $\nu_2 < 0$. Man betrachte eine Umgebung des Ursprungs in der ν_1, ν_2-Ebene. Sei R das Gebiet zwischen der negativen ν_2-Achse und der Bifurkationskurve $\Gamma(t)$ und bezeichne $\mathbf{S}$ den invarianten Kreis, der an der obigen Hopf-Bifurkation erzeugt wird. Nun sei $\bar{\nu}_2 < 0$, $\bar{\omega}(0, \bar{\nu}_2) + t = p'/q'$ rational und ν_1 genügend klein. Man beschreibe die Menge der Punkte in R, für welche die Rotationszahl von $\mathbf{f}_{\nu,t}|\mathbf{S}$ gleich p'/q' ist. Man begründe die Antwort.

6.8.8 Man betrachte das folgende Beispiel von (6.8.20)

$$N_{\nu,t}(z) = \\ z(1 + \nu_1 + \nu_2|z|^2 + |z|^4)\exp\{2\pi i(\omega_0 + \nu_2 + (p/q) + t + |z|^2/2)\} \tag{E6.79}$$

für $t > 0$. Man bestimme $C_{p/q}(t)$ und zeige, daß diese Kurve die Bifurkationskurve der invarianten Doppelkreise $\Gamma(t)$ bei $\boldsymbol{\nu} = (4t^2/9, -4t/3)$ berührt und bei $(0, -t)$ aufhört. Man erkläre, wie die Ergebnisse der Aufgaben 6.8.7 und 6.8.8 in Abb. 6.41 zum Tragen kommen.

Hinweise zur Lösung der Aufgaben

Kapitel 1

1.1.1 $W_1 = \{\exp(ix)|a < x < b\}$, $W_2 = \{\exp(ix)|c < x < d\}$ so daß $W_1 \cup W_2 = S^1$, $(b-a)$, $(d-c) < 2\pi$. C^∞-überlappende Abbildungen.

1.1.2 $\mathbf{h}_\beta{\cdot}\mathbf{f}\cdot\mathbf{h}_\alpha^{-1} = (\mathbf{h}_\beta\cdot\mathbf{h}_\delta^{-1})(\mathbf{h}_\delta\cdot\mathbf{f}\cdot\mathbf{h}_\gamma^{-1})(\mathbf{h}_\gamma\cdot\mathbf{h}_\alpha^{-1})$. Hintereinanderausführung zweier C^k-Abbildungen ist C^k und die überlappenden Abbildungen $\mathbf{h}_\beta\cdot\mathbf{h}_\delta^{-1}$ und $\mathbf{h}_\gamma\cdot\mathbf{h}_\alpha^{-1}$ sind C^k, da $r \geq k$ ist. Differenzierbarkeit von $\mathbf{f}$ ist unabhängig von den Karten.

1.1.3 (a) Man wähle die offenen Untermengen A, B, C, D, von $\mathcal{R}$ so, daß $\{\pi(A), \pi(B), \pi(C), \pi(D)\}$ eine offene Überdeckung von T^2 ist und Beschränkungen von π auf A, B, C, D Homomorphismen sind.

(b) $W_1 = S^2\backslash N$, N der Nordpol; $W_2 = S^2\backslash S$, S der Südpol, $\mathbf{h}_1(\mathbf{h}_2)$ ist die stereographische Projektion vom N(S)-Pol. Überlappende Abbildungen $(r, \varphi) \mapsto (4/r, \varphi)$, $r \neq 0$.

1.2.1 siehe Arnold, 1973, S.163-165.

1.2.2 (a) ja;
(b) nein;
(c) Kreisabbildung ist kein Homomorphismus.

1.2.3 Fixpunkte $x = 0, \frac{1}{2}$; alle anderen Punkte periodisch mit der Periode 2.

1.2.4 Zeichne $y = \bar{f}^2(x)$.

1.2.5 $\bar{f}$, ein die Orientierung erhaltender Homomorphismus auf $\mathcal{R}$, impliziert, daß er streng monoton fallend ist. $\bar{f}(x+1) = \bar{f}(x) - 1$ wie im Beweis von Satz 1.1. Fixpunkte von f nur am Schnittpunkt von $y = \bar{f}(x)$ mit $y = x$ und $y = x + 1$ (siehe Satz 1.2).

1.3.1 Definition 1.5 impliziert, φ_t ist C^1 für alle $t \in \mathcal{R}$. $\varphi_t^{-1} = \varphi_{-t}$.

1.3.4 $X(x) = x - x^2$.

1.3.5 (a) $\dot{x} = x^3$; (b) $\dot{x} = x$, $\dot{y} = y^2$.

1.4.1 Minimal: (a) S^1; (b) $\{x, R_{p/q}(x), \ldots, R_{p/q}^{q-1}(x)\}$, $x \in S^1$.
Allgemein: (a) S^1; (b) $S = U \cup R_{p/q}(U) \cup \cdots \cup R_{p/q}^{q-1}(U)$, $U \subseteq S^1$, geschlossen.

1.4.2 (a) Man zeige, Ω^c ist offen.

1.4.5 Separatrizen verbinden $n = 1, 2, 3, 4$ Sattelpunkte, schließen instabile Brennpunkte ein. Man betrachte ein Hamiltonsches System mit der geforderten Sattel-Verbindung und führe in dem durch die Separatrizen begrenzten Bereich Dissipation ein, das heißt $\dot{x} = -2y(1 - x^2) + \mu x B(x)$, $\dot{y} = 2x(1 - y^2) + \mu y B(y)$, $\mu > 0$,

$$B(x) = \begin{cases} \exp[-x^2/(1 - x^2)] & |x| < 1 \\ 0 & |x| \geq 1. \end{cases}$$

1.4.6 Polarkoordinaten in der $x, \dot{x}$-Ebene ergeben

$$\begin{aligned} dr/d\theta &= -\varepsilon r \sin^2\theta(1 - r^2\cos^2\theta) + O(\varepsilon^2), \\ r(0) - r(2\pi) &= -\varepsilon\pi r\left(1 - \frac{r^2}{4}\right) + O(\varepsilon^2). \end{aligned}$$

Man konstruiere eine positiv invariante Menge, die keine Fixpunkte enthält.

1.5.1 (i) Gleiche Konstruktion wie in Beispiel 1.3 für die topologische Konjugation mit den Referenzintervallen $[1, 2]$ für f und $[1, 8]$ für g.

1.5.4 Konjugation erhält die Fixpunkte.

1.5.5 Man verwende Satz 1.2. Man zeichne $y = \bar{f}^2(x)$. Konjugation erhält die periodischen Punkte.

1.5.6 Man verwende (1.5.15).

1.5.7 Man differenziere (1.5.15) und setze $\mathbf{x} = \mathbf{0}$.

1.5.8 Ist x^* periodisch mit Periode q, so gilt
$\rho(f) = \left(\lim_{n\to\infty}(\bar{f}^{nq}(x^*) - x^*)/nq\right) \bmod 1$.

1.6.3 Man betrachte die Separatrix des Sattels, welche von entgegengesetzter Stabiltät wie die des Knotens ist.

1.6.4 Man betrachte den gelifteten Strom $\bar{\boldsymbol{\varphi}}_t(x, y) = (x + t, y + \alpha t)$ auf $\mathcal{R}^2$. Periodische Punkte sind durch $\bar{\boldsymbol{\varphi}}_T(x, y) = (x+m, y+n)$, $T \neq 0$, $m, n \in \mathcal{Z}$ gegeben.

1.6.5 Man erinnere sich, daß gilt $(\boldsymbol{\varphi} \times \boldsymbol{\psi})_t(\mathbf{x}, \mathbf{y}) = (\boldsymbol{\varphi}_t(\mathbf{x}), \boldsymbol{\psi}_t(\mathbf{y}))$, $\mathbf{x} \in M$, $\mathbf{Y} \in N$. Man betrachte die gelifteten Ströme $\bar{\varphi}_t(x) = x + t$, $\bar{\varphi}'_t(x) = x + 2^{1/2}t$, $\bar{\psi}_t(x) = \bar{\psi}'_t(x) = \bar{\varphi}_t(x)$.

1.6.6 Arrowsmith, Place, 1982, §2.3.

1.7.1 $\varphi_1(x) = xe/[xe - x + 1]$.

1.7.2 Der Fixpunkt $\mathbf{x}^*$ muß in Σ liegen, jedoch gilt $\mathbf{X}(\mathbf{x}^*) = \mathbf{0}$.

1.7.3 Man zeige, daß gilt $\mathbf{P}_2(\boldsymbol{\varphi}_{\tau_0}(\mathbf{x})) = \boldsymbol{\varphi}_{\tau_0}(\mathbf{P}_1(\mathbf{x}))$, $\mathbf{x} \in S^1$.

1.7.4 Zylinder. Zwei Grenzzyklen: stabil $x = 0$; instabil $x = 1$.

1.7.5 (a) Möbiusband;
(b) Kleinsche Flasche.

1.8.2 $x(t) = C\exp(t - \cos t)$.

1.8.4 Ist $\mathbf{Q}(t)$ eine Fundamentalmatrix, so ist es auch $\mathbf{Q}(t + T)$ und es gilt $\mathbf{Q}(t) = \mathbf{Q}(t + T)\mathbf{Q}^{-1}(t_0 + T)\mathbf{Q}(t_0)$. Alle $\mathbf{P}_{\theta_0}$ sind konjugiert.

1.8.5 (a)
$$\boldsymbol{\varphi}(t, t_0) = \begin{pmatrix} \exp(\lambda_1\tau) & 0 \\ 0 & \exp(\lambda_2\tau) \end{pmatrix}, \ \tau = t - t_0,$$

(b)
$$\mathbf{x}(t) = \begin{pmatrix} 4 - \exp(-t) \\ 2\exp(t) - 1 \end{pmatrix}.$$

1.8.7 Man verwende Polarkoordinaten. Die Null-Lösung ist stabil.

1.8.8
$$\mathbf{x}(t) = \begin{pmatrix} \cos t & -\sin t \\ \sin t & \cos t \end{pmatrix} \mathbf{x}_0 + \begin{pmatrix} 0 \\ -\sin t \end{pmatrix}.$$

1.9.1 Man skizziere Niveau-Kurven von $H(x_1, x_2)$.

1.9.3 Der allgemeine Fall besitzt von null verschiedene Eigenwerte.

1.9.4 Die Hamiltonschen Gleichungen in ebenen Polarkoordinaten lauten $\dot{r} = r^{-1}\partial H/\partial\theta$, $\dot{\theta} = -r^{-1}\partial H/\partial r$. Man untersuche die Extrema von H als Funktion von r für verschiedene feste Werte von θ.

1.9.5 (i) $\frac{\partial(r,\theta)}{\partial(x,y)} = \frac{2}{r}$; (ii) $\frac{\partial(\tau,\theta)}{\partial(x,y)} = 1$.

1.9.6 $\mathbf{A} = \begin{pmatrix} 1 & a \\ 0 & 1 \end{pmatrix}$, $\mathbf{B} = \mathbf{C} = \mathbf{0}$, $\mathbf{D} = \begin{pmatrix} 1 & b \\ 0 & 1 \end{pmatrix}$, a und/oder $b \neq 0$.

1.9.7 Ist $\dot{x} = \frac{\partial H}{\partial y}$ und $\dot{y} = -\frac{\partial H}{\partial x}$, dann gilt $\frac{\partial \dot{x}}{\partial x} = -\frac{\partial \dot{y}}{\partial y}$.

1.9.8 Ψ ist symplektisch in $|I|$-ter Ordnung.

Kapitel 2

2.1.1 Wenn die Jordanform von $\mathbf{L}$ nicht diagonal ist, so untersuche man die Potenzen der Blöcke der Form $\lambda\mathbf{I} + \mathbf{N}$, $N_{ij} = \delta_{i,j-1}$. Man beachte $(\mathbf{N}^k)_{ij} = \delta_{i,j-k}$, $1 \leq k \leq n-1$, $\mathbf{N}^n = \mathbf{0}$.

2.1.2 (a) $\mu = \max\{|\lambda_1|, \ldots, |\lambda_l|\}$,
(b) Man wähle $N > 3$ so, daß $\mu = N^{l/N}|\lambda| < 1$ ist.

2.1.3 (i)

$$\mathbf{A} \mid E^u : u \mapsto \left(\frac{3+5^{1/2}}{2}\right) u, \text{ orientierungserhaltende Expansion,}$$

$$\mathbf{A} \mid E^s : v \mapsto \left(\frac{3-5^{1/2}}{2}\right) v, \text{ orientierungserhaltende Kontraktion.}$$

(ii)
$\mathbf{A} \mid E^u : u \mapsto (1 + 2^{1/2})u$, orientierungserhaltende Expansion,
$\mathbf{A} \mid E^s : v \mapsto (1 - 2^{1/2})v$, orientierungserhaltende Kontraktion.

2.1.4 Die reelle Jordanform von $\mathbf{A}$ lautet

$$\begin{pmatrix} -\frac{1}{2} & -\frac{1}{2} & 0 \\ \frac{1}{2} & -\frac{1}{2} & 0 \\ 0 & 0 & 2 \end{pmatrix}.$$

$\mathbf{A}|E^s$ ist eine rotierende Kontraktion.

2.1.6 $\dot{\mathbf{x}} = \mathbf{A}\mathbf{x}$ ist linear konjugiert zu $\dot{\mathbf{y}} = \mathbf{\Lambda}\mathbf{y}$, $\mathbf{\Lambda} = [\lambda_i \delta_{ij}]_{i,j=1}^3$. Man zeige, daß $\dot{y}_i = \lambda_i y_i$ topologisch konjugiert zu $\dot{z}_i = \operatorname{sign}(\lambda_i) z_i$, $i = 1, 2, 3$, ist und verwende Aufgabe 1.6.5.

2.1.7 Man verwende Theorem 2.2.

2.1.8 $\dim E^s + \dim E^u = n$ und Beschränkungen auf E^s und E^u können die Orientierung erhaltend oder umkehrend sein.

2.2.1 (a) $D\mathbf{f}(0,0) = \begin{pmatrix} 2 & 0 \\ 1 & -\frac{1}{2} \end{pmatrix}$, Satteltyp mit Reflektion,

(b) $D\mathbf{f}(0,0) = \begin{pmatrix} 0 & 1 \\ 2 & 0 \end{pmatrix}$, Expansion mit Reflektion.

2.2.2 $D\boldsymbol{\varphi}_1(\mathbf{0}) = \exp(D\mathbf{X}(\mathbf{0})) = \exp\begin{pmatrix} 0 & 1 \\ 1 & 0 \end{pmatrix}$ besitzt die Eigenwerte $\cosh(1) \pm \sinh(1)$. Man zeige, daß gilt $W_f^{s,u}(\mathbf{0}) = W_\varphi^{s,u}(\mathbf{0})$, wobei $\boldsymbol{\varphi}$ der Strom von $\dot{x} = y$, $\dot{y} = x - x^2$ ist. Man leite $W_\varphi^s(\mathbf{0}) \cap W_\varphi^u(\mathbf{0})$ aus einem ersten Integral her.

2.2.3 Ist $\mathbf{f}^k(\mathbf{x}) = \mathbf{y}$, dann sind $\mathbf{f}^q|U$ und $\mathbf{f}^q|V$ konjugiert mittels $\mathbf{f}^k$.

2.2.4 Ist $\mathbf{y} \in W^s(\mathbf{f}^i(\mathbf{x}^*))$, dann gilt $\lim_{n\to\infty} \mathbf{f}^{nq+k}(\mathbf{x}^*) = \mathbf{f}^{i+k}(\mathbf{x}^*)$, $k = 0, \ldots, q-1$. Nicht, so konstruiere man ein Gegenbeispiel:
(a) Für Periode-1 betrachte man $\boldsymbol{\varphi}_t$ in Abb. 1.16, es sei $\mathbf{f} = \boldsymbol{\varphi}_1$ und man beobachte $\mathbf{y} \in A \notin W_f^{u,s}(P_0)$, jedoch $P_0 \subset L_\omega(\mathbf{y})$.
(b) Für Periode-$q > 1$ konstruiere man eine periodische Bahn in gleicher Weise wie in Aufgabe 2.2.5.

2.2.5 Das Vektorfeld ist symmetrisch unter Rotation mit dem Uhrzeiger um $\pi/2$. Ein Fixpunkt $\mathbf{x}^*$ von $\boldsymbol{\varphi}_1$ mit einem durch $D\boldsymbol{\varphi}_1(\mathbf{x}^*) = \exp(D\mathbf{X}(\mathbf{x}^*))$ gegebenen topologischen Typ wird ein periodischer Punkt von $\mathbf{f} = \boldsymbol{\varphi}_1 \cdot \mathbf{R}_{-\pi/2}$.

2.2.6 Sei $\mathbf{x}_1 = \boldsymbol{\varphi}_{\tau_0}(\mathbf{x}_0)$ und man definiere $S_0' = \boldsymbol{\varphi}_{-\tau_0}(S_1)$. Man verwende Flow-Box-Koordinaten zum Beweis, daß $\mathbf{P}_0' : S_0' \to S_0'$ und $\mathbf{P}_0 : S_0 \to S_0$ C^1-konjugiert sind, damit folgt das Ergebnis aus Aufgabe 1.7.3.

2.2.7 Man führe zylindrische Polarkoordinaten ein und erkenne geschlossene Bahnen für $r = (x_1^2 + x_2^2)^{1/2} = 1$, $z = x_3 = 0$. Die auf der Ebene $\theta =$

konstant definierte Poincaré-Abbildung $\varphi_{2\pi}$ besitzt einen Fixpunkt bei $(r, z) = (1, 0)$. Hyperbolizität folgt aus $D\varphi_{2\pi}(1, 0) = \exp(D\mathbf{X}(1, 0))$ und dem Theorem von Hartman.

2.3.1 (i) Man löse quadratisch für y und entwickle die Quadratwurzel.
(ii) Man verwende (i), um y_1 zu bekommen und substituiere in die Entwicklung für $(1 + y_1)^{-1}$.

2.3.4 Sei $\mathbf{h}_2(\mathbf{y}) = \begin{pmatrix} a_1 y_1^2 + a_2 y_1 y_2 + a_3 y_2^2 \\ b_1 y_1^2 + b_2 y_1 y_2 + b_3 y_2^2 \end{pmatrix}$, man schreibe $L_{\mathbf{A}}\mathbf{h}_2(\mathbf{y})$ hin und zeige, daß a_i und b_i, $i = 1, 2, 3$, so gewählt werden können, daß $L_{\mathbf{A}}\mathbf{h}_2(\mathbf{y}) = \mathbf{X}_2(\mathbf{y})$ ist. Man bestimme $a_1 = a_2 = a_3 = b_1 = b_2 = 1$, $b_3 = 0$.

2.3.5 Man verwende die Resonanzbedingung, um zu zeigen, daß $\begin{pmatrix} x_2^3 \\ 0 \end{pmatrix}$ der *einzige* resonante Term ist.

2.3.6 Man verwende die Resonanzbedingung und $q\lambda_1 + p\lambda_2 = 0$.

2.3.7 Man verwende die Resonanzbedingung. Normalform für $\lambda_1 = m\lambda_2$, $m > 2$, gleich $\begin{pmatrix} \lambda_1 x_1 + c x_2^m \\ \lambda_2 x_2 \end{pmatrix}$.

2.3.8 Die Matrixdarstellung $L_{\mathbf{A}}$ ist dreieck-förmig mit dem wiederholten Eigenwert λ. Da $\lambda_1 = \lambda_2 = \lambda$, $\Lambda_{\mathbf{m},i} = \lambda$ für alle $\mathbf{m}$, i.

2.3.9 Man verwende die Basis

$$\left\{ \begin{pmatrix} 0 \\ x_1^r \end{pmatrix}, \ldots, \begin{pmatrix} 0 \\ x_1^m x_2^{r-m} \end{pmatrix}, \ldots, \begin{pmatrix} 0 \\ x_2^r \end{pmatrix}, \begin{pmatrix} x_1^r \\ 0 \end{pmatrix}, \ldots, \right.$$
$$\left. \ldots, \begin{pmatrix} x_1^m x_2^{r-m} \\ 0 \end{pmatrix}, \ldots, \begin{pmatrix} x_2^r \\ 0 \end{pmatrix} \right\}$$

für H^r.

2.4.1 (i) $ad - bc \neq 0$; (ii) $ad - bc = 0$, $a + d \neq 0$; (iii) $ad - bc = a + d = 0$, $a^2 + b^2 + c^2 + d^2 \neq 0$. $\operatorname{cod}(S_1) = 0$; $\operatorname{cod}(S_2) = 1$; $\operatorname{cod}(S_3) = 2$. Die (2.4.1) und (2.4.3) erfüllenden linearen Vektorfelder besitzen die Kodimension 1 bzw. 2.

2.4.3 (i) $A = \frac{1}{2}(b + f)$, $B = c$, $C = 0$, $D = e/2$, $E = f$, $F = 0$, $\alpha = a + \frac{e}{2}$, $\beta = d$.

(ii) $A = \frac{1}{2}(b + f)$, $B = c$, $C = 0$, $D = -a$, $E = f$, $F = 0$, $\gamma = d$, $\delta = e + 2a$.

2.4.4 $c = b$, $d = 2a$.

2.4.5 Man betrachte die Typen von Jordan-Blöcken, welche nicht-hyperbolischen linearen Systemen entsprechen. Man zeige, daß jeder Typ von Blöcken eine Resonanzbedingung für alle $r \geq 2$ erfüllt.

2.5.2 Man beachte, daß aus $c > 0$ folgt $f(x) > (<) - x$ für alle x genügend klein und positiv (negativ).

2.5.3 Man verwende (2.5.9) für die komplexe Form mit $n = 2$. Man beachte, daß $f_{m,1} = 0$ für $m_2 = 0$ impliziert, daß keine $\bar{z}$-abhängigen Terme auftreten. Man verwende alternativ (2.5.9) mit $n = 1$ und einer einzigen (komplexen) Variable z (siehe Aufgabe 2.5.2). Man beachte $\lambda^{q+1} = \lambda$.

2.5.4 $a = \exp(3i\alpha)/[1 - \exp(4i\alpha)]$. Man beachte $\exp(4i\alpha) \neq 1$ für $\alpha \neq 2\pi p/q$, $q = 1, 2, 3, 4$.

2.6.1 $\mathbf{M} = \begin{pmatrix} 0 & -1 \\ 1 & 0 \end{pmatrix}$ besitzt die Eigenwerte $\pm i$, jedoch gilt $\begin{pmatrix} 0 & -1 \\ 1 & 0 \end{pmatrix} = \exp\begin{pmatrix} 0 & -\pi/2 \\ \pi/2 & 0 \end{pmatrix}$.

2.6.2 Man beachte:
(i) ist $\mathbf{AB} = \mathbf{BA}$, dann gilt $\exp(\mathbf{A} + \mathbf{B}) = \exp(\mathbf{A}) \exp(\mathbf{B})$,
(ii) $\mathbf{N}^n = \mathbf{0}$.

2.6.3 Sei $\mathbf{S}^{-1}\mathbf{MS} = \mathbf{J}$. Man bestimme $\ln \mathbf{J}$ aus Aufgabe 2.6.1 und 2.6.2. $\exp(\ln \mathbf{J}) = \mathbf{J}$ impliziert $\mathbf{L} = \mathbf{S} \ln \mathbf{J}\mathbf{S}^{-1}$.

Es gilt alternativ dazu für die Zustands-Übergangsmatrix (selbst eine spezielle Fundamental-Matrix) $\boldsymbol{\varphi}(t, 0) = \mathbf{U}(t) \exp(\mathbf{C}t)$. Man wechsle die Variablen $\mathbf{x} = \mathbf{U}(t)\mathbf{y}$ und zeige $\dot{\mathbf{y}} = \mathbf{C}\mathbf{y}$. Dann folgt Theorem 2.9 mit $\boldsymbol{\Lambda} = \mathbf{C}$ und $\mathbf{B}(t) = \mathbf{U}(t)$.

Aus Theorem 2.9 folgt, $\dot{\mathbf{x}} = \mathbf{A}(t)\mathbf{x})$ besitzt die Lösungen $\mathbf{x}(t) = \mathbf{B}(t) \exp(\boldsymbol{\Lambda}t)\mathbf{y}_0 = \boldsymbol{\varphi}(t, 0)\mathbf{x}_0 = \mathbf{Q}(t)\mathbf{Q}^{-1}(0)\mathbf{x}_0$ für jede Fundamental-Matrix $\mathbf{Q}(t)$. Sei $\mathbf{y}_0 = \mathbf{Q}^{-1}(0)\mathbf{x}_0$. Man beantworte nun die in der Aufgabe gestellte Frage und $\mathbf{y}_0 = \mathbf{x}_0$ für $\mathbf{B}(t) = \boldsymbol{\varphi}(t, 0) \exp(-\boldsymbol{\Lambda}t)$.

2.6.4 Ist $\mathbf{J}_{\mathscr{C}}$ ein Jordan-Block, dem ein komplexer Eigenwert λ^2 von $\mathbf{M}$ entspricht, dann transformiert die komplexe lineare Transformation, die $\mathbf{J}_{\mathscr{C}}$ auf die reelle Jordanform $\mathbf{J}_{\mathscr{R}}$ reduziert, $\ln \mathbf{J}_{\mathscr{C}}$ in eine reelle Matrix, das heißt $\mathbf{J}_{\mathcal{R}}$ besitzt einen reellen Logarithmus.

Ist $\mathbf{P} = \boldsymbol{\varphi}(2\pi, 0)$, dann gilt $\mathbf{P}^2 = \boldsymbol{\varphi}(4\pi, 0) = \exp(4\pi\mathbf{\Lambda})$ für reelles $\mathbf{\Lambda}$ nach dem ersten Teil der Frage. Man zeige, daß $\mathbf{B}(t) = \boldsymbol{\varphi}(t, 0)\exp(-\mathbf{\Lambda}t)$ 4π-periodisch in der Zeit ist.

2.6.5 $\mathbf{Q}(t) = (\mathbf{x}_+ \vdots \mathbf{x}_-)$, $\boldsymbol{\varphi}(t, 0) = \mathbf{Q}(t)\mathbf{Q}(0)^{-1}$,

$$\boldsymbol{\varphi}(2\pi, 0) = \begin{pmatrix} \cosh 2\pi & \sinh 2\pi \\ \sinh 2\pi & \cosh 2\pi \end{pmatrix} = \exp\left\{2\pi \begin{pmatrix} 0 & 1 \\ 1 & 0 \end{pmatrix}\right\}.$$

2.6.8 (a) $z|z|^2$, $z|z|^4$;
(b) $z|z|^2$, $z|z|^4$, $\bar{z}^4 \exp(2it)$.

2.6.9 Für $\lambda_i = 0$, $i = 1, 2$ impliziert (2.6.14) Resonanz nur für $\nu = 0$, das heißt alle Zeit-abhängigen Terme können entfernt werden. Sei $x = y + \frac{y^2}{4}\sin(2t)$, man bestimme $a = \frac{1}{2}$, $b = -c$.

2.7.1 $\mathbf{A}|E^c$ ist durch (a) $\begin{pmatrix} 0 & -\beta \\ \beta & 0 \end{pmatrix}$; (b) $\begin{pmatrix} 0 & 1 \\ 0 & 0 \end{pmatrix}$; (c) $\begin{pmatrix} 0 & 0 \\ 0 & 0 \end{pmatrix}$ gegeben. (b) ergibt ungebundene Bewegung.

2.7.2 Man zerlege $\mathcal{R}^n$ in die direkte Summe $E^s \oplus E^c \oplus E^u$ und betrachte die Beschränkungen von $\exp(\mathbf{A}t)$ auf E^s und E^u.

2.7.3 C^∞, instabil.

2.7.4 Nein, der Ursprung ist ein hyperbolischer Knoten. Maximale Differenzierbarkeit durch $[b/a]$ gegeben.

2.7.5 $a_{2j} \equiv 0$, $a_{3j} \equiv 0$, $a_{4j} = -4^j$, $a_{5j} \equiv 0$, $a_{6j} = 2(6^{j+1})(1 - (\frac{2}{3})^{j+1})$; $\sum_{j=0}^{\infty} a_{ij}\mu^j$ konvergiert für $i = 4$, wenn $\mu < \frac{1}{4}$ ist und für $i = 6$, wenn gilt $\mu < \frac{1}{6}$.

2.7.6 Für $C \neq 0$ ist die Mittelpunkt-Mannigfaltigkeit nicht-analytisch.

2.7.7 Die Mittelpunkt-Mannigfaltigkeit sei durch $y = \sum_{i=0}^{\infty} a_i x^i$ gegeben, man zeige $a_0 = a_1 = 0$; $a_{2k} = (k-1)!$, $a_{2k+1} = 0$, $k \geq 1$. Dann besitzt y den Konvergenzradius null.

2.7.8 Die Mittelpunkt-Mannigfaltigkeit sei von der Form $y = a_0 + a_1 x + a_2 x^2 + O(x^3)$. Man zeige $a_0 = a_1 = 0$, $a_2 = 1$. Man betrachte die Beschränkung des Systems auf E^c.

2.7.9 Die Mittelpunkt-Mannigfaltigkeit sei von der Form $x = c_0 + c_1 y + c_2 y^2 + O(y^3)$. Man zeige $c_0 = c_1 = 0$, $c_2 = -a$.

2.7.10 $r = 1$, linearisieren; $r > 1$, sei E^c von der Form $y = a_2 x^2 + O(x^3)$.

2.7.11 $\mathbf{M} = \begin{pmatrix} 1 & 1 \\ 0 & -1 \end{pmatrix}$, $y = -\alpha x^2 + O(x^3)$.

2.8.1 Polare blowing-up-Technik ergibt: (i) Sättel bei $\theta = 0, \pi$, $\dot{r} > (<) 0$ für $r > 0$ und $\theta = 0(\pi)$; (ii) $\theta = 0$ instabiler Knoten, $\theta = \pi$ stabiler Knoten.

2.8.2 Singularitäten auf dem $r = 0$-Kreis sind: (a) $\theta = 0$ instabiler Knoten, $\theta = \pi/4$ Sattel, $\theta = \pi/2$ instabiler Knoten, $\theta = \pi$ stabiler Knoten, $\theta = 5\pi/4$ Sattel, $\theta = 3\pi/2$ stabiler Knoten; (b) $\theta = 0$ instabiler Knoten, $\theta = \pi/4, \pi/2$ Sättel, $\theta = \pi$ stabiler Knoten, $\theta = 5\pi/4, 3\pi/2$ Sättel.

2.8.3 Wiederholtes blowing-up entlang der positiven y-Achse ergibt weitere Sattel-Knoten-Singularitäten.

2.8.4 Division durch $|u|^k$ und $|v|^k$ sind notwendig zur Vermeidung von Orientierungsumkehrungen.

2.8.5 positives x-blow-up, instabiler Knoten; negatives x-blow-up, stabiler Knoten. (Vergleiche Aufgabe 2.8.1 mit $a = -1$, $b = 2$.)

2.8.6 (a) Man führe polares plow-up durch, untersuche die resultierenden Singularitäten bei $\theta = \pi/2$, $3\pi/2$ mit weiteren blow-ups. Man erhält einen nicht-hyperbolischen Sattel.

(b) Polares blow-up ergibt sechs hyperbolische Singularitäten. Man erhält einen „Affen"-Sattel.

Man beachte, daß die Entfaltungen der in dieser Frage betrachteten Vektorfelder in Abschnitt 5.6 (siehe (5.6.2)($q = 2$) und (5.6.15, 5.6.16)($q = 3$)) erscheinen. Der Leser kann sich davon überzeugen, daß die grundlegende Singularität bei $q = 5$ (siehe (5.6.38) und (5.6.39)) ein Brennpunkt ist, während $q = 4$ (siehe (5.6.23, 5.6.24)) eine ganze Vielfalt von Singularitätstypen gestattet.

Kapitel 3

3.1.1 Man erinnere sich:

(i) der spektrale Radius $\rho(\mathbf{A})$ von $\mathbf{A}$ ist das Maximum der Absolutbeträge der Eigenwerte von $\mathbf{A}$;

(ii) die spektrale Norm $\sigma(\mathbf{A})$ von $\mathbf{A}$ ist die positive Quadratwurzel des größten Eigenwertes von $\mathbf{A}^T\mathbf{A}$;

(iii) $\rho(\mathbf{A}) \leq \sigma(\mathbf{A})$; (iv) $\sigma(\mathbf{A}) \leq ||\mathbf{A}||$, wenn gilt $||\mathbf{A}|| = \sum_{ij} |a_{ij}|$.

(a) Sei $\mathbf{M}^{-1}\mathbf{A}\mathbf{M} = \mathbf{D}$, $\mathbf{D} = [\lambda_i \delta_{ij}]$. Man betrachte $\det(\mathbf{M}^{-1}\mathbf{B}\mathbf{M} - \mu\mathbf{I})$ mit μ als Eigenwert von $\mathbf{B}$ ungleich λ_i, $i = 1, \ldots n$, und zeige, daß gilt $\sigma(\mathbf{D}_\mu^{-1}\mathbf{C}_1) \geq 1$ mit $\mathbf{D}_\mu = \mathbf{D} - \mu\mathbf{I}$ und $\mathbf{C}_1 = \mathbf{M}^{-1}\mathbf{C}\mathbf{M}$. Man beachte, daß $\max_i[|\lambda_i - \mu|^{-1}] \geq c^{-1}$ impliziert $\min_i[|\lambda - \mu|] \leq c$.

(b) Sei $\mathbf{M}^{-1}\mathbf{A}\mathbf{M} = \mathbf{D} + \mathbf{T}$, $\mathbf{T} = [t_{ij}]$, $t_{ij} = \begin{cases} 0, & j \neq i+1 \\ 1 \text{ oder } 0, & j = i+1 \end{cases}$.
Man verfahre wie in Aufgabe 3.1.1(a) und beachte $(\mathbf{I} + \mathbf{D}_\mu^{-1}\mathbf{T})^{-1} = \mathbf{I} + \sum_{k=1}^{n-1}(-1)^k \mathbf{D}_\mu^{-k}\mathbf{T}^k$, $\sigma(\mathbf{T}) = 1$, $\sum_{k=1}^{n} x^k < nx^n$ für $x > 1$.

(c) Man leite ähnliche Ergebnisse für $S_{\mathbf{B}}(\mathbf{A})$ her.

3.1.2 Hyperbolisch impliziert strukturell stabil: man verwende Aufgabe 3.1.1. Strukturell stabil impliziert hyperbolisch: Man betrachte einen Jordanblock $\mathbf{J}$, der zu einem Eigenwert λ mit dem Absolutbetrag eins gehört; dieser erfüllt $|\mathbf{J}^k\mathbf{x}| = |\mathbf{x}|$ für alle $k \in \mathcal{Z}^+$, wenn $\mathbf{x}$ im Eigenraum von λ liegt. Man kann den Block $(1 - \delta)\mathbf{J}$, $\delta > 0$, $\mathbf{J}$ genügend annähern, jedoch gilt $|\mathbf{J}^k\mathbf{x}| \to 0$ für $k \to \infty$ für alle $\mathbf{x}$. Dichte: man beachte, wenn $\mathbf{A}$ nicht-hyperbolisch ist mit den Eigenwerten λ_i, dann besitzt $\mathbf{A} + \delta\mathbf{I}$ die Eigenwerte $\lambda_i + \delta$.

3.1.3 $\mathbf{A}$ strukturell stabil in S: seien $\mathbf{A}, \mathbf{B} \in S$ ε-nahe und man wende Theorem 2.3 im Unterraum an, auf dem die Beschränkungen von $\mathbf{A}$ und $\mathbf{B}$ nicht die Identität sind. Man konstruiere dann eine Konjugation für $\mathbf{A}$ und $\mathbf{B}$. $\mathbf{A}$ ist nicht strukturell stabil in $L(\mathcal{R}^2)$: man betrachte: $\mathbf{A} = \begin{pmatrix} 1+\varepsilon & 0 \\ 0 & \lambda \end{pmatrix}$.

3.1.4 Man zeige, daß $\mathbf{A} \in O(\mathcal{R}^2)$ eine Rotation ist, so daß jeder um $\mathbf{x} = \mathbf{0}$ zentrierte Kreis invariant unter $\mathbf{A}$ ist. Man beachte: $\mathbf{B} = (1 - \varepsilon)\mathbf{A}$, $\varepsilon > 0$ besitzt keine invarianten Kreise. Man beweise, daß Konjugation die invarianten Kreise erhält.

3.2.1 (a) Man verwende das Theorem über implizite Funktionen und Aufgabe 3.1.1.

(b) Man verwende Aufgabe 3.1.1.
(c) $D\tilde{\mathbf{X}}(\mathbf{0}) = D\mathbf{X}(\mathbf{0})$.

3.2.2 (a) $|\eta| < \varepsilon/4$; (b) $|\eta| < \varepsilon/32$; (c) $|\eta| < \varepsilon/13$. Man verwende $D\varphi_{2\pi}(r_0) = \exp(2\pi DX_r(r_0))$ (siehe Aufgabe 2.2.2), mit $X_r = \dot{r}$, $X_r(r_0) = 0$.

3.2.3 (a) $|\delta| < \varepsilon/(2+R)$; (b) $|\delta| < \varepsilon/(R^2+2R)$. Der Fixpunkt $\mathbf{x}^*$ ist nicht hyperbolisch.

3.3.1 Theorem 3.1 ist:
(a) anwendbar, nicht-hyperbolische geschlossene Bahn;
(b) anwendbar, nicht-hyperbolischer Fixpunkt bei $(x, y) = (1, 0)$;
(c) nicht anwendbar, man verwende die Störung $(\delta B(y), 0)$, $\delta \in \mathcal{R}$.

3.3.2 (a) Theorem 3.3(i) versagt;
(b) Theorem 3.3(iii) versagt.

$$\left.\begin{array}{l}\dot{x} = \sin(2\pi x),\ \dot{y} = \delta\sin(2\pi x)\\ \dot{x} = 1,\ \dot{y} = 2 + \delta\sin[2\pi(y-2x)]\end{array}\right\}\text{ ist } \varepsilon - C^1\text{-nahe bei}$$

$$\left\{\begin{array}{l}\text{(a) für } |\delta| < \varepsilon/(1+2\pi)\\ \text{(b) für } |\delta| < \varepsilon/(1+6\pi)\end{array}\right.$$

3.3.3 Man wende Theorem 3.1 auf S_n an. Die durch $\dot{r} = \varepsilon + [r\cos(2\pi r)/(1+r^2)]$, $\dot{\theta} = 1$ gegebene $\varepsilon - C^1$-Störung besitzt für $|r| > 1/\varepsilon$ keine Grenzzyklen.

3.4.1 Man verwende passende Liftungen zur Untersuchung der Fixpunkte und periodischen Punkte von f.
(a) unendliche Anzahl von periodischen Punkten impliziert eine unendliche nicht-wandernde Menge,
(b) keine Fixpunkte, jedoch ist jede Bahn dicht, deshalb enthält die nicht-wandernde Menge keine Fixpunkte und periodischen Punkte,
(c) Vier Fixpunkte auf S^1, keiner jedoch ist hyperbolisch,
(d) nicht-hyperbolische Periode-2-Punkte.

3.4.2 Man erinnere sich, $\boldsymbol{\pi} : \mathcal{R}^2 \to T^2$ ist ein lokaler Diffeomorphismus. Man differenziere $\boldsymbol{\pi}(\bar{\mathbf{f}}^q(\mathbf{x})) = \mathbf{f}^q(\boldsymbol{\pi}(\mathbf{x}))$ nach $\mathbf{x}$ und zeige, daß $T\mathbf{f}^q(\boldsymbol{\pi}(\mathbf{x}))$ (siehe §3.6) und $D\bar{\mathbf{f}}^q(\mathbf{x})$ konjugiert sind. $D\bar{\mathbf{f}}^q(\mathbf{x}) = \mathbf{A}^q$ für alle $\mathbf{x}$ und $\mathbf{A}$ ist hyperbolisch. $W^{s,u}\mathbf{f}^i(\pi(\mathbf{x}^*)) = \pi(\mathbf{A}^i\mathbf{x}^* + E^{s,u})$, wobei $E^s(E^u)$ stabile (instabile) Eigenräume von $\mathbf{A}$ sind: $W^{s,u} = \bigcup_{i=0}^{q-1} W^{s,u}(\mathbf{f}^i(\boldsymbol{\pi}(\mathbf{x}^*)))$.

3.4.3 Man beachte, daß $\boldsymbol{\pi}(\mathbf{x}^*)$ mit $\mathbf{x}^* = (\mathbf{A}^q - \mathbf{I})^{-1}\mathbf{p}$, $\mathbf{p} \in \mathscr{Z}^2$ ein periodischer Punkt von $\mathbf{f}$ mit der Periode von höchstens q ist. Man verifiziere, daß für $\mathbf{A}$, gegeben durch (3.4.13), $|\det(\mathbf{A}^q - \mathbf{I}|$, $q \geq 2$ eine ganze Zahl größer eins ist, dann zeige man, daß $(\mathbf{A}^q - \mathbf{I})^{-1}$ mindestens ein Element besitzt, welches zu $Q^2 \backslash \mathscr{Z}^2$ gehört. Ist q Primzahl, dann besitzt $\mathbf{f}$ einen Periode-q-Punkt.

3.4.4 Differenzierbare Konjugation von $\mathbf{f}, \mathbf{g}$ mittels $\mathbf{h}$ impliziert $(\bar{\mathbf{h}}(\bar{\mathbf{f}}(\mathbf{x}))) = (\bar{\mathbf{g}}(\bar{\mathbf{h}}(\mathbf{x}))) + \mathbf{k}$ mit $\mathbf{k} \in \mathscr{Z}^n$, der Querstrich bedeutet die Liftung der Größe. Man differenziere nach $\mathbf{x}$ und setze $\mathbf{x} = \mathbf{0}$. Bedingungen auf $\mathbf{C}$ bedeuten, es ist eine Liftung eines Diffeomorphismus $\mathbf{h}$ auf T^n. $\mathbf{CAx} = \mathbf{BCx}$ impliziert $\bar{\mathbf{h}}(\bar{\mathbf{f}}(\mathbf{x})) = \bar{\mathbf{g}}(\bar{\mathbf{h}}(\mathbf{x}))$; man verwende die Projektion $\boldsymbol{\pi}$ und zeige $\mathbf{h}(\mathbf{f}(\boldsymbol{\theta})) = \mathbf{g}(\mathbf{h}(\boldsymbol{\theta}))$ mit $\boldsymbol{\theta} = \boldsymbol{\pi}(\mathbf{x})$.

3.4.5 $y = ((1 + 13^{1/2})/6)x$. Irrationaler Anstieg impliziert, daß stabile und instabile Mannigfaltigkeiten des Fixpunktes bei $\mathbf{x} = \mathbf{0}$ sich dicht um den Torus winden, ohne sich zu schließen. Der homokline Punkt ist durch den Schnitt von $y = (1 + 13^{1/2})x/6$ und $y = (1 - 13^{1/2})(x-1)/6$ gegeben. Beschränkung von $\mathbf{A}$ auf seine stabile Mannigfaltigkeit ist die Orientierung umkehrend, während es für (3.4.13) die Orientierung erhaltend ist.

3.5.1 $\mathbf{f}|P_0 : (x, y) \mapsto (-5x - 2, -y/5 + 2/5)$,
$\mathbf{f}|P_1 : (x, y) \mapsto (5x - 2, y/5 - 2/5)$.

3.5.3 (a) Man beachte $\mathbf{g}|Q = \mathbf{f}$; man verwende (3.5.3) und (3.5.1).
(b) Die explizite Form von $\mathbf{f}$, gegeben in Aufgabe 3.5.1, zeigt, daß die x-Komponente von $\mathbf{f}(x, y)$, $(x, y) \in P_0 \cup P_1$ unabhängig von y ist. Sei $\mathbf{x} \in \bigcap_{n \in \mathcal{N}} Q^{(-n)}$ und $\mathbf{x}' \in \Lambda$ besitze die gleiche x-Koordinate. Man zeige $|\mathbf{f}^n(\mathbf{x}) - \mathbf{f}^n(\mathbf{x}')| \to 0$ für $n \to \infty$. Man eliminiere $\mathbf{x} \in Q \backslash \bigcap_{n \in \mathcal{N}} Q^{(-n)}$. Man verwende für $\mathbf{x} \in \bigcap_{n \in \mathcal{N}} Q^{(n)}$ $\mathbf{f}^{-1}$ anstatt $\mathbf{f}$.

3.5.4 $N(d) = [\ln(2/d)/\ln 5]$.

3.5.5 Vergleiche die Sätze 3.8–3.10.

3.5.6 (b) Man betrachte $h : \Sigma \to \Sigma$, definiert durch $h(\sigma)_n = \sigma_{-(n-1)}$.

3.5.7 Ist $\alpha^q(\sigma) = \sigma$, dann ist σ periodisch mit der Periode q' mit $q'|q$. 335 Periode-12-Bahnen.

3.5.9 Λ wiederholt sich in sich selbst auf allen Skalen.

3.5.10 Fixpunkte: $(-1/3, 1/3)$, $(1/2, -1/2)$.
Periode-2-Punkte: $(4/13, 6/13)$, $(-6/13, -4/13)$.

3.5.11 (a) Man verifiziere für $\bigcap_{n=0}^{1} \mathbf{g}^n(P_{\sigma_n})$ und verwende Induktion. Aufgabe 3.5.9 ergibt:
(i) Quadrat der Seitenlänge $2/5$,
Zentrum $(x, y) = (2/5, -2/5)$;
(ii) Quadrat der Seitenlänge $2/5^2$,
Zentrum $(x, y) = (-8/25, -12/25)$;
(iii) Quadrat der Seitenlänge $2/5^3$,
Zentrum $(x, y) = (38/125, 38/125)$.
(b) $\sigma = \{\ldots \nu_{-(N-1)}, \ldots, \nu_N, \eta_{-(N-1)}, \ldots, \eta_0 \cdot \eta_1, \ldots, \eta_N, \ldots\}$.
(c) Der zentrale Block von $2N$-Symbolen muß für k Shifts des binären Punktes nach links erhalten bleiben, das heißt

$$\sigma = \{\ldots \underbrace{i, \ldots, i}_{k}, \underbrace{i, \ldots, i}_{N} \cdot \underbrace{i, \ldots, i}_{N}, \ldots\}, i = \{0, 1\}.$$

Die maximale Anzahl von Blöcken, die in k-Iterationen erreicht werden können, ist 2^k.
(d) „Chaotische" Bewegung.

3.5.12 Ist $(x, y) \in \Lambda$ durch $\mathbf{h}(\sigma)$ gegeben, so ist x durch den Teil von σ bestimmt, der links vom binären Punkt liegt. Bezeichne Λ_1 die invariante Cantor-Menge von f_1. Man zeige, daß $|f_1(x) - f_1(x')| = 5|x - x'|$ gilt für jedes $x \in \Lambda_1$, $x' \notin \Lambda_1$, das heißt f_1 ist lokal abstoßend an jedem Punkt von Λ_1.

3.5.13 Man zeige, daß σ_1 und σ_2 beide den Punkt $(\frac{1}{2}, 0)$ darstellen. Die Abbildung $\mathbf{h}$ ist nicht injektiv an Punkten, die der dyadischen Teilung $(m_1/2^{n_1}, m_2/2^{n_2})$, $m_i, n_i \in \mathscr{Z}^+$, $i = 1, 2$ entsprechen (siehe Arnold, Avez, 1968, S.125). Werden diese Punkte vernachlässigt, so kann die symbolische Dynamik dazu verwandt werden zu zeigen, daß die periodischen Bahnen in T^2 dicht sind.

3.6.1 $\dot{\gamma}(0) = (1, 1)^T$; $(\mathbf{g} \cdot \gamma)(0) = (2, 0)^T$.

3.6.2 Überlappende Abbildung $h_{12}(x_1) = 4/x_1$. (b) Für $v \in TU_{2x_2}(= \mathscr{R})$ ist $||v||_{x_2} = 4|v|/x_2^2$ auf $U_2 \backslash P_2$, wobei $|\cdot|$ die euklidische Norm bezeichnet.

3.6.3 Seien $(U_i, \mathbf{h}_i)$, $i = 1, 2$, überlappende Karten und sei $\mathbf{h}_{12} = \mathbf{h}_2\mathbf{h}_1^{-1} : U_1 \to U_2$ aus C^1. Man zeige, daß $D(\mathbf{h}_1\mathbf{f}\mathbf{h}_1^{-1})(\mathbf{h}_1(\mathbf{x}))$ und $D(\mathbf{h}_2\mathbf{f}\mathbf{h}_2^{-1})(\mathbf{h}_2(\mathbf{x}))$ gleich sind. Ist $\mathbf{f}(\mathbf{x}^*) = \mathbf{x}^*$, so können die Eigenwerte der Tangenten-Abbildung $T\mathbf{f}_{x^*}$ eindeutig durch die ihrer lokalen

Darstellungen definiert werden. Dies bedeutet, daß ein Fixpunkt auf M hyperbolisch ist, wenn alle sein lokalen Repräsentationen hyperbolisch im Sinne der Definition 2.3 sind.

3.6.4 Man kartographiere T^2 mit $\boldsymbol{\pi}$ und definiere $||T\mathbf{f}_\theta^n(\mathbf{v}_\theta)|| = |D\bar{\mathbf{f}}^n(\mathbf{x})\mathbf{v}_x|$, $\mathbf{v}_\theta \in TT_\theta^2$ und $\mathbf{v}_x = T\boldsymbol{\pi}_x^{-1}\mathbf{v}_\theta$. $\mathbf{A}$ besitzt die Eigenwerte $\lambda_1 = (3 + 5^{1/2})/2$, $\lambda_2 = (3 - 5^{1/2})/2$. Man wähle $\mu = |\lambda_1|^{-1} = |\lambda_2|$, $C = 2$, $c = \frac{1}{2}$.

3.6.6 (a) $\mathbf{f}_1$ ist ein Anosov-Automorphismus; Theorem 6.5 kann angewandt werden, T ist zusammenhängend, dies impliziert, daß nur eine Grundmenge $\Omega_1 = T^2$ existiert.

(b) $\mathbf{f}_2$ besitzt keine periodischen Punkte, aber $\Omega = T^2$ (man beachte $\mathbf{f}_n^{2n}(x, y) = (x, y + 2n(3^{1/2}))\text{mod}\, 1$, $n \in \mathfrak{Z}$); Theorem 3.7 ist nicht erfüllt.

(c) Vier hyperbolische Fixpunkte $P_1, \ldots, P_4$; Theorem 3.7 wird erfüllt; $\Omega = \{P_1, P_2, P_3, P_4\}$.

3.7.2 Man erinnere sich: eine Cantor-Menge ist eine perfekte, nicht-abzählbare Menge mit leerem offenem Kern, so daß jeder Punkt ein Häufungspunkt ist.

3.7.5 $k = 4\sin^2(\alpha/2)$.

3.7.6 Man bemerke, $(\mathbf{f} \cdot \boldsymbol{\Gamma})(0)$ zeigt in das Bild von γ unter $\mathbf{f}$ mit $\mathbf{Au} \wedge \mathbf{Av} = \det(\mathbf{A})(\mathbf{u} \wedge \mathbf{v})$.

3.7.7 $\mathbf{x}^* = \mathbf{h}(\sigma^*)$, $\sigma^* = (\ldots \vdots \sigma^{(q)} \vdots \cdot \sigma^{(q)} \vdots \sigma^{(q)} \vdots \ldots)$. Sei $\mathbf{x}^\dagger = \mathbf{h}(\sigma^\dagger)$ mit

$$\sigma^\dagger = (\ldots \vdots \sigma^{(q)} \vdots \sigma^{(q)} \vdots \sigma_1 \cdot \underbrace{0, \ldots, 0}_{k} \vdots \sigma^{(q)} \vdots \ldots),$$

wobei $\sigma^{(q)} = \sigma_1\sigma_2$ ist und σ_1 ist ein Subblock von $\sigma^{(q)}$, welcher $q - k$ Symbole enthält. Man zeige $\alpha^{nq}(\sigma^\dagger) \to \sigma^*$ und $\alpha^{-nq}(\sigma^\dagger) \to \alpha^k(\sigma^*)$ für $n \to \infty$. Nein.

3.8.1 $\mathbf{Au} \wedge \mathbf{v} + \mathbf{u} \wedge \mathbf{Av} = (\operatorname{Tr} \mathbf{A})\mathbf{u} \wedge \mathbf{v}$.

3.8.3 $M(\theta_0) = 2^{1/2}\pi\omega \sin(\omega\theta_0)\operatorname{sech}(\pi\omega/2)$.

3.8.5 (E3.4) ist ein autonomes System.

3.8.6 Transversale homokline Punkte für $b/a < \frac{1}{4}\pi\omega\operatorname{sech}(\pi\omega/2)$.

Kapitel 4

4.1.1 (a) Terme der Ordnung $r \geq 3$ werden nicht entfernt wie in (4.1.17).
(b) Lineare Terme werden nicht entfernt, wenn $\mu_1 \neq 0$ ist. Das transformierte System ist keine Entfaltung von $\dot{y} = -y^2$.

4.1.2 (a) Man nehme $X(\boldsymbol{\mu}, x)$ nicht-versal und $Y(\boldsymbol{\nu}, x)$ versal. Man zeige $X \sim Y$ aber $Y \not\sim X$. Zum Beispiel $X(\boldsymbol{\mu}, x) = x^2$, $Y(\nu, y) = \nu + y^2$.

(b) (i) $X \sim Y : h(\mu_0, \mu_1, x) = x - \mu_1/2$, $\varphi(\mu_0, \mu_1) = \mu_0 - \mu_1^2/4$;
$Y \sim X : h(\nu_0, x) = y$, $\boldsymbol{\varphi}(\nu_0) = (\nu_0, 0)$.
(ii) Sei $x = x^*(\mu_0, \mu_1)$ ein Fixpunkt von $\dot{x} = X(\mu_0, \mu_1, x)$. Dann ist
$X \sim Y : h(\mu_0, \mu_1, x) = x - x^*(\mu_0, \mu_1)$,
$\boldsymbol{\varphi}(\mu_0, \mu_1) = (\mu_1 - 3x^*(\mu_0, \mu_1)^2, -3x^*(\mu_0, \mu_1))$;
$Y \sim X : h(\nu_0, \nu_1, y) = y - \frac{\nu_1}{3}$, $\boldsymbol{\varphi}(\nu_0, \nu_1)$
$= \left(\frac{2\nu_1^3}{27} + \nu_0\nu_1, \nu_0 + \nu_1 - \frac{\nu_1^2}{3}\right)$.

4.1.3 Sei $x = ay$, dann ist $\dot{y} = Y(\boldsymbol{\eta}, y)$, $Y(\mathbf{0}, y) = ay^2$ wird $\dot{x} = X(\boldsymbol{\eta}, x) = aY(\boldsymbol{\eta}, a^{-1}x)$, so daß gilt $X(\mathbf{0}, x) = x^2$. Für $a < 0$ ist $x = ay$ ein ordnungserhaltender Homomorphismus von $\mathcal{R}$. Man verwende die Versalität von $\dot{x} = \nu + x^2$ und transformiere zurück.

4.1.5 (a) $q(\mu, x) = \frac{x^2 + \mu^2 x + \mu}{\mu x^3 + x^2 + \mu^2 x + \mu}$ ist nicht stetig bei $(\mu, x) = (0, 0)$ für jede Wahl von $q(0, 0)$.
(b) Koeffizientenvergleich liefert $b_0(\mu) \equiv 1$ oder $b_0(\mu) = -\mu^2$. Für letzteres ist $s_1(\mu)$ nicht definiert bei $\mu = 0$ und daher sicherlich nicht glatt auf einer Umgebung von $\mu = 0$. Daher ist $b_0(\mu) \equiv 1$, $q(\mu, x) = (1 + \mu x)^{-1}$, $s_1(\mu) \equiv 0$, $s_0(\mu) = \mu$.
(c) Sei $\hat{q}(\mu, x) = \frac{q(\mu, x)}{(1 + \mu x)}$, $\hat{s}_0(\mu) = s_0(\mu)$, wobei $q(\mu, x)$ und $s_0(\mu)$ in (E4.6) gegeben werden.

4.1.6 (a) Man wähle $G(\boldsymbol{\mu}, x) = x^k$ im Mather-Division-Theorem. Man setze $\boldsymbol{\mu} = \mathbf{0}$, differenziere k mal und schließe $Q(\mathbf{0}, 0) = 1/q(\mathbf{0}, 0) = g(0)$.
(b) Sei $X(\boldsymbol{\mu}, x)$ eine Entfaltung von $\dot{x} = -x^k$ und sei $F = X$ in (E4.14). Da gilt $Q(\mathbf{0}, 0) = -1$, ist $X(\boldsymbol{\mu}, x)$ äquivalent zu einer Familie, die durch (E4.15) mittels $\boldsymbol{\varphi}(\boldsymbol{\mu}) = (-s_0(\boldsymbol{\mu}), \ldots, -s_{k-1}(\boldsymbol{\mu}))^T$ erzeugt wird.
(i) Sei $y = x - \frac{\nu_{k-1}}{k}$ in (E4.15).

(ii) Für k ungerade, besitzt die rechte Seite von (E4.15) mindest eine reelle Nullstelle.

4.2.1 (a) (iv), (v); Isoklinen sind tangential zueinander, aber keine ist tangential zu einer der Koordinatenachsen.
(b) (iv) und (v); (v).

4.2.2 Ist $\dot{y} = 0$, dann gilt $2yx^2 - x - (2y - 2y^3 - 1) = 0$. Man nehme $y \neq 0$ und untersuche die Diskriminante dieser quadratischen Gleichung. Gleichung (E4.16) erscheint in Verbindung mit dem gemittelten erzwungenen Van der Pol-Oszillator (siehe Arrowsmith, Place, 1984).

4.2.3 (a) Man beachte, der Abstand $d(\boldsymbol{\mu}, x)$ zwischen den $\dot{x} = 0$- und $\dot{y} = 0$-Isoklinen erfüllt $d(\mathbf{0}, 0) = x^2$ und verwende das Malgrange-Preparation-Theorem.
(b) $(y - x^3 + \mu x, y)^T$.
(c) $(y - x^4 + \mu x^3, y)^T$, $(y - x^4 + 3\mu x^2 - 2\mu^2, y)^T$, bei hyperbolischen Punkten müssen sich die Isoklinen transversal schneiden – drei solcher Schnitte sind für $d(\mathbf{0}, x)x^4$ nicht möglich.

4.2.4 Man zeige, daß $\psi(x)$ ein eindeutiges Maximum auf $(0, 1]$ bei $x = \frac{1}{2}$ besitzt.

4.2.5 (a) $\dot{P} = 0$-Isokline ist durch eine wachsende Funktion von H, welche durch γ begrenzt wird, mit dem Anstieg γ/β bei $H = 0$ gegeben. Die $\dot{H} = 0$-Isokline ist unabhängig von γ und β. Ein einzelner Fixpunkt tritt beim transversalen Schnitt der $\dot{H} = 0$- und $\dot{P} = 0$-Isoklinen auf.
(b) Man bestimme, wo die nicht-trivialen $\dot{a} = 0$- und $\dot{b} = 0$-Isoklinen sich in einem Punkt treffen. Mehr Details zu diesen beiden Modellen findet man in Arrowsmith, Place (1984).

4.2.6 (a) Man berechne $L_{\mathbf{A}} x_1^{m_1} x_2^{m_2} \mathbf{e}_i$, $i = 1, 2$, wobei $\mathbf{e}_i$ die i-te Spalte von $\mathbf{I}_{m+2}$ ist. $\mathbf{A}$ ist die Koeffizientenmatrix des linearen Anteils des erweiterten Vektorfeldes in (4.2.16). Man verwende (2.3.7).
(b) Man betrachte $L_{\mathbf{A}} x_1 \mu_k \mathbf{e}_2$ und $L_{\mathbf{A}} x_2 \mu_k \mathbf{e}_1$.
(c) Man wende Theorem 2.11 auf den 2-Jet des transformierten erweiterten Systems an, um ein äquivalentes System mit $\dot{x}_1 = \lambda x_1$ zu erhalten. In Abwesenheit von Termen dritter und höherer Ordnung hängt $\dot{x}_2$ nur von x_2 und $\boldsymbol{\mu}$ ab. Man führe quadratische Ergänzung für x_2 durch, um zu (4.2.2) zu gelangen mit

$$a_2 = 0,\ b_2 = c_{23},\ \nu = P(\boldsymbol{\mu}) - \tfrac{(Q(\boldsymbol{\mu}))^2}{4c_{23}} \text{ mit}$$

$$P(\boldsymbol{\mu}) = \sum_{j=1}^{m} a_{2j}\mu_j + O(|\boldsymbol{\mu}|^2), \quad Q(\boldsymbol{\mu}) = \sum_{j=1}^{m}\left(b_{2j}^{(2)} - \frac{c_{22}}{\lambda}a_{1j}\right)\mu_j.$$

4.2.7 Man beachte, Satz 4.2 fordert nur die Terme $O(\kappa)$ und $O(y_2^2)$ in der zweiten Komponente von (4.2.13).

4.2.8 (a) (4.2.20) versagt, es existiert ein Grenzzyklus für alle $\mu \neq 0$,
(b) (4.2.20) versagt und der Ursprung ist nicht asymptotisch stabil bei $\mu = 0$, zwei Grenzzyklen für $\mu > 0$,
(c) (4.2.20) versagt, Grenzzyklus für $\mu > 0$,
(d) Nicht asymptotisch stabil für $\mu = 0$, keine Grenzzyklen für $\mu \neq 0$.

4.2.9 (E4.26) unterliegt einer subkritischen Hopf-Bifurkation bei $\mu = 0$.

4.2.10 $\mathbf{x} = \mathbf{M}\mathbf{x}'$, $\mathbf{M} = \begin{pmatrix} 0 & 1 \\ -1 & 1 \end{pmatrix}$, reduziert den linearen Anteil auf Jordanform, $a_1 = -\frac{1}{8}$.

4.2.11 Man verwende Theorem 4.2 und (4.2.14). (E4.28) unterliegt einer superkritischen Hopf-Bifurkation bei $\mu = 0$. Die Zeit-Inverse von (E4.29) unterliegt einer superkritischen Hopf-Bifurkation bei $\mu = 0$, daher unterliegt (E4.29) einer subkritischen Bifurkation mit fallendem μ.

4.2.12 Man verwende Theorem 4.2 und (4.2.14) bei $b = b^*$, $\mathbf{x} = \mathbf{M}\mathbf{x}'$ mit $\mathbf{M} = \begin{pmatrix} 0 & a^2 \\ a & -a^2 \end{pmatrix}$, es reduziert den linearen Anteil von (E4.30) auf Jordanform.

4.3.1 Der lineare Anteil von $\dot{\mathbf{y}}$ ist in reeller Jordanform und Satz 4.2 kann angewandt werden. Weiter gilt $\dot{y}_2 = \frac{\nu_1}{\nu_2} + \frac{b_2}{\nu_2}y_2^2 + \cdots$ und für $\nu_1 < 0$ erscheinen Fixpunkte unabhängig vom Vorzeichen von ν_2.

4.3.2 (a) $\frac{d}{d\nu_2}(\operatorname{Re}\lambda(\nu_2))|_{\nu_2^*} = 1 > 0,\ 16a_1 = \frac{2a_2}{\varepsilon} < 0,\ \varepsilon = \left(\frac{-\nu_1}{b_2}\right)^{1/2}.$
(b) $\frac{d}{d(-\nu_1)}(\operatorname{Re}\lambda(\nu_1))|_{\nu_1^*} = -\frac{\nu_2}{b_2} > 0$, a_1 wie in (a).

4.3.4 Am nicht-trivialen Fixpunkt gilt:
$\mathbf{x}^* = (x^*, y^*)^T$, $y^{*2/3} = \lambda_1(1 + x^*)/(1 - x^*)$.
$\operatorname{Tr} D\mathbf{X}(\mathbf{x}^*) = 0$ impliziert $\lambda_2^* = 4\lambda_1^*$, $\det D\mathbf{X}(\mathbf{x}^*) = 0$ impliziert $27\lambda_1^*\lambda_2^{*2} = 1$.

4.3.5 Der transformierte 2-Jet lautet

$$\begin{pmatrix} -\frac{1}{2\varepsilon}\mu_1 + y_2 - \mu_1 y_1 - \frac{8}{3}\varepsilon^2 y_1^2 - 2\varepsilon y_1 y_2 - \frac{2}{3}y_2^2 \\ \frac{1}{2}\mu_1 + \frac{1}{4}\mu_2 + \varepsilon\mu_2 y_1 + \mu_2 y_2 + 2\varepsilon^2 y_1^2 + 2\varepsilon^2 y_1 y_2 + 2\varepsilon y_2^2 \end{pmatrix}.$$

Man identifiziere $[a_{ij}]$, $[b_{ij}^{(1)}]$, $[b_{ij}^{(2)}]$, $[c_{ij}]$.

(a) $a = -\frac{5}{3}\varepsilon^2 < 0$, $b = 2\varepsilon^2 > 0$.

(b) $e_1 = \frac{1}{6}$, $e_2 = \frac{13}{12}$, $e_1 a_{22} - e_2 a_{21} = -\frac{1}{2}.a < 0$, $b > 0$ impliziert stabile Grenzzyklen.

4.3.6 Man beachte $\lambda_2 = [xy^{-1/3}/(1+x)]_{x^*}$ für jedes nicht-triviale $\mathbf{x}^*$ von (E4.17).

(a) $\mathbf{x}^* = (\frac{1}{2}, y^*)^T$, gegeben durch tangentialen Schnitt von nicht-trivialen Isoklinen, wenn $27\lambda_1\lambda_2^2 = 1$ gilt in Aufgabe 4.2.4. $\operatorname{Tr} D\mathbf{X}(\mathbf{x}^*) \neq 0$ liefert $\lambda_2 \neq 4\lambda_1$, das heißt $\mathbf{x}^*$ ist nicht der kuspodale Punkt.

(b) $\operatorname{Tr} D\mathbf{X}(\mathbf{x}_1^*) = 0$ mit $\det D\mathbf{X}(\mathbf{x}_1^*) > 0$ impliziert $\mathbf{x}_1^* = (x_1^*, y_1^*)^T$ mit $x_1^* < \frac{1}{2}$. Aufgabe 4.2.4 ergibt $\psi(x_1^*) = \lambda_1\lambda_2^2$, $0 < x_1^* < \frac{1}{2}$. Man löse die Gleichung gleichzeitig mit $\operatorname{Tr} D\mathbf{X}(\mathbf{x}_1^*) = 0$ und verwende $x_1^* = s$ als Parameter.

4.3.7 Man setze (E4.41) und (E4.42) gleich und vergleiche die Koeffizienten der Potenzen von $(x_1^2 + x_2^2)$. Die Skalierung lautet $r' = (|a_l'|)^{1/2l} r$, $\theta' = \theta$. Man nehme die Zeit-Inverse von $(l, +)$ und lasse $\theta \mapsto -\theta$ gehen.

4.3.8 Nicht-triviale Nullstellen von $\dot{r}$ werden durch $\rho^2 + \nu_1\rho + \nu_0 = 0$, $\rho = r^2$ gegeben.

4.3.9 Für $\nu_2 \geq 0$ ist die Doppel-Grenzzyklus-Bifurkationskurve für $\nu_1 < 0$ definiert und besitzt die Form $\nu_0 = (-\nu_1\rho - \nu_2\rho^2 - \rho^3)|_{\rho_{min}}$ mit $\rho_{min} = -\frac{\nu_2}{3} + \left(\frac{\nu_2^2}{9} - \frac{\nu_1}{3}\right)^{1/2}$. Dies stellt eine Kurve in der $\nu_1\nu_2$-Ebene dar, welche im Ursprung den Anstieg null besitzt für alle $\nu_2 \geq 0$. Für $\nu_2 = 0$ reduziert es sich auf $\nu_0 = 2(-\nu_1/3)^{3/2}$.

4.3.11 Doppel-Grenzzyklus-Bifurkationen treten auf, wenn gilt $P_\nu(\rho_e) = 0$, wobei ρ_e ein lokales Maximum oder Minimum von P_ν ist.

4.4.3 $f(\mu, -x) = -f(\mu, x)$ impliziert $a_{2k}(\mu) = 0$, $k = 0, 1, 2, \ldots$. $a_3(0) = \frac{1}{6}D_{xxx}f(\mathbf{0})$.

4.4.5 Sei $x = y + \beta y^2 = K(y)$, $\beta = b_2(\mu)/[(\nu(\mu) - 1)(\nu(\mu) - 2)]$ und man zeige, daß $\tilde{F}(\mu, y) = K^{-1}(F(\mu, K(y)))$ ist. Man beachte $b_3(\mu) = \frac{1}{6}D_{xxx}f(\mathbf{0}) + O(\mu)$, $b_2(\mu) = \frac{1}{2}D_{xx}f(\mathbf{0}) + O(\mu)$.

4.5.4 Man zeige, daß gilt $DF^3_\rho(x^*) = DF^3_\rho(F_\rho(x^*))$ für $F^3_\rho(x^*) = x^*$.

4.5.5 (a) Wohl definiert: sei $\pi(x) = \pi(x')$, man zeige $f(\pi(x)) = f(\pi(x'))$. Nicht-injektiv: $f(\pi(\frac{1}{2})) = f(\pi(0))$, aber $\pi(\frac{1}{2}) \neq \pi(0)$.
(i) Sei $x = 0 \cdot b_1 \ldots b_n \ldots \in \Sigma'$. Man definiere an dieser Stelle $y_n = 0 \cdot \overline{b_1 \ldots b_n} \, \overline{b_1 \ldots b_n} \ldots$, $|x - y_n| < 2^{-n}$ und $\lim_{n\to\infty} y_n = x$. Man verwende die Stetigkeit von π und $\pi(y_n)$ periodisch, um die Dichtheit zu zeigen.
(ii) Siehe die Diskussion von Satz 3.10.
(b) Φ stetig und impliziert (i) und (ii).
(iii) f verdoppelt die Länge der Intervalle auf S^1. Man beachte, $\varepsilon = \frac{1}{2}$ ist maximale mögliche Teilung für jedes $x \in [0, 1]$.

Kapitel 5

5.1.1 $\lambda_2 = 1$, $\tilde{\mathbf{f}}(\mu, \mathbf{x}) = (\mathrm{sign}(\lambda_1)2x, \mu + y + y^2)^T$;
$\lambda_2 = -1$, $\tilde{\mathbf{f}}(\mu, \mathbf{x}) = (\mathrm{sign}(\lambda_1)2x, (\mu - 1)y + \delta y^3)^T$, $\delta = \pm 1$;
Man reduziere $\mathbf{f}$ auf die Form $(\lambda_1 x, g(\mu, \mathbf{x}))^T$,
dann ist $\delta = \mathrm{sign}(-D_{xxx}g^2(0, \mathbf{0}))$.

5.1.2 $\mathrm{Tr}\,\mathbf{A} = 0$, $\det \mathbf{A} = -1$ impliziert $bc = 1 - d^2$, was eine Familie von Parabeln im bcd-Raum für $b \neq 0$ definiert. Die 2-dimensionale Mannigfaltigkeit wird kartographiert durch:

$$(b, d) \mapsto (-d, b, [1 - d^2]/b, d) \text{ für } b \neq 0$$
$$(c, d) \mapsto (-d, [1 - d^2]/c, c, d) \text{ für } c \neq 0$$
$$(b, c) \mapsto (-d, b, c, d), \text{ mit } d = \pm(1 - bc)^{1/2}, \text{ für } |bc| < 1.$$

5.1.3 Für die Normalform verwende man die Resonanzbedingung $\lambda_1^{m_1}\lambda_2^{m_2} - \lambda_1 = 0$, $i = 1, 2$ mit $\lambda_1 = 1$ und $\lambda_2 = -1$. Für das Bifurkationsverhalten betrachte man jeden Quadranten der $\boldsymbol{\mu}$-Ebene separat und verwende die Ergebnisse aus §4.4.

5.1.4 (b) Sei $(x', y') = (\mu x, \mu y)$ in $\mathbf{f}_1(x, y)$.

5.1.5 Man führe neue Koordinaten $(b + c, b - c, d)$ im bcd-Raum ein. Man bestimme die Punkte des Doppelkegels, die den verschiedenen möglichen Jordanformen von $\mathbf{A}$ entsprechen.

5.1.6 Man betrachte $\mathbf{f}(\mu, \mathbf{x}) - \mathbf{x} = \mathbf{0}$ und verwende das Theorem über implizite Funktionen. Man gebe Gegenbeispiele an, wenn die Annahmen dieses Theorems nicht erfüllt sind.

5.2.1 (a) Man verwende Induktion.
(b) $\bar{f}^k_{(\alpha,\varepsilon)}(x+1) = \bar{f}^k_{(\alpha,\varepsilon)}(x) + 1$. (E5.8) impliziert, daß $T_{p/q}$ wohl definiert ist.

5.2.3 Man führe komplexe Formen für cos, sin ein und verwende die Ergebnisse aus Aufgabe 5.2.2.

5.2.4 Man beweise, daß gilt $\bar{f}^n_{((1-\alpha),\varepsilon)}(x) = -\bar{f}^n_{(\alpha,\varepsilon)}(-x) + n$ und verwende (1.5.23).

5.3.1 Man suche invariante Kreise für $|a(\mu)|^2|z|^4 + 2c(\mu)|z|^2 + (1 - (1/|\lambda(\mu)|^2)) = 0$ mit den Wurzeln $|z|^2 = r_0(\mu)^2$ und $|z|^2 = r_1(\mu)^2$ mit $r_1(0) > 0$. Man kann immer eine Umgebung für lokale Bifurkationen so wählen, daß der Kreisradius $r_1(\mu)$ ausgeschlossen wird.

5.3.2 (a) Man zeige $|f_\mu(z)| = |z|(1 \pm (c + O(\mu))\varepsilon + O(\varepsilon^2))$ mit $|z| = r_0(\mu) \pm \varepsilon$, $\varepsilon > 0$.
(b) Man bestimme $\arg(1 + a(\mu) r_0(\mu)^2)$.
(c) Ja, aber nicht relevant.
(d) Wenn μ durch die Null wächst, wechselt Fixpunkt bei $z = 0$ die Stabilität, und es existieren stabile invariante Kreise um ihn für $\mu > 0$.

5.3.3 (a) (i) $\mu = 0$: diagonalisieren, man verwende die Resonanzbedingung mit $\lambda_1 = \bar{\lambda}_2 = \lambda(0) = \exp(2\pi i \beta)$, um (5.3.1) für beliebige Ordnung in $|z|$ zu verallgemeinern; (ii) $\mu \neq 0$: $\lambda(0) \mapsto \lambda(\mu)$, keine resonanten Terme, Glattheit in μ.
(b) Man fordere $|\lambda(\mu)| \left|\left(1 + \sum_{m=1}^{N} \tilde{a}_{2m+1}(\mu)|z|^2\right)\right| = 1$ und verwende, daß die Wurzeln von Polynomen stetig von seinen Koeffizienten abhängen. Sei $r_0^2(\mu) = -\frac{b\mu}{c} + E(\mu)$, man bestimme die Ordnung von $E(\mu)$ in μ.

5.3.4 Man betrachte $\det D_\mu \boldsymbol{\lambda}(\boldsymbol{\mu})$, $\boldsymbol{\lambda}(\boldsymbol{\mu}) = (\operatorname{Re}\lambda(\boldsymbol{\mu}), \operatorname{Im}\lambda(\boldsymbol{\mu}))^T$;
$\lambda(\boldsymbol{\mu}) = \frac{1}{2}\{\operatorname{Tr} D\mathbf{f}_\mu(\mathbf{0}) + i(4 \det D\mathbf{f}_\mu(\mathbf{0}) - [\operatorname{Tr} D\mathbf{f}_\mu(\mathbf{0})]^2)^{1/2}\}$;
$\lambda_0(\boldsymbol{\nu}) = (1 + \nu_1)\exp(2\pi i(\beta + \nu_2))$.
(a) Vergleiche die Ableitung von (5.3.8);
(b) Man berechne $\arg(1 + \tilde{a}_3(\boldsymbol{\nu})|z|^2 + R_1(\boldsymbol{\nu}, z)$, $R_1(\boldsymbol{\nu}, z) = O(|z|^4)$, mit $z = r_0(\boldsymbol{\nu}, 2\pi\theta)\exp(2\pi i\theta)$, $r_0(\nu, 2\pi\theta) \ll 1$.

5.4.1 Man bestimme aus (5.4.3) und (5.4.4) $r = m_1 + m_2$ und wähle das Minimum über m und l. Man behalte die unvermeidlichen resonanten Terme bis inklusive $O(|z|^{q-1})$.

5.4.2 Man beseitige den Faktor von $\lambda(\boldsymbol{\nu})z\left(1+\sum_{m=1}^{M}\frac{a_{2m+1}(\boldsymbol{\nu})}{\lambda(\boldsymbol{\nu})}|z|^{2m}\right)$, $M = [\frac{1}{2}(q-2)]$ in (5.4.6), substituiere $z = r\exp(2\pi i\theta)$, $\tilde{f}_\nu(z) = R\exp(2\pi i\Theta)$ und nehme den Logarithmus. Man beachte, daß für $x, y = O(r^{q-2})$ gilt $\ln(1+x+iy) = \ln(1+x+O(r^{q-1}))+iy+O(r^{q-1})$.

5.4.3 (a) Periodische Punkte sind durch $\Theta(\theta) - (\theta + p/q) = 0$, $\theta \in [8, 1)$ gegeben.
(b) Die Zungen werden schmaler, wenn q wächst.

5.4.4 Man wende Theorem 5.2 an und berechne $c_3(0)$ in (5.4.14); anziehend.

5.5.2 Man drücke (5.5.11) und (E5.23) als autonome Differentialgleichungen auf $\mathscr{R}^3$ aus; die entsprechenden Ströme erfüllen $\mathbf{h}\hat{\boldsymbol{\varphi}}_t = \boldsymbol{\varphi}_t\mathbf{h}$ für alle t, wobei man $\mathbf{h}$ aus $z = \exp(i\beta t)\zeta$ erhält. Man wähle $t = 2\pi q$ und beachte, daß gilt $\hat{\boldsymbol{\varphi}}_{2\pi q} = \hat{\mathbf{P}}_0^q$, $\boldsymbol{\varphi}_{2\pi q} = \mathbf{P}_0$.

5.5.3 Für Resonanz verwende man $a_{\mathbf{m}}(t) = \sum_{\nu=-\infty}^{\infty} a_{\mathbf{m},\nu}\exp(i\nu t)$ in (E5.27) und integriere über t.
Für Symmetrie betrachte man $\exp(2\pi i/q)\tilde{Z}_r(\zeta\exp(-2\pi i/q))$.

5.5.4 (a) Sei $z_j = \lambda^j z + \sum_{r=2}^{\infty}\sum_{s=0}^{j-1}\lambda^{j-1-s}M_r(z_s, \bar{z}_s)$ und man verwende Induktion. Man setze $j = q$.
(b) Man verwende (5.5.21). Um (5.5.22) abzuleiten, berechne man die $|z|^r$-Terme in $M^q(z) = N(z)$. $|z|^r$-Terme in M^q sind von zwei Typen, welche von: (i) $c_{\mathbf{m}}^{(k)}$, $k < r$; (ii) $c_{\mathbf{m}}$ abhängen. Man setze erstere in $g_r(z, \bar{z})$ ein und letztere ergibt die linke Seite von (5.5.22).

5.5.5 Man verwende Induktion, um zu beweisen, daß $M_r(z_j, \bar{z}_j) \in \Sigma_{\mathscr{C}}$ ist für $j = 0, \ldots, q-1$, $r \geq 2$. Dann schließe man, daß $g_r(z, \bar{z}) \in \Sigma_{\mathscr{C}}$ ist, wenn dies für $N(z)$ gilt. Dann bestimmt (5.5.22) M_r eindeutig in $\Sigma_{\mathscr{C}}$. Ist $N \notin \Sigma_{\mathscr{C}}$, dann impliziert (5.5.24) nicht (5.5.22), da $g_r(z, \bar{z})$ Terme $\notin \Sigma_{\mathscr{C}}$ enthalten kann.

5.5.6 Man verwende Induktion zum Beweis, daß $d^k z/dt^k \in \Sigma_{\mathscr{C}}$ ist für alle k sowie Taylor-Entwicklung von $\varphi_t(z)$.

5.5.7 Man betrachte den Effekt von $M_{Df(0)}$ auf H^r (vergleiche §2.5) für gerades und ungerades r.

5.5.8 Man bestimme $D\boldsymbol{\varphi}_t^{\mathbf{0}}(\mathbf{x})$ für $t \neq 0$ und verwende (2.5.7), um $B_i = M_{D\boldsymbol{\varphi}_t^{\mathbf{0}}(x)}(H^i)$, $i \geq 2$ zu bestimmen. Man verwende Skalierung der y- und π-Rotationssymmetrie zum Erhalt von (E5.30). Man nehme an, es existieren zwei Normalformen und zeige, daß die Koeffizienten gleich sein müssen.

5.6.1 Man bestimme (E5.31) und (E5.32) für $\delta = +1$ und -1 separat und kombiniere die Ergebnisse.

5.6.2 (E5.33) und (E5.34) legen nahe, daß γ_3 in Abb. 5.11 den Anstieg $-a_1^{-1}$ bei $\boldsymbol{\nu} = \mathbf{0}$ besitzt.

5.6.3 Man wende Theorem 4.2 und (4.2.14) an, um zu zeigen, daß $a_1 < 0$ ist. Dies impliziert stabile Grenzzyklen in der Region (d) von Abb. 5.12.

5.6.4 $\zeta = \alpha\zeta'$, wobei gilt $\alpha = |d|^{-1/(q-2)} \exp(i[\arg(d)/q])$.

5.6.5 Man beachte, $(x - iy)^{q-1}$ besitzt Real- und Imaginärteil, welche Linearkombinationen von $x^{m_1}y^{m_2}$ sind mit $m_1 + m_2 = q - 1$.

5.6.6 Man bemerke, daß $r^{-1}X_r = r^{-1}X_\theta = 0$ gilt an einem nicht-trivialen Fixpunkt.

5.6.7 Sei $\zeta^2 = w = x + iy$.

5.6.8 Man bemerke, daß $r^{-1}X_r = r^{-1}X_\theta = 0$ gilt an einem nicht-trivialen Fixpunkt.

5.6.9 $$\Xi(\nu_1, \nu_2) = (\nu_1, \nu_2) \begin{pmatrix} 1 - b^2 & ab \\ ab & 1 - a^2 \end{pmatrix} \begin{pmatrix} \nu_1 \\ \nu_2 \end{pmatrix}.$$

5.6.10 Man bemerke, die Lösungen von $\Xi = \left\{\xi_2 + \frac{\nu_1}{2a}(1 - |c|^2)\right\}^2$ ergeben (ν_1, ν_2), für welche gilt

$$\xi_2 + \frac{\nu_1}{2a}(1 - |c|^2) = \pm\Xi^{1/2}.$$

5.6.11 Für gegebenes a sei $\varphi(b)$ die Differenz in den Anstiegen von (E5.46) und der $\Xi = 0$-Linie im positiven Quadranten. Man beweise $\varphi'(b) < 0$ für $b < -(1 - a^2)^{1/2}$ und $\varphi(-(1 - a^2)^{1/2}) > 0$.

5.6.13 (c) Die Zeichnung ergibt (i) Sattel-Verbindung in Abb. 5.17(f); (ii) Sattel-Knoten können innerhalb des Hopf-invarianten Kreises erzeugt werden (siehe Abb. 5.17(m)).

5.6.14 (a) $\zeta = \alpha\zeta'$ mit $|\alpha|^2 = |a_1|^{-1}$, $\arg(\alpha) = q^{-1}\arg(d)$. (c) Wenn $\nu_2 = -b_1\nu_1$ gilt, ist jeder Punkt von $r = \nu_1^{1/2}$ ein Fixpunkt. Deshalb ist keiner von ihnen hyperbolisch.

5.6.15 Fixpunkte bei

$$(\theta, r) = \begin{cases} \left(\nu_1^{1/2} + \frac{d\nu_1}{2}\cos 5\theta_0' + O(\nu_1^{3/2}), \theta_0' + \frac{2p\pi}{5}\right) \\ \left(\nu_1^{1/2} - \frac{d\nu_1}{2}\cos 5\theta_0' + O(\nu_1^{3/2}, \theta_0' + \frac{(2p+1)\pi}{5}\right) \end{cases}, \quad p = 0, 1, \ldots, 4,$$

mit $5\theta_0' = 5\theta_0 + O(\nu_1^{1/2})$ und $5\theta_0$ ist der Hauptwert von $\tan^{-1}(b_1)$.

5.6.16 Man bemerke, daß $r^{-1}X_r = r^{-1}X_\theta = 0$ gilt an einem nicht-trivialen Fixpunkt.

5.6.17 Man zeige, daß mit $b_1 = -1$ die Isoklinen durch eine $\pi/10$-Rotation miteinander verbunden sind.

5.6.18 Man zeige, daß $(\pi/5, r_m)$ der Punkt mit der größten Annäherung an den Ursprung der $\dot{r} = 0$-Isokline ist. Die Trajektorie eines solchen Punktes ist nicht leicht zu approximieren, da $\dot{r} = 0$ und $\dot{\theta}$ klein ist. Weder $\dot{r}$ noch $\dot{\theta}$ sind besonders klein für zum Beispiel $(3\pi/10, r_m)$.

5.6.19 Im $q = 5$ Fall erscheinen Fixpunkte nur auf dem invarianten Kreis. Die Winkelabhängigkeit der Isoklinen für $q = 5$ ist schwächer, als es für $q = 4$ sein kann, da die θ-abhängigen Terme von niedrigerer Ordnung in r sind. Für $q = 4$ wird der Effekt der θ-Abhängigkeit durch $|a|$ bestimmt. Für $q = 5$ ist sie immer dadurch begrenzt, daß sie von niedrigerer Ordnung in r ist.

5.7.1 Man verwende Taylor-Entwicklung von $r(t)$ und $\theta(t)$ um $t = 0$. Man wende die Theoreme 4.2 und 5.2 an. Ist $a_1 > 0$, so unterliegen $\tilde{\mathbf{X}}$ und $\tilde{\mathbf{P}}$ subkritischen Hopf-Bifurkationen.

5.7.2 Man zeige, daß die Beschränkung der Familie von Zeit-2π-Abbildungen auf die y_2-Achse im allgemeinen einer Faltungs-Bifurkation unterliegt. Man ermittle die Bedingungen, die Satz 4.6 fordert, aus der Hypothese, daß (E5.52) einer Sattel-Knoten-Bifurkation unterliegt sowie aus Satz 4.2.

5.7.3 $O(|\mathbf{x}|^N)$-Terme in (5.7.1) führen im allgemeinen zum transversalen Schnitt von stabilen und instabilen Mannigfaltigkeiten von Sattelpunkten. Sattel-Verbindung-Bifurkationskurven werden durch Keile von Parameterwerten ersetzt, bei denen homokline oder heterokline Gewebe auftreten (siehe die Abb. 5.21 und 5.22).

5.7.4 Nein; heterokline Gewebe treten nicht auf der Kante der Zunge für $q = 5$ auf, da die Sattel-Knoten auf dem invarianten Kreis liegen. Periodische Punkte treten auf dem invarianten Kreis für $q = 5$ auf, dies muß jedoch nicht der Fall sein für $q = 4$ (siehe §6.7).

Kapitel 6

6.1.1 (a) Man verwende (1.9.13); (b) diagonalisiere **U** gleichzeitig **B** und $\mathbf{A}^{-1}$; (c) $\bar{q}_i = c_i^{-1} q_i$, $\bar{p}_i = c_i p_i$, $i = 1, \ldots, n$, mit $c_i = (\mu_i/\lambda_i)^{1/4}$ symplektisch. Siehe auch Arnold, 1978, Anhang 6.

6.1.2 (a) (1.9.13) mit $n = 1$ dann und nur dann, wenn gilt $\det(D\mathbf{f}(\mathbf{x})) \equiv 1$;
(b) sei

$$\begin{array}{ccc} (q, p) & \xrightarrow{\mathbf{f}} & (Q, P) \\ \nwarrow & & \nearrow \\ \mathbf{g}_1 & & \mathbf{g}_2 \\ & (q, P) & \end{array}$$

und man differenziere $\mathbf{f} \cdot \mathbf{g}_1 = \mathbf{g}_2$.

6.1.4 Man erinnere sich: $p = D_q F_2$, $Q = D_p F_2$ und beachte $2N - 3 \geq 3$ für $N \geq 3$.

6.1.6 $(Z + O(|Z|^n))^k (\bar{Z} + O(|Z|^n))^l = Z^k \bar{Z}^l + O(|Z|^{n+1})$ für $k + l \geq 2$.

6.1.7 (a) $\ln(f(r \exp(i\theta))) = \ln(r_1) + i\theta_1$;
(b) sei $(x, y) = (r\cos\theta, r\sin\theta) = \boldsymbol{\varphi}(\theta, r)$, man differenziere $\boldsymbol{\varphi}(\mathbf{F}(\theta, r)) = \mathbf{f}(x, y) = \mathbf{f}\boldsymbol{\varphi}(\theta, r))$.

6.2.1 (a) Man verwende Induktion für $\mathbf{M}_\varepsilon^k$. Für $\varepsilon = 0$ ist die auf $\tau = \tau_0$ beschränkte Funktion einfach eine Rotation. Man wende das Theorem über implizite Funktionen auf $\theta_q = \theta + 2\pi p$ bei $(\theta, \tau, \varepsilon) = (\theta_0, \tau_0, 0)$ an und erhalte **S** lokal als $\tau = F(\theta, \varepsilon)$. Die globale Kurve **S** erhält man von der Einbettung $G : S^1 \times \mathcal{R}^2 \to \mathcal{R}^2$, definiert durch $(\theta, \tau, \varepsilon) \to (q\alpha(\tau) + \tilde{f}_q(\theta, \tau, \varepsilon), \varepsilon)$.
(b) Man zeige, daß sich **S** und $\mathbf{M}_\varepsilon^q(\mathbf{S})$ mindest zweimal schneiden und daß die Fixpunkte von topologisch verschiedenem Typ sind. $\mathbf{M}_\varepsilon$ in der Nähe einer Rotation impliziert $2q$ Punkte.

6.2.2 $\tau = \pi - \frac{1}{2}\sin(\theta)\varepsilon + \frac{1}{8}\sin(2\theta)\varepsilon^2$.

6.2.3 Erzeugende Formen

$$\mathbf{P}_1(x,y) = (x+y+ax^2, y+ax^2)^T + O(|\mathbf{x}|^3),$$
$$\mathbf{P}_2(x,y) = (-x+y+ax^3, -y+ax^3)^T + O(|\mathbf{x}|^5).$$

Invariante Kurven – man verwende die Anstiege von $(0,0)$ nach (x,y) und (x,y) nach: (a) $\mathbf{P}_1(x,y)$; (b) $\mathbf{P}_2^2(x,y)$; sie sind asymptotisch gleich bei Null.

6.2.4 (a) (X,Y)=(x,x+y);
$(b)(X,Y) = (x+DR(x+y), x+y)$.
Man modifiziere die erzeugenden Funktionen durch Addition des Terms $-Y^3/3$, um das in Abb. 6.2 gezeigte Verhalten zu reproduzieren.

6.2.5 H unabhängig von θ impliziert $dH/d\tau$ unabhängig von t. Integration von $\dot{\theta} = -dH/d\tau$ ergibt $dH/d\tau = -\alpha(\tau)$. $\alpha(\tau) = \alpha + \sum a_i\tau^i$ für Birkhoff-Form.

6.2.6 Taylorentwicklung von φ_t. Man setze $t = q$ und vergleiche mit der gegebenen Form. Man verwende Induktion für (c).

6.2.9 Man verschaffe sich $D\varphi_t(\mathbf{x}) = \mathbf{I} + tD\mathbf{X}(\mathbf{x}) + O(t^2)$ und $\det(D\varphi_t(\mathbf{x})) = 1 + t\mathrm{Tr}(D\mathbf{X}(\mathbf{x})) + O(t^2)$.

6.2.10 Man nehme eine formale Potenzreihenentwicklung in x, y von X^ε und Y^ε an. Man verwende (6.2.31), um Relationen zwischen den Koeffizienten zu finden. Man überprüfe, daß formale Integration die gleiche Funktion H_ε ergibt. Invarianz unter $\mathbf{R}_\alpha$: für $q = 2$, $X^\varepsilon(H_\varepsilon)$ enthält nur Terme ungerader (gerader) Ordnung; für $q \geq 3$ führe man komplexe Koordinaten $z, \bar{z}$ ein.

6.2.11 Man verwende Satz 5.2.

6.3.1 (a) Man zeige, daß der maximale Term der Reihen bei $k = [\mu/r]$ erscheint; man spalte die Reihen an dieser Stelle auf. Man verschaffe sich eine Schranke der endlichen Summe; für die unendliche Reihe verwende man den Integral-Test.
(b) Man substituiere Fourier-Reihen für die analytischen Funktionen; verwende (6.3.9) und (6.3.13) mit (E6.31).

6.3.2 (a) Man beachte, wie in (6.3.20), wenn (6.3.18, 6.3.19) substitiuert wurden, die Koeffizienten von ε^n erscheinen.
(b) Man verwende Fourier-Reihen, um (6.3.22) zu lösen und wähle $\hat{v}_{n0}$ so, daß Lösungen von (6.3.21) erlaubt werden.

(c) Man zeige, daß L linear ist und erzeuge sich so eine zweite Gleichung von (E6.37).

6.3.3 (a) Man zeige $e_{i+1} = e_i^{4/3}$, $0 \leq e_0 < 1$. Man bestimme d_{i+1}/d_1 als Funktion von e_{i+1}/e_i.

(b) Man verwende (6.3.33, 6.3.34) und (E6.38) in (6.3.28), um zu zeigen, daß gilt:

$$|f_{i+1}| + |g_{i+1}| < C'[2^{(i+2)(2\mu+3)}C^{-(i+1)}(1 + d_i^{1/3}) + (d_{i+1}/d_i)^{1/3}]d_{i+1}.$$

6.3.4 Man verwende Induktion und $|p_{i-1}| = \sup(|p_{i-1}(\xi + u_i, \eta + v_i)|)$ für $(\xi, \eta) \in \mathbf{D}_{i+1}$.

6.3.5 Die Wahl sichert, daß (6.3.42) (6.3.19) trifft, so daß die Iteration $u(\xi, \eta)$ und $v(\xi, \eta)$ in (6.3.17) determiniert, ohne Potenzreihenentwicklung in ε.

6.3.6 Siehe Siegel, Moser, 1971, S.237-238.

6.3.7 (a) Man zeige $\int_0^{2\pi} D^N h(x) \exp(ikx) dx = 2\pi i^N \hat{h}_k k^N$.
(b) Man zeige, daß (6.3.13) eine Schranke der Form $K'/|k|^N$ für alle $N \in \mathscr{Z}^*$ ergibt.

6.4.1 T ist nirgends dicht dann und nur dann, wenn gilt $Cl(T^c) = [0, 1]$. Man beachte:
(i) die Stutzung von (E6.53) ergibt die Anfangspunkte der Intervalle in T_i;
(ii) die Länge dieser Intervalle geht gegen null für $i \to \infty$. Man verwende endliche Stutzungen von (E6.53), um zu zeigen, daß jeder Punkt von T ein Häufungspunkt ist.

6.4.2 Seien $I_1, \ldots, I_n$ auf S^1 mit gleicher relativer Position wie $x_1, \ldots, x_n$ angeordnet mit positivem Abstand zwischen benachbarten Intervallen. Man setze I_{n+1} an die gleiche relative Position wie x_{n+1}, so daß es keine benachbarten Intervalle schneidet. Man kann nun Dichtheit sichern, indem man die Länge des Intervalles I_{n+1} von halber Länge der Lücke, in welche es eingefügt wurde, wählt. Man wiederhole dies mit negativem n.

6.4.3 (a) Π ist wohl definiert, wenn y eindeutig ist. Für die Stetigkeit von Π zeige man, daß inverse Bilder von offenen Intervallen offene Intervalle sind.

(b) f ist ein Homomorphismus auf $\bigcup_{n\in\mathfrak{Z}} I_n$ durch Konstruktion und $f = \Pi^{-1}R_\alpha\Pi$ gilt auf dem Komplement. Man bestimme die Stetigkeit von f wie oben für Π. Man beachte, daß $x \in \tilde{C}$ ein Häufungspunkt für f ist, jedoch nicht $x \in \mathrm{Int}(I_n)$.

6.4.4 (a) Man zeige $\bar{\Pi}(\bar{x}+1) - \bar{\Pi}(\bar{x}) \equiv k \in \mathfrak{Z}$. Injektivität von Π auf $\left(\bigcup_{n\in\mathfrak{Z}} I_n\right)^c$ impliziert $k = 1$.
(b) Man verwende, daß $\bar{\Pi} - \mathrm{id}$ periodisch ist, um Schranken für $\bar{\Pi}(\bar{f}^k(\bar{x})) = \bar{\Pi}(\bar{x}) + k\beta$ zu bestimmen.

6.4.6 (a) Man betrachte $\varphi(x) = f_1(x,0) - f_1(x,1)$ und sei $\varphi(x_1) > 0$, $\varphi(x_2) < 0$. Man verwende den Mittelwertsatz für die stetige Funktion φ und interpretiere.
(b) (iii) ist die einzige Liftung eines Twist-Homomorphismus.

6.4.7 (a) Man verwende $f^q\pi = \pi f^q$ an der Liftung eines periodischen Punktes für $F = \bar{f}$ und $\bar{f}'$.
(b) Man zeige $\bar{\mathbf{f}}^q(\mathbf{\Theta}(0)) = (x+p, y)^T$, $\mathbf{\Theta}(0) = (x, y)^T$.

6.4.8 Man gebe $\mathbf{\Theta}$ in Definition 6.4.3 für jede Bahn an.

6.4.9 (a) Man zeige, daß die radiale Projektion eine Konjugation zwischen $\mathbf{f}|E$ und einem ordnungserhaltenden Homomorphismus g auf K ergibt. Man beachte, K^c ist eine Vereinigung von offenen Intervallen. Man erweitere g auf einen Kreis-Homomorphismus $G : S^1 \to S^1$ durch Definition von $G|K^c$ für jedes $(a,b) \in K^c$ als einem ordnungserhaltenden Homomorphismus auf $(g(a), g(b))$.
(b) Die erweiterte Liftungskomponente $\bar{f}_1$ von $\mathbf{f}$ liefert eine Liftung von g. Man setze (E6.55) zur Rotationszahl von $G : S^1 \to S^1$ in Beziehung.
(c) $\rho(E) \in \mathfrak{Q}$ dann und nur dann, wenn G periodische Punkte besitzt. Man zeige, daß dieser Punkt in K gewählt werden kann. Die periodische Bahn ist Birkhoff, da $\bar{f}$ die Ordnung auf der Bedeckung von E erhält.

6.5.1 Sei $\bar{\mathbf{f}} : \mathcal{R}^2 \to \mathcal{R}^2$ eine Liftung von $\mathbf{f}|\mathcal{R}^2\backslash\{\mathbf{0}\} = S^1 \times \mathcal{R}$. Man zeige, daß für $\bar{\mathbf{f}}^q(\bar{\mathbf{x}}_0) = \bar{\mathbf{x}}_0 + (p,0)^T$, $p \in \mathfrak{Z}$ gilt $\bar{\mathbf{f}}^{qq'}(\bar{\mathbf{x}}_1) = \bar{\mathbf{x}}_1 + (pq',0)^T$.

6.5.2 (a) $r \equiv \frac{1}{2}$,
(b) $r = \frac{1}{3} + k/(4\pi\sqrt{3}) + O(k^2)$.

6.5.3 (b) Man verwende (a) und (θ_0, r_0), $\mathbf{S}^N(\theta_0, r_0)$ sind Fixpunkte von $\mathbf{I}_1$, man zeige $\mathbf{S}^{2N}(\theta_0, r_0) = (\mathbf{S}^{N-j}\mathbf{I}_1)^2(\theta_0, r_0)$ für $j = 1, \ldots, N$.

(c) $\mathbf{I}_1(\theta, r) = (\theta, r)$ dann und nur dann, wenn $2\theta = 0 \bmod 1$ ist. Ist $\mathbf{S}^N : (\theta, r) \mapsto (\theta_N, r_N)$ mit $\theta_N = 0$, dann ergibt (c) $(0, r)$, $\mathbf{S}^N(0, r)$ als Fixpunkte von $\mathbf{I}_1$; (b) ergibt $(0, 2r)$ als $2N$-periodischen Punkt von $\mathbf{S}$. Um $r(k)$ zu bestimmen, finde man die Form von θ_N und verwende das Theorem über implizite Funktionen.

6.5.4 Ist $\alpha \in \mathfrak{Q}$, dann verwende man Induktion, um zu zeigen, daß $\alpha_n = p^{(n)}/q^{(n)} \in \mathbf{Q}$ ist mit $q^{(n)} \in \mathfrak{Z}^+$ und $q^{(n)} < q^{(n-1)}$ für alle n. Umgekehrt ergibt Lösen $\alpha_n = a_n \in \mathfrak{Z}$, was impliziert α_{n-1} ist rational usw.

6.5.5 (a) Man reduziere zuerst drei Näherungsbrüche auf explizit rationale Form,

(b) man verwende (6.5.4),
(c) man verwende (E6.61).

6.5.6 (a) Man verwende Induktion;
(b) man verwende (E6.63);
(c) man beachte $a_n \geq 1$ für alle $n \geq 1$. Monotones Verhalten der ungeraden, geraden Näherungsbrüche erhält man aus (E6.64) mit $a_n, q_n > 0$.

6.5.7 Siehe Lang, 1966, S.10.

6.6.1 Sei $\mathbf{f}^2_{\varepsilon,\delta} : (\theta, \tau) \mapsto (\theta_2, \tau_2)$. Man bestimme θ_2 und wende das Theorem über implizite Funktionen auf $\theta = \theta_2 \bmod 2\pi$ an. Für $\delta = 0$ überprüfe man, daß $\tau = F(\theta, \varepsilon, \delta)$ der radial abgebildete Kreis $\mathbf{S}$ von $\mathbf{M}^2_\varepsilon$ ist. Im allgemeinen sind die Schnitte von $\mathbf{S}$ und $\mathbf{M}^2_\varepsilon(\mathbf{S})$ transversal und bleiben für genügend kleines $|\delta| \neq 0$ bestehen. $\mathbf{M}_\varepsilon$ besitzt jedoch elliptische Punkte und, da $\mathbf{F}_{\varepsilon,\delta}$ nicht inhaltstreu ist, werden diese im allgemeinen zu Brennpunkten.

6.6.2 Globaler Diffeomorphismus dann und nur dann, wenn bijektiv und lokaler Diffeomorphismus. Man betrachte $\mathbf{f}(0{,}25; r_0)$ für beliebiges r_0 mit $\alpha(1+\beta) > 1$.

6.6.3 Man zeige $\mathbf{f}(L) = L$ und $\mathbf{f}(U) = U$, $\partial(L)$, $\partial(U) \subset T_K$ und $B(\mathbf{f}) = \partial(L) \cap \partial(U)$. Man verwende $\mathbf{f}(\partial(L)) = \partial(\mathbf{f}(L))$ zum Nachweis von $\partial(L) \subset \mathbf{f}(T_K)$. Man wiederhole für U. Man bestimme $B(\mathbf{f}) \subset \mathbf{f}^2(T_K)$ usw. Geschlossen und begrenzt durch T_K bedeutet kompakt. Um die Nicht-Leerheit zu zeigen, beachte man, daß $S = T_K \backslash \{Cl(L) \cup Cl(U)\}$ offen ist und zeige, daß $\mathbf{f}(S) = S \cdot \mathbf{f}$ dissipativ impliziert, S ist leer. Daher verbinden $Cl(L)$ und $Cl(U)$ nicht T_K, außer $B(\mathbf{f})$ ist nicht-leer.

6.6.4 (a) Man verwende $Cl(L) \cup Cl(U) = C$, um Nichtverbindung zu zeigen. Man zeige weiter $L = \bigcup_{n\in\mathfrak{X}^+} \mathbf{f}^n(S^1 \times (-\infty, -K))$ und $U = \bigcup_{n\in\mathfrak{X}^+} \mathbf{f}^n(S^1 \times (K, \infty))$, $K > K_0$. Damit sind L, U Vereinigungen von topologisch zusammenhängenden Mengen mit nichttrivialem Durchschnitt.

(b) Seien S_1 und S_2 die zugehörigen oberen und unteren verbundenen Komponenten. Man zeige $L \subset S_1$ und $U \subset S_2$. Ist $B(\mathbf{f}) \not\subset B'(\mathbf{f})$, so nehme man an, $\mathbf{x} \in B(\mathbf{f}) \cap S_2$. Man zeige $\mathbf{x} \notin Cl(U)$.

(c) Man verwende Widerspruch: Sei $\mathbf{f}(R)$ vollständig unterhalb von R und man zeige, daß es Punkte von $B(\mathbf{f})$ gibt, die nicht in $Cl(L)$ liegen.

6.6.5 A ist die Vereinigung von $\mathbf{S}$ und der instabilen Mannigfaltigkeiten der periodischen Sattelpunkte. Für Spitze und Boden von A siehe analog Abb. 6.21. Rotationszahlen für die anziehende Menge sind $(\frac{2}{3}, (1/\tau + \frac{2}{3})$. $B(\mathbf{f})$ ist $\mathbf{S}$ mit einem trivialen Rotationsintervall. $B(\mathbf{f})$ enthält eine dichte Bahn dann und nur dann, wenn τ irrational ist.

6.6.6 (a) Man verwende einen lokalen Diffeomorphismus plus $1-1$.

(b) Man verwende $r' = r + \omega$, $\theta' = \theta$.

(c) $\mathbf{f}_{0,k,\omega}$ ist nicht einmal bijektiv; Konjugation zeigt sich durch Beschränkung auf $\mathbf{S}$ der Projektion auf die erste Komponente.

6.6.7 (a) r fest und sei $\max_\theta(r_1(\theta, r)) = M_r$, dann gilt $M_r < |r|$ wenn $|r| > h$. Man beachte $\mathbf{f}_{b,k,\omega}(T_K) \subseteq T_{M_K}$ und $T_{M_K} \subseteq \text{int}(T_K)$.

(b) Man zeige $r_n = b^n r_0 - (k/2\pi) \sum_{j=0}^{n-1} b^{n-1-j} \sin 2\pi\theta_j$.

6.6.8 Sei $\beta \in [0, 1/N]$ irrational. Ist $p_i/q_i = u_i/(u_iN + v_i) \to \beta$, dann betrachte man die Pseudo-Bahn $\{\ldots \Sigma m_i(u_iB_1 + v_iB_0)\}$. Man wähle m_k so, daß

$$(m_1 w_1 + \cdots + m_{k-1} w_{k-1})/m_k \to 0,$$

wenn $k \to \infty$ für $w_i = u_i$ und v_i. Für nicht-rationale Zahl betrachte man die Pseudo-Bahn $\{\ldots + m_1B_1 + m_2B_0 + m_3B_1 + m_4B_0 + \ldots\}$ mit $(m_1 + m_2 + m_3 + \cdots + m_{k-1})/m_k \to 0$ geht für $k \to \infty$.

6.6.9 $r' = -r$, $\theta' = -\theta$ zeigt die Konjugation.

6.7.1 Die Transformation $\bar{x} = x$, $\bar{y} = y/k^{1/2}$, $\bar{t} = k^{1/2}t$ reduziert k auf eins in (E6.71) mit $\bar{\varepsilon} = \varepsilon/k^{1/2}$, $\bar{\mu} = \mu/k^{1/2}$.

6.7.2 Man wechsle zu $(u, v) = (x, x/3^{1/3} - 2y/3^{1/2})$ und führe komplexe Variablen $z, \bar{z}$ ein. Man verwende (5.4.14) und erhält $c_3(0) = \mu/8$.

Man bemerke, eine längere Rechnung mit $k \neq 1$ zeigt, daß $c_3(0)$ unabhängig von k ist.

6.7.3 (a) $E_h \mapsto E_1$ unter $r \mapsto h^{1/2}r$, $\nu_1 \mapsto h\nu_1$, $\nu_2 \mapsto h\nu_2$.

6.7.4 (a) $E_h \mapsto E_1$ unter $\zeta \mapsto h^{1/2}\zeta$, $\varepsilon \mapsto h\varepsilon$.
(b) Sei $\varepsilon = \varepsilon_1 + i\varepsilon_2$, man zeige, daß eine erzeugende Funktion durch $(1+\varepsilon_1) = (1+\nu_1)\cos(2\pi\nu_2)$, $\varepsilon_2 = (1+\nu_1)\sin(2\pi\nu_2)$ gegeben ist und daß sie ein lokaler Diffeomorphismus bei $\varepsilon = 0$ ist.

6.7.5 Man prüfe die relativen Positionen für $\min H$ bei $\theta = \pi/8,\ 3\pi/8$. Man finde einen Sattel bei $\theta = \pi/8$ und ein Zentrum bei $\theta = 3\pi/8$. Man verwende vierfach-Symmetrie, um das Phasenbild zu vervollständigen.

6.8.1 Man betrachte die positiven Wurzeln von (6.8.6). Man verwende (5.4.14) zur Bestimmung der Kritikalität der Hopf-Bifurkation.

6.8.2 (a) Man verwende wiederholt die Wurzel von (6.8.6) in (6.8.9) und entwickle in Potenzen von ν_2.
(b) Man verwende das Theorem über implizite Funktionen für (6.8.9). Man substituiere $r = r(\omega, \boldsymbol{\nu})(1+\sigma)$ in (6.8.5).

6.8.4 Man führe einen metrischen Abstand zwischen zwei Kreisen als den maximalen radialen Abstand ein. Man zeige, daß die zugehörige Funktionalgleichung, welche Kreise abbildet und $\mathbf{N}_\nu$ verwendet, effektiv die zweite Komponente von (6.8.14) ist.

6.8.5 Man verwende Induktion über k und zeige $|\mathbf{N}^k(z) + \exp(2\pi i pk/q)c_k\bar{z}^{q-1}| = |\mathbf{N}(z)|^2$ bis zur Ordnung $|z|^q$.

6.8.6 Man drücke es in Polarkoordinaten aus, nehme den Logarithmus und trenne Real- und Imaginärteil. Man führe lokale Koordinaten r_L ein und betrachte die Taylor-Entwicklung.

6.8.7 Man verwende Theorem 5.2 und (5.4.14). Resonanzzunge mit der Spitze bei $(0, \bar{\nu}_2)$. Man zeige, daß (ν_1, ν_2) nahe $(0, \bar{\nu}_2)$ und $(\operatorname{Re}\lambda, \operatorname{Im}\lambda)$ nahe $(\cos(2\pi p'/q'), \sin(2\pi p'/q'))$ durch einen lokalen Diffeomorphismus verbunden sind (vergleiche die Abb. 5.5 und 5.6).

6.8.8 Man verwende die Verallgemeinerung von (6.8.6) und (6.8.9)

Literatur

Abraham, R.; Marsden, J. *Foundations of Mechanics*. (Benjamin/Cummings) 1978.

Arnold, V. I. *Proof of A. N. Kolmogorov's Theorem on the Preservation of Quasiperiodic Motions under Small Perturbations of the Hamiltonian*. In: *Russ. Math. Surv.* **18**(5) (1963) S. 9-36.

Arnold, V. I. *Ordinary Differential Equations*. (MIT Press) 1973.

Arnold, V. I. *Mathematical Methods of Classical Mechanics*. (Springer-Verlag) 1978. (Russischsprachiges Original (Moskau) 1974.)

Arnold, V. I. *Geometrical Methods in the Theory of Ordinary Differential Equationes*. (Springer-Verlag) 1983.

Arnold, V. I.; Avez, A. *Ergodic Problems of Classical Mechanics*. (W. A. Benjamin) 1968.

Aronson, D. G.; Chory, M. A.; Hall, G. R.; McGehee, R. P. *Bifurcations from an Invariant Circle for Two-Parameter Families of Maps of the Plane; a Computer Assisted Study*. In: *Commun. Math. Phys.* **83** (1983) S. 303-354.

Arrowsmith, D. K.; Place, C. M. *Ordinary Differential Equations*. (Chapman & Hall) 1982.

Arrowsmith, D. K.; Place, C. M. *Bifurcations at a Cusp Singularity with Applications*. In: *Acta Applicandae Mathematicae* **2** (1984) S. 101-138.

Aubry, S.; Le Daeron, P. Y. *The Discrete Frenkel-Kontorova Model and its Extentions*. In: *Physica* **8D** (1983) S. 381-422.

Barnett, S.*Introduction to Mathematical Control Theory*. (Oxford University Press) 1975.

Birkhoff, G. D. *An Extension of Poincaré's Last Geometric Theorem.* In: *G. D. Birkhoff Collected Mathematical Papers*. Vol. 2 (Dover) 1968a. S. 252-266.

Birkhoff, G. D. *Sur quelque courbes fermée remarquables.* In: *G. D. Birkhoff Collected Mathematical Papers*. Vol. 2 (Dover) 1968b. S. 418-443.

Bogdanov, R. I. *Bifurcation on the Limit Cycle of a Family of Plane Vector Fields*. In: *Sel. Math. Sov.* **1**(4) (1981a) S. 373-388.

Bogdanov, R. I. *Versal Deformation of a Singularity of a Vector Field on the Plane in the Case of Zero Eigenvalues*. In: *Sel. Math. Sov.* **1**(4) (1981b) S. 389-421.

Bowen, R. *Markow Partitions for Axiom A Diffeomorphisms*. In: *Amer. J. Math.* **92** (1970) S. 725-747.

Bowen, R. *On Axiom A Diffeomorphisms*. In: *CBMS Regional Conference Series in Mathematics* **35**, Providence, 1978 (AMS-Publications).

Carr, J. *Applications of Centre Manifold Theory*. (Springer-Verlag) 1981.

Casdagli, M. *Periodic Orbits for Dissipative Twist Maps*. In: *Ergod. Th. and Dynam. Sys.* **7** (1987a) S. 165-173.

Casdagli, M. *Rotational Chaos in Dissipative Systems*. In: *Research Report No. 103*, Dept. of Mathematics, University of Arizona. 1987b.

Chenciner, A. *Points homoclines au voisinage d'une bifurcation de Hopf dégénérée de diffeomorphismes de $\mathcal{R}^2$*. In: *C. R. Acad. Sci.* Paris **294** (1982) S. 269-272.

Chenciner, A. *Bifurcations de diffeomorphismes de $\mathcal{R}^2$ au voisinage d'un point fixe elliptique*. In: Iooss, G.; Helleman, R. H. G.; Stora, R. (Hrsg.) *Les Houches, Session XXXVI*. 1981. *Chaotic Behaviour of Deterministic Systems*. (North-Holland) 1983. S. 275-348.

Chenciner, A. *Bifurcations de points fixes elliptiques:I - Courbes invariantes*. In: *Publ. Math. I.H.E.S.* **61** (1985a) S. 67-127.

Chenciner, A. *Bifurcations de points fixes elliptiques:II - Orbites périodiques et ensembles de Cantor invariants*. In: *Inventiones Math.* **80** (1985b) S. 81-106.

Chenciner, A. *Bifurcations de points fixes elliptiques:III - Orbites périodiques de 'petites' périodes et élimination résonante des couples de courbes invariantes*. In: *Publ. Math. I.H.E.S.* **66** (1987) S. 5-91.

Chillingworth, D. R. J. *Differential Topology with a View to Applications.* (Pitman) 1976.

Chirikov, B. V. *A Universal Instability of Many-dimensional Oscillator Systems.* In: *Phys. Rep.* **52**(5) (1979) S. 263-379.

Chow, S. N.; Hale, J. K. *Methods of Bifurcation Theory.* (Springer-Verlag) 1982.

Collet, P.; Eckmann, J. P. *Iterated Maps on the Interval as Dynamical Systems.* Boston (Birkhauser) 1980.

Cvitanovic, P. *Universality in Chaos.* (Adam Hilger) 1984.

Devaney, R. L. *An Introduction to Chaotic Dynamics.* (Benjamin) 1986.

Dumortier, F. *Singularities of Vector Fields on the Plane.* In: *J. Diff. Eqns.* **23** (1977) S. 53-106.

Dumortier, F. *Singularities of Vector Fields. Monografias de Matematica.* No. 32, Rio de Janeiro, Instituto de Matematica Pura e Aplicada. 1978.

Eckmann, J. P. In: Iooss, G.; Helleman, R. H. G.; Stora, R. (Hrsg.) *Les Houches, Session XXXVI.* 1981. *Chaotic Behaviour of Deterministic Systems.* (North-Holland) 1983. S. 455-510.

Gardner, M. *Second Scientific American Book of Mathematical Puzzles and Diversions.* (Simon & Shuster) 1961.

Golubitzky, M.; Guillemin, V. *Stable Mappings and Their Singularities.* (Springer-Verlag) 1973.

Greene, J. M. *A Method for Determining a Stochastic Transition.* In: *J. Math. Phys.* **20**(6) (1979) S. 1183-1201.

Guckenheimer, J. *Sensitive Dependence on Initial Conditions for One-dimensional Maps.* In: *Commun. Math. Phys.* **70** (1979) S. 133-160.

Guckenheimer, J.; Holmes, P. *Nonlinear Oscillations, Dynamical Systems and Bifurcations of Vector Fields* (Springer-Verlag) 1983.

Guckenheimer, J.; Oster, G.; Ipatchki, A. *The Dynamics of Density Dependent Population Models.* In: *J. Math. Biol.* **4** (1977) S. 101-147.

Gumowski, J.; Mira, C. *Dynamique Chaotique.* (Cepadues Editions) 1980.

Hale, J. K. *Ordinary Differential Equations.* (Wiley) 1969.

Hardy, G. H. *An Introduction to the Theory of Numbers*. (Oxford University Press) 1979. S. 125.

Hassard, B. D.; Kazarinoff, N. D.; Wan, W-H. *Theory and Applications of the Hopf Bifurcation*. (Cambridge University Press) 1981.

Helleman, R. H. G. *Self Generated Chaotic Behaviour in Non-Linear Mechanics*. In: Cohen, E. G. D. (Hrsg.) *Fundamental Problems in Statistical Mechanics*. Vol. 5. (North-Holland) 1980. S. 165-233.

Hénon, M. *Numerical Study of Quadratic Area-Preserving Mappings*. In: *Quart. Appl. Math.* **27** (1969) S. 291-311.

Hénon, M. *A Two-dimensional Mapping with a Strange Attractor*. In: *Commun. Math. Phys.* **50** (1976) S. 69-77.

Hénon, M. In: Iooss, G.; Helleman, R. H. G.; Stora, R. (Hrsg.) *Les Houches, Session XXXVI*. 1981. *Chaotic Behaviour of Deterministic Systems*. (North-Holland) 1983. S. 57-170.

Hirsch, M. W.; Smale, S.*Differential Equations, Dynamical Systems and Linear Algebra*. (Academic Press) 1974.

Hirsch, M. W.; Pugh, C. C.; Shub, M. *Invariant Manifolds*. (Springer-Verlag) 1977.

Hockett, K.; Holmes, P. *Josephson's Junction, Annulus Maps, Birkhoff Attractors, Horseshoes and Rotation Sets*. In: *Ergod. Th. and Dynam. Sys.* **6** (1986) S. 205-239.

Iooss, G. *Bifurcations of Maps and Applications*. (North-Holland Math. Stud., No. 36.) 1979.

Jordan, D. W.; Smith, P. *Non-linear Ordinary Differential Equations*. (Oxford University Press) 1977.

Katok, A. *Some Remarks on Birkhoff and Mather Twist Map Theorems*. In: *Ergod. Th. and Dynam. Sys.* **2** (1982) S. 185-194.

Kolmogorov, A. N. *General Theory of Dynamical Systems and Classical Mechanics*. In: *Proc. Int. Conf. Math.* **1** (1957) S. 315-333 (North-Holland).

Lang, S.*Introduction to Diophantine Approximations*. (Addison Wesley) 1966.

Le Calvez, P. *Existence d'orbites quasi-periodiques dans les attracteurs de Birkhoff*. In: *Commun. Math. Phys.* **106** (1986) S. 383-394.

Li, T-Y.; Yorke, J. A. *Period Three Implies Chaos*. In: *Amer. Math. Monthly* **82** (1975) S. 985-992.

Lichtenberg, A. J.; Liebermann, M. A. *Regular and Stochastic Motion*. (Springer-Verlag) 1982.

Lorenz, E. N. *Deterministic Non-Periodic Flow*. In: *J. Atmos. Sci.* **20** (1963) S. 130-141.

MacKay, R. S.; Meiss, J. D.; Percival, I. C. *Transport in Hamiltonian Systems*. In: *Physica* **13D** (1984) S. 55-81.

MacKay, R. S.; Percival, I. C. *Converse KAM: Theory and Practice*. In: *Commun. Math. Phys.* **98** (1985) S. 469-512.

Manning, A. *There are No New Anosov Diffeomorphisms on Tori*. In: *Amer. J. Math.* **96** (1974) S. 422-429.

Marsden, J. E.; McCracken, M. *The Hopf Bifurcation and its Applications*. (Springer-Verlag) 1976.

Mather, J. N. *Anosov Diffeomorphisms*. In: *Bull. Amer. Math. Soc.* **73**(6) (1967) S. 792-795.

Mather, J. N. *Existence of Quasi-Periodic Orbits for Twist Homeomorphisms of the Annulus*. In: *Topology* **21**(4) (1982) S. 457-467.

Mather, J. N. *Non-existence of Invariant Circles*. In: *Ergod. Th. and Dynam. Sys.* **2** (1984) S. 397.

May, R. M. *Simple Mathematical Models with Very Complicated Dynamics*. In: *Nature* **261** (1976) S. 459-467.

May, R. M. *Nonlinear Problems in Ecology and Resource Management*. In: Iooss, G.; Helleman, R. H. G.; Stora, R. (Hrsg.) *Les Houches, Session XXXVI*. 1981. *Chaotic Behaviour of Deterministic Systems*. (North-Holland)1983. S. 515-563.

Misiurewicz, M. *Maps of an Interval*. In: Iooss, G.; Helleman, R. H. G.; Stora, R. (Hrsg.) *Les Houches, Session XXXVI*. 1981. *Chaotic Behaviour of Deterministic Systems*. (North-Holland) 1983. S. 565-590.

Moser, J. K. *On Invariant Curves of Area-Preserving Mappings of an Annulus*. In: *Nachr. Akad. Wiss. Göttingen, Math. Phys. Kl.* **2** (1962) S. 1-20.

Moser, J. K. *Lectures on Hamiltonian Systems*. In: *Mem. A. M. S.* **81** (1968) S. 1-60.

Moser, J. K. *On the Construction of Almost Periodic Solutions for Ordinary Differential Equations*. In: *Proc. Int. Conf. on Functional Analysis and Related Topics*. Tokyo. 1969. S. 60-67.

Moser, J. K. *Stable and Random Motions in Dynamical Systems*. In: *Ann. Math. Studies* **77** (Princeton University Press) 1973.

Newhouse, S. E. *The Abundance of Wild Hyperbolic Sets and Non-smooth Stable Sets for Diffeomorphisms*. In: *Publ. Math. I.H.E.S.* **50** (1979) S. 101-151.

Newhouse, S. E. *Lectures on Dynamical Systems*. In: *Prog. in Math.* **8** Boston (Birkhauser) 1980. S. 1-114.

Nitecki, Z. *Differentiable Dynamics*. (MIT Press) 1971.

Niven, I. *Irrational Numbers*. Menasha, Wisconsin (Math. Assoc. Amer.) 1956.

Palis, J.; Takens, F. *Topological Equivalence of Normally Hyperbolic Systems*. In: *Topology* **16** (1977) S. 335-345.

Peixoto, M. M. *Structural Stability on Two-dimensional Manifolds*. In: *Topology* **2** (1962) S. 101-121.

Percival. I. C. *Chaotic Boundary of a Hamiltonian Map*. In: *Physica* **6D** (1982) S. 67-77.

Percival, I. C.; Richards, D. *Introduction to Dynamics*. (Cambridge University Press) 1982.

Rand, D. A. Institute of Mathematics, University of Warwick, private Mitteilung.

Robbin, J. *Topological Conjugacy and Structural Stability in Discrete Dynamical Systems*. In: *Bull. Amer. Math. Soc.* **78** (1972) S. 923-952.

Rössler, O. E. *Continous Chaos-four Prototype Equations*. In: Gurel, O.; Rössler, O. E. (Hrsg.) *Bifurcation Theory and Applications in Scientific Disciplines*. In: *Ann. N.Y. Acad. Sci.* **316** (1979) S. 376-392.

Ruelle, D. *Elements of Differentiable Dynamics and Bifurcation Theory*. (Academic Press) 1989.

Rüssmann, H. *Über die Existenz einer Normalform inhaltstreuer elliptischer Transformationen*. In: *Math. Ann.* **137** (1959) S. 64-77.

Rüssmann, H. *Über invariante Kurven differenzierbarer Abbildungen eines Kreisringes*. In: *Nachr. Akad. Wiss. Göttingen II, Math. Phys. Kl.* (1970) S. 67-105.

Sarkovskii, A. N. *Coexistence of Cycles of a Continous Map of a Line into Itself*. In: *Ukrainian Math. J.* **16** (1964) S. 61-71.

Siegel, C. L.; Moser, J. K. *Lectures on Celestial Mechanics*. (Springer-Verlag) 1971.

Smale, S.*Diffeomorphisms with Many Periodic Points*. In: Cairns, S.(Hrsg.) *Differential and Combinatorical Topology*. (Princeton University Press) 1965. S. 63-80.

Smale, S.*Structurally Stable Systems are Not Dense*. In: *Amer. J. Math.* **88** (1966) S. 491-496.

Smale, S.*Differentiable Dynamical Systems*. In: *Bull. Amer. Math. Soc.* **73** (1967) S. 747-817.

Sotomayor, J. *Generic One-parameter Families of Vector Fields on Two-dimensional Manifolds*. In: *Publ. Math. I.H.E.S.* **43** (1974) S. 5-46.

Sparrow, C. *The Lorenz Equations*. (Springer-Verlag) 1982.

Sternberg, S.*Celestial Mechanics. Part II*. (W.A. Benjamin) 1969.

Takens, F. *A C^1-counterexample to Moser's Twist Theorem*. In: *Indag. Math.* **33** (1971) S. 379-386.

Takens, F. *Introduction to Global Analysis*. In: *Commun. Math. Inst. Rijksuniversiteit Utrecht* **2** (1973a) S. 1-111.

Takens, F. *Unfolding of Certain Singularities: Generalised Hopf Bifurcations*. In: *J. Diff. Eqns.* **14** (1973b) S. 476-493.

Takens, F. *Singularities of Vector Fields*. In: *Publ. Math. I.H.E.S.* **43** (1974a) S. 47-100.

Takens, F. *Forced Oscillations and Bifurcations*. In: *Commun. Math. Inst. Rijksuniversiteit Utrecht* **3** (1974b) S. 1-59.

Taylor, J.B. 1968, nicht veröffentlicht.

Thompson, J. M. T.; Stewart, H. B. *Non-linear Dynamics and Chaos*. (Wiley) 1986.

Van Strien, S. J. *Centre Manifolds are not C^∞*. In: *Math. Z.* **166** (1979) S. 143-145.

Whitley, D. C. *Discrete Dynamical Systems in Dimensions One and Two*. In: *Bull. Lond. Math. Soc.* **15** (1983) S. 177-217.

Wiggins, S.*Global Bifurcations and Chaos*. (Springer-Verlag) 1988.

Sachverzeichnis

G

H

I

K

L

M

N

P

R

S

T

V

W